（原书第6版）

数理统计及其应用

An Introduction to Mathematical Statistics and Its Applications

(Sixth Edition)

[美] 理查德·J. 拉森（Richard J. Larsen）
莫里斯·L. 马克斯（Morris L. Marx） 著

王璐 赵威 卢鹏 赵芳 译

本书深入浅出地详细讲解概率论与数理统计方面的基础知识及相关应用，内容涵盖概率论、随机变量、特殊分布、估计、假设检验、基于正态分布的推断、数据类型、双样本推断、拟合优度检验、回归、方差分析、随机区组设计、非参数统计、析因数据等。

本书适合数学及相关专业高年级本科生和研究生使用。

北京市版权局著作权合同登记　图字：01-2018-6309 号。

图书在版编目（CIP）数据

数理统计及其应用：原书第 6 版 /（美）理查德 · J. 拉森（Richard J. Larsen），（美）莫里斯 · L. 马克斯（Morris L. Marx）著；王璐等译. —北京：机械工业出版社，2023.3
（统计学精品译丛）
书名原文：An Introduction to Mathematical Statistics and Its Applications, Sixth Edition
ISBN 978-7-111-72919-8

Ⅰ. ①数…　Ⅱ. ①理… ②莫… ③王…　Ⅲ. ①数理统计　Ⅳ. ①O212

中国国家版本馆 CIP 数据核字（2023）第 061152 号

机械工业出版社（北京市百万庄大街 22 号　邮政编码 100037）
策划编辑：刘　慧　　　　责任编辑：刘　慧
责任校对：张爱妮　卢志坚　　责任印制：李　昂
河北宝昌佳彩印刷有限公司印刷
2023 年 9 月第 1 版第 1 次印刷
186mm×240mm · 48.5 印张 · 1113 千字
标准书号：ISBN 978-7-111-72919-8
定价：179.00 元

电话服务　　　　网络服务
客服电话：010-88361066　机　工　官　网：www.cmpbook.com
　　　　　010-88379833　机　工　官　博：weibo.com/cmp1952
　　　　　010-68326294　金　　书　　网：www.golden-book.com
封底无防伪标均为盗版　机工教育服务网：www.cmpedu.com

译 者 序

本书是由 Pearson 出版社出版的一部数理统计及其应用教材，到目前为止已经修订到第 6 版。两位作者均是有着丰富研究与教学经验的统计学家。此前我们也曾翻译过概率论与数理统计等教材，对翻译要求与写作风格有所了解。这本书可以作为大学数学专业本科生的数理统计教材，或者作为理工科其他专业的本科生以及研究生的数理统计教材。基于本书统计方法与案例研究并行的特点，也可将其作为已经掌握概率论与数理统计基础知识并希望深入学习数理统计这门课程的学生以及工程技术人员的自学教材或参考资料。

本书的第一个特点是内容丰富且具挑战性，基本涵盖了概率论与数理统计中的所有基本方法，并用实际数据深入介绍这些知识原理。而且部分内容在一些意想不到的地方充满了趣味性。本书的第二个特点是尽量使用真实的数据进行研究，例如，为什么使用一种特定的设计而不是另一种，或者如何处理某些似乎已经发生的异常，抑或什么样的后续研究似乎是必要的。我们由衷感谢所有的研究人员，感谢他们提供的帮助和传授的专业知识，特别是他们慷慨地允许我们使用他们的部分数据，这是建立分散在全书中的 90 多个案例研究的基础。同时新版相比上一版新增了 18 个案例研究，并对 6 个章节的内容进行删减与补充。本书也有相应的配套网站，读者可通过常用的方法将相关资源导入统计软件进行学习与研究。

感谢李文、屈兰义、殷勇、苗成双、洪嫣然、张莉、彭丽娟等同志对本书翻译的大力帮助。希望我们的共同努力，能使读者对本书的翻译质量基本满意。但鉴于翻译能力有限，书中涉及的内容又十分广泛，不当之处在所难免，欢迎读者批评指正。

此外，还要感谢在本书的翻译过程中给予帮助的同人及出版社编辑们所做的努力。

前　言

John Tukey（1915—2000）是 20 世纪后半叶杰出的统计学家。曾经有人问他对于他所选的终身职业的感受，他毫不犹豫地说："作为一名统计学家，最棒的事就是能够洞察所有人的心中所想（原文直译为'最棒的事就是可以在每个人的后院玩耍'）。"这段话充分反映了 Tukey 众所周知的不拘一格的个性，也说明了这本书的全部内容。

我们希望本书能实现两个目标：

1）为已经修完三个学期微积分课程的学生，全面、有趣地介绍概率论和数理统计的基本方法。

2）为学生提供应用这些原理所必需的技能和见解。

在我们看来，仅实现目标 1 而不实现目标 2，是无法满足学生两个学期课时的需求的。

完成目标 1 似乎会自动赋予学生实现目标 2 所需的必要手段。事实并非如此，数理统计主要涉及单独测量值的性质或由测量样本计算出的简单性质——均值、方差、分布，以及与其他测量值的关系等。然而，分析数据需要实验设计的知识。借用经济学家的一些术语，数理统计很像这门学科的微观方面，实验设计则是宏观方面。两学期的课程安排能够有足够的时间来完成这两部分。

实验设计有很多种，但就其出现频率及其与第一堂课中所涵盖的数理统计的关系而言，以下八种设计尤为重要。教人们如何分析数据的第一步是帮助他们学习如何识别八种"数据模型"：单样本数据、双样本数据、k 样本数据、成对数据、随机区组数据、回归/相关数据、分类数据和析因数据。我们认为，仅仅顺带提及它们是不够的。需要将它们放在一章中逐一进行比较和描述，并且用实际数据加以说明。

当然，识别数据模型并不是一项很难掌握的技能，任何参与数据分析的人都能很快学会。但是，对于上第一堂统计学课的学生来说，忽视这个主题会让他们不知道这门课程的目标和原因。在学生遇到一连串出现的 Z 检验、t 检验、χ^2 检验和 F 检验之前，充分解决这个问题，为将所有这些材料放入适当的上下文提供了一个非常有用的框架。

完成目标 2 的最后一步是展示数理统计及其创建的方法在实际数据中的应用。编造或捏造数据是不行的。它们没有提供必要的细节或复杂性，例如，为什么使用一种特定的设计而不是另一种，或者如何处理某些似乎已经发生的异常，抑或什么样的后续研究是必要的。我们由衷感谢所有的研究人员，感谢他们提供的帮助和传授的专业知识，特别是他们慷慨地允许我们使用他们的部分数据，这是建立分散在全书中的 90 多个案例研究的基础。我们希望这些能像 Tukey 教授所享受的"后院"一样提供信息和帮助。

本书的新增内容

- 第 15 章描述了析因数据方差分析的理论和实践。本章包含了双因子析因、三因子析因、2^n 析因设计和部分析因，其数学处理水平与本书中另外两种方差分析（第 12 章和第 13 章）是一样的。这在所有的多因子实验设计中是最重要的。

- 第 2 章包含 10 个新例子，包括一个常被引用的“恺撒的最后一口气”问题的独立重复试验分析。
- 总的来说，本书包含 18 个新的案例研究，以便于更多地应用概念。
- 在第 4 章末尾增加了一个附录，总结了最常用的概率密度函数的所有重要性质。
- 5.2 节对参数估计的大部分内容进行了调整，5.3 节介绍误差范围的内容则完全重写。
- 第 8 章对不同数据模型的探讨进行了扩充，并且添加了第 8 个（析因数据）模型。这一章包含 7 个新的案例研究。
- 第 11 章对非线性模型的部分进行了彻底修订，重点放在它们与不同增长规律的关系上。
- 出于篇幅和成本的考虑，期刊和技术报告通常只显示实验结果的概要。因此第 12 章增加了一节来说明如何在不知道任何单个测量值的情况下“重建”一组 k 样本数据的完整方差分析表。
- 登录本书配套网站㊀ www.pearsonhighered.com/mathstatsresources/可下载英文版第 15 章和本书中所分析的数据集，可用通用的形式复制，以便导入统计软件。该网站还有其他资源可供学生和教师参考㊁。

致谢

我们要感谢在本版和以前的版本中提出宝贵意见和建议的所有审稿人。每一个版本得益于他们的洞察力和专业知识。

本书的审稿人包括：

Adam Bowers，加州大学圣迭戈分校

Bree Ettinger，埃默里大学

Eugene D. Gallagher，马萨诸塞大学波士顿分校

Mohammad Kazemi，北卡罗来纳大学夏洛特分校

Ralph Russo，艾奥瓦大学

Neslihan Uler，密歇根大学安娜堡分校

Bin Wang，南亚拉巴马大学

以前版本的审稿人包括：

Abera Abay，罗文大学

Kyle Siegrist，亚拉巴马大学亨斯维尔分校

㊀ 关于教辅资源，仅提供给采用本书作为教材的教师用作课堂教学、布置作业、设置考试等。如有需要的教师，请直接联系 Pearson 北京办公室查询并填表申请。联系邮箱：Copub.Hed@pearson.com。——编辑注

㊁ 关于配套网站资源，大部分需要访问码，访问码只有原英文版提供，中文版无法使用。——编辑注

Ditlev Monrad，伊利诺伊大学厄巴纳-香槟分校

Vidhu S. Prasad，马萨诸塞大学洛厄尔分校

Wen-Qing Xu，加州州立大学长滩分校

Katherine St. Clair，科尔比学院

Yimin Xiao，密歇根州立大学

Nicolas Christou，加州大学洛杉矶分校

Daming Xu，俄勒冈大学

Maria Rizzo，俄亥俄大学

Dimitris Politis，加州大学圣迭戈分校

我们还要向 Pearson 出版集团所有指导本书完成的人表示最深切的感谢。他们的专业精神和友好态度使得我们在这项艰苦的工作中感到了快乐。谢谢大家！

我们真诚地希望读者会发现数理统计具有挑战性、信息量大、有趣，也许在一些最意想不到的地方还充满了趣味。

Richard J. Larsen
范德堡大学
Morris L. Marx
西佛罗里达大学

目 录

第1章　概述

任一领域的知识除非能够被测量和量化，否则都不配称为科学.

——弗朗西斯·高尔顿(Francis Galton)

1.1　引言

弗朗西斯·高尔顿爵士是19世纪杰出的生物学家.他是进化论的狂热拥护者(他的绰号是“达尔文的斗牛犬”)，也是研究统计学的先驱者，他相信这门学科将在科学发展中扮演一个至关重要的角色：

> 有些人讨厌统计学这个名字，但我发现它充满了魅力和吸引力.只要它不是被粗暴地使用，而是被更高级的方法巧妙地处理，并被谨慎地解释，它处理复杂现象的能力就是无与伦比的.它是唯一一个可以冲破阻拦在那些追求人类科学道路上的重重困难的工具.

高尔顿的预言成真了吗？当然——在上第一堂统计学课程之前，试着读一本生物学杂志或心理学实验分析，你就明白了.科学和统计已经密不可分，极其相似.然而，这位来自伦敦的绅士没有预料到的是，不仅是科学家，甚至我们所有人，都对涉及统计学的数字信息倾心(有些人甚至可以说是痴迷).股票市场充斥着平均值、指标、趋势和汇率；联邦教育计划已经将标准化测试提升到了新的特异性水平；好莱坞利用复杂的人口统计数据来了解谁在看什么，为什么要看；民意调查人员定期统计和跟踪我们的每一个意见，不管有多不相关或无知.简言之，我们期望所有事物都可以被计量、评估、对比、衡量、排名和评级，但是如果结论被认为无论在何种情况下都不可接受，我们需要有人或者途经可以对此解释说明(以某种适宜的定量化方式).

可以肯定的是，这些人的努力都是在认真进行的，而且非常有意义：不幸的是，其中有些有严重的错误，有些只是无稽之谈.但他们所讨论的都需要清楚而迫切地了解统计的主题、用途及其误用。

这本书涉及两大主题：统计学的数学(mathematics of statistics)和统计学的实践(practice of statistics).这两者是完全不同的.前者是指支持和证明各种数据分析方法的概率论.其相关内容将主要在第2～7章中介绍.核心结果是中心极限定理(central limit theorem)，它是所有数学结论中最优雅和最深远的结论之一.(高尔顿相信，如果古希腊人知道中心极限定理的存在，他们会把它拟人化和神化.)这些章还包括对组合学的全面介绍，即系统计数的数学.从历史上看，这正是17世纪第一次启动概率论发展的主题.除了与各种统计过程的联系，组合学也是机会游戏(如彩票、骰子)的基础.

统计实践涉及数据设计、分析和解释中出现的所有问题，对这些内容的讨论以几种不同的形式出现.正文中的大多数案例研究都包含一个标题为“关于数据”的专题.这些是关于案例研究中特定数据或者这些数据所表明的相关话题的附加注释．在大多数章节的末尾，我们将对数据进行重新审视．其中一些涉及统计数据的误用，特别是错误的推断和使用不当的术语．与数据相关的最全面的讨论在第 8 章，该章完全致力于了解如何开始统计分析这一关键问题，即了解应该使用哪种过程以及原因．

一个多世纪前，高尔顿描述了他认为统计知识应该包含的内容．他说，理解“更高级的方法”是确保数据得到“巧妙处理”和“谨慎解释”的关键．本书的目标是帮助人们实现这一点．

1.2　案例

统计方法通常分为两大类：描述统计和推断统计．前者是指汇总和显示数据的各种方法，包括我们所熟知的条形图、饼图、散点图、均值、中位数等，这些方法经常能在其他书本上看到．推断统计更具有数学性，是根据一组数据中包含的信息进行归纳和得出结论的过程；此外，还能计算出数据归纳正确的概率．

本节描述了三个案例研究．第一个说明了几种描述统计方法的有效使用．后两个说明了推断统计过程可以帮助回答的各种问题．

案例研究 1.2.1

图 1.2.1 的上半部分是由地震仪例行记录的一类信息，按时间顺序列出了一系列地震的发生时间和里氏震级．作为原始数据，这些数字在很大程度上是没有意义的：没有明显的模式，在地震频率和震级之间也没有任何明显的联系．

编号	日期	时间	震级（里氏标度）
⋮	⋮	⋮	⋮
217	6/19	下午4:53	2.7
218	7/2	上午6:07	3.1
219	7/4	上午8:19	2.0
220	8/7	上午1:10	4.1
221	8/7	下午10:46	3.6
⋮	⋮	⋮	⋮

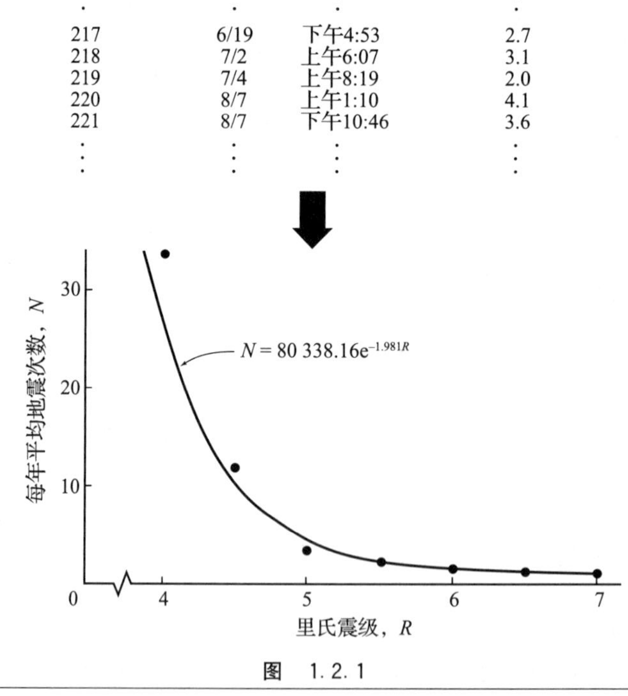

图　1.2.1

图的下半部分显示了对加利福尼亚南部几年来记录的一组实际地震仪数据应用几种描述统计方法的结果[73]. 例如，在里氏标度(R)值 4.0 上方绘制的是该区域每年发生的平均地震次数(N)，其震级在 3.75 到 4.25 之间. 类似地还有以 4.5，5.0，5.5，6.0，6.5 和 7.0 为中心的 R 值的点. 现在我们可以看到地震频率和震级显然相关：以下公式非常好地描述了(N,R)关系

$$N = 80\ 338.16e^{-1.981R} \tag{1.2.1}$$

可以使用第 11 章中介绍的步骤找到该公式.［注意：地质学家表明，模型 $N=\beta_0 e^{\beta_1 R}$ 描述了全世界的(N,R)的关系. 每个区域之间的所有变化都是 β_0 和 β_1 的数值.］

请注意，公式(1.2.1)不仅仅是观测到的(N,R)关系的简明概括. 它还使我们能够估算出从未观测到 R 值的未来地震灾难发生的可能性. 当然，在所有加利福尼亚人的心目中，震撼人心的 10.5 级巨型地震——“The Big One”是可怕的，它将建筑物变成一堆堆的瓦砾，将大批游客冲入旧金山湾，并将好莱坞和藤街的交叉路口移到埃尔塞贡多市中心的某个地方. 预计发生这种地震的频率有多高?

在公式(1.2.1)中令 $R=10.5$，得出

$$N = 80\ 338.16e^{-1.981(10.5)} = 0.000\ 075\ 2 \text{ 次地震 / 年}$$

因此，预计的频率将是每 13 300 年一次(=1/0.000 075 2). 一方面，这种灾难的罕见性让人安心. 另一方面，不知道最后一次地震发生的时间有点令人不安. 我们会朝不保夕吗? 如果最近的特大地震发生在四万年前，该怎么办?

注释　由公式(1.2.1)得出的大地震预测提出了一个明显的问题：为什么符合模型 $N=80\ 338.16e^{-1.981R}$ 的计算未被视为推断统计的示例，尽管它确实得出了 $R=10.5$ 时的预测? 答案是公式(1.2.1)本身并不能告诉我们有关其预测的“误差”的任何信息. 在第 11 章中，描述了基于公式(1.2.1)更为详尽的概率方法，该方法的确产生了误差估计值，也具有真正的推断统计的特征.

关于数据　根据记录，加利福尼亚州有史以来最强烈的地震发生在 1857 年 1 月 9 日，沿着第戎堡附近的圣安德烈斯断层，该地区人口稀少，位于洛杉矶以北 70 英里[⊖]处. 它的震级估计在 7.9 到 8.0 之间. 不过，该州最著名、致死率最高、损毁程度最大的地震发生在 1906 年 4 月 18 日的旧金山. 它的震级为 7.8 级，造成 3 000 人死亡，并摧毁了这座城市 80%的设施. 多年以来，许多好莱坞电影将该地震作为故事情节的一部分，其中最著名的是《火烧旧金山》(*San Francisco*)，这是 1936 年由克拉克·盖博(Clark Gable)和斯宾塞·屈塞(Spencer Tracy)主演的作品.

案例研究 1.2.2

在民间传说中，满月经常被描绘成某种邪恶的东西，一种拥有控制我们行为的力量的邪恶势力. 几个世纪以来，许多著名作家和哲学家都有这种信念. 弥尔顿在《失乐园》(*Paradise Lost*)中提到：

⊖ 1 英里=1 609.344 米. ——编辑注

恶魔般的狂热，忧郁的伤悲
月亮陷入疯狂.
苔丝狄蒙娜被杀后，奥赛罗哀叹
这正是月亮的错误
她比以往更接近地球
让人发疯.

在更学术的层面上，18世纪著名的英国律师威廉·布莱克斯通爵士(Sir William Blackstone)将“疯子”定义为

一个拥有……的人失去了理智，他有清醒的时期，有时享受感官，有时不享受感官，这常常取决于月亮的圆缺.

月相可能会影响人类活动是一个在科学界不乏支持者的理论. 著名医学研究人员的研究曾试图将众所周知的“特兰西瓦尼亚效应”与更高的自杀率、纵火癖和癫痫症(更不用说狼人的周期性不体面行为……)联系起来.

月球周期和精神崩溃之间的可能关系也曾经被研究. 表1.2.1显示了弗吉尼亚州心理健康诊所在12个满月期间及其前后的急诊室一年入院率[13].

表1.2.1　入院率(病人数/天)

月份	满月前	满月期间	满月后
8月	6.4	5.0	5.8
9月	7.1	13.0	9.2
10月	6.5	14.0	7.9
11月	8.6	12.0	7.7
12月	8.1	6.0	11.0
1月	10.4	9.0	12.9
2月	11.5	13.0	13.5
3月	13.8	16.0	13.1
4月	15.4	25.0	15.8
5月	15.7	13.0	13.3
6月	11.7	14.0	12.8
7月	15.8	20.0	14.5
平均值	10.9	13.3	11.5

请注意这些数据：满月“期间”的平均入院率(即13.3)实际上高于“之前”(即10.9)和“之后”(即11.5)的入院率. 那么，从这些平均值可以推断数据支持特兰西瓦尼亚效应的存在吗？其实不然，反而对平均值的另一种解释更为可能，即不存在特兰西瓦尼亚效应，观察到的三种平均值之间的差异完全是偶然的.

这类问题——在一组数据的两种相互冲突的解释之间进行选择——是通过使用各种被称为假设检验的技术来解决的. 假设检验所提供的见解无疑是统计学科对科学进步的最重要贡献.

适用于表1.2.1中数据的特定假设检验称为随机区组方差分析，将在第13章详细介绍. 正如我们将看到的，在这种情况下得出的结论既出乎意料，又有点令人不安.

案例研究 1.2.3

虽然可能不会很快被拍成电影，但在第二次世界大战中，统计推断被用来监视纳粹是一个相当不错的故事. 而且它确实有一个令人惊讶的结果！

故事开始于 20 世纪 40 年代初. 欧洲战场的战斗正在加剧，盟军指挥官正在收集大量被遗弃和缴获的德军武器. 当盟军检查这些武器时，他们注意到每件武器都有不同的编号. 盟军鉴于纳粹在详细记录方面的名声，推测每一个数字都代表了这件武器制造的时间顺序. 但如果这是真的，是否有可能使用“缴获”的序列号来估计德国人生产的武器总数？

这正是在华盛顿特区工作的一群政府统计学家面临的问题. 当然，想要估计对手的制造能力并不是什么新鲜事. 然而到那时为止，这些信息的唯一来源是间谍和叛徒；使用序列号也是一种完全不同的方法.

这个问题的解决方法所应用的原理将在第 5 章中介绍. 如果 n 是缴获序列号的总数，x_{max}是最大的缴获序列号，则生产的物品总数的估计值由以下公式给出

$$\text{估计产量} = [(n+1)/n]x_{max} - 1 \tag{1.2.2}$$

例如，假设缴获了 $n=5$ 辆坦克，它们的序列号分别为 92，14，28，300 和 146. 即 $x_{max}=300$，则估计制造的坦克总数为 359 个：

$$\text{估计产量} = [(5+1)/5]300 - 1 = 359$$

公式(1.2.2)有效吗？比任何人(甚至可能是统计学家)所预期的都要有效. 当战争“真实”的生产数据被披露时，人们发现序列号估计在任何情况下都比从传统谍报活动、间谍和线人收集的所有信息要准确得多. 例如，1942 年德国坦克生产的序列号估计为 3 400 辆，这一数字与实际产量非常接近. 另一方面，“官方”的估计，基于通常方式收集的情报，则夸大到了 18 000 辆.

关于数据　这样的巨大的差异并不罕见，因为纳粹会故意夸大德国的工业实力，基于间谍活动的估计一直偏高. 对于间谍和潜在对手，精心策划的伪装非常管用；然而在公式(1.2.2)中，它将无所遁形[69]！

1.3　简要历史

对于那些对我们是如何达到现有状态感兴趣的人，1.3 节提供了概率和统计的简要历史. 这两门学科是在不同的时间、不同的地点，由不同的人出于不同的原因创立的. 它们最终是如何以及为什么合并到一起的，其中蕴含了一个有趣的故事，让我们重新认识一些过去的伟人，并介绍一些不太为人熟知的人，但他们的贡献对于证明科学和统计之间的联系至关重要.

概率：初期

没有人知道“偶然”的概念是在何时何地首次出现的；它消失在我们的史前时代. 尽管如此，将早期人类与生成随机事件的装置联系起来的证据还是很多的. 例如，在对整个古代世界的考古发掘中，不断发现大量的距骨以及绵羊和其他脊椎动物的脚跟骨. 为什么这

些骨骼被挖掘出的频率会如此之高？有人可能会假设我们的祖先是狂热的恋足癖，但其他两种解释似乎更为合理：骨头被用于宗教仪式和赌博.

距骨有六个面，但不是对称的(见图 1.3.1). 在挖掘中发现的距骨通常侧面刻有编号或痕迹. 对于许多古代文明来说，距骨是神谕征求其神意见的主要通道. 例如，在小亚细亚地区的占卜仪式中，人们习惯于掷五个距骨. 每一种可能的形态都与神的名字联系在一起，并伴随着人们寻求的建议. 例如，(1,3,3,4,4)的结果据说是宙斯的投掷，它被视为鼓励[37]：

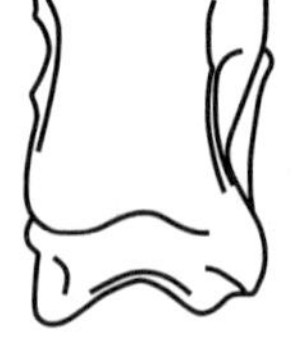

绵羊距骨

图 1.3.1

一个一，二个三，二个四
你想做的事，大胆去做吧.
把手放在它上面. 诸神赐给了你
　　吉兆
不要在心里退缩，因为没有邪恶
　　将降临在你身上.

另一方面，(4,4,4,6,6)是吃小孩的克罗诺斯的投掷，它的出现会让每个人都匆忙寻找庇护：

三个四和二个六. 上帝是这样说的.
待在家里，哪都别去，
免得一只残暴的兽挨近你.
因为我看不出这件事是安全的. 但可等待时机.

数千年来，距骨逐渐被骰子所取代，后者成为生成随机事件的最常见手段. 在公元前2000 年以前修建的埃及坟墓中发现了陶器骰子. 当希腊文明盛开之时，骰子无处不在.

由于缺乏历史记录，最初占卜仪式和娱乐游戏之间的区别较为模糊. 不过当赌博作为一个独特的实体出现，其受欢迎程度是无可辩驳的. 希腊人和罗马人是完美的赌徒，早期的基督徒也是如此[99].

许多希腊和罗马游戏的规则已经丢失，但我们可以从中世纪所玩的游戏中辨认出现代娱乐的更新传承. 那个时期最流行的骰子游戏叫 hazard，这个名字来源于阿拉伯语 al zhar，意思是“一个骰子”. hazard 被认为是十字军东征归来的士兵带到欧洲的，它的规则很像我们的双骰子游戏. 扑克牌最早出现在 14 世纪，并立即产生了一种称为 Primero 的游戏，这是一种早期的扑克形式. 在这一时期，西洋双陆棋等棋类游戏也很流行.

鉴于西方世界如此之多的国家都有着丰富的游戏背景和对赌博的痴迷，没有更早地对概率进行正式研究，这似乎有点令人费解. 我们很快就会看到，第一个用数学模型概念化概率的例子发生在 16 世纪. 这意味着直到有人独具慧眼，终于写下哪怕是最简单的概率抽象概念之前，骰子游戏、纸牌游戏和棋类游戏已经持续了两千多年.

历史学家普遍认为，作为一门学科，概率学的起步并不顺利，因为它与西方文化演变中最主要的两种力量——希腊哲学和早期基督教神学——不相容. 希腊人对偶然性的概念很满意(基督徒并非如此)，但认为随机事件可以以某种有用的方式量化的猜想违背了他们的本性. 他们认为，试图在数学上调和已经发生的事情和应该发生的事情，用他们的说法，都是“人间”与“天堂”的不当并列.

更糟糕的是渗透在希腊思想中的反经验主义．对他们来说，知识不应该通过实验来获得．与其在一组数值观测中寻求其解释，不如从逻辑上推理出一个问题．这两种态度合在一起产生了一种致命的影响：希腊人没有动机去思考任何抽象意义上的概率，也没有面临解释数据的问题，而这些数据可能会给他们指明概率演算的方向．

如果说在希腊人影响下，概率研究的前景黯淡，那么当基督教扩大其影响范围时，概率研究的前景就更糟了．希腊人和罗马人至少接受了偶然性的存在．然而，他们相信他们的神要么不能，要么不愿意卷入像掷骰子这样平凡的事情．西塞罗(Cicero)写道：

> 没有什么比掷骰子更不确定的了，但是经常玩的人中没有人没掷出过“维纳斯”㊀，甚至偶尔连续两次或三次掷出．那么，我们是否像傻瓜一样，宁愿说这是由维拉斯的眷顾而不是偶然发生的呢？

然而，对于早期的基督徒来说，不存在偶然性：发生的每一件事，无论多么微不足道，都被认为是上帝有意干预的直接表现．用圣奥古斯丁(St. Augustine)的话说：

> Nos eas causas quae dicuntur fortuitae … non dicimus nullas，sed latentes；easque tribuimus vel veri Dei …
>
> (我们说那些被认为是偶然的原因不是不存在的，而是隐匿的，我们把它们归因于上帝的意志……)

以奥古斯丁的立场来看，概率论的研究毫无意义，它使概率论者成为异教徒．毫不奇怪，在接下来的 1500 年里，这门学科没有取得任何有意义的成就．

正是在 16 世纪，概率像数学上的拉撒路一样，从死中复活．策划其复活的是整个数学史上最古怪的人物之一，吉罗拉莫・卡尔达诺(Gerolamo Cardano)．卡尔达诺自己也承认，他是文艺复兴时期最优秀和最差的人物——杰基尔和海德的化身．他于 1501 年出生在帕维亚．关于他个人生活的事实很难证实．他写了一本自传，但他说谎的嗜好引起了人们对他所说的大部分内容的怀疑．不管是真是假，他的“一句话”自我评估描绘了一幅有趣的画像[135]：

> 大自然使我能够胜任所有体力劳动，它赋予我哲学家的精神和科学的能力、品味和良好的举止、性感、欢乐，它使我虔诚、忠实、慧智、冥想、创新、勇敢、喜欢学习和教学、渴望平等、发现新事物、独立进步、性格谦虚、学习医学、对好奇心和发现感兴趣、狡猾、诡计多端、讽刺、对神秘学初步入门、勤勉、勤奋、心灵手巧、日复一日地过活、无礼、蔑视宗教、勉强、嫉妒、悲伤、奸诈、成为巫师、可怜、可恨、好色、淫秽、撒谎、谄媚、喜欢和老人闲聊、多变、优柔寡断、下流、喜欢女人、喜欢吵架，因为我的本质和灵魂之间的冲突，即使和我联系最频繁的人也不理解我．

受过正规医学培训的卡尔达诺对概率的兴趣源于他对赌博的沉迷．他对骰子和纸牌的热爱是如此强烈，据说他曾经卖掉了他妻子的所有财产，只是为了得到赌局筹码！幸运的是，卡尔达诺的痴迷带来了一些积极的影响．他开始寻找一种数学模型，能以某种抽象的方式描述随机事件的结果．他最终形成的结论现在被称为概率的古典定义：

㊀ 当滚动四个距骨时，每一个距骨在四个侧面都有编号，一个维纳斯投掷是指四个距骨出现四个不同的数字．

与某个事件相关的所有等可能结果的总数是 n，如果 n 个事件中的 m 个事件导致某个给定事件发生，那么该事件的概率为 m/n. 如果掷一个均匀的骰子，有 $n=6$ 种可能的结果. 如果事件“结果大于或等于 5”是我们想了解的，则 $m=2$(结果为 5 和 6)，且事件的可能性是 $\frac{2}{6}$ 或 $\frac{1}{3}$(请参见图 1.3.2).

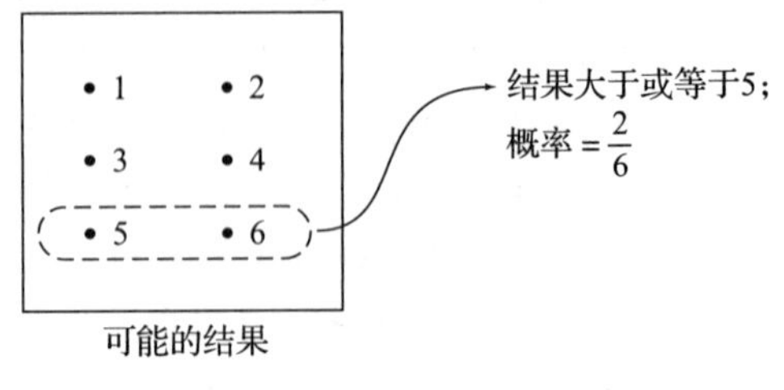

图　1.3.2

卡尔达诺利用了概率论中最基本的原理. 回想起来，他的发现似乎微不足道，但它代表了向前迈出的一大步：他是计算理论概率而非经验概率的第一个记录实例. 尽管如此，卡尔达诺的工作的实际影响是微乎其微的. 他在 1525 年写了一本书，但其出版被推迟到 1663 年. 到那时，文艺复兴的焦点以及对概率的兴趣已从意大利转移到法国.

许多历史学家(不支持卡尔达诺的人)引用的概率的“起源”是 1654 年. 在巴黎，一个富有的赌徒骑士德米尔(de Méré)问了包括布莱士・帕斯卡(Blaise Pascal)在内的几位杰出的数学家一系列问题，其中最著名的是点数分配问题：

> A 和 B 这两个人同意参加一系列公平竞赛，直到一个人赢了六场比赛. 他们每个人下注的金额相同，获胜者将获得所有赌注. 但假设无论出于何种原因，系列赛提前结束，此时 A 赢了五场比赛，B 赢了三场. 赌注应该如何分配?
>
> (正确的答案是 A 应该收到总金额的八分之七. 提示：假设比赛已恢复，什么情况会导致 A 是第一个赢得六场比赛的人?)

帕斯卡对德米尔的问题很感兴趣，他把自己的想法告诉了皮埃尔・费马(Pierre Fermat)，费马是图卢兹的公务员，可能也是欧洲最杰出的数学家. 费马谦恭地回答了，从著名的帕斯卡和费马的通信中，不仅得到了点数分配问题的解决方案，而且为得到更一般的结果奠定了基础. 更重要的是，有关帕斯卡和费马正在研究的消息迅速传播开来. 其他人也参与其中，其中最著名的是荷兰科学家和数学家克里斯蒂安・惠更斯(Christiaan Huygens)，一个世纪前困扰卡尔达诺的拖延和冷漠不会再发生了.

惠更斯因其在光学和天文学领域的成就而被人们铭记，早期的时候，他对点数分配问题很感兴趣. 1657 年，他出版了《论赌博中的机会》(*De Ratiociniis in Aleae Ludo*)，这是一部非常重要的著作，比帕斯卡和费马所做的任何研究都要全面很多，是之后五十年来概率论中的标准“教科书”. 毫无意外，惠更斯的支持者认为他应该被誉为概率的创始人.

几乎所有的概率数学仍有待发现. 惠更斯所写的只是最不起眼的开端，一组 14 个命题与我们今天所讲授的主题几乎没有相似之处. 但是基础在那儿，概率数学终于站稳了脚跟.

统计：从亚里士多德到凯特勒

历史学家普遍认为，统计推断的基本原理在 19 世纪中叶开始合并. 引发这一现象的原因是三种不同的“科学”的结合，它们中的每一种也都一直在或多或少地独立发展[206].

这些科学中的第一个，德国人称之为国势学，涉及关于国家的历史、资源和军事实力的比较性情报收集. 尽管这方面的成就在 17 和 18 世纪达到顶峰，但这个概念并不新鲜：

亚里士多德(Aristotle)在公元前 4 世纪也做过类似的事情. 在三次运动中，这一次对现代统计学的发展影响最小，但它也的确贡献了一些术语，如“统计”这个词汇，就首先出现在这类研究中.

第二次运动被称为政治算术，其早期支持者之一将其定义为“用数字对政府事务进行推理的艺术”. 与国势学相比，政治算术的起源在 17 世纪的英国. 估算人口和编制死亡率表是它经常处理的两个问题，政治算术与现在所谓的人口统计学相似.

第三部分是概率演算的发展. 正如我们之前看到的，这是一场始于 17 世纪法国针对某些赌博问题的运动，但它很快成为分析各种数据的“引擎”.

国势学：国家的比较描述

从古代起就有收集关于各国风俗和资源信息的需求. 亚里士多德被认为是第一个为实现这一目标做出重大努力的人：他的《政治学》，写于公元前 4 世纪，详细描述了 158 个不同的城邦. 不幸的是，对知识的渴求导致了《政治学》的衰落，成为了黑暗时代知识匮乏的牺牲品，几乎过了两千年，才开始有类似规模的计划实施.

这个主题在文艺复兴时期重新浮出水面，德国人表现出了最大的兴趣. 他们不仅给它起了个名字——国势学，意思是“国家的比较描述”，而且他们还第一个(在 1660 年)将这门学科纳入大学课程. 德国运动的一个主要人物是戈特弗里德・阿亨瓦尔(Gottfried Achenwall)，他曾于 18 世纪中期在哥廷根大学任教. 阿亨瓦尔出名的原因之一是他是第一个在出版物中使用“统计”这个词的人. “统计”出现在他 1749 年所著的《近代欧洲各国国势学纲要》的序言中. (“统计学”这个词来源于意大利语的词根 stato，意为“国家”，意指统计学家是与政府事务有关的人.)作为术语，它似乎深受欢迎：那之后近 100 年，“统计”一词继续与国家的比较描述联系在一起. 然而，在 19 世纪中期，这个术语被重新定义，统计学成为了之前被称为政治算术的新名称.

阿亨瓦尔及其前辈们的工作对统计学的发展有多重要？这很难说. 可以肯定的是，他们的贡献更多的是间接的，而不是直接的. 他们没有留下方法论和一般理论. 但他们确实指出了收集准确数据的必要性，或许更重要的是，他们强化了这样一种观念：有些东西是复杂的，甚至像整个国家一样复杂的事物也可以通过收集其组成部分的信息来有效地研究. 因此，他们为当时日益增长的一种理念提供了重要的支持，即在通向科学真理的道路上，归纳法比演绎法更可靠.

政治算术

在 16 世纪，英国政府开始以教区为基础汇编被称为死亡人数表的记录，其显示了死亡人数和潜在原因. 他们的动机很大程度上源于瘟疫的蔓延，瘟疫在不久以前周期性地肆虐欧洲，并威胁到英国. 某些政府官员，包括很有影响力的托马斯・克伦威尔(Thomas Cromwell)，他们认为这些记录对于控制流行病的蔓延非常有价值. 起初，这些记录只是偶尔公布，但到了 17 世纪早期，形成了每周公布一次的制度[㊀].

㊀ 丹尼尔・笛福(Daniel Defoe)的 *A Journal of the Plague Year* 中对死亡记录进行了有趣的描述，据称该书记述了 1665 年伦敦瘟疫的暴发.

图 1.3.3 展示了 1665 年出现在伦敦的一份记录中的一部分．当我们查看上半部分的数字时，瘟疫流行的严重性非常显而易见：在 97 306 例死亡中，68 596 例(超过 70%)是由瘟疫造成的．其他一些疾病虽然造成的死亡人数较少，但引发了一些有趣的问题．例如，被“惊吓”的 23 个人和遭受“rising of the lights”的 397 个人都发生了什么？

根据伦敦等教区执事向国王陛下提交的报告，本年度的总记录截止到1665年12月19日。我们略去了几个在1625年建立的教区的详情，除了外教区现有12个教区，对结果进行如下总结：

埋葬在城墙内的27个教区中	15 207
有关瘟疫的	9 887
埋葬在城墙外的16个教区中	41 351
有关瘟疫的	28 838
埋葬在传染病医院	159
有关瘟疫的	156
埋葬在Middlesex和surrey的12个外教区中	18 554
有关瘟疫的	21 420
埋葬在Westminster自治区中的5个教区	12 194
有关瘟疫的	8 403
所有洗礼仪式的总数	9 967
今年所有葬礼的总数	97 306
有关瘟疫的	68 596

流产和死胎	617	腹部绞痛	1 288	瘫痪	30
老去	1 545	上吊	7	瘟疫	68 596
疟疾和发热	5 257	头部霉菌感染	14	有打算的	6
中风以及突发疾病	116	黄疸	110	胸膜炎	15
卧病的	10	脓肿	227	中毒	1
被害	5	死于多次事故	46	扁桃腺炎	35
出血	16	国王的恶行	86	佝偻病	535
感冒咳嗽	68	麻疯病	2	Rising of the Lights	397
Collick&Winde	134	昏睡	14	疝气	34
肺痨&结核	4 808	肝脏变大	20	赛马	105
痉挛	2 036	痢疾	18	带状疱疹和猪痘	2
精神错乱	5	烧伤和烫伤	8	溃疡与四肢损伤	82
水肿、臌胀	1 478	中暑	3	脾脏	14
溺水	50	癌症和瘘管病	56	紫色斑疹热	1 929
枪决	21	口疮和鹅口疮	111	胃阻塞	332
天花	655	产褥	625	石淋病	98
死于街头、田野等地	20	夭折的婴儿	1 258	冲浪	1 251
梅毒	86	偏头痛、头痛	12	蛀牙	2 614
惊恐	23	麻疹	7	呕吐	51
痛风、坐骨神经痛	27	谋杀、枪杀	9	皮脂囊肿	8
不幸	46	饥饿	45		

男性洗礼	5 114	女性洗礼	4 853	总计	9 967
埋葬的男性	58 569	埋葬的女性	48 737	总计	97 306

死于瘟疫的	68 596
今年130个教区和传染病医院的葬礼增加	79 009
今年130个教区和传染病医院的瘟疫增加	68 590

图　1.3.3

伦敦商人约翰·格朗特(John Graunt)是这些记录的忠实订阅者之一．格朗特不仅看了那些记录，他还专心研究了．他寻找模型，统计死亡率，设计估算人口规模的方法，甚至建立了原始的生命表．他的研究结果发表在 1662 年的专著 *Natural and Political Observa-*

tions upon the Bills of Mortality 上．这项工作具有里程碑意义：

格朗特开创了生命统计学和人口统计学这两门双生科学，尽管这个名字出现得比较晚，但它也标志着政治算术的开始．（格朗特没等多久就获得了表彰；在他的书出版的那一年，他被选入著名的伦敦皇家学会．）

使格朗特的作品与众不同的最重要的创新就是他的目标．格朗特并不满足于简单地描述一种情况，尽管他很擅长这样做，他经常试图超越数据，做出概括(或者用当前的统计术语来说，就是做出推断)．多亏了这种特殊的思维方式，几乎可以肯定的是，他有资格成为世界上第一位统计学家．格朗特真正缺少的是概率论，而概率论能使他以更数学的方式进行推断．然而，这个理论在几百英里之外的法国才刚刚开始展开[160]．

其他 17 世纪的作家很快就继承了格朗特的思想．威廉・配第(William Petty)的《政治算术》出版于 1690 年，尽管它可能在约 15 年前被写成．（这一运动的名字是配第给取的．）也许更重要的是埃德蒙・哈雷(Edmund Halley)的贡献(他因“哈雷彗星”而闻名)．他主要是一位天文学家，同时也涉足政治算术．1693 年，他写了《根据布雷斯劳城出生和葬礼的统计表对人类死亡率的估计；试图根据生命确定年金的价格》一书(当时的书名很长!)．在数学上，哈雷支持格朗特和其他人建立精确的死亡率表所做出的努力．在此过程中，他为年金的重要理论奠定了基础．今天，所有的人寿保险公司都采用类似于哈雷的方法来确定保险费安排表．（第一家效仿他的公司是成立于 1765 年的公平人寿公司．）

尽管政治算术在最初的活动中进行得如火如荼，但它在 18 世纪并没有得到很好的发展，至少在方法论上没有得到很好的改进．直到 20 世纪后半叶，在提升数据库的质量上有了显著的成就：好几个国家(包括 1790 年的美国)定期进行人口普查．在某种程度上，格朗特和他的追随者感兴趣的问题的回答不得不被推迟，直到概率论得到进一步发展．

凯特勒：催化剂

随着政治算术提供了数据和许多问题，而概率论有望给出严谨的答案，统计学即将诞生．所需要的只是一个催化剂——把两者结合在一起的人．有几个人在这一方面表现突出．杰出的德国数学家和天文学家卡尔・弗里德里希・高斯(Carl Friedrich Gauss)，在展示统计概念如何在物理科学中发挥作用方面特别有帮助．拉普拉斯(Laplace)在法国也做过类似的尝试．但是，也许最配得上“牵线搭桥的人”头衔的是比利时人朗伯・阿道夫・雅克・凯特勒(Lambert Adolphe Jacques Quetelet)．

凯特勒是一位数学家、天文学家、物理学家、社会学家、人类学家和诗人．收集数据是他的爱好之一，他被社会现象的规律性所吸引．在评论犯罪倾向的本质时，他曾写道[76]：

> 因此，我们一年又一年地以悲哀的视角看待同样的罪行以同样的顺序再现，同样的惩罚以同样的程度施加．人类的悲惨处境！……我们可以预先列举出有多少人会让自己的手沾上同伴的鲜血，有多少人是造假者，有多少人是毒害者，我们几乎可以预先列举出将要发生的出生和死亡．我们需要付出的代价也非常有规律，也就是监狱、镣铐和绞刑台．

鉴于这样的定位，凯特勒认为概率论是表述人类行为的一种简练的方法就不足为奇了. 在19世纪的大部分时间里，他大力倡导统计学的发展. 作为100多个学术团体的成员，他的影响是巨大的. 当他在1874年去世时，统计已经被带到了现代的边缘.

1.4 章节总结

概率的概念是所有统计问题的核心. 考虑到这一事实，接下来的两章将仔细研究其中的一些概念. 第2章阐述了概率公理并研究了其结果. 它还介绍了用代数方法解决概率的基本技能，并介绍了组合学，即计数的数学. 第3章从随机变量的角度重新阐述了第2章的大部分内容，随机变量是将概率应用到统计中的一个非常方便的概念. 这些年来，出现的一些特殊的概率测度特别有用：其中最突出的在第4章中进行了概述.

我们对统计的研究从第5章开始，这是对参数估计理论的第一次了解. 第6章介绍了假设检验的概念，这一过程以一种或另一种形式占据了本书的大部分篇幅. 从概念上讲，这些都是非常重要的章节：统计方法论的大多数正式应用将涉及参数估计或假设检验，或两者兼而有之.

在第4章所介绍的概率函数中，正态分布非常重要，值得进一步研究. 第7章详细地推导了正态分布以及一些相关的概率函数的许多性质和应用. 在第9章到第13章中出现的许多支持该方法的理论来自第7章.

第8章介绍了实验设计的一些基本原则. 其目的是提供一个框架来比较和对照第9章到第15章中描述的各种统计过程.

第9章、第12章和第13章延续了第7章的工作，但是将重点放在几个总体的比较上，类似于案例研究1.2.2中所做的工作. 第10章讨论了一个重要的问题，即评估一组数据与概率模型预测的值之间的一致性，这些数据可能来源于此模型. 线性关系在第11章中进行了讨论.

第14章是对非参数统计的介绍. 其目标是制定出一些过程来回答在第7、9、12和13章中提出的一些相同类型的问题，但是最初的假设较少.

第15章是第6版的新增内容. 它介绍了一类广泛的多因子实验，称为析因设计. 这些都是基于第12章和第13章所发展的数学，但是它们的解释是相当微妙的，因为一些或所有的因子之间可能存在“交互作用”.

每一章都包含大量的例子和案例研究，案例研究包括从各种来源(主要是报纸、杂志和技术期刊)获得的实际实验数据. 我们希望这些实际应用将充分清楚地表明，虽然本书的总体方向是理论性的，但是该理论的结果与“现实世界”直接相关.

第 2 章　概率

作为 17 世纪最有影响力的数学家之一，费马在图卢兹以律师和行政人员的身份谋生．他和笛卡儿共同创立了解析几何，但他最重要的成就也许是在数论方面．费马不为发表而写作，他更喜欢给朋友们写信、寄送论文．他与帕斯卡的通信正是概率数学理论发展的开端．

——皮埃尔·费马(1601—1665)

帕斯卡是一名贵族的儿子．他可以称得上是神童，帕斯卡 16 岁时就已经发表了圆锥截面方面的专著．为帮助他父亲进行会计工作，他还发明了一台早期的计算机器．帕斯卡对概率论的贡献源于 1654 年他与费马的通信．那年晚些时候他转入了神学研究．

——布莱士·帕斯卡(1623—1662)

2.1　引言

专家估计，任何已知的 UFO 目击事件为真实的可能性大约为十万分之一．从 20 世纪 50 年代初开始，当局收到了大约一万起的目击事件报告．这些飞行物中至少有一个实际上是外星飞船的概率是多少？1978 年，辛辛那提红人队的 Pete Rose 以连续击出了 44 场安打创造了一项全联盟纪录．考虑到 Rose 整个生涯的打击率是 0.303，这个成就出现的可能性有多小？按照定义，平均自由程是气体分子在碰撞到其他分子前所移动的平均距离．一个分子在两次碰撞之间移动的距离至少是其平均自由程两倍的可能性是多少？假设一个男孩的母亲和父亲都携带镰状细胞贫血症的基因，但均未出现该疾病的症状．他们的儿子也不出现症状的可能性是多少？扑克玩家被发到满堂红(一组牌 3 张同点另 2 张同点)的可能性是多少？掷双骰子者得到他的“点”的概率又是多少？如果一个女人活到了 70 岁，那么她在 90 岁生日前去世的可能性是多大？1994 年，美国众议院议长汤姆·弗利谋求连任．选举后的第二天，竞选结果并没有被任何电视台宣布．他虽然落后于共和党候选人 2 174 张选票，但还有 14 000 张选票未被统计．然而弗利此时却承认竞选失败．他应该等待剩余的选票被开出还是那时候他的失败已经注定了？

正如这些问题的性质和种类所表明的，概率论是一门有着非常广泛的现实和日常应用的学科．一开始作为理解机会游戏的练习，后来被证明处处都有用．也许更值得注意的是，这些各种各样问题的解决办法竟然植根于少数几个定义和定理中．那些结果以及由此产生的解决问题的技巧，是第 2 章的要点．不过，我们还是先回顾一下历史．

概率定义的演变

多年来，概率的定义经历了多次修订．多种定义并没有矛盾之处——变化主要反映了对更广的适用性和更严谨的数学的追求．第一个正式的定义（常常被称为概率的古典定义）归功于吉罗拉莫·卡尔达诺（见 1.3 节）．它只适用于如下情形：(1)可能出现的结果为有限个；(2)所有结果是等可能的．在这些条件下，一个包含 m 个结果的事件发生的概率是比率 m/n，这里 n 是（等可能的）结果总数．例如，掷一个均匀的六面骰子，掷出偶数点（即 2，4 或 6）的概率是 $m/n=\frac{3}{6}$．

虽然卡尔达诺的模型非常适合赌博的情形（它就是为此设计的），但是它不适用更一般的问题：结果不是等可能的，并且/或者结果不是有限个．20 世纪的德国数学家理查德·冯·米塞斯（Richard von Mises）定义的"经验"概率，通常被认为避免了卡尔达诺模型的弱点．在冯·米塞斯的方法中，我们想象一个试验在大致相同的条件下重复了一次又一次．理论上，属于一个给定事件的结果数 m 和试验的总数 n 可以不断被记录．依照冯·米塞斯的方法，给定事件的概率就是比率 m/n（在 n 趋于无穷大时）的极限．图 2.1.1 说明抛掷一枚均匀的硬币出现正面的经验概率：随着抛掷次数的持续增加，比率 m/n 趋于 $\frac{1}{2}$．

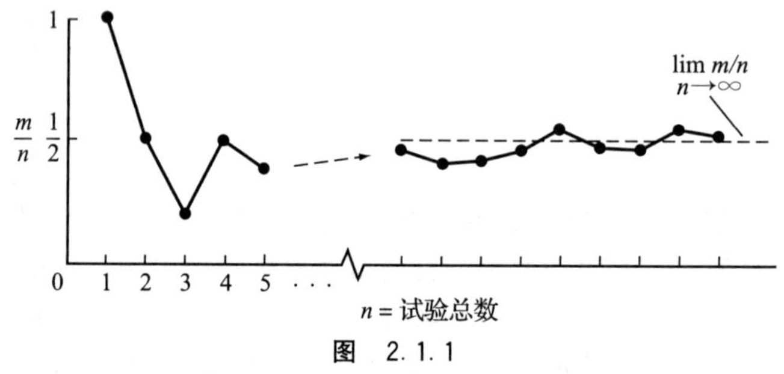

图 2.1.1

冯·米塞斯的方法的确弥补了卡尔达诺模型的某些不足，但它自身也有缺点．例如，它在概念上不自洽，它赞成用 m/n 的极限作为概率的经验定义，但是将试验在相同的条件下重复无限次的做法实际上是不可能的．并且也无法回答如下问题：n 要多大才能使 m/n 成为 $\lim m/n$ 比较好的近似值．

伟大的苏联概率论学者安德雷·柯尔莫哥洛夫（Andrei Kolmogorov）采用了不同的方法．柯尔莫哥洛夫得知许多 20 世纪的数学家成功地使用公理化方法发展学科，他设想概率或许可以用同样的方法来定义，而不是作为比率（如卡尔达诺模型）或者作为极限（如冯·米塞斯模型）．1933 年他出版了《概率论的基础》（*Grundbegriffe der Wahrscheinlichkeitsrechnung*），他的努力成就了一部充满数学优美的杰作．本质上，柯尔莫哥洛夫能够证明最多四个简单公理就构成了所有概率应该满足的充分必要条件．（这些就是 2.3 节中的出发点．）

第 2 章我们从集合论的一些基础（假定大家都熟知的）定义出发．这些很重要，因为概率最终会被定义为集合函数——从集合到数的映射．然后，借助 2.3 节中的柯尔莫哥洛夫公理，我们将学习如何计算和处理各种概率．本章最后介绍组合学——系统计数的数学理论——和它在概率中的应用．

2.2 样本空间和集合代数

学习概率论的出发点是四个关键术语的定义：试验、样本点、样本空间和事件．后面三个定义来自经典集合论，给我们提供了一个熟悉的数学框架来做运算；第一个定义则提供了一个概念性的机制，可以把真实世界现象投射为概率语言．

所谓试验是指满足下列条件的任何过程：(1)理论上可以重复无限多次；(2)有一组定义明确的可能结果．于是，掷一对骰子可以算作试验，测量一位高血压患者的血压和对月球矿石进行光谱分析以确定其中的碳含量都是试验．要求一位通灵者画出另一位通灵者传来的图像就不能算作试验，因为可能的结果不能被列出来、被刻画或者用其他方法定义．

试验的每一个可能结果称为样本点，记作 s，它们的全体称为样本空间，记作 S．为了表示 s 属于 S，我们采用记号 $s\in S$．任何指定的样本点的集合，包括单个样本点的集合、全体样本空间和空集，都构成事件．当试验的结果为事件的组成之一，我们就说该事件发生了．

例 2.2.1 考虑掷一枚硬币三次的试验．样本空间是什么？哪些样本点构成了事件 A：硬币正面出现的次数更多？

这里每个样本点都可看作一个三元有序数组，它的三个分量分别表示第一次、第二次和第三次抛掷的结果(出现正面结果为 H，反面结果为 T)．总共有 8 个不同的三元数组，它们构成了样本空间：

$$S=\{\mathrm{HHH},\mathrm{HHT},\mathrm{HTH},\mathrm{THH},\mathrm{HTT},\mathrm{THT},\mathrm{TTH},\mathrm{TTT}\}$$

通过观察，我们发现 S 中的四个样本点构成了事件 A：

$$A=\{\mathrm{HHH},\mathrm{HHT},\mathrm{HTH},\mathrm{THH}\}$$ ■

例 2.2.2 设想掷两个骰子，一个红色，一个绿色．每个样本点是一个有序数对(红色骰子的点数，绿色骰子的点数)，整个样本空间可以表示成 6×6 的矩阵(见图 2.2.1)．

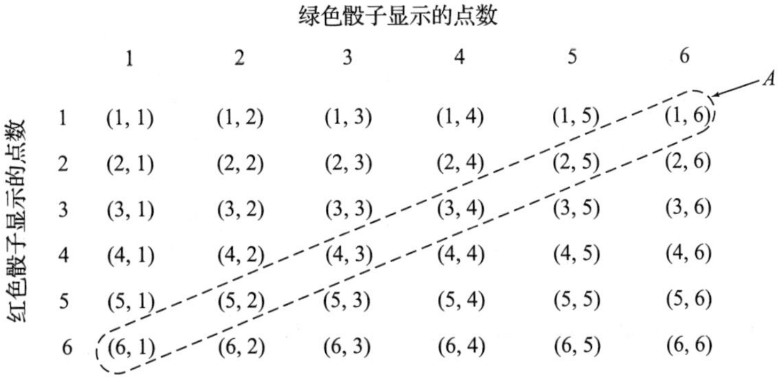

绿色骰子显示的点数

红色骰子显示的点数	1	2	3	4	5	6
1	(1, 1)	(1, 2)	(1, 3)	(1, 4)	(1, 5)	(1, 6)
2	(2, 1)	(2, 2)	(2, 3)	(2, 4)	(2, 5)	(2, 6)
3	(3, 1)	(3, 2)	(3, 3)	(3, 4)	(3, 5)	(3, 6)
4	(4, 1)	(4, 2)	(4, 3)	(4, 4)	(4, 5)	(4, 6)
5	(5, 1)	(5, 2)	(5, 3)	(5, 4)	(5, 5)	(5, 6)
6	(6, 1)	(6, 2)	(6, 3)	(6, 4)	(6, 5)	(6, 6)

A

图 2.2.1

赌徒往往感兴趣的是事件 A：两骰子的点数和为 7．注意到图 2.2.1 中 A 包含的样本点是 6 个对角元(1,6)，(2,5)，(3,4)，(4,3)，(5,2)和(6,1)． ■

例 2.2.3 一家地方电视台招聘两名新闻主持人. 如果三位女士(W_1, W_2, W_3)和两位男士(M_1, M_2)应聘，录用两名主持人的“试验”产生的样本空间包含10个样本点：

$$S = \{(W_1,W_2),(W_1,W_3),(W_2,W_3),(W_1,M_1),(W_1,M_2),(W_2,M_1),(W_2,M_2),(W_3,M_1),(W_3,M_2),(M_1,M_2)\}$$

两个职位相同与否，这重要吗？是的. 比方说，如果电视台想要招聘一个体育主持人和一个天气预报员，那么样本点数为20个：例如，(W_2, M_1)与(M_1, W_2)是不同的职员分配方案. ■

例 2.2.4 试验的样本点数不必是有限的. 假设掷一枚硬币直到反面出现. 如果第一次就出现反面，那么试验的结果是T；如果第二次才出现反面，则结果是HT；以此类推. 当然，理论上，反面可以永远不出现，S的无限性是明显的：

$$S = \{\mathrm{T}, \mathrm{HT}, \mathrm{HHT}, \mathrm{HHHT}, \cdots\}$$ ■

例 2.2.5 试验的样本空间有三种表示方法. 如果样本点的数目比较小，我们可以简单地把它们列举出来，正如例2.2.1至例2.2.3中我们做的那样. 在某些情况下，我们可以通过描述样本点具有的结构来刻画一个样本空间. 这就是我们在例2.2.4中做的. 第三种方法是给出样本点必须满足的数学公式.

计算机程序员运行一个求解一般二次方程$ax^2+bx+c=0$的子程序. 她的“试验”由三个系数a,b和c的选择值组成. 请定义S和事件A：方程有两个相等的实根.

首先，我们必须确定样本空间. 由于假定a，b和c的任何组合都是允许的，我们可以用一系列不等式来刻画S：

$$S = \{(a,b,c): -\infty < a < \infty, -\infty < b < \infty, -\infty < c < \infty\}$$

定义A需要引用代数的著名结果：二次方程有相等实根的充分必要条件是其判别式b^2-4ac为零. 于是A中样本点的a,b和c必须满足方程：

$$A = \{(a,b,c): b^2 - 4ac = 0\}$$ ■

习题

2.2.1 一名工科毕业生申请了三个面试. 她打算依据是否能使她有资格参观工厂把每个面试分为“成功”或者“失败”. 写出正确的样本空间. 事件A“第二次成功发生在第三次面试上”的样本点是什么？事件B“第一次成功从未发生”的样本点是什么？(提示：注意本题与例2.2.1掷硬币试验的相似性.)

2.2.2 掷红、蓝、绿三个骰子. 事件A“三个骰子点数之和等于5”的样本点有哪些？

2.2.3 罐子中有6个小筹码，分别标上1到6六个数字. 任意抽出三个. 事件“数字第二小的筹码是3”的样本点是什么？假定不考虑抽出筹码的顺序.

2.2.4 从一副52张的标准扑克牌中发出两张. 设A是两张牌的点数和为8的事件(假设牌A的点数是1). A包含多少样本点？

2.2.5 在双骰子游戏(掷两个骰子，样本空间是图2.2.1中的矩阵)的术语中，什么是“摇到双四”？

2.2.6 一副扑克牌有52张，包含13个点数(从2到A)和四种花色(方块、红桃、梅花和黑桃). 同花是指5张牌的花色相同但不是顺子. 下图是红桃的一个同花. 令N是红桃中非同花的5张牌的集合. N中的样本点是多少？[注意：扑克中(A,2,3,4,5)被认为是顺子，如同(8,9,10,J,Q).]

		点数												
		2	3	4	5	6	7	8	9	10	J	Q	K	A
花色	方块													
	红桃	×	×				×				×	×		
	梅花													
	黑桃													

2.2.7　设 P 是下述直角三角形的集合：其斜边长为 5 英寸[⊖]，高和长分别为 a 和 b. 请描述 P 的样本空间.

2.2.8　假设一个棒球手上场时想通过不击球而“哄骗”一个保送上垒. 当然，裁判对每一投必须报出坏球和好球. 事件 A“击球手在第六投被保送”由哪些样本点组成？（注意：如果在第三个好球前出现四个坏球，击球手将被保送.）

2.2.9　一个电话销售员计划设立一个电话银行，通过庞氏骗局来诈骗. 根据他过去的经验，一个电话有一半时间会占线. 对于一个电话的指定时间，用 0 表示电话空闲，用 1 表示电话占线. 假设电话销售员的“银行”由四部电话组成：

(a) 写出样本空间的结果.

(b) 事件“恰有两部电话占线”由哪些样本点组成？

(c)假设电话销售员有 k 部电话，最多一部电话可以被接听的可能性有多少样本点？（提示：多少线路被占线？）

2.2.10　两支飞镖被投在下面的靶上：

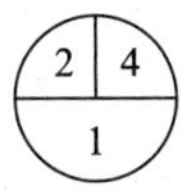

(a) 令(u,v)表示第一镖投在区域 u，第二镖投在区域 v. 列出(u,v)的样本空间.

(b) 列出 $u+v$ 的样本空间的样本点.

2.2.11　一个妇女的包被两个青少年抢走. 后来她被警察请来辨认 5 个嫌疑人，其中包括两个犯罪者. 试验“妇女选出两个嫌疑人”的样本空间是什么？事件 A“她至少认错一人”的样本点是哪些？

2.2.12　考虑二次方程 $ax^2+bx+c=0$ 选择系数的试验. 事件 A“方程有两个复数根”相应的 a,b 和 c 取值如何？

2.2.13　在双骰子游戏中，投手如果第一次摇出 7 或 11 点即胜，如果第一次摇出 2，3 或 12 点，即输. 如果第一次他摇出其他点数，比如说 9 点，该点就成了他的目标点，他继续摇骰子，如果再摇出 9 点他就胜，如果摇出 7 点他就输. 事件“投手用 9 点胜”包含的样本点是哪些？

2.2.14　一个具有概率思想的暴君给已定罪的谋杀犯一个最后获释的机会. 犯人得到 20 个筹码，10 个白色，10 个黑色. 所有 20 个筹码可以按照犯人希望的方式放入两个罐子中，前提条件是每个罐子中至少有一个筹码. 行刑者将随机选择一个罐子并从中抽出一个筹码. 如果筹码是白色的，犯人将被释放，如果是黑色的，他将死亡. 描述犯人可能的分配方案的样本空间是什么.（直观地讲，什么样的方案使犯人生存机会最大？）

2.2.15　假设在离午夜还剩一分钟的时候，将 10 个筹码(编号从 1 到 10)放入一个罐子中，然后 1 号筹码被迅速移出. 在离午夜还剩半分钟的时候，编号 11 到 20 的筹码加入罐中，然后 2 号被迅速移出. 在离午夜还剩四分之一分钟的时候，编号 21 到 30 的筹码加入罐中，然后 3 号被迅速移出. 这个过程持续进行，午夜的时候罐子里有多少筹码[157]？

⊖　1 英寸＝0.025 4 米. ——编辑注

并集、交集和补集

与定义在样本空间上的事件相关的几个运算被合称为集合代数．这些法则规定了事件与事件之间的关系．例如，在习题 2.2.13 的双骰子游戏中，投手如果在首轮中摇出了 7 点或者 11 点，他就胜出．使用集合代数的语言，“投手摇出 7 点或者 11 点”是两个简单事件“投手摇出 7 点”与“投手摇出 11 点”的并集．若 E 表示并集，A 和 B 表示组成并集的两个事件，我们写作 $E=A\cup B$．下面几个定义和例子说明了集合代数相关内容，它们在后面章中特别有用．

定义 2.2.1 设 A 和 B 是定义在同一样本空间 S 上的两个事件．则

a. A 与 B 的交，记作 $A\cap B$，是由 A 与 B 公共的样本点组成的事件．

b. A 与 B 的并，记作 $A\cup B$，是由属于 A 或属于 B 或同时属于两者的样本点组成的事件．

例 2.2.6 从一副扑克牌中抽出一张．用 A 表示抽出 A 的事件：

$$A=\{\text{红桃 A},\text{方块 A},\text{梅花 A},\text{黑桃 A}\}$$

B 表示抽出红桃的事件：

$$B=\{\text{红桃 2},\text{红桃 3},\cdots\cdots,\text{红桃 A}\}$$

那么

$$A\cap B=\{\text{红桃 A}\}$$

和

$$A\cup B=\{\text{红桃 2},\text{红桃 3},\cdots\cdots,\text{红桃 A},\text{方块 A},\text{梅花 A},\text{黑桃 A}\}$$

（设事件 C 表示“抽出梅花”，$B\cup C$ 中有哪些牌？$B\cap C$ 呢？） ■

例 2.2.7 用 A 表示方程 $x^2+2x=8$ 的解 x 的集合，B 表示方程 $x^2+x=6$ 的解集．求 $A\cap B$ 和 $A\cup B$．

因为第一个方程可以因式分解为 $(x+4)(x-2)=0$，其解集是 $A=\{-4,2\}$．同样，第二个方程可以写成 $(x+3)(x-2)=0$，得到 $B=\{-3,2\}$．因此

$$A\cap B=\{2\}$$

和

$$A\cup B=\{-4,-3,2\}$$ ■

例 2.2.8 考虑图 2.2.2 的电路．用 A_i 表示事件“开关 i 开路”，$i=1,2,3,4$．用 A 表示事件“电路断路”．请将 A 用 A_i 表示出来．

把开关①和②叫作线路 a；开关③和④叫作线路 b．经观察，电路断路仅当线路 a 和线路 b 同时断路．但是线路 a 断路仅当①或②（或同时）断开．也就是说，事件线路 a 断路是并集 $A_1\cup A_2$．同样，线路 b 断路是并集 $A_3\cup A_4$．于是，事件“电路断路”是交集

$$A=(A_1\cup A_2)\cap(A_3\cup A_4)$$ ■

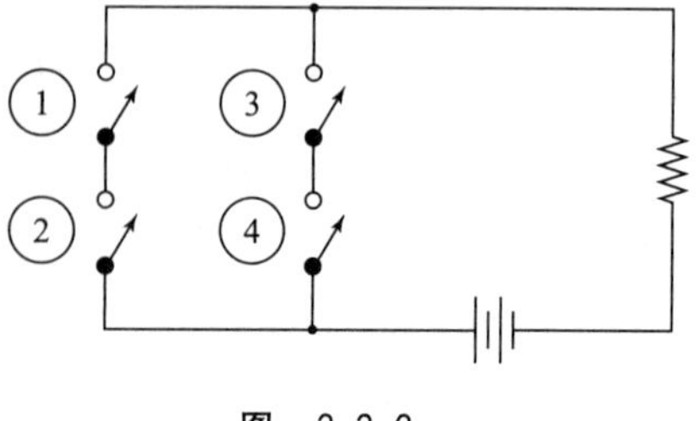

图 2.2.2

定义 2.2.2 如果定义在同一样本空间上的事件 A 与 B 没有公共的样本点，即 $A\cap B=\varnothing$，则它们称作互斥，这里 $\varnothing$ 表示空集．

例 2.2.9 考虑掷双骰子一次．定义事件 A 为摇出的点数和是奇数．事件 B 为摇出的两个点数都是奇数．显然，它们的交集是空集，因为两个奇数的和必为偶数．用符号表示为

$A\cap B=\varnothing$.（参见例 2.2.6 事件 $B\cap C$ 的含义.） ■

定义 2.2.3 设 A 是定义在样本空间 S 上的任意事件. A 的补集，记作 A^C，是由 S 中不在 A 的样本点全体组成的事件.

例 2.2.10 设 A 是满足 $x^2+y^2<1$ 的 (x,y) 的集合. 在 xy-平面上画出 A^C 对应的区域.

由解析几何我们知道 $x^2+y^2<1$ 表示圆心在原点，半径为 1 的圆的内部. 图 2.2.3 表示其补集——圆周上的点和圆周外的点. ■

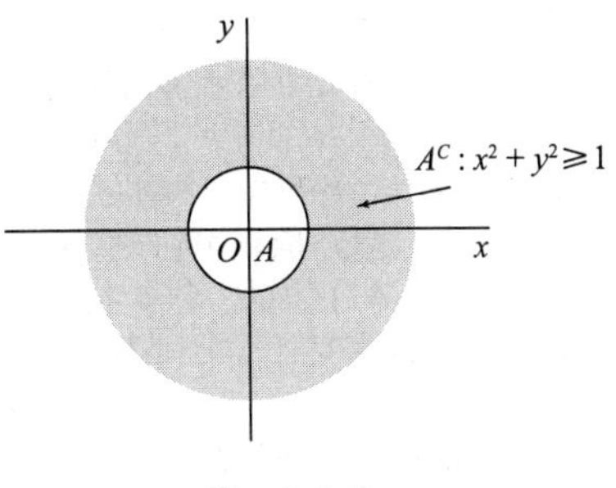

图 2.2.3

并集和交集的概念很容易推广到多于两个事件的情形. 例如，$A_1\cup A_2\cup\cdots\cup A_k$ 表示属于任何一个 A_i（或者属于任何 A_i 的组合）的样本点的集合. 同样，$A_1\cap A_2\cap\cdots\cap A_k$ 表示属于所有 A_i 的样本点的集合.

例 2.2.11 设事件 $A_1,A_2,\cdots,A_k$ 表示实数区间：

$$A_i=\{x:0\leqslant x<1/i\},\quad i=1,2,\cdots,k$$

描述集合 $A_1\cup A_2\cup\cdots\cup A_k=\bigcup_{i=1}^{k}A_i$ 和 $A_1\cap A_2\cap\cdots\cap A_k=\bigcap_{i=1}^{k}A_i$.

注意到 A_i 是嵌套的集合. 亦即，A_1 是区间 $0\leqslant x<1$，A_2 是区间 $0\leqslant x<\frac{1}{2}$，以此类推. 于是得到 k 个 A_i 的并就是 A_1，同时，A_i 的交（它们的重叠部分）即是 A_k. ■

习题

2.2.16 如果

$$A=\{(x,y):0<x<3,0<y<3\}$$

和

$$B=\{(x,y):2<x<4,2<y<4\}$$

请在 xy-平面上画出 $A\cup B$ 和 $A\cap B$ 对应的区域.

2.2.17 参照例 2.2.7，如果两个方程被替换为不等式 $x^2+2x\leqslant 8$ 和 $x^2+x\leqslant 6$，求 $A\cap B$ 和 $A\cup B$.

2.2.18 若 $A=\{x:0\leqslant x\leqslant 4\}$，$B=\{x:2\leqslant x\leqslant 6\}$，$C=\{x:x=0,1,2,\cdots\}$，求 $A\cap B\cap C$.

2.2.19 一个电子系统的四个部件分为两组. 每组中的两个部件并联，且两组串联. 设 A_{ij} 表示事件"第 j 组中的第 i 个部件故障"，$i=1,2$；$j=1,2$. 设 A 表示"系统故障". 将 A 用 A_{ij} 表示出来.

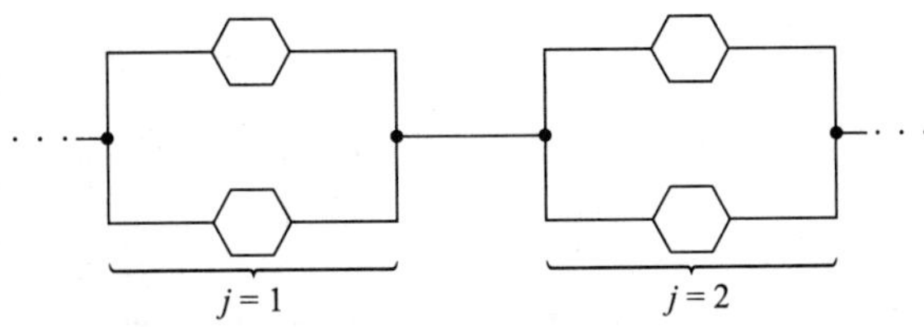

2.2.20 定义 $A=\{x:0\leqslant x\leqslant 1\}$，$B=\{x:0\leqslant x\leqslant 3\}$，$C=\{x:-1\leqslant x\leqslant 2\}$. 画出下列点集.

(a) $A^C\cap B\cap C$ (b) $A^C\cup(B\cap C)$ (c) $A\cap B\cap C^C$ (d) $[(A\cup B)\cap C^C]^C$

2.2.21 设 A 是从一副 52 张扑克牌中发出的所有顺子（5 张牌）的集合，例如（红桃 7，黑桃 8，黑桃 9，红桃 10，方块 J）. B 是所有同花（5 张牌）的集合. 事件 $A\cap B$ 中有多少样本点？

2.2.22 单词

$$T\ E\ S\ S\ E\ L\ L\ A\ T\ I\ O\ N$$

中共有12个字母，将它们的每一个分别写在筹码上．定义事件F，R和V如下：

F：字母表前一半的字母　　R：重复的字母　　V：元音字母

下列事件由哪些筹码组成？

(a)$F\cap R\cap V$　　(b)$F^C\cap R\cap V^C$　　(c)$F\cap R^C\cap V$

2.2.23 设A，B和C是样本空间S上的任意三个事件．证明

(a) $A\cup(B\cap C)$的样本点与$(A\cup B)\cap(A\cup C)$相同．

(b) $A\cap(B\cup C)$的样本点与$(A\cap B)\cup(A\cap C)$相同．

2.2.24 设$A_1,A_2,\cdots,A_k$是样本空间S上的任意事件．事件

$$(A_1\cup A_2\cup\cdots\cup A_k)\cup(A_1^C\cap A_2^C\cap\cdots\cap A_k^C)$$

的样本点是什么？

2.2.25 设A，B和C是样本空间S上的任意三个事件．证明并和交的运算都满足结合律：

(a)$A\cup(B\cup C)=(A\cup B)\cup C=A\cup B\cup C$

(b)$A\cap(B\cap C)=(A\cap B)\cap C=A\cap B\cap C$

2.2.26 假设三个事件A，B和C定义在样本空间S上．用并、交和补运算表示下列事件：

(a) 三个事件都不发生　　(b) 三个事件都发生

(c) 只有事件A发生　　(d) 恰有一个事件发生

(e) 恰有两个事件发生

2.2.27 如果事件A和B满足以下条件，那么我们将得到什么结论？

(a)$A\cup B=B$　　(b)$A\cap B=A$

2.2.28 设事件A，B和样本空间S定义为如下的区间：

$$S=\{x:0\leqslant x\leqslant 10\}$$
$$A=\{x:0<x<5\}$$
$$B=\{x:3\leqslant x\leqslant 7\}$$

请描述下列事件：

(a)A^C　　(b)$A\cap B$　　(c)$A\cup B$

(d)$A\cap B^C$　　(e)$A^C\cup B$　　(f)$A^C\cap B^C$

2.2.29 将一枚硬币掷4次，记录下出现正面和反面的顺序．定义事件A，B和C如下：

A：恰好出现两次正面　　B：正面和反面交替出现

C：前两次出现的是正面

(a)哪些事件是互斥的？　　(b)哪些事件是其他事件的子集？

2.2.30 如下是两幅组织结构图，描述了高层管理人员审查新提案方式．在这两个模型中，三位副总裁(1，2和3)每人发表一个观点．

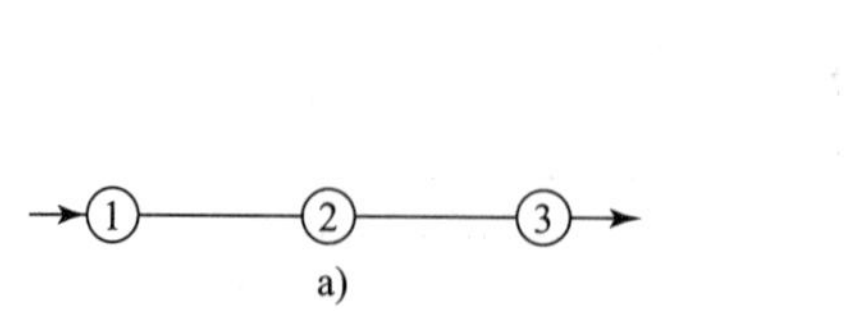

a)

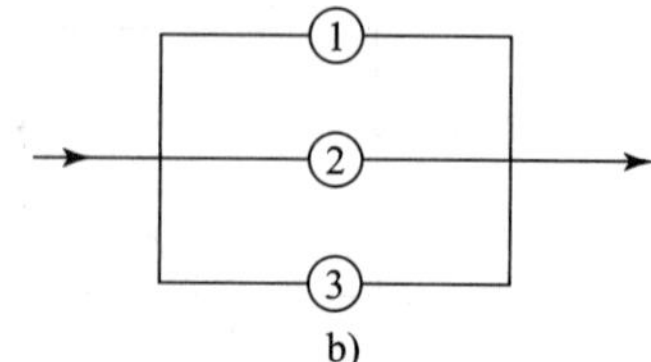

b)

对于图a，三位必须都同意，提案才能通过；对于图b，只要三位中的任一位赞同，提案都可通过．令A_i表示副总裁i赞同提案，$i=1,2,3$，A表示提案通过．在两种办公规程下，用A_i表示A．在什么情形下一个制度可能比另一个制度更合适？

用图表示事件：维恩图

两个或两个以上事件之间的关系有时候很难只用方程或者文字表述清楚．用维恩图的

方式来表示事件是一个非常有效的替代方式. 图 2.2.4 给出了交、并、补和互斥事件的维恩图. 在每种情形中，阴影部分对应于所求事件.

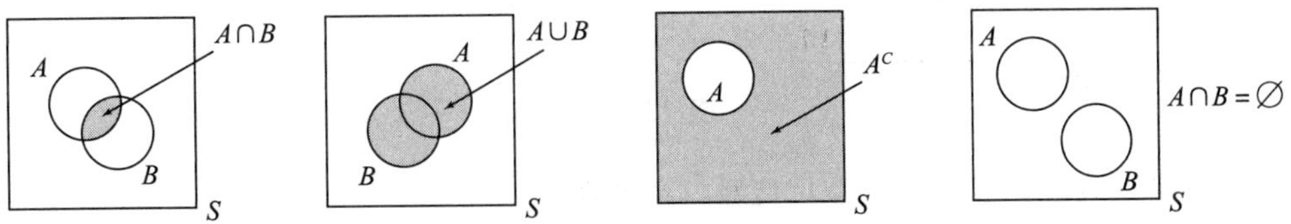

图 2.2.4　维恩图

例 2.2.12　如果两事件 A 和 B 定义在样本空间上，我们常常需要考虑

a. 两事件中恰有一个发生的事件

b. 两事件中至多有一个发生的事件

如果我们使用维恩图，上述事件的表示则比较容易.

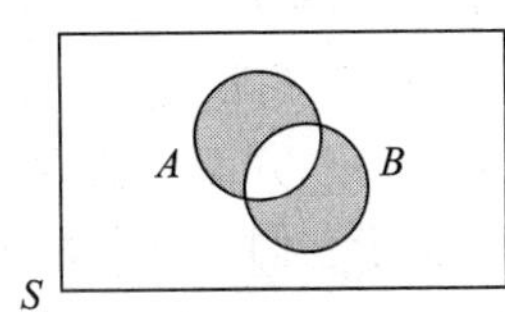

图　2.2.5

图 2.2.5 中的阴影部分代表了事件 E，即要么事件 A 发生，要么事件 B 发生，但不同时发生(也就是，恰有一个发生).

看着图我们可以给出 E 的表达式. 例如，A 包含在 E 中的部分是 $A\cap B^C$. 同样，B 包含在 E 中的部分是 $B\cap A^C$. 于是，E 可以写成并集

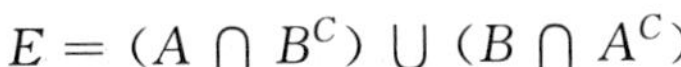

$$E=(A\cap B^C)\cup(B\cap A^C)$$

(自行证明该等价表达式 $E=(A\cap B)^C\cap(A\cup B)$.)

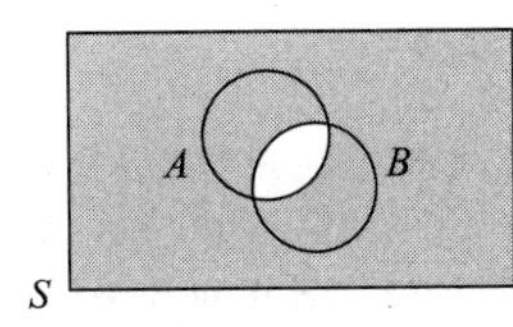

图　2.2.6

图 2.2.6 给出了事件 F，即两事件中至多有一个发生. 因为 F 包含了除同属于 A 和 B 之外的所有样本点，我们可以写出

$$F=(A\cap B)^C$$

■

本节最后一个例子给出“验证”事件运算恒等式的两种方法. 第一种方法不太严密，使用了维恩图. 第二种是正式的方法. 在这个方法中，我们将证明等式左边的样本点都属于右边，反之亦然. 关于交对并的分配律特别有用，将在这里建立其恒等式.

例 2.2.13　A，B 和 C 是定义在样本空间 S 上的三个事件. 证明

$$A\cap(B\cup C)=(A\cap B)\cup(A\cap C) \tag{2.2.1}$$

图 2.2.7 画出了 B 和 C 的并集与 A 的交. 类似地，图 2.2.8 给出了 A 和 B 的交集与 A 和 C 的交集的并. 此时我们发现等式是成立的：图 2.2.7 和图 2.2.8 右边的阴影部分是相同的. 但是，这仍然不是证明. 我们最初画的事件可能对一般性问题是无效的. 例如，当 C 与 A 或者 B 互斥的时候，我们能否肯定公式(2.2.1)仍然成立？或者当 B 是 A 的真子集时呢？

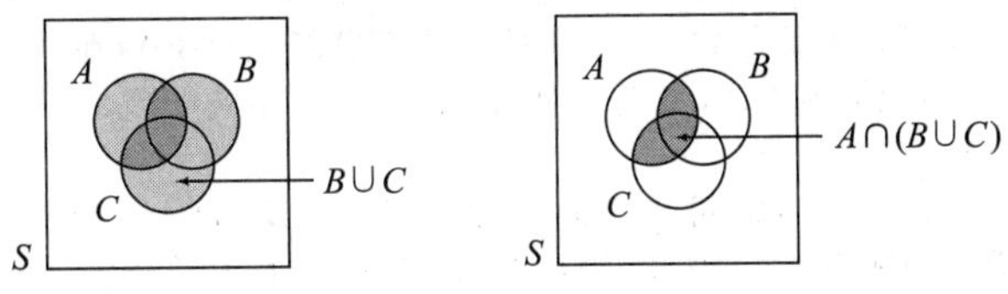

图　2.2.7

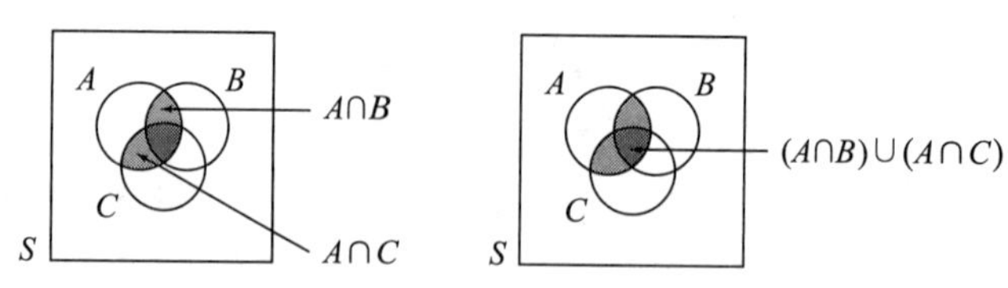

图 2.2.8

作为严谨的解法，我们需要使用代数方法证明

(1)$A\cap(B\cup C)$包含在$(A\cap B)\cup(A\cap C)$中.

(2)$(A\cap B)\cup(A\cap C)$包含在$A\cap(B\cup C)$中.

为此，令$s\in A\cap(B\cup C)$. 于是，$s\in A$并且$s\in B\cup C$. 但是，如果$s\in B\cup C$，那么$s\in B$或者$s\in C$. 若$s\in B$，则$s\in A\cap B$，且有$s\in(A\cap B)\cup(A\cap C)$. 同样，若$s\in C$，可以推出$s\in(A\cap B)\cup(A\cap C)$. 因此，$A\cap(B\cup C)$中的每个样本点也包含在$(A\cap B)\cup(A\cap C)$中. 另一方面，假设$s\in(A\cap B)\cup(A\cap C)$. 于是，要么$s\in A\cap B$，要么$s\in A\cap C$(或者同时属于它们). 假设$s\in A\cap B$. 那么$s\in A$且$s\in B$，这就意味着$s\in A\cap(B\cup C)$. 若$s\in A\cap C$，结论同样成立. 因此，$(A\cap B)\cup(A\cap C)$中的每个样本点包含在$A\cap(B\cup C)$中. 由此可见，$A\cap(B\cup C)$与$(A\cap B)\cup(A\cap C)$是相等的. ■

习题

2.2.31 在开学第一周，最新的《蜘蛛侠》电影在州立大学上演了两场. 6 000名大一新生中有850人看了第一场，690人看了第二场，有4 700人却一场未看. 那么有多少人看了两场?

2.2.32 设A和B是任意两事件. 请用维恩图证明:

(a) 交集的补是补集的并:

$$(A\cap B)^C=A^C\cup B^C$$

(b) 并集的补是补集的交:

$$(A\cup B)^C=A^C\cap B^C$$

(这两个结果称为德摩根定律.)

2.2.33 设A，B和C是任意三事件. 请用维恩图证明:

(a)$A\cap(B\cup C)=(A\cap B)\cup(A\cap C)$　　(b)$A\cup(B\cap C)=(A\cup B)\cap(A\cup C)$

2.2.34 设A，B和C是任意三事件. 请用维恩图证明:

(a)$A\cup(B\cup C)=(A\cup B)\cup C$

(b)$A\cap(B\cap C)=(A\cap B)\cap C$

2.2.35 A和B是定义在样本空间S上的任意两事件. 下列集合中哪些是其他集合的子集?

A　　B　　$A\cup B$　　$A\cap B$　　$A^C\cap B$　　$A\cap B^C$　　$(A^C\cup B^C)^C$

2.2.36 利用维恩图，给出下列事件的等价表达式:

(a)$(A\cap B^C)^C$　　(b)$B\cup(A\cup B)^C$　　(c)$A\cap(A\cap B)^C$

2.2.37 过去几年总共有1 200名州立工学院毕业生进入医学院学习. 其中，1 000人在医学院入学考试(MCAT)中取得27及以上的分数，400人的平均学分绩点(GPA)在3.5及以上. 此外，有300人MCAT在27及以上同时GPA在3.5及以上. 进入医学院的这1 200人中，有多少人MCAT在27以下且GPA在3.5以下?

2.2.38 设A，B和C是定义在样本空间S上的任意三事件. 设$N(A)$，$N(B)$，$N(C)$，$N(A\cap B)$，$N(A\cap C)$，$N(B\cap C)$和$N(A\cap B\cap C)$表示与A，B和C有关的全部交集所包含的样本点数. 利用维恩图给出$N(A\cup B\cup C)$的一个表达式. [提示: 从$N(A)+N(B)+N(C)$出发，利用维恩图

给出“修正”，使其最终等于 $N(A\cup B\cup C)$.]作为先例，注意到 $N(A\cup B)=N(A)+N(B)-N(A\cap B)$. 这里，在两事件的情形中，减去 $N(A\cap B)$就是“修正”.

2.2.39 由一个潜在总统候选人安排的民意调查问了两个问题：(1)你是否支持候选人在税收方面的立场？(2)你是否支持候选人在国土安全方面的立场？总共收到 1 200 份回答；其中 600 份对第一个问题回答“是”，400 份对第二个问题回答“是”. 如果 300 份对税收问题回答“否”而对国土安全问题回答“是”，那么多少份对税收问题回答“是”而对国土安全问题回答“否”？

2.2.40 设 A 和 B 是定义在样本空间 S 上的两事件. $N(A\cap B^C)=15$，$N(A^C\cap B)=50$，以及 $N(A\cap B)=2$. 给定 $N(S)=120$，多少样本点既不属于 A 又不属于 B？

2.3 概率函数

在 2.2 节引入一对相辅相成的概念“试验”和“样本空间”后，我们开始正式探究最重要的问题：赋予一个试验结果概率，更一般地说，赋予一个事件概率. 具体地讲，若 A 是定义在样本空间 S 上的任意事件，符号 $P(A)$表示 A 的概率，我们称 P 为概率函数. 实质上，它是一个从集合(即事件)到数的映射. 我们讨论的背景是集合论中的并集、交集和补集，出发点是 2.1 节中最初由柯尔莫哥洛夫阐述的公理体系.

如果 S 的元素有有限多个，柯尔莫哥洛夫证明了仅仅三个公理就构成了描述概率函数 P 的充分和必要条件：

公理 1 设 A 是定义在 S 上的任意事件，则 $P(A)\geqslant 0$.

公理 2 $P(S)=1$.

公理 3 设 A 和 B 是定义在 S 上的任何互斥事件，则

$$P(A\cup B)=P(A)+P(B)$$

当 S 的元素有无限多个，则需要第四个公理：

公理 4 设 $A_1,A_2,\cdots$是定义在 S 上的事件. 如果对每对 $i\neq j$，有 $A_i\cap A_j=\varnothing$，那么

$$P(\bigcup_{i=1}^{\infty}A_i)=\sum_{i=1}^{\infty}P(A_i)$$

从这些简单的表述里就可得到概率函数满足的普遍法则——无论函数采用什么样的数学形式，都必须遵守的法则.

P 的基本性质

柯尔莫哥洛夫公理的一些直接结果在定理 2.3.1 到定理 2.3.6 中给出. 尽管这些性质很简单，但它们在解决各种各样问题的时候特别有用.

定理 2.3.1 $P(A^C)=1-P(A)$.

证明 由公理 2 和定义 2.2.3，得

$$P(S)=1=P(A\cup A^C)$$

但 A 和 A^C 互斥，于是

$$P(A\cup A^C)=P(A)+P(A^C)$$

即得到结果.

定理 2.3.2 $P(\varnothing)=0$.

证明 由于$\varnothing=S^C$，$P(\varnothing)=P(S^C)=1-P(S)=0$.

定理 2.3.3　若 $A \subset B$，则 $P(A) \leqslant P(B)$.

证明　注意到事件 B 可以写成

$$B = A \cup (B \cap A^C)$$

这里 A 和 $B \cap A^C$ 互斥．于是

$$P(B) = P(A) + P(B \cap A^C)$$

因为 $P(B \cap A^C) \geqslant 0$，这意味着 $P(B) \geqslant P(A)$.

定理 2.3.4　对于任意事件 A，$P(A) \leqslant 1$.

证明　可由定理 2.3.3 直接推出，因为 $A \subset S$ 且 $P(S)=1$.

定理 2.3.5　设 $A_1, A_2, \cdots, A_n$ 是定义在 S 上的事件．如果对每对 $i \neq j$，有 $A_i \cap A_j = \varnothing$，那么

$$P\left(\bigcup_{i=1}^{n} A_i\right) = \sum_{i=1}^{n} P(A_i)$$

证明　从公理 3 出发，直接用归纳法推出.

定理 2.3.6　$P(A \cup B) = P(A) + P(B) - P(A \cap B)$.

证明　$A \cup B$ 的维恩图显然表明定理成立(见图 2.2.4)．更正式地，由公理 3 我们有

$$P(A) = P(A \cap B^C) + P(A \cap B)$$

和

$$P(B) = P(B \cap A^C) + P(A \cap B)$$

把两个等式加起来得到

$$P(A) + P(B) = [P(A \cap B^C) + P(B \cap A^C) + P(A \cap B)] + P(A \cap B)$$

由定理 2.3.5 知，方括号中的和为 $P(A \cup B)$．从等式两边减去 $P(A \cap B)$，即得到结果.

下面的结果是定理 2.3.6 的推广，考虑 n 个事件并集的概率．出于教学原因，我们保留两事件的情形——$P(A \cup B)$，将其作为一个单独的定理.

定理 2.3.7　设 $A_1, A_2, \cdots, A_n$ 是定义在 S 上的任意 n 个事件．那么

$$P\left(\bigcup_{i=1}^{n} A_i\right) = \sum_{i=1}^{n} P(A_i) - \sum_{i<j} P(A_i \cap A_j) + \sum_{i<j<k} P(A_i \cap A_j \cap A_k) - \sum_{i<j<k<l} P(A_i \cap A_j \cap A_k \cap A_l) + \cdots + (-1)^{n+1} \cdot P(A_1 \cap A_2 \cap \cdots \cap A_n)$$

证明　定理 2.3.7 的证明基本上就是在记录簿上练习．由定义，集合 $A_1 \cup A_2 \cup \cdots \cup A_n$ 的样本点要么属于各个 A_i，要么属于 A_i 的交集．定理 2.3.7 的等式右边采用的计数模式为交替包含或排除样本点组成的子集，使得在计算 $P(A_1 \cup A_2 \cup \cdots \cup A_n)$ 的时候 $A_1 \cup A_2 \cup \cdots \cup A_n$ 中的每个样本点出现且仅出现一次.

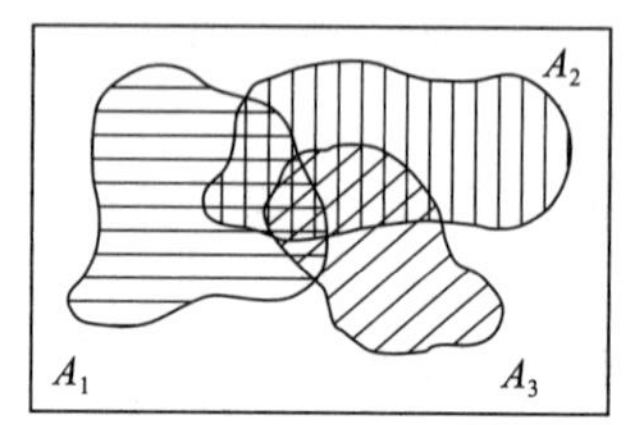

图　2.3.1

例如，考虑三个事件 A_1，A_2 和 A_3 的并集，如图 2.3.1 所示.

注意，把 $P(A_1)$，$P(A_2)$ 和 $P(A_3)$ 直接加起来，将使 $P(A_1 \cap A_2)$，$P(A_1 \cap A_3)$ 和 $P(A_2 \cap A_3)$ 都加了两次，而

$P(A_1 \cap A_2 \cap A_3)$被加了三次. 显然，“修正”步骤需要减去与 $A_1 \cap A_2$，$A_1 \cap A_3$ 和 $A_2 \cap A_3$ 相关的概率并加上与 $A_1 \cap A_2 \cap A_3$ 相关的概率，因为后者被加上三次又被减去三次. 因此，

$$\begin{aligned}P(A_1 \cup A_2 \cup A_3) &= \sum_{i=1}^{3} P(A_i) - \sum_{i<j} P(A_i \cap A_j) + (-1)^{3+1} P(A_1 \cap A_2 \cap A_3) \\ &= P(A_1) + P(A_2) + P(A_3) - P(A_1 \cap A_2) - P(A_1 \cap A_3) - \\ &\quad P(A_2 \cap A_3) + P(A_1 \cap A_2 \cap A_3)\end{aligned}$$

定理的正式证明需要组合学的知识，其相关内容将在 2.6 节讲解.

例 2.3.1 设 A 和 B 是定义在样本空间 S 上的两事件，且 $P(A)=0.3$，$P(B)=0.5$，$P(A \cup B)=0.7$. 计算(a) $P(A \cap B)$，(b) $P(A^C \cup B^C)$，(c) $P(A^C \cap B)$.

a. 对定理 2.3.6 中的项进行移项，可得到交集概率的一般表达式：

$$P(A \cap B) = P(A) + P(B) - P(A \cup B)$$

此时

$$P(A \cap B) = 0.3 + 0.5 - 0.7 = 0.1$$

b. 图 2.3.2 中交叉阴影线部分对应 A^C 和 B^C. 而 A^C 和 B^C 的并集由具有单向阴影线或者双向阴影线的区域组成. 通过观察，S 不在 $A^C \cup B^C$ 中的部分只有交集 $A \cap B$. 由定理 2.3.1，得

$$P(A^C \cup B^C) = 1 - P(A \cap B) = 1 - 0.1 = 0.9$$

c. 事件 $A^C \cap B$ 对应图 2.3.3 中双向阴影线区域——B 中除与 A 相交之外的部分. 于是

$$P(A^C \cap B) = P(B) - P(A \cap B) = 0.5 - 0.1 = 0.4$$

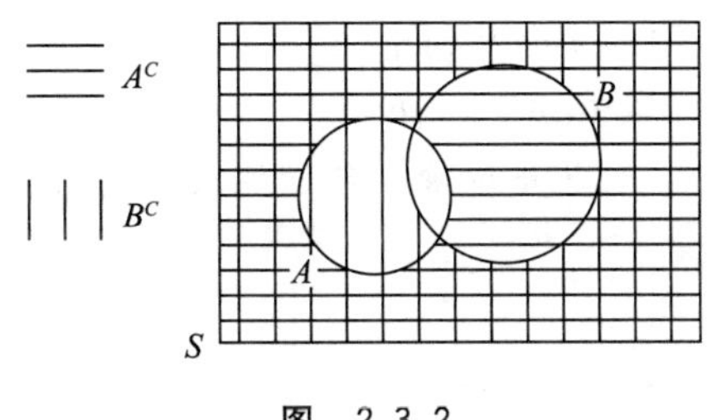

图 2.3.2

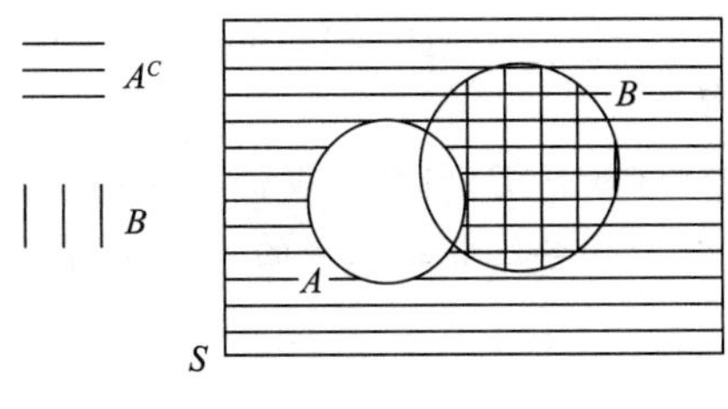

图 2.3.3

■

例 2.3.2 对于定义在样本空间 S 上的任意两事件 A 和 B，证明：

$$P(A \cap B) \geqslant 1 - P(A^C) - P(B^C)$$

由例 2.3.1a 和定理 2.3.1，得

$$P(A \cap B) = P(A) + P(B) - P(A \cup B) = 1 - P(A^C) + 1 - P(B^C) - P(A \cup B)$$

而由定理 2.3.4 知 $P(A \cup B) \leqslant 1$，于是

$$P(A \cap B) \geqslant 1 - P(A^C) - P(B^C)$$ ■

例 2.3.3 从一副扑克牌中依次抽出两张. 第 2 张牌的点数比第 1 张牌大的概率是多少？

令 A_1，A_2 和 A_3 分别表示事件“第 1 张牌的点数小”“第 1 张牌的点数大”和“两张牌点数相同”. 显然，三个 A_i 是互斥的且代表了所有的情形，由定理 2.3.5 知，

$$P(A_1 \cup A_2 \cup A_3) = P(A_1) + P(A_2) + P(A_3) = P(S) = 1$$

第 1 张牌被抽出后，与它点数相同的第 2 张牌只有三种选择，亦即 $P(A_3)=\frac{3}{51}$. 此外，对称性要求 $P(A_1)=P(A_2)$，于是

$$2P(A_2)+\frac{3}{51}=1$$

则

$$P(A_2)=\frac{8}{17}$$ ■

例 2.3.4 经过艰苦努力，Biff 成功完成了两年化学、一年物理和一年生物的课程，他决定试着申请医学院，将自己的 MCAT 成绩寄给学院 X 和学院 Y. 根据朋友们的成功经验，他估计被 X 学院录取的概率是 0.7，被 Y 学院录取的概率是 0.4. 他觉得也存在 75%的机会至少被一所学院拒绝. 问他至少被一所学院录取的概率是多少？

设 A 代表事件“X 学院录取他”，B 代表事件“Y 学院录取他”. 据题意，$P(A)=0.7$，$P(B)=0.4$，$P(A^C\cup B^C)=0.75$. 问题是求 $P(A\cup B)$.

由定理 2.3.6 知，

$$P(A\cup B)=P(A)+P(B)-P(A\cap B)$$

由习题 2.2.32 知，$A^C\cup B^C=(A\cap B)^C$，则

$$P(A\cap B)=1-P((A\cap B)^C)=1-0.75=0.25$$

由此可见，Biff 的前途还是比较光明的——他有 85%的机会进入医学院学习：

$$P(A\cup B)=0.7+0.4-0.25=0.85$$ ■

注释 注意到 $P(A\cup B)$随 $P(A^C\cup B^C)$成正比：

$$\begin{aligned}P(A\cup B)&=P(A)+P(B)-[1-P(A^C\cup B^C)]\\&=P(A)+P(B)-1+P(A^C\cup B^C)\end{aligned}$$

如果 $P(A)$和 $P(B)$固定，我们得到一个有趣的结论：Biff 至少被一所学院录取的机会随着他至少被一所学院拒绝机会的增大而增加.

习题

2.3.1 据一个面向家庭的游说团体称，电视上的粗俗语言和暴力画面太多了. 他们筛选的电视节目中，有 42%语言粗俗，27%过于暴力，10%同时具有语言和暴力问题. 符合该团体标准的节目占多少百分比？

2.3.2 A 和 B 是定义在样本空间 S 上的任意两事件. 假设 $P(A)=0.4$，$P(B)=0.5$，$P(A\cap B)=0.1$. A 或 B 发生但不同时发生的概率是多少？

2.3.3 将下列概率用 $P(A)$，$P(B)$和 $P(A\cap B)$表示出来.
(a)$P(A^C\cup B^C)$　　(b)$P(A^C\cap(A\cup B))$

2.3.4 A 和 B 是定义在样本空间 S 上的两事件. 如果至少有一个发生的概率是 0.3，且 A 发生而 B 不发生的概率是 0.1，那么 $P(B)$等于多少？

2.3.5 掷三个均匀的骰子. 设 A_i 表示第 i 个骰子掷出 6 点的事件，$i=1,2,3$. 请问 $P(A_1\cup A_2\cup A_3)=\frac{1}{2}$吗？请解释原因.

2.3.6 事件 A 和 B 定义在样本空间 S 上，且 $P((A\cup B)^C)=0.5$，$P(A\cap B)=0.2$. 那么 A 或 B 发生但不同时发生的概率是多少？

2.3.7　设 $A_1, A_2, \cdots, A_n$ 是一系列事件，满足若 $i \neq j$ 则 $A_i \cap A_j = \varnothing$，且 $A_1 \cup A_2 \cup \cdots \cup A_n = S$. 设 B 是定义在 S 上的任意事件，请将 B 表示成交集的并.

2.3.8　画出下列等式的维恩图：

(a) $P(A \cap B) = P(B)$　　(b) $P(A \cup B) = P(B)$.

2.3.9　在"怪人出局"的游戏中，每个玩家掷一枚硬币. 如果只有一枚硬币的正反与其余的不同，则掷这枚硬币的玩家被称为怪人，将从游戏中出局. 假设游戏有三人参加，第一轮就有人出局的概率是多少？（提示：使用定理 2.3.1.）

2.3.10　罐子中有 24 个筹码，上面分别标有 1 到 24. 随机抽取 1 个. 设 A 是数字被 2 整除的事件，B 是数字被 3 整除的事件. 求 $P(A \cup B)$.

2.3.11　州橄榄球队有 10% 的机会赢得周六的比赛，有 30% 的机会赢得两周后的比赛，而输掉两场比赛的机会是 65%，他们只赢一次比赛的机会是多少？

2.3.12　事件 A_1 和 A_2 满足 $A_1 \cup A_2 = S$，$A_1 \cap A_2 = \varnothing$. 如果 $P(A_1) = p_1$，$P(A_2) = p_2$，且 $3p_1 - p_2 = \frac{1}{2}$，求 p_2.

2.3.13　联合工业公司在消除其貌似歧视性的雇佣行为方面承受了巨大压力. 公司管理层同意在未来五年中，60% 的新雇员是女性，30% 是少数族裔. 而 25% 的新雇员是白人男性. 新雇员中少数族裔女性的百分比是多少？

2.3.14　三事件 A，B 和 C 定义在样本空间 S 上. 若 $P(A) = 0.2$，$P(B) = 0.1$，且 $P(C) = 0.3$，则 $P((A \cup B \cup C)^C)$ 的最小可能值是多少？

2.3.15　掷一枚硬币 4 次. 定义事件 X 和 Y 如下：

X：首次和末次正反面不同　　Y：恰好出现两次正面

假设全部 16 种正反面次序出现的概率相同. 计算：

(a) $P(X^C \cap Y)$　　(b) $P(X \cap Y^C)$

2.3.16　掷两个骰子. 假设每种可能结果发生的概率都是 $\frac{1}{36}$，设 A 表示点数和为 6 的事件，B 表示其中一个点数是另一个点数两倍的事件. 计算 $P(A \cap B^C)$.

2.3.17　设 A，B 和 C 是定义在样本空间 S 上的三事件. 把下列事件按概率从小到大排列起来：

(a) $A \cup B$　　(b) $A \cap B$　　(c) A

(d) S　　(e) $(A \cap B) \cup (A \cap C)$

2.3.18　Lucy 通过伪造的聊天室进行两起网络诈骗. 她估计第一起诈骗导致她被捕的可能性是 1/10，第二起的"风险"比第一起要高 1/30. 她认为因两起诈骗而被逮捕的可能性是 0.002 5. 那么 Lucy 避免牢狱之灾的可能性是多少？

2.4　条件概率

在 2.3 节中，我们在给定某些概率的条件下，计算了一些事件的概率. 例如，已知 $P(A)$，$P(B)$ 和 $P(A \cap B)$，我们可以计算 $P(A \cup B)$（见定理 2.3.6）. 但是，在许多实际情形中，一个概率问题所提供的"信息"往往并不限于某些概率的数值. 有时候，我们知道某些事件已经发生过的事实，会对我们所求的概率产生重要影响. 简而言之，如果我们确切地知道相关事件 B 发生了，那么事件 A 的概率可能会随之改变. 在其他事件发生的条件下，所求事件的概率往往会发生变化，这种情形下的概率称为条件概率.

在掷一个骰子的试验中，我们定义事件 A 为"出现 6 点". 显然，$P(A) = \frac{1}{6}$. 如果有人已经掷过骰子，但是他拒绝告诉我们事件 A 是否发生，而只告诉我们另一个事件 B"出现的点数是偶数”已经发生了，那么现在事件 A 出现的概率又是多少？这时候常识会帮助我们解决问题：事件 B 包含了 3 个偶数点，它们出现的可能性均相等，其中 1 个代表事件 A，因此事件 A“更新后”的概率是$\frac{1}{3}$.

注意额外信息的影响，比如事件 B 发生的事实，其实际作用是改变了原来的样本空间 S，或者说把样本空间缩小为新的样本空间 S'. 在上例中，原来的样本空间 S 包含 6 个样本点，而缩小后的样本空间 S'只包含 3 个样本点(见图 2.4.1).

符号 $P(A|B)$，读作“在 B 发生的条件下 A 的概率”，用来表示条件概率. 具体来说，$P(A|B)$表示在事件 B 已经发生的条件下事件 A 将要发生的概率.

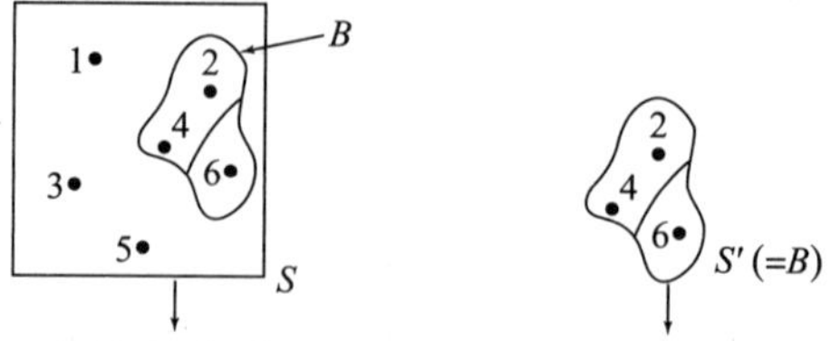

P(出现6点, 相对于S) = 1/6　　P(出现6点, 相对于S') = 1/3

图 2.4.1

如果可以使用原来的样本空间 S 而不是缩小后的样本空间 S'来计算 $P(A|B)$的公式，那无疑是方便的. 假定 S 是包含 n 个样本点的有限样本空间，所有样本点又是等可能的. 再假设事件 A 包含 a 个样本点，事件 B 包含 b 个样本点，而 A 与 B 的交集包含 c 个样本点(见图 2.4.2). 按照图 2.4.1 的思路，在 B 发生的条件下 A 的概率为 c 与 b 的比值，而 c/b 还可以写成另外两个分数的商

$$\frac{c}{b}=\frac{c/n}{b/n}$$

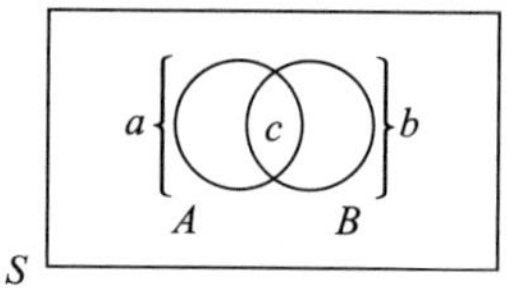

图 2.4.2

因此对这个例子来说，有

$$P(A|B)=\frac{P(A\cap B)}{A(B)} \tag{2.4.1}$$

在一般情形，当样本点不是等可能的或者样本空间 S 的元素是不可列无限个的时候，按照同样的推理方法，我们都会得到公式(2.4.1).

定义 2.4.1 设 A,B 是定义在样本空间 S 上的两事件，且 $P(B)>0$. 在事件 B 发生下事件 A 发生的条件概率，记作 $P(A|B)$，由公式

$$P(A|B)=\frac{P(A\cap B)}{P(B)}$$

给出.

注释 由定义 2.4.1 通过交叉相乘可以得到一个求出事件交集概率的公式，非常有用. 若 $P(A|B)=P(A\cap B)/P(B)$，则

$$P(A\cap B)=P(A|B)P(B) \tag{2.4.2}$$

例 2.4.1 从一副 52 张的扑克牌中任取一张. 在已知该牌的点数是 K 的条件下，它是梅花的概率为多少呢？

直觉告诉我们，答案是$\frac{1}{4}$，因为这张 K 是红桃、方块、梅花和黑桃的可能性是相等的. 正式分析如下，令事件 C 为“抽出的是梅花”；事件 K 为“抽出的是 K”. 由定义 2.4.1

$$P(C|K)=\frac{P(C\cap K)}{P(K)}$$

而 $P(K)=\frac{4}{52}$，$P(C\cap K)=P$(抽出梅花 K 的概率)$=\frac{1}{52}$. 由此证实了我们的直觉：

$$P(C|K)=\frac{1/52}{4/52}=\frac{1}{4}$$

[注意在这个例子中，条件概率 $P(C|K)$和无条件概率 $P(C)$在数值上是相等的，都是$\frac{1}{4}$. 这意味着事件 K 是否发生没有影响事件 C 的发生. 这种情形称两事件是相互独立的. 我们将在 2.5 节详细探究独立性的概念和应用.] ■

例 2.4.2 我们的直觉常常被概率问题所迷惑，即使是一些看上去简单直接的问题. 下面描述的"两男孩"问题是经常被提及的经典例子.

考虑有两个孩子的家庭. 假设孩子出生的四种可能顺序——(老大男孩，老二男孩)，(老大女孩，老二男孩)，等等——发生的可能性是相等的. 在已知家中至少有一个男孩的条件下，两个孩子都是男孩的概率是多少?

答案不是$\frac{1}{2}$. 正确的答案可以用定义 2.4.1 导出. 由假设可知，四种可能的出生顺序——(男孩，男孩)，(男孩，女孩)，(女孩，男孩)和(女孩，女孩)——每一种发生的概率都是$\frac{1}{4}$. 假设事件 A 为"两个小孩都是男孩"，事件 B 为"家中至少有一个男孩". 那么

$$P(A|B)=P(A\cap B)/P(B)=P(A)/P(B)$$

这里由于 A 是 B 的子集(A 与 B 的重叠部分就是 A). 而 A 只包含一个样本点{(男孩，男孩)}，B 包含三个样本点{(男孩，男孩)，(男孩，女孩)，(女孩，男孩)}. 运用定义 2.4.1，有

$$P(A|B)=(1/4)(3/4)=\frac{1}{3}$$

另一种方法是回到样本空间，用基本原理来导出 $P(A|B)$的值. 图 2.4.3 中标出了由四种家庭类型构成的样本空间 S 以及事件 A 和 B. 事件 B 的发生把样本空间缩小成只包含三个样本点，每一个样本点出现的概率都是$\frac{1}{3}$. 这三个样本点中的一个，即(男孩，男孩)就表示事件 A. 于是有 $P(A|B)=\frac{1}{3}$. ■

例 2.4.3 两事件 A 和 B 定义如下：(1)A 发生而 B 不发生的概率是 0.2，(2)B 发生而 A 不发生的概率是 0.1，(3) A 和 B 都不发生的概率是 0.6. 问 $P(A|B)$是多少?

图 2.4.4 的维恩图中标出了概率给定的三个事件. 因为

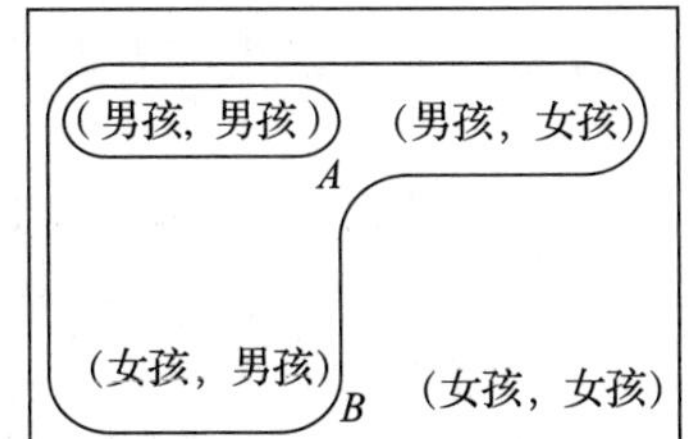

S＝两个小孩的家庭构成的样本空间
[样本点标记为（老大，老二）]

图　2.4.3

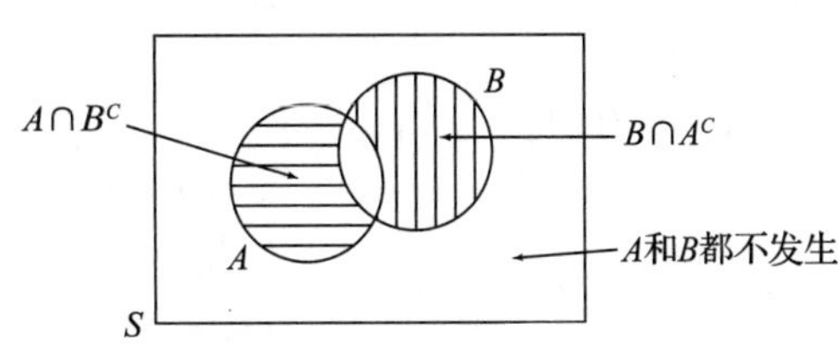

图　2.4.4

$$P(\text{都不发生}) = 0.6 = P((A \cup B)^C)$$

由此

$$P(A \cup B) = 1 - 0.6 = 0.4 = P(A \cap B^C) + P(A \cap B) + P(B \cap A^C)$$

于是

$$P(A \cap B) = 0.4 - 0.2 - 0.1 = 0.1$$

由定义 2.4.1，得

$$P(A|B) = \frac{P(A \cap B)}{P(B)} = \frac{P(A \cap B)}{P(A \cap B) + P(B \cap A^C)} = \frac{0.1}{0.1 + 0.1} = 0.5$$ ■

例 2.4.4 作为应对未来能源短缺的一个方法，有人提出从阿尔及利亚进口液化天然气(LNG)的可能性. 比较棘手的问题是，LNG 高度不稳定，会引起严重的安全危机. 在美国港口附近的任何大量泄漏都可能会造成灾难性火灾. 这样，泄漏的可能性问题，成了有权决定是否实施这项建议的政策制定者们要考虑的关键因素.

两个数字需要纳入考虑：(1) 运输气体的巨轮在港口附近发生事故的概率，(2) 事故发生后导致重大泄漏的概率. 虽然世界上还没有发生过 LNG 的重大泄漏，但这些概率可以利用运送危险性较小货物的同类轮船的现存记录估算出来. 在这些数据的基础上，人们估计出[47]一艘运输 LNG 的巨轮在途中发生事故的概率是 8/50 000. 发生事故后，只有 3/15 000 的可能性会造成重大泄漏. 一次 LNG 运输会导致重大灾难的可能性是多少？

设 A 表示事件“产生泄漏”，B 表示事件“发生事故”. 过去的经验表明，$P(B)=8/50\ 000$ 且 $P(A|B)=3/15\ 000$. 人们首要关注的是发生事故并且产生泄漏的概率，即 $P(A \cap B)$. 使用公式(2.4.2)，我们发现灾难性事故发生的可能性近似于一亿分之三：

$$\begin{aligned} P(\text{事故发生且产生泄漏}) &= P(A \cap B) = P(A|B)P(B) \\ &= \frac{3}{15\ 000} \cdot \frac{8}{50\ 000} = 0.000\ 000\ 032 \end{aligned}$$ ■

例 2.4.5 Max 和 Muffy 是两个近视的猎鹿人，他们把附近的一只牧羊犬误认为是一头有十个鹿角杈的雄鹿，同时向其射击. 根据多年来糟糕的射击纪录，可以断定 Max 近距离射击静止目标的准度是 20%，Muffy 是 30%，而他们同时击中目标的概率是 0.06. 假设牧羊犬恰好被一颗子弹击中并杀死，那么是 Muffy 射出致命一击的概率是多少？

令 A 表示事件“Max 击中牧羊犬”，B 表示事件“Muffy 击中牧羊犬”. 于是，$P(A)=0.2$，$P(B)=0.3$，且 $P(A \cap B)=0.06$. 我们想要得到

$$P(B|(A^C \cap B) \cup (A \cap B^C))$$

这里事件 $(A^C \cap B) \cup (A \cap B^C)$ 表示 A 和 B 的并再减去它们的交，即 A 发生或者 B 发生但不同时发生(见图 2.4.4).

由图 2.4.4 我们同时注意到，B 与 $(A^C \cap B) \cup (A \cap B^C)$ 的交是事件 $A^C \cap B$. 因此，由定义 2.4.1，得

$$\begin{aligned} P(B|(A^C \cap B) \cup (A \cap B^C)) &= P(A^C \cap B)/P((A^C \cap B) \cup (A \cap B^C)) \\ &= [P(B) - P(A \cap B)]/[P(A \cup B) - P(A \cap B)] \\ &= (0.3 - 0.06)/(0.2 + 0.3 - 0.06 - 0.06) \\ &= 0.63 \end{aligned}$$ ■

案例研究 2.4.1

几年前，一档电视节目(无意中)产生的一个条件概率问题引发了多次热烈的讨论，甚至上了全国性的媒体．这档节目叫作 Let's Make a Deal，问题涉及参赛者采用怎样的策略，才能使自己赢得奖金的机会最大化．

节目中参赛者面前有三扇关闭的门，其中一扇门后放着奖金．当参赛者选定了一扇门之后，主持人 Monty Hall 会打开另外两扇门中的一扇，显示后面没有奖金．然后他会给参赛者一个选择——是继续保留最初选定的门还是换成"第三扇"没有打开的门．

对于多数观众来说，常识告诉他们换门没有什么区别．节目开始的时候，每扇门后有奖金的机会都是1/3．一旦一扇门被打开，有人认为剩下的两扇门后有奖金的概率就变成了1/2，参赛者换门与否没有区别．

答案却不是这样的．运用定义 2.4.1 会发现，换门的确有好处——事实上换门会使参赛者赢的机会增加一倍．为了说明原因，考虑一个具体(但是典型)的情形：参赛者选定的是2号门而 Monty Hall 打开了3号门．给定了事件的顺序之后，我们需要分别计算和比较奖金在1号门后和2号门后的条件概率．如果前者大些(我们将证明这一点)，参赛者应该换门．

表 2.4.1 给出了上述情形对应的样本空间．如果奖金实际上在1号门后，主持人没有其他选择只能打开3号门；类似地，如果奖金在3号门后，主持人没有其他选择只能打开1号门．不过，如果奖金在2号门后，主持人(理论上)打开1号门和3号门的机会是一半对一半．

表　2.4.1

（奖金位置，打开的门）	概率
(1,3)	1/3
(2,1)	1/6
(2,3)	1/6
(3,1)	1/3

注意到 S 中的四个样本点不是等可能性的．奖金在每扇门后面的概率必然是1/3．然而，当奖金在2号门后时主持人所拥有的两个选择使得样本点(2,1)和(2,3)共享了代表2号门后奖金出现机会的1/3概率．如表 2.4.1 所列，这两个样本点各有1/6的概率．

令 A 代表事件"奖金在2号门后"，B 代表事件"主持人打开3号门"．于是，

$$P(A \mid B) = P(\text{参赛者不换门赢得比赛}) = P(A \cap B)/P(B) = \frac{1}{6}\Big/\left(\frac{1}{3}+\frac{1}{6}\right) = \frac{1}{3}$$

现在，令 A^* 代表事件"奖金在1号门后"，B(如前)代表事件"主持人打开3号门"．在这种情形下，

$$P(A^* \mid B) = P(\text{参赛者换门赢得比赛}) = P(A^* \cap B)/P(B) = \frac{1}{3}\Big/\left(\frac{1}{3}+\frac{1}{6}\right) = \frac{2}{3}$$

常识再次误导了我们！如果给了选择权，参赛者都应该换门．这样做使得他们赢得比赛的机会从1/3上升到2/3．

习题

2.4.1　掷两个均匀的骰子．在已知点数之和超过8的情况下，其和为10的概率是多少？

2.4.2 若 $P(A)=0.2$，$P(B)=0.4$ 且 $P(A|B)+P(B|A)=0.75$，求 $P(A\cap B)$.

2.4.3 若 $P(A|B)<P(A)$，证明：$P(B|A)<P(B)$.

2.4.4 设 A 和 B 两事件满足 $P((A\cup B)^C)=0.6$ 和 $P(A\cap B)=0.1$. 令 E 是表示 A 发生或者 B 发生但不同时发生的事件，求 $P(E|A\cup B)$.

2.4.5 假设在例 2.4.2 中我们忽略孩子的年龄，只区分三种家庭类型：(男孩，男孩)、(女孩，男孩)和(女孩，女孩). 在至少有一个男孩的条件下两个孩子都是男孩的条件概率与例 2.4.2 的答案不相同吗？请解释原因.

2.4.6 定义在样本空间 S 上的两事件 A 和 B 满足 $P(A|B)=0.6$，P(至少有一个事件发生)$=0.8$ 和 P(恰有一个事件发生)$=0.6$. 求 $P(A)$和 $P(B)$.

2.4.7 罐中有一个红色筹码和一个白色筹码. 从中任取一个，若取出红色筹码，则把该筹码和另外两个红色筹码一起放回罐中；若取出白色筹码，直接将其放回罐中. 接着抽取第二个筹码. 两次都取出红色筹码的概率是多少？

2.4.8 若 $P(A)=a$ 和 $P(B)=b$，证明：

$$P(A|B)\geqslant\frac{a+b-1}{b}$$

2.4.9 罐中有两个筹码，一个是白色，另一个是白色或者黑色的可能性相同. 从中任取一个后放回罐中. 继续抽取第二个筹码，在第一次取出白色筹码后第二次取出白色筹码的概率是多少？[提示：令 W_i 表示第 i 次取出白色筹码的事件，$i=1,2$. 于是 $P(W_2|W_1)=\dfrac{P(W_1\cap W_2)}{P(W_1)}$. 如果罐中两个筹码都是白色的，那么 $P(W_1)=1$；否则 $P(W_1)=\dfrac{1}{2}$.]

2.4.10 设事件 A 和 B 满足 $P(A\cap B)=0.1$ 和 $P((A\cup B)^C)=0.3$. 如果 $P(A)=0.2$，那么 $P((A\cap B)|(A\cup B)^C)$等于多少？(提示：画出维恩图.)

2.4.11 有人询问一百位选民对两位市长候选人 A 和 B 的看法. 他们对三个问题的回答总结如下：

	回答“是”的人数
你喜欢 A 吗	65
你喜欢 B 吗	55
两人你都喜欢吗	25

(a) 选民对两个候选人都不喜欢的概率是多少？
(b) 选民恰好喜欢一个候选人的概率是多少？
(c) 选民至少喜欢一个候选人的概率是多少？
(d) 选民至多喜欢一个候选人的概率是多少？
(e) 在某选民至少喜欢一个候选人的条件下，他恰好喜欢一个候选人的概率是多少？
(f) 在至少喜欢一个候选人的选民中，喜欢两个候选人的比例是多少？
(g) 在不喜欢 A 的选民中，喜欢 B 的比例是多少？

2.4.12 掷一枚均匀的硬币三次. 在至多出现两次正面的条件下至少出现两次正面的概率是多少？

2.4.13 掷两个均匀的骰子. 在两个骰子的点数和为 8 的条件下第一个骰子的点数至少是 4 的概率是多少？

2.4.14 从一副标准的 52 张扑克牌中抽出四张. 在至少有三张是 A 的条件下，四张全是 A 的概率是多少？(注意：抽出的四张牌一共有 270 725 种不同的组合. 假设每一手牌的概率是 1/270 725.)

2.4.15 若 $P(A\cap B^C)=0.3$，$P((A\cup B)^C)=0.2$，$P(A\cap B)=0.1$，求 $P(A|B)$.

2.4.16 若 $P(A)+P(B)=0.9$，$P(A|B)=0.5$，$P(B|A)=0.4$，求 $P(A)$.

2.4.17 设 A 和 B 是定义在样本空间 S 上的两事件，满足 $P(A\cap B^C)=0.1$，$P(A^C\cap B)=0.3$，$P((A\cup B)^C)=0.2$. 求在两事件中至多一个发生的条件下至少一个发生的概率.

2.4.18 掷两个骰子. 假定每个可能结果的概率为 1/36. 设 A 表示事件"点数和大于或等于 8", B 表示事件"至少有一个点数是 5". 求 $P(A|B)$.

2.4.19 按照附近赌注登记人的说法，本地赛马场将安排 5 匹马参加第三场比赛，裁判人员给出它们获胜的概率如下：

马	获胜的概率
Scorpion	0.10
Starry Avenger	0.25
Australian Doll	0.15
Dusty Stake	0.30
Outandout	0.20

假设 Australian Doll 和 Dusty Stake 在比赛开始前最后一分钟退出，那么 Outandout 在比赛中胜出的机会是多少?

2.4.20 Andy、Bob 和 Charley 都因盗窃罪服刑. 监狱里有消息说，监狱长决定下周释放三人中的两人. 由于三人的犯罪记录完全相同，获释的两人会随机产生，这意味着每人都有三分之二的概率进入获释名单. 不过，Andy 的一个警卫朋友能提前知道哪两人获释. 警卫愿意把其他两人中的一个获释者的名字告诉 Andy. 但是 Andy 拒绝了朋友的提议，他认为如果知道了获释者的名字，自己被释放的概率就降为二分之一了(因为此时只剩下两个人). 他的担心有道理吗?

对高阶交集运用条件概率

我们已经看到，条件概率在计算事件交集的概率时非常有效，即有 $P(A\cap B)=P(A|B)P(B)=P(B|A)P(A)$. 对于高阶的交集我们有类似的结论. 考虑 $P(A\cap B\cap C)$. 若将 $A\cap B$ 看成一个事件，比如 D，我们可以写出

$$\begin{aligned}P(A\cap B\cap C)=P(D\cap C)&=P(C|D)P(D)\\&=P(C|A\cap B)P(A\cap B)\\&=P(C|A\cap B)P(B|A)P(A)\end{aligned}$$

对 n 个事件 $A_1,A_2,\cdots,A_n$ 重复上述推导过程，就得到一般情况下的公式：

$$\begin{aligned}P(A_1\cap A_2\cap\cdots\cap A_n)=&P(A_n|A_1\cap A_2\cap\cdots\cap A_{n-1})\cdot\\&P(A_{n-1}|A_1\cap A_2\cap\cdots\cap A_{n-2})\cdots\\&P(A_2|A_1)\cdot P(A_1)\end{aligned}\qquad(2.4.3)$$

例 2.4.6 罐中放有 5 个白色筹码、4 个黑色筹码和 3 个红色筹码. 不放回地从罐中依次抽出 4 个筹码，得到序列(白，红，白，黑)的概率是多少?

图 2.4.5 展示了抽出该序列时罐中筹码的变化过程. 定义如下四个事件：

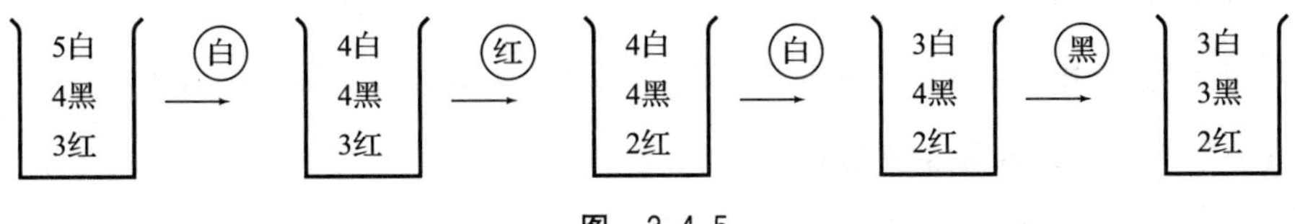

图 2.4.5

A：第一次抽出白色筹码

B：第二次抽出红色筹码

C：第三次抽出白色筹码

D：第四次抽出黑色筹码

我们的目标是求出 $P(A\cap B\cap C\cap D)$.

由公式(2.4.3)，得

$$P(A\cap B\cap C\cap D)=P(D|A\cap B\cap C)\cdot P(C|A\cap B)\cdot P(B|A)\cdot P(A)$$

等式右边的每个概率都可由图 2.4.5 得到：$P(D|A\cap B\cap C)=\frac{4}{9}$，$P(C|A\cap B)=\frac{4}{10}$，$P(B|A)=\frac{3}{11}$，$P(A)=\frac{5}{12}$. 因此，抽出序列(白，红，白，黑)的概率是 0.02：

$$P(A\cap B\cap C\cap D)=\frac{4}{9}\cdot\frac{4}{10}\cdot\frac{3}{11}\cdot\frac{5}{12}=\frac{240}{11\,880}=0.02$$ ■

案例研究 2.4.2

从 20 世纪 40 年代末开始，对天空中奇怪发光体(不明飞行物)有成千上万的目击事件，甚至有人宣称被小绿人绑架的事件，纷纷上了报纸的头条. 但是，没有一个事件可以给出确切的证据，无可辩驳地说明外星人曾到访过地球. 问题依然萦绕在我们脑中：浩瀚宇宙中我们是孤单的吗？或者其他的文明(比我们先进得多的文明)会偶然光临吗？

除非一个飞碟降落在白宫的草坪上，里面出来一个奇形怪状的生物，提出“带我去见你们的领导”的要求，我们可能永远都不会知道在宇宙中我们是否有邻居. 但是，公式(2.4.3)能够帮助我们推测我们不孤单的概率.

最新的发现表明，和我们自己类似的行星系统可能很普遍. 如果情况属实，可能会有许多行星，其化学组成、温度、压强等条件适合生命存在. 设那些行星是我们样本空间的样本点. 相对于此，我们可以定义三个事件：

A：生命出现

B：技术文明出现(可以进行星际通信)

C：技术文明高度发达

通过 A，B 和 C，一个宜居行星当前支持技术文明的概率可以表示为它们交集的概率，亦即 $P(A\cap B\cap C)$. 直接计算 $P(A\cap B\cap C)$是非常困难的，不过，如果我们转而使用等价的公式 $P(C|B\cap A)\cdot P(B|A)\cdot P(A)$，则任务会大为简化.

科学家推测[163]，所有具有适宜环境的行星中有 1/3 可能会出现某种形式的生命，那些行星上的生命有 1%会进化出技术文明. 使用记号，有 $P(A)=\frac{1}{3}$和 $P(B|A)=\frac{1}{100}$.

对 $P(C|B\cap A)$的估算要困难很多. 在地球上，我们能够进行星际通信(亦即射电天文)的时间只有数十年，所以从经验上来看，$P(C|B\cap A)$近似为 1×10^{-8}. 但这可能是对一个技术文明延续能力的过度悲观估计. 如果一个文明在第一次发展出核武器时能够

避免自我毁灭，那么它长期存在的前景相当不错．如果是这样的话，$P(C|B\cap A)$可以大到 1×10^{-2}．

把这些估算值代入 $P(A\cap B\cap C)$的计算公式，可以得到目前支持技术文明的宜居行星的概率范围．机会可能小到 3.3×10^{-11}，或者大到 3.3×10^{-5}：

$$(1\times10^{-8})\left(\frac{1}{100}\right)\left(\frac{1}{3}\right)<P(A\cap B\cap C)<(1\times10^{-2})\left(\frac{1}{100}\right)\left(\frac{1}{3}\right)$$

或者

$$0.000\,000\,000\,033<P(A\cap B\cap C)<0.000\,033$$

从某种角度来看，更好的方法是用数字而不是用概率来思考．天文学家估计银河系中有 3×10^{11} 颗宜居行星．把这个总数乘以 $P(A\cap B\cap C)$的两个极限值，就可以看出在宇宙中我们可能有多少个邻居．具体来说，$3\times10^{11}\cdot0.000\,000\,000\,033\approx10$，而 $3\times10^{11}\cdot0.000\,033\approx10\,000\,000$．所以，一方面，我们可能是银河系的稀有品种．同时，并不能排除这样的实际可能性：银河系正充满活力，我们的邻居数以百万计．

关于数据　2009 年美国航空航天局发射了开普勒号宇宙飞船，其唯一的任务就是在银河系中寻找其他太阳系．它确实找到了它们！到 2015 年为止，它已经记录了超过 1 000 颗“系外行星”，其中包括十多颗属于所谓的“适居带”，这意味着行星的大小和轨道构型将允许液态水留在其表面，从而使其成为生命的可能家园．特别令人感兴趣的是开普勒 186f 行星，其位于天鹅座，距离地球大约 500 光年．天文学家说，它的大小、轨道和其恒星的性质使它与地球非常相似，也许不是孪生的，但肯定是表亲．

习题

2.4.21　罐中放有 6 个白色筹码、4 个黑色筹码和 5 个红色筹码．不放回地从罐中依次抽出 5 个筹码，得到序列(黑，黑，红，白，白)的概率是多少？假设筹码从 1 到 15 编号，得到一个指定序列(2,6,4,9,13)的概率是多少？

2.4.22　某人的钥匙圈上有 n 把钥匙，其中一把可以打开他宿舍的门．一天晚上他在庆祝会上喝得太多，回到家发现自己已经分不清钥匙了．但是他足智多谋，想出了一个极其聪明的计划：他将随机选择一把钥匙来试，如果失败他就把它放一边，再从剩下的 $n-1$ 把钥匙中随机选择一把来试，以此类推．显然，他用第一把钥匙就打开门的概率是 $1/n$，证明他用第三把钥匙打开门的概率也是 $1/n$．(提示：在他使用第三把钥匙之前发生了什么？)

2.4.23　你所喜爱的大学橄榄球队本赛季迄今为止的成绩很好，但是他们需要在最后的四场比赛中至少赢下两场才有资格晋级新年碗．博彩公司估计该队赢下最后四场比赛的概率分别为 0.60，0.50，0.40 和 0.70．

(a)你将在 1 月 1 日看到该球队比赛的机会是多大？

(b)该球队在至少赢下三场比赛的条件下赢下全部四场比赛的概率是否等于他们赢下第四场比赛的概率？请给出解释．

(c)该球队在赢下前三场比赛的条件下赢下全部四场比赛的概率是否等于他们赢下第四场比赛的概率？

2.4.24　罐中放有一个白色筹码和一个黑色筹码，从中随机抽出一个．如果是白色，将它放回罐中；如果是黑色，把它和另外一个黑色筹码一起放回罐中．按照相同的规则再抽取第二个筹码．计算抽出先两白后三黑筹码的概率．

计算“无条件”概率和“逆”概率

我们用两个非常有用的定理来结束本节，这两个定理适用于分割的样本空间．根据定义，一组事件 $A_1,A_2,\cdots,A_n$“分割”S，如果样本空间的每个样本点属于且仅属于其中一个 A_i，也就是说，A_i 互不相容且它们的并等于 S(见图 2.4.6).

如图所示，B 表示定义在 S 上的任一事件. 第一个结果——定理 2.4.1——给出了计算 B(用 A_i 表示)的“无条件”概率公式. 然后定理 2.4.2 计算了条件概率 $P(A_j|B)$，$j=1,2,\cdots,n$.

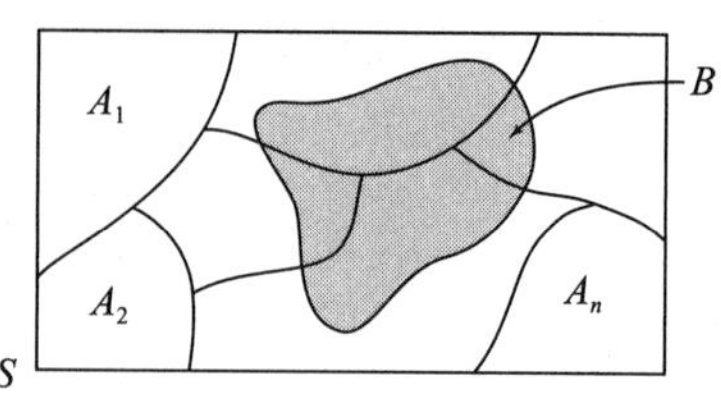

图 2.4.6

定理 2.4.1 设 $\{A_i\}_{i=1}^{n}$ 是定义在 S 上的一组事件，满足 $S=\bigcup_{i=1}^{n}A_i$，$A_i\cap A_j=\varnothing$，$i\neq j$，且 $P(A_i)>0$，$i=1,2,\cdots,n$. 对任意事件 B，有

$$P(B)=\sum_{i=1}^{n}P(B|A_i)P(A_i)$$

证明 根据 A_i 具有的性质，得

$$B=(B\cap A_1)\cup(B\cap A_2)\cup\cdots\cup(B\cap A_n)$$

且

$$P(B)=P(B\cap A_1)+P(B\cap A_2)+\cdots+P(B\cap A_n)$$

但是每个 $P(B\cap A_i)$ 可以写成乘积 $P(B|A_i)P(A_i)$，即得结果.

例 2.4.7 罐Ⅰ中放有两个红色筹码和四个白色筹码；罐Ⅱ中有三个红色和一个白色筹码. 从罐Ⅰ中随机抽取一个筹码并将其转移到罐Ⅱ中. 然后从罐Ⅱ中抽取一个筹码. 从罐Ⅱ中抽出的筹码为红色的概率是多少?

设 B 是事件“从罐Ⅱ中抽出的筹码为红色”；A_1 和 A_2 分别是事件“从罐Ⅰ转移的筹码为红色”和“从罐Ⅰ转移的筹码为白色”. 通过观察(见图 2.4.7)，我们能够推出定理 2.4.1 中出现在公式右边的所有概率：

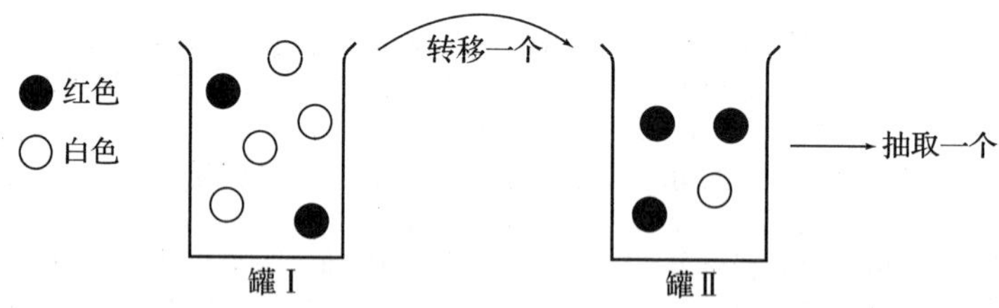

图 2.4.7

$$P(B|A_1)=\frac{4}{5}\qquad P(B|A_2)=\frac{3}{5}\qquad P(A_1)=\frac{2}{6}\qquad P(A_2)=\frac{4}{6}$$

把这些信息放到一起，我们看到从罐Ⅱ中抽出红色筹码的概率是 $\frac{2}{3}$：

$$\begin{aligned}P(B)&=P(B|A_1)P(A_1)+P(B|A_2)P(A_2)\\&=\frac{4}{5}\cdot\frac{2}{6}+\frac{3}{5}\cdot\frac{4}{6}=\frac{2}{3}\end{aligned}$$

■

例 2.4.8 一副标准的扑克牌洗好后，去掉最上面的一张. 第二张牌是 A 的概率是多少？

定义下列事件：

B：第二张牌是 A

A_1：最上面那张牌是 A

A_2：最上面那张牌不是 A

则 $P(B|A_1)=\frac{3}{51}$，$P(B|A_2)=\frac{4}{51}$，$P(A_1)=\frac{4}{52}$和 $P(A_2)=\frac{48}{52}$. 由于 A_i 划分了选择两张牌的样本空间，因此定理 2.4.1 适用. 将数据代入 $P(B)$的表达式得到第二张牌是 A 的概率是$\frac{4}{52}$：

$$\begin{aligned}P(B)&=P(B|A_1)P(A_1)+P(B|A_2)P(A_2)\\&=\frac{3}{51}\cdot\frac{4}{52}+\frac{4}{51}\cdot\frac{48}{52}=\frac{4}{52}\end{aligned}$$

注释 注意到 $P(B)=P$(第二张牌是 A)在数值上与 $P(A_1)=P$(第一张牌是 A)相同. 实际上，例 2.4.8 中的分析说明了概率论中的一个基本原理，即“你不知道的东西并不重要”. 这里，如果花色未知，则去掉最上面那张牌将与后续概率计算无关. ■

例 2.4.9 Ashley 希望在一家公关公司中获得暑期实习机会. 如果她的面试顺利的话，她有 70%的机会得到工作. 但是如果面试很糟糕，她得到职位的机会就降到 20%. 不幸的是，Ashley 在紧张时总是语无伦次，所以面试顺利的可能性仅有 0.10. Ashley 得到实习职位的概率是多少？

设 B 是事件“Ashley 得到实习机会”；A_1 是事件“面试顺利”，A_2 是事件“面试不顺利”. 由假设得

$$P(B|A_1)=0.70 \qquad P(B|A_2)=0.20$$
$$P(A_1)=0.10 \qquad P(A_2)=1-P(A_1)=1-0.10=0.90$$

根据定理 2.4.1，Ashley 有 25%的机会得到实习职位：

$$\begin{aligned}P(B)&=P(B|A_1)P(A_1)+P(B|A_2)P(A_2)\\&=(0.70)(0.10)+(0.20)(0.90)=0.25\end{aligned}$$ ■

例 2.4.10 罐中有三个筹码. 其中一个是双面红色，第二个是双面蓝色，第三个是一面红色一面蓝色. 随机抽取一个筹码并放在桌面上. 假设筹码正面是红色的，那么筹码背面也是红色的概率是多少(见图 2.4.8)？

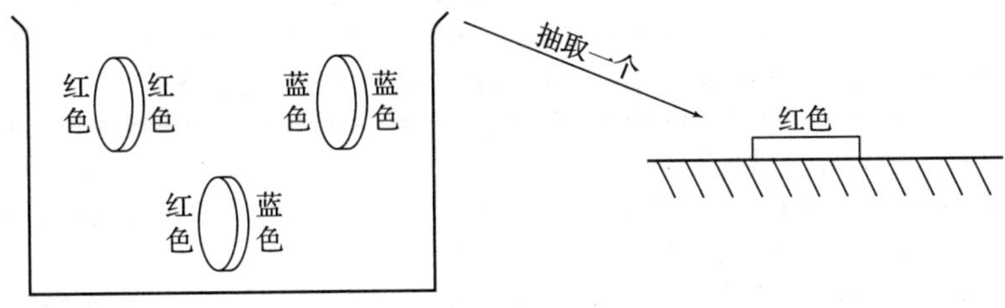

图 2.4.8

乍一看，答案似乎是 1/2：我们知道“蓝色/蓝色”筹码未被抽出，剩下的两个中只有一个，即“红色/红色”筹码才符合背面是红色的事件. 如果这个游戏不断重复下去，并把结果记录下来，我们会发现红色正面有红色背面的比例是 2/3，而非直觉告诉我们的 1/2. 正确的答案由定理 2.4.1 得出.

定义下列事件：

A：抽出筹码的背面是红色　　B：抽出筹码的正面是红色

A_1：“红色/红色”筹码被抽出　　A_2：“蓝色/蓝色”筹码被抽出

A_3：“红色/蓝色”筹码被抽出

由条件概率的定义，

$$P(A|B)=\frac{P(A\cap B)}{P(B)}$$

而 $P(A\cap B)=P$(双面都是红色)$=P$(“红色/红色”筹码)$=\frac{1}{3}$，定理 2.4.1 可以用来计算分母 $P(B)$：

$$\begin{aligned}P(B)&=P(B|A_1)P(A_1)+P(B|A_2)P(A_2)+P(B|A_3)P(A_3)\\&=1\cdot\frac{1}{3}+0\cdot\frac{1}{3}+\frac{1}{2}\cdot\frac{1}{3}=\frac{1}{2}\end{aligned}$$

因此，

$$P(A|B)=\frac{1/3}{1/2}=\frac{2}{3}$$ ■

注释　例 2.4.10 中提出的问题产生了一个简单但有效的骗局. 诀窍是让人相信前面给出的初步分析是正确的，即背面与正面颜色相同的机会是五五开. 在游戏“公平”的错误假设下，参与者投入相等的赌注，但是赌徒(知道正确的分析)总是赌背面和正面的颜色是一样的. 这样长远来看，骗子在 2/3 的时间里都会赢得等额赌注！

习题

2.4.25　一个玩具制造商从三个不同的供应商那里购买滚珠轴承——其总订货量的 50%来自供应商 1，30%来自供应商 2，剩余的来自供应商 3. 经验表明，三个供应商的品控标准并不相同. 供应商 1 生产的滚珠轴承中有 2%的次品，而供应商 2 和供应商 3 的次品率分别是 3%和 4%. 玩具制造商的存货中有多少比例的滚珠轴承是次品？

2.4.26　掷一枚均匀的硬币. 如果正面朝上，再掷一个均匀的骰子；如果反面朝上，就再掷两个均匀的骰子. 骰子的点数(或者点数和)等于 6 的概率是多少？

2.4.27　外交政策专家估计如果两个中东国家任何一方的恐怖活动明显升级，那么两国之间在明年爆发战争的概率是 0.65. 否则，战争的可能性估计是 0.05. 根据今年的情况，在未来的 12 个月恐怖主义达到临界水平的可能性被认为是 0.3. 两国将爆发战争的概率是多少？

2.4.28　某电话游说员负责在三个郊区拉捐赠. 在过去，打给 Belle Meade 的电话中 60%得到了赞助，相比之下，Oak Hill 的为 55%，Antioch 的为 35%. 她的列表中包括 1 000 个 Belle Meade 的住宅号码，1 000 个 Oak Hill 的号码和 2 000 个 Antioch 的号码. 假设她随意从列表中选择一个号码打电话，她得到捐赠的概率是多少？

2.4.29　如果男性占总人口的 47%且在 78%的时间说实话，而女性在 63%的时间说实话，那么随机挑选一个人会如实回答问题的概率是多少？

2.4.30 罐Ⅰ中放有三个红色筹码和一个白色筹码. 罐Ⅱ中有两个红色和两个白色筹码. 从罐Ⅰ中抽取一个筹码转移到罐Ⅱ中，再从罐Ⅱ中抽取一个转移到罐Ⅰ中，然后从罐Ⅰ中再抽取一个筹码，最终从罐Ⅰ中抽取的筹码是红色的概率是多少?

2.4.31 医疗记录显示，不属于高危人群(例如，静脉注射毒品使用者)的普通成年人口中有0.01%的人HIV病毒呈阳性. 对感染者进行血液检测，准确率为99.9%；对未感染者进行血液检测，准确率为99.99%. 非高危人群中的成年人随机检测出HIV病毒呈阳性的概率是多少?

2.4.32 回顾习题2.2.14中描述的“生存”赌博. 与犯人的最佳方案相关的释放概率是多少?

2.4.33 在州北部地区举行的一场国会竞选中，现任共和党人(R)与三位民主党人(D_1、D_2和D_3)角逐提名. 政治专家估计D_1、D_2和D_3赢得初选的概率分别是0.35、0.40和0.25. 此外，各种民意调查的结果表明，R在大选中有40%的机会击败D_1，35%的机会击败D_2和60%的机会击败D_3. 假设所有这些估计都是准确的，共和党人保住席位的可能性有多大?

2.4.34 罐中有40个红色筹码和60个白色筹码. 6个筹码被抽出并丢弃，再抽出第7个筹码. 第7个筹码是红色的概率是多少?

2.4.35 一项研究表明，如果被要求掷硬币，7/10的人会选择“正面”. 不过，考虑到硬币是均匀的，平均而言，正面出现的机会只有5/10. 如果你让另一个人掷硬币，你就有优势了吗? 请解释原因.

2.4.36 根据预审推测，在某个备受关注的谋杀案中，如果辩方能够指出警方的错误，陪审团做出有罪判决的概率被认为是15%；如果不能，那么概率是80%. 资深法庭观察员认为，高明的辩方律师有70%的机会让陪审团相信警方腐败或者伪造了一些关键证据. 陪审团做出有罪判决的概率是多少?

2.4.37 作为刚入学的新生，Marcus认为他有25%的机会获得3.5到4.0的GPA，35%的机会以3.0到3.5的GPA毕业，40%的机会以低于3.0的GPA完成学业. 根据医学预科导师所述，如果Marcus的GPA高于3.5，他有8/10的机会进入医学院；GPA在3.0和3.5之间，机会是5/10；如果他的GPA低于3.0，则机会只有1/10. 基于这些估计，Marcus进入医学院的概率是多少?

2.4.38 某州的州长决定大力支持监狱改革，并正在准备一项新的提前释放计划. 它的方案很简单：与州长工作人员有关的囚犯有90%的机会提前获释；与州长工作人员无关的囚犯提前获释的机会是1%. 假设40%的囚犯与州长的某个工作人员有关，随机选择一个囚犯，他有资格提前获释的概率是多少?

2.4.39 下表是州立学院各主要学部的在校生比例，也列出了各学部中女生的比例.

学部	在校生比例(%)	女生比例(%)
人文学科	40	60
自然科学	10	15
历史	30	45
社会科学	20	75
	100	

假设注册员随机选择一个人，该生是男生的概率是多少?

贝叶斯定理

本节的第二个结果，它以分割的样本空间为背景，有一段有趣的历史. 定理2.4.2的第一个明确表述出现在1812年，归功于拉普拉斯，但它是以托马斯·贝叶斯(Thomas Bayes)牧师的名字命名的，其在1763年的论文(在他死后发表)已经概述了这一结果. 在某种程度上，这个定理是条件概率定义的一个相对较小的扩展. 不过，从更高的角度来看，它呈现出一些相当深刻的哲学含义. 事实上，后者在从业的统计学家中引发了分裂：“贝叶斯主义者”以一种方式分析数据；“非贝叶斯主义者”通常采用完全不同的方法(见 5.8 节).

这里我们对结果的使用与它的统计解释无关. 我们会简单地运用它，就像贝叶斯牧师最初的意图一样，作为一个计算某种“逆”概率的公式. 如果我们知道 $P(B|A_i)$(对所有 i)，那么该定理使我们能计算“反方向”的条件概率，即我们可以从 $P(B|A_i)$推出 $P(A_j|B)$.

定理 2.4.2 (贝叶斯定理)设$\{A_i\}_{i=1}^{n}$是 n 个事件的集合，每个事件的概率为正，它们以如下方式分割 S：$\bigcup_{i=1}^{n} A_i=S$，$A_i \cap A_j=\varnothing$，$i\neq j$. 对任意事件 B(也定义在 S 上)，其中 $P(B)>0$，有

$$P(A_j|B)=\frac{P(B|A_j)P(A_j)}{\sum_{i=1}^{n}P(B|A_i)P(A_i)}$$

对任意 $1\leqslant j\leqslant n$.

证明 由定义 2.4.1，得

$$P(A_j|B)=\frac{P(A_j\cap B)}{P(B)}=\frac{P(B|A_j)P(A_j)}{P(B)}$$

而定理 2.4.1 允许分母写成 $\sum_{i=1}^{n}P(B|A_i)P(A_i)$，即得结果.

解题提示

(处理分割的样本空间)

学生有时很难处理涉及分割的样本空间的问题——特别是解法需要运用定理 2.4.1 或者 2.4.2 的那些问题，主要因为需要将信息的性质和数量纳入答案. “窍门”是学会辨别“给定”的哪部分对应于 B，哪部分对应于 A_i. 下面的提示可能有帮助：

1. 当你读问题时，要特别注意最后一两句话. 问题是要求无条件概率(此情形定理 2.4.1 适用)还是条件概率(此情形定理 2.4.2 适用)?

2. 如果问题要求的是无条件概率，那么用 B 表示你要求其概率的事件；如果问题要求的是条件概率，那么 B 表示已经发生的事件.

3. 一旦确定了事件 B，就重新阅读问题的开头并指定 A_i.

例 2.4.11 掷一枚不均匀的硬币，其正面朝上的可能性是反面的 2 倍. 掷一次. 如果出现正面，则从包含 3 个白色和 4 个红色筹码的罐Ⅰ中抽出一个筹码；如果出现反面，则从包含 6 个白色和 3 个红色筹码的罐Ⅱ中抽出一个筹码. 在抽出的是白色筹码的情况下，硬币反面朝上的概率是多少(见图 2.4.9)?

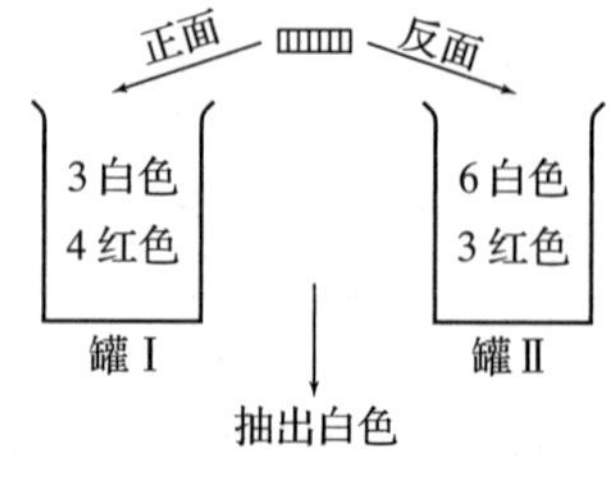

图 2.4.9

由于 $P(\text{正面})=2P(\text{反面})$，那么一定有 $P(\text{正面})=\frac{2}{3}$和 $P(\text{反面})=\frac{1}{3}$. 定义事件：

B：抽出白色筹码

A_1：硬币出现正面(即从罐Ⅰ抽取筹码)

A_2：硬币出现反面(即从罐Ⅱ抽取筹码)

我们的目标是求出 $P(A_2|B)$. 由图 2.4.9，得

$$P(B|A_1)=\frac{3}{7},P(B|A_2)=\frac{6}{9},P(A_1)=\frac{2}{3},P(A_2)=\frac{1}{3}$$

于是

$$P(A_2|B)=\frac{P(B|A_2)P(A_2)}{P(B|A_1)P(A_1)+P(B|A_2)P(A_2)}=\frac{(6/9)(1/3)}{(3/7)(2/3)+(6/9)(1/3)}=\frac{7}{16}$$ ■

例 2.4.12 停电期间，100 人因涉嫌抢劫而被捕. 每个人都要接受测谎测试. 从过去的经验来看，测谎仪对犯罪嫌疑人来说可靠性为 90%，对无辜者来说可靠性为 98%. 假设在被拘留的 100 人中，只有 12 人真正参与了不法行为. 如果测谎仪显示嫌疑人有罪，那么嫌疑人无罪的概率有多大?

设 B 是事件"测谎仪显示嫌疑人有罪"，A_1 和 A_2 分别为事件"嫌疑人有罪"和"嫌疑人无罪". 测谎仪"对犯罪嫌疑人来说可靠性为 90%"的意思是 $P(B|A_1)=0.90$，同样，对无辜者来说 98%的可靠性意味着 $P(B^C|A_2)=0.98$，或者等价地说，$P(B|A_2)=0.02$.

我们也知道，$P(A_1)=\frac{12}{100}$和 $P(A_2)=\frac{88}{100}$. 将数据代入定理 2.4.2，就得到在测谎仪显示嫌疑人有罪的条件下，而他实际无罪的概率为 0.14：

$$P(A_2|B)=\frac{P(B|A_2)P(A_2)}{P(B|A_1)P(A_1)+P(B|A_2)P(A_2)}$$

$$=\frac{(0.02)(88/100)}{(0.90)(12/100)+(0.02)(88/100)}=0.14$$ ■

例 2.4.13 随着医疗技术的进步和成年人健康意识的增强，对诊断筛查的需求不可避免地增加. 然而，没有症状出现就去查找问题可能会产生超出预期效益的不良后果.

例如，假设一位妇女进行了一项医学检查，以确定她是否患有某种癌症. 设 B 是事件"检查结果显示她患有癌症"，A_1 表示事件"她实际患有癌症"(A_2 表示"她实际未患癌症"). 此外，假定疾病的患病率和诊断测试的精确性如下：

$$P(A_1)=0.0001\quad[\text{且 } P(A_2)=0.9999]$$

$$P(B|A_1)=0.90=P(\text{妇女实际患有癌症时检测结果显示她有癌症})$$

$$P(B|A_2)=P(B|A_1^C)=0.001=P(\text{假阳性})$$

$$=P(\text{妇女实际未患癌症时而检测结果显示她有癌症})$$

在诊断结果显示她患有癌症的情况下，她实际患有癌症的概率是多少? 即计算 $P(A_1|B)$.

虽然这里的求解方法很简单，但实际的数值并不是我们所预期的那样. 由定理 2.4.2 知，

$$P(A_1|B)=\frac{P(B|A_1)P(A_1)}{P(B|A_1)P(A_1)+P(B|A_1^C)P(A_1^C)}$$

$$=\frac{(0.9)(0.0001)}{(0.9)(0.0001)+(0.001)(0.9999)}=0.08$$

所以，检测结果显示患有癌症的妇女只有8%确实患有癌症！表2.4.2显示了$P(A_1|B)$对$P(A_1)$和$P(B|A_1^C)$的强依赖性.

鉴于这些概率，针对低患病率疾病的筛查方案的实用性值得质疑，特别是当诊断程序本身构成了不可忽视的健康风险时.（正是由于这两个原因，医学界不再提倡用胸部X光检查肺结核.）■

表 2.4.2

$P(A_1)$	$P(B\|A_1^C)$	$P(A_1\|B)$
0.000 1	0.001	0.08
	0.000 1	0.47
0.001	0.001	0.47
	0.000 1	0.90
0.01	0.001	0.90
	0.000 1	0.99

例 2.4.14 根据制造商的说明书，如果有人闯入你家，你家的防盗警报器有95%的概率会响. 在你住的两年里，警报在五个不同的夜晚响了，每次都没有明显的原因. 假设警报明天晚上会响，那么有人企图闯入你家的概率是多少？（注意：警方的统计数据表明，在任何一个特定的夜晚，你家附近的任意一所房子被闯入盗窃的概率都是万分之二.）

设B是事件“警报明天晚上会响”，A_1和A_2分别为事件“房子被闯入盗窃”和“房子未被闯入盗窃”. 于是

$$P(B|A_1) = 0.95$$
$$P(B|A_2) = 5/730 \quad \text{（即两年里有五晚）}$$
$$P(A_1) = 2/10\,000$$
$$P(A_2) = 1 - P(A_1) = 9\,998/10\,000$$

问题要求的概率是$P(A_1|B)$.

从直觉上看，$P(A_1|B)$应该接近1，因为警报的“性能”从概率上看是不错的——$P(B|A_1)$接近1(本应如此)和$P(B|A_2)$接近0(本应如此). 然而，$P(A_1|B)$的结果却小得出奇：

$$P(A_1|B) = \frac{P(B|A_1)P(A_1)}{P(B|A_1)P(A_1) + P(B|A_2)P(A_2)}$$
$$= \frac{(0.95)(2/10\,000)}{(0.95)(2/10\,000) + (5/730)(9\,998/10\,000)} = 0.027$$

即如果你听到警报响，你家被闯入盗窃的概率只有0.027.

在计算上，$P(A_1|B)$如此小的原因是$P(A_2)$太大. 后者使$P(A_1|B)$的分母变大，实际上“洗掉”了分子. 即使$P(B|A_1)$大幅增加(通过安装更昂贵的警报器)，$P(A_1|B)$也基本保持不变(见表2.4.3).

表 2.4.3

$P(A_1\|B)$	$P(B\|A_1)$
0.027	0.95
0.028	0.97
0.028	0.99
0.028	0.999

■

习题

2.4.40 罐Ⅰ中放有两个白色筹码和一个红色筹码；罐Ⅱ中有一个白色筹码和两个红色筹码. 从罐Ⅰ中随机抽取一个筹码移动到罐Ⅱ中，再从罐Ⅱ中抽取一个筹码. 假设罐Ⅱ中抽出的是红色筹码，那移动的筹码是白色的概率是多少？

2.4.41 罐Ⅰ中放有三个红色筹码和五个白色筹码；罐Ⅱ中有四个红色筹码和四个白色筹码；罐Ⅲ中有五个红色筹码和三个白色筹码. 随机选择一个罐从中抽取一个筹码. 假设抽出的是红色筹码，那么从罐Ⅲ中抽取的概率是多少？

2.4.42 如果汽车的机油压力过低，仪表板警示灯会闪烁红色. 在某型号的车上，需要报警时灯光闪烁的概率是 0.99，但有 2%的时间灯光却无理由自动闪烁. 如果有 10%的可能性机油压力真的过低，那么警示灯亮起时驾驶员需要担心的概率有多大？

2.4.43 去年三家承建商获得了建筑许可证，开始建造一个新的小区：Tara 建筑公司建造了两栋房子；Westview 建造了三栋房子；Hearthstone 建造了六栋房子. Tara 的房子有 60%的概率会出现地下室漏水的情况，而 Westview 和 Hearthstone 的房子出现同样问题的概率分别是 50%和 40%. 昨天，商业改进局接到一位新房主的投诉，称他的地下室漏水了. 谁最有可能是该房的承建商？

2.4.44 高级概率课程分成两个班讲授. Francesca 从她所听到的关于这两位老师的信息中估计，如果她分到 X 教授班上，她通过这门课程的机会是 0.85；如果她分到 Y 教授班上，她通过这门课程的机会是 0.60. 她分到哪个班由注册主任决定. 假设她分到 X 教授班上的可能性是 0.4. 15 周后我们得知 Francesca 通过了该课程，在此情况下她分到 X 教授班上的概率是多少？

2.4.45 酒类商店老板愿意兑现个人支票，金额最高达 50 美元，但她对戴墨镜的顾客变得谨慎起来. 戴墨镜的人开的支票有 50%会被银行拒付. 相比之下，98%不戴墨镜的人开的支票都是从银行结清的. 她估计，顾客中有 10%戴墨镜. 如果银行退回支票并注明“资金不足”，那么支票是由戴墨镜的人开出的概率是多少？

2.4.46 一家车险公司汇总了其投保人的以下信息. 假设有人打电话来提出索赔. 他最可能属于哪个年龄组？

年龄组	投保人所占比率(%)	上一年遭遇事故的比率(%)
青年(<30 岁)	20	35
中年(30～64 岁)	50	15
老年(65 岁及以上)	30	25

2.4.47 Josh 参加了一个有 20 个问题的单选题考试，每个问题有五个选项. 有些答案他是知道的，而有些答案他是靠运气猜对的. 假设对于一个随机选择的问题，他在做对的情况下知道答案的条件概率是 0.92. 这 20 个问题中他准备了几个？

2.4.48 最近，美国参议院劳工和公共福利委员会考查了建立一个全国性筛查项目的可行性，用于发现对儿童的虐待. 一个顾问团队估计了以下可能性：(1)每 90 个孩子中有一个会被虐待，(2)筛查项目 90%的时间都能发现受虐儿童，(3)筛查项目会错误地将 3%未受虐待的儿童标记为受虐待. 当筛查项目做出虐待判断时，儿童实际上被虐待的概率是多少？当虐待儿童的发生率是 1%时该概率如何变化？或者发生率为 2%时呢？

2.4.49 在州立大学，30%的学生主修人文学科，50%主修历史文化，20%主修科学. 此外，根据注册主任公布的数据，主修人文学科、历史文化和科学的女生比例分别为 75%，45%和 30%. 假设 Justin 在学生联谊会上遇到 Anna，Anna 主修历史文化的概率是多少？

2.4.50 一条“绝密”的外交电文将以 0 和 1 的二进制代码传送. 过去使用该设备的经验表明，如果发送 0，90%的时间会被正确接收(10%的时间会被错误地解码为 1). 如果发送 1，95%的时间会被接收为 1(5%的时间会被解码为 0). 发送的文本中有 70%的 1 和 30%的 0. 假设下一个信号被接收为 1，那么发送的是 0 的概率有多大？

2.4.51　当 Zach 想联系他的女朋友而得知她不在家时，他给她发电子邮件的可能性是在她手机上留言的两倍．她在三个小时内回复他电子邮件的概率是 80%；她迅速回复手机信息的概率达到 90%．假设她在两小时内回复了他今天早上留下的信息．Zach 用电子邮件与她联系的概率是多少？

2.4.52　一家网络公司从三个不同的仓库(A，B 和 C)发送产品．根据客户投诉，有 3%来自 A 仓库的货物有缺陷，而 5%来自 B 和 2%来自 C 仓库的货物有缺陷．假设一位顾客收到一份订购的货物，第二天就打电话投诉，该物品来自 C 仓库的概率是多少？假设 A、B 和 C 仓库分别发送网络公司销售额的 30%、20%和 50%．

2.4.53　桌子有三个抽屉．第一个抽屉里有两枚金币，第二个里有两枚银币，第三个里有一枚金币和一枚银币．随机从一个抽屉里抽取一枚硬币．假设抽出的是银币，抽屉中另一枚硬币是金币的概率是多少？

2.5　独立性

2.4 节讨论了根据其他事件已经发生的附加信息，重新估算某一事件发生概率的问题．然而，通常情况下，不管第二个事件的结果如何，给定事件的概率可以保持不变，即 $P(A|B)=P(A)=P(A|B^C)$．具有这种性质的事件称作独立的．定义 2.5.1 给出了两事件相互独立的充分必要条件．

定义 2.5.1　如果 $P(A\cap B)=P(A)\cdot P(B)$，则称两事件 A 与 B 相互独立．

注释　两个独立事件交集的概率等于它们各自概率的乘积，这一事实可由我们对独立性的第一个定义直接推出，即 $P(A|B)=P(A)$．回想一下，条件概率的定义对任意两个事件 A 和 B 都成立(前提是 $P(B)>0$)：

$$P(A|B)=\frac{P(A\cap B)}{P(B)}$$

但是只有在 $P(A\cap B)$分解为 $P(A)$乘以 $P(B)$时，$P(A|B)$才能等于 $P(A)$．

例 2.5.1　设 A 是从一副标准的扑克牌中抽出 K 的事件，而 B 是抽出方块的事件．那么，由定义 2.5.1，A 与 B 相互独立，因为它们的交集——抽出方块 K——等于 $P(A)\cdot P(B)$：

$$P(A\cap B)=\frac{1}{52}=\frac{1}{4}\cdot\frac{1}{13}=P(A)\cdot P(B)$$ ■

例 2.5.2　假设 A 与 B 是独立事件．这是否意味着 A^C 与 B^C 也是独立的？亦即 $P(A\cap B)=P(A)\cdot P(B)$能否保证 $P(A^C\cap B^C)=P(A^C)\cdot P(B^C)$也成立？

答案是肯定的．证明是通过确定 $P(A^C\cup B^C)$的两个不同表达式相等来完成的．首先，由定理 2.3.6 知，

$$P(A^C\cup B^C)=P(A^C)+P(B^C)-P(A^C\cap B^C)\tag{2.5.1}$$

但是补集的并等于交集的补(回忆习题 2.2.32)．因此，

$$P(A^C\cup B^C)=1-P(A\cap B)\tag{2.5.2}$$

联立公式(2.5.1)和公式(2.5.2)，我们得到

$$1-P(A\cap B)=1-P(A)+1-P(B)-P(A^C\cap B^C)$$

由于 A 与 B 是独立的，有 $P(A\cap B)=P(A)\cdot P(B)$，于是

$$\begin{aligned}P(A^C\cap B^C)&=1-P(A)+1-P(B)-[1-P(A)\cdot P(B)]\\&=[1-P(A)][1-P(B)]\\&=P(A^C)\cdot P(B^C)\end{aligned}$$

后一种因式分解意味着 A^C 与 B^C 本身也是独立的. ■

例 2.5.3 电子仓库公司通过按种族和性别确定办公室员工的招聘目标来应对平权诉讼. 迄今为止，他们已经同意雇用表 2.5.1 中描述的 120 人. 为了使事件 A“雇员是女性”和事件 B“雇员是黑人”相互独立，他们需要雇用多少黑人女性?

表 2.5.1

	白人	黑人
男性	50	30
女性	40	

设为使事件 A 与 B 相互独立而必需的黑人女性数量为 x. 则

$$P(A\cap B)=P(\text{黑人女性})=x/(120+x)$$

必须等于

$$P(A)P(B)=P(\text{女性})P(\text{黑人})=[(40+x)/(120+x)]\cdot[(30+x)/(120+x)]$$

由 $x/(120+x)=[(40+x)/(120+x)]\cdot[(30+x)/(120+x)]$，解得 $x=24$，为使事件 A 与 B 相互独立，需要雇用 24 个黑人女性.

注释 既然“雇员是女性”和“雇员是黑人”是独立的，那么“雇员是男性”和“雇员是白人”是独立的吗? 答案是肯定的. 根据例 2.5.2 中的推导，事件 A 与 B 的独立性意味着事件 A^C 与 B^C(以及 A 与 B^C，A^C 与 B)的独立性. 因此，$x=24$ 个黑人女性不仅使 A 与 B 独立，更普遍地说，它还意味着“种族”和“性别”是独立的. ■

例 2.5.4 假设两事件 A 与 B 是互斥的，且每个都有非零概率. 那么它们是独立的吗?

不是. 若 A 与 B 是互斥的，那么 $P(A\cap B)=0$. 但是由假设知，$P(A)\cdot P(B)>0$，这样定义 2.5.1 中阐明独立性的等式无法得到满足. ■

独立性的推断

有时候，围绕两个事件的物理环境表明，一个事件的发生(或不发生)对另一个事件的发生(或不发生)完全没有影响. 如果是这样的话，那么这两个事件在定义 2.5.1 的意义上必然是独立的.

假设一枚硬币掷了两次. 很明显，无论第一次掷硬币时发生了什么，都不会影响第二次掷硬币的结果. 如果 A 和 B 是分别在第二次和第一次投掷中定义的事件，则必有 $P(A|B)=P(A|B^C)=P(A)$. 例如，令 A 为第二次掷一枚均匀的硬币出现正面的事件，B 为第一次掷那枚硬币出现反面的事件. 那么

$$P(A|B)=P(\text{第二掷出现正面}\mid\text{第一掷出现反面})=P(\text{第二掷出现正面})=\frac{1}{2}$$

能够推断出某些事件是独立的，对于解决某些问题有巨大的帮助. 原因是，许多有趣的事件实际上是事件的交集. 如果这些事件是独立的，那么交集的概率就简化到一个简单的乘积(根据定义 2.5.1)，即 $P(A\cap B)=P(A)\cdot P(B)$. 上面描述的硬币投掷中，

$$\begin{aligned}P(A\cap B)&=P(\text{第二掷出现正面}\cap\text{第一掷出现反面})\\&=P(A)\cdot P(B)\\&=P(\text{第二掷出现正面})\cdot P(\text{第一掷出现反面})\\&=\frac{1}{2}\cdot\frac{1}{2}=\frac{1}{4}\end{aligned}$$

例 2.5.5 Myra 和 Carlos 是当地一家报社的暑期实习生，负责校对工作. 根据能力倾向测试，Myra 发现连字符错误的概率为 50%，而 Carlos 发现同样错误的概率为 80%. 假设他们校对的文本包含连字符错误，错误未被发现的概率是多少？

令 A 与 B 分别表示 Myra 和 Carlos 发现错误的事件. 根据假设，$P(A)=0.50$ 和 $P(B)=0.80$. 我们所要求的是一个并集的补的概率. 即

$$\begin{aligned} P(\text{错误未被发现}) &= 1-P(\text{错误被发现}) \\ &= 1-P(\text{Myra 或 Carlos 或两者都发现错误}) \\ &= 1-P(A\cup B) \\ &= 1-[P(A)+P(B)-P(A\cap B)] \quad (\text{由定理 2.3.6}) \end{aligned}$$

既然校对员总是自己工作，那么事件 A 与事件 B 必然是独立的，则 $P(A\cap B)$ 化简为 $P(A)\cdot P(B)$. 因此，这样的错误有 10% 的概率不会被注意到：

$$P(\text{错误未被发现}) = 1-[0.50+0.80-(0.50)(0.80)] = 1-0.90 = 0.10$$ ■

例 2.5.6 假设与控制碳水化合物代谢相关的基因中有一个表现为两个等位基因：显性 W 和隐性 w. 如果当前一代男性和女性的 WW、Ww 和 ww 基因型的概率分别为 p、q 和 r，那么下一代的个体成为 ww 的概率是多少？

设 A 表示后代从其父亲处获得 w 等位基因的事件；B 表示她从母亲那里获得隐性等位基因的事件. 我们要求的是 $P(A\cap B)$. 根据提供的信息，

$$\begin{aligned} p &= P(\text{父母有基因型 WW}) = P(\text{WW}) \\ q &= P(\text{父母有基因型 Ww}) = P(\text{Ww}) \\ r &= P(\text{父母有基因型 ww}) = P(\text{ww}) \end{aligned}$$

如果后代获得父亲或母亲的等位基因的可能性是相同的，可以使用定理 2.4.1 计算 A 和 B 的概率：

$$\begin{aligned} P(A) &= P(A\mid \text{WW})P(\text{WW})+P(A\mid \text{Ww})P(\text{Ww})+P(A\mid \text{ww})P(\text{ww}) \\ &= 0\cdot p+\frac{1}{2}\cdot q+1\cdot r \\ &= r+\frac{q}{2} = P(B) \end{aligned}$$

由于缺乏任何相反的证据，我们有充分的理由假设 A 和 B 是独立事件，那么

$$P(A\cap B) = P(\text{后代有基因型 ww}) = P(A)\cdot P(B) = \left(r+\frac{q}{2}\right)^2$$

(这种特殊的等位基因分离模型，加上独立性假设，被称为孟德尔随机交配.) ■

以上两个例子侧重于独立的先验假设非常合理的事件. 然而，有时看似非常合理的东西却出人意料地不正确. 例 2.5.7 就是这样一个典型的例子.

例 2.5.7 一个卑鄙的赌徒上衣口袋里有 9 个骰子. 其中 3 个是均匀的，而 6 个是不均匀的. 不均匀的骰子掷出 6 的概率为 1/2. 她随机取出一个骰子，掷两轮. 设 A 为事件“6 出现在第一轮中”，设 B 为事件“6 出现在第二轮中”. A 和 B 相互独立吗？

在这里我们的直觉可能会回答“是”：一个骰子的两轮投掷怎么可能不独立？到目前为止，我们遇到的每一个骰子问题都是如此. 但这不是一个典型的骰子问题. 如果骰子的不

同面出现的概率是已知的，则重复投掷确实符合独立事件的条件．然而，在本例这种情况下，这些概率是未知的，并且以随机的方式取决于赌徒从口袋里掏出的骰子．

要了解不知道哪个骰子被投掷的条件对 A 和 B 之间关系的影响，需要应用定理 2.4.1．让 F 和 L 分别表示事件“选择了均匀的骰子”和“选择了不均匀的骰子”．那么

$$\begin{aligned} P(A\cap B) &= P(6\text{ 出现在第一轮 }\cap 6\text{ 出现在第二轮}) \\ &= P(A\cap B|F)P(F)+P(A\cap B|L)P(L) \end{aligned}$$

以 F 或 L 为条件，则 A 和 B 是独立的，因此，

$$P(A\cap B)=(1/6)(1/6)(3/9)+(1/2)(1/2)(6/9)=19/108$$

类似地，

$$\begin{aligned} P(A) &= P(A|F)P(F)+P(A|L)P(L) \\ &= (1/6)(3/9)+(1/2)(6/9)=7/18=P(B) \end{aligned}$$

但是注意到

$$P(A\cap B)=19/108=57/324\neq P(A)\cdot P(B)=(7/18)(7/18)=49/324$$

证明 A 和 B 不是相互独立的．■

习题

2.5.1 假设 $P(A\cap B)=0.2$，$P(A)=0.6$，$P(B)=0.5$．

(a) A 和 B 是互斥的吗？

(b) A 和 B 是相互独立的吗？

(c) 求 $P(A^C\cup B^C)$．

2.5.2 Spike 不是一个非常聪明的学生．他化学及格的概率是 0.35；数学是 0.40；两者都及格是 0.12．“Spike 化学及格”和“Spike 数学及格”的事件是相互独立的吗？他两门功课都不及格的概率有多大？

2.5.3 掷两个均匀的骰子．其中一个的点数是另一个点数的 2 倍的概率是多少？

2.5.4 Emma 和 Josh 刚刚订婚．他们血型不同的概率是多少？假设在一般人群中男性和女性的血型按以下比例分布：

血型	比例(%)
A	40
B	10
AB	5
O	45

2.5.5 Dana 和 Cathy 打网球．Dana 在两局比赛中至少赢一局的概率为 0.3．那么 Dana 在四局比赛中至少赢一局的概率是多少？

2.5.6 在区间$(0,a)$内随机选取三点：X_1,X_2 和 X_3．在区间$(0,b)$内随机选取另外三点：Y_1,Y_2 和 Y_3．令 A 是事件“X_2 位于 X_1 和 X_3 之间”，令 B 是事件“$Y_1<Y_2<Y_3$”．求 $P(A\cap B)$．

2.5.7 假设 $P(A)=\frac{1}{4}$ 和 $P(B)=\frac{1}{8}$．

(a)如果

1. A 和 B 互斥　　2. A 和 B 相互独立

那么 $P(A\cup B)$等于多少？

(b)如果

1. A 和 B 互斥　　　　　　　　2. A 和 B 相互独立

那么 $P(A|B)$等于多少?

2.5.8 假设事件 A，B 和 C 相互独立.

(a)用维恩图求出 $P(A\cup B\cup C)$的表达式.

(b)利用补集求出 $P(A\cup B\cup C)$的表达式.

2.5.9 掷一枚均匀的硬币四次. 前两次投掷中出现正面的次数与后两次投掷中出现正面的次数相同的概率是多少?

2.5.10 假设从一副标准的 52 张扑克牌中同时抽出两张牌. 令 A 是“两张是红桃 J，Q，K 或者 A”的事件，令 B 是“两张都是 A”的事件. A 和 B 相互独立吗?(注意：从一副扑克中抽出两张牌共有 1 326 种可能性相同的方法.)

定义多于两个事件的独立性

如何将定义 2.5.1 扩展到(比如)三个事件，并不是一目了然的. 要将 A，B 和 C 称为独立的，我们是否需要将三个交集的概率转化为三个原始概率的乘积，

$$P(A\cap B\cap C)=P(A)\cdot P(B)\cdot P(C) \tag{2.5.3}$$

或者，我们是否应该将已有的定义应用于三对事件：

$$\begin{aligned}P(A\cap B)&=P(A)\cdot P(B)\\ P(B\cap C)&=P(B)\cdot P(C)\\ P(A\cap C)&=P(A)\cdot P(C)\end{aligned} \tag{2.5.4}$$

事实上，这两个条件单独都不充分. 如果三个事件同时满足公式(2.5.3)和公式(2.5.4)，我们将其称为独立的(或相互独立)，但公式(2.5.3)并不能推出公式(2.5.4)，公式(2.5.4)也不能推出公式(2.5.3)(见习题 2.5.11 和习题 2.5.12).

更一般地说，n 个事件的独立性要求所有可能交集的概率等于所有对应事件的概率的乘积. 定义 2.5.2 正式地表述了结果. 与两个事件的情况类似，定义 2.5.2 的实际应用出现在 n 个事件相互独立时，我们可以通过计算乘积 $P(A_1)\cdot P(A_2)\cdot\cdots\cdot P(A_n)$得到 $P(A_1\cap A_2\cap\cdots\cap A_n)$.

定义 2.5.2 如果对于每个指标集 $i_1,i_2,\cdots,i_k$(取值在 1 和 n 之间)，都有

$$P(A_{i_1}\cap A_{i_2}\cap\cdots\cap A_{i_k})=P(A_{i_1})\cdot P(A_{i_2})\cdot\cdots\cdot P(A_{i_k})$$

则称事件 $A_1,A_2,\cdots,A_n$ 是独立的.

例 2.5.8 一家保险公司计划通过抽样调查当前投保人的记录来评估其未来的负债. 一项初步研究发现了三位客户，其中一位住在阿拉斯加，一位住在密苏里州，一位住在佛蒙特州，预计他们到 2020 年依然健在的概率分别为 0.7，0.9 和 0.3. 到 2019 年底公司将不得不向三位客户中的一位支付死亡抚恤金的概率是多少?

设 A_1 为事件“阿拉斯加客户活过 2019 年”. 类似地，密苏里客户和佛蒙特客户的事件分别定义为 A_2 和 A_3. 于是事件 E“恰好一位死亡”可以写成三个交集的并集：

$$E=(A_1\cap A_2\cap A_3^C)\cup(A_1\cap A_2^C\cap A_3)\cup(A_1^C\cap A_2\cap A_3)$$

因为每个交集都与其他两个交集是互斥的，故

$$P(E)=P(A_1\cap A_2\cap A_3^C)+P(A_1\cap A_2^C\cap A_3)+P(A_1^C\cap A_2\cap A_3)$$

此外，没有理由相信，实际上这三个人的命运不是独立的．在这种情况下，每一个交集的概率都简化为一个乘积，我们可以写出

$$\begin{aligned}P(E)&=P(A_1)\cdot P(A_2)\cdot P(A_3^C)+P(A_1)\cdot P(A_2^C)\cdot P(A_3)+P(A_1^C)\cdot P(A_2)\cdot P(A_3)\\&=(0.7)(0.9)(0.7)+(0.7)(0.1)(0.3)+(0.3)(0.9)(0.3)\\&=0.543\end{aligned}$$

■

例 2.5.9 某公司的财务决策过程遵循图 2.5.1 所示的“线路”．任何预算提案首先由 1 筛选．如果他同意，提案将转发到 2，3 和 5．如果 2 或 3 同意，则转到 4．如果 4 或 5 同意，则转到 6 进行最终审阅．只有 6 也同意，提案才能通过．假设 1，5 和 6 每人都有 0.5 的概率同意，而 2，3 和 4 每人都有 0.7 的概率同意．如果每个人都独立做出决定，那么预算通过的概率是多少？

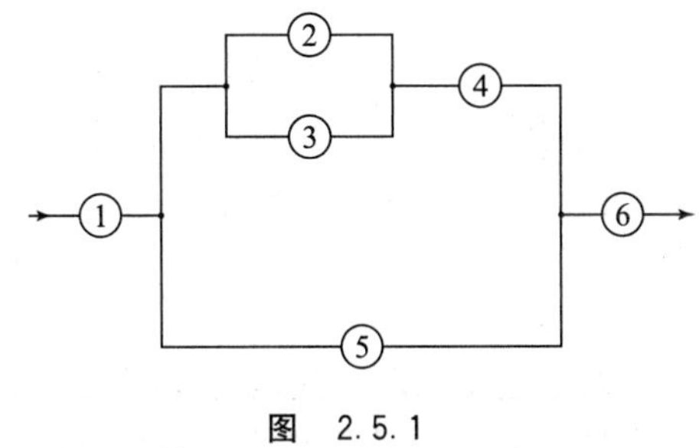

图　2.5.1

通过将线路简化为组成集合的并和交来计算此类概率．此外，如果所有决策都是独立做出的（这里就是这种情况），那么每个交集都将变成乘积．

设 A_i 表示事件：第 i 个人同意预算，$i=1,2,\cdots,6$．观察图 2.5.1，我们得到

$$\begin{aligned}P(\text{预算通过})&=P(A_1\cap\{[(A_2\cup A_3)\cap A_4]\cup A_5\}\cap A_6)\\&=P(A_1)P([(A_2\cup A_3)\cap A_4]\cup A_5)P(A_6)\end{aligned}$$

由假设，$P(A_1)=0.5$，$P(A_2)=0.7$，$P(A_3)=0.7$，$P(A_4)=0.7$，$P(A_5)=0.5$，$P(A_6)=0.5$，则

$$\begin{aligned}P((A_2\cup A_3)\cap A_4)&=[P(A_2)+P(A_3)-P(A_2)P(A_3)]P(A_4)\\&=[0.7+0.7-(0.7)(0.7)](0.7)\\&=0.637\end{aligned}$$

因此，

$$P(\text{预算通过})=(0.5)[0.637+0.5-(0.637)(0.5)](0.5)=0.205$$

■

重复的独立事件

我们已经看到几个例子，其中感兴趣的事件实际上是独立的简单事件的交集（这里交集的概率化简为乘积形式）．这一基本情况有一个特例值得特别提及，因为它适用于许多现实情况．如果构成交集的事件都来自相同的物理环境和假设（即它们表示同一试验的重复），则它们被称为重复独立试验．此类试验的重复次数可以是有限的，也可以是无限的．

例 2.5.10 假设你刚买的圣诞树灯串有 24 个串联的灯泡．如果每个灯泡在第一次通电时有 99.9%的概率能正常使用，那么灯串无法正常使用的概率是多少？

令 A_i 是事件“第 i 个灯泡损坏”，$i=1,2,\cdots,24$．那么

$$\begin{aligned}P(\text{灯串损坏})&=P(\text{至少有一个灯泡损坏})\\&=P(A_1\cup A_2\cup\cdots\cup A_{24})\\&=1-P(\text{灯串正常})\end{aligned}$$

$$= 1 - P(\text{所有 24 个灯泡正常})$$
$$= 1 - P(A_1^C \cap A_2^C \cap \cdots \cap A_{24}^C)$$

如果我们假设灯泡损坏是独立事件，则

$$P(\text{灯串损坏}) = 1 - P(A_1^C)P(A_2^C)\cdots P(A_{24}^C)$$

此外，由于假设灯泡都是按相同方法制造的，则 $P(A_i^C)$对于所有 i 都是相同的，因此

$$P(\text{灯串损坏}) = 1 - [P(A_i^C)]^{24} = 1 - (0.999)^{24}$$
$$= 1 - 0.98 = 0.02$$

换句话说，在第一次通电时，灯串不能正常使用的概率是 1/50. ■

例 2.5.11　在 1978 年的棒球赛季中，辛辛那提红人队的 Pete Rose 连续 44 场比赛击出安打，创造了全联盟纪录. 假设 Rose 是一名打击率为 0.300 的击球手，他每场比赛击球四次. 如果每一次击球都被认为是一个独立的事件，那么与如此长的连续击球关联的合理概率是多少?

对于这个问题，我们需要两次调用重复独立试验模型，第一次用于组成一场比赛的四次击打，第二次用于组成连胜的 44 场比赛. 令 A_i 表示事件“Rose 第 i 次比赛中击出安打”，$i=1,2,\cdots,44$. 那么

$$P(\text{Rose 在连续 44 场比赛中击出安打}) = P(A_1 \cap A_2 \cap \cdots \cap A_{44})$$
$$= P(A_1)\cdot P(A_2)\cdots P(A_{44}) \qquad (2.5.5)$$

由于所有的 $P(A_i)$都相等，我们可以进一步把等式(2.5.5)化简为

$$P(\text{Rose 在连续 44 场比赛中击出安打}) = [P(A_1)]^{44}$$

为了计算 $P(A_1)$，我们应当关注 A_1 的补集. 具体地说，

$$P(A_1) = 1 - P(A_1^C) = 1 - P(\text{Rose 在第 1 场比赛中没有击出安打})$$
$$= 1 - P(\text{Rose 出局四次})$$
$$= 1 - (0.700)^4 \quad (\text{为什么?})$$
$$= 0.76$$

因此，一名打击率为 0.300 的击球手(在给定的一组 44 场比赛中)连胜 44 场的概率是 0.000 005 7：

$$P(\text{Rose 在连续 44 场比赛中击出安打}) = (0.76)^{44} = 0.000\,005\,7$$

注释　这里描述的分析具有重复独立试验问题的基本“结构”，但后者所做的假设并不完全符合实际数据. 例如，每一次击球都不完全是同一试验的重复，$P(A_i)$对所有 i 来说也不是相同的. 显然，Rose 在与不同投手的比赛中击中的概率是不同的. 此外，虽然“四”可能是他在比赛中的典型击球次数，但肯定在很多情况下他击球次数不是更少就是更多. 显然，与假设模型的日常偏差有时会对 Rose 有利，有时则不然. 在连续击出安打的过程中，预计这些偏差的净影响不会对 0.000 005 7 概率产生太大影响. ■

例 2.5.12　在双骰子赌博游戏中，玩家获胜的方法之一是(用两个骰子)掷出点数和为 4,5,6,8,9 或 10 之一，然后在掷出点数和为 7 之前再次掷出该点数和. 例如，点数和的序列 6,5,8,8,6 将导致玩家在第五轮中获胜. 用赌博术语来说，“6”是玩家的“点”，他“得到

了他的点(以点获胜)". 另一方面，点数和的序列 8,4,10,7 将导致玩家在第四轮中失败：他的点是 8，但他在第二次掷出 8 之前掷出了 7. 玩家以 10 点获胜的概率是多少？

表 2.5.2 展示了玩家可以得到 10 点的一些方法. 当然，每个序列都是独立事件的交集，因此其概率变成了乘积形式. 事件"玩家以 10 点获胜"是第一列中可能列出的所有序列的并集.

表 2.5.2

点数和的序列	概率
(10,10)	(3/36)(3/36)
(10,非 10 或非 7,10)	(3/36)(27/36)(3/36)
(10，非 10 或非 7，非 10 或非 7,10)	(3/36)(27/36)(27/36)(3/36)
⋮	⋮

由于所有这些序列都是互斥的，因此玩家以 10 点获胜的概率化为无穷多个乘积之和：

$$P(\text{玩家以 10 点获胜}) = \frac{3}{36}\cdot\frac{3}{36}+\frac{3}{36}\cdot\frac{27}{36}\cdot\frac{3}{36}+\frac{3}{36}\cdot\frac{27}{36}\cdot\frac{27}{36}\cdot\frac{3}{36}+\cdots = \frac{3}{36}\cdot\frac{3}{36}\sum_{k=0}^{\infty}\left(\frac{27}{36}\right)^k \tag{2.5.6}$$

回想一下代数，如果 $0<r<1$，有

$$\sum_{k=0}^{\infty} r^k = 1/(1-r)$$

将几何级数之和的公式应用于等式(2.5.6)，表明在双骰子游戏中以 10 点获胜的概率为 1/36：

$$P(\text{玩家以 10 点获胜}) = \frac{3}{36}\cdot\frac{3}{36}\cdot\frac{1}{\left(1-\frac{27}{36}\right)} = \frac{1}{36}$$

表 2.5.3 显示了玩家以六种可能点数和中的每一种——4,5,6,8,9 和 10——获胜的概率.

表 2.5.3

点数和	P(以点获胜)
4	1/36
5	16/360
6	25/396
8	25/396
9	16/360
10	1/36

根据双骰子赌博游戏的规则，玩家赢的方法是：(1)在第一轮中得到 7 或 11 点，(2)在第一轮中得到 4,5,6,8,9 或 10 点并且以该点获胜. 但是 P(点数和 $=7$) $=6/36$，P(点数和 $=11$) $=2/36$，于是

$$P(\text{玩家获胜}) = \frac{6}{36}+\frac{2}{36}+\frac{1}{36}+\frac{16}{360}+\frac{25}{396}+\frac{25}{396}+\frac{16}{360}+\frac{1}{36} = 0.493$$

作为号称机会均等的游戏，双骰子赌博游戏算是相对公平的——掷骰子者获胜的概率稍低于 0.500. ■

例 2.5.13 发射器发送的二进制代码(+和−信号)必须通过三个信号中继站才能到达接收器(见图 2.5.2). 在每个中继站，信号会有 25%的概率被反转，即

$$P(\text{中继站 } i \text{ 发出 + 信号} \mid \text{中继站 } i \text{ 接收到 − 信号})$$
$$=P(\text{中继站 } i \text{ 发出 − 信号} \mid \text{中继站 } i \text{ 接收到 + 信号})$$
$$=1/4, \quad i=1,2,3$$

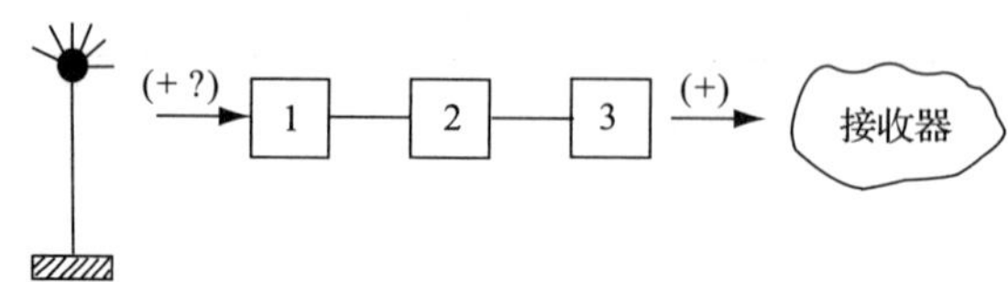

图 2.5.2

假设发送的信息中+信号占 60%. 如果接收到了+信号，那么发送的是+信号的概率是多少?

这基本上是一个贝叶斯定理(定理 2.4.2)问题，但这三个中继站引入了复杂的传输错误机制. 设 A 表示事件“发射塔发出+信号”，B 表示事件“从中继站 3 接收到+信号”，那么

$$P(A|B)=\frac{P(B|A)P(A)}{P(B|A)P(A)+P(B|A^C)P(A^C)}$$

请注意，+信号最初由发射塔发送后，可以从中继站 3 接收+信号的条件是：(1)所有中继站正常工作；(2)任意两个中继站出现传输错误. 表 2.5.4 显示了(1)和(2)可能发生的四种互斥的方式. 括号中显示了与每个中继站的信息传输相关的概率. 假设中继站输出为独立事件，则整个传输序列的概率仅为任一给定行中括号内概率的乘积. 最后一列列出了这些总体概率；它们的总和 36/64 就是 $P(B|A)$. 通过类似的分析，我们可以证明

$$P(B|A^C)=P(\text{从中继站 3 接收到 + 信号} \mid \text{发射塔发出 − 信号})=28/64$$

最后，由于 $P(A)=0.6$，$P(A^C)=0.4$，我们要求的条件概率是 0.66：

$$P(A|B)=\frac{\left(\frac{36}{64}\right)(0.6)}{\left(\frac{36}{64}\right)(0.6)+\left(\frac{28}{64}\right)(0.4)}=0.66$$

表 2.5.4

发射塔	信号传输自			概率
	中继站 1	中继站 2	中继站 3	
+	+(3/4)	−(1/4)	+(1/4)	3/64
+	−(1/4)	−(3/4)	+(1/4)	3/64
+	−(1/4)	+(1/4)	+(3/4)	3/64
+	+(3/4)	+(3/4)	+(3/4)	27/64
				36/64

■

例 2.5.14 Andy、Bob 和 Charley 产生了分歧，决定用一场三角手枪决斗来解决他们之间的争端. 三人中 Andy 的射术最差，命中率只有 30%. Charley 稍微好一点，有 50% 的概率击中目标，而 Bob 从未失过手(见图 2.5.3). 他们一致同意的规则很简单：按照 Andy、Bob、Charley 的顺序，依次向自己选择的目标开火，如此循环，直到只剩下一个人站着为止. 在每一个“回合”，他们只有一次射击机会. 如果一名决斗者被击中，他将不再参与，无论是作为目标还是射手.

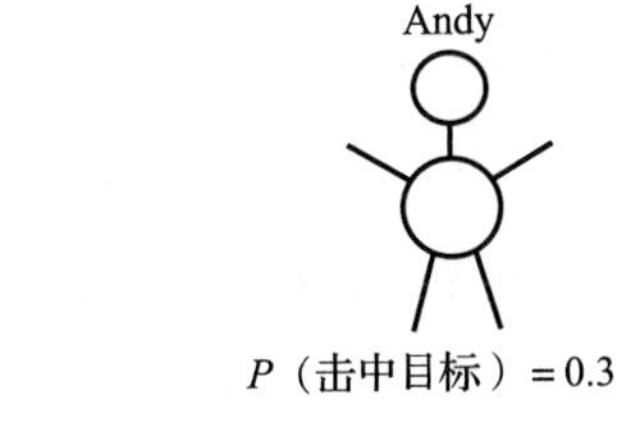

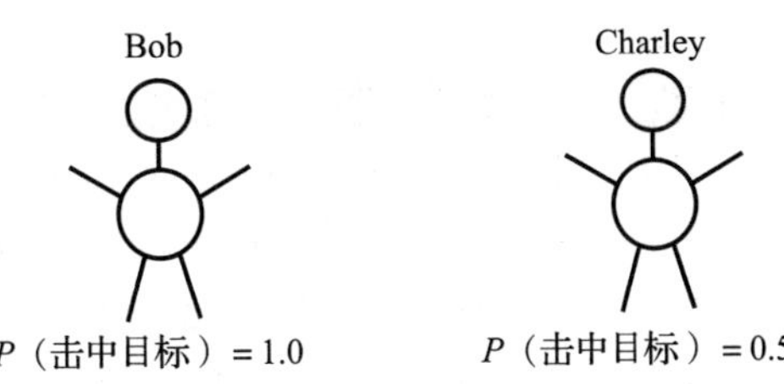

图　2.5.3

Andy 把左轮手枪装上子弹，仔细考虑自己的选择(他的目标是最大限度地提高自己的生存概率). 根据规则，他可以向 Bob 或 Charley 开枪，但他很快就排除了向后者开枪的可能性，因为这会对他未来的生存产生反作用：如果他向 Charley 开枪，不幸击中了他，那就轮到 Bob，Bob 除了向 Andy 开枪别无选择. 从 Andy 的角度来看，这将绝对是一个灾难，因为 Bob 从未失过手. 显然，Andy 唯一的选择就是向 Bob 开枪. 这将导致两种情况：(1)他朝 Bob 开枪并击中他，(2)他朝 Bob 开枪但打偏了.

考虑第一种可能性. 如果 Andy 击中 Bob，Charley 将向 Andy 开枪，Andy 将向 Charley 还击，以此类推，直到其中一人击中另一人. 设 CH_i 和 CM_i 分别表示事件“Charley 在第 i 枪击中 Andy”和“Charley 在第 i 枪未击中 Andy”. 类似地定义 AH_i 和 AM_i. 那么 Andy 的生存机会(考虑到他杀死了 Bob)化为一个无限可数交集的并集：

$$P(\text{Andy 生存}) = P((CM_1 \cap AH_1) \cup (CM_1 \cap AM_1 \cap CM_2 \cap AH_2) \cup (CM_1 \cap AM_1 \cap CM_2 \cap AM_2 \cap CM_3 \cap AH_3) \cup \cdots)$$

请注意，每个交集与所有其他交集都是互斥的，并且其组成事件是独立的. 因此

$$\begin{aligned} P(\text{Andy 生存}) &= P(CM_1)P(AH_1) + P(CM_1)P(AM_1)P(CM_2)P(AH_2) + \\ &\quad P(CM_1)P(AM_1)P(CM_2)P(AM_2)P(CM_3)P(AH_3) + \cdots \\ &= (0.5)(0.3) + (0.5)(0.7)(0.5)(0.3) + \\ &\quad (0.5)(0.7)(0.5)(0.7)(0.5)(0.3) + \cdots \end{aligned}$$

$$=(0.5)(0.3)\sum_{k=0}^{\infty}(0.35)^k$$

$$=(0.15)\left(\frac{1}{1-0.35}\right)=\frac{3}{13}$$

现在考虑第二种情况. 如果 Andy 向 Bob 开枪打偏了，Bob 无疑会开枪打 Charley，因为 Charley 是更危险的对手. 那又轮到 Andy 了. 他能否活到明天将取决于他下一枪能否命中. 具体地讲，

$$P(\text{Andy 生存}) = P(\text{Andy 在第二轮击中 Bob}) = 3/10$$

但是$\frac{3}{10}>\frac{3}{13}$，所以 Andy 最好不要第一枪击中 Bob. 因为我们已经讨论过 Andy 向 Charley 开枪是鲁莽的，那么 Andy 的最佳策略是在第一枪中故意错过 Bob 和 Charley. ■

例 2.5.15 科学家估计地球大气中大约有 10^{44} 个分子，其中大约 78%是氮气(N_2)，21%是氧气(O_2)，1%是氩气(A). 大约 2×10^{22} 个这样的分子组成你的每一次呼吸. 根据这些并不特别有趣的事实产生了一个奇怪的问题，其答案也同样奇怪.

公元前 44 年 3 月 15 日，尤利乌斯 · 恺撒(Julius Caesar)被一群罗马参议员暗杀，这是由他最亲密的朋友之一马库斯 · 布鲁图斯(Marcus Brutus)领导的兵变. 在莎士比亚(Shakespeare)描述这次袭击的戏剧中，垂死的恺撒用著名的哀歌喊出他朋友的背叛，“你也在吗，布鲁图斯?”在最后一口气中，恺撒大概呼出了 2×10^{22} 个分子.

下面就是我们要问的问题，它在一个典型的盒子里的球问题的框架下. 假设恺撒呼出的最后 2×10^{22} 个分子都是红色的；假设大气中剩下的 $10^{44}-2\times10^{22}$ 个分子都是蓝色的. 此外，假设整个红色和蓝色分子的集合随着时间的推移保持不变，但在接下来的 2 060 年中，盒子(即大气)每天都被搅动和摇晃. 到 2016 年，我们可以假设恺撒的最后一口气(红色分子)已经随机散布在地球大气中(蓝色分子). 根据这些假设，在你的下一次呼吸中，至少有一个分子来自恺撒的最后一口气的概率是多少?

乍一看，每个人的直觉都会认为这个问题是荒谬的，用一个小到一次呼吸的样本，从可能在大气中任何地方的另一次呼吸中“重新捕获”一些东西，就好像盲人在哥斯拉大小的干草堆中寻找无限小的针一样. 就所有实际目的而言，答案肯定是 0. 事实却不是这样的.

想象一下，从大气的 10^{44} 个分子中一次一个随机抽取 2×10^{22} 个分子(你的下一次呼吸)(见图 2.5.4). 设 $A_i(i=1,2,\cdots,2\times10^{22})$表示事件“你下一次呼吸中的第 i 个分子不是‘恺撒’分子”，令 A 表示事件“你的下一次呼吸中最终包含了恺撒最后一口气的分子”. 那么

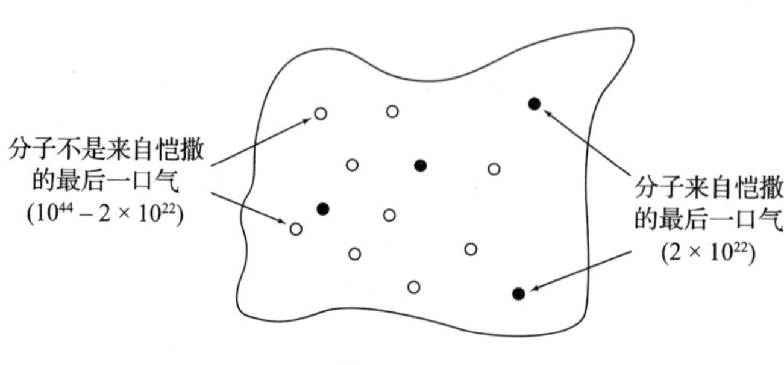

图 2.5.4

$$P(A)=1-P(A_1\cap A_2\cap A_3\cap\cdots\cap A_{2\times10^{22}})$$

显然，

$$P(A_1)=(10^{44}-2\times10^{22})/10^{44}$$

$$P(A_2\,|\,A_1)=(10^{44}-2\times10^{22}-1)/(10^{44}-1)$$

$$P(A_3\,|\,A_1\cap A_2)=(10^{44}-2\times10^{22}-2)/(10^{44}-2)\text{，以此类推}$$

并且，由公式(2.4.3)有

$$P(A)=1-P(A_1)P(A_2\,|\,A_1)P(A_3\,|\,A_1\cap A_2)\cdots P(A_{2\times10^{22}}\,|\,A_1\cap A_2\cap\cdots\cap A_{2\times10^{22}-1})$$

然而，由于 10^{44} 与 2×10^{22} 之间巨大的差异，所有的条件概率基本上都等于 $P(A_1)$，这意味着

$$P(A)\approx1-[P(A_1)]^{2\times10^{22}}=1-[(10^{44}-2\times10^{22})/10^{44}]^{2\times10^{22}}$$
$$=1-(1-2/10^{22})^{2\times10^{22}}$$

回想一下微积分的公式，当 x 是一个很小的数时，有 $1-x\approx e^{-x}$. 因此

$$P(A)\approx1-(e^{-2/10^{22}})^{2\times10^{22}}=1-e^{-4}=0.98 \tag{2.5.7}$$

等式(2.5.7)至少可以说是一个令人震惊的事实：考虑到所做的假设，它表明你的下一次呼吸中包含了恺撒最后一口气的分子的可能性几乎是肯定的. 如此难以置信的事情怎么会有如此高的发生概率？一言以蔽之，就是坚持. 把你的下一次呼吸想象成抽奖，而恺撒最后一口气中的任何分子都是头奖. 这场“游戏”与你可能买了 6 张彩票的每周乐透彩不同的地方在于，在这里你的下一次呼吸实际上已经购买了 20 000 000 000 000 000 000 000 张彩票. 此外，不是只有一个头奖，这里有 20 000 000 000 000 000 000 000 个头奖.

伟大的罗马诗人和哲学家奥维德(Ovid)出生在恺撒被谋杀的前一年. 在他大量的著作中，有一篇有趣地反映了概率的本质，那篇文章表明了他可能对等式(2.5.7)中给出的答案并不感到惊讶. 他写道：“机会总是存在的. 不断抛下鱼钩，总会钓到一条鱼.” ■

习题

2.5.11 假设掷两个均匀的骰子(一个红色，一个绿色). 定义事件

A：红色骰子给出点数 1 或 2

B：绿色骰子给出点数 3，4 或 5

C：骰子点数和为 4，11 或 12

证明：这些事件满足公式(2.5.3)，但不满足公式(2.5.4).

2.5.12 轮盘有 36 个数字，颜色为红色或黑色，如下所示：

轮盘图案

1	2	3	4	5	6	7	8	9	10	11	12	13	14	15	16	17	18
R	R	R	R	R	B	B	B	B	R	R	R	R	B	B	B	B	B
36	35	34	33	32	31	30	29	28	27	26	25	24	23	22	21	20	19

定义事件：

A：出现红色数字

B：出现偶数

C：数字小于或等于 18

证明：这些事件满足公式(2.5.4)，但不满足公式(2.5.3).

2.5.13 需要验证多少个概率公式才能确定四个事件的相互独立性？

2.5.14 投掷一对均匀的骰子(一个红色和一个绿色)，设 A 为红色骰子显示 3，4 或 5 的事件；设 B 为绿色骰子显示 1 或 2 的事件；并设 C 为骰子总数为 7 的事件. 证明 A，B 和 C 是独立的.

2.5.15 投掷一对均匀的骰子(一个红色和一个绿色)，设 A 是红色骰子显示奇数的事件，设 B 是绿色骰子显示偶数的事件，设 C 是总和为奇数的事件. 证明这些事件中的任何一对都是独立的，但 A，B 和 C 不是相互独立的.

2.5.16 一名通勤者在上班途中遇到四个交通信号. 假设这四个路口之间的距离足够大，使得她在任何路口遇到绿灯的概率与之前任何路口发生的情况无关. 前两个灯每分钟 40 秒为绿色；最后两个，每分钟 30 秒. 通勤者至少停车三次的概率是多少？

2.5.17 学校董事会官员正在讨论是否要求所有高中毕业生在毕业前参加能力考试. 通过所有三个部分(数学、语言技能和一般知识)的学生将获得文凭；否则，他或她将只收到出勤证书. 今年有 9 500 名毕业生参加了一次实践考试，结果未通过考试的人数如下：

考试范围	未通过考试的人数
数学	3 325
语言技能	1 900
一般知识	1 425

如果"学生数学不及格""学生语言技能不及格"和"学生一般知识不及格"是独立事件，那么明年的高中毕业生中有多大比例预计无法获得文凭？在这种情况下，事件独立是合理的假设吗？

2.5.18 考虑以下四开关电路：

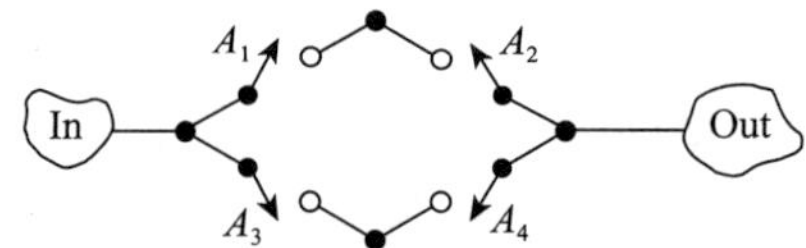

如果所有开关都独立运行，且 P(开关闭合)$=p$，电路完成的概率是多少？

2.5.19 一家快餐连锁店正在进行新的促销活动. 每购买一次，顾客都会获得一张可能赢得 10 美元的游戏卡. 该公司声称，一个人在五次尝试中至少获胜一次的概率为 0.32. 顾客在首次购买时赢得 10 美元的概率是多少？

2.5.20 玩家 A，B 和 C 依次抛一枚均匀的硬币. 第一个抛出正面的人获胜. 他们各自获胜的概率是多少？

2.5.21 在某个发展中国家，统计数据显示，19 世纪 80 年代初出生的儿童中，只有 20%的儿童能活到 21 岁. 如果同样的死亡率在下一代中仍然有效，那么如果一个女性想要至少有 75%的概率至少有一个后代活到成年，她需要生育多少个孩子？

2.5.22 根据一项广告研究，看过某个汽车广告的电视观众中有 15%能够正确识别配音演员. 假设有十个这样的人在看电视，广告开始了. 他们中至少有一个人能够说出演员的名字的概率是多少？恰好有一个人能说出演员名字的概率是多少？

2.5.23 投掷一个均匀的骰子，然后抛 n 枚均匀的硬币，其中 n 是骰子上显示的数字. 没有正面出现的概率是多少？

2.5.24 有 m 个罐子，每个罐子包含三个红色筹码和四个白色筹码. 每个罐子中共取 r 个可放回样本. 从至少一个罐子中抽取至少一个红色筹码的概率是多少？

2.5.25 如果投掷两个均匀骰子，至少得到一个双 6 的概率超过 0.5 的最小投掷次数 n 是多少？(注意：这是德米尔在 1654 年向帕斯卡提出的第一个问题之一.)

2.5.26 掷一对均匀的骰子，直到出现第一个 8 的和. 7 的和不在第一个 8 的和之前的概率是多少?

2.5.27 一个罐子包含 w 个白色筹码、b 个黑色筹码、r 个红色筹码. 筹码被一次取一个，且不放回地随机取出. 白色筹码在红色筹码前被取出的概率是多少?

2.5.28 一名海岸警卫队调度员收到了一艘在小岛岸边搁浅的船只发出的求救信号. 船长还没来得及告诉她准确的位置，她的无线电就坏了. 调度员有 n 个直升机机组人员可以派去进行搜索. 他怀疑船只在区域Ⅰ的南部(概率为 p)或区域Ⅱ的北部(概率为 $1-p$). n 个救援方都具有同等的能力，并且在船只搁浅的区域内定位船只的概率为 r. 调度员应该如何部署直升机机组人员，以最大限度地提高其中一组找到失踪船只的可能性?[提示：假设 m 个搜索小组被派往区域Ⅰ，$n-m$ 个被派往区域Ⅱ. 设 B 表示船只被发现的事件，设 A_1 表示船只在区域Ⅰ中的事件，设 A_2 表示船只在区域Ⅱ中的事件. 利用定理 2.4.1 得到 $P(B)$ 的表达式；然后对 m 求导.]

2.5.29 指令计算机用 0 到 9 的数字生成一个随机序列；并允许重复. 这个序列至少有 70% 的概率包含至少一个 4 的最短的长度是多少?

2.5.30 一个盒子里有一枚两面均为正面的硬币和八枚均匀硬币. 随机抽取一枚硬币，抛 n 次. 假设 n 次都是正面朝上. 证明当 $n\to\infty$ 时，硬币是均匀的概率的极限是 0.

2.5.31 斯坦利的统计学研讨会以及格/不及格为评分标准. 在学期结束时，每个学生都可以选择参加两题考试(期末考试 A)或三题考试(期末考试 B). 为了通过这门课程，学生必须在他们选择的任何考试中至少答对一道题. 教授估计，一个一般的学生在期末考试 A 中正确回答两道问题的概率为 45%，在期末考试 B 中正确回答三道问题的概率为 30%. 斯坦利应该选择哪一场考试呢? 用两种不同的方式回答问题.

2.5.32 使一个电路完成的概率至少为 0.98 的并联开关的最小数目是多少? 假设每个开关独立运行，并在 60% 的时间内正常工作.

2.6 组合学

组合学是一门历史悠久的，研究数据的计数、排列和组合的数学分支. 虽然有许多早期贡献者已经对此展开研究(《旧约》中提到了组合问题)，但它真正成为一个独立的学科要归功于一名德国数学家和哲学家——戈特弗里德·威廉·莱布尼茨(Gottfried Wilhelm Leibniz)(1646—1716)，他于 1666 年所著的专著《论组合术》(*Dissertatio de arte combinatoria*)，被认为是第一本专注于组合学的专著[114].

组合学的应用在多样性和数量上都很丰富. 无论是分子生物学家试图确定有多少种方法可以定位一个染色体上的基因，或是计算机科学家研究队列优先级，还是心理学家建立人类学习方式的模型，甚至是扑克玩家想知道他是否可以打出顺子、同花或满堂红等此类的好牌，所有这些都需要应用到组合学的知识. 令人惊讶的是，尽管一个问题与另一个问题之间似乎存在着巨大的差异，但解决所有这类问题都只基于四个基本定理和法则.

有序序列的计数：乘法法则

通常，组合问题的有关“结果”都是有序序列. 例如，掷两个骰子的结果是(4,5)，也就是说，第一个骰子掷出 4 和第二个骰子掷出 5，这是一个长度为 2 的有序序列. 这样的序列数量可以通过使用最基本的组合学结论(乘法法则)得到.

乘法法则 如果执行运算 A 有 m 种不同的方式，执行运算 B 有 n 种不同的方式，那么执行序列(运算 A，运算 B)则有 $m\cdot n$ 种不同的方式.

证明　我们可以通过树形图(见图2.6.1)验证乘法法则. 在 m 种运算 A 中, 每一种运算 A 都对应着 n 种运算 B, 那么序列 (A,B) 的总数为乘积 $m\cdot n$.

推论2.6.1　如果执行运算 $A_i(i=1,2,\cdots,k)$, 分别有 $n_i(i=1,2,\cdots,k)$ 种方式, 那么执行有序序列(运算 A_1, 运算 A_2, $\cdots$, 运算 A_k)共有 $n_1\cdot n_2\cdot\cdots\cdot n_k$ 种方式.

运算A　运算B

1 — 1, 2, ·, n

2 — 1, 2, ·, n

⋮

m — 1, 2, ·, n

图　2.6.1

例2.6.1　公文包的密码锁有两个刻度盘, 每个刻度盘上有16个刻度(见图2.6.2). 想打开这个公文包, 需要先对左边的刻度盘向某个方向旋转两圈, 然后停到特定的刻度位置, 再对右边的刻度盘重复上述操作. 请问有多少种设置密码的方式?

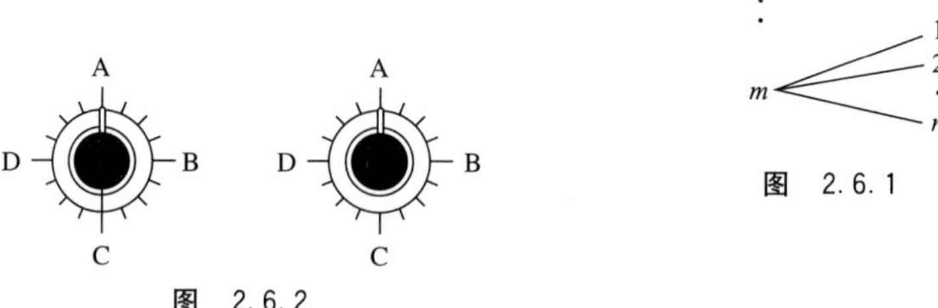

图　2.6.2

按照乘法法则, 打开公文包对应于四个步骤的序列 (A_1,A_2,A_3,A_4), 详情见表2.6.1, 根据先前的推论, 一共有1 024种不同的设置密码的方式.

$$\text{不同设置方式的数量}=n_1\cdot n_2\cdot n_3\cdot n_4=2\cdot 16\cdot 2\cdot 16=1\,024$$

表　2.6.1

步骤	目的	可供选择的方式数量
A_1	往一个特定的方向旋转左刻度盘	2
A_2	使左刻度盘停留在一个特定的刻度位置	16
A_3	往一个特定的方向旋转右刻度盘	2
A_4	使右刻度盘停留在一个特定的刻度位置	16

注释　与每个刻度盘的刻度数量相比, 刻度盘的数量是决定可能有多少种不同设置方式的关键因素. 例如, 对于两个刻度盘的锁, 每一个表盘都有20个刻度, 因此有 $2\cdot 20\cdot 2\cdot 20=1\,600$ 种设置方式. 如果这40个刻度分布在四个刻度盘上(每个刻度盘10个), 那么不同设置方式的数量将增加100倍, 为160 000 $(=2\cdot 10\cdot 2\cdot 10\cdot 2\cdot 10\cdot 2\cdot 10)$. ■

例2.6.2　19世纪的法国犯罪学家阿方斯·贝迪永(Alphonse Bertillon), 开发了一个基于11个解剖变量(身高、头宽、耳朵的长度等)的识别系统, 这些指标在人成年后基本保持不变. 每个指标变量的范围分为三个区间: 小型(s)、中型(m)和大型(l). 一个人的贝迪永指标是由11个字母组成的有序序列, 如:

$$s,s,m,m,l,s,l,s,s,m,s$$

其中每个字母表示个体对应特定变量的"尺寸". 那么一个有多少人口的城市可以保证至少有两个公民的贝迪永指标相同?

贝迪永指标是一个11步的分类系统, 在每一步有三个"尺寸"可选, 它可以被视为一个有序序列. 根据乘法法则，一共有 3^{11} 即 177 147 种不同的序列. 因此，任何城市至少有 177 148名成年人才可保证至少有两个居民具有相同的贝迪永指标. (这个方法的主要缺点是指标变量只能生成有限的序列. 尽管如此，在指纹识别技术发展之前，它一直被广泛应用于欧洲的刑事侦查.) ■

例 2.6.3 1824 年，路易斯·布莱叶(Louis Braille)基于早期法国军队所使用的在夜间阅读战场公报的“夜间写作”形式，发明了为盲人设计的标准字母，他的盲文体系使用六个点组成的点阵代替了书写字符：

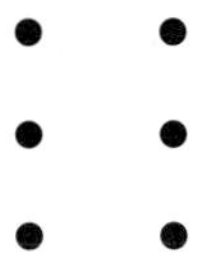

● ●
● ●
● ●

当某些点凸起时，则这个点阵可被识别为一个特定的字符，例如，代表字母 e 的点阵有两个凸起的圆点，并写作

● ·
· ●
· ·

标点符号、常用单词、后缀等，也有指定的点的模式. 那么总共有多少不同的字符可以用布莱叶盲文编码加密呢?

把这些点看作 6 个不同的对象，从 1 到 6 编号(见图 2.6.3). 为了形成一个盲文字母，每个点有两个选择：凸起或者不凸起.

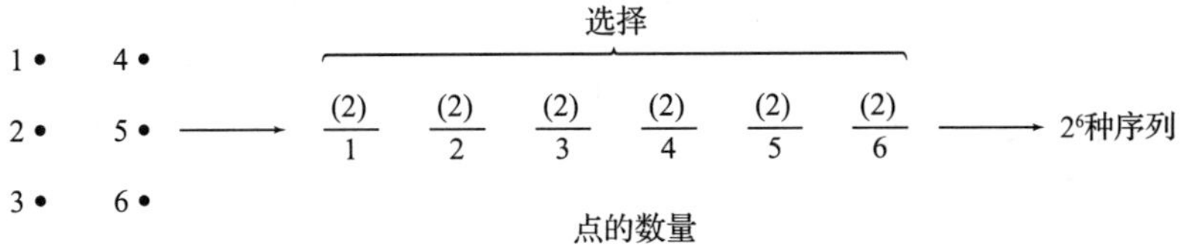

1• 4•
2• 5• ⟶ 选择: $\frac{(2)}{1}$ $\frac{(2)}{2}$ $\frac{(2)}{3}$ $\frac{(2)}{4}$ $\frac{(2)}{5}$ $\frac{(2)}{6}$ ⟶ 2^6种序列
3• 6•
点的数量

图 2.6.3

例如，字母 e 对应 6 个步骤的序列：(凸起，不凸起，不凸起，凸起，不凸起，不凸起)，已知 $k=6$，$n_1=n_2=\cdots=n_6=2$，一共有 $2^6=64$ 种方式. 然而，在这 64 种构型中，六个点都不凸起对盲人来说毫无意义. 图 2.6.4 展示了路易斯·布莱叶设计的所有 63 个盲文字母. ■

例 2.6.4 一年一度的 NCAA(“疯狂三月”)篮球锦标赛共有 64 支球队. 6 轮对决后，仍保持不败的球队成为全国冠军. 假设 64 进 32 的第一轮对决已经结束，共有多少种不同的输赢结局产生?

对于计算此类锦标赛输赢结果的分布需要使用两次乘法法则，首先，64 进 32 的对决一共可产生 2^{32} 种结果，同理，32 进 16 的对决可产生 2^{16} 种结果，以此类推. 综上所述，一共会产生具有 6 个步骤的序列，每一轮分别会有 $2^{32},2^{16},2^8,2^4,2^2,2^1$ 种结果产生. 所以以此形式，比赛最终会产生 $2^{32}\cdot 2^{16}\cdot 2^{8}\cdot 2^{4}\cdot 2^{2}\cdot 2^{1}=2^{63}$ 种结果.（当然，并不是所有结果都是等可能的！）■

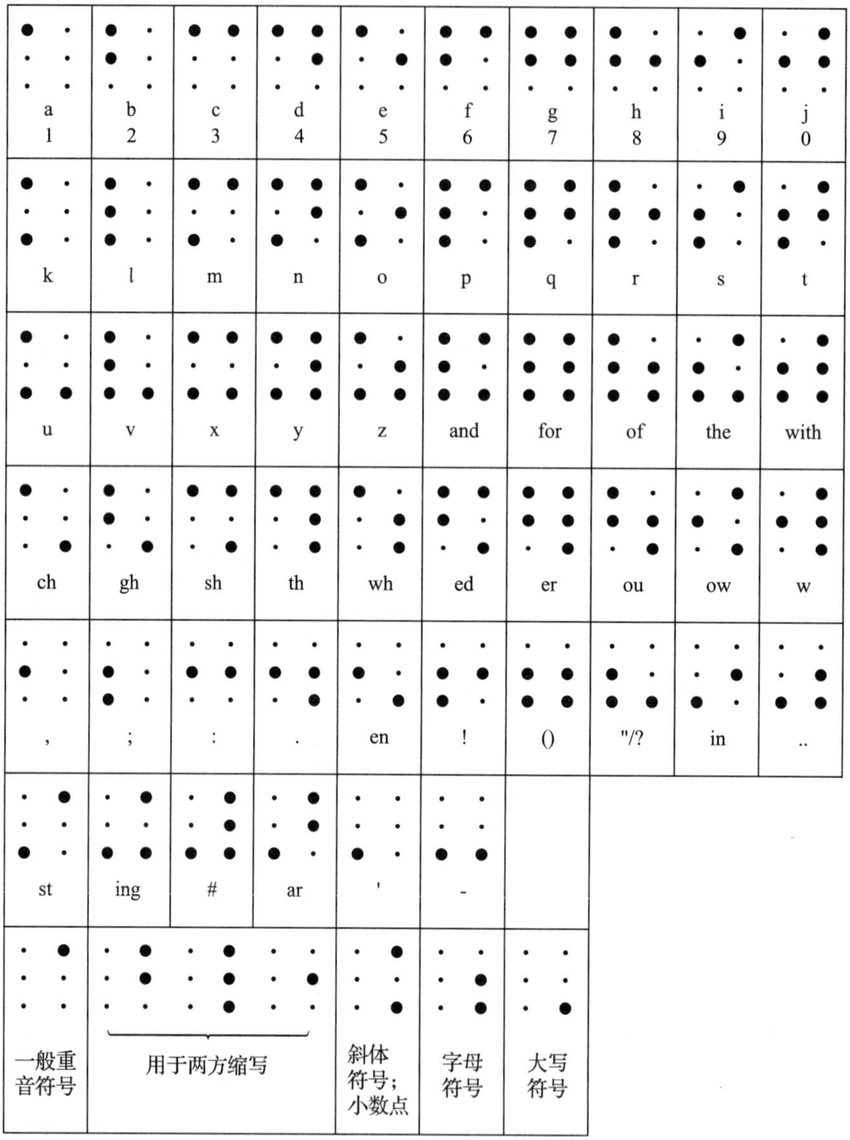

a 1	b 2	c 3	d 4	e 5	f 6	g 7	h 8	i 9	j 0
k	l	m	n	o	p	q	r	s	t
u	v	x	y	z	and	for	of	the	with
ch	gh	sh	th	wh	ed	er	ou	ow	w
,	;	:	.	en	!	()	"/?	in	..
st	ing	#	ar	'	-				
一般重音符号	用于两方缩写			斜体符号；小数点	字母符号	大写符号			

图　2.6.4

例 2.6.5　第一次引入的邮政编码是五位数字，理论上从 00000 到 99999 不等.（在现实中，最低位数的邮政编码为波多黎各圣胡安的 00601，最高的是阿拉斯加凯奇坎的 99950.）现额外添加了四位数，每个邮政编码都是一个九位数字：最初五位数字后面是一个连字符，再加上最后四位数字.

令 $N(A)$ 表示集合 A 中邮政编码的数量，该集合中所有可能的邮政编码前五位中至少有一个 7；令 $N(B)$ 表示集合 B 中邮政编码的数量，该集合中所有可能的邮政编码后四位中至少有一个 7；令 $N(T)$ 表示所有可能的九位邮政编码的数量.

假设 0 到 9 中任何数字都可以在邮政编码中出现任意次，求：$N(T),N(A),N(B),N(A\cap B),N(A\cup B)$.

因为九位邮政编码任意一位都有 10 个数字可供选择，所以 $N(T)=10^9$. 图 2.6.5 展示了属于集合 $A,B,A\cap B,A\cup B$ 的邮政编码的示例.

$\underline{3}\ \underline{7}\ \underline{2}\ \underline{1}\ \underline{7}$ - $\underline{4}\ \underline{4}\ \underline{1}\ \underline{6}$ $\in A$

$\underline{1}\ \underline{6}\ \underline{7}\ \underline{9}\ \underline{4}$ - $\underline{0}\ \underline{7}\ \underline{2}\ \underline{1}$ $\in B$

$\underline{7}\ \underline{0}\ \underline{6}\ \underline{2}\ \underline{1}$ - $\underline{7}\ \underline{7}\ \underline{3}\ \underline{7}$ $\in A\cap B$

$\underline{2}\ \underline{9}\ \underline{7}\ \underline{5}\ \underline{5}$ - $\underline{6}\ \underline{6}\ \underline{7}\ \underline{4}$ $\in A\cup B$

图 2.6.5

需要注意的是，集合 A 的邮政编码数量一定等于邮政编码的总数减去所有前五位没有 7 的邮政编码的数量. 也就是说，

$$N(A)=N(T)-9^5\cdot 10^4=10^9-9^5\cdot 10^4$$

同理，

$$N(B)=N(T)-10^5\cdot 9^4=10^9-10^5\cdot 9^4$$

根据定义，$A\cap B$ 是邮政编码前五位中至少有一个 7 且后四位中至少有一个 7 的集合(见图 2.6.6). 使用乘法法则，则

$$N(A\cap B)=(10^5-9^5)\cdot(10^4-9^4)$$

至少有一个7 | 至少有一个7

$\underset{1}{\_}\ \underset{2}{\_}\ \underset{3}{\_}\ \underset{4}{\_}\ \underset{5}{\_}$ | $\underset{6}{\_}\ \underset{7}{\_}\ \underset{8}{\_}\ \underset{9}{\_}$

10^5-9^5 $\qquad$ 10^4-9^4

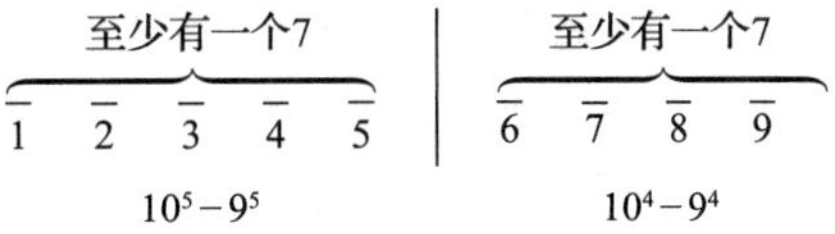

图 2.6.6

可得

$$\begin{aligned}N(A\cup B)&=N(A)+N(B)-N(A\cap B)\\&=10^9-9^5\cdot 10^4+10^9-10^5\cdot 9^4-(10^5-9^5)\cdot(10^4-9^4)\\&=612\ 579\ 511\end{aligned}$$

作为部分检验，$N(A\cup B)$ 应该等于邮政编码的总数减去邮政编码任意一位都没有 7 的数量：

$$N(A\cup B)=10^9-9^9=612\ 579\ 511$$

■

解题提示

(解决组合问题时)

组合问题有时需要解决问题的方法，不经常适用于数学的其他领域. 下面列出的三个提示会有帮助.

1. 做出能够显示计算结果结构的图表. 一定要包括(或指出)所有相关的变化. 图 2.6.3 是一个典型的例子. 几乎无一例外，做出这类图表有助于列举公式或公式的组合.

2. 利用枚举来“检验”一个公式的合理性. 通常，解决一个组合问题想要列出所有可能的结果工作量会很大，多是行不通的. 不过，构造一个简单却类似的问题是可行的，它的所有可能结果可被识别(被计数). 如果提出的公式不符合简单例子中的枚举，我们就会知道，我们起初对于问题的分析是错误的.

3. 如果要计算的结果属于结构不同的类别，那么结果总数将为所有类别下结果之和(而不是积).

习题

2.6.1　一名化学工程师希望在两个不同的温度、三种不同的压力、两种不同的催化剂浓度的作用下，观察温度、压力和催化剂浓度对某种反应的产量的影响. 她需要进行多少轮不同的测试才能够准确观察到三类变量(温度、压力、催化剂)的组合对某种反应的产量的影响各两次？

2.6.2　有一条编码信息以 Q4ET 的形式从中情局发往俄罗斯克格勃，其中，第一个和第四个编码必须是辅音字母，第二个编码必须是 1 到 9 中的整数，第三个编码必须是六个元音字母之一. 请问可以传输多少不同的密码？

2.6.3　将下列式子展开后，该式一共包含多少项：

$$(a+b+c)(d+e+f)(x+y+u+v+w)$$

这些项 aeu, cdx, bef, xvw 中哪些属于这个式子？

2.6.4　假设某州牌照的格式是两个字母后面跟着四个数字.

(a)共可以生成多少种不同的牌照？

(b)如果字母可以重复，但数字不可以，共可以生成多少种不同的牌照？

(c)如果字母和数字都可以重复，但是任何牌照上都不可以出现四个 0，共可以生成多少种不同的牌照？

2.6.5　在 100 到 999 之间有多少个位十位百位互不重复的整数？且它们中有多少是奇数？

2.6.6　顾客在快餐店购买汉堡最多可以选择 8 种食材加入汉堡，请问顾客可以品尝到多少种不同风味的汉堡？

2.6.7　在棒球比赛中有 24 种不同的“上垒/出局”形式(一垒有人——两人出局，满垒——无人出局等形式). 假设一个新游戏，共有七垒(本垒除外)，每支队伍每一轮都会出局五次，一共有多少种可能产生的出局结果？

2.6.8　参见例题 2.6.5 的邮政编码示例.

(a)如果邮政编码为九位，有多少邮政编码大于 700 000 000？

(b)有多少邮政编码的 9 个位置上偶数和奇数交替出现？

(c)如果邮政编码的前五位是五个不同的奇数，后四位里有两个 2 和两个 4，这样的邮政编码有多少？

2.6.9　某餐厅提供的一个套餐里包含了四种类别，分别是 4 道开胃菜、14 道主菜、6 种甜点和 5 种饮料. 如果食客打算从其中三个类别各选一道菜，请问有多少种不同的选项？(饮料当成一道“菜品”.)

2.6.10　一个八度音阶包含 12 个不同的音符(在钢琴上，每个音阶有五个黑键和七个白键). 请问如果白键黑键交替弹奏(指一黑一白或一白一黑的形式)，一共弹奏八下，在一个八度音阶中共会演奏出多少种不同的八音符旋律？

2.6.11　一栋公寓的所有居民共用一个自动车库门开关，上面有一排 8 个按钮. 一扇车库门的程序对应一组特定的按钮. 如果公寓里 250 户居民各有一个车库门，居民是否可以不用担心，一组信号会同时打开两扇车库门？如果无需担心，这 8 个按钮组成的开关在变得不够用之前，还可以增加多少个家庭？(注意：信号与按钮的顺序无关.)

2.6.12　在莫尔斯电码中，字母表上的每个字母是由一系列的点和破折号表示的：例如，字母 a，编码为“. —”. 表示 26 个字母最少需要几个点和(或者)破折号？

2.6.13　已知 n 个二进制数 $a_0, a_1, \cdots, a_{n-1}$ 中，任意 a_i 要么是 0 要么是 1. 设 $a_1 2^0, a_2 2^1, \cdots, a_{n-1} 2^{n-1}$ 总有对应的十进制数. 例如：序列 0 1 1 0 等于 $6=0\cdot 2^0+1\cdot 2^1+1\cdot 2^2+0\cdot 2^3$. 假设一个实验：抛一枚质地均匀的硬币 9 次，用二进制数 1 和 0 分别代表正面和反面. 问进行多少组这样的实验一定可以使观察到抛硬币的结果转换为十进制后大于 256.

2.6.14　给定一些字母：

$$Z\quad O\quad M\quad B\quad I\quad E\quad S$$

从中选取两个字母，请问有多少种方式使所选字母一个是元音一个是辅音？

2.6.15　假设从标准的 52 张扑克牌中依次抽两张牌，有多少种方式使得抽出的第一张是梅花，第二张是 A？

2.6.16　莫妮卡的假期计划是从纳什维尔到芝加哥到西雅图再到安克雷奇. 根据旅行社的安排，从纳什维尔到芝加哥有三个航班，从芝加哥到西雅图有五个航班，从西雅图到安克雷奇有两个航班. 假设返程路线的航班数量与上述一致，问她一共有几种往返航班可选择？

可计数的排列(假设所有对象都不同)

有序序列有两种不同的形式. 第一种是根据乘法法则来处理的情况，一个过程由 k 种运算组成，每一种运算有 n_i 个选择，$i=1,2,3,\cdots,k$；选择每种运算的一项将导致 $n_1 n_2 \cdots n_k$ 种可能.

第二种发生在由有限的对象集合组成特定长度 k 的有序排列时. 任何这样的排列都被称为长度为 k 的排列. 例如，给定三个对象 A,B 和 C，那么可产生六种长度为 2 的不可重复的排列：AB,AC,BC,BA,CA,CB.

定理 2.6.1　由 n 个不同的对象组成的集合中，长度为 k 的不可重复的排列数量可由符号 P_n^k 表示，其中

$$\mathrm{P}_n^k = n(n-1)(n-2)\cdots(n-k+1) = \frac{n!}{(n-k)!}$$

证明　排列的第一个位置有 n 个对象可供选择，第二个位置有 $n-1$ 个对象可供选择，以此类推，第 k 个位置有 $n-k+1$ 个对象可供选择(见图 2.6.7). 根据乘法法则，一共有 $n(n-1)(n-2)\cdots(n-k+1)$种安排这个排列的方法.

选择：　$\frac{n}{1}$　$\frac{n-1}{2}$　$\cdots$　$\frac{n-(k-2)}{k-1}$　$\frac{n-(k-1)}{k}$

排列中的位置

图　2.6.7

推论 2.6.2　排列 n 个不同对象组成的整个集合的方法数量：

$$\mathrm{P}_n^n = n(n-1)(n-2)\cdots 1 = n!$$

例 2.6.6　在 $n=4$ 个不同的对象 A,B,C,D 组成的集合中，选取一组长度 $k=3$ 的排列，共有多少种方式？

根据定理 2.6.1，一共有 24 种方式：

$$\frac{n!}{(n-k)!} = \frac{4!}{(4-3)!} = \frac{4\cdot 3\cdot 2\cdot 1}{1} = 24$$

为了进行检验，表 2.6.2 列出了所有 24 种排列，并说明了定理证明中用到的论据. ■

例 2.6.7　伊丽莎白·巴雷特·勃朗宁的十四行诗中著名的第一行写道，“我怎样地爱你？让我逐一细算”，之后的八行她列出了八种方式. 假设勃朗宁女士已经决定通过写贺卡的形式向她心爱的男士示爱. 现要求每张卡片都包含八种“方式”中的四种，且四种“方式”相同但顺序不同不算作同一张贺卡，请问如果她每天写一封贺卡，多少年之内她不会寄出两封相同的贺卡？

表 2.6.2

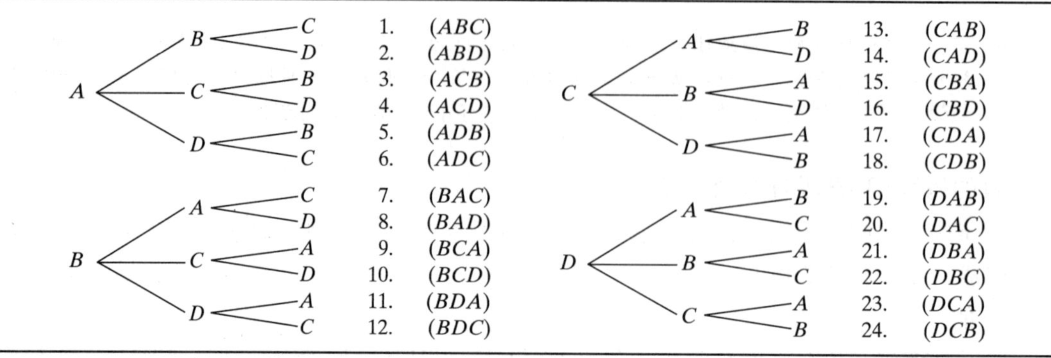

1.	(ABC)	13.	(CAB)
2.	(ABD)	14.	(CAD)
3.	(ACB)	15.	(CBA)
4.	(ACD)	16.	(CBD)
5.	(ADB)	17.	(CDA)
6.	(ADC)	18.	(CDB)
7.	(BAC)	19.	(DAB)
8.	(BAD)	20.	(DAC)
9.	(BCA)	21.	(DBA)
10.	(BCD)	22.	(DBC)
11.	(BDA)	23.	(DCA)
12.	(BDC)	24.	(DCB)

在选择她列出的诗句时，勃朗宁女士需要在 $n=8$ 个不同的对象(诗句)组成的集合中，选取一组长度 $k=4$ 的排列，根据定理 2.6.1：

$$\text{贺卡的总数} = P_8^4 = \frac{8!}{(8-4)!} = 8 \cdot 7 \cdot 6 \cdot 5 = 1\ 680$$

以一天一张贺卡的频率，她能不重复地寄信超过四年半的时间. ■

例 2.6.8 早在魔方和电子游戏出现的多年前，拼图游戏要简单得多. 其中有一个比较流行的与组合相关的游戏：在一个 4×4 的网格中，有十五个可活动的方块，还有一个和方块相同大小的空白空间，目标是使一个任意的结构(见图 2.6.8a)变做一个特定的图形(见图 2.6.8b). 请问这个拼图共可以生成多少种不同的排列方法？

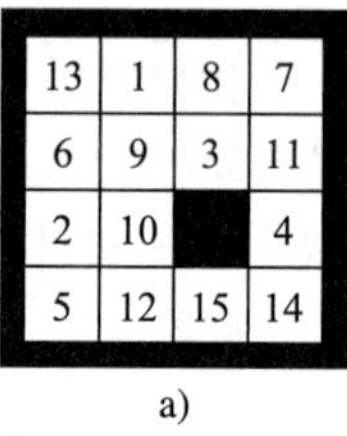

a)

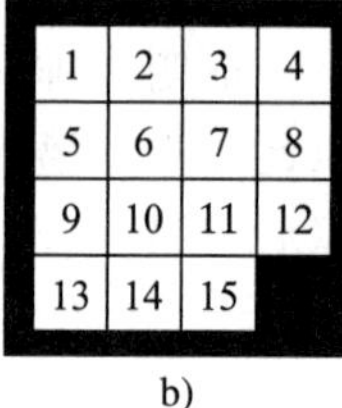

b)

图 2.6.8

把和方块大小相同的空白空间看作第 16 块方块，想象这四行网格首尾相连，构成一个 16 位数的序列. 序列的每种排列对应于网格的不同图形. 根据定理 2.6.1 的推论，16 块方块一共会产生 16! 种不同的排列，或者说超过 20 万亿(确切地说是 20 922 789 888 000). (注意：并不是所有的 16! 种排列可以在不移除某些方块的情况下产生. 思考一下，如果是一个 2×2 的网格，方块上分别标记序号 1,2, 3，这 4! 种理论排列实际上能产生多少?) ■

例 2.6.9 将一副 52 张的扑克牌洗好后，牌面朝上，一共有多少种排列方式使 4 张 A 两两相邻?

如前文所说，绘制图表是一个解决问题的好方法，本题就是这样一个例子，图 2.6.9 显示了需要考虑的基本结构：这 4 个 A 被看作处在其他 48 张非 A 扑克牌之间或周围的"集合".

非A扑克牌
1 2 3 4 ··· 48
4张A

图 2.6.9

显而易见，一共有 49 个"空位"可以让 4 张 A 插入(第一张非 A 扑克牌前，第一张和第二张非 A 扑克牌之间，以此类推). 此外，根据定理 2.6.1 的推论，一旦这

4 张 A 被分配到这 49 个位置中的一个，这 4 张 A 可产生 $P_4^4=4!$种排列，同理，另 48 张扑克牌可产生$P_{48}^{48}=48!$种排列．根据乘法法则，4 张 A 连续共会产生 $49\cdot4!\cdot48!$种排列，接近 1.46×10^{64}种. ■

注释　即使有的时候 n 并不大，计算 $n!$ 依旧是一项繁重的任务．例如，在例 2.6.8 中，16!便已然超过了万亿．幸运的是，有一个易于使用的近似方法，根据斯特林公式：

$$n!\approx\sqrt{2\pi}\,n^{n+1/2}\mathrm{e}^{-n}$$

在实际运用中，我们将斯特林公式写作

$$\lg(n!)\approx\lg(\sqrt{2\pi})+\left(n+\frac{1}{2}\right)\lg(n)-n\lg(\mathrm{e})$$

然后对等号右边取幂.

在例 2.6.9 中，计算出一共有 $49\cdot4!\cdot48!$种排列的形式，即 $24\cdot49!$，将 49!代入斯特林公式：

$$\lg(49!)\approx\lg(\sqrt{2\pi})+\left(49+\frac{1}{2}\right)\lg(49)-49\lg(\mathrm{e})\approx62.783\,366$$

因此，

$$24\cdot49!\approx24\cdot10^{62.783\,366}=1.46\times10^{64}$$

例 2.6.10　在国际象棋中，车可以垂直和水平移动(见图 2.6.10)．车可以吃掉所在的行和列上任何没有障碍的棋子，现有 8 个车摆放在棋盘上(棋盘有 8 行 8 列)，请问有多少种方法排列它们，使得任意两个车都不会吃掉对方?

从一个更简单的角度入手，假设这 8 个车都是相同的，因为任意行和列都不会放置一个以上的车(为何?)，所以一行只能放置一个车．第一行的车可放在任意 8 列里，第二行的车可放在剩余的任意 7 列里，以此类推．根据乘法法则，8 个相同的车不吃掉对方的摆放方法一共有 $P_8^8=8!$ 种(见图 2.6.11).

现在想象 8 个不同的车，我们将这 8 个不同的车由 1 到 8 标上序号，第一行的车可以被标上 1 到 8 之间任意序号，第二行的车可以被标上剩下的任意 7 个序号，以此类推，将 8 个车都标上序号．对于每种摆放方法，总共有 8!种标号方式．所以 8 个不同的且不吃掉对方的车一共有 8!×8!即 1 625 702 400 种排列方式.

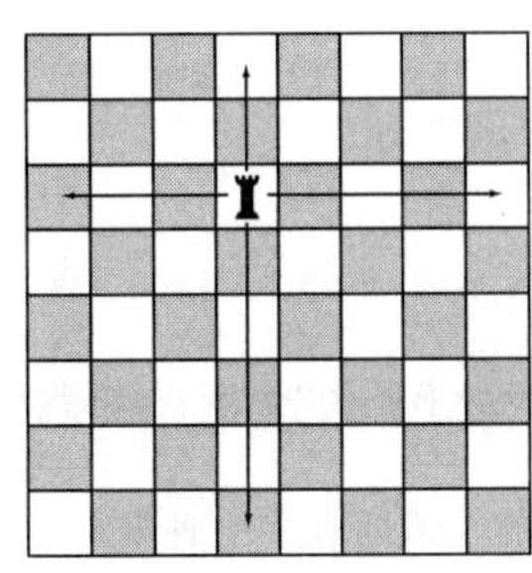

图　2.6.10

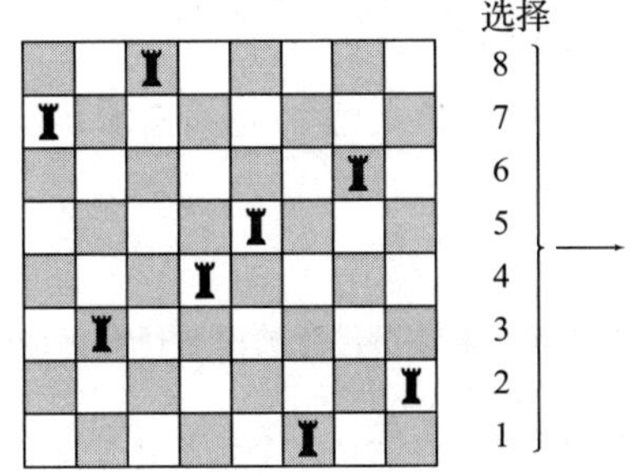

图　2.6.11

■

例 2.6.11 有 n 个家庭，每个家庭有 m 个成员，现要求这些家庭排成一排，拍家庭聚会照片. 在不拆散家庭成员的情况下，这些 nm 个成员一共有多少种不同的排法？

图 2.6.12 显示了该排队安排，我们可以注意到，首先，n 个不同的家庭可以有 $n!$ 种排列方法，其次，每个家庭的 m 个成员有 $m!$ 种排列方法. 根据乘法法则，摄影师一共可以拍出$n!(m!)^n$种不同的照片.

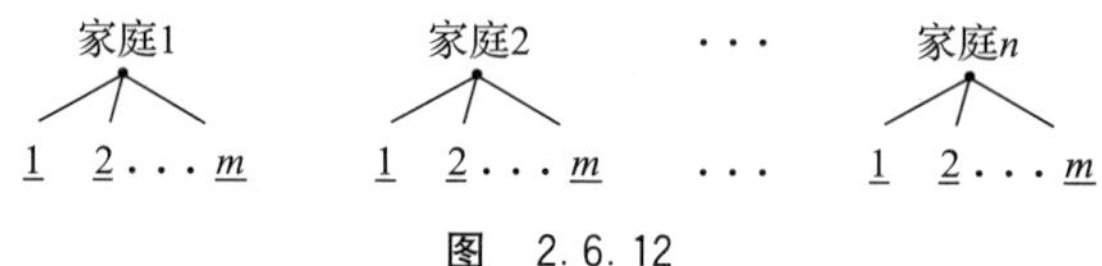

图 2.6.12

$n!(m!)^n$ 是一个很大的数字吗？答案是肯定的. 假设一共有 $n=5$ 个家庭参加，每个家庭有 $m=4$ 个成员，那么摄影师一共可以拍出接近 10 亿张不同的照片：

$$5!(4!)^5 = 955\ 514\ 880$$

更让人惊奇的是，如果允许不同家庭的成员混站在一起，那么排列结果会进一步增加. 如果以此形式来拍照，那么每一张可能的照片都是 nm 个人的排列，在上述例题中 $nm=5(4)=20$，这 20 人的排列，一共有 20!即 $2.432\ 9\times10^{18}$ 种排法.

如今全世界总人口大概 80 亿，即 8×10^9. 由

$$2.432\ 9\times10^{18}/8\times10^9 = 3.04\times10^8$$

可以得出，就成本而言，给全世界每个人拍 300 000 000 张照片，会比给 20 个人按排成一排的所有可能队形拍照便宜. ■

例 2.6.12 现有一组 1 到 9 的整数，如果要对这九个数字在不重复的情况下重新排列，请问有多少种排列方式可以保证 1 和 2 一定在 3 和 4 之前？比如我们需要像 7,2,5,1,3,6,9,4,8 一样的序列，而非 6,8,1,5,4,2,7,3,9.

第一眼看上去，这个例题似乎超出了定理 2.6.1 的范围，但如果我们使用对称原则，那么这道题会简单许多.

只考虑数字 1 到 4，根据推论 2.6.2，这四个数字可以组成 $4!=24$ 种不同的排列，在这 24 种排列中，一共只有 4 种排列(1,2,3,4),(2,1,3,4),(1,2,4,3),(2,1,4,3)符合题目的要求，所以排列中只有 $\frac{4}{24}$ 的排列符合要求. 因此

$$1\text{ 和 }2\text{ 在 }3\text{ 和 }4\text{ 前的排列总数} = \frac{4}{24}\cdot 9! = 60\ 480$$ ■

习题

2.6.17 一家大公司的董事会有六名成员愿意被提名任职，请问一共有多少不同的"董事长/副董事长/财务主管"的名单可以提交给股东？

2.6.18 一辆车上可以安装四个轮胎，默认四个轮胎都是可以相互替换的，请问有多少种安装这些轮胎的方式？如果其中两个是雪地轮胎呢？

2.6.19 用斯特林公式求 30!的近似值.
(提示：30!=265 252 859 812 191 058 636 308 480 000 000.)

2.6.20 Mahler Maulers 是音乐学院的棒球队，共有 9 名球员，他们在任何位置都可以打而且打得都很差，请问一共有多少种排兵布阵的方式(9 人都上场)？

2.6.21 从 1 到 7 七个数字中选择三个数字(分别作为个位、十位、百位)组成一个三位数，请问有多少种排列方式，使这个数字小于 289？

2.6.22 四男四女被安排坐在编号为 1 到 8 的八把椅子上.

(a)一共有多少种排座位的方式？

(b)如果是以男女间隔相坐的方式，有几种排座位的方式？

2.6.23 一名工程师在最后四个学期需要上三门技术选修课，共有十门选修课可供选择，假设他不愿意一个学期上一门以上的选修课，请问他有多少种选课方法？

2.6.24 已知有一支六男六女组成的 12 人啦啦队，请问有多少种方式组成一个 6 人且有男有女的队伍？那么这支 6 人的队伍有多少种列队方式？本题中 $6!6!2^6$ 和 $6!6!2^6 2^{12}$ 分别什么含义？

2.6.25 假设一个冗长的德国歌剧被录制在三张唱片专辑的六面上. 播放这六面有多少种情况会出现至少有一面顺序有误？

2.6.26 一部新的恐怖电影 *Friday the 13th*, *Part X*，由影星杰森的曾孙(也叫杰森)扮演一名精神病，他将会残忍杀害四男四女共 8 名营地顾问.

(a)如果需要杰森在杀掉任何女顾问之前先杀害四名男顾问，请问编剧可以设定出多少种场景(受害者顺序)？

(b)如果杰森想把一名叫米菲的女顾问留在最后再杀掉，剧本可以有多少种设定？

2.6.27 假设一共 10 个人，其中包括你和你的一个朋友，一起排成一排照合影，如果你和你朋友之间必须站三个人，请问摄影师一共有多少种排列方法？

2.6.28 请用归纳法来证明定理 2.6.1(注意：这是第一个由归纳法证明的数学结论，在 1321 年由 Levi ben Gerson 证明.)

2.6.29 一副 52 张的扑克牌发给 13 个玩家，每人 4 张牌，有多少种方法可以保证每个玩家每种花色都有一张牌？

2.6.30 如果 $n!$ 的定义对任何非零整数 n 都成立，请证明 0!一定等于 1.

2.6.31 阿波罗 17 号的机组人员中需要一名驾驶员、一名副驾驶员、一名地质学家. 假设 NASA 已经训练了 9 名飞行员和 4 名地质学家作为候选者，请问从他们中挑出 3 名船员有多少种不同的组合？

2.6.32 叔叔哈利和婶婶明妮都将参加你们家下一次家庭聚会. 不幸的是，他们互相讨厌. 除非饭桌上他们之间间隔至少两人，不然他们就会吵骂起来. 他们所坐的那边桌子一共可以放七把椅子，请问有多少种排法可以使他们保持“安全距离”？

2.6.33 请问排列数字 1 到 9 共有多少种排法，假如：

(a)所有偶数必须在奇数之前　　(b)所有偶数必须两两相邻

(c)数列的首尾必须各是两个偶数　　(d)所有偶数都呈升序形式或降序形式

可计数的排列(假设部分对象不同)

定理 2.6.1 的推论给出了在集合中所有 n 个对象都不同的情况下，排列整个集合的方法数量的计算公式. 如果其中某些对象是相同的，排列的数量可能会小于 $n!$. 比如，三个不同的对象 A,B,C 一共有 $3!=6$ 种排列方式；

$$ABC$$
$$ACB$$
$$BAC$$
$$BCA$$
$$CAB$$
$$CBA$$

如果需要排列的三个对象为A,A,B——只有一个和另两个是不同的，那么排列的数量会减少至三个：

$$A\ A\ B$$
$$A\ B\ A$$
$$B\ A\ A$$

根据我们的观察可以发现，在现实生活中常常会有n个对象属于r个不同的类别，每个类别中至少包括一个相同的对象.

定理 2.6.2 现共有n个对象，其中n_1个属于第一个类型，n_2个属于第二个类型，……，n_r个属于第r个类型. 排列n个对象一共有

$$\frac{n!}{n_1!n_2!\cdots n_r!}$$

种方法. 其中$\sum_{i=1}^{r} n_i = n$.

证明 设N表示这种排列的总数. 对于这些N中任意一个，相似的对象(它们实际上是不同的)可以有$n_1!n_2!\cdots n_r!$种方式被排列(为什么?). 且$N\cdot n_1!n_2!\cdots n_r!$是排列$n$个(不同的)对象的方法的总数. 我们已知$n!$是等于这个数的. 令$N\cdot n_1!n_2!\cdots n_r!$等于$n!$，我们便可以得到这个结果.

注释 像$n!/(n_1!n_2!\cdots n_r!)$这样的比率被称作多项式系数，因为下列式子

$$(x_1+x_2+\cdots+x_r)^n$$

展开式的通项为

$$\frac{n!}{n_1!n_2!\cdots n_r!}(x_1)^{n_1}(x_2)^{n_2}\cdots(x_r)^{n_r}$$

例 2.6.13 自动贩卖机里的一块糕点售价 85 美分. 一个人有两个 25 美分、三个 10 美分、一个 5 美分，请问他有多少种投币顺序?

如果所有给定价值的硬币被认为是相同的，那么其中一种投币顺序，如：25 美分，10 美分，10 美分，25 美分，5 美分，10 美分(见图 2.6.13). 可以被看作$n=6$个对象属于$r=3$种类别的一种排列方式：

$$n_1 = 5\text{ 美分的总数} = 1$$
$$n_2 = 10\text{ 美分的总数} = 3$$
$$n_3 = 25\text{ 美分的总数} = 2$$

其中一种投币顺序

图 2.6.13

根据定理 2.6.2，一共有 60 种排列：

$$\frac{n!}{n_1!n_2!n_3!}=\frac{6!}{1!3!2!}=60$$

当然，如果我们假设硬币是不同的(铸造的地点和时间不同)，不同排列的数量应该是 $6!=720$. ■

例 2.6.14 在 17 世纪之前还没有科学期刊，这一情况使得研究人员很难记录他们的发现. 如果一个科学家寄一份他自己的研究成果的副本给同事，就会存在这样一种风险，即那位同事可能会声称他的研究成果是自己的. 还有一种选择是等待材料足够后再出版一本书，但总是会导致长时间的延误. 所以，他们有时会互送一种用一些单词来提炼他们的发现内容的字谜，作为一种临时记录.

当克里斯蒂安·惠更斯(1629—1695)用他的望远镜观测到了土星光环后，他写下了如下字谜[203]：

$$aaaaaaa, ccccc, d, eeeee, g, h, iiiiiii, llll, mm,$$
$$nnnnnnnnn, oooo, pp, q, rr, s, ttttt, uuuuu$$

一共有多少种排列这 62 个字母字谜的方式?

令 $n_1(=7)$ 为字母 a 的总数，$n_2(=5)$ 为字母 c 的总数，以此类推，将其代入多项式系数中，

$$N=\frac{62!}{7!5!1!5!1!1!7!4!2!9!4!2!1!2!1!5!5!}$$

为排列方式的总数，为了解 N 的大小，我们对分子使用斯特林公式：

$$62!\approx\sqrt{2\pi}\mathrm{e}^{-62}62^{62.5}$$

然后，

$$\lg(62!)\approx\lg(\sqrt{2\pi})-62\lg(\mathrm{e})+62.5\lg(62)\approx 85.497\ 31$$

85.497 31 的逆对数是 3.143×10^{85}，所以

$$N\approx\frac{3.143\times10^{85}}{7!5!1!5!1!1!7!4!2!9!4!2!1!2!1!5!5!}$$

近似于 3.6×10^{60}. 惠更斯显然没有在冒险!(注意：当适当重排后，这个字谜的谜底是"Annulo cingitur tenui，plano，nusquam cohaerente，ad eclipticam inclinato"，翻译为"周围有一个扁平的薄环，任何地方都悬浮，斜向黄道".) ■

例 2.6.15 $(1+x^5+x^9)^{100}$ 的展开式中，x^{23} 的系数是?

要理解这个问题与排列的关系，先考虑一个比较简单的问题——展开 $(a+b)^2$.

$$\begin{aligned}(a+b)^2&=(a+b)(a+b)\\&=a\cdot a+a\cdot b+b\cdot a+b\cdot b\\&=a^2+2ab+b^2\end{aligned}$$

注意第一个 $(a+b)$ 中的每一项都要乘以第二个 $(a+b)$ 中的每一项. 此外，展开式每项前的系数相当于该项的路径数(通过了多少计算路径)，例如，项 $2ab$ 中的 2 反映了乘积 ab 可以由两个不同的计算路径产生：

$$\underbrace{(a+b)(a+b)}_{ab} \quad 或 \quad (a+\underbrace{b)(a}_{ab}+b)$$

利用类推法，$(1+x^5+x^9)^{100}$的展开式中，x^{23}的系数是将100个因式$(1+x^5+x^9)$三项中的某一项累乘得到x^{23}最终通过的路径数．其实，只有一种得到x^{23}的形式，需要2个x^9，1个x^5和97个1：

$$x^{23}=x^9\cdot x^9\cdot x^5\cdot 1\cdot 1\cdot \cdots \cdot 1$$

所以x^{23}的系数就是排列这2个x^9，1个x^5和97个1的所有方法的数量，根据定理2.6.2：

$$x^{23}\text{的系数}=\frac{100!}{2!1!97!}=485\ 100$$ ■

例2.6.16 回文是一种修辞手法，无论向前读还是向后读，字母的顺序都是一样的．如拿破仑的哀歌：

Able was I ere I saw Elba.

还有一个常见的回文：

Madam，I'm Adam.

单词本身可以成为回文中的单位，就像在句子中一样，

Girl，bathing on Bikini，eyeing boy，
finds boy eyeing bikini on bathing girl.

假设一个集合中，第一个类型有四个对象，第二个类型有六个对象，第三个类型有两个对象．将它们排成一排，这些排列有多少种是回文呢？

用四个A，六个B和两个C代表这十二个对象，如果排列是回文，那么一半的A，一半的B，一半的C必须占据排列的前六个位置．此外，排列的最后六个元素必须与前六个元素的顺序相反，例如，如果排列的前一半为：

$$C\ A\ B\ A\ B\ B$$

那么，排列的后一半为：

$$B\ B\ A\ B\ A\ C$$

因此，回文的数量就是排列前六个对象的方式的数量，因为一旦前六个对象被定位，最后六个对象只有一种排列方式才能成为回文．根据定理2.6.2，

回文的数量$=6!/(2!3!1!)=60$ ■

例2.6.17 送货员目前在X点，他需要在O点停车，之后到达到Y点(见图2.6.14)．在不走回头路的情况下请问他一共有多少种路线可走？

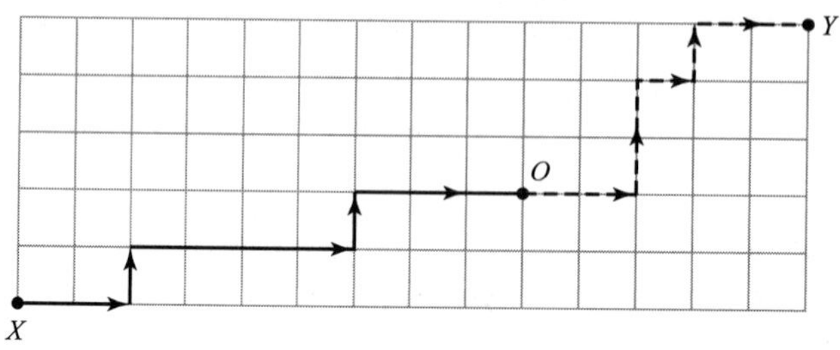

图　2.6.14

注意，从 X 到 O 的任何路线都是一个“移动”11 步的有序序列——九个向东，两个向北．例如，图 2.6.14 所示是一条特定的从 X 到 O 的路线．

东 东 北 东 东 东 东 北 东 东 东

同理，从 O 到 Y 的任何路线都是一个“移动”8 步的有序序列——五个向东，三个向北．(图中为“东 东 北 北 东 北 东 东”)

因此，任意一条从 X 到 O 的路线都是一个由九个向东、两个向北组成的唯一排列，所以(根据定理 2.6.2)路线的数量为：

$$11!/(9!2!)=55$$

同理，从 O 到 Y 的路线数量为：

$$8!/(5!3!)=56$$

根据乘法法则，那么，从 X 穿过 O 到 Y 的路径总数是 55 和 56 的乘积，也就是 3 080. ■

例 2.6.18 史黛西担心她刚出狱的前男友鲍勃——一个变态跟踪监视狂通过入侵她的邮箱报复她．鲍勃虽然疯狂但是并不愚蠢，他编写了一个算法，能够一秒内对邮箱试错 30 亿个密码，而且他打算全天候运行这个代码．假设史黛西每个月都换一次密码，那么她的邮箱未来六个月内最少被入侵一次的概率是多少？

史黛西的邮箱密码是一个 10 位编码——由 4 个字母(每个都有两个选择，小写或大写)，4 个数字和 2 个符号(列表中有 8 个选择)组成．图 2.6.15 显示了一个符合这个标准的序列．

7 3 B * Q a # 6 a 1

图 2.6.15

计算符合标准的密码数量需要用到乘法法则，显而易见的是，选取 4 个数字和 2 个符号分别有 $10\cdot10\cdot10\cdot10$ 和 $8\cdot8$ 种方法，而选取 4 个字母有 $26\cdot26\cdot26\cdot26\cdot2^4$ 种方法．且根据定理 2.6.2，给这 4 个字母，4 个数字，2 个符号定位有 $10!/(4!4!2!)$ 种方法．所以可设置密码的总数是：

$$10^4\cdot8^2\cdot26^4\cdot2^4\cdot[10!/(4!4!2!)]\approx1.474\times10^{16}$$

鲍勃的网络攻击在一个给定的月份里识别出史黛西使用的密码的可能性，等于 30 天内算法可检测的密码总数除以可设置的密码总数．前者等于：

$$\begin{aligned}&3\,000\,000\,000\text{ 个密码 / 秒}\times60\text{ 秒 / 分}\times60\text{ 分 / 时}\times24\text{ 时 / 天}\times30\text{ 天 / 月}\\&=7.776\times10^{15}\text{ 个密码 / 月}\end{aligned}$$

所以史黛西的电子邮件隐私在任何一个月被泄露的概率是下列算式的商：

$$7.776\times10^{15}/1.474\times10^{16}\approx0.53$$

当然，鲍勃每个月的成功(或失败)也是独立于其他月份的，所以：

$$\begin{aligned}P(\text{邮箱六个月内至少被入侵一次})&=1-P(\text{邮箱六个月内一次都没被入侵})\\&=1-(0.47)^6=0.989\end{aligned}$$

■

循环排列

到目前为止，我们看到枚举结果处理的大多是线性排列——将对象排成一行. 这是一类典型的排列问题，但有时各种各样的非线性排列也需要我们计算. 下一个定理便给出了与循环排列有关的基本结论.

定理 2.6.3　在一个环中有$(n-1)!$种排列 n 个不同对象的方法.

证明　将任意一个对象固定在环的“顶部”，剩下的 $n-1$ 个对象共有$(n-1)!$种排列方法，因为无论哪个对象在环的“顶部”，都可以靠旋转初始的$(n-1)!$种排法中的一个进行重现，所以这个定理成立.

例 2.6.19　一个六缸发动机理论上可能有多少种不同的点火顺序？(如果气缸的编号是 1 到 6，则点火顺序是一个如 1,4,2,5,3,6 一样的列表. 显示了燃料在六个气缸中点燃的顺序.)

通过直接应用定理 2.6.3，不同点火顺序的数量为$(6-1)!$，即 120. ■

注释　根据传说[84]，也许弗莱维厄斯・约瑟夫(Flavius Josephus)——一名早期的犹太学者和历史学家，是第一个将对象排列成一个圆圈形成循环排列并赋予生死意义的人. 在公元 66 年，约瑟夫领导军队试图推翻罗马政权在朱迪亚的统治. 但是政变失败了，约瑟夫和他的 40 个战友被愤怒的罗马军队包围在一个山洞里.

面对即将被捕的前景，该组织的其他成员想要集体自杀，但约瑟夫并不想这么做，不过，他也不想显得胆怯，所以他提出了另一种办法：所有 41 个人围成一个圈，从坐在圆圈“顶部”的人开始数，数到七的人会被杀掉，然后一直这样轮转下去. 这样他们中只有一人要自杀，同时这样的情景也会对罗马军队产生更大的影响.

令他安心的是，战友们接受了他的提议围成了一个圈. 约瑟夫一直被认为在数学方面是有真才实学的，他按照自己的计算，站在了第二十五的位置，经历了四十轮的杀人，他是唯一一个幸存者!

这个故事是真的吗? 也许是，也许不是. 任何结果不过是人们自己的猜测罢了. 然而，事实上，约瑟夫是围攻中唯一的幸存者，后来他投降了，并在罗马政权中担任了一个相当有影响力的职位. 而且，不管这个传说是真是假，它已经产生了一些数学术语：一个给定的集合，以特定的形式循环剔除一些数字后，最终会有一个指定的数字被留下，这被称作约瑟夫环.

习题

2.6.34　哪个州的名字可以生成更多的排列，TENNESSEE 还是 FLORIDA?

2.6.35　2,3,4,4,5,5,5 可以生成多少大于四百万的数字?

2.6.36　一位室内设计师正试图布置一个书架，里面有八本书，其中三本是红色封面、三本是蓝色封面，还有两本是棕色封面.

(a)假设每本书除了颜色不同大小和书名都没有区别，请问有多少种方法摆放这些书?

(b)如果这些书互相都存在不同，那么有多少种方法摆放这些书?

(c)如果红色封面的书都是相同的，另五本书都互不相同，那么有多少种方法摆放这些书?

2.6.37　四个尼日利亚人(A,B,C,D)，三个中国人(#，*，&)，三个希腊人(α,β,γ)，正在售票处排队买世界博览会的票.

(a)如果尼日利亚人占据了前四个位置，接着中国人占据了三个位置，希腊人站在最后三个位置，请问一共有多少种排法？

(b)如果同一个国家的人必须站在一起，那么有多少种排法？

(c)无任何附加条件，可以形成多少个不同的队列？

(d)假设一个正在度假的火星人漫步经过，想要为她的剪贴簿拍摄这十个人的照片. 虽然火星人有点近视，但她对人类解剖学了然于心，但是她却不能准确分清任意一个尼日利亚人(N)、中国人(C)、希腊人(G)的相貌. 比如现有队列是 $B*\beta AD\#\&C\alpha\gamma$，但她只能分辨出队列是 $NCGNNCCNGG$，以这个火星人的角度来说，这群相貌有趣的地球人有多少种排队方法？

2.6.38 下列字母：

$$S\ L\ U\ M\ G\ U\ L\ L\ I\ O\ N$$

如果一定要将三个 L 置于最前，有几种排列方法？

2.6.39 一场网球锦标赛有 $2n$ 名参赛者，需要安排这些人参加第一轮比赛. 请问有多少种对阵方式？

2.6.40 $(1+x^3+x^6)^{18}$ 的展开式中，x^{12} 项的系数是多少？

2.6.41 下列字母：

$$E\ L\ E\ E\ M\ O\ S\ Y\ N\ A\ R\ Y$$

如果 Y 一定紧跟 S 之后，有几种排列方法？

2.6.42 从顶部的 A 开始，沿对角线向下移动到底部的 A 结束，一共有多少种方法可以在下列数组中连接出单词：*ABRACADABRA*？

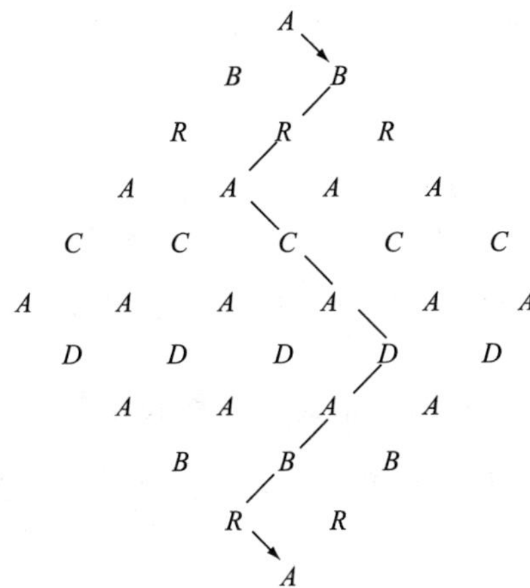

2.6.43 假设一个投手面对一个还未挥杆的击球手. 当投手投出四球后，有几种“好球/坏球”的组合？

2.6.44 $(w+x+y+z)^9$ 的展开式中，$w^2x^3yz^3$ 项的系数是多少？

2.6.45 一个平面上有六个点，已知任意三个点都不在一条直线上. 用这六个点作为顶点有多少种方式构成两个三角形？(提示：给这六个点标上序号 1 到 6，并将两个三角形定名为 A 和 B，下述排列意味着什么?)

$$\begin{matrix} A & A & B & B & A & B \\ 1 & 2 & 3 & 4 & 5 & 6 \end{matrix}$$

2.6.46 证明$(k!)!$能被 $k!^{(k-1)!}$ 整除. (提示：利用排列的思维来解决本题，可能会用到定理 2.6.2.)

2.6.47 在不改变元音字母顺序的情况下，下列字母有多少种排列形式？

$$B\ R\ O\ B\ D\ I\ N\ G\ N\ A\ G\ I\ A\ N$$

2.6.48 下列字母：

STATISTIC IS FUN

有多少种排序方法？

2.6.49　琳达第一个学期要上五门课程：英语、数学、法语、心理学、历史．她有多少种不同的方法可以获得三个A和两个B？列举出所有的可能性．运用定理2.6.2来验证你的答案．

组合数计算

序列的顺序在一个元素的集合中并不总是具有意义的．假设一个扑克牌玩家手上有五张牌，不管他是按照一张红桃2，一张梅花4，一张梅花9，一张红桃J，一张方块A的顺序收到了五张牌，还是按照其他5!－1种顺序收到五张牌都是无关紧要的，他手里的牌面都是一样的．正如本节证明的最后一组例子，有许多这样的情况，我们关注的并非排列中元素出现的顺序，而是排列由哪些元素组成．

我们称k个无序元素组成的集合为一个大小为k的组合，例如，有一组$n=4$的相异的元素A,B,C,D，我们有6种方法将它们构成大小为2的组合：

A和B　B和C

A和C　B和D

A和D　C和D

我们已知计算排列数的方法，就可以很容易推导出计算组合数的一般公式．

定理2.6.4　从一个有n个相异元素的集合中不可重复地抽出一个大小为k的组合的方法数，其方法数用符号$\binom{n}{k}$或C_n^k表示，为

$$\binom{n}{k}=C_n^k=\frac{n!}{k!(n-k)!}$$

证明　用符号$\binom{n}{k}$表示满足定理条件的组合数量．因为每一种组合都有$k!$种排序方法，那么乘积$k!\binom{n}{k}$必将等于从n个相异元素中抽取长度为k的排列总数．同时，一共有$n(n-1)\cdots(n-k+1)=n!/(n-k)!$种方法从$n$个相异元素中抽取长度为$k$的排列，所以，

$$k!\binom{n}{k}=\frac{n!}{(n-k)!}$$

求解上式可得$\binom{n}{k}$的值．

注释　将以上概念视作从罐子中抽取筹码可帮助我们更好地理解组合．假设一个罐子中有n个编号从1到n的筹码，我们有$\binom{n}{k}$种方法可以从中取出k个筹码，遵循此抽样方式形成的组合，我们大多将$\binom{n}{k}$读作“一次从n件物品中取出k件”或“n个选k个”．

注释　在代数中，一个常见的定理中也出现了符号$\binom{n}{k}$，

$$(x+y)^n=\sum_{k=0}^{n}\binom{n}{k}x^k y^{n-k}$$

因为表达式是关于 x 和 y 的二项高次方求解，那么常数 $\binom{n}{k}$，$k=0,1,\cdots,n$，则为各项的二项式系数.

例 2.6.20 8 名政客出席一次慈善晚宴，请问他们一共要握多少次手才能保证每一名政客都和其他 7 名政客正好握一次手？

将 8 名政客看作一个罐子中编号分别为 1 到 8 的筹码，每次握手对应于从罐子中抽取大小为 2 的无序样本，且是不可重复的(即使是最谄媚、最狂热的竞选者也不会和自己握手!). 根据定理 2.6.4，握手的总次数为

$$\binom{8}{2}=\frac{8!}{2!6!}$$

即 28 次. ■

例 2.6.21 一位化学家正在尝试合成一种直链脂肪族烃聚合物的一部分，这种聚合物由 21 个基团组成——10 个乙基(E)、6 个甲基(M)和 5 个丙基(P). 假设所有基团的排列在物理上都是可行的，如果甲基两两不相邻，那么一共能形成多少种不同的聚合物？

图 2.6.16 展示了一种如果只排列 E 和 P 不排列 M 的情况，图中箭头所指的是 E 和 P 之间以及两侧的十六个“空位”. 为了让 M 不相邻，它们必须占据其中任意六个位置. 那么一共有 $\binom{16}{6}$ 种方法从中选出六个位置，在安排好 M 的位置后，E 和 P 一共有 $\frac{15!}{10!5!}$ 种排列的方法(定理 2.6.2).

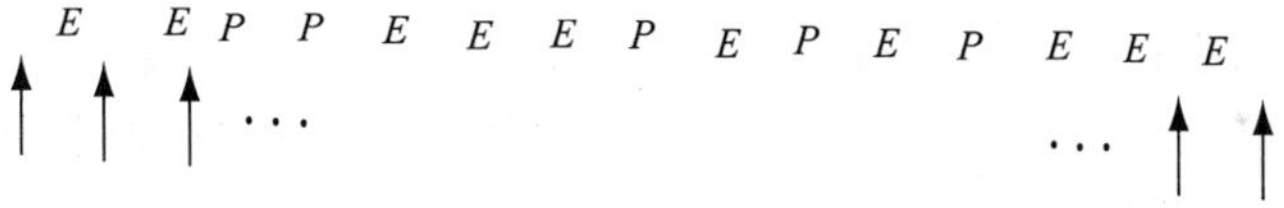

E E P P E E E P E P E P E E E

↑ ↑ ↑ … … ↑ ↑

图 2.6.16

所以，根据乘法法则，在甲基不可两两相邻的情况下一共可形成 24 048 024 种聚合物：

$$\binom{16}{6}\cdot\frac{15!}{10!5!}=\frac{16!}{10!6!}\cdot\frac{15!}{10!5!}=(8\,008)(3\,003)=24\,048\,024$$ ■

例 2.6.22 二项式系数有很多有趣的性质. 也许最为人所知的就是帕斯卡三角形[⊖]，一个数组中的每个元素都等于其上方对角线上两数之和(见图 2.6.17). 需要注意的是帕斯卡三角形内每个元素都可以以二项式系数的形式表现出来，上述关系可以简化为关于这些系数的公式：

$$\binom{n+1}{k}=\binom{n}{k}+\binom{n}{k-1} \tag{2.6.1}$$

证明公式(2.6.1)对所有整数 n 和 k 都成立.

⊖ 尽管它的名字是帕斯卡三角形，但它并不是帕斯卡发现的. 早在这位法国数学家出生前几百年，人们就已经知道了它的基本结构. 然而，帕斯卡首先广泛地使用了它的特性.

1					行
		1			0
	1		1		1
	1	2	1		2
1	3		3	1	3
1	4	6	4	1	4

$$\binom{0}{0}$$
$$\binom{1}{0}\quad\binom{1}{1}$$
$$\binom{2}{0}\quad\binom{2}{1}\quad\binom{2}{2}$$
$$\binom{3}{0}\quad\binom{3}{1}\quad\binom{3}{2}\quad\binom{3}{3}$$
$$\binom{4}{0}\quad\binom{4}{1}\quad\binom{4}{2}\quad\binom{4}{3}\quad\binom{4}{4}$$
$$\vdots$$

图　2.6.17

在一个含有 $n+1$ 个不同对象 $A_1,A_2,\cdots,A_{n+1}$ 的集合中，显然，我们有 $\binom{n+1}{k}$ 种方式从中抽出一个大小为 k 的样本集合. 现选取任意一个特定的对象，如 A_1，相对于 A_1，这 $\binom{n+1}{k}$ 种抽样方式可分为两个类别，即包含 A_1 和不包含 A_1. 要形成包含 A_1 的样本，我们需要从剩下的 n 个对象中选择 $k-1$ 个额外的对象，有 $\binom{n}{k-1}$ 种方式. 同样地，我们有 $\binom{n}{k}$ 种方式选取不包含 A_1 的样本. 因此，$\binom{n+1}{k}$ 必等于 $\binom{n}{k}+\binom{n}{k-1}$. ■

例 2.6.23 有时我们可以运用不同的方法获得组合问题的答案，两种不同的解决方法的区别在于结果的特征.

例如，假设你刚刚在一家三明治店点了一份烤牛肉三明治，现在你需要决定添加哪些(如果有的话)配菜(生菜、番茄、洋葱等). 如果这家店有八种“额外”配菜可供选择，你可以选配多少种不同的三明治?

一种方法是将每个三明治看作一个长度为 8 的有序序列，序列中每个位置对应一种配菜. 在每一个位置，你都有两种选择：“添加”或“不添加”. 图 2.6.18 所示的是添加了生菜、番茄和洋葱但没有添加其他配菜的序列. 由于每种配菜都有两种选择(“添加”或“不添加”)，根据乘法法则，一共有 2^8 即 256 种不同的烤牛肉三明治.

添加	添加	添加	不添加	不添加	不添加	不添加	不添加
生菜	番茄	洋葱	芥末	调味品	蛋黄酱	酸黄瓜	辣椒

图　2.6.18

我们不止可将每个三明治看作一个长度为 8 的有序序列对问题进行求解，我们也可以根据三明治添加的不同配菜组合来相互区分. 比如，如果只点 4 种配菜，那么一共有 $\binom{8}{4}=70$ 种不同的三明治. 所以，可选配的烤牛肉三明治的总数等于大小为 k 的组合的总数，其中 $k=0,1,2,\cdots,8$. 令人欣慰的是，这种解法与利用有序序列的解法答案一致：

$$\text{可选配的烤牛肉三明治的总数}=\binom{8}{0}+\binom{8}{1}+\binom{8}{2}+\cdots+\binom{8}{8}$$
$$=1+8+28+\cdots+1=256$$

上述例子阐明了二项式系数的另一性质，即

$$\sum_{k=0}^{n}\binom{n}{k}=2^n \tag{2.6.2}$$

公式(2.6.2)的证明即牛顿二项展开式的直接结果(见定理 2.6.4 后第二条注释). ■

例 2.6.24 回顾定理 2.3.7，求 n 个事件并集的概率公式，即 $P(A_1\cup A_2\cup\cdots\cup A_n)$，正如其证明中对特例的讨论所示，一般需要证明，该公式一次且仅一次地添加了$A_1\cup A_2\cup\cdots\cup A_n$ 维恩图中表示的每个结果的概率.

为了达到上述目的，我们需考虑 $A_1\cup A_2\cup\cdots\cup A_n$ 的样本点集合只属于特定的k 个 A_i，而不属于其他 A_i. 因为 k 是任意的，所以如果我们能对定理 2.3.7 中等式右边特定事件的样本点进行一次计数即可证明整个定理成立.

根据以上推断，我们对定理 2.3.7 等式右边的求和进行分析，可知 $\sum_{i=1}^{n}P(A_i)$ 需要进行$\binom{k}{1}$次计数，$\sum_{i<j}P(A_i\cap A_j)$ 需要进行$\binom{k}{2}$次计数，$\sum_{i<j<k}P(A_i\cap A_j\cap A_k)$ 需要进行$\binom{k}{3}$次计数，以此类推.

根据定理 2.3.7，$P(A_1\cup A_2\cup\cdots\cup A_n)$一共需要进行

$$\binom{k}{1}-\binom{k}{2}+\binom{k}{3}-\cdots+(-1)^{k+1}\binom{k}{k}$$

次计数.

用二项展开式来表达本次求和

$$\begin{aligned}(-1+1)^k=0^k&=\sum_{j=0}^{k}\binom{k}{j}(-1)^j(1)^{k-j}\\&=\binom{k}{0}-\binom{k}{1}+\binom{k}{2}-\cdots+(-1)^k\binom{k}{k}\end{aligned}$$

即

$$\binom{k}{1}-\binom{k}{2}+\cdots+(-1)^{k+1}\binom{k}{k}=\binom{k}{0}=1$$

至此定理 2.3.7 得证. ■

例 2.6.25 在例 2.6.23 中，我们利用两种计算方式证明了 $\sum_{k=0}^{n}\binom{n}{k}$ 是等于 2^n 的. 事实上，我们也可以通过简化$(x+y)^n$ 的展开式得到公式(2.6.2). 即

$$(x+y)^n=\sum_{k=0}^{n}\binom{n}{k}x^ky^{n-k}$$

令 $x=y=1$，得到

$$(1+1)^n=2^n=\sum_{k=0}^{n}\binom{n}{k}1^k\cdot 1^{n-k}=\sum_{k=0}^{n}\binom{n}{k}$$

我们用另两个关于二项式系数恒等式的例子来对本节进行一次总结：第一个例子需要通过分析证明，第二个例子则需要通过抽样试验证明.

a. 证明$\binom{n}{1}+2\binom{n}{2}+\cdots+n\binom{n}{n}=n2^{n-1}$.

求解$(1+x)^n$的展开式：

$$(1+x)^n=\sum_{k=0}^{n}\binom{n}{k}x^k(1)^{n-k} \tag{2.6.3}$$

公式(2.6.3)两边对x求导

$$n(1+x)^{n-1}=\sum_{k=1}^{n}\binom{n}{k}kx^{k-1} \tag{2.6.4}$$

令$x=1$，简化公式(2.6.4)为

$$n(2)^{n-1}=1\binom{n}{1}+2\binom{n}{2}+\cdots+n\binom{n}{n}$$

b. 证明$\binom{n}{0}^2+\binom{n}{1}^2+\cdots+\binom{n}{n}^2=\binom{2n}{n}$.

假设从$2n$个对象中抽取样本大小为n的集合，将$2n$个对象分为两个集合，每个集合都包含n个对象. 形成所需样本的抽样方式为从第一个集合中抽取0个对象，从第二个集合中抽取n个对象，或从第一个集合中抽取1个对象，从第二个集合中抽取$n-1$个对象，以此类推. 即

$$\binom{n}{0}\binom{n}{n}+\binom{n}{1}\binom{n}{n-1}+\binom{n}{2}\binom{n}{n-2}+\cdots+\binom{n}{n}\binom{n}{0}=\binom{2n}{n}$$

又因为对所有k来说，$\binom{n}{k}=\binom{n}{n-k}$，所以

$$\binom{n}{0}^2+\binom{n}{1}^2+\cdots+\binom{n}{n}^2=\binom{2n}{n}$$ ■

习题

2.6.50　一个平面上有A,B,C,D,E五个点，在不存在三点共线的情况下，连接这些点共能作出多少条直线?

2.6.51　Alpha Beta Zeta 姐妹会计划招新生入会，招生名额为9人，候选人共25人. 已知其中被认为勉强接受的人数为15，被认为非常满意的人数为10. 请问在勉强接受的人数和非常满意的人数的比例为1∶2的情况下，共有多少种不同的招生人选方案?

2.6.52　一条船共有八位船员. 其中有两位只能在左舷划船，有三位只能在右舷划船，请问共有多少种不同的排列方法?

2.6.53　有五男四女共九名学生去应聘城市报社的暑期实习工作.

(a)如果该报社共招实习生4名，有多少种不同的招工方法?

(b)如果该报社共招实习生4名，其中必须有两名男生两名女生，有多少种不同的招工方法?

(c)如果该报社共招实习生4名，4名实习生的性别不是全部相同，有多少种不同的招工方法?

2.6.54　历史课的期末考试中共有五道论述题，这五道论述题是教授从一个含有七道论述题的题库中选出的. 该题库在考前一周就已经提前发给了所有同学做准备. 假设学生可以准备所有的题目也可以一题都不准备，请问学生共有多少种不同的准备方法? 在这个情况下，准备试题的先后顺

序是否重要？

2.6.55　10 名篮球球员准备进行一场 5 对 5 的篮球赛，请问他们共有多少种不同的分队方法？

2.6.56　统计学教授周一布置了一篇 20 页的阅读作业，需要在周四前全部完成．你打算在周一读 x_1 页，在周二读 x_2 页，在周三读 x_3 页，$x_1+x_2+x_3=20$ 且任意 $x_i \geqslant 1$．请问你共有多少种完成阅读作业的方法？也就是说，x_1, x_2, x_3 共有多少种取值方法？

2.6.57　用 $MISSISSIPPI$ 几个字母进行排列，在两个 I 不相邻的情况下，共有多少种排列方法？

2.6.58　不使用组合学论证，求证：$\binom{n+1}{k}=\binom{n}{k}+\binom{n}{k-1}$.

2.6.59　以 $\binom{n}{k}$ 的形式给出 $\binom{n}{k+1}$ 的递归公式.

2.6.60　证明 $n(n-1)2^{n-2}=\sum_{k=2}^{n} k(k-1)\binom{n}{k}$.

2.6.61　证明连续序列 $\binom{n}{0}, \binom{n}{1}, \cdots, \binom{n}{n}$ 内的项先增大后减小. $\left[\text{提示：检验连续两项的比率} \binom{n}{j+1} \Big/ \binom{n}{j}.\right]$

2.6.62　Mitch 试图给他的表演增加一些活力，所以他决定在每个演出的开场前讲 4 个笑话．他现在有 4 个月的演出计划，每晚演出一次．与此同时，他不希望在任意两晚讲重复的笑话．请问他最少需要准备多少个笑话？

2.6.63　通过比较 $(1+t)^d+(1+t)^e=(1+t)^{d+e}$ 中 t^k 的系数来证明：

$$\sum_{j=0}^{k}\binom{d}{j}\binom{e}{k-j}=\binom{d+e}{k}$$

2.7　组合概率

在 2.6 节中我们着重研究了计算执行给定的一种运算或运算的序列有多少种方式．在 2.7 节，我们希望能将这些列举结果与概率结合起来，两者相结合是十分有意义的，因为在许多组合问题中，列举结果本身并不具有很大的相关性．例如，一名扑克牌玩家并不会非常关心他一共有多少种方式可以拿到一把顺子，他关心的是他有多大概率拿到一把顺子.

在组合学的研究中，我们可以简单地将列举结果过渡并得到其概率．假设所有结果都是等可能的，如果我们有 n 种方法执行某种运算，其中有 m 种方法满足给定的条件——我们称其为事件 A，那我们可以定义 $P(A)$ 等于 m/n.

历史上，“m/n”的概念推动着帕斯卡、费马和惠更斯早期的学术研究(回顾 1.3 节)．如今我们认识到并不是所有的概率模型都可以被简单的定性．然而，m/n 模型，我们也称之为传统概率的古典定义，非常适合描述各种各样的现象.

例 2.7.1　一个罐子中放有编号为 1 到 8 的八个筹码，从中不放回的抽取三个筹码，请问筹码编号最大为 5 的概率是多少？

设事件 A 为“筹码编号最大为 5”，图 2.7.1 显示了确保事件 A 必然发生的情况：编号为 5 的筹码必须被抽到，且另两个筹码必须从编号 1 到 4 的筹码中取出．根据乘法法则，满足事件 A 的样本数量为 $\binom{1}{1}\cdot\binom{4}{2}$.

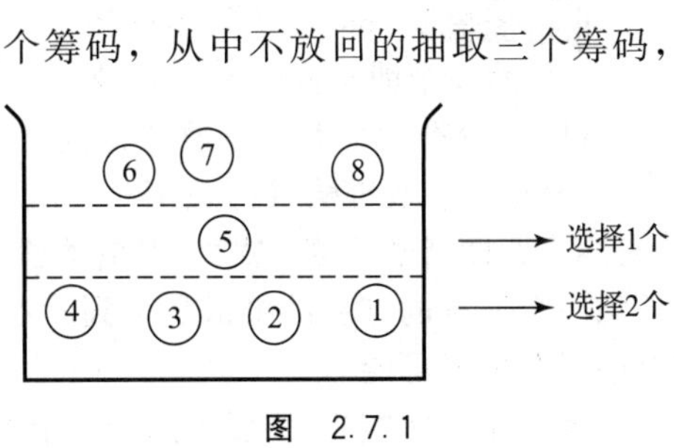

图　2.7.1

本次试验的样本空间 S 为 $\binom{8}{3}$，从八个筹码中抽出三个都是等可能发生的. 在此情况下 $m=\binom{1}{1}\cdot\binom{4}{2}$，$n=\binom{8}{3}$，那么

$$P(A)=\frac{\binom{1}{1}\cdot\binom{4}{2}}{\binom{8}{3}}=0.11$$

■

例 2.7.2 一个罐子中有编号 1 到 n 的 n 个红色筹码、编号 1 到 n 的 n 个白色筹码、编号 1 到 n 的 n 个蓝色筹码(见图 2.7.2). 从罐子中无放回地抽取两个筹码，请问抽出的两个筹码要么颜色相同要么编号相同的概率是多少?

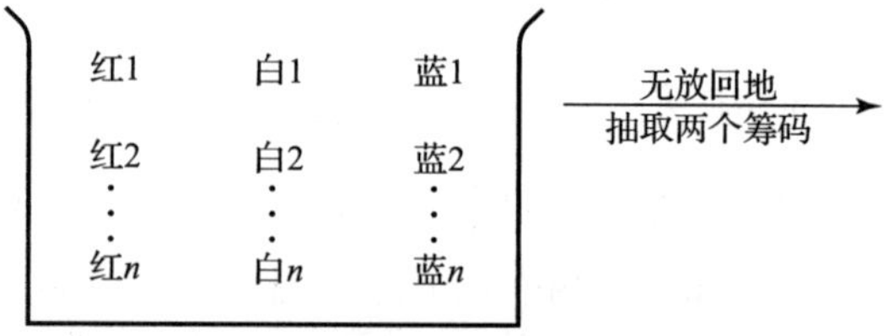

红1　白1　蓝1
红2　白2　蓝2
⋮　⋮　⋮
红n　白n　蓝n

无放回地抽取两个筹码

图 2.7.2

设事件 A 为“抽取两个颜色相同的筹码”，设事件 B 为“抽取两个编号相同的筹码”. 我们要求的是 $P(A\cup B)$.

因为 A 和 B 是互斥的，故

$$P(A\cup B)=P(A)+P(B)$$

已知罐子中共有 $3n$ 个筹码，所以共有 $\binom{3n}{2}$ 种方式抽取大小为 2 的无序样本. 而且，

$$\begin{aligned}P(A)&=P(2\text{ 红}\cup 2\text{ 白}\cup 2\text{ 蓝})=P(2\text{ 红})+P(2\text{ 白})+P(2\text{ 蓝})\\&=3\binom{n}{2}\Big/\binom{3n}{2}\end{aligned}$$

以及

$$P(B)=P(\text{两个 1 号}\cup\text{两个 2 号}\cup\cdots\cup\text{两个 }n\text{ 号})=n\binom{3}{2}\Big/\binom{3n}{2}$$

因此

$$P(A\cup B)=\frac{3\binom{n}{2}+n\binom{3}{2}}{\binom{3n}{2}}=\frac{n+1}{3n-1}$$

■

例 2.7.3 掷 12 个均匀的骰子，求以下事件的概率：

(a) 前 6 个骰子同为一个点数，后 6 个骰子同为另一个点数.

(b)至少有一个骰子点数与其他骰子不同.

(c)每个点数都恰好出现两次.

a. 掷 12 个骰子的“试验”对应的样本空间是一个长度为 12 的有序序列的集合，序列中任意一个位置的可能结果都是 1 到 6 中的任意一个整数. 如果骰子是均匀的，那么所有 6^{12} 个序列都是等可能的.

令事件 A 为“前 6 个骰子同为一个点数，后 6 个骰子同为另一个点数”. 图 2.7.3 展示了事件 A 的一种可能序列. 显而易见，序列的前半段可以同为 1 到 6 中的任意一个整数.

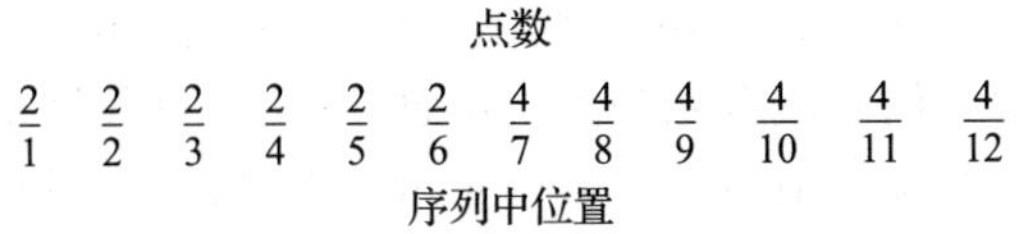

点数

$\frac{2}{1}$	$\frac{2}{2}$	$\frac{2}{3}$	$\frac{2}{4}$	$\frac{2}{5}$	$\frac{2}{6}$	$\frac{4}{7}$	$\frac{4}{8}$	$\frac{4}{9}$	$\frac{4}{10}$	$\frac{4}{11}$	$\frac{4}{12}$

序列中位置

图 2.7.3

那么序列的后半段共有五种选择(因为序列前后半段点数必须不同)，所以事件 A 的序列总数为 $\mathrm{P}_6^2=6\cdot 5=30$. 根据"$m/n$"法则，

$$P(A)=30/6^{12}=1.4\times 10^{-8}$$

b. 令事件 B 为"至少有一个骰子点数与其他骰子不同"，因为有(1,1,1,1,1,1,1,1,1,1,1,1),…,(6,6,6,6,6,6,6,6,6,6,6,6)共六个序列满足 12 个骰子点数全部相同. 那么

$$P(B)=1-P(B^C)=1-6/12^6$$

c. 令事件 C 为"每个点数都恰好出现两次". 根据定理 2.6.2，一共有 $12!/(2!\cdot 2!\cdot 2!\cdot 2!\cdot 2!\cdot 2!)$ 种方式令每个点数都恰好出现两次，因此

$$P(C)=\frac{12!/(2!\cdot 2!\cdot 2!\cdot 2!\cdot 2!\cdot 2!)}{6^{12}}=0.003\,4$$

■

例 2.7.4 掷一个均匀的骰子 n 次，请问掷完后点数和为 $n+2$ 的概率是多少?

掷 n 次骰子的样本空间为 6^n，这个骰子是均匀的所以每次结果的出现都是等可能的，其中有两种情况可导致最终点数和为 $n+2$：(1)$n-1$ 个 1 以及一个 3；(2)$n-2$ 个 1 以及两个 2(见图 2.7.4). 根据定理 2.6.2，令一个序列中包含 $n-1$ 个 1 以及一个 3 有 $\frac{n!}{1!(n-1)!}=n$ 种方式，同理，令一个序列中包含 $n-2$ 个 1 以及两个 2 有 $\frac{n!}{2!(n-2)!}=\binom{n}{2}$ 种方式，因此

$$P(\text{点数和}=n+2)=\frac{n+\binom{n}{2}}{6^n}$$

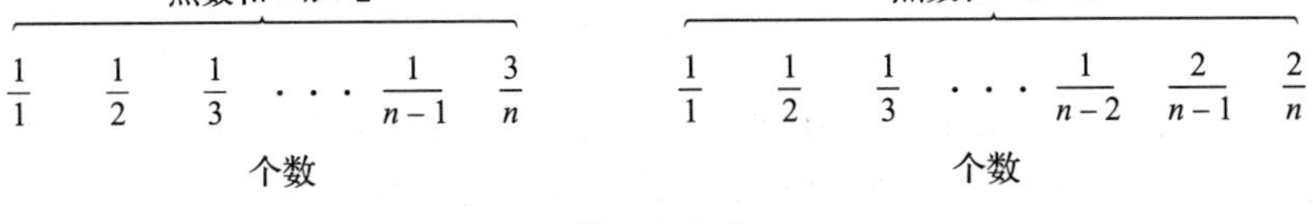

点数和 = $n+2$

$\frac{1}{1}$	$\frac{1}{2}$	$\frac{1}{3}$	$\cdots$	$\frac{1}{n-1}$	$\frac{3}{n}$

个数

点数和 = $n+2$

$\frac{1}{1}$	$\frac{1}{2}$	$\frac{1}{3}$	$\cdots$	$\frac{1}{n-2}$	$\frac{2}{n-1}$	$\frac{2}{n}$

个数

图 2.7.4

■

例 2.7.5 有两只猴子——米奇和马利安，漫步在洒满月光的海滩上时，米奇看到了一套被遗弃的拼字游戏，他观察了一阵子，发现其中有一些字母丢失了，还剩如下所示的 59 个字母：

A	B	C	D	E	F	G	H	I	J	K	L	M
4	1	2	2	7	1	1	3	5	0	3	5	1

N	O	P	Q	R	S	T	U	V	W	X	Y	Z
3	2	0	0	2	8	4	2	0	1	0	2	0

米奇很浪漫，他想用这些字母拼出一段表达爱意的话. 不知什么原因，马利安识字，但是米奇却腼腆而又笨拙，他只能做到随意打乱这59个字母并期望它们能正好排列成一段美好的情话，请问有多大的概率他运气非常好字母正好排列成了以下这段话?

She walks in beauty, like the night
Of cloudless climes and starry skies

正如我们希望的那样，米奇非常的幸运. 根据定理2.6.2，排列这59个字母(4个 A，1个 B，2个 C，以此类推)一共有

$$\frac{59!}{4!1!2!\cdots2!0!}$$

种方法.

但是，所有的这些排列中，只有其中一种是他所希望的，因为他只是随意排列这些字母，并且所有排列方式都是等可能的. 所以事件的概率为

$$\frac{1}{\dfrac{59!}{4!1!2!\cdots2!0!}}$$

或者使用斯特林公式，结果约为 1.7×10^{-61}. 虽然爱会战胜一切，但是它不会战胜这些可能性：我们还是建议米奇留有一个B计划才是更加明智的选择. ■

例 2.7.6 假设随机选择了 k 个人，至少有两个人是在一年中的同一天出生的概率是多少? 我们将其称为生日问题，这是组合概率问题中一个特别有趣的例子，因为它的表述十分简单，分析也十分直接，但得到的结果却与我们的直觉截然相反.

我们想象将 k 个人排成一排，形成一个有序序列. 不考虑闰年，每个人可能的生日是365天中的任意一天. 根据乘法法则，我们便得到了一个大小为 365^k 个生日序列的样本空间(见图2.7.5).

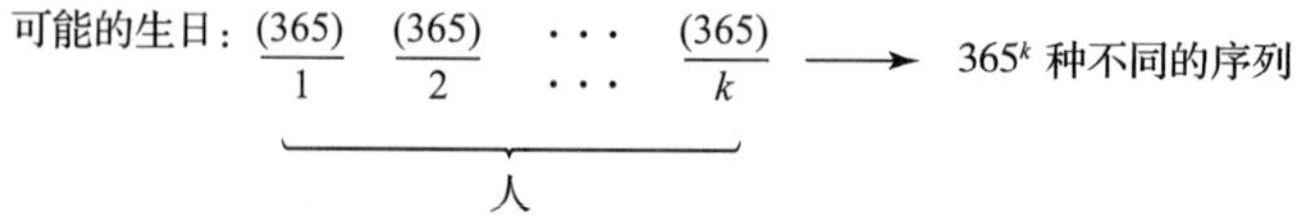

可能的生日：$\underset{1}{\underline{(365)}}$　$\underset{2}{\underline{(365)}}$　$\cdots$　$\underset{k}{\underline{(365)}}$ ⟶ 365^k 种不同的序列

（1, 2, …, k：人）

图　2.7.5

设事件 A 为“至少两个人的生日在同一天”，假设每个人在某一天出生的可能性都是一样的，那么图2.7.5的 365^k 个序列的发生都是等可能的，且

$$P(A)=\frac{\text{事件 } A \text{ 中的序列数}}{365^k}$$

由于事件 A 的复杂性，计算分子上的序列数非常困难. 幸运的是，计算 A^C 中的序列数非常容易. 需要注意的是，样本空间中的每个生日序列恰好属于以下两个类别之一(见图2.7.6)：

1. 至少有两个人的生日相同.
2. 所有 k 个人的生日都不同.

它遵循

$$\text{事件 } A \text{ 中序列数}=365^k-\text{所有 } k \text{ 个人生日都不同的序列数}$$

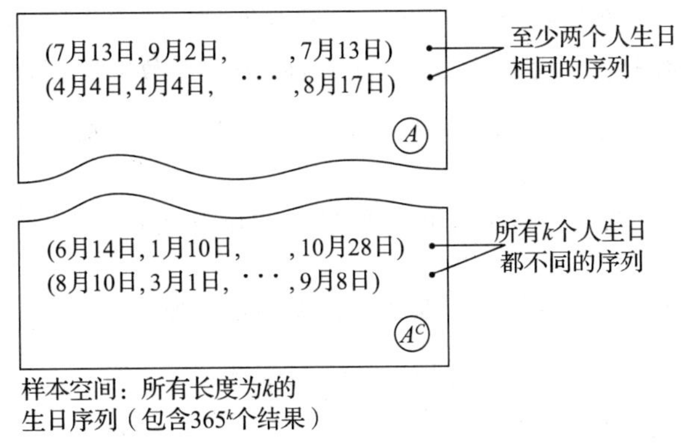

图 2.7.6

要计算 k 个人生日都不同共有多少种排列方式其实很简单，我们可以将其看作从一个有 365 个不同对象的集合中抽取一个长度为 k 的序列：

$$\mathrm{P}_k^{365}=365(364)\cdots(365-k+1)$$

因此

$$P(A)=P(\text{至少两个人生日相同})=\frac{365^k-365(364)\cdots(365-k+1)}{365^k}$$

表 2.7.1 显示了当 k 值分别为 15，22，23，40，50 和 70 时的 $P(A)$. 值得注意的是，$P(A)$的值远远出乎了我们的直觉所告诉我们的. ■

表 2.7.1

k	$P(A)=P$(至少两个人生日相同)
15	0.253
22	0.476
23	0.507
40	0.891
50	0.970
70	0.999

注释 实际上，表 2.7.1 中 $P(A)$的值略微低估了 k 人中至少有两个人同一天出生的真实概率. 我们先前假设所有 365^k 个生日序列是等可能的并不完全正确：事实上，出生在夏季比出生在冬季更为普遍. 但是，我们已经证明了，在此等可能模型中任何形式的偏差只会增加两个或多个人在同一天出生的概率. 因此，假设 $k=40$，至少有两个人同一天出生的概率略大于 0.891.

注释 美国总统传记为我们“确认”表 2.7.1 中的 $P(A)$值比想象中大提供了一个机会. 在最初的 $k=40$ 位总统中，有两个确实有相同的生日：哈丁(Harding)和波尔克(Polk)都出生于11月2日. 更令人惊讶的是，约翰·亚当斯(John Adams)，杰佛森(Jefferson)和门罗(Monroe)三位总统都去世于7月4日，菲尔莫尔(Fillmore)和塔夫脱(Taft)都于3月8日去世.

例 2.7.7 组合学的运用非常具有启发性，在某些情况下，也非常有用. 比如计算与扑克牌相关的概率. 我们假定荷官发出了五张纸牌，尽管之前可能已经发出了一些其他的牌，但他并没有展示其他牌的牌面. 那么样本空间为一个含$\binom{52}{5}=2\ 598\ 960$种不同牌面组合的集合，每一种组合出现的概率为1/2 598 960. 那么这五张牌正好是(a)满堂红，(b)一对，(c)顺

子的概率分别是多少？[其他牌型(两对、三条、同花等)都可以用同种方式求得.]

a. 满堂红. 满堂红是由三张同点数的牌和另两张同点数的牌组成的. 图 2.7.7 显示了一个满堂红，包括三个 7 和两个 Q. 其中一副牌可以产生 $\binom{13}{1}$ 种三张同点牌，其后，我们有 $\binom{4}{3}$ 种方式具体确定三张同点牌的花色. 同理，一副牌可产生 $\binom{12}{1}$ 种一个对子，然后有 $\binom{4}{2}$ 种方式具体确定一个对子的花色. 因此，根据乘法法则：

$$P(\text{满堂红}) = \frac{\binom{13}{1}\binom{4}{3}\binom{12}{1}\binom{4}{2}}{\binom{52}{5}} = 0.001\,44$$

	2	3	4	5	6	7	8	9	10	J	Q	K	A
方块													
红桃						×					×		
梅花						×							
黑桃						×					×		

图　2.7.7

b. 一对. 要抽到一个对子，五张牌内必须包含两张同点数的牌和三张“单”牌，即点数都不相同的牌. 图 2.7.8 显示了抽到一对 6 的情况. 一副牌可以产生 $\binom{13}{1}$ 种一个对子，一旦选择，就有 $\binom{4}{2}$ 种方式选择花色. 三张单牌共有 $\binom{12}{3}$ 种抽取方式(见习题 2.7.16)，且每张牌可以有 $\binom{4}{1}$ 种方式选择花色. 将这些因子相乘并除以 $\binom{52}{5}$，得到概率为 0.42：

$$P(\text{一对}) = \frac{\binom{13}{1}\binom{4}{2}\binom{12}{3}\binom{4}{1}\binom{4}{1}\binom{4}{1}}{\binom{52}{5}} = 0.42$$

	2	3	4	5	6	7	8	9	10	J	Q	K	A
方块			×										×
红桃					×		×						
梅花					×								
黑桃													

图　2.7.8

c. 顺子. 顺子指的是五张点数连续但花色不能全部相同的牌. 例如一张方块 4，一张红桃 5，一张红桃 6，一张梅花 7，一张方块 8(见图 2.7.9). “A”根据情况可被视作最大或最小的牌，比如(10,J,Q,K,A)或(A,2,3,4,5). (如果五张连续的牌花色相同，那么则被称为同花顺，同花顺被认为和顺子不是同一种牌，且同花顺是可以压住顺子的.）为了得到 P(顺子)的分子，我们首先需要忽略五张牌花色不同的情况，只考虑五张牌是否连续. 一共有 10 种情况五张牌是连续的：(A,2,3,4,5),(2,3,4,5,6),…,(10,J,Q,K,A). 因为我们对牌面的花色没有要求，所以它们都可以同为方块、红桃、梅花、黑桃. 所以共有 $10\cdot\binom{4}{1}^5$ 种情况五张牌是连续的，但其中只有 $10\times4=40$ 种情况会产生同花顺，因此

$$P(\text{顺子})=\frac{10\cdot\binom{4}{1}^5-40}{\binom{52}{5}}=0.003\,92$$

表 2.7.2 展示了每种牌面产生的概率，如果 P(牌面 i)<P(牌面 j)，那么牌面 i 可以压住牌面 j.

	2	3	4	5	6	7	8	9	10	J	Q	K	A
方块			×				×						
红桃				×	×								
梅花						×							
黑桃													

图 2.7.9

■

表 2.7.2

牌面	概率
一对	0.42
两对	0.048
三条	0.021
顺子	0.003 9
同花	0.002 0
满堂红	0.001 4
炸弹	0.000 24
同花顺	0.000 014
同花大顺	0.000 001 5

例 2.7.8 一名喝醉的会议代表发现自己处于一个尴尬的境地，他无法辨别自己是向前走还是向后走，更糟的是他无法预测他下一步将朝前还是朝后行进. 如果他向前走或向后走都是等可能的，那么在这样冒进了 n 步后，有多大概率他向前移动了 r 步？

令 x 为向前走的步数，y 为向后走的步数，那么

$$x+y=n$$

且

$$x-y=r$$

同时求解这两个等式，我们得到 $x=(n+r)/2$ 和 $y=(n-r)/2$. 他走了 n 步共有 2^n 种方式. 向前走了 r 步共有 $n!\Big/\left[\left(\frac{n+r}{2}\right)!\left(\frac{n-r}{2}\right)!\right]$种方式(回忆定理 2.6.2). 那么他向前净步数为 r 的概率为

$$\frac{\binom{n}{\frac{n+r}{2}}}{2^n}$$

■

注释 例 2.7.8 描述了一个一维的随机游动问题. 多年来，不同维度中随机游动的数学特性一直是一个用于模拟诸如布朗运动、动物个体和动物种群的迁徙以及股票市场每日

波动等不同现象的有用工具. 随机游动一词是1905年由英国著名统计学家卡尔·皮尔逊(Karl Pearson)提出的.

例2.7.9 对于一个纯粹主义者来说，在本地超市购买一张乐透彩票与在一些烟雾弥漫的旅馆中玩德州扑克相比根本不算是一种赌博，但无可否认，每年花在彩票上面的钱十分巨大(仅在美国，估计超过500亿美元).

彩票有一段有趣的发展史，可以追溯到数千年前，远远早过第一款扑克游戏. 言归正传，由伦敦的弗吉尼亚公司(Virginia Company of London)资助，成立于1607年的北美地区第一个永久性英国移民定居地——詹姆斯敦(Jamestown)，起初的投资者是通过中乐透的形式获得赞助这次探险的权利.

近年来，"抽乐透奖"最受欢迎的版本之一是强力球(美国的一种彩票). 玩家从整数1到59中选择五个(不同的)数字，并从整数1到35中选择一个另外的数字. 然后在预定的时间，会从一个含有编号1到59共59个球的滚筒中滚出五个白球，再从一个含有编号1到35共35个球的滚筒中滚出第六个球(强力球). 玩家是否获胜以及赢多少钱取决于所选择的奖券上的号码和实际滚出的球的编号.

例如，第四名的奖金为100美元，奖励给所有猜中五个白球中的四个但没猜中强力球的人. 计算本游戏的概率可直接运用乘法法则得到组合总数. 因为

$$\binom{59}{5}=\text{从第一个滚筒中选五个白球的方法数}$$

和

$$\binom{35}{1}=\text{从第二个滚筒中选强力球的方法数}$$

这个游戏共有$\binom{59}{5}\binom{35}{1}=175\ 223\ 510$种(等可能)结果发生. 你需要(1)正好猜中五个白球中的四个，即$\binom{5}{4}=5$种方式，(2)有一个白球没猜中，即$\binom{54}{1}=54$种方式，(3)强力球没猜中，即$\binom{34}{1}=34$种方式. 那么你能赢得这100美元的概率为

$$\left[\binom{5}{4}\binom{54}{1}\binom{34}{1}\right]\Big/\left[\binom{59}{5}\binom{35}{1}\right]=9\ 180/175\ 223\ 510=0.000\ 052\ 39$$

表2.7.3列出了所有能赢钱的组合，及其相关的概率和收益. 将中间那一列相加可以得到赢钱的总概率为0.031 4.

表 2.7.3

赢钱组合	概率	收益(美元)
猜中五个白球和强力球	$\left[\binom{5}{5}\binom{1}{1}\right]\Big/\left[\binom{59}{5}\binom{35}{1}\right]$	根据中奖人数而定
猜中五个白球但没猜中强力球	$\left[\binom{5}{5}\binom{34}{1}\right]\Big/\left[\binom{59}{5}\binom{35}{1}\right]$	1 000 000

（续）

赢钱组合	概率	收益(美元)
猜中四个白球和强力球	$\left[\binom{5}{4}\binom{54}{1}\binom{1}{1}\right]\Big/\left[\binom{59}{5}\binom{35}{1}\right]$	10 000
猜中四个白球但没猜中强力球	$\left[\binom{5}{4}\binom{54}{1}\binom{34}{1}\right]\Big/\left[\binom{59}{5}\binom{35}{1}\right]$	100
猜中三个白球和强力球	$\left[\binom{5}{3}\binom{54}{2}\binom{1}{1}\right]\Big/\left[\binom{59}{5}\binom{35}{1}\right]$	100
猜中三个白球但没猜中强力球	$\left[\binom{5}{3}\binom{54}{2}\binom{34}{1}\right]\Big/\left[\binom{59}{5}\binom{35}{1}\right]$	7
猜中两个白球和强力球	$\left[\binom{5}{2}\binom{54}{3}\binom{1}{1}\right]\Big/\left[\binom{59}{5}\binom{35}{1}\right]$	7
猜中一个白球和强力球	$\left[\binom{5}{1}\binom{54}{4}\binom{1}{1}\right]\Big/\left[\binom{59}{5}\binom{35}{1}\right]$	4
没猜中白球但猜中强力球	$\left[\binom{5}{0}\binom{54}{5}\binom{1}{1}\right]\Big/\left[\binom{59}{5}\binom{35}{1}\right]$	4

■

注释　虽然“强力球”游戏中的六个数字是随机的，但记录显示购买者选择的六个数字不是随机的．这是为什么呢？因为强力球买家倾向于用生日那天下注，这导致他们的所选的数字较小，并且在所有的可能选项中不成比例(并重复)．这又有什么关系呢？这其实视情况而定．例如，无论是一张奖券还是10万张奖券有资格获得四等奖，这些玩家都将获得100美元．但是，如果n名玩家有资格获得头奖，则每人将仅获得头奖奖金的$1/n$．因此，除非你十分希望与大批陌生人分享可能的(尽管不太可能)价值数百万美元的头奖彩金，否则用生日日期下赌注是个坏主意．

解题提示

(解决组合概率问题)

例2.6.5后的解题提示对于计算完成某事共多少种方式有很多帮助．这些提示同样适用于解决关于组合概率的问题，同时我们也应牢记其他一些提示．

1．我们可以将组合问题的解视作分子和分母枚举结果的商，而不是将序列中事件发生的概率简单的相乘．后一种方法“听起来”合理，但经常会导致过分简化问题并得到错误的答案．

2．使分子和分母顺序保持一致——如果在分子中计算排列，请确保在分母中计算排列；同样，如果分子的结果是组合，则分母的结果也必须是组合．

3．掷n个六面骰子一定会产生6^n种可能的结果；类似地，抛一枚硬币n次一定会产生2^n种可能的结果．从52张扑克牌中随机取出n张牌一定会产生C_{52}^{n}种结果．

习题

2.7.1　现有10名水平相同的营销助理有晋升为采购工程师的资格，他们是7名男性，3名女性. 如果公司打算随机提拔10位中的4人，那么4人中有两位恰好是女性的概率是多少?

2.7.2　一个罐子中有编号1到6的六个筹码，随机抽取两个筹码并将它们的编号相加，请问两个筹码编号之和等于5的概率是多少?

2.7.3　一个罐子中有编号1到20的20个筹码，同时从罐子中抽取两个筹码，请问这两个筹码编号之差大于2的概率是多少?

2.7.4　从52张扑克牌中抽取13张牌. 令事件A是"这13张牌中有4个A"；令事件B为"这13张牌中有4个K". 求$P(A\cup B)$.

2.7.5　现有10个罐子，其中9个罐子内各有红色、白色筹码各三个，第10个罐子内有五个白色筹码和一个红色筹码. 随机选取一个罐子，再不放回地从中抽取三个筹码. 如果抽取的三个筹码都是白色的，那么该罐子是内有五个白色筹码和一个红色筹码的罐子的概率是多少?

2.7.6　我们从100名美国参议员中随机选出50名组成一个委员会，请问每个州都有参议员代表的概率是多少(美国有50个州)?

2.7.7　掷n个均匀的骰子，请问它们点数都相同的概率为多少?

2.7.8　掷五个均匀的骰子，它们显示的点数正好构成"满堂红"的概率是多少(即三个骰子同点数加一对骰子另一点数)?

2.7.9　下图中的试管包含$2n$粒沙子，n粒白色和n粒黑色. 我们将试管剧烈摇动，两种颜色的沙子完全分开的可能性是多少? 也就是说，一种颜色全部聚集在底部，而另一种颜色全部聚集在顶部?(提示：考虑将$2n$粒沙子排列成一行. n粒白色沙子和n粒黑色沙子共多少种排列方式?)

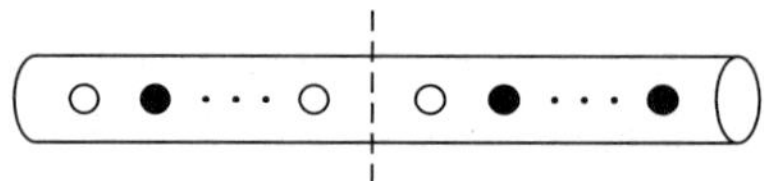

2.7.10　请问一只猴子(假设不识字)将*ACCLLUUS*重拼成*CALCULUS*或将*AABEGLR*重拼成*ALGEBRA*，其中哪一个成功的概率更大?

2.7.11　一栋公寓有八层楼. 如果七个人一起在一楼上电梯，那么他们分别在不同楼层下电梯的概率是多少? 如果都在同一楼层下电梯呢? 你会做出怎样的假设? 假设合理吗? 请说明以上问题.

2.7.12　将下列字母随机排列

A ROLLING STONE GATHERS NO MOSS

请问不是所有S都两两相邻的概率为多少?

2.7.13　将10根棍子分别截断成长短两部分. 将这20个部分随机分成10对，然后重新粘在一起，因此又能获得10根木棍. 请问每个长棍都正好分配到一个短棍概率是多少?(注意：这个问题其实是辐射对活细胞的影响的模型. 每个染色体由于被电离辐射撞击而分裂成两部分，其中一部分包含着丝粒. 除非含有着丝粒的片段与不含有着丝粒的片段重组，不然细胞将会死亡.)

2.7.14　掷六个骰子，请问六个骰子正好呈现六个不同的点数的概率是多少?

2.7.15　随机选出k个人，请问恰好有一对人生日相同的概率是多少?

2.7.16　一副扑克牌中，为什么从中选取三张单牌共有$\binom{12}{3}$种方式，而不是$\binom{12}{1}\binom{11}{1}\binom{10}{1}$?

2.7.17　唐纳不是一个很棒的德州扑克玩家，她被发到了一张方块2，一张方块8，一张红桃A，一张梅花A，一张黑桃A，接着她又将这三张A弃牌，请问她在下一轮牌桌发了三张牌后能得到一手同花的概率为多少?(同花是由同一花色的五张不连续的牌组成的牌.)

2.7.18　一名扑克玩家被发到了一张方块7，一张方块Q，一张红桃Q，一张梅花Q，一张红桃A. 他将方块 7 弃牌，请问他在下一轮牌桌发了三张牌后能得到满堂红(三张同点牌带一对牌)或炸弹(四张同点牌带另一任意牌)的概率是多少？

2.7.19 蒂姆被发到一张梅花 4，一张红桃 6，一张红桃 8，一张红桃 9，一张方块 K. 他将梅花 4 和方块 K 弃牌，请问他在下一轮牌桌发了三张牌后能得到同花顺或同花的概率是多少？

2.7.20 从 52 张牌中抽取 5 张牌，请问这 5 张牌的牌面之和大于或等于 48 的概率是多少？

2.7.21 从 52 张牌中抽取 9 张牌，给出一个公式，计算以下情况：9 张牌中包含三对点数不同的偶数牌，一对人头牌，和单张另一点数的人头牌. (注意：人头牌为 J,Q,K；偶数牌为 2,4,6,8 和 10.)

2.7.22 桥牌中有这样一类被称作 coke 的牌面，是指 13 张牌中没有一张是 A 或大于 9，请问此牌面出现的概率是多少？

2.7.23 Pinochle deck 是美国的一种扑克牌游戏，包含两副四个花色牌面为(9,J,Q,K,10,A)的 48 张牌. 有一种被称作“roundhouse”的牌面，指当玩家一副牌中拥有每个花色的 K 和 Q. 那么请问 12 张牌中，“正好”得到“roundhouse”的概率是多少(指一副牌中正好包含每个花色的 K 和 Q 各一张，没有其他多余的 K 或 Q)？

2.8 重新审视统计学(蒙特卡罗技巧)

回顾 2.1 节冯·米塞斯给出的关于概率的定义. 如果一个试验在相同条件下重复进行 n 次，并且事件 E 在其中重复出现 m 次，那么

$$P(E)=\lim_{n\to\infty}\frac{m}{n} \tag{2.8.1}$$

可以肯定的是，公式(2.8.1)得到了一个渐近结果，但它展示了一个非常明显的(且有用的)近似，如果 n 是有限的，那么

$$P(E)\approx\frac{m}{n}$$

一般情况下，我们把通过重复模拟试验(通常使用计算机)来估计概率的过程称为蒙特卡罗方法. 该方法通常用于难以通过计算获得精确概率的情况. 我们也可以将其视作一种从诸多解决方案中选择一个推荐方案的经验依据.

例如，回顾例 2.4.10，一个罐子中有一个红色筹码，一个蓝色筹码和一个双色筹码(一面红色一面蓝色). 从中抽取一个筹码然后放在桌面上，如果抽出的筹码正面看是蓝色，请问它反面也是蓝色的概率是多少？

图 2.8.1 展示了将这个问题概念化的两种方法. 模型 a 中我们将一个筹码视作一个整体讨论. 从这个前提出发，问题的答案是$\frac{1}{2}$，因为红色筹码显然已经被排除了，那么除红色筹码外剩下的两个筹码有一个一定是双面蓝色的.

按筹码讨论		按面讨论	
红筹码		红/红	
蓝筹码	→ P(蓝|蓝) = 1/2	蓝/蓝	→ P(蓝|蓝) = 2/3
双色筹码		红/蓝	
a)		b)	

图 2.8.1

相比之下，模型 b 中我们将一个筹码的一面单独讨论．如果是这样，则正面是蓝色的面可能是三个蓝色面中的任何一个，这三个面中的两个反面必定是蓝色．所以根据模型 b，两边都是蓝色的概率为$\frac{2}{3}$.

例 2.4.10 的正式分析解答了我们上述的讨论，正确答案应是$\frac{2}{3}$．假设我们并不知道怎么分析获得答案，我们该如何评估$\frac{1}{2}$和$\frac{2}{3}$的可信度？答案其实非常简单，我们只需多进行几次这样的试验，观察抽出的筹码正面是蓝色反面也是蓝色在所有试验中发生的比例.

表 2.8.1

试验#	正	反	试验#	正	反	试验#	正	反	试验#	正	反
1	红	蓝	26	蓝	红	51	蓝	红	76	蓝	蓝 *
2	蓝	蓝 *	27	红	红	52	红	蓝	77	蓝	蓝 *
3	蓝	红	28	红	蓝	53	蓝	蓝 *	78	红	红
4	红	红	29	红	蓝	54	红	红	79	蓝	蓝 *
5	红	蓝	30	红	红	55	红	红	80	红	红
6	红	蓝	31	红	蓝	56	红	蓝	81	红	蓝
7	红	红	32	蓝	蓝 *	57	红	红	82	红	蓝
8	红	红	33	红	蓝	58	蓝	蓝 *	83	红	红
9	蓝	蓝 *	34	蓝	蓝 *	59	蓝	红	84	蓝	红
10	蓝	红	35	蓝	蓝 *	60	蓝	蓝 *	85	蓝	红
11	红	红	36	红	红	61	蓝	红	86	红	红
12	蓝	蓝 *	37	蓝	红	62	红	蓝	87	蓝	蓝 *
13	红	红	38	蓝	蓝 *	63	红	红	88	红	蓝
14	蓝	红	39	红	红	64	红	红	89	蓝	红
15	蓝	蓝 *	40	蓝	蓝 *	65	蓝	蓝 *	90	红	红
16	蓝	蓝 *	41	蓝	蓝 *	66	蓝	红	91	红	蓝
17	红	蓝	42	蓝	红	67	红	红	92	红	红
18	蓝	红	43	蓝	蓝 *	68	蓝	蓝 *	93	红	红
19	蓝	蓝 *	44	蓝	蓝 *	69	蓝	蓝 *	94	红	蓝
20	蓝	蓝 *	45	蓝	蓝 *	70	红	红	95	蓝	蓝 *
21	红	红	46	红	红	71	红	红	96	蓝	蓝 *
22	红	红	47	蓝	蓝 *	72	蓝	蓝 *	97	蓝	红
23	蓝	蓝 *	48	蓝	蓝 *	73	红	蓝	98	红	红
24	蓝	红	49	红	红	74	红	红	99	蓝	蓝 *
25	蓝	蓝 *	50	红	红	75	蓝	蓝 *	100	蓝	红

为此，表 2.8.1 统计了 100 次筹码抽取的试验．当筹码放在桌子上时，正面是蓝色共有 52 次试验，反面也是蓝色共 36 次试验(标有星号的试验)．利用公式(2.8.1)的近似

求得，

$$P(\text{反面也是蓝色} \mid \text{正面是蓝色}) \approx \frac{36}{52} = 0.69$$

答案更接近于$\frac{2}{3}$而不是$\frac{1}{2}$.

我们举这个例子的目的不是为了降低严密推导和精确答案的重要性. 恰恰相反，用定理 2.4.1 解决例 2.4.10 的问题显然优于表 2.8.1 所代表的蒙特卡罗近似法. 尽管如此，重复试验仍可为我们解决问题提供宝贵的见解，并让我们关注某些可能会被忽视的细微的差别.

第 3 章　随机变量

有这样一个瑞士家族，一共诞生了 8 位杰出的科学家，其中就有一位名叫雅各布·伯努利(Jakob Bernoulli)(1654—1705)的科学家，早期由于父亲的逼迫他一直在进行关于神学的研究，但最终他对数学的热爱贯穿了他整个大学学习生涯．他和他的兄弟约翰是莱布尼茨微积分在欧洲大陆上最杰出的拥护者，他们两人使用新的理论解决了许多物理和数学上的问题．伯努利死后，他的侄子尼古劳斯于 1713 年发表了他关于概率论的主要研究——《猜度术》(*Ars Conjectandi*)．

3.1　引言

在第 2 章中，概率被分配给事件，即分配给一组样本点．事件是由有限的样本点或无限可数的样本点组成的，我们求出各样本点的概率从而得到整个事件的概率，在这种情况下，事件的概率便是其样本点的概率的总和．第 2 章中，有一个特别的概率函数多次出现：在一个有限的样本空间中，对于 n 个点来说，每个点被分配到的概率是 $\frac{1}{n}$．这便是一个典型描述机遇游戏(以及第 2 章中所有的组合概率问题)的模型．

本章的首要目标是寻求其他将概率分配给样本点的方式．这里我们需要使用一些关于随机变量的函数来“重新定义”样本空间．第 3 章中几乎所有内容的着重点都在于学习如何以及为什么使用这些函数以及理解它们的数学特性．

举个例子，假设一位医学研究者正在测试 8 位老年人是否会对一种新的控制血压的药物产生过敏反应．$2^8=256$ 种可能样本点的其中一种为：(是，否，否，是，否，否，是，否)，其代表第一个实验对象有过敏反应，第二个实验对象没有过敏反应，第三个也没有，如此类推．一般来说，在这类研究中我们对于谁产生了过敏反应并无太大兴趣，我们真正想要知道的是有多少人会产生反应．如此，那么结果生成的相关信息，即产生过敏反应的人数为 3.⊖

设 X 表示 8 个成年人中产生的过敏反应的人数．X 是一个随机变量，那么数字 3 就是对应结果(是，否，否，是，否，否，是，否)的随机变量的值．

一般来说，随机变量是将数字和样本结果一些非常重要的属性联系起来的函数．如果设 X 为随机变量，s 为一个样本结果，则 $X(s)=t$，其中 t 为实数．以过敏反应为例，$s=$(是，否，否，是，否，否，是，否)，$t=3$．

随机变量通常可以创建一个结构非常简单的样本空间．还以过敏反应为例，原始样本空间有 $256(=2^8)$ 种结果，每个结果都是长度为 8 的有序序列．另一方面，随机变量 X 只

⊖ 当然，根据定理 2.6.2，总共 $56[=8!/(3!5!)]$ 个结果中恰有 3 个产生过敏反应．所有 56 种药物引起过敏反应的可能性都相同．

包括 0 到 8 的整数，一共 9 个可能的值.

就其基本结构而言，所有随机变量都可以广义的分为两种，区别在于随机变量可能值的数量. 如果随机变量的值的数量是有限的或无限可数的(如过敏反应的例子)，则被称为离散随机变量；如果结果是给定区间内的任意实数，则随机变量的值的数量是不可数且无穷大的，则被称为连续随机变量. 两者之间的区别是非常重要的，我们将在接下来的几节中进行学习.

第 3 章的学习目的是了解离散随机变量和连续随机变量的重要定义、概念以及与随机变量相关的计算. 综合来看，这些内容构成了现代概率论和统计学的基础.

3.2 二项概率和超几何概率

本节将介绍两个特别重要的概率论设想，它们的理论含义和对于现实问题的描述能力都是非常重要的. 学习这两个模型所带来的好处可以帮助我们理解一般的随机变量问题，我们将从 3.3 节开始关于随机变量的正式讨论.

二项概率分布

二项概率的应用涉及一系列独立且相同的试验，其中每个试验只能有两种可能的结果. 假设掷三枚不同的硬币，每个硬币出现正面的概率为 p. 表 3.2.1 列出了 8 种可能的结果的集合. 如果每个硬币出现正面的概率为 p，那么结果序列为(正，正，正)的概率为 p^3，因为抛掷硬币是独立的试验，同理，(反，正，正)出现的概率是 $p^2(1-p)$. 表 3.2.1 的第 4 列显示了与每次掷三枚硬币结果序列相关的概率.

表 3.2.1

第一枚硬币	第二枚硬币	第三枚硬币	概率	正面朝上的硬币数
正	正	正	p^3	3
正	正	反	$p^2(1-p)$	2
正	反	正	$p^2(1-p)$	2
反	正	正	$p^2(1-p)$	2
正	反	反	$p(1-p)^2$	1
反	正	反	$p(1-p)^2$	1
反	反	正	$p(1-p)^2$	1
反	反	反	$(1-p)^3$	0

假设我们主要关注掷三枚硬币有几枚正面朝上，序列无论是(正,正,反)还是(正,反,正)并不重要，因为这两种序列的结果都是有两枚硬币正面朝上. 表 3.2.1 的最后一列显示了 8 种可能结果中每一种正面朝上的硬币个数. 注意这里有三个恰好有两枚硬币正面朝上的结果，它们各自的概率都是 $p^2(1-p)$. 那么，“两枚硬币正面朝上”事件的概率就是这三个结果的概率之和 $3p^2(1-p)$. 表 3.2.2 列出了掷出 k 个硬币正面朝上的概率，其中 $k=0,1,2,3$.

表 3.2.2

正面朝上的硬币数	概率
0	$(1-p)^3$
1	$3p(1-p)^2$
2	$3p^2(1-p)$
3	p^3

更普遍的来说，假设抛掷 n 枚硬币，那么正面朝上的硬币个数可以是从 0 到 n 中的任意整数，以此类推，

P(k 枚硬币朝上)＝(k 枚硬币正面朝上和 $n-k$ 枚硬币反面朝上的排列数)·
(有 k 枚硬币正面朝上和 $n-k$ 枚硬币反面朝上的任何特定序列的概率)
＝(k 枚硬币正面朝上和 $n-k$ 枚硬币反面朝上的排列数)·$p^k(1-p)^{n-k}$

k 枚硬币正面朝上和 $n-k$ 枚硬币反面朝上的排列数为 $\frac{n!}{n!(n-k)!}$ 或 $\binom{n}{k}$（见定理 2.6.2）.

定理 3.2.1 一系列 n 个独立试验中，每个试验都只有两种可能结果，即“成功”或“失败”. 令 $p=P$(任意给定的试验“成功”)，且每次试验中 p 保持不变，那么

$$P(\text{成功 }k\text{ 次}) = \binom{n}{k}p^k(1-p)^{n-k}, k = 0,1,\cdots,n$$

注释 定理 3.2.1 中的概率分布被称作二项分布.

例 3.2.1 在某类通信方式下，通信信道内产生的“噪声”可能导致无法正确传达消息. 现传输过程中一个比特(二进位制信息单位)改变的概率为 p. 解决此问题的方法是将一个比特发送五次，然后将接收到的这五个比特比对，然后将出现次数最多的比特作为目标消息. 在此方法下，接收到正确消息的概率是多少？

我们可以将接收到的五个比特视作一个进行了五次伯努利试验的序列，传输过程中发生改变的概率为 p. 如果接收过程中发生变化的比特的个数为 0，1 或 2，则可认为我们正确接收了信息. 那么正确接收信息的概率为

$$\sum_{k=0}^{2}\binom{5}{k}p^k(1-p)^{5-k}$$

下列表格给出了不同 p 值时正确接收信息的概率.

p	概率	p	概率
0.01	0.999 99	0.10	0.991 44
0.05	0.998 84	0.15	0.973 39

■

例 3.2.2 金威制药正在试验一种人们可以负担得起的艾滋病药物 PM-17，该药物可增强患者的免疫系统. 研究人员已经给 30 只感染了 HIV 的猴子服用了这种药物. 现研究人员打算等待六周，然后清点明显表现出免疫反应的猴子的数量. 任何价格合理的药物能够在相应时间内表现出 60％的有效率都可被视为重大突破，然而有效率小于或等于 50％的药物不太可能具有任何商业潜力.

对于这款药品，药企尚未最终确定对效果具有解释说明的准则. 但金威制药希望避免犯下以下任一错误：(1)否决最终被证明具有市场价值的药物；(2)投入过多的开发资金去研究从长远来看有效率等于或低于 50％的药物. 金威制药将这两条准则作为一个暂时性的“决策规则”. 该项目的负责人认为，除非有“16 只或更多”的猴子表现出免疫反应，否则应终止对 PM-17 的研究.

(a)即使药物的有效率为60%，在“16只或更多”原则下，药企最终会否决该药物的概率为多少？

(b)在“16只或更多”原则下，有效率为50%的药物被视为重大突破的概率为多少？

a. 每只猴子都可被视作 $n=30$ 个独立试验中的一个，得到的结果分别是“成功”(猴子的免疫系统得到增强)或“失败”(猴子的免疫系统没有得到增强). 通过假设，任何参与试验的猴子产生免疫反应的概率为 $p=P(\text{成功})=0.60$.

根据定理3.2.1，六周后，有 k 只猴子(30只猴子内)产生免疫反应的概率为 $\binom{30}{k}(0.60)^k(0.40)^{30-k}$. 那么在“16只或更多”原则下，否决有效率为60%的药物的概率实质上是 k 值为0到15的“二项”概率之和：

$$P(\text{药物具有 60\% 有效率却未满足“16 只或更多”原则})=\sum_{k=0}^{15}\binom{30}{k}(0.60)^k(0.40)^{30-k}=0.1754$$

换句话说，有大约18%的概率，诸如PM-17此类具有“突破性”的药物会得到一个糟糕的测试结果(按“16个或更多”原则衡量)，该公司将误认为自己开发的药物没有潜在的市场价值.

b. 金威制药可能犯下的另一个错误是，PM-17产生免疫反应的概率 p 低于可销售水平，却对其进行了深层次的研究. 此时犯下该错误的概率为，当 $p=0.5$ 时，“成功”次数大于或等于16的概率.

即

$$\begin{aligned}&P(\text{PM-17 的有效率为 50\% 但被视作有市场潜力})\\&=P(\text{药物“成功”产生大于或等于 16 次免疫反应})\\&=\sum_{k=16}^{30}\binom{30}{k}(0.5)^k(0.5)^{30-k}\\&=0.43\end{aligned}$$

因此，即使PM-17的有效率为让人难以接受的50%，它也有43%的概率在30次试验中表现良好，足以满足“16只或更多”原则. ■

例 3.2.3 职业曲棍球斯坦利杯季后赛中总决赛的赛制为七局四胜，第一支赢得四场比赛的球队将获得最终胜利. 即总决赛总共会进行四到七场比赛(就像世界棒球大赛一样). 请分别计算总决赛打了四、五、六或七场比赛的可能性. 假设每场比赛都是相互独立的，比赛的两支球队的实力都均等.

以 A 队六场比赛拿下总决赛的情况为例. 为此，他们必须在前五场比赛中恰好赢得三场胜利，且必须在第六场比赛中赢得胜利. 根据独立性假设，我们可以得到

$$\begin{aligned}P(A\text{ 队六场比赛拿下总决赛})&=P(A\text{ 队前五场赢了三场})\cdot P(A\text{ 队第六场胜利})\\&=\left[\binom{5}{3}(0.5)^3(0.5)^2\right]\cdot(0.5)=0.15625\end{aligned}$$

因为 B 队六场比赛拿下总决赛的可能性和 A 队是一样的(为什么?)

$$\begin{aligned}P(\text{总决赛共进行六场}) &= P(A\text{ 队六场比赛拿下总决赛} \cup B\text{ 队六场比赛拿下总决赛})\\ &= P(A\text{ 队六场比赛拿下总决赛}) + P(B\text{ 队六场比赛拿下总决赛})(\text{为什么?})\\ &= 0.156\,25 + 0.156\,25\\ &= 0.312\,5\end{aligned}$$

类似地，我们可以计算出总决赛共进行四场、五场和七场的概率：

$$P(\text{总决赛共进行四场}) = 2(0.5)^4 = 0.125$$

$$P(\text{总决赛共进行五场}) = 2\left[\binom{4}{3}(0.5)^3(0.5)\right](0.5) = 0.25$$

$$P(\text{总决赛共进行七场}) = 2\left[\binom{6}{3}(0.5)^3(0.5)^3\right](0.5) = 0.312\,5$$

我们已经通过计算得到了斯坦利杯总决赛比赛场次的“理论”概率，那么历史上真正的总决赛比赛场次的分布是什么样的呢？其实在1947年至2015年之间，共举行了68轮总决赛(2004-05赛季被取消). 下面的表3.2.3中的第2列显示了总决赛分别持续四场、五场、六场和七场的比例.

表　3.2.3

比赛场次	实际比例	理论概率
4	17/68=0.250	0.125
5	16/68=0.235	0.250
6	21/68=0.309	0.312 5
7	14/68=0.206	0.312 5

显然第2列和第3列中的一些数据有些出入：场次少的总决赛(四场)出现次数过多和场次多的总决赛(七场)出现次数过少. 这种“缺乏拟合”的情况表明，我们关于总决赛场次分布的猜测并不满足二项分布假设. 例如，我们假设的可能性参数 p 等于 $\frac{1}{2}$. 实际上，它的值可能并非如此. 尽管两支队伍都分别赢得了他们所在赛区的所有系列赛，但这并不意味着他们同样出色. 的确，如果两支队伍实力悬殊，那么结果便是场次少的总决赛出现的次数变多而场次多的总决赛出现的次数变少. 有时对于胜利的渴望也是一个影响比赛场次的因素. 如果是这样，那么二项分布模型中的独立性假设无法被满足. ■

例3.2.4　一所大学发现他们并不需要在每所学院都配备相应的技术支持人员. 实际上根据估计，任意一天内十所学院中任何一所只有0.2的概率需要技术支持人员. 他们决定创建一个由五名技术支持人员组成的人才队伍. 请问一所学院需要等待一名技术支持人员的帮助的概率是多少？

假设每所学院的服务需求是独立的. 则每天所需技术支持人员的人次是一个 n 次伯努利试验的序列，这里 $n=10$，$p=0.2$，其中“有需求”意味着该所学院需要技术支持人员. 如果“有需求”的数量严格大于5，则有一所学院必须等待. 然而“有需求”出现超过5次的概率为 $\sum_{k=6}^{10}\binom{10}{k}(0.2)^k(0.8)^{10-k} = 0.006$.

一个月内，十所学院共有大约 200 个工作日，因此通常每个月这 200 个工作日中只有一个工作日会有出现需要等待技术支持人员的情况.

可以修改 n 和 p 并进行分析，以观察其他取值带来的影响.（请参阅习题 3.2.17.） ■

习题

3.2.1 一位投资分析师在过去六个月中追踪了某只蓝筹股，发现在任何一天，它要么上涨一点要么下跌一点. 此外，它在任意一天都有 25%的概率上涨，75%的概率下跌. 假设每日波动是独立的事件. 从现在开始直至四天后交易结束时，股票价格与今天相同的可能性是多少?

3.2.2 在核反应堆中，裂变过程是通过在放射性堆芯中插入控制棒来吸收中子并减缓核链式反应来控制的. 当这些控制棒正常工作时，它们可作为抵御堆芯熔化的第一道防线. 假设一个反应堆有十根控制棒，每根控制棒独立运行，并且在发生“意外情况”时，每根控制棒被正确插入的概率为 0.80. 此外，如果至少一半的控制棒正常工作，则可防止熔化. 据此，系统发生熔化的概率是多少?

3.2.3 2009 年，一位坚持进行匿名捐助的捐助者向 12 所大学捐赠了七位数的捐款. 媒体对这一慷慨但有些神秘的举动进行了报道，结果表明，所有获赠大学都有女校长. 同时，在美国约 23%的大学校长为女性，12 所随机选择的大学校长正好是女性的概率约为 $\frac{1}{50\ 000\ 000}$，这么说正确吗?

3.2.4 一个企业家拥有六家公司，每家公司的资产都超过 1 000 万美元. 这位企业家查阅《美国税收数据手册》后发现，同等规模的企业有 15.3%的概率被美国国税局审计，那么他名下两个或两个以上的企业被审计的可能性是多少?

3.2.5 在某些不利的负载和温度条件下，机器组件中的滚珠轴承失效的可能性为 0.10. 如果包含 11 个滚珠轴承的组件必须至少有 8 个滚珠轴承在该不利条件下运行，那么它发生故障的可能性是多少?

3.2.6 假设自 1950 年初以来，社会已经向当局报告了约一万起不明飞行物目击事件. 如果任何目击事件是真实的概率约为十万分之一，那么这一万起目击事件至少有一件是真实事件的概率是多少?

3.2.7 世界末日航空公司有两架残破的飞机，一架有两台发动机，另一架有四台. 每架飞机只有至少一半的发动机在运转才能安全着陆. 每架飞机上的每台发动机均独立运行，并且每台发动机的故障率为 $p=0.4$. 假设你希望最大限度地提高生还概率，那么你应该选择这两架中的哪架飞机?

3.2.8 员工工作区有两套建议使用的照明系统. 第一个系统有五十个灯泡，每个灯泡在一个月的时间内烧掉的概率为 0.05. 第二个系统有一百个灯泡，每个灯泡在一个月内烧掉的概率为 0.02. 不论安装哪种系统，都将每月检查一次，以更换烧坏的灯泡. 通过比较 30 天内每个系统至少需要更换一个灯泡的概率来回答本题：哪个系统可能需要较少的维护?

3.2.9 英国伟大的日记作者塞缪尔·佩皮斯(Samuel Pepys)向他的朋友艾萨克·牛顿(Isaac Newton)爵士提出了以下问题，以下哪个事件发生的概率更大：掷六个骰子时至少获得一个 6，掷十二个骰子时至少获得两个 6，或者掷十八个骰子时至少获得三个 6. 经过大量的通信[167]，牛顿说服了持怀疑态度的佩皮斯，使他相信第一个事件更有可能发生. 分别计算三个事件的概率.

3.2.10 一艘小型攻击舰上的炮手向一架攻击机发射了六枚导弹. 每枚导弹都有 20%的概率击中目标. 如果两枚或以上导弹击中目标，飞机将坠毁. 同时，这架飞机的飞行员发射了十枚空对地火箭，每枚火箭有 0.05 的概率击毁舰船. 请问若是让你选择，你会选择在飞机上还是在攻击舰上?

3.2.11 如果一个家庭有四个孩子，他们更有可能会有两个男孩和两个女孩，还是三个孩子同性别，另一个孩子不同性别? 假设生出男孩女孩的概率都为 $\frac{1}{2}$，且出生是独立事件.

3.2.12 经验表明，如果接受标准治疗，所有患有某种疾病的患者只有 $\frac{1}{3}$ 会康复. 某新药将在一组共 12 名志愿者中进行测试. 如果 FDA(美国食品药品监督管理局)要求这些患者中至少有 7 名患者能够康复才会下发许可证，那么即使该药物有可能将康复率提高到 $\frac{1}{2}$，该药物依旧得不到许可证的可能性是多少？

3.2.13 由四辆公共汽车组成的车队为县里 76 名儿童提供上学服务．每天都会选择一群愿意时刻“待命”的本地农民作为司机．如果该县希望在任何一天中至少有 95％的概率使所有公交车能够运行，假设每个司机每天有 80％的概率能够被联系上，那么每天最少需要多少名司机待命？

3.2.14 海军炮舰的舰长下令沿着 500 英尺[㊀]长的海岸线随机发射 25 枚导弹，海滩有一个 30 英尺长的掩体，是敌人的第一道防线．船长相信如果至少有三枚导弹击中目标，则掩体将被摧毁．请问掩体被摧毁的可能性是多少？

3.2.15 计算机在 0 到 1 的区间内生成了七个随机数．是恰好三个数落在 $\frac{1}{2}$ 到 1 的区间内概率大，还是少于三个数落在大于 $\frac{3}{4}$ 的区间内概率大？

3.2.16 下表列出了 1950 年至 2014 年间的 64 次 MLB 的世界职业棒球大赛的场次时间分布（1994 年没有比赛）．

世界职业棒球大赛场次			
比赛场次，k	年数	比赛场次，k	年数
4	13	6	14
5	11	7	26

假设每场比赛都是独立的，并且任一支球队赢得一场比赛的概率都为 0.5，求出每个比赛场次发生的概率．请问模型对数据的拟合程度如何？（计算“期望”频率，即将给定比赛场次的概率乘以 64）．

3.2.17 重做例 3.2.4，假设 $n=12$，$p=0.3$．

3.2.18 假设一系列 n 次独立试验最终有三种可能的结果．令 k_1 和 k_2 分别代表得出结果 1 和结果 2 的试验次数．令 p_1 和 p_2 表示与结果 1 和结果 2 相关的概率．根据定理 3.2.1 推导出关于结果 1 和结果 2 分别出现次数 k_1 和 k_2 的概率公式．

3.2.19 中央空调的故障大致可分为三类：冷却液泄漏，压缩机故障和电气故障．经验表明，这三类故障出现的概率分别为 0.5，0.3 和 0.2．假设调度员已经录入了十个明天早上的服务请求．利用习题 3.2.18 得到的公式来计算这十个故障中有三个涉及冷却液泄漏、有五个涉及压缩机故障的概率．

超几何分布

我们要研究的第二个“特殊”分布可以将第 2 章经常出现的抽取筹码问题规范化．先前我们对于此类问题往往使用枚举法解决，即先列举出所有可能的样本集合，然后选取出满足条件的样本．很明显，这种方法是低效且冗余的．如同定理 3.2.1 中的表达式一样，它可以解决任何二项分布问题，现在我们需要探索的是一个可以应用于所有上述类型问题的通用公式．

在二项式模型中，如果 p 是有理数，那么我们就可以将试验看作一个盲盒模型．假设 $p=r/N$，r 和 N 是正整数且 $r<N$．现有一个盲盒里有 r 个红球和 w 个白球，其中 $r+w=N$．我们从盲盒中抽出一个球，记住它的颜色后放回，将盲盒摇匀再抽出一个球．如果我们以这种方式继续进行 n 次，这便是一个伯努利试验．那么抽取 k 个红球的概率是服从二项分布的．

㊀ 1 英尺≈0.304 8 米．——编辑注

现在我们再对上述模型的一种变体进行研究．还是相同的盲盒，但我们这次同时从盲盒中抽出了 n 个球．我们清点样本中红球的数量．此过程是无序且不放回的．与抽取红球的数量相关的概率服从超几何分布，而且此类分布是依赖于组合形式存在的．我们在以下定理中将讨论此类分布的规范化．

定理 3.2.2　假设一个盲盒中有 r 个红球和 w 个白球，其中 $r+w=N$．如果不放回地从盲盒中随机抽取 n 个球，令 k 表示抽取红球的数量，那么

$$P(\text{抽取了 } k \text{ 个红球})=\frac{\binom{r}{k}\binom{w}{n-k}}{\binom{N}{n}} \tag{3.2.1}$$

这里 k 可以是定义 $\binom{r}{k}$ 和 $\binom{w}{n-k}$ 的任意正整数，上述公式(3.2.1)等号右边的概率便是超几何分布．

证明　由于此模型涉及无序选择，因此定理 2.6.3 适用．一共有 $\binom{N}{n}$ 种方式从 N 个球中抽取一个大小为 n 的样本．我们暂时忽略白球，一共有 $\binom{r}{k}$ 种方式从 r 个红球中抽取一个大小为 k 的样本，同样地，对于白球的抽取，一共有 $\binom{w}{n-k}$ 种方式．根据乘法法则，抽取所有这些红球和白球一共有 $\binom{r}{k}\cdot\binom{w}{n-k}$ 种方式．最终，我们得到的概率为 $\frac{\binom{r}{k}\binom{w}{n-k}}{\binom{N}{n}}$．

注释　还有第三种盲盒模型是按顺序且不放回地抽取样本．在这种情况下，此类概率也服从超几何分布(见习题 3.2.28)．

注释　“超几何”这个名字源于 1769 年瑞士数学家和物理学家莱昂哈德·欧拉(Leonhard Euler)提出的一个级数：

$$1+\frac{ab}{c}x+\frac{a(a+1)b(b+1)}{2!c(c+1)}x^2+\frac{a(a+1)(a+2)b(b+1)(b+2)}{3!c(c+1)(c+2)}x^3+\cdots$$

这是一个灵活性相当大的扩展级数：赋予 a，b 和 c 适当的值，它可以转化许多数学分析中会用到的标准形式的无穷级数．特别地，如果令 a 等于 1，并且 b 和 c 相等，则可以将上式简化为熟悉的几何级数，

$$1+x+x^2+x^3+\cdots$$

因此，该级数被命名为“超几何”．如果我们令 $a=-n$，$b=-r$，$c=w-n+1$，并将级数乘以 $\binom{w}{n}\Big/\binom{N}{n}$，那么定理 3.2.2 中的概率函数与欧拉级数之间的关系将变得显而易见．x^k 的系数将变为

$$\frac{\binom{r}{k}\binom{w}{n-k}}{\binom{N}{n}}$$

即上述定理得到的 P(抽取了 k 个红球)的值.

例 3.2.5 “陪审团僵局”指陪审员因意见分歧而无法做出一致裁决. 假设有 25 名陪审员被分配到一个谋杀案中，案中关于被告人的证物如此之多，以至于 25 人中有 23 人将做出有罪判决. 但不论事实如何，其他两名陪审员将投票无罪. 请问从 25 个陪审员中随机选择的 12 个成员组成的小组无法达成一致决定的可能性是多少?

我们可以将陪审团视为一个有 25 个球的盲盒，其中 23 个球对应投票表示“有罪”的陪审员，另外两个球对应投票表示“无罪”的陪审员. 如果 12 人小组中有一个或两个投“无罪”票的陪审员，那么陪审团形成“陪审团僵局”. 应用定理 3.2.2(两次)得出陪审团无法达成一致决定的概率为 0.74:

$$\begin{aligned} P(\text{陪审团僵局}) &= P(\text{陪审团无法达成一致决定}) \\ &= \binom{2}{1}\binom{23}{11}\Big/\binom{25}{12}+\binom{2}{2}\binom{23}{10}\Big/\binom{25}{12} \\ &= 0.74 \end{aligned}$$

■

例 3.2.6 佛罗里达彩票设有很多种不同的玩法，其中的一种叫作“幻想五”. 玩家从 1 到 36 的卡片中选择 5 个数字. 彩票机构每天也随机从这 36 个数字中选择 5 个数字，如果玩家所选的 5 个数字都匹配，则 1 美元的下注可能得到高达 20 万美元的奖金.

像这样的彩票游戏催生了一个小型行业，以寻找中奖数字的倾向. 网站发布了各式各样的“分析”，声称某些号码“很热门”，暗示玩家投注. 一类分析着重于研究中奖数字出现在 1 到 12 之间的频率. 这种情况发生的概率符合超几何分布，其中 $r=12$，$w=24$，$n=5$，$N=36$. 例如，这五个数字中有三个小于或等于 12 的概率为

$$\frac{\binom{12}{3}\binom{24}{2}}{\binom{36}{5}}=\frac{60\ 720}{376\ 992}=0.161$$

值得注意的是，服从超几何分布所求的概率相比于现实中五个数字中有三个小于或等于 12 的观测比例是否吻合? 根据一份闰年的观测数据，在一年 366 天中，共有 65 天出现五个数字中有三个小于或等于 12 的情况，那么这一年内该事件发生的相对频率为 65/366=0.178. 表 3.2.4 给出了 1 到 12 之间中奖数字的观测比例和预期概率的完整细分.

表 3.2.4

中奖数字≤12 的个数	观测比例	超几何概率	中奖数字≤12 的个数	观测比例	超几何概率
0	0.128	0.113	3	0.178	0.161
1	0.372	0.338	4	0.038	0.032
2	0.279	0.354	5	0.005	0.002

天真的或不诚实的评论者可能会声称彩票机构“喜欢”选择小于或等于 12 的数字，因为使用三个、四个或五个小于或等于 12 的数字的彩票比例为

$$0.178+0.038+0.005=0.221$$

该结果的确超出了 $k=3,4$ 和 5 的超几何概率之和:

$$0.161+0.032+0.002=0.195$$

然而，我们将在第 10 章中学习到这种变化完全在期望的随机波动范围内. 我们并不能根据这些结果推断出偏差. ■

例 3.2.7 枪射出子弹时，由于枪管里的瑕疵，子弹上会产生微小的刮痕. 这些刮痕最终以一系列平行线的形式出现，长期以来，这些刮痕是判别子弹与枪是否匹配的基础，因为一把枪重复开火会产生一批有着接近相同刮痕的子弹. 然而判断子弹是否来自同一武器，在很大程度上是主观的. 弹道专家需在显微镜下观察两颗子弹，然后根据经验做出判断. 但如今犯罪学家们借助超几何分布开始量化地解决这个问题.

假设警方在犯罪现场发现了一颗子弹以及一把枪. 在显微镜下，将从子弹上拓印得到的刮痕图案叠放在一个有 m 小格的网格上，将它们从 1 到 m 进行编号. 如果 m 足够大以至于每一小格的宽度都足够小，使得证物子弹上 n_e 个刮痕都能显示在网格上(见图 3.2.1a). 然后，利用现场发现的枪发射一颗测试子弹，将测试子弹产生的 n_t 个刮痕再拓印下来后叠放在网格上(见图 3.2.1b). 我们该如何评估两份刮痕图案在网格上的相似性?

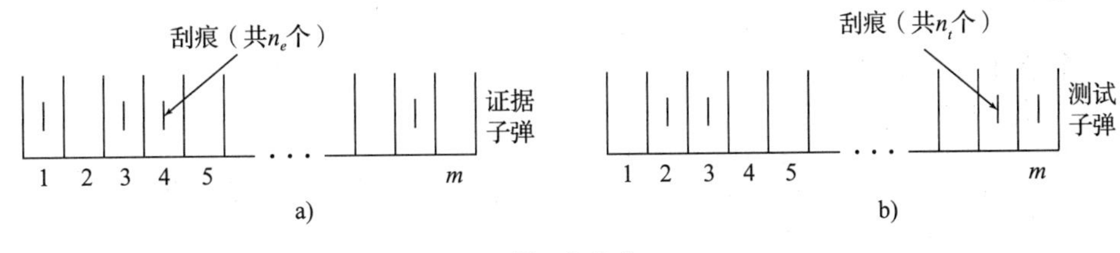

图 3.2.1

我们依旧可以将证物子弹上的刮痕图案模型看作一个内有 m 个球的盲盒模型，n_e 对应证物子弹的刮痕在网格上小格的个数. 现在，将测试子弹刮痕看作从该盲盒中抽取的一个大小为 n_t 的样本. 根据定理 3.2.2，有 k 个网格上兼有证物子弹刮痕和测试子弹刮痕的概率为

$$\frac{\binom{n_e}{k}\binom{m-n_e}{n_t-k}}{\binom{m}{n_t}}$$

假设在谋杀现场发现的子弹在 $m=25$ 的网格中有 $n_e=4$ 个刮痕. 利用犯罪现场发现的枪射出测试子弹，发现有 $n_t=3$ 个刮痕，其中一个与证物子弹上一个刮痕的位置相同. 你认为弹道专家会得出什么样的结论?

直观上讲，测试子弹中的一个或更多刮痕与证物子弹刮痕匹配的概率反映了这两颗子弹的相似性. 概率越小，我们越相信两枚子弹来自同一把枪. 根据给定的 m, n_e, n_t 的值，

$$P(\text{一个或更多刮痕相匹配})=\frac{\binom{4}{1}\binom{21}{2}}{\binom{25}{3}}+\frac{\binom{4}{2}\binom{21}{1}}{\binom{25}{3}}+\frac{\binom{4}{3}\binom{21}{0}}{\binom{25}{3}}$$

$$=0.42$$

如果 P(一个或更多刮痕相匹配)的值非常小(例如 0.001),则推论可以明确:这两颗子弹来自同一把枪.但是如果一个或更多刮痕相匹配的概率很大,我们便不能排除这两颗子弹是由两支不同的枪(或者说是由两个不同的人)发射的可能性. ■

例 3.2.8 收税员发现自己资金短缺,因此前后 10 次推迟缴纳一大笔财产税.随后将这笔钱还清,并将全部金额存入适当的账户.这种延迟存款的行为是违规的.在违规期间,共收税 470 笔.

一家审计公司正准备对这些交易进行例行的年度审计,他们决定随机抽取 19 笔收款(约占 4%).审计员只有审核到三个或更多的违规情况时才报告他发现的渎职行为.在此样本中审核到三个或更多延迟存款行为的概率是多少?

我们依旧可以将这种审核抽样视作超几何试验.这里,$N=470, n=19, r=10, w=460$.在这种情况下,可以通过补集计算我们想求的概率,即

$$1-\frac{\binom{10}{0}\binom{460}{19}}{\binom{470}{19}}-\frac{\binom{10}{1}\binom{460}{18}}{\binom{470}{19}}-\frac{\binom{10}{2}\binom{460}{17}}{\binom{470}{19}}$$

计算第一个超几何分布项

$$\frac{\binom{10}{0}\binom{460}{19}}{\binom{470}{19}}=1\cdot\frac{460!}{19!441!}\cdot\frac{19!451!}{470!}=\frac{451}{470}\cdot\frac{450}{469}\cdot\cdots\cdot\frac{442}{461}=0.6592$$

这里我们想要计算数字大的超几何概率,推荐使用递归公式.为此,我们需要注意,$k+1$ 项与 k 项的比为

$$\frac{\binom{r}{k+1}\binom{w}{n-k-1}}{\binom{N}{n}}\div\frac{\binom{r}{k}\binom{w}{n-k}}{\binom{N}{n}}=\frac{n-k}{k+1}\cdot\frac{r-k}{w-n+k+1}$$

(见习题 3.2.30).

因此,

$$\frac{\binom{10}{1}\binom{460}{18}}{\binom{470}{19}}=0.6592\cdot\frac{19-0}{1+0}\cdot\frac{10-0}{460-19+0+1}=0.2834$$

以及

$$\frac{\binom{10}{2}\binom{460}{17}}{\binom{470}{19}}=0.2834\cdot\frac{19-1}{1+1}\cdot\frac{10-1}{460-19+1+1}=0.0518$$

因此,我们想求的概率为 $1-0.6592-0.2834-0.0518=0.0056$,这表明需要更大的审计样本才更可能有机会检测到这种不当行为. ■

案例研究 3.2.1

满满咬上一口饱满多汁的苹果是秋天最单纯的享受之一了. 然而与苹果的口感密切相关的属性便是苹果的硬度, 这也是种植者和运输者对于苹果最在意的地方. 苹果行业甚至为硬度设置了最低可接受极限, 该极限是通过将探针插入苹果来测量的(以磅[⊖]为单位). 例如, 对于蛇果来讲, 它的硬度应该至少为 12 磅; 在华盛顿州, 如果发货量 10% 以上的蛇果低于 12 磅的硬度极限, 则批发商不得出售该品种的苹果.

现在有一个明显的问题需要探讨: 运输者如何证明自己的苹果符合 10% 的硬度标准? 我们知道从业者不可能对每个苹果都进行测量——毕竟被测量过硬度的苹果是不适合出售的. 这使得抽样成为唯一可行的策略.

假设运输者承运了一批共 144 个苹果. 她决定随机选择 15 个苹果并测量每个苹果的硬度, 如果样品中只有小于或等于两个苹果不合格, 则出售剩余的苹果. 请问该计划会有怎样的结果呢? 或者说, 根据她的计划, 她是否有很大的概率成功"接受"一批符合"10%硬度标准"的苹果, 或者成功"拒绝"一批不符合"10%硬度标准"的苹果? (无论是其中之一的目标未实现还是两个目标均未实现, 都表明该计划不合适.)

例如, 假设最初的 144 个苹果中有 10 个不符合标准. 由于 $\frac{10}{144}\times 100=6.9\%$, 只有不到 10% 的样本不符合硬度标准, 所以该批苹果适合出售. 实际上, 问题是根据随机抽取的 15 个样本判断这批苹果通过检验的"可能性"有多大.

需要注意的是, 此样品中不合格苹果的数量服从超几何分布, 其中 $r=10, w=134, n=15, N=144$. 因此,

$$\begin{aligned}P(\text{样本通过检测}) &= P(\text{小于或等于两个不合格苹果被发现})\\ &= \frac{\binom{10}{0}\binom{134}{15}}{\binom{144}{15}}+\frac{\binom{10}{1}\binom{134}{14}}{\binom{144}{15}}+\frac{\binom{10}{2}\binom{134}{13}}{\binom{144}{15}}\\ &= 0.320+0.401+0.208=0.929\end{aligned}$$

可以看出, "可能性"很高, 那么我们可以认为通过此种抽样方法运输者是可以判断能够接收这批苹果的. 当然, 我们从此计算中还可以得出结论, 大约有 7% 的概率, 运输者发现不合格苹果的数量大于两个, 并(错误地)认为这些苹果不适合销售(极大可能会非常不值地将这批苹果送去做果酱).

该抽样方法在判断一批苹果是否适合接收运输有多准确? 假设 144 个苹果中有 30 个(即 21%)硬度在 12 磅以下. 理想情况下, 样品通过检测的可能性应该很小. 在这种情况下发现不合格苹果的数量也是服从超几何分布的, 其中 $r=30, w=114, n=15, N=144$, 因此

$$\begin{aligned}P(\text{样本通过检测}) &= \frac{\binom{30}{0}\binom{114}{15}}{\binom{144}{15}}+\frac{\binom{30}{1}\binom{114}{14}}{\binom{144}{15}}+\frac{\binom{30}{2}\binom{114}{13}}{\binom{144}{15}}\\ &= 0.024+0.110+0.221=0.355\end{aligned}$$

⊖ 1 磅 = 0.453 592 37 千克. ——编辑注

坏消息是，该抽样方法在36%的情况下会使不合格率为21%的苹果被接收运输．好消息是，在64%的情况下，样品中发现不合格苹果的数量超过两个，这意味着运输者将做出“不运输”的正确决定．

图3.2.2显示了P(样品通过)和不合格苹果占所有苹果百分比的曲线关系图．这种图被称为抽样特性(operating characteristic)(或OC)曲线：它们总结了采样方法将如何响应所有可能的质量水平．

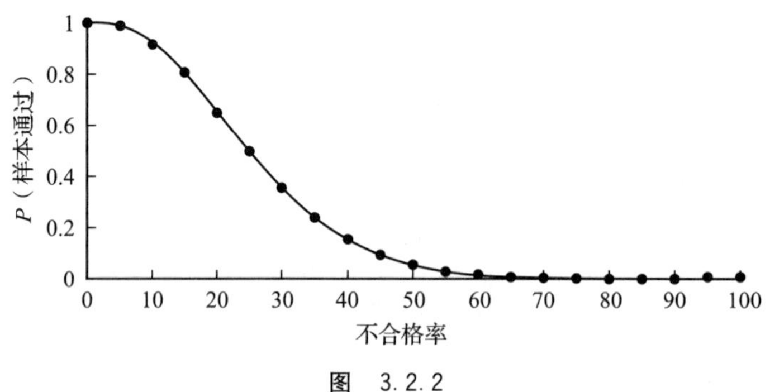

图 3.2.2

注释 每种抽样方法总会产生两种错误：拒绝应接受的运输和接受应拒绝的运输．在实践中，可以通过重新定义决策规则和/或更改样本大小来控制犯下这些错误的概率．这些将在第6章中进行探讨．

习题

3.2.20 公司董事会由十二名成员组成．董事会决定成立一个由五人组成的委员会来隐藏公司债务．假设董事会有四名成员是会计．委员会由两名会计和三名非会计成员组成的可能性是多少？

3.2.21 阿拉斯加最受欢迎的旅游景点之一就是观看黑熊捕捉巡游产卵的鲑鱼．但是，并非所有“黑”熊都是黑色的，有些是棕褐色的．假设有六只黑熊和三只棕褐色熊在鲑鱼游经的急流中捕猎．在一小时中，发现了六只不同的熊．其中黑熊至少是棕褐色熊的两倍的概率是多少？

3.2.22 一个城市有4 050名10岁以下的儿童，其中514名未接种麻疹疫苗．该市有65名儿童在ABC日托中心上学．假设市政卫生部门向ABC派遣了一名医生和一名护士，以对尚未接种疫苗的儿童进行接种．求出ABC日托中有k个儿童没有接种疫苗的概率公式．

3.2.23 A国无意中向B国发射了10枚制导导弹，其中6枚装有核弹头．作为回应，B国发射了7枚反导导弹，每枚都会摧毁一枚制导导弹．但是，反导导弹无法检测到10枚导弹中的哪枚携带核弹头．至少一枚核导弹击中B国的概率是多少？

3.2.24 安妮正在为考试复习有关法国大革命的历史，考试有五题是从教授预先提供给学生的十题中随机选择的．安妮对拿破仑不怎么感兴趣，她没时间复习所有十个问题，但仍然希望可以获得相当好的成绩．具体来说，她希望至少有85%的机会正确答出五个问题中至少四题．如果她复习了十个问题中的八题，请问这足够了吗？

3.2.25 一所大学每年都会向就读大一且高中成绩优异的五名学生颁发奖学金．已知下一学年的申请人数已缩减到了一份“短名单”，其中包括8名男性和10名女性，所有人都实力平均．如果从这18个入围者中随机抽选，那么五名获得奖学金的学生有男有女的概率是多少？

3.2.26 基诺(Keno)是一种赌场游戏，玩家拥有一张上面有数字 1 至 80 的卡．玩家从卡中选择一组共 k 个数字，其中 k 的范围是 1 到 15．“庄家”随后宣布从 80 个数字随机选择 20 个中奖数字．赢取的金额取决于玩家选择的数字与中奖数字的匹配程度．假设玩家选择了 10 个数字．那么这 10 个数字中有 6 个数字是中奖号码的概率是多少？

3.2.27 展示柜包含 35 颗宝石，其中 10 颗是真钻石，而 25 颗是假钻石．一名小偷随机偷走了 4 颗宝石，一次偷一颗，且不更换．她偷走的最后一颗宝石其实是 4 颗钻石中第二颗真钻石的概率是多少？

3.2.28 一个盲盒中有 r 个红球和 w 个白球，其中 $r+w=N$．按顺序不放回地抽出 n 个球，证明共抽到 k 个红球的概率服从超几何分布．

3.2.29 证明与超几何分布相关的概率之和为 1．(提示：展开以下恒等式并使系数相等．)

$$(1+\mu)^N=(1+\mu)^r(1+\mu)^{N-r}$$

3.2.30 证明两个连续的超几何概率项之比满足以下等式：

$$\frac{\binom{r}{k+1}\binom{w}{n-k-1}}{\binom{N}{n}}\div\frac{\binom{r}{k}\binom{w}{n-k}}{\binom{N}{n}}=\frac{n-k}{k+1}\cdot\frac{r-k}{w-n+k+1}$$

3.2.31 盲盒Ⅰ包含五个红球和四个白球，盲盒Ⅱ包含四个红球和五个白球．从盲盒Ⅰ中同时取两个球放入盲盒Ⅱ中．然后从盲盒Ⅱ中取出一个球．从盲盒Ⅱ取的球是白色的概率是多少？(提示：使用定理 2.4.1.)

3.2.32 作为一家体育用品连锁店的老板，你刚刚收到了一百台乒乓球机器人的“交易”．价格很合适，但令人不安的是你需要在午夜时分从停在新泽西一条公路旁的一辆无牌货车上取货．由于你的声誉低下，你并不认为交易的合法性是问题，但你确实担心被骗．如果太多的机器有缺陷，则你收到的报价不再公道．假如只有在 10 台机器的样本中有缺陷的数量不超过 1 台的情况下，你才决定交易．画出相应的 OC 曲线，请问货物不合格的数量为多少时你才有大约 50% 的概率接受这批货物？

3.2.33 假设 N 个球中的 r 个是红色的．将球分为数量分别为 n_1, n_2 和 n_3 的三组，其中 $n_1+n_2+n_3=N$．根据超几何分布，求出第一组包含 r_1 个红球，第二组包含 r_2 个红球和第三组包含 r_3 个红球的概率，其中 $r_1+r_2+r_3=r$．

3.2.34 一些游牧部落面临着一种威胁生命的传染病，试图通过将部落成员分散成小组的方式来提高其生存机会．假设一个有 21 人的部落，其中 4 人是疾病的携带者，将部落成员分成三个组，每小组 7 人．至少有一组没人有这种疾病的可能性是多少？(提示：求补集的概率.)

3.2.35 假设一个总体包含第一种类型共 n_1 个对象，第二种类型共 n_2 个对象，……，到第 t 种类型共 n_t 个对象，其中 $n_1+n_2+\cdots+n_t=N$．不放回地随机抽取一个大小为 n 的样本．请根据定理 3.2.2 归纳表达式，用于表示从第一种类型抽取 k_1 个对象，第二种类型抽取 k_2 个对象，……，第 t 种类型抽取 n_t 个对象的概率．

3.2.36 16 名学生(5 名新生，4 名大二学生，4 名大三学生和 3 名大四学生)已经申请加入学校的通信委员会，该委员会负责监督学校的报纸、文学杂志和广播节目．现有 8 个职位空缺．如果选择是随机进行的，那么每个年级都有两名代表的概率是多少？(提示：使用习题 3.2.35 中要求的广义超几何模型.)

3.3 离散随机变量

在 3.2 节中描述的二项分布和超几何分布是一些一般概念的特殊情况，我们想在本节中更充分地探讨这些概念．之前在第 2 章，我们深入研究了样本空间中每个点发生概率相同的情况(见 2.6 节)．独立试验的样本空间最终会导致二项分布呈现完全不同的情景：具体地说，样本空间 S 中的单个点具有不同的概率．例如，当 $n=4, p=\frac{1}{3}$时，则分配给样本点(s,f,s,f)和(f,f,f,f)的概率分别为$(1/3)^2(2/3)^2=\frac{4}{81}$和$(2/3)^4=\frac{16}{81}$. 考虑到不同的结果可能具有不同的概率，这将显著地扩大概率模型能够解决的现实世界问题的范围.

如何分配非二项分布或非超几何分布中所有可能结果的概率是本章主要研究的问题之一. 第二个需要研究的问题是样本空间本身的性质，以及重新定义所有可能结果并建立一个替代的样本空间是否有意义. 我们在独立试验的讨论中已经解释了为什么要这样做. 在这种情况下，"原始"样本空间是一组有序序列，其中序列的第 i 个元素是"s"或"f"，分别取决于第 i 个试验是成功还是失败了. 但是，对于我们来说，知道具体哪一次试验获得成功通常没有知道有多少次试验成功重要(请参阅 3.1 节的医学研究人员的讨论). 既然如此，将每个有序序列替换为该序列代表的成功次数是有非常意义的. 这样做会将样本空间 S 中原本的 2^n 个有序序列集(即结果)折叠为范围为 0 到 n 的 $n+1$ 个整数. 我们可以根据定理 3.2.1 中的二项式公式确定分配给这些整数的概率.

一般来说，我们将赋值给分布内所有可能结果的函数称为随机变量. 这些函数实际的目的是定义一个新的样本空间，而这个样本空间内的分布结果可以直接表明试验的目标. 这便是最终试验服从二项式分布和超几何分布的基本原理.

本节的目的是(1)概述可以将概率分配到样本空间内所有可能结果的一般条件和(2)探索通过使用随机变量重新定义样本空间的方法. 本节中介绍的数学符号特别重要，并将在本书接下来的部分中继续使用.

分配概率：离散的情况

我们从为样本所有可能结果分配概率入手，最简单的例子是当样本空间 S 中的点数是有限的或无限可数的时候. 概率函数 $p(s)$满足定义 3.3.1 中的性质.

定义 3.3.1　假设 S 是一个有限或无限可数的样本空间. 设 p 是一个可定义 S 中的每个元素的实值函数，若满足以下两个性质：

a. $0\leqslant p(s)$，其中 $s\in S$

b. $\sum_{s\in S}p(s)=1$

则称 p 为离散概率函数.

注释　已知 $p(s)$定义了所有可能的结果 s，那么任何事件 A 的概率(即 $P(A)$)是包含 A 所有可能发生结果的概率之和：

$$P(A)=\sum_{s\in A}p(s) \tag{3.3.1}$$

根据以上定义，函数 $P(A)$满足 2.3 节给出的概率公理. 下面的几个例子显示了 $p(s)$具有一些特定的形式以及如何计算 $P(A)$.

例 3.3.1　Ace-six 是一种非常规的骰子，立方体在 1 和 6 两个方向上被改变边长，导致 1 和 6 比其他任何点数都更有可能出现. 设 $p(s)$表示掷到的点数为 s 的概率. 大多情况下的 ace-six 骰子是不对称的，即 $p(1)=p(6)=\frac{1}{4}$，而 $p(2)=p(3)=p(4)=p(5)=\frac{1}{8}$. 请注意这里的 $p(s)$是一个离散概率函数. 因为每个 $p(s)$都大于或等于 0，且所有 $p(s)$的和

等于 $1\left[=2\left(\frac{1}{4}\right)+4\left(\frac{1}{8}\right)\right]$.

设事件 A 为掷到偶数. 根据公式(3.3.1), $P(A)=p(2)+p(4)+p(6)=\frac{1}{8}+\frac{1}{8}+\frac{1}{4}=\frac{1}{2}$. ■

注释 假设一次掷两个 ace-six 骰子，则点数之和等于 7 的概率为 $2p(1)p(6)+2p(2)p(5)+2p(3)p(4)=2\left(\frac{1}{4}\right)^2+4\left(\frac{1}{8}\right)^2=\frac{3}{16}$. 如果掷的是两个均匀的骰子，那么点数之和等于 7 的概率为 $2p(1)p(6)+2p(2)p(5)+2p(3)p(4)=6\left(\frac{1}{6}\right)^2=\frac{1}{6}$，结果小于 $\frac{3}{16}$. 赌徒的一种作弊方法就是根据他们是否需要掷出的点数和为 7 而切换使用质地均匀的骰子和 ace-six 骰子.

例 3.3.2 假设一直抛一枚均匀的硬币直到第一次抛到正面. 请问第一次抛到正面时正好抛了奇数次的概率是多少?

注意，这里的样本空间是无限但可数的，该事件的结果集也是无限但可数的. 所以我们想要求得的概率 $P(A)$ 会是无穷多个值的和.

设 $p(s)$ 为抛掷第 s 次时出现第一个正面的概率. 我们认为硬币是均匀的，那么 $p(1)=\frac{1}{2}$. 此外，有一半的情况下，当第一次抛掷出现反面，下一次抛掷是正面，所以 $p(2)=\frac{1}{2}\cdot\frac{1}{2}=\frac{1}{4}$. 一般来说，$p(s)=\left(\frac{1}{2}\right)^s$，$s=1,2,\cdots$.

那么 $p(s)$ 是否满足定义 3.3.1 中的条件? 答案是确定的. 显然，对所有 s，$p(s)\geqslant 0$. 为了验证所有事件的概率之和是否为 1，回忆几何级数求和的公式：如果 $0<r<1$，

$$\sum_{s=0}^{\infty} r^s=\frac{1}{1-r} \tag{3.3.2}$$

应用公式(3.3.2)于此处的样本空间，可确认 $P(S)=1$：

$$\begin{aligned}P(S)&=\sum_{s=1}^{\infty}p(s)=\sum_{s=1}^{\infty}\left(\frac{1}{2}\right)^s=\sum_{s=0}^{\infty}\left(\frac{1}{2}\right)^s-\left(\frac{1}{2}\right)^0\\&=1\Big/\left(1-\frac{1}{2}\right)-1=1\end{aligned}$$

现设事件 A 为抛掷奇数次时第一次出现正面. 则 $P(A)=p(1)+p(3)+p(5)+\cdots$.

$$\begin{aligned}p(1)+p(3)+p(5)+\cdots&=\sum_{s=0}^{\infty}p(2s+1)=\sum_{s=0}^{\infty}\left(\frac{1}{2}\right)^{2s+1}=\left(\frac{1}{2}\right)\sum_{s=0}^{\infty}\left(\frac{1}{4}\right)^s\\&=\left(\frac{1}{2}\right)\left[1\Big/\left(1-\frac{1}{4}\right)\right]=\frac{2}{3}\end{aligned}$$ ■

案例研究 3.3.1

出于教学目的，我们通过简单试验所生成的熟悉的样本空间中定义的事件，例如掷硬币、发牌、掷骰子、从盲盒中抽球来引入概率论的原理. 然而，如果认为概率的重要性仅限存在于赌场，那将是一个严重的错误. 在概率论研究的起步阶段，赌博和概率确实密切相关：由机会游戏产生的问题通常是激励数学家认真研究随机现象的催化剂. 但自从惠更斯出版了《论赌博中的机会》(*De Ratiociniis in Aleae Ludo*)以来，已经过去了 360 多年. 如今，与概率论在商业、医学、工程和科学中应用的深度和广度相比，概率论在赌博中的应用微不足道(尽管有 NCAA 三月篮球锦标赛).

选择适当的概率函数既可以“模拟”抛掷一枚硬币正面出现的概率为 $P(\text{正面})=\frac{1}{2}$，也可以“模拟”复杂的现实世界中的现象. 下面的一组精算数据就是这样一个例子. 一段时期内的伦敦，三年内(即 1 096 天)的记录显示，在 85 岁及 85 岁以上的男性中共有 903 人死亡[191]. 表 3.3.1 第 1 列和第 2 列给出了一天内死亡的人数和对应死亡人数的天数，第 3 列给出了死亡 s 人的天数相对总天数的占比.

表 3.3.1

死亡人数(s)	天数	比例：(第 2 列)/1 096	$p(s)$
0	484	0.442	0.440
1	391	0.357	0.361
2	164	0.150	0.148
3	45	0.041	0.040
4	11	0.010	0.008
5	1	0.001	0.003
6+	0	0.000	0.000
共计	1 096	1	1

我们将在第 4 章详细讨论原因，描述这种特殊现象的概率函数是

$$\begin{aligned} p(s) &= P(s\ \text{名老年男性于某天死亡}) \\ &= \frac{e^{-0.82}(0.82)^s}{s!}, \qquad s=0,1,2,\cdots \end{aligned} \tag{3.3.3}$$

我们如何确定公式(3.3.3)中 $p(s)$ 是对老年男性死亡的“试验”分配概率的正确方式？因为它准确地预测了发生的事情. 表 3.3.1 的第 4 列显示了当 $s=0,1,2,\cdots$ 时计算所得的 $p(s)$，和第 3 列现实情况下的死亡比例几乎一致.

例 3.3.3 有这样一个试验：在下个月的每一天，你都要抄下出现在你家乡报纸头版故事中的每一个数字. 这些数字一定会极其多样化：它们可能是一个刚刚去世的名人的年龄，可能是目前的国债利率，也可能是一个新开在购物中心的超市的面积.

假设你计算了这些数字首位是 1 的比例，首位是 2 的数字的比例，以此类推. 你认为

这些比例之间会有什么样的关系呢？例如，以 2 开头的数字会和以 6 开头的数字有着差不多的出现频率吗？

设 $p(s)$表示“报纸上的数字”的首位数字为 s，$s=1,2,\cdots,9$ 的概率. 直觉告诉我们，这 9 个数字的出现应该是等概率的，即 $p(1)=p(2)=\cdots=p(9)=\frac{1}{9}$. 考虑到数字的多样性和随机性，没有明显的理由可以说明一个数字会比另一个数字更常见. 然而，我们的直觉可能是错误的——首位数字的可能性是不相等的. 事实上，它们甚至不可能是相等的！

这项了不起的发现要归功于西蒙・纽科姆(Simon Newcomb)，这位数学家观察了 100 多年的纪录，发现对数表的某些部分比其他部分使用得更多[85]. 具体来说，这些表的开头页比末尾页折角更多，这表明用户会更多地查询以小数字开头的对数，而不是以大数字开头的对数.

差不多五十年后，物理学家弗兰克・本福德(Frank Benford)更加详细地重新审视了纽科姆的主张，并寻求数学上的解释. 现在将其称为本福德定律，即许多不同类型的测量值或测量值组合的首位数字通常遵循离散概率模型：

$$p(s)=P(\text{首位数字为 } s)=\lg\left(1+\frac{1}{s}\right),\quad s=1,2,\cdots,9$$

表 3.3.2 将本福德定律与一致性假设 $p(s)=\frac{1}{9}$进行了比较，对于所有的 s，差异是显著的. 例如，根据本福德定律，1 是首位出现频率最高的数字，出现频率是 9 的 6.5 倍(=0.301/0.046).

表 3.3.2

s	一致性假设	本福德定律	s	一致性假设	本福德定律
1	0.111	0.301	6	0.111	0.067
2	0.111	0.176	7	0.111	0.058
3	0.111	0.125	8	0.111	0.051
4	0.111	0.097	9	0.111	0.046
5	0.111	0.079			

注释 本福德定律成立的关键是每个首位数字相关的比例变化的差异. 例如，从 1 000 到 2 000，代表了 100%的增长，另一方面，从 8 000 增加到 9 000，只增长了 12.5%. 这就意味着，像股票价格这样的进化现象，首位数字更可能以 1 和 2 开始，而不是以 8 和 9. $p(s)=\lg\left(1+\frac{1}{s}\right)$，$s=1,2,\cdots,9$ 的精确条件仍然没有被完全理解，依旧是一个研究课题. ■

例 3.3.4 下面的 $p(s)$是离散概率函数吗？为什么？

$$p(s)=\frac{1}{1+\lambda}\left(\frac{\lambda}{1+\lambda}\right)^{s},\quad s=0,1,2,\cdots;\ \lambda>0$$

$p(s)$需要满足定义 3.3.1 中(a)和(b)两个性质，才能被定义为离散概率函数. 简单检验便可证明满足性质(a)：由于$\lambda>0$，对于所有 $s=0,1,2,\cdots$，$p(s)$实际上大于或等于 0，若 S 中定义的所有结果的概率之和为 1，则满足性质(b).

$$\sum_{s\in S}p(s)=\sum_{s=0}^{\infty}\frac{1}{1+\lambda}\left(\frac{\lambda}{1+\lambda}\right)^{s}=\frac{1}{1+\lambda}\left[\frac{1}{1-\dfrac{\lambda}{1+\lambda}}\right]\quad(为什么?)$$

$$=\frac{1}{1+\lambda}\cdot\frac{1+\lambda}{1}=1$$

$p(s)=\frac{1}{1+\lambda}\left(\frac{\lambda}{1+\lambda}\right)^{s}$，$s=0,1,2,\cdots;\lambda>0$ 确实是一个离散概率函数．当然，它是否有任何实用价值取决于 $p(s)$ 的值是否确实描述了现实世界现象的行为． ■

定义“新”样本空间

我们已经看到了函数 $p(s)$ 是如何将概率与样本空间中的每个结果 s 联系起来的．其中的思想是，结果通常以有助于解决问题的方式进行分组或重新配置．回想一下内含一系列 n 个独立试验相关的样本空间，其中每个 s 是成功和失败的有序序列．这些结果中最相关的信息往往是成功的次数，而不是详细列出哪些试验以成功告终，哪些试验以失败告终．在这种情况下，定义一个“新”样本空间是有意义的，即根据原始结果所包含的成功次数对它们进行分组．例如，结果$(f,f,\cdots,f)$，表示成功次数为 0．另一方面，有 n 个结果的成功次数为 1——$(s,f,f,\cdots,f)$，$(f,s,f,\cdots,f)$，$\cdots$，$(f,f,\cdots,s)$．正如我们在本章前面所研究的那样，根据结果进行特殊的重新分组最终导致了二项分布．

我们将类似结果$(s,f,f,\cdots,f)$替换为数值 1 的函数称为随机变量．我们会在本节的最后讨论与随机变量相关的概念、术语和应用．

定义 3.3.2 我们将定义域为样本空间 S，其值域为有限或无限可数的实数集的函数称为离散随机变量．我们常用大写字母表示随机变量，通常是 X 或 Y．

例 3.3.5 掷两个骰子，该试验的样本空间是有序数对的集合 $S=\{(i,j)\mid i=1,2,\cdots,6;\ j=1,2,\cdots,6\}$．对于从《大富翁》到“双骰子赌博”的各种游戏来说，在特定回合中所掷到的数字之和是非常重要的．在这种情况下，36 对有序数对组成的原始样本空间不能为讨论此类游戏的规则提供方便．直接计算这些数字之和会更好．当然，这 11 个可能的和(从 2 到 12)只是随机变量 X 的不同值的呈现，其中 $X(i,\ j)=i+j$．

注释 在上面的例子中，假设我们定义随机变量 X_1 代表第一个骰子的数字，随机变量 X_2 代表第二个骰子的数字．那么 $X=X_1+X_2$．需要注意的是，我们可以很容易地将这个想法扩展到掷三个骰子甚至十个骰子．用简单事件表达复杂事件，是随机变量概念的一个优势，我们将不断地认识到这一点． ■

概率密度函数

我们将在本节讨论函数 $p(s)$，我们会对 S 中的每个结果 s 赋予一个概率．现在介绍了随机变量 X 在样本空间 S 内作为一个实值函数的概念，即 $X(s)=k$，我们需要找到一个类似 $p(s)$ 的映射，可以将概率赋给不同结果的 k 值．

定义 3.3.3 概率密度函数与每个离散随机变量 X 相关(简写作 pdf)，记作 $p_X(k)$，

$$p_X(k)=P(\{s\in S\mid X(s)=k\})$$

对于任何不在 X 范围内的 k 值，$p_X(k)=0$．为了书写简便，我们通常会删除所有关于

s 和 S 的引用，直接写作 $p_X(k)=P(X=k)$.

注释 我们已经详细地讨论了函数 $p_X(k)$ 的两个例子. 回顾 3.2 节中关于二项分布的内容. 如果我们用随机变量 X 表示 n 次独立试验的成功次数，那么定理 3.2.1 可以说明

$$P(X=k)=p_X(k)=\binom{n}{k}p^k(1-p)^{n-k},\quad k=0,1,\cdots,n$$

在同一节中，也给出了与超几何分布有关的类似结果. 如果从一个包含 r 个红球和 w 个白球的盲盒中抽取一个大小为 n 的样本，且不放回，并以随机变量 X 表示样本中包含的红球数量，则(根据定理 3.2.2)，

$$P(X=k)=p_X(k)=\binom{r}{k}\binom{w}{n-k}\bigg/\binom{r+w}{n}$$

其中 k 的取值范围是分子项定义的值.

例 3.3.6 再次考虑例 3.3.5 中所描述的掷两个骰子的情况. 设 i 和 j 分别表示第一个骰子和第二个骰子所掷到的数字，并定义随机变量 X 为两数之和：$X(i,j)=i+j$. 求 $p_X(k)$.

根据定义 3.3.3，每一个 $p_X(k)$ 的值都是由 X 映射在 k 上的所有结果的概率之和，例如，

$$\begin{aligned}P(X=5)&=p_X(5)=P(\{s\in S|X(s)=5\})\\&=P((1,4),(4,1)(2,3),(3,2))\\&=P(1,4)+P(4,1)+P(2,3)+P(3,2)\\&=\frac{1}{36}+\frac{1}{36}+\frac{1}{36}+\frac{1}{36}\\&=\frac{4}{36}\end{aligned}$$

假设骰子是质地均匀的. 对于其他 k，$p_X(k)$ 值的计算方法类似. 表 3.3.3 显示了该随机变量的完整概率密度函数的值.

表 3.3.3

k	$p_X(k)$	k	$p_X(k)$	k	$p_X(k)$	k	$p_X(k)$
2	1/36	5	4/36	8	5/36	11	2/36
3	2/36	6	5/36	9	4/36	12	1/36
4	3/36	7	6/36	10	3/36		

■

例 3.3.7 极点工厂通常每天生产 3 台发电机，一些在第一次尝试时就通过了公司的质量控制检查，并可以装运，剩下的则需要重新配置. 发电机需要重新配置的概率是 0.05. 如果一台发电机直接装运，该公司就能获得 1 万美元的利润. 如果需要重新配置，公司需要花费 2 000 美元. 设 X 为极点公司日利润的随机变量. 求 $p_X(k)$.

这里潜在的样本空间是 $n=3$ 个独立试验的集合，其中 $p=P$(发电机第一次通过质检)$=0.95$. 如果用随机变量 X 来表示公司的日利润，那么

$X=10\ 000$ 美元 ×(一次通过质检的发电机数) − 2 000 美元 ×(需要重装的发电机数)

例如，$X(s,f,s)=2(10\ 000$ 美元$)-1(2\ 000$ 美元$)=18\ 000$ 美元. 则一天产出两个通过质检和一个需要重装的发电机时，随机变量 X 都等于 18 000 美元. 即 $X(s,f,s)=X(s,$

$s,f)=X(f,s,s)$. 因此

$$P(X=18\ 000\ \text{美元})=p_X(18\ 000)=\binom{3}{2}(0.95)^2(0.05)^1=0.135\ 375$$

表 3.3.4 显示了 $p_X(k)$ 关于 k 的四个可能值(30 000 美元,18 000 美元,6 000 美元,−6 000 美元)的对应值.

表 3.3.4

需要重装的发电机数	k=利润(美元)	$p_X(k)$	需要重装的发电机数	k=利润(美元)	$p_X(k)$
0	30 000	0.857 375	2	6 000	0.007 125
1	18 000	0.135 375	3	−6 000	0.000 125

■

例 3.3.8 作为热身训练的一部分，每个州篮球队的球员都被要求罚球，直到投进两球. 如果朗达在罚球线上有 65%的成功率，随机变量 X 描述她完成训练的投球次数，那么 X 的概率密度函数是什么呢? 假设每次罚球都是独立的事件.

图 3.3.1 展示了在第 k 次完成命中两记罚球的结果，其中 $k=2,3,4,\cdots$. 首先，朗达需要在前 $k-1$ 次内恰好投中一球，其次，她需要在第 k 次投中第二球. 写作

$$\begin{aligned}p_X(k)&=P(X=k)=P(\text{第 } k \text{ 次完成命中两记罚球})\\&=P((\text{在前 } k-1 \text{ 次罚球中命中一球且投失 } k-2 \text{ 球})\cap(\text{第 } k \text{ 次命中罚球}))\\&=P(\text{命中一球且投失 } k-2 \text{ 球})\cdot P(\text{命中一球})\end{aligned}$$

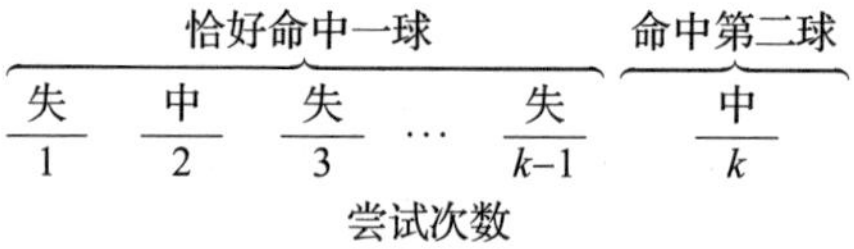

$$\underbrace{\underset{1}{\underline{\text{失}}}\quad\underset{2}{\underline{\text{中}}}\quad\underset{3}{\underline{\text{失}}}\quad\cdots\quad\underset{k-1}{\underline{\text{失}}}}_{\text{恰好命中一球}}\quad\underbrace{\underset{k}{\underline{\text{中}}}}_{\text{命中第二球}}$$

尝试次数

图 3.3.1

注意，$k-1$ 个不同的序列具有这样的性质，即前 $k-1$ 球都只命中了一个:

$$k-1\ \text{个序列}\begin{cases}\dfrac{\text{中}}{1}\quad\dfrac{\text{失}}{2}\quad\dfrac{\text{失}}{3}\quad\dfrac{\text{失}}{4}\quad\cdots\quad\dfrac{\text{失}}{k-1}\\\dfrac{\text{失}}{1}\quad\dfrac{\text{中}}{2}\quad\dfrac{\text{失}}{3}\quad\dfrac{\text{失}}{4}\quad\cdots\quad\dfrac{\text{失}}{k-1}\\\qquad\qquad\vdots\\\dfrac{\text{失}}{1}\quad\dfrac{\text{失}}{2}\quad\dfrac{\text{失}}{3}\quad\dfrac{\text{失}}{4}\quad\cdots\quad\dfrac{\text{中}}{k-1}\end{cases}$$

因为每个序列的概率都为 $(0.35)^{k-2}(0.65)$,

$$P(\text{命中一球且投失 } k-2 \text{ 球})=(k-1)(0.35)^{k-2}(0.65)$$

因此,

$$\begin{aligned}p_X(k)&=(k-1)(0.35)^{k-2}(0.65)\cdot(0.65)\\&=(k-1)(0.35)^{k-2}(0.65)^2,\quad k=2,3,4,\cdots\end{aligned}\tag{3.3.4}$$

表 3.3.5 显示了特定 k 值下概率密度函数具体的值. 尽管 k 的范围是无限大的，但与

概率相关的大部分 X 值集中在 2 到 7 之间，事实上，X 的值超过 7 的概率是极小的.

表　3.3.5

k	$p_X(k)$	k	$p_X(k)$
2	0.422 5	6	0.031 7
3	0.295 8	7	0.013 3
4	0.155 3	8+	0.008 9
5	0.072 5		

■

累积分布函数

在处理随机变量时，我们经常需要计算随机变量值介于两个数字之间的概率. 例如，假设我们有一个整数值随机变量. 我们可能想计算像 $P(s\leqslant X\leqslant t)$这样的表达式. 如果我们知道 X 的概率密度函数，那么

$$P(s\leqslant X\leqslant t)=\sum_{k=s}^{t}p_X(k)$$

但这取决于 $p_X(k)$的性质和需要相加的项数，从 $k=s$ 到 $k=t$ 计算 $p_X(k)$可能相当困难. 另一种策略是利用

$$P(s\leqslant X\leqslant t)=P(X\leqslant t)-P(X\leqslant s-1)$$

右边的两个概率函数代表随机变量 X 的累积概率. 如果后者是可行的(它们经常是可行的)，那么通过简单的减法来计算 $P(s\leqslant X\leqslant t)$显然会比计算 $\sum_{k=s}^{t}p_X(k)$ 内所有的项方便.

定义 3.3.4　设 X 为离散随机变量. 对于任意实数 t，当 $X\leqslant t$ 时，X 的取值的概率便是它的累积分布函数(简写作 cdf)，写作 $F_X(t)$. 用符号表示为 $F_X(t)=P(\{s\in S\mid X(s)\leqslant t\})$. 与概率密度函数一样，通常删除对 s 和 S 的引用，我们便将累积分布函数写成 $F_X(t)=P(X\leqslant t)$.

例 3.3.9　假设我们想计算二项随机变量 X 的累积分布函数 $P(21\leqslant X\leqslant 40)$，其中 $n=50$，$p=0.6$. 根据定理 3.2.1，我们已知 $p_X(k)$，所以 $P(21\leqslant X\leqslant 40)$可以写成形式简单但计算烦琐的求和公式：

$$P(21\leqslant X\leqslant 40)=\sum_{k=21}^{40}\binom{50}{k}(0.6)^k(0.4)^{50-k}$$

同样，我们想求的概率可以表示为两个累积分布函数的差值：

$$P(21\leqslant X\leqslant 40)=P(X\leqslant 40)-P(X\leqslant 20)=F_X(40)-F_X(20)$$

事实上，二项随机变量的累积分布函数值在书籍和计算机软件中随处可见. 例如此处，$F_X(40)=0.999\,2$，$F_X(20)=0.003\,4$，故

$$P(21\leqslant X\leqslant 40)=0.999\,2-0.003\,4=0.995\,8$$

■

例 3.3.10　假设掷了两个质地均匀的骰子. 用随机变量 X 表示两个骰子显示的数字中较大的那一个.

a. 求出当 $t=1,2,\cdots,6$ 时 $F_X(t)$的值；

b. 求 $F_X(2.5)$.

(a)试验掷两个质地均匀的骰子的样本空间是有序数对的集合 $s=(i,j)$，其中第一个骰子显示的数字为 i，第二个骰子显示的数字为 j．根据假设，所有 36 个可能的结果是等可能的．现在，假设 t 是一个从 1 到 6 的整数．那么

$$\begin{aligned} F_X(t) &= P(X \leqslant t) = P(\max(i,j) \leqslant t) \\ &= P(i \leqslant t, j \leqslant t)(\text{为什么？}) \\ &= P(i \leqslant t) \cdot P(j \leqslant t)(\text{为什么？}) \\ &= \frac{t}{6} \cdot \frac{t}{6} \\ &= \frac{t^2}{36}, \quad t = 1,2,3,4,5,6 \end{aligned}$$

(b)尽管随机变量 X 只对 1 到 6 的整数具有非零概率，但事实上累积分布函数可以针对从 $-\infty$ 到 $+\infty$ 的任何实数而定义．根据定义，$F_X(2.5)=P(X\leqslant 2.5)$．而

$$P(X \leqslant 2.5) = P(X \leqslant 2) + P(2 < X \leqslant 2.5) = F_X(2) + 0$$

所以

$$F_X(2.5) = F_X(2) = \frac{2^2}{36} = \frac{1}{9}$$

函数 $F_X(t)$ 关于 t 的图像会是什么样的呢？ ■

习题

3.3.1　盲盒中有编号 1 到 5 的五个球，同时从中取出两个．
(a)令 X 表示抽出球中更大的编号，求 $p_X(k)$．
(b)令 V 表示抽出两球的编号之和，求 $p_V(k)$．

3.3.2　重复习题 3.3.1，条件改为可放回地抽取．

3.3.3　假设掷一枚质地均匀的骰子三次．令 X 表示三次中掷出的最大的数字，求 $p_X(k)$．

3.3.4　假设掷一枚质地均匀的骰子三次．令 X 为不同面出现的次数(因此 $X=1$，2 或 3)．求 $p_X(k)$．

3.3.5　假设掷一枚质地均匀的硬币三次．令 X 为抛到正面的次数减去反面的次数．求 $p_X(k)$．

3.3.6　假设一号骰子的点数为 1，2，2，3，3，4，二号骰子的点数为 1，3，4，5，6，8．抛掷这两枚骰子，那么该试验的样本空间为什么？令 X=所有抛掷到的点数．证明 X 的概率密度函数与普通骰子的相同．

3.3.7　假设一个粒子从 0 开始沿 x 轴移动．它每次会以相等的概率向左或向右移动一个整数的距离．经过四次，其位置的概率密度函数是什么？

3.3.8　如果粒子向右移动的可能性是向左移动的可能性的两倍，将如何影响习题 3.3.7 中要求的概率密度函数？

3.3.9　假设有五个人，包括你和你的朋友，随机排队．用随机变量 X 表示你和你朋友之间的人数．求 $p_X(k)$．

3.3.10　罐子Ⅰ和罐子Ⅱ各有两个红色筹码和两个白色筹码．同时从每个罐子抽出两个筹码．令 X_1 表示从第一个罐子中抽出红色筹码的数量，X_2 表示从第二个罐子中抽出红色筹码的数量．求出 X_1+X_2 的概率密度函数．

3.3.11　假设 X 是一个二项随机变量，$n=4$，$p=2/3$．求出 $2X+1$ 的概率密度函数．

3.3.12　求习题 3.3.3 中随机变量 X 的累积分布函数．

3.3.13　掷一个质地均匀的骰子四次．用随机变量 X 表示出现 6 的次数．求出 X 的累积分布函数并画出其图像．

3.3.14　离散随机变量 X 的累积分布函数为 $F_X(x)=x(x+1)/42$，$x=0,1,\cdots,6$．求出 X 的概率密度函数．

3.3.15　求无限离散随机变量 X 的概率密度函数，X 于 $x=1,2,3,\cdots$ 上的累积分布函数为 $F_X(x)=1-(1-p)^x$，其中 $0<p<1$．

3.3.16 回顾例 3.2.6 中"幻想五"赌博游戏. 游戏中任意抽五颗球，设随机变量 X 是抽到编号的最大数字.

(a)求 $F_X(k)$.

(b)求 $P(X=36)$.

(c)进行了 108 次"幻想五"赌博游戏后，36 是抽到的最大的数字，共抽到了 15 次. 将这一观察结果与问题(b)中的理论概率进行比较.

3.4 连续随机变量

在第 2 章中，所有的样本空间都属于两种一般类型中的一种——离散样本空间包含有限或无限但可数个结果，连续样本空间则包含无限不可数个结果. 掷一对骰子，记录出现的点数是一个离散样本空间的试验，从区间[0,1]中随机选取一个数字则是一个连续样本空间的试验.

我们分配概率给这两种类型的样本空间的方法是不同的. 3.3 节主要讨论离散样本空间. 每个结果 s 由离散概率函数 $p(s)$分配一个概率. 如果在样本空间上定义一个随机变量 X，其结果的概率是由概率密度函数 $p_X(k)$分配得到的. 然而，对连续样本空间的结果应用相同的定义是行不通的. 一个连续的样本空间有无数个结果，这一事实消除了我们像在离散分布情况下用函数 $p(s)$为每个点分配概率的可能. 我们从回顾如何在离散样本空间上定义概率密度函数开始本节，该概率密度函数可以启发我们如何定义连续样本空间内的概率.

假设一个电子监视器在每小时开始时短暂打开，无论它使用了多长时间，它都有 0.905 的概率能够正常工作. 如果我们令随机变量 X 表示监视器第一次失灵的时间，那么 $p_X(k)$为 k 个个体概率的乘积：

$$\begin{aligned} p_X(k) &= P(X=k) = P(\text{第 } k \text{ 个小时监控第一次失灵}) \\ &= P(\text{监控在前 } k-1 \text{ 个小时正常运行} \cap \text{监控在第 } k \text{ 个小时失灵}) \\ &= (0.905)^{k-1}(0.095),k=1,2,3,\cdots \end{aligned}$$

图 3.4.1 给出了 $p_X(k)$在 k 取值于 1,2,3,…,21 时的概率直方图. 这里第 k 条的高度是 $p_X(k)$，由于每个条的宽度是 1，所以第 k 条的面积也是 $p_X(k)$.

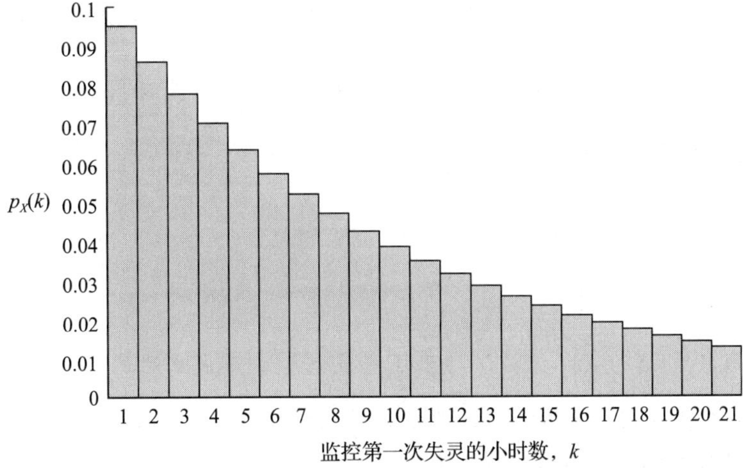

图 3.4.1

观察图 3.4.2，指数曲线 $y=0.1\mathrm{e}^{-0.1x}$ 是叠加在 $p_X(k)$ 的图形上的. 注意曲线下的面积与条形面积的近似程度. 因此，X 位于某一给定区间的概率在数值上与指数曲线在同一区间上的积分几乎相同.

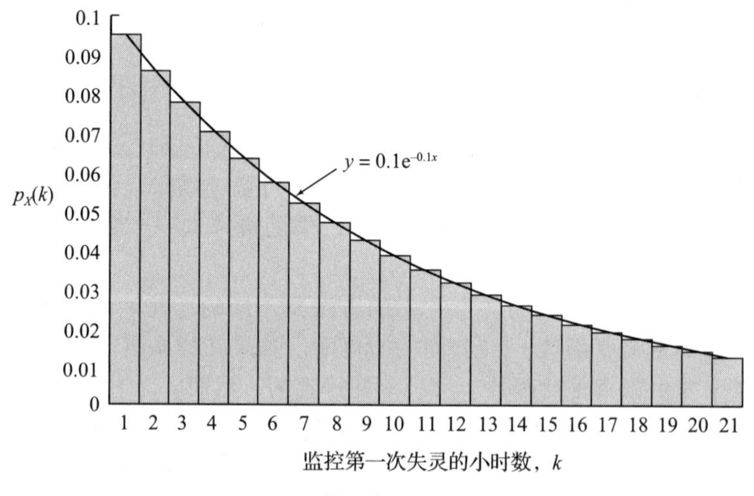

图　3.4.2

例如，监视器在前 4 个小时内失灵的概率为

$$P(1 \leqslant X \leqslant 4) = \sum_{k=1}^{4} p_X(k) = \sum_{k=1}^{4} (0.905)^{k-1}(0.095) = 0.3297$$

精确到小数点后四位，指数曲线下对应的面积和以上所求的概率几乎是一样的：

$$\int_0^4 0.1\mathrm{e}^{-0.1x}\,\mathrm{d}x = 0.3297$$

隐含在 $p_X(k)$ 和指数曲线 $y=0.1\,\mathrm{e}^{-0.1x}$ 之间的相似性是在连续样本空间中求 $p(s)$ 的替代方案. 我们不再定义单个点的概率，而是定义点的区间的概率，这些概率会是某个函数（如 $y=0.1\mathrm{e}^{-0.1x}$）与坐标系围成的面积，其中函数围成的图形将反映与样本空间相关联的期望概率.

定义 3.4.1　如果存在一个函数 $f(t)$，使得对于任何闭区间 $[a,b] \subset S, P([a,b]) = \int_a^b f(t)\,\mathrm{d}t$，那么我们将该实数集合 S 上的概率函数 P 称为连续函数. 且函数 $f(t)$ 必须具有以下两个性质：

a. 对于所有 t，$f(t) \geqslant 0$；

b. $\int_{-\infty}^{\infty} f(t)\,\mathrm{d}t = 1$.

那么概率函数 $P(A) = \int_A f(t)\,\mathrm{d}t$ 对于任何集合 A 都是成立的.

注释　在积分上使用 $-\infty$ 和 ∞ 作为限制只是一种惯例，表示函数应该在其整个定义域上积分. 下面的例子将清楚地说明这一点.

注释 如果一个概率函数 P 满足定义 3.4.1，那么它将满足 2.3 节中给出的概率公理.

注释 用积分代替离散概率之和是合乎逻辑的. 微积分的创始人之一戈特弗里德·威廉·莱布尼茨认为积分是无限小被加数的无穷和. 积分符号是根据德国字母 s 加长变化而来的.

选择函数 $f(t)$

我们已经看到，任何具有有限或无限可数个结果的样本空间的概率结构是由函数 $p(s)=P$(令 s 代表结果)定义的. 对于具有无限不可数个可能结果的样本空间，函数 $f(t)$ 具有类似的目的. 具体来说，$f(t)$定义了 S 的概率结构，即样本空间中任意区间的概率为 $f(t)$的积分. 下一组例子说明了对于 $f(t)$的几种不同选择.

例 3.4.1 对于区间$[a,b]$内的所有 t，我们使用函数 $f(t)=1/(b-a)$定义离散样本空间上等概率模型的连续等价行为(否则 $f(t)=0$). 这个特定的 $f(t)$对区间$[a,b]$中每一个相同长度的闭区间赋予了相等的概率权重. 例如，设 $a=0$，$b=10$，$A=[1,3]$，$B=[6,8]$. 则 $f(t)=1/10$，那么

$$P(A)=\int_1^3\left(\frac{1}{10}\right)\mathrm{d}t=\frac{2}{10}=P(B)=\int_6^8\left(\frac{1}{10}\right)\mathrm{d}t$$

(见图 3.4.3).

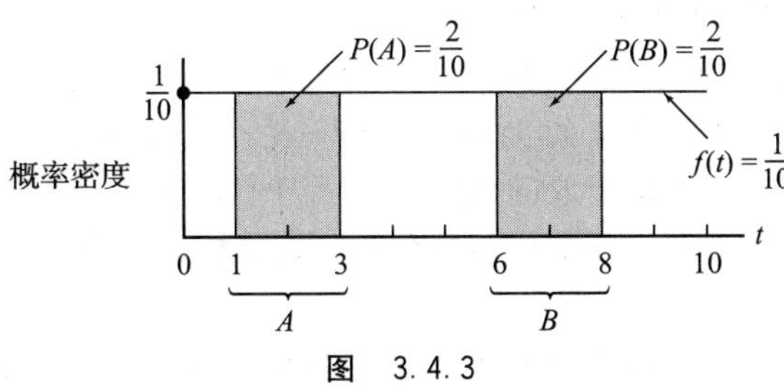

图 3.4.3 ■

例 3.4.2 $f(t)=3t^2$，$0\leqslant t\leqslant 1$ 是否可以用来定义一个连续样本空间的概率函数，其结果由区间$[0,1]$中的所有实数组成？答案为是，因为(1)对于所有 t，$f(t)\geqslant 0$，(2) $\int_0^1 f(t)\mathrm{d}t=\int_0^1 3t^2\mathrm{d}t=t^3\Big|_0^1=1$.

观察 $f(t)$的形状(见图 3.4.4)可以发现接近 1 的结果比接近 0 的结果更有可能发生. 例如，$P\left(\left[0,\frac{1}{3}\right]\right)=\int_0^{1/3}3t^2\mathrm{d}t=t^3\Big|_0^{1/3}=\frac{1}{27}$，然而 $P\left(\left[\frac{2}{3},1\right]\right)=\int_{2/3}^1 3t^2\mathrm{d}t=t^3\Big|_{2/3}^1=1-\frac{8}{27}=\frac{19}{27}$.

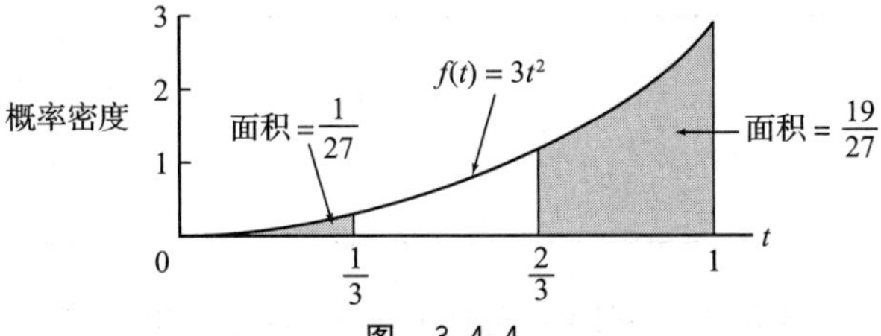

图 3.4.4 ■

例 3.4.3 到目前为止，所有连续概率函数中最重要的是“钟形”曲线，即我们所熟知的正态分布(或高斯分布). 正态分布的样本空间是整条实线，它的概率函数为

$$f(t)=\frac{1}{\sqrt{2\pi}\sigma}\exp\left[-\frac{1}{2}\left(\frac{t-\mu}{\sigma}\right)^2\right],\quad -\infty<t<\infty,\quad -\infty<\mu<\infty,\quad \sigma>0$$

根据指定的参数 μ 和 σ 的值，$f(t)$ 可以呈现各种形状，处在各种位置，图 3.4.5 给出了其中三个例子.

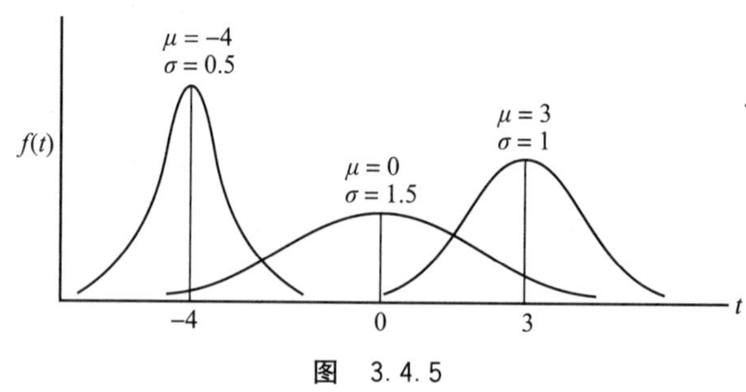

图 3.4.5 ■

将 $f(t)$ 拟合到数据：密度比例直方图

我们已讨论过(见图 3.4.2)使用连续概率函数近似得到整数值离散概率模型的概念. 这里的“诀窍”是将函数 $p_X(k)$ 定义的尖峰替换为一个个高度为 $p_X(k)$，宽度为 1 的矩形. 这样就得到了 $p_X(k)$ 对应的所有矩形的面积之和等于 1，近似等于连续概率函数图像下的总面积. 因为这两个区域相等，所以有必要在同一组坐标轴上叠加(并比较) $p_X(k)$ 的“直方图”和连续概率函数.

现在，考虑使用连续概率函数对一组 n 个测量值 $y_1, y_2, \cdots, y_n$ 的分布进行建模的相关问题. 按照图 3.4.2 中的方法，我们将从对 n 个观测值绘制直方图开始. 但是，组成该直方图的条形区域的总和不一定等于 1.

举例来说，表 3.4.1 显示了共 40 个观测值. 将这些 y_i 分为五个组，每组宽度为 10，统计它们的分布并绘制直方图，如图 3.4.6 所示. 此外，假设我们有理由相信这 40 个 y_i 是定义在区间[20,70]上的均匀概率函数中的随机样本，也就是说，

$$f(t)=\frac{1}{70-20}=\frac{1}{50},\quad 20\leqslant t\leqslant 70$$

表 3.4.1

33.8	62.6	42.3	62.9	32.9	58.9	60.8	49.1	42.6	59.8
41.6	54.5	40.5	30.3	22.4	25.0	59.2	67.5	64.1	59.3
24.9	22.3	69.7	41.2	64.5	33.4	39.0	53.1	21.6	46.0
28.1	68.7	27.6	57.6	54.8	48.9	68.4	38.4	69.0	46.6

回顾例 3.4.1，怎样才能在一张图上同时画出 y_i 的分布和均匀概率模型?

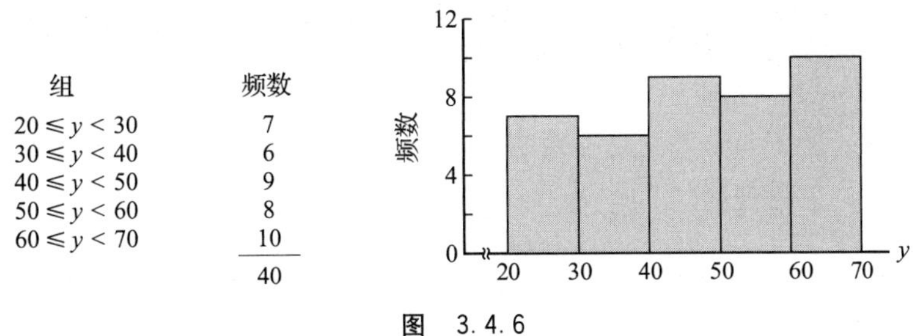

组	频数
$20 \leqslant y < 30$	7
$30 \leqslant y < 40$	6
$40 \leqslant y < 50$	9
$50 \leqslant y < 60$	8
$60 \leqslant y < 70$	10
	40

图　3.4.6

需要注意的是，$f(t)$和直方图是不兼容的，因为$f(t)$下的面积（必然）是1$\left(=50\times\frac{1}{50}\right)$，但组成直方图的条形区域的面积之和是400：

$$\text{直方图面积} = 10(7)+10(6)+10(9)+10(8)+10(10)=400$$

然而，我们可以通过重新定义直方图上纵坐标的比例，“强制”将这5个矩形的总面积与$f(t)$下的面积匹配. 具体来说，于$f(t)$图上的纵坐标，利用概率密度代替频数，例如区间[20,30)相关的密度将被定义为

$$\frac{7}{40\times 10}$$

因为在区间[20,30)上对这个常数积分会得到$\frac{7}{40}$，后者表示某观测值属于区间[20,30)的估计概率.

图3.4.7是表3.4.1中数据的直方图，根据公式将每个条形区域的高度转换为密度

$$\text{密度(每组)} = \frac{\text{每组频数}}{\text{总观测数}\times\text{每组宽度}}$$

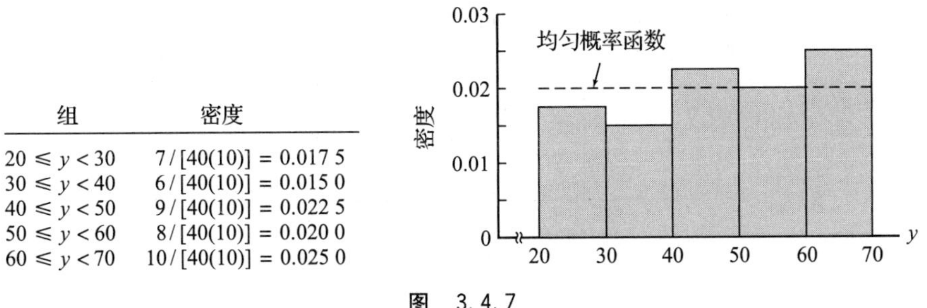

组	密度
$20 \leqslant y < 30$	7/[40(10)] = 0.017 5
$30 \leqslant y < 40$	6/[40(10)] = 0.015 0
$40 \leqslant y < 50$	9/[40(10)] = 0.022 5
$50 \leqslant y < 60$	8/[40(10)] = 0.020 0
$60 \leqslant y < 70$	10/[40(10)] = 0.025 0

图　3.4.7

叠加的是均匀概率模型$f(t)=\frac{1}{50}$，$20\leqslant t\leqslant 70$. 以这种方式缩放，$f(t)$和直方图下的面积均为1.

在实践中，密度比例直方图提供了一种简单但有效的格式，用于检查一组数据和假定的连续模型之间的“拟合度”. 我们将在后面的章中经常用到它. 应用统计学家常常采用这种特殊的图形技术. 事实上，我们常用的数据分析软件通常会让用户选择将频数或密度放在纵轴上.

案例研究 3.4.1

多年前，V805 发射管是许多飞机雷达系统的标配. 表 3.4.2 总结了 V805 可靠性研究的部分内容，列出了 903 个发射管的寿命(以小时为单位)[38]. 按宽度为 80 的间隔分组，九组的密度显示在最后一列.

表 3.4.2

寿命(小时)	发射管数量	密度	寿命(小时)	发射管数量	密度
0～80	317	0.004 4	400～480	33	0.000 5
80～160	230	0.003 2	480～560	17	0.000 2
160～240	118	0.001 6	560～700	26	0.000 2
240～320	93	0.001 3	700＋	20	0.000 2
320～400	49	0.000 7		903	

经验表明，电子设备的寿命通常可以用指数概率函数很好地模拟，

$$f(t) = \lambda e^{-\lambda t}, \quad t > 0$$

其中 λ 的值(原因在第 5 章中解释)设置为样品中管的平均寿命的倒数. 可以用指数模型来描述这些数据的分布吗?

回答这个问题的一种方法是将提出的模型叠加在密度比例直方图上. 这两张图的相似程度就成为模型适当性的衡量标准.

对于这些数据，λ 为 0.005 6. 图 3.4.8 所示为函数

$$f(t) = 0.005\ 6e^{-0.005\ 6t}$$

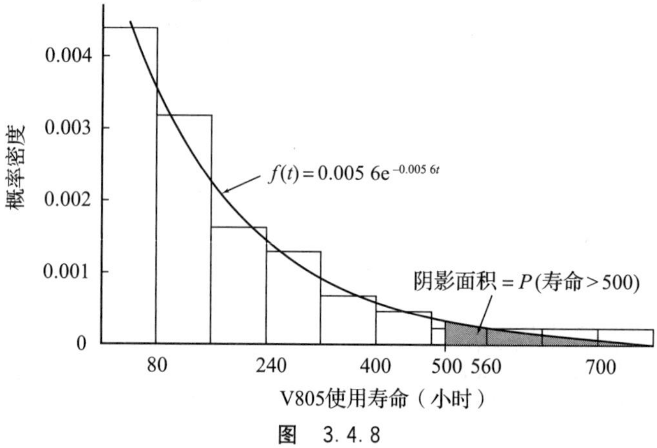

图 3.4.8

绘制在与密度直方图相同的坐标系上是一个很好的方法，我们使用 $f(t)$下的面积来估计寿命概率. 例如，V805 管使用寿命超过 500 小时的概率是多少? 根据指数模型，该概率为 0.060 8:

$$P(\text{V805 使用寿命超过 500 小时}) = \int_{500}^{\infty} 0.005\ 6e^{-0.005\ 6y}\,dy$$

$$= -e^{-0.005\ 6y}\Big|_{500}^{\infty} = e^{-0.005\ 6(500)} = e^{-2.8} = 0.060\ 8$$

连续概率密度函数

我们在 3.3 节中了解了离散随机变量的引入是如何促进某些问题解决的．同样的函数也可以定义在含有无限不可数个结果的样本空间上．通常样本空间是一个实数区间(有限或无限)．这类随机变量的符号和技巧是利用积分代替求和．

定义 3.4.2　设 Y 为从样本空间 S 到实数的函数．若存在函数 $f_Y(y)$，对于任意实数 a 和 b 且 $a<b$，满足

$$P(a\leqslant Y\leqslant b)=\int_a^b f_Y(y)\mathrm{d}y$$

则称函数 Y 为连续随机变量．那么函数 $f_Y(y)$则是 Y 的概率密度函数(pdf)．

和离散分布情况相同，Y 的累积分布函数(cdf)为

$$F_Y(y)=P(Y\leqslant y)$$

连续分布情况下的累积分布函数即是 $f_Y(y)$的积分，

$$F_Y(y)=\int_{-\infty}^{y} f_Y(t)\mathrm{d}t$$

设 $f(y)$是一个定义在实数子集 S 上的任意实值函数．如果 $f(y)$满足定义 3.4.1，那么对于所有 y，$f(y)=f_Y(y)$，其中随机变量 Y 是恒等映射．

例 3.4.4　在案例研究 3.4.1 中，我们看到 V805 发射管的寿命可以通过下述指数概率函数建立合适的模型，

$$f(t)=0.005\,6\mathrm{e}^{-0.005\,6t},\ t>0$$

令 Y 为 V805 发射管的寿命．那么可以称 Y 是恒等映射，随机变量 Y 的概率密度函数和概率函数 $f(t)$是一样的．我们可以将其写作

$$f_Y(y)=0.005\,6\mathrm{e}^{-0.005\,6y},y\geqslant 0$$

同样，我们在之后的章节中处理正态分布时，会将模型写成随机变量的形式

$$f_Y(y)=\frac{1}{\sqrt{2\pi}\sigma}\mathrm{e}^{-\frac{1}{2}\left(\frac{y-\mu}{\sigma}\right)^2},\quad -\infty<y<\infty$$ ■

例 3.4.5　假设我们想让一个连续随机变量 Y“选择”一个在 0 和 1 之间的数字，这样一来，与区间两侧相比，该数字更可能出现在区间中段．概率密度函数 $f_Y(y)=6y(1-y)$，$0\leqslant y\leqslant 1$(见图 3.4.9)符合这样的条件．我们是否可以确定图 3.4.9 中所示的函数符合概率密度函数定义中的性质？答案是肯定的，因为对所有在 0 和 1 之间的 y，$f_Y(y)\geqslant 0$ 且 $\int_0^1 6y(1-y)\mathrm{d}y=6[y^2/2-y^3/3]\Big|_0^1=1$．

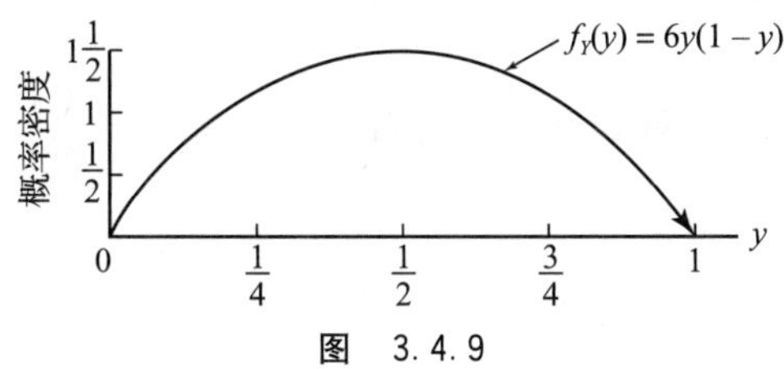

图　3.4.9

注释　为了简化概率密度函数的写法，我们假设对于定义域之外的所有 y，$f_Y(y)=0$. 在例 3.4.5 中，$f_Y(y)=6y(1-y)$，$0\leqslant y\leqslant 1$ 可以被写作

$$f_Y(y)=\begin{cases}0, & y<0,\\ 6y(1-y), & 0\leqslant y\leqslant 1,\\ 0, & y>1\end{cases}$$
■

连续累积分布函数

每一个随机变量，无论是离散的或是连续的，都是一个累积分布函数. 对于离散随机变量(见定义 3.3.4)，累积分布函数是一个非递减的阶跃函数，其中"阶跃"发生在概率密度函数总是正的 t 值上. 对于连续随机变量，累积分布函数是一个单调非递减的连续函数. 在这两种情况下，累积分布函数可以帮助计算随机变量在给定区间内取值的概率. 我们将在后面的章节中了解到，连续的累积分布函数和概率密度函数之间的几个重要关系，定理 3.4.1 中便展示了其一.

定义 3.4.3　连续随机变量 Y 的累积分布函数是其概率密度函数的不定积分：

$$F_Y(y)=\int_{-\infty}^{y} f_Y(t)\mathrm{d}t=P(\{s\in S\,|\,Y(s)\leqslant y\})=P(Y\leqslant y)$$

定理 3.4.1　令 $F_Y(y)$ 为连续随机变量 Y 的累积分布函数，则

$$\frac{\mathrm{d}}{\mathrm{d}y}F_Y(y)=f_Y(y)$$

证明　定理 3.4.1 的表述可由微积分基本定理直接推导而得.

定理 3.4.2　设 Y 为连续随机变量，$F_Y(y)$ 为它的累积分布函数. 则

a. $P(Y>s)=1-F_Y(s)$　　b. $P(r<Y\leqslant s)=F_Y(s)-F_Y(r)$

c. $\lim\limits_{y\to\infty}F_Y(y)=1$　　d. $\lim\limits_{y\to-\infty}F_Y(y)=0$

证明

a. $P(Y>s)=1-P(Y\leqslant s)$，因为$(Y>s)$和$(Y\leqslant s)$是互补事件. 而 $P(Y\leqslant s)=F_Y(s)$，故结论得证.

b. 因为集合$(r<Y\leqslant s)=(Y\leqslant s)-(Y\leqslant r)$，$P(r<Y\leqslant s)=P(Y\leqslant s)-P(Y\leqslant r)=F_Y(s)-F_Y(r)$.

c. 令$\{y_n\}$为 Y 值的集合，$n=1,2,3,\cdots$，对于所有 n，$y_n<y_{n+1}$，且 $\lim\limits_{n\to\infty}y_n=\infty$. 如果对于每一个$\{y_n\}$这样的序列，都满足 $\lim\limits_{n\to\infty}F_Y(y_n)=1$，则 $\lim\limits_{y\to\infty}F_Y(y)=1$. 为此，设 $A_1=(Y\leqslant y_1)$，且令 $n=2,3,\cdots$ 时 $A_n=(y_{n-1}<Y\leqslant y_n)$. 因为 A_k 是互不相交的，则 $F_Y(y_n)=P(\bigcup\limits_{k=1}^{n}A_k)=\sum\limits_{k=1}^{n}P(A_k)$. 同时，样本空间 $S=\bigcup\limits_{k=1}^{\infty}A_k$，根据公理 4，$1=P(S)=P(\bigcup\limits_{k=1}^{\infty}A_k)=\sum\limits_{k=1}^{\infty}P(A_k)$. 将这些等式联立，我们可以得到 $1=\sum\limits_{k=1}^{\infty}P(A_k)=\lim\limits_{n\to\infty}\sum\limits_{k=1}^{n}P(A_k)=\lim\limits_{n\to\infty}F_Y(y_n)$.

d.
$$\begin{aligned}\lim_{y\to-\infty}F_Y(y)&=\lim_{y\to-\infty}P(Y\leqslant y)=\lim_{y\to-\infty}P(-Y\geqslant -y)=\lim_{y\to-\infty}[1-P(-Y\leqslant -y)]\\&=1-\lim_{y\to-\infty}P(-Y\leqslant -y)=1-\lim_{y\to\infty}P(-Y\leqslant y)=1-\lim_{y\to\infty}F_{-Y}(y)=0\end{aligned}$$

习题

3.4.1 设 $f_Y(y)=4y^3$，$0\leqslant y\leqslant 1$，求 $P\left(0\leqslant Y\leqslant \frac{1}{2}\right)$.

3.4.2 随机变量 Y 的概率密度函数为 $f_Y(y)=\frac{2}{3}+\frac{2}{3}y$，$0\leqslant y\leqslant 1$，求 $P\left(\frac{3}{4}\leqslant Y\leqslant 1\right)$.

3.4.3 令 $f_Y(y)=\frac{3}{2}y^2$，$-1\leqslant y\leqslant 1$，求 $P\left(\left|Y-\frac{1}{2}\right|<\frac{1}{4}\right)$. 画出 $f_Y(y)$的图像并标出代表$P\left(\left|Y-\frac{1}{2}\right|<\frac{1}{4}\right)$的区域.

3.4.4 对感染疟疾的人来说，缓解期的时长由连续概率密度函数 $f_Y(y)=\frac{1}{9}y^2$，$0\leqslant y\leqslant 3$ 描述，其中 Y 以年为单位计算. 疟疾患者的缓解期持续超过一年的概率是多少?

3.4.5 对于一个高风险的司机来说，从年初到发生事故的时间(以天为单位)呈指数概率密度函数. 假设保险公司认为这样的司机在头 40 天内发生事故的概率是 0.25. 这样的司机在一年的前 75 天发生事故的概率是多少?

3.4.6 设 n 为正整数. 证明 $f_Y(y)=(n+2)(n+1)y^n(1-y)$，$0\leqslant y\leqslant 1$，是一个概率密度函数.

3.4.7 求习题 3.4.1 中随机变量 Y 的累积分布函数，利用 $F_Y(y)$计算 $P\left(0\leqslant Y\leqslant \frac{1}{2}\right)$.

3.4.8 假设 Y 是一个指数随机变量，$f_Y(y)=\lambda e^{-\lambda y}$，$y\geqslant 0$，求 $F_Y(y)$.

3.4.9 若 Y 的概率密度函数为

$$f_Y(y)=\begin{cases}0, & |y|>1,\\ 1-|y|, & |y|\leqslant 1\end{cases}$$

求 $F_Y(y)$，并画出图像.

3.4.10 一个连续随机变量 Y 的累积分布函数为

$$F_Y(y)=\begin{cases}0, & y<0,\\ y^2, & 0\leqslant y<1,\\ 1, & y\geqslant 1\end{cases}$$

分别利用概率密度函数和累积分布函数求出 $P\left(\frac{1}{2}<Y\leqslant \frac{3}{4}\right)$.

3.4.11 一个随机变量 Y 的累积分布函数为

$$F_Y(y)=\begin{cases}0, & y<1,\\ \ln y, & 1\leqslant y\leqslant e,\\ 1, & e<y\end{cases}$$

求

(a) $P(Y<2)$ (b) $P\left(2<Y\leqslant 2\frac{1}{2}\right)$

(c) $P\left(2<Y<2\frac{1}{2}\right)$ (d) $f_Y(y)$

3.4.12 一个随机变量 Y 的累积分布函数为 $F_Y(y)=0$，$y<0$；$F_Y(y)=4y^3-3y^4$，$0\leqslant y\leqslant 1$；$F_Y(y)=1$，$y>1$. 利用积分 $f_Y(y)$求 $P\left(\frac{1}{4}\leqslant Y\leqslant \frac{3}{4}\right)$.

3.4.13 设 $F_Y(y)=\frac{1}{12}(y^2+y^3)$，$0\leqslant y\leqslant 2$，求 $f_Y(y)$.

3.4.14 某一国家的家庭可支配收入 Y 可用概率密度函数 $f_Y(y)=ye^{-y}$，$y\geqslant 0$ 描述，求 $F_Y(y)$.

3.4.15 因为对数曲线 $F(y)=\frac{1}{1+e^{-y}}$，$-\infty<y<\infty$是增长的，且 $\lim\limits_{y\to-\infty}\frac{1}{1+e^{-y}}=0$ 和 $\lim\limits_{y\to\infty}\frac{1}{1+e^{-y}}=1$，所以可以用来表示一个累积分布函数. 检验以上说法并求出相关的概率密度函数.

3.4.16 设 Y 为习题 3.4.1 中描述的随机变量. 令 $W=2Y+1$. 求 $f_W(w)$，w 取何值时 $f_W(w)\neq 0$?

3.4.17 假设 $f_Y(y)$是一个连续且对称的概率密度函数，其中对称是因为对于所有 y，其具有 $f_Y(y)=f_Y(-y)$的性质. 证明 $P(-a\leqslant Y\leqslant a)=2F_Y(a)-1$.

3.4.18 设 Y 为随机变量，表示设备使用寿命. 在可靠性理论中，我们将一个设备在 y 时刻失效的概率称为风险率 $h(y)$. 就概率密度函数和累积分布函数而言，

$$h(y)=\frac{f_Y(y)}{1-F_Y(y)}$$

若 Y 的概率密度函数呈指数分布，求 $h(y)$(参考习题 3.4.8).

3.5 期望值

在之前的学习中，我们了解到概率密度函数对随机变量的行为进行了全面概述. 如果 X 是离散的，$p_X(k)$给出所有 k 的 $P(X=k)$；如果 Y 是连续的，A 是任意区间或区间的可数并集，则 $P(Y\in A)=\int_A f_Y(y)\mathrm{d}y$. 然而这些细节有时并不是必要的，甚至对我们解决问题没有帮助. 有时我们只需要用单一数字总结概率密度函数中某些特性从而获得概率密度函数中包含的特定信息.

我们要研究的第一个特性是“中心趋势”，这个术语指的是随机变量的“平均值”. 观察图 3.5.1 中概率密度函数的 $p_X(k)$和 $f_Y(y)$. 虽然我们不能预测任何未来的 X 和 Y 的值，但似乎 X 的值倾向出现在 μ_X 周围，Y 的值倾向出现在 μ_Y 周围. 在某种意义上，我们可以通过 μ_X 描述 $p_X(k)$，通过 μ_Y 描述 $f_Y(y)$.

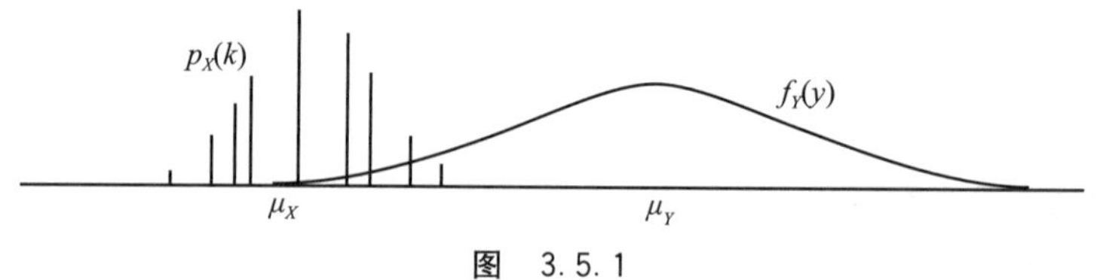

图 3.5.1

描述中心趋势(即量化 μ_X 和 μ_Y)最常用的度量是期望值. 我们将在本节和 3.9 节对此进行一定的讨论，随机变量的期望值相比我们熟悉的简单离散模型中的算术平均值更为抽象一些. 这里，随机变量的“平均值”是由概率密度函数“加权”得到的.

我们再次使用赌博这一熟悉的例子来了解期望值的概念，以轮盘赌为例. 下注后，庄家旋转转盘，宣布 38 个数字(00,0,1,2,…,36)中的一个是赢家. 不考虑转盘落在没人下注的数字上的情况. 我们假定每个号码的出现是等可能的(排除 00 和 0，有十八个数字 1,3,5,…,35 是奇数，有十八个数字 2,4,6,…,36 是偶数). 假设我们赌注“结果出现偶数”的赔率是 1 美元. 随机变量 X 表示我们的奖金，那么如果出现奇数，X 的值为 1，否则为-1. 因此，

$$p_X(1)=P(X=1)=\frac{18}{38}=\frac{9}{19}$$

另

$$p_X(-1)=P(X=-1)=\frac{20}{38}=\frac{10}{19}$$

那么我们在 $\frac{9}{19}$ 的情况下会赢得 1 美元，在 $\frac{10}{19}$ 的情况下会损失 1 美元. 如果我们坚持使用这种“笨”方法赌博，平均下来，我们每次赌博都会损失 5 美分：

$$\text{“期望”奖金} = 1\text{ 美元} \cdot \frac{9}{19} + \left(-1\text{ 美元} \cdot \frac{10}{19}\right)$$
$$= -0.053\text{ 美元} \approx -5\text{ 美分}$$

-0.053 称为 X 的期望值.

从物理的角度，我们可以将期望值看作一个重心. 举个例子，想象在无重量的 x 轴的 -1 和 1 点处，有两个高度分别为 $\frac{10}{19}$ 和 $\frac{9}{19}$ 柱状图(见图 3.5.2). 如果在 -0.053 放置一个支点，那么该系统将处于平衡状态，这意味着我们可以将该点视为随机变量分布的中心.

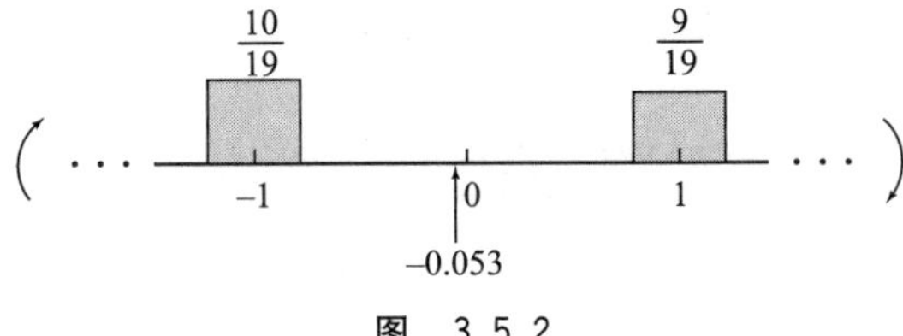

图 3.5.2

如果 X 是一个离散的随机变量，它的每一个值都有相同的概率，那么 X 的期望值就是算术平均值或平均值：

$$X\text{ 的期望值} = \sum_{\text{所有}k} k \cdot \frac{1}{n} = \frac{1}{n}\sum_{\text{所有}k} k$$

将这个想法扩展到由任意概率密度函数 $p_X(k)$ 描述的离散随机变量 X 的期望值

$$X\text{ 的期望值} = \sum_{\text{所有}k} k \cdot p_X(k) \tag{3.5.1}$$

对于连续随机变量 Y，我们只需把公式(3.5.1)中的求和替换为求积分，且 $k \cdot p_X(k)$ 替换为 $y \cdot f_Y(y)$.

定义 3.5.1 设 X 是离散随机变量，其概率函数为 $p_X(k)$. X 的期望值表示为 $E(X)$ (有时用 μ 或 μ_X 表示)，则

$$E(X) = \mu = \mu_X = \sum_{\text{所有}k} k \cdot p_X(k)$$

同样，如果 Y 是一个连续随机变量，其概率密度函数为 $f_Y(y)$，则

$$E(Y) = \mu = \mu_Y = \int_{-\infty}^{\infty} y \cdot f_Y(y)\mathrm{d}y$$

注释 我们假设定义 3.5.1 中的和与积分都是绝对收敛的：

$$\sum_{\text{所有}k} |k| \cdot p_X(k) < \infty \qquad \int_{-\infty}^{\infty} |y| f_Y(y)\mathrm{d}y < \infty$$

若非绝对收敛，那么随机变量则没有有限的期望值. 要求绝对收敛的一个直接原因是，若不是绝对收敛则收敛和需要考虑项相加的顺序，而在定义一个平均值时，顺序显然不应该被考虑.

例 3.5.1 假设 X 是一个二项随机变量，$p=\frac{5}{9}, n=3$. $p_X(k)=P(X=k)=\binom{3}{k}\left(\frac{5}{9}\right)^k\left(\frac{4}{9}\right)^{3-k}$，$k=0,1,2,3$. X 的期望值是多少？

应用定义 3.5.1，得

$$E(X)=\sum_{k=0}^{3} k\cdot\binom{3}{k}\left(\frac{5}{9}\right)^k\left(\frac{4}{9}\right)^{3-k}$$

$$=(0)\left(\frac{64}{729}\right)+(1)\left(\frac{240}{729}\right)+(2)\left(\frac{300}{729}\right)+(3)\left(\frac{125}{729}\right)=\frac{1\,215}{729}=\frac{5}{3}=3\left(\frac{5}{9}\right)$$

注释 这里的期望值为 5/3，可以将其写成 3×(5/9)，即两个因式分别为 n 和 p. 我们将在下一个定理中证明，这种关系并非巧合. ■

定理 3.5.1 假设 X 是一个参数为 n 和 p 的二项随机变量，则 $E(X)=np$.

证明 根据定义 3.5.1，二项随机变量的 $E(X)$ 为

$$E(X)=\sum_{k=0}^{n} k\cdot p_X(k)=\sum_{k=0}^{n} k\binom{n}{k}p^k(1-p)^{n-k}$$

$$=\sum_{k=0}^{n}\frac{k\cdot n!}{k!(n-k)!}p^k(1-p)^{n-k}$$

$$=\sum_{k=1}^{n}\frac{n!}{(k-1)!(n-k)!}p^k(1-p)^{n-k} \tag{3.5.2}$$

这里有一个技巧，如果 $E(X)=\sum_{\text{所有}k} g(k)$ 可以被分解为 $E(X)=h\sum_{\text{所有}k} p_{X^*}(k)$，其中 $p_{X^*}(k)$为随机变量 X^* 的概率密度函数，那么 $E(X)=h$，因为概率密度函数在整个范围内的和是 1. 这里，将 np 从公式(3.5.2)中提出来. 那么

$$E(X)=np\sum_{k=1}^{n}\frac{(n-1)!}{(k-1)!(n-k)!}p^{k-1}(1-p)^{n-k}$$

$$=np\sum_{k=1}^{n}\binom{n-1}{k-1}p^{k-1}(1-p)^{n-k}$$

现令 $j=k-1$，由此可得

$$E(X)=np\sum_{j=0}^{n-1}\binom{n-1}{j}p^j(1-p)^{n-j-1}$$

最后，令 $m=n-1$，得到

$$E(X)=np\sum_{j=0}^{m}\binom{m}{j}p^j(1-p)^{m-j}$$

因为所求之和为 1(为什么?)，最终

$$E(X)=np \tag{3.5.3}$$

注释 定理 3.5.1 的陈述事实上不足为奇. 例如，如果一个单项选择题测试有 100 个问题，每个问题有 5 个可能的答案，我们“预计”仅凭猜测就能答对 20 个. 即如果随机变量 X 表示(100 题中)正确答案的数量，那么便有 $20=E(X)=100\left(\frac{1}{5}\right)=np$.

例 3.5.2 一个盲盒里有 9 个球，5 个红色，4 个白色. 无放回地随机抽取 3 个球. 设 X 为样本中红球的数量. 求 $E(X)$.

在 3.2 节中，我们认识到 X 是一个超几何随机变量，那么

$$P(X=k)=p_X(k)=\frac{\binom{5}{k}\binom{4}{3-k}}{\binom{9}{3}},\quad k=0,1,2,3$$

因此，

$$E(X)=\sum_{k=0}^{3}k\cdot\frac{\binom{5}{k}\binom{4}{3-k}}{\binom{9}{3}}=(0)\left(\frac{4}{84}\right)+(1)\left(\frac{30}{84}\right)+(2)\left(\frac{40}{84}\right)+(3)\left(\frac{10}{84}\right)$$

$$=\frac{5}{3}$$

注释 正如在例 3.5.1 证明的那样，这里 $E(X)$ 的值表明了该通用公式可以求出超几何随机变量的期望值. ■

定理 3.5.2 设 X 为参数 r,w,n 的超几何随机变量. 假设一个盲盒中有 r 个红球和 w 个白球. 从盲盒中同时抽取大小为 n 的样本. 设 X 为样本中红球的数量. 那么 $E(X)=\frac{rn}{r+w}$.

证明 参见习题 3.5.25.

注释 令 p 表示盲盒内红球的比例，即 $p=\frac{r}{r+w}$. 那么计算超几何随机变量期望值的公式与计算二项随机变量期望值的公式具有相同的结构：

$$E(X)=\frac{rn}{r+w}=n\frac{r}{r+w}=np$$

例 3.5.3 有一种非法彩票叫作 D. J，它的名字源于这样一个事实：中奖彩票是由道琼斯平均指数决定的. 已知三种类别的股票：工业、运输和公用事业. 通常这三类股票会在两个不同的时间上市：上午 11 点和午间. 上午 11 点上市的三类股票的代码的最后一个数字被排列成一个三位数，午间上市的三类股票的股票代码以同样的方式构成第二个三位数. 然后把这两个数字相加得到的数字便是最终中奖号码. 图 3.5.3 显示了号码 906 是最终的中奖号码的情况.

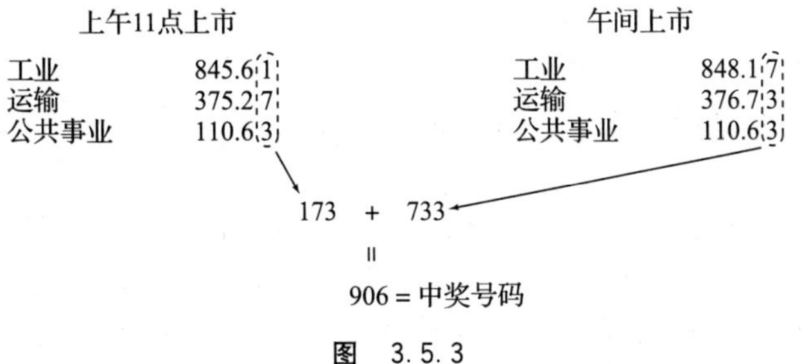

图 3.5.3

若 D.J 的回报是 700 比 1．假设我们下 5 美元的赌注．平均下来我们的收益是多少？

令 p 表示我们的猜对中奖号码的概率，令 X 表示收益．则

$$X=\begin{cases}3\,500\text{ 美元}, & \text{概率为 } p,\\ -5\text{ 美元}, & \text{概率为 } 1-p\end{cases}$$

那么

$$E(X)=3\,500\text{ 美元}\cdot p-5\text{ 美元}\cdot(1-p)$$

我们的直觉(这次是对的！)告诉我们每一个可能的中奖号码，从 000 到 999，都是等可能的．也就是 $p=1/1\,000$，那么

$$E(X)=3\,500\text{ 美元}\cdot\left(\frac{1}{1\,000}\right)-5\text{ 美元}\cdot\left(\frac{999}{1\,000}\right)=-1.50\text{ 美元}$$

所以，平均我们每花 5 美元便损失 1.5 美元. ■

例 3.5.4 假设要给 50 个人验血以检查某种疾病．每个人的血液都需要单独检查，这意味着实验人员将进行 50 次血液测试．另一种方法是将每个人的血液样本都分为两组，如 A 和 B．将所有的血液样本 A 混合在一起，作为一个总样本处理．若这个总样本被检测为阴性，那么所有 50 人都没有感染，不需要做进一步的检测．若总样本被检测为阳性，那么所有 50 份样本 B 都需要单独检测．在什么情况下，实验室应该考虑使用该方法？

原则上，该策略更可取且更经济，因为它可以大幅减少测试的次数．但事实上，它能否做到这一点最终取决于一个人感染这种疾病的概率 p.

设随机变量 X 表示采用该策略须执行的测试数．很明显，

$$X=\begin{cases}1, & \text{如果没人染病},\\ 51, & \text{至少一人染病}\end{cases}$$

那么

$$P(X=1)=p_X(1)=P(\text{没人感染})=(1-p)^{50}$$

我们假设每次检测都是独立事件，那么

$$P(X=51)=p_X(51)=1-P(X=1)=1-(1-p)^{50}$$

因此

$$E(X)=1\cdot(1-p)^{50}+51[1-(1-p)^{50}]$$

表 3.5.1 显示了 $E(X)$ 作为 p 的函数在不同概率下的值．正如我们的直觉所示，随着疾病患病率的降低，集中检测策略变得越来越可行．例如，如果一个人被感染的概率是千分之一，那么该策略平均只需要 3.4 次测试，相比一个接一个测试所需的 50 次，这是一个巨大的进步．另一方面，如果每 10 个人中就有 1 人感染，该策略显然是不合适的，需要进行 50 多次测试[$E(X)=50.7$]. ■

表　3.5.1

p	$E(X)$
0.5	51.0
0.1	50.7
0.01	20.8
0.001	3.4
0.000 1	1.2

例 3.5.5 抛一枚均匀的硬币，直到第一次出现反面，如果抛掷了一次就出现反面，我们可以赢得 2 美元，如果抛掷了两次才出现反面，我们可以赢 4 美元，总的来说，如果抛掷了 k 次才出现反面，我们就可以赢得 2^k 美元．用随机变量 X 表示我们的奖金．为了

让游戏公平，我们应该下注多少钱？（注意：公平游戏是指赌注和 $E(X)$ 之间的差值为 0.）

这个被称为圣彼得堡悖论的问题有一个相当不同寻常的答案. 首先，

$$p_X(2^k) = P(X = 2^k) = \frac{1}{2^k}, \quad k = 1,2,\cdots$$

则

$$E(X) = \sum_{\text{所有}k} 2^k p_X(2^k) = \sum_{k=1}^{\infty} 2^k \cdot \frac{1}{2^k} = 1+1+1+\cdots$$

结果是一个发散和. 也就是说，X 的期望值并不是有限的，所以为了让这个游戏公平，我们的赌注必须是无限的！ ■

注释 近 200 年来，数学家们一直试图"解释"圣彼得堡悖论[61]. 答案十分荒谬——没有赌徒会考虑花 25 美元来玩这样的游戏，更不用说一个无限的金额了——然而，X 不具有有限期望值的计算却毫无疑问是正确的. 根据一种常见的理论，问题便在于，我们无法正确地看待赢得巨额回报的极小概率. 此外，这个问题假设我们的对手有无限的资本，这是一种不可能的情况. 我们若想得到一个更合理的答案 $E(X)$，可以规定我们最多可以赢得的奖金额，比如 1 000 美元(见习题 3.5.19)或改变奖金分配公式，而不是 2^k(见习题 3.5.20).

注释 从圣彼得堡悖论中我们可以得到两个重要的启发. 首先我们需要认识到 $E(X)$ 关于分布"位置"的描述不一定有意义. 习题 3.5.24 给出了另一种情况，$E(X)$ 给出了同此例一样不合乎常理的答案. 其次，我们需要意识到期望值的概念不一定与价值的概念等价. 例如，仅仅因为一款游戏拥有一个正的期望值(甚至是一个非常大的正的期望值)，并不意味着有人想要玩它. 例如，假设你有机会把最后的 1 万美元花在一张彩票上，彩票的奖金是 10 亿美元，但中奖的概率只有万分之一. 这种赌注的预期价值将超过 9 万美元，如下所示

$$E(X) = 1\,000\,000\,000\left(\frac{1}{10\,000}\right) + (-10\,000)\left(\frac{9\,999}{10\,000}\right) = 90\,001 \text{ 美元}$$

但我们仍会怀疑，怀疑是否会有很多人去买这个彩票.（经济学家们早就认识到报酬的数值与它的可取性之间的区别. 他们把后者称为效用.）

例 3.5.6 气体中的两个分子碰撞前行进的距离 Y 可以用指数概率密度函数来建模

$$f_Y(y) = \frac{1}{\mu}e^{-y/\mu}, \quad y \geqslant 0$$

其中 μ 是一个正常数，称作平均自由程. 请求出 $E(Y)$.

由于这里的随机变量是连续的，所以它的期望值是一个积分：

$$E(Y) = \int_0^{\infty} y\,\frac{1}{\mu}e^{-y/\mu}\,dy$$

令 $w = y/\mu$，则 $dw = 1/\mu dy$. 那么 $E(Y) = \mu\int_0^{\infty} we^{-w}dw$. 令 $u = w, dv = e^{-w}dw$，分部积分可以得到

$$E(Y) = \mu(-we^{-w} - e^{-w})\big|_0^{\infty} = \mu \tag{3.5.4}$$

公式(3.5.4)表明 μ 的命名是恰当的——事实上，μ 代表了一个分子在没有碰撞的情况

下运动的平均距离．例如氮(N_2)，在室温和标准大气压下 $\mu=0.000\ 05$ cm．那么平均下来，一个 N_2 分子在与另一个 N_2 分子碰撞前，会移动 0.000 05 cm 那么远． ■

例 3.5.7 一个连续的概率密度函数在物理中有许多有趣的应用，例如瑞利分布，这里的概率密度函数是

$$f_Y(y)=\frac{y}{a^2}\mathrm{e}^{-y^2/2a^2},\quad a>0;\quad 0\leqslant y<\infty \tag{3.5.5}$$

计算服从瑞利分布的随机变量的期望值．

根据定义 3.5.1，

$$E(Y)=\int_0^{\infty} y\cdot\frac{y}{a^2}\mathrm{e}^{-y^2/2a^2}\mathrm{d}y$$

令 $v=y/(\sqrt{2}a)$，则

$$E(Y)=2\sqrt{2}a\int_0^{\infty}v^2e^{-v^2}\mathrm{d}v$$

这里的被积函数是 $v^{2k}\mathrm{e}^{-v^2}$ 一般形式的一个特例．当 $k=1$ 时，

$$\int_0^{\infty}v^{2k}\mathrm{e}^{-v^2}\mathrm{d}v=\int_0^{\infty}v^2\mathrm{e}^{-v^2}\mathrm{d}v=\frac{1}{4}\sqrt{\pi}$$

因此，

$$E(Y)=2\sqrt{2}a\cdot\frac{1}{4}\sqrt{\pi}=a\sqrt{\pi/2}$$ ■

注释 这里的概率密度函数是以 19 世纪至 20 世纪英国物理学家约翰·威廉·斯特拉特，瑞利男爵(John William Strutt, Baron Rayleigh)的名字命名的，他证明了公式(3.5.5)是波动研究中出现的一个问题的解决方案．如果两个波叠加在一起，众所周知，在任何时刻 t 合成的高度就是两个波相应高度的代数和(见图 3.5.4)．为了扩展这个概念，瑞利提出了以下问题：如果 n 个具有相同振幅 h 和相同波长的波，在相位上随机叠加，我们能得到关于结果中振幅 R 合成高度的什么信息？显然，R 是一个随机变量，其值取决于样本所代表的特定的相位角的集合．瑞利在 1880 年的论文[177]中指出，当 n 足够大时，R 的概率行为可以用下述概率密度函数来描述

$$f_R(r)=\frac{2r}{nh^2}\cdot\mathrm{e}^{-r^2/nh^2},\quad r>0$$

当 $a=\sqrt{2/nh^2}$ 时，这里的概率密度函数便是公式(3.5.5)的一个特例．

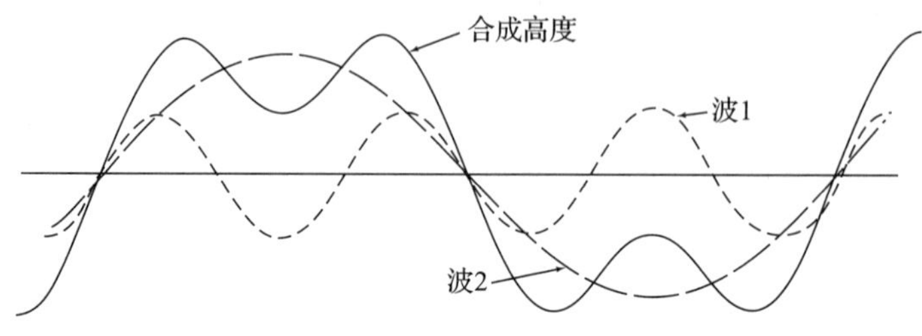

图 3.5.4

中心趋势的第二种度量方法：中位数

虽然期望值是随机变量中心趋势最常用的度量，但它确实有一个缺点，有时具有误导性和不恰当性. 具体来说，如果一个随机变量中一个或几个可能值比其他值小得多或大得多，μ 的值就会被扭曲，因为它对于分布的中心不再具有任何意义. 例如，假设一个小社区由一个中等收入者的同质群体组成，然后富有的瑞奇女士搬了进来. 显然，在亿万富翁到来之前和之后，这个城市的平均收入将会有很大的不同，即使她只代表了“收入”随机变量的一个新值.

如果能有一个对“异常值”或偏倚明显的概率分布不那么敏感的中心趋势度量方法，将是非常有帮助的. 其中一种方法便是利用中位数，实际上，它可以将概率密度函数下的区域分成两个相等的区域.

定义 3.5.2 如果 X 是离散随机变量，那么存在中位数 m 可以使 $P(X<m)=P(X>m)$，如果 $P(X\leqslant m)=0.5$，$P(X\geqslant m')=0.5$，则定义该中位数为算术平均值 $(m+m')/2$.

若 Y 是一个连续随机变量，其中位数是积分 $\int_{-\infty}^{m} f_Y(y)\mathrm{d}y = 0.5$ 的解.

例 3.5.8 如果随机变量的概率密度函数是对称的，μ 和 m 将相等. 当期望值和中位数之间的差异相当大时，特别是极端偏度的情况下，$p_X(k)$ 或 $f_Y(y)$ 应该是不对称的. 以下描述的情况就是一个很好的例子.

柔光公司于其广告上宣称他们制造的 60 瓦灯泡平均寿命为 1 000 小时. 假设声明是真的，那么消费者是否可以认为他们购买的灯泡一定能使用大约 1 000 小时？

答案是否定的. 如果一个灯泡的平均寿命是 1 000 小时，那么关于使用寿命 Y 建立的(连续)概率密度函数 $f_Y(y)$ 模型为

$$f_Y(y) = 0.001\mathrm{e}^{-0.001y}, \quad y > 0 \tag{3.5.6}$$

(我们将在第 4 章阐述为何以此建模.)但是公式(3.5.6)是一个非常偏斜的概率密度函数，其形状非常类似于图 3.4.8 中绘制的曲线. 这种分布的中位数将在均值的极左侧.

更具体地说，根据定义 3.5.2，这些灯泡的寿命中位数 m 是以下积分的解

$$\int_0^m 0.001\mathrm{e}^{-0.001y}\mathrm{d}y = 0.5$$

而 $\int_0^m 0.001\mathrm{e}^{-0.001y}\mathrm{d}y = 1-\mathrm{e}^{-0.001m}$. 令等式右侧等于 0.5，那么

$$m = (1/-0.001)\ln(0.5) = 693$$

所以，即使这种灯泡的平均寿命是 1 000 小时，你买的灯泡仍然有 50% 的可能使用不到 693 个小时. ■

习题

3.5.1 回顾习题 3.2.26 中描述的基诺游戏. 下面是玩家在 10 个数字上下注 1 美元的所有收益. 求 $E(X)$，其中随机变量 X 表示赢得的金额.

中奖数字	收益(美元)	概率	中奖数字	收益(美元)	概率
<5	-1	0.935	8	1 300	1.35×10^{-4}
5	2	0.051 4	9	2 600	6.12×10^{-6}
6	18	0.011 5	10	10 000	1.12×10^{-7}
7	180	0.001 6			

3.5.2 蒙特卡罗轮盘赌通常在轮盘上设有0而没有00. 请问落入红格的期望值是多少呢？如果去蒙特卡罗一趟要花3 000美元，那么一个玩家要下注多少钱才能证明去蒙特卡罗赌博而不是去拉斯维加斯赌博是合理的呢？

3.5.3 例3.3.7中描述了极点工厂每日利润 X 的概率密度函数. 求该工厂的平均日利润.

3.5.4 在“抽球”游戏中，一个碗里有四个白色的乒乓球和两个红色的乒乓球，从这个碗里不放回地抽两个球. 赢得的金额取决于抽到了几个红球. 对于5美元的赌注，玩家可以选择根据规则A或规则B获得报酬，如下图所示. 如果你玩这个游戏，你会选择哪一个？为什么？

A		B	
抽到了几个红球	报酬(美元)	抽到了几个红球	报酬(美元)
0	0	0	0
1	2	1	1
2	10	2	20

3.5.5 假设一家人寿保险公司向一位25岁的女性出售了一份5万美元的5年期保单. 每年年初，如若这位女士还活着，公司就会收取价值 P 美元的保费. 下表给出了该女性死亡和公司支付50 000美元的概率. 例如，在第3年，公司可能损失50 000美元$-P$美元(概率为0.000 54)，也可能获得 P 美元(概率为$1-0.000\ 54=0.999\ 46$). 如果公司期望在这项保险上赚1 000美元，P 应该是多少？

第几年	客户获得回报的概率	第几年	客户获得回报的概率
1	0.000 51	4	0.000 56
2	0.000 52	5	0.000 59
3	0.000 54		

3.5.6 一个制造商有100个存储芯片库存，其中4%可能有缺陷(根据过去的经验). 随机挑选20个芯片样本，运到一家组装笔记本的工厂. 设 X 表示接收到故障存储芯片的计算机数量. 求出 $E(X)$.

3.5.7 记录显示642名新生刚刚进入佛罗里达州的某个学区. 在这642人中，总共有125人没有接种疫苗. 该地区的医生已经为学生们安排了一天的时间来为他们注射疫苗. 然而，在任何一天，该区12%的学生都可能缺席. 那么，预计有多少新生仍没接种疫苗？

3.5.8 计算以下概率密度函数的 $E(Y)$.

(a) $f_Y(y)=3(1-y)^2,\ 0\leqslant y\leqslant 1$　　(b) $f_Y(y)=4ye^{-2y},\ y\geqslant 0$

(c) $f_Y(y)=\begin{cases}\dfrac{3}{4}, & 0\leqslant y\leqslant 1,\\ \dfrac{1}{4}, & 2\leqslant y\leqslant 3,\\ 0, & 其他\end{cases}$　　(d) $f_Y(y)=\sin y,\ 0\leqslant y\leqslant \dfrac{\pi}{2}$

3.5.9 回顾习题3.4.4，其中疟疾患者缓解期的时长为 Y(以年为单位)，概率密度函数为 $f_Y(y)=\dfrac{1}{9}y^2$，$0\leqslant y\leqslant 3$. 请问疟疾患者的平均缓解期时长是多少？

3.5.10 设随机变量 Y 在 $[a,b]$ 上均匀分布，也就是说，当 $a \leqslant y \leqslant b$ 时，$f_Y(y)=\frac{1}{b-a}$，利用定义 3.5.1 求出 $E(Y)$. 同时，已知期望值是 $f_Y(y)$ 的重心，推导出 $E(Y)$ 的值.

3.5.11 证明与指数分布 $f_Y(y)=\lambda e^{-\lambda y}$，$y>0$ 相关的期望值为 $1/\lambda$，其中 λ 是一个正常数.

3.5.12 证明

$$f_Y(y)=\frac{1}{y^2}, \quad y \geqslant 1$$

是一个有效的概率密度函数，但是 Y 没有有限的期望值.

3.5.13 根据经验，使用了 10 年的客车通过机动车检测站有 80% 的机会通过排放测试. 假设下周要检查 200 辆这样的汽车. 列出两个公式表示预期通过的车辆数量.

3.5.14 假设从概率密度函数 $f_Y(y)=3y^2$，$0 \leqslant y \leqslant 1$ 中随机选择 15 个观测值. 用 X 表示区间 $\left(\frac{1}{2},1\right)$ 内的数字. 求 $E(X)$.

3.5.15 设全市注册汽车 74 806 辆. 每辆车都被要求在保险杠上贴一个贴纸，表明车主每年支付了 50 美元的车轮税. 根据法律，新的贴纸需要在车主生日当月购买. 今年 11 月，该市预计将获得多少车轮税收入？

3.5.16 监管机构发现，在过去 5 年申请破产的 68 家投资公司中，有 23 家是因为欺诈而破产，而不是与经济有关的原因. 假设下个季度又有 9 家公司加入破产名单. 这些破产的公司中有多少可能是由欺诈造成的？

3.5.17 一个盲盒内含四个编号从 1 到 4 的球. 不放回地抽出两个球. 随机变量 X 表示两者中编号较大的一个. 求 $E(X)$.

3.5.18 抛一枚均匀的硬币三次. 设随机变量 X 表示出现正面的总数乘以第一次和第三次中出现正面的总数. 求 $E(X)$.

3.5.19 你要在圣彼得堡游戏下多少赌注才能使其“公平”(回顾例 3.5.5)，如果你最多能赢得 1 000 美元？也就是说，当 $1 \leqslant k \leqslant 9$ 时，奖金为 2^k 美元，当 $k \geqslant 10$ 时，奖金为 1 000 美元.

3.5.20 对于圣彼得堡问题(例 3.5.5)，求出期望回报，如果

(a)奖金为 c^k 而不是 2^k，$0<c<2$.

(b)奖金为 $\lg(2^k)$[这是 D. 伯努利(詹姆斯·伯努利的侄子)提出的一种修正，考虑到货币边际效用的递减——你拥有的越多，效用就越小.]

3.5.21 掷一个均匀的骰子三次. X 表示这三次点数不同的数量，$X=1,2,3$. 求 $E(X)$.

3.5.22 从前五个正整数中随机选择两个不同的整数. 计算两数之差的绝对值的期望.

3.5.23 假设两个势均力敌的球队在世界职业棒球大赛中相遇. 平均会有多少场比赛？(第一个取得四场胜利的队伍获胜.)假设每场比赛都是独立的事件.

3.5.24 一个盲盒内有一个白球和一个黑球. 随机抽取一个球. 如果是白球，“游戏”结束，如果它是黑色的，再拿一个黑球和它一起放回盲盒. 然后从“新的”盲盒中随机抽取一个球，并遵循相同规则. (如果球是白色的，游戏结束，如果球是黑色的，则与另一个黑球一起放回盲盒.)以此种方式一直抽球，直到抽到一个白球. 证明此过程中抽到白球所需的期望次数不是有限的.

3.5.25 从一个包含 r 个红球和 w 个白球的盲盒中不放回地抽取大小为 n 的随机样本. 定义随机变量 X 为样本中红球的数量. 利用定理 3.5.1 中描述的求和方式证明 $E(X)=rn/(r+w)$.

3.5.26 假设 X 是一个非负的整数随机变量，证明

$$E(X)=\sum_{k=1}^{\infty} P(X \geqslant k)$$

3.5.27 求出以下每个概率密度函数的中位数：

(a) $f_Y(y)=(\theta+1)y^{\theta}$，$0 \leqslant y \leqslant 1$，$\theta>0$

(b) $f_Y(y)=y+\frac{1}{2}$，$0 \leqslant y \leqslant 1$

随机变量函数的期望值

有许多情况我们需要求随机变量函数的期望值，例如，$Y=g(X)$. 一个常见的例子是尺度变化问题，对于常数 a 和 b，$g(X)=aX+b$. 有时新的随机变量 Y 的概率密度函数可以很容易地确定，在这种情况下，$E(Y)$可以通过应用定义 3.5.1 计算得到. 但通常情况下，$f_Y(y)$很难推导，这取决于 $g(X)$的复杂性. 幸运的是，定理 3.5.3 帮助我们可以在不知道 Y 的概率密度函数的情况下计算 Y 的期望值.

定理 3.5.3 假设 X 是一个离散随机变量，$p_X(k)$是它的概率密度函数. 设 $g(X)$是一个关于 X 的函数，则随机变量 $g(X)$的期望值为

$$E[g(X)]=\sum_{\text{所有}k} g(k)\cdot p_X(k)$$

其中 $\sum\limits_{\text{所有}k}|g(k)|p_X(k)<\infty$.

如果 Y 是一个连续随机变量，其概率密度函数为 $f_Y(y)$. 如果 $g(Y)$是连续函数，则随机变量 $g(Y)$的期望值为

$$E[g(Y)]=\int_{-\infty}^{\infty} g(y)\cdot f_Y(y)\mathrm{d}y$$

其中 $\int_{-\infty}^{\infty}|g(y)|f_Y(y)\mathrm{d}y<\infty$.

证明 我们只证明离散情况下的结果. 当概率密度函数是连续的时，证明过程见参考文献[155]. 设 $W=g(X)$，代入所有可能的 k 值，$k_1,k_2,\cdots$，我们可以得到一组 w 值，$w_1,w_2,\cdots$，理论上，一个给定的 w 值可能与不止一个 k 值产生联系. 令 S_j 表示所有 k 的集合，$g(k)=w_j$[那么 $\bigcup\limits_j S_j$ 是定义了 $p_X(k)$的所有 k 值的集合]. 显然，$P(W=w_j)=P(X\in S_j)$，那么我们可以得到

$$\begin{aligned}E(W)&=\sum_j w_j\cdot P(W=w_j)=\sum_j w_j\cdot P(X\in S_j)=\sum_j w_j\sum_{k\in S_j}p_X(k)\\&=\sum_j\sum_{k\in S_j}w_j\cdot p_X(k)=\sum_j\sum_{k\in S_j}g(k)p_X(k)\text{(为什么?)}\\&=\sum_{\text{所有}k}g(k)p_X(k)\end{aligned}$$

因为我们假设 $\sum\limits_{\text{所有}k}|g(k)|p_X(k)<\infty$，该证明成立.

推论 3.5.1 对于任意随机变量 W，$E(aW+b)=aE(W)+b$，其中 a 和 b 为常数.

证明 假设随机变量 W 是连续的，离散情况的证明是类似的. 根据定理 3.5.3，$E(aW+b)=\int_{-\infty}^{\infty}(aw+b)f_W(w)\mathrm{d}w$，等式右边可以写作 $a\int_{-\infty}^{\infty}w\cdot f_W(w)\mathrm{d}w+b\int_{-\infty}^{\infty}f_W(w)\mathrm{d}w=aE(W)+b\cdot 1=aE(W)+b$.

例 3.5.9 假设 X 是一个随机变量，它的概率密度函数只在 $-2,1$ 和 2 这三个值上是非零的：

k	$p_X(k)$
-2	$\frac{5}{8}$
1	$\frac{1}{8}$
2	$\frac{2}{8}$
	1

令 $W=g(X)=X^2$. 通过计算 $E(W)$的两种方法，我们可以验证定理 3.5.3：第一种，求 $p_W(w)$并计算所有 $w \cdot p_W(w)$的和；第二种，计算 $g(k) \cdot p_X(k)$的和.

检查发现，W 的概率密度函数只定义了两个值，1 和 4：

$w(=k^2)$	$p_W(w)$
1	$\frac{1}{8}$
4	$\frac{7}{8}$
	1

用第一种方法求 $E(W)$，得到

$$E(W)=\sum_w w \cdot p_W(w)=1 \cdot \left(\frac{1}{8}\right)+4 \cdot \left(\frac{7}{8}\right)=\frac{29}{8}$$

利用定理 3.5.3 求出期望值，得到

$$E[g(X)]=\sum_k k^2 \cdot p_X(k)=(-2)^2 \cdot \frac{5}{8}+(1)^2 \cdot \frac{1}{8}+(2)^2 \cdot \frac{2}{8}$$

最终求得结果为$\frac{29}{8}$.

在这种特殊的情况下，两种方法难度相差不多. 一般来说，情况不会是这样. 求 $p_W(w)$通常相当困难，在这种情况下，定理 3.5.3 可以发挥很大的作用. ■

例 3.5.10 假设随机变量 Y 是一罐喷漆中放入的喷射剂的剂量. 其概率密度函数为

$$f_Y(y)=3y^2, \quad 0<y<1$$

经验表明，一罐装有剂量为 Y 喷射剂的喷漆所能喷涂的最大表面积等于半径为 Y 英尺的圆形面积的 20 倍. 如果一个新形成的，叫作紫色多米诺的帮派，刚刚偷了一罐喷漆，请问他们能够在面积为 5 英尺×8 英尺的地铁面板上涂满涂鸦吗？

答案是否定的. 根据题目信息，一罐喷漆可涂鸦的最大面积(以平方英尺为单位)为

$$g(Y)=20\pi Y^2$$

但是，根据定理 3.5.3 中的第二个表述，$g(Y)$的均值会略小于 40 平方英尺：

$$E[g(Y)]=\int_0^1 20\pi y^2 \cdot 3y^2 \mathrm{d}y=\left.\frac{60\pi y^5}{5}\right|_0^1$$

$$=12\pi=37.7 \text{ 平方英尺}$$ ■

例 3.5.11 抛一枚均匀的硬币直到出现一次正面. 当抛掷了 k 次出现了第一个正面时，你将得到$\left(\frac{1}{2}\right)^k$ 美元，请问你的期望奖金是多少？

令随机变量 X 表示第一个正面出现时的抛掷次数，那么

$$\begin{aligned} p_X(k) &= P(X=k) = P(\text{前 } k-1 \text{ 次抛掷都是反面,第 } k \text{ 次出现正面}) \\ &= \left(\frac{1}{2}\right)^{k-1} \cdot \frac{1}{2} \\ &= \left(\frac{1}{2}\right)^{k}, k = 1,2,\cdots \end{aligned}$$

此外，

$$\begin{aligned} E(\text{奖金金额}) &= E\left[\left(\frac{1}{2}\right)^{X}\right] = E[g(X)] = \sum_{\text{所有}k} g(k) \cdot p_X(k) \\ &= \sum_{k=1}^{\infty} \left(\frac{1}{2}\right)^{k} \cdot \left(\frac{1}{2}\right)^{k} = \sum_{k=1}^{\infty} \left(\frac{1}{2}\right)^{2k} = \sum_{k=1}^{\infty} \left(\frac{1}{4}\right)^{k} \\ &= \sum_{k=0}^{\infty} \left(\frac{1}{4}\right)^{k} - \left(\frac{1}{4}\right)^{0} = \frac{1}{1-\frac{1}{4}} - 1 \\ &= 0.33 \text{ 美元} \end{aligned}$$

■

例 3.5.12 在将概率论应用于物理学的早期研究中，詹姆斯 · 克拉克 · 麦克斯韦(James Clerk Maxwell)(1831—1879)证明了理想气体中分子速度的密度函数为

$$f_S(s) = 4\sqrt{\frac{a^3}{\pi}}\, s^2 \mathrm{e}^{-as^2}, \quad s > 0$$

其中 a 是一个常数，取决于气体的温度和粒子的质量．理想气体中分子的平均能量是多少？

令 m 表示分子的质量．回想一下物理学中能量(W)、质量(m)和速度(S)是通过这个等式联系起来的：

$$W = \frac{1}{2} m S^2 = g(S)$$

为了求 $E(W)$，我们诉诸定理 3.5.3 的第二部分：

$$\begin{aligned} E(W) &= \int_0^{\infty} g(s) f_S(s)\,\mathrm{d}s = \int_0^{\infty} \frac{1}{2} m s^2 \cdot 4\sqrt{\frac{a^3}{\pi}}\, s^2 \mathrm{e}^{-as^2}\,\mathrm{d}s \\ &= 2m\sqrt{\frac{a^3}{\pi}} \int_0^{\infty} s^4 \mathrm{e}^{-as^2}\,\mathrm{d}s \end{aligned}$$

令 $t=as^2$，则有

$$E(W) = \frac{m}{a\sqrt{\pi}} \int_0^{\infty} t^{3/2} \mathrm{e}^{-t}\,\mathrm{d}t$$

而 $\int_0^{\infty} t^{3/2} \mathrm{e}^{-t}\,\mathrm{d}t = \left(\frac{3}{2}\right)\left(\frac{1}{2}\right)\sqrt{\pi}$（见 4.6 节）

那么

$$E(\text{能量}) = E(W) = \frac{m}{a\sqrt{\pi}} \left(\frac{3}{2}\right)\left(\frac{1}{2}\right)\sqrt{\pi} = \frac{3m}{4a}$$

■

例 3.5.13 联合工业正计划推销一种新产品，他们正在决定生产多少．他们估计，每

出售一件商品将获得 m 美元的利润，未售出一件则损失 n 美元. 此外，他们怀疑产品的需求量 V 将呈指数分布，即

$$f_V(v)=\left(\frac{1}{\lambda}\right)\mathrm{e}^{-v/\lambda},\quad v>0$$

如果公司想要最大化他们的期望利润，他们应该生产多少件产品？(假设 n,m,λ 已知.)

假设总共生产了 x 件产品，则公司的利润可以用函数 $Q(v)$表示，其中

$$Q(v)=\begin{cases}mv-n(x-v), & v<x,\\ mx, & v\geqslant x\end{cases}$$

v 是售出产品的数量. 因此，他们的期望利润是

$$\begin{aligned}E[Q(V)]&=\int_0^{\infty}Q(v)\cdot f_V(v)\mathrm{d}v\\&=\int_0^x[(m+n)v-nx]\left(\frac{1}{\lambda}\right)\mathrm{e}^{-v/\lambda}\mathrm{d}v+\int_x^{\infty}mx\cdot\left(\frac{1}{\lambda}\right)\mathrm{e}^{-v/\lambda}\mathrm{d}v\end{aligned}\tag{3.5.7}$$

这里的积分虽然有点烦琐，但形式很直接. 等式(3.5.7)最终化简为

$$E[Q(V)]=\lambda\cdot(m+n)-\lambda\cdot(m+n)\mathrm{e}^{-x/\lambda}-nx$$

为了求出最优生产数量，我们需要求出 $\mathrm{d}E[Q(V)]/\mathrm{d}x=0$ 时，x 的解.

$$\frac{\mathrm{d}E[Q(V)]}{\mathrm{d}x}=(m+n)\mathrm{e}^{-x/\lambda}-n$$

等式右边等于 0 时，解得

$$x=-\lambda\cdot\ln\left(\frac{n}{m+n}\right)$$ ■

例 3.5.14 在区间[0,1]中随机选取一个点 y，将直线分成两段(见图 3.5.5). 短段与长段之比的期望是多少？

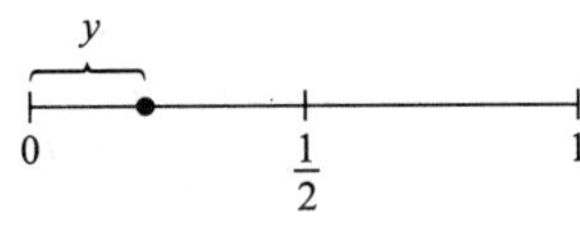

图 3.5.5

首先，关于这个函数

$$g(Y)=\frac{\text{短段}}{\text{长段}}$$

根据点 y 的位置，需列出两个表达式：

$$g(Y)=\begin{cases}y/(1-y), & 0\leqslant y\leqslant\dfrac{1}{2},\\[2mm] (1-y)/y, & \dfrac{1}{2}<y\leqslant 1\end{cases}$$

根据假设，$f_Y(y)=1$，$0\leqslant y\leqslant 1$，那么

$$E[g(Y)]=\int_0^{\frac{1}{2}}\frac{y}{1-y}\cdot 1\mathrm{d}y+\int_{\frac{1}{2}}^1\frac{1-y}{y}\cdot 1\mathrm{d}y$$

将第二个被积函数写作$(1/y-1)$，得到

$$\int_{\frac{1}{2}}^1\frac{1-y}{y}\cdot 1\mathrm{d}y=\int_{\frac{1}{2}}^1\left(\frac{1}{y}-1\right)\mathrm{d}y=(\ln y-y)\Big|_{\frac{1}{2}}^1=\ln 2-\frac{1}{2}$$

根据对称性，这两个积分是一样的，所以

$$E\left(\frac{\text{短段}}{\text{长段}}\right)=2\ln 2-1=0.39$$

平均来说，长段的长度是短段的 $2\frac{1}{2}$ 倍多. ■

习题

3.5.28 假设 X 是一个二项随机变量，$n=10, p=25$. 求 $3X-4$ 的期望值.

3.5.29 一个工厂一天能生产 12 个电子元件. 每个元件需要返工的概率是 0.11 且要花费 100 美元. 每天返工元件的平均花费是多少?

3.5.30 设 Y 的概率密度函数为

$$f_Y(y)=2(1-y),\quad 0\leqslant y\leqslant 1$$

设 $W=Y^2$，则

$$f_W(w)=\frac{1}{\sqrt{w}}-1,\quad 0\leqslant w\leqslant 1$$

使用两种方法求 $E(W)$.

3.5.31 一家工具模具公司生产用于钢应力监测仪表的铸件. 设该公司的年利润为 Q(以十万美元为单位)，可以用需求量 y 的函数表示：

$$Q(y)=2(1-\mathrm{e}^{-2y})$$

假设铸件的需求量(以千为单位)呈指数增长，$f_Y(y)=6\mathrm{e}^{-6y}$，$y>0$. 求该公司的期望利润.

3.5.32 构造一个矩形盒子，其高度为 5 英寸，底部为 Y 英寸×Y 英寸，其中随机变量 Y 的概率密度函数为 $f_Y(y)=6y(1-y)$，$0<y<1$. 求盒子体积的期望.

3.5.33 某班经济学 301 考试的成绩不佳. 将学生的成绩在图表上标出，发现其分布类似于以下概率密度函数的形状

$$f_Y(y)=\frac{1}{5\,000}(100-y),\quad 0\leqslant y\leqslant 100$$

教授宣布他将每个人的成绩 Y 替换成一个新成绩 $g(Y)$，$g(Y)=10\sqrt{Y}$. 教授的策略能成功地把班级平均成绩提高到 60 以上吗?

3.5.34 如果 Y 的概率密度函数为

$$f_Y(y)=2y,\quad 0\leqslant y\leqslant 1$$

且 $E(Y)=\frac{2}{3}$. 设随机变量 W 是 Y 的方差，即 $W=\left(Y-\frac{2}{3}\right)^2$. 求 $E(W)$.

3.5.35 等腰直角三角形的斜边 Y 是一个随机变量，在区间[6,10]上具有均匀的概率密度函数. 计算三角形面积的期望值. 不要将答案写作关于 a 的函数.

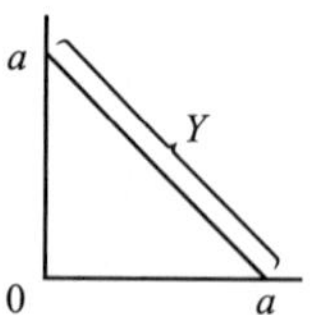

3.5.36 一个盲盒内含编号从 1 到 n 的 n 个球. 假设随机抽取一个编号为 i 的球的概率为 ki，$i=1,2,\cdots,n$. 设取出一个球，求 $E\left(\frac{1}{X}\right)$，其中随机变量 X 表示抽出的球上显示的编号. [提示：从 1 到 n 的整数的和为 $n(n+1)/2$.]

3.6 方差

我们在 3.5 节中学习到，分布的位置是一个重要的特征，它可以通过计算均值或中位数来有效地度量. 离散程度即值在分布中分散的程度，是第二个值得我们进一步研究的分布特征. 这两种特征是完全不同的：哪怕我们知道概率密度函数的位置也并不能完全由此得知它的离散程度. 例如，表 3.6.1 展示了两个简单的离散概率密度函数，它们的期望值相同(都等于零)，但离散程度却有很大的不同.

表 3.6.1

k	$p_{X_1}(k)$	k	$p_{X_2}(k)$
-1	$\frac{1}{2}$	$-1\ 000\ 000$	$\frac{1}{2}$
1	$\frac{1}{2}$	$1\ 000\ 000$	$\frac{1}{2}$

我们并不能立刻就了解如何量化概率密度函数的离散程度. 假设 X 是任意离散随机变量. 一种看似合理的方法是将 X 与其均值的偏差取平均值，即计算 $X-\mu$ 的期望值. 事实上，这种策略不会奏效，因为负偏差会完全抵消正偏差，无论 $p_X(k)$怎样分布，这里平均值的数值永远为零：

$$E(X-\mu)=E(X)-\mu=\mu-\mu=0 \tag{3.6.1}$$

另一种可能的方法是修改公式(3.6.1)，令所有偏差都为正，即用 $E(|X-\mu|)$代替 $E(X-\mu)$. 这是可行的，有时它的确被用来度量离散程度，但绝对值在使用上有些麻烦：它不具有一个简单的算术公式，也不是一个可微的函数. 事实证明，将偏差平方是一个更好的方法.

定义 3.6.1 方差是随机变量与其均值 μ 的平方偏差的期望值. 若 X 是离散的，$p_X(k)$为其概率密度函数，

$$\operatorname{Var}(X)=\sigma^2=E[(X-\mu)^2]=\sum_{\text{所有}k}(k-\mu)^2\cdot p_X(k)$$

若 Y 是连续的，$f_Y(y)$为其概率密度函数，

$$\operatorname{Var}(Y)=\sigma^2=E[(Y-\mu)^2]=\int_{-\infty}^{\infty}(y-\mu)^2\cdot f_Y(y)\mathrm{d}y$$

[如果 $E(X^2)$和 $E(Y^2)$不是有限的，则方差无法被定义.]

注释 定义 3.6.1 会导致这样一个结果，方差的单位是随机变量的单位的平方：例如，如果 Y 的单位为英寸，那么 $\operatorname{Var}(Y)$的单位是英寸的平方. 这在将方差与样本值联系起来时造成了明显的问题. 因此，在单位相容性特别重要的应用统计中，离散程度不是由方差来度量的，而是由方差的平方根，即标准差来度量的：

$$\sigma=\text{标准差}=\begin{cases}\sqrt{\sum_{\text{所有}k}(k-\mu)^2\cdot p_X(k)}, & \text{若 } X \text{ 是离散的，}\\[2ex] \sqrt{\int_{-\infty}^{\infty}(y-\mu)^2\cdot f_Y(y)\mathrm{d}y}, & \text{若 } X \text{ 是连续的}\end{cases}$$

注释 3.5 节中指出随机变量的期望值与物理系统的重心之间的相似性. 事实上，方

差和工程师所说的转动惯量之间也存在类似的相似性. 如果将一组质量为 $m_1, m_2, \cdots$ 的砝码放在一个(无重量的)刚性杆上,该刚性杆每隔 $r_1, r_2, \cdots$ 的距离便有一个旋转轴(见图 3.6.1),定义系统的转动惯量为 $\sum_i m_i r_i^2$. 这里,假设质量是与离散随机变量相关的概率,旋转轴便是 μ,那么 $r_1, r_2, \cdots$ 可被写作 $(k_1-\mu), (k_2-\mu), \cdots$,那么 $\sum_i m_i r_i^2$ 便是方差,即 $\sum_{所有k}(k-\mu)^2 \cdot p_X(k)$.

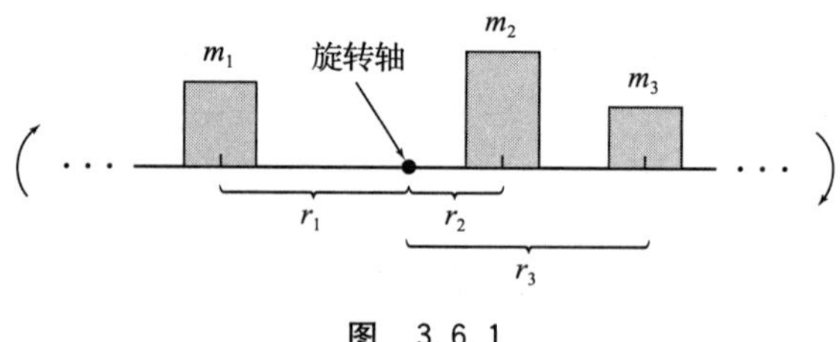

图 3.6.1

定义 3.6.1 给出了离散和连续的情况下 σ^2 的计算公式. 定理 3.6.1 给出了一个相同作用,但更容易使用的公式.

定理 3.6.1 令 W 为任意离散或连续的随机变量,均值为 μ,且 $E(W^2)$ 是有限的. 那么

$$\operatorname{Var}(W) = \sigma^2 = E(W^2) - \mu^2$$

证明 接下来将会给出连续情况下的证明过程,离散情况的证明过程是相似的. 在定理 3.5.3 中,令 $g(W)=(W-\mu)^2$,可得

$$\operatorname{Var}(W) = E[(W-\mu)^2] = \int_{-\infty}^{\infty} g(w) f_W(w)\mathrm{d}w = \int_{-\infty}^{\infty} (w-\mu)^2 f_W(w)\mathrm{d}w$$

展开被积函数中的项 $(w-\mu)^2$,利用积分的可加性得到

$$\begin{aligned}\int_{-\infty}^{\infty} (w-\mu)^2 f_W(w)\mathrm{d}w &= \int_{-\infty}^{\infty} (w^2 - 2\mu w + \mu^2) f_W(w)\mathrm{d}w \\ &= \int_{-\infty}^{\infty} w^2 f_W(w)\mathrm{d}w - 2\mu\int_{-\infty}^{\infty} w f_W(w)\mathrm{d}w + \int_{-\infty}^{\infty} \mu^2 f_W(w)\mathrm{d}w \\ &= E(W^2) - 2\mu^2 + \mu^2 = E(W^2) - \mu^2\end{aligned}$$

需要注意的是,$\int_{-\infty}^{\infty} w^2 f_W(w)\mathrm{d}w = E(W^2)$ 也服从定理 3.5.3.

例 3.6.1 一个盲盒里有五个球,两个红色的,三个白色的. 假设同时取出两个球. 设 X 为样本中红球的数量. 求 $\operatorname{Var}(X)$.

由于是不放回地抽球,所以 X 是一个超几何随机变量. 此外,无论用什么公式计算 σ^2,我们都需要求出 μ. 根据定理 3.5.2,已知 $r=2$,$w=3$,$n=2$,可得

$$\mu = rn/(r+w) = 2 \cdot 2/(2+3) = 0.8$$

利用定义 3.6.1 求 $\operatorname{Var}(X)$,

$$\begin{aligned}\mathrm{Var}(X) &= E[(X-\mu)^2] = \sum_{\text{所有}x}(x-\mu)^2 \cdot f_X(x) \\ &= (0-0.8)^2 \cdot \frac{\binom{2}{0}\binom{3}{2}}{\binom{5}{2}} + (1-0.8)^2 \cdot \frac{\binom{2}{1}\binom{3}{1}}{\binom{5}{2}} + (2-0.8)^2 \cdot \frac{\binom{2}{2}\binom{3}{0}}{\binom{5}{2}} \\ &= 0.36\end{aligned}$$

若利用定理 3.6.1，我们首先需要求出 $E(X^2)$. 根据定理 3.5.3，

$$\begin{aligned}E(X^2) &= \sum_{\text{所有}x} x^2 \cdot f_X(x) = 0^2 \cdot \frac{\binom{2}{0}\binom{3}{2}}{\binom{5}{2}} + 1^2 \cdot \frac{\binom{2}{1}\binom{3}{1}}{\binom{5}{2}} + 2^2 \cdot \frac{\binom{2}{2}\binom{3}{0}}{\binom{5}{2}} \\ &= 1.00\end{aligned}$$

然后我们可得

$$\mathrm{Var}(X) = E(X^2) - \mu^2 = 1.00 - (0.8)^2 = 0.36$$

上述过程证实了我们之前的计算结果. ■

在 3.5 节中，我们学习了一个适用于期望值的比例变化公式. 对于任意常数 a 和 b 以及任意随机变量 W，$E(aW+b)=aE(W)+b$. 这里关于方差的线性变换有一个类似的问题：如果 $\mathrm{Var}(W)=\sigma^2$，$aW+b$ 的方差是多少？

定理 3.6.2 假设 W 是均值为 μ 的任意随机变量，且 $E(W^2)$ 是有限的. 那么 $\mathrm{Var}(aW+b)=a^2\mathrm{Var}(W)$.

证明 利用和证明定理 3.6.1 相同的方法，可以得到 $E[(aW+b)^2]=a^2E(W^2)+2ab\mu+b^2$. 根据定理 3.5.3 的推论，我们可知 $E(aW+b)=a\mu+b$. 利用定理 3.6.1，可得

$$\begin{aligned}\mathrm{Var}(aW+b) &= E[(aW+b)^2] - [E(aW+b)]^2 \\ &= [a^2E(W^2)+2ab\mu+b^2] - (a\mu+b)^2 \\ &= [a^2E(W^2)+2ab\mu+b^2] - (a^2\mu^2+2ab\mu+b^2) \\ &= a^2[E(W^2)-\mu^2] = a^2\mathrm{Var}(W)\end{aligned}$$

例 3.6.2 随机变量 Y 的概率密度函数为

$$f_Y(y) = 2y, \quad 0 \leqslant y \leqslant 1$$

$3Y+2$ 的标准差是多少？

首先我们需要求出 Y 的方差，

$$E(Y) = \int_0^1 y \cdot 2y\mathrm{d}y = \frac{2}{3}$$

和

$$E(Y^2) = \int_0^1 y^2 \cdot 2y\mathrm{d}y = \frac{1}{2}$$

那么

$$\mathrm{Var}(Y) = E(Y^2) - \mu^2 = \frac{1}{2} - \left(\frac{2}{3}\right)^2 = \frac{1}{18}$$

根据定理3.6.2，

$$\mathrm{Var}(3Y+2)=(3)^2\cdot\mathrm{Var}(Y)=9\cdot\frac{1}{18}=\frac{1}{2}$$

所以 $3Y+2$ 的标准差等于 $\sqrt{0.5}$ 或0.71. ■

注释　我们常用中位数反映中心趋势，事实上我们也利用会四分位差反映离散程度. 它划分出中间50%的数据. 换句话说，令 Q_1 表示第一个四分位数，即 $P(Y\leqslant Q_1)=0.25$，令 Q_3 表示第三个四分位数，即 $P(Y\leqslant Q_3)=0.75$. 则 Q_3-Q_1 便表示四分位差.

例3.6.3　对于 $f_Y(y)=3y^2$，$0\leqslant y\leqslant 1$，Q_1 是等式 $0.25=\int_0^{Q_1}3y^2\,\mathrm{d}y$，即 $0.25=Q_1^3$ 的解，所以 $Q_1=\sqrt[3]{0.25}=0.630$. 同样，$Q_3=\sqrt[3]{0.75}=0.909$，所以其四分位差为 $0.909-0.630=0.279$. ■

习题

3.6.1　如果抽样是用可放回的方式完成的，则求出例3.6.1中盲盒问题的 $\mathrm{Var}(X)$.

3.6.2　求 Y 的方差，已知

$$f_Y(y)=\begin{cases}\dfrac{3}{4}, & 0\leqslant y\leqslant 1,\\[2mm] \dfrac{1}{4}, & 2\leqslant y\leqslant 3,\\[2mm] 0, & \text{其他}\end{cases}$$

3.6.3　10名资历相当的申请人，其中6名男性和4名女性，申请3个实验室技术员的职位. 由于他们的实力相当，人事主任决定随机选择3人. 用 X 表示雇用的男性人数. 计算 X 的标准差.

3.6.4　一种住院政策为住院五天的病人提供现金补贴. 前三天每天250美元，后两天每天150美元. 住院天数 X 是离散随机变量，概率函数为 $P(X=k)=\frac{1}{15}(6-k)$，$k=1,2,3,4,5$，求 $\mathrm{Var}(X)$.

3.6.5　用定理3.6.1求随机变量 Y 的方差，已知

$$f_Y(y)=3(1-y)^2,\quad 0<y<1$$

3.6.6　已知

$$f_Y(y)=\frac{2y}{k^2},\quad 0\leqslant y\leqslant k$$

求 $\mathrm{Var}(Y)=2$ 时的 k 值.

3.6.7　计算随机变量 Y 的标准差 σ，其概率密度函数如下图所示：

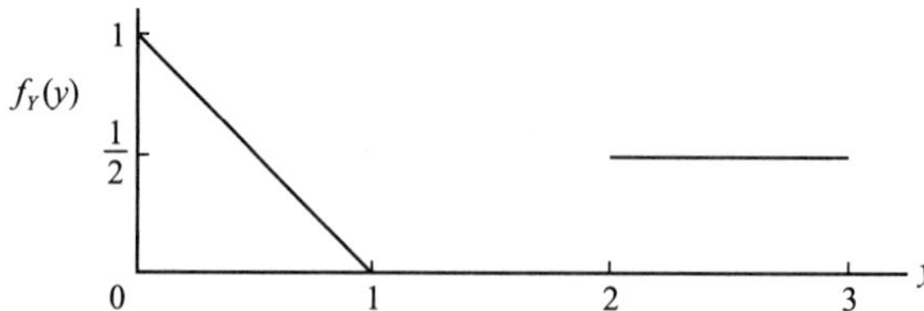

3.6.8　已知概率密度函数

$$f_Y(y)=\frac{2}{y^3},\quad y\geqslant 1$$

证明：(a) $\int_1^\infty f_Y(y)\,\mathrm{d}y=1$，(b) $E(Y)=2$，(c) $\mathrm{Var}(Y)$ 不是有限的.

3.6.9 弗兰基和约翰尼在玩一个游戏. 弗兰基从区间$[a,b]$中随机选择一个数字，且不告诉约翰尼他选择的数字，约翰尼再从同一区间中选择第二个数字. 然后他需要付给弗兰基一笔钱，金额W为两数之差的平方，即W的取值范围为$0\leqslant W\leqslant(b-a)^2$. 若约翰尼想要最小化他的损失，他应该采取怎样的策略?

3.6.10 设Y是一个随机变量，其概率密度函数为$f_Y(y)=5y^4$，$0\leqslant y\leqslant 1$. 用定理3.6.1求出$\mathrm{Var}(Y)$.

3.6.11 假设Y是一个指数随机变量，那么$f_Y(y)=\lambda e^{-\lambda y}$，$y\geqslant 0$. 证明$Y$的方差为$1/\lambda^2$.

3.6.12 假设Y是一个指数随机变量，$\lambda=2$(回顾习题3.6.11). 求$P(Y>E(Y)+2\sqrt{\mathrm{Var}(Y)})$.

3.6.13 设X是一个有限均值为μ的随机变量. 对于每个实数a，都有$g(a)=E[(X-a)^2]$. 证明

$$g(a)=E[(X-\mu)^2]+(\mu-a)^2$$

请问$\min g(a)$的另一个名称是什么?

3.6.14 假设修理一辆汽车的平均费用是200美元，标准差是16美元. 如果再收取10%的税，然后再收取15美元固定的环境影响费，那么车主花费金额的标准差是多少?

3.6.15 如果Y表示以华氏度记录的温度，那么$\frac{5}{9}(Y-32)$是相应的摄氏温度. 如果一组温度的标准差是15.7℉，那么其转换为摄氏温度的标准差是多少?

3.6.16 设$E(W)=\mu$，$\mathrm{Var}(W)=\sigma^2$，证明

$$E\left(\frac{W-\mu}{\sigma}\right)=0 \quad 和 \quad \mathrm{Var}\left(\frac{W-\mu}{\sigma}\right)=1$$

3.6.17 假设U是$[0,1]$上的均匀分布随机变量.

(a)证明$Y=(b-a)U+a$在$[a,b]$上均匀分布.

(b)利用问题(a)和定理3.6.2求出Y的方差.

3.6.18 在混入镁的情况下，提取少量的钙对分析化学家来说是一个困难的问题. 假设要提取钙的质量Y均匀分布在4至7mg之间. 第一种方法提取出钙的质量为

$$W_1=0.228\,1+(0.994\,8)Y+E_1$$

其中误差项E_1的均值为0，方差为0.042 7，且独立于Y.

第二种方法提取出钙的质量为

$$W_2=-0.074\,8+(1.002\,4)Y+E_2$$

其中误差项E_2的均值为0，方差为0.015 9，且独立于Y.

最理想的状态是让提取钙质量的均值尽可能接近Y的均值($=5.5$)，且方差尽可能小. 请在均值和方差的基础上对两种方法进行比较.

高阶矩

均值和方差实际上是随机变量的矩的特殊情况. 更准确地说，$E(W)$是变量的一阶原点矩，σ^2是关于均值的二阶中心矩. 理论上我们可以定义W的更高阶的矩，正如$E(W)$和σ^2反映一个随机变量的位置和离散程度，因此可以用其他矩来表示分布其他方面的属性. 例如，一个分布的偏度，即它在μ周围不对称的程度，可以用三阶矩有效地度量. 同样，某些应用统计问题需要了解概率密度函数的平整度，这是一个可以通过四阶矩量化的属性.

定义3.6.2 设$f_W(w)$为随机变量W的概率密度函数，对于所有正整数r，

a. W关于原点的r阶矩μ_r，可写作

$$\mu_r=E(W^r)$$

且$\int_{-\infty}^{\infty}|w|^r\cdot f_W(w)\mathrm{d}w<\infty$(或者说，如果$W$是离散的，那么关于$|w|^r$求和公式的条件是成立的). 当$r=1$时，我们通常删除下标，将$E(W)$写作$\mu$而不是$\mu_1$.

b. W 关于均值的 r 阶矩 μ'_r，可写作

$$\mu'_r = E[(W-\mu)^r]$$

假设第1部分有关有限性的条件成立.

注释　我们可以利用 μ_j，$j=1,2,\cdots,r$，直接写出 $(W-\mu)^r$ 的二项展开式来表达 μ'_r：

$$\mu'_r = E[(W-\mu)^r] = \sum_{j=0}^{r}\binom{r}{j}E(W^j)(-\mu)^{r-j}$$

因此，

$$\mu'_2 = E[(W-\mu)^2] = \sigma^2 = \mu_2 - \mu_1^2$$
$$\mu'_3 = E[(W-\mu)^3] = \mu_3 - 3\mu_1\mu_2 + 2\mu_1^3$$
$$\mu'_4 = E[(W-\mu)^4] = \mu_4 - 4\mu_1\mu_3 + 6\mu_1^2\mu_2 - 3\mu_1^4$$

例 3.6.4　概率密度函数的偏度可以用它关于均值的三阶矩来度量. 如果概率密度函数对称，$E[(W-\mu)^3]$为零，如果概率密度函数不对称，$E[(W-\mu)^3]$将不为零. 在实践中，概率密度函数的对称性(或不对称性)通常是通过偏度系数 γ_1 来度量，

$$\gamma_1 = \frac{E[(W-\mu)^3]}{\sigma^3}$$

将 μ'_3除以 σ^3，使得 γ_1 无量纲.

第二个常用的“形状”参数是峰度系数 γ_2，它涉及关于均值的四阶矩. 具体地说，

$$\gamma_2 = \frac{E[(W-\mu)^4]}{\sigma^4} - 3$$

对于某些概率密度函数，γ_2 是一个反映异常值出现概率(“厚尾性”)的度量. 有着更高峰值的概率密度函数被称为尖峰态(leptokurtic). 相对平坦的概率密度函数被称为低峰态(platykurtic). ■

在本章的前面，我们遇到了一些随机变量，它们并没有均值——回顾圣彼得堡悖论. 更一般地说，有一些随机变量它们的高阶矩是有限的还有一些不是有限的. 下面的定理可以判断一个给定的 $E(W^j)$是否有限.

定理 3.6.3　如果随机变量存在 k 阶矩，则所有阶数小于 k 的矩都存在.

证明　令 $f_Y(y)$为连续随机变量 Y 的概率密度函数. 根据定义 3.6.2，$E(Y^k)$存在当且仅当

$$\int_{-\infty}^{\infty}|y|^k\cdot f_Y(y)\mathrm{d}y < \infty \tag{3.6.2}$$

令 $1\leqslant j<k$. 为了证明该定理，我们必须先证明不等式(3.6.2)所必需的

$$\int_{-\infty}^{\infty}|y|^j\cdot f_Y(y)\mathrm{d}y < \infty$$

而

$$\begin{aligned}\int_{-\infty}^{\infty}|y|^j\cdot f_Y(y)\mathrm{d}y &= \int_{|y|\leqslant 1}|y|^j\cdot f_Y(y)\mathrm{d}y + \int_{|y|>1}|y|^j\cdot f_Y(y)\mathrm{d}y\\ &\leqslant \int_{|y|\leqslant 1}f_Y(y)\mathrm{d}y + \int_{|y|>1}|y|^j\cdot f_Y(y)\mathrm{d}y\\ &\leqslant 1 + \int_{|y|>1}|y|^j\cdot f_Y(y)\mathrm{d}y\\ &\leqslant 1 + \int_{|y|>1}|y|^k\cdot f_Y(y)\mathrm{d}y < \infty\end{aligned}$$

因此，$E(Y^j)$，$j=1,2,\cdots,k-1$ 存在．关于离散随机变量的证明也是类似的．

习题

3.6.19 设 Y 是定义在区间(0,2)上的均匀分布随机变量，求 Y 关于原点的 r 阶矩的表达式．并使用注释中描述的二项展开式求 $E[(Y-\mu)^6]$．

3.6.20 求概率密度函数为

$$f_Y(y)=\mathrm{e}^{-y},\quad y>0$$

的指数随机变量的偏度系数．

3.6.21 已知，$f_Y(y)=1$，$0\leqslant y\leqslant 1$．计算在单位区间上定义的均匀分布随机变量的峰度系数．

3.6.22 假设 W 是一个随机变量，已知 $E[(W-\mu)^3]=10$，$E(W^3)=4$．那么 $\mu=2$ 可能成立吗？

3.6.23 假设 $Y=aX+b$，$a>0$，证明 Y 具有与 X 相同的偏度系数和峰度系数．

3.6.24 设 Y 为习题 3.4.6 的随机变量，且对于正整数 n，

$$f_Y(y)=(n+2)(n+1)y^n(1-y),0\leqslant y\leqslant 1$$

(a)求 $\operatorname{Var}(Y)$．

(b)对于任意正整数 k，求关于原点的 k 阶矩．

3.6.25 假设随机变量 Y 的概率密度函数为

$$f_Y(y)=c\cdot y^{-6},y>1$$

(a)求 c．

(b)Y 存在的最高阶矩是多少？

3.7 联合密度函数

3.3 节和 3.4 节介绍了描述单个随机变量概率行为的基本术语．这些信息虽然足够解决许多问题，但当我们感兴趣的问题中存在超过一个变量时就不够了．例如，医学研究人员研究血液胆固醇和心脏病之间的关系，以及“好”胆固醇和“坏”胆固醇之间的关系．又例如，无论是政治上还是教育上，研究 K-12 基金对高中毕业生在毕业考试的成绩中扮演了怎样的角色．又例如，电子设备和系统通常具有内置冗余的性质：设备是否能正常工作最终取决于两个不同组件的可靠性．

事实上，在很多情况下，两个相关的随机变量，如 X 和 Y，定义在了同一个样本空间上[⊖]．只知道两个概率密度函数 $f_X(x)$和 $f_Y(y)$，并不能提供足够信息描述 X 和 Y 的所有重要的同时发生的行为．本节的目的是介绍基于两个(或更多)随机变量的分布相关的概念、定义和数学技巧．

离散联合概率密度函数

在之前的学习中，我们知道对单个的离散随机变量或连续随机变量，概率密度函数的定义是不同的．同样的区别也适用于联合概率密度函数．我们首先讨论适用于两个离散随机变量的联合概率密度函数．

定义 3.7.1 设 S 是两个随机变量 X 和 Y 的离散样本空间．X 和 Y 的联合概率密度函数(简写作联合 pdf)为

⊖ 在接下来的几节中，我们将不再使用之前令 X 表示离散随机变量，Y 表示连续随机变量的做法．随机变量的类别需要根据问题的上下文来确定．一般来说，X 和 Y 要么都是离散的，要么都是连续的．

$$p_{X,Y}(x,y)=P(\{s \mid X(s)=x \text{ 和 } Y(s)=y\})$$

注释　$p_{X,Y}(x,y)$的简写方式和我们之前学习到的单个离散随机变量的概率密度函数是一致的，为 $p_{X,Y}(x,y)=P(X=x,Y=y)$.

例 3.7.1　超市有两条结账通道．设 X 和 Y 分别表示任意时刻在第 1 条和第 2 条结账通道的顾客数量．非高峰时段，X 和 Y 的联合概率密度函数汇总如下表：

		X=0	X=1	X=2	X=3
Y	0	0.1	0.2	0	0
	1	0.2	0.25	0.05	0
	2	0	0.05	0.05	0.025
	3	0	0	0.025	0.05

求 $P(|X-Y|=1)$，即 X 和 Y 的差为 1 的概率.

根据定义，

$$\begin{aligned}P(|X-Y|=1) &= \sum_{|x-y|=1}\sum p_{X,Y}(x,y)\\ &=p_{X,Y}(0,1)+p_{X,Y}(1,0)+p_{X,Y}(1,2)+\\ &\quad p_{X,Y}(2,1)+p_{X,Y}(2,3)+p_{X,Y}(3,2)\\ &=0.2+0.2+0.05+0.05+0.025+0.025=0.55\end{aligned}$$

[你认为 $p_{X,Y}(x,y)$是对称的吗？你认为事件$|X-Y|\geqslant 2$ 的概率为零吗？] ■

例 3.7.2　假设掷两个均匀的骰子．设 X 为掷到数字之和，设 Y 为两者中较大的一个．例如，

$$p_{X,Y}(2,3)=P(X=2,Y=3)=P(\varnothing)=0$$

$$p_{X,Y}(4,3)=P(X=4,Y=3)=P(\{(1,3),(3,1)\})=\frac{2}{36}$$

和

$$p_{X,Y}(6,3)=P(X=6,Y=3)=P(\{(3,3)\})=\frac{1}{36}$$

完整的联合概率密度函数如表 3.7.1 所示.

表　3.7.1

x \ y	1	2	3	4	5	6	行之和
2	1/36	0	0	0	0	0	1/36
3	0	2/36	0	0	0	0	2/36
4	0	1/36	2/36	0	0	0	3/36
5	0	0	2/36	2/36	0	0	4/36
6	0	0	1/36	2/36	2/36	0	5/36
7	0	0	0	2/36	2/36	2/36	6/36
8	0	0	0	1/36	2/36	2/36	5/36
9	0	0	0	0	2/36	2/36	4/36
10	0	0	0	0	1/36	2/36	3/36
11	0	0	0	0	0	2/36	2/36
12	0	0	0	0	0	1/36	1/36
列之和	1/36	3/36	5/36	7/36	9/36	11/36	

注意，表右边给出了 X 的概率密度函数的行之和. 同样，下方给出了 Y 的概率密度函数的列之和. 这些不是巧合. 定理 3.7.1 说明了联合概率密度函数和单个变量的概率密度函数之间的关系. ■

定理 3.7.1 假设 $p_{X,Y}(x,y)$是离散随机变量 X，Y 的联合概率密度函数，那么

$$p_X(x) = \sum_{\text{所有}y} p_{X,Y}(x,y) \quad \text{和} \quad p_Y(y) = \sum_{\text{所有}y} p_{X,Y}(x,y)$$

证明 我们将证明上述第一个等式，对于所有 y，集合$(Y=y)$构成了 S 的一个分割，换句话说，它们互不相交且 $\bigcup_{\text{所有}y}(Y=y)=S$. 那么集合$(X=x)=(X=x)\cap S=(X=x)\cap[\bigcup_{\text{所有}y}(Y=y)]=\bigcup_{\text{所有}y}[(X=x)\cap(Y=y)]$，所以

$$\begin{aligned} p_X(x) &= P(X=x) = P\Big(\bigcup_{\text{所有}y}[(X=x)\cap(Y=y)]\Big) \\ &= \sum_{\text{所有}y} P(X=x,Y=y) = \sum_{\text{所有}y} p_{X,Y}(x,y) \end{aligned}$$

定义 3.7.2 若一个变量的概率密度函数是通过求联合概率密度函数中另一个变量所有值的和得到的，那么我们称它为边际概率密度函数.

连续联合概率密度函数

如果 X 和 Y 都是连续随机变量，那么定义 3.7.1 就不适用了，因为对于所有(x,y)，$P(X=x,Y=y)$都等于 0. 和单个变量的情况一样，在取值区域内，两个连续随机变量的联合概率密度函数将被定义为一个函数，对其积分可得到(X,Y)位于 xy-平面指定区域的概率.

定义 3.7.3 若对于 xy-平面上的任意区域 R，存在一个连续函数 $f_{X,Y}(x,y)$，使得 $P((X,Y)\in R)=\iint_R f_{X,Y}(x,y)\mathrm{d}x\mathrm{d}y$. 那么在同一实数集合上的两个随机变量 X，Y 是联合连续的，函数 $f_{X,Y}(x,y)$是 X 和 Y 的联合概率密度函数.

注释 任何函数 $f_{X,Y}(x,y)$满足

1. 对于所有 X 和 Y，$f_{X,Y}(x,y)\geqslant 0$

2. $\int_{-\infty}^{\infty}\int_{-\infty}^{\infty} f_{X,Y}(x,y)\mathrm{d}x\mathrm{d}y = 1$

便可以被视作一个联合概率密度函数. 与之前学习的单个随机变量的情况类似，我们认为取值区域外，函数的值都为零. 此外，对于所有联合密度函数，积分的顺序是无关紧要的.

例 3.7.3 假设两个连续随机变量 X 和 Y 的联合概率密度函数为 $f_{X,Y}(x,y)=cxy$，$0<y<x<1$. 求 c.

经检验，当 $c\geqslant 0$，$f_{X,Y}(x,y)$是非负的. 然而要求的 c 值要能使联合概率密度函数 $f_{X,Y}(x,y)$下的区域面积等于 1. 那么

$$\begin{aligned} \iint_S cxy\,\mathrm{d}y\mathrm{d}x = 1 &= c\int_0^1\Big[\int_0^x (xy)\mathrm{d}y\Big]\mathrm{d}x = c\int_0^1 x\Big(\frac{y^2}{2}\Big|_0^x\Big)\mathrm{d}x \\ &= c\int_0^1\Big(\frac{x^3}{2}\Big)\mathrm{d}x = c\,\frac{x^4}{8}\Big|_0^1 = \Big(\frac{1}{8}\Big)c \end{aligned}$$

因此 $c=8$. ■

例 3.7.4 一项研究表明，青少年每天看电视的时间 X 和做家庭作业的时间 Y 之间的关系，接近如下联合概率密度函数

$$f_{X,Y}(x,y)=xy\mathrm{e}^{-(x+y)},\quad x>0,\quad y>0$$

随机选出一名青少年，他看电视的时间至少是做作业的时间的两倍的概率是多少？

事件“$X\geqslant 2Y$”对应的 xy-平面上的二维区域 R 如图 3.7.1 所示. $P(X\geqslant 2Y)$ 即 $f_{X,Y}(x,y)$ 在区域 R 上的二重积分：

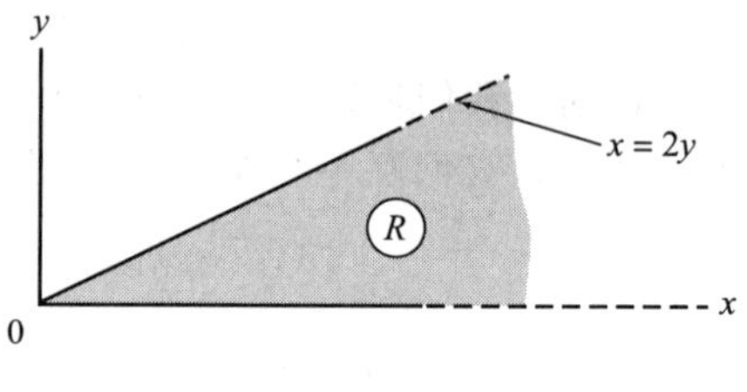

图 3.7.1

$$P(X\geqslant 2Y)=\int_0^{\infty}\int_0^{x/2}xy\mathrm{e}^{-(x+y)}\,\mathrm{d}y\mathrm{d}x$$

分离变量，我们可以得到

$$P(X\geqslant 2Y)=\int_0^{\infty}x\mathrm{e}^{-x}\left(\int_0^{x/2}y\mathrm{e}^{-y}\,\mathrm{d}y\right)\mathrm{d}x$$

求解二重积分，得到

$$\begin{aligned}P(X\geqslant 2Y)&=\int_0^{\infty}x\mathrm{e}^{-x}\left[1-\left(\frac{x}{2}+1\right)\mathrm{e}^{-x/2}\right]\mathrm{d}x\\&=\int_0^{\infty}x\mathrm{e}^{-x}\,\mathrm{d}x-\int_0^{\infty}\frac{x^2}{2}\mathrm{e}^{-3x/2}\,\mathrm{d}x-\int_0^{\infty}x\mathrm{e}^{-3x/2}\,\mathrm{d}x\\&=1-\frac{16}{54}-\frac{4}{9}=\frac{7}{27}\end{aligned}$$

■

几何概率

联合均匀概率密度函数是定义 3.7.3 中存在的一个很重要的特殊情况，它可以由一个 xy-平面中特定矩形上方高度恒定的面表示. 也就是说，

$$f_{X,Y}(x,y)=\frac{1}{(b-a)(d-c)},\quad a\leqslant x\leqslant b, c\leqslant y\leqslant d$$

若 R 是矩形中 X 和 Y 定义的区域，则 $P((X,Y)\in R)$ 可被简化为关于面积的比值：

$$P((X,Y)\in R)=\frac{R\text{ 的面积}}{(b-a)(d-c)}\tag{3.7.1}$$

则我们称公式(3.7.1)为几何概率.

例 3.7.5 两个朋友约在“12：30 左右”在学校礼堂见面. 但他们俩都不特别守时，也不特别有耐心. 实际上每个人都有可能会在 12 点到 1 点之间的某个时间点随机到达. 如果一个人来了另一个人没来，第一个人会等 15 分钟或不满 15 分钟等到 1 点就不等了. 两者可以见面的概率是多少？

为了简化，我们可以将 12 点到 1 点的时间段表示为 0 到 60 分钟的区间. 那么，如果 x 和 y 分别表示两个人的到达时间，则样本空间为图 3.7.2 所示的 60×60 正方形. 此外，当且仅当 $|x-y|\leqslant 15$，或者说，当且仅当 $-15\leqslant x-y\leqslant 15$，事件 M“两个朋友见面”发生. 以上不等式可用图 3.7.2 的阴影区域表示.

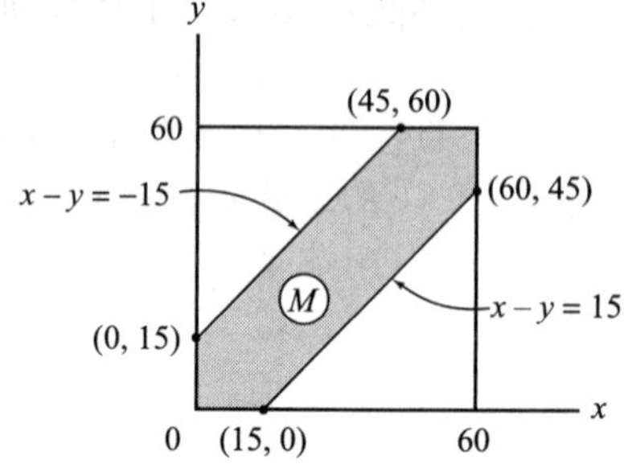

图 3.7.2

注意，M 上下两个三角形的面积都等于 $\frac{1}{2}(45)(45)$. 由此可见，这两位朋友有 44% 的概率见面：

$$P(M)=\frac{M\text{ 的面积}}{S\text{ 的面积}}=\frac{60^2-2\left[\frac{1}{2}(45)(45)\right]}{60^2}=0.44$$ ■

例 3.7.6 一个嘉年华的经营者设置了一个抛环游戏. 玩家将一个直径为 d 的圆环抛到一个正方形网格上，每个小正方形的边长为 s(见图 3.7.3). 如果圆环完全落在一个小正方形里面，玩家就能获得奖励. 为了确保盈利，经营者必须将玩家获胜的机会控制在五分之一以下. 经营者可以把 d/s 的比率设置得多小?

首先，假设玩家需要站得足够远，使得圆环会随机落在网格上. 从图 3.7.4 中我们可以看到，为了使圆环不接触正方形的任何一边，圆环的中心必须落在一个更小的正方形内部的某处，该正方形的每条边到网格线的距离都是 $d/2$.

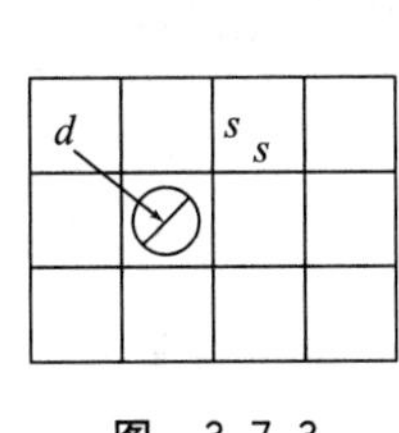

图 3.7.3

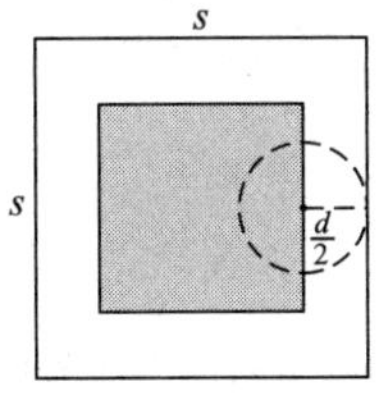

图 3.7.4

网格正方形的面积是 s^2，内部的小正方形的面积为 $(s-d)^2$，那么获奖的概率可以写为：

$$P(\text{圆环没有接触任何一条线})=\frac{(s-d)^2}{s^2}$$

经营者需要使

$$\frac{(s-d)^2}{s^2}\leqslant 0.20$$

解 d/s，得到

$$\frac{d}{s}\geqslant 1-\sqrt{0.20}=0.55$$

也就是说，如果环的直径至少为网格正方形边长的 55%，那么玩家获胜的概率将不超过 20%. ■

习题

3.7.1 如果 $p_{X,Y}(x,y)=cxy$ 在点 (1,1)(2,1)(2,2) 和 (3,1) 处等于 cxy，其他情况下等于 0，求 c 的值.

3.7.2 设 X 和 Y 是定义在单位正方形上的两个连续随机变量. 若 $f_{X,Y}(x,y)=c(x^2+y^2)$，求 c 的值.

3.7.3 假设随机变量 X 和 Y 的联合概率密度函数为 $f_{X,Y}(x,y)=c(x+y)$，$0<x<y<1$，求 c 的值.

3.7.4 假设 X，Y 是定义在顶点为 (0,0)，(0,1) 和 (1,1) 的三角形上的随机变量，其 $f_{X,Y}(x,y)=cxy$. 求 c 的值.

3.7.5　一个盲盒里有四枚红球，三枚白球，两枚蓝球. 不放回地随机抽取大小为 3 的样本. 设 X 表示样本中白球的数量，Y 表示蓝球的数量. 写出 X 和 Y 的联合概率密度函数.

3.7.6　从一副标准的扑克牌中抽出四张牌. 设 X 为抽到 K 的张数，Y 为抽到 Q 的张数. 求 $p_{X,Y}(x,y)$.

3.7.7　一位指导教师查看他 50 名学生的课程表，看看每个学生下学期登记了多少门数学和科学课程. 他用表格汇总了结果. 随机挑选一名学生，请问他所选的数学课比科学课多的概率是多少？

		数学课的数量，X		
		0	1	2
科学课的数量，Y	0	11	6	4
	1	9	10	3
	2	5	0	2

3.7.8　抛三次均匀的硬币，令 X 表示最后一次抛硬币正面朝上的次数，Y 表示三次抛硬币正面朝上的总次数. 求 $p_{X,Y}(x,y)$.

3.7.9　假设一次掷两个均匀的骰子. 令 X 表示 2 出现的次数，Y 表示 3 出现的次数. 给出关于 X 和 Y 联合概率密度函数的矩阵. 假设有第三个随机变量 Z，其中 $Z=X+Y$，利用 $p_{X,Y}(x,y)$ 求出 $p_Z(z)$.

3.7.10　令 X 表示从车祸发生到向保险公司索赔的天数. 令 Y 表示向保险公司索赔到予以赔偿的天数. 假设 $f_{X,Y}(x,y)=c$，$0\leqslant x\leqslant 7$，$0\leqslant y\leqslant 7$. 其他取值时 $f_{X,Y}(x,y)=0$.

(a)求 c 的值.　　(b)求 $P(0\leqslant X\leqslant 2,\ 0\leqslant Y\leqslant 4)$.

3.7.11　X 和 Y 的联合概率密度函数为

$$f_{X,Y}(x,y)=2\mathrm{e}^{-(x+y)},\quad 0<x<y,\quad 0<y$$

求 $P(Y<3X)$.

3.7.12　从一个方程为 $x^2+y^2\leqslant 4$ 的圆内部随机选择一点. 令随机变量 X 和 Y 分别表示选择的点的 x 坐标和 y 坐标. 求 $f_{X,Y}(x,y)$.

3.7.13　对于定义在单位区间内的随机变量 X 和 Y，$f_{X,Y}(x,y)=x+y$，求 $P(X<2Y)$.

3.7.14　假设从连续概率密度函数 $f_T(t)=2t$，$0\leqslant t\leqslant 1$ 中提取了 5 个独立的观测值，设 X 表示区间 $0\leqslant t<\frac{1}{3}$ 内 t 的个数，Y 表示区间 $\frac{1}{3}\leqslant t<\frac{2}{3}$ 内 t 的个数，求 $p_{X,Y}(1,2)$.

3.7.15　从一个直角坐标系上底为 b 高为 h 的直角三角形区域随机选择一个点，点的 y 值在 0 和 $h/2$ 之间的概率是多少？（直角三角形的底在坐标系 x 轴上，高在坐标系 y 轴上.）

连续随机变量的边际概率密度函数

定理 3.7.1 和定义 3.7.2 引入了与离散随机变量相关的边际概率密度函数的概念. 不过，连续的情况下也存在类似的关系，即积分代替了定理 3.7.1 中的求和.

定理 3.7.2　设 X 和 Y 是联合连续的，它们的联合概率密度函数为 $f_{X,Y}(x,y)$. 那么它们的边际概率密度函数 $f_X(x)$ 和 $f_Y(y)$ 分别为

$$f_X(x)=\int_{-\infty}^{\infty}f_{X,Y}(x,y)\mathrm{d}y\quad 和\quad f_Y(y)=\int_{-\infty}^{\infty}f_{X,Y}(x,y)\mathrm{d}x$$

证明　我们选择证明以上等式中的前一个就足够了. 和单一连续随机变量情况的证明一样，我们从累积分布函数开始

$$F_X(x)=P(X\leqslant x)=\int_{-\infty}^{\infty}\int_{-\infty}^{x}f_{X,Y}(t,y)\mathrm{d}t\mathrm{d}y=\int_{-\infty}^{x}\int_{-\infty}^{\infty}f_{X,Y}(x,y)\mathrm{d}y\mathrm{d}t$$

对上述等式两端进行微分，得

$$f_X(x)=\int_{-\infty}^{\infty}f_{X,Y}(x,y)\mathrm{d}y$$

回顾定理 3.4.1.

例 3.7.7 假设两个连续随机变量 X 和 Y 的联合均匀概率密度函数为

$$f_{X,Y}(x,y)=\frac{1}{6},\quad 0\leqslant x\leqslant 3,\quad 0\leqslant y\leqslant 2$$

求 $f_X(x)$.

利用定理 3.7.2，得到

$$f_X(x)=\int_0^2 f_{X,Y}(x,y)\mathrm{d}y=\int_0^2\frac{1}{6}\mathrm{d}y=\frac{1}{3},\quad 0\leqslant x\leqslant 3$$

注意，X 本身是定义在区间[0,3]上的均匀随机变量，类似地，$f_Y(y)$是定义在区间[0,2]上的均匀概率密度函数. ■

例 3.7.8 考虑以下情况：X 和 Y 是两个连续随机变量，它们的联合概率密度函数分布在 xy-平面的第一象限，

$$f_{X,Y}(x,y)=\begin{cases}y^2\mathrm{e}^{-y(x+1)}, & x\geqslant 0,y\geqslant 0,\\ 0, & \text{其他}\end{cases}$$

求它们的边际概率密度函数.

我们首先求 $f_X(x)$，根据定理 3.7.2，

$$f_X(x)=\int_{-\infty}^{\infty}f_{X,Y}(x,y)\mathrm{d}y=\int_0^{\infty}y^2\mathrm{e}^{-y(x+1)}\mathrm{d}y$$

于被积函数中，代入

$$u=y(x+1)$$

则 $\mathrm{d}u=(x+1)\mathrm{d}y$，代入得到

$$f_X(x)=\frac{1}{x+1}\int_0^{\infty}\frac{u^2}{(x+1)^2}\mathrm{e}^{-u}\mathrm{d}u=\frac{1}{(x+1)^3}\int_0^{\infty}u^2\mathrm{e}^{-u}\mathrm{d}u$$

对 $\int_0^{\infty}u^2\mathrm{e}^{-u}\mathrm{d}u$ 进行两次分部积分，得到

$$\begin{aligned}f_X(x)&=\frac{1}{(x+1)^3}(-u^2\mathrm{e}^{-u}-2u\mathrm{e}^{-u}-2\mathrm{e}^{-u})\Big|_0^{\infty}\\&=\frac{1}{(x+1)^3}\left[2-\lim_{u\to\infty}\left(\frac{u^2}{\mathrm{e}^u}+\frac{2u}{\mathrm{e}^u}+\frac{2}{\mathrm{e}^u}\right)\right]\\&=\frac{2}{(x+1)^3},\quad x\geqslant 0\end{aligned}$$

求 $f_Y(y)$会相对简单一些：

$$\begin{aligned}f_Y(y)&=\int_{-\infty}^{\infty}f_{X,Y}(x,y)\mathrm{d}x=\int_0^{\infty}y^2\mathrm{e}^{-y(x+1)}\mathrm{d}x\\&=y^2\mathrm{e}^{-y}\int_0^{\infty}\mathrm{e}^{-yx}\mathrm{d}x=y^2\mathrm{e}^{-y}\left(\frac{1}{y}\right)\left(-\mathrm{e}^{-yx}\Big|_0^{\infty}\right)\\&=y\mathrm{e}^{-y},\quad y\geqslant 0\end{aligned}$$

■

习题

3.7.16　根据习题 3.7.5 中求出的联合概率密度函数，求 X 的边际概率密度函数.

3.7.17　根据习题 3.7.8 中求出的联合概率密度函数，求 X 和 Y 的边际概率密度函数.

3.7.18　一家跨国企业在校园招聘中将面试的大量学生分为三个部分：上，中，下. 如果面试官在一个早上见了 6 个学生，他们正好平均分在三个部分的概率是多少？他们正好有两个是中间部分的边际概率是多少？

3.7.19　对于下列联合概率密度函数，求出它们的 $f_X(x)$和 $f_Y(y)$.

(a) $f_{X,Y}(x,y)=\frac{1}{2}$，$0\leqslant x\leqslant 2$，$0\leqslant y\leqslant 1$

(b) $f_{X,Y}(x,y)=\frac{3}{2}y^2$，$0\leqslant x\leqslant 2$，$0\leqslant y\leqslant 1$

(c) $f_{X,Y}(x,y)=\frac{2}{3}(x+2y)$，$0\leqslant x\leqslant 1$，$0\leqslant y\leqslant 1$

(d) $f_{X,Y}(x,y)=c(x+y)$，$0\leqslant x\leqslant 1$，$0\leqslant y\leqslant 1$

(e) $f_{X,Y}(x,y)=4xy$，$0\leqslant x\leqslant 1$，$0\leqslant y\leqslant 1$

(f) $f_{X,Y}(x,y)=xye^{-(x+y)}$，$0\leqslant x$，$0\leqslant y$

(g) $f_{X,Y}(x,y)=ye^{-xy-y}$，$0\leqslant x$，$0\leqslant y$

3.7.20　对于下列联合概率密度函数，求出它们的 $f_X(x)$和 $f_Y(y)$.

(a) $f_{X,Y}(x,y)=\frac{1}{2}$，$0\leqslant x\leqslant y\leqslant 2$

(b) $f_{X,Y}(x,y)=\frac{1}{x}$，$0\leqslant y\leqslant x\leqslant 1$

(c) $f_{X,Y}(x,y)=6x$，$0\leqslant x\leqslant 1$，$0\leqslant y\leqslant 1-x$

3.7.21　假设 $f_{X,Y}(x,y)=6(1-x-y)$，x 和 y 定义在单位正方形上，且 $0\leqslant x+y\leqslant 1$. 求 X 的边际概率密度函数.

3.7.22　若 $f_{X,Y}(x,y)=2e^{-x}e^{-y}$，$x$ 和 y 定义在以下阴影区域上，求 $f_Y(y)$.

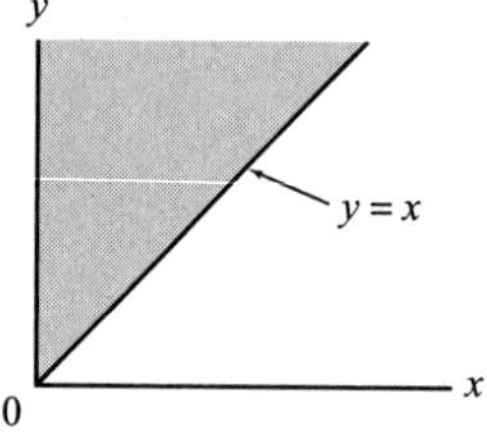

3.7.23　假设 X 和 Y 是离散随机变量，且

$$p_{X,Y}(x,y)=\frac{4!}{x!y!(4-x-y)!}\left(\frac{1}{2}\right)^x\left(\frac{1}{3}\right)^y\left(\frac{1}{6}\right)^{4-x-y},0\leqslant x+y\leqslant 4$$

求 $p_X(x)$和 $p_Y(y)$.

3.7.24　有这样一个二项式模型的推广：一个有 n 次独立试验的序列，具有 3 个结果，其中 $p_1=P$(结果 1)，$p_2=P$(结果 2). 设 X 和 Y 分别表示(n 次内)结果 1 和结果 2 的试验次数.

(a)证明 $p_{X,Y}(x,y)=\frac{n!}{x!y!(n-x-y)!}p_1^x p_2^y(1-p_1-p_2)^{n-x-y}$，$0\leqslant x+y\leqslant n$.

(b)求 $p_X(x)$和 $p_Y(y)$.

(提示：参考习题 3.7.23.)

联合累积分布函数

对于单个随机变量 X，累积分布函数 $F_X(x)$在 x 点的值，是随机变量 X 取值小于或等于 x 的概率. 扩展至两个随机变量时，联合累积分布函数[在(x,y)点的值]，即 $X\leqslant x$，$Y\leqslant y$时的概率.

定义 3.7.4 设 X 和 Y 为任意两个随机变量. 它们的联合累积分布函数(简写作联合cdf)记作 $F_{X,Y}(x,y)$，这里

$$F_{X,Y}(x,y)=P(X\leqslant x,\ Y\leqslant y)$$

例 3.7.9 两个随机变量 X 和 Y 的联合概率密度函数为 $f_{X,Y}(x,y)=\frac{4}{3}(x+xy)$，$0\leqslant x\leqslant 1,0\leqslant y\leqslant 1$. 求它们的联合累积分布函数 $F_{X,Y}(x,y)$.

应用定义 3.7.4，则 $P(X\leqslant x,\ Y\leqslant y)$是概率密度函数的二重积分. 为了保证累积分布函数最终是关于 x 和 y 的函数，我们先令 u 和 v 作为积分的变量.

$$\begin{aligned}F_{X,Y}(x,y)&=\frac{4}{3}\int_0^y\int_0^x(u+uv)\,\mathrm{d}u\mathrm{d}v=\frac{4}{3}\int_0^y\left[\int_0^x(u+uv)\,\mathrm{d}u\right]\mathrm{d}v\\&=\frac{4}{3}\int_0^y\left[\frac{u^2}{2}(1+v)\Big|_0^x\right]\mathrm{d}v=\frac{4}{3}\int_0^y\frac{x^2}{2}(1+v)\,\mathrm{d}v\\&=\frac{4}{3}\,\frac{x^2}{2}\left(v+\frac{v^2}{2}\right)\Big|_0^y=\frac{4}{3}\,\frac{x^2}{2}\left(y+\frac{y^2}{2}\right)\end{aligned}$$

化简得到

$$F_{X,Y}(x,y)=\frac{1}{3}x^2(2y+y^2)$$

[x 和 y 取何值时 $F_{X,Y}(x,y)$有意义?] ■

定理 3.7.3 令 $F_{X,Y}(x,y)$为连续随机变量 X 和 Y 的联合累积分布函数. 那么 X 和 Y 的联合概率密度函数 $f_{X,Y}(x,y)$为联合累积分布函数的二阶偏导数，即

$$f_{X,Y}(x,y)=\frac{\partial^2}{\partial x\,\partial y}F_{X,Y}(x,y)$$

这里我们假设联合累积分布函数 $F_{X,Y}(x,y)$存在连续二阶偏导数.

例 3.7.10 随机变量 X 和 Y 的联合累积分布函数为 $F_{X,Y}(x,y)=\frac{1}{3}x^2(2y+y^2)$，$0\leqslant x\leqslant 1$，$0\leqslant y\leqslant 1$. 请问它们的联合概率密度函数是什么?

根据定理 3.7.3，

$$\begin{aligned}f_{X,Y}(x,y)&=\frac{\partial^2}{\partial x\,\partial y}F_{X,Y}(x,y)=\frac{\partial^2}{\partial x\,\partial y}\,\frac{1}{3}x^2(2y+y^2)\\&=\frac{\partial}{\partial y}\,\frac{2}{3}x(2y+y^2)=\frac{2}{3}x(2+2y)=\frac{4}{3}(x+xy),\quad 0\leqslant x\leqslant 1,0\leqslant y\leqslant 1\end{aligned}$$

注意例 3.7.9 和 3.7.10 之间的联系. $f_{X,Y}(x,y)$和 $F_{X,Y}(x,y)$在两个例子中都是相同的.

■

多元密度

本节的定义和定理以一种非常直接的方式扩展到涉及两个以上变量的情况. 例如，n 个离

散随机变量的联合概率密度函数，记作 $p_{X_1,\cdots,X_n}(x_1,\cdots,x_n)$，其中

$$p_{X_1,\cdots,X_n}(x_1,\cdots,x_n)=P(X_1=x_1,\cdots,X_n=x_n)$$

对于含有 n 个连续随机变量的联合概率密度函数，函数 $f_{X_1,\cdots,X_n}(x_1,\cdots,x_n)$ 于 n 维空间中的任意区域 R 具有如下性质：

$$P((X_1,\cdots,X_n)\in R)=\iint_R\cdots\int f_{X_1,\cdots,X_n}(x_1,\cdots,x_n)\mathrm{d}x_1\cdots\mathrm{d}x_n$$

且如若 $F_{X_1,\cdots,X_n}(x_1,\cdots,x_n)$ 是连续随机变量 $X_1,\cdots,X_n$ 的联合累积分布函数，即 $F_{X_1,\cdots,X_n}(x_1,\cdots,x_n)=P(X_1\leqslant x_1,\cdots,X_n\leqslant x_n)$，那么

$$f_{X_1,\cdots,X_n}(x_1,\cdots,x_n)=\frac{\partial^n}{\partial x_1\cdots\partial x_n}F_{X_1,\cdots X_n}(x_1,\cdots,x_n)$$

边际概率密度函数的概念也很容易扩展，事实上，在 n 个变量的情况下，边际概率密度函数本身也可以是一个联合概率密度函数. 现有变量 $X_1,\cdots,X_n$，选取任意含有 r 个变量的子集 $(X_{i_1},X_{i_2},\cdots,X_{i_r})$，它们的边际概率密度函数都是通过对联合概率密度函数关于其他的 $n-r$ 个变量 $(X_{j_1},X_{j_2},\cdots,X_{j_{n-r}})$ 积分(或求和)得到的. 例如，如果 X_i 都是连续的，那么

$$f_{X_{i_1},\cdots,X_{i_r}}(x_{i_1},\cdots,x_{i_r})=\int_{-\infty}^{\infty}\int_{-\infty}^{\infty}\cdots\int_{-\infty}^{\infty}f_{X_1,\cdots,X_n}(x_1,\cdots,x_n)\mathrm{d}x_{j_1}\cdots\mathrm{d}x_{j_{n-r}}$$

习题

3.7.25 同时抛掷一枚均匀的硬币和一个均匀的骰子. 令 X 表示硬币出现正面的次数，Y 表示骰子朝上的数字.

(a)列出样本空间 S 的所有结果. (b)求 $F_{X,Y}(1,2)$.

3.7.26 一个盲盒里有 12 个球：4 个红球，3 个黑球，5 个白球. 无放回地取出一个大小为 4 的样本. 用 X 表示样本中白球的数量，Y 表示红球的数量. 求 $F_{X,Y}(1,2)$.

3.7.27 对于下列联合概率密度函数，求 $F_{X,Y}(x,y)$.

(a) $f_{X,Y}(x,y)=\frac{3}{2}y^2$，$0\leqslant x\leqslant 2$，$0\leqslant y\leqslant 1$

(b) $f_{X,Y}(x,y)=\frac{2}{3}(x+2y)$，$0\leqslant x\leqslant 1$，$0\leqslant y\leqslant 1$

(c) $f_{X,Y}(x,y)=4xy$，$0\leqslant x\leqslant 1$，$0\leqslant y\leqslant 1$

3.7.28 对于下列联合概率密度函数，求 $F_{X,Y}(x,y)$.

(a) $f_{X,Y}(x,y)=\frac{1}{2}$，$0\leqslant x\leqslant y\leqslant 2$

(b) $f_{X,Y}(x,y)=\frac{1}{x}$，$0\leqslant y\leqslant x\leqslant 1$

(c) $f_{X,Y}(x,y)=6x$，$0\leqslant x\leqslant 1$，$0\leqslant y\leqslant 1-x$

3.7.29 随机变量 X 和 Y 的联合累积分布函数如下所示，求 $f_{X,Y}(x,y)$ 并作出它的图像.

$$F_{X,Y}(x,y)=xy,\quad 0\leqslant x\leqslant 1,\quad 0\leqslant y\leqslant 1$$

3.7.30 两个随机变量 X 和 Y 的联合累积分布函数如下所示，求它们的联合概率密度函数.

$$F_{X,Y}(x,y)=(1-\mathrm{e}^{-\lambda y})(1-\mathrm{e}^{-\lambda x}),\quad x>0,\quad y>0$$

3.7.31 已知 $F_{X,Y}(x,y)=k(4x^2y^2+5xy^4)$，$0<x<1$，$0<y<1$，求它们的概率密度函数，并利用其计算 $P\left(0<X<\frac{1}{2},\frac{1}{2}<Y<1\right)$.

3.7.32 证明

$$P(a < X \leqslant b, c < Y \leqslant d) = F_{X,Y}(b,d) - F_{X,Y}(a,d) - F_{X,Y}(b,c) + F_{X,Y}(a,c)$$

3.7.33 某种牌子的荧光灯平均可以持续使用 1 000 个小时．假设在办公室安装四个这种灯泡．请问在 1 050 小时后这四个灯泡依旧能工作的概率是多少？如果 X_i 表示第 i 个灯泡的寿命，假设

$$f_{X_1,X_2,X_3,X_4}(x_1,x_2,x_3,x_4) = \prod_{i=1}^{4}\left(\frac{1}{1\ 000}\right)\mathrm{e}^{-x/1\ 000}$$

对于 $x_i>0$，$i=1,2,3,4$.

3.7.34 从一副标准扑克牌中抽取六张，令 X 表示抽到 A 的张数，Y 表示抽到 K 的张数，Z 表示抽到 Q 的张数.

(a)写出 $p_{X,Y,Z}(x,y,z)$的表达式.

(b)求 $p_{X,Y}(x,y)$和 $p_{X,Z}(x,z)$.

3.7.35 若 $p_{X,Y,Z}(x,y,z)=\dfrac{3!}{x!y!z!(3-x-y-z)!}\left(\dfrac{1}{2}\right)^x\left(\dfrac{1}{12}\right)^y\left(\dfrac{1}{6}\right)^z\left(\dfrac{1}{4}\right)^{3-x-y-z}$，$x,y,z=0,1,2,3$ 且 $0\leqslant x+y+z\leqslant 3$，求 $p_{X,Y}(0,1)$.

3.7.36 随机变量 X,Y,Z 的多元概率密度函数为

$$f_{X,Y,Z}(x,y,z) = (x+y)\mathrm{e}^{-z}$$

其中 $0<x<1$，$0<y<1$，$z>0$.

(a)求 $f_{X,Y}(x,y)$.　　(b)求 $f_{Y,Z}(y,z)$.

(c)求 $f_Z(z)$.

3.7.37 随机变量 W,X,Y,Z 的多元概率密度函数为

$$f_{W,X,Y,Z}(w,x,y,z) = 16wxyz$$

其中 $0\leqslant w\leqslant 1$，$0\leqslant x\leqslant 1$，$0\leqslant y\leqslant 1$，$0\leqslant z\leqslant 1$.

请求出边际概率密度函数 $f_{W,X}(w,x)$，并利用其求出 $P\left(0\leqslant W\leqslant\frac{1}{2},\frac{1}{2}\leqslant X\leqslant 1\right)$.

两个随机变量的独立性

在 2.5 节中我们学习了的关于独立事件的概念，事实上随机变量的独立性与其有着类似的定义.

定义 3.7.5 若对于任意点 a 和 b，有$P(X=a,\ Y=b)=P(X=a)P(Y=b)$，那么我们称两个离散随机变量 X 和 Y 是独立的．若对于任意区间 A 和 B，有 $P(X\in A,\ Y\in B)=P(X\in A)P(Y\in B)$，那么我们称两个连续随机变量 X 和 Y 是独立的.

定理 3.7.4 我们称连续随机变量 X 和 Y 是独立的，当且仅当对于所有 x 和 y，存在函数 $g(x)$和 $h(y)$，使得

$$f_{X,Y}(x,y) = g(x)h(y) \tag{3.7.2}$$

若公式(3.7.2)成立，那么存在一个常数 k 使得 $f_X(x)=kg(x)$，$f_Y(y)=(1/k)h(y)$.

证明 首先，假设 X 和 Y 是独立的．那么便有 $F_{X,Y}(x,y)=P(X\leqslant x,Y\leqslant y)=P(X\leqslant x)P(Y\leqslant y)=F_X(x)F_Y(y)$，我们可以得出

$$\begin{aligned} f_{X,Y}(x,y) &= \frac{\partial^2}{\partial x\,\partial y}F_{X,Y}(x,y) = \frac{\partial^2}{\partial x\,\partial y}F_X(x)F_Y(y) \\ &= \frac{\mathrm{d}}{\mathrm{d}x}F_X(x)\,\frac{\mathrm{d}}{\mathrm{d}y}F_Y(y) = f_X(x)f_Y(y) \end{aligned}$$

接下来，我们需要证明通过公式(3.7.2)可以得出 X 和 Y 是独立的．第一步，我们可

以写出

$$f_X(x)=\int_{-\infty}^{\infty}f_{X,Y}(x,y)\mathrm{d}y=\int_{-\infty}^{\infty}g(x)h(y)\mathrm{d}y=g(x)\int_{-\infty}^{\infty}h(y)\mathrm{d}y$$

令 $k=\int_{-\infty}^{\infty}h(y)\mathrm{d}y$，那么 $f_X(x)=kg(x)$. 同样地，$f_Y(y)=(1/k)h(y)$. 因此

$$\begin{aligned}P(X\in A,Y\in B)&=\int_A\int_B f_{X,Y}(x,y)\mathrm{d}x\mathrm{d}y=\int_A\int_B g(x)h(y)\mathrm{d}x\mathrm{d}y\\&=\int_A\int_B kg(x)(1/k)h(y)\mathrm{d}x\mathrm{d}y=\int_A f_X(x)\mathrm{d}x\int_B f_Y(y)\mathrm{d}y\\&=P(X\in A)P(Y\in B)\end{aligned}$$

所以定理成立.

注释　定理3.7.4同样适用于 X 和 Y 离散的情况.

例3.7.11　假设两个随机变量 X 和 Y 的概率行为可由联合概率密度函数 $f_{X,Y}(x,y)=12xy(1-y)$，$0\leqslant x\leqslant 1$，$0\leqslant y\leqslant 1$ 描述. 请问 X 和 Y 是独立的吗? 如果是，求 $f_X(x)$和 $f_Y(y)$.

根据定理3.7.4，如果 $f_{X,Y}(x,y)$可以分解成关于 x 的函数乘以关于 y 的函数，那么答案是肯定的. 我们令 $g(x)=12x$，$h(y)=y(1-y)$.

想要求 $f_X(x)$和 $f_Y(y)$，则要令 $f_{X,Y}(x,y)$中的“12”按某种方式进行分解，使得 $g(x)\cdot h(y)=f_X(x)\cdot f_Y(y)$. 令

$$k=\int_{-\infty}^{\infty}h(y)\mathrm{d}y=\int_0^1 y(1-y)\mathrm{d}y=(y^2/2-y^3/3)\Big|_0^1=\frac{1}{6}$$

因此，$f_X(x)=kg(x)=\frac{1}{6}(12x)=2x$，$0\leqslant x\leqslant 1$，$f_Y(y)=(1/k)h(y)=6y(1-y)$，$0\leqslant y\leqslant 1$. ■

$n(>2)$个随机变量的独立性

在第2章中，如何将独立性的概念从两个事件扩展到 n 个事件是一个需要研究的问题. 事实上，我们必须分别检查 n 个事件间每个子集的独立性(见定义2.5.2). 然而在 n 个随机变量的情况下，这是没有必要的. 我们只需简单地将定理3.7.4扩展至 n 个随机变量的情况，便可将其作为多元情况下独立性的定义. 独立性等价于联合概率密度函数的因式分解的定理在多维情况下成立.

定义3.7.6　我们称 n 个随机变量 $X_1,X_2,\cdots,X_n$ 是独立的，如果对于所有 $x_1,x_2,\cdots,x_n$，存在函数 $g_1(x_1),g_2(x_2),\cdots,g_n(x_n)$，有

$$f_{X_1,X_2,\cdots,X_n}(x_1,x_2,\cdots,x_n)=g_1(x_1)g_2(x_2)\cdots g_n(x_n)$$

对于离散随机变量也具有相似的定义，在这种情况下将 f 替换成 p.

注释　类似于 $n=2$ 个随机变量的结果，定义3.7.6中等号右边的表达式也可写作 $X_1,X_2,\cdots,X_n$ 的边际概率密度函数的乘积.

例3.7.12　有 k 个盲盒，每个盲盒中有 n 个编号从1到 n 的球. 从每个盲盒中随机抽取一个球. 所有 k 个球上编号都相同的概率是多少?

如果 $X_1,X_2,\cdots,X_k$ 分别表示第 $1,2,\cdots,k$ 个球上的编号，那么我们要求的就是 $X_1=X_2=\cdots=X_k$ 的概率. 就联合概率密度函数而言，

$$P(X_1 = X_2 = \cdots = X_k) = \sum_{x_1 = x_2 = \cdots = x_k} p_{X_1, X_2, \cdots, X_k}(x_1, x_2, \cdots, x_k)$$

这里的每一个选择显然都是独立的，同样，根据定义 3.7.6 联合概率密度函数中的因子也是相互独立的，我们可以得到

$$\begin{aligned} P(X_1 = X_2 = \cdots = X_k) &= \sum_{i=1}^{n} p_{X_1(x_i)} \cdot p_{X_2(x_i)} \cdots p_{X_k}(x_i) \\ &= n \cdot \left(\frac{1}{n} \cdot \frac{1}{n} \cdot \cdots \cdot \frac{1}{n}\right) \\ &= \frac{1}{n^{k-1}} \end{aligned}$$

■

随机样本

定义 3.7.6 解决了关于随机变量独立性的问题，因为它适用于 n 个具有边际概率密度函数的随机变量，但 $f_{X_1}(x_1), f_{X_2}(x_2), \cdots, f_{X_n}(x_n)$ 可能完全不同. 一种特殊情况下的定义出现在统计分析收集的每一组数据中. 假设一个试验者在同样的条件下，做了 n 次试验分别得到 $x_1, x_2, \cdots, x_n$. 这些 x_i 将作为一组独立的随机变量，而且每个变量都代表相同的概率密度函数. 我们会在定义 3.7.7 中了解它的特殊性以及含义. 此后的章节中也会经常出现.

定义 3.7.7 令 $W_1, W_2, \cdots, W_n$ 表示一个含有 n 个独立随机变量的集合，且它们都有相同的概率密度函数，那么我们称 $W_1, W_2, \cdots, W_n$ 是一个大小为 n 的随机样本.

习题

3.7.38 掷两个均匀的骰子. 令 X 表示第一个骰子上的数字，Y 表示第二个骰子上的数字. 证明 X 和 Y 是独立的.

3.7.39 设 $f_{X,Y}(x,y) = \lambda^2 \mathrm{e}^{-\lambda(x+y)}$，$0 \leqslant x$，$0 \leqslant y$. 证明 X 和 Y 是独立的. 在这种情况下，边际概率密度函数是什么？

3.7.40 假设两个盲盒内各有编号从 1 到 4 的四个球. 从第一个盲盒中抽取一个球，将其编号记作 X，再将其放入第二个盲盒中. 然后从第二个盲盒中取出一个球，将其编号记作 Y.

(a)求 $p_{X,Y}(x,y)$.

(b)证明 $p_X(k) = p_Y(k) = \frac{1}{4}$，$k = 1, 2, 3, 4$.

(c)证明 X 和 Y 不是独立的.

3.7.41 设 X 和 Y 为随机变量，其联合概率密度函数为 $f_{X,Y}(x,y) = k$，$0 \leqslant x \leqslant 1$，$0 \leqslant y \leqslant 1$，$0 \leqslant x + y \leqslant 1$，利用几何知识证明 X 和 Y 不是独立的.

3.7.42 已知 $f_{X,Y}(x,y) = \frac{2}{3}(x + 2y)$，$0 \leqslant x \leqslant 1$，$0 \leqslant y \leqslant 1$，请问随机变量 X 和 Y 是不是独立的？

3.7.43 假设随机变量 X 和 Y 是独立的，其边际概率密度函数为 $f_X(x) = 2x$，$0 \leqslant x \leqslant 1$ 和 $f_Y(y) = 3y^2$，$0 \leqslant y \leqslant 1$. 求 $P(Y < X)$.

3.7.44 已知 $f_X(x) = \frac{x}{2}$，$0 \leqslant x \leqslant 2$，$f_Y(y) = 2y$，$0 \leqslant x \leqslant 1$. 请求出独立随机变量 X 和 Y 的联合累积分布函数.

3.7.45 假设两个随机变量 X 和 Y 是独立的，其边际概率密度函数为 $f_X(x) = 2x$，$0 \leqslant x \leqslant 1$，$f_Y(y) = 1$，$0 \leqslant y \leqslant 1$. 求 $P\left(\frac{Y}{X} > 2\right)$.

3.7.46　设 $f_{X,Y}(x,y)=xy\mathrm{e}^{-(x+y)}$，$x>0$，$y>0$. 证明对于任意实数 a,b,c,d，

$$P(a<X<b,c<Y<d)=P(a<X<b)\cdot P(c<Y<d)$$

从而确立 X 和 Y 的独立性.

3.7.47　已知联合概率密度函数 $f_{X,Y}(x,y)=2x+y-2xy$，$0<x<1$，$0<y<1$，求出 a，b，c，d 满足

$$P(a<X<b,c<Y<d)\neq P(a<X<b)\cdot P(c<Y<d)$$

的值，从而证明 X 和 Y 不是独立的.

3.7.48　证明如果 X 和 Y 是两个独立的随机变量，那么 $U=g(X)$ 和 $V=h(Y)$ 也是独立的.

3.7.49　假设两个随机变量 X 和 Y 定义在 xy-平面上一个非矩形(可能是无限的)且每边都平行于坐标轴的区域，请问 X 和 Y 是相互独立的吗?

3.7.50　写出从指数概率密度函数 $f_X(x)=(1/\lambda)\mathrm{e}^{-x/\lambda}$，$x\geqslant0$ 抽取的一个大小为 n 的随机样本的联合概率密度函数.

3.7.51　假设 X_1,X_2,X_3,X_4 是独立的随机变量，它们的概率密度函数为 $f_{X_i}(x_i)=4x_i^3$，$0\leqslant x_i\leqslant1$. 请求出

(a) $P\left(X_1<\frac{1}{2}\right)$　　(b) $P\left(\text{只有一个 } X_i<\frac{1}{2}\right)$

(c) $f_{X_1,X_2,X_3,X_4}(x_1,x_2,x_3,x_4)$　　(d) $F_{X_2,X_3}(x_2,x_3)$

3.7.52　从单位区间上的均匀概率密度函数中抽取一个大小为 $n=2k$ 的随机样本. 计算 $P\left(X_1<\frac{1}{2},X_2>\frac{1}{2},X_3<\frac{1}{2},X_4>\frac{1}{2},\cdots,X_{2k}>\frac{1}{2}\right)$.

3.8　随机变量的变换和组合

变换

将变量从一个尺度变换为另一个尺度是一个我们非常熟悉的问题. 如果温度计显示室外温度是83℉，那么我们可以通过计算得知室外温度是28℃：

$$\left(\frac{5}{9}\right)(℉-32)=\left(\frac{5}{9}\right)(83-32)=28℃$$

在随机变量方面也有了类似的问题. 假设 X 是一个离散随机变量，其概率密度函数为 $p_X(k)$. 如果第二个随机变量 Y 被定义为 $aX+b$，其中 a 和 b 都是常数，那么我们该如何表示 Y 的概率密度函数? 回顾习题3.3.11和3.4.16，将它们作为这种变换方式的示例.

定理3.8.1　设 X 是一个离散随机变量. 令 $Y=aX+b$，其中 a 和 b 是常数. 那么 $p_Y(y)=p_X\left(\frac{y-b}{a}\right)$.

证明

$$p_Y(y)=P(Y=y)=P(aX+b=y)=P\left(X=\frac{y-b}{a}\right)=p_X\left(\frac{y-b}{a}\right)$$

例3.8.1　设 X 是随机变量，其 $p_X(k)=\frac{1}{10}$，$k=1,2,\cdots,10$. 若 $Y=4X-1$，请问随机变量 Y 的概率分布是什么? 即求出 $p_Y(y)$.

根据定理3.8.1，$P(Y=y)=P(4X-1=y)=P(X=(y+1)/4)=p_X\left(\frac{y+1}{4}\right)$，这意味着对于 $(y+1)/4$ 的十个值 $1,2,3,\cdots,10$，$p_Y(y)=\frac{1}{10}$. 即 $(y+1)/4=1$ 时 $y=3$，$(y+1)/4=2$

时 $y=7,\cdots,(y+1)/4=10$ 时 $y=39$. 因此 $p_Y(y)=\frac{1}{10}$, $y=3,7,\cdots,39$. ■

接下来，我们将给出关于连续随机变量线性变换的类似定理.

定理 3.8.2 假设 X 是一个连续随机变量. 设 $Y=aX+b$，其中 $a\neq 0$，且 b 是常数. 那么

$$f_Y(y)=\frac{1}{|a|}f_X\left(\frac{y-b}{a}\right)$$

证明 我们首先列出 Y 的累积分布函数的表达式：

$$F_Y(y)=P(Y\leqslant y)=P(aX+b\leqslant y)=P(aX\leqslant y-b)$$

这时，我们需要考虑两种情况，即 a 的正负.

首先，假设 $a>0$，那么

$$F_Y(y)=P(aX\leqslant y-b)=P\left(X\leqslant\frac{y-b}{a}\right)$$

求 $F_Y(y)$ 的微分得到 $f_Y(y)$：

$$f_Y(y)=\frac{\mathrm{d}}{\mathrm{d}y}F_Y(y)=\frac{\mathrm{d}}{\mathrm{d}y}F_X\left(\frac{y-b}{a}\right)=\frac{1}{a}f_X\left(\frac{y-b}{a}\right)=\frac{1}{|a|}f_X\left(\frac{y-b}{a}\right)$$

假设 $a<0$，

$$F_Y(y)=P(aX\leqslant y-b)=P\left(X>\frac{y-b}{a}\right)=1-P\left(X\leqslant\frac{y-b}{a}\right)$$

求 $F_Y(y)$ 的微分，得到

$$f_Y(y)=\frac{\mathrm{d}}{\mathrm{d}y}F_Y(y)=\frac{\mathrm{d}}{\mathrm{d}y}\left[1-F_X\left(\frac{y-b}{a}\right)\right]=-\frac{1}{a}f_X\left(\frac{y-b}{a}\right)=\frac{1}{|a|}f_X\left(\frac{y-b}{a}\right)$$

定理成立.

现在，我们已掌握了 3.7 节中关于多变量的概念和解题技巧，我们可以将变换的研究扩展到定义在随机变量的集合上的函数. 在统计学中，一组随机变量最重要的组合形式通常是它们的和，所以我们将从求 $X+Y$ 的概率密度函数问题入手.

求和的概率密度函数

定理 3.8.3 假设 X 和 Y 是相互独立的随机变量. 令 $W=X+Y$. 那么

a. 假设 X 和 Y 是离散随机变量，它们的概率密度函数分别为 $p_X(x)$ 和 $p_Y(y)$，那么

$$p_W(w)=\sum_{\text{所有}x}p_X(x)p_Y(w-x)$$

b. 假设 X 和 Y 是连续随机变量，它们的概率密度函数分别为 $f_X(x)$ 和 $f_Y(y)$，那么

$$f_W(w)=\int_{-\infty}^{\infty}f_X(x)f_Y(w-x)\mathrm{d}x$$

证明

a. $$\begin{aligned}p_W(w)&=P(W=w)=P(X+Y=w)\\&=P\Big(\bigcup_{\text{所有}x}(X=x,Y=w-x)\Big)=\sum_{\text{所有}x}P(X=x,Y=w-x)\\&=\sum_{\text{所有}x}P(X=x)P(Y=w-x)\end{aligned}$$

$$= \sum_{\text{所有}x} p_X(x) p_Y(w-x)$$

倒数第二个等式来源于 X 和 Y 的独立性.

b. 因为 X 和 Y 是连续随机变量，所以我们可以通过对相关的累积分布函数 $F_W(w)$ 微分，求出 $f_W(w)$. 这里，$F_W(w)=P(X+Y\leqslant w)$ 是通过在如图 3.8.1 所示的阴影区域 R 上对 $f_{X,Y}(x,y)=f_X(x)\cdot f_Y(y)$ 积分得到的.

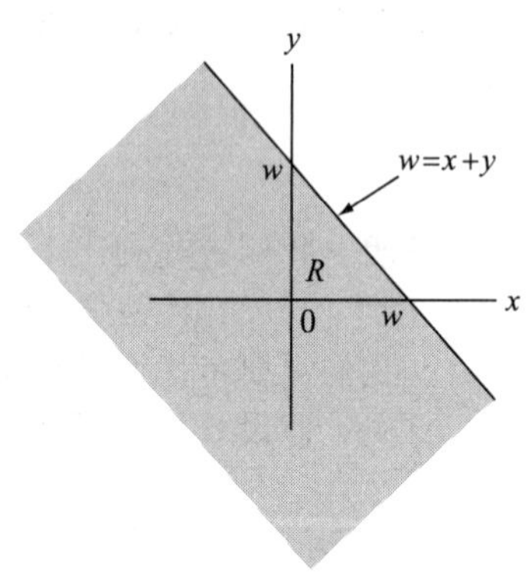

图 3.8.1

经检验，

$$\begin{aligned} F_W(w) &= \int_{-\infty}^{\infty}\int_{-\infty}^{w-x} f_X(x) f_Y(y)\,\mathrm{d}y\mathrm{d}x \\ &= \int_{-\infty}^{\infty} f_X(x)\left[\int_{-\infty}^{w-x} f_Y(y)\,\mathrm{d}y\right]\mathrm{d}x \\ &= \int_{-\infty}^{\infty} f_X(x) F_Y(w-x)\,\mathrm{d}x \end{aligned}$$

假定上述式中的被积函数足够平滑，因此微分和积分可以互换. 我们可以得到

$$\begin{aligned} f_W(w) = \frac{\mathrm{d}}{\mathrm{d}w}F_W(w) &= \frac{\mathrm{d}}{\mathrm{d}w}\int_{-\infty}^{\infty} f_X(x) F_Y(w-x)\,\mathrm{d}x \\ &= \int_{-\infty}^{\infty} f_X(x)\left[\frac{\mathrm{d}}{\mathrm{d}w}F_Y(w-x)\right]\mathrm{d}x \\ &= \int_{-\infty}^{\infty} f_X(x) f_Y(w-x)\,\mathrm{d}x \end{aligned}$$

定理成立.

注释 上面(b)部分的积分被称为函数 f_X 和 f_Y 的卷积. 除了经常出现在随机变量问题中，卷积也出现在数学和工程学中的许多领域.

例 3.8.2 假设 X 和 Y 是两个独立的二项随机变量，都有着相同的成功率，分别进行了 m 次和 n 次试验. 具体地说，

$$p_X(k) = \binom{m}{k} p^k (1-p)^{m-k},\quad k = 0,1,\cdots,m$$

和

$$p_Y(k) = \binom{n}{k} p^k (1-p)^{n-k},\quad k = 0,1,\cdots,n$$

求当 $W=X+Y$ 时的 $p_W(w)$.

根据定理 3.8.3，$p_W(w) = \sum_{\text{所有}x} p_X(x)\cdot p_Y(w-x)$，而“所有 x”的和可以被解释为分别使得 $p_X(x)$和 $p_Y(w-x)$都是非零的 x 和 $w-x$ 的值集合. 这对于从 0 到 w 的所有整数 x 都成立，因此

$$p_W(w) = \sum_{x=0}^{w} p_X(x) p_Y(w-x) = \sum_{x=0}^{w}\binom{m}{x} p^x (1-p)^{m-x}\binom{n}{w-x} p^{w-x}(1-p)^{n-(w-x)}$$

$$= \sum_{x=0}^{w}\binom{m}{x}\binom{n}{w-x}p^{w}(1-p)^{n+m-w}$$

现在，考虑一个盲盒有 m 个红球和 n 个白球. 如果不放回地抽出 w 个球，样本中恰好有 x 个红球的概率可由超几何分布给出，

$$P(\text{样本中恰好有 } x \text{ 个红球}) = \frac{\binom{m}{x}\binom{n}{w-x}}{\binom{m+n}{w}} \tag{3.8.1}$$

在这种情况下，公式(3.8.1)从 $x=0$ 到 $x=w$ 的求和必须等于1(为什么?)，那么

$$\sum_{x=0}^{w}\binom{m}{x}\binom{n}{w-x} = \binom{m+n}{w}$$

所以

$$p_W(w) = \binom{m+n}{w}p^{w}(1-p)^{n+m-w}, \quad w = 0,1,\cdots,n+m$$

我们应该承认上述关于 $p_W(w)$的式子是正确的吗？答案是肯定的. 比较 $p_W(w)$的结构和定理 3.2.1 中的陈述：关于随机变量 W 的二项分布中，任何给定试验的成功率都为 p 且试验的总次数等于$n+m$. ■

注释 例 3.8.2 表明二项分布"再生"了自己——如果 X 和 Y 是独立的二项随机变量，且 p 的值相同，那么它们的和也是一个二项随机变量. 并不是所有的随机变量都具有这种性质. 例如，两个相互独立的均匀随机变量之和就不是一个均匀随机变量(见习题 3.8.5).

例 3.8.3 假设一个辐射监测器的运行依赖一个电子传感器，后者寿命 X 的指数概率密度函数模型为$f_X(x)=\lambda e^{-\lambda x}$，$x>0$. 为了提高监视器的可靠性，制造商安装了一个相同的第二传感器，只有在第一个传感器发生故障时才会激活.（这称为冷储备.）设随机变量Y 表示第二个传感器的工作寿命，在这种情况下监视器的寿命可以表示为 $W=X+Y$，求 $f_W(w)$.

由于 X 和 Y 都是连续随机变量，

$$f_W(w) = \int_{-\infty}^{\infty} f_X(x)f_Y(w-x)\mathrm{d}x \tag{3.8.2}$$

请注意只有当 $x>0$ 时 $f_X(x)>0$ 且只有当 $x<w$ 时 $f_Y(w-x)>0$，因此，等式(3.8.2)中从$-\infty$到∞的积分可被简化为从 0 到 w 的积分，我们可以得到

$$f_W(w)=\int_0^w f_X(x)f_Y(w-x)\mathrm{d}x = \int_0^w \lambda e^{-\lambda x}\lambda e^{-\lambda(w-x)}\mathrm{d}x = \lambda^2\int_0^w e^{-\lambda x}e^{-\lambda(w-x)}\mathrm{d}x$$

$$= \lambda^2 e^{-\lambda w}\int_0^w \mathrm{d}x = \lambda^2 w e^{-\lambda w}, \quad w \geqslant 0$$

■

注释 通过对 $f_X(x)$和 $f_W(w)$积分，我们可以评估冷储备对监视器可靠性的改善. 由于 X 是一个指数随机变量，$E(X)=1/\lambda$(回顾习题 3.5.11). 那么，$P(X\geqslant 1/\lambda)$和 $P(W\geqslant 1/\lambda)$有何不同？一个简单的计算表明，后者实际上是前者的两倍大小：

$$P(X \geqslant 1/\lambda) = \int_{1/\lambda}^{\infty}\lambda e^{-\lambda x}\mathrm{d}x = -e^{-u}\big|_1^{\infty} = e^{-1} = 0.37$$

$$P(W \geqslant 1/\lambda) = \int_{1/\lambda}^{\infty} \lambda^2 w \mathrm{e}^{-\lambda w} \mathrm{d}w = \mathrm{e}^{-u}(-u-1)\Big|_1^{\infty} = 2\mathrm{e}^{-1} = 0.74$$

求商和积的概率密度函数

我们将通过研究两个独立随机变量的商和积的概率密度函数来结束本节. 已知 X 和 Y，我们要求 $f_W(w)$，其中 $W=Y/X$，$W=XY$. 与两个随机变量之和的概率密度函数相比，上述两式都没那么重要，但在第 7 章的几个推导中，这两个公式都将扮演关键角色. 例 3.8.4 将引入相关定理的介绍.

例 3.8.4 设 X 和 Y 在单位正方形上的联合均匀密度函数为：

$$f_{X,Y}(x,y) = \begin{cases} 1, & 0 < x < 1, 0 < y < 1, \\ 0, & \text{其他} \end{cases}$$

请求出它们积的概率密度函数，即 $f_Z(z)$，这里 $Z=XY$.

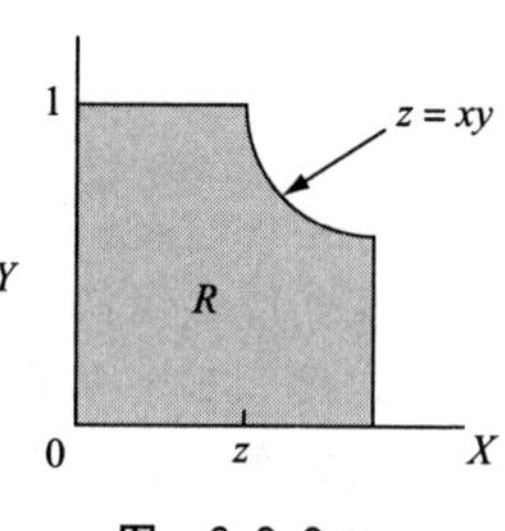

图 3.8.2

对于 $0<z<1$，$F_Z(z)$即图 3.8.2 中阴影区域上的面积. 具体地说，

$$F_Z(z) = P(Z \leqslant z) = P(XY \leqslant z) = \iint_R f_{X,Y}(x,y)\mathrm{d}y\mathrm{d}x$$

经检验，我们可以看到 R 上的二重积分可以分解成两个二重积分——一个令 x 取值从 0 到 z，另一个令 x 取值从 z 到 1：

$$F_Z(z) = \int_0^z \left(\int_0^1 1\mathrm{d}y\right)\mathrm{d}x + \int_z^1 \left(\int_0^{z/x} 1\mathrm{d}y\right)\mathrm{d}x$$

分别计算得到

$$\int_0^z \left(\int_0^1 1\mathrm{d}y\right)\mathrm{d}x = \int_0^z 1\mathrm{d}x = z$$

和

$$\int_z^1 \left(\int_0^{z/x} 1\mathrm{d}y\right)\mathrm{d}x = \int_z^1 \left(\frac{z}{x}\right)\mathrm{d}x = z\ln x\Big|_z^1 = -z\ln z$$

由此可见

$$F_Z(z) = \begin{cases} 0, & z \leqslant 0, \\ z - z\ln z, & 0 < z < 1, \\ 1, & z \geqslant 1 \end{cases}$$

在这种情况下

$$f_Z(z) = \begin{cases} -\ln z, & 0 < z < 1, \\ 0, & \text{其他} \end{cases}$$

■

定理 3.8.4 设 X，Y 为独立连续随机变量，它们的概率密度函数分别为 $f_X(x)$和 $f_Y(y)$. 假设 X 至多在一组孤立点上为零. 设 $W=Y/X$. 则

$$f_W(w) = \int_{-\infty}^{\infty} |x| f_X(x) f_Y(wx)\mathrm{d}x$$

证明

$$\begin{aligned} F_W(w) &= P(Y/X \leqslant w) \\ &= P(Y/X \leqslant w, X \geqslant 0) + P(Y/X \leqslant w, X < 0) \end{aligned}$$

$$= P(Y \leqslant wX, X \geqslant 0) + P(Y \geqslant wX, X < 0)$$
$$= P(Y \leqslant wX, X \geqslant 0) + 1 - P(Y \leqslant wX, X < 0)$$
$$= \int_0^{\infty}\int_{-\infty}^{wx} f_X(x)f_Y(y)\mathrm{d}y\mathrm{d}x + 1 - \int_{-\infty}^{0}\int_{-\infty}^{wx} f_X(x)f_Y(y)\mathrm{d}y\mathrm{d}x$$

对 $F_W(w)$求微分，得到

$$f_W(w) = \frac{\mathrm{d}}{\mathrm{d}w}F_W(w) = \frac{\mathrm{d}}{\mathrm{d}w}\int_0^{\infty}\int_{-\infty}^{wx} f_X(x)f_Y(y)\mathrm{d}y\mathrm{d}x - \frac{\mathrm{d}}{\mathrm{d}w}\int_{-\infty}^{0}\int_{-\infty}^{wx} f_X(x)f_Y(y)\mathrm{d}y\mathrm{d}x$$
$$= \int_0^{\infty} f_X(x)\left(\frac{\mathrm{d}}{\mathrm{d}w}\int_{-\infty}^{wx} f_Y(y)\mathrm{d}y\right)\mathrm{d}x - \int_{-\infty}^{0} f_X(x)\left(\frac{\mathrm{d}}{\mathrm{d}w}\int_{-\infty}^{wx} f_Y(y)\mathrm{d}y\right)\mathrm{d}x \qquad (3.8.3)$$

（注意，我们假设函数具有足够的正则性，以保证积分和微分之间的转换.）

接下来，我们对函数 $G(w) = \int_{-\infty}^{wx} f_Y(y)\mathrm{d}y$ 关于 w 进行微分，根据微积分基本定理和链式法则，我们得到

$$\frac{\mathrm{d}}{\mathrm{d}w}G(w) = \frac{\mathrm{d}}{\mathrm{d}w}\int_{-\infty}^{wx} f_Y(y)\mathrm{d}y = f_Y(wx)\frac{\mathrm{d}}{\mathrm{d}w}wx = xf_Y(wx)$$

将结果代入等式(3.8.3)，得到

$$f_W(w) = \int_0^{\infty} xf_X(x)f_Y(wx)\mathrm{d}x - \int_{-\infty}^{0} xf_X(x)f_Y(wx)\mathrm{d}x$$
$$= \int_0^{\infty} xf_X(x)f_Y(wx)\mathrm{d}x + \int_{-\infty}^{0} (-x)f_X(x)f_Y(wx)\mathrm{d}x$$
$$= \int_0^{\infty} |x|f_X(x)f_Y(wx)\mathrm{d}x + \int_{-\infty}^{0} |x|f_X(x)f_Y(wx)\mathrm{d}x$$
$$= \int_{-\infty}^{\infty} |x|f_X(x)f_Y(wx)\mathrm{d}x$$

定理成立.

例 3.8.5 设 X 和 Y 是独立的随机变量，它们的概率密度函数分别为 $f_X(x) = \lambda\mathrm{e}^{-\lambda x}$，$x>0$，$f_Y(y)=\lambda\mathrm{e}^{-\lambda y}$，$y>0$. 令 $W=Y/X$. 求 $f_W(w)$.

代入定理 3.8.4 中的公式，我们可以得到

$$f_W(w) = \int_0^{\infty} x(\lambda\mathrm{e}^{-\lambda x})(\lambda\mathrm{e}^{-\lambda xw})\mathrm{d}x = \lambda^2\int_0^{\infty} x\mathrm{e}^{-\lambda(1+w)x}\mathrm{d}x$$
$$= \frac{\lambda^2}{\lambda(1+w)}\int_0^{\infty} x\lambda(1+w)\mathrm{e}^{-\lambda(1+w)x}\mathrm{d}x$$

需要注意的是，上式中的积分事实上是参数为 $\lambda(1+w)$的指数随机变量的期望值，所以它等于 $1/\lambda(1+w)$(回顾例 3.5.6). 因此，

$$f_W(w) = \frac{\lambda^2}{\lambda(1+w)}\frac{1}{\lambda(1+w)} = \frac{1}{(1+w)^2}, \quad w \geqslant 0$$ ■

定理 3.8.5 设 X 和 Y 是独立的连续随机变量，它们的概率密度函数分别为 $f_X(x)$和 $f_Y(y)$. 令 $W=XY$. 那么

$$f_W(w) = \int_{-\infty}^{\infty} \frac{1}{|x|}f_X(x)f_Y(w/x)\mathrm{d}x = \int_{-\infty}^{\infty} \frac{1}{|x|}f_X(w/x)f_Y(x)\mathrm{d}x$$

证明　对定理3.8.4的证明进行逐行、直接地修改，就可以得到定理3.8.5的证明. 细节请读者自行补充.

例3.8.6　设X和Y是独立的随机变量，它们的概率密度函数分别为$f_X(x)=1$，$0\leqslant x\leqslant 1$，$f_Y(y)=2y$，$0\leqslant y\leqslant 1$. 令$W=XY$. 求$f_W(w)$.

根据定理3.8.5，

$$f_W(w)=\int_{-\infty}^{\infty}\frac{1}{|x|}f_X(x)f_Y(w/x)\mathrm{d}x$$

积分区域需要被限制在使得被积函数为正的x的取值范围内. $f_Y(w/x)$只有当$0\leqslant w/x\leqslant 1$时为正，这意味着$x\geqslant w$. 且若想要$f_X(x)$为正，那么便需要$0\leqslant x\leqslant 1$. 因此任意$x$取值在$w$到1上时，被积函数都为正. 所以

$$f_W(w)=\int_w^1\frac{1}{x}(1)(2w/x)\mathrm{d}x=2w\int_w^1\frac{1}{x^2}\mathrm{d}x=2-2w,\quad 0\leqslant w\leqslant 1$$ ■

注释　定理3.8.3，3.8.4和3.8.5同样适用于X,Y相互不独立时，利用联合概率密度函数代替边际概率密度函数的乘积.

习题

3.8.1　设Y是一个连续的随机变量，其$f_Y(y)=\frac{1}{2}(1+y)$，$-1\leqslant y\leqslant 1$. 定义随机变量W为$W=-4Y+7$. 求$f_W(w)$. 注意注明$f_W(w)\neq 0$时，w的值.

3.8.2　设Y是一个连续的随机变量，其$f_Y(y)=\frac{3}{14}(1+y^2)$，$0\leqslant y\leqslant 2$. 定义随机变量$W$为$W=3Y+2$. 求$f_W(w)$. 注意注明$f_W(w)\neq 0$时，$w$的值.

3.8.3　设X和Y是两个独立的随机变量. 给定下面所示的边际概率密度函数，求出$X+Y$的概率密度函数. 在每种情况下，检查$X+Y$是否与X和Y属于同一个概率密度函数类型.

(a) $p_X(k)=\mathrm{e}^{-\lambda}\frac{\lambda^k}{k!}$和$p_Y(k)=\mathrm{e}^{-\mu}\frac{\mu^k}{k!}$，$k=0,1,2,\cdots$

(b) $p_X(k)=p_Y(k)=(1-p)^{k-1}p$，$k=1,2,\cdots$

3.8.4　若$f_X(x)=x\mathrm{e}^{-x}$，$x\geqslant 0$，$f_Y(y)=\mathrm{e}^{-y}$，$y\geqslant 0$. X和Y相互独立，请求出$X+Y$的概率密度函数.

3.8.5　设X和Y是两个独立的随机变量，其边际概率密度函数如下所示，请求出$X+Y$的概率密度函数.（提示：考虑两种情况，$0\leqslant w<1$和$1\leqslant w\leqslant 2$.）

$$f_X(x)=1,0\leqslant x\leqslant 1\quad 和\quad f_Y(y)=1,0\leqslant y\leqslant 1$$

3.8.6　如果一个随机变量V与两个独立的随机变量X和Y相互独立，证明：V与$X+Y$相互独立.

3.8.7　设Y为连续非负随机变量. 证明：$W=Y^2$的概率密度函数为$f_W(w)=\frac{1}{2\sqrt{w}}f_Y(\sqrt{w})$. [提示：首先求$F_W(w)$.]

3.8.8　设Y是区间$[0,1]$上的均匀随机变量. 求$W=Y^2$的概率密度函数.

3.8.9　设Y是一个随机变量，已知$f_Y(y)=6y(1-y)$，$0\leqslant y\leqslant 1$，求$W=Y^2$的概率密度函数.

3.8.10　假设质量为m的气体分子的速度是一个随机变量，其概率密度函数$f_Y(y)=ay^2\mathrm{e}^{-by^2}$，$y\geqslant 0$，$a$和$b$是正常数. 求该分子动能$W=(m/2)Y^2$的概率密度函数.

3.8.11　假设X和Y是独立的随机变量，给出以下两组边际概率密度函数. 求XY的概率密度函数.

(a) $f_X(x)=1$，$0\leqslant x\leqslant 1$，和$f_Y(y)=1$，$0\leqslant y\leqslant 1$

(b) $f_X(x)=2x$，$0\leqslant x\leqslant 1$，和$f_Y(y)=2y$，$0\leqslant y\leqslant 1$

3.8.12 假设 X 和 Y 是独立的随机变量，给出以下两组边际概率密度函数．求 Y/X 的累积分布函数．(提示：考虑两种情况，$0\leqslant w<1$ 和 $1<w$.)

(a) $f_X(x)=1$，$0\leqslant x\leqslant 1$，和 $f_Y(y)=1$，$0\leqslant y\leqslant 1$

(b) $f_X(x)=2x$，$0\leqslant x\leqslant 1$，和 $f_Y(y)=2y$，$0\leqslant y\leqslant 1$

3.8.13 假设 X 和 Y 是两个独立的随机变量，已知 $f_X(x)=xe^{-x}$，$x\geqslant 0$，$f_Y(y)=e^{-y}$，$y\geqslant 0$．求 Y/X 的概率密度函数．

3.9 关于均值和方差性质的进一步研究

3.5 节和 3.6 节介绍了单个随机变量的期望值和方差的基本定义．我们学习了如何计算 $E(W)$，$E[g(W)]$，$E(aW+b)$，$\mathrm{Var}(W)$，$\mathrm{Var}(aW+b)$，其中 a 和 b 是任意常数，W 可以是离散或连续的随机变量．本节的目的是基于 3.7 节中学习的联合概率密度函数，了解以上结果在多个随机变量情况下的扩展．

我们从推广 $E[g(W)]$的定理入手．虽然之前的学习中只说明了含有两个随机变量的情况，但它以一种非常直接的方式扩展到包含 n 个随机变量的函数．

定理 3.9.1

a. 假设 X 和 Y 是两个离散随机变量，它们的联合概率密度函数为 $p_{X,Y}(x,y)$．现有 $g(X,Y)$是关于 X 和 Y 的一个函数，则随机变量 $g(X,Y)$的期望值为

$$E[g(X,Y)]=\sum_{\text{所有}x}\sum_{\text{所有}y}g(x,y)\cdot p_{X,Y}(x,y)$$

假设 $\sum_{\text{所有}x}\sum_{\text{所有}y}|g(x,y)|\cdot p_{X,Y}(x,y)<\infty$.

b. 假设 X 和 Y 是两个连续随机变量，它们的联合概率密度函数为 $f_{X,Y}(x,y)$．现有 $g(X,Y)$是关于 X 和 Y 的一个连续函数，则随机变量 $g(X,Y)$的期望值为

$$E[g(X,Y)]=\int_{-\infty}^{\infty}\int_{-\infty}^{\infty}g(x,y)\cdot f_{X,Y}(x,y)\mathrm{d}x\mathrm{d}y$$

假设 $\int_{-\infty}^{\infty}\int_{-\infty}^{\infty}|g(x,y)|\cdot f_{X,Y}(x,y)\mathrm{d}x\mathrm{d}y<\infty$.

证明 证明以上结论的基本方法与定理 3.5.3 的证明相似．详情见参考文献[136].

例 3.9.1 两个随机变量 X 和 Y，它们的联合概率密度函数详见表 3.9.1 所示的 2×4 矩阵．令

$$g(X,Y)=3X-2XY+Y$$

表 3.9.1

X \ Y	0	1	2	3
0	$\frac{1}{8}$	$\frac{1}{4}$	$\frac{1}{8}$	0
1	0	$\frac{1}{8}$	$\frac{1}{4}$	$\frac{1}{8}$

表 3.9.2

z	0	1	2	3
$f_Z(z)$	$\frac{1}{4}$	$\frac{1}{2}$	$\frac{1}{4}$	0

求 $E[g(X,Y)]$有两种方法，一是利用期望值的基本定义，二是利用定理 3.9.1.

令 $Z=3X-2XY+Y$，如表 3.9.2 所示，Z 只能取 0,1,2,3. 根据期望值为加权平均值的基本定义可知，$E[g(X,Y)]$等于 1：

$$E[g(X,Y)] = E(Z) = \sum_{\text{所有}z} z \cdot f_Z(z) = 0 \cdot \frac{1}{4} + 1 \cdot \frac{1}{2} + 2 \cdot \frac{1}{4} + 3 \cdot 0 = 1$$

利用定理 3.9.1 处理表 3.9.1 给出的联合概率密度函数，可以得到相同的答案：

$$E[g(X,Y)] = 0 \cdot \frac{1}{8} + 1 \cdot \frac{1}{4} + 2 \cdot \frac{1}{8} + 3 \cdot 0 + 3 \cdot 0 + 2 \cdot \frac{1}{8} + 1 \cdot \frac{1}{4} + 0 \cdot \frac{1}{8} = 1$$

由此可见，后一种解决方案的优点是使我们避免了中间步骤，即必须先确定 $f_Z(z)$. ■

例 3.9.2 电路有三个电阻——R_X, R_Y, R_Z，通过并联连接(见图 3.9.1). 每一个电阻的标称阻值为 15Ω，但它们的实际电阻值为 X，Y 和 Z，且根据以下联合概率密度函数在 10 到 20 之间变化.

$$f_{X,Y,Z}(x,y,z) = \frac{1}{675\ 000}(xy + xz + yz), \quad \begin{array}{l} 10 \leqslant x \leqslant 20, \\ 10 \leqslant y \leqslant 20, \\ 10 \leqslant z \leqslant 20 \end{array}$$

整个电路的期望电阻是多少?

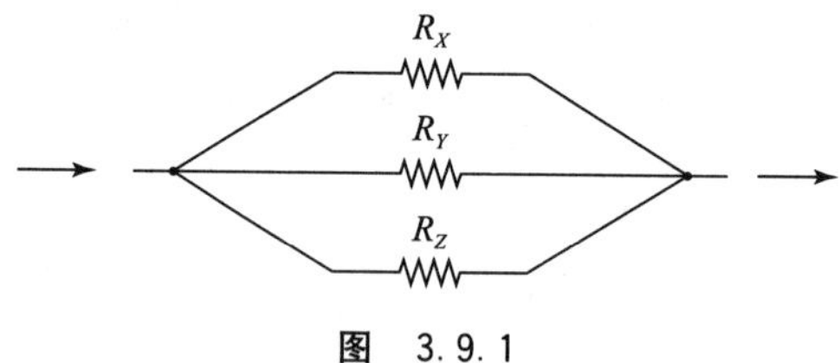

图 3.9.1

用 R 表示电路的电阻. 物理学上有这样一个著名的结论

$$\frac{1}{R} = \frac{1}{X} + \frac{1}{Y} + \frac{1}{Z}$$

即

$$R = \frac{XYZ}{XY + XZ + YZ} = R(X,Y,Z)$$

对 $R(x,y,z) \cdot f_{X,Y,Z}(x,y,z)$积分，显示最终的期望电阻为 5：

$$\begin{aligned} E(R) &= \int_{10}^{20}\int_{10}^{20}\int_{10}^{20} \frac{xyz}{xy + xz + yz} \cdot \frac{1}{675\ 000}(xy + xz + yz)\mathrm{d}x\mathrm{d}y\mathrm{d}z \\ &= \frac{1}{675\ 000}\int_{10}^{20}\int_{10}^{20}\int_{10}^{20} xyz\,\mathrm{d}x\mathrm{d}y\mathrm{d}z \\ &= 5.0 \end{aligned}$$

■

定理 3.9.2 设 X 和 Y 是任意两个随机变量(离散或连续，独立或相关)，假设 a 和 b 是任意两个常数，那么

$$E(aX + bY) = aE(X) + bE(Y)$$

证明 我们在此证明随机变量是连续的情况(离散情况的证明过程相似). 令 $f_{X,Y}(x,y)$

作为 x 和 y 的联合概率密度函数，令 $g(X,Y)=aX+bY$. 根据定理 3.9.1

$$\begin{aligned}E(aX+bY)&=\int_{-\infty}^{\infty}\int_{-\infty}^{\infty}(ax+by)f_{X,Y}(x,y)\mathrm{d}x\mathrm{d}y\\&=\int_{-\infty}^{\infty}\int_{-\infty}^{\infty}(ax)f_{X,Y}(x,y)\mathrm{d}x\mathrm{d}y+\int_{-\infty}^{\infty}\int_{-\infty}^{\infty}(by)f_{X,Y}(x,y)\mathrm{d}x\mathrm{d}y\\&=a\int_{-\infty}^{\infty}x\left[\int_{-\infty}^{\infty}f_{X,Y}(x,y)\mathrm{d}y\right]\mathrm{d}x+b\int_{-\infty}^{\infty}y\left[\int_{-\infty}^{\infty}f_{X,Y}(x,y)\mathrm{d}x\right]\mathrm{d}y\\&=a\int_{-\infty}^{\infty}xf_X(x)\mathrm{d}x+b\int_{-\infty}^{\infty}yf_Y(y)\mathrm{d}y\\&=aE(X)+bE(Y)\end{aligned}$$

推论 3.9.1 令 $W_1,W_2,\cdots,W_n$ 为任意随机变量，其 $E(|W_i|)<\infty$，$i=1,2,\cdots,n$，令 $a_1,a_2,\cdots,a_n$ 为任意一组常数，那么

$$E(a_1W_1+a_2W_2+\cdots+a_nW_n)=a_1E(W_1)+a_2E(W_2)+\cdots+a_nE(W_n)$$

例 3.9.3 设 X 为定义在 n 个独立试验上的二项随机变量，每次试验的成功率为 p. 求 $E(X)$.

我们可以将 X 看作一个和，$X=X_1+X_2+\cdots+X_n$，其中 X_i 表示第 i 次试验的成功次数：

$$X_i=\begin{cases}1, & \text{若第 } i \text{ 次试验成功},\\0, & \text{若第 } i \text{ 次试验失败}\end{cases}$$

(任意以这种方式定义的个体试验 X_i 被称为伯努利随机变量. 因此，每一个二项随机变量都可以看作 n 个独立伯努利随机变量的和.)假设 $p_{X_i}(1)=p$，$p_{X_i}(0)=1-p$，$i=1,2,\cdots,n$，利用推论 3.9.1，

$$E(X)=E(X_1)+E(X_2)+\cdots+E(X_n)=n\cdot E(X_1)$$

上述最后一步推导是由于 X_i 有着相同的分布. 且

$$E(X_1)=1\cdot p+0\cdot(1-p)=p$$

所以 $E(X)=np$，这与我们之前得到的结果相同(回顾定理 3.5.1). ■

注释 我们不要低估定理 3.9.2 及其推论解决实际问题的能力. 对于现实世界中许多的事件，我们可以将其建模为一个线性组合 $a_1W_1+a_2W_2+\cdots+a_nW_n$，其中 W_i 是相对简单的随机变量. 我们可能会发现由于线性组合的内在复杂性，直接使用 $E(a_1W_1+a_2W_2+\cdots+a_nW_n)$可能是非常困难的. 但计算 $E(W_i)$个体是很容易的. 例如，比较例 3.9.3 和定理 3.5.1，两者都提出了当 X 是一个二项随机变量时，$E(X)=np$ 的公式. 然而，例 3.9.3 采用的方法(即使用定理 3.9.2)就容易得多. 接下来的几个例子将进一步探讨使用线性组合来简化期望值计算的方法.

例 3.9.4 一位心怀不满的秘书因不得不装填信封而心烦意乱. 她拿着一盒 n 封信和 n 个信封，随意地把信放进信封里发泄她的沮丧. 平均下来有多少人会收到正确的邮件?

如果 X 表示正确装填的信封数量，那么我们想要求的是 $E(X)$. 然而在这里应用定义 3.5.1 将是十分艰巨的，因为很难得到可行的 $p_X(k)$的表达式. 不过通过使用推论 3.9.1，我们可以很容易地解决这个问题.

令 X_i 表示一个随机变量，其等于正确放入第 i 个信封的信件数，$i=1,2,\cdots,n$. 则 X_i

等于0或1，那么

$$p_{X_i}(k)=P(X_i=k)=\begin{cases}\dfrac{1}{n}, & k=1,\\ \dfrac{n-1}{n}, & k=0\end{cases}$$

除此之外，我们可知 $X=X_1+X_2+\cdots+X_n$ 以及 $E(X)=E(X_1)+E(X_2)+\cdots+E(X_n)$. 同时每一个 X_i 的期望值都相同，为 $1/n$：

$$E(X_i)=\sum_{k=0}^{1}k\cdot P(X_i=k)=0\cdot\frac{n-1}{n}+1\cdot\frac{1}{n}=\frac{1}{n}$$

所以

$$E(X)=\sum_{i=1}^{n}E(X_i)=n\cdot\left(\frac{1}{n}\right)=1$$

上述过程表明，无论 n 是多少，正确装填的信封的期望数量都是 1.（X_i 是独立的吗？若是独立的，和本题的求解有关系吗？）■

例 3.9.5 掷 10 个质地均匀的骰子，计算所有朝上的面的数字之和的期望值.

如果随机变量 X 表示 10 个骰子朝上的面的数字之和，那么

$$X=X_1+X_2+\cdots+X_{10}$$

其中 X_i 表示第 i 个骰子上显示的数字，$i=1,2,\cdots,10$. 假设 $p_{X_i}(k)=\dfrac{1}{6}$，$k=1,2,3,4,5,6$. 那么 $E(X_i)=\sum_{k=1}^{6}k\cdot\dfrac{1}{6}=\dfrac{1}{6}\sum_{k=1}^{6}k=\dfrac{1}{6}\cdot\dfrac{6(7)}{2}=3.5$. 根据推论 3.9.1，

$$E(X)=E(X_1)+E(X_2)+\cdots+E(X_{10})=10(3.5)=35$$

这里的 $E(X)$ 也可以通过期望值是重心的概念推导出来. 我们可以从组合学的研究中清楚得到，$P(X=10)=P(X=60)$，$P(X=11)=P(X=59)$，$P(X=12)=P(X=58)$，以此类推. 换句话说，概率函数 $p_X(k)$ 是对称的，这意味着它的重心是其 x 取值范围的中点. 这样的话，$E(X)$ 等于 $\dfrac{10+60}{2}$ 或 35. ■

例 3.9.6 根据下面的公式，一手(13 张)桥牌的大牌点可以是从 0 到 37 不等：

大牌点＝4·(A 的张数)＋3·(K 的张数)＋2·(Q 的张数)＋1·(J 的张数)

北家(桥牌分东西南北家)手上的期望大牌点是多少？

这里的答案有点不同寻常，我们逆向使用推论 3.9.1. 如果 X_i，$i=1,2,3,4$ 分别表示北、南、东、西家的大牌点，如果 X 表示整副牌大牌点的和，我们可以将其写作

$$X=X_1+X_2+X_3+X_4$$

可得

$$X=E(X)=4\cdot4+3\cdot4+2\cdot4+1\cdot4=40$$

由于对称性，$E(X_i)=E(X_j)$，$i\neq j$，则 $40=4\cdot E(X_1)$，这意味着北家手上的期望大牌点是 10.（尝试直接做这道题，不要使用整副牌的大牌点是 40 这一条件.）■

积的期望值的一种特殊情况

根据定理 3.9.1，我们知道对于任意两个随机变量 X 和 Y，

$$E(XY)=\begin{cases}\sum\limits_{\text{所有}x}\sum\limits_{\text{所有}y}xyp_{X,Y}(x,y), & \text{若 } x \text{ 和 } y \text{ 是离散的,}\\ \int_{-\infty}^{\infty}\int_{-\infty}^{\infty}xyf_{X,Y}(x,y)\mathrm{d}x\mathrm{d}y, & \text{若 } x \text{ 和 } y \text{ 是连续的}\end{cases}$$

然而，如果 X 和 Y 是独立的，有一个更简单的方法来计算 $E(XY)$.

定理 3.9.3 若 X 和 Y 是相互独立的随机变量，假设 $E(X)$和 $E(Y)$都存在，那么

$$E(XY)=E(X)\cdot E(Y)$$

证明 假设 X 和 Y 都是离散随机变量. 那么它们的联合概率密度函数 $p_{X,Y}(x,y)$可以被替换为它们边际概率密度函数的乘积 $p_X(x)\cdot p_Y(y)$. 定理 3.9.1 所要求的二重求和可以写作两个单项求和的乘积：

$$\begin{aligned}E(XY)&=\sum_{\text{所有}x}\sum_{\text{所有}y}xy\cdot p_{X,Y}(x,y)\\&=\sum_{\text{所有}x}\sum_{\text{所有}y}xy\cdot p_X(x)\cdot p_Y(y)\\&=\sum_{\text{所有}x}x\cdot p_X(x)\cdot\Big[\sum_{\text{所有}y}y\cdot p_Y(y)\Big]\\&=E(X)\cdot E(Y)\end{aligned}$$

X 和 Y 都是连续随机变量情况下的证明留作练习.

习题

3.9.1 从一个内有编号 1 到 n 的 n 个球的盲盒中可放回地抽取 r 个球，令 V 表示所抽到球的编号之和. 求 $E(V)$.

3.9.2 假设 $f_{X,Y}(x,y)=\lambda^2\mathrm{e}^{-\lambda(x+y)}$，$0\leqslant x$，$0\leqslant y$，求 $E(X+Y)$.

3.9.3 假设 $f_{X,Y}(x,y)=\frac{2}{3}(x+2y)$，$0\leqslant x\leqslant 1$，$0\leqslant y\leqslant 1$，求 $E(X+Y)$[回顾习题 3.7.19(c)].

3.9.4 某一级别的射击比赛要求每位选手用两支不同的手枪各射击 10 次. 最后的分数为第一枪射中靶心次数的四倍加第二枪射中靶心次数的六倍的加权平均值. 如果凯西用第一把枪击中靶心的概率为 30%，用第二把枪击中靶心的概率为 40%，她的期望分数是多少？

3.9.5 假设 X_i 是一个随机变量，$E(X_i)=\mu\neq 0$，$i=1,2,\cdots,n$. 怎样的条件使得下列等式成立？

$$E\Big(\sum_{i=1}^{n}a_iX_i\Big)=\mu$$

3.9.6 假设股票的日收盘价上涨八分之一点的概率为 p，下跌八分之一点的概率为 q，这里 $p>q$，n 天后，我们可以期望股票涨多少？假设每日价格波动是独立事件.

3.9.7 盲盒里有 r 个红球和 w 个白球. 按顺序抽取 n 个球的样本，且不放回. 若第 i 次抽到红球，令 X_i 等于 1，否则等于 0，其中 $i=1,2,\cdots,n$.

(a)证明 $E(X_i)=E(X_1)$，$i=2,3,\cdots,n$.

(b)利用推论 3.9.1，证明红球的期望数为 $nr/(r+w)$.

3.9.8 假设掷两个质地均匀的骰子. 求朝上点数的乘积的期望值.

3.9.9 现有一个类似例 3.9.2 中形式的双电阻电路，其中 $f_{X,Y}(x,y)=k(x+y)$，$10\leqslant x\leqslant 20$，$10\leqslant y\leqslant 20$，求 $E(R)$.

3.9.10 假设 X 和 Y 都在区间[0,1]上均匀分布. 计算随机点(X,Y)到原点距离平方的期望值，也就是求 $E(X^2+Y^2)$.（提示：见习题 3.8.8.）

3.9.11 假设 X 表示从 x 轴上[0,1]区间内随机选取的点，Y 代表从 y 轴上[0,1]区间内随机选取的点. 假设 X 和 Y 是独立的. 由点$(X,0)$$(0,Y)$和$(0,0)$组成的三角形面积的期望值是多少？

3.9.12 假设 $Y_1,Y_2,\cdots,Y_n$ 是均匀概率密度函数在[0,1]区间内抽取的随机样本. 这些随机变量的几何平均值为随机变量 $\sqrt[n]{Y_1Y_2\cdots Y_n}$. 比较几何平均值的期望值与算术平均值 $\overline{Y}$ 的期望值.

计算一组随机变量之和的方差

当随机变量不相互独立的时候，可以用协方差度量它们之间的关系.

定义 3.9.1 给定具有有限方差的随机变量 X 和 Y，X 和 Y 的协方差写作 $\text{Cov}(X, Y)$，且

$$\text{Cov}(X,Y) = E(XY) - E(X)E(Y)$$

定理 3.9.4 如果 X 和 Y 相互独立，那么 $\text{Cov}(X,Y)=0$.

证明 若 X 和 Y 相互独立，根据定理 3.9.3，$E(XY)=E(X)E(Y)$，那么

$$\text{Cov}(X,Y) = E(XY) - E(X)E(Y) = E(X)E(Y) - E(X)E(Y) = 0$$

定理 3.9.4 的逆命题不成立. 从 $\text{Cov}(X,Y)=0$，我们不能得出 X 和 Y 相互独立的结论. 例 3.9.7 就是一个很好的例子.

例 3.9.7 样本空间 $S=\{(-2,4),(-1,1),(0,0),(1,1),(2,4)\}$，假设每个点的出现都是等可能的. 定义随机变量 X 为抽取到的点的第一个数字，Y 为第二个数字. 例如 $X(-2,4)=-2$，$Y(-2,4)=4$，等等.

我们可以看出 X 和 Y 是相关的：

$$\frac{1}{5} = P(X=1, Y=1) \neq P(X=1) \cdot P(Y=1) = \frac{1}{5} \cdot \frac{2}{5} = \frac{2}{25}$$

而 X 和 Y 的协方差为零：

$$E(XY) = [(-8) + (-1) + 0 + 1 + 8] \cdot \frac{1}{5} = 0$$

$$E(X) = [(-2) + (-1) + 0 + 1 + 2] \cdot \frac{1}{5} = 0$$

又有

$$E(Y) = (4 + 1 + 0 + 1 + 4) \cdot \frac{1}{5} = 2$$

所以

$$\text{Cov}(X,Y) = E(XY) - E(X) \cdot E(Y) = 0 - 0 \cdot 2 = 0$$ ■

定理 3.9.5 说明了协方差在随机变量不一定相互独立的时候，求随机变量之和的方差的作用.

定理 3.9.5 假设 X 和 Y 是随机变量，且方差是有限的，a 和 b 是常数. 那么便有

$$\text{Var}(aX + bY) = a^2\text{Var}(X) + b^2\text{Var}(Y) + 2ab\text{Cov}(X,Y)$$

证明 为了方便起见，我们利用 μ_X 表示 $E(X)$，用 μ_Y 表示 $E(Y)$. 那么我们可以得到 $E(aX+bY)=a\mu_X+b\mu_Y$，所以

$$\begin{aligned}
\text{Var}(aX + bY) &= E[(aX + bY)^2] - (a\mu_X + b\mu_Y)^2 \\
&= E(a^2X^2 + b^2Y^2 + 2abXY) - (a^2\mu_X^2 + b^2\mu_Y^2 + 2ab\mu_X\mu_Y) \\
&= [E(a^2X^2) - a^2\mu_X^2] + [E(b^2Y^2) - b^2\mu_Y^2] + [2abE(XY) - 2ab\mu_X\mu_Y] \\
&= a^2[E(X^2) - \mu_X^2] + b^2[E(Y^2) - \mu_Y^2] + 2ab[E(XY) - \mu_X\mu_Y] \\
&= a^2\text{Var}(X) + b^2\text{Var}(Y) + 2ab\text{Cov}(X,Y)
\end{aligned}$$

例 3.9.8 对于联合概率密度函数 $f_{X,Y}(x,y)=x+y$，$0\leqslant x\leqslant 1$，$0\leqslant y\leqslant 1$，求 $X+Y$ 的方差.

因为 X 和 Y 不是独立的，所以

$$\mathrm{Var}(X+Y)=\mathrm{Var}(X)+\mathrm{Var}(Y)+2\mathrm{Cov}(X,Y)$$

概率密度函数在 X 和 Y 上是对称的，所以 $\mathrm{Var}(X)=\mathrm{Var}(Y)$，我们可以写成 $\mathrm{Var}(X+Y)=2[\mathrm{Var}(X)+\mathrm{Cov}(X,Y)]$.

为了计算 $\mathrm{Var}(X)$，我们需要得到 X 的边际概率密度函数.

$$f_X(x)=\int_0^1(x+y)\mathrm{d}y=x+\frac{1}{2}$$

$$\mu_X=\int_0^1 x\left(x+\frac{1}{2}\right)\mathrm{d}x=\int_0^1\left(x^2+\frac{x}{2}\right)\mathrm{d}x=\frac{7}{12}$$

$$E(X^2)=\int_0^1 x^2\left(x+\frac{1}{2}\right)\mathrm{d}x=\int_0^1\left(x^3+\frac{x^2}{2}\right)\mathrm{d}x=\frac{5}{12}$$

$$\mathrm{Var}(X)=E(X^2)-\mu_X^2=\frac{5}{12}-\left(\frac{7}{12}\right)^2=\frac{11}{144}$$

因此

$$E(XY)=\int_0^1\int_0^1 xy(x+y)\mathrm{d}y\mathrm{d}x=\int_0^1\left(\frac{x^2}{2}+\frac{x}{3}\right)\mathrm{d}x=\left(\frac{x^3}{6}+\frac{x^2}{6}\right)\Big|_0^1=\frac{1}{3}$$

综合以上计算过程，

$$\mathrm{Cov}(X,Y)=1/3-(7/12)(7/12)=-1/144$$

最终可以得到，$\mathrm{Var}(X+Y)=2[11/144+(-1/144)]=5/36$. ■

接下来的两个推论是定理 3.9.5 关于 n 个变量的直接推广. 证明的细节将留作练习.

推论 3.9.2 假设 $W_1,W_2,\cdots,W_n$ 为随机变量，且方差是有限的，那么

$$\mathrm{Var}\left(\sum_{i=1}^{a}a_iW_i\right)=\sum_{i=1}^{n}a_i^2\mathrm{Var}(W_i)+2\sum_{i<j}a_ia_j\mathrm{Cov}(W_i,W_j)$$

推论 3.9.3 假设 $W_1,W_2,\cdots,W_n$ 为独立随机变量，且方差是有限的，那么

$$\mathrm{Var}(W_1+W_2+\cdots+W_n)=\mathrm{Var}(W_1)+\mathrm{Var}(W_2)+\cdots+\mathrm{Var}(W_n)$$

更多关于协方差及其如何描述随机变量之间关系的具体讨论将出现在 11.4 节.

例 3.9.9 用一个二项随机变量表示 n 个独立伯努利试验的和，即定理 3.9.5 的推论描述的那类独立随机变量之和. 令 X_i 表示第 i 次试验成功的次数，那么

$$X_i=\begin{cases}1, & \text{概率为 } p,\\ 0, & \text{概率为 } 1-p\end{cases}$$

且

$$X=X_1+X_2+\cdots+X_n=n\text{ 次试验中成功的总次数}$$

求 $\mathrm{Var}(X)$.

首先

$$E(X_i)=1\cdot p+0\cdot(1-p)=p$$

且

$$E(X_i^2) = (1)^2 \cdot p + (0)^2 \cdot (1-p) = p$$

所以

$$\operatorname{Var}(X_i) = E(X_i^2) - [E(X_i)]^2 = p - p^2 = p(1-p)$$

由此可知，二项随机变量的方差为 $np(1-p)$：

$$\operatorname{Var}(X) = \sum_{i=1}^{n} \operatorname{Var}(X_i) = np(1-p)$$ ■

例 3.9.10　回顾一个超几何模型——一个盲盒内含 N 个球，其中有 r 个红球和 w 个白球($r+w=N$)；不放回地抽取一个大小为 n 的随机样本. 定义随机变量 X 为样本中红球的数量. 如同例 3.9.9，我们可以将 X 写成多个随机变量的和.

$$X_i = \begin{cases} 1, & \text{如果抽取的第 } i \text{ 个球是红色的,} \\ 0, & \text{其他} \end{cases}$$

那么 $X = X_1 + X_2 + \cdots + X_n$. 很明显，

$$E(X_i) = 1 \cdot \frac{r}{N} + 0 \cdot \frac{w}{N} = \frac{r}{N}$$

且 $E(X) = n\left(\frac{r}{N}\right) = np$，其中 $p = \frac{r}{N}$.

因为 $X_i^2 = X_i$，$E(X_i^2) = E(X_i) = \frac{r}{N}$ 且

$$\operatorname{Var}(X_i) = E(X_i^2) - [E(X_i)]^2 = \frac{r}{N} - \left(\frac{r}{N}\right)^2 = p(1-p)$$

同时，对于任意 $j \neq k$，有

$$\begin{aligned} \operatorname{Cov}(X_j, X_k) &= E(X_j X_k) - E(X_j)E(X_k) \\ &= 1 \cdot P(X_j X_k = 1) - \left(\frac{r}{N}\right)^2 \\ &= \frac{r}{N} \cdot \frac{r-1}{N-1} - \frac{r^2}{N^2} = -\frac{r}{N} \cdot \frac{N-r}{N} \cdot \frac{1}{N-1} \end{aligned}$$

根据推论 3.9.2 可知，

$$\begin{aligned} \operatorname{Var}(X) &= \sum_{i=1}^{n} \operatorname{Var}(X_i) + 2\sum_{j<k} \operatorname{Cov}(X_j, X_k) \\ &= np(1-p) - 2\binom{n}{2} p(1-p) \cdot \frac{1}{N-1} \\ &= p(1-p)\left[n - \frac{n(n-1)}{N-1}\right] \\ &= np(1-p) \cdot \frac{N-n}{N-1} \end{aligned}$$ ■

例 3.9.11　在统计学中，变量 $\overline{W}$(内含 n 个观测数据的随机样本的平均值)有两个特别重要的性质：第一，如果 W_i 来自一个均值为 μ 的总体，那么推论 3.9.1 可表明 $E(\overline{W}) = \mu$. 第二，如果 W_i 来自一个方差为 σ^2 的总体，则 $\operatorname{Var}(\overline{W}) = \sigma^2/n$. 为了验证后者，我们可

以再次求助于定理 3.9.5.

$$\overline{W}=\frac{1}{n}\sum_{i=1}^{n}W_i=\frac{1}{n}\cdot W_1+\frac{1}{n}\cdot W_2+\cdots+\frac{1}{n}\cdot W_n$$

那么便有

$$\begin{aligned}\operatorname{Var}(\overline{W})&=\left(\frac{1}{n}\right)^2\cdot\operatorname{Var}(W_1)+\left(\frac{1}{n}\right)^2\cdot\operatorname{Var}(W_2)+\cdots+\left(\frac{1}{n}\right)^2\cdot\operatorname{Var}(W_n)\\&=\left(\frac{1}{n}\right)^2\sigma^2+\left(\frac{1}{n}\right)^2\sigma^2+\cdots+\left(\frac{1}{n}\right)^2\sigma^2\\&=\frac{\sigma^2}{n}\end{aligned}$$

■

习题

3.9.13 假设掷两个骰子．设 X 为第一个骰子朝上的数字，设 Y 为两个骰子朝上的数字中较大的一个．求 $\operatorname{Cov}(X,Y)$.

3.9.14 证明

$$\operatorname{Cov}(aX+b,cY+d)=ac\operatorname{Cov}(X,Y)$$

对于任意常数 a,b,c,d 都成立.

3.9.15 设 U 是均匀分布在$[0,2\pi]$上的随机变量．令 $X=\cos U$，$Y=\sin U$．证明 X 和 Y 是相关的，且 $\operatorname{Cov}(X,Y)=0$.

3.9.16 设 X 和 Y 是随机变量，其

$$f_{X,Y}(x,y)=\begin{cases}1, & -y<x<y,0<y<1,\\0, & \text{其他}\end{cases}$$

证明 $\operatorname{Cov}(X,Y)=0$，且 X 和 Y 是相关的.

3.9.17 假设 $f_{X,Y}(x,y)=\lambda^2e^{-\lambda(x+y)}$，$0\leqslant x$，$0\leqslant y$．求 $\operatorname{Var}(X+Y)$.（提示：参考习题 3.6.11 和 3.9.2.）

3.9.18 假设 $f_{X,Y}(x,y)=\frac{2}{3}(x+2y)$，$0\leqslant x\leqslant 1$，$0\leqslant y\leqslant 1$．求 $\operatorname{Var}(X+Y)$.（提示：参考习题 3.9.3.）

3.9.19 假设 $f_{X,Y}(x,y)=\frac{3}{2}(x^2+y^2)$，$0\leqslant x\leqslant 1$，$0\leqslant y\leqslant 1$．求 $\operatorname{Var}(X+Y)$.

3.9.20 设 X 是一个基于 n 次试验和成功率为 p_X 的二项随机变量，设 Y 是一个基于 m 次试验和成功率为 p_Y 的独立的二项随机变量．令 $W=4X+6Y$，求 $E(W)$和 $\operatorname{Var}(W)$.

3.9.21 一个服从泊松分布的随机变量的概率密度函数为 $p_X(k)=e^{-\lambda}\frac{\lambda^k}{k!}$，$k=0,1,2,\cdots$，且 $\lambda>0$(见 4.2 节)．同时 $E(X)=\lambda$．假设服从泊松分布的随机变量 U 表示一家计算机公司在工作时间内前九个小时接到的技术援助电话数，平均每小时的通话次数为 7 次，每次通话花费 50 美元．设 V 为另一个服从泊松分布的随机变量，表示在一天中剩下的十五个小时内接到的技术援助电话数，在这段时间内每小时的平均通话次数是 4 次，并且每次这样的通话花费 60 美元．求 24 小时内接到的电话相关的预期成本和成本的方差.

3.9.22 一名泥瓦匠与人签订合同，要建造一堵露台护墙．根据规划，墙的底部是一排 50 块 10 英寸长的砖，每块砖之间用$\frac{1}{2}$英寸厚的水泥隔开．假设使用的砖块是从一组砖块中随机选择的，这些砖块的平均长度为 10 英寸，标准差为$\frac{1}{32}$英寸．此外，假设泥瓦匠平均会把水泥做成 $\frac{1}{2}$英寸厚，但是由于每块砖实际尺寸的差别，其间水泥厚度的标准差为$\frac{1}{16}$英寸．这堵墙的底部长度 L 的标

准差是多少？你应该做怎样的假设？

3.9.23 电路间有6个串联的电阻，每个电阻的标称阻值为5Ω．假设整个电路电阻的标准差不大于0.4Ω，那么制造这些电阻时允许的最大标准差是多少？

3.9.24 赌徒打了 n 局扑克．如果他第 k 局赢了，他将得到 k 美元，如果他第 k 局输了，他将一无所获．令 T 表示他在 n 局中赢得的总奖金额．假设他每局获胜的机会都是恒定的，且各局的胜负相互独立，求 $E(T)$ 和 $\mathrm{Var}(T)$．

3.10 顺序统计量

在3.4节中，关于单个变量的变换涉及了一个标准的线性运算 $Y=aX+b$．3.8节中的双变量变换也涉及了类似的运算，通常与和或乘积相关．在本节中，我们将考虑另一种类型的变换，这种变换涉及了整个随机变量集合的次序．这种特殊的变换在统计学的许多领域具有广泛的适用性，我们将在后面的章节中学习如何加以应用．

定义 3.10.1 设 Y 为连续随机变量，其中 $y_1,y_2,\cdots,y_n$ 是大小为 n 的随机样本内的值．对 y_i 从小到大重新进行排序：

$$y'_1<y'_2<\cdots<y'_n$$

（因为 Y 是连续的，除非概率为0，所以没有两个 y_i 是相等的．）定义随机变量 Y'_i 的值为 y'_i，$1\leqslant i\leqslant n$，那么我们将 Y'_i 称为第 i 个顺序统计量．有时我们也会用 Y'_n 和 Y'_1 分别表示 $Y_{\max}$ 和 $Y_{\min}$．

例 3.10.1 假设对随机变量 Y 进行了四次测量：$y_1=3.4$，$y_2=4.6$，$y_3=2.6$，$y_4=3.2$．相应样本按大小排列为：

$$2.6<3.2<3.4<4.6$$

令随机变量 Y'_1 表示最小观测值，即2.6．同样，第2个顺序统计量 Y'_2 的值为3.2，以此类推． ■

极值顺序统计量的分布

根据定义，随机样本中的每一个观测量都具有相同的概率密度函数．例如，从一个 $\mu=80$，$\sigma=15$ 的正态分布中取一组共四个观测值，那么 $f_{Y_1}(y),f_{Y_2}(y),f_{Y_3}(y),f_{Y_4}(y)$ 都是相同的，都是关于 $\mu=80$，$\sigma=15$ 的正态分布的概率密度函数．然而，描述有序观测量的概率密度函数与描述随机观测量的概率密度函数是不同的，在直觉上这都是有道理的．如果从 $\mu=80$，$\sigma=15$ 的正态分布中取一个观测值，且这个观测值接近80，那不足为奇．另一方面，如果从相同的分布中抽取一个包含 $n=100$ 个观察值的随机样本，我们不会期望其中最小的观测值 $Y_{\min}$ 接近80．常识告诉我们，最小的观测值可能比80小得多，就像最大的观测值 $Y_{\max}$ 可能远远大于80．

因此，在我们进行涉及顺序统计量的任何概率计算或任何应用之前，我们需要知道 Y'_i，$i=1,2,\cdots$ 的概率密度函数．且我们应该从探讨"极值"顺序统计量的概率密度函数 $f_{Y_{\max}}(y)$ 和 $f_{Y_{\min}}(y)$ 入手，因为这是最简便的．在本节的最后，我们将会探讨一些一般性的问题，如求(1) Y'_i 对于任意 i 值的概率密度函数，(2) Y'_i 和 Y'_j（其中 $i<j$）的联合概率密度函数．

定理 3.10.1 假设 $Y_1,Y_2,\cdots,Y_n$ 是一个随机样本内的连续随机变量，它们的概率密度

函数为 $f_Y(y)$，累积分布函数为 $F_Y(y)$，那么

a. 最大顺序统计量的概率密度函数为

$$f_{Y_{\max}}(y) = f_{Y'_n}(y) = n[F_Y(y)]^{n-1} f_Y(y)$$

b. 最小顺序统计量的概率密度函数为

$$f_{Y_{\min}}(y) = f_{Y'_1}(y) = n[1 - F_Y(y)]^{n-1} f_Y(y)$$

证明 我们可以使用我们很熟悉的一种方法来求 $f_{Y_{\max}}(y)$和 $f_{Y_{\min}}(y)$的概率密度函数，即对随机变量的累积分布函数微分. 所以最大顺序统计量 Y'_n的概率密度函数为

$$\begin{aligned}
F_{Y'_n}(y) = F_{Y_{\max}}(y) &= P(Y_{\max} \leqslant y) \\
&= P(Y_1 \leqslant y, Y_2 \leqslant y, \cdots, Y_n \leqslant y) \\
&= P(Y_1 \leqslant y) \cdot P(Y_2 \leqslant y) \cdots P(Y_n \leqslant y) \quad (\text{为什么?}) \\
&= [F_Y(y)]^n
\end{aligned}$$

因此

$$f_{Y'_n}(y) = \mathrm{d}/\mathrm{d}y[[F_Y(y)]^n] = n[F_Y(y)]^{n-1} f_Y(y)$$

同样，最小顺序统计量($i=1$)的概率密度函数为

$$\begin{aligned}
F_{Y'_1}(y) = F_{Y_{\min}}(y) &= P(Y_{\min} \leqslant y) \\
&= 1 - P(Y_{\min} > y) = 1 - P(Y_1 > y) \cdot P(Y_2 > y) \cdots P(Y_n > y) \\
&= 1 - [1 - F_Y(y)]^n
\end{aligned}$$

因此

$$f_{Y'_1}(y) = \mathrm{d}/\mathrm{d}y[1 - [1 - F_Y(y)]^n] = n[1 - F_Y(y)]^{n-1} f_Y(y)$$

例 3.10.2 假设从指数概率密度函数 $f_Y(y) = \mathrm{e}^{-y}$，$y \geqslant 0$ 中抽取包含 $n=3$ 个观测值 Y_1, Y_2, Y_3 的随机样本，比较 $f_{Y_1}(y)$与 $f_{Y'_1}(y)$. 直觉上，$P(Y_1 < 1)$和 $P(Y'_1 < 1)$哪一个更大？

Y_1 的概率密度函数就是从指数分布中随机抽取的一个样本的概率密度函数，也就是说

$$f_{Y_1}(y) = f_Y(y) = \mathrm{e}^{-y}, \quad y \geqslant 0$$

要求 Y'_1的概率密度函数，我们需要利用定理 3.10.1 中对于 $f_{Y_{\min}}(y)$的证明，首先

$$F_Y(y) = \int_0^y \mathrm{e}^{-t} \mathrm{d}t = -\mathrm{e}^{-t} \big|_0^y = 1 - \mathrm{e}^{-y}$$

其次，由于 $n=3$(且 $i=1$)，我们可得

$$f_{Y'_1}(y) = 3[1 - (1 - \mathrm{e}^{-y})]^2 \mathrm{e}^{-y} = 3\mathrm{e}^{-3y}, \quad y \geqslant 0$$

图 3.10.1 显示了绘制在同一坐标轴上的两个概率密度函数. 相比于 $f_{Y_1}(y)$，Y'_1的概率密度函数的区域更多出现在较小的 y 值之上. 例如，($n=3$ 时)最小观测值小于 1 的概率是 95%，而随机观测值小于 1 的概率只有 63%：

$$P(Y'_1 < 1) = \int_0^1 3\mathrm{e}^{-3y} \mathrm{d}y = \int_0^3 \mathrm{e}^{-u} \mathrm{d}u = -\mathrm{e}^{-u} \Big|_0^3 = 1 - \mathrm{e}^{-3} = 0.95$$

$$P(Y_1 < 1) = \int_0^1 \mathrm{e}^{-y} \mathrm{d}y = -\mathrm{e}^{-y} \Big|_0^1 = 1 - \mathrm{e}^{-1} = 0.63$$

■

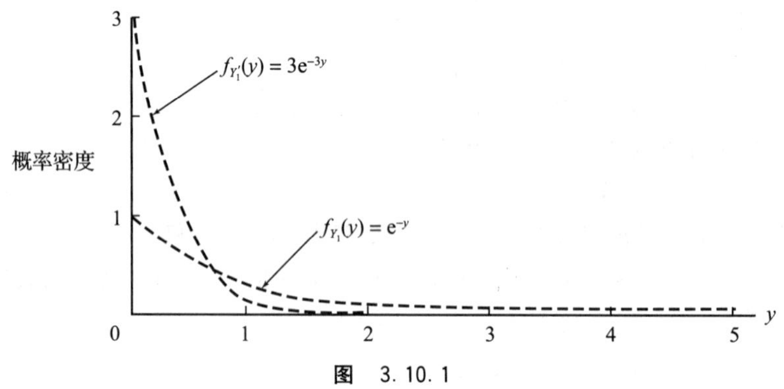

图 3.10.1

例 3.10.3 假设从一个连续概率密度函数 $f_Y(y)$ 中抽取一个大小为 10 的随机样本，其最大的观测值 Y_{10}' 小于概率密度函数的中位数 m 的概率是多少？

利用定理 3.10.1 证明中给出的公式 $f_{Y_{10}'}(y)=f_{Y_{\max}}(y)$，那么

$$P(Y_{10}'< m) = \int_{-\infty}^{m} 10 f_Y(y)[F_Y(y)]^9 \mathrm{d}y \tag{3.10.1}$$

但是这个问题并没有给出 $f_Y(y)$ 的函数，所以定理 3.10.1 并没有帮助.

但幸运的是，即使问题给出了 $f_Y(y)$ 的函数，我们仍有一个更简单的解决方案：事件"$Y_{10}'<m$"等价于事件"$Y_1<m \cap Y_2<m \cap \cdots \cap Y_{10}<m$".

因此，

$$P(Y_{10}'< m) = P(Y_1 < m, Y_2 < m, \cdots, Y_{10} < m) \tag{3.10.2}$$

因为这 10 个观测值是独立的，所以等式(3.10.2)等号右边的这些交集的概率可以转化为 10 个项的乘积. 且每一项都等于 $\frac{1}{2}$(根据中位数的定义)，所以

$$P(Y_{10}'< m) = P(Y_1 < m) \cdot P(Y_2 < m) \cdots P(Y_{10} < m) = \left(\frac{1}{2}\right)^{10} = 0.000\,98$$ ■

例 3.10.4 我们可以通过模仿定理 3.10.1 中连续情况下的证明，求出离散概率密度函数的顺序统计量. 现有一个离散密度函数 $p_X(k)$，$k=0,1,2,\cdots$，请求出 $X_{\min}$ 的概率密度函数.

从 $p_X(k)$ 中抽取一个随机样本 $X_1,X_2,\cdots,X_n$，任选一个非负整数 m，其累积分布函数为 $F_X(m) = \sum_{k=0}^{m} p_k$.

现有事件

$$A = (m \leqslant X_1 \cap m \leqslant X_2 \cap \cdots \cap m \leqslant X_n) \quad 和$$
$$B = (m+1 \leqslant X_1 \cap m+1 \leqslant X_2 \cap \cdots \cap m+1 \leqslant X_n)$$

我们可以得到

$$p_{X_{\min}}(m) = P(A \cap B^C) = P(A) - P(A \cap B) = P(A) - P(B)$$

其中因为 $B \subset A$，所以 $A \cap B = B$.

因为 X_i 之间相互独立，所以

$$P(A)=P(m\leqslant X_1)\cdot P(m\leqslant X_2)\cdot\cdots\cdot P(m\leqslant X_n)=[1-F_X(m-1)]^n$$

同样，

$$P(B)=[1-F_X(m)]^n$$

最终我们可以得到

$$p_{Y_{\min}}(m)=[1-F_X(m-1)]^n-[1-F_X(m)]^n$$ ■

$f_{Y_i'}(y)$的一般性公式

前文中我们讨论了两种特殊的顺序统计量 $Y_{\min}$ 和 $Y_{\max}$，我们现在转向更为一般性的问题，即求第 i 个顺序统计量的概率密度函数，其中 i 可以是从 1 到 n 的任何整数.

定理 3.10.2 假设从一个概率密度函数为 $f_Y(y)$，累积分布函数为 $F_Y(y)$的分布中抽取一个随机样本，内有连续随机变量 $Y_1,Y_2,\cdots,Y_n$. 那么第 i 个顺序统计量的概率密度函数为

$$f_{Y_i'}(y)=\frac{n!}{(i-1)!(n-i)!}[F_Y(y)]^{i-1}[1-F_Y(y)]^{n-i}f_Y(y)$$

其中 $1\leqslant i\leqslant n$.

证明 我们将利用定理 3.10.2 和二项分布之间的相似性给出一个启发式的论证. 对于正式归纳证明 $f_{Y_i'}(y)$的表达式，详见参考文献[105].

回顾二项分布的概率密度函数 $p_X(k)=P(X=k)=\binom{n}{k}p^k(1-p)^{n-k}$ 的推导过程，其中 X 为 n 次独立试验的成功次数，p 是任一试验的成功率. 推导的核心是认识到事件"$X=k$"实际上是所有不同(互斥)序列(恰好有 k 次成功和 $n-k$ 次失败)的"并". 因为试验是独立的，任何这样的序列出现的概率都是 $p^k(1-p)^{n-k}$ 且这样的序列(根据定理 2.6.2)共有 $n!/[k!(n-k)!]$或$\binom{n}{k}$个，所以 $X=k$ 的概率便是以上两者的乘积：$\binom{n}{k}p^k(1-p)^{n-k}$.

这里我们要求在某个点 y 上第 i 个顺序统计量的概率密度函数，即 $f_{Y_i'}(y)$. 与二项分布的情况相似，概率密度函数可以归纳为一个组合项乘以独立事件交集的概率. 唯一的根本区别是 Y_i'是一个连续的随机变量，而二项分布中 X 是离散的，这意味着我们在这里要求的是一个概率密度函数.

根据定理 2.6.2，有 $n!/[(i-1)!1!(n-i)!]$种方法将 n 个最大观测值分成三组，使第 i 个最大观测值最终落在点 y 处(见图 3.10.2). 此外，具有图 3.10.2 所示结构的任何特定点集都将满足 $i-1$ 个(独立的)观测值小于 y，$n-i$ 个观测值大于 y，一个观测值正好等于 y. 这些约束条件可以用$[F_Y(y)]^{i-1}[1-F_Y(y)]^{n-i}f_Y(y)$来描述. 那么第 i 个顺序统计量正好落在点 y 处的概率密度函数便是以上两者的乘积

$$f_{Y_i'}(y)=\frac{n!}{(i-1)!(n-i)!}[F_Y(y)]^{i-1}[1-F_Y(y)]^{n-i}f_Y(y)$$

图 3.10.2

例 3.10.5 假设多年的观测已经证实某条河流的年最大涨潮量 Y(以英尺为单位)可以用以下概率密度函数来模拟

$$f_Y(y)=\frac{1}{20},\quad 20<y<40$$

(注意：不太可能用均匀概率密度函数简单地来描述每条河流的涨潮量. 我们在这里仅仅是为了方便数学计算.)美国陆军工兵部队计划沿着河流的某一段修建一座堤坝，他们想把堤坝建得足够高，这样在未来 33 年里第二严重的洪水漫过堤坝的可能性只有 30%. 防洪堤应该建多高？(我们假设每年只有一次潜在的洪水.)

设 h 为预计高度. 如果 $Y_1, Y_2, \cdots, Y_{33}$ 分别表示 $n=33$ 年内每年的涨潮量，我们对 h 的要求是

$$P(Y'_{32}>h)=0.30$$

开始时请注意 $20<y<40$，

$$F_Y(y)=\int_{20}^{y}\frac{1}{20}\mathrm{d}y=\frac{y}{20}-1$$

因此，

$$f_{Y'_{32}}(y)=\frac{33!}{31!1!}\left(\frac{y}{20}-1\right)^{31}\left(2-\frac{y}{20}\right)^{1}\cdot\frac{1}{20}$$

h 是以下积分方程的解

$$\int_{h}^{40}(33)(32)\left(\frac{y}{20}-1\right)^{31}\left(2-\frac{y}{20}\right)^{1}\cdot\frac{\mathrm{d}y}{20}=0.30 \qquad (3.10.3)$$

令 $u=\frac{y}{20}-1$，将等式(3.10.3)化简为

$$\begin{aligned}P(Y'_{32}>h)&=33(32)\int_{(h/20)-1}^{1}u^{31}(1-u)\mathrm{d}u\\&=1-33\left(\frac{h}{20}-1\right)^{32}+32\left(\frac{h}{20}-1\right)^{33}\end{aligned} \qquad (3.10.4)$$

令等式(3.10.4)的右边等于 0.30，通过试错法得到

$$h=39.33\ \text{英尺}$$

■

顺序统计量的联合概率密度函数

根据图 3.10.2 传达的信息，我们可以很容易求得两个或多个顺序统计量的联合概率密度函数. 现假设随机样本中的 n 个观测值，且都有概率密度函数 $f_Y(y)$ 和累积分布函数 $F_Y(y)$. 已知 $i<j$，$u<v$，那么我们可以根据图 3.10.3 推导出顺序统计量 Y'_i 和 Y'_j 分别在点 u 和点 v 上的联合概率密度函数. 图 3.10.3 说明了如果第 i 个顺序统计量和第 j 个顺序统计量分别位于点 u 和点 v 处，那么 n 个点将怎样分布.

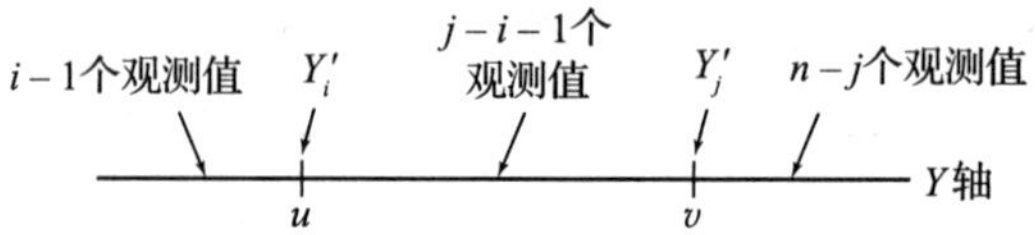

图 3.10.3

根据定理 2.6.2，将一组共 n 个观测值分别分成大小为 $i-1, 1, j-i-1, 1, n-j$ 的组共有

$$\frac{n!}{(i-1)!1!(j-i-1)!1!(n-j)!}$$

种方法.

同时，假设 n 个观测值都是相互独立的，$i-1$ 个观测值小于 u 的概率为$[F_Y(u)]^{i-1}$，$j-i-1$ 个观测值在 u 和 v 之间的概率为$[F_Y(v)-F_Y(u)]^{j-i-1}$，$n-j$ 个观测值大于 v 的概率为$[1-F_Y(v)]^{n-j}$. 将以上概率乘以描述顺序统计量 Y'_i 和 Y'_j 正好分别落在点 u 和点 v 上的可能性的概率密度函数，得到两个顺序统计量的联合概率密度函数为

$$f_{Y'_i,Y'_j}(u,v)=\frac{n!}{(i-1)!(j-i-1)!(n-j)!}[F_Y(u)]^{i-1}[F_Y(v)-F_Y(u)]^{j-i-1}\cdot [1-F_Y(v)]^{n-j}f_Y(u)f_Y(v) \tag{3.10.5}$$

其中 $i<j$，$u<v$.

例 3.10.6 令 Y_1, Y_2, Y_3 为一个大小为 $n=3$ 的随机样本，其来自定义在单位区间上的均匀分布的概率度函数 $f_Y(y)=1$，$0\leqslant y\leqslant 1$. 根据定义，在这种情况下，样本的极差 R 等于最大和最小顺序统计量之间的差值，即

$$R=\text{极差}=Y_{\max}-Y_{\min}=Y'_3-Y'_1$$

求 $f_R(r)$，即样本极差的概率密度函数.

我们将从求 Y'_1 和 Y'_3 的联合概率密度函数入手. 接着我们可以通过求 $f_{Y'_1,Y'_3}(u,v)$ 在区域 $Y'_3-Y'_1\leqslant r$ 上的积分得到累积分布函数 $F_R(r)=P(R\leqslant r)$. 最后再对累积分布函数微分，并使用 $f_R(r)=F'_R(r)$.

已知 $f_Y(y)=1$，$0\leqslant y\leqslant 1$，那么

$$F_Y(y)=P(Y\leqslant y)=\begin{cases}0, & y<0,\\ y, & 0\leqslant y\leqslant 1,\\ 1, & y>1\end{cases}$$

利用公式(3.10.5)，已知 $n=3$，$i=1$，$j=3$，求出 Y'_1 和 Y'_3 的联合概率密度函数：

$$\begin{aligned}f_{Y'_1,Y'_3}(u,v)&=\frac{3!}{0!1!0!}u^0(v-u)^1(1-v)^0\cdot 1\cdot 1\\&=6(v-u),\quad 0\leqslant u<v\leqslant 1\end{aligned}$$

且我们可以把 R 的累积分布函数写作 Y'_1 和 Y'_3 的形式：

$$F_R(r)=P(R\leqslant r)=P(Y'_3-Y'_1\leqslant r)=P(Y'_3\leqslant Y'_1+r)$$

图 3.10.4 展示了事件 $R\leqslant r$ 于 $Y'_1Y'_3$ 平面上对应的区域，在阴影区域上对 Y'_1 和 Y'_3 的联合概率密度函数积分：

$$F_R(r)=P(R\leqslant r)=\int_0^{1-r}\int_u^{u+r}6(v-u)\,\mathrm{d}v\mathrm{d}u+\int_{1-r}^1\int_u^1 6(v-u)\,\mathrm{d}v\mathrm{d}u$$

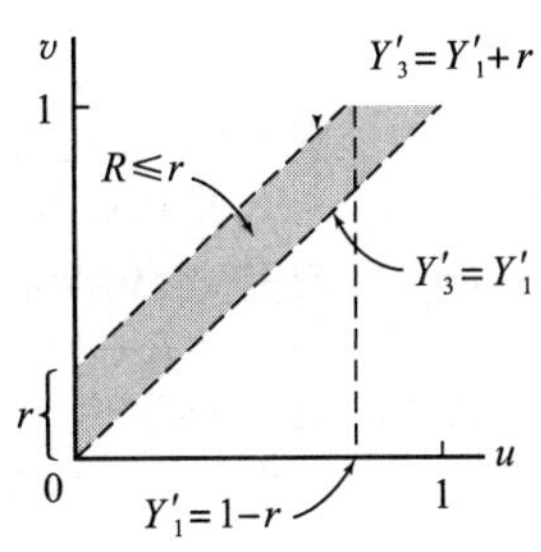

图 3.10.4

通过计算，第一个二重积分等于 $3r^2-3r^3$，第二个等于 r^3. 因此

$$F_R(r)=3r^2-3r^3+r^3=3r^2-2r^3$$

这意味着

$$f_R(r)=F'_R(r)=6r-6r^2,\quad 0\leqslant r\leqslant 1$$

■

习题

3.10.1　假设你在银行出纳窗口等待的时间长度(以分钟为单位)在区间(0,10)上均匀分布. 如果你下个月去银行4次，你第二长的等待时间少于5分钟的概率是多少?

3.10.2　从概率密度函数 $f_Y(y)=3y^2$，$0\leqslant y\leqslant 1$ 上抽取一个大小为 $n=6$ 的随机样本，求 $P(Y'_5>0.75)$.

3.10.3　从任意连续概率密度函数中随机抽取两个观测值，其中较大的那个超过第60百分位的概率是多少?

3.10.4　从概率密度函数 $f_Y(y)=2y$，$0\leqslant y\leqslant 1$ 上抽取一个大小为 $n=5$ 的随机样本，求 $P(Y'_1<0.6<Y'_5)$. (提示：考虑补集.)

3.10.5　假设从一个连续概率密度函数 $f_Y(y)$ 中抽取一个大小为 n 的随机样本 $Y_1,Y_2,\cdots,Y_n$，其中位数为 m，请问 $P(Y'_1>m)$ 是小于、等于还是大于 $P(Y'_n>m)$?

3.10.6　假设从一个指数分布的概率密度函数 $f_Y(y)=\mathrm{e}^{-y}$，$y\geqslant 0$ 中抽取一个大小为 n 的随机样本 $Y_1,Y_2,\cdots,Y_n$，若想满足 $P(Y_{\min}<0.2)>0.9$，则 n 最小为多少?

3.10.7　假设从一个定义在区间[0,1]上的均匀分布的概率密度函数中抽取一个大小为6的随机样本，计算 $P(0.6<Y'_4<0.7)$.

3.10.8　从概率密度函数 $f_Y(y)=2y$，$0\leqslant y\leqslant 1$ 上抽取一个大小为 $n=5$ 的随机样本. 在同一组坐标轴上绘制出 Y_2，Y'_1，Y'_5 的概率密度函数.

3.10.9　假设从以下概率密度函数中随机取了 n 个观测值

$$f_Y(y)=\frac{1}{\sqrt{2\pi}(6)}\mathrm{e}^{-\frac{1}{2}\left(\frac{y-20}{6}\right)^2},\quad -\infty<y<\infty$$

最小观测值大于20的概率是多少?

3.10.10　假设从一个连续概率密度函数 $f_Y(y)$ 中随机抽取 n 个观测值，最后一个观测值是整个样本中最小值的概率是多少?

3.10.11　在某一大城市，不同学校的学生选择乘坐校车的比例 Y 差别很大. 比例的分布大致用以下概率密度函数进行描述：

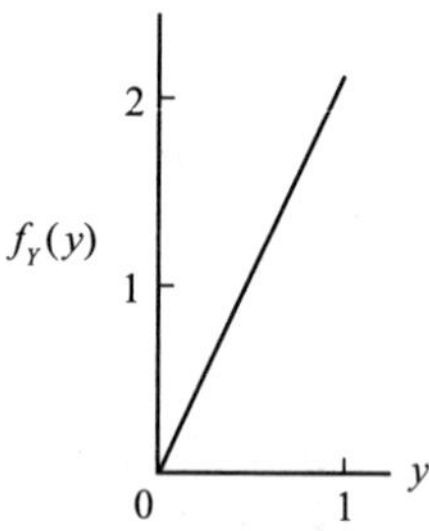

假设对随机选取的五所学校的学生进行调查. 学生选择乘坐校车的比例第四高的学校的 Y 值大于0.75的概率是多少? 五所学校的学生选择乘坐校车的比例都不低于10%的概率是多少?

3.10.12　现有一个包含 n 个组件的系统，其中组件的寿命是独立的随机变量，每个组件寿命的概率密度函数为 $f_Y(y)=\lambda\mathrm{e}^{-\lambda y}$，$y>0$. 证明第一个组件的平均寿命为 $1/n\lambda$.

3.10.13　假设从一个定义在区间[0,1]上的均匀分布的概率密度函数中抽取一个随机样本 $Y_1,Y_2,\cdots,Y_n$. 利用定理3.10.2证明

$$\int_0^1 y^{i-1}(1-y)^{n-i}\mathrm{d}y=\frac{(i-1)!(n-i)!}{n!}$$

3.10.14 利用习题 3.10.13 求 Y_i'的期望值，其中 $Y_1, Y_2, \cdots, Y_n$ 是从定义在区间[0,1]上的均匀分布的概率密度函数中抽取的随机样本.

3.10.15 假设从单位区间内随机选取三个点. 这三个点之间的距离都在半个单位之内的概率是多少?

3.10.16 假设一个设备有三个独立的组件，它们的寿命(以月为单位)都服从指数概率密度函数 $f_Y(y)=e^{-y}$，$y>0$. 三个组件在两个月内相继故障的概率是多少?

3.11 条件密度

我们已经看到，第 2 章定义了许多有关事件概率的概念(例如，独立性)，其事件有对应的随机变量. 我们这一节要探讨的是随机变量条件概率的概念，即条件概率密度函数. 关于条件概率密度函数的应用并不少见. 例如，树的高度和周长是一对相关的随机变量. 虽然测量周长很容易，但测量高度却很难，因此对于伐木工来说，在了解一棵树周长的条件下，其能否达到某一高度的概率是十分重要的. 又例如，学校董事会成员们正在投票表决是否增加预算的提议. 若他们知道 x 美元的额外税收会刺激参加标准化水平考试的学生平均增加 y 分的条件概率，他们便不会那么纠结.

推导离散随机变量的条件概率密度函数

在离散随机变量的情况下，条件概率密度函数可以用与条件概率相同的方式处理. 请注意定义 3.11.1 和定义 2.4.1 之间的相似性.

定义 3.11.1 设 X，Y 为离散随机变量. Y 是关于 x 的条件概率密度函数，即在 X 的取值为某个特定值 x 的情况下，变量 Y 的取值为 y 的概率，记作 $p_{Y|x}(y)$，

$$p_{Y|x}(y) = P(Y = y \mid X = x) = \frac{p_{X,Y}(x,y)}{p_X(x)}$$

其中 $p_X(x) \neq 0$.

例 3.11.1 抛一枚质地均匀的硬币五次. 设随机变量 Y 表示出现正面的总次数，X 表示后两次抛掷中正面出现的次数. 求对于所有 x 和 y 的条件概率密度函数 $p_{Y|x}(y)$.

显然，将会有三个不同的条件概率密度函数，即 X 的值可能为 $x=0$，$x=1$，$x=2$. 且根据前三次抛掷中正面出现的次数为 0,1,2 或 3，每个 X 的值都对应有四种可能的 Y 值.

例如，假设最后两次掷硬币都没有正面朝上，即 $X=0$，那么

$$\begin{aligned} p_{Y|0}(y) = P(Y = y \mid X = 0) &= P(\text{前三次抛掷出现 } y \text{ 次正面}) \\ &= \binom{3}{y}\left(\frac{1}{2}\right)^y\left(1-\frac{1}{2}\right)^{3-y} \\ &= \binom{3}{y}\left(\frac{1}{2}\right)^3, \quad y = 0,1,2,3 \end{aligned}$$

现假设 $X=1$，对应的条件概率密度函数为

$$p_{Y|x}(y) = P(Y = y \mid X = 1)$$

注意，如果前三次抛掷中出现 0 次正面，则 $Y=1$，如果前三次抛掷中出现 1 次正面，则 $Y=2$，以此类推. 因此，

$$p_{Y|1}(y)=\binom{3}{y-1}\left(\frac{1}{2}\right)^{y-1}\left(1-\frac{1}{2}\right)^{3-(y-1)}$$

$$=\binom{3}{y-1}\left(\frac{1}{2}\right)^{3},\quad y=1,2,3,4$$

同样，

$$p_{Y|2}(y)=P(Y=y\mid X=2)=\binom{3}{y-2}\left(\frac{1}{2}\right)^{3},\quad y=2,3,4,5$$

图 3.11.1 显示了这三个条件概率密度函数. 它们的形状都是相同的，但对于每个 X 值，Y 的可能值是不同的.

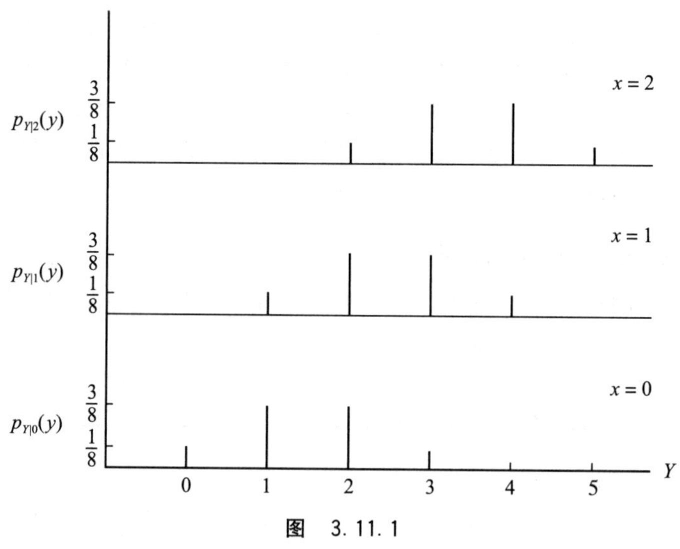

图　3.11.1

■

例 3.11.2　假设一对离散随机变量 X 和 Y 的概率行为由以下定义在点(1,2),(1,3),(2,2),(2,3)上的联合概率密度函数描述

$$p_{X,Y}(x,y)=xy^2/39$$

求 $Y=2$ 时 $X=1$ 的条件概率.

根据定义

$$p_{X|2}(1)=P(Y=2\text{ 时 }X=1)=\frac{p_{X,Y}(1,2)}{p_Y(2)}$$

$$=\frac{1\cdot 2^2/39}{1\cdot 2^2/39+2\cdot 2^2/39}=1/3$$

■

例 3.11.3　假设 X 和 Y 是两个独立的二项随机变量，且都试验 n 次，每次成功率为 p. 设 $Z=X+Y$. 证明条件概率密度函数 $p_{X\mid z}(x)$为超几何分布.

根据例 3.8.2 我们知道 Z 服从参数是 $2n$ 和 p 的二项分布，也就是说，

$$p_Z(z)=P(Z=z)=\binom{2n}{z}p^z(1-p)^{2n-z},\quad z=0,1,\cdots,2n$$

根据定义 3.11.1,

$$
\begin{aligned}
p_{X|z}(x) &= P(X=x \mid Z=z) = \frac{p_{X,Z}(x,z)}{p_Z(z)} \\
&= \frac{P(X=x\ ,\ Z=z)}{P(Z=z)} \\
&= \frac{P(X=x\ ,\ Y=z-x)}{P(Z=z)} \\
&= \frac{P(X=x)\cdot P(Y=z-x)}{P(Z=z)} \quad (\text{因为 } X \text{ 和 } Y \text{ 是相互独立的}) \\
&= \frac{\binom{n}{x}p^x(1-p)^{n-x}\cdot\binom{n}{z-x}p^{z-x}(1-p)^{n-(z-x)}}{\binom{2n}{z}p^z(1-p)^{2n-z}} \\
&= \frac{\binom{n}{x}\binom{n}{z-x}}{\binom{2n}{z}}
\end{aligned}
$$

我们可看出这是超几何分布.

注释 条件概率密度函数的概念很容易推广到两个以上离散随机变量的情况. 例如, X, Y 和 Z 的联合概率密度函数为 $p_{X,Y,Z}(x,y,z)$, 当 $Z=z$ 时关于 X 和 Y 的联合条件概率密度函数为

$$
p_{X,Y|z}(x,y) = \frac{p_{X,Y,Z}(x,y,z)}{p_Z(z)}
$$

■

例 3.11.4 设随机变量 X, Y 和 Z 定义在点 $(1,1,1)$, $(2,1,2)$, $(1,2,2)$, $(2,2,2)$, $(2,2,1)$ 上的联合概率密度函数为

$$
p_{X,Y,Z}(x,y,z) = xy/9z
$$

求对于所有 z 值的 $p_{X,Y\mid z}(x,y)$.

首先, 根据 $p_{X,Y,Z}(x,y,z)$ 的定义, z 有两个可能的值, 1 和 2. 假设 $z=1$, 那么

$$
p_{X,Y|1}(x,y) = \frac{p_{X,Y,Z}(x,y,1)}{p_Z(1)}
$$

而

$$
p_Z(1) = P(Z=1) = P((1,1,1)\cup(2,2,1)) = 1\cdot\frac{1}{9}+2\cdot\frac{2}{9} = \frac{5}{9}
$$

因此, 对于 $(x,y)=(1,1)$ 和 $(2,2)$,

$$
p_{X,Y|1}(x,y) = \frac{xy/9}{\frac{5}{9}} = xy/5
$$

假设 $z=2$, 那么

$$
p_Z(2) = P(Z=2) = P((2,1,2)\cup(1,2,2)\cup(2,2,2))
$$

$$= 2 \cdot \frac{1}{18} + 1 \cdot \frac{2}{18} + 2 \cdot \frac{2}{18}$$

$$= \frac{8}{18}$$

所以对于$(x,y)=(2,1)$，$(1,2)$和$(2,2)$，

$$p_{X,Y|2}(x,y) = \frac{p_{X,Y,Z}(x,y,z)}{p_Z(2)} = \frac{xy/18}{\frac{8}{18}} = \frac{xy}{8}$$ ■

习题

3.11.1　假设X和Y定义在点$(1,1)$，$(1,2)$，$(2,1)$和$(2,2)$上的联合概率密度函数为$p_{X,Y}(x,y)=\frac{x+y+xy}{21}$，其中$X$代表“发送”的信息（即信息$x=1$，或$x=2$），$Y$代表“接收”的信息．求接收的信息就是发送的信息的概率，即求$p_{Y|x}(x)$．

3.11.2　假设掷一个骰子六次．设X为4朝上的总次数，设Y为前两次投掷中4朝上的次数．求$p_{Y|x}(y)$．

3.11.3　一个盲盒里有8个红球、6个白球、4个蓝球．不放回地抽取一个大小为3的样本．设X表示样本中红球的数量，Y表示白球的数量．求$p_{Y|x}(y)$的表达式．

3.11.4　从一副标准扑克牌(52张)中抽取5张牌．设X为A的张数，Y为K的张数．求$P(X=2 \mid Y=2)$．

3.11.5　假设两个离散随机变量X和Y的联合概率密度函数为$p_{X,Y}(x,y)=k(x+y)$，其中$x=1,2,3$且$y=1,2,3$．

(a)求k．

(b)$p_X(x)>0$时，对于所有的x值，求$p_{Y|x}(1)$．

3.11.6　令X表示从一个盲盒中随机抽取的球上的编号，该盲盒中有3个球，编号分别为1,2和3．设Y为抛X次质地均匀的硬币时正面朝上的次数．

(a) 求$p_{X,Y}(x,y)$．

(b) 通过累加所有的x值，求Y的边际概率密度函数．

3.11.7　假设X，Y和Z的联合概率密度函数为

$$p_{X,Y,Z}(x,y,z) = \frac{xy + xz + yz}{54}$$

其中x,y,z的值为1或2．给定z的值为1或2时，列出X和Y的联合条件概率密度函数．

3.11.8　令随机变量W为习题3.11.7中x,y,z值“出现最多”的那一个，如$W(2,2,1)=2$，$W(1,1,1)=1$．求$W \mid x$的概率密度函数．

3.11.9　设X和Y是独立的服从泊松分布的随机变量，已知$p_X(k)=\mathrm{e}^{-\lambda}\frac{\lambda^k}{k!}$，$p_Y(k)=\mathrm{e}^{-\mu}\frac{\mu^k}{k!}$，其中$k=0,1,\cdots$．已知$X+Y=n$，证明$X$的条件概率密度函数是一个参数为$n$和$\frac{\lambda}{\lambda+\mu}$的二项分布．（提示：参考习题3.8.3.）

3.11.10　假设排版员A正在准备一份要出版的手稿．假设她每页出错X次，其中X的概率密度函数服从泊松分布，$\lambda=2$（参考习题3.9.21）．另一个排版员B也在准备一份要出版的手稿．他每页出错Y次，这里Y的概率密度函数也服从泊松分布，其中$\lambda=3$．假设排版员A准备文本的前100页，排版员B准备后100页．在这本书完成后，编辑发现这本书总共有520个错误．列出一个精确的概率公式证明少于一半的错误是由排版员A造成的．

推导连续随机变量的条件概率密度函数

如果变量 X 和 Y 是连续的，我们仍可以使用 $f_{X,Y}(x,y)/f_X(x)$ 定义 $f_{Y|x}(y)$，并通过类比论证其合理性．然而，一个更好的方法是，通过对 Y 的“条件”累积分布函数求极限来得出同样的结论.

如果 X 是连续的，根据定义 2.4.1，直接求出 $F_{Y|x}(y)=P(Y\leqslant y\mid X=x)$ 的值是不可能的，因为分母为零．或者，我们将 $P(Y\leqslant y\mid X=x)$ 看作一个极限：

$$P(Y\leqslant y\mid X=x)=\lim_{h\to 0}P(Y\leqslant y\mid x\leqslant X\leqslant x+h)$$
$$=\lim_{h\to 0}\frac{\int_x^{x+h}\int_{-\infty}^{y}f_{X,Y}(t,u)\mathrm{d}u\mathrm{d}t}{\int_x^{x+h}f_X(t)\mathrm{d}t}$$

求该商的极限，得到 $\frac{0}{0}$，根据洛必达法则：

$$P(Y\leqslant y\mid X=x)=\lim_{h\to 0}\frac{\frac{\mathrm{d}}{\mathrm{d}h}\int_x^{x+h}\int_{-\infty}^{y}f_{X,Y}(t,u)\mathrm{d}u\mathrm{d}t}{\frac{\mathrm{d}}{\mathrm{d}h}\int_x^{x+h}f_X(t)\mathrm{d}t} \tag{3.11.1}$$

根据微积分基本定理，

$$\frac{\mathrm{d}}{\mathrm{d}h}\int_x^{x+h}g(t)\mathrm{d}t=g(x+h)$$

化简等式(3.11.1)，得到

$$P(Y\leqslant y\mid X=x)=\lim_{h\to 0}\frac{\int_{-\infty}^{y}f_{X,Y}(x+h,u)\mathrm{d}u}{f_X(x+h)}$$
$$=\frac{\int_{-\infty}^{y}\lim_{h\to 0}f_{X,Y}(x+h,u)\mathrm{d}u}{\lim_{h\to 0}f_X(x+h)}=\int_{-\infty}^{y}\frac{f_{X,Y}(x,u)}{f_X(x)}\mathrm{d}u$$

假设以上极限和积分的运算可以互换[关于这种互换何时生效的讨论见参考文献[9]]．从最后一个表达式可以看出 $f_{X,Y}(x,y)/f_X(x)$ 形式符合条件概率密度函数应有的表现形式，我们有理由将定义 3.11.1 扩展到连续的情况.

例 3.11.5 设 X，Y 为连续随机变量，它们的联合概率密度函数为

$$f_{X,Y}(x,y)=\begin{cases}\left(\frac{1}{8}\right)(6-x-y), & 0\leqslant x\leqslant 2,\quad 2\leqslant y\leqslant 4,\\ 0, & \text{其他}\end{cases}$$

求(a) $f_X(x)$，(b) $f_{Y|x}(y)$，(c) $P(2<Y<3\mid x=1)$.

a. 根据定理 3.7.2，

$$f_X(x)=\int_{-\infty}^{\infty}f_{X,Y}(x,y)\mathrm{d}y=\int_2^4\left(\frac{1}{8}\right)(6-x-y)\mathrm{d}y$$
$$=\left(\frac{1}{8}\right)(6-2x),\quad 0\leqslant x\leqslant 2$$

b. 代入定义 3.11.1 中关于"连续"情况的证明，我们可以得到

$$f_{Y|x}(y)=\frac{f_{X,Y}(x,y)}{f_X(x)}=\frac{\left(\frac{1}{8}\right)(6-x-y)}{\left(\frac{1}{8}\right)(6-2x)}$$

$$=\frac{6-x-y}{6-2x},\quad 0\leqslant x\leqslant 2,\quad 2\leqslant y\leqslant 4$$

c. 为求 $P(2<Y<3\mid x=1)$，我们只需对于区间 $2<Y<3$ 内的 $f_{Y|1}(y)$积分：

$$P(2<Y<3\mid x=1)=\int_2^3 f_{Y|1}(y)\mathrm{d}y=\int_2^3\frac{5-y}{4}\mathrm{d}y=\frac{5}{8}$$

(我们可以通过对 Y 的整个范围内的 $f_{Y|x}(y)$积分，来部分检查条件概率密度函数的推导是否正确. 这个积分应该等于 1. 例如，当 $x=1$ 时，$\int_{-\infty}^{\infty}f_{Y|1}(y)\mathrm{d}y=\int_2^4[(5-y)/4]\,\mathrm{d}y=1.$)

■

习题

3.11.11 设 X 为非负随机变量. 如果

$$P(X>s+t\mid X>t)=P(X>s)\quad 对于所有\ s,t\geqslant 0$$

我们就称 X 是"无记忆的".

证明一个概率密度函数为 $f_X(x)=(1/\lambda)\mathrm{e}^{-x/\lambda}$，$x>0$ 的随机变量是"无记忆的".

3.11.12 已知联合概率密度函数为

$$f_{X,Y}(x,y)=2\mathrm{e}^{-(x+y)},\quad 0\leqslant x\leqslant y,\quad y\geqslant 0$$

求

(a) $P(Y<1\mid X<1)$

(b) $P(Y<1\mid X=1)$

(c) $f_{Y|x}(y)$

(d) $E(Y\mid x)$

3.11.13 已知

$$f_{X,Y}(x,y)=x+y$$

其中 $0\leqslant x\leqslant 1$，$0\leqslant y\leqslant 1$，求 Y 关于 x 的条件概率密度函数.

3.11.14 若

$$f_{X,Y}(x,y)=2,\quad x\geqslant 0,\quad y\geqslant 0,\quad x+y\leqslant 1$$

证明 Y 关于 x 的条件概率密度函数服从均匀分布.

3.11.15 假设

$$f_{Y|x}(y)=\frac{2y+4x}{1+4x}\quad 和\quad f_X(x)=\frac{1}{3}(1+4x)$$

其中 $0\leqslant x\leqslant 1$，$0\leqslant y\leqslant 1$，求 Y 的边际概率密度函数.

3.11.16 假设 X 和 Y 的联合概率密度函数为

$$f_{X,Y}(x,y)=\frac{2}{5}(2x+3y),\quad 0\leqslant x\leqslant 1,\quad 0\leqslant y\leqslant 1$$

求

(a) $f_X(x)$

(b) $f_{Y|x}(y)$

(c) $P\left(\frac{1}{4}\leqslant Y\leqslant\frac{3}{4}\,\middle|\,X=\frac{1}{2}\right)$

(d) $E(Y\mid x)$

3.11.17 设 X 和 Y 的联合概率密度函数为

$$f_{X,Y}(x,y)=2,\quad 0\leqslant x<y\leqslant 1$$

求 $P\left(0<X<\frac{1}{2}\middle|Y=\frac{3}{4}\right)$.

3.11.18 设 X 和 Y 的联合概率密度函数为

$$f_{X,Y}(x,y)=xy/2,\quad 0\leqslant x<y\leqslant 2$$

求 $P\left(X<1\mid Y=1\frac{1}{2}\right)$.

3.11.19 设 X_1,X_2,X_3,X_4,X_5 的联合概率密度函数为

$$f_{X_1,X_2,X_3,X_4,X_5}(x_1,x_2,x_3,x_4,x_5)=32x_1x_2x_3x_4x_5$$

其中 $0\leqslant x_i\leqslant 1$，$i=1,2,\cdots,5$. 求 X_1,X_2,X_3 关于 $X_4=x_4,X_5=x_5$ 的联合条件概率密度函数.

3.11.20 假设随机变量 X 和 Y 的联合概率密度函数为

$$f_{X,Y}(x,y)=\frac{6}{7}\left(x^2+\frac{xy}{2}\right),\quad 0\leqslant x\leqslant 1,\quad 0\leqslant y\leqslant 2$$

求

(a) $f_X(x)$　　(b) $P(X>2Y)$

(c) $P\left(Y>1\mid X>\frac{1}{2}\right)$

3.11.21 对于连续随机变量 X 和 Y，证明 $E(Y)=E_X[E(Y\mid x)]$.

3.12 矩生成函数

直接求随机变量的矩，尤其是在 3.6 节中定义的高阶矩，理论上是非常简单的，但可能会相当困难：由于概率密度函数的性质，形如 $\int_{-\infty}^{\infty}y^r f_Y(y)\mathrm{d}y$ 和 $\sum_{\text{所有}k}k^r p_X(k)$ 的积分和求和可能很难计算. 幸运的是，我们有一个替代的方法可以使用. 对于许多概率密度函数，我们可以找到一个矩生成函数(简写作 mgf)，$M_W(t)$. 它的一个性质是 $M_W(t)$ 的 r 阶导数在 0 处的值等于 $E(W^r)$.

计算随机变量的矩生成函数

原则上，上文中的矩生成函数是定理 3.5.3 的直接应用.

定义 3.12.1 设 W 为随机变量. W 的矩生成函数(mgf)记作 $M_W(t)$，为

$$M_W(t)=E(\mathrm{e}^{tW})=\begin{cases}\sum\limits_{\text{所有}k}\mathrm{e}^{tk}p_W(k), & \text{如果 } W \text{ 是离散变量,}\\ \int_{-\infty}^{\infty}\mathrm{e}^{tw}f_W(w)\mathrm{d}w, & \text{如果 } W \text{ 是连续变量}\end{cases}$$

对于所有期望值都存在的 t 值.

例 3.12.1 假设随机变量 X 的概率密度函数服从几何分布，

$$p_X(k)=(1-p)^{k-1}p,\quad k=1,2,\cdots$$

[在实践中，此概率密度函数模拟了一系列独立试验中第一次成功的情况，其中每个试验的成功率都为 p(回顾例 3.3.2).]求 X 的矩生成函数，即 $M_X(t)$.

由于 X 是离散的，适用定义 3.12.1 的第一种情况，所以

$$M_X(t)=E(\mathrm{e}^{tX})=\sum_{k=1}^{\infty}\mathrm{e}^{tk}(1-p)^{k-1}p$$

$$= \frac{p}{1-p}\sum_{k=1}^{\infty} e^{tk}(1-p)^k = \frac{p}{1-p}\sum_{k=1}^{\infty}[(1-p)e^t]^k \quad (3.12.1)$$

$M_X(t)$中的 t 可以是$M_X(t)<\infty$的情况下 0 邻域内的任意数. 这里，$M_X(t)$是无限项$[(1-p)e^t]^k$ 的和，只有当$(1-p)e^t<1$，或者说 $t<\ln[1/(1-p)]$时，该和才是有限的. 那么，我们假设 $0<t<\ln[1/(1-p)]$.

回顾

$$\sum_{k=0}^{\infty} r^k = \frac{1}{1-r}$$

其中 $0<r<1$. 将上式用于等式(3.12.1)，令 $r=(1-p)e^t$，且 $0<t<\ln\left(\frac{1}{1-p}\right)$，那么便有

$$\begin{aligned} M_X(t) &= \frac{p}{1-p}\left[\sum_{k=0}^{\infty}[(1-p)e^t]^k - [(1-p)e^t]^0\right] \\ &= \frac{p}{1-p}\left[\frac{1}{1-(1-p)e^t} - 1\right] \\ &= \frac{pe^t}{1-(1-p)e^t} \end{aligned}$$

■

例 3.12.2 假设 X 是一个二项随机变量，其概率密度函数为

$$p_X(k) = \binom{n}{k} p^k (1-p)^{n-k}, \quad k = 0,1,\cdots,n$$

求 $M_X(t)$.

根据定义 3.12.1，

$$\begin{aligned} M_X(t) = E(e^{tX}) &= \sum_{k=0}^{n} e^{tk}\binom{n}{k}p^k(1-p)^{n-k} \\ &= \sum_{k=0}^{n}\binom{n}{k}(pe^t)^k(1-p)^{n-k} \end{aligned} \quad (3.12.2)$$

要得到$M_X(t)$的解析表达式，即要求等式(3.12.2)中所示的和，需要一个熟悉的代数公式：根据牛顿二项展开式，

$$(x+y)^n = \sum_{k=0}^{n}\binom{n}{k}x^k y^{n-k} \quad (3.12.3)$$

对于任意 x 和 y. 令 $x=pe^t$，$y=1-p$. 由等式(3.12.2)和等式(3.12.3)得出

$$M_X(t) = (1-p+pe^t)^n$$

注意在这本例中，对于所有 t 值，$M_X(t)$都是存在的.

■

例 3.12.3 假设 Y 的概率密度函数服从指数分布，$f_Y(y)=\lambda e^{-\lambda y}$，$y>0$. 求 $M_Y(t)$.

由于连续随机变量的概率密度函数服从指数分布，那么 $M_Y(t)$是一个积分：

$$M_Y(t) = E(e^{tY}) = \int_0^{\infty} e^{ty}\cdot\lambda e^{-\lambda y}dy = \int_0^{\infty}\lambda e^{-(\lambda-t)y}dy$$

令 $u=(\lambda-t)y$，得到

$$M_Y(t)=\int_0^{\infty}\lambda e^{-u}\frac{du}{\lambda-t}=\frac{\lambda}{\lambda-t}\left(-e^{-u}\Big|_0^{\infty}\right)$$
$$=\frac{\lambda}{\lambda-t}(1-\lim_{u\to\infty}e^{-u})=\frac{\lambda}{\lambda-t}$$

此处，只有当 $u=(\lambda-t)y>0$ 时，$M_Y(t)$才是有限且非零的，这意味着 t 一定小于 λ. 若 $t\geqslant\lambda$，$M_Y(t)$不存在. ■

例 3.12.4 在例 3.4.3 中我们首次引入了正态(或钟形)曲线. 它的概率密度函数有点复杂：

$$f_Y(y)=(1/\sqrt{2\pi}\sigma)\exp\left[-\frac{1}{2}\left(\frac{y-\mu}{\sigma}\right)^2\right],\quad -\infty<y<\infty$$

其中 $\mu=E(Y)$，$\sigma^2=\mathrm{Var}(Y)$，接下来我们要推导出所有概率模型中最重要的矩生成函数.

因为 Y 是连续随机变量，

$$M_Y(t)=E(e^{tY})=(1/\sqrt{2\pi}\sigma)\int_{-\infty}^{\infty}\exp(ty)\exp\left[-\frac{1}{2}\left(\frac{y-\mu}{\sigma}\right)^2\right]dy$$
$$=(1/\sqrt{2\pi}\sigma)\int_{-\infty}^{\infty}\exp\left(-\frac{y^2-2\mu y-2\sigma^2ty+\mu^2}{2\sigma^2}\right)dy \tag{3.12.4}$$

计算等式(3.12.4)中积分最好的方法是对指数函数内的分子配方(这意味着对 y 系数的一半的平方进行加和减)，得到

$$y^2-(2\mu+2\sigma^2t)y+(\mu+\sigma^2t)^2-(\mu+\sigma^2t)^2+\mu^2$$
$$=[y-(\mu+\sigma^2t)]^2-\sigma^4t^2-2\mu t\sigma^2 \tag{3.12.5}$$

等式(3.12.5)等号右边的后两项不包含 y，所以可以从积分中提出来，最终，我们可以将等式(3.12.4)化简为

$$M_Y(t)=\exp\left(\mu t+\frac{\sigma^2t^2}{2}\right)(1/\sqrt{2\pi}\sigma)\int_{-\infty}^{\infty}\exp\left[-\frac{1}{2}\left[\frac{y-(\mu+t\sigma^2)}{\sigma}\right]^2\right]dy$$

而上式最后两个因式乘积为 1(为什么?)，也就是说正态分布随机变量的矩生成函数为

$$M_Y(t)=e^{\mu t+\sigma^2t^2/2}$$
■

习题

3.12.1 设 X 为随机变量，其概率密度函数为 $p_X(k)=1/n$，$k=0,1,2,\cdots,n-1$，k 取其他值时 $p_X(k)=0$. 证明

$$M_X(t)=\frac{1-e^{nt}}{n(1-e^t)}$$

3.12.2 一个盲盒内含编号从 1 到 5 共五个球，从中无放回地随机抽取两个球. 如果所抽到的球编号之和是偶数，则随机变量 $X=5$，如果和为奇数，则 $X=-3$. 求 X 的矩生成函数.

3.12.3 若 X 是一个二项随机变量，其中参数 $n=10$，$p=1/3$. 求 e^{3X} 的期望值.

3.12.4 求概率密度函数为

$$p_X(k)=\left(\frac{3}{4}\right)^k\left(\frac{1}{4}\right),\quad k=0,1,2,\cdots$$

的离散随机变量 X 的矩生成函数.

3.12.5 求具有以下矩生成函数的概率密度函数.

(a)$M_Y(t)=e^{6t^2}$ (b)$M_Y(t)=2/(2-t)$

(c)$M_X(t)=\left(\frac{1}{2}+\frac{1}{2}e^t\right)^4$ (d)$M_X(t)=0.3e^t/(1-0.7e^t)$

3.12.6 Y 的概率密度函数为

$$f_Y(y)=\begin{cases}y, & 0\leqslant y\leqslant 1,\\ 2-y, & 1\leqslant y\leqslant 2,\\ 0, & \text{其他}\end{cases}$$

求 $M_Y(t)$.

3.12.7 随机变量 X 服从泊松分布 $p_X(k)=e^{-\lambda}\lambda^k/k!$，$k=0,1,2,\cdots$. 求泊松分布的矩生成函数. 已知：

$$e^r=\sum_{k=0}^{\infty}\frac{r^k}{k!}$$

3.12.8 设 Y 是一个连续随机变量，$f_Y(y)=ye^{-y}$，$0\leqslant y$. 证明 $M_Y(t)=\frac{1}{(1-t)^2}$.

利用矩生成函数求随机变量的矩

通过练习我们已知道如何求函数 $M_X(t)$和 $M_Y(t)$. 现在我们来学习它们与 X^r 和 Y^r 关系的定理.

定理 3.12.1 *设 W 为随机变量，其概率密度函数为 $f_W(w)$.（若 W 是连续的，$f_W(w)$ 必须足够平滑，使得微分和积分的顺序可以互换.）令 $M_W(t)$为 W 的矩生成函数，假设其 r 阶矩存在，则*

$$M_W^{(r)}(0)=E(W^r)$$

证明 我们将在连续情况下令 r 为 1 或者 2 来验证这个定理. 推广到离散随机变量和任意正整数 r 的情况是很直观的.

对于 $r=1$ 时，

$$\begin{aligned}M_Y^{(1)}(0)&=\frac{d}{dt}\int_{-\infty}^{\infty}e^{ty}f_Y(y)dy\Big|_{t=0}=\int_{-\infty}^{\infty}\frac{d}{dt}e^{ty}f_Y(y)dy\Big|_{t=0}\\&=\int_{-\infty}^{\infty}ye^{ty}f_Y(y)dy\Big|_{t=0}=\int_{-\infty}^{\infty}ye^{0\cdot y}f_Y(y)dy\\&=\int_{-\infty}^{\infty}yf_Y(y)dy=E(Y)\end{aligned}$$

对于 $r=2$ 时，

$$\begin{aligned}M_Y^{(2)}(0)&=\frac{d^2}{dt^2}\int_{-\infty}^{\infty}e^{ty}f_Y(y)dy\Big|_{t=0}=\int_{-\infty}^{\infty}\frac{d^2}{dt^2}e^{ty}f_Y(y)dy\Big|_{t=0}\\&=\int_{-\infty}^{\infty}y^2e^{ty}f_Y(y)dy\Big|_{t=0}=\int_{-\infty}^{\infty}y^2e^{0\cdot y}f_Y(y)dy\\&=\int_{-\infty}^{\infty}y^2f_Y(y)dy=E(Y^2)\end{aligned}$$

例 3.12.5 设几何随机变量 X 的概率密度函数为

$$p_X(k)=(1-p)^{k-1}p,\quad k=1,2,\cdots$$

根据例 3.12.1，我们知道

$$M_X(t) = pe^t[1-(1-p)e^t]^{-1}$$

通过对 X 的矩生成函数求导来求 X 的期望值.

利用乘积法则，$M_X(t)$的一阶导数可以写作

$$\begin{aligned}M_X^{(1)}(t) &= pe^t(-1)[1-(1-p)e^t]^{-2}(-1)(1-p)e^t + [1-(1-p)e^t]^{-1}pe^t \\ &= \frac{p(1-p)e^{2t}}{[1-(1-p)e^t]^2} + \frac{pe^t}{1-(1-p)e^t}\end{aligned}$$

令 $t=0$ 得到 $E(X)=\dfrac{1}{p}$：

$$\begin{aligned}M_X^{(1)}(0) = E(X) &= \frac{p(1-p)e^{2\cdot 0}}{[1-(1-p)e^0]^2} + \frac{pe^0}{1-(1-p)e^0} \\ &= \frac{p(1-p)}{p^2} + \frac{p}{p} = \frac{1}{p}\end{aligned}$$

■

例 3.12.6 根据以下指数随机变量的概率密度函数求其期望值：

$$f_Y(y) = \lambda e^{-\lambda y}, \quad y > 0$$

根据例 3.12.3，我们知道

$$M_Y(t) = \lambda(\lambda - t)^{-1}$$

对 $M_Y(t)$微分，得到

$$M_Y^{(1)}(t) = \lambda(-1)(\lambda-t)^{-2}(-1) = \frac{\lambda}{(\lambda-t)^2}$$

令 $t=0$，得到

$$M_Y^{(1)}(0) = \frac{\lambda}{(\lambda-0)^2}$$

这意味着

$$E(Y) = \frac{1}{\lambda}$$

■

例 3.12.7 若 X 的矩生成函数如下所示，求 $E(X^k)$的表达式.

$$M_X(t) = (1-p_1-p_2) + p_1e^t + p_2e^{2t}$$

推导任意矩如 $E(X^k)$的表达式的唯一方法，是计算前几个矩，并使其一般化.

这里，

$$M_X^{(1)}(t) = p_1e^t + 2p_2e^{2t}$$

那么

$$E(X) = M_X^{(1)}(0) = p_1e^0 + 2p_2e^{2\cdot 0} = p_1 + 2p_2$$

对其进行二阶求导，我们得到

$$M_X^{(2)}(t) = p_1e^t + 2^2p_2e^{2t}$$

这意味着

$$E(X^2) = M_X^{(2)}(0) = p_1e^0 + 2^2p_2e^{2\cdot 0} = p_1 + 2^2p_2$$

很明显，每次微分后，p_1 项不受影响，但 p_2 项将乘以 2. 因此

$$E(X^k) = M_X^{(k)}(0) = p_1 + 2^kp_2$$

■

利用矩生成函数求方差

除了可以计算 $E(W^r)$，矩生成函数也可以用来求方差，因为对于任意随机变量 W(回顾定理 3.6.1)，

$$\mathrm{Var}(W) = E(W^2) - [E(W)]^2 \tag{3.12.6}$$

概率密度函数其他的"描述"也可以简化为矩的组合. 例如，若某分布的偏度函数为 $E[(W-\mu)^3]$，其中 $\mu=E(W)$. 而

$$E[(W-\mu)^3] = E(W^3) - 3E(W^2)E(W) + 2[E(W)]^3$$

很多情况下，若矩生成函数不可用，求 $E[(W-\mu)^2]$或 $E[(W-\mu)^3]$则会相当困难.

例 3.12.8　根据例 3.12.2，我们知道，如果 X 是一个二项随机变量，其参数为 n 和 p，那么

$$M_X(t) = (1-p+pe^t)^n$$

利用 $M_X(t)$求 X 的方差.

$M_X(t)$的前两阶导数分别为

$$M_X^{(1)}(t) = n(1-p+pe^t)^{n-1} \cdot pe^t$$

和

$$M_X^{(2)}(t) = pe^t \cdot n(n-1)(1-p+pe^t)^{n-2} \cdot pe^t + n(1-p+pe^t)^{n-1} \cdot pe^t$$

令 $t=0$，得到

$$M_X^{(1)}(0) = np = E(X)$$

和

$$M_X^{(2)}(0) = n(n-1)p^2 + np = E(X^2)$$

根据公式(3.12.6)，可得

$$\mathrm{Var}(X) = n(n-1)p^2 + np - (np)^2 = np(1-p)$$

(这与我们在例 3.9.9 中得到的答案相同).　■

例 3.12.9　可以看出(见例 3.12.7)，泊松随机变量的矩生成函数为

$$M_X(t) = e^{-\lambda+\lambda e^t}$$

利用 $M_X(t)$求 $E(X)$和 $\mathrm{Var}(X)$.

求 $M_X(t)$的一阶导数，得到

$$M_X^{(1)}(t) = e^{-\lambda+\lambda e^t} \cdot \lambda e^t$$

所以

$$E(X) = M_X^{(1)}(0) = e^{-\lambda+\lambda e^0} \cdot \lambda e^0 = \lambda$$

对 $M_X^{(1)}(t)$应用乘积法则求得二阶导数，

$$M_X^{(2)}(t) = e^{-\lambda+\lambda e^t} \cdot \lambda e^t + \lambda e^t e^{-\lambda+\lambda e^t} \cdot \lambda e^t$$

令 $t=0$，

$$M_X^{(2)}(0) = E(X^2) = e^{-\lambda+\lambda e^0} \cdot \lambda e^0 + \lambda e^0 \cdot e^{-\lambda+\lambda e^0} \cdot \lambda e^0 = \lambda + \lambda^2$$

那么便得到泊松随机变量的方差与其均值相同：

$$\mathrm{Var}(X) = E(X^2) - [E(X)]^2 = M_X^{(2)}(0) - [M_X^{(1)}(0)]^2 = \lambda^2 + \lambda - \lambda^2 = \lambda$$ ■

习题

3.12.9 已知随机变量 Y 的矩生成函数为 $M_Y(t)=e^{t^2/2}$，求 $E(Y^3)$.

3.12.10 已知 Y 是指数随机变量，其概率密度函数为 $f_Y(y)=\lambda e^{-\lambda y}$，$y>0$，求 $E(Y^4)$.

3.12.11 设一个服从正态分布的随机变量的矩生成函数为 $M_Y(t)=e^{at+b^2t^2/2}$(回顾例 3.12.4). 对 $M_Y(t)$ 微分证明 $a=E(y)$和 $b^2=\mathrm{Var}(Y)$.

3.12.12 已知随机变量 Y 的矩生成函数 $M_Y(t)=(1-\alpha t)^{-k}$，求 $E(Y^4)$.

3.12.13 已知 Y 的矩生成函数 $M_Y(t)=e^{-t+4t^2}$，无需求导，而是利用例 3.12.4，求 $E(Y^2)$.（提示：回顾定理 3.6.1.）

3.12.14 若 $M_Y(t)=(1-t/\lambda)^{-r}$，$\lambda$ 为任意正实数，r 为正整数，求 $E(Y^k)$.

3.12.15 利用 $M_Y(t)$求例 3.4.1 内的均匀分布随机变量的期望值.

3.12.16 若 $M_Y(t)=e^{2t}/(1-t^2)$，求 Y 的方差.

利用矩生成函数识别概率密度函数

求矩并不是矩生成函数的唯一用途. 它们也被用来识别随机变量之和的概率密度函数，即求 $f_W(w)$，其中 $W=W_1+W_2+\cdots+W_n$. 矩生成函数对于协助后者起到了十分重要的作用，其中有两个原因：(1)许多统计步骤是通过项的求和来定义的，(2)推导 $f_{W_1+W_2+\cdots+W_n}(w)$ 的替代方法非常烦琐.

下面两个定理给出了推导 $f_W(w)$所必需的背景. 定理 3.12.2 阐明了矩生成函数关键的唯一性：如果随机变量 W_1 和 W_2 有相同的矩生成函数，那么它们一定有相同的概率密度函数. 在实践中，定理 3.12.2 的应用通常依赖于定理 3.12.3 中提到的代数性质.

定理 3.12.2 设 W_1 和 W_2 为随机变量，对于某个 t 的含零区间，若 $M_{W_1}(t)=M_{W_2}(t)$，那么 $f_{W_1}(w)=f_{W_2}(w)$.

证明 见参考文献[103].

定理 3.12.3

a. 设 W 是随机变量，其矩生成函数为 $M_W(t)$. 令 $V=aW+b$，那么

$$M_V(t)=e^{bt}M_W(at)$$

b. 设 $W_1,W_2,\cdots,W_n$ 为一系列独立的随机变量，它们的矩生成函数分别为 $M_{W_1}(t)$，$M_{W_2}(t),\cdots,M_{W_n}(t)$. 令 $W=W_1+W_2+\cdots+W_n$. 那么

$$M_W(t)=M_{W_1}(t)\cdot M_{W_2}(t)\cdot\cdots\cdot M_{W_n}(t)$$

证明 证明留作练习.

例 3.12.10 假设 X_1 和 X_2 是两个参数分别为 λ_1，λ_2 的服从泊松分布的独立随机变量，也就是说

$$p_{X_1}(k)=P(X_1=k)=\frac{e^{-\lambda_1}\lambda_1^k}{k!},\quad k=0,1,2,\cdots$$

和

$$p_{X_2}(k)=P(X_2=k)=\frac{e^{-\lambda_2}\lambda_2^2}{k!},\quad k=0,1,2,\cdots$$

令 $X=X_1+X_2$，求 X 的概率密度函数.

根据例 3.12.9，X_1 和 X_2 的矩生成函数分别为

$$M_{X_1}(t)=\mathrm{e}^{-\lambda_1+\lambda_1 \mathrm{e}^t}$$

和

$$M_{X_2}(t)=\mathrm{e}^{-\lambda_2+\lambda_2 \mathrm{e}^t}$$

若 $X=X_1+X_2$，根据定理 3.12.3 的(b)部分

$$M_X(t)=M_{X_1}(t)\cdot M_{X_2}(t)=\mathrm{e}^{-\lambda_1+\lambda_1 \mathrm{e}^t}\cdot \mathrm{e}^{-\lambda_2+\lambda_2 \mathrm{e}^t}=\mathrm{e}^{-(\lambda_1+\lambda_2)+(\lambda_1+\lambda_2)\mathrm{e}^t} \qquad (3.12.7)$$

经检验，等式(3.12.7)是参数为 $\lambda=\lambda_1+\lambda_2$ 的服从泊松分布的随机变量的矩生成函数. 那么根据定理 3.12.2，

$$p_X(k)=\frac{\mathrm{e}^{-(\lambda_1+\lambda_2)}(\lambda_1+\lambda_2)^k}{k!}, \quad k=0,1,2,\cdots$$

注释 根据以上例题，我们可以说泊松随机变量进行了“自身繁殖”，即两个独立的泊松随机变量之和依旧服从泊松分布. 独立的正态随机变量(见习题 3.12.19)和独立的二项随机变量(见例 3.8.2)在一定条件下也具有类似的性质. ■

例 3.12.11 在例 3.12.4 中我们见识了一个均值为 μ 和方差为 σ^2 的正态随机变量 Y 的概率密度函数

$$f_Y(y)=(1/\sqrt{2\pi}\sigma)\exp\left[-\frac{1}{2}\left(\frac{y-\mu}{\sigma}\right)^2\right], \quad -\infty<y<\infty$$

其矩生成函数为

$$M_Y(t)=\mathrm{e}^{\mu t+\sigma^2 t^2/2}$$

根据定义，标准正态随机变量是一个参数为 $\mu=0$ 和 $\sigma=1$ 的正态随机变量. 我们用 Z 表示该随机变量，标准正态随机变量的概率密度函数和矩生成函数分别为

$$f_Z(z)=(1/\sqrt{2\pi})\mathrm{e}^{-z^2/2}, -\infty<z<\infty \text{ 和 } M_Z(t)=\mathrm{e}^{t^2/2}.$$

证明 $\frac{Y-\mu}{\sigma}$ 即标准正态随机变量 Z.

将 $\frac{Y-\mu}{\sigma}$ 写作 $\frac{1}{\sigma}Y-\frac{\mu}{\sigma}$. 根据定理 3.12.3 的(a)部分，

$$M_{(Y-\mu)/\sigma}(t)=\mathrm{e}^{-\mu t/\sigma}M_Y\left(\frac{t}{\sigma}\right)=\mathrm{e}^{-\mu t/\sigma}\mathrm{e}^{\mu t/\sigma+\sigma^2(t/\sigma)^2/2}=\mathrm{e}^{t^2/2}$$

且已知 $M_Z(t)=\mathrm{e}^{t^2/2}$，根据定理 3.12.2，$\frac{Y-\mu}{\sigma}$ 的概率密度函数和概率密度函数 $f_Z(z)$ 相同.（我们称 $\frac{Y-\mu}{\sigma}$ 为 Z 变换，我们将在第 4 章叙述其重要性.） ■

习题

3.12.17 利用定理 3.12.3 的(a)部分和习题 3.12.8 求随机变量 Y 的矩生成函数，已知 $f_Y(y)=\lambda^2 y\mathrm{e}^{-y}$，$0\leqslant y$.

3.12.18 令 Y_1, Y_2, Y_3 为相互独立的随机变量，它们的概率密度函数见习题 3.12.17，利用定理 3.12.3 的(b)部分，求 $Y_1+Y_2+Y_3$ 的矩生成函数，并将结果和习题 3.12.14 中的矩生成函数做比较.

3.12.19 利用定理 3.12.2 和定理 3.12.3 判断下列叙述是否正确.

(a)两个独立的泊松随机变量的和依旧服从泊松分布.

(b)两个独立的指数随机变量的和依旧服从指数分布.

(c)两个独立的正态随机变量的和依旧服从正态分布.

3.12.20 若 $M_X(t)=\left(\frac{1}{4}+\frac{3}{4}e^t\right)^5$，求 $P(X\leqslant 2)$.

3.12.21 设 $Y_1,Y_2,\cdots,Y_n$ 为一个从正态分布中抽取的大小为 n 的随机样本，其均值为 μ，标准差为 σ，利用矩生成函数推导 $\overline{Y}=\frac{1}{n}\sum_{i=1}^{n}Y_i$ 的概率密度函数.

3.12.22 若一个随机变量 W 的矩生成函数为

$$M_W(t)=e^{-3+3e^t}\cdot\left(\frac{2}{3}+\frac{1}{3}e^t\right)^4$$

求 $P(W\leqslant 1)$.（提示：将 W 看作随机变量的和.）

3.12.23 设 X 是一个泊松随机变量，$p_X(k)=e^{-\lambda}\lambda^k/k!$，$k=0,1,\cdots$.

(a)随机变量 $W=3X$ 服从泊松分布吗？

(b)随机变量 $W=3X+1$ 服从泊松分布吗？

3.12.24 设 Y 是一个正态随机变量，$f_Y(y)=(1/\sqrt{2\pi}\sigma)\exp\left[-\frac{1}{2}\left(\frac{y-\mu}{\sigma}\right)^2\right]$，$-\infty<y<\infty$.

(a)随机变量 $W=3Y$ 服从正态分布吗？

(b)随机变量 $W=3Y+1$ 服从正态分布吗？

3.13 重新审视统计学(分辨不同类型的均值)

随机变量的期望值(或均值)的概念是第 3 章最重要的思想之一. 在 3.5 节中，我们将其定义为概率密度函数的“中心”，事实上最早引入期望值(μ)的目的是计算赌客的盈亏情况，这直接反映了赌客们最在乎的一个问题——如果我玩一场特定的游戏，我平均会赢多少或输多少？(实际上，身处赌场的他们可能已经意识到了他们真正需要考虑的问题是“我平均要失去多少”.)尽管有这样一个自私的、唯物主义的、赌博导向的初衷，期望值仍很快就被所有学派的科学家和研究人员看作一个杰出且有用的描述分布的方法. 可以毫不夸张地讲，今天所有统计分析的重点要么是单个随机变量的期望值，要么是比较两个或更多随机变量的期望值.

在应用统计学中，实际上有两种完全不同类型的“均值”——总体均值和样本均值. 我们可以将“总体均值”看作期望值的同义词，也就是说，总体均值(μ)是与理论概率模型相关的可能值的加权平均值，即 $p_X(k)$还是 $f_Y(y)$，这取决于随机变量是离散的还是连续的. 样本均值则是一组测量值的算术平均值. 例如，从一个连续随机变量 Y 内取 n 个观测值 $y_1,y_2,\cdots,y_n$，样本均值为 $\overline{y}$，那么

$$\overline{y}=\frac{1}{n}\sum_{i=1}^{n}y_i$$

概念上讲，样本均值是总体均值的估计，其中估计的“质量”与样本的大小和观测值之间的标准差(σ)有关. 直观地说，随着样本量的增大和/或标准差的减小，估值会越精确.

解释均值($\overline{y}$ 或 μ)并不总是容易的. 可以肯定的是，原则上它们的含义是非常清晰的，即 $\overline{y}$ 和 μ 都用于测出各自分布的中心. 尽管如此，还是经常会发生由于研究人员对均值错

误的理解，导致他们产生了许多错误的结论．为什么会出现这样的情况呢？这是因为 $\overline{y}$ 和/或 μ 实际上代表的分布可能与我们认为它们所代表的分布有很大的不同．

关于 SAT 成绩，有这样一个有趣的例子．每年秋天，美国教育考试服务中心(ETS)都会公布 50 个州和哥伦比亚特区的平均 SAT 成绩．业界也经常使用各州或联邦 SAT 的平均成绩来衡量该地区的教育是否成功．但是，用平均 SAT 成绩来衡量一个州的教育质量是否合理呢？答案是否定的！各州 SAT 成绩可能服从非常不同的分布．任何试图从表面价值来解释它们的做法都必然会产生误导．

在表 3.13.1 中展示了 2014 年各州 SAT 的平均成绩．注意，北达科他州的平均成绩为 1 816，这是该表格中最高的平均值．这是否意味着北达科他州的教育体系是全美国最好的呢？这不一定，那么，为什么该州的学生在 SAT 考试中表现这么好呢？

表　3.13.1

州	SAT 平均成绩	州	SAT 平均成绩	州	SAT 平均成绩	州	SAT 平均成绩
北达科他	1 816	亚利桑那	1 547	科罗拉多	1 735	印第安纳	1 474
伊利诺伊	1 802	俄勒冈	1 544	密西西比	1 714	马里兰	1 468
艾奥瓦	1 794	弗吉尼亚	1 530	田纳西	1 714	纽约	1 468
南达科他	1 792	新泽西	1 526	阿肯色	1 698	夏威夷	1 460
明尼苏达	1 786	康涅狄格	1 525	俄克拉何马	1 697	内华达	1 458
密歇根	1 784	西弗吉尼亚	1 522	犹他	1 690	佛罗里达	1 448
威斯康星	1 782	华盛顿	1 519	路易斯安那	1 667	佐治亚	1 445
密苏里	1 771	加利福尼亚	1 504	俄亥俄	1 652	南卡罗来纳	1 443
怀俄明	1 762	阿拉斯加	1 485	蒙大拿	1 637	得克萨斯	1 432
堪萨斯	1 753	北卡罗来纳	1 483	亚拉巴马	1 617	缅因	1 387
肯塔基	1 746	宾夕法尼亚	1 481	新墨西哥	1 617	爱达荷	1 364
内布拉斯加	1 745	罗得岛	1 480	新罕布什尔	1 566	特拉华	1 359
马萨诸塞	1 556	哥伦比亚特区	1 309	佛蒙特	1 554		

这个问题的答案就在参加 SAT 考试的学生的学术背景中．北达科他州主要使用 ACT 作为大学入学考试．只有 2%的大学生参加了 SAT 考试，大约是 160 名学生．SAT 主要用于私立学校，这些学校的入学竞争往往更激烈．因此，参加 SAT 考试的北达科他州学生不能代表该州全体学生．有相当一部分学生在学业上非常优秀，这些学生认为自己有能力在常春藤盟校这样的学校中具有竞争力．1 816 只是一个子集(这里指的是所有学生中的精英)的平均值，它并不能代表所有学生 SAT 成绩分布的中心．

这里我们想要表达的是，有效分析数据需要我们的眼界不仅仅浮于数据的表面．我们在第 3 章中所学的关于随机变量、概率分布和期望值的知识只有在我们花时间了解了所研究现象的背景和特质时才会有帮助．否则，很可能得出的是非常错误的结论．

第 4 章　特殊分布

尽管兰伯特·阿道夫·雅克·凯特勒(1796—1874)一生都对文学和艺术感兴趣，但他有数学天赋，因此获得了根特大学的博士学位，并在布鲁塞尔获得了大学教学职位. 1833年，他主要负责了布鲁塞尔皇家天文台的成立，之后被任命为布鲁塞尔天文台的天文学家. 他在比利时人口普查中所做的工作标志着他在今天被称为数学社会学领域取得先驱成果的开始. 凯特勒在整个欧洲的科学和文学界广为人知：他去世时是一百多个学术团体的成员.

4.1　引言

假设出于某种未知的原因，你觉得有必要弄清楚你从自动售货机上买的那包饼干和奶酪里到底吃了多少虫子部位(虫卵、腿、翅膀等). 我们将在本章后面学习可以通过泊松概率模型很好地模拟花生酱中虫子部位的分布.

$$p_X(k) = P(\text{我刚吃了 } k \text{ 个虫子部位}) = e^{-\lambda}\lambda^k/k!, \quad k = 0,1,2,\cdots$$

其中，根据美国食品药品监督管理局(FDA)进行的质量控制研究，参数 λ 的值为 6.0[184].

等式 $p_X(k)=e^{-\lambda}\lambda^k/k!$, $k=0,1,2,\cdots$是第 4 章所述的“特殊”分布之一. 回顾第 3 章，为了证明定义在样本空间 S 上的函数 $p_X(k)$或 $f_Y(y)$是概率模型，只需要满足两个条件：(1)对于 S 中的所有结果，函数 $p_X(k)$或 $f_Y(y)$必须是非负的，(2)函数 $p_X(k)$的和或 $f_Y(y)$的积分必须为 1. 显然，这样的函数有无穷多个. 然而，对于我们的目的来说，唯一感兴趣的是那些精确描述现实世界现象的概率行为的函数. 那有哪些呢？常识告诉我们，唯一与现实有联系的概率密度函数是那些在 $p_X(k)$或 $f_Y(y)$中具有隐含数学假设的概率密度函数，它们模拟了影响 X 和 Y 观测值的物理因素.

那么这个“有用”的组中有多少个 $p_X(k)$和 $f_Y(y)$？鉴于研究人员所测量的对象的多样性(从天文学家的恒星和行星到动物学家的野兽和昆虫)，我们希望有一系列不同的概率函数来满足他们的所有需求吗？不是这样的. 仅了解十几个概率函数的性质(有些是离散的，有些是连续的)，就为解决统计问题的惊人多样性提供了充分的背景.

一个很好的例子就是刚才提到的离散概率密度函数. 除了预测花生酱中虫子部位数量的有趣(但不是特别重要)的能力，泊松模型长期以来被物理学家用来描述放射性的性质和度量，被交通部门用来模拟未来在繁忙的十字路口发生的车祸数量，被保险公司用来预测下周有多少投保人可能死亡，被工程师用来监控生产线上的不良产品数量，还有被浪漫主义爱好者用来计算流星雨中每分钟看到的流星数量. 乍一看，这些现象似乎大不相同. 对统计学家来说，它们看起来完全一样，因为在每种情况下，记录的数据都是由构成泊松模型基础的同一组假设生成的.

我们已经讨论了其中三个特别重要的概率函数：二项式模型(定理 3.2.1)、超几何模型(定理 3.2.2)和均匀模型(示例 3.4.1). 其他五个模型(三个离散模型和两个连续模型)是第 4 章的重点.

到目前为止, 第 4 章中介绍的最重要的概率模型是正态曲线(也称为高斯分布或钟形曲线). 正态曲线最早出现在 18 世纪早期, 作为 n 较大时二项分布的数值近似, 但研究人员很早就意识到它的含义远比它作为二项式近似的实用性重要, 两百多年来, 它一直是数学研究的热点. 今天, 它的现有公式被认为是应用统计学和数理统计学中最重要的结果. 弗朗西斯·高尔顿爵士曾经写道, 如果古希腊人知道正态曲线及其所有含义, 他们就会给它起一个神的名字并崇拜它.

实例在这一章中起着特别重要的作用. 花大量时间学习与本章所述同样重要的概率模型, 却从未将其应用于现实世界, 这是一个机会的浪费, 就像教一个火星人来访队伍了解内燃机的来龙去脉却从来不带他们去开车兜风. 这个错误不会在这里发生. 第 4 章提供了 17 道例题、7 个案例研究、4 个数据集和 98 道习题, 这不仅是开车兜风, 而且是全面的公路旅行. 请系好安全带.

4.2 泊松分布

3.2 节中出现的二项分布问题都具有相对较小的 n 值, 因此估计 $p_X(k)=p(X=k)=\binom{n}{k}p^k(1-p)^{n-k}$ 并不是特别困难. 但是, 假设 n 为 1 000, k 为 500, 即使在今天, 对于许多手持式计算器, 估计 $p_X(500)$ 也是一项艰巨的任务. 两百年前, 手算烦琐的二项式的背景促使数学家开发出一些易于使用的近似值. 泊松极限是最早的近似值之一, 其最终产生了泊松分布. 两者均在 4.2 节中有所描述.

西莫恩·德尼·泊松(Simeon Denis Poisson)(1781—1840)是一位著名的法国数学家和物理学家, 也是一位颇有名气的学术管理者. 根据 1826 年数学家阿贝尔(Abel)写给朋友的信中所说, 泊松知道"如何有尊严地行事". 泊松的众多兴趣之一是将概率应用于法律, 并且在 1837 年, 他写了一篇《关于判断的概率之研究》的文章. 后者包括 $p_X(k)=\binom{n}{k}p^k(1-p)^{n-k}$ 在当 n 接近∞, p 接近 0, 且 np 保持不变时成立的极限. 在实际应用中, 泊松极限用于近似难以计算的二项概率, 其中 n 和 p 的值反映了极限的条件, 即 n 大 p 小.

泊松极限

假定 np 随着 n 的增加而保持固定, 那么在微积分中推导得出二项概率模型的渐近表达式是一项简单的演算.

定理 4.2.1 假设 X 是一个二项随机变量, 其中

$$P(X=k)=p_X(k)=\binom{n}{k}p^k(1-p)^{n-k},\quad k=0,1,\cdots,n$$

假设 $n\to\infty$ 和 $p\to 0$ 使得 $\lambda=np$ 保持不变, 则

$$\lim_{\substack{n\to\infty\\p\to 0\\np\text{保持不变}}} P(X=k)=\lim_{\substack{n\to\infty\\p\to 0\\np\text{保持不变}}}\binom{n}{k}p^k(1-p)^{n-k}=\frac{e^{-np}(np)^k}{k!}$$

证明　我们首先关于 λ 重写二项概率：

$$\lim_{n\to\infty}\binom{n}{k}p^k(1-p)^{n-k}=\lim_{n\to\infty}\binom{n}{k}\left(\frac{\lambda}{n}\right)^k\left(1-\frac{\lambda}{n}\right)^{n-k}$$

$$=\lim_{n\to\infty}\frac{n!}{k!(n-k)!}\lambda^k\left(\frac{1}{n^k}\right)\left(1-\frac{\lambda}{n}\right)^{-k}\left(1-\frac{\lambda}{n}\right)^n$$

$$=\frac{\lambda^k}{k!}\lim_{n\to\infty}\frac{n!}{(n-k)!}\frac{1}{(n-\lambda)^k}\left(1-\frac{\lambda}{n}\right)^n$$

但是由于当 $n\to\infty$时，$[1-(\lambda/n)]^n\to e^{-\lambda}$，所以证明定理，我们只需要证明

$$\frac{n!}{(n-k)!(n-\lambda)^k}\to 1$$

但是请注意

$$\frac{n!}{(n-k)!(n-\lambda)^k}=\frac{n(n-1)\cdots(n-k+1)}{(n-\lambda)(n-\lambda)\cdots(n-\lambda)}$$

实际上，当 $n\to\infty$时此项趋于1(因为 λ 是恒定值).

例 4.2.1　定理 4.2.1 是一个渐近结果，对于有限 n 和 p 的泊松极限的相关性问题是没有答案的，也就是说，n 要多大，p 要多小. $e^{-np}(np)^k/k!$ 才能成为二项概率 $p_X(k)$的一个很好的近似值?

由于“好的近似”是未定义的，因此无法以任何完全特定的方式回答该问题. 但是，表 4.2.1和表 4.2.2 通过比较 n 和 p 两组特定值下近似值的接近程度来提供部分解决方案.

表 4.2.1　二项概率和泊松极限：$n=5$ 和 $p=1/5(\lambda=1)$

k	$\binom{5}{k}(0.2)^k(0.8)^{5-k}$	$\frac{e^{-1}(1)^k}{k!}$
0	0.328	0.368
1	0.410	0.368
2	0.205	0.184
3	0.051	0.061
4	0.006	0.015
5	0.000	0.003
6+	0	0.001
	1.000	1.000

表 4.2.2　二项概率和泊松极限：$n=100$ 和 $p=1/100(\lambda=1)$

k	$\binom{100}{k}(0.01)^k(0.99)^{100-k}$	$\frac{e^{-1}(1)^k}{k!}$
0	0.366 032	0.367 879
1	0.369 730	0.367 879
2	0.184 865	0.183 940
3	0.060 999	0.061 313
4	0.014 942	0.015 328
5	0.002 898	0.003 066
6	0.000 463	0.000 511
7	0.000 063	0.000 073
8	0.000 007	0.000 009
9	0.000 001	0.000 001
10	0.000 000	0.000 000
	1.000 000	0.999 999

在这两种情况下，$\lambda=np$ 等于 1，但在前者中 n 设置为 5，后者中 n 设置为 100. 我们在表 4.2.1($n=5$)中看到，对于某些 k，二项概率和泊松极限之间的一致性不是很好. 但

是，如果 n 的大小为 100(见表 4.2.2)，则这两者的一致性对所有 k 来说都是非常好的. ■

例 4.2.2 根据美国国税局(IRS)的数据，2008 年个人纳税申报单为 1.378 亿张. 其中，有 140 万纳税人(占 1.0%)拥有被审核的机会. 但是，并非每个人都有同样的机会被国税局注意：百万富翁的审计率高达 5.6%(如果联邦调查局发现了他们在开曼群岛的离岸银行账户和汉普顿的那些夏季“别墅”，可能还会更高一点).

对所有被起诉者中的 3 749 人发起了刑事调查，其中的 1 735 人最终被判犯有税务欺诈罪，并被送进监狱.

假设你的家乡有 65 000 名纳税人，他们的收入状况和对财务欺诈的偏好与整个美国的特征几乎相同. 明年你的“邻居”中至少有三个被联邦调查入狱的可能性是多少?

令 X 表示将被监禁的邻居人数. 请注意，X 是一个基于非常大的 $n(=65\ 000)$ 和非常小的 $p(=1\ 735/137\ 800\ 000=0.000\ 012\ 6)$ 的二项随机变量，因此泊松极限显然适用(并且很有帮助). 在这里，$\lambda=np=65\ 000(0.000\ 012\ 6)=0.819$.

$$
\begin{aligned}
P(\text{至少三个邻居入狱}) &= P(X \geqslant 3) \\
&= 1-P(X \leqslant 2) \\
&= 1-\sum_{k=0}^{2}\binom{65\ 000}{k}(0.000\ 012\ 6)^{k}(0.999\ 987\ 4)^{65\ 000-k} \\
&\approx 1-\sum_{k=0}^{2}\mathrm{e}^{-0.819}\,\frac{(0.819)^{k}}{k!} \\
&= 0.050
\end{aligned}
$$

■

案例研究 4.2.1

白血病是一种罕见的癌症，其病因和传播方式在很大程度上尚不清楚. 虽然有大量证据表明，过度暴露于辐射会增加一个人感染该疾病的风险，但同时，大多数病例发生在既往没有这种过度暴露史的人身上. 一个相关的问题，甚至比因果关系问题更基本的问题，与疾病的传播有关. 可以肯定的是，医学上的主流观点认为大多数形式的白血病仍然不具有传染性，但仍然有一种假设认为该疾病的某些形式，尤其是儿童白血病，可能是有传染性的. 推动这种猜测的是所谓的“白血病簇”，是指在时间和空间上异常大量病例的聚集.

迄今为止，医学文献中最常引用的白血病簇之一发生在 20 世纪 50 年代末至 20 世纪 60 年代初，位于伊利诺伊州的奈尔斯，芝加哥郊区[81]. 从 1956 年到 1961 年前四个月的 5 年零 4 个月期间，奈尔斯的医生报告说，在 15 岁以下的儿童中，共有 8 例白血病. 处于风险中的人数(即该年龄段的居民)为 7 076. 为评估在这么少人口中发生许多病例的可能性，有必要首先查看邻近城镇的白血病发病率. 在整个库克县(不包括奈尔斯)，有不超过 15 岁的1 152 695名儿童，其中 286 例确诊为白血病. 得出的平均 5 年零 4 个月白血病发病率为每 10 万人 24.8 例：

$$
\frac{\text{在 5 年零 4 个月内有 286 例}}{\text{1 152 695 名儿童}}\times\frac{100\ 000}{100\ 000}=24.8\ \text{例}/10\ \text{万名儿童(在 5 年零 4 个月内)}
$$

现假设奈尔斯的 7 076 名儿童是一系列 $n=7\ 076$ 次(独立的)伯努利试验，每个试验都有 $p=24.8/100\ 000=0.000\ 248$ 的概率患上白血病. 那么，给定 n 为 7 076 和 p 为 0.000 248，问题就变成了 8 次“成功”发生的可能性有多大?(当然，期望的数字将是 $7\ 076\times 0.000\ 248=1.75$.)实际上，第 6 章将详细阐述原因，考虑相关事件(在 5 年零 4 个月内发生 8 次或者更多)更有意义. 如果与后者相关的可能性很小，则可以认为白血病不是在奈尔斯随机发生的，也许传染是一个因素.

使用二项分布，我们可以将 8 次或更多的概率表示为

$$P(8\text{ 次或者更多})=\sum_{k=8}^{7\ 076}\binom{7\ 076}{k}(0.000\ 248)^k(0.999\ 752)^{7\ 076-k} \tag{4.2.1}$$

利用定理 4.2.1 可以避免等式(4.2.1)中隐含的许多计算上的麻烦. 假设 $np=7\ 076\times 0.000\ 248=1.75$，

$$\begin{aligned}P(X\geqslant 8)=1-P(X\leqslant 7)&\approx 1-\sum_{k=0}^{7}\frac{\mathrm{e}^{-1.75}(1.75)^k}{k!}\\&=1-0.999\ 53=0.000\ 47\end{aligned}$$

我们能期望 0.000 47 与“真实”的二项式总和有多接近? 非常接近. 考虑到 n 小到 100 时的泊松极限的精度(请参阅表 4.2.2)，我们在这里应该非常有信心，因为 n 为 7 076.

解释 0.000 47 的概率几乎不像评估其准确性那样容易. 概率很小的事实倾向于否定奈尔斯白血病随机发生的假设. 另一方面，诸如簇的罕见事件确实是偶然发生的. 把与一个特定簇相关的概率放到任何有意义的角度，其基本困难在于不知道有多少相似的群体白血病没有表现出簇的倾向. 没有明显的方法可以做到这一点，这也是白血病争议仍然存在的原因之一.

关于数据 奈尔斯簇的发表导致了生物统计学家进行大量研究工作，以找到能够在空间和时间上检测低流行性疾病簇的定量方法. 最终提出了几种技术，但是数据中固有的“噪声”(人口密度、种族、风险因素和医疗实践的变化)通常无法克服.

习题

4.2.1 如果一名打字员平均每 3 250 个单词中有一个拼写错误，那么一份 6 000 个单词的报告中没有此类错误的概率有多大? 用两种方式回答问题：一种是使用精确的二项式分析，另一种是使用泊松近似. 这两个答案的相似性(或相异性)会让你感到惊讶吗? 请说明.

4.2.2 最近的一项医学研究表明，一家大城市教学医院在一年中开出的 289 411 张处方中有 905 个错误. 假设一个病人入院时病情严重到可以开十种不同的处方，估计至少有一个包含错误的概率.

4.2.3 500 人参加了第一届年度“我被灯光击中”俱乐部. 估算 500 个人中最多有一个是在泊松生日当天出生的概率.

4.2.4 已知与色盲有关的染色体突变平均每出生一万个婴儿就会发生一次.
(a)估计接下来的两万个婴儿中恰好有三个会发生这种突变的概率.
(b)在接下来的两万个婴儿中，有多少个婴儿带着这种突变出生可以说服你“万分之一”的估算值太低? [提示：针对各种 k，计算 $P(X\geqslant k)=1-P(X\leqslant k-1)$(回顾案例研究 4.2.1).]

4.2.5 假设超市所有商品中有 1%的定价不正确. 一位顾客买了十件物品. 她因为一件或多件物品需要进行价格检查而被收银员耽搁的概率是多少? 计算二项式答案和泊松答案. 在这种情况下，二项式模型是否“精确”? 请说明.

4.2.6 一家新成立的人寿保险公司已为120名40岁至44岁之间的妇女提供定期保单. 假设每个妇女在下一个日历年内死亡的概率为1/150, 并且每例死亡公司都需要支付50 000美元的赔偿金. 估计公司明年必须支付至少150 000美元赔偿金的可能性.

4.2.7 根据航空业的一份报告[189], 每两百件托运行李中大约有一件行李丢失. 假设一位经常飞行的女商人将在明年托运120次行李. 估计她丢失两件或更多行李的概率.

4.2.8 电力传输线产生的电磁场被一些研究人员怀疑是引起癌症的原因. 特别是处于危险之中的电话线务员, 因为他们经常靠近高压电线. 根据一项研究, 在9 500名线务员中发现了2例罕见的癌症病例[185]. 在一般人群中, 该特定疾病的发生率约为百万分之一. 你会得出什么结论? (提示: 回顾案例研究4.2.1中采用的方法.)

4.2.9 天文学家估计, 银河系中多达1 000亿颗恒星被行星环绕. 如果是这样, 我们可能有太多的宇宙邻居. 令 p 表示任何此类太阳系包含智慧生命的概率. p 可以有多小, 仍然有一半的概率让我们并不孤单?

泊松分布

泊松极限定理的真正意义在50多年来一直没有被认识. 在19世纪后半叶的大部分时间里, 定理4.2.1的使用要严格地取值: 当 X 是二项式, n 很大, p 很小时, 它为 $p_X(k)$ 的计算提供了一种很便利的近似. 但是在1898年, 一位德国教授拉迪斯劳斯·冯·博特凯维奇(Ladislaus von Bortkiewicz)出版了一本专著, 名为《小数定律》, 很快将泊松"极限"转化为泊松"分布".

关于博特凯维奇这本专著, 最令人难忘的是习题4.2.10中描述的一组奇怪的数据. 记录的数据是普鲁士骑兵被他们的马踢死的人数. 在分析这些数据时, 博特凯维奇能够证明函数 $e^{-\lambda}\lambda^k/k!$ 凭借自身是一个有用的概率模型, 即使没有显式的二项随机变量, 而且 n 和 p 的值不可用. 其他的研究人员很快就跟随了博特凯维奇的脚步, 一系列稳定的泊松分布应用开始出现在技术期刊上. 今天这个函数 $p_X(k)=e^{-\lambda}\lambda^k/k!$ 被公认为是所有统计数据中最重要的三个或四个数据模型之一.

定理4.2.2 若

$$p_X(k)=P(X=k)=\frac{e^{-\lambda}\lambda^k}{k!},\quad k=0,1,2,\cdots$$

其中 λ 是正常数. 则称随机变量 X 具有泊松分布. 同样, 对于任何泊松随机变量, $E(X)=\lambda$, $\mathrm{Var}(X)=\lambda$.

证明 为了证明 $p_X(k)$ 是一个概率函数, 首先请注意对于所有非负整数 k, $p_X(k)\geqslant 0$. 此外, $p_X(k)$ 之和为1:

$$\sum_{k=0}^{\infty}p_X(k)=\sum_{k=0}^{\infty}\frac{e^{-\lambda}\lambda^k}{k!}=e^{-\lambda}\sum_{k=0}^{\infty}\frac{\lambda^k}{k!}=e^{-\lambda}\cdot e^{\lambda}=1$$

(因为 $\sum_{k=0}^{\infty}\frac{\lambda^k}{k!}$ 是 e^{λ} 的泰勒级数展开式.) 例3.12.9中已经使用矩生成函数验证了 $E(X)=\lambda$ 和 $\mathrm{Var}(X)=\lambda$.

泊松分布与数据拟合

泊松数据始终是指在一系列"单位"(通常是时间或空间)的每一个期间, 某个事件发生的次数. 例如, X 可能是给定交叉路口每周报告的交通事故数量. 如果将此类记录保留整整一年，则结果数据将为样本 $k_1, k_2, \cdots, k_{52}$，其中每个 k_i 为非负整数.

一组 k_i 是否可以被看作泊松数据取决于样本中 0，1，2 等的比例在数值上是否与 $X=0$，1，2 等的概率相似，如 $p_X(k)=e^{-\lambda}\lambda^k/k!$. 接下来的两个案例研究显示了数据集，其中观测到的 k_i 的变异性与泊松分布预测的概率一致. 请注意，在每种情况下，$p_X(k)$中的 λ 被 k_i 的样本均值所代替，即被 $\bar{k}=(1/n)\sum_{i=1}^{n}k_i$ 所代替. 为什么这些现象用泊松分布来描述将在本节后面讨论；为什么用 k 来代替 λ 将在第 5 章中解释.

案例研究 4.2.2

早期研究辐射性质的项目包括 1910 年欧内斯特·卢瑟福(Ernest Rutherford)和汉斯·盖革(Hans Geiger)对 α 粒子发射的研究[161]. 在 2 608 个 8 分钟的间隔中，两位物理学家记录了从钋源发射的 α 粒子的数量(由最终被称为盖革计数器的装置检测得到). 表 4.2.3 的前 3 列详细说明了在给定的第 8 分钟($k=0,1,2,\cdots$)内检测到 k 个粒子的次数和比例. 例如，在 383 个 8 分钟间隔中，每个间隔检测到两个 α 粒子，这意味着 $X=2$ 是记录了 15%(=383/2 608×100%)时间的观测值.

表 4.2.3

检测到的数量 k	频数	比例	$p_X(k)=e^{-3.87}(3.87)^k/k!$
0	57	0.02	0.02
1	203	0.08	0.08
2	383	0.15	0.16
3	525	0.20	0.20
4	532	0.20	0.20
5	408	0.16	0.15
6	273	0.10	0.10
7	139	0.05	0.05
8	45	0.02	0.03
9	27	0.01	0.01
10	10	0.00	0.00
11+	6	0.00	0.00
	2 608	1.0	1.0

为了解是否有形如 $p_X(k)=e^{-3.87}(3.87)^k/k!$ 的概率函数可以对第 3 列中的观测比例进行适当建模，我们首先需要用 X 的样本均值替换 λ. 假设组成“11+”类别的 6 个观测值都被赋值为 11. 那么

$$\bar{k}=\frac{57(0)+203(1)+383(2)+\cdots+6(11)}{2\ 608}=\frac{10\ 092}{2\ 608}=3.87$$

假设模型是 $p_X(k)=e^{-3.87}(3.87)^k/k!$，$k=0,1,2,\cdots$. 注意第 4 列中的条目(即 $p_X(0), p_X(1), p_X(2),\cdots$)与第 3 列中出现的样本比例高度的吻合程度. 这里的结论是显而易见的：辐射现象可以非常有效地用泊松分布来模拟.

关于数据　泊松/放射性关系最明显(也是最常见)的应用是使用前者来描述和预测后者的行为. 但这种关系也经常被反过来使用. 负责检查放射性污染潜在危险区域的工作人员需要知道他们的监测设备是否正常工作. 他们怎么做到的? 在进入可能危及生命的“热区”之前，一个标准的安全程序是对已知的放射源进行一系列读数(很像卢瑟福/盖革实验本身). 如果得到的计数集不遵循泊松分布，则认为仪表已损坏，必须修理或更换.

案例研究 4.2.3

从 1500 年到 1931 年的 432 年间，在世界上的某些地方爆发了总共 299 次战争. 根据定义，如果一项军事行动是合法宣布的，涉及 5 万多名士兵，或者导致边界发生重大调整，那么它就是一场战争. 为了在战争之间实现更大的统一性，主要对抗被分为较小的“子战争”：例如，第一次世界大战被视为五次独立的冲突[152].

令 X 表示在给定年份开始的战争次数. 表 4.2.4 中的前两列显示了所讨论的 432 年期间 X 的分布. 在给定年份开始的平均战争次数为 0.69：

$$\bar{k}=\frac{0(223)+1(142)+2(48)+3(15)+4(4)}{432}=0.69$$

表 4.2.4

战争的次数 k	频数	比例	$p_X(k)=\mathrm{e}^{-0.69}(0.69)^k/k!$
0	223	0.52	0.50
1	142	0.33	0.35
2	48	0.11	0.12
3	15	0.03	0.03
4+	4	0.01	0.00
	432	1.00	1.00

表 4.2.4 的最后两列将 $X=k$ 的年观测比例与以下提出的泊松模型进行了比较，

$$p_X(k)=\mathrm{e}^{-0.69}\frac{(0.69)^k}{k!},\quad k=0,1,2,\cdots$$

显然，两者之间有非常密切的一致性，即在给定年份开始的战争次数可以被视为泊松随机变量.

泊松模型：小数定律

已知表达式 $\mathrm{e}^{-\lambda}\lambda^k/k!$ 可对多种多样的现象进行建模，包括 α 辐射和战争爆发，由此引出了一个明显的问题：为什么相同的 $p_X(k)$ 描述如此不同的随机变量? 答案是产生这两组测量值的根本物理条件实际上大同小异，尽管结果数据表面上看起来不一样，但这两种现象都是被称为泊松模型的一组数学假设的例子. 从反映这些假设的条件导出的任何测量值都必然根据泊松分布而变化.

假设在长度为 T 的时间间隔内发生一系列事件，将 T 划分为 n 个不重叠的子间隔，每个子间隔的长度都为 T/n，其中 n 很大(见图 4.2.1). 此外，假设

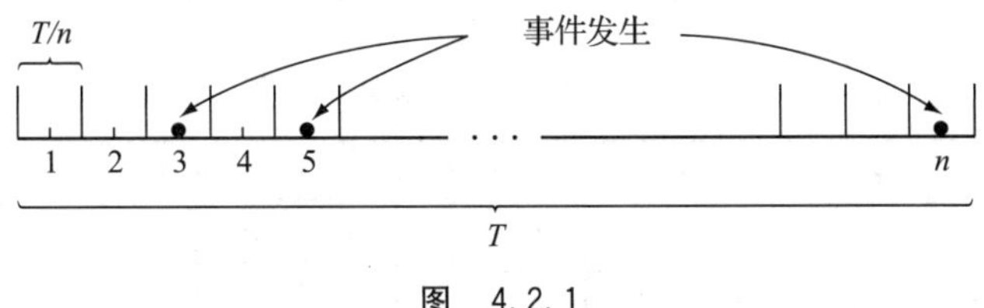

图 4.2.1

1. 在任何给定的子间隔中发生两个或更多事件的概率为 0.

2. 事件独立发生.

3. 在从 0 到 T 的整个间隔内，给定的子间隔内事件发生的概率是恒定的.

那么，n 个子间隔类似于构成“二项式模型”背景的 n 个独立试验：在每个子间隔中，将有零个事件或一个事件，其中

$$p_n = P(\text{在给定的子间隔内事件发生})$$

在子间隔之间保持恒定.

令随机变量 X 表示在时间 T 内发生的事件总数，并让 λ 表示事件发生的速率(例如，λ 可以表示为每分钟发生 2.5 个事件). 那么

$$E(X) = \lambda T = np_n(\text{为什么?})$$

这意味着 $p_n=\lambda T/n$. 由定理 4.2.1，可得

$$\begin{aligned} p_X(k) = P(X=k) &= \binom{n}{k}\left(\frac{\lambda T}{n}\right)^k\left(1-\frac{\lambda T}{n}\right)^{n-k} \\ &\approx \frac{e^{-n(\lambda T/n)}\,[n(\lambda T/n)]^k}{k!} \\ &= \frac{e^{-\lambda T}\,(\lambda T)^k}{k!} \end{aligned} \tag{4.2.2}$$

现在我们可以更清楚地看到，为什么定理 4.2.1 中给出的泊松“极限”如此重要. 这三个泊松模型假设是如此不寻常，以至于它们适用于无数现实世界的现象. 每次概率密度函数 $p_X(k)=e^{-\lambda T}(\lambda T)^k/k!$ 都能发现另一个用途.

例 4.2.3 放射性源在给定时间单位内发射的 α 粒子的数量遵循泊松分布并不足为奇. 核物理学家很早就知道放射性现象遵循定义泊松模型的相同假设. 每一个都是另一个的典型代表. 另一方面，案例研究 4.2.3 则完全不同. 在给定年份开始的战争次数为什么应该具有泊松分布，这一点还不是很明显. 将表 4.2.4 中的数据与图 4.2.1 中的泊松模型的“图片”进行核对，引出了许多从未在放射性现象中出现的问题.

想象一下记录表 4.2.4 中汇总的数据. 每年，新的战争都会以“发生”的形式出现在一个网格单元上，类似于 1776 年的图 4.2.2 所示. 内战将沿对角线展开，而两个国家之间的战争将在对角线之上. 每个单元格将包含 0(无战争)或 1(战争). 1776 年仅发生了一次重大冲突，即美国和英国之间的独立战争. 如果随机变量

$$X_i = \text{公元 } i \text{ 年爆发战争的次数}, i = 1500, 1501, \cdots, 1931$$

那么 $X_{1776}=1$.

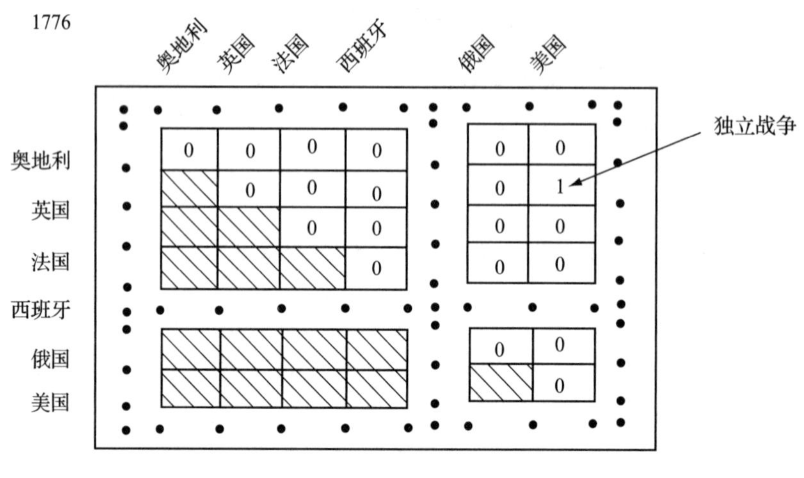

图　4.2.2

一般来说，我们对随机变量 X_i 了解多少？如果将网格中的每个单元都视为一次“试验”，则 X_i 显然是这 n 次试验中“成功”的次数. 这会使 X_i 成为二项随机变量吗？不一定. 根据定理 3.2.1，仅当试验是独立的且每个试验的成功概率相同时，X_i 才有资格成为二项随机变量.

乍一看，独立性假设似乎是有问题的. 不可否认，有些战争与其他战争息息相关. 例如，人们普遍认为法国大革命的时机是受美国大革命成功的影响. 这会使两次战争相互依赖吗？从历史的角度来看，是的. 从统计意义上讲，不. 法国大革命始于 1789 年，即美国大革命爆发后的 13 年. 不过，随机变量 X_{1776} 仅关注于 1776 年开始的战争，因此相隔数年的联系不会影响二项式的独立性假设.

但是，并非案例研究 4.2.3 中确定的所有战争都可以声称在统计意义上是独立的. 表 4.2.4 第 2 列的最后一个条目显示，在四个不同的时刻爆发了四次或更多次战争. 泊松模型(第 4 列)预测，没有哪年会经历如此多的新战争. 最有可能的是，由于政治同盟导致了同时宣布一系列新战争，这四年来新战争明显过剩. 这些战争肯定违反了独立试验的二项式假设，但它们只占整个数据集的很小一部分.

另一个二项式假设(每次试验具有相同的成功概率)被满足得很好. 在绝大多数年份和绝大多数国家中，发生新战争的可能性很小，而且极有可能相似. 那么，几乎每年，X_i 都可以被视为基于非常大的 n 和非常小的 p 的二项随机变量. 在这种情况下，遵循定理 4.2.1，每个 X_i，$i=1500, 1501, \cdots, 1931$ 可以通过泊松分布近似.

还有一个假设需要解决. 知道 $X_{1500}, X_{1501}, \cdots, X_{1931}$ 分别是泊松随机变量，并不能保证所有 432 个 X_i 的分布都具有泊松分布. 只有 X_i 的独立观测值具有基本相同的泊松分布(即 λ 的值相同)，它们的整体分布才是泊松分布. 但是表 4.2.4 确实具有泊松分布，这实

际上意味着 X_i 的集合表现得类似于随机样本．然而，随着这一全面结论的得出，人们认识到，作为一个物种，在过去的五百年里，我们在国家层面的交战程度，即 432 个 $\lambda = E(X_i)$的值基本上保持不变，这到底应该被看作庆祝的理由还是引起恐慌的原因？最好还是留给历史学家，而不是统计学家． ■

泊松概率的计算

关于泊松分布，出现了三个公式：

1. $p_X(k) \approx e^{-np}\dfrac{(np)^k}{k!}$

2. $p_X(k) = e^{-\lambda}\dfrac{\lambda^k}{k!}$

3. $p_X(k) = e^{-\lambda T}\dfrac{(\lambda T)^k}{k!}$

第一个是近似泊松极限，等式左侧的 $p_X(k)$表示二项随机变量(参数为 n 和 p)等于 k 的概率．公式(2)和(3)有时会混淆，因为两者都假定泊松随机变量等于 k 的概率．为什么它们不同？实际上，这三个公式都是一样的，因为每一个公式的右边都可以写成

4. $e^{-E(X)}\dfrac{[E(X)]^k}{k!}$

在公式(1)中，X 是二项随机变量，因此 $E(X) = np$．来自定理 4.2.2 的公式(2)中，λ 被定义为$E(X)$．公式(3)涵盖了 X 和 λ 的单位不一致的所有情况，在这种情况下，$E(X) \neq \lambda$．然而，λ 总是可以乘以适当的常数 T，使 λT 等于 $E(X)$．

例如，假设已知某个放射性同位素以每秒 $\lambda = 1.5$ 发射量的速率发射 α 粒子．不管出于什么原因，试验者将泊松随机变量 X 定义为给定分钟内的发射量．那么 $T = 60$ 秒时，

$$E(X) = 1.5 \text{ 发射 / 秒} \times 60 \text{ 秒} = \lambda T = 90(\text{发射量})$$

例 4.2.4 昆虫学家估计，一个普通人每年消耗几乎一磅的虫子部位[184]．我们吃的食物和喝的液体中有许多虫卵、幼虫和其他身体碎片．美国食品药品监督管理局(FDA)为每种产品设置了食品缺陷行动水平(FDAL)：低于 FDAL 的虫子部位浓度被认为是可以接受的．例如，花生酱的法定限量为每 100 克有 30 个昆虫碎片．假设你刚从自动售货机购买的薄脆饼干上撒有 20g 花生酱，那么你的零食中至少有 5 个昆虫碎片可能性有多大？

让 X 表示 20g 花生酱中虫子的数量．假设最坏的情况下，污染水平等于 FDA 的限值，即每 100 克有 30 个碎片(或 0.30 个碎片/g)．注意，在本例中 T 是 20g，使得 $E(X) = 6.0$：

$$\frac{0.3 \text{ 个碎片}}{\text{g}} \times 20\text{g} = 6.0 \text{ 个碎片}$$

因此，你的零食含有 5 个或更多昆虫部位的概率是令人恶心的 0.71：

$$P(X \geqslant 5) = 1 - P(X \leqslant 4) = 1 - \sum_{k=0}^{4} \frac{e^{-6.0}(6.0)^k}{k!} = 1 - 0.29 = 0.71$$

祝你拥有好胃口！ ■

习题

4.2.10 19世纪后半叶，普鲁士官员收集了马匹对骑兵造成危害的信息资料. 在20年的时间里，共有10个骑兵团受到监视. 每一年和每一个军团的记录是 X，即每年因马踢而死亡的人数. 下表总结了 X[14] 的200个记录值. 证明这些数据可以用泊松概率密度函数进行建模，请遵循案例研究4.2.2和4.2.3中所述的步骤.

死亡人数 k	观察到的发生 k 起死亡事故的军团年数
0	109
1	65
2	22
3	3
4	1
	200

4.2.11 西佛罗里达大学的356名高年级学生的随机样本按照 X(他们改变专业的次数)进行了分类[117]. 根据下表所示信息的摘要，你是否可以得出结论“可以将 X 视为泊松随机变量”?

专业变更次数	频数
0	237
1	90
2	22
3	7

4.2.12 中西部航空公司每周预定10个通勤航班. 每周的旅客总数基本相同，托运行李的件数也基本相同. 下表列出了2009年前40周内每一周丢失的行李数量. 这些数据是否支持这样的假设：中西部在一周内丢失的行李数量是一个泊松随机变量?

周数	丢失的行李数	周数	丢失的行李数	周数	丢失的行李数
1	1	14	2	27	1
2	0	15	1	28	2
3	0	16	3	29	0
4	3	17	0	30	0
5	4	18	2	31	1
6	1	19	5	32	3
7	0	20	2	33	1
8	2	21	1	34	2
9	0	22	1	35	0
10	2	23	1	36	1
11	3	24	2	37	4
12	1	25	1	38	2
13	2	26	3	39	1
				40	0

4.2.13 1893年，新西兰成为第一个允许妇女投票的国家. 在随后的113年中，各个国家都加入了赋予妇女这一权利的运动. 下表[129]显示了某一年中有多少国家采取了这一政策. 这些数据遵循泊松分布吗?

每年赋予妇女投票权的国家数量	频数
0	82
1	25
2	4
3	0
4	2

4.2.14 以下是《伦敦时报》在三年(80 年)中刊登的 80 岁以上女性死亡通知的每日数量[80].

死亡人数	观测频数
0	162
1	267
2	271
3	185
4	111
5	61
6	27
7	8
8	3
9	1
	1 096

(a) 泊松概率密度函数能很好地描述这些数据中明显的变化模式吗？

(b) 如果你对(a)部分的回答是“不”，你认为哪个泊松模型假设可能不成立？

4.2.15 一种欧洲螨虫能够破坏桔树的树皮. 以下是从一个大果园随机挑选一百棵树苗的检查结果. 所记录的测量值 X 是在每棵树的树干上发现的螨虫数量. 假设 X 是泊松随机变量合理吗？如果不合理，那么哪个泊松模型假设可能不正确？

螨虫数量 k	树苗数量
0	55
1	20
2	21
3	1
4	1
5	1
6	0
7	1

4.2.16 小型汽油机使用的压印凸轮的工具和模压机往往每五小时就坏一次. 机器可以很快修好并重新上线，但每次这样的事故都要花费 50 美元. 在一个典型的 8 小时工作日，机器的维护费用不超过 100 美元的可能性有多大？

4.2.17 在一种新的光纤通信系统中，传输误差以每 10 秒 1.5 个的速率出现. 在接下来的半分钟内发生两个以上错误的概率是多少？

4.2.18 假设一个棒球队在九局比赛中的安打数 X 具有泊松分布. 如果一支球队零安打的概率是 1/3，那么他们两次或更多安打的概率是多少？

4.2.19 由高温辊产生的金属板缺陷以每 10 平方英尺 1 个的速率出现. 在一块 5 英尺×8 英尺的面板上出现 3 个或更多缺陷的概率是多少？

4.2.20 假设一个放射源被测量两个小时，在这两个小时内计数的 α 粒子总数是四百八十二个，那么在接下来的两分钟内恰好计数三个粒子的概率是多少？用两种方法回答问题：第一种，定义 X 为两分钟内计数的粒子数；第二种，定义 X 为一分钟内计数的粒子数.

4.2.21　假设纺织厂的工伤率为每天 0.1 次.

(a) 下一个工作周(五天)内发生两起事故的可能性有多大?

(b) 在接下来的两个工作周内发生四起事故的可能性是你对(a)部分的答案的平方吗? 解释一下.

4.2.22　若随机变量 X 具有泊松分布，使得 $P(X=1)=P(X=2)$，则求 $P(X=4)$.

4.2.23　设 X 是参数为 λ 的泊松随机变量. 证明 X 为偶数的概率为 $\frac{1}{2}(1+\mathrm{e}^{-2\lambda})$.

4.2.24　设 X 和 Y 分别为参数为 λ 和 μ 的独立泊松随机变量. 例 3.12.10 确定 $X+Y$ 是参数为 $\lambda+\mu$ 的泊松随机变量. 用定理 3.8.3 证明同样的结果.

4.2.25　如果 X_1 是 $E(X_1)=\lambda$ 的泊松随机变量，如果给定 $X_1=x_1$ 的 X_2 的条件概率密度是具有参数 x_1 和 p 的二项式，证明 X_2 的边际概率密度函数是 $E(X_2)=\lambda p$ 的泊松分布函数.

事件间隔：泊松/指数关系

有时会出现连续发生的事件之间的时间间隔是一个重要的随机变量这种情况. 想象一下在计算机网络上负责维护. 显然，为了能够及时响应服务呼叫，你需要雇用的技术人员的数量将是从一个故障到另一个故障的“等待时间”的函数.

图 4.2.3 显示了随机变量 X 和 Y 之间的关系，其中 X 表示在单位时间内发生的次数，Y 表示连续发生之间的间隔. 图为六个间隔：$X=0$ 一次，$X=1$ 三次，$X=2$ 一次，$X=3$ 一次. 由这八次事件产生结果的是对随机变量 Y 的七次测量. 显然，Y 的概率密度函数依赖于 X 的概率密度函数. 这种依赖的一个特别重要的特殊情况是定理 4.2.3 中概述的泊松/指数关系.

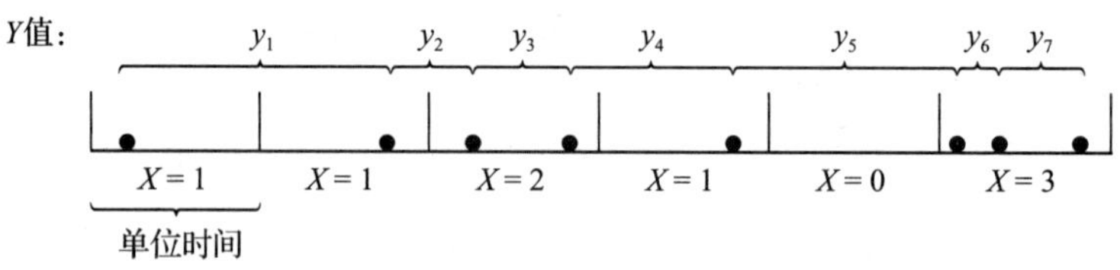

图　4.2.3

定理 4.2.3　假设满足泊松模型的一系列事件以单位时间 λ 的速率发生. 令随机变量 Y 表示连续事件之间的间隔. 那么 Y 具有指数分布

$$f_Y(y)=\lambda\mathrm{e}^{-\lambda y},\quad y>0$$

证明　假设在时间 a 发生了一个事件. 考虑从 a 扩展到 $a+y$ 的间隔. 由于(泊松)事件以单位时间 λ 的速率发生，因此在区间 $(a,a+y)$ 中不会发生任何事件的概率为 $\frac{\mathrm{e}^{-\lambda y}(\lambda y)^0}{0!}=\mathrm{e}^{-\lambda y}$. 定义随机变量 Y 表示连续事件之间的间隔. 请注意只有当 $Y>y$ 时，区间 $(a,a+y)$ 中不会出现任何事件. 因此，

$$P(Y>y)=\mathrm{e}^{-\lambda y}$$

或者，等效地，

$$F_Y(y)=P(Y\leqslant y)=1-P(Y>y)=1-\mathrm{e}^{-\lambda y}$$

令 $f_Y(y)$ 为 Y 的(未知)概率密度函数. 一定有

$$P(Y\leqslant y)=\int_0^y f_Y(t)\mathrm{d}t$$

对 $F_Y(y)$的两个表达式求导得到,

$$\frac{\mathrm{d}}{\mathrm{d}y}\int_0^y f_Y(t)\mathrm{d}t = \frac{\mathrm{d}}{\mathrm{d}y}(1-\mathrm{e}^{-\lambda y})$$

这意味着

$$f_Y(y) = \lambda\mathrm{e}^{-\lambda y}, \quad y > 0$$

案例研究 4.2.4

排除余震后,在某一地区发生的地震被认为是泊松事件,也就是说,它们被认为是独立发生的,并且以单位时间 λ 的恒定速率发生. 如果是这样,描述地震间隔分布的概率密度函数应具有指数形式 $f_Y(y)=\lambda\mathrm{e}^{-\lambda y}$, $y>0$.

美国许多地震的源头是一个横跨五个州的地区,大致从密苏里州的新马德里向南延伸到田纳西州的西北角. 它被称为新马德里地震带. 最近一项对新马德里地震的研究[117]跨越了 1973 年 1 月 12 日至 2013 年 12 月 29 日这段时间. 在这 40 年间,共发生 219 次中等地震. 平均地震间隔时间为 65.91 天,所以 $\lambda=1/65.91=0.015$. 具有特定值的 λ 的指数概率密度函数是否与定理 4.2.3 的表述一致?

要回答这个问题,需要将预测指数概率密度函数的图形叠加在数据的密度比例直方图上(回顾案例研究 3.4.1). 表 4.2.5 详细说明了直方图的构造. 请注意,在图 4.2.4 中,直方图的形状确实与定理 4.2.3 中引用的理论模型——$f_Y(y)=0.015\mathrm{e}^{-0.015y}$ 完全一致.

表 4.2.5

间隔天数 y	频数	密度	间隔天数 y	频数	密度
$0\leqslant y<30$	86	0.013 1	$150\leqslant y<180$	11	0.001 7
$30\leqslant y<60$	53	0.008 1	$180\leqslant y<210$	2	0.000 3
$60\leqslant y<90$	29	0.004 4	$210\leqslant y<240$	7	0.001 1
$90\leqslant y<120$	13	0.002 0	$240\leqslant y<270$	6	0.000 9
$120\leqslant y<150$	11	0.001 7		218	

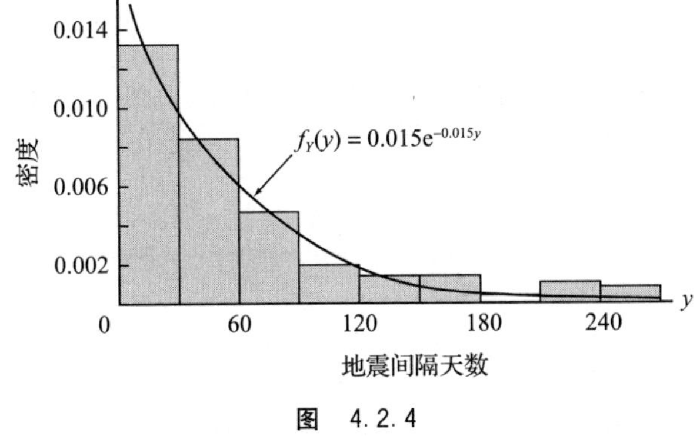

图 4.2.4

关于数据 许多悲观主义者认为"坏事三连". 许多乐观主义者不甘示弱，声称"好事三连". 他们说得对吗？从某种意义上说，是的，但不是因为命运、厄运或好运. 不好的事情(好的事情等)有时看起来似乎是一并而来，因为(1)我们的直觉无法理解随机性的本质，(2)泊松/指数关系. 就案例研究4.2.4——具体来说，图4.2.4中所示的指数概率密度函数的形状——说明了迷信背后的统计数据.

假设不好的事情实际上是以每年十二件的速度随机地发生在我们身上，我们错误地认为"随机性"意味着这十二件不好的事情应该大约间隔一个月发生. 然而，定理4.2.3证明了完全相反的情况——随机发生的事件不会等距分布. 再次查看图4.2.4中 $f_Y(y)$ 的形状. 与整个地震集合之间的平均间隔相比，接下来三场地震之间的两次间隔都不会很小. 每当发生这种情况时，人们都会误以为坏事(在这种情况下是地震)是三连发生的.

例4.2.5 英仙座流星雨是所有流星雨中最著名的一种，每年都会在八月初出现. 在某些地区，英仙座流星的可见频率可能高达每小时40个. 假定这类观测是泊松事件，计算一下刚刚看到流星的观察者在看到另一颗流星之前必须等待至少5分钟的概率.

令随机变量 Y 表示连续目击流星之间的间隔(以分钟为单位). 以 Y 的单位表示，英仙座可见流星的每小时40个的速率变为每分钟0.67个. 然后，一个简单的积分表明，观察者必须等待5分钟或更长时间才能看到另一颗流星的概率为0.035：

$$P(Y>5)=\int_5^\infty 0.67e^{-0.67y}dy=\int_{3.35}^\infty e^{-u}du(\text{令 } u=0.67y)$$

$$=-e^{-u}\Big|_{3.35}^{\infty}=e^{-3.35}=0.035$$ ■

习题

4.2.26 假设某个国家的商用飞机失事率为每年2.5次.

(a) 假设此类失事是泊松事件是否合理？解释一下.

(b) 明年发生四起或更多失事的可能性有多大?

(c) 接下来两次失事将在三个月内发生的可能性有多大?

4.2.27 记录显示，住在大型疗养院的病人每天死亡0.1人. 如果今天有人去世，那么发生在另一个人去世之前一个星期或更长时间的可能性有多大?

4.2.28 50个聚光灯刚刚安装在一个室外安全系统中. 根据制造商的规格，这些特殊的灯预计会以每100小时1.1盏的速度损坏. 预计会有多少灯泡不能持续到75小时?

4.2.29 夏威夷14 000英尺高的莫纳罗亚火山是世界上最活跃的火山之一. 1832年至1950年间，它爆发了37次，相当于每月0.027次. 下面列出了这37次喷发之间的36个间隔(以月为单位)[113]：

126	73	3	6	37	23
73	23	2	65	94	51
26	21	6	68	16	20
6	18	6	41	40	18
41	11	12	38	77	61
26	3	38	50	91	12

莫纳罗亚火山爆发的时间是否符合满足泊松模型的一系列事件？通过构造适当的图来解释回答.

4.3 正态分布

4.2 节中描述的泊松极限并不是唯一的公式，甚至不是第一个在 n 较大时为了近似二项概率而发展的公式. 早在 18 世纪，亚伯拉罕·棣莫弗(Abraham De Moivre)就得出了一个不寻常的结果：

$$P\left(a \leqslant \frac{X-n\left(\frac{1}{2}\right)}{\sqrt{n\left(\frac{1}{2}\right)\left(\frac{1}{2}\right)}} \leqslant b\right) \approx \frac{1}{\sqrt{2\pi}}\int_a^b \mathrm{e}^{-z^2/2}\mathrm{d}z$$

其中 X 是对于 n 很大，$p=1/2$ 的二项随机变量.

图 4.3.1 说明了棣莫弗的近似值. 所示为 $n=20$ 和 $p=1/2$ 的二项分布条形图. 也就是说，

$$p_X(k) = \binom{20}{k}\left(\frac{1}{2}\right)^k\left(1-\frac{1}{2}\right)^{20-k}, \quad k = 0,1,2,\cdots,20$$

叠加的虚线曲线是 $f_Z(z)=\frac{1}{\sqrt{2\pi}}\mathrm{e}^{-z^2/2}$，$-\infty<z<\infty$，

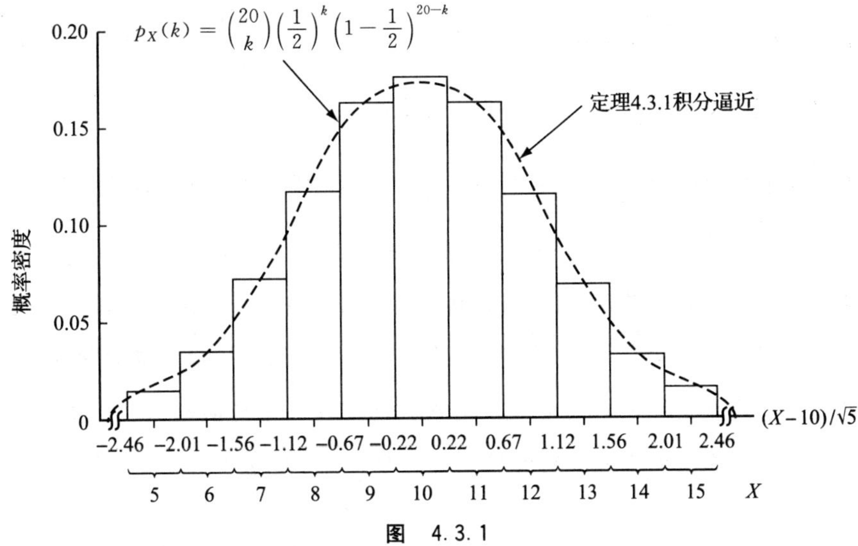

图 4.3.1

例如，考虑 $X=10$，其确切概率是

$$p_X(10)=\binom{20}{10}\left(\frac{1}{2}\right)^{10}\left(1-\frac{1}{2}\right)^{20-10} = \binom{20}{10}\left(\frac{1}{2}\right)^{20}$$

$$= 184\ 756/1\ 048\ 576 = 0.176$$

要使用棣莫弗的积分估算 $X=10$ 条状下的面积，我们需要写出

$$P(X = 10) = P(9.5 \leqslant X \leqslant 10.5)$$

$$= P\left(\left[9.5-20\left(\frac{1}{2}\right)\right]\Big/\sqrt{20\left(\frac{1}{2}\right)\left(\frac{1}{2}\right)} \leqslant \left[X-20\left(\frac{1}{2}\right)\right]\Big/\sqrt{20\left(\frac{1}{2}\right)\left(\frac{1}{2}\right)}\right.$$

$$\leqslant\left[10.5-20\left(\frac{1}{2}\right)\right]\Big/\sqrt{20\left(\frac{1}{2}\right)\left(\frac{1}{2}\right)}\Big)$$

$$=P\left(-0.22\leqslant\left[X-20\left(\frac{1}{2}\right)\right]\Big/\sqrt{20\left(\frac{1}{2}\right)\left(\frac{1}{2}\right)}\leqslant 0.22\right)$$

$$\approx(1/\sqrt{2\pi})\int_{-0.22}^{0.22}\mathrm{e}^{-z^2/2}\mathrm{d}z$$

使用表 4.3.1，$(1/\sqrt{2\pi})\int_{-0.22}^{0.22}\mathrm{e}^{-z^2/2}\mathrm{d}z=0.174$，尽管在这种情况下 n 不是特别大，但它非常接近精确的 $P(X=10)$.

著名法国数学家皮埃尔·西蒙·拉普拉斯扩展了棣莫弗的方案，将具有任意 p 值的二项分布包括在内，他在 1812 年出版的颇具影响力的著作《概率分析理论》中对其进行了证明，从而使数学界充分注意到这一结果. 这个现在以棣莫弗和拉普拉斯两人的名字命名的特殊定理，在数理统计的发展中比他们想象的要重要得多.

定理 4.3.1 （棣莫弗-拉普拉斯）设 X 为 n 个独立试验中定义的二项随机变量，$p=P(\text{成功})$. 对于任何数字 a 和 b，

$$\lim_{n\to\infty}P\left(a\leqslant\frac{X-np}{\sqrt{np(1-p)}}\leqslant b\right)=\frac{1}{\sqrt{2\pi}}\int_a^b\mathrm{e}^{-z^2/2}\mathrm{d}z$$

证明　推导定理 4.3.1 的方法之一是证明当 $n\to\infty$ 时 $\dfrac{X-np}{\sqrt{np(1-p)}}$ 的矩生成函数的极限是 $\mathrm{e}^{t^2/2}$，而 $\mathrm{e}^{t^2/2}$ 也是 $\int_{-\infty}^{\infty}\mathrm{e}^{tz}\cdot\frac{1}{\sqrt{2\pi}}\mathrm{e}^{-z^2/2}\mathrm{d}z$ 的值. 那么根据定理 3.12.2，$Z=\dfrac{X-np}{\sqrt{np(1-p)}}$ 的概率密度函数极限是函数 $f_Z(z)=\frac{1}{\sqrt{2\pi}}\mathrm{e}^{-z^2/2}$，$-\infty<z<\infty$. 关于更一般结果的证明，见附录 4.A.2.

注释　我们在 4.2 节中看到，泊松极限实际上是泊松分布 $p_X(k)=\dfrac{\mathrm{e}^{-\lambda}\lambda^k}{k!}$，$k=0,1,2,\cdots$ 的一个特例. 同样，棣莫弗-拉普拉斯极限本身就是一个概率密度函数. 当然，要证明这个断言，就需要证明对于 $-\infty<z<\infty$，$f_Z(z)=\frac{1}{\sqrt{2\pi}}\mathrm{e}^{-z^2/2}\mathrm{d}z$ 的积分等于 1.

奇怪的是，没有代数或三角代换可以用来证明 $f_Z(z)$ 下的面积为 1. 不过，通过极坐标，我们可以验证一个必要且充分的替代方案，即 $\int_{-\infty}^{\infty}\frac{1}{\sqrt{2\pi}}\mathrm{e}^{-z^2/2}\mathrm{d}z=1$.

首先，请注意

$$\frac{1}{\sqrt{2\pi}}\int_{-\infty}^{\infty}\mathrm{e}^{-x^2/2}\mathrm{d}x\cdot\frac{1}{\sqrt{2\pi}}\int_{-\infty}^{\infty}\mathrm{e}^{-y^2/2}\mathrm{d}y=\frac{1}{2\pi}\int_{-\infty}^{\infty}\int_{-\infty}^{\infty}\mathrm{e}^{-\frac{1}{2}(x^2+y^2)}\mathrm{d}x\mathrm{d}y$$

令 $x=r\cos\theta$ 和 $y=r\sin\theta$，则 $\mathrm{d}x\mathrm{d}y=r\mathrm{d}r\mathrm{d}\theta$. 因而

$$\begin{aligned}\frac{1}{2\pi}\int_{-\infty}^{\infty}\int_{-\infty}^{\infty}\mathrm{e}^{-\frac{1}{2}(x^2+y^2)}\mathrm{d}x\mathrm{d}y&=\frac{1}{2\pi}\int_0^{2\pi}\int_0^{\infty}\mathrm{e}^{-r^2/2}r\mathrm{d}r\mathrm{d}\theta\\&=\frac{1}{2\pi}\int_0^{\infty}r\mathrm{e}^{-r^2/2}\mathrm{d}r\cdot\int_0^{2\pi}\mathrm{d}\theta\\&=\frac{1}{2\pi}\int_0^{\infty}\mathrm{e}^{-\mu}\mathrm{d}\mu(2\pi)\text{，其中 }\mu=r^2/2\\&=1\end{aligned}$$

注释　函数 $f_Z(z)=\frac{1}{\sqrt{2\pi}}\mathrm{e}^{-z^2/2}$被称为标准正态(或高斯)曲线．按照惯例，概率行为由标准正态曲线来描述的任何随机变量都用 Z(而不是 X，Y 或 W)表示．由于 $M_Z(t)=\mathrm{e}^{t^2/2}$，很容易得出 $E(Z)=0$ 和 $\mathrm{Var}(Z)=1$.

寻找标准正态曲线下的面积

为了使用定理 4.3.1，我们需要能够找到任意区间$[a,b]$上 $f_Z(z)$曲线下的面积．在实践中，这些值可以通过两种方法获得，一种是使用正态表(出现在每本统计书籍的后面)，另一种是通过运行计算机软件包．通常，这两种方法都给出了与 Z 相关联的累积分布函数 $F_Z(z)=P(Z\leqslant z)$(从累积分布函数我们可以推断出所需的面积).

表 4.3.1 显示了附录表 A.1 中正态表的一部分．Z 标题下的每一行表示沿 $f_Z(z)$水平轴四舍五入到十分位的数字；0 到 9 标题列允许将该数字写入百分位．表格主体中的数字是 $f_Z(z)$图形下的区域面积，该区域位于条目行和列所示数字的左侧．例如，在“1.1”行和“4”列的交点处列出的数字是 0.872 9，这意味着 $f_Z(z)$下从$-\infty$到 1.14 的积分区域面积是 0.872 9．也就是

$$\int_{-\infty}^{1.14}\frac{1}{\sqrt{2\pi}}\mathrm{e}^{-z^2/2}\mathrm{d}z=0.8729=P(-\infty<Z\leqslant 1.14)=F_Z(1.14)$$

见图 4.3.2.

表 4.3.1

Z	0	1	2	3	4	5	6	7	8	9
−3.0	0.001 3	0.001 0	0.000 7	0.000 5	0.000 3	0.000 2	0.000 2	0.000 1	0.000 1	0.000 0
⋮										
−0.4	0.344 6	0.340 9	0.337 2	0.333 6	0.330 0	0.326 4	0.322 8	0.319 2	0.315 6	0.312 1
−0.3	0.382 1	0.378 3	0.374 5	0.370 7	0.366 9	0.363 2	0.359 4	0.355 7	0.352 0	0.348 3
−0.2	0.420 7	0.416 8	0.412 9	0.409 0	0.405 2	0.401 3	0.397 4	0.393 6	0.389 7	0.385 9
−0.1	0.460 2	0.456 2	0.452 2	0.448 3	0.444 3	0.440 4	0.436 4	0.432 5	0.428 6	0.424 7
−0.0	0.500 0	0.496 0	0.492 0	0.488 0	0.484 0	0.480 1	0.476 1	0.472 1	0.468 1	0.464 1
0.0	0.500 0	0.504 0	0.508 0	0.512 0	0.516 0	0.519 9	0.523 9	0.527 9	0.531 9	0.535 9
0.1	0.539 8	0.543 8	0.547 8	0.551 7	0.555 7	0.559 6	0.563 6	0.567 5	0.571 4	0.575 3
0.2	0.579 3	0.583 2	0.587 1	0.591 0	0.594 8	0.598 7	0.602 6	0.606 4	0.610 3	0.614 1
0.3	0.617 9	0.621 7	0.625 5	0.629 3	0.633 1	0.636 8	0.640 6	0.644 3	0.648 0	0.651 7
0.4	0.655 4	0.659 1	0.662 8	0.666 4	0.670 0	0.673 6	0.677 2	0.680 8	0.684 4	0.687 9
0.5	0.691 5	0.695 0	0.698 5	0.701 9	0.705 4	0.708 8	0.712 3	0.715 7	0.719 0	0.722 4
0.6	0.725 7	0.729 1	0.732 4	0.735 7	0.738 9	0.742 2	0.745 4	0.748 6	0.751 7	0.754 9
0.7	0.758 0	0.761 1	0.764 2	0.767 3	0.770 3	0.773 4	0.776 4	0.779 4	0.782 3	0.785 2
0.8	0.788 1	0.791 0	0.793 9	0.796 7	0.799 5	0.802 3	0.805 1	0.807 8	0.810 6	0.813 3
0.9	0.815 9	0.818 6	0.821 2	0.823 8	0.826 4	0.828 9	0.831 5	0.834 0	0.836 5	0.838 9
1.0	0.841 3	0.843 8	0.846 1	0.848 5	0.850 8	0.853 1	0.855 4	0.857 7	0.859 9	0.862 1
1.1	0.864 3	0.866 5	0.868 6	0.870 8	0.872 9	0.874 9	0.877 0	0.879 0	0.881 0	0.883 0
1.2	0.884 9	0.886 9	0.888 8	0.890 7	0.892 5	0.894 4	0.896 2	0.898 0	0.899 7	0.901 5
1.3	0.903 2	0.904 9	0.906 6	0.908 2	0.909 9	0.911 5	0.913 1	0.914 7	0.916 2	0.917 7
1.4	0.919 2	0.920 7	0.922 2	0.923 6	0.925 1	0.926 5	0.927 8	0.929 2	0.930 6	0.931 9
⋮										
3.0	0.998 7	0.999 0	0.999 3	0.999 5	0.999 7	0.999 8	0.999 8	0.999 9	0.999 9	1.000 0

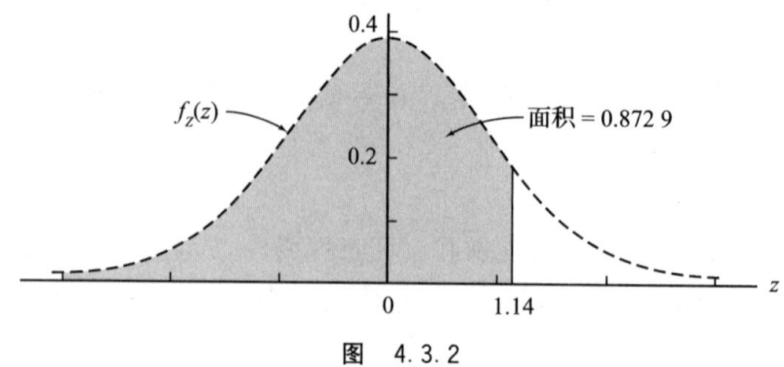

图 4.3.2

也可以根据正态表中给出的信息计算数字右侧 $f_Z(z)$下或两个数字之间的面积. 因为 $f_Z(z)$下的总面积是 1,

$$\begin{aligned} P(b < Z < \infty) &= b \text{ 右侧 } f_Z(z) \text{ 下的面积} \\ &= 1 - b \text{ 左侧 } f_Z(z) \text{ 下的面积} \\ &= 1 - P(-\infty < Z \leqslant b) \\ &= 1 - F_Z(b) \end{aligned}$$

类似地,两个数字 a 和 b 之间的 $f_Z(z)$下的面积必然是 b 左侧的 $f_Z(z)$下的面积减去 a 左侧的 $f_Z(z)$下的面积:

$$\begin{aligned} P(a \leqslant Z \leqslant b) &= a \text{ 与 } b \text{ 区间中 } f_Z(z) \text{ 下的面积} \\ &= b \text{ 左侧 } f_Z(z) \text{ 下的面积} - a \text{ 左侧 } f_Z(z) \text{ 下的面积} \\ &= P(-\infty < Z \leqslant b) - P(-\infty < Z < a) \\ &= F_Z(b) - F_Z(a) \end{aligned}$$

注意:由于 $f_Z(z)$是一个连续函数,请记住

$$P(a \leqslant Z \leqslant b) = P(a \leqslant Z < b) = P(a < Z \leqslant b) = P(a < Z < b)$$

连续性校正

图 4.3.3 说明了棣莫弗-拉普拉斯定理中隐含的基本“几何”. 图中有一条连续曲线 $f(y)$近似于直方图,在这里我们可以假设矩形的面积表示与离散随机变量 X 相关的概率. 显然,$\int_a^b f(y)\mathrm{d}y$ 在数值上类似于 $P(a \leqslant X \leqslant b)$,但是该图表明,如果积分从 $a-0.5$ 扩展到 $b+0.5$,其包括阴影交叉线区域,则该近似值会更好.

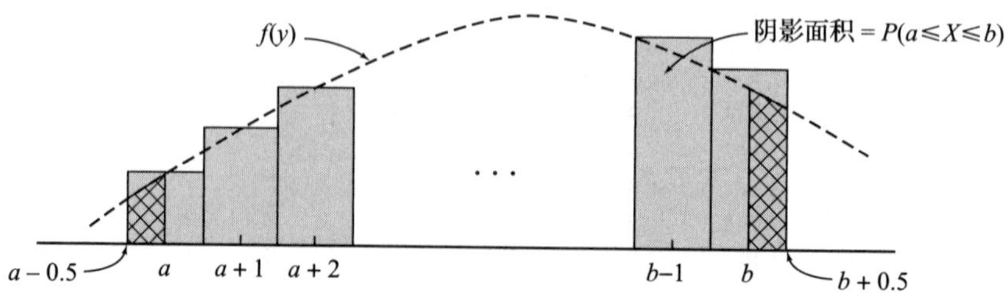

图 4.3.3

也就是说，使用连续曲线下的面积来估计离散随机变量概率的技术改进是

$$P(a\leqslant X\leqslant b)\approx\int_{a-0.5}^{b+0.5}f(y)\mathrm{d}y$$

用 $a-0.5$ 代替 a 和用 $b+0.5$ 代替 b 称为连续性校正. 将后者应用于棣莫弗-拉普拉斯近似，会导致定理 4.3.1 有一个稍微不同的表述：如果 X 是一个参数为 n 和 p 的二项随机变量，

$$P(a\leqslant X\leqslant b)\approx F_Z\left[\frac{b+0.5-np}{\sqrt{np(1-p)}}\right]-F_Z\left[\frac{a-0.5-np}{\sqrt{np(1-p)}}\right]$$

注释 即使使用连续性校正精化，如果 n 太小，特别是当 p 接近 0 或接近 1 时，正态曲线逼近也可能不足. 根据经验，只有当 n 和 p 的大小为 $n>9\frac{p}{1-p}$ 和 $n>9\frac{1-p}{p}$ 时，才应使用棣莫弗-拉普拉斯极限.

例 4.3.1 在某些航线上的波音 757 配置了 168 个经济舱座位. 经验表明，在这些航班上，只有 90%的持票者会按时登机. 如果知道这一点，假设一家航空公司出售了 178 张经济舱座位的机票. 不是所有准时到达登机口的人都能被安顿的可能性有多大?

令随机变量 X 表示出现在航班上的潜在乘客的数量. 由于旅客有时与家人在一起，因此并非每个持票人都构成一个独立的事件. 不过，假设 X 是二项式的，$n=178$，$p=0.9$，我们可以得到航班超售概率的一个有用的近似值. 我们要求的是 $P(169\leqslant X\leqslant 178)$，即出现的持票者人数大于飞机上的座位数的概率. 根据定理 4.3.1(并使用连续性校正)，

$$\begin{aligned}P(\text{航班超售})&=P(169\leqslant X\leqslant 178)\\&=P\left(\frac{169-0.5-np}{\sqrt{np(1-p)}}\leqslant\frac{X-np}{\sqrt{np(1-p)}}\leqslant\frac{178+0.5-np}{\sqrt{np(n-p)}}\right)\\&=P\left(\frac{168.5-178(0.9)}{\sqrt{178(0.9)(0.1)}}\leqslant\frac{X-178(0.9)}{\sqrt{178(0.9)(0.1)}}\leqslant\frac{178.5-178(0.9)}{\sqrt{178(0.9)(0.1)}}\right)\\&\approx P(2.07\leqslant Z\leqslant 4.57)=F_Z(4.57)-F_Z(2.07)\end{aligned}$$

根据附录表 A.1，$F_Z(4.57)=P(Z\leqslant 4.57)$等于 1，2.07 左侧 $f_Z(z)$下面积为 0.980 8. 因此，

$$P(\text{航班超售})=1.000\,0-0.980\,8=0.019\,2$$

这意味着并非每个持票人都会有一个席位的机会大约是 1/50(到那时，寻找几名愿意付费乘坐晚些航班的乘客的“游戏”开始了……). ■

案例研究 4.3.1

超感官知觉(ESP)的研究范围经历了从稍不寻常到彻头彻尾的怪异的变化. 到 19 世纪后期，甚至到 20 世纪，所做的许多研究工作都涉及巫师和灵媒. 但是从 1910 年左右开始，实验人员搬离了降神会厅，进入了实验室，在那里他们开始建立可以进行统计分析的对照研究. 1938 年，在杜克大学工作的普拉特(Pratt)和伍德拉夫(Woodruff)进行了一项实验，成为整整一代 ESP 研究的原型[77].

实验者和实验对象分别坐在桌子的两端. 他们之间是一个隔板，底部有很大的缝隙. 隔板下方的桌子上并排放置了五张对双方参与者都可见的空白卡. 在实验对象隔板一侧，每个空白卡上方都挂有一个标准的ESP符号(见图4.3.4).

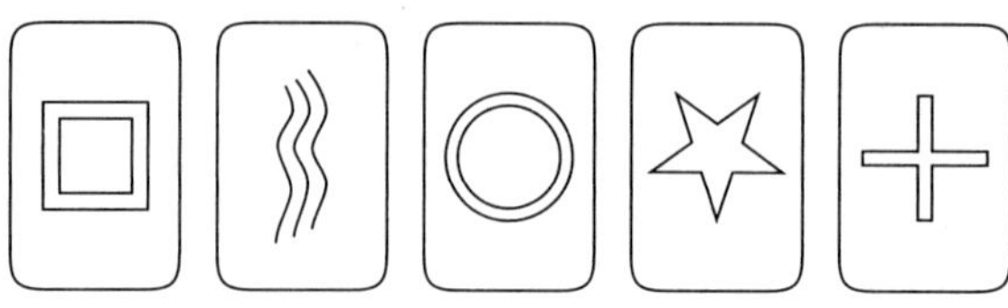

图　4.3.4

实验者将一副ESP卡洗牌，拿起最上面的一张，然后集中精神在上面. 实验对象试图猜测其身份：如果他认为这是一个圆圈，他将指向桌子上的空白卡，该空白卡位于悬挂在隔板一侧的圆圈卡下方. 然后重复该过程. 共有32名学生参加了实验. 他们一共做出了6万次猜测，正确次数为12 489次.

由于涉及五种符号，一名实验对象偶然正确辨认的概率为1/5. 假设一个二项式模型，预期的正确猜测数为60 000×1/5，即12 000. 问题是，12 489离12 000有多近? 我们是应该把观察到的489的超额部分仅仅当作运气，还是可以断定ESP已经被证明了呢?

为了解决"运气"和"ESP"假设之间的矛盾，我们需要计算在假设$p=1/5$的情况下，实验对象获得12 489个或更多正确答案的概率. 只有在这种可能性很小的情况下，12 489才能被解释为支持ESP的证据.

令随机变量X表示在6万次尝试中正确响应的次数，那么

$$P(X \geqslant 12\ 489)=\sum_{k=12\ 489}^{60\ 000}\binom{60\ 000}{k}\left(\frac{1}{5}\right)^{k}\left(\frac{4}{5}\right)^{60\ 000-k} \tag{4.3.1}$$

此时，棣莫弗-拉普拉斯极限定理成为计算公式(4.3.1)中隐含的47 512个二项概率的理想选择.

首先，我们应用连续性校正并将$P(X\geqslant 12\ 489)$重写为$P(X\geqslant 12\ 488.5)$. 然后

$$\begin{aligned} P(X \geqslant 12\ 489) &= P\left(\frac{X-np}{\sqrt{np(1-p)}} \geqslant \frac{12\ 488.5-60\ 000(1/5)}{\sqrt{60\ 000(1/5)(4/5)}}\right) \\ &= P\left(\frac{X-np}{\sqrt{np(1-p)}} \geqslant 4.99\right) \\ &\approx \frac{1}{\sqrt{2\pi}}\int_{4.99}^{\infty} e^{-z^2/2}\,dz = 0.000\ 000\ 3 \end{aligned}$$

最后一个值来自附录中表A.1的扩展版本.

在这里，$P(X\geqslant 12\ 489)$非常小的事实使得"运气"假设($p=1/5$)站不住脚. 看来除偶然之外，还有其他原因导致了如此多的正确猜测. 然而，这并不意味着ESP一定已经被证明. 实验设置中的缺陷以及报告分数时的错误可能无意中产生了一个似乎具有统计学

意义的结果. 可以说，许多科学家仍然对 ESP 的研究，特别是对普拉特-伍德拉夫的实验持高度怀疑态度. 关于我们刚刚描述的数据的更彻底的评论，见参考文献[48].

关于数据 这是一组很好的数据，可以说明为什么我们需要正式的数学方法来解释数据. 正如我们在其他场合所见，当我们的直觉不被概率计算所支持时，往往会被欺骗. 对普拉特-伍德拉夫结果的典型的第一反应是，将 489 个额外的正确答案视为无关紧要. 对许多人来说，6 万个猜测可能会产生额外的 489 个正确答案，这似乎是完全可信的. 只有在计算了 $P(X\geqslant 12\,489)$之后，我们才发现这个结论是完全不可信的. 统计学在这里所做的是我们希望它在一般情况下排除那些不受数据支持的假设，并将我们引向更有可能是真的推论的方向(或者解释为什么数据可能会误导我们).

习题

4.3.1 使用附录表 A.1 计算下列积分. 在每种情况下，绘制 $f_Z(z)$的直方图，并用阴影表示积分对应的区域.

(a) $\int_{-0.44}^{1.33} \frac{1}{\sqrt{2\pi}}e^{-z^2/2}dz$　　(b) $\int_{-\infty}^{0.94} \frac{1}{\sqrt{2\pi}}e^{-z^2/2}dz$

(c) $\int_{-1.48}^{\infty} \frac{1}{\sqrt{2\pi}}e^{-z^2/2}dz$　　(d) $\int_{-\infty}^{-4.32} \frac{1}{\sqrt{2\pi}}e^{-z^2/2}dz$

4.3.2 设 Z 为标准正态随机变量. 使用附录表 A.1 找出下列概率的数值. 将每个答案显示为 $f_Z(z)$下的区域.

(a)$P(0\leqslant Z\leqslant 2.07)$　　(b)$P(-0.64\leqslant Z<-0.11)$

(c)$P(Z>-1.06)$　　(d)$P(Z<-2.33)$

(e)$P(Z\geqslant 4.61)$

4.3.3 (a) 设 $0<a<b$，下列哪个数字更大?

$$\int_a^b \frac{1}{\sqrt{2\pi}}e^{-z^2/2}dz \quad 或 \quad \int_{-b}^{-a} \frac{1}{\sqrt{2\pi}}e^{-z^2/2}dz$$

(b) 设 $a>0$，下列哪个数字更大?

$$\int_a^{a+1} \frac{1}{\sqrt{2\pi}}e^{-z^2/2}dz \quad 或 \quad \int_{a-1/2}^{a+1/2} \frac{1}{\sqrt{2\pi}}e^{-z^2/2}dz$$

4.3.4 (a)估计 $\int_0^{1.24} e^{-z^2/2}dz$.

(b)估计 $\int_{-\infty}^{\infty} 6e^{-z^2/2}dz$.

4.3.5 假设随机变量 Z 由标准正态曲线 $f_Z(z)$描述. 对于 z 的哪些值，下面的表述是正确的?

(a)$P(Z\leqslant z)=0.33$　　(b)$P(Z\geqslant z)=0.223\,6$

(c)$P(-1.00\leqslant Z\leqslant z)=0.500\,4$　　(d)$P(-z<Z<z)=0.80$

(e)$P(z\leqslant Z\leqslant 2.03)=0.15$

4.3.6 设 z_α 表示 $P(Z\geqslant z_\alpha)=\alpha$ 的 Z 值. 根据定义，标准正态曲线的四分位范围 Q 是

$$Q = z_{0.25} - z_{0.75}$$

计算 Q.

4.3.7 奥克希尔有 74 806 辆注册汽车. 一项城市条例要求每辆车都要在保险杠上贴一个贴纸，表明车主每年缴纳 50 美元的车轮税. 根据法律，需要在车主生日的一个月内购买新的贴纸. 今年的预算

假设将在11月份收取至少306 000美元的贴纸收入. 该月报告的车轮税将少于预期并导致预算短缺的可能性是多少?

4.3.8 家庭经营的小型无线电制造商赫兹兄弟公司在国内生产电子元件，但将机柜分包给外国供应商. 尽管价格不贵，但外国供应商的质量控制计划尚有许多不足之处. 平均而言，赫兹收到的标准1 600件货物中只有80%可用. 目前，赫兹公司积压了1 260台无线电设备的未交货订单，但存储空间不超过1 310个柜子. 赫兹公司最近一批货中的可用设备数量要有多大，足以满足赫兹公司现有的所有订单，但又要有多小，足以避免库存问题?

4.3.9 谢里登有55%的登记选民支持现任市长竞选连任. 如果400名选民参加投票，估计以下概率.

(a) 比赛以平局告终.

(b) 挑战者取得了令人意外的胜利.

4.3.10 州立科技大学的篮球队的罚球命中率是70%，

(a)编写一个公式，计算出他们在接下来的100次罚球中将产生75到80(含)次之间命中的确切概率.

(b) 近似(a)部分要求的概率.

4.3.11 一份最近在盐湖城报纸上刊登的747份讣告的随机样本显示，344名(46%)的死者在生日后的三个月内死亡[131]. 如果死亡在全年随机发生，通过近似在特定时间间隔内发生约为46%或更高死亡的概率，评估这一发现的统计意义. 根据你的回答，你会得出什么结论?

4.3.12 某些超心理学家拥护一种理论，认为催眠可以增强人的ESP能力. 为了验证该假设，我们对15名催眠受试者进行了实验[24]. 每个人都被要求使用案例研究4.3.1中描述的相同种类的ESP卡和协议进行100次猜测. 总共进行了326次正确猜测. 可以根据这些结果论证催眠确实会影响一个人的ESP能力吗? 请说明.

4.3.13 如果 $p_X(k)=\binom{10}{k}(0.7)^k(0.3)^{10-k}$，$k=0,1,\cdots,10$，是否可以通过以下公式近似计算 $P(4\leqslant X\leqslant 8)$?

$$P\left(\frac{3.5-10(0.7)}{\sqrt{10(0.7)(0.3)}}\leqslant Z\leqslant\frac{8.5-10(0.7)}{\sqrt{10(0.7)(0.3)}}\right)$$

请说明.

4.3.14 克利夫兰雅各布斯球场下周二举行对阵巴尔的摩金莺队的比赛，预计将有42 200名观众，这是漫长的客场之旅之前的最后一场比赛. 棒球场的特许经营经理正试图决定手头应有多少食物. 看看本赛季早些时候的比赛记录，她知道平均38%的观众会买一个热狗. 如果她不想有超过20%的供不应求的概率，她应该下多大的订单?

中心极限定理

例3.9.3指出，每个二项随机变量 X 都可以写成 n 个独立的伯努利随机变量 X_1，$X_2,\cdots,X_n$ 的和，其中

$$X_i=\begin{cases}1, & \text{概率为 } p,\\ 0, & \text{概率为 } 1-p\end{cases}$$

但如果 $X=X_1+X_2+\cdots+X_n$，定理4.3.1可以重新表述为

$$\lim_{n\to\infty}P\left(a\leqslant\frac{X_1+X_2+\cdots+X_n-np}{\sqrt{np(1-p)}}\leqslant b\right)=\frac{1}{\sqrt{2\pi}}\int_a^b \mathrm{e}^{-z^2/2}\mathrm{d}z \tag{4.3.2}$$

公式(4.3.2)中隐含着一个显而易见的问题：棣莫弗-拉普拉斯极限是否也适用于其他类型随机变量的和? 值得注意的是，答案是"是的". 150多年来，人们一直在努力扩展公式(4.3.2). 俄国的概率论学家，特别是李雅普诺夫取得了许多关键的进展. 1920年，

乔治·波利亚给这些新的概括起了一个与结果相关联的名字——中心极限定理[146].

定理 4.3.2 （中心极限定理）令 $W_1, W_2, \cdots$ 是独立随机变量的无限序列，每个随机变量具有相同的分布. 假设 $f_W(w)$ 的均值 μ 和方差 σ^2 都是有限的. 对于任何数字 a 和 b，

$$\lim_{n\to\infty} P\left(a \leqslant \frac{W_1 + \cdots + W_n - n\mu}{\sqrt{n}\sigma} \leqslant b\right) = \frac{1}{\sqrt{2\pi}}\int_a^b \mathrm{e}^{-z^2/2}\,\mathrm{d}z$$

证明 见附录 4.A.2.

注释 中心极限定理通常用 $W_1, W_2, \cdots, W_n$ 的平均值来表示，而不是它们的总和.

$$E\left[\frac{1}{n}(W_1 + \cdots + W_n)\right] = E(\overline{W}) = \mu, \quad \mathrm{Var}\left[\frac{1}{n}(W_1 + \cdots + W_n)\right] = \sigma^2/n$$

故定理 4.3.2 也可以写成

$$\lim_{n\to\infty} P\left(a \leqslant \frac{\overline{W} - \mu}{\sigma/\sqrt{n}} \leqslant b\right) = \frac{1}{\sqrt{2\pi}}\int_a^b \mathrm{e}^{-z^2/2}\,\mathrm{d}z$$

我们可以使用这两种公式，根据哪种选择更容易解决当前的问题.

例 4.3.2 了解中心极限定理如何工作的最佳方法是检查从特定概率密度函数中获取的大小为 n 的重复样本中计算出的平均值的分布. 例如，考虑定义在区间[0,10)上的连续均匀概率密度函数：

$$f_Y(y) = 1/10, \quad 0 \leqslant y < 10$$

图 4.3.5 显示了 $f_Y(y)$ 中大小为 100 的随机样本的密度比例直方图. 如预期的那样，直方图的形状模拟了 $f_Y(y)$ 的形状. 虽然不是完美的，但是效果很好.

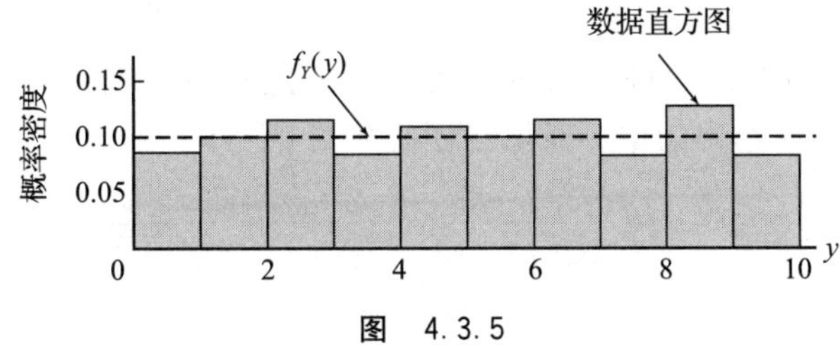

图 4.3.5

注意：可以使用随机数表轻松生成与 $f_Y(y)$ 一致的 Y 值. 从表中选择任意三位数字（例如 298），在第一位和第二位数字之间加一个小数点，结果 2.98 符合 $f_Y(y) = 1/10$，$0 \leqslant y < 10$ 的随机观测值. 当然，对于纸笔挑战来说，获取模拟数据（如 2.98）的最简单方法是使用每个统计软件包附带的随机数生成器.

现在，假设从 $f_Y(y)$ 中抽取 50 个随机样本，每个样本的大小为 $n=8$. 我们期望这 50 个样本的平均值分布是什么样的？显然，形状不会模拟 $f_Y(y)$. 为了使 $n=8$ 个观测值的平均值较小（例如，小于 2），所有 8 个样本观测值都必须较小，这是可能的，但并非易事. 常识告诉我们，样本平均值的分布必然会以某种方式集中在可能的 Y 值的中心附近.

如图 4.3.6 所示，是一组大小为 8 的 50 个样本构建的密度比例直方图. 正如预期的那样，Y 最常见的值四舍五入为 4，5 或 6，并且在任一方向上更极端的平均值的频率迅速下降.

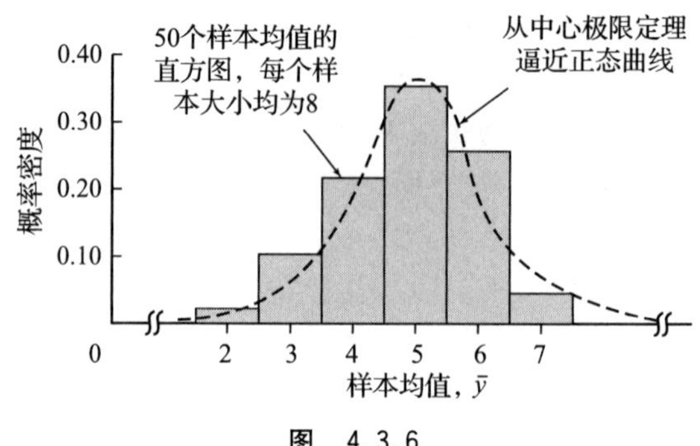

图　4.3.6

叠加的虚线曲线是样本均值的分布(由中心极限定理给出)，在这些平均值中，观测次数 n 趋于∞. 如果可以计算出随机变量 Y 的均值(μ)和方差(σ^2)，则可以确定观测到的样本均值分布与理论分布的接近程度.

在此，对于定义在区间$[0,10)$上的均匀概率密度函数，

$$E(Y)=\mu=\int_0^{10} t\cdot(1/10)\mathrm{d}t=t^2/20\Big|_0^{10}=5$$

和

$$\begin{aligned}\sigma^2=E(Y^2)-[E(Y)]^2&=\int_0^{10} t^2\cdot(1/10)\mathrm{d}t-(5)^2\\&=t^3/30\Big|_0^{10}-25\\&=25/3\end{aligned}$$

再看看图 4.3.6. 观测到的样本均值舍入到 5 的比例为 0.36. 这非常接近理论极限. 使用定理 4.3.2 下注释中给出的中心极限定理的第二个版本，

$$\begin{aligned}P(4.5\leqslant\overline{Y}<5.5)&=P\left(\frac{4.5-5}{\sqrt{25/3}/\sqrt{8}}\leqslant\frac{\overline{Y}-\mu}{\sigma/\sqrt{8}}\leqslant\frac{5.5-5}{\sqrt{25/3}/\sqrt{8}}\right)\\&=P\left(-0.49\leqslant\frac{\overline{Y}-\mu}{\sigma/\sqrt{8}}\leqslant 0.49\right)\approx\frac{1}{\sqrt{2\pi}}\int_{-0.49}^{0.49}\mathrm{e}^{-z^2/2}\mathrm{d}Z\\&=0.6879-0.3121\quad(\text{来自附录表 A.1})\\&=0.37\end{aligned}$$

注释　显然，中心极限定理最显著的特点是它的普遍性，它适用于每一个独立随机变量序列，只受所有序列具有相同的有限均值和相同的有限方差的弱限制. 很少有随机变量不能满足这些条件.

然而，令人惊奇的是，尽管中心极限定理是一个渐近结果，$\overline{W}$ 分布收敛到正态曲线极限的速度是惊人的. 例 4.3.2 就是一个很好的例子. $n=8$ 的平均值(与∞相去甚远)已经显示出明显的钟形构造，尽管所采样的(完全平坦的)均匀概率密度函数从一开始并不像一条正常曲线. ■

例 4.3.3　从概率密度函数 $f_Y(y)=3(1-y)^2$，$0\leqslant y\leqslant 1$ 中抽取大小为 $n=15$ 的随机

样本. 设 $\overline{Y}=\left(\frac{1}{15}\right)\sum_{i=1}^{15}Y_i$，使用中心极限定理近似计算 $P\left(\frac{1}{8}\leqslant\overline{Y}\leqslant\frac{3}{8}\right)$.

首先，请注意

$$E(Y)=\int_0^1 y\cdot 3(1-y)^2\mathrm{d}y=\frac{1}{4}$$

和

$$\sigma^2=\mathrm{Var}(Y)=E(Y^2)-\mu^2=\int_0^1 y^2\cdot 3(1-y)^2\mathrm{d}y-\left(\frac{1}{4}\right)^2=\frac{3}{80}$$

那么

$$P\left(\frac{1}{8}\leqslant\overline{Y}\leqslant\frac{3}{8}\right)=P\left(\frac{\frac{1}{8}-\frac{1}{4}}{\sqrt{\frac{3}{80}}/\sqrt{15}}\leqslant\frac{\overline{Y}-\frac{1}{4}}{\sqrt{\frac{3}{80}}/\sqrt{15}}\leqslant\frac{\frac{3}{8}-\frac{1}{4}}{\sqrt{\frac{3}{80}}/\sqrt{15}}\right)$$

$$\approx P(-2.50\leqslant Z\leqslant 2.50)=0.987\,6$$ ■

例 4.3.4 在准备下一季度的预算时，一家小企业的会计有 100 种不同的支出要核算. 她的前任列出了每一分钱的条目，但这样做严重夸大了过程的精确性. 她打算采用更切实的代替方案将每次预算分配记录到最接近的 100 美元. 假设 $Y_1,Y_2,\cdots,Y_{100}$，她在 100 个项目上所做的舍入误差是独立的，并且在区间[−50,50]内服从均匀分布. 那她估计总的预算与实际成本相差超过 500 美元的可能性有多大?

令

$$S_{100}=Y_1+Y_2+\cdots+Y_{100}=\text{总舍入误差}$$

会计想要估计的是 $P(|S_{100}|>500)$. 根据每个 Y_i 的分布假设，有

$$E(Y_i)=0,\quad i=1,2,\cdots,100$$

和

$$\mathrm{Var}(Y_i)=E(Y_i^2)=\int_{-50}^{50}\frac{1}{100}y^2\mathrm{d}y=\frac{2\,500}{3}$$

因而

$$E(S_{100})=E(Y_1+Y_2+\cdots+Y_{100})=0$$

和

$$\mathrm{Var}(S_{100})=\mathrm{Var}(Y_1+Y_2+\cdots+Y_{100})=100\left(\frac{2\,500}{3}\right)=\frac{250\,000}{3}$$

然后，应用定理 4.3.2，可以看出她的策略大约有 8%的概率相差超过 500 美元：

$$P(|S_{100}|>500)=1-P(-500\leqslant S_{100}\leqslant 500)$$

$$=1-P\left(\frac{-500-0}{500/\sqrt{3}}\leqslant\frac{S_{100}-0}{500/\sqrt{3}}\leqslant\frac{500-0}{500/\sqrt{3}}\right)$$

$$=1-P(-1.73\leqslant Z\leqslant 1.73)=0.083\,6$$ ■

习题

4.3.15 掷一枚均匀的硬币 200 次. 如果第 i 次投掷正面朝上，则 $X_i=1$，否则 $X_i=0$，$i=1,2,\cdots,200$;

$X = \sum_{i=1}^{200} X_i$. 计算 $P(|X-E(X)| \leqslant 5)$的中心极限定理近似值. 这与棣莫弗-拉普拉斯近似有什么不同?

4.3.16 假设掷 100 个均匀的骰子. 估计掷出点数之和超过 370 的概率. 在分析中包括连续性校正.

4.3.17 设 X 为在轮盘赌红色上押 5 美元获胜或输掉的金额. 且 $p_X(5)=18/38$ 和 $p_X(-5)=20/38$. 如果一个赌徒对红色下注 100 次，请使用中心极限定理来估计那些下注导致损失少于 50 美元的概率.

4.3.18 假设 X_1, X_2, X_3 和 X_4 是独立的泊松随机变量，每个参数都为 $\lambda=3$. 令 $S=X_1+X_2+X_3+X_4$,

(a) 用中心极限定理来近似 $13 \leqslant S \leqslant 14$ 的概率.

(b) 计算 $13 \leqslant S \leqslant 14$ 的准确概率.

4.3.19 一家电子公司平均每周收到 50 个特定硅芯片的订单. 如果公司手头有 60 个芯片，请使用中心极限定理来近似他们将无法完成下一周所有订单的概率. 假设每周需求遵循泊松分布.

4.3.20 1957 年在内华达州进行的核武器试验可能产生的后遗症引起了很大争议. 该试验的一部分包括约 3 000 名军事和民用“观察员”. 50 多年后的现在，在这 3 000 人中已经诊断出 8 例白血病. 根据观察员的人口特征，预期的病例数为 3. 评估这些发现的统计意义. 使用泊松分布以及基于中心极限定理的近似来计算精确答案.

以正态曲线作为个体度量的模型

由于中心极限定理，我们知道实际上任何随机变量集的总和(或平均值)在适当缩放后，都具有可以由标准正态曲线近似的分布. 也许更令人惊讶的是，在适当缩放后，许多单独的测量值也具有标准的正态分布. 为什么后者是正确的? 单个观测值与大小为 n 的样本有什么共同点?

19 世纪初的天文学家是最早了解这种联系的人. 想象一下通过望远镜观察以确定恒星的位置. 从概念上讲，最终记录的数据点 Y 是两个分量的总和：(1)恒星的真实位置 μ^* (仍未知)和(2)测量误差. 根据定义，测量误差是导致随机变量 Y 的值不同于 μ^* 的所有因素的净影响. 通常，这些影响是累加的，在这种情况下，可以将随机变量写成总和，

$$Y = \mu^* + W_1 + W_2 + \cdots + W_t \tag{4.3.3}$$

例如，W_1 可以表示大气不规则性的影响，W_2 表示地震振动的影响，W_3 表示视差畸变的影响，等等.

公式(4.3.3)是随机变量的有效表示形式，因此可以得出结论：中心极限定理适用于单个 Y_i. 而且，如果

$$E(Y) = E(\mu^* + W_1 + W_2 + \cdots + W_t) = \mu$$

和

$$\operatorname{Var}(Y) = \operatorname{Var}(\mu^* + W_1 + W_2 + \cdots + W_t) = \sigma^2$$

则定理 4.3.2 中的比值采用$\frac{Y-\mu}{\sigma}$的形式. 此外，t 可能非常大，因此中心极限定理所隐含的近似本质上是一个等式. 也就是说，我们将$\frac{Y-\mu}{\sigma}$的概率密度函数设为 $f_Z(z)$.

求 $f_Y(y)$的一个实际公式，就成为应用定理 3.8.2 的练习. 假设$\frac{Y-\mu}{\sigma}=Z$，则

$$Y = \mu + \sigma Z$$

和

$$f_Y(y)=\frac{1}{\sigma}f_Z\left(\frac{y-\mu}{\sigma}\right)=\frac{1}{\sqrt{2\pi}\sigma}\mathrm{e}^{-\frac{1}{2}\left(\frac{y-\mu}{\sigma}\right)^2},\quad -\infty<y<\infty$$

定义 4.3.1 如果满足以下条件，则称随机变量 Y 为具有均值 μ 和方差 σ^2 的正态分布：

$$f_Y(y)=\frac{1}{\sqrt{2\pi}\sigma}\mathrm{e}^{-\frac{1}{2}\left(\frac{y-\mu}{\sigma}\right)^2},\quad -\infty<y<\infty$$

有时使用符号 $Y\sim N(\mu,\ \sigma^2)$ 表示 Y 为具有均值 μ 和方差 σ^2 的正态分布.

注释 通过求标准正态分布 $f_Z(z)$ 下的等效面积，可以计算出“任意”正态分布 $f_Y(y)$ 下的面积：

$$P(a\leqslant Y\leqslant b)=P\left(\frac{a-\mu}{\sigma}\leqslant\frac{Y-\mu}{\sigma}\leqslant\frac{b-\mu}{\sigma}\right)=P\left(\frac{a-\mu}{\sigma}\leqslant Z\leqslant\frac{b-u}{\sigma}\right)$$

比值 $\frac{Y-\mu}{\sigma}$ 通常被称为 Z 变换或 Z 分数.

例 4.3.5 在大多数州，如果司机的血液酒精浓度 Y 为 0.08%或更高，那么他就是法律上的醉酒者，或者是酒后驾车. 当可疑的酒后驾车者被拦下时，警方通常要求进行清醒度测试. 虽然用于此目的的呼气分析仪非常精确，但机器确实显示出一定的测量误差. 由于这种可变性，即使分析仪给出的读数超过 0.08%，司机的真实血液酒精浓度也有可能低于 0.08%.

经验表明，从同一个人身上重复进行的呼气分析仪测量值会产生一种反应分布，这种分布可以用一种正态概率密度函数来描述，其 μ 等于该人的真实血液酒精浓度，σ 等于 0.004%. 假设一个司机在聚会回家的路上被路障拦住了. 庆幸是进行血液测试，他的真实血液酒精浓度为 0.075%，仅略低于法律限制. 如果他参加了呼气分析仪测试，那么他被错误地记录为酒后驾车的概率有多大?

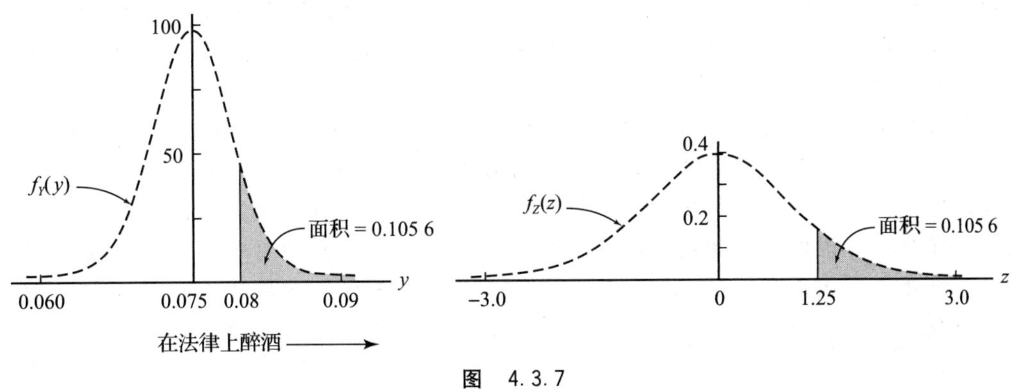

图 4.3.7

由于当 $Y\geqslant 0.08\%$ 时醉酒驾车将被逮捕，因此我们需要在 $\mu=0.075$ 和 $\sigma=0.004$ 时求出 $P(Y\geqslant 0.08)$(该百分比与任何概率计算无关，可以忽略). Z 变换的应用表明，司机被错误指控的概率几乎为 11%：

$$
\begin{aligned}
P(Y \geqslant 0.08) &= P\left(\frac{Y-0.075}{0.004} \geqslant \frac{0.080-0.075}{0.004}\right) \\
&= P(Z \geqslant 1.25) = 1-P(Z<1.25) \\
&= 1-0.8944 = 0.1056
\end{aligned}
$$

图 4.3.7 显示了 $f_Y(y)$、$f_Z(z)$以及两个面积相等的区域. ■

案例研究 4.3.2

弗朗西斯·高尔顿爵士(1822—1911)因其许多显著的成就而深受科学家和统计学家的钦佩，高尔顿在使用指纹进行身份识别方面做了开创性的工作. 19 世纪晚期，他发现所有的指纹都可以分为三种类型：螺纹、环形和拱形(见图 4.3.8). 几年后，爱德华·理查德·亨利爵士(他最终成为苏格兰场的局长)改进了高尔顿的系统，使得指纹包括八种通用类型. 众所周知，亨利系统很快被全世界的执法机构采纳，最终成为 20 世纪 90 年代引入的第一个 AFIS(自动指纹识别系统)数据库的基础.

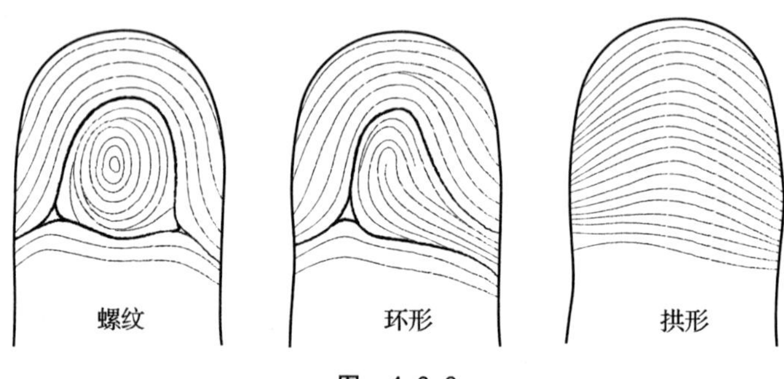

图 4.3.8

除高尔顿提出的三个指纹特征和亨利提出的八个指纹特征外，还有许多特征可以用来区分指纹. 其中最客观的是纹嵴数. 在环形类型中，有一个点(三叉点)，它是三个相对的纹嵴系统汇合在一起的地方. 从三叉点到环形中心的直线将跨越一定数量的纹嵴；在图 4.3.9 中，该数字为 11. 将每个手指穿过的纹嵴线数相加，得到一个总和，其被称为纹嵴数.

考虑以下场景. 警方正在调查一名行人在一个人口稠密的城市地区被谋杀的案件，这一案件被认为与黑帮有关，飞车射击可能作为入会仪式的一部分. 没有目击者出现，但在附近发现了一把未登记的枪，弹道实验室已经证实是凶器. 从枪上提取的是一组部分被弄脏的潜在指纹. 除了纹嵴数，通常用于识别的特征没有一个是可识别的，纹嵴数看起来至少是 270. 警方逮捕了一名住在该地区的年轻人，据知他属于当地一个帮派，枪击当晚没有可核实的不在场证明，并且他的纹嵴数为 275. 他的审判即将开始.

控方和辩方都没有有力的理由. 双方别无选择，只能根据被告纹嵴数的统计含义进行辩论. 双方获得的背景信息相同，即男性的纹嵴数服从正态分布，其均值 μ 为 146，标准差 σ 为 52.

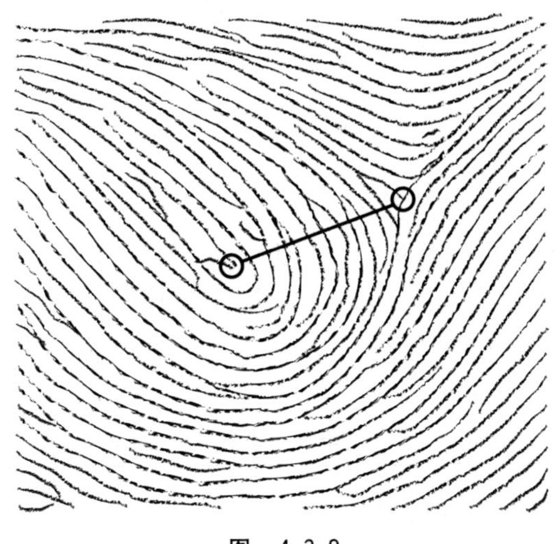

图　4.3.9

控方的情况　显然，被告的纹嵴数量异常高．检察官对案件的重视度取决于案情不寻常的程度．根据定义 4.3.1 下的注释中给出的 Z 变换(连同连续性校正)，纹嵴数 Y 至少为 275 的概率为 0.006 8：

$$P(Y \geqslant 275) \approx P\left(\frac{Y-146}{52} \geqslant \frac{274.5-156}{52}\right) = P(Z \geqslant 2.47) = 0.006\,8$$

对于检察官来说，这是个好消息：陪审员最有可能将这种可能性解释为对被告不利的有力证据．

辩方的情况　辩方必须证明，被告以外的其他人犯下谋杀罪的可能性相当高，从而建立“合理怀疑”．要提出这个论点，需要应用与二项分布有关的条件概率．

假设 n 个男性帮派成员在枪击案当晚骑着车四处游荡，并且可以想象他们已经犯罪了，那么令 X 表示那些拥有至少 270 个纹嵴的人数．

那么

$$P(X=k) = \binom{n}{k} p^k (1-p)^{n-k}$$

其中

$$p = P(Y \geqslant 270) \approx P\left(\frac{Y-146}{52} \geqslant \frac{269.5-146}{52}\right) = P(Z \geqslant 2.38) = 0.008\,7$$

且

$$P(X=1) = \binom{n}{1} p^1 (1-p)^{n-1} = np(1-p)^{n-1}$$

$$P(X \geqslant 1) = 1 - P(X=0) = 1-(1-p)^n$$

和

$$P(X \geqslant 2) = 1-(1-p)^n - np(1-p)^{n-1}$$

因此

$$P(X\geqslant 2\mid X\geqslant 1)=\frac{P(X\geqslant 2)}{P(X\geqslant 1)}$$
$$=\frac{1-(1-p)^n-np(1-p)^{n-1}}{1-(1-p)^n}$$
$$=P(\text{至少两人纹嵴数}\geqslant 270\mid \text{至少一人纹嵴数}\geqslant 270)$$
$$=P(\text{除被告外至少还有一人可能是凶手})$$

枪击当晚 n 有多大？目前还不知道，但考虑到在许多大城市地区发现的帮派活动数量，这可能是相当大的规模．表 4.3.2 列出了对于 n 在 25 到 200 之间的各种值，$P(X\geqslant 2|X\geqslant 1)$的计算值．

表 4.3.2

n	$P(X\geqslant 2\mid X\geqslant 1)$	n	$P(X\geqslant 2\mid X\geqslant 1)$
25	0.10	150	0.51
50	0.20	200	0.63
100	0.37		

例如，如果包括被告在内的 $n=50$ 名帮派成员在案发当晚四处走动，那么除被告之外，还有 20%的可能是另外一个人，他的纹嵴数至少为 270(而且可能是枪手)．

想象一下你自己在陪审团里，哪个统计分析更具说服力，是控方计算出的 $P(Y\geqslant 275)=0.0068$，还是辩方的 $P(X\geqslant 2|X\geqslant 1)$列表？你会投“有罪”还是“无罪”？

关于数据 鉴于占星家、通灵师和塔罗牌大师仍然大量存在，指纹图案产生了它们自己的算命方式(更优雅地称为看手相)也就不足为奇了．根据那些相信这种事情的人的说法，一个人“在所有手指上都是螺纹，就会动摇、怀疑、敏感、机灵，渴望采取行动，并且倾向于犯罪”．当然，随之而来的是，“环形和螺纹的混合表示中立的性格，一个善良、顺从、诚实但常常犹豫不决和缺乏耐心的人”[35]．

例 4.3.6 门萨(拉丁语中意为“圆桌”)是一个世界顶级智商俱乐部．智商在总人口中排行前 2%的人都有资格参加．能使一个人成为会员的最低智商是多少？假设智商呈正态分布，其中 $\mu=100$ 和 $\sigma=16$．

令随机变量 Y 代表一个人的智商，而常数 y_L 则是使某人具有正式门萨会员资格的最低智商．两者由概率等式关联：

$$P(Y\geqslant y_L)=0.02$$

或者，等效地，

$$P(Y<y_L)=1-0.02=0.98 \tag{4.3.4}$$

(请参见图 4.3.10)．

将 Z 变换应用于等式(4.3.4)可得出

$$P(Y<y_L)=P\left(\frac{Y-100}{16}<\frac{y_L-100}{16}\right)=P\left(Z<\frac{y_L-100}{16}\right)=0.98$$

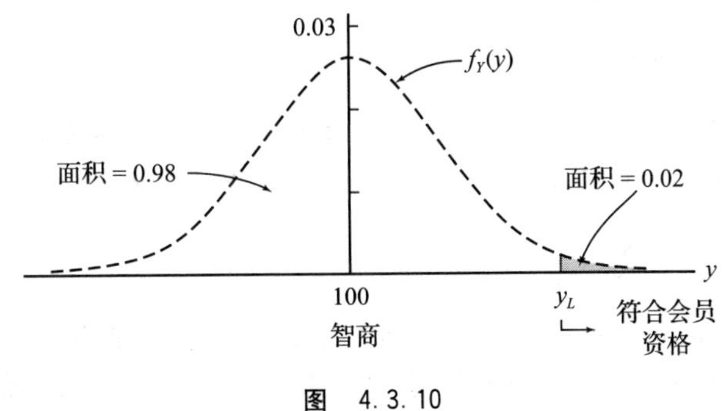

图　4.3.10

但是从附录表 A.1 中的标准正态表中得知

$$P(Z<2.05)=0.9798\approx 0.98$$

由于$\frac{y_L-100}{16}$和 2.05 都在 $f_Z(z)$下截取了面积为 0.02 的相同区域，因此它们必须相等，这意味着 133 是门萨可接受的最低智商：

$$y_L=100+16(2.05)=133$$

■

例 4.3.7　假设随机变量 Y 具有矩生成函数 $M_Y(t)=e^{3t+8t^2}$，计算 $P(-1\leqslant Y\leqslant 9)$.

首先，请注意 $M_Y(t)$具有与正态随机变量的矩生成函数相同的形式. 即

$$e^{3t+8t^2}=e^{\mu t+(\sigma^2t^2)/2}$$

其中 $\mu=3$ 且 $\sigma^2=16$(见例 3.12.4). 然后，将 Y 转换为标准正态分布可得到：

$$\begin{aligned}P(-1\leqslant Y\leqslant 9)&=P\left(\frac{-1-3}{4}\leqslant\frac{Y-3}{4}\leqslant\frac{9-3}{4}\right)=P(-1.00\leqslant Z\leqslant 1.50)\\&=0.9332-0.1587\\&=0.7745\end{aligned}$$

■

定理 4.3.3　*令 Y_1 是均值为 μ_1 和方差为 σ_1^2 的正态分布随机变量，令 Y_2 是均值为 μ_2 和方差为 σ_2^2 的正态分布随机变量. 定义 $Y=Y_1+Y_2$. 如果 Y_1 和 Y_2 是独立的，则 Y 服从正态分布，而且均值为 $\mu_1+\mu_2$ 和方差为 $\sigma_1^2+\sigma_2^2$.*

证明　令 $M_{Y_i}(t)$表示 Y_i，$i=1,2$ 的矩生成函数，且令 $M_Y(t)$表示 Y 的矩生成函数. 由于 $Y=Y_1+Y_2$，而 Y_i 相互独立，

$$\begin{aligned}M_Y(t)&=M_{Y_1}(t)\cdot M_{Y_2}(t)\\&=e^{\mu_1t+(\sigma_1^2t^2)/2}\cdot e^{\mu_2t+(\sigma_2^2t^2)/2}\quad(\text{见例 3.12.4})\\&=e^{(\mu_1+\mu_2)t+(\sigma_1^2+\sigma_2^2)t^2/2}\end{aligned}$$

我们认识到后者是具有均值 $\mu_1+\mu_2$ 和方差 $\sigma_1^2+\sigma_2^2$ 的正态随机变量的矩生成函数. 结果可通过定理 3.12.2 中所述的唯一性得出.

推论 4.3.1　*令 $Y_1,Y_2,\cdots,Y_n$ 是来自均值为 μ 和方差为 σ^2 的正态分布的大小为 n 的随机样本. 其样本均值 $\overline{Y}=\frac{1}{n}\sum_{i=1}^{n}Y_i$ 也服从正态分布，均值为 μ 且方差等于 σ^2/n(这意味着*

$\dfrac{\overline{Y}-\mu}{\sigma/\sqrt{n}}$是标准正态随机变量$Z$).

推论 4.3.2 令$Y_1,Y_2,\cdots,Y_n$是任意一组独立随机变量，其均值分别为$\mu_1,\mu_2,\cdots,\mu_n$，方差分别为$\sigma_1^2,\sigma_2^2,\cdots,\sigma_n^2$. 设$a_1,a_2,\cdots,a_n$是任何常数集. 那么$Y=a_1Y_1+a_2Y_2+\cdots+a_nY_n$是正态分布，其均值$\mu=\sum_{i=1}^{n}a_i\mu_i$和方差为$\sigma^2=\sum_{i=1}^{n}a_i^2\sigma_i^2$.

例 4.3.8 Swampwater Tech 运动宿舍的电梯最大载重量为 2 400 磅. 假设 10 名足球运动员在 20 楼上电梯. 如果球员的体重呈正态分布，均值为 220 磅，标准差为 20 磅，那么在明天的训练中缺少 10 名队员的可能性有多大?

令随机变量$Y_1,Y_2,\cdots,Y_{10}$分别表示 10 名选手的体重. 问题是求$Y=\sum_{i=1}^{10}Y_i$超过 2 400 磅的概率. 但是

$$P\left(\sum_{i=1}^{10}Y_i>2\ 400\right)=P\left(\frac{1}{10}\sum_{i=1}^{10}Y_i>\frac{1}{10}\cdot 2\ 400\right)=P(\overline{Y}>240.0)$$

使用推论 4.3.1，Z变换可应用于$\overline{Y}$:

$$P(\overline{Y}>240.0)=P\left(\frac{\overline{Y}-220}{20/\sqrt{10}}>\frac{240.0-220}{20/\sqrt{10}}\right)=P(Z>3.16)=0.000\ 8$$

很明显，队员减少的概率很小.（如果 11 名选手挤上电梯，概率会有多大变化?）■

习题

4.3.21 经济轮胎公司正计划为其最新产品(一种便宜的子午线轮胎)进行广告宣传. 该公司质量控制部门进行的初步道路试验表明，这些轮胎的使用寿命符合均值为 30 000 英里和标准差为 5 000 英里的正态分布. 市场部想做一则广告，宣称每十个司机中至少有九个使用一套经济轮胎可以行驶至少 25 000 英里. 根据道路测试数据，该公司提出这一断言是否合理?

4.3.22 西岸一家正在建设的大型计算机芯片制造厂预计，一旦正式劳动力到来，该县公立学校系统将新增 1 400 名儿童. 智商低于 80 或超过 135 的儿童将需要个性化教学，这将使该市政府每年额外花费 1 750 美元. 为了满足新入学的特殊教育学生的需求，西岸预计明年将投入多少资金? 假设智商分数服从正态分布，均值μ为 100，标准差σ为 16.

4.3.23 过去几年的记录表明，一位著名的电视演说家每天所收的钱是呈正态分布的，均值μ为 20 000 美元，标准差σ为 5 000 美元. 明天捐款超过 3 万美元的可能性有多大?

4.3.24 在寄给某位失恋专栏作家的许多信中，有一封涉及亲子关系，引发了一个有趣的统计问题. 这位心急如焚的作者(称她为“圣地亚哥读者”)说她的丈夫在军队服役，她在丈夫去延长服役期限前的最后一天怀孕了. 10 个月零 4 天之后，孩子出生了，这通常是一个快乐的时刻，但是她的丈夫，习惯认为九个月的怀孕，开始纠结于他可能不是孩子的父亲的可能性.

那时 DNA 检测还不可用. 当时已知的唯一相关信息是，怀孕持续时间呈正态分布，均值μ为 266 天，标准差σ为 16 天. 为了圣地亚哥读者的丈夫，你如何将概率与怀孕 10 个月零 4 天联系起来? 你认为圣地亚哥读者说的是实话吗?

4.3.25 犯罪学家开发了一个问卷，用来预测青少年是否会成为罪犯. 调查问卷的分数从 0 到 100 分不等，较高的数值反映了可能更大的犯罪倾向. 根据经验，如果一个青少年的得分超过 75 分，犯罪学家就决定将其列为潜在的罪犯. 该问卷已经在一个大量青少年样本中进行了测试，包括犯罪青少年

和无犯罪行为青少年．那些被认为是无犯罪行为的青少年，其人数服从均值 μ 为 60，标准差 σ 为 10 的正态分布．那些被认为是犯罪的青少年，其人数服从均值为 80，标准差为 5 的正态分布．

(a) 犯罪学家把一个未犯罪的人错分为罪犯的概率为多少？而反过来把罪犯认为是未犯罪的呢？

(b)在同一组坐标轴上，绘制表示罪犯和未犯罪者得分分布的正态曲线．对与(a)部分要求的概率相对应的两个区域进行阴影处理．

4.3.26 用于肺复苏器的塑料管材的横截面积为 $\mu=12.5\ \text{mm}^2$，$\sigma=0.2\ \text{mm}^2$ 的正态分布．当面积小于 $12.0\ \text{mm}^2$ 或大于 $13.0\ \text{mm}^2$ 时，管子不合适．如果每盒装 1 000 个管子，医生能从每盒中找到多少个大小不合适的管子？

4.3.27 在州立大学，入学班 SAT 语言部分的平均分为 565 分，标准差为 75 分．玛丽安得了 660 分．全州其他 4 250 名新生中有多少人做得更好？假设分数是呈正态分布的．

4.3.28 一位大学教授每年秋天给一大班新生教化学 101．对于测试，她使用标准化的考试，她从过去的经验中知道这些考试产生钟形的分数分布，且均值为 70，标准差为 12．她的评级理念是制定标准，从长远来看，可以得到 20％的 A、26％的 B、38％的 C、12％的 D 和 4％的 F．A 和 B 之间的界限应该在哪里？B 和 C 之间的界限又在哪里？

4.3.29 假设随机变量 Y 可以用 $\mu=40$ 的正态曲线来描述．如果 $P(20\leqslant Y\leqslant 60)=0.50$，$\sigma$ 的值是多少？

4.3.30 据估计，所有 18 岁女性中 80％的体重在 103.5 至 144.5 磅之间．假设体重分布可以通过正态曲线充分模拟，并且 103.5 和 144.5 与平均体重 μ 等距，计算 σ.

4.3.31 回想一下例 4.3.5 中描述的呼气分析仪问题．假设司机的血液酒精浓度实际上是 0.09％，而不是 0.075％．呼气分析仪出现对他有利的错误并表明他没有醉酒的可能性有多大？假设警察给司机一个选择，要么参加一次酒精测试，要么参加两次，然后取平均读数．“0.075％”的司机应该选择哪一种？“0.09％”的司机应该选择哪一种？解释一下．

4.3.32 如果随机变量 Y 是正态分布，均值为 μ，标准差为 σ，则 Z 的比值$\dfrac{Y-\mu}{\sigma}$通常被称为标准分数：它表示 Y 相对于其分布的大小．“标准化”有时被用作招聘决策中的平权行动机制．假设一家化妆品公司正在寻找一位新的销售经理．他们传统上对这个职位进行的能力倾向测试显示出明显的性别偏见：男性的分数呈正态分布，$\mu=62.0$ 和 $\sigma=7.6$，而女性的分数正态分布参数为 $\mu=76.3$ 和$\sigma=10.8$．劳拉和迈克尔是争夺这个职位的两位候选人：劳拉在考试中得了 92 分，迈克尔得了 75 分．如果公司同意“标准化”性别偏见的评分，他们应该雇佣谁？

4.3.33 随机抽取 9 人进行智商测试．令 $\overline{Y}$ 表示它们的平均值．假设 Y_i 的分布是正态分布，均值为 100，标准差为 16，那么 $\overline{Y}$ 超过 103 的概率是多少？任意 Y_i 超过 103 的概率是多少？Y_i 中有三个超过 103 的概率是多少？

4.3.34 令 $Y_1, Y_2, \cdots, Y_n$ 是正态分布的随机样本，其中均值为 2，方差为 4．样本必须有多大才有

$$P(1.9\leqslant \overline{Y}\leqslant 2.1)\geqslant 0.99$$

4.3.35 一个电路包含三个串联电阻．每个额定值为 6Ω．然而，假设每个电阻的真实阻值是一个正态分布的随机变量，其均值为 6Ω，标准差为 0.3Ω．组合电阻超过 19Ω 的可能性有多大？制造过程必须有多“精确”，才能使电路的组合电阻超过 19Ω 的概率小于 0.005？

4.3.36 某型内燃机气缸和活塞的制造工艺使气缸直径呈正态分布，其均值为 41.5 cm，标准差为 0.4 cm．同样，活塞直径的分布是正态的，均值为 40.5 cm，标准差为 0.3 cm．如果活塞直径大于气缸直径，则可以对前者进行返工，直到两者“匹配”．需要对多大比例的气缸－活塞进行返工？

4.3.37 用矩生成函数证明定理 4.3.3 的两个推论．

4.3.38 设 $Y_1, Y_2, \cdots, Y_9$ 是从 $\mu=2$ 和 $\sigma=2$ 的正态分布中随机抽取的 9 个样本．设 $Y_1^*, Y_2^*, \cdots, Y_9^*$ 为正态分布的独立随机样本，其中 $\mu=1$，$\sigma=1$．计算 $P(\overline{Y}\geqslant\overline{Y}^*)$．

4.3.39 威洛比镇刚刚被选为一个新的汽车装配厂的场地．市政府官员估计，期待的求职家庭的涌入将使威洛比的公立高中增加约 400 名学生．

(a)数字 400 可能代表哪一类随机变量，其标准差是多少？解释一下.

(b)威洛比的每一个新高中生都要接受一项诊断测试，其分数往往呈正态分布，其均值(μ)为 200，标准差(σ)为 40. 成绩在 120 分以下的学生将获得补习指导，成绩在 290 分以上的学生将获得额外的荣誉课程. 新学生有资格接受特殊教育的可能性有多大？

(c)对于每一个需要特殊教育的学生，市政府都要额外支付 1 500 美元. 假设有 400 名新高中生在明年秋天入学. 威洛比学校董事会已经做了 20 400 美元的预算，用于支付他们可能需要的任何额外教学的费用. 这个数额可能足够吗？解释一下.

4.4　几何分布

考虑一系列独立的试验，每个试验都有两种可能的结果，成功或失败. 设 $p=P$(试验以成功结束). 将随机变量 X 定义为第一次成功的试验. 图 4.4.1 给出了 X 的概率密度函数公式：

$$\begin{aligned} p_X(k) &= P(X=k)=P(\text{第 } k \text{ 次试验首次成功}) \\ &= P(\text{前 } k-1 \text{ 次试验失败,第 } k \text{ 次试验成功}) \\ &= P(\text{前 } k-1 \text{ 次试验失败})\cdot P(\text{第 } k \text{ 次试验成功}) \\ &= (1-p)^{k-1}p,\quad k=1,2,\cdots \end{aligned} \tag{4.4.1}$$

我们将公式(4.4.1)中的概率模型称为几何分布(参数为 p).

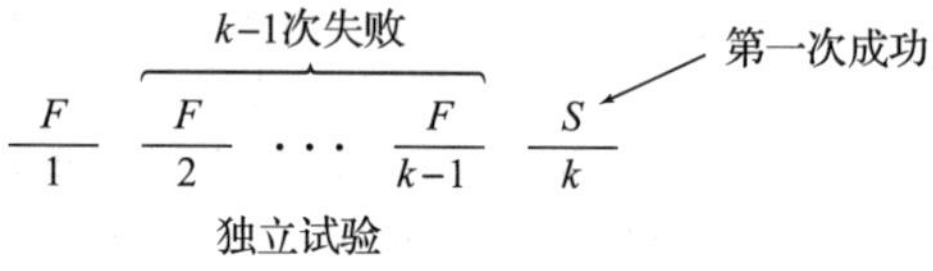

k−1次失败　第一次成功

$\frac{F}{1}$　$\frac{F}{2}$　…　$\frac{F}{k-1}$　$\frac{S}{k}$

独立试验

图　4.4.1

注释　即使没有与独立试验和图 4.4.1 的关联，函数 $p_X(k)=(1-p)^{k-1}p$，$k=1,2,\cdots$ 也可以作为离散概率密度函数. 由于(1)对于所有的 k，$p_X(k)\geqslant 0$ 和(2) $\sum\limits_{\text{所有 } k} p_X(k)=1$：

$$\sum_{k=1}^{\infty}(1-p)^{k-1}p=p\sum_{j=0}^{\infty}(1-p)^j=p\cdot\left[\frac{1}{1-(1-p)}\right]=1$$

例 4.4.1　掷一对均匀的骰子直到第一次出现总和为 7. 要做到这一点，需要超过四次投掷的概率是多少？

掷骰子是一个独立的试验，为此

$$p=P(\text{总和}=7)=\frac{6}{36}=\frac{1}{6}$$

令 X 代表第一个总和 7 出现的投掷. 显然，X 具有几何随机变量的结构，并且

$$\begin{aligned} P(X>4)=1-P(X\leqslant 4) &= 1-\sum_{k=1}^{4}\left(\frac{5}{6}\right)^{k-1}\left(\frac{1}{6}\right) \\ &= 1-\frac{671}{1\,296}=0.48 \end{aligned}$$

■

定理 4.4.1　设 X 具有几何分布，$p_X(k)=(1-p)^{k-1}p$，$k=1,2,\cdots$. 那么

a. $M_X(t)=\dfrac{pe^t}{1-(1-p)e^t}$

b. $E(X)=\dfrac{1}{p}$

c. $\mathrm{Var}(X)=\dfrac{1-p}{p^2}$

证明 $M_X(t)$和$E(X)$的推导见例 3.12.1 和例 3.12.5. $\mathrm{Var}(X)$的公式推导留作练习.

例 4.4.2 一家杂货店正在主办一项促销活动，收银员为每次购买赠送一个字母，A、E、L、S、U或V. 如果一个顾客收集了所有六个字母，他可以免费得到价值 10 美元的食品杂货. 为了得到一套完整的字母，顾客需要去商店的预期次数是多少？假设不同的字母是随机发出的.

令X_i表示获得第i个不同字母所需的购买次数，$i=1,2,\cdots,6$，令X表示获得 10 美元所需的购买次数. 则$X=X_1+X_2+\cdots+X_6$(见图 4.4.2). 显然，X_1等于 1，概率为 1，所以$E(X_1)=1$. 得到第一个字母后，以后每次去商店都有 5/6 次机会收到不同的字母. 因此，

$$f_{X_2}(k)=P(X_2=k)=\left(\frac{1}{6}\right)^{k-1}\frac{5}{6},\quad k=1,2,\cdots$$

也就是说，X_2是参数为$p=5/6$的几何随机变量. 根据定理 4.4.1，$E(X_2)=6/5$. 同样，得到第三个不同的字母的概率是 4/6(每次购买)，所以

$$f_{X_3}(k)=P(X_3=k)=\left(\frac{2}{6}\right)^{k-1}\left(\frac{4}{6}\right),\quad k=1,2,\cdots$$

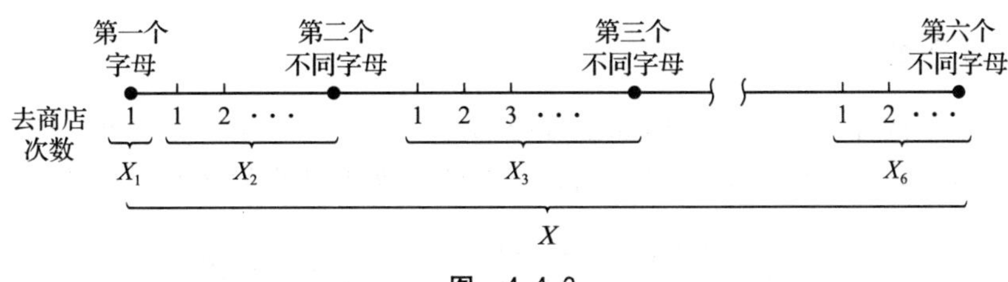

图 4.4.2

$E(X_3)=6/4$. 继续这样，我们可以求得剩余的$E(X_i)$. 因此，顾客平均要去商店 14.7 次才能收集到一整套 6 个字母：

$$E(X)=\sum_{i=1}^{6}E(X_i)=1+\frac{6}{5}+\frac{6}{4}+\frac{6}{3}+\frac{6}{2}+\frac{6}{1}=14.7$$ ■

习题

4.4.1 由于乔迪过去因邮件欺诈和伪造而被定罪，她每年有 30%的机会让人对她的纳税申报表进行审计. 她至少有三年不被发现的可能性有多大？假设她每年都在夸大、歪曲、撒谎和欺骗.

4.4.2 一个年轻人想拿到驾照. 写出概率密度函数$p_X(k)$的公式，其中随机变量X是他通过道路测试所需的尝试次数. 假设他通过考试的概率是 0.10. 平均来说，他在拿到驾照之前可能需要多少次尝试?

4.4.3 下列数据是否可能来自几何概率密度函数$p_X(k)=\left(\frac{3}{4}\right)^{k-1}\cdot\left(\frac{1}{4}\right)$，$k=1,2,\cdots$？解释一下.

2	8	1	2	2	5	1	2	8	3
5	4	2	4	7	2	2	8	4	7
2	6	2	3	5	1	3	3	2	5
4	2	2	3	6	3	6	4	9	3
3	7	5	1	3	4	3	4	6	2

4.4.4 最近结婚的一对年轻夫妇计划继续生孩子，直到他们有了第一个女儿．假设一个孩子是女孩的概率是 1/2，每一次出生的结果是一个独立的事件，第一个女孩的出生具有几何分布，这对夫妇家庭人数的期望是多少？几何概率密度函数在这里是一个合理的模型吗？讨论一下．

4.4.5 证明几何随机变量的累积分布函数由 $F_X(t)=P(X\leqslant t)=1-(1-p)^{[t]}$ 给出，其中[t]表示 t 中的最大整数，$t\geqslant 0$．

4.4.6 假设三个均匀的骰子被反复投掷．令随机变量 X 表示第一次出现点数和为 4 的投掷次数．使用习题 4.4.5 中给出的 $F_X(t)$ 表达式计算 $P(65\leqslant X\leqslant 75)$．

4.4.7 设 Y 为指数型随机变量，其中 $f_Y(y)=\lambda e^{-\lambda y}$，$0\leqslant y$．对于任何正整数 n，证明 $P(n\leqslant Y\leqslant n+1)=e^{-\lambda n}(1-e^{-\lambda})$．请注意，如果 $p=1-e^{-\lambda}$，指数概率密度函数的"离散"情况是几何概率密度函数．

4.4.8 有时几何随机变量被定义为第一次成功前的试验次数 X．写下相应的概率密度函数，用两种方法导出 X 的矩生成函数：(1)直接求 $E(e^{tX})$，(2)利用定理 3.12.3．

4.4.9 对几何随机变量的矩生成函数微分，并验证定理 4.4.1 中 $E(X)$ 和 $\operatorname{Var}(X)$ 的表达式．

4.4.10 假设随机变量 X_1 和 X_2 的矩生成函数分别为 $M_{X_1}(t)=\dfrac{\frac{1}{2}e^t}{1-\left(1-\frac{1}{2}\right)e^t}$，$M_{X_2}(t)=\dfrac{\frac{1}{4}e^t}{1-\left(1-\frac{1}{4}\right)e^t}$，令 $X=X_1+X_2$．X 是否具有几何分布？假定 X_1 和 X_2 是独立的．

4.5 负二项分布

4.4 节中介绍的几何分布可以用非常直接的方式推广．想象一下，在一系列独立的试验中等待第 r 次(而不是第一次)成功，而且每次试验成功的概率为 p(见图 4.5.1)．

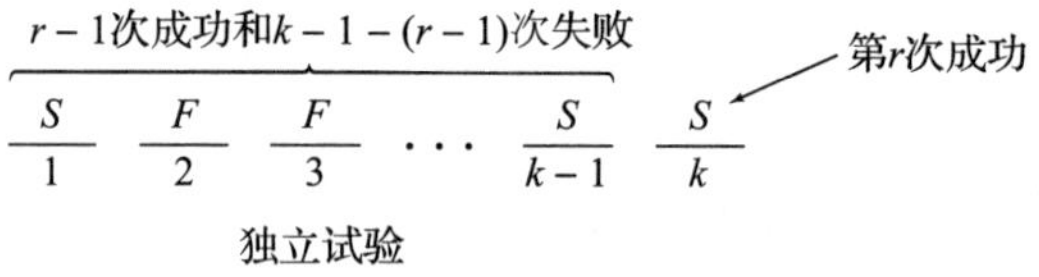

图 4.5.1

令随机变量 X 表示第 r 次成功发生的试验．那么

$$
\begin{aligned}
p_X(k) &= P(X=k)=P(\text{第 } r \text{ 次成功发生在第 } k \text{ 次试验}) \\
&= P(r-1 \text{ 次成功出现在前 } k-1 \text{ 次试验中，第 } k \text{ 次试验成功}) \\
&= P(r-1 \text{ 次成功出现在前 } k-1 \text{ 次试验中}) \cdot P(\text{第 } k \text{ 次试验成功}) \\
&= \binom{k-1}{r-1} p^{r-1}(1-p)^{k-1-(r-1)} \cdot p \\
&= \binom{k-1}{r-1} p^{r}(1-p)^{k-r},\ k=r,r+1,\cdots
\end{aligned}
\tag{4.5.1}
$$

概率密度函数具有公式(4.5.1)中给出的形式的任何随机变量都被称为具有负二项分布(参数为 r 和 p)．

注释 负二项式结构的两个等效公式被广泛使用．有时 X 被定义为第 r 次成功之前的试验次数；其他时候，X 被视为达到第 r 次成功所必需的超过 r 的试验次数．不管怎样定义 X，其潜在的概率结构相同．我们将主要使用公式(4.5.1)；本节练习将介绍 X 的其他两个定义的属性.

定理 4.5.1　设 X 具有负二项分布，$p_X(k)=\binom{k-1}{r-1}p^r(1-p)^{k-r}$，$k=r,r+1,\cdots$. 那么

a. $M_X(t)=\left[\dfrac{pe^t}{1-(1-p)e^t}\right]^r$

b. $E(X)=\dfrac{r}{p}$

c. $\mathrm{Var}(X)=\dfrac{r(1-p)}{p^2}$

证明　所有这些结果紧跟着一个事实：X 可以写成 r 个独立的几何随机变量 $X_1,X_2,\cdots,X_r$ 的和，每个都有参数 p，即

X = 获得第 r 次成功的试验总数

= 第一次成功的试验次数 + 获得第二次成功的额外试验次数 + … +

获得第 r 次成功的额外试验次数

$=X_1+X_2+\cdots+X_r$

在该处

$$p_{X_i}(k)=(1-p)^{k-1}p,\quad k=1,2,\cdots;\quad i=1,2,\cdots,r$$

因而

$$M_X(t)=M_{X_1}(t)M_{X_2}(t)\cdots M_{X_r}(t)=\left[\frac{pe^t}{1-(1-p)e^t}\right]^r$$

同样，根据定理 4.4.1，得

$$\begin{aligned}E(X)&=E(X_1)+E(X_2)+\cdots+E(X_r)\\&=\frac{1}{p}+\frac{1}{p}+\cdots+\frac{1}{p}=\frac{r}{p}\end{aligned}$$

和

$$\begin{aligned}\mathrm{Var}(X)&=\mathrm{Var}(X_1)+\mathrm{Var}(X_2)+\cdots+\mathrm{Var}(X_r)\\&=\frac{1-p}{p^2}+\frac{1-p}{p^2}+\cdots+\frac{1-p}{p^2}=\frac{r(1-p)}{p^2}\end{aligned}$$

例 4.5.1　加州梅洛队是一支半职业棒球队. 梅洛队的击球手们远离一切形式的暴力，他们悠闲的从不在球场上挥杆，如果他们足够幸运能上垒，他们就永远不会尝试去盗垒. 平均来说，假设对方投手有 50% 的概率在任何给定的投球中投出好球[91]，那么他们在 9 局的客场比赛中会得到多少分?

这个问题的解决方案很好地说明了问题(在本例中是棒球规则)所施加的物理约束和潜在概率模型的数学特性之间的相互作用. 在这个分析中，负二项分布出现了两次，还有一些与期望值和线性组合相关的属性.

首先，我们计算出一个击球手三振出局的概率. 令随机变量 X 表示发生这种情况所需的投球数. 显然，$X=3,4,5$ 或 6(为什么 X 不能大于 6?)，并且

$$\begin{aligned}p_X(k)&=P(X=k)=P(\text{在前 } k-1 \text{ 次投出两次好球,第 } k \text{ 球是第三次好球})\\&=\binom{k-1}{2}\left(\frac{1}{2}\right)^3\left(\frac{1}{2}\right)^{k-3},\quad k=3,4,5,6\end{aligned}$$

因而

$$P(\text{击球手三振出局}) = \sum_{k=3}^{6} p_X(k) = \left(\frac{1}{2}\right)^3 + \binom{3}{2}\left(\frac{1}{2}\right)^4 + \binom{4}{2}\left(\frac{1}{2}\right)^5 + \binom{5}{2}\left(\frac{1}{2}\right)^6 = \frac{21}{32}$$

现在，令随机变量 W 表示梅洛队在一局中上垒次数．为了使 W 取值 w，必须前 $w+2$ 次中恰好有两次击球手三振出局，以及第 $w+3$ 次三振出局(见图 4.5.2)．那么，W 的概率密度函数是一个负二项的，其中 $p=P(\text{击球手三振出局})=21/32$：

$$p_W(w) = P(W = w) = \binom{w+2}{2}\left(\frac{21}{32}\right)^3\left(\frac{11}{32}\right)^w,\quad w = 0,1,2,\cdots$$

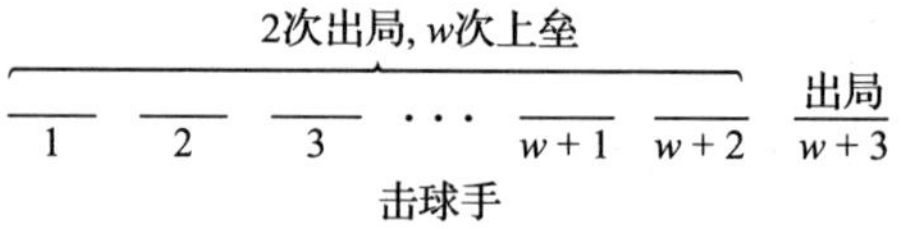

2次出局, w次上垒

1	2	3	…	$w+1$	$w+2$	出局 $w+3$

击球手

图　4.5.2

为了得到一分，投手必须在满垒的情况下保送梅洛队的击球手．令随机变量 R 表示在给定的一局中上垒所得一分的总次数．然而

$$R = \begin{cases} 0, & w \leqslant 3, \\ w-3, & w > 3 \end{cases}$$

和

$$\begin{aligned} E(R) &= \sum_{w=4}^{\infty}(w-3)\binom{w+2}{2}\left(\frac{21}{32}\right)^3\left(\frac{11}{32}\right)^w \\ &= \sum_{w=0}^{\infty}(w-3)\cdot P(W = w) - \sum_{w=0}^{3}(w-3)\cdot P(W = w) \\ &= E(W) - 3 + \sum_{w=0}^{3}(3-w)\cdot\binom{w+2}{2}\left(\frac{21}{32}\right)^3\left(\frac{11}{32}\right)^w \end{aligned} \tag{4.5.2}$$

使用定理 4.5.1 的表述来计算 $E(W)$ 需要一个线性变换，使 W 重新调整为公式(4.5.1)的格式．令 $T=W+3$ 为一局中击球手出现的总次数，那么

$$p_T(t) = p_W(t-3) = \binom{t-1}{2}\left(\frac{21}{32}\right)^3\left(\frac{11}{32}\right)^{t-3},\quad t = 3,4,\cdots$$

我们认为这是负二项概率密度函数，其中 $r=3$，$p=21/32$．因此

$$E(T) = \frac{3}{21/32} = \frac{32}{7}$$

使得 $E(W)=E(T)-3=32/7-3=11/7$．

根据等式(4.5.2)，那么，梅洛队在给定一局中的预期得分为 0.202 分：

$$E(R) = \frac{11}{7} - 3 + 3\cdot\binom{2}{2}\left(\frac{21}{32}\right)^3\left(\frac{11}{32}\right)^0 + 2\cdot\binom{3}{2}\left(\frac{21}{32}\right)^3\left(\frac{11}{32}\right)^1 + 1\cdot\binom{4}{2}\left(\frac{21}{32}\right)^3\left(\frac{11}{32}\right)^2 = 0.202$$

当然，九局中的每一局的 $E(R)$ 值都是相同的，所以一场比赛中的预期总成绩是 0.202＋0.202＋…＋0.202＝9(0.202)，即 1.82. ■

案例研究 4.5.1

任何原因特别复杂的自然现象都可能无法用任何单一的、易于使用的概率模型来描述. 在这种情况下，一个有效的方案 B 将这种现象分解成更简单的成分，并使用随机生成的观测值来模拟每个成分的贡献. 这些被称为蒙特卡罗分析，4.7 节详细描述了一个例子.

任何模拟技术的基本要求都是能够从指定的概率密度函数生成随机观测值. 实际上，这是用计算机来完成的，因为所需的观测数量巨大. 不过，原则上，同样的简单程序可以手动从任何离散概率密度函数生成随机观测值.

回想例 4.5.1 和随机变量 W，其中 W 是在给定一局中，梅洛队击球手上垒次数. 结果表明，$p_W(w)$ 是一个特殊的负二项概率密度函数.

$$p_W(w)=p(W=w)=\binom{w+2}{w}\left(\frac{21}{32}\right)^3\left(\frac{11}{32}\right)^w,\quad w=0,1,2,\cdots$$

假设有一个记录，记录了在接下来的一百局比赛中，击球手每一局的上垒次数. 那记录可能是什么样子的?

答案是，记录看起来像是从 $p_W(w)$ 中抽取的大小为 100 的随机样本. 表 4.5.1 说明了产生此类样本的过程. 前两列显示可能出现的 9 个 w 值(0 到 8)的 $p_W(w)$. 第 3 列将 100 个数字 00 到 99 分成 9 个区间，其长度对应于 $p_W(w)$ 的值.

例如，在区间 28 到 56 之间有 29 个两位数的数字，每个数字的概率都是 0.01. 任何落在该区间内任意位置的随机两位数将被映射到值 $w=1$(从长远来看，这将发生在 29% 的时间内).

随机数字表通常以 25 为单位显示(见图 4.5.3).

表　4.5.1

w	$p_W(w)$	随机数字的范围
0	0.28	00～27
1	0.29	28～56
2	0.20	57～76
3	0.11	77～87
4	0.06	88～93
5	0.03	94～96
6	0.01	97
7	0.01	98
8+	0.01	99

23107	15053	39098
65402	70659	84864
75528	18738	05624
85830	56869	15227
13300	08158	48968
75604	22878	02011
01188	17564	85393
71585	83287	97265
23495	57484	61680
51851	27186	16656

图　4.5.3

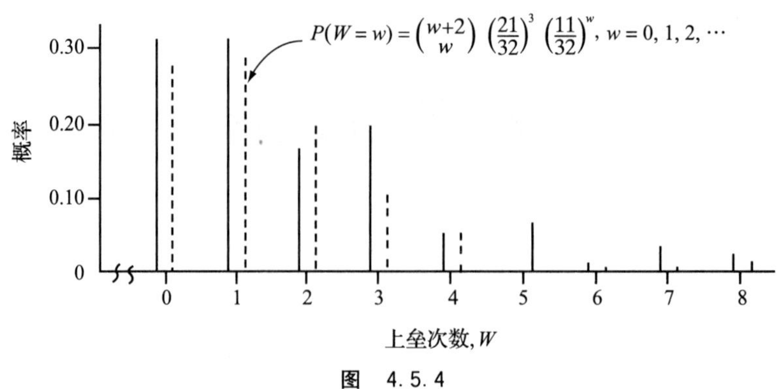

图　4.5.4

对于圈出的特定块，前两列

22　17　83　57　27

对应于负二项值

0　0　3　2　0

图 4.5.4 显示了使用随机数字表和表 4.5.1 从 $p_W(w)$ 中生成 100 个随机观测样本的结果. 该技术不是完美的(不应该完美)，但肯定是很好的(应该如此).

关于数据　连续概率密度函数的随机数生成器使用随机数字的方式与表 4.5.1 中所示的策略有很大不同，并且彼此之间也有很大不同. 标准正态概率密度函数和指数概率密度函数就是两个例子.

设 $U_1, U_2, \cdots$ 是从定义在区间[0,1]中的均匀概率密度函数抽取的一组随机观测值. 标准正态观测值是通过求助于中心极限定理而产生的. 由于每个 U_i 的 $E(U_i)=1/2$ 且 $\mathrm{Var}(U_i)=1/12$，因此得出

$$E\left(\sum_{i=1}^{k} U_i\right)=k/2$$

和

$$\mathrm{Var}\left(\sum_{i=1}^{k} U_i\right)=k/12$$

根据中心极限定理，

$$\frac{\sum_{i=1}^{k} U_i-k/2}{\sqrt{k/12}} \approx Z$$

近似值随着 k 的增加而提高，但一个特别方便(且足够大)的值是 $k=12$. 然后，生成标准正态观测值的公式被简化为

$$Z=\sum_{i=1}^{12} U_i-6$$

一旦计算出一组 Z_i，任何正态分布的随机观测值都很容易产生. 假设目标是从正态分布中产生一组 Y_i，其均值为 μ，方差为 σ^2. 因为

$$\frac{Y-\mu}{\sigma}=Z$$

或者，等效地

$$Y=\mu+\sigma Z$$

因此，来自 $f_Y(y)$ 的随机样本将是

$$Y_i=\mu+\sigma Z_i,\quad i=1,2,\cdots$$

相比之下，从指数概率密度函数 $f_Y(y)=\lambda e^{-\lambda y}$，$y\geqslant 0$ 生成随机观测值所需的只是一个简单的变换. 如果 U_i，$i=1,2,\cdots$ 是前面定义的一组均匀随机变量，则 $Y_i=-(1/\lambda)\ln U_i$，$i=1,2,\cdots$ 将是所需的一组指数观测值.

为什么会是这样，这是一个对 Y 的累积分布函数微分的练习. 根据定义，

$$F_Y(y)=P(Y\leqslant y)=P(\ln U>-\lambda y)=P(U>e^{-\lambda y})=\int_{e^{-\lambda y}}^{1}1\mathrm{d}u=1-e^{-\lambda y}$$

这意味着

$$f_Y(y)=F'_Y(y)=\lambda e^{-\lambda y},\quad y\geqslant 0$$

习题

4.5.1 一个百科全书的上门销售员每天要记录五次上门拜访. 假设她有 30% 的机会被邀请进入任何一个特定的家庭，每个地址代表一个独立的试验. 她需要拜访少于八间房子才能取得第五次成功的概率有多大？

4.5.2 一个地下军事设施被加固到可以承受三次来自空对地导弹的直接打击，并且仍然可以正常工作. 假设一架敌机装备有导弹，每架都有 30% 的机会直接命中目标，那么在发射第七枚导弹后，该设施被摧毁的概率是多少？

4.5.3 达里尔昨晚的统计作业是掷一枚均匀的硬币，并记录第二次出现正面时的抛掷次数，记为 X. 该试验总共重复一百次. 以下是达里尔在今天早上提交的一百个 X 值. 你认为他确实完成了作业吗？说明一下.

3	7	3	2	9	3	4	3	3	2
7	3	8	4	3	3	3	4	3	3
4	3	2	2	4	5	2	2	2	4
2	5	6	4	2	6	2	8	3	2
8	2	3	2	4	3	2	6	3	3
3	2	5	3	6	4	5	6	5	6
3	5	2	7	2	10	4	3	2	2
4	2	4	5	5	5	6	2	4	3
3	4	4	6	3	4	2	5	5	2
5	7	5	3	2	7	4	4	4	3

4.5.4 当机器调整不当时，它有 0.15 的可能性生产有缺陷的产品. 每天，机器都会运转直到生产出三件次品. 当发生这种情况时，它将停止并检查以进行调整. 一台调整不当的机器在停止前生产五件或更多产品的概率有多大？一台调整不当的机器在停止前平均会生产多少件产品？

4.5.5 对于一个负二项随机变量，其概率密度函数由公式(4.5.1)给出，通过计算 $\sum_{k=r}^{\infty}k\binom{k-1}{r-1}p^r(1-p)^{k-r}$ 直接求 $E(X)$.

（提示：将总和简化为含有参数 $r+1$ 和 p 的负二项概率的总和.）

4.5.6　设随机变量 X 表示在一系列独立试验中达到第 r 次成功所需的超过 r 的试验次数，其中 p 是任何给定试验的成功概率. 证明

$$p_X(k)=\binom{k+r-1}{k}p^r(1-p)^k,\quad k=0,1,2,\cdots$$

[注意：$p_X(k)$的这个特殊公式经常被用来代替公式(4.5.1)，作为负二项随机变量概率密度函数的定义.]

4.5.7　计算负二项随机变量 X 的均值、方差和矩生成函数，其概率密度函数为

$$p_X(k)=\binom{k+r-1}{k}p^r(1-p)^k,\quad k=0,1,2,\cdots$$

(请参阅习题 4.5.6).

4.5.8　设 X_1,X_2 和 X_3 是三个独立的负二项随机变量，其概率密度函数为($i=1,2,3$)

$$p_{X_i}(k)=\binom{k-1}{2}\left(\frac{4}{5}\right)^3\left(\frac{1}{5}\right)^{k-3},\quad k=3,4,5,\cdots$$

定义 $X=X_1+X_2+X_3$，求 $P(10\leqslant X\leqslant 12)$.
(提示：使用 X_1,X_2 和 X_3 的矩生成函数来推导 X 的概率密度函数.)

4.5.9　对矩生成函数 $M_X(t)=\left[\dfrac{pe^t}{1-(1-p)e^t}\right]^r$ 进行微分，以验证定理 4.5.1 中给出的 $E(X)$公式.

4.5.10　假设 $X_1,X_2,\cdots,X_k$ 是分别具有参数 r_1 和 p，r_2 和 p，$\cdots$，r_k 和 p 的独立负二项随机变量. 令 $X=X_1+X_2+\cdots+X_k$，计算 $M_X(t)$，$p_X(t)$，$E(X)$和 $\mathrm{Var}(X)$.

4.6　伽马分布

假设一系列独立的事件以单位时间 λ 的恒定速率发生. 如果随机变量 Y 表示两个连续事件之间的间隔，我们从定理 4.2.3 知道 $f_Y(y)=\lambda e^{-\lambda y}$，$y>0$. 等价地，$Y$ 可以被解释为第一个事件发生的“等待时间”. 本节概括了泊松/指数关系，重点介绍了发生第 r 个事件发生所需的间隔或等待时间(见图 4.6.1).

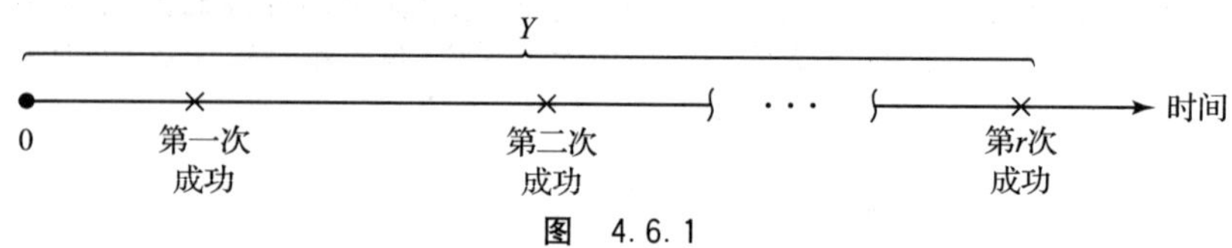

图　4.6.1

定理 4.6.1　假设泊松事件以每单位时间 λ 的恒定速率发生. 令随机变量 Y 表示第 r 个事件的等待时间. 那么，Y 的概率密度函数为 $f_Y(y)$，其中

$$f_Y(y)=\frac{\lambda^r}{(r-1)!}y^{r-1}e^{-\lambda y},\quad y>0$$

证明　我们将通过对其累积分布函数 $F_Y(y)$推导和微分来建立 $f_Y(y)$的公式. 令 Y 表示第 r 个事件发生的等待时间. 然后

$$\begin{aligned}F_Y(y)=P(Y\leqslant y)&=1-P(Y>y)\\&=1-P([0,y]\text{ 中发生的事件少于 }r\text{ 个})\\&=1-\sum_{k=0}^{r-1}e^{-\lambda y}\frac{(\lambda y)^k}{k!}\end{aligned}$$

因为在区间$[0,y]$中发生的事件数是参数为λy的泊松随机变量.

根据定理 3.4.1,

$$\begin{aligned} f_Y(y) = F'_Y(y) &= \frac{\mathrm{d}}{\mathrm{d}y}\left[1-\sum_{k=0}^{r-1}\mathrm{e}^{-\lambda y}\frac{(\lambda y)^k}{k!}\right] \\ &= \sum_{k=0}^{r-1}\lambda\mathrm{e}^{-\lambda y}\frac{(\lambda y)^k}{k!}-\sum_{k=1}^{r-1}\lambda\mathrm{e}^{-\lambda y}\frac{(\lambda y)^{k-1}}{(k-1)!} \\ &= \sum_{k=0}^{r-1}\lambda\mathrm{e}^{-\lambda y}\frac{(\lambda y)^k}{k!}-\sum_{k=0}^{r-2}\lambda\mathrm{e}^{-\lambda y}\frac{(\lambda y)^k}{k!} \\ &= \frac{\lambda^r}{(r-1)!}y^{r-1}\mathrm{e}^{-\lambda y}, \quad y>0 \end{aligned}$$

例 4.6.1 设计下一代航天飞机的工程师计划安装两台燃油泵，一台处于活动状态，另一台处于备用状态. 如果主泵发生故障，第二个泵将自动开启.

假设一个典型的任务要求泵送燃油最多 50 个小时. 根据制造商的规格，泵应每 100 小时发生一次故障(因此$\lambda=0.01$). 这样的燃油泵系统在整个 50 小时内都无法保持运转的概率是多少?

令随机变量Y表示第二台泵出现故障之前经过的时间. 根据定理 4.6.1，Y的概率密度函数具有参数$r=2$和$\lambda=0.01$，我们可以写成

$$f_Y(y) = \frac{(0.01)^2}{1!}y\mathrm{e}^{-0.01y}, \quad y>0$$

因此,

$$P(\text{系统无法持续 50 小时}) = \int_0^{50}0.000\,1y\mathrm{e}^{-0.01y}\mathrm{d}y = \int_0^{0.50}u\mathrm{e}^{-u}\mathrm{d}u$$

其中$u=0.01y$. 那么，在目标 50 小时内主泵及其备用泵将无法保持运行的概率为 0.09:

$$\int_0^{0.50}u\mathrm{e}^{-u}\mathrm{d}u = (-u-1)\mathrm{e}^{-u}\Big|_0^{0.50} = 0.09$$

■

归纳等待时间分布

根据定理 4.6.1，$\int_0^{\infty}y^{r-1}\mathrm{e}^{-\lambda y}\mathrm{d}y$对于任何整数$r>0$都收敛. 其实对于任何实数$r>0$，收敛也成立，因为对于任何这样的$r$，都会有一个整数$t>r$且$\int_0^{\infty}y^{r-1}\mathrm{e}^{-\lambda y}\mathrm{d}y \leqslant \int_0^{\infty}y^{t-1}\mathrm{e}^{-\lambda y}\mathrm{d}y < \infty$. $\int_0^{\infty}y^{r-1}\mathrm{e}^{-\lambda y}\mathrm{d}y$的有限性证明了对相关定积分的考虑是正确的，该定积分是由欧拉首先研究的，但由勒让德命名.

定义 4.6.1 对于任何实数$r>0$，r的伽马函数表示为$\Gamma(r)$，其中

$$\Gamma(r) = \int_0^{\infty}y^{r-1}\mathrm{e}^{-y}\mathrm{d}y$$

定理 4.6.2 对于任何实数$r>1$，令$\Gamma(r) = \int_0^{\infty}y^{r-1}\mathrm{e}^{-y}\mathrm{d}y$，那么

a. $\Gamma(1)=1$

b. $\Gamma(r)=(r-1)\Gamma(r-1)$

c. 如果 r 为整数，则 $\Gamma(r)=(r-1)!$

证明

a. $\Gamma(1)=\int_0^\infty y^{1-1}\mathrm{e}^{-y}\mathrm{d}y=\int_0^\infty \mathrm{e}^{-y}\mathrm{d}y=1$

b. 通过分部积分法计算伽马函数，令 $u=y^{r-1}$ 和 $\mathrm{d}v=\mathrm{e}^{-y}$，有

$$\int_0^\infty y^{r-1}\mathrm{e}^{-y}\mathrm{d}y=-y^{r-1}\mathrm{e}^{-y}\Big|_0^\infty+\int_0^\infty(r-1)y^{r-2}\mathrm{e}^{-y}\mathrm{d}y$$

$$=(r-1)\int_0^\infty y^{r-2}\mathrm{e}^{-y}\mathrm{d}y=(r-1)\Gamma(r-1)$$

c. 使用(b)部分作为归纳论证的基础. 细节留作练习.

定义 4.6.2　给定实数 $r>0$ 且 $\lambda>0$，若满足下式，则将随机变量 Y 称为具有参数 r 和 λ 的伽马概率密度函数，

$$f_Y(y)=\frac{\lambda^r}{\Gamma(r)}y^{r-1}\mathrm{e}^{-\lambda y},\quad y\geqslant 0$$

注释　为证明定义 4.6.2，需要证明 $f_Y(y)$ 积分为 1. 令 $u=\lambda y$，有

$$\int_0^\infty\frac{\lambda^r}{\Gamma(r)}y^{r-1}\mathrm{e}^{-\lambda y}\mathrm{d}y=\frac{\lambda^r}{\Gamma(r)}\int_0^\infty\left(\frac{u}{\lambda}\right)^{r-1}\mathrm{e}^{-u}\ \frac{1}{\lambda}\mathrm{d}u$$

$$=\frac{1}{\Gamma(r)}\int_0^\infty u^{r-1}\mathrm{e}^{-u}\mathrm{d}u=\frac{1}{\Gamma(r)}\Gamma(r)=1$$

定理 4.6.3　假设 Y 的伽马概率密度函数参数为 r 和 λ，则有

a. $E(Y)=r/\lambda$

b. $\mathrm{Var}(Y)=r/\lambda^2$

证明

a. $E(Y)=\int_0^\infty y\,\frac{\lambda^r}{\Gamma(r)}y^{r-1}\mathrm{e}^{-\lambda y}\mathrm{d}y=\frac{\lambda^r}{\Gamma(r)}\int_0^\infty y^r\mathrm{e}^{-\lambda y}\mathrm{d}y$

$$=\frac{\lambda^r}{\Gamma(r)}\,\frac{\Gamma(r+1)}{\lambda^{r+1}}\int_0^\infty\frac{\lambda^{r+1}}{\Gamma(r+1)}y^r\mathrm{e}^{-\lambda y}\mathrm{d}y$$

$$=\frac{\lambda^r}{\Gamma(r)}\,\frac{r\Gamma(r)}{\lambda^{r+1}}(1)=r/\lambda$$

b. 与在(a)部分中进行的积分相似的计算表明，$E(Y^2)=r(r+1)/\lambda^2$，那么

$$\mathrm{Var}(Y)=E(Y^2)-[E(Y)]^2=r(r+1)/\lambda^2-(r/\lambda)^2=r/\lambda^2$$

伽马随机变量之和

我们已经看到，某些随机变量满足“再生”概率密度函数的可加性质. 例如，具有相同 p 的两个独立二项随机变量之和也是二项的(请参见例 3.8.2). 同样，两个独立泊松之和为泊松，两个独立正态之和为正态. 但是，大多数随机变量不是可加的. 两个独立均匀之和不是均匀的；两个独立指数之和不是指数的；等等. 伽马随机变量属于构成第一类的范畴.

定理 4.6.4　假设 U 具有参数为 r 和 λ 的伽马概率密度函数，V 具有参数为 s 和 λ 的伽马概率密度函数，并且 U 和 V 是独立的. 那么，$U+V$ 具有参数为 $r+s$ 和 λ 的伽马概率密度函数.

证明 和的概率密度函数是卷积积分

$$
\begin{aligned}
f_{U+V}(t) &= \int_{-\infty}^{\infty} f_U(u) f_V(t-u)\,\mathrm{d}u \\
&= \int_0^t \frac{\lambda^r}{\Gamma(r)} u^{r-1} \mathrm{e}^{-\lambda u}\ \frac{\lambda^s}{\Gamma(s)} (t-u)^{s-1} \mathrm{e}^{-\lambda(t-u)}\,\mathrm{d}u \\
&= \mathrm{e}^{-\lambda t}\ \frac{\lambda^{r+s}}{\Gamma(r)\Gamma(s)} \int_0^t u^{r-1}(t-u)^{s-1}\,\mathrm{d}u
\end{aligned}
$$

代入 $v=u/t$，那么积分变成

$$
t^{r-1} t^{s-1} t \int_0^1 v^{r-1}(1-v)^{s-1}\,\mathrm{d}v = t^{r+s-1}\int_0^1 v^{r-1}(1-v)^{s-1}\,\mathrm{d}v
$$

和

$$
f_{U+V}(t) = \lambda^{r+s} t^{r+s-1} \mathrm{e}^{-\lambda t}\left[\frac{1}{\Gamma(r)\Gamma(s)}\int_0^1 v^{r-1}(1-v)^{s-1}\,\mathrm{d}v\right] \tag{4.6.1}
$$

公式(4.6.1)中括号内的常数的数值不是显而易见的，但是括号前的因子对应于参数为 $r+s$ 和 λ 的伽马概率密度函数的部分结构. 因此得出结论：$f_{U+V}(t)$必须是特定的伽马概率密度函数. 因此，括号中的常数必须等于 $1/\Gamma(r+s)$(以符合定义 4.6.2)，因此，作为“额外”恒等式，

公式(4.6.1)意味着：

$$
\int_0^1 v^{r-1}(1-v)^{s-1}\,\mathrm{d}v = \frac{\Gamma(r)\Gamma(s)}{\Gamma(r+s)}
$$

定理 4.6.5 如果 Y 具有带参数 r 和 λ 的伽马概率密度函数，则 $M_Y(t)=(1-t/\lambda)^{-r}$.

证明

$$
\begin{aligned}
M_Y(t) &= E(\mathrm{e}^{tY}) = \int_0^{\infty} \mathrm{e}^{ty}\ \frac{\lambda^r}{\Gamma(r)} y^{r-1}\mathrm{e}^{-\lambda y}\,\mathrm{d}y = \frac{\lambda^r}{\Gamma(r)}\int_0^{\infty} y^{r-1}\mathrm{e}^{-(\lambda-t)y}\,\mathrm{d}y \\
&= \frac{\lambda^r}{\Gamma(r)}\ \frac{\Gamma(r)}{(\lambda-t)^r}\int_0^{\infty}\frac{(\lambda-t)^r}{\Gamma(r)} y^{r-1}\mathrm{e}^{-(\lambda-t)y}\,\mathrm{d}y \\
&= \frac{\lambda^r}{(\lambda-t)^r}(1) = (1-t/\lambda)^{-r}
\end{aligned}
$$

注释 定义 4.6.2 的广义伽马概率密度函数在前面的章节中起着主要作用，但名称不同，在所有统计分析中，最常见的是被称为 χ^2(卡方)检验的过程，该过程基于被称为 χ^2 分布的概率密度函数. 但后者只是伽马概率密度函数的一个特例，其中 $\lambda=1/2$，$r=m/2$，m 是正整数.

习题

4.6.1 北极气象站具有三个电子风速计，在任何给定时间仅使用一个. 每一个仪器的寿命都呈指数分布，均值为 1 000 小时. 表示直到最后一个仪器寿命耗尽的时间的随机变量 Y 的概率密度函数是多少?

4.6.2 一个新的大学计算机系统上的服务联系人提供了 24 个技术人员的免费维修电话. 假设技术人员平均每月被需要三次，那么履行服务合同的平均次数是多少?

4.6.3 假设一组测量值 $Y_1, Y_2, \cdots, Y_{100}$ 取自 $E(Y)=1.5$ 且 $\mathrm{Var}(Y)=0.75$ 的伽马概率密度函数. 你预期在[1.0,2.5]区间中找到多少个 Y_i?

4.6.4 通过证明如果 Y 具有参数 r 和 λ 的伽马函数，则 λY 具有参数 r 和 1 的伽马函数，从而证明 λ 充当比例参数的作用.

4.6.5 证明伽马概率密度函数具有唯一的形式$\frac{r-1}{\lambda}$，也就是说，证明函数 $f_Y(y)=\frac{\lambda^r}{\Gamma(r)}y^{r-1}e^{-\lambda y}$，在 $y_{\text{mode}}=\frac{r-1}{\lambda}$处取其最大值，而不在其他点处取其最大值.

4.6.6 证明 $\Gamma\left(\frac{1}{2}\right)=\sqrt{\pi}$.[提示：考虑 $E(Z^2)$，其中 Z 是标准正态随机变量.]

4.6.7 证明 $\Gamma\left(\frac{7}{2}\right)=\frac{15}{8}\sqrt{\pi}$.

4.6.8 如果随机变量 Y 具有整数参数 r 且任意 $\lambda>0$ 的伽马概率密度函数，请证明

$$E(Y^m)=\frac{(m+r-1)!}{(r-1)!\lambda^m}$$

[提示：使用公式 $\int_0^\infty y^{r-1}e^{-y}dy=(r-1)!$，其中 r 为正整数.]

4.6.9 对伽马矩生成函数进行微分以验证定理 4.6.3 中给出的 $E(Y)$和 $\text{Var}(Y)$的公式.

4.6.10 对伽马矩生成函数进行微分来证明习题 4.6.8 中给出的 $E(Y^m)$公式对任意 $r>0$ 成立.

4.7 重新审视统计学(蒙特卡罗模拟)

计算与单个随机变量和随机变量集函数相关的概率一直是第 3 章和第 4 章的主题. 促进这些计算的是各种转换、求和属性以及将一个概率密度函数与另一个概率密度函数链接起来的数学关系. 总的来说，这些结果是非常有效的. 然而，有时随机变量的内在复杂性压倒了我们以任何形式或精确方式对其概率行为建模的能力. 在这种情况下，另一种选择是使用计算机从一个或多个分布中抽取随机样本，这些分布模拟了随机变量行为的一部分. 如果生成足够多的样本，则可以构造一个直方图(或密度比例直方图)，该直方图将准确反映随机变量的真实(但未知)分布. 这种抽样“试验”被称为蒙特卡罗研究.

在现实生活中，并不难想象蒙特卡罗分析可能会有帮助. 例如，假设你刚买了一台最先进的高清等离子屏幕电视. 除了高昂的初始成本，还提供可选保修，涵盖前两年的所有维修. 根据某个独立实验室的可靠性研究，这种电视平均每年可能需要 0.75 次服务呼叫. 此外，服务呼叫的成本预计为正态分布，均值(μ)为 100 美元，标准差(σ)为 20 美元. 如果保修单卖 200 美元，你应该买吗？

与任何保险单一样，保修可能是一项好的投资，也可能不是，这取决于事件的发生和时间. 这里相关的随机变量是 W，即前两年用于进行维修呼叫的总金额. 对于任何特定客户，W 的值将取决于前两年所需的维修次数和每次维修的成本. 尽管我们有解决这两个问题的可靠性和成本假设，但保修期的两年限制带来的复杂性超出了我们在第 3 章和第 4 章中了解到的范围. 剩下的就是选择使用随机样本来模拟前两年可能产生的维修成本.

首先请注意，假设服务呼叫是泊松事件(以每年 0.75 的速率发生)并非没有道理. 如果是这样的话，定理 4.2.3 意味着连续维修呼叫之间的间隔 Y 将具有指数分布，其概率密度函数为

$$f_Y(y)=0.75e^{-0.75y},\quad y>0$$

(见图 4.7.1). 此外，如果随机变量 C 表示与特定维护呼叫相关的费用，则

$$f_C(c)=\frac{1}{\sqrt{2\pi}(20)}e^{-\left(\frac{1}{2}\right)[(c-100)/20]^2},\quad -\infty<c<\infty$$

(见图 4.7.2).

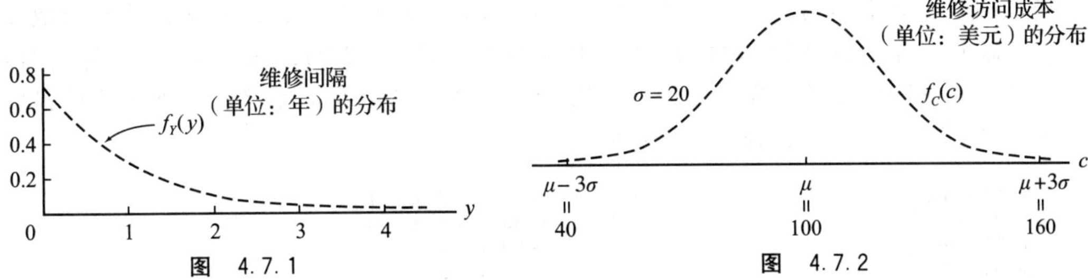

图 4.7.1　　图 4.7.2

模拟维修成本方案

每个统计软件包都有一个子程序，用于从任何经常遇到的概率密度函数（离散或连续）中生成随机观测值．所有需要输入的内容是：(1)概率密度函数的名称，(2)为其参数分配的值，(3)要生成的观测值的数量．

图 4.7.3 显示了三组 MINITAB 命令，它们模拟了两年保修期内将涵盖（或不涵盖）的一系列维修访问．

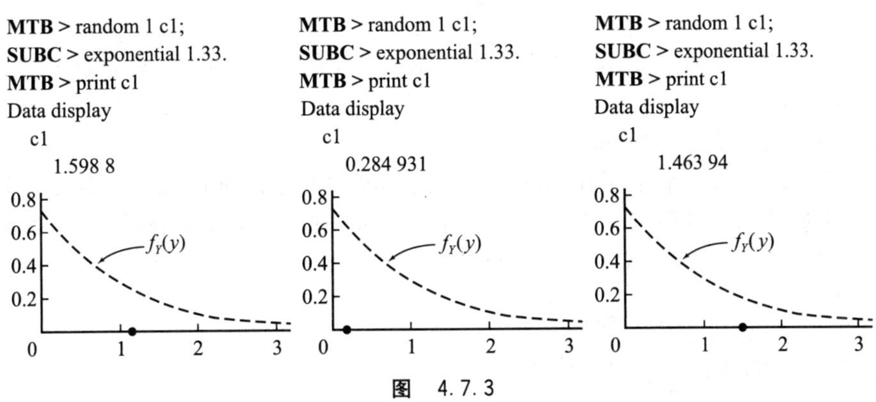

图 4.7.3

生成的第一个数字 1.598 8 年（或 423 天）对应于购买日期和第一次维修访问之间的时间间隔．生成的第二个数字 0.284 931 年（或 104 天）对应于 104 天后发生的第二次维修访问．后者仍被涵盖，因为

$$423\ 天 + 104\ 天 = 527\ 天$$

在两年（＝730 天）的保修期内．另一方面，生成的第三个数字 1.463 94 年（或 534 天）将对应于未涵盖的维修访问（见图 4.7.4）．

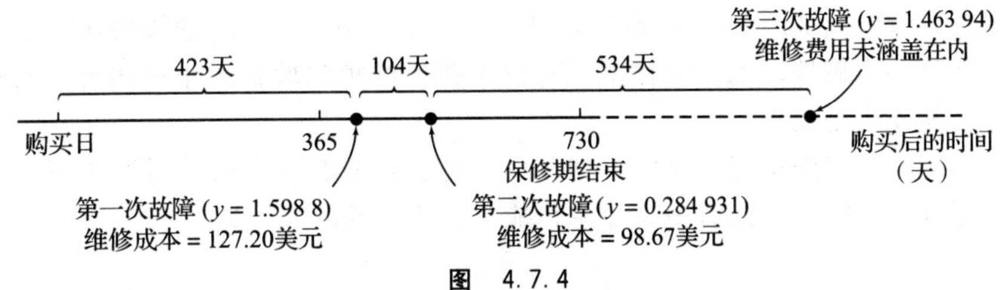

图 4.7.4

模拟的下一步是从 $f_C(c)$ 生成两个观测值，模拟保修期内发生的两次维修的成本. 图 4.7.5 显示了合适的 MINITAB 语法. 生成的两个数字 127.199 和 98.667 3 分别对应 127.20 美元和 98.67 美元的账单. 因此，对于这种特定的情况，保修是一项不错的投资，因为 127.20 美元+98.67 美元>200 美元.

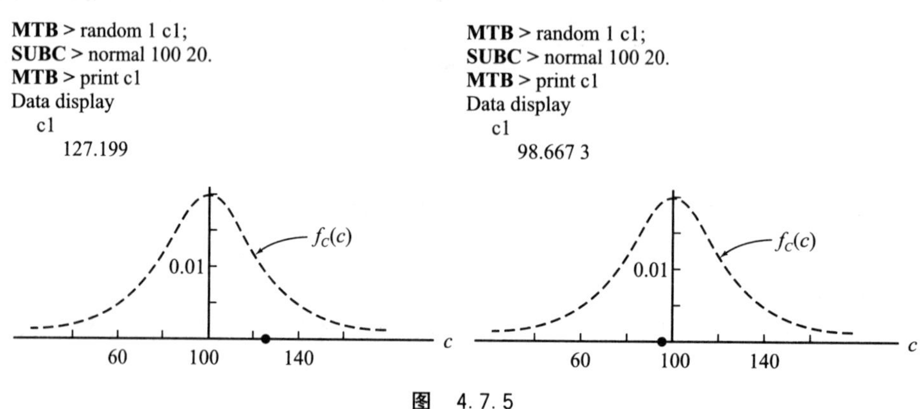

图 4.7.5

蒙特卡罗分析的最后一步是重复多次导致图 4.7.4 的取样过程，即生成一系列总和(以天为单位)小于或等于 730 的 y_i，并为该样本中的每个 y_i 生成相应的成本 c_i. 这些 c_i 之和成为维修成本随机变量 W 的模拟值.

图 4.7.6 中的直方图显示了在 100 个模拟两年期内发生的维修成本的分布，其中一个是图 4.7.5 中展开的事件序列. 直方图告诉我们很多. 首先(毫不奇怪的是)，保修费用高于中位维修费(117.00 美元)或平均维修费(159.10 美元).

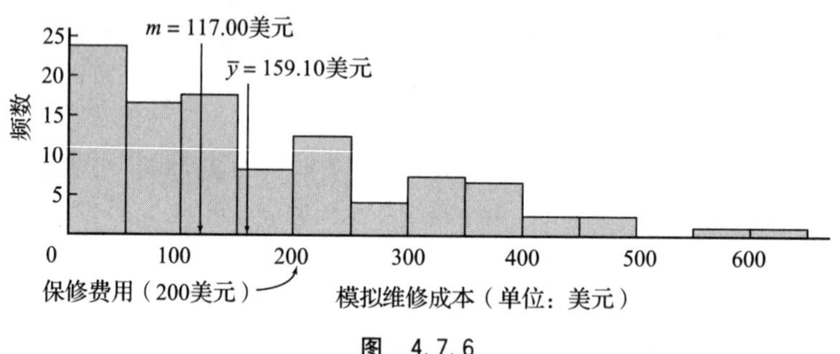

图 4.7.6

换言之，客户在可选保修上往往会赔钱，而公司往往会赚钱. 也就是说，在模拟的两年故障情景中，有整整 33%的维修费用超过 200 美元，其中 6%的维修费用是保修费用的两倍以上. 在另一个极端，24%的样本没有产生任何维护问题；对于这些客户来说，前期花费的 200 美元完全是浪费.

那么，你应该买保修单吗？是的，如果你觉得有必要有一个财务缓冲来抵消(很小的)经历异常坏运气的可能性；或者不，如果你能承受偶尔的巨大损失.

附录 4.A.1 常用概率密度函数的特性

离散模型

1. 二项分布

给定 n 次独立试验，每次试验成功的概率为 p

$$\text{令 } X = \text{成功次数}$$

$$p_X(k) = P(n\text{ 次试验中有 }k\text{ 次成功})$$

$$= \binom{n}{k} p^k (1-p)^{n-k}, \quad k = 0,1,\cdots,n$$

$$E(X) = np$$

$$\mathrm{Var}(X) = np(1-p)$$

$$M_X(t) = (1-p+p\mathrm{e}^t)^n$$

2. 几何分布

给定 n 次独立试验，每次试验成功的概率为 p

$$\text{令 } X = \text{第一次发生成功的试验}$$

$$p_X(k) = P(\text{第一次成功发生在第 }k\text{ 次试验})$$

$$= (1-p)^{k-1} p, \quad k = 1,2,\cdots$$

$$E(X) = 1/p$$

$$\mathrm{Var}(X) = (1-p)/p^2$$

$$M_X(t) = (p\mathrm{e}^t)/[1-(1-p)\mathrm{e}^t]$$

3. 超几何分布

给定 r 个红筹码和 w 个白筹码，其中 $r+w=N$. 不放回地抽取 n 个筹码

$$\text{令 } X = \text{样本中的红筹码的数量}$$

$$p_X(k) = P(\text{样本中正好包含 }k\text{ 个红筹码})$$

$$= \left[\binom{r}{k}\binom{w}{n-k}\right] \Big/ \binom{N}{n}$$

$$E(X) = rn/(r+w)$$

$$\mathrm{Var}(X) = np(1-p)[(N-n)/(N-1)], \quad \text{其中 } p = r/N$$

4. 负二项分布

给定 n 次独立试验，每次试验成功的概率为 p

$$\text{令 } X = \text{第 }r\text{ 次发生成功的试验}$$

$$p_X(k) = P(\text{第 }r\text{ 次成功发生在第 }k\text{ 次试验})$$

$$= \binom{k-1}{r-1} p^r (1-p)^{k-r}, \quad k = r, r+1, r+2, \cdots$$

$$E(X) = r/p$$

$$\mathrm{Var}(X) = [r(1-p)]/p^2$$

$$M_X(t) = [(pe^t)/(1-(1-p)e^t)]^r$$

5. **泊松分布**

给定一系列事件以每单位时间(或体积或空间)λ 的恒定速率独立发生

$$\text{令 } X = \text{单位时间(或体积或空间)内的发生次数}$$

$$p_X(k) = P(\text{单位时间(或体积或空间)内发生 } k \text{ 个事件})$$

$$= e^{-\lambda}\lambda^k/k!, \quad k = 0,1,2,\cdots$$

$$E(X) = \lambda$$

$$\mathrm{Var}(X) = \lambda$$

$$M_X(t) = e^{-\lambda+\lambda e^t}$$

连续模型

6. **指数分布**

$$f_Y(y) = \lambda e^{-\lambda y}, \quad y > 0$$

$$E(Y) = 1/\lambda$$

$$\mathrm{Var}(Y) = 1/\lambda^2$$

$$M_Y(t) = \lambda/(\lambda - t)$$

7. **伽马分布**

$$f_Y(y) = (\lambda^r/\Gamma(r))y^{r-1}e^{-\lambda y}, \quad y > 0$$

$$E(Y) = r/\lambda$$

$$\mathrm{Var}(Y) = r/\lambda^2$$

$$M_Y(t) = (1 - t/\lambda)^{-r}$$

8. **正态分布**

$$f_Y(y) = \frac{1}{\sqrt{2\pi}\sigma}e^{-\frac{1}{2}\left(\frac{y-\mu}{\sigma}\right)^2}, \quad -\infty < y < \infty$$

$$E(Y) = \mu$$

$$\mathrm{Var}(Y) = \sigma^2$$

$$M_Y(t) = e^{\mu t+\sigma^2t^2/2}$$

注：$Z=\frac{Y-\mu}{\sigma}$为标准正态分布.

9. **均匀分布**

$$f_Y(y) = 1/\theta, \quad 0 \leqslant y \leqslant \theta$$

$$E(Y) = \theta/2$$

$$\mathrm{Var}(Y) = \theta^2/12$$

附录 4. A. 2　中心极限定理的证明

完全证明定理 4.3.2 超出了本文的范围. 但是，我们可以假设每个 W_i 的矩生成函数存在，从而建立一个稍弱的结果.

引理 令 $W_1, W_2, \cdots$ 是一组随机变量，对于在 0 附近的某个区间内的所有 t，有 $\lim\limits_{n\to\infty} M_{W_n}(t) = M_W(t)$，那么对所有的 $-\infty < w < \infty$，有 $\lim\limits_{n\to\infty} F_{W_n}(w) = F_W(w)$.

用矩生成函数证明中心极限定理需要证明

$$\lim_{n\to\infty} M_{(W_1+\cdots+W_n-n\mu)/(\sqrt{n}\sigma)}(t) = M_Z(t) = e^{t^2/2}$$

为了表示简单，令

$$\frac{W_1+\cdots+W_n-n\mu}{\sqrt{n}\sigma} = \frac{S_1+\cdots+S_n}{\sqrt{n}}$$

其中，$S_i = (W_i - \mu)/\sigma$.

注意 $E(S_i)=0$ 和 $\mathrm{Var}(S_i)=1$. 此外，根据定理 3.12.3，

$$M_{(S_1+\cdots+S_n)/\sqrt{n}}(t) = \left[M\left(\frac{t}{\sqrt{n}}\right)\right]^n$$

其中 $M(t)$ 表示每个 S_i 的公共矩生成函数.

根据 S_i 的定义方式，$M(0)=1$，$M^{(1)}(0)=E(S_i)=0$ 和 $M^{(2)}(0)=\mathrm{Var}(S_i)=1$. 把泰勒定理应用于 $M(t)$，我们可以写出

$$M(t) = 1 + M^{(1)}(0)t + \frac{1}{2}M^{(2)}(r)t^2 = 1 + \frac{1}{2}t^2 M^{(2)}(r)$$

对于某些数 r，$|r|<|t|$. 因此

$$\begin{aligned}
\lim_{n\to\infty}\left[M\left(\frac{t}{\sqrt{n}}\right)\right]^n &= \lim_{n\to\infty}\left[1+\frac{t^2}{2n}M^{(2)}(s)\right]^n, \quad |s| < \frac{|t|}{\sqrt{n}} \\
&= \exp \lim_{n\to\infty} n \ln\left[1+\frac{t^2}{2n}M^{(2)}(s)\right] \\
&= \exp \lim_{n\to\infty} \frac{t^2}{2}\cdot M^{(2)}(s)\cdot \frac{\ln\left[1+\frac{t^2}{2n}M^{(2)}(s)\right]-\ln(1)}{\frac{t^2}{2n}M^{(2)}(s)}
\end{aligned}$$

$M(t)$的存在意味着其所有导数的存在. 特别是 $M^{(3)}(t)$的存在，使得 $M^{(2)}(t)$是连续的. 因此，$\lim\limits_{t\to 0} M^{(2)}(t) = M^{(2)}(0) = 1$. 由于 $|s| < |t|/\sqrt{n}$，$n\to\infty$时有 $s\to 0$，所以

$$\lim_{n\to\infty} M^{(2)}(s) = M^{(2)}(0) = 1$$

同时，当 $n\to\infty$时，$(t^2/2n)M^{(2)}(s)\to 0\cdot 1 = 0$，因此它在导数的定义中扮演“ Δx”的角色. 因此我们得到

$$\lim_{n\to\infty}\left[M\left(\frac{t}{\sqrt{n}}\right)\right]^n = \exp\frac{t^2}{2}\cdot 1\cdot \ln^{(1)}(1) = e^{(1/2)t^2}$$

由于最后一个表达式是标准正态随机变量的矩生成函数，因此证明了该定理.

第5章 估计

罗纳德·A. 费希尔(Ronald A. Fisher, 1890—1962)是应用统计学和数理统计学发展史上的一位杰出人物，他曾接受过数学和理论物理方面的正式培训，1912 年毕业于剑桥大学. 在短暂的教师生涯后，他于 1919 年接受了洛桑农业实验站统计学家的职位. 在那里，他在收集和解释农业数据时遇到的日常问题直接引领了他在估计理论和实验设计方面最重要的工作. 费希尔还是一位杰出的遗传学家，他花了相当多的时间发展定量论证，以支持达尔文的自然选择理论. 1933 年，他重新回到学术界，接替卡尔·皮尔逊成为伦敦大学(University of London)高尔顿优生学教授. 费希尔在 1952 年被封为爵士.

5.1 引言

概率函数描述或建模实验数据的能力在第 4 章的许多例子中得到了证明. 例如，在 4.2 节中，泊松分布被证明能很好地预测来自某一放射源的 α 发射数量以及某一年开始的战争次数. 在 4.3 节中，另一个概率模型，即正态曲线，被应用于各种各样的现象，如呼气分析仪读数和智商分数. 第 4 章中还说明了其他模型包括指数分布、负二项分布和伽马分布.

当然，所有这些概率函数实际上都是一系列模型，每个模型都包含一个或多个参数. 例如，泊松模型由发生率 λ 确定. 改变 λ 会改变与 $p_X(k)$ 相关的概率[参见图 5.1.1，该图比较了对于 $\lambda=1$ 和 $\lambda=4$ 的 $p_X(k)=e^{-\lambda}\lambda^k/k!$, $k=0,1,2,\cdots$]. 同样，二项分布模型是根据成功概率 p 定义；正态分布模型由两个参数 μ 和 σ 定义.

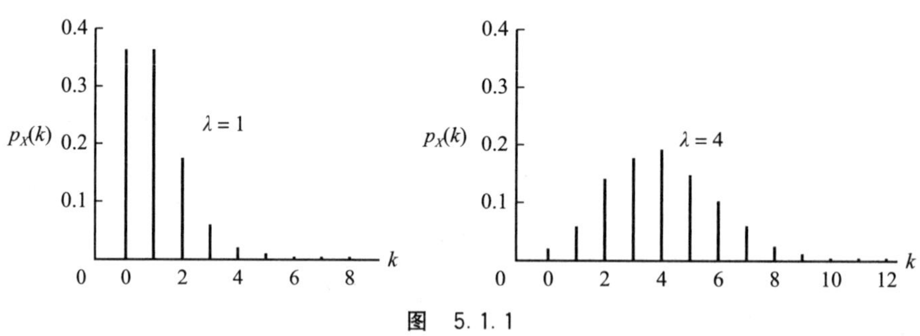

图 5.1.1

在应用这些模型之前，需要为它们的参数分配值. 通常是通过随机抽样(n 个观测值)并使用这些观测值来完成未知参数的估计.

例 5.1.1 假设有一枚硬币，正面出现的概率 p 是未知的. 你的任务是掷硬币三次，然后用得到的正面 H 和反面 T 的顺序来表示 p 的值. 假设三次掷完后的顺序是 HHT. 根据这些结果，我们可以合理地推断出 p 是多少?

常识(也是正确的)答案是“猜测”$p=2/3$. 但是“2/3”代表的一般原则能否在猜测不明显的情况下适用? 在这里，首先将随机变量 X 定义为一次给定掷骰中出现的正面次数. 那么

$$X=\begin{cases}1, & \text{如果掷硬币的结果是正面,}\\0, & \text{如果掷硬币的结果是反面}\end{cases}$$

则 X 的理论概率模型为函数

$$p_X(k)=p^k(1-p)^{1-k}=\begin{cases}p, & k=1,\\1-p, & k=0\end{cases}$$

用 X 表示序列 HHT 对应于大小为 $n=3$ 的样本，其中 $X_1=1$，$X_2=1$，$X_3=0$. 由于 X_i 是独立随机变量，因此与样本相关的概率为 $p^2(1-p)$:

$$\begin{aligned}P(X_1=1\cap X_2=1\cap X_3=0)&=P(X_1=1)\cdot P(X_2=1)\cdot P(X_3=0)\\&=p^2(1-p)\end{aligned}$$

知道我们的目标是确定 p 的合理值(即“估计值”)，可以认为该参数的合理选择是使样本的概率最大化的值. 图 5.1.2 显示了 $P(X_1=1,X_2=1,X_3=0)$作为 p 的函数. 通过检查，我们发现使 HHT 概率最大化的值是 $p=\dfrac{2}{3}$.

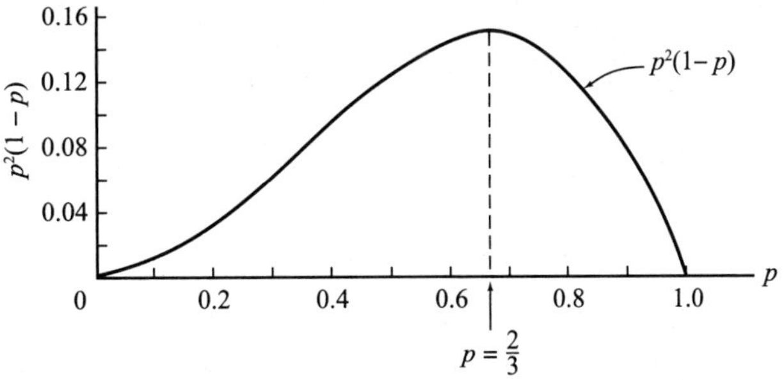

图 5.1.2

一般来说，假设我们掷硬币 n 次，然后记录一组结果 $X_1=k_1$，$X_2=k_2,\cdots,X_n=k_n$. 那么

$$\begin{aligned}P(X_1=k_1,X_2=k_2,\cdots,X_n=k_n)&=p^{k_1}(1-p)^{1-k_1}\cdots p^{k_n}(1-p)^{1-k_n}\\&=p^{\sum_{i=1}^n k_i}(1-p)^{n-\sum_{i=1}^n k_i}\end{aligned}$$

使 $P(X_1=k_1,\cdots,X_n=k_n)$最大化的 p 值，当然是使 $p^{\sum_{i=1}^n k_i}(1-p)^{n-\sum_{i=1}^n k_i}$ 关于 p 的导数为 0 的值. 而

$$\begin{aligned}\mathrm{d}\left[p^{\sum_{i=1}^n k_i}(1-p)^{n-\sum_{i=1}^n k_i}\right]/\mathrm{d}p=&\sum_{i=1}^n k_i\left[p^{\sum_{i=1}^n k_i-1}(1-p)^{n-\sum_{i=1}^n k_i}\right]+\\&\left(\sum_{i=1}^n k_i-n\right)p^{\sum_{i=1}^n k_i}(1-p)^{n-\sum_{i=1}^n k_i-1}\end{aligned}\tag{5.1.1}$$

如果这个导数设为零，则等式(5.1.1)简化为

$$\sum_{i=1}^n k_i(1-p)+\left(\sum_{i=1}^n k_i-n\right)p=0$$

求解得 p 为

$$\left(\frac{1}{n}\right)\sum_{i=1}^n k_i$$

作为最符合 n 个观测值 $k_1,k_2,\cdots,k_n$ 的参数值. ■

注释 随机样本的任何函数，其目标是逼近一个参数，此参数被称为统计量或估计量. 如果 θ 是被逼近的参数，则其估计量将被表示为 $\hat{\theta}$. 当评估一个估计量时(通过替换记录的实际测量值)，得到的数字称为估计值. 在例 5.1.1 中，函数 $\left(\frac{1}{n}\right)\sum_{i=1}^{n}X_i$ 是对于 p 的估计量，当 $n=3$ 个观测值为 $X_1=1,X_2=1,X_3=0$ 时计算的值 $\frac{2}{3}$ 是 p 的估计值. 更具体地说，$\left(\frac{1}{n}\right)\sum_{i=1}^{n}X_i$ 是对于 p 的极大似然估计量，$\frac{2}{3}\left[=\left(\frac{1}{n}\right)\sum_{i=1}^{n}k_i=\left(\frac{1}{3}\right)(2)\right]$ 是对于 p 的极大似然估计值.

在这一章中，我们将讨论估计参数问题中涉及的一些实际问题以及数学问题. 估计量的函数形式是如何确定的? 给定的估计量有哪些统计性质? 我们希望估计量有哪些性质? 当我们回答这些问题时，我们的注意力将开始从概率研究转向统计研究.

5.2 参数估计：极大似然法和矩估计法

假设 $Y_1,Y_2,\cdots,Y_n$ 是来自连续概率密度函数 $f_Y(y)$ 的随机样本，其未知参数为 θ. [注意：为了强调我们的重点是参数，我们将在本章中将连续概率密度函数表示为 $f_Y(y;\theta)$；同样，具有未知参数 θ 的离散概率密度函数被表示为 $p_X(k;\theta)$.]问题是，我们应该如何使用数据来近似 θ?

在例 5.1.1 中，我们看到离散概率模型 $p_X(k;p)=p^k(1-p)^{1-k}$，$k=0,1$ 中的参数 p 可以基于随机样本 $X_1=k_1,X_2=k_2,\cdots,X_n=k_n$，通过函数 $\left(\frac{1}{n}\right)\sum_{i=1}^{n}k_i$ 合理地估计. 如果数据来自指数分布，估计的形式会发生什么变化? 或是来自泊松分布呢?

在本节中，我们将介绍两种求估计值的方法：极大似然法与矩估计法. 其他的方法也有，但这些是使用最广泛的两种，除一些特殊情况外，两者的结果通常相同.

极大似然法

极大似然估计的基本思想是在例 5.1.1 中达到最值点的基本原理. 也就是说，选择最大化样本“可能性”的参数值作为 θ 的估计值似乎是合理的. 后者是通过似然函数来度量的，似然函数只是对每个数据点估计的潜在概率密度函数的乘积. 在例 5.1.1 中，样本 HHT (即对于 $X_1=1$，$X_2=1$ 和 $X_3=0$)的似然函数是乘积 $p^2(1-p)$.

定义 5.2.1 令 $k_1,k_2,\cdots,k_n$ 是来自离散概率密度函数 $p_X(k;\theta)$ 的大小为 n 的随机样本，其中 θ 是未知参数. 似然函数 $L(\theta)$ 是在 n 个 k_i 值下计算的密度函数的乘积，也就是说，

$$L(\theta)=\prod_{i=1}^{n}p_X(k_i;\theta)$$

如果 $y_1,y_2,\cdots,y_n$ 是连续概率密度函数 $f_Y(y;\theta)$ 中的大小为 n 的随机样本，其中 θ 是未知参数，写出似然函数为

$$L(\theta)=\prod_{i=1}^{n} f_Y(y_i;\theta)$$

注释　联合概率密度函数和似然函数看起来是一样的，但两者的解释是不同的．一组 n 个随机变量定义的联合概率密度函数是这些 n 个随机变量（$k_1,k_2,\cdots,k_n$ 或者 $y_1,y_2,\cdots,y_n$）的值的多元函数．相比之下，L 是 θ 的函数；而不是 k_i 或 y_i 的函数．

定义 5.2.2　设 $L(\theta)=\prod_{i=1}^{n} p_X(k_i;\theta)$ 和 $L(\theta)=\prod_{i=1}^{n} f_Y(y_i;\theta)$ 分别为从离散概率密度函数 $p_X(k;\theta)$ 和连续概率密度函数 $f_Y(y;\theta)$ 中提取的随机样本 $k_1,k_2,\cdots,k_n$ 和 $y_1,y_2,\cdots,y_n$ 对应的似然函数，其中 θ 是未知参数．在任何情况下，令 θ_e 是参数的值，使得对于 θ 的所有可能值都有 $L(\theta_e)\geqslant L(\theta)$．那么 θ_e 被称为 θ 的极大似然估计值．

极大似然法的应用

我们将在例 5.2.1 和许多后续示例中看到，求使似然函数最大化的 θ_e 通常是微分演算．具体地说，我们解关于 θ 的方程 $\frac{\mathrm{d}}{\mathrm{d}\theta}L(\theta)=0$．在某些情况下，将 $\ln L(\theta)$ 的导数设为 0，会得到一个更易于处理的方程．由于 $\ln L(\theta)$ 随 $L(\theta)$ 增大，使得 $\ln L(\theta)$ 最大的 θ_e 也使 $L(\theta)$ 最大．

例 5.2.1　回顾案例研究 4.2.2．表 4.2.3 展示了放射性钋源在一系列 8 分钟间隔内发射的 α 粒子数．假设在给定的区间内计量的 α 粒子数 X，将服从泊松分布 $p_X(k)=\mathrm{e}^{-\lambda}\lambda^k/k!$，$k=0,1,2,\cdots$，其中概率密度函数的未知参数 λ 设置为等于分布的样本均值，在这种情况下，$\bar{k}=3.87$．证明该替换过程是这个例子中给出的推导，表明 $\bar{k}$ 实际上是 λ 的极大似然估计值．

设 $X_1=k_1,X_2=k_2,\cdots,X_n=k_n$ 为泊松分布 $p_X(k)=\mathrm{e}^{-\lambda}\lambda^k/k!$，$k=0,1,2,\cdots$，的大小为 n 的随机样本，其中 λ 未知．根据定义 5.2.2，样本的似然函数为

$$L(\lambda)=\prod_{i=1}^{n}\mathrm{e}^{-\lambda}\frac{\lambda^{k_i}}{k_i!}=\mathrm{e}^{-n\lambda}\lambda^{\sum_{i=1}^{n}k_i}\frac{1}{\prod_{i=1}^{n}k_i!}$$

此外，$\ln L(\lambda)$ 和 $\frac{\mathrm{d}}{\mathrm{d}\lambda}[\ln L(\lambda)]$ 比 $L(\lambda)$ 和 $\frac{\mathrm{d}}{\mathrm{d}\lambda}[L(\lambda)]$ 更易推导，得

$$\ln L(\lambda)=-n\lambda+\left(\sum_{i=1}^{n}k_i\right)\ln\lambda-\ln\prod_{i=1}^{n}k_i!$$

且

$$\frac{\mathrm{d}\ln L(\lambda)}{\mathrm{d}\lambda}=-n+\frac{\sum_{i=1}^{n}k_i}{\lambda}$$

令 $\ln L(\lambda)$ 的导数为 0，得到

$$-n+\frac{\sum_{i=1}^{n}k_i}{\lambda}=0$$

即

$$\lambda_e = \frac{\sum_{i=1}^{n} k_i}{n} = \bar{k}$$ ■

注释　注意，$\ln L(\lambda)$的二阶导数是$-\lambda^{-2}\sum_{i=1}^{n} k_i$，这对所有$\lambda$都为负，所以$\lambda_e=\bar{k}$是似然函数的唯一最大值．与例5.2.1情况一样，当$\frac{\mathrm{dln}\, L(\theta)}{\mathrm{d}\theta}$为零时的参数值通常会给出唯一的最大值．在大多数情况下，使用标准的微积分方法检验这一点会更简单．

例 5.2.2　假设气象报告站有一个电子风速监测器，已知其失效时间服从指数分布模型$\frac{1}{\theta}\mathrm{e}^{-1/\theta}$，$0<\theta<\infty$．令$Y_1$为直到监测器无法工作的时间．这个站点还有一个备用监测器；令Y_2作为第二个监测器失效时间．因此，直到监测失效的时间Y是两个独立的指数随机变量Y_1和Y_2之和．但$Y=Y_1+Y_2$有一个伽马概率密度函数(回忆定理4.6.4)，所以$f_Y(y;\theta)=\frac{1}{\theta^2}y\mathrm{e}^{-y/\theta}$，$0\leqslant Y<\infty$；$0<\theta<\infty$．

已收集了5个数据点：9.2，5.6，18.4，12.1和10.7．求θ的极大似然估计值．

按照例5.2.1的方法，我们首先推导出θ_e的一般公式，即假设已收集的数据是n个Y的观测值$y_1,y_2,\cdots,y_n$．然后似然函数变成

$$L(\theta) = \sum_{i=1}^{n} \frac{1}{\theta^2} y_i \mathrm{e}^{-y_i/\theta} = \theta^{-2n}\left(\sum_{i=1}^{n} y_i\right)\mathrm{e}^{-(1/\theta)\sum_{i=1}^{n} y_i}$$

且

$$\ln L(\theta) = -2n\ln\theta + \ln\left(\sum_{i=1}^{n} y_i\right) - \frac{1}{\theta}\sum_{i=1}^{n} y_i$$

令$\ln L(\theta)$的导数为0，得到

$$\frac{\mathrm{d}\ln L(\theta)}{\mathrm{d}\theta} = \frac{-2n}{\theta} + \frac{1}{\theta^2}\sum_{i=1}^{n} y_i = 0$$

即

$$\theta_e = \frac{1}{2n}\sum_{i=1}^{n} y_i$$

最后一步是将数值代入计算θ_e的公式．用实际记录的$n=5$个样本值代入，得到$\sum_{i=1}^{5} y_i = 9.2+5.6+18.4+12.1+10.7=56.0$，所以

$$\theta_e = \frac{1}{2(5)}(56.0) = 5.6$$ ■

案例研究 5.2.1

每日晚间，媒体都要报道各种平均值和指数用以描述股票市场的状况. 但这样做的结果呢？这些数字是否传达了任何真正有用的信息？一些金融分析师会说“不”，他们认为投机市场往往会随机上涨和下跌，就像一些隐藏的轮盘赌正在旋转出数字.

检验这一理论的一种方法是将市场的涨跌行为建模，成为一个几何随机变量. 如果这个模型是合适的，我们就可以认为市场不会用昨天的历史来“决定”第二天的涨跌，也不会改变第二天上涨的概率 p 或下跌的概率 $1-p$.

假设第 0 天市场上涨，第 1 天下跌. 令几何随机变量 X 表示市场再次上涨(成功)之前下跌(失败)的天数. 例如，如果第 2 天市场上涨，那么 $X=1$. 在这种情况下，$p_X(1)=p$. 如果市场在第 2，3，4 天下跌，然后在第 5 天上涨，$X=4$，$p_X(4)=(1-p)^3p$.

这个模型可以通过比较 $p_X(k)$ 的理论分布和在投机市场中观察到的情况来检验. 然而，要这样做，必须估计参数 p. 极大似然估计则是一个不错的选择. 假设几何分布中有一个随机样本 $k_1,k_2,\cdots,k_n$，那么

$$L(p)=\prod_{i=1}^{n}p_X(k_i)=\prod_{i=1}^{n}(1-p)^{k_i-1}p=(1-p)^{\sum\limits_{i=1}^{n}k_i-n}p^n$$

且

$$\ln L(p)=\ln\left[(1-p)^{\sum\limits_{i=1}^{n}k_i-n}p^n\right]=\left(\sum_{i=1}^{n}k_i-n\right)\ln(1-p)+n\ln p$$

令 $\ln L(p)$ 的导数为 0，得到方程

$$-\frac{\sum\limits_{i=1}^{n}k_i-n}{1-p}+\frac{n}{p}=0$$

或者，等价为

$$\left(n-\sum_{i=1}^{n}k_i\right)p+n(1-p)=0$$

解这个方程得到 $p_e=n/\sum\limits_{i=1}^{n}k_i=1/\bar{k}$.

现在，转向表 5.2.1 中的数据集与几何模型进行比较，我们使用了 2006 年和 2007 年的道琼斯平均收盘指数. 第 1 列给出随机变量 X 的参数 k 的值. 第 2 列表示 $X=k$ 在数据集中出现的次数.

表 5.2.1

k	观测频数	期望频数	k	观测频数	期望频数
1	72	74.14	4	6	5.52
2	35	31.20	5	2	2.32
3	11	13.13	6	2	1.69

注意，观测频数列总数为 128，是上面的 p_e 的表达式中的 n. 从表中，我们得到

$$\sum_{i=1}^{n} k_i = 1(72) + 2(35) + 3(11) + 4(6) + 5(2) + 6(2) = 221$$

那么 $p_e = 128/221 = 0.579\ 2$. 例如，利用该值估计概率 $p_X(2) = (1-0.579\ 2)(0.579\ 2) = 0.243\ 7$. 如果模型给出 $k=2$ 时的概率为 0.243 7，当 $X=2$ 时，那么似乎可以合理地预期出现 $n(0.243\ 7) = 128(0.243\ 7) = 31.20$ 次，这就是表中期望频数列的第二个值. 除 $k=6$ 所对应的期望值外，其他期望值的计算方法相似. 在这种情况下，我们代入使期望频数和为 $n=128$ 的任意值.

观测频数列和期望频数列之间的密切一致性证明了使用极大似然估计的几何模型的有效性. 这也表明股市已经忘记了昨天.

例 5.2.3 在试图用泊松分布概率密度函数 $p_X(k) = e^{-\lambda}\lambda^k/k!$，$k=0,1,2,\cdots$ 对一组数据建模时，有时会发生 $k=0$ 不能出现的情况，或者对于一个好的数据模型有太多的 0(称为零膨胀数据). 满足这一限制则产生了截断泊松分布概率密度函数的定义——称之为 $p_{X_T}(k)$，其中 k 的值被限制为整数 $1,2,3,\cdots$.

虽然消去 $X=0$ 肯定有它的结果，但是会出现两个问题：(1) $p_{X_T}(k)$ 的函数形式是什么？(2) λ 的极大似然估计量如何变化？

(1) 消去 $X=0$ 与 $P(X=0) = e^{-\lambda}\dfrac{\lambda^0}{0!} = e^{-\lambda}$，那么 $\displaystyle\sum_{k=1}^{\infty} e^{-\lambda}\frac{\lambda^k}{k!} = 1 - e^{-\lambda}$

现在，等式两边同时除以 $1-e^{-\lambda}$，得到 $\displaystyle\sum_{k=1}^{\infty} e^{-\lambda}\frac{\lambda^k}{(1-e^{-\lambda})k!} = 1$，因此，截断泊松分布的概率密度函数为 $p_{X_T}(k) = \dfrac{e^{-\lambda}\lambda^k}{(1-e^{-\lambda})k!} = \dfrac{\lambda^k}{(e^{\lambda}-1)k!}$，$k=1,2,3,\cdots$

(2) 假设 $k_1, k_2, \cdots, k_n$ 是截断泊松分布的随机样本. 为了计算 λ 的极大似然估计量，计算似然函数为

$$L(\lambda) = \prod_{i=1}^{n} \frac{\lambda^{k_i}}{(e^{\lambda}-1)k_i!} = \frac{\lambda^{\sum_{i=1}^{n} k_i}}{(e^{\lambda}-1)^n \prod_{i=1}^{n} k_i!}$$

那么

$$\ln L(\lambda) = \Big(\sum_{i=1}^{n} k_i\Big)\ln\lambda - n\ln(e^{\lambda}-1) - \Big(\ln\prod_{i=1}^{n} k_i!\Big)$$

$$\frac{d\ln L(\lambda)}{d\lambda} = \frac{\sum_{i=1}^{n} k_i}{\lambda} - \frac{ne^{\lambda}}{e^{\lambda}-1}$$

设 $\dfrac{d\ln L(\lambda)}{d\lambda} = 0$，得到方程

$$\frac{\lambda e^{\lambda}}{e^{\lambda}-1}=\bar{k} \tag{5.2.1}$$

为了得到 λ 的极大似然估计量，方程(5.2.1)可以用数值方法求解，而试错并不特别困难.

可以看出，方程(5.2.1)的左边是截断泊松随机变量的期望值. 作为这一概念的一个例子，表 5.2.2 给出了从 1950 年到 2012 年每年发生飓风的次数.

这些数据的样本均值是

$$\bar{k}=\frac{1(27)+2(10)+3(8)+4(1)+5(2)+6(1)}{49}=1.86$$

表 5.2.2

飓风次数	观测频数
1	27
2	10
3	8
4	1
5	2
6	1
	49

表 5.2.3

飓风次数	观测频数	期望频数
1	27	22.45
2	10	15.72
3	8	7.33
4+	4	3.50
	49	49.00

然后用 Excel 进行试错法，方程 $\frac{\lambda e^{\lambda}}{(e^{\lambda}-1)}=\bar{k}$ 的近似解为：$\lambda_e=1.40$. 表 5.2.3 的第 3 列给出了使用该参数值的估计期望值. 在这种分析中，具有少量观测频数的值组合起来通常至少为 5. 因此，该表将 4，5 和 6 的值合并为 4+. 另外，最后一个期望值通常用来使估计的期望值之和等于 n，在这个例子中是 49.

第 10 章给出了衡量模型拟合数据程度的方法. 通过这种方法，截断泊松分布被认为是对数据的充分拟合. ■

利用顺序统计量作为极大似然估计

在某些情况下，$\frac{dL(\theta)}{d\theta}=0$ 或 $\frac{d\ln L(\theta)}{d\theta}=0$ 是没有意义的，也不能得到 θ_e 的解. 当从中提取的数据的概率密度函数范围是被估计参数的函数时，就会出现这种情况[例如，当 y_i 的样本来自均匀概率密度函数 $f_Y(y;\theta)=1/\theta$，$0\leqslant y\leqslant\theta$ 时]. 在这些情况下的极大似然估计将是一个顺序统计量，通常是 $y_{\min}$ 或 $y_{\max}$.

例 5.2.4 假设 $y_1, y_2, \cdots, y_n$ 是一组指数概率密度函数的测量值，其中 $\lambda=1$，但有一个未知的“阈值”参数 θ，即

$$f_Y(y;\theta)=e^{-(y-\theta)},\quad y\geqslant\theta;\quad \theta>0$$

(见图 5.2.1). 求出极大似然估计值 θ.

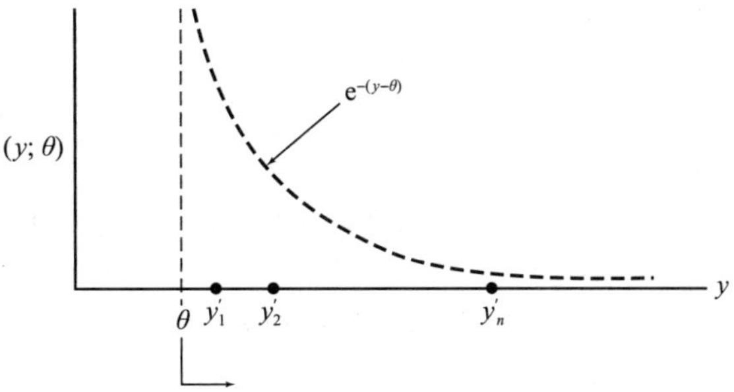

图 5.2.1

首先推导似然函数的表达式：

$$L(\theta)=\prod_{i=1}^{n}\mathrm{e}^{-(y_i-\theta)}=\mathrm{e}^{-\sum\limits_{i=1}^{n}y_i+n\theta}$$

这里，通过解方程$\frac{\mathrm{dln}\,L(\theta)}{\mathrm{d}\theta}=0$来求$\theta_e$将不起作用，因为$\frac{\mathrm{dln}\,L(\theta)}{\mathrm{d}\theta}=\frac{\mathrm{d}}{\mathrm{d}\theta}(-\sum\limits_{i=1}^{n}y_i+n\theta)=n$.相反，我们需要直接研究似然函数.

注意，当 e 的指数最大化时，$L(\theta)=\mathrm{e}^{-\sum\limits_{i=1}^{n}y_i+n\theta}$最大化．但对于给定的$y_1,y_2,\cdots,y_n$(与$n$)，使$-\sum\limits_{i=1}^{n}y_i+n\theta$尽可能大则需要$\theta$尽可能大．图 5.2.1 显示了$\theta$的大小：它只能向右移动到最小的顺序统计量．任何大于$y_{\min}$的θ值都会违反$f_Y(y;\theta)$，$y\geqslant\theta$的条件．因此，$\theta_e=y_{\min}$.　■

当多个参数未知时求极大似然估计

如果一组概率模型含有两个或两个以上未知参数，例如，$\theta_1,\theta_2,\cdots,\theta_k$，求$\theta_i$的极大似然估计则需要求出一组$k$元联立方程的解．例如，如果$k=2$，通常需要解这个方程组

$$\frac{\partial\ln L(\theta_1,\theta_2)}{\partial\theta_1}=0$$

$$\frac{\partial\ln L(\theta_1,\theta_2)}{\partial\theta_2}=0$$

例 5.2.5　假设一个大小为n的随机样本来自含两个参数的正态分布，其概率密度函数

$$f_Y(y;\mu,\sigma^2)=\frac{1}{\sqrt{2\pi}\sqrt{\sigma^2}}\mathrm{e}^{-\frac{1}{2}\frac{(y-\mu)^2}{\sigma^2}}\quad -\infty<y<\infty;\quad -\infty<\mu<\infty;\quad \sigma^2>0$$

用极大似然法求μ_e和σ_e^2的表达式.

我们从求$L(\mu,\sigma^2)$和$\ln L(\mu,\sigma^2)$开始：

$$L(\mu,\sigma^2)=\prod_{i=1}^{n}\frac{1}{\sqrt{2\pi}\sigma}\mathrm{e}^{-\frac{1}{2}\frac{(y_i-\mu)^2}{\sigma^2}}=(2\pi\sigma^2)^{-n/2}\mathrm{e}^{-\frac{1}{2}\frac{1}{\sigma^2}\sum\limits_{i=1}^{n}(y_i-\mu)^2}$$

和

$$\ln L(\mu,\sigma^2)=-\frac{n}{2}\ln(2\pi\sigma^2)-\frac{1}{2}\frac{1}{\sigma^2}\sum_{i=1}^{n}(y_i-\mu)^2$$

而且

$$\frac{\partial\ln L(\mu,\sigma^2)}{\partial\mu}=\frac{1}{\sigma^2}\sum_{i=1}^{n}(y_i-\mu)$$

和

$$\frac{\partial\ln L(\mu,\sigma^2)}{\partial\sigma^2}=-\frac{n}{2}\cdot\frac{1}{\sigma^2}+\frac{1}{2}\left(\frac{1}{\sigma^2}\right)^2\sum_{i=1}^{n}(y_i-\mu)^2$$

设两个导数为 0，得到方程

$$\sum_{i=1}^{n}(y_i-\mu)=0\tag{5.2.2}$$

和

$$-n\sigma^2+\sum_{i=1}^{n}(y_i-\mu)^2=0 \tag{5.2.3}$$

方程(5.2.2)化简为

$$\sum_{i=1}^{n}y_i=n\mu$$

那么，$\mu_e=\frac{1}{n}\sum_{i=1}^{n}y_i=\overline{y}$，代入方程(5.2.3)可得

$$-n\sigma^2+\sum_{i=1}^{n}(y_i-\overline{y})^2=0$$

或者

$$\sigma_e^2=\frac{1}{n}\sum_{i=1}^{n}(y_i-\overline{y})^2$$

注释　极大似然法有着悠久的历史：丹尼尔·伯努利(Daniel Bernoulli)早在1777年就使用了它[140]. 不过，20世纪初，是罗纳德·A. 费希尔第一个详细研究了似然估计的数学性质，人们通常把这个过程归功于他. ■

习题

5.2.1　设总体 X 的概率密度函数是

$$p_X(k;\theta)=\theta^k(1-\theta)^{1-k},\quad k=0,1;\quad 0<\theta<1$$

$x_1=1,x_2=0,x_3=1,x_4=1,x_5=0,x_6=1,x_7=1,x_8=0$ 是来自 X 的大小为8的随机样本，求 θ 的极大似然估计值.

5.2.2　一个盒子里红色筹码和白色筹码的数量未知，但红色的比例 p 是 $\frac{1}{3}$ 或 $\frac{1}{2}$. 可放回地抽取一个大小为5的样本，得到红色、白色、白色、红色和白色的序列. p 的极大似然估计值是多少？

5.2.3　设总体 Y 服从指数分布，其概率密度函数为

$$f_Y(y;\lambda)=\lambda e^{-\lambda y},\quad y\geqslant 0$$

$y_1=8.2$，$y_2=9.1$，$y_3=10.6$，$y_4=4.9$ 是总体 Y 的随机样本，求 λ 的极大似然估计值.

5.2.4　假设从下列概率模型中抽取一个大小为 n 的随机样本

$$p_X(k;\theta)=\frac{\theta^{2k}e^{-\theta^2}}{k!},\quad k=0,1,2,\cdots$$

求极大似然估计量 $\hat{\theta}$ 的表达式.

5.2.5　设总体 Y 的概率密度函数为

$$f_Y(y;\theta)=\frac{y^3e^{-y/\theta}}{6\theta^4},\quad y\geqslant 0$$

$y_1=2.3,y_2=1.9,y_3=4.6$ 是来自总体 Y 的随机样本，求 θ 的极大似然估计值.

5.2.6　设总体 Y 的概率密度函数为

$$f_Y(y;\theta)=\frac{\theta}{2\sqrt{y}}e^{-\theta\sqrt{y}},\quad y\geqslant 0$$

随机从中抽取了大小为4的样本：$y_1=6.2,y_2=7.0,y_3=2.5,y_4=4.2$. 用极大似然法估计 θ.

5.2.7　某工程师正在制定某项目进度计划，他发现组成项目的任务并不总是按时完成. 然而，完工比例却相当高. 为了反映这种情况，他使用如下概率密度函数

$$f_Y(y;\theta)=\theta y^{\theta-1},\quad 0\leqslant y\leqslant 1,\quad 0<\theta$$

其中，y 为完成任务的比例．假设在他之前的项目中，完成的任务比例是 0.77，0.82，0.92，0.94 和 0.98．估计 θ．

5.2.8　下面的数据为洛杉矶某繁忙的十字路口一小时内观测到的乘车人数[75]．假设这些数据遵循几何分布，$p_X(k;p)=(1-p)^{k-1}p$，$k=1,2,\cdots$，估计 p 并比较每个 X 值的观测频数和期望频数．

乘车人数	频数
1	678
2	227
3	56
4	28
5	8
6+	14
	1 011

5.2.9　从 1950 年到 2008 年的美国职业棒球大联盟赛季中，共有 59 场 9 局比赛，有一支球队没有击出安打．表中的数据给出了这段时间内每个赛季无安打的次数．假设数据服从泊松分布，

$$p_X(k;\lambda)=\mathrm{e}^{-\lambda}\frac{\lambda^k}{k!},\quad k=0,1,2,\cdots$$

(a) 估计 λ 并比较观测频数和期望频数．

(b) (a)中的一致性(或非一致性)是否令人惊讶？解释一下．

无安打次数	频数
0	6
1	19
2	12
3	13
4+	9

5.2.10　(a) 基于随机样本 $Y_1=6.3$，$Y_2=1.8$，$Y_3=14.2$，$Y_4=7.6$，利用极大似然法估计均匀分布的参数 θ，其概率密度函数为

$$f_Y(y;\theta)=\frac{1}{\theta},\quad 0\leqslant y\leqslant\theta$$

(b) 假设(a)中的随机样本来自含双参数的均匀分布，其概率密度函数为

$$f_Y(y;\theta_1,\theta_2)=\frac{1}{\theta_2-\theta_1},\quad \theta_1\leqslant y\leqslant\theta_2$$

求 θ_1 和 θ_2 的极大似然估计值．

5.2.11　求下列概率密度函数的 θ 的极大似然估计值：

$$f_Y(y;\theta)=\frac{2y}{1-\theta^2},\quad \theta\leqslant y\leqslant 1$$

假设一个大小为 6 的随机样本产生的测量值分别为 0.70，0.63，0.92，0.86，0.43 和 0.21．

5.2.12　设总体 Y 的概率密度函数为

$$f_Y(y;\theta)=\frac{2y}{\theta^2},\quad 0\leqslant y\leqslant\theta$$

从中抽取一个大小为 n 的随机样本，求 θ 的极大似然估计量 $\hat{\theta}$ 的表达式．

5.2.13　如果随机变量 Y 表示个人的收入，帕累托定律认为 $P(Y\geqslant y)=\left(\frac{k}{y}\right)^{\theta}$，其中 k 是整个人口中的最低收入．由此可知，$F_Y(y)=1-\left(\frac{k}{y}\right)^{\theta}$，通过微分，

$$f_Y(y;\theta)=\theta k^{\theta}\left(\frac{1}{y}\right)^{\theta+1},\quad y\geqslant k;\quad \theta\geqslant 1$$

假设 k 已知．如果收入信息收集了 25 个人的随机样本，求 θ 的极大似然估计量．

5.2.14 对于负二项分布，其概率密度函数为

$$p_X(k;p,r)=\binom{k+r-1}{k}(1-p)^k p^r$$

如果 r 已知，求 p 的极大似然估计量.

5.2.15 指数分布概率密度函数用来度量那些不会老化的设备的寿命(见习题 3.11.11). 但指数分布是韦布尔(Weibull)分布的一个特例，它可以测量设备的失效时间，失效概率随时间增加. 韦布尔随机变量 Y 的概率密度函数为 $f_Y(y;\alpha,\beta)=\alpha\beta y^{\beta-1}\mathrm{e}^{-\alpha y^\beta}$ $0\leqslant Y$，$0<\alpha$，$0<\beta$.

假设 β 已知，求 α 的极大似然估计量.

5.2.16 假设从正态分布中抽取一个大小为 n 的随机样本，其中均值 μ 已知，但方差 σ^2 未知. 用极大似然法求出 $\hat{\sigma}^2$ 的表达式. 将你的答案与例 5.2.5 中的极大似然估计值进行比较.

矩估计法

第二种估计参数的方法是矩估计法. 20 世纪初，伟大的英国统计学家卡尔·皮尔逊提出了矩估计法，在基本概率模型有多个参数的情况下，矩估计法往往比极大似然法更易于处理.

假设 Y 是连续随机变量，其概率密度函数是具有 s 个未知参数 $\theta_1,\theta_2,\cdots,\theta_s$ 的函数. Y 的前 s 阶矩，如果存在，则由积分给出

$$E(Y^j)=\int_{-\infty}^{\infty}y^j\cdot f_Y(y;\theta_1;\theta_2,\cdots,\theta_s)\mathrm{d}y,\quad j=1,2,\cdots,s$$

通常，每个 $E(Y^j)$ 是 s 个参数的不同函数. 即

$$\begin{aligned}E(Y^1)&=g_1(\theta_1,\theta_2,\cdots,\theta_s)\\E(Y^2)&=g_2(\theta_1,\theta_2,\cdots,\theta_s)\\&\vdots\\E(Y^s)&=g_s(\theta_1,\theta_2,\cdots,\theta_s)\end{aligned}$$

对应于每个理论矩 $E(Y^j)$ 的是一个样本矩 $\frac{1}{n}\sum_{i=1}^{n}y_i^j$. 直观上，第 j 个样本矩近似于第 j 个理论矩. 对于每个 j，将两个矩设为相等，会产生一个 s 元联立方程组，其解是想要的估计集：$\theta_{1e},\theta_{2e},\cdots,\theta_{se}$.

定义 5.2.3 设 $y_1,y_2,\cdots,y_n$ 是来自连续概率密度函数 $f_Y(y;\theta_1,\theta_2,\cdots,\theta_s)$ 的随机样本. 模型中未知参数的矩估计值 $\theta_{1e},\theta_{2e},\cdots,\theta_{se}$ 就是以下 s 元联立方程组的解：

$$E(Y)=\frac{1}{n}\sum_{i=1}^{n}y_i;\quad E(Y^2)=\frac{1}{n}\sum_{i=1}^{n}y_i^2;\cdots;E(Y^s)=\frac{1}{n}\sum_{i=1}^{n}y_i^s$$

如果随机变量 X 是离散的，其概率密度函数为 $p_X(k;\theta_1,\theta_2,\cdots,\theta_s)$，矩估计值就是下列方程的解：

$$E(X^j)=\frac{1}{n}\sum_{i=1}^{n}k_i^j,\quad j=1,\cdots,s$$

例 5.2.6 假设 $y_1=0.42$，$y_2=0.10$，$y_3=0.65$ 和 $y_4=0.23$ 是来自下列分布的一个大小为 4 的随机样本

$$f_Y(y;\theta)=\theta y^{\theta-1},\quad 0\leqslant y\leqslant 1$$

求 θ 的矩估计值.

采用与求极大似然估计相同的方法，在使用这四个数据之前，我们将推导出矩估计方法的一般表达式. 请注意，只需要求解一个方程，因为该概率密度函数仅含有一个参数.

Y 的一阶理论矩为：

$$E(Y)=\int_0^1 y\cdot\theta y^{\theta-1}\mathrm{d}y=\theta\cdot\left.\frac{y^{\theta+1}}{\theta+1}\right|_0^1=\frac{\theta}{\theta+1}$$

设一阶理论矩等于一阶样本矩 $E(Y)=\frac{1}{n}\sum_{i=1}^{n}y_i(=\bar{y})$，得到

$$\frac{\theta}{\theta+1}=\bar{y}$$

这表明 θ 的矩估计值为

$$\theta_e=\frac{\bar{y}}{1-\bar{y}}$$

这里，$\bar{y}=\frac{1}{4}(0.42+0.10+0.65+0.23)=0.35$，因此

$$\theta_e=\frac{0.35}{1-0.35}=0.54$$ ■

例 5.2.7 负二项分布可以为非对称离散数据提供一个良好的模型，如下面案例研究 5.2.2 中的地震示例所示. 然而，由于二项系数不具有封闭式导数，因此很难得到 r 和 p 的极大似然估计. 不过，矩估计的方法并不难找到. 如果我们使用习题 4.5.6 的形式，在这种情况下处理负二项分布更加容易，

$$p_X(k;p,r)=\binom{k+r-1}{k}(1-p)^k p^r,\quad k=0,1,2,\cdots$$

那么习题 4.5.7 可得出 $E(X)=r(1-p)/p$，$\mathrm{Var}(X)=r(1-p)/p^2$

此外，根据习题 5.2.27 的离散型版本，矩估计法可以写成 $\frac{r(1-p)}{p}=\bar{k}$ 和 $\frac{r(1-p)}{p^2}=\hat{\sigma}^2$. 由 $\frac{r(1-p)}{p}=\bar{k}$ 则得到 $r=\frac{\bar{k}p}{1-p}$. 将后者代入方差等式得到 $\frac{\bar{k}p}{1-p}\frac{1-p}{p^2}=\hat{\sigma}^2$ 或者 $p_e=\frac{\bar{k}}{\hat{\sigma}^2}$. 那么

$$r_e=\frac{\bar{k}p_e}{1-p_e}=\frac{\bar{k}\,\frac{\bar{k}}{\hat{\sigma}^2}}{1-\frac{\bar{k}}{\hat{\sigma}^2}}=\frac{\bar{k}^2}{\hat{\sigma}^2-\bar{k}}$$ ■

案例研究 5.2.2

地震远比大多数人想象的更频繁. 一般来说，除非对人口造成毁灭性的破坏和伤害，否则地震不会得到媒体的报道. 事实上，从 1900 年到 1999 年的 100 年间，每年全球地震的平均次数大约 20 次.

表 5.2.4 的第 1 列和第 2 列给出了里氏震级大于 7 级的地震次数，分组组距为 5. 这些离散数据的均值不对称. (组距为 5 的直方图见图 5.2.2.)

因此，负二项分布可以为这些数据提供一个模型. 如例 5.2.7 所示，为了估计参数，

我们使用 $\overline{k}$ 和 σ_e^2 的数据. 通过地震资料得出 $\overline{k}=19.83$, $\sigma_e^2=50.69$. 参数估计 $p_e=\frac{\overline{k}}{\sigma_e^2}=\frac{19.83}{50.69}=0.391$ 和 $r_e=\frac{(19.83)^2}{50.69-19.83}=12.74$.

表 5.2.4

次数	观测频数	期望频数	次数	观测频数	期望频数
0～5	0	0	26～30	12	12.3
6～10	10	7.7	31～35	5	5.3
11～15	20	21.4	36～40	2	1.8
16～20	23	28.4	>40	1	0.7
21～25	27	22.4			

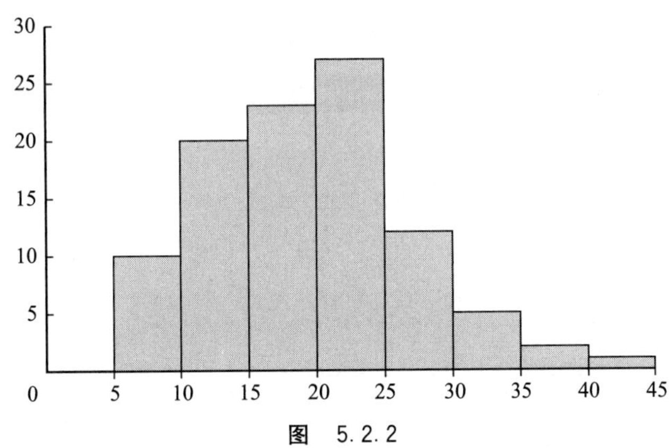

图 5.2.2

具有上述参数的负二项随机变量 X 的累积分布函数可用一种现成的统计软件程序计算. 例如, 值为 10 的累积分布函数为 $F_X(10)=0.077$. 对应的期望值是 $100(0.077)=7.7$. 这是第 3 列的第二项.

观测频数和期望频数之间的一致性很好. 在第 10 章中, 我们将证明该模型通过了标准拟合优度检验.

关于数据　案例研究 5.2.2 利用矩估计法估计负二项分布参数 $r_e=12.74$, $p_e=0.391$. 我们能赋予这些参数什么意义呢? 答案是非常少. 但是, 当参数被插入到负二项公式中时, 结果是符合数据集的概率密度函数. 能够对一个数据集建模确实为处理这些数据提供了一个工具.

另一方面, 假设以离散单位形式给出的设备的寿命由几何分布模型表示. 如果有三个这样的设备可用, 其中随着前一个故障, 后一个接着被使用, 直到最后一个不再工作的时间将是 $r=3$ 的负二项式. 应用于伽马分布的类似例子见例 5.2.2.

当 r 已知时, 可通过极大似然法(见习题 5.2.14)估计参数 p, 并将其解释为设备"决定"在下一单位时间中故障的概率.

习题

5.2.17 设 $y_1, y_2, \cdots, y_n$ 是来自概率密度函数为 $f_Y(y;\theta)=\frac{2y}{\theta^2}$，$0\leqslant y\leqslant\theta$ 的一个大小为 n 的随机样本. 求出 θ 的矩估计值. 如果一个大小为 5 的随机样本由数字 17，92，46，39 和 56 组成，则比较由矩估计法和极大似然估计法得到的值(回想习题 5.2.12).

5.2.18 假设已收集到一个大小为 n 的随机样本，用矩估计法估计下列概率密度函数中的参数 θ:

$$f_Y(y;\theta)=(\theta^2+\theta)y^{\theta-1}(1-y),\quad 0\leqslant y\leqslant 1$$

5.2.19 一名犯罪学专家正在联邦调查局的档案中探究一种罕见的双螺纹指纹的普遍情况. 在计算机连续扫描的 6 组 10 万张指纹中，出现异常的人数分别为 3，0，3，4，2，1. 假设双螺纹是泊松事件，使用矩估计法来估计它们的发生率 λ. 如果用极大似然法估计 λ，你的答案会有什么变化?

5.2.20 设一个大小为 n 的随机样本来自指数分布，其概率密度函数为

$$f_Y(y;\lambda)=\lambda e^{-\lambda y},\quad y\geqslant 0$$

求 λ 的矩估计值.

5.2.21 假设 $Y_1=8.3$，$Y_2=4.9$，$Y_3=2.6$，以及 $Y_4=6.5$ 是含有两个参数的均匀分布的一个大小为 4 的随机样本，其概率密度函数为

$$f_Y(y;\theta_1,\theta_2)=\frac{1}{2\theta_2},\quad \theta_1-\theta_2\leqslant y\leqslant\theta_1+\theta_2$$

用矩估计法计算 θ_{1e} 和 θ_{2e}.

5.2.22 在帕累托概率密度函数中求参数 θ 的矩估计值：

$$f_Y(y;\theta)=\theta k^{\theta}\left(\frac{1}{y}\right)^{\theta+1},\quad y\geqslant k;\quad \theta\geqslant 1$$

假设 k 是已知的，且数据由大小为 n 的随机样本组成. 将你的答案与习题 5.2.13 中的极大似然估计值进行比较.

5.2.23 计算下列概率密度函数中参数 θ 的矩估计值：

$$p_X(k;\theta)=\theta^k(1-\theta)^{1-k},\quad k=0,1$$

假设已知一个大小为 5 的随机样本为 0,0,1,0,1.

5.2.24 基于从正态分布中抽取的大小为 n 的随机样本，其中 $\mu=E(Y)$ 和 $\sigma^2=\mathrm{Var}(Y)$，求 μ 和 σ^2 的矩估计值. 将你的答案与例 5.2.5 中得出的极大似然估计值进行比较.

5.2.25 用矩估计法推导伽马分布中参数 r 和 λ 的估计值：

$$f_Y(y;r,\lambda)=\frac{\lambda^r}{\Gamma(r)}y^{r-1}e^{-\lambda y},\quad y\geqslant 0$$

5.2.26 鸟类的鸣声可以以一连串快速连续的“音节”的数量为特征. 如果最后一串音节被定义为“成功”，那么将一段鸟鸣的音节串数量视为几何随机变量可能是合理的. 模型 $p_X(k)=(1-p)^{k-1}p$，$k=1,2,\cdots$ 是否充分描述了以下 250 段鸟鸣[108]? 首先求 p 的矩估计值，然后计算“期望”频数集.

音节串数量/鸟鸣	频数	音节串数量/鸟鸣	频数
1	132	6	5
2	52	7	5
3	34	8	6
4	9		250
5	7		

5.2.27 设 $y_1, y_2, \cdots, y_n$ 是来自连续概率密度函数 $f_Y(y;\theta_1,\theta_2)$ 的一个大小为 n 的随机样本，设 $\hat{\sigma}^2=\frac{1}{n}\sum_{i=1}^{n}(y_i-\overline{y})^2$，证明方程 $E(Y)=\overline{y}$ 和 $\mathrm{Var}(Y)=\hat{\sigma}^2$ 的解(对于 θ_1 和 θ_2)，与定义 5.2.3 中的方程式结果相同.

5.3 区间估计

点估计值，不管它们是如何被确定的，都有一个共同的根本弱点：它们无法保证一定的精度. 例如，我们知道，$\hat{\lambda}=\overline{X}$ 是泊松参数 λ 的极大似然估计量和矩估计量. 但假设从概率模型 $p_X(k)=\mathrm{e}^{-\lambda}\lambda^k/k!$ 中取一个大小为 6 的样本，我们求得 $\lambda_e=6.8$. 那么，真实的 λ 值是否可能在 6.7 到 6.9 之间接近于 λ_e，或者估计过程是否如此不精确，以至于 λ 实际上可能小到 1.0，或者大到 12.0？不幸的是，点估计值本身不允许我们进行这种推断. 任何这样的表述都要求考虑估计量的变化.

量化估计量的不确定性的通常方法是构造一个置信区间. 原则上，置信区间是一个很有可能“包含”未知参数作为内点的数字范围. 通过观察置信区间的宽度，我们可以很好地确定估计量的精确度.

例 5.3.1 设一个大小为 4 的随机样本 6.5，9.2，9.9 和 12.4 来自具有下列概率密度函数的分布：

$$f_Y(y;\mu)=\frac{1}{\sqrt{2\pi}(0.8)}\mathrm{e}^{-\frac{1}{2}\left(\frac{y-\mu}{0.8}\right)^2},\quad -\infty<y<\infty$$

也就是说，4 个 y_i 来自一个正态分布，其中 σ 等于 0.8，但是均值 μ 未知. 根据这 4 个数据点，μ 的哪些值是可信的？

要回答这个问题，我们必须保持估计值与估计量之间的区别. 首先，我们从例 5.2.5 中知道 μ 的极大似然估计值是

$$\mu_e=\bar{y}=\left(\frac{1}{n}\right)\sum_{i=1}^{n}y_i=\left(\frac{1}{4}\right)(38.0)=9.5$$

我们还非常具体地知道关于极大似然估计量 $\overline{Y}$ 的概率行为：根据定理 4.3.3 的推论知，$\dfrac{\overline{Y}-\mu}{\sigma/\sqrt{n}}=\dfrac{\overline{Y}-\mu}{0.8/\sqrt{4}}$ 有一个标准正态概率密度函数 $f_Z(z)$. 那么，$\dfrac{\overline{Y}-\mu}{0.8/\sqrt{4}}$ 落在两个指定值之间的概率可由附录中的表 A.1 推导出来. 例如，

$$P(-1.96\leqslant Z\leqslant 1.96)=0.95=P\left(-1.96\leqslant\frac{\overline{Y}-\mu}{0.8/\sqrt{4}}\leqslant 1.96\right)\tag{5.3.1}$$

(见图 5.3.1).

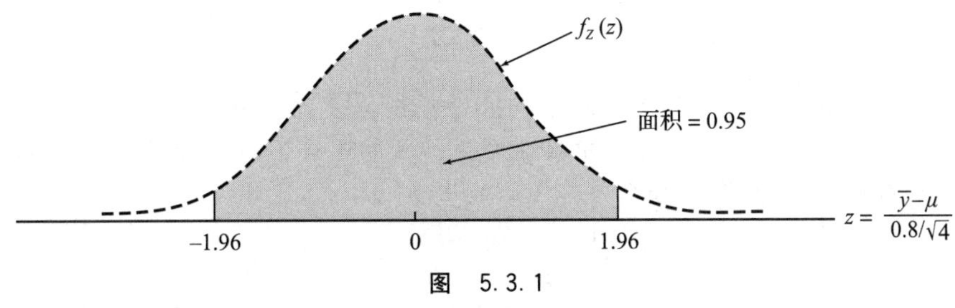

图 5.3.1

等式(5.3.1)中所示的概率表达式是一种“反向”机制，通过它我们可以识别一组与样本数据相容的参数值. 如果

$$P\left(-1.96 \leqslant \frac{\overline{Y}-\mu}{0.8/\sqrt{4}} \leqslant 1.96\right)=0.95$$

那么

$$P\left(\overline{Y}-1.96 \cdot \frac{0.8}{\sqrt{4}} \leqslant \mu \leqslant \overline{Y}+1.96 \cdot \frac{0.8}{\sqrt{4}}\right)=0.95$$

也就表明随机区间

$$\left(\overline{Y}-1.96 \cdot \frac{0.8}{\sqrt{4}}, \overline{Y}+1.96 \cdot \frac{0.8}{\sqrt{4}}\right)$$

有 95%的概率包含 μ 作为内点.

代入 $\overline{Y}$ 后，这里的随机区间简化为

$$\left(9.50-1.96 \cdot \frac{0.8}{\sqrt{4}}, 9.50+1.96 \cdot \frac{0.8}{\sqrt{4}}\right)=(8.72,10.28)$$

我们称(8.72,10.28)为 μ 的 95%置信区间. 从长远来看，以这种方式构建的区间中，95%将包含未知 μ；其余 5%位于 μ 的左侧和右侧. 当然，对于给定的一组数据，我们无法知道计算出的$\left(\overline{y}-1.96 \cdot \frac{0.8}{\sqrt{4}},\ \overline{y}+1.96 \cdot \frac{0.8}{\sqrt{4}}\right)$是包含 μ 的 95%之一，还是不包含 μ 的 5%之一.

图 5.3.2 以图解的形式说明了与随机区间$\left(\overline{Y}-1.96 \cdot \frac{0.8}{\sqrt{4}},\ \overline{Y}+1.96 \cdot \frac{0.8}{\sqrt{4}}\right)$有关的统计含义. 对于每一个不同的 $\overline{y}$，区间会有不同的位置. 虽然没有办法知道一个给定的区间——特别是试验者刚刚计算出来的区间——是否包含未知的 μ，但我们确信，从长远来看 95%的区间将包含未知的 μ.

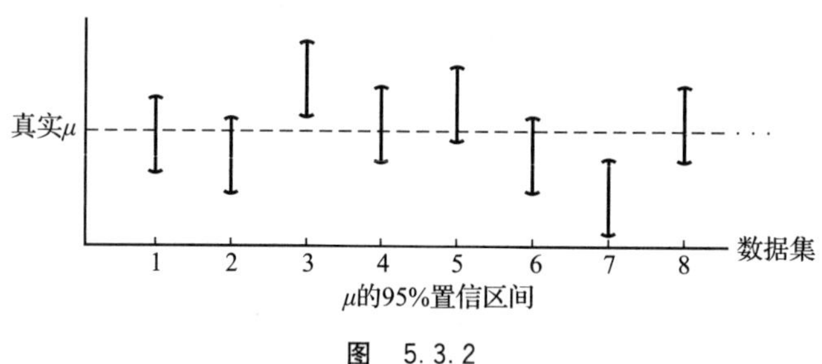

图　5.3.2

■

注释　利用计算机的随机数生成器可以很好地模拟置信区间的行为. 表 5.3.1 中的输出就是一个很好的例子. 对例 5.3.1 中描述的置信区间进行了 50 次模拟. 即从以下正态概率密度函数中抽取 50 个样本，每个样本大小 $n=4$：

$$f_Y(y;\mu)=\frac{1}{\sqrt{2\pi}(0.8)}\mathrm{e}^{-\frac{1}{2}\left(\frac{y-\mu}{0.8}\right)^2}, \quad -\infty<y<\infty$$

使用 Minitab 的 RANDOM 命令.（为了完全指定模型，并知道每个置信区间力图包含的值，假设真实的 μ 值为 10.）对于大小为 $n=4$ 的每个样本，使用公式计算 95%置信区间的上下限为

$$\text{Lower Lim.} = \overline{y} - 1.96 \cdot \frac{0.8}{\sqrt{4}}$$

$$\text{Upper Lim.} = \overline{y} - 1.96 \cdot \frac{0.8}{\sqrt{4}}$$

表　5.3.1

Data Display

Row	Low. Lim.	Upp. Lim.	Contains μ=10?
1	8.7596	10.3276	Yes
2	8.8763	10.4443	Yes
3	8.8337	10.4017	Yes
4	9.5800	11.1480	Yes
5	8.5106	10.0786	Yes
6	9.6946	11.2626	Yes
7	8.7079	10.2759	Yes
8	10.0014	11.5694	NO
9	9.3408	10.9088	Yes
10	9.5428	11.1108	Yes
11	8.4650	10.0330	Yes
12	9.6346	11.2026	Yes
13	9.2076	10.7756	Yes
14	9.2517	10.8197	Yes
15	8.7568	10.3248	Yes
16	9.8439	11.4119	Yes
17	9.3297	10.8977	Yes
18	9.5685	11.1365	Yes
19	8.9728	10.5408	Yes
20	8.5775	10.1455	Yes
21	9.3979	10.9659	Yes
22	9.2115	10.7795	Yes
23	9.6277	11.1957	Yes
24	9.4252	10.9932	Yes
25	9.6868	11.2548	Yes
26	8.8779	10.4459	Yes
27	9.1570	10.7250	Yes
28	9.3277	10.8957	Yes
29	9.1606	10.7286	Yes
30	8.8919	10.4599	Yes
31	9.3838	10.9518	Yes
32	8.7575	10.3255	Yes
33	10.4602	12.0282	NO
34	8.9437	10.5117	Yes
35	9.0049	10.5729	Yes
36	9.0148	10.5828	Yes
37	8.8110	10.3790	Yes
38	9.1981	10.7661	Yes
39	9.0042	10.5722	Yes
40	9.7019	11.2699	Yes
41	9.2167	10.7847	Yes
42	8.3901	9.9581	NO
43	8.6337	10.2017	Yes
44	9.4606	11.0286	Yes
45	9.3278	10.8958	Yes
46	8.5843	10.1523	Yes
47	9.0541	10.6221	Yes
48	9.2042	10.7722	Yes
49	9.2710	10.8390	Yes
50	9.5697	11.1377	Yes

50个95%置信区间有47个包含μ的真实值10

如 Data Display 的最后一列所示，50 个置信区间中只有 3 个不包含 $\mu=10$：样本 8 和 33 产生的区间完全位于参数的右侧，而样本 42 产生的值范围完全位于左侧. 然而，剩下的 47 个区间，或 94%$\left(=\frac{47}{50}\times 100\right)$包含 μ 的真实值作为内点.

案例研究 5.3.1

公元前 8 世纪，伊特鲁里亚是全意大利最先进的文明. 它的艺术形式和政治创新注定要给整个西方世界留下不可磨灭的印记. 它最初位于阿尔诺河和台伯河之间的西海岸(该地区现在被称为托斯卡纳)，它迅速蔓延穿过亚平宁山脉，最终覆盖了意大利的大部分地区. 但它很快就消失了. 在军事上，它被证明是无法与迅速发展的罗马军团相匹敌的，当基督教到来时，它几乎消失了.

至今还没有发现伊特鲁里亚帝国的书面历史，直到今天，它的起源仍然是一个谜. 伊特鲁里亚人是土生土长的意大利人，还是移民？如果他们是移民，他们从哪里来？我们所知道的很多信息都来自人体测量学研究——通过人体测量来确定种族特征和种族起源的调查.

一个典型的例子是表 5.3.2 中的一组数据，这组数据显示了在意大利各地的考古发掘中出土的 84 个伊特鲁里亚人的颅骨宽度[6]. 这些测量值的样本均值 $\overline{y}$ 为143.8 mm. 研究人员认为现在意大利男性的颅骨宽度服从正态分布，其均值(μ)为 132.4 mm，标准差(σ)为 6.0 mm. $\overline{y}=143.8$ 和 $\mu=132.4$ 之间的差异意味着伊特鲁里亚人和意大利人有着相同的种族起源的可能性多大？

表 5.3.2　84 个伊特鲁里亚男性的最大颅骨宽度(mm)

141	148	132	138	154	142	150
146	155	158	150	140	147	148
144	150	149	145	149	158	143
141	144	144	126	140	144	142
141	140	145	135	147	146	141
136	140	146	142	137	148	154
137	139	143	140	131	143	141
149	148	135	148	152	143	144
141	143	147	146	150	132	142
142	143	153	149	146	149	138
142	149	142	137	134	144	146
147	140	142	140	137	152	145

回答这个问题的一种方法是为表 5.3.2 中 84 个 y_i 所代表的总体真实均值构造一个 95%的置信区间. 如果这个置信区间不能包含 $\mu=132.4$，那么可以说伊特鲁里亚人不是现代意大利人的祖先.（当然，也有必要将过去的三千年中智人颅骨大小的进化趋势考虑在内.）根据例 5.3.1 中的讨论，μ 的 95%置信区间的端点由以下一般公式给出

$$\left(\overline{y}-1.96\cdot\frac{\sigma}{\sqrt{n}},\ \overline{y}+1.96\cdot\frac{\sigma}{\sqrt{n}}\right)$$

在这里，这个表达式可以简化为

$$\left(143.8-1.96\cdot\frac{6.0}{\sqrt{84}},143.8+1.96\cdot\frac{6.0}{\sqrt{84}}\right)=(142.5\text{ mm},145.1\text{ mm})$$

由于 $\mu=132.4$ 不包含在 95%置信区间内(甚至不接近包含)，我们可以得出结论，143.8 的样本均值(基于大小为 84 的样本)不太可能来自 $\mu=132.4$(和 $\sigma=6.0$)的正态人群. 换言之，意大利人似乎不是伊特鲁里亚人的直系后裔.

注释　随机区间可以被构造成我们选择的任何"置信度". 假设 $z_{\alpha/2}$ 被定义为 $P(Z\geqslant z_{\alpha/2})=\alpha/2$ 的值. 例如，如果 $\alpha=0.05$，则 $z_{\alpha/2}=z_{0.025}=1.96$. 那么 μ 的 $100(1-\alpha)\%$ 置信区间，则是数字范围：

$$\left(\bar{y}-z_{\alpha/2}\cdot\frac{\sigma}{\sqrt{n}},\bar{y}+z_{\alpha/2}\cdot\frac{\sigma}{\sqrt{n}}\right)$$

在实际中，虽然在某些领域经常使用 50%的置信区间，但通常将 α 设置为 0.10，0.05 或 0.01.

二项分布参数 p 的置信区间

也许最常遇到的置信区间应用是那些涉及二项分布参数 p 的应用. 民意调查通常是在这样的背景下进行的：当民意调查结果发布时，通过发布免责声明指出调查结果有一定的误差范围已成为标准做法. 正如我们将在本节后面看到的，误差范围与 95%置信区间相关.

例 5.3.1 中所述的反向技巧也可应用于大样本二项随机变量. 由定理 4.3.1 可知，当 X 服从二项分布，n 很大时，

$$(X-np)/\sqrt{np(1-p)}=(X/n-p)/\sqrt{p(1-p)/n}$$

可以近似服从标准正态分布. 其概率密度函数

$$\frac{X/n-p}{\sqrt{\dfrac{(X/n)(1-X/n)}{n}}}$$

可以用 $f_Z(z)$来近似也是正确的，这是棣莫弗-拉普拉斯定理的一个结果.

因此，

$$P\left[-z_{\alpha/2}\leqslant\frac{X/n-p}{\sqrt{\dfrac{(X/n)(1-X/n)}{n}}}\leqslant z_{\alpha/2}\right]\approx1-\alpha\qquad(5.3.2)$$

通过在不等式中心分离 p 重写公式(5.3.2)，得到定理 5.3.1 中给出的公式.

定理 5.3.1　设 k 为 n 次独立试验的成功次数，其中 n 较大且 $p=P(\text{成功})$未知. p 的近似 $100(1-\alpha)\%$ 置信区间为

$$\left[\frac{k}{n}-z_{\alpha/2}\sqrt{\frac{(k/n)(1-k/n)}{n}},\frac{k}{n}+z_{\alpha/2}\sqrt{\frac{(k/n)(1-k/n)}{n}}\right]$$

案例研究 5.3.2

20世纪70年代初，人们用手机边走路边打电话的常见场景是不可想象的．但是技术的飞速发展使得手机，或者更先进的"智能手机"，对许多美国人来说是可以负担得起的，而且也是他们想要的．

皮尤研究中心(Pew Research Center)的一项民意调查主题是拥有手机的人口比例．在对2 002人的调查中，有1 281人使用智能手机．假设 $n=2\,002$ 和 $k=1\,281$，根据定理5.3.1，手机的使用概率 p 的"可信"值是0.619到0.661的比例．

$$\left(\frac{1\,281}{2\,002}-1.96\sqrt{\frac{(1\,281/2\,002)(1-1\,281/2\,002)}{2\,002}},\right.$$
$$\left.\frac{1\,281}{2\,002}+1.96\sqrt{\frac{(1\,281/2\,002)(1-1\,281/2\,002)}{2\,002}}\right)$$
$$=(0.619,0.661)$$

换言之，如果使用手机的美国人的真实比例小于0.619或大于0.661，则样本比例(基于2 002个回复)不太可能是观察到的 $1\,281/2\,002=0.640$．

注释　我们称(0.619，0.661)为 p 的95%置信区间，但这并不意味着 p 有95%的概率落在0.619与0.661之间．参数 p 是一个常数，所以它落在0.619与0.661之间的概率是0%或100%．"95%"指的是构造区间的过程，而不是任何特定的区间．当然，这完全类似于先前给出的关于 μ 的95%置信区间的解释．

注释　罗伯特·弗罗斯特(Robert Frost)当然比他估计的参数更熟悉抑扬格五步曲．但在1942年，他写了一副对联，听起来很像诗人对置信区间的感知[106]：

We dance round in a ring and suppose，(我们围着圈跳着舞，内心揣度着)

But the Secret sits in the middle and knows.(秘密则端坐其中，洞悉一切)

例 5.3.2　每个统计软件包的核心都是随机数生成器．输出大小为 n 的随机样本(表示任意一个标准概率模型)通常只需要几个简单的命令．但是，我们怎么能确定那些所谓的随机观测值，比如说，一个 $\mu=50$ 和 $\sigma=10$ 的正态分布，真的就代表了某个特定的概率模型吗？

答案是，不能．然而，有许多"检验"可用来检查模拟的测量值相对于给定的标准是否显得随机．其中一种方法是中位数检验．

假设 $y_1,y_2,\cdots,y_n$ 表示来自连续概率函数 $f_Y(y)$ 的测量值．设 k 表示小于 $f_Y(y)$ 中位数的 y_i 的个数．如果样本是随机的，我们预计 $\frac{k}{n}$ 和 $\frac{1}{2}$ 之间的差异很小．更具体地说，基于 $\frac{k}{n}$ 的95%置信区间应包含0.5．

表5.3.3中列出了Minitab生成的60个 y_i 值，表示指数分布概率密度函数 $f_Y(y)=e^{-y}$，$y\geqslant 0$．这个样本通过了中位数检验吗？

表 5.3.3

0.009 40*	0.750 95	2.324 66	0.667 15*	3.387 65	3.017 84	0.055 09*
0.936 61	1.396 03	0.507 95*	0.110 41*	2.895 77	1.200 41	1.444 22
0.464 74*	0.482 72*	0.482 23*	3.591 49	1.380 16	0.413 82*	0.316 84*
0.581 75*	0.866 81	0.554 91*	0.074 51*	1.886 41	2.405 64	1.071 11
5.059 36	0.048 04*	0.074 98*	1.520 84	1.069 72	0.629 28*	0.094 33*
1.831 96	1.919 87	1.928 74	1.931 81	0.788 11	2.169 19	1.160 45
0.812 23	1.845 49	1.207 52	0.113 87*	0.389 66*	0.422 50*	0.772 79
1.317 28	0.810 77	0.591 11*	0.367 93*	0.169 38*	2.411 35	0.215 28*
0.549 38*	0.732 17	0.520 19*	0.731 69			

* 表示数字≤0.693 15 [$=f_Y(y)=\mathrm{e}^{-y}$，$y>0$ 的中位数].

此处中位数 $m=0.693\ 15$：

$$\int_0^m \mathrm{e}^{-y}\mathrm{d}y = -\mathrm{e}^{-y}\Big|_0^m = 1-\mathrm{e}^{-m} = 0.5$$

这意味着 $m=-\ln(0.5)=0.693\ 15$. 注意，表 5.3.3 中的 60 个数据，$k=26$(用星号 * 标记的)个位于中位数的左边. 对于这些特定的 y_i，$\dfrac{k}{n}=\dfrac{26}{60}=0.433$.

设 p 表示 Minitab 产生的随机观测值位于概率密度函数中位数左侧的概率(未知). 基于这 60 个数据，p 的 95%置信区间延伸到 0.308 至 0.558 的数字范围：

$$\left(\frac{26}{60}-1.96\sqrt{\frac{(26/60)(1-26/60)}{60}},\ \frac{26}{60}+1.96\sqrt{\frac{(26/60)(1-26/60)}{60}}\right)=(0.308, 0.558)$$

置信区间中包含 $p=0.50$，这意味着这些数据确实通过了中位数检验. 换言之，大小为 60 的服从指数分布的随机样本，有 26 个观测值低于概率密度函数的中位数，34 个高于中位数，这是完全可信的. ■

误差范围

在主流刊物中，对 p(即$\dfrac{k}{n}$值)的估计通常伴随着一个误差范围，而不是一个置信区间. 这两者的联系是：误差范围是 95%置信区间最大宽度的一半.

令 w 表示 p 的 95%置信区间的宽度，由定理 5.3.1 可知，

$$\begin{aligned} w &= \frac{k}{n}+1.96\sqrt{\frac{(k/n)(1-k/n)}{n}}-\left(\frac{k}{n}-1.96\sqrt{\frac{(k/n)(1-k/n)}{n}}\right) \\ &= 3.92\sqrt{\frac{(k/n)(1-k/n)}{n}} \end{aligned}$$

注意，对于固定的 n，w 是 $\left(\dfrac{k}{n}\right)\left(1-\dfrac{k}{n}\right)$的函数. 但鉴于 $0\leqslant\dfrac{k}{n}\leqslant 1$，$\left(\dfrac{k}{n}\right)\left(1-\dfrac{k}{n}\right)$可以达到的最大值是$\dfrac{1}{2}\cdot\dfrac{1}{2}$即$\dfrac{1}{4}$(见习题 5.3.18). 因此，

$$w_{\max} = 3.92\sqrt{\frac{1}{4n}}$$

那么误差范围是 w 最大值的一半，即$\frac{1}{2}\cdot 3.92\sqrt{\frac{1}{4n}}=\frac{1.96}{2\sqrt{n}}$.

定义 5.3.1 k 为 n 次独立试验的成功次数，估计值$\frac{k}{n}$(95%置信区间)的误差范围为 $100d\%$，其中 $d=\frac{1.96}{2\sqrt{n}}$.

一般来说，对于 $100(1-\alpha)\%$置信区间，误差范围为 $d=\frac{z_{\alpha/2}}{2\sqrt{n}}$，其中 $z_{\alpha/2}$ 为 $P(Z\geqslant z_{\alpha/2})=\alpha/2$ 的值. 误差范围通常用百分比表示，在这种情况下，误差范围为 $100d\%$.

例 5.3.3 现任总统候选人 Max 和挑战者 Sirius 正在竞选总统. 最后一次对 1 000 名可能投票的选民进行的民意调查显示，480 名(或 48%)的受访者支持 Max. 如果民意调查的结果是平分的——每位候选人获得 500 张选票——那么结论就很明显了：这场竞选势均力敌，Max 有 50%的机会再次当选. 但要获得 500 张选票，Max 还缺 20 张. 这一差距对他连任的可能性意味着什么?

要回答这个问题，首先要分析第二个数字，这个数字代表误差范围，而且在政治民调中经常被引用. 根据定义 5.3.1，在这种情况下，误差范围 d 等于 3.1%：

$$d = 1.96/(2\sqrt{n}) = 1.96/(2\sqrt{1\,000}) = 0.031 \quad 或者 \quad 3.1\%$$

图 5.3.3 显示了投票结果与可能的选举结果之间的概率关系.

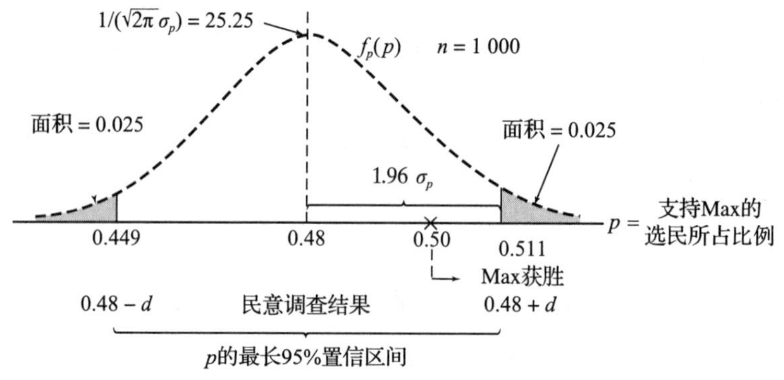

图 5.3.3

设 p 表示选举日所有选民中支持 Max 的比例. 设想一个与 p 相关的分布——称之为 $f_p(p)$——它反映了 1 000 张选票调查中包含的信息. 显然，p 最有可能的值是 0.48. 此外，$f_p(p)$下的 95%面积将超过由边际面积给出的 p 的 95%置信区间，即超过区间

$$(0.48-d,\ 0.48+d) = (0.449, 0.511)$$

同样，0.449 左边和 0.511 右边的面积都等于 0.025.

也就是说，0.48 和 0.511 之间的距离必须是 $1.96\sigma_p$，其中 σ_p 是与 $f_p(p)$相关的标准差，因此

$$1.96\sigma_p = d = 0.031$$

因此，

$$\sigma_p = 0.031/1.96 = 0.015\ 8$$

现在，Max 赢得选举的机会可以计算出来了. 将 p 视为随机变量，然后进行 Z 变换，表明 Max 有 10%的机会赢得选举：

$$\begin{aligned} P(\text{Max 赢}) &= P(p > 0.50 \mid 1\ 000 \text{ 人的民意调查中获 } 48\% \text{ 选票}) \\ &= P((p - 0.48)/0.015\ 8 > (0.50 - 0.48)/0.015\ 8) \\ &= P(Z > 1.27) = 0.102\ 0 \end{aligned}$$

因此，Max 的处境是可怕的，但并非没有希望. 也就是说，如果 Max 想要保证在接下来的四年能得到一份高薪工作，他可能应该开始发送一些简历了. ■

注释 在实际中，政治民意调查通常需要大约 1 000 名受访者，这种做法产生的误差范围，正如我们刚才看到的，约为 3%. 在相同的置信水平上，降低误差的唯一方法是增加样本量. 为了获得更大的样本量所带来的更大的精确度，最简单和最便宜的方法是将几个独立调查的结果进行汇总. 这通常是在竞选接近尾声时进行的，因为那时有很多民意调查是可以广泛获得的.

例如，假设五次民意调查，每一次都基于 1 000 名受访者，总计显示 Max 获得 2 400 票，再次让他获得总数的 48%. 那么基于 5 000 个选民的 48%比基于 1 000 个选民的 48%能多告诉我们什么？

按相同比例绘制的图 5.3.3 和图 5.3.4 回答了这个问题. 当 n 从 1 000 变到5 000 时，误差范围从 $d = 1.96/(2\sqrt{1\ 000}) = 0.031$ 收缩到 $d = 1.96/(2\sqrt{5\ 000}) = 0.014$，因此与较大民意调查一致的 p 值分布在 0.48 左右变得明显更集中，大于 0.50 的值必然变得不太可能.

当 0.48 是基于 1 000 名受访者时，在误差范围内有一个 $p > 0.50$ 的区间(其概率被计算为 0.102 0). 当 0.48 是基于 5 000 名受访者时，图 5.3.4 显示 $p > 0.50$ 的所有值都在 p 的 95%置信区间(从 0.466 到 0.494)之外.

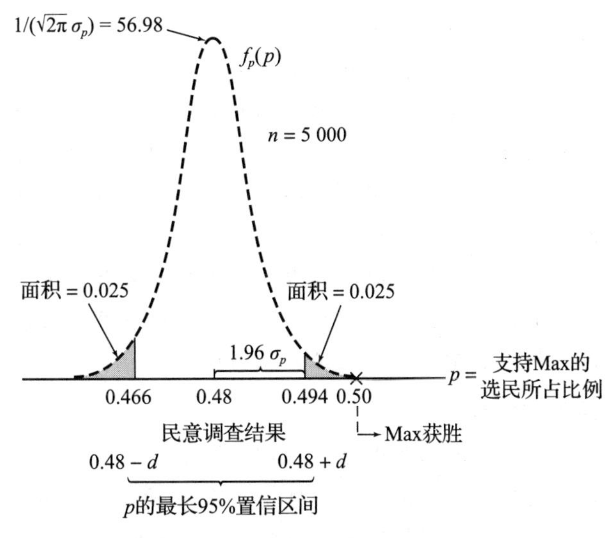

图 5.3.4

那么，$n = 5\ 000$ 的民调告诉我们，Max 赢得第二个任期的可能性有多大？按照与 $n = 1\ 000$ 民意调查相同的步骤，

$$1.96\sigma_p = d = 0.014$$

意味着

$$\sigma_p = 0.014/1.96 = 0.007\ 1$$

那么

$$P(\text{Max 赢}) = P(p > 0.50) \mid 5\ 000 \text{ 人的民意调查中获 } 48\% \text{ 选票})$$

$$= P((p - 0.48)/0.0071 > (0.50 - 0.48)/0.0071)$$
$$= P(Z > 2.82) = 0.0024$$

这 $n=5\ 000$ 名选民所提供的是一种思路清晰的度量. $n=1\ 000$ 的民意调查显示，Max 的前景很糟糕，而 $n=5\ 000$ 的民意调查则表明，他连任的机会已经远远超过了“可怕地带”，正迅速进入“除非猪能飞”的境地.

注释　正如定义 5.3.1 中所介绍的，误差范围 $d(=1.96/2\sqrt{n})$ 是量化与二项分布参数估计量相关的抽样变异的一种非常合理的方法. 不幸的是，公共媒体——特别是与政治民意调查相关的媒体——以一种完全不恰当的方式重新定义了误差范围.

例如，许多政治专家会报告说，Max 第一次投票的误差范围是 3.1%(这是正确的)，但随后他们会补充说，这场比赛是一场“统计平局”或“统计不分胜负”，因为他 2%的差距在 3.1%的误差范围之内. 当然，媒体可以根据自己的喜好来定义“统计平局”，但对我们大多数人来说，“平局”(统计上的或其他方面的)意味着一场势均力敌的竞争，每个候选人获胜的概率接近 1/2. 但正如例 5.3.3 中的分析所显示的，在一项调查中落后 2%(误差范围为 3.1%)意味着你获胜的概率约为 10%，这与人们对平局一词的先入之见相去甚远. 许多媒体人士似乎都有这样一种误解，即在误差范围所界定的区间内，每种结果都有相同的可能性. 如果这种逻辑是正确的，支持率为 $3.1\%-\varepsilon$ 将是“不分胜负”，支持率 $3.1\%+\varepsilon$ 将是溃败. 这在数学上毫无意义.

在使用误差范围来衡量政治民意调查中每日或每周的变动性时，还有一个更根本的问题. 根据定义，误差范围是指抽样变异，也就是说，它反映了从同一总体中重复抽取大小为 n 的样本，估计量 $\hat{p}=X/n$ 的变化程度. 但事实并非如此. 连续的民意调查不代表相同的总体. 在一次民调和下一次民调之间，可能会出现各种各样的情况，从根本上改变投票人群的意见：一个候选人可能发表特别好的演讲或做出令人尴尬的失态，一个丑闻可能会严重损害某人的声誉，或者一个世界性事件，因为这样或那样的原因反映了一个候选人比另一个候选人更具有负面影响. 尽管所有这些可能性对 X/n 值的影响可能远大于抽样变异性，但它们都不包括在误差范围内.

样本量选择

与置信区间和误差范围相关的试验设计是一个重要问题. 假设研究人员希望根据一系列 n 次独立试验的结果来估计二项参数 p，但 n 尚未确定. 当然，n 值越大，估计的精度就越高，但更多的观测也需要更多的时间和金钱. 如何才能最好地调和这两者之间的关系？

如果试验者能够表达出可接受的最小精度，则可以使用 Z 变换来计算能够实现该目标的最小(即，最便宜)样本量. 例如，假设我们希望 X/n 至少有 $100(1-\alpha)\%$ 的概率与 p 的距离不超过 d. 那么，如果我们能找到其中最小的 n，问题就解决了：

$$P\left(-d \leqslant \frac{X}{n} - p \leqslant d\right) = 1-\alpha \tag{5.3.3}$$

定理 5.3.2　设 X/n 是二项分布中参数 p 的估计量. 为了使 X/n 至少有 $100(1-\alpha)\%$ 的概率与 p 的距离不超过 d，样本量应不小于

$$n=\frac{z_{\alpha/2}^2}{4d^2}$$

证明　首先将公式(5.3.3)概率部分的项除以 X/n 的标准差，得到近似的 Z 比率：

$$P\left(-d\leqslant\frac{X}{n}-p\leqslant d\right)=P\left(\frac{-d}{\sqrt{p(1-p)/n}}\leqslant\frac{X/n-p}{\sqrt{p(1-p)/n}}\leqslant\frac{d}{\sqrt{p(1-p)/n}}\right)$$

$$\approx P\left(\frac{-d}{\sqrt{p(1-p)/n}}\leqslant Z\leqslant\frac{d}{\sqrt{p(1-p)/n}}\right)=1-\alpha$$

而 $P(-z_{\alpha/2}\leqslant Z\leqslant z_{\alpha/2})=1-\alpha$，因此

$$\frac{d}{\sqrt{p(1-p)/n}}=z_{\alpha/2}$$

那么

$$n=\frac{z_{\alpha/2}^2\,p(1-p)}{d^2}\tag{5.3.4}$$

不过，公式(5.3.4)不是一个可接受的最终答案，因为右边是关于未知参数 p 的函数．而当$0\leqslant p\leqslant 1$ 时，$p(1-p)\leqslant 1/4$，因此，无论 p 的实际值是多少，样本量

$$n=\frac{z_{\alpha/2}^2}{4d^2}$$

必然会导致 X/n 满足公式(5.3.3)(请注意定理 5.3.2 和定义 5.3.1 之间的联系)．

例 5.3.4　某州正准备发起一场反烟运动，以减少吸烟的成年人数量．为了确定活动的有效性，计划在活动结束后进行抽样调查．该项目的组织者利用全国数据了解到，在过去 7 年里，成年人吸烟的比例往往在 2%到 3%之间变化．因此，为了使调查充分具有可信性，他们确定了一个 95%的置信区间，误差范围等于 1%．样本应该有多大？

在这里 $100(1-\alpha)=95$，因此 $\alpha=0.05$，$z_{\alpha/2}=1.96$．由定理 5.3.2，则最小可接受的样本量为 9 604：

$$n\geqslant\frac{1.96^2}{4(0.01)^2}=9\ 604$$

面对这一大样本，一位善于统计的运动领导人重新认识到，根据全国统计，有理由相信，假设 $p\leqslant 0.22$ 是合理的．这样，公式(5.3.4)中的因式 $p(1-p)$可以替换为$(0.22)\cdot(0.78)$．p 的假设值给出了新的样本量：

$$n\geqslant\frac{1.96^2}{(0.01)^2}(0.22)(0.78)=6\ 592.2$$

通常这个值是向上取整的，所以 n 取 6 593．从降低成本的角度来看是相当显著的．样本量减少了 9 604－6 593＝3 011，或者说降低了 31%以上．■

注释　定理 5.3.1 和定理 5.3.2 都是基于 X/n 中的 X 根据二项式模型变化而变化的假设．不过，我们在 3.3 节中了解到的情况似乎与这一假设相矛盾：意见调查中使用的样本总是在无放回情况下抽取的，在这种情况下，X 服从超几何分布，而不是二项分布．然而，这种特殊"错误"的后果很容易纠正，而且往往可以忽略不计．

3.2 节表明，无论 X 是服从二项分布还是超几何分布，X/n 的期望值都是相同的；但

其方差不同．如果 X 服从二项分布，

$$\mathrm{Var}\left(\frac{X}{n}\right)=\frac{p(1-p)}{n}$$

如果 X 服从超几何分布，

$$\mathrm{Var}\left(\frac{X}{n}\right)=\frac{p(1-p)}{n}\left(\frac{N-n}{N-1}\right)$$

其中 N 为样本总数．

由于$(N-n)/(N-1)<1$，X/n 的实际方差比我们假设的二项方差 $p(1-p)/n$ 要小一些．比率$(N-n)/(N-1)$被称为有限修正系数．如果 N 比 n 大得多(这是典型的情况)，那么$(N-n)/(N-1)$的大小将非常接近于1，因此对于所有实际情况，X/n 的方差等于 $p(1-p)/n$．因此，在这些情况下，“二项式”假设是非常充分的．只有当样本在总体中占相当大的比例时，我们才需要在涉及 X/n 方差的计算中包括有限修正系数．

习题

5.3.1　一个常用的智商测试的均值为100，标准差为 $\sigma=15$．一位学校辅导员对学校学生的平均智商很好奇，随机抽取了50名学生的智商分数．平均值为 $\bar{y}=107.9$．求出该学校学生智商的95%置信区间．

5.3.2　一种在全国销售的洗涤剂的生产导致某些工人长期接触枯草芽孢杆菌酶．为确定这些接触(如果有的话)对各种呼吸功能的影响，对19名工人进行了测试．有一个这样的函数，气流速度，是通过计算一个人的用力呼气容积(FEV_1)与他的肺活量(VC)的比率来测量的．(肺活量是一个人尽可能深的呼吸后能呼出的最大空气量；FEV_1 是一个人在一秒钟内能呼出的最大空气量．)对于无肺功能障碍的人，FEV_1/VC 的“标准值”是0.80．根据以下数据[175]，是否可以相信接触枯草芽孢杆菌酶对 FEV_1/VC 没有影响？通过构造一个95%置信区间来回答这个问题．假设 FEV_1/VC 服从正态分布，$\sigma=0.09$．

实验对象	FEV_1/VC	实验对象	FEV_1/VC
RH	0.61	WS	0.78
RB1	0.70	RV	0.84
MB	0.63	EN	0.83
DM	0.76	WD	0.82
WB	0.67	FR	0.74
RB2	0.72	PD	0.85
BF	0.64	EB	0.73
JT	0.82	PC	0.85
PS	0.88	RW	0.87
RB3	0.82		

5.3.3　汞污染被广泛认为是一个严重的生态问题．释放到环境中的汞主要来源于燃煤和其他工业过程的副产品．它一开始不会变得危险，直到它落入大水体，在那里微生物才将其转化为一种剧毒有机物——甲基汞(CH_3Hg)．鱼是中介：它们吸收甲基汞，然后被人类吃掉．然而，男性和女性代谢 CH_3Hg 的速度可能不同．在调查这一问题的一项研究中，六名女性服用了已知量的与蛋白质结合的甲基汞．下表所示为甲基汞在其系统中的半衰期[121]．对男性来说，CH_3Hg 半衰期平均为80天．假设对于两种性别的个体，CH_3Hg 半衰期服从正态分布，标准差(σ)为8天．为女性

CH_3Hg 半衰期构造一个 95%的置信区间. 根据这些数据，男性和女性代谢甲基汞的速度是否相同？解释一下.

女性	CH_3Hg 半衰期	女性	CH_3Hg 半衰期
AE	52	AN	88
EH	69	KR	87
LJ	73	LU	56

5.3.4 一位医生对 38 名 18 至 24 岁的女性患者进行特殊饮食研究，他希望估计这种饮食对血清总胆固醇的影响. 这一组的平均血清胆固醇为 188.4(以 mg/100mL 为单位). 由于这是一项大规模的政府研究，医生愿意假设血清总胆固醇测量值服从正态分布，其标准差 $\sigma=40.7$. 求出采用特殊饮食患者平均血清胆固醇的 95%置信区间. 假设 18 至 24 岁女性的全国平均胆固醇是 192.0，饮食对她们的血清胆固醇有什么影响吗？

5.3.5 假设从正态分布中抽取一个大小为 n 的样本，其中已知 σ 为 14.3. 样本量 n 必须有多大才能保证 μ 的 95%置信区间长度小于 3.06？

5.3.6 以下每一个区间都与什么“置信度”相关？假设随机变量 Y 为正态分布，且 σ 已知.

(a) $\left(\bar{y}-1.64\cdot\frac{\sigma}{\sqrt{n}},\ \bar{y}+2.33\cdot\frac{\sigma}{\sqrt{n}}\right)$　　(b) $\left(-\infty,\ \bar{y}+2.58\cdot\frac{\sigma}{\sqrt{n}}\right)$

(c) $\left(\bar{y}-1.64\cdot\frac{\sigma}{\sqrt{n}},\ \bar{y}\right)$

5.3.7 从已知 σ 的正态分布中提取五个独立样本，每个样本大小为 n. 对于每个样本，将构造区间 $\left(\bar{y}-0.96\cdot\frac{\sigma}{\sqrt{n}},\ \bar{y}+1.06\cdot\frac{\sigma}{\sqrt{n}}\right)$. 至少四个区间包含未知 μ 的概率是多少？

5.3.8 假设 $y_1,y_2,\cdots,y_n$ 是正态分布中大小为 n 的随机样本，其中 σ 已知. 根据尾区概率的分割方式，可以构造无数个包含 μ 的 95%置信区间. 特定区间 $\left(\bar{y}-1.96\cdot\frac{\sigma}{\sqrt{n}},\ \bar{y}+1.96\cdot\frac{\sigma}{\sqrt{n}}\right)$ 的独特性是什么？

5.3.9 如果与产生以下样本的概率密度函数相关的标准差(σ)为 3.6，那么称 $\left(2.61-1.96\cdot\frac{3.6}{\sqrt{20}},2.61+1.96\cdot\frac{3.6}{\sqrt{20}}\right)=(1.03,4.19)$ 是 μ 的 95%置信区间是否正确？解释一下.

2.5	0.1	0.2	1.3
3.2	0.1	0.1	1.4
0.5	0.2	0.4	11.2
0.4	7.4	1.8	2.1
0.3	8.6	0.3	10.1

5.3.10 1927 年，贝比·鲁斯(Babe Ruth)的击球命中率为 0.356，也就是他打出 60 个本垒打的那一年，在 540 个正式击球中获得了 192 个安打[150]. 根据他在那个赛季的表现，构造一个 95%的置信区间，以确定鲁斯在未来的击球命中率.

5.3.11 第 29 届超级碗电视转播中一个 32 秒的广告花费了大约 100 万美元. 不出所料，潜在赞助商想知道会有多少人观看. 在对 1 015 名潜在观众的调查中，有 281 人表示，他们预计在比赛期间看到的广告不到四分之一. 定义相关参数并使用 90%的置信区间进行估计.

5.3.12 在 20 世纪 80 年代初的早期“啤酒大战”中，百威(Budweiser)和施利茨(Schlitz)之间的口味测试是全国广播电视广告的焦点. 100 人同意从两个没有标记的杯子里喝啤酒，并指出他们更喜欢哪一种啤酒；其中 54 人说百威. 构造并解释 p 的 95%置信区间，p 为喜欢百威啤酒而不喜欢施利茨啤酒的真正比例. 百威和施利茨的高管们如何将这些结果尽可能地反映给各自公司呢？

5.3.13 皮尤研究中心对 2 253 名成年人进行了一项调查，发现其中 63%的人家里有宽带网络连接. 调查报告指出，这一数字与两年前的 54%相比有了“显著上升”. 定义“显著性上升”的一种方法是表明先前的数字不位于 95%置信区间内. 根据这个定义，增长是否显著?

5.3.14 如果(0.57,0.63)是 p 的 50%置信区间，k/n 等于多少? 观测了多少次?

5.3.15 假设一枚硬币要抛 n 次为了估计 p，其中 $p=P$(正面). n 必须有多大才能保证 p 的 99%置信区间的长度小于 0.02?

5.3.16 1994 年 11 月 9 日上午，也就是共和党以压倒性优势重掌国会两院权力的第二天，几场关键的竞选仍然悬而未决. 其中最引人注目的是民主党人、时任众议院议长汤姆·弗利(Tom Foley)在华盛顿的竞选. 美联社(Associated Press)的一篇报道显示了两人的差距有多小[128]：在 99%的选区进行了报道后，弗利仅以 2 174 张选票(50.6%对 49.4%)落后于共和党挑战者乔治·内瑟卡特(George Nethercutt). 大约有 1 万 4 千张缺席选票还没有清点，这使得这次选举难分胜负.

设 $p=P$(缺席选民更喜欢弗利). p 能有多小，还仍能给弗利 20%的机会战胜内瑟卡特，赢得大选?

5.3.17 下面哪个区间包含二项参数 p 的概率更大?

$$\left[\frac{X}{n}-0.67\sqrt{\frac{(X/n)(1-X/n)}{n}},\frac{X}{n}+0.67\sqrt{\frac{(X/n)(1-X/n)}{n}}\right] \quad \text{或} \quad \left(\frac{X}{n},\infty\right)$$

5.3.18 检查函数 $g(p)=p(1-p)$ 的前两阶导数，以验证当 $0<p<1$ 时，$p(1-p)\leqslant 1/4$.

5.3.19 考虑到互联网可以提供的海量信息，公共图书馆可能得不到关注. 然而，皮尤研究中心对 6 224 名 16 岁以上的美国人进行的民意调查显示，3 921 人表示，关闭当地公共图书馆将对他们的社区产生重大影响. 求出误差范围，并为关心图书馆关闭的美国人的比例构造一个 95%的置信区间.

5.3.20 妇女怀孕早期感染病毒对胎儿有很大的危害. 一项研究发现，在 202 个怀孕的人中，有 86 例死亡和出生缺陷源于妊娠头三个月的风疹感染[50]. 在类似情况下，异常出生的真实比例可能高达 50%，这可信吗? 通过计算样本比例(86/202)的误差范围来回答问题.

5.3.21 重写定义 5.3.1 以涵盖需要包含有限修正系数的情况(即样本量 n 相对于总体量 N 是不可忽略的情况).

5.3.22 一名公共卫生官员正在为即将到来的流感季节准备流感疫苗. 她对 350 名当地居民进行了调查，发现只有 126 人表示他们将接种疫苗.

(a)求出计划接种疫苗的人的真实比例的 90%置信区间.

(b)假设城镇人口为 3 000，求包含有限修正系数的置信区间.

5.3.23 假设 n 次观测将产生一个二项参数估计量 X/n，其误差范围等于 0.06，那么需要多少次观测才能使误差达到该比例大小的一半呢?

5.3.24 如果一项政治民意调查显示 52%的样本支持候选人 A，而 48%的样本支持候选人 B，并且该调查的误差范围为 0.05，那么声称两位候选人势均力敌是否有意义? 解释一下.

5.3.25 假设二项参数 p 用函数 X/n 估计，其中 X 是 n 次独立试验的成功次数. 哪一个需要更大的样本量：要求 X/n 有 96%的概率在 p 的 0.05 范围内，或者要求 X/n 有 92%的概率在 p 的 0.04 范围内?

5.3.26 假设 p 由 X/n 估计，我们假设真实的 p 不大于 0.4. X/n 有 99%概率在 p 的 0.05 范围内的最小 n 是多少?

5.3.27 设 p 表示支持经典电影色彩化运动的大学生的真实比例. 令随机变量 X 表示喜欢彩色版本而不是黑白版本的学生人数(在 n 个学生中). 当 X/n 与 p 之间的差小于 0.02 的概率为 80%时，最小样本量是多少?

5.3.28 大学行政人员计划对 1 586 名新任命人员进行审计，以估计工资部门处理不当的人数比例 p.

(a) 样本量需要多大才能使样本比例 X/n，有 85%的机会落在 p 的 0.03 范围内?

(b) 过去的审计表明 p 不会大于 0.10. 利用该信息，重新计算(a)部分要求的样本量.

5.4 估计量的性质

5.2 节中描述的极大似然法和矩估计法都采用了非常合理的标准来确定未知参数的估计量，但是这两种方法并不总是能得到相同的答案．例如，设 $Y_1, Y_2, \cdots, Y_n$ 是来自概率密度函数为 $f_Y(y;\theta)=\dfrac{2y}{\theta^2}$，$0\leqslant y\leqslant\theta$ 的随机样本，θ 的极大似然估计量 $\hat{\theta}=Y_{\max}$，矩估计量为 $\hat{\theta}=\dfrac{3}{2}\overline{Y}$．（见习题 5.2.12 和 5.2.17.）这两个公式中隐含的问题很明显——我们应该采用哪种估计量？

一般来说，参数具有多个估计量，这一事实要求我们必须研究与估计过程相关的统计特性．一个“优良”的估计量应该具备什么特征？有没有可能找到一个“最优”$\hat{\theta}$？这些问题以及其他与估计理论有关的问题将在接下来的几节中讨论．

为了理解估计的数学方法，我们必须首先记住，每个估计量都是一组随机变量的函数，即 $\hat{\theta}=h(Y_1, Y_2, \cdots, Y_n)$．这样，任何 $\hat{\theta}$ 本身就是一个随机变量：在许多情况下，它都有概率密度函数、期望值和方差，这三者在评价估计量优良性时都起着关键作用．

我们将用符号 $f_{\hat{\theta}}(u)$ 或 $p_{\hat{\theta}}(u)$ 表示估计量（在某点 u）的概率密度函数，具体取决于 $\hat{\theta}$ 是连续的还是离散的随机变量．涉及 θ 的概率计算将简化为 $f_{\hat{\theta}}(u)$ 的积分（如果 $\hat{\theta}$ 是连续的）或 $p_{\hat{\theta}}(u)$ 的和（如果 $\hat{\theta}$ 是离散的）．

例 5.4.1 a. 假设抛掷一枚硬币 10 次，其中 $p=P$(正面)未知，目的是用函数 $\hat{p}=\dfrac{X}{10}$ 估计 p，其中 X 是观察到的硬币正面数．如果 $p=0.60$，那么 $\left|\dfrac{X}{10}-0.60\right|\leqslant 0.10$ 的概率是多少？也就是说，估计量有多少概率落在参数真实值的 0.10 以内？这里 $\hat{p}$ 是离散的，$\dfrac{X}{10}$ 只能取 $\dfrac{0}{10}, \dfrac{1}{10}, \cdots, \dfrac{10}{10}$．此外，当 $p=0.60$ 时，

$$p_{\hat{p}}\left(\frac{k}{10}\right)=P\left(\hat{p}=\frac{k}{10}\right)=P(X=k)=\binom{10}{k}(0.60)^k(0.40)^{10-k},\quad k=0,1,\cdots,10$$

因此，

$$\begin{aligned}P\left(\left|\frac{X}{10}-0.60\right|\leqslant 0.10\right)&=P\left(0.60-0.10\leqslant\frac{X}{10}\leqslant 0.60+0.10\right)\\&=P(5\leqslant X\leqslant 7)\\&=\sum_{k=5}^{7}\binom{10}{k}(0.60)^k(0.40)^{10-k}\\&=0.6665\end{aligned}$$

b. 如果(a)中的硬币被抛掷 100 次，则估计量 $\dfrac{X}{n}$ 处于 p 的 0.10 范围内的可能性有多大？假设 n 非常大，则可以使用 Z 变换来近似 $\dfrac{X}{100}$ 中的变量．因为 $E\left(\dfrac{X}{n}\right)=p$，$\mathrm{Var}\left(\dfrac{X}{n}\right)=$

$p(1-p)/n$，我们可以写出

$$P\left(\left|\frac{X}{100}-0.60\right| \leqslant 0.10\right)=P\left(0.50 \leqslant \frac{X}{100} \leqslant 0.70\right)$$

$$=P\left(\frac{0.50-0.60}{\sqrt{\frac{(0.60)(0.40)}{100}}} \leqslant \frac{X/100-0.60}{\sqrt{\frac{(0.60)(0.40)}{100}}} \leqslant \frac{0.70-0.60}{\sqrt{\frac{(0.60)(0.40)}{100}}}\right)$$

$$\approx P(-2.04 \leqslant Z \leqslant 2.04)=0.9586$$

图 5.4.1 显示了两个概率，这些概率被计算为描述$\frac{X}{10}$和$\frac{X}{100}$的概率函数下的面积. 正如我们所期望的，更大的样本量会产生更精确的估计量. 当 $n=10$ 时，$\frac{X}{10}$只有 67%的概率处于 0.50 到 0.70 的范围内；但是对于 $n=100$，$\frac{X}{100}$落在真实 $p(=0.60)$的 0.10 范围内的概率增加到 96%.

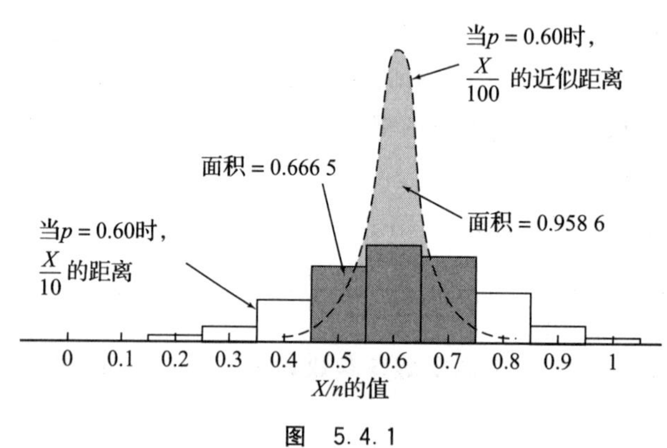

图　5.4.1

如图 5.4.1 所示，另外的 90 个观测值是否值得提高精度？也许是，也许不是. 通常，此类问题的答案取决于两个因素：(1)进行额外测量的成本；(2)由于估算不正确而做出错误决定或做出不正确推断的成本. 实际上，这两种成本(尤其是后者)可能很难量化. ■

无偏性

因为它们是随机变量，估计量会在不同的样本中取不同的值. 通常，一些样本会产生低估 θ 的 θ_e，而另一些样本会导致 θ_e 的数值偏大. 直觉上，我们希望低估的量能够以某种方式“平衡”高估的量，也就是说，$\hat{\theta}$ 不应该在任何一个特定的方向上存在系统误差.

图 5.4.2 显示了两个估计量($\hat{\theta}_1$ 和 $\hat{\theta}_2$)的概率密度模型. 常识告诉我们，$\hat{\theta}_1$ 是两者中较好的一个，因为 $f_{\hat{\theta}_1}(u)$关于真实 θ 居中；而 $\hat{\theta}_2$ 则倾向于给出偏大的估计，因为 $f_{\hat{\theta}_2}(u)$的大部分位于真实 θ 的右侧.

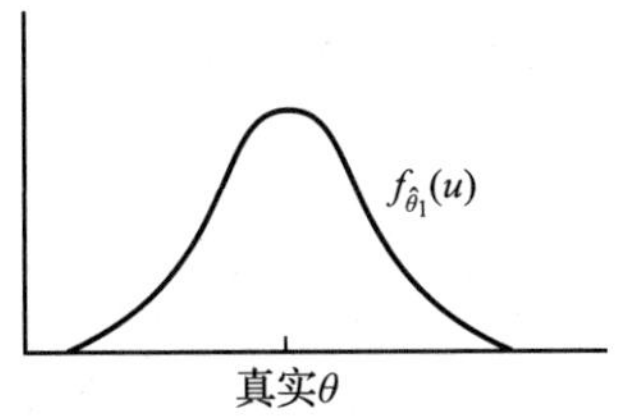

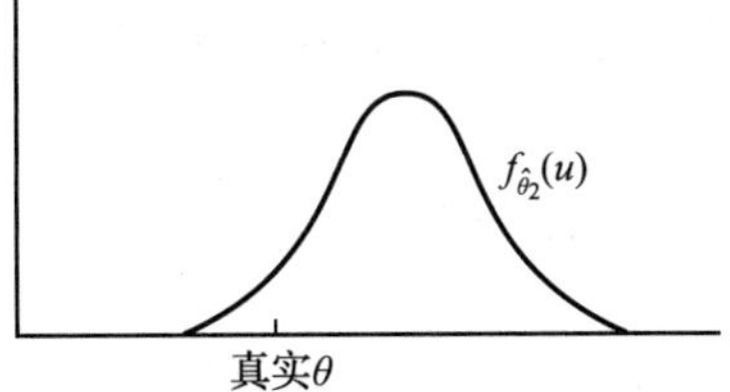

图 5.4.2

定义 5.4.1 假设 $Y_1, Y_2, \cdots, Y_n$ 是来自连续概率密度模型 $f_Y(y;\theta)$ 的随机样本，其中 θ 是未知参数. 如果对于所有 θ，$E(\hat{\theta})=\theta$，则估计量 $\hat{\theta}[=h(Y_1, Y_2, \cdots, Y_n)]$ 被认为是无偏的(对于 θ). (如果数据包含从离散概率模型 $p_X(k;\theta)$ 中提取的随机样本 $X_1, X_2, \cdots, X_n$，则适用相同的概念和术语.)

例 5.4.2 在本节的开头提到，$\hat{\theta}_1=\frac{3}{2}\overline{Y}$ 和 $\hat{\theta}_2=Y_{\max}$ 是概率密度函数为 $f_Y(y;\theta)=\frac{2y}{\theta^2}$，$0\leqslant y\leqslant\theta$ 的对 θ 的两个估计量. 这两个估计量是否都是无偏的呢?

首先我们需要 $E(Y)$，即 $\int_0^\theta y\cdot\frac{2y}{\theta^2}\mathrm{d}y=\frac{2}{3}\theta$. 然后，使用期望值的性质，我们可以证明 $\hat{\theta}_1$ 对于所有 θ 都是无偏的：

$$E(\hat{\theta}_1)=E\left(\frac{3}{2}\overline{Y}\right)=\frac{3}{2}E(\overline{Y})=\frac{3}{2}E(Y)=\frac{3}{2}\cdot\frac{2}{3}\theta=\theta$$

另一方面，极大似然估计量显然会有偏差，因为 $Y_{\max}$ 必须小于或等于 θ，其概率密度函数不会以 θ 为中心，而 $E(Y_{\max})$ 小于 θ. 容易计算出 $Y_{\max}$ 低估 θ 的确切因数. 回想定理 3.10.1，

$$f_{Y_{\max}}(y)=nF_Y(y)^{n-1}f_Y(y)$$

Y 的累积分布函数为

$$F_Y(y)=\int_0^y\frac{2t}{\theta^2}\mathrm{d}t=\frac{y^2}{\theta^2}$$

其次

$$f_{Y_{\max}}(y)=n\left(\frac{y^2}{\theta^2}\right)^{n-1}\frac{2y}{\theta^2}=\frac{2n}{\theta^{2n}}y^{2n-1},\quad 0\leqslant y\leqslant\theta$$

因此

$$E(Y_{\max})=\int_0^\theta y\cdot\frac{2n}{\theta^{2n}}y^{2n-1}\mathrm{d}y=\frac{2n}{\theta^{2n}}\int_0^\theta y^{2n}\mathrm{d}y=\frac{2n}{\theta^{2n}}\cdot\frac{\theta^{2n+1}}{2n+1}=\frac{2n}{2n+1}\theta$$

请注意，随着 n 的增加，偏差会减小. 例如，如果 $n=4$，则 $E(\hat{\theta}_2)=0.89\theta$. 对于 $n=20$，$E(\hat{\theta}_2)=0.98\theta$. 在极限中，我们有 $\lim_{n\to\infty}E(\hat{\theta}_2)=\lim_{n\to\infty}\frac{2n}{2n+1}\theta=\theta$. 我们说在这种情况下 $\hat{\theta}_2$ 是渐近无偏的. ■

注释　对于任何有限的 n，我们都可以基于 $Y_{\max}$ 构造一个无偏估计量. 设 $\hat{\theta}_3=\frac{2n+1}{2n}\cdot Y_{\max}$，那么

$$E(\hat{\theta}_3)=E\left(\frac{2n+1}{2n}\cdot Y_{\max}\right)=\frac{2n+1}{2n}E(Y_{\max})=\frac{2n+1}{2n}\cdot\frac{2n}{2n+1}\theta=\theta$$

例 5.4.3　设 $X_1,X_2,\cdots,X_n$ 是来自离散概率密度模型 $p_X(k;\theta)$ 的随机样本，其中 $\theta=E(X)$ 是未知的非零参数. 设估计量

$$\hat{\theta}=\sum_{i=1}^{n}a_iX_i$$

其中 a_i 是常量. $a_1,a_2,\cdots,a_n$ 取何值时估计量 $\hat{\theta}$ 是无偏的?

设 $\theta=E(X)$，故

$$E(\hat{\theta})=E\left(\sum_{i=1}^{n}a_iX_i\right)=\sum_{i=1}^{n}a_iE(X_i)=\sum_{i=1}^{n}a_i\theta=\theta\sum_{i=1}^{n}a_i$$

显然，对于任意一组满足 $\sum_{i=1}^{n}a_i=1$ 的 a_i，$\hat{\theta}$ 都是无偏的. ■

例 5.4.4　给定参数 μ 和 σ^2 均未知的正态分布随机样本 $Y_1,Y_2,\cdots,Y_n$，则 σ^2 的极大似然估计量为

$$\hat{\sigma}^2=\frac{1}{n}\sum_{i=1}^{n}(Y_i-\overline{Y})^2$$

(回顾例 5.2.5). $\hat{\sigma}^2$ 对 σ^2 是无偏的吗? 如果不是，$\hat{\sigma}^2$ 的哪个函数的期望值等于 σ^2?

注意，首先，根据定理 3.6.1，对于任意随机变量 Y，$\text{Var}(Y)=E(Y^2)-[E(Y)]^2$. 此外，根据 3.9 节，对于任何 n 个随机变量样本 $Y_1,Y_2,\cdots,Y_n$ 的平均值 $\overline{Y}$，$E(\overline{Y})=E(Y_i)$ 且 $\text{Var}(\overline{Y})=(1/n)\text{Var}(Y_i)$. 利用这些结论，我们可以得到

$$\begin{aligned}E(\hat{\sigma}^2)&=E\left[\frac{1}{n}\sum_{i=1}^{n}(Y_i-\overline{Y})^2\right]=E\left[\frac{1}{n}\sum_{i=1}^{n}(Y_i^2-2Y_i\overline{Y}+\overline{Y}^2)\right]\\&=E\left[\frac{1}{n}\left(\sum_{i=1}^{n}Y_i^2-n\overline{Y}^2\right)\right]=\frac{1}{n}\left[\sum_{i=1}^{n}E(Y_i^2)-nE(\overline{Y}^2)\right]\\&=\frac{1}{n}\left[\sum_{i=1}^{n}(\sigma^2+\mu^2)-n\left(\frac{\sigma^2}{n}+\mu^2\right)\right]=\frac{n-1}{n}\sigma^2\end{aligned}$$

由于后者不等于 σ^2，因此 $\hat{\sigma}^2$ 是有偏的.

在这种情况下，要使极大似然估计量“无偏”，我们只需将 $\hat{\sigma}^2$ 乘以 $\frac{n}{n-1}$ 即可. 按照惯例，正态分布中 σ^2 的极大似然估计量的无偏形式表示为 S^2，并称为样本方差.

$$\begin{aligned}S^2&=\text{样本方差}=\frac{n}{n-1}\cdot\frac{1}{n}\sum_{i=1}^{n}(Y_i-\overline{Y})^2\\&=\frac{1}{n-1}\sum_{i=1}^{n}(Y_i-\overline{Y})^2\end{aligned}$$

注释　样本方差的平方根被称为样本标准差：

$$S = \text{样本标准差} = \sqrt{\frac{1}{n-1}\sum_{i=1}^{n}(Y_i-\overline{Y})^2}$$

尽管 $E(S)\neq\sigma$，但是 $E(S^2)=\sigma^2$，因此 S 实际上是 σ 最常用的估计量. ■

习题

5.4.1　从包含五个筹码(从 1 到 5 编号)的盒子中无放回地抽取两个筹码，抽取的两个筹码的平均值用作所有筹码的真实平均值($\theta=3$)的估计量 $\hat{\theta}$. 计算 $P(|\hat{\theta}-3|>1.0)$.

5.4.2　假设从均匀概率密度模型 $f_Y(y;\theta)=1/\theta$，$0\leqslant y\leqslant\theta$ 中抽取大小为 $n=6$ 的随机样本，使用 $\hat{\theta}=Y_{\max}$ 估计 θ.

(a)设参数的真实值为 3.0，计算出 $\hat{\theta}$ 距离 θ 不超过 0.2 的概率.

(b)假设样本大小是 3 而不是 6，计算(a)中要求的事件的概率.

5.4.3　在调查 500 名成年人是否赞成两党竞选资金改革法案时，如果选民赞成立法的真实比例为 52%，那么样本中不到一半的人支持这项提案的可能性是多少？使用 Z 变换给出近似答案.

5.4.4　从正态分布中提取 $n=16$ 的样本，其中 $\sigma=10$，但 μ 未知. 如果 $\mu=20$，估计量 $\hat{\mu}=\overline{Y}$ 介于 19.0 和 21.0 之间的概率是多少？

5.4.5　设 $X_1,X_2,\cdots,X_n$ 是从泊松分布概率密度模型中提取的大小为 n 的随机样本，其中 λ 是未知参数. 证明 $\hat{\lambda}=\overline{X}$ 是 λ 的无偏估计. 通常对于哪种类型的参数，样本均值必然是一个无偏估计量？(提示：答案隐含在表明 $\overline{X}$ 对于泊松分布中的 λ 是无偏的推导中.)

5.4.6　设 $Y_{\min}$ 为均匀分布概率密度模型 $f_Y(y;\theta)=1/\theta$，$0\leqslant y\leqslant\theta$ 中大小为 n 的随机样本的最小顺序统计量. 根据 $Y_{\min}$ 求出 θ 的无偏估计量.

5.4.7　设 Y 为例 5.2.4 中所述的随机变量，其中 $f_Y(y;\theta)=\mathrm{e}^{-(y-\theta)}$，$y\geqslant\theta$，$\theta>0$. 证明 $Y_{\min}-\frac{1}{n}$ 是 θ 的无偏估计量.

5.4.8　设 14，10，18 和 21 构成一个大小为 4 的随机样本，该样本来自在区间 $[0,\theta]$ 上定义的均匀分布概率模型，其中 θ 未知. 基于三阶统计量 Y_3'，求 θ 的无偏估计量. 对于这些特定的观测值，估计量有哪些取值？即使我们不知道 θ 的真实值是多少，我们能否知道基于 Y_3' 的 θ 估计是不正确的？请解释说明.

5.4.9　从概率密度函数为 $f_Y(y;\theta)=2y\theta^2$，$0<y<\frac{1}{\theta}$ 中抽取一个大小为 2 的随机样本，Y_1 和 Y_2，如果统计量 $c(Y_1+2Y_2)$ 是 $\frac{1}{\theta}$ 的无偏估计量，则 c 必须取何值？

5.4.10　从在区间 $[0,\theta]$ 上定义的均匀分布概率模型中提取大小为 1 的样本. 求 θ^2 的无偏估计量. (提示：$\hat{\theta}=Y^2$ 是否无偏？)

5.4.11　设 W 是 θ 的无偏估计量，那么 W^2 是 θ^2 的无偏估计量吗？

5.4.12　我们在例 5.4.4 中证明出 $\hat{\sigma}^2=\frac{1}{n}\sum_{i=1}^{n}(Y_i-\overline{Y})^2$ 是 σ^2 的有偏估计量. 设 μ 已知，且不用 $\overline{Y}$ 来估计. 证明 $\hat{\sigma}^2=\frac{1}{n}\sum_{i=1}^{n}(Y_i-\mu)^2$ 是 σ^2 的无偏估计量.

5.4.13　计算无偏估计量的另一种方法可以通过要求估计值的中位数等于未知参数 θ 来使估计量的分布“居中”. 如果是这样，则称 $\hat{\theta}$ 为中位数无偏的. 设 $Y_1,Y_2,\cdots,Y_n$ 为均匀分布概率模型 $f_Y(y;\theta)=1/\theta$，$0\leqslant y\leqslant\theta$ 中大小为 n 的随机样本. 对于任意 n，$\hat{\theta}=\frac{n+1}{n}\cdot Y_{\max}$ 是中位数无偏的吗？对于 n 的任何取值，它是中位数无偏的吗？

5.4.14　设 $Y_1, Y_2, \cdots, Y_n$ 是概率密度函数 $f_Y(y;\theta)=\frac{1}{\theta}e^{-y/\theta}$，$y>0$ 中大小为 n 的随机样本．设 $\hat{\theta}=nY_{\min}$．$\hat{\theta}$ 对 θ 无偏吗？$\hat{\theta}=\frac{1}{n}\sum_{i=1}^{n}Y_i$ 对 θ 无偏吗？

5.4.15　当 $\lim_{n\to\infty}E(\hat{\theta}_n)=\theta$ 时，估计量 $\hat{\theta}_n=h(W_1, \cdots, W_n)$ 对 θ 是渐近无偏的．设 W 是一个随机变量，$E(W)=\mu$，方差为 σ^2．证明 $\overline{W}$ 是 μ^2 的渐近无偏估计量．

5.4.16　在 μ 和 σ^2 都未知的正态分布中，σ^2 的极大似然估计量是渐近无偏的吗？

有效性

如我们所见，未知参数可以有多个无偏估计量．例如，对于从均匀分布概率密度模型 $f_Y(y;\theta)=1/\theta$，$0\leqslant y\leqslant\theta$ 中提取的样本，$\hat{\theta}=\frac{n+1}{n}\cdot Y_{\max}$ 和 $\hat{\theta}=\frac{2}{n}\sum_{i=1}^{n}Y_i$ 的期望值都等于 θ．我们选哪个重要吗？

当然．无偏性并非我们希望估计量所具有的唯一性质，它的精度也很重要．图 5.4.3 显示了与两个假设估计量 $\hat{\theta}_1$ 和 $\hat{\theta}_2$ 相关的概率密度函数．两者对于 θ 都是无偏的，但是 $\hat{\theta}_2$ 显然是两者中更好的，因为它的方差较小．对于任何 r 值，

$$P(\theta-r\leqslant\hat{\theta}_2\leqslant\theta+r)>P(\theta-r\leqslant\hat{\theta}_1\leqslant\theta+r)$$

也就是说，与 $\hat{\theta}_1$ 相比，$\hat{\theta}_2$ 在未知 θ 的 r 范围内的可能性更大．

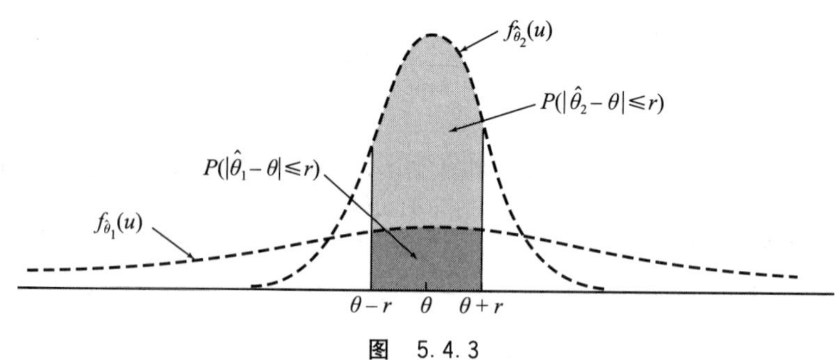

图　5.4.3

定义 5.4.2　设 $\hat{\theta}_1$ 和 $\hat{\theta}_2$ 是参数 θ 的两个无偏估计量．如果

$$\mathrm{Var}(\hat{\theta}_1)<\mathrm{Var}(\hat{\theta}_2)$$

我们就认为 $\hat{\theta}_1$ 比 $\hat{\theta}_2$ 更有效．另外，$\hat{\theta}_1$ 相对于 $\hat{\theta}_2$ 的有效率为比值 $\mathrm{Var}(\hat{\theta}_2)/\mathrm{Var}(\hat{\theta}_1)$．

例 5.4.5　设 Y_1，Y_2 和 Y_3 为服从正态分布的随机样本，其中 μ 和 σ 均未知．以下哪一个估计量对于 μ 更有效？

$$\hat{\mu}_1=\frac{1}{4}Y_1+\frac{1}{2}Y_2+\frac{1}{4}Y_3$$

或者

$$\hat{\mu}_2=\frac{1}{3}Y_1+\frac{1}{3}Y_2+\frac{1}{3}Y_3$$

首先，请注意在例 5.4.3 中，$\hat{\mu}_1$ 和 $\hat{\mu}_2$ 对于 μ 都是无偏的．但是 $\mathrm{Var}(\hat{\mu}_2)<\mathrm{Var}(\hat{\mu}_1)$，所以这两种方法中 $\hat{\mu}_2$ 更有效：

$$\begin{aligned}\mathrm{Var}(\hat{\mu}_1)&=\mathrm{Var}\left(\frac{1}{4}Y_1+\frac{1}{2}Y_2+\frac{1}{4}Y_3\right)\\&=\frac{1}{16}\mathrm{Var}(Y_1)+\frac{1}{4}\mathrm{Var}(Y_2)+\frac{1}{16}\mathrm{Var}(Y_3)\\&=\frac{3\sigma^2}{8}\end{aligned}$$

$$\begin{aligned}\mathrm{Var}(\hat{\mu}_2)&=\mathrm{Var}\left(\frac{1}{3}Y_1+\frac{1}{3}Y_2+\frac{1}{3}Y_3\right)\\&=\frac{1}{9}\mathrm{Var}(Y_1)+\frac{1}{9}\mathrm{Var}(Y_2)+\frac{1}{9}\mathrm{Var}(Y_3)\\&=\frac{3\sigma^2}{9}\end{aligned}$$

（$\hat{\mu}_2$ 相对于 $\hat{\mu}_1$ 的有效率为 $\frac{3\sigma^2}{8}\Big/\frac{3\sigma^2}{9}$ 或者 1.125.） ■

例 5.4.6 设 $Y_1,\cdots,Y_n$ 为概率密度函数 $f_Y(y;\theta)=\frac{2y}{\theta^2}$，$0\leqslant y\leqslant\theta$ 中的随机样本．从例 5.4.2 中我们知道 $\hat{\theta}_1=\frac{3}{2}\overline{Y}$ 和 $\hat{\theta}_2=\frac{2n+1}{2n}Y_{\max}$ 对 θ 都是无偏的．哪个估计量更有效？

首先，让我们计算出 $\hat{\theta}_1=\frac{3}{2}\overline{Y}$ 的方差，为此我们需要 Y 的方差．需要注意的是

$$E(Y^2)=\int_0^\theta y^2\cdot\frac{2y}{\theta^2}\mathrm{d}y=\frac{2}{\theta^2}\int_0^\theta y^3\,\mathrm{d}y=\frac{2}{\theta^2}\cdot\frac{\theta^4}{4}=\frac{1}{2}\theta^2$$

$$\mathrm{Var}(Y)=E(Y^2)-[E(Y)]^2=\frac{1}{2}\theta^2-\left(\frac{2}{3}\theta\right)^2=\frac{\theta^2}{18}$$

其次

$$\mathrm{Var}(\hat{\theta}_1)=\mathrm{Var}\left(\frac{3}{2}\overline{Y}\right)=\frac{9}{4}\,\frac{\mathrm{Var}(Y)}{n}=\frac{9}{4n}\cdot\frac{\theta^2}{18}=\frac{\theta^2}{8n}$$

为解出 $\hat{\theta}_2=\frac{2n+1}{2n}Y_{\max}$ 的方差，我们从求 $Y_{\max}$ 的方差开始．回想一下，它的概率密度函数是

$$nF_Y(y)^{n-1}f_Y(y)=\frac{2n}{\theta^{2n}}y^{2n-1},\quad 0\leqslant y\leqslant\theta$$

通过该表达式，可以得到

$$E(Y_{\max}^2)=\int_0^\theta y^2\cdot\frac{2n}{\theta^{2n}}y^{2n-1}\mathrm{d}y=\frac{2n}{\theta^{2n}}\int_0^\theta y^{2n+1}\mathrm{d}y=\frac{2n}{\theta^{2n}}\cdot\frac{\theta^{2n+2}}{2n+2}=\frac{n}{n+1}\theta^2$$

并且

$$\mathrm{Var}(Y_{\max})=E(Y_{\max}^2)-[E(Y_{\max})]^2=\frac{n}{n+1}\theta^2-\left(\frac{2n}{2n+1}\theta\right)^2=\frac{n}{(n+1)(2n+1)^2}\theta^2$$

最后

$$\mathrm{Var}(\hat{\theta}_2)=\mathrm{Var}\left(\frac{2n+1}{2n}Y_{\max}\right)=\frac{(2n+1)^2}{4n^2}\mathrm{Var}(Y_{\max})$$

$$=\frac{(2n+1)^2}{4n^2}\cdot\frac{n}{(n+1)(2n+1)^2}\theta^2=\frac{1}{4n(n+1)}\theta^2$$

注意，当 $n>1$ 时，$\mathrm{Var}(\hat{\theta}_2)=\frac{1}{4n(n+1)}\theta^2<\frac{1}{8n}\theta^2=\mathrm{Var}(\hat{\theta}_1)$，所以我们说 $\hat{\theta}_2$ 比 $\hat{\theta}_1$ 更有效. $\hat{\theta}_2$ 相对于 $\hat{\theta}_1$ 的有效率为其方差的比值：

$$\frac{\mathrm{Var}(\hat{\theta}_1)}{\mathrm{Var}(\hat{\theta}_2)}=\left(\frac{1}{8n}\theta^2\right)\div\left(\frac{1}{4n(n+1)}\theta^2\right)=\frac{4n(n+1)}{8n}=\frac{(n+1)}{2}$$ ■

习题

5.4.17　设 $X_1,X_2,\cdots,X_n$ 表示一组 n 次独立试验的结果，其中

$$X_i=\begin{cases}1, & 概率为\ p,\\ 0, & 概率为\ 1-p\end{cases}\quad (i=1,2,\cdots,n.)$$

设 $X=X_1+X_2+\cdots+X_n$.

(a) 证明 $\hat{p}_1=X_1$ 和 $\hat{p}_2=\frac{X}{n}$ 是 p 的无偏估计量.

(b) 直观地说，$\hat{p}_2$ 是一个比 $\hat{p}_1$ 更优的估计量，因为 $\hat{p}_1$ 无法包括试验 2 到 n 中包含的任何参数信息. 请通过比较 $\hat{p}_1$ 和 $\hat{p}_2$ 的方差来验证推测.

5.4.18　设 $n=5$ 个观测值来自均匀分布 $f_Y(y;\theta)=1/\theta$，$0\leqslant y\leqslant\theta$，其中 θ 未知. θ 的两个无偏估计量是 $\hat{\theta}_1=\frac{6}{5}Y_{\max}$ 和 $\hat{\theta}_2=6Y_{\min}$，哪个估计量更适合？（提示：假设 $f_Y(y;\theta)$ 是对称的，那么 $\mathrm{Var}(Y_{\max})$ 和 $\mathrm{Var}(Y_{\min})$ 应该是多少？）你对哪个估计量更优的答案是基于直觉吗？请做出解释.

5.4.19　设 $Y_1,Y_2,\cdots,Y_n$ 是概率密度函数为 $f_Y(y;\theta)=\frac{1}{\theta}\mathrm{e}^{-y/\theta}$，$y>0$ 中大小为 n 的随机样本.

(a) 证明 $\hat{\theta}_1=Y_1$，$\hat{\theta}_2=\overline{Y}$，$\hat{\theta}_3=nY_{\min}$ 都是 θ 的无偏估计量.

(b) 求 $\hat{\theta}_1$，$\hat{\theta}_2$ 和 $\hat{\theta}_3$ 的方差.

(c) 计算 $\hat{\theta}_1$ 相对于 $\hat{\theta}_3$ 和 $\hat{\theta}_2$ 相对于 $\hat{\theta}_3$ 的有效率.

5.4.20　给定服从泊松分布的大小为 n 的随机样本，$\hat{\lambda}_1=X_1$ 和 $\hat{\lambda}_2=\overline{X}$ 是 λ 的两个无偏估计量. 计算 $\hat{\lambda}_1$ 相对于 $\hat{\lambda}_2$ 的有效率.

5.4.21　如果 $Y_1,Y_2,\cdots,Y_n$ 是来自定义在 $[0,\theta]$ 上的均匀分布概率密度模型的随机样本，$\hat{\theta}_1=\left(\frac{n+1}{n}\right)Y_{\max}$ 和 $\hat{\theta}_2=(n+1)Y_{\min}$ 都是 θ 的无偏估计量，证明 $\mathrm{Var}(\hat{\theta}_2)/\mathrm{Var}(\hat{\theta}_1)=n^2$.

5.4.22　设 W_1 是均值为 μ，方差为 σ_1^2 的随机变量，W_2 是均值为 μ，方差为 σ_2^2 的随机变量. 从例 5.4.3 中，我们知道对于任意常数 $c>0$，$cW_1+(1-c)W_2$ 是 μ 的无偏估计量. 如果 W_1 和 W_2 是独立的，那么 c 取何值时，估计量 $cW_1+(1-c)W_1$ 最有效？

5.5　最小方差估计量：Cramér-Rao 下界

已知两个估计量 $\hat{\theta}_1$ 和 $\hat{\theta}_2$，都是参数 θ 的无偏估计量，通过 5.4 节我们知道哪个方差较小，哪个更好. 但那一节没有提到更基本的问题，即 $\hat{\theta}_1$ 和 $\hat{\theta}_2$ 相对于许多其他的 θ 无偏估计量有多好. 例如，是否存在一个 $\hat{\theta}_3$，其方差小于 $\hat{\theta}_1$ 或 $\hat{\theta}_2$ 的方差？我们能找到方差最小的无偏估计量吗？解决这些问题是所有数理统计中最讲究但又最实用的定理之一，这个结果被称为 Cramér-Rao 下界.

假设一个大小为 n 的随机样本来自连续概率分布 $f_Y(y;\theta)$，其中 θ 是一个未知参数. 与 $f_Y(y;\theta)$ 相关联的是一个理论极限，任何 θ 无偏估计量的方差都不能低于这个极限. 这个极限就是 Cramér-Rao 下界. 如果给定的 $\hat{\theta}$ 的方差等于 Cramér-Rao 下界，那么该估计量就是最优的，因为没有无偏估计量 $\hat{\theta}$ 能以更高精度估计 θ.

定理 5.5.1　(Cramér-Rao 不等式)设 $f_Y(y;\theta)$ 是具有连续一阶和二阶导数的连续概率密度函数. 同样，假设 y 值的集合不依赖于 θ，其中 $f_Y(y;\theta)\neq 0$.

设 $Y_1,Y_2,\cdots,Y_n$ 为 $f_Y(y;\theta)$ 的随机样本，设 $\hat{\theta}=h(Y_1,Y_2,\cdots,Y_n)$ 为 θ 的无偏估计量. 那么

$$\mathrm{Var}(\hat{\theta})\geqslant\left\{nE\left[\left(\frac{\partial\ln f_Y(Y;\theta)}{\partial\theta}\right)^2\right]\right\}^{-1}=\left\{-nE\left[\frac{\partial^2\ln f_Y(Y;\theta)}{\partial\theta^2}\right]\right\}^{-1}$$

[如果 n 个观测值来自离散分布，其概率密度函数为 $p_X(k;\theta)$，则类似的说法也成立].

证明　见参考文献[101].

例 5.5.1　假设随机变量 $X_1,X_2,\cdots,X_n$ 表示 n 次独立试验中每次试验的成功次数(0 或 1)，其中 $p=P$(在任意给定试验中成功发生)是未知参数. 那么

$$p_{X_i}(k;p)=p^k(1-p)^{1-k},\quad k=0,1;\quad 0<p<1$$

令 $X=X_1+X_2+\cdots+X_n=$ 成功总次数，定义 $\hat{p}=\dfrac{X}{n}$. 显然，$\hat{p}$ 对于 p 是无偏的 $\left[E(\hat{p})=E\left(\dfrac{X}{n}\right)=\dfrac{E(X)}{n}=\dfrac{np}{n}=p\right]$，但 $\mathrm{Var}(\hat{p})$ 与 $p_{X_i}(k;p)$ 的 Cramér-Rao 下界相比如何？

注意，首先

$$\mathrm{Var}(\hat{p})=\mathrm{Var}\left(\frac{X}{n}\right)=\frac{1}{n^2}\mathrm{Var}(X)=\frac{1}{n^2}np(1-p)=\frac{p(1-p)}{n}$$

(因为 X 是二项随机变量). 为了评估 Cramér-Rao 下界的第二种形式，我们首先可以这样写：

$$\ln p_{X_i}(X_i;p)=X_i\ln p+(1-X_i)\ln(1-p)$$

然后，

$$\frac{\partial\ln p_{X_i}(X_i;p)}{\partial p}=\frac{X_i}{p}-\frac{1-X_i}{1-p}$$

并且

$$\frac{\partial^2 \ln p_{X_i}(X_i;p)}{\partial p^2} = -\frac{X_i}{p^2} - \frac{1-X_i}{(1-p)^2}$$

取二阶导数的期望值：

$$E\left[\frac{\partial^2 \ln p_{X_i}(X_i;p)}{\partial p^2}\right] = -\frac{p}{p^2} - \frac{1-p}{(1-p)^2} = -\frac{1}{p(1-p)}$$

然后 Cramér-Rao 的下界化简为

$$\frac{1}{-n\left[-\frac{1}{p(1-p)}\right]} = \frac{p(1-p)}{n}$$

等于 $\hat{p}=\frac{X}{n}$ 的方差. 因此，$\frac{X}{n}$ 是用于估计二项参数 p 的首选统计量：没有无偏估计量能比它更精确了. ■

定义 5.5.1　设 Θ 表示对概率密度函数为 $f_Y(y;\theta)$ 的连续分布中的参数 θ 的所有无偏估计量 $\hat{\theta}=h(Y_1,Y_2,\cdots,Y_n)$ 的集合. 如果 $\hat{\theta}^* \in \Theta$ 且对所有 $\hat{\theta} \in \Theta$,

$$\operatorname{Var}(\hat{\theta}^*) \leqslant \operatorname{Var}(\hat{\theta})$$

我们称 $\hat{\theta}^*$ 是一个最优(或最小方差)估计量.

[类似术语适用于：如果 Θ 是概率密度函数为 $p_X(k;\theta)$ 的离散分布中的参数 θ 的所有无偏估计量的集合].

与最优估计量相关联的是有效性. 对于 $\hat{\theta}$ 基于概率密度函数为 $f_Y(y;\theta)$ 的连续分布中的数据的情况，定义 5.5.2 中详细说明了这种联系. 如果数据是来自概率密度函数为 $p_X(k;\theta)$ 的离散分布的 X_i 的集合，则相同的术语同样适用.

定义 5.5.2　设 $Y_1,Y_2,\cdots,Y_n$ 是从概率密度函数为 $f_Y(y;\theta)$ 的连续分布中抽取的大小为 n 的随机样本. 设 $\hat{\theta}=h(Y_1,Y_2,\cdots,Y_n)$ 是 θ 的无偏估计量.

a. 如果 $\hat{\theta}$ 的方差等于 $f_Y(y;\theta)$ 的 Cramér-Rao 下界，则无偏估计量 $\hat{\theta}$ 是有效的.

b. 无偏估计量 $\hat{\theta}$ 的有效率是 $f_Y(y;\theta)$ 的 Cramér-Rao 下界与 $\hat{\theta}$ 方差的比值.

注释　“有效”和“最优”不是同义词. 如果无偏估计量的方差等于 Cramér-Rao 下界，则该估计量定义为最优估计量. 然而，事实并非总是如此. 在某些情况下，无偏估计量的方差不能达到 Cramér-Rao 下界. 因此，这些方法都不是有效的方法，但是仍然可以说一个(或多个)最优. 对于例 5.5.1 中所述的独立试验，$\hat{p}=\frac{X}{n}$ 既有效又最优.

例 5.5.2　如果 $Y_1,Y_2,\cdots,Y_n$ 是 $f_Y(y;\theta)=2y/\theta^2\ (0\leqslant y\leqslant\theta)$ 的随机样本，$\hat{\theta}=\frac{3}{2}\overline{Y}$ 是 θ 的无偏估计量(见例 5.4.2). 证明 $\hat{\theta}$ 的方差小于 $f_Y(y;\theta)$ 的 Cramér-Rao 下界.

从例 5.4.6 中，我们知道

$$\operatorname{Var}(\hat{\theta}) = \frac{\theta^2}{8n}$$

为了计算 $f_Y(y;\theta)$ 的 Cramér-Rao 下界，我们首先得到

$$\ln f_Y(Y;\theta) = \ln(2Y\theta^{-2}) = \ln 2Y - 2\ln\theta$$

且

$$\frac{\partial \ln f_Y(Y;\theta)}{\partial \theta} = \frac{-2}{\theta}$$

因此

$$E\left[\left(\frac{\partial \ln f_Y(Y;\theta)}{\partial \theta}\right)^2\right] = E\left(\frac{4}{\theta^2}\right) = \int_0^\theta \frac{4}{\theta^2}\cdot\frac{2y}{\theta^2}\mathrm{d}y = \frac{4}{\theta^2}$$

和

$$\left\{nE\left[\left(\frac{\partial \ln f_Y(Y;\theta)}{\partial \theta}\right)^2\right]\right\}^{-1} = \frac{\theta^2}{4n}$$

$\hat{\theta}$ 的方差是否小于 Cramér-Rao 下界？是的，$\frac{\theta^2}{8n} < \frac{\theta^2}{4n}$. 定理 5.5.1 的陈述是否矛盾？不，因为这个定理不适用于这种情况：$f_Y(y;\theta) \neq 0$ 中 y 的集合是 θ 的函数，这个条件违背了 Cramér-Rao 的一个假设. ■

习题

5.5.1 设 $Y_1, Y_2, \cdots, Y_n$ 为 $f_Y(y;\theta) = \frac{1}{\theta}e^{-y/\theta}, y>0$ 的随机样本，比较 $f_Y(y;\theta)$ 的 Cramér-Rao 下界与 θ 的极大似然估计量 $\hat{\theta} = \frac{1}{n}\sum_{i=1}^{n} Y_i$ 的方差. $\overline{Y}$ 是 θ 的最优估计量吗？

5.5.2 设 $X_1, X_2, \cdots, X_n$ 是来自于泊松分布 $p_X(k;\lambda) = \frac{e^{-\lambda}\lambda^k}{k!}$，$k=0,1,\cdots$ 的大小为 n 的随机样本. 证明 $\hat{\lambda} = \frac{1}{n}\sum_{i=1}^{n} X_i$ 是 λ 的有效估计量.

5.5.3 假设大小为 n 的随机样本取自均值为 μ 和方差为 σ^2 的正态分布，其中 σ^2 已知. 比较 $f_Y(y;\theta)$ 的 Cramér-Rao 下界与 $\hat{\mu} = \overline{Y} = \frac{1}{n}\sum_{i=1}^{n} Y_i$ 的方差. $\overline{Y}$ 是 μ 的有效估计量吗？

5.5.4 设 $Y_1, Y_2, \cdots, Y_n$ 是来自概率密度函数为 $f_Y(y;\theta) = 1/\theta$，$0 \leqslant y \leqslant \theta$ 的均匀分布中的随机样本. 比较 $f_Y(y;\theta)$ 的 Cramér-Rao 下界与无偏估计量 $\hat{\theta} = \frac{n+1}{n}\cdot Y_{\max}$ 的方差，并讨论.

5.5.5 设 X 具有概率密度函数 $f_X(k;\theta) = \frac{(\theta-1)^{k-1}}{\theta^k}$，$k=1,2,3,\cdots,\theta>1$，即几何分布($p=1/\theta$). 对于该概率密度函数，$E(X)=\theta$ 和 $\mathrm{Var}(X)=\theta(\theta-1)$(见定理 4.4.1). 统计量 $\overline{X}$ 是有效估计量吗？

5.5.6 假设 $Y_1, Y_2, \cdots, Y_n$ 是大小为 n 的随机样本，其概率密度函数为

$$f_Y(y;\theta) = \frac{1}{(r-1)!\theta^r}y^{r-1}e^{-y/\theta}, \quad y>0$$

(a) 证明 $\hat{\theta} = \frac{1}{r}\overline{Y}$ 是 θ 的无偏估计量.

(b) 证明 $\hat{\theta} = \frac{1}{r}\overline{Y}$ 是 θ 的最小方差估计量.

5.5.7 证明定理 5.5.1 中 Cramér-Rao 下界的两种形式的等价性.（提示：关于 θ 对方程 $\int_{-\infty}^{\infty} f_Y(y)\mathrm{d}y = 1$ 微分，推导出 $\int_{-\infty}^{\infty} \frac{\partial \ln f_Y(y)}{\partial \theta} f_Y(y)\mathrm{d}y = 0$. 然后关于 θ 再次微分.）

5.6 充分估计量

事实证明，统计学家在阐明优良估计量应具有的性质的过程中是孜孜不倦的并具有创造力的. 例如，5.4节和5.5节介绍了估计量的无偏性和最小方差概念；5.7节将解释估计量“相合性”的含义. 所有这些性质都很容易激发，而且它们对 $\hat{\theta}$ 的概率行为施加了条件，这非常有意义. 在本节中，我们将研究估计量的更深层属性，它不那么直观，但具有一些特别重要的理论含义.

估计量是否充分，是指它所包含的关于未知参数的“信息”量. 当然，估计值是用从 $p_X(k;\theta)$ 或 $f_Y(y;\theta)$ 中抽取的随机样本得到的值来计算的. 如果我们从 θ 的数据中可能知道的一切都包含在估计值 θ_e 中，那么相应的估计量 $\hat{\theta}$ 就被认为是充分的. 比较两个估计量(一个是充分估计量，另一个是非充分估计量)应该有助于阐明这个概念.

充分估计量

假设从伯努利二项分布中抽取了一个大小为 n 的随机样本：$X_1=k_1, X_2=k_2, \cdots, X_n=k_n$，其概率密度函数为

$$p_X(k;p) = p^k(1-p)^{1-k}, \quad k=0,1$$

其中 p 是未知参数. 从例5.1.1中我们知道，p 的极大似然估计量是 $\hat{p} = \left(\frac{1}{n}\right)\sum_{i=1}^{n} X_i$，极大似然估计值是 $p_e = \left(\frac{1}{n}\right)\sum_{i=1}^{n} k_i$. 为了证明 $\hat{p}$ 是 p 的充分估计量，我们需要当 $\hat{p}=p_e$ 时，计算 $X_1=k_1, \cdots, X_n=k_n$ 的条件概率.

对例3.11.3中的注释进行归纳，我们可以得到

$$P(X_1=k_1,\cdots,X_n=k_n \mid \hat{p}=p_e) = \frac{P(X_1=k_1,\cdots,X_n=k_n \cap \hat{p}=p_e)}{P(\hat{p}=p_e)} = \frac{P(X_1=k_1,\cdots,X_n=k_n)}{P(\hat{p}=p_e)}$$

而

$$\begin{aligned} P(X_1=k_1,\cdots,X_n=k_n) &= p^{k_1}(1-p)^{1-k_1}\cdots p^{k_n}(1-p)^{1-k_n} \\ &= p^{\sum_{i=1}^{n}k_i}(1-p)^{n-\sum_{i=1}^{n}k_i} \\ &= p^{np_e}(1-p)^{n-np_e} \end{aligned}$$

并且

$$P(\hat{p}=p_e) = P\left(\sum_{i=1}^{n} X_i = np_e\right) = \binom{n}{np_e} p^{np_e}(1-p)^{n-np_e}$$

由于 $\sum_{i=1}^{n} X_i$ 是具有参数 n 和 p 的二项分布(见例3.9.3)，因此

$$P(X_1=k_1,\cdots,X_n=k_n \mid \hat{p}=p_e) = \frac{p^{np_e}(1-p)^{n-np_e}}{\binom{n}{np_e}p^{np_e}(1-p)^{n-np_e}} = \frac{1}{\binom{n}{np_e}} \quad (5.6.1)$$

注意，$P(X_1=k_1,\cdots,X_n=k_n \mid \hat{p}=p_e)$不是 p 的函数，这正是使 $\hat{p}=\left(\frac{1}{n}\right)\sum_{i=1}^{n}X_i$ 成为充分估计量的条件. 公式(5.6.1)实际上表示，数据可能告诉我们的关于参数 p 的所有信息都包含在估计值 p_e 中. 记住，一开始，样本的联合概率密度函数 $P(X_1=k_1,\cdots,X_n=k_n)$是 k_i 和 p 的函数. 但是，我们刚刚证明的是，如果概率是以这个特定估计值为条件的，也就是说，$\hat{p}=p_e$，那么消除 p，便可确定样本的概率[在这种情况下，它等于$\binom{n}{np_e}^{-1}$，其中$\binom{n}{np_e}$是在大小为 n 的样本中排列 0 和 1 的方法数，对于 $\hat{p}=p_e$].

如果我们使用了其他的估计量，比如说$\hat{p}^*$，且如果 $P(X_1=k_1,\cdots,X_n=k_n \mid \hat{p}^*=p_e^*)$仍然是 p 的函数，那么结论是p_e^* 中包含的信息不足以从条件概率中消除参数 p. 这种$\hat{p}^*$的一个简单例子是$\hat{p}^*=X_1$. 假设$\hat{p}^*=p_e^*$，那么 p_e^* 将为 k_1，且 $X_1=k_1,\cdots,X_n=k_n$ 的条件概率是 p 的函数：

$$P(X_1=k_1,\cdots,X_n=k_n \mid \hat{p}^*=k_1)=\frac{p^{\sum_{i=1}^{n}k_i}(1-p)^{n-\sum_{i=1}^{n}k_i}}{p^{k_1}(1-p)^{1-k_1}}=p^{\sum_{i=2}^{n}k_i}(1-p)^{n-1-\sum_{i=2}^{n}k_i}$$

注释　我们在 2.4 节中处理的一些骰子问题在某种程度上与估计量的概念类似. 例如，假设我们掷了一对均匀的骰子，而未被允许查看结果. 我们的目标是计算点数之和为偶数的概率. 如果没有其他信息，答案应是 1/2. 但是，假设有两个人确实看到了结果，结果是 7，并且每个人都可以描述结果，而不提供给我们准确的结果. A 告诉我们“总和小于或等于 7”；B 说：“总和是一个奇数.”

谁的信息更有帮助？B 的. 点数之和小于或等于 7 时，和为偶数的条件概率是$\frac{9}{21}$，这仍然使我们最初的问题在很大程度上未得到回答：

$$\begin{aligned}P(\text{和为偶数} \mid \text{和} \leqslant 7)&=\frac{P(2)+P(4)+P(6)}{P(2)+P(3)+P(4)+P(5)+P(6)+P(7)}\\&=\frac{\frac{1}{36}+\frac{3}{36}+\frac{5}{36}}{\frac{1}{36}+\frac{2}{36}+\frac{3}{36}+\frac{4}{36}+\frac{5}{36}+\frac{6}{36}}\\&=\frac{9}{21}\end{aligned}$$

相比之下，B 利用数据的方式明确地回答了最初的问题：

$$P(\text{和是偶数} \mid \text{和是奇数})=0$$

在某种意义上，B 的信息是充分的；而 A 的信息不是.

非充分估计量

假设从概率密度函数 $f_Y(y;\theta)=\frac{2y}{\theta^2}$，$0\leqslant y\leqslant\theta$ 中抽取一个大小为 n 的随机样本

$(Y_1, Y_2, \cdots, Y_n)$，其中 θ 是未知参数. 回想一下矩估计量为

$$\hat{\theta} = \frac{3}{2}\overline{Y} = \frac{3}{2n}\sum_{i=1}^{n} Y_i$$

这个统计量是不充分的，因为数据中与参数 θ 有关的所有信息不一定都包含在数值 θ_e 中.

如果 $\hat{\theta}$ 是一个充分统计量，那么任意两个大小为 n 的具有相同 θ_e 值的随机样本应该产生完全相同的 θ 信息. 然而，一个简单的例子表明情况并非如此. 考虑两个大小为 3 的随机样本：$y_1=3$，$y_2=4$，$y_3=5$ 和 $y_1=1$，$y_2=3$，$y_3=8$. 在这两种情况下，

$$\theta_e = \frac{3}{2}\overline{y} = \frac{3}{2 \cdot 3}\sum_{i=1}^{3} y_i = 6$$

但是，这两个样本传递的关于 θ 可能值的信息是否相同？不相同. 根据第一个样本，真实 θ 可能等于 4. 另一方面，第二个样本排除了 θ 为 4 的可能性，因为其中一个观测值 $(y_3=8)$ 大于 4，但根据概率密度函数的定义，所有 Y_i 必须小于 θ.

正式定义

假设 $X_1=k_1, \cdots, X_n=k_n$ 是来自概率密度函数为 $p_X(k;\theta)$ 的离散分布中的一个大小为 n 的随机样本，其中 θ 是未知参数. 从概念上讲，如果

$$P(X_1 = k_1, \cdots, X_n = k_n \mid \hat{\theta} = \theta_e) = \frac{P(X_1 = k_1, \cdots, X_n = k_n \cap \hat{\theta} = \theta_e)}{P(\hat{\theta} = \theta_e)}$$

$$= \frac{\prod_{i=1}^{n} p_X(k_i;\theta)}{p_{\hat{\theta}}(\theta_e;\theta)} = b(k_1, \cdots, k_n) \tag{5.6.2}$$

那么 $\hat{\theta}$ 对于 θ 是充分统计量. 公式(5.6.2)中，$p_{\hat{\theta}}(\theta_e;\theta)$ 是在点 $\hat{\theta}=\theta_e$ 处计算的统计量的概率密度函数，$b(k_1, \cdots, k_n)$ 是与 θ 无关的常数. 等价地，一个统计量充分性的条件可以用交叉相乘公式(5.6.2)来表示.

定义 5.6.1　令 $X_1=k_1, \cdots, X_n=k_n$ 是 $p_X(k;\theta)$ 的一个大小为 n 的随机样本. 如果似然函数 $L(\theta)$ 可分解为 $\hat{\theta}$ 的概率密度函数与不涉及 θ 的常数的乘积，也就是说，如果

$$L(\theta) = \prod_{i=1}^{n} p_X(k_i;\theta) = p_{\hat{\theta}}(\theta_e;\theta) b(k_1, \cdots, k_n)$$

则统计量 $\hat{\theta}=h(X_1, \cdots, X_n)$ 对于 θ 就是充分的.

如果数据由从概率密度函数为 $f_Y(y;\theta)$ 的连续分布中抽取的随机样本 $Y_1=y_1, \cdots, Y_n=y_n$ 组成，则类似陈述仍成立.

注释　如果 $\hat{\theta}$ 对 θ 是充分估计量，那么 $\hat{\theta}$ 的任何一对一函数对 θ 也是充分估计量. 我们在前面的学习中以一个例子证明出

$$\hat{p} = \left(\frac{1}{n}\right)\sum_{i=1}^{n} X_i$$

是二项分布概率密度函数中参数 p 的一个充分估计量. 同样,

$$\hat{p}^{*}=n\hat{p}=\sum_{i=1}^{n}X_i$$

是 p 的充分估计量.

例 5.6.1 设 $X_1=k_1,\cdots,X_n=k_n$ 为泊松分布概率密度函数 $p_X(k;\lambda)=\mathrm{e}^{-\lambda}\lambda^k/k!$, $k=0,1,2,\cdots$中的一个大小为 n 的随机样本,证明

$$\hat{\lambda}=\sum_{i=1}^{n}X_i$$

是 λ 的一个充分估计量.

由例 3.12.10 可知,$\hat{\lambda}$ 是 n 个独立泊松随机变量的和,每个泊松随机变量的参数都是 λ,其本身也是一个具有参数 $n\lambda$ 的泊松随机变量. 那么根据定义 5.6.1,如果样本的似然函数可分解为 $\hat{\lambda}$ 的概率密度函数与一个与 λ 无关的常数的乘积,那么 $\hat{\lambda}$ 是 λ 的充分估计量.

$$L(\lambda)=\prod_{i=1}^{n}\mathrm{e}^{-\lambda}\lambda^{k_i}/k_i!=\mathrm{e}^{-n\lambda}\lambda^{\sum_{i=1}^{n}k_i}\Big/\prod_{i=1}^{n}k_i!=\frac{\mathrm{e}^{-n\lambda}n^{\sum_{i=1}^{n}k_i}\lambda^{\sum_{i=1}^{n}k_i}\left(\sum_{i=1}^{n}k_i\right)!}{\left(\sum_{i=1}^{n}k_i\right)!\prod_{i=1}^{n}k_i!\,n^{\sum_{i=1}^{n}k_i}}$$

$$=\frac{\mathrm{e}^{-n\lambda}(n\lambda)^{\sum_{i=1}^{n}k_i}}{\left(\sum_{i=1}^{n}k_i\right)!}\cdot\frac{\left(\sum_{i=1}^{n}k_i\right)!}{\prod_{i=1}^{n}k_i!\,n^{\sum_{i=1}^{n}k_i}}=p_{\hat{\lambda}}(\lambda_e;\lambda)\cdot b(k_1,\cdots,k_n) \tag{5.6.3}$$

表明 $\hat{\lambda}=\sum_{i=1}^{n}X_i$ 是 λ 的充分估计量.

注释 等式(5.6.3)中的因式分解意味着 $\hat{\lambda}=\sum_{i=1}^{n}X_i$ 是 λ 的一个充分估计量. 然而,它不是 λ 的无偏估计量:

$$E(\hat{\lambda})=\sum_{i=1}^{n}E(X_i)=\sum_{i=1}^{n}\lambda=n\lambda$$

然而,基于充分统计量构造无偏估计量是一个简单的问题. 令

$$\hat{\lambda}^{*}=\frac{1}{n}\hat{\lambda}=\frac{1}{n}\sum_{i=1}^{n}X_i$$

那么 $E(\hat{\lambda}^{*})=\frac{1}{n}E(\hat{\lambda})=\frac{1}{n}n\lambda=\lambda$,所以 $\hat{\lambda}^{*}$ 对 λ 是无偏估计量. 此外,$\hat{\lambda}^{*}$ 是 $\hat{\lambda}$ 的一对一函数,因此,根据定义 5.6.1 下的注释,$\hat{\lambda}^{*}$ 本身是 λ 的一个充分估计量. ■

第二个因式分解准则

使用定义5.6.1来验证一个估计量是充分估计量，要求确定概率密度函数 $p_{\hat{\theta}}[h(k_1,\cdots,k_n);\theta]$或 $f_{\hat{\theta}}[h(y_1,\cdots,y_n);\theta]$为似然函数乘积的两个因式之一．但是，如果 $\hat{\theta}$ 很复杂，则求其概率密度函数可能会非常困难．接下来这个定理给出了另一种因式分解准则，用于确定统计量是充分估计量，该准则不要求 $\hat{\theta}$ 的概率密度函数已知．

定理5.6.1　假设 $X_1=k_1,\cdots,X_n=k_n$ 是来自概率密度函数为 $p_X(k;\theta)$的离散分布中的一个大小为 n 的随机样本，当且仅当存在函数 $g[h(k_1,\cdots,k_n);\theta]$和 $b(k_1,\cdots,k_n)$使得

$$L(\theta)=g[h(k_1,\cdots,k_n);\theta]\cdot b(k_1,\cdots,k_n) \tag{5.6.4}$$

时，$\hat{\theta}=h(X_1,\cdots,X_n)$对于 θ 是充分估计量．其中函数 $b(k_1,\cdots,k_n)$不涉及参数 θ．类似的陈述在连续分布情况下也成立．

证明　首先，假设 $\hat{\theta}$ 对 θ 是充分估计量，那么公式(5.6.4)就是定义5.6.1的因式分解准则的特例．

现在，假设公式(5.6.4)成立．如果可以证明 $g[h(k_1,\cdots,k_n);\theta]$总是可以“变换”成包含$\hat{\theta}$的概率密度函数(此时定义5.6.1将适用)，则该定理将得到证明．设 c 为函数 $h(k_1,\cdots,k_n)$的某个值，设 A 为大小为 n 的构成 c 的逆像的样本集，即 $A=h^{-1}(c)$．那么

$$\begin{aligned}
p_{\hat{\theta}}(c;\theta) &= \sum_{(k_1,k_2,\cdots,k_n)\in A} p_{X_1,X_2,\cdots,X_n}(k_1,k_2,\cdots,k_n) = \sum_{(k_1,k_2,\cdots,k_n)\in A}\prod_{i=1}^{n} p_{X_i}(k_i) \\
&= \sum_{(k_1,k_2,\cdots,k_n)\in A} g(c;\theta)\cdot b(k_1,k_2,\cdots,k_n) \\
&= g(c;\theta)\cdot \sum_{(k_1,k_2,\cdots,k_n)\in A} b(k_1,k_2,\cdots,k_n)
\end{aligned}$$

由于我们仅关注 $p_{\hat{\theta}}(c;\theta)\neq 0$，因此可以假定 $\sum\limits_{(k_1,k_2,\cdots,k_n)\in A} b(k_1,k_2,\cdots,k_n)\neq 0$．由此可以得到

$$g(c;\theta)=p_{\hat{\theta}}(c;\theta)\cdot\frac{1}{\sum\limits_{(k_1,k_2,\cdots,k_n)\in A} b(k_1,k_2,\cdots,k_n)} \tag{5.6.5}$$

将公式(5.6.5)的右侧代入公式(5.6.4)就能证明 $\hat{\theta}$ 能作为 θ 的充分估计量．如果数据由从连续分布概率密度函数 $f_Y(y;\theta)$得出的随机样本 $Y_1=y_1,\cdots,Y_n=y_n$ 组成，也可以做出类似的证明．有关更多详细信息，请参见参考文献[211]．

例5.6.2　假设 $Y_1,\cdots,Y_n$ 是来自 $f_Y(y;\theta)=\dfrac{2y}{\theta^2}$，$0\leqslant y\leqslant\theta$ 的随机样本．从习题5.2.12我们知道 θ 的极大似然估计量是$\hat{\theta}=Y_{\max}$．$Y_{\max}$对 θ 也是充分估计量吗？

因为使 $f_Y(y;\theta)\neq 0$ 的 Y 值集合取决于 θ，所以似然函数必须以包含该限制的方式得到，实现这一目标的工具被称为指示函数．我们定义函数 $I_{[0,\theta]}(y)$为

$$I_{[0,\theta]}(y)=\begin{cases}1, & 0\leqslant y\leqslant\theta,\\ 0, & \text{其他}\end{cases}$$

然后我们可以写出对所有 y 都有 $f_Y(y;\theta)=\frac{2y}{\theta^2}\cdot I_{[0,\theta]}(y)$

似然函数是

$$L(\theta) = \prod_{i=1}^{n} \frac{2y_i}{\theta^2}\cdot I_{[0,\theta]}(y_i) = \left(\prod_{i=1}^{n} 2y_i\right)\left(\frac{1}{\theta^{2n}}\right)\prod_{i=1}^{n} I_{[0,\theta]}(y_i)$$

但关键是

$$\prod_{i=1}^{n} I_{[0,\theta]}(y_i) = I_{[0,\theta]}(y_{\max})$$

由此似然函数以这样一种方式分解，即涉及 θ 的因式仅包含到 $y_{\max}$ 的 y_i：

$$L(\theta) = \left(\prod_{i=1}^{n} 2y_i\right)\left(\frac{1}{\theta^{2n}}\right)\prod_{i=1}^{n} I_{[0,\theta]}(y_i) = \left[\frac{I_{[0,\theta]}(y_{\max})}{\theta^{2n}}\right]\cdot\left(\prod_{i=1}^{n} 2y_i\right)$$

这种分解满足定理 5.6.1 的准则，$Y_{\max}$ 对于 θ 是充分估计量.（为什么这个论点对 $Y_{\min}$ 不起作用?）■

与估计量的其他性质相关的充分性

本章已经构建了与估计量相关的数学性质和证明过程的详细框架. 我们已经讨论过 $\hat{\theta}$ 是不是无偏的、有效的或充分的. 也讨论过如何找到 $\hat{\theta}$——有些估计量是用极大似然法推导出来的，有些则是用矩估计法推导出来的. 在这些方面一个估计量与另一个估计量并非毫无关联，有些是以各种方式相互关联的.

例如，假设参数 θ 存在一个充分估计量 $\hat{\theta}_S$，并且假设 $\hat{\theta}_M$ 是同一 θ 的极大似然估计量. 如果对于给定的样本 $\hat{\theta}_S=\theta_e$，我们从定理 5.6.1 知道

$$L(\theta) = g(\theta_e;\theta)\cdot b(k_1,\cdots,k_n)$$

根据定义，极大似然估计值使得 $L(\theta)$ 最大，所以也必须使得 $g(\theta_e;\theta)$ 最大. 但是使得 $g(\theta_e;\theta)$ 最大的 θ 必然是 θ_e 的函数. 因此，极大似然估计量必然是充分估计量的函数，即 $\hat{\theta}_M=f(\hat{\theta}_S)$（这是为什么极大似然估计量优于矩估计量的主要理论依据).

在寻找有效估计量，即方差等于 Cramér-Rao 下界的无偏估计量时，充分估计量也起着关键作用. 在任何概率密度函数中，对任何未知参数都有无限多个无偏估计量. 也就是说，这些无偏估计量可能有一个子集是充分估计量的函数. 如果是这样，可以证明[101]基于充分估计量的任意无偏估计量的方差必然小于不是充分估计量的任意无偏估计量的方差. 因此，为了找到 θ 的有效估计量，我们可将注意力集中在对 θ 的充分估计量的函数上.

习题

5.6.1 设 $X_1,X_2,\cdots,X_n$ 是来自几何分布 $p_X(k;p)=(1-p)^{k-1}p,k=1,2,\cdots$ 的一个大小为 n 的随机样本，证明 $\hat{p} = \sum_{i=1}^{n} X_i$ 是 p 的充分估计量.

5.6.2 令 X_1,X_2 和 X_3 为三个独立的伯努利随机变量的集合，其参数 $p=P(X_i=1)$ 未知. 在之前的学习中证明出 $\hat{p}=X_1+X_2+X_3$ 是 p 的充分估计量. 请证明线性组合 $\hat{p}^*=X_1+2X_2+3X_3$ 不是 p 的充分估计量.

5.6.3　如果 $\hat{\theta}$ 对 θ 是充分估计量，那么证明 $\hat{\theta}$ 的任何一对一函数对 θ 也是充分的.

5.6.4　证明当 $Y_1, Y_2, \cdots, Y_n$ 是 $\mu=0$ 的正态分布的随机样本时，$\hat{\sigma}^2 = \sum_{i=1}^{n} Y_i^2$ 对 σ^2 是充分估计量.

5.6.5　假设 $Y_1, Y_2, \cdots, Y_n$ 是习题 5.5.6 的概率密度函数中的一个大小为 n 的随机样本，

$$f_Y(y;\theta) = \frac{1}{(r-1)!\theta^r} y^{r-1} e^{-y/\theta}, \quad 0 < y$$

θ 为正参数，r 表示已知正整数. 求 θ 的一个充分估计量.

5.6.6　假设 $Y_1, Y_2, \cdots, Y_n$ 是概率密度函数 $f_Y(y;\theta)=\theta y^{\theta-1}$，$0 \leqslant y \leqslant 1$ 中的一个大小为 n 的随机样本. 利用定理 5.6.1 证明 $W = \prod_{i=1}^{n} Y_i$ 是 θ 的一个充分估计量. θ 的极大似然估计量是 W 的函数吗？

5.6.7　假设一个大小为 n 的随机样本取自于概率密度函数

$$f_Y(y;\theta) = e^{-(y-\theta)}, \quad \theta \leqslant y$$

(a) 证明 $\hat{\theta} = Y_{\min}$ 对于阈参数 θ 是充分估计量.

(b) 证明 $Y_{\max}$ 对 θ 是不充分的.

5.6.8　假设一个大小为 n 的随机样本来自概率密度函数 $f_Y(y;\theta)=\frac{1}{\theta}$，$0 \leqslant y \leqslant \theta$，求 θ 的一个充分估计量.

5.6.9　如果 $g_W(w;\theta)$ 可以写成 $g_W(w;\theta)=e^{K(w)p(\theta)+S(w)+q(\theta)}$，则称其为指数形式，其中 W 的范围与 θ 无关. 证明 $\hat{\theta} = \sum_{i=1}^{n} K(W_i)$ 对 θ 是充分估计量.

5.6.10　以指数形式写出概率密度函数 $f_Y(y;\lambda)=\lambda e^{-\lambda y}$，$y>0$，并推导 λ 的充分估计量(见习题 5.6.9). 假设数据由大小为 n 的随机样本组成.

5.6.11　设 $Y_1, Y_2, \cdots, Y_n$ 是帕累托分布中的随机样本，其概率密度函数为

$$f_Y(y;\theta) = \theta/(1+y)^{\theta+1}, \quad 0 \leqslant y \leqslant \infty; \quad 0 < \theta < \infty$$

将 $f_Y(y;\theta)$ 写成指数形式，并推导 θ 的充分估计量(见习题 5.6.9).

5.7　相合性

前面我们研究的估计量性质都是以数据的样本量 n 固定为前提，例如，无偏性和充分性. 然而，有时考虑估计量的渐近行为是有意义的：例如，我们可以发现，估计量具有一个理想的性质，即它在任何有限的 n 上都无法证明它的极限. 回顾例 5.4.4，其中重点讨论了从正态分布中提取的大小为 n 的样本的 σ^2 的极大似然估计量[即 $\hat{\sigma}^2 = \frac{1}{n}\sum_{i=1}^{n}(Y_i - \overline{Y})^2$]. 对于任意有限的 n，σ^2 是有偏的：

$$E\left[\frac{1}{n}\sum_{i=1}^{n}(Y_i - \overline{Y})^2\right] = \frac{n-1}{n}\sigma^2 \neq \sigma^2$$

当 n 趋于无穷大时，$E(\hat{\sigma}^2)$ 的极限等于 σ^2，我们说 $\hat{\sigma}^2$ 是渐近无偏的.

在本节中将介绍估计量的第二个渐近特性，这一特性被称为相合性. 与渐近无偏性不同，相合性指的是 $\hat{\theta}_n$ 的概率密度函数的形状以及随着 n 的变化该函数形状如何变化. (要注意，现在将参数的估计量视为一个估计量序列，我们将写为 $\hat{\theta}_n$ 而不是 $\hat{\theta}$.)

定义 5.7.1 如果估计量 $\hat{\theta}_n = h(W_1, W_2, \cdots, W_n)$ 在概率上收敛于 θ，即对于所有 $\varepsilon > 0$，有

$$\lim_{n \to \infty} P(|\hat{\theta}_n - \theta| < \varepsilon) = 1$$

则称 $\hat{\theta}_n$ 是 θ 的相合估计量.

注释 为了解决某些样本量问题，在 ε-δ(epsilon-delta)语境中考虑定义 5.7.1 可能会有所帮助；也就是说，如果对于所有 $\varepsilon > 0$ 且 $\delta > 0$，存在 $n(\varepsilon, \delta)$，使得

$$P(|\hat{\theta}_n - \theta| < \varepsilon) > 1 - \delta \quad 对 \quad n > n(\varepsilon, \delta)$$

则 $\hat{\theta}_n$ 是 θ 的相合估计量.

例 5.7.1 设 $Y_1, Y_2, \cdots, Y_n$ 为均匀分布中的一个随机样本，其概率密度函数为

$$f_Y(y; \theta) = \frac{1}{\theta}, \quad 0 \leqslant y \leqslant \theta$$

并且令 $\hat{\theta}_n = Y_{max}$，我们已经知道 Y_{max} 不是 θ 的无偏估计量，但它是 θ 的相合估计量吗？

回顾习题 5.4.2 得到

$$f_{Y_{max}}(y) = \frac{ny^{n-1}}{\theta^n}, \quad 0 \leqslant y \leqslant \theta$$

由此，

$$P(|\hat{\theta}_n - \theta| < \varepsilon) = P(\theta - \varepsilon < \hat{\theta}_n < \theta) = \int_{\theta-\varepsilon}^{\theta} \frac{ny^{n-1}}{\theta^n} \mathrm{d}y = \left.\frac{y^n}{\theta^n}\right|_{\theta-\varepsilon}^{\theta}$$

$$= 1 - \left(\frac{\theta - \varepsilon}{\theta}\right)^n$$

由于 $[(\theta-\varepsilon)/\theta] < 1$，所以当 $n \to \infty$ 时 $[(\theta-\varepsilon)/\theta]^n \to 0$. 因此 $\lim_{n \to \infty} P(|\hat{\theta}_n - \theta| < \varepsilon) = 1$，能够证明 $\hat{\theta}_n = Y_{max}$ 是 θ 的相合估计量.

图 5.7.1 说明了 $\hat{\theta}_n$ 的收敛性. 随着 n 的增加，$f_{Y_{max}}(y)$ 的图像会发生变化，使得概率密度函数越来越集中在 θ 的 ε 邻域. 对于任意 $n > n(\varepsilon, \delta)$，$P(|\hat{\theta}_n - \theta| < \varepsilon) > 1 - \delta$.

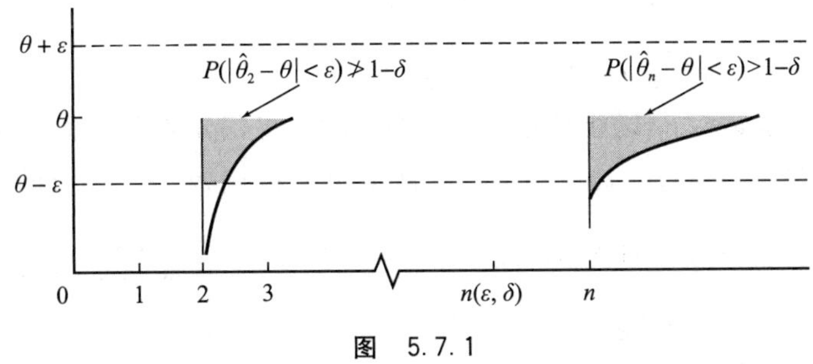

图 5.7.1

如果指定了 θ，ε 和 δ，我们可以计算 $n(\varepsilon, \delta)$，即使得 $\hat{\theta}_n$ 达到给定精度的最小样本量. 例如，假设 $\theta = 4$. 需要多大的样本才能使 $\hat{\theta}_n$ 有 80% 的概率位于 θ 的 0.10 邻域内？在上述注释的术语中，$\varepsilon = 0.10$，$\delta = 0.20$，并且

$$P(|\hat{\theta}-4|<0.10)=1-\left(\frac{4-0.10}{4}\right)^n \geqslant 1-0.20$$

因此，

$$(0.975)^{n(\varepsilon,\delta)}=0.20$$

这意味着 $n(\varepsilon,\delta)=64$. ■

建立相合性的一个有用结论是切比雪夫不等式，它在这里作为定理 5.7.1 出现. 一般来说，后者是任意随机变量位于均值 ε 邻域之外的概率的上界.

定理 5.7.1 （切比雪夫不等式）设 W 为均值为 μ，方差为 σ^2 的任意随机变量. 对任意 $\varepsilon>0$，

$$P(|W-\mu|<\varepsilon)\geqslant 1-\frac{\sigma^2}{\varepsilon^2}$$

等价地有

$$P(|W-\mu|\geqslant\varepsilon)\leqslant\frac{\sigma^2}{\varepsilon^2}$$

证明　在连续的情况下，

$$\begin{aligned}\operatorname{Var}(Y)&=\int_{-\infty}^{\infty}(y-\mu)^2 f_Y(y)\mathrm{d}y\\&=\int_{-\infty}^{\mu-\varepsilon}(y-\mu)^2 f_Y(y)\mathrm{d}y+\int_{\mu-\varepsilon}^{\mu+\varepsilon}(y-\mu)^2 f_Y(y)\mathrm{d}y+\\&\quad\int_{\mu+\varepsilon}^{\infty}(y-\mu)^2 f_Y(y)\mathrm{d}y\end{aligned}$$

忽略非负的中间积分，则给出一个不等式：

$$\begin{aligned}\operatorname{Var}(Y)&\geqslant\int_{-\infty}^{\mu-\varepsilon}(y-\mu)^2 f_Y(y)\mathrm{d}y+\int_{\mu+\varepsilon}^{\infty}(y-\mu)^2 f_Y(y)\mathrm{d}y\\&\geqslant\int_{|y-\mu|\geqslant\varepsilon}(y-\mu)^2 f_Y(y)\mathrm{d}y\\&\geqslant\int_{|y-\mu|\geqslant\varepsilon}\varepsilon^2 f_Y(y)\mathrm{d}y\\&=\varepsilon^2 P(|Y-\mu|\geqslant\varepsilon)\end{aligned}$$

除以 ε^2 即可完成证明. （随机变量是离散变量时，将积分替换为求和.）

例 5.7.2 设 $X_1,X_2,\cdots,X_n$ 是来自离散概率密度函数 $p_X(k;\mu)$的一个大小为 n 的随机样本，其中 $E(X)=\mu$，且 $\operatorname{Var}(X)=\sigma^2<\infty$. 令 $\hat{\mu}_n=\left(\frac{1}{n}\right)\sum_{i=1}^{n}X_i$. $\hat{\mu}_n$ 是 μ 的相合估计量吗?

根据切比雪夫不等式，

$$P(|\hat{\mu}_n-\mu|<\varepsilon)>1-\frac{\operatorname{Var}(\hat{\mu}_n)}{\varepsilon^2}$$

然而

$$\mathrm{Var}(\hat{\mu}_n)=\mathrm{Var}\left(\frac{1}{n}\sum_{i=1}^{n}X_i\right)=\frac{1}{n^2}\sum_{i=1}^{n}\mathrm{Var}(X_i)=(1/n^2)\cdot n\sigma^2=\sigma^2/n$$

因此

$$P(|\hat{\mu}_n-\mu|<\varepsilon)>1-\frac{\sigma^2}{n\varepsilon^2}$$

对于任意 δ，ε 和 σ^2，都可以找到使 $\frac{\sigma^2}{n\varepsilon^2}<\delta$ 的 n. 因此，$\lim\limits_{n\to\infty}P(|\hat{\mu}_n-\mu|<\varepsilon)=1$（即 $\hat{\mu}_n$ 是 μ 的相合估计量）.

注释 无论数据来自何种概率密度函数，样本均值 $\hat{\mu}_n$ 必然是真实均值 μ 的相合估计量，这通常被称为弱大数定律. 切比雪夫在 1866 年首次证明了这一点. ■

注释 我们在 5.6 节中看到，使用极大似然方法来识别优良估计量的理论原因之一是，极大似然估计量必然是充分统计量的函数. 作为寻求极大似然估计量的另一个基本原理，在一般条件下可以证明极大似然估计量也是相合估计量[101].

习题

5.7.1 为了确保 $\hat{\mu}_n=\overline{Y}_n=\frac{1}{n}\sum_{i=1}^{n}Y_i$ 有 90% 的概率位于区间[16,20]的某处，必须从 $E(Y)=18$ 的正态分布中抽取多大样本？假设 $\sigma=5.0$.

5.7.2 设 $Y_1,Y_2,\cdots,Y_n$ 是来自正态分布概率密度函数（$\mu=0$）的一个大小为 n 的随机样本. 证明 $S_n^2=\frac{1}{n}\sum_{i=1}^{n}Y_i^2$ 是 $\sigma^2=\mathrm{Var}(Y)$ 的相合估计量.

5.7.3 假设 $Y_1,Y_2,\cdots,Y_n$ 是指数概率密度函数 $f_Y(y;\lambda)=\lambda e^{-\lambda y}$，$y>0$ 中的随机样本.

(a)证明 $\hat{\lambda}_n=Y_1$ 不是 λ 的相合估计量.

(b)证明 $\hat{\lambda}_n=\sum_{i=1}^{n}Y_i$ 不是 λ 的相合估计量.

5.7.4 当 $\lim\limits_{n\to\infty}E[(\hat{\theta}_n-\theta)^2]=0$ 时，估计量 $\hat{\theta}_n$ 被称为 θ 的均方误差相合估计量.

(a) 证明任何均方误差的相合估计量 $\hat{\theta}_n$ 是渐近无偏的（见习题 5.4.15）.

(b) 证明任何均方误差的相合估计量 $\hat{\theta}_n$ 在定义 5.7.1 中是相合的.

5.7.5 假设 $\hat{\theta}_n=Y_{\max}$ 作为均匀概率密度函数中参数 θ 的估计量，$f_Y(y;\theta)=1/\theta$，$0\leqslant y\leqslant\theta$. 证明 $\hat{\theta}_n$ 的均方误差相合性（见习题 5.7.4）.

5.7.6 如果 $2n+1$ 个随机观测值来自均值为 μ 的连续对称分布，且 $f_Y(\mu;\mu)\neq 0$，则样本中位数 Y'_{n+1} 对 μ 无偏，且 $\mathrm{Var}(Y'_{n+1})\approx 1/(8[f_Y(\mu;\mu)]^2n)$[59]. 证明 $\hat{\mu}_n=Y'_{n+1}$ 是 μ 的相合估计量.

5.8 贝叶斯估计

贝叶斯分析是一套基于贝叶斯定理计算出的逆概率的统计方法（回顾 2.4 节）. 实际上，贝叶斯统计提供了将先验知识结合到未知参数估计中的标准方法.

举一个有趣的例子，贝叶斯方法解决了一个非常特别的估计问题——几年前在寻找失踪的核潜艇时发生的. 1968 年春天，“天蝎”号与第六舰队一起在地中海水域进行演习. 5

月，它被命令前往弗吉尼亚州诺福克的母港. 5 月 21 日收到了“天蝎”号的最后一条消息，表明它处于距离葡萄牙海岸 800 英里的亚速尔群岛以南约 50 英里的位置. 海军官员认为潜艇已经沉没在美国东海岸的某个地方，于是进行了大规模搜寻，但无济于事，“天蝎”号的命运仍然是个谜.

海军深水勘探专家恩特·约翰·克雷文，他认为未找到“天蝎”号是因为它从未到达东海岸，而且仍在亚速尔群岛附近. 在制定搜索策略时，克雷文将亚速尔群岛附近的区域划分为 n 个方格，并征求了一组经验丰富的潜艇指挥官的意见，评估“天蝎”号在这些区域中的每一个区域沉没的可能性. 综合他们的意见，得出潜艇分别在 $1,2,\cdots,n$ 区沉没的一组概率 $P(A_1),P(A_2),\cdots,P(A_n)$.

现在，假设 $P(A_k)$是 $P(A_i)$中最大的，那么 k 区域将是第一个被搜索的区域. 假设 B_k 是这样一个事件：如果“天蝎”号在 k 区沉没，并且 k 区被搜索，它就会被发现. 假设没有找到潜艇. 根据定理 2.4.2,

$$P(A_k \mid B_k^C)=\frac{P(B_k^C \mid A_k)P(A_k)}{P(B_k^C \mid A_k)P(A_k)+P(B_k^C \mid A_k^C)P(A_k^C)}$$

成为一个新的 $P(A_k)$——称之为 $P^*(A_k)$. 剩下的 $P(A_i)$，$i\neq k$，可以标准化形成修正后的概率 $P^*(A_i)$，$i\neq k$，其中 $\sum_{i=1}^{n}P^*(A_i)=1$. 如果 $P^*(A_j)$是 $P^*(A_i)$中最大的，那么接下来将搜索区域 j. 如果在那里没有找到潜艇，第三组概率 $P^{**}(A_1),P^{**}(A_2),\cdots,P^{**}(A_n)$ 将以同样的方式计算，搜索将继续.

1968 年 10 月，在亚速尔群岛附近发现了“天蝎”号潜艇；船上的九十九个人全部遇难. 它沉没的原因从未被透露. 有一种说法认为是它的一枚鱼雷意外爆炸；冷战阴谋论支持者认为，它可能是在监视一批苏联潜艇时被击沉的. 众所周知，利用贝叶斯定理更新“天蝎”号可能沉没地点的位置概率的策略是成功的.

先验分布和后验分布

从概念上讲，贝叶斯分析和非贝叶斯分析的主要区别在于与未知参数相关的假设. 在非贝叶斯分析中(包括本书中除本节以外的几乎所有统计方法)，未知参数被视为常数；在贝叶斯分析中，参数被视为随机变量，这意味着它们也有概率密度函数.

在贝叶斯分析的一开始，分配给参数的概率密度函数可能基于几乎没有的信息，这被称为先验分布. 一旦收集到一些数据，就可以通过贝叶斯定理修正和细化参数的概率密度函数. 任何此类新的概率密度函数都被称为后验分布. 在搜寻“天蝎”号的过程中，未知参数是在亚速尔群岛周围的每个网格区域中找到潜艇的概率. 这些参数的先验分布是概率 $P(A_1)$, $P(A_2),\cdots,P(A_n)$. 每次搜索一个区域但未找到潜艇时，就计算后验分布，第一个是概率 $P^*(A_1),P^*(A_2),\cdots,P^*(A_n)$的集合；第二个是概率 $P^{**}(A_1),P^{**}(A_2),\cdots,P^{**}(A_n)$的集合；以此类推.

例 5.8.1 假设一个零售商对在 5 分钟间隔内到达电话银行的电话数量建模感兴趣. 4.2 节确定的泊松分布将是可供选择的概率密度函数. 但是应该给泊松参数 λ 赋什么值呢?

如果通话率在 24 小时内保持不变，则 λ 的估计值 λ_e 可通过将全天收到的通话总数除以 288 来计算，288 是 24 小时内的 5 分钟间隔数. 如果随机变量 X 表示在随机的 5 分钟间隔内收到的通话数，那么 $X=k$ 的估计概率为 $p_X(k)=\mathrm{e}^{-\lambda_e}\frac{\lambda_e^k}{k!}$，$k=0,1,2,\cdots$.

但实际上，在整个 24 小时内，通话率不太可能保持不变. 事实上，假设对过去几个月的电话记录进行检查，发现 λ 约在四分之三的时间里等于 10，约在四分之一的时间里等于 8. 在贝叶斯术语中，通话率参数是一个随机变量 Λ，而且 Λ 的(离散)先验分布由两个概率定义

$$p_\Lambda(8) = P(\Lambda = 8) = 0.25$$
$$p_\Lambda(10) = P(\Lambda = 10) = 0.75$$

现在，假设该零售商最近在运营的某些方面发生了变化(要销售的产品不同，广告投放量不同等). 这些变化很可能会影响与通话率相关的分布. 更新 Λ 的先验分布需要：(1)一些数据，(2)贝叶斯定理的应用. 由于既要节省成本又有统计上的挑战，零售商决定在一次观察的基础上构建 Λ 的后验分布. 为此，预先随机选择一个 5 分钟的间隔，发现 X 的对应值为 7. $p_\Lambda(8)$和 $p_\Lambda(10)$应该如何修改？

利用贝叶斯定理，

$$\begin{aligned}P(\Lambda = 10 \mid X = 7) &= \frac{P(X = 7 \mid \Lambda = 10)P(\Lambda = 10)}{P(X = 7 \mid \Lambda = 8)P(\Lambda = 8) + P(X = 7 \mid \Lambda = 10)P(\Lambda = 10)} \\ &= \frac{\mathrm{e}^{-10}\frac{10^7}{7!}(0.75)}{\left(\mathrm{e}^{-8}\frac{8^7}{7!}\right)(0.25) + \mathrm{e}^{-10}\frac{10^7}{7!}(0.75)} \\ &= \frac{(0.090)(0.75)}{(0.140)(0.25) + (0.090)(0.75)} = 0.659\end{aligned}$$

这意味着

$$P(\Lambda = 8 \mid X = 7) = 1 - 0.659 = 0.341$$

请注意，Λ 的后验分布已经发生了直观变化. 最初，$p_\Lambda(8)$为 0.25. 由于 $\Lambda=8$ 比 $\Lambda=10$ 更接近数据点 $x=7$，因此后验概率密度函数增加了 $\Lambda=8$ 的概率(从 0.25 到 0.341)，并降低了 $\Lambda=10$ 的概率(从 0.75 到 0.659). ■

定义 5.8.1 设 W 是依赖于参数 θ 的统计量，其概率密度函数为 $f_W(w|\theta)$. 假设 θ 是随机变量 Θ 的值，如果 Θ 是离散的，其先验分布表示为 $p_\Theta(\theta)$，而如果 Θ 是连续的，其先验分布表示为 $f_\Theta(\theta)$. 假设 $W=w$，Θ 的后验分布为

$$g_\Theta(\theta \mid W = w) = \begin{cases} \dfrac{p_W(w|\theta)f_\Theta(\theta)}{\int_{-\infty}^{\infty} p_W(w|\theta)f_\Theta(\theta)\mathrm{d}\theta}, & \text{如果 } W \text{ 是离散的，} \\ \dfrac{f_W(w|\theta)f_\Theta(\theta)}{\int_{-\infty}^{\infty} f_W(w|\theta)f_\Theta(\theta)\mathrm{d}\theta}, & \text{如果 } W \text{ 是连续的} \end{cases}$$

(注意：如果 Θ 是离散的，则用求和代替积分.)

注释 定义 5.8.1 可用于构建后验分布，即使没有可用的信息作为先验分布的基础. 在这种情况下，均匀分布概率密度函数被替换为 $p_\Theta(\theta)$或 $f_\Theta(\theta)$，并被称为无信息先验分布.

例 5.8.2 电子游戏盗版者马克斯(且是贝叶斯学派)试图确定在即将到来的假日季节

手头有多少本非法的《僵尸海滩派对》副本．为了大致了解需求量，他与 n 个潜在客户进行了交谈，发现 $X=k$ 个会购买一份副本作为礼物送给他人或自用．显然，X 的概率模型的选择当然是二项概率密度函数．在给定 n 个潜在客户的情况下，k 个实际购买马克斯的非法副本的概率就是我们所熟悉的

$$p_X(k|\theta)=\binom{n}{k}\theta^k(1-\theta)^{n-k},\quad k=0,1,\cdots,n$$

其中 θ 的极大似然估计值是 $\theta_e=\frac{k}{n}$.

不过，根据他前几年非法销售类似电子游戏的过程，马克斯对 θ 的值可能有更多的了解．例如，假设他猜测将购买《僵尸海滩派对》的潜在客户所占百分比可能在 3%至 4%之间，并且可能不会超过 7%．那么一个合理的先验分布 Θ 将是一个集中分布在 0 至 0.07 区间范围内，均值或中位数在 0.035 范围内的概率密度函数.

贝塔概率密度函数就是这样一种概率模型，其形状符合马克斯施加的约束．以 Θ 为随机变量，贝塔概率密度函数(两个参数)写成：

$$f_\Theta(\theta)=\frac{\Gamma(r+s)}{\Gamma(r)\Gamma(s)}\theta^{r-1}(1-\theta)^{s-1},\quad 0\leqslant\theta\leqslant1$$

$r=2$ 和 $s=4$ 时的贝塔分布如图 5.8.1 所示．为 r 和 s 选择不同的值，可以使 $f_\Theta(\theta)$ 更加向右或向左倾斜，并且分布的大部分可以集中在接近 0 或接近 1 的位置．问题是，如果使用合理的贝塔概率密度函数作为 Θ 的先验分布，并且如果随机抽取 k 个潜在客户(n 个客户中)表示他们将购买该电子游戏，那么 Θ 的合理后验分布是什么？

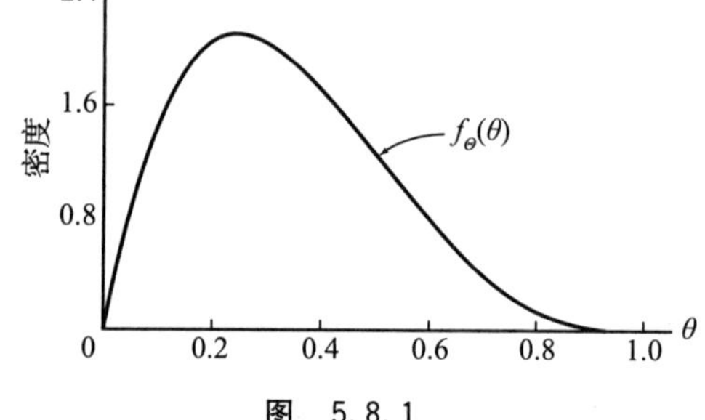

图　5.8.1

根据定义 5.8.1，对于 $W(=X)$ 是离散的而 Θ 是连续的情况，

$$g_\Theta(\theta|X=k)=\frac{p_X(k|\theta)f_\Theta(\theta)}{\int_{-\infty}^{\infty}p_X(k|\theta)f_\Theta(\theta)\mathrm{d}\theta}$$

分子为

$$\begin{aligned}p_X(k|\theta)f_\Theta(\theta)&=\binom{n}{k}\theta^k(1-\theta)^{n-k}\frac{\Gamma(r+s)}{\Gamma(r)\Gamma(s)}\theta^{r-1}(1-\theta)^{s-1}\\&=\binom{n}{k}\frac{\Gamma(r+s)}{\Gamma(r)\Gamma(s)}\theta^{k+r-1}(1-\theta)^{n-k+s-1}\end{aligned}$$

由此

$$\begin{aligned}g_\Theta(\theta|X=k)&=\frac{\binom{n}{k}\frac{\Gamma(r+s)}{\Gamma(r)\Gamma(s)}\theta^{k+r-1}(1-\theta)^{n-k+s-1}}{\int_0^1\binom{n}{k}\frac{\Gamma(r+s)}{\Gamma(r)\Gamma(s)}\theta^{k+r-1}(1-\theta)^{n-k+s-1}\mathrm{d}\theta}\\&=\left[\frac{\binom{n}{k}\frac{\Gamma(r+s)}{\Gamma(r)\Gamma(s)}}{\int_0^1\binom{n}{k}\frac{\Gamma(r+s)}{\Gamma(r)\Gamma(s)}\theta^{k+r-1}(1-\theta)^{n-k+s-1}\mathrm{d}\theta}\right]\theta^{k+r-1}(1-\theta)^{n-k+s-1}\end{aligned}$$

请注意，如果贝塔概率密度函数中的参数 r 和 s 分别被重新记为 $k+r$ 和 $n-k+s$，则 $f_\Theta(\theta)$的公式为

$$f_\Theta(\theta)=\frac{\Gamma(n+r+s)}{\Gamma(k+r)\Gamma(n-k+s)}\theta^{k+r-1}(1-\theta)^{n-k+s-1} \tag{5.8.1}$$

但是对于 θ 和$(1-\theta)$相同的指数出现在表达式 $g_\Theta(\theta|X=k)$的方括号之外．由于仅存在一个 $f_\Theta(\theta)$，其变量因子为 $\theta^{k+r-1}(1-\theta)^{n-k+s-1}$，因此得出 $g_\Theta(\theta|X=k)$是参数为 $k+r$ 和 $n-k+s$ 的贝塔概率密度函数．

构建 Θ 的后验分布的最后一步是选择 r 和 s 的值，这些值将产生具有公式(5.8.1)描述的结构的贝塔分布(先验分布)，即分布集中在 0 至 0.07 区间范围内，均值或中位数在 0.035 范围内．贝塔分布概率密度函数的期望值为 $r/(r+s)$[100]．设定 0.035 等于该商意味着

$$s\approx 28r$$

通过使用可以求解贝塔分布概率密度函数的积分的计算器进行试错计算，我们发现 $r=4$和 $s=28(4)=112$ 的值产生的 $f_\Theta(\theta)$几乎所有的面积都在 0.07 左侧．将这些 r 和 s 的值代入 $g_\Theta(\theta|X=k)$得到完整的后验分布：

$$\begin{aligned}g_\Theta(\theta|X=k)&=\frac{\Gamma(n+116)}{\Gamma(k+4)\Gamma(n-k+112)}\theta^{k+4-1}(1-\theta)^{n-k+112-1}\\&=\frac{(n+115)!}{(k+3)!(n-k+111)!}\theta^{k+3}(1-\theta)^{n-k+111}\end{aligned}$$

■

例 5.8.3 某些先验分布与某些参数“拟合”得很好，由此产生的后验分布很容易处理．例 5.8.2 是一个将贝塔先验分布分配给二项分布概率密度函数中的未知参数得出贝塔后验分布的例子．如果在泊松分布中使用伽马分布概率密度函数作为参数的先验分布，则类似的关系成立．

假设 $X_1,X_2,\cdots,X_n$ 为来自泊松分布中的随机样本，其概率密度函数为 $p_X(k|\theta)=\mathrm{e}^{-\theta}\theta^k/k!$，$k=0,1,\cdots$．设 $W=\sum_{i=1}^{n}X_i$．通过例 3.12.10，W 具有参数为 $n\theta$ 的泊松分布，即 $p_W(w|\theta)=\mathrm{e}^{-n\theta}(n\theta)^w/w!$，$w=0,1,2,\cdots$．

设伽马分布概率密度函数 $f_\Theta(\theta)=\frac{\mu^s}{\Gamma(s)}\theta^{s-1}\mathrm{e}^{-\mu\theta}$，$0<\theta<\infty$是分配给 Θ 的先验分布，那么

$$g_\Theta(\theta|W=w)=\frac{p_W(w|\theta)f_\Theta(\theta)}{\int_\theta p_W(w|\theta)f_\Theta(\theta)\mathrm{d}\theta}$$

其中

$$p_W(w|\theta)f_\Theta(\theta)=\mathrm{e}^{-n\theta}\frac{(n\theta)^w}{w!}\frac{\mu^s}{\Gamma(s)}\theta^{s-1}\mathrm{e}^{-\mu\theta}=\frac{n^w}{w!}\frac{\mu^s}{\Gamma(s)}\theta^{w+s-1}\mathrm{e}^{-(\mu+n)\theta}$$

现在，使用与例 5.8.2 中简化后验分布计算相同的讨论，我们可以得到

$$g_{\Theta}(\theta|W=w)=\left[\frac{\dfrac{n^w}{w!}\dfrac{\mu^s}{\Gamma(s)}}{\displaystyle\int_{\theta}p_W(w|\theta)f_{\Theta}(\theta)\mathrm{d}\theta}\right]\theta^{w+s-1}\mathrm{e}^{-(\mu+n)\theta}$$

但是唯一具有因子 $\theta^{w+s-1}\mathrm{e}^{-(\mu+n)\theta}$ 的概率密度函数是具有参数 $w+s$ 和 $\mu+n$ 的伽马分布. 那么

$$g_{\Theta}(\theta|W=w)=\frac{(\mu+n)^{w+s}}{\Gamma(w+s)}\theta^{w+s-1}\mathrm{e}^{-(\mu+n)\theta}$$ ■

案例研究 5.8.1

预测每年袭击美国大陆的飓风数量是一个备受公众关注的问题，因为 2004 年夏天发生了灾难性的事件，四次飓风袭击佛罗里达州，造成数十亿美元的损失和几次大规模疏散. 对于在 4.2 节讨论的所有原因，对到达大陆的飓风数量进行建模的概率密度函数显然是泊松分布，其中未知参数 θ 将是给定年份的预期次数.

表 5.8.1 显示了三个五十年期间实际登陆的飓风次数. 利用这些信息构造 θ 的后验分布. 假设先验分布是伽马分布概率密度函数.

表 5.8.1

年份	飓风次数
1851—1900	88
1901—1950	92
1951—2000	72

毫不奇怪，气象学家认为最早的 1851 年到 1900 年的数据是最不可靠的. 因此，这 88 次飓风将被用来设定先验分布. 令

$$f_{\Theta}(\theta)=\frac{\mu^s}{\Gamma(s)}\theta^{s-1}\mathrm{e}^{-\mu\theta},\ 0<\theta<\infty$$

回顾定理 4.6.3，伽马概率密度函数 $E(\Theta)=s/\mu$. 从 1851 年到 1900 年，每年飓风的样本平均次数为 $\frac{88}{50}$. 令后者等于 $E(\Theta)$，则伽马参数分配为 $s=88$，$\mu=50$. 也就是说，我们可以取先验分布为

$$f_{\Theta}(\theta)=\frac{50^{88}}{\Gamma(88)}\theta^{88-1}\mathrm{e}^{-50\theta}$$

此外，例 5.8.3 末尾给出的后验分布变为

$$g_{\Theta}(\theta|W=w)=\frac{(50+n)^{w+88}}{\Gamma(w+88)}\theta^{w+87}\mathrm{e}^{-(50+n)\theta}$$

那么，纳入后验分布的数据将是数据库中 $w=92+72=164$ 次发生在最近 $n=100$ 年的飓风. 因此

$$g_{\Theta}(\theta|W=w)=\frac{(50+100)^{164+88}}{\Gamma(164+88)}\theta^{164+87}\mathrm{e}^{-(50+100)\theta}=\frac{(150)^{252}}{\Gamma(252)}\theta^{251}\mathrm{e}^{-150\theta}$$

例 5.8.4 在目前为止看到的例子中，具有统计量 W 和参数 Θ[先验分布为 $f_\theta(\theta)$]的联合概率密度函数 $g_{W,\theta}(w,\theta)=p_W(w|\theta)f_\theta(\theta)$是求 Θ 后验分布的起点. 然而，对于某些应用，目标不是求 $g_\theta(\theta|W=w)$，而是求 W 的边际概率密度函数.

例如，假设一个大小为 $n=1$ 的样本是从泊松概率密度函数 $p_W(w|\theta)=\mathrm{e}^{-\theta}\theta^w/w!$，$w=0$，$1,\cdots$中提取的，其中先验分布为伽马概率密度函数 $f_\theta(\theta)=\dfrac{\mu^s}{\Gamma(s)}\theta^{s-1}\mathrm{e}^{-\mu\theta}$. 根据例 5.8.3，

$$g_{W,\theta}(w,\theta)=p_W(w|\theta)f_\theta(\theta)=\frac{1}{w!}\frac{\mu^s}{\Gamma(s)}\theta^{w+s-1}\mathrm{e}^{-(\mu+1)\theta}$$

那么 W 对应的边际概率密度函数 $p_W(w)$是什么？

回想定理 3.7.2，将 W 和 Θ 的联合概率密度函数对 θ 积分得到

$$\begin{aligned}p_W(w)&=\int_0^\infty g_{W,\theta}(w,\theta)\mathrm{d}\theta=\int_0^\infty\frac{1}{w!}\frac{\mu^s}{\Gamma(s)}\theta^{w+s-1}\mathrm{e}^{-(\mu+1)\theta}\mathrm{d}\theta\\&=\frac{1}{w!}\frac{\mu^s}{\Gamma(s)}\int_0^\infty\theta^{w+s-1}\mathrm{e}^{-(\mu+1)\theta}\mathrm{d}\theta=\frac{1}{w!}\frac{\mu^s}{\Gamma(s)}\frac{\Gamma(w+s)}{(\mu+1)^{w+s}}\\&=\frac{\Gamma(w+s)}{w!\Gamma(s)}\left(\frac{\mu}{\mu+1}\right)^s\left(\frac{1}{\mu+1}\right)^w\end{aligned}$$

而$\dfrac{\Gamma(w+s)}{w!\ \Gamma(s)}=\dbinom{w+s-1}{w}$. 最后，令 $p=\mu/(\mu+1)$，则 $1-p=1/(\mu+1)$，边际概率密度函数化简为参数为 s 和 p 的负二项分布：

$$p_W(w)=\binom{w+s-1}{w}p^s(1-p)^w$$

(见习题 4.5.6). ■

案例研究 5.8.2

心理学家使用一种特殊的协调测试来研究测试者犯人为错误的可能性. 已知对于任意给定的测试者，在测试中犯此类错误的次数服从泊松分布，其参数 θ 具有特定值. 但是众所周知 θ 因人而异(通过观察我们周围那些笨手笨脚的人). 实际上，假设 Θ 的可变性可以用伽马概率密度函数来描述. 如果是这样，则测试者所犯错误数量的边际概率密度函数应服从负二项分布(根据例 5.8.4).

表 5.8.2 的第 1 列和第 2 列显示了 504 个测试者在协调测试中犯下的错误数量：82 个为零错误，57 个为一个错误，以此类推. 要知道是否可以通过负二项分布对这些反应进行适当建模，就需要估计参数 p 和 s. 为此，应注意负二项分布中 p 的最大似然估计值为 $ns\Big/\sum\limits_{i=1}^n w_i$.

然后，可以通过选择 s 的值并求解 p 来计算预期频数. 通过反复试验，第 3 列中显示的数据基于负二项概率密度函数，其中 $s=0.8$，$p=(504)(0.8)/3\ 821=0.106$. 显然，该模型非常合理，因此支持例 5.8.4 中进行的分析.

表 5.8.2

错误数量，w	观测频数	负二项预测频数	错误数量，w	观测频数	负二项预测频数
0	82	79.2	17	6	6.5
1	57	57.1	18	6	5.8
2	46	46.3	19	5	5.2
3	39	38.9	20	5	4.6
4	33	33.3	21	4	4.1
5	28	28.8	22	4	3.7
6	25	25.1	23	3	3.3
7	22	22.0	24	3	2.9
8	19	19.3	25	3	2.6
9	17	17.0	26	2	2.4
10	15	15.0	27	2	2.1
11	13	13.3	28	2	1.9
12	12	11.8	29	2	1.7
13	10	10.4	30	2	1.5
14	9	9.3	≥31	13	13.1
15	8	8.3	共计	504	504.0
16	7	7.3			

贝叶斯估计

贝叶斯分析原理的基本概念是，关于未知参数 θ 的所有相关信息都编码在参数的后验分布 $g_\Theta(\theta|W=w)$ 中. 在此前提下，出现了一个明显的问题：如何使用 $g_\Theta(\theta|W=w)$ 计算适当的点估计量 $\hat{\theta}$？一种类似于使用似然函数来求极大似然估计量的方法是对后验分布微分，在这种情况下，模型 $\mathrm{d}g_\Theta(\theta|W=w)/\mathrm{d}\theta=0$ 的值成为 $\hat{\theta}$.

但是，由于理论原因，贝叶斯学派更喜欢的一种方法是将决策理论中的一些关键思想用作确定合理 $\hat{\theta}$ 的框架. 因此选择贝叶斯估计以使与 $\hat{\theta}$ 相关的风险最小化，其中风险是估计误差引起的损失的期望值. 可以推测，随着 $\hat{\theta}-\theta$ 的值离 0 越来越远，也就是说，随着估计误差越大，与 $\hat{\theta}$ 相关的损失将增加.

定义 5.8.2 假设 $\hat{\theta}$ 是基于统计量 W 的 θ 的估计量. 将与 $\hat{\theta}$ 相关的损失函数表示为 $L(\hat{\theta},\theta)$，其中 $L(\hat{\theta},\theta)\geqslant 0$ 并且 $L(\theta,\theta)=0$.

例 5.8.5 通常情况下，以任何精确的方式量化 $\hat{\theta}$ 不等于 θ 的后果(经济或其他方面)几乎是不可能的. 选择这些情况下定义的“通用”损失函数主要是为了便于数学计算. 最常用的两种是 $L(\hat{\theta},\theta)=|\hat{\theta}-\theta|$ 和 $L(\hat{\theta},\theta)=(\hat{\theta}-\theta)^2$. 不过，有时估计参数确实允许以非常具体和相关的方式定义损失函数.

考虑一下马克斯所面临的库存困境，他是一个贝叶斯学派电子游戏盗版者，其非法活动如例 5.8.2 所述. 所讨论的未知参数是 θ，即他的 n 个潜在客户中购买《僵尸海滩派对》副本的比例. 假设马克斯出于一些原因决定用 $\hat{\theta}$ 来估计 θ. 因此，他应该有 $n\hat{\theta}$ 份电子游戏的副本. 也就是说，相应的损失函数是什么？

这里，$\hat{\theta}$ 不等于 θ 的含义很容易量化．如果 $\hat{\theta}<\theta$，那么将损失 $n(\theta-\hat{\theta})$ 的销售额(例如，每个副本的成本为 c 美元)．另一方面，如果 $\hat{\theta}>\theta$，将有 $n(\hat{\theta}-\theta)$ 未售出的副本，每个副本都将产生存储成本，比如说，每单位 d 美元．那么，适用于马克斯情况的损失函数可以明确定义为：

$$L(\hat{\theta},\theta)=\begin{cases}cn(\theta-\hat{\theta})\text{ 美元}, & \hat{\theta}<\theta,\\ dn(\hat{\theta}-\theta)\text{ 美元}, & \hat{\theta}>\theta\end{cases}$$ ■

定义 5.8.3　设 $L(\hat{\theta},\theta)$ 是关于估计参数 θ 的损失函数．设 $g_{\Theta}(\theta|W=w)$ 为随机变量 Θ 的后验分布．那么与 $\hat{\theta}$ 相关的风险就是损失函数相对于 θ 后验分布的期望值．

$$\text{风险}=\begin{cases}\int_{\theta}L(\hat{\theta},\theta)g_{\Theta}(\theta|W=w)\mathrm{d}\theta, & \text{如果 }\Theta\text{ 是连续的},\\ \sum_{\text{所有 }\theta}L(\hat{\theta},\theta)g_{\Theta}(\theta|W=w), & \text{如果 }\Theta\text{ 是离散的}\end{cases}$$

利用风险函数求 $\hat{\theta}$

假设风险函数表示与估计量 $\hat{\theta}$ 相关的预期损失，寻找风险最小化的 $\hat{\theta}$ 是有意义的．任何达到这一目标的 $\hat{\theta}$ 都被称为贝叶斯估计值．一般来说，求贝叶斯估计值需要解方程 d(风险)/$\mathrm{d}\hat{\theta}=0$．对于两个最常用的损失函数 $L(\hat{\theta},\theta)=|\hat{\theta}-\theta|$ 和 $L(\hat{\theta},\theta)=(\hat{\theta}-\theta)^2$，有一种更简单的方法来计算 $\hat{\theta}$．

定理 5.8.1　设 $g_{\Theta}(\theta|W=w)$ 为未知参数 θ 的后验分布．

a. 如果与 $\hat{\theta}$ 相关的损失函数为 $L(\hat{\theta},\theta)=|\hat{\theta}-\theta|$，则 θ 的贝叶斯估计值是 $g_{\Theta}(\theta|W=w)$ 的中位数．

b. 如果与 $\hat{\theta}$ 相关的损失函数是 $L(\hat{\theta},\theta)=(\hat{\theta}-\theta)^2$，则 θ 的贝叶斯估计值是 $g_{\Theta}(\theta|W=w)$ 的均值．

证明

a. 根据随机变量期望值的一般结果进行证明．这里期望的概率密度函数是后验分布这一事实与此无关．对于连续随机变量(具有有限期望值)，将给出推导；对于离散情况的证明类似．

设 $f_W(w)$ 为随机变量 W 的概率密度函数，其中 W 的中位数为 m，则

$$\begin{aligned}E(|W-m|)&=\int_{-\infty}^{\infty}|w-m|f_W(w)\mathrm{d}w\\&=\int_{-\infty}^{m}(m-w)f_W(w)\mathrm{d}w+\int_{m}^{\infty}(w-m)f_W(w)\mathrm{d}w\\&=m\int_{-\infty}^{m}f_W(w)\mathrm{d}w-\int_{-\infty}^{m}wf_W(w)\mathrm{d}w+\\&\quad\int_{m}^{\infty}wf_W(w)\mathrm{d}w-m\int_{m}^{\infty}f_W(w)\mathrm{d}w\end{aligned}$$

根据中位数的定义，第一个积分和最后一个积分相等，故

$$E(|W-m|)=-\int_{-\infty}^{m} wf_W(w)\mathrm{d}w+\int_{m}^{\infty} wf_W(w)\mathrm{d}w$$

现在，假设 $m\geqslant 0$（m 为负的证明是相似的）. 把第一个积分分成两部分

$$E(|W-m|)=-\int_{-\infty}^{0} wf_W(w)\mathrm{d}w-\int_{0}^{m} wf_W(w)\mathrm{d}w+\int_{m}^{\infty} wf_W(w)\mathrm{d}w$$

注意中间的积分是正的，所以把它的负号改成正号意味着

$$\begin{aligned}E(|W-m|)&\leqslant-\int_{-\infty}^{0} wf_W(w)\mathrm{d}w+\int_{0}^{m} wf_W(w)\mathrm{d}w+\int_{m}^{\infty} wf_W(w)\mathrm{d}w\\&=\int_{-\infty}^{0} -wf_W(w)\mathrm{d}w+\int_{0}^{\infty} wf_W(w)\mathrm{d}w\end{aligned}$$

由此

$$E(|W-m|)\leqslant E(|W|) \tag{5.8.2}$$

最后，假设 b 是任意常数，那么

$$\frac{1}{2}=P(W\leqslant m)=P(W-b\leqslant m-b)$$

表明 $m-b$ 是随机变量 $W-b$ 的中位数. 将公式(5.8.2)应用于变量 $W-b$，我们可以得到

$$E(|W-m|)=E[|(W-b)-(m-b)|]\leqslant E(|W-b|)$$

这意味着 $g_\Theta(\theta|W=w)$ 的中位数是当 $L(\hat{\theta},\theta)=|\hat{\theta}-\theta|$ 时 θ 的贝叶斯估计值.

b. 设 W 为均值为 μ，方差有限的任意随机变量，b 为任意常数. 那么

$$\begin{aligned}E[(W-b)^2]&=E\{[(W-\mu)+(\mu-b)]^2\}\\&=E[(W-\mu)^2]+2(\mu-b)E(W-\mu)+(\mu-b)^2\\&=\mathrm{Var}(W)+0+(\mu-b)^2\end{aligned}$$

意味着当 $b=\mu$ 时，$E[(W-b)^2]$ 最小化. 因此，在给定二次损失函数的情况下，θ 的贝叶斯估计值是后验分布的均值.

例 5.8.6 回顾例 5.8.3，其中假定泊松分布中的参数具有伽马先验分布. 对于大小为 n 的随机样本，其中 $W=\sum_{i=1}^{n} X_i$，

$$p_W(w|\theta)=\mathrm{e}^{-n\theta}(n\theta)^w/w!\quad w=0,1,2,\cdots$$

$$f_\Theta(\theta)=\frac{\mu^s}{\Gamma(s)}\theta^{s-1}\mathrm{e}^{-\mu\theta}$$

这导致后验分布是一个参数为 $w+s$ 和 $\mu+n$ 的伽马分布概率密度函数.

假设与 $\hat{\theta}$ 相关的损失函数是二次函数 $L(\hat{\theta},\theta)=(\hat{\theta}-\theta)^2$. 根据定理 5.8.1 的(b)部分，$\theta$ 的贝叶斯估计值是后验分布的均值. 然而，从定理 4.6.3 来看，$g_\Theta(\theta|W=w)$ 的均值是 $(w+s)/(\mu+n)$.

注意到

$$\frac{w+s}{\mu+n}=\frac{n}{\mu+n}\left(\frac{w}{n}\right)+\frac{\mu}{\mu+n}\left(\frac{s}{\mu}\right)$$

这表明贝叶斯估计值是 θ 的极大似然估计值 w/n 与先验分布的均值 s/μ 的加权平均值. 此外，随着 n 变大，贝叶斯估计值会收敛到极大似然估计值. ■

习题

5.8.1 假设 X 是一个服从几何分布的随机变量，其中 $p_X(k|\theta)=(1-\theta)^{k-1}\theta$，$k=1,2,\cdots$. 假设 θ 的先验分布是参数为 r 和 s 的贝塔概率密度函数，求 θ 的后验分布.

5.8.2 在例 5.8.2 中找到 θ 的均方误差损失 $L(\hat{\theta},\theta)=(\hat{\theta}-\theta)^2$ 贝叶斯估计值，并将其表示为 θ 的极大似然估计值的加权平均值和先验分布概率密度函数的均值.

5.8.3 假设例 5.8.2 中描述的二项概率密度函数指候选人在大选前进行的投票中可能获得的票数. 此外，假设 θ 的先验分布为贝塔分布，每个指标都表明选举将接近. 那么，民意调查者有很好的理由将先验分布的大部分集中在 $\theta=\frac{1}{2}$ 附近. 如果将贝塔分布的两个参数 r 和 s 都设定为 135，则可以实现该目标.（如果 $r=s=135$，θ 在 0.45 和 0.55 之间的概率约为 0.90.）

(a) 求相应的后验分布.

(b) 求 θ 的均方误差损失贝叶斯估计值，并将其表示为 θ 的极大似然估计值和先验分布的均值的加权平均值.

5.8.4 二项分布概率密度函数中参数 θ 的均方误差损失贝叶斯估计值是什么？其中 θ 服从均匀分布，即无信息先验.（均匀先验是当 $r=s=1$ 时的贝塔分布.）

5.8.5 在习题 5.8.2～5.8.4 中，贝叶斯估计值是否是无偏估计？它是渐近无偏的吗？

5.8.6 假设 Y 是服从参数为 r 和 θ 的伽马分布的随机变量，先验分布是参数为 s 和 μ 的伽马分布. 证明后验分布的概率密度函数为参数为 $r+s$ 和 $\theta+\mu$ 的伽马分布.

5.8.7 假设 $Y_1,Y_2,\cdots,Y_n$ 是来自参数为 r 和 θ 的伽马分布的随机样本，其中，θ 的先验分布是参数为 s 和 μ 的伽马分布概率密度函数. 令 $W=Y_1+Y_2+\cdots+Y_n$，求 θ 的后验分布概率密度函数.

5.8.8 求习题 5.8.7 中 θ 的均方误差损失贝叶斯估计值.

5.8.9 再次考虑例 5.8.2 中描述的场景：一个二项随机变量 X 有参数 n 和 θ，其中后者有一个带有整数参数 r 和 s 的贝塔先验分布. 将联合分布概率密度函数 $p_X(k|\theta)f_\Theta(\theta)$ 对 θ 积分，证明 X 的边际概率密度函数为：

$$p_X(k)=\frac{\binom{k+r-1}{k}\binom{n-k+s-1}{n-k}}{\binom{n+r+s-1}{n}},\quad k=0,1,\cdots,n$$

5.9 重新审视统计学(超越经典估计)

本章提出的估计理论可以恰当地被称为经典理论. 它是 19 世纪末 20 世纪初的遗产，在罗纳德・A. 费希尔的工作中达到顶峰，特别是他在 1922 年发表的基础性论文[52].

本章涵盖了历史悠久的，但仍然充满活力的，理论性和技术性的估计. 这些资料是现代统计学许多进步的基础. 而且，这些方法也为参数估计和建模提供了有用的方法.

但统计学，如同其他学科一样，也在进步. 就像大多数科学一样，计算机已经极大地改变了现状. 一些经典的问题，如求极大似然估计量，在费希尔时代是很难解决的，现在可以通过计算机来解决.

然而，现代计算机不仅为解决老问题提供了新的方法，而且也提供了新的途径. 其中一组新方法被称为重采样. 重采样的一部分称为自助法. 当经典推理不可能时，这个技术是很有用的.

在本节中不可能对自助法进行一般性的解释，但举例说明它在估计标准误差方面的应用应该可以提供一种思路.

估计量 $\hat{\theta}$ 的标准误差就是它的标准差，即 $\sqrt{\operatorname{Var}(\hat{\theta})}$. 标准误差或其近似值是建立置信区间的重要组成部分. 对于正常情况，$\overline{Y}$ 是置信区间的基础，其标准误差为 $\sigma/\sqrt{n}$. 如果 X 是服从参数为 n 和 p 的二项分布的随机变量，则标准误差 $\sqrt{\dfrac{p(1-p)}{n}}$ 很容易近似为 $\sqrt{\dfrac{\frac{k}{n}\left(1-\frac{k}{n}\right)}{n}}$，其中 k 是观测到的成功次数.

不过，一般来说，估计标准误差可能不是那么简单. 比如，考虑参数为 $r=2$ 和未知参数为 θ 的伽马分布概率密度函数 $f_Y(y;\theta)=\dfrac{1}{\theta^2}ye^{-y/\theta}$. 回顾例 5.2.2，$\theta$ 的极大似然估计量是 $\dfrac{1}{2}\overline{Y}$，那么它的方差是

$$\operatorname{Var}\left(\frac{1}{2}\overline{Y}\right)=\frac{1}{4}\operatorname{Var}(\overline{Y})=\frac{1}{4}\frac{\operatorname{Var}(Y)}{n}=\frac{1}{4n}2\theta^2=\frac{\theta^2}{2n}$$

标准误差是方差的平方根，即 $\dfrac{\theta}{\sqrt{2n}}$.

为了理解这种情况下标准误差的自助法估计技巧，让我们来分析一个通过一系列步骤给出数值的例子.

第一步：从感兴趣的概率密度函数中随机抽取一个样本开始自助法. 如果我们令 $n=15$，表 5.9.1 是 $f_Y(y;\theta)=\dfrac{1}{\theta^2}ye^{-y/\theta}$ 给定的样本.

表　5.9.1

30.987	9.949	26.720	9.651	29.137
47.653	33.250	4.933	17.923	2.400
7.580	9.941	16.624	28.514	10.693

第二步：表中数据之和为 285.955，因此参数 θ 的极大似然估计值为

$$\theta_e=\frac{1}{2}\bar{y}=\frac{1}{2}\cdot\frac{1}{15}(285.955)=9.5318$$

第三步：然后使用 θ 的估计值 $\theta_e=9.5318$，从 $f_Y(y;9.5318)=\dfrac{1}{(9.5318)^2}ye^{-y/9.5318}$ 中随机抽取 200 个样本.

这里只需注意样本显示为一个包含 15 列和 200 行的数字数组. 每行表示来自指定伽马

分布概率密度函数的大小为 15 的随机样本.

第四步：利用表 5.9.2 的每一行得到 $\theta_e=\frac{1}{2}\overline{y}$，即未知参数 θ 的估计值. 对于表 5.9.2 中的第 1 行，我们得到 $\theta_e=11.2873$，对于第 2 行，$\theta_e=11.6986$.

表　5.9.2

19.445	10.867	6.183	3.517	20.388	51.501	14.735	52.809	11.244	59.533	15.135	15.579	14.354	22.670	…
11.808	4.380	12.44	9.208	9.222	2.674	63.703	36.037	46.190	22.793	23.329	40.706	23.872	40.909	…
⋮（其余 197 行）														
7.536	4.693	7.452	22.606	11.512	2.136	2.718	25.778	16.023	27.405	18.801	65.723	0.853	7.536	…

第五步：从第四步开始，对 θ 的结果进行 200 次估计. 计算这 200 个数字的样本标准差，得出值为 1.834 91.

这是自助法估计的标准误差.

表 5.9.1 中原始样本数据的 θ 值为 10. 因此，实际标准误差为

$$\frac{\theta}{\sqrt{2n}}=\frac{10}{\sqrt{2\cdot 15}}=1.82574$$

自助法估计值 1.834 91 与实际值非常接近.

第 6 章　假设检验

年轻时，拉普拉斯不顾父亲希望他当神职人员的愿望，去巴黎寻求成为数学家的机会．他很快成为达朗贝尔(d'Alembert)的门生，并在 24 岁时入选科学院．之后拉普拉斯因其在物理学、天体力学和纯数学方面的成就而被认为是该群体的领军人物之一．他在政治上也颇具声望，他的朋友拿破仑·波拿巴(Napoleon Bonaparte)曾短暂的任命他为内政部长．随着波旁王朝的复辟，拉普拉斯与拿破仑断绝了关系，转而效忠路易十八，路易十八后来封他为侯爵．

——皮埃尔·西蒙·拉普拉斯侯爵(Pierre-Simon，Marquis de Laplace)(1749—1827)

6.1　引言

正如我们在第 5 章中学习的，参数的数值估计结果通常以单点或置信区间的形式呈现．但并非总是如此．在许多实验情况下，得出的结论并不以数值的形式呈现，而是表述为在两个相互矛盾的理论或假设之间进行选择．例如，法庭上，精神病医生要判断被指控的杀人犯是“神志正常的”还是“精神失常的”；FDA(美国食品物品监督管理局)必须判断一种新型流感疫苗是“有效药”还是“无效药”；一位遗传学家需要得出结论，某种类型的果蝇的眼睛颜色遗传是遵循经典孟德尔原理，还是不遵循经典孟德尔原理．在本章中，我们将研究这些情况下所采取的统计方法以及这类决策涉及的相关后果．

我们将一个实验的可能结论二分化，然后利用概率论的方法选择一个可能的选项而不是另一个的过程称为假设检验．我们分别把这两个对立的命题称为零假设(写作 H_0)和备择假设(写作 H_1)．如何在上述两者中进行选择，在概念上类似于陪审团在法庭审判中审议的形式．我们可以将零假设看作被告：正如嫌疑犯在被“证明”有罪之前会被假定无罪一样，零假设也被我们“接受”，直到数据出现压倒性地反驳．从数学方面来讲，在 H_0 和 H_1 中做选择便是一种将陪审团审议应用于由随机变量组成的“证据”情况的练习．

我们会在第 6 章主要讨论假设检验的基本原则，特别是决策过程的概率结构．假设检验的应用将在第 7 章具体讨论．

6.2　决策规则

现有一家车企正在寻找可能提升汽油里程数(一加仑[⊖]汽油所行驶的里程)的添加剂．作为一项试点研究，他们派了 30 辆使用了添加剂的汽车从波士顿开到洛杉矶．如果没有使用添加剂，这些车的平均里程为 25.0 英里/加仑．

⊖ 1 美加仑＝3.785 41 立方分米．
1 英加仑＝4.546 09 立方分米．——编辑注

假设这 30 辆使用了添加剂的汽车平均每加仑汽油行驶了$\bar{y}=26.3$英里. 公司可以得到怎样的结论? 如果添加剂是有效的, 但该公司认为每加仑的行驶里程从 25.0 到 26.3 的增长纯属偶然, 那么该公司将错过一个潜在的利润丰厚的产品. 另一方面, 如果添加剂是无效的, 但公司将里程增加解释为添加剂有效的"证据", 那么他们开发这款没有内在价值的产品最终将浪费时间和金钱.

在实践中, 研究人员将评估 25.0 英里/加仑到 26.3 英里/加仑的增幅, 方法是通过 6.1 节中提到的"法庭审议"类比公司进行选择的环节. 在这里, 零假设(通常是反映现状的陈述)表示添加剂没有效果; 而备择假设表示添加剂是有效的. 根据约定, 我们首先给出H_0(类似被告)的"无罪推定". 如果使用了添加剂的汽车里程数在某种概率意义上"接近"25.0, 那么我们就可以得出结论, 新的添加剂并没有显示出它的优越性. 事实上我们的问题在于 26.3 英里/加仑是否符合"接近"25.0 英里/加仑的标准, 这并不是显而易见的.

这里, 我们使用随机变量的术语重新表述问题是有帮助的. 令$y_1, y_2, \cdots, y_{30}$表示每辆车在试验中行驶的里程. 我们假设y_i服从均值μ未知的正态分布. 此外, 假设这种类型的道路试验的经验表明, σ将等于 2.4 英里/加仑[⊖]. 即

$$f_Y(y;\mu)=\frac{1}{\sqrt{2\pi}(2.4)}\mathrm{e}^{-\frac{1}{2}\left(\frac{y-\mu}{2.4}\right)^2},\quad -\infty<y<\infty$$

(随机变量Y是定义在区间$(-\infty,\infty)$上的, 但y_i的实际值是不是不存在值为负的情况? 请解释.)因此, 两个对立的假设可以表示为关于μ的陈述. 事实上, 我们正在检验

$$H_0:\mu=25.0(\text{添加剂是无效的})$$

和

$$H_1:\mu>25.0(\text{添加剂是有效的})$$

样本均值$\bar{y}$小于或等于 25.0 当然不能作为拒绝零假设的理由; 均值略大于 25.0 也会导致该结论(因为承诺给出H_0的"无罪推定"). 另一方面, 若存在一个全国平均水平, 比如 35.0 英里/加仑, 则我们可以将其视为反对零假设特别有力的证据, 那么我们的决定将是"拒绝H_0". 实际上, 在 25.0 和 35.0 之间有一个点, 我们称之为$\bar{y}^*$, 这里, 无论出于何种实际目的, H_0都是没有可信度的(见图 6.2.1).

通过结合"法庭审议"的类比和我们已知的$\bar{Y}$的概率行为, 我们是可以为$\bar{y}^*$找到一个合适的数值的. 为了讨论方便, 我们设$\bar{y}^*$等于 25.25, 也就是说, 若$\bar{y}\geqslant 25.25$我们将拒绝H_0.

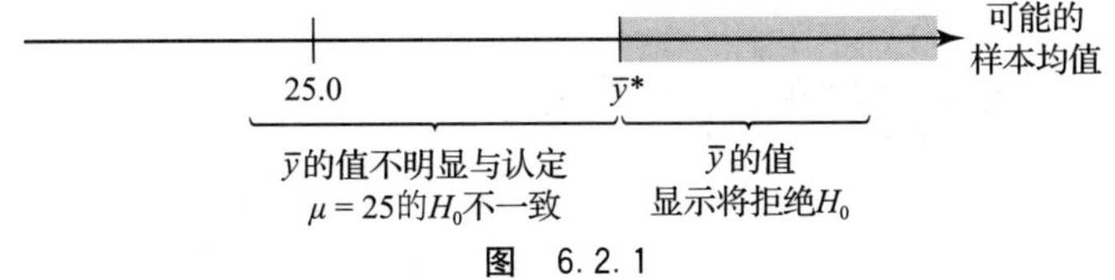

图 6.2.1

那么上述过程是否为一个好的决策规则? 答案是否定的. 若我们定义 25.25 是"接近的", 那么即使H_0是准确的, H_0依旧有 28%的概率被拒绝:

⊖ 在实际应用中, 通常需要估计σ的值; 我们将在第 7 章中回到更常见的场景.

$$P(\text{拒绝 } H_0 \mid H_0 \text{ 为真}) = P(\overline{Y} \geqslant 25.25 \mid \mu = 25.0)$$
$$= P\left(\frac{\overline{Y} - 25.0}{2.4/\sqrt{30}} \geqslant \frac{25.25 - 25.0}{2.4/\sqrt{30}}\right)$$
$$= P(Z \geqslant 0.57) = 0.2843$$

(见图 6.2.2)然而，常识告诉我们，28%的概率并不合适做出推断. 就像没有一个陪审团会在明知有 28%的概率将无辜的人送进监狱的情况下就给被告定罪.

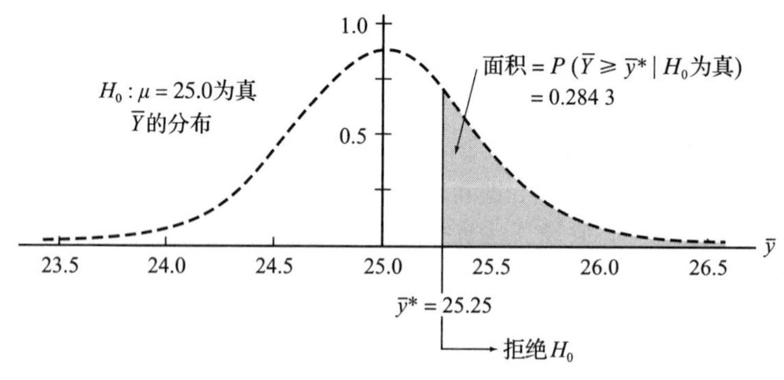

图 6.2.2

显然，我们需要使$\overline{y}^*$更大. 那么设$\overline{y}^*$等于 26.50 合理吗? 事实上，很可能并不合理，因为假设$\overline{y}^*$过大，会导致给予零假设过多的支持，从而在另一个方向上犯错误. 如果$\overline{y}^* = 26.50$，那么当 H_0 为真而拒绝 H_0 的概率仅为 0.000 3:

$$P(\text{拒绝 } H_0 \mid H_0 \text{ 为真}) = P(\overline{Y} \geqslant 26.50 \mid \mu = 25.0)$$
$$= P\left(\frac{\overline{Y} - 25.0}{2.4/\sqrt{30}} \geqslant \frac{26.50 - 25.0}{2.4/\sqrt{30}}\right)$$
$$= P(Z \geqslant 3.42) = 0.0003$$

(见图 6.2.3). 在拒绝 H_0 之前我们需要足够多的证据，这就好比陪审团不会做出有罪判决直到检察官能够提供一屋子的目击证人、明显的作案动机、一份签了字的供词，以及被告汽车后备厢里的一具尸体!

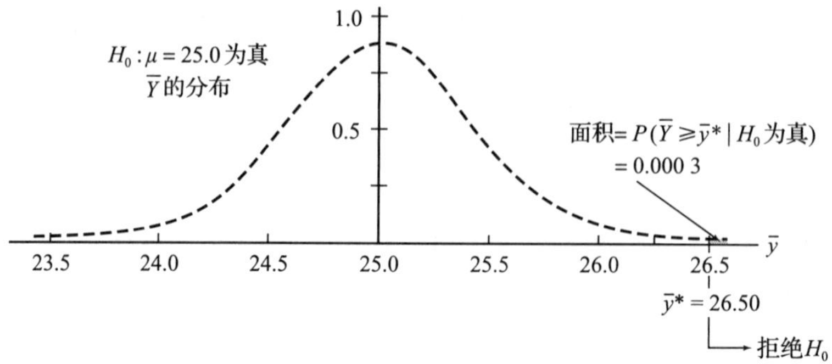

图 6.2.3

如果概率为 0.28 表示对 H_0 的质疑支持太少，而 0.000 3 表示对其质疑支持过多，那么我们应该对 $P(\overline{Y}\geqslant\overline{y}^* \mid H_0$ 为真)选取怎样的值？其实我们并没有办法确定该值，或者说我们无法在数学方面回答这个问题，但使用假设检验的研究人员已经达成一个共识，即当 H_0 为真时拒绝 H_0 的概率在 0.05 附近．经验似乎表明，当概率为 0.05 时，零假设既不会被轻率地拒绝，也不会被“全心全意”地接受．(关于这种特殊的概率及其后果，我们将在 6.3 节中详细介绍.)

注释 1768 年，英国军队被派往波士顿平息一场内乱．内乱发生后，五名市民被杀，几名士兵随后因过失杀人罪受到审判．在解释裁决准则时，法官告知陪审团：“如果总体上，你们对他们的罪行有任何合理的怀疑，那么你们必须服从法治，宣布他们无罪.”[188]．从那以后，“排除一切合理怀疑”就一直是一个常用的指标，用来衡量陪审团需要多少证据来推翻被告的无罪推定．对于许多实验者来说，选择$\overline{y}^*$使得

$$P(\text{选择拒绝 } H_0 \mid H_0 \text{ 为真}) = 0.05$$

就好比陪审团只有在“排除所有合理怀疑”后才会判定被告有罪．(在命运的奇妙转折中，这位不情愿为被控“波士顿大屠杀”的士兵们辩护的律师不是别人，正是后来的美国第二任总统约翰·亚当斯．尽管亚当斯的反英情绪有案可查，但他还是设法让大多数他的“委托人”无罪释放.)

假设这里应用 0.05 为“标准”．找到相应的$\overline{y}^*$是一个类似于例 4.3.6 中计算的过程．考虑到

$$P(\overline{Y} \geqslant \overline{y}^* \mid H_0 \text{ 为真}) = 0.05$$

由此可见，

$$P\left(\frac{\overline{Y}-25.0}{2.4/\sqrt{30}} \geqslant \frac{\overline{y}^*-25.0}{2.4/\sqrt{30}}\right) = P\left(Z \geqslant \frac{\overline{y}^*-25.0}{2.4/\sqrt{30}}\right) = 0.05$$

我们可以从附录表 A.1 得知，$P(Z\geqslant1.64)=0.05$．因此，

$$\frac{\overline{y}^*-25.0}{2.4/\sqrt{30}} = 1.64 \tag{6.2.1}$$

因此我们可以得到$\overline{y}^*=25.718$.

现在已经完全确定该公司的策略：如果$\overline{y}\geqslant25.718$，他们应该拒绝零假设(添加剂没有效果)，而由于样本均值是 26.3，因此拒绝 H_0 确实是合适的决定，这么看来添加剂确实增加了行驶里程.

注释 我们必须记住，拒绝 H_0 并不意味着 H_0 是假的，就像陪审团判定被告有罪一样．简单来说，上文中的“0.05 决策规则”指的是，如果真实均值(μ)是 25.0，那么样本均值($\overline{y}$)大于或等于 25.718 的概率仅为 5%．当 $\overline{y}\geqslant25.718$ 时，由于概率过小，μ 不等于 25.0 便是一个更加合理的结论.

表 6.2.1 便是对“0.05 决策规则”的计算机模拟．从 $\mu=25.0$ 和 $\sigma=2.4$ 的正态分布中抽取了 75 个随机样本，每个样本的大小为 30．然后将每个样本对应的$\overline{y}$与$\overline{y}^*=25.718$ 进行比较．如表中所示，其中共 5 个样本会导致错误的结论——$H_0:\mu=25.0$ 应被拒绝.

由于每个样本均值有 0.05 的概率超过 25.718(当 $\mu=25.0$ 时)，我们预计数据集中有

75(0.05)即 3.75 个样本会导致“拒绝 H_0”的结论. 令人欣慰的是，观察到的不正确推论的数目(=5)非常接近该期望值.

表 6.2.1

$\overline{y}$	≥25.718?	$\overline{y}$	≥25.718?	$\overline{y}$	≥25.718?
25.133	否	25.259	否	25.200	否
24.602	否	25.866	是	25.653	否
24.587	否	25.623	否	25.198	否
24.945	否	24.550	否	24.758	否
24.761	否	24.919	否	24.842	否
24.177	否	24.770	否	25.383	否
25.306	否	25.080	否	24.793	否
25.601	否	25.307	否	24.874	否
24.121	否	24.004	否	25.513	否
25.516	否	24.772	否	24.862	否
24.547	否	24.843	否	25.034	否
24.235	否	25.771	是	25.150	否
25.809	是	24.233	否	24.639	否
25.719	是	24.853	否	24.314	否
25.307	否	25.018	否	25.045	否
25.011	否	25.176	否	24.803	否
24.783	否	24.750	否	24.780	否
25.196	否	25.578	否	25.691	否
24.577	否	24.807	否	24.207	否
24.762	否	24.298	否	24.743	否
25.805	是	24.807	否	24.618	否
24.380	否	24.346	否	25.401	否
25.224	否	25.261	否	24.958	否
24.371	否	25.062	否	25.678	否
25.033	否	25.391	否	24.795	否

定义 6.2.1 若 $H_0:\mu=\mu_0$ 被“0.05 决策规则”拒绝，那么我们称 $\overline{y}$ 和 μ_0 的差是统计显著的.

用 Z 比率表示决策规则

正如我们所见，决策规则是一种阐明拒绝零假设的条件的陈述. 不过，这些陈述在不同的背景下可能会有所不同，那么我们也可以根据不同背景选择更方便使用的决策规则.

回顾等式(6.2.1). 当

$$\overline{y} \geqslant \overline{y}^* = 25.0 + 1.64 \cdot \frac{2.4}{\sqrt{30}} = 25.718$$

我们拒绝了 $H_0:\mu=25.0$，这显然等同于当以下条件成立时拒绝 $H_0:\mu=25.0$：

$$\frac{\overline{y}-25.0}{2.4/\sqrt{30}} \geqslant 1.64 \tag{6.2.2}$$

(如果上述式子中的一个拒绝了零假设，另一个必然也可以).

根据第 4 章，我们可以得到随机变量$\dfrac{\overline{Y}-25.0}{2.4/\sqrt{30}}$服从标准正态分布(若 $\mu=25.0$). 当一个特定的 $\overline{y}$ 代替 $\overline{Y}$ 时(如不等式(6.2.2)所示)，我们将$\dfrac{\overline{y}-25.0}{2.4/\sqrt{30}}$称为观测 z. 在 H_0 和 H_1 之间进行选择通常(并且是最方便的方式)根据观测 z 完成. 而接下来的 6.4 节中，我们将学习某些与假设检验相关的问题，这些问题最好通过使用$\overline{y}^*$ 表述决策规则进行回答.

定义 6.2.2 任何关于观测数据的函数，若其数值决定了 H_0 被接受或被拒绝，我们将其称为检验统计量. 我们将导致零假设被拒绝的检验统计量的值的集合称为临界域，并用 C 表示. C 中将“拒绝域”与“接受域”分开的特定点被称为临界值.

注释 对于汽油里程数的例子，无论是$\overline{y}$还是$\dfrac{\overline{y}-25.0}{2.4/\sqrt{30}}$都符合检验统计量的定义. 若使用样本均值，相关的临界域可写作

$$C=\{\overline{y}:\overline{y}\geqslant 25.718\}$$

(其中 25.718 是临界值). 若决策规则是基于 Z 比率，那么临界域为

$$C=\left\{z:z=\frac{\overline{y}-25.0}{2.4/\sqrt{30}}\geqslant 1.64\right\}$$

该情况下，临界值为 1.64.

定义 6.2.3 当 H_0 为真时，我们称检验统计量位于临界域的概率为显著性水平，用 α 表示.

注释 原则上，对 α 的取值应该反映出当 H_0 为真时，错误拒绝 H_0 的后果. 当这些后果变得更严重时，应定义临界域 C，使 α 变小. 然而，在实践中，我们很难量化做出错误推断的成本. 在大多数情况下，实验者会放弃任何此类尝试，并直接将显著性水平设置为 0.05，当然也可能设置 α 为 0.01 或 0.10.

单边选择和双边选择

在大多数假设检验中，H_0 由单个数字组成，通常是表示现状的参数值. 如 $H_0:\mu=25.0$ 中的“25.0”便指的是添加剂不起作用时的预期里程. 如果正态分布的均值就是被检验的参数，那么零假设的一般表示便为 $H_0:\mu=\mu_0$，其中 μ_0 为 μ 的“无效”值.

相反，备择假设总是包含参数值的整个范围. 如果在收集任何数据前，我们有理由相信被检验的参数必然限于 H_0 特定“一侧”，那么 H_1 被定义为反映了该种限制，我们就说备择假设是“单边”的. 两种可能的形式：H_1 可以是单边向左($H_1:\mu<\mu_0$)或向右($H_1:\mu>\mu_0$)的. 如果没有这样的先验信息可用，那么备择假设需要考虑真实参数值位于 μ_0 任一侧的可能性，任何这样的选择都被认为是“双边”的. 为了检验 $H_0:\mu=\mu_0$，双边选择写作 $H_1:\mu\neq\mu_0$.

在汽油里程数的例子中，我们默认存在两种可能，添加剂不会产生任何效果(在这种情况下，$\mu=25.0$ 且 H_0 为真)或添加剂可以增加汽车行驶里程(这意味着真实均值应该位于 H_0 的“右边”). 因此，我们把备择假设写作 $H_1:\mu>25.0$. 但如果我们有理由怀疑，添加剂可能会影响汽油的可燃性，并可能减少行驶里程，那么就有必要使用双边选择($H_1:\mu\neq 25.0$).

备择假设被定义为单边的还是双边的很重要，因为 H_1 的性质在决定临界域的形式方面起着关键的作用. 我们在前面学习的 0.05 决策规则中为了检验

$$H_0:\mu=25.0$$

与

$$H_1:\mu>25.0$$

若 $\frac{\bar{y}-25.0}{2.4/\sqrt{30}}\geqslant 1.64$，那么便拒绝 H_0. 也就是说，只有当样本均值明显大于 25.0 时，我们才会拒绝 H_0.

如果备择假设是双边的，样本均值远小于 25.0 或远大于 25.0 都是不利于 H_0 的证据（而支持 H_1）. 另外，与临界域 C 相关的 0.05 概率会被分成两等份，0.025 分配给 C 的左边，0.025 分配给右边. 从附录表 A.1 中可以得到，$P(Z\leqslant -1.96)=P(Z\geqslant 1.96)=0.025$，因此双边 0.05 决策规则规定，当 $\frac{\bar{y}-25.0}{2.4/\sqrt{30}}\leqslant -1.96$ 或 $\frac{\bar{y}-25.0}{2.4/\sqrt{30}}\geqslant 1.96$ 时，$H_0:\mu=25.0$ 被拒绝.

检验 $H_0:\mu=\mu_0$（已知 σ）

设对于 z_α，有 $P(Z\geqslant z_\alpha)=\alpha$. 我们可以从附录表 A.1 中列出的标准正态累积分布函数表中找到 z_α 的值. 例如，若 $\alpha=0.05$，则 $z_{0.05}=1.64$（见图 6.2.4）. 当然，由于正态曲线的对称性，对于 $-z_\alpha$，也有 $P(Z\leqslant -z_\alpha)=\alpha$.

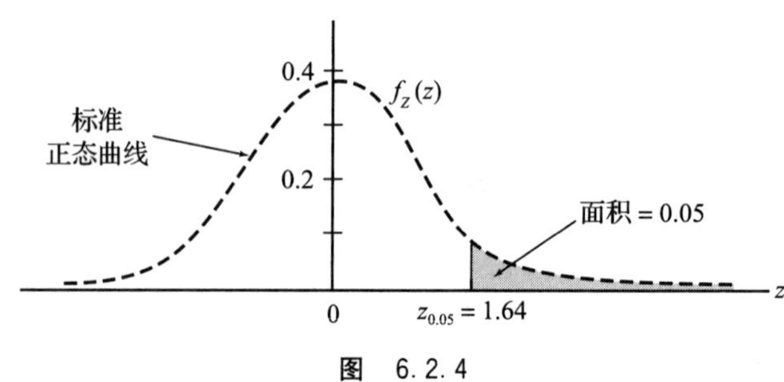

图　6.2.4

定理 6.2.1　令 $y_1,y_2,\cdots,y_n$ 为从正态分布中抽取的大小为 n 的随机样本，其中 σ 已知. 令 $z=\frac{\bar{y}-\mu_0}{\sigma/\sqrt{n}}$.

a. 在显著性水平 α 下，检验 $H_0:\mu=\mu_0$ 与 $H_1:\mu>\mu_0$，若 $z\geqslant z_\alpha$，则拒绝 H_0.

b. 在显著性水平 α 下，检验 $H_0:\mu=\mu_0$ 与 $H_1:\mu<\mu_0$，若 $z\leqslant -z_\alpha$，则拒绝 H_0.

c. 在显著性水平 α 下，检验 $H_0:\mu=\mu_0$ 与 $H_1:\mu\neq\mu_0$，若 $z\leqslant -z_{\alpha/2}$ 或 $z\geqslant z_{\alpha/2}$，则拒绝 H_0.

例 6.2.1　作为“21 世纪数学”计划的一部分，湾景高中被选中参与一项新的代数和几何课程评估. 不久前，湾景学校的学生被认为非常“典型”，即他们在标准化考试中的成绩与全国平均水平非常一致.

两年前，86 名随机抽取的湾景中学二年级学生被分配到一组特殊的代数和几何综合班. 根据两年后的测试结果，这些学生的 SAT-I 数学考试平均成绩为 502，全国范围内的平均成绩为 494，标准差为 124. 在 $\alpha=0.05$ 的显著性水平上，是否可以说新课程对他们起到了作用?

首先，我们将参数 μ 定义为在新课程的教育体系下真正的 SAT-I 数学平均分数. 明显地，μ 的"现值"是目前全国的平均值，即 $\mu_0=494$. 这里的备择假设应该是双边的，因为无论其初衷多么好，新课程肯定存在它实际上会降低学生成绩的可能性.

那么，根据定理 6.2.1(c)部分，在 $\alpha=0.05$ 的显著性水平下，若检验统计量 $z\leqslant -z_{0.025}(=-1.96)$ 或 $z\geqslant z_{0.025}(=1.96)$ 时，我们应该拒绝 $H_0:\mu=494$ 并支持 $H_1:\mu\neq 494$. 现已知 $\overline{y}=502$，所以

$$z=\frac{502-494}{124/\sqrt{86}}=0.60$$

这意味着我们的决定应该是"不拒绝 H_0". 尽管湾景中学 502 分的平均成绩比全国平均成绩高出 8 分，但这并不意味着成绩的提高是由于新课程实施：即使新课程对成绩没有任何影响，成绩的提高也很可能是偶然的(见图 6.2.5).

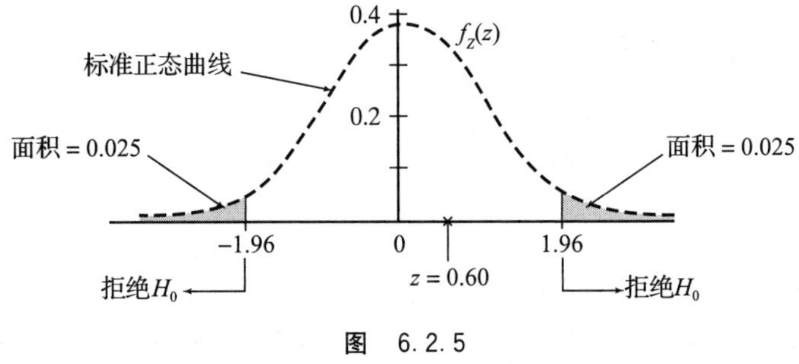

图 6.2.5 ■

注释 如果零假设没有被拒绝，结论的措辞应为"不拒绝 H_0"而不是"接受 H_0". 这两句话似乎相同，但实际上它们的内涵却截然不同. "接受 H_0"表明实验者的结论是 H_0 是真的，但事实可能并非如此. 在法庭审判中，当陪审团做出"无罪"的判决时，他们并不是说他们一定相信被告是无辜的，他们只是简单地断言，在他们看来，证据不足以推翻被告无罪的假设. 同样的区别也适用于假设检验. 如果一个检验统计量不属于临界域(如例 6.2.1 中的情况)，正确的解释是得出这样的结论："不拒绝 H_0".

P 值

一般有两种通用方法可以量化给定数据集中包含的反对 H_0 的证据量. 第一个涉及定义 6.2.3 中引入的显著性水平的概念. 使用该方法，实验者需在收集任何数据之前为 α 选择一个值(通常为 0.05). 一旦指定了 α，就可以确定相应的临界域. 如果检验统计量落在临界域，我们在显著性水平 α 层面拒绝了 H_0. 第二种策略则是计算检验统计量的 P 值.

定义 6.2.4 若 H_0 为真，与观测到的检验统计量相关的 P 值是得到该检验统计量的值的概率，其值与实际观测到的一样极端或更极端(相对于 H_1).

注释　检验统计量产生的 P 值很小应解释为反对 H_0 的证据. 更具体地说，如果计算得到的检验统计量相关的 P 值小于或等于 α，则我们可以在显著性水平 α 上拒绝零假设. 换句话说，P 值是我们可以拒绝 H_0 的最小 α.

例 6.2.2　回顾例 6.2.1. 已知 $H_1:\mu\neq 494$ 对 $H_0:\mu=494$ 进行检验，求与计算出的检验统计量 $z=0.60$ 相关的 P 值，我们又该如何解释该 P 值?

若 $H_0:\mu=494$ 为真，那么随机变量 $Z=\dfrac{\overline{Y}-494}{124/\sqrt{86}}$ 具有标准正态概率密度函数. 相对于双边 H_1，任何大于或等于 0.60 或者小于或等于 −0.60 的 Z 值都属于与观测到的 z“一样极端或更极端”的范畴. 因此，根据定义 6.2.4，

$$P\text{ 值}=P(Z\geqslant 0.60)+P(Z\leqslant -0.60)=0.2743+0.2743=0.5486$$

见图 6.2.6.

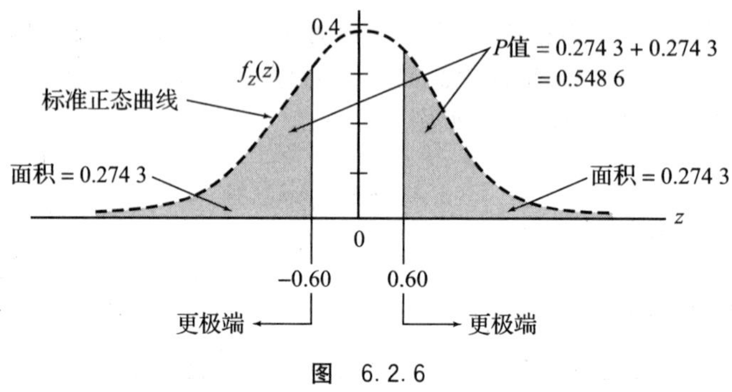

图 6.2.6

如上注释所述，P 值可以用作决策规则使用. 在例 6.2.1 中，显著性水平为 0.05. 在这里我们确定了与 $z=0.60$ 相关的 P 值是 0.548 6，因此我们知道了 $H_0:\mu=494$ 在给定了 α 时，不会被拒绝. 实际上，对于 0.548 6 及以下的任何 α 值，零假设都不会被拒绝.

需要注意的是，若 H_1 是单边的，那么 P 值就要被减半. 假设我们确信新的代数和几何课程不会降低学生的 SAT 数学成绩. 在这种情况下，合适的假设检验应该是 $H_0:\mu=494$ 与 $H_1:\mu>494$. 而且，只有 $f_Z(z)$ 的右尾区域的值会被认为比观测到的 $z=0.60$ 更极端，因此根据定义 6.2.4

$$P\text{ 值}=P(Z\geqslant 0.60)=0.2743$$

■

习题

6.2.1　列出用于检验下列假设的决策规则. 估计适当的检验统计量并给出你的结论.

(a) $H_0:\mu=120$ 与 $H_1:\mu<120$；$\overline{y}=114.2$，$n=25$，$\sigma=18$，$\alpha=0.08$

(b) $H_0:\mu=42.9$ 与 $H_1:\mu\neq 42.9$；$\overline{y}=45.1$，$n=16$，$\sigma=3.2$，$\alpha=0.01$

(c) $H_0:\mu=14.2$ 与 $H_1:\mu>14.2$；$\overline{y}=15.8$，$n=9$，$\sigma=4.1$，$\alpha=0.13$

6.2.2　一名药剂师正在测试一种从浆果和根茎中提取的汁液，这种汁液可能会影响患有轻度注意力缺陷障碍(ADD)的儿童的斯坦福-比奈(Stanford-Binet)智商分数. 随机抽取 22 名被诊断患有轻度注意力缺陷障碍且在两个月内每天都在服用该汁液的儿童. 过去的经验表明，患有 ADD 的儿童于智

商测试中平均得分为 95 分，标准差为 15 分．如果采用 $\alpha=0.06$ 的显著性水平对数据进行分析，$\bar{y}$ 的值为多少会导致 H_0 被拒绝？假设 H_1 是双边的．

6.2.3 (a)假设在 $\alpha=0.05$ 的显著性水平下，拒绝 $H_0:\mu=\mu_0$ 支持 $H_1:\mu\neq\mu_0$．那么 H_0 在 $\alpha=0.01$ 的显著性水平下会被拒绝吗？

(b)假设在 $\alpha=0.01$ 的显著性水平下，拒绝 $H_0:\mu=\mu_0$ 支持 $H_1:\mu\neq\mu_0$．那么 H_0 在 $\alpha=0.05$ 的显著性水平下会被拒绝吗？

6.2.4 轮胎公司记录显示，一套全天候子午线轮胎平均能行驶 32 500 英里．为了提升这种轮胎的性能，该公司在橡胶中添加了一种新的聚合物，可能有助于防止轮胎因极端温度老化．15 名测试新轮胎的司机报告称他们平均行驶了 33 800 英里．该公司能否声称，该聚合物已产生了统计意义上显著性，使得轮胎的行驶里程增加了？现考虑假设检验是单边的，显著性水平 $\alpha=0.05$，检验 $H_0:\mu=32\ 500$．假设轮胎里程数的标准差(σ)没有受到添加聚合物的影响，一直是 4 000 英里．

6.2.5 如果 $H_0:\mu=\mu_0$ 被拒绝且支持 $H_1:\mu>\mu_0$，那么假设 α 不变，对于支持 $H_1:\mu\neq\mu_0$，H_0 是否会被拒绝？

6.2.6 为了检验 $H_0:\mu=30$ 与 $H_1:\mu\neq30$，从 $\sigma=6.0$ 的正态分布中抽取大小为 16 的随机样本．我们选择将临界域 C 定义为区间(29.9,30.1)内样本均值的集合．求该检验的显著性水平．为什么我们说临界域(29.9,30.1)并不是一个很好的选择？假设 α 不变，包含 C 的$\bar{y}$值的范围应该是什么？

6.2.7 回顾例 4.3.5 中描述的呼气分析仪问题．以下是由 GTE-10 型分析仪进行的 30 次血液酒精含量测试，该分析仪使用了 3 年，可能需要重新校准．所有 30 次测量值都是针对一个检测样本给出的，而一个适当校准的分析仪给出的读数为 12.6%．

12.3	12.7	13.6	12.7	12.9	12.6
12.6	13.1	12.6	13.1	12.7	12.5
13.2	12.8	12.4	12.6	12.4	12.4
13.1	12.9	13.3	12.6	12.6	12.7
13.1	12.4	12.4	13.1	12.4	12.9

(a)如果 μ 表示 GTE-10 分析仪对血液酒精浓度为 12.6%的人测试的真实平均值，那么请在 $\alpha=0.05$ 的显著性水平下对假设

$$H_0:\mu=12.6$$

和

$$H_1:\mu\neq12.6$$

进行检验．假设 $\sigma=0.4$．那么你认为该分析仪是否需要校准？

(b)(a)的假设检验隐含了怎样的统计假设？我们是否有理由怀疑这些假设可能不被满足？

6.2.8 计算习题 6.2.1 的假设检验的 P 值．求得的 P 值是否支持你在习题 6.2.1 中关于是否拒绝 H_0 的决定？

6.2.9 假设利用 $H_1:\mu\neq120$ 对 $H_0:\mu=120$ 进行检验．当 $\sigma=10$，$n=16$ 时，与样本均值$\bar{y}=122.3$ 有关的 P 值是多少？在什么情况下 H_0 被拒绝？

6.2.10 作为一个班级研究项目，罗绍拉想知道期末考试的压力是否会使大一女学生的血压升高．当她们没有受到任何不利的胁迫时，健康的 18 岁女性的血压平均值为 120 毫米汞柱，标准差为 12 毫米汞柱．如果罗绍拉发现统计专业 50 名大一女学生于期末考试那天的平均血压为 125.2，她能够得出什么结论？建立并检验一个合适的假设．

6.2.11 作为一种新的通胀模型的输入，经济学家预测，7 月份田纳西州东部的“一篮子食品”的平均花费为 145.75 美元，同时假设“一篮子食品”价格的标准差(σ)为 9.50 美元，这个数字在过去几年中保持相对的稳定．为了检验他们的预测，研究人员在 7 月下旬对代表该地区不同区域内共 25 个

“一篮子食品”进行了抽样检查，得到平均花费为 149.75 美元．设 $\alpha=0.05$．经济学家的预测和样本均值之间的差异在统计上是否显著？

6.3 检验二项数据 $H_0:p=p_0$

假设一组数据 $k_1,k_2,\cdots,k_n$ 表示 n 次伯努利试验的结果，其中 $k_i=1$ 或 0，分别取决于第 i 次试验是成功还是失败．若 $p=P$(第 i 次试验成功)未知，则可以对零假设 $H_0:p=p_0$ 进行检验，其中 p_0 是 p 的某个特殊的相关(或现状)值．任何这样的过程都被称为二项假设检验，因为合适的检验统计量 k 是所有 k_i 的和，且我们从定理 3.2.1 可知，n 次独立试验的总成功次数 X 服从二项分布，

$$p_X(k;p)=P(X=k)=\binom{n}{k}p^k(1-p)^{n-k},\quad k=0,1,2,\cdots,n$$

共有两种对 $H_0:p=p_0$ 进行检验的过程供我们选择，区别主要取决于 n 的大小．若

$$0<np_0-3\sqrt{np_0(1-p_0)}<np_0+3\sqrt{np_0(1-p_0)}<n \tag{6.3.1}$$

我们可以基于近似的 Z 比率，完成 $H_0:p=p_0$ 的“大样本”检验．否则，将使用“小样本”决策规则，即根据精确的与随机变量 X 相关的二项分布定义临界域．

注释 我们可以明确不等式(6.3.1)内含的基本原理：如果 n 足够大，使得 X 的取值范围为 $E(X)$ 向左三个标准差至 $E(X)$ 向右三个标准差，而该取值范围完全落在 X 所有可能值(0 到 n)内．那么我们可以充分地认为 X 的分布是钟形的，可以用正态曲线近似．

二项参数 p 的大样本检验

假设构成一组伯努利随机变量的观测值的数量 n 足够大，满足不等式(6.3.1)．在这种情况下，根据 4.3 节，若 $p=p_0$，随机变量 $\dfrac{X-np_0}{\sqrt{np_0(1-p_0)}}$ 近似服从标准正态概率密度函数 $f_Z(z)$．若 $\dfrac{X-np_0}{\sqrt{np_0(1-p_0)}}$ 的值接近零，那么这便成为支持 $H_0:p=p_0$ 的证据[因为当 $p=p_0$ 时，$E\left(\dfrac{X-np_0}{\sqrt{np_0(1-p_0)}}\right)=0$]．相反，$H_0:p=p_0$ 的可信度随着 $\dfrac{X-np_0}{\sqrt{np_0(1-p_0)}}$ 距离零越来越远而越来越低．$H_0:p=p_0$ 的大样本检验基于和 6.2 节中 $H_0:\mu=\mu_0$ 的检验相同的形式．

定理 6.3.1 令 $k_1,k_2,\cdots,k_n$ 为 n 个伯努利随机变量组成的随机样本，其中 $0<np_0-3\sqrt{np_0(1-p_0)}<np_0+3\sqrt{np_0(1-p_0)}<n$．令 $k=k_1+k_2+\cdots+k_n$ 表示 n 次试验中“成功”的总次数．定义 $z=\dfrac{k-np_0}{\sqrt{np_0(1-p_0)}}$．

a. 在显著性水平 α 下，检验假设 $H_0:p=p_0$ 和 $H_1:p>p_0$，若 $z\geqslant z_\alpha$，则拒绝 H_0．

b. 在显著性水平 α 下，检验假设 $H_0:p=p_0$ 和 $H_1:p<p_0$，若 $z\leqslant -z_\alpha$，则拒绝 H_0．

c. 在显著性水平 α 下，检验假设 $H_0:p=p_0$ 和 $H_1:p\neq p_0$，若 $z\leqslant -z_{\alpha/2}$ 或 $z\geqslant z_{\alpha/2}$，则拒绝 H_0．

案例研究 6.3.1

在赌博用语中，“让分”指的是为两支球队中相对较弱的一方增加的分数的假设增量．根据意图，它的大小会使游戏成为悬念．在这种规则下，理论上讲，每支球队的“胜负”概率都为 50%．

在实践中，设定让分的“界限”是一件高度主观的事，这涉及博彩玩家是否该相信庄家对于让分的分配[120]．为了解决这个问题，最近的一项研究调查了 124 场国家橄榄球联盟比赛的记录，研究发现，在 67 场比赛中(即 54%)，优势方在让分外击败劣势方球队．我们是否可以认为 54%和 50% 之间的差距可以小到忽略不计，还是该研究结果是赔率制定者无法准确量化一支球队对另一支球队的竞争优势的一个令人信服的证据？

令 $p=P$(优势方在让分外击败劣势方球队)．如果 p 是 0.50 以外的任何值，则庄家分配的让分是错误的．那么，需要检验的是

$$H_0: p = 0.50 \quad \text{和} \quad H_1: p \neq 0.50$$

假设显著性水平为 0.05．

根据定理 6.3.1，已知 $n=124$，$p_0=0.50$，以及

$$k_i = \begin{cases} 1, & \text{若第 } i \text{ 场比赛中优势方在让分外赢得胜利,} \\ 0, & \text{若第 } i \text{ 场比赛中优势方没有让分外赢得胜利} \end{cases}$$

其中 $i=1,2,\cdots,124$．因此 $k=k_1+k_2+\cdots+k_{124}$ 表示获胜球队让分外击败对手的总次数．

根据定理 6.3.1(c)部分给出的双边决策规则，如果 z 小于或等于$-1.96(=-z_{0.05/2})$或者大于或等于 $1.96(=z_{0.05/2})$，则拒绝零假设．但

$$z = \frac{67 - 124(0.50)}{\sqrt{124(0.50)(0.50)}} = 0.90$$

不落在临界域内，那么 $H_0: p=0.50$ 不应在 $\alpha=0.05$ 的显著性水平下被拒绝．这 124 场比赛的结果意味着，该赌博形式下庄家清楚地知道两支队伍中哪一支更好，以及比另一支好多少．

关于数据　这里观测到的 z 值为 0.90，以及 H_1 是双边的，那么 P 值为 0.37：

$$P\text{ 值} = P(Z \leqslant -0.90) + P(Z \geqslant 0.90) = 0.1841 + 0.1841 \approx 0.37$$

根据定义 6.2.4 后的注释，我们可以得到以下结论：

“对于任何 $\alpha < 0.37$，不拒绝 H_0”

那么我们称“显著性水平 $\alpha=0.40$ 时，拒绝 H_0”是否正确？

理论上是正确的，但在实践中情况并非如此．6.2 节中我们就强调过，假设检验的基本原理要求 α 的数值很小(“小”通常意味着小于或等于 0.10)．

拒绝 H_0 通常是实验者的目标，因为 H_0 代表的是“现状”，正如我们不会对已确信的事物投入时间和金钱，在这种情况下，实验者总是在寻找增加拒绝 H_0 的可能性的方法，并采取一系列行之有效的举措来实现这个目标，其中一些将在 6.4 节中讨论．然而，将 α 提高到 0.10 以上并不是合适的举措之一，更不可能把 α 提高到 0.40．

案例研究 6.3.2

有一种理论认为，人们可能倾向于“推迟”他们的死亡，直到某个对他们具有特殊意义的事件过去之后[144]．生日、家庭团聚或亲人的归来都被认为是可能产生这种影响的个人里程碑，而全国选举很可能是另一种这样的事件．研究表明，在总统选举年的9月和10月，美国的死亡率显著下降．如果“推迟死亡”的理论是可信的，那么死亡率下降的原因是许多本会在这两个月内去世的老人“坚持”要看到谁最终获得了竞选的胜利．

几年前，一份全国性期刊报道了一项针对盐湖城报纸上刊登的讣告的研究结果．这篇论文指出，在747名死者中，只有60人(8.0%)在他们生日前的三个月内去世[131]．假设每个人的死亡日期与生日日期都是随机的，按照常理，在任何给定的三个月间隔内我们预计这些人有25%会去世．那么，我们该如何看待这个数据从25%降至8%，以及该研究是否提供了令人信服的证据，表明报告的死亡月份样本并不构成一个随机的月份样本?

想象一下，将747例死亡分为两类：一类发生在一个人生日前三个月，另一类发生在一年中其他时间．令 $k_i=1$ 表示如果第 i 个人属于第一类，否则 $k_i=0$．然后令 $k=k_1+k_2+\cdots+k_{747}$ 表示第一类人死亡的总数，当然，该总数是一个参数为 p 的二项随机变量的值，其中

$$p = P(\text{某人在自己生日的前三个月内去世})$$

如果人们不“推迟”他们的死亡(即不去等待自己的生日)，p 应该为 $\frac{3}{12}$ 或 0.25．如果他们真的有意去等待自己的生日的到来，那么 p 应小于 0.25．那么，从25%降至8%，可以通过单边二项假设检验来评估该数据：

$$H_0: p = 0.25$$

和

$$H_1: p < 0.25$$

设 $\alpha=0.05$．若

$$z = \frac{k - np_0}{\sqrt{np_0(1-p_0)}} \leqslant -z_{0.05} = -1.64$$

根据定理6.3.1(b)部分，H_0 应该被拒绝．将具体数值代入 k, n, p_0．我们发现检验统计量远落在临界值的左侧：

$$z = \frac{60 - 747(0.25)}{\sqrt{747(0.25)(0.75)}} = -10.7$$

因此，证据是压倒性的，从25%下降到8%是有原因的，并非偶然．当然，“推迟死亡”理论之外的其他解释可能是死亡非随机分布．不过，数据给我们呈现的与我们认为个体对死亡有一定控制力的观念完全一致．

关于数据　在加利福尼亚州的华人社区中进行的一项研究也具有类似的结论．那里的“重大事件”并不是生日，而是一年一度的中秋节．根据一份追溯了24年的人口普查数据，根据统计学来讲，社区中的老年华裔妇女中应有51人在节前一周去世，52人在节后一周去世．而事实却是，33人在节前一周去世，70人在节后一周去世[25]．

二项参数 p 的小样本检验

假设 $k_1, k_2, \cdots, k_n$ 是伯努利随机变量组成的一个随机样本，其中 n 太小，不适用不等式(6.3.1)．那么利用定理 6.3.1 中给出的决策规则来检验 $H_0: p=p_0$ 并不合适．相反，通过使用精确的二项分布(而不是正态近似)来定义临界域更为合适．

例 6.3.1 假设一种用于缓解关节炎疼痛的实验性药物将在 $n=19$ 名老年患者身上进行试验．已知传统治疗方法在 85%的类似病例中可以缓解病痛．若 p 表示新药物减轻病人疼痛的概率，研究者希望进行检验

$$H_0: p = 0.85$$

和

$$H_1: p \neq 0.85$$

决策将基于 k 的大小，即药物对其有效的样本总数，即

$$k = k_1 + k_2 + \cdots + k_{19}$$

其中

$$k_i = \begin{cases} 0, & \text{若新药物没有减轻第 } i \text{ 名患者的病痛,} \\ 1, & \text{若新药物的确减轻第 } i \text{ 名患者的病痛} \end{cases}$$

如果研究者希望 α 的值在 10%附近，那么决策规则应该是什么？[注意，这里不适用定理 6.3.1，因为不等式(6.3.1)不被满足，具体来说，$np_0+3\sqrt{np_0(1-p_0)}=19(0.85)+3\sqrt{19(0.85)(0.15)}=20.8$ 并不小于 $n(=19)$．]

如果零假设为真，那么期望成功的次数将是 $np_0=19(0.85)$ 或 16.2．由此可知，k 在 16.2 的极右或极左处的值应构成临界域．

图 6.3.1 是 Minitab 输出的 $p_X(k)=\binom{19}{k}(0.85)^k \cdot (0.15)^{19-k}$ 的结果，观察发现，临界域

$$C = \{k: k \leqslant 13 \text{ 或 } k = 19\}$$

```
MTB > pdf;
SUBC > binomial 19   0.85.
Probability Density Function
Binomial with n = 19 and p = 0.85
 x    P(X= x)
 6    0.000000  ┐
 7    0.000002  │
 8    0.000018  │
 9    0.000123  ├→ P(X≤13) = 0.053 696
10    0.000699  │
11    0.003242  │
12    0.012246  │
13    0.037366  ┘
14    0.090746
15    0.171409
16    0.242829
17    0.242829
18    0.152892
19    0.045599     → P(X=19) = 0.045 599
```

图 6.3.1

将产生一个接近我们所期望的 0.10 的 α 值(并保持与拒绝域两侧相关概率大致相同)．用随机变量的形式表示，

$$\begin{aligned} P(X \in C \mid H_0 \text{ 为真}) &= P(X \leqslant 13 \mid p = 0.85) + P(X = 19 \mid p = 0.85) \\ &= 0.053\,696 + 0.045\,599 \\ &= 0.099\,295 \approx 0.10 \end{aligned}$$

■

习题

6.3.1 在大西洋某些海域工作的渔民会发现，有时鲸鱼的存在阻碍了他们的工作．理想情况下，他们希望在不惊吓到鱼的情况下赶走鲸鱼．其中一个正在试验的技术是在水下传播虎鲸的声音．这种技术已经试验了 52 次，其中成功了 24 次(也就是说，鲸鱼立即离开了这个水域)．然而经验表明，

被发现靠近渔船的所有鲸鱼中，有 40%是自动离开的，可能仅仅是为了远离渔船的噪音.

(a)设 $p=P$(鲸鱼听到虎鲸的声音后离开区域). 在显著性水平为 $\alpha=0.05$ 下检验 $H_0:p=0.40$ 和 $H_1:p>0.40$. 上述数据是否能证明播放虎鲸的声音是清除捕捞水域中不受欢迎的鲸鱼的有效技术?

(b)计算这些数据的 P 值. α 等于多少时 H_0 被拒绝?

6.3.2 试图从基因上解释为什么某些人是右撇子而其他人是左撇子在很大程度上是失败的. 因为环境因素也会影响儿童的"惯用手"，因此很难找到可靠的数据. 为了避免这种影响，研究人员会研究动物的"惯用爪"，其中基因型因素和环境因素都可以得到部分的控制. 在一个这样的实验中[30]，老鼠被放进一个笼子里，笼子里有一根需要老鼠触碰才能投喂的饲管，饲管从左右两侧都可以触碰，其后研究人员需仔细观察每只老鼠进食的情况. 如果一只老鼠利用右肢触碰饲管的次数超过一半，则我们认为该老鼠是"右撇子". 此类观察已表明，67%A/J 品系的老鼠是右撇子. 对 35 只 A/HeJ 品系的老鼠样本采用类似的方案. 在这 35 只老鼠中，总共有 18 只最终被归类为右撇子. 检验 A/HeJ 样本中发现的右撇子老鼠比例是否与已知的 A/J 品系的老鼠有显著差异. 使用双边假设，设 0.05 为临界域相关的概率.

6.3.3 一位政治家在过去两年里一直支持妇女权利议题，但由于巨大的性别差距，他在最近一次国会席位的竞选中失败. 一项新发布的民意调查声称，在该政治家的支持者中随机抽取了一个大小为 120 的样本，发现其中 72 人为男性. 在他输掉的选举中，出口民意调查显示，投票给他的人中有 65% 是男性. 在 $\alpha=0.05$ 的显著性水平下使用单边假设，检验零假设：该场竞选中其男性支持者的比例相较出口民调保持不变.

6.3.4 在 $\alpha=0.14$ 的显著性水平下利用 $H_1:p>0.45$ 检验 $H_0:p=0.45$，其中 $p=P$(第 i 次试验成功). 如果样本量为 200，最少成功多少次会导致 H_0 被拒绝?

6.3.5 回顾例 5.3.2 中描述的中位数检验. 利用假设检验而不是置信区间来重新表述分析. 求与表 5.3.3 所列结果相关的 P 值.

6.3.6 案例研究 6.3.2 中对"死亡推迟"理论的早期尝试是对 348 名美国名人的出生日期和死亡日期进行对比[144]. 研究人员发现其中 16 人在他们生日的前一个月死亡. 在 0.05 的显著性水平下，利用单边的 H_1 设置并检验适当的 H_0.

6.3.7 利用大小为 $n=7$ 的随机样本与 $H_1:p>0.5$ 检验 $H_0:p=0.5$，如果决策规则形式为"若 $k\geqslant k^*$，则拒绝 H_0"，求显著性水平 α 的大小.

6.3.8 下列为使用 Minitab 得到的关于二项概率密度函数 $p_X(k)=\binom{9}{k}(0.6)^k(0.4)^{9-k}$，$k=0,1,\cdots,9$ 的结果. 利用 $H_1:p>0.6$ 对 $H_0:p=0.6$ 进行检验，我们希望显著性水平正好是 0.05. 利用定理 2.4.1 将两个不同的临界域合并为一个 $\alpha=0.05$ 的随机决策规则.

```
MTB > pdf;
SUBC > binomial 9   0.6.
```

Probability Density Function

Binomial with n = 9 and p = 0.6

x	P(X = x)
0	0.000262
1	0.003539
2	0.021234
3	0.074318
4	0.167215
5	0.250823
6	0.250823
7	0.161243
8	0.060466
9	0.010078

6.3.9 利用 $H_1:p<0.75$ 对 $H_0:p=0.75$ 进行检验，使用大小为 $n=7$ 的随机样本，决策规则为"若 $k\leqslant 3$ 则拒绝 H_0".

(a)求假设检验的显著性水平.

(b)绘制 H_0 被拒绝的概率图像作为 p 的函数.

6.4 第一类错误和第二类错误

我们进行假设检验的同时，不可避免地会得到错误结论. 无论在决策过程中采用什么样的数学方法，都没有办法保证检验结果一定是正确的. 其中一种错误在 6.3 节中进行了特别说明：当 H_0 为真时 H_0 被拒绝. 我们通常通过定义临界域，使得发生这种错误的概率很小，通常我们设置显著性水平为 0.05.

事实上，任何假设检验都可能产生两种不同的错误：(1)当 H_0 为真时 H_0 被拒绝，(2)当 H_0 不为真时 H_0 没有被拒绝，我们分别称它们为第一类错误和第二类错误. 随之而来的是，同样存在两种正确的决策：(1)当 H_0 为真时 H_0 没有被拒绝，(2)当 H_0 不为真时 H_0 被拒绝. 图 6.4.1 显示了这四种可能的"决策/真实情况"组合.

		真实情况	
		H_0为真	H_1为真
决策	没有拒绝H_0	正确决策	第二类错误
	拒绝H_0	第一类错误	正确决策

图 6.4.1

计算犯第一类错误的概率

一旦我们对假设检验做出推断，就没有办法知道得出的结论是否正确. 然而，计算出现错误的概率是可行的，并且该概率的大小可以帮助我们更好地理解假设检验的"功效"及其区分 H_0 和 H_1 的"能力".

回顾 6.2 节中的燃油添加剂例子，其中我们利用大小为 $n=30$ 的样本，对 $H_0:\mu=25.0$ 和 $H_1:\mu>25.0$ 进行了检验. 决策规则规定如果添加剂使得汽车的平均里程数$\bar{y}$大于或等于 25.718，H_0 应被拒绝. 根据这个设置，犯第一类错误的概率是 0.05：

$$\begin{aligned}P(\text{第一类错误}) &= P(\text{拒绝 } H_0 \mid H_0 \text{ 为真})\\ &= P(\bar{Y} \geqslant 25.718 \mid \mu = 25.0)\\ &= P\left(\frac{\bar{Y}-25.0}{2.4/\sqrt{30}} \geqslant \frac{25.718-25.0}{2.4/\sqrt{30}}\right)\\ &= P(Z \geqslant 1.64) = 0.05\end{aligned}$$

当然，在这里犯第一类错误的概率等于 0.05 的事实应该不足为奇. 在前文关于"排除合理怀疑"应该如何用数值解释的讨论中，我们特意确定了临界域，使得当 H_0 为真时，决策规则拒绝 H_0 的概率为 0.05. 因此，计算犯第一类错误的概率非常简单：它自动等于实验者为 α 选择的任何值.

计算犯第二类错误的概率

与仅针对单个参数值(此处 $\mu=25.0$)定义的第一类错误不同，第二类错误通常针对无限多个参数值(此处 $\mu>25.0$)定义. 当然不同的参数值也导致与之相关的犯第二类错误的概率也不同.

例如，假设在汽油行驶里程的实验中，当 μ(加入添加剂后)的真实值为 25.75 时，我们要计算犯第二类错误的概率. 根据定义，

$$P(\text{第二类错误} \mid \mu = 25.75) = P(\text{我们没有拒绝 } H_0 \mid \mu = 25.75)$$

$$= P(\overline{Y} < 25.718 \mid \mu = 25.75)$$
$$= P\left(\frac{\overline{Y} - 25.75}{2.4/\sqrt{30}} < \frac{25.718 - 25.75}{2.4/\sqrt{30}}\right)$$
$$= P(Z < -0.07) = 0.4721$$

所以，即使添加剂可以将行驶里程从 25 英里/加仑提高到 25.75 英里/加仑，我们的决策规则也会在 47%的情况下被“欺骗”：也就是说，在这些 47%情况下，它会告诉我们不要拒绝 H_0.

犯第二类错误的概率的符号为 β. 图 6.4.2 为当 $\mu=25.0$(即 H_0 为真)以及当 $\mu=25.75$(即 H_1 为真)时$\overline{Y}$的抽样分布；阴影部分对应 α 和 β 的面积.

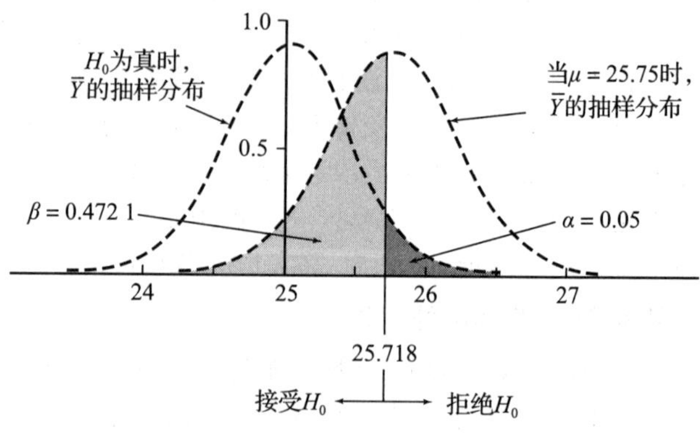

图　6.4.2

显然，β 的大小是关于 μ 的假定值的函数. 例如，如果汽油添加剂非常有效，可以将燃油效率提高到 26.8 英里/加仑，那么我们的决策规则导致我们犯第二类错误的概率要小得多，为 0.006 8：

$$P(\text{第二类错误} \mid \mu = 26.8) = P(\text{我们没有拒绝 } H_0 \mid \mu = 26.8)$$
$$= P(\overline{Y} < 25.718 \mid \mu = 26.8)$$
$$= P\left(\frac{\overline{Y} - 26.8}{2.4/\sqrt{30}} < \frac{25.718 - 26.8}{2.4/\sqrt{30}}\right)$$
$$= P(Z < -2.47) = 0.0068$$

见图 6.4.3.

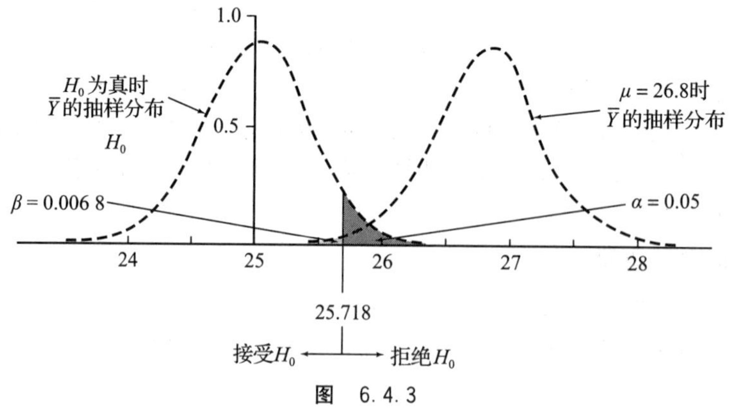

图　6.4.3

功效曲线

如果 β 是当 H_1 为真而我们没有拒绝 H_0 的概率，那么 $1-\beta$ 则为 H_1 为真且我们拒绝

了 H_0 的概率. 我们称 $1-\beta$ 为检验功效，它表示决策规则(正确)"识别"H_0 不为真的能力. 我们将关于 $1-\beta$(在 y 轴上)与被测参数值(在 x 轴上)的图像称为功效曲线.

图 6.4.4 为检验

$$H_0: \mu = 25.0$$

与

$$H_1: \mu > 25.0$$

的功效曲线. 其中，μ 是 $\sigma=2.4$ 的正态分布的均值，决策规则为"若 $\bar{y} \geqslant 25.718$，则拒绝 H_0"，其中 $\bar{y}$ 是基于一个大小为 $n=30$ 的随机样本. 曲线上的两个标记点(25.75,0.529 7)和(26.8,0.993 2)代表关于上述行驶里程问题的两个(μ,$1-\beta$). 每条功效曲线都有一点无需计算便可得出：当 $\mu=\mu_0$(由 H_0 指定的值)，那么 $1-\beta=\alpha$. 随着实际均值离 H_0 的均值越来越远，那么功效将收敛至 1.

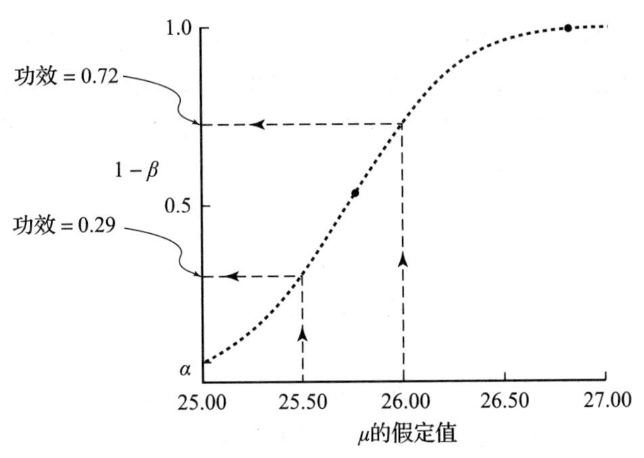

图　6.4.4

功效曲线有两个不同的用途. 一方面，它们完全地描述了我们所期望假设检验能够拥有的特征. 以图 6.4.4 为例，在 $\mu=26.0$ 处的两个箭头表示当 $\mu=26.0$ 时，拒绝 $H_0:\mu=25$ 并支持 $H_1:\mu>25$ 的概率约为 0.72. (换句话说，当 $\mu=26.0$ 时，犯第二类错误的概率约占 28%.)当实际均值接近 μ_0 时(并且变得更加难以分辨)，检验功效自然就会减弱. 例如，若 $\mu=25.5$，上图则显示，$1-\beta$ 降到了 0.29.

功效曲线对于比较假设检验的推断过程也很有用. 对于每种可能存在的假设检验的情况，都有许多种在 H_0 和 H_1 之间可供选择的推断过程. 我们怎么知道该使用哪个?

想要回答这个问题并不简单. 有些推断过程在计算上比其他的更方便或更容易解释，而有些推断过程则会对被采样的概率密度函数作出略微不同的假设. 但使用功效曲线便可以将它们全部联系起来. 选择一个是否合适的假设检验的关键在于它分辨 H_0 或 H_1 的能力，那么我们最该选择的功效曲线应是图形最陡的.

图 6.4.5 给出了 A 和 B 两种假设方案的功效曲线，每一种方案都是在显著性水平 α 上检验 $H_0:\theta=\theta_0$ 与 $H_1:\theta\neq\theta_0$. 从功效的角度来看，B 方案显然是两种方案中更好的那一个，

当参数 θ 不等于 θ_0 时，它总是有更高的概率正确地拒绝 H_0.

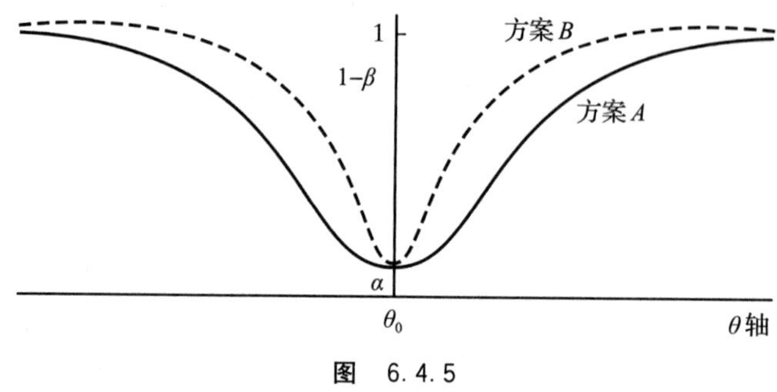

图　6.4.5

影响检验功效的因素

当 H_0 为假时，检验过程拒绝 H_0 的能力显然是最重要的，这一情况便衍生了另一个问题：我们是否有方法来影响 $1-\beta$ 的值？根据定理 6.2.1 中关于 Z 检验的描述，$1-\beta$ 是关于 α，σ 和 n 的函数. 通过适当地提高或降低这些参数的值，可以使得任意给定 μ 的检验功效等于任何期望的显著性水平.

α 对 $1-\beta$ 的影响

现有假设检验

$$H_0: \mu = 25.0$$

和

$$H_1: \mu > 25.0$$

已知 $\alpha=0.05$，$\sigma=2.4$，$n=30$，若 $\overline{y} \geqslant 25.718$，则拒绝 H_0.

图 6.4.6 显示了当 σ，n 和 μ 保持不变，而 α 增加到 0.10 时，$1-\beta$（当 $\mu=25.75$ 时）的变化. 上方的图像显示的一对分布即图 6.4.2 中出现的结构，在这种情况下，功效等于 1− 0.472 1，或 0.53. 下方的图像则表现了当 α 被设为 0.10 而非 0.05 时会发生什么，决策规则从“若 $\overline{y} \geqslant 25.718$ 则拒绝 H_0”变为“若 $\overline{y} \geqslant 25.561$ 则拒绝 H_0”(见习题 6.4.2)，那么功效从 0.53 增至 0.67：

$$\begin{aligned}
1-\beta &= P(\text{拒绝 } H_0 \mid H_1 \text{ 为真}) \\
&= P(\overline{Y} \geqslant 25.561 \mid \mu = 25.75) \\
&= P\left(\frac{\overline{Y}-25.75}{2.4/\sqrt{30}} \geqslant \frac{25.561-25.75}{2.4/\sqrt{30}}\right) \\
&= P(Z \geqslant -0.43) = 0.666\ 4
\end{aligned}$$

图 6.4.6 中的内容准确地反映了一般情况下提高 α 会导致 β 下降并增加功效. 也就是说，我们在实践中并不能通过改变 α 的值来得到理想的 $1-\beta$. 根据我们在 6.2 节中提到的所有原因，α 通常应该被设置为 0.05 附近的某个数字. 如果针对某个特定的 μ，其相应的 $1-\beta$ 被认为是不合适的，那么我们应该针对 σ 和/或 n 的值进行调整.

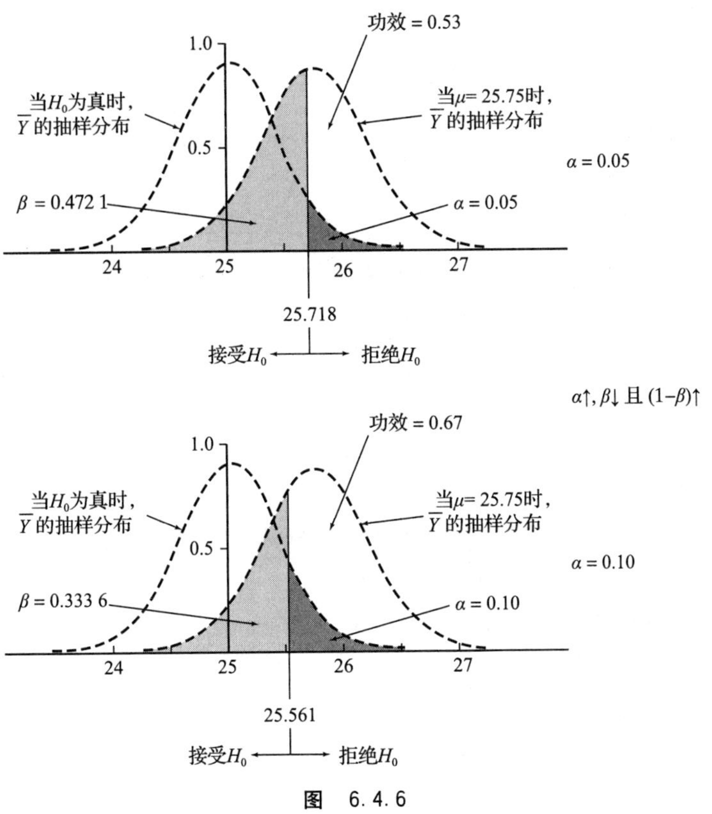

图 6.4.6

σ 和 n 对 $1-\beta$ 的影响

虽然不一定总是可行，但减少 σ 的值必然会增加 $1-\beta$ 的值. 在汽油添加剂的例子中，σ 被假定为 2.4 英里/加仑，后者是衡量司机在从波士顿到洛杉矶的行程中所实现的汽油里程的变化(回顾 6.2 节). 但同时，不同的司机会遇到不同的天气条件和不同的交通情况，也有可能采取不同的路线.

相反，假设司机们只是在试验场上跑了一圈，而不是在实际的高速公路上行驶. 那么司机间的条件更加一致，σ 的值就会更小. 当$\mu=25.75$(和 $\alpha=0.05$)时，如果将 σ 从 2.4 英里/加仑降低到 1.2 英里/加仑，对 $1-\beta$ 会有什么影响?

如图 6.4.7 所示，减少 σ 的值使得 $\overline{Y}$ 的 H_0 分布更集中在 μ_0(=25)周围，$\overline{Y}$ 的 H_1 分布更集中在 μ(=25.75)周围. 代入等式(6.2.1)(用 1.2 代替原 σ 的 2.4)，我们发现临界值 $\overline{y}^*$ 更接近 $\mu_0\left[\text{从 } 25.718 \text{ 变为 } 25.359\left(=25+1.64\cdot\frac{1.2}{\sqrt{30}}\right)\right]$，$H_1$ 分布在拒绝域上的比例(即功效)从 0.53 增加到 0.96：

$$
\begin{aligned}
1-\beta &= P(\overline{Y} \geqslant 25.359 \mid \mu=25.75) \\
&= P\left(Z \geqslant \frac{25.359-25.75}{1.2/\sqrt{30}}\right) = P(Z \geqslant -1.78) = 0.962\,5
\end{aligned}
$$

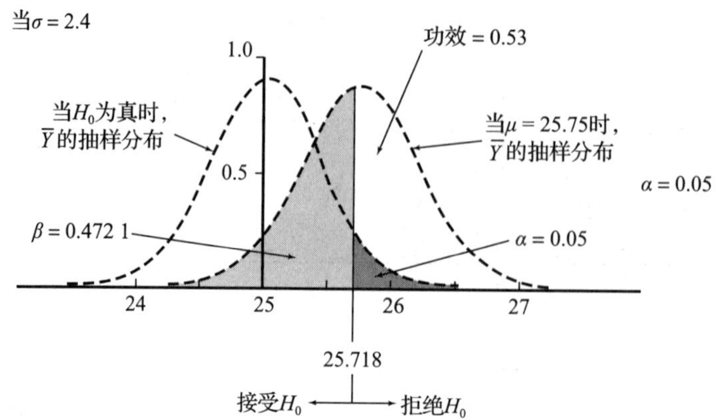

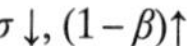

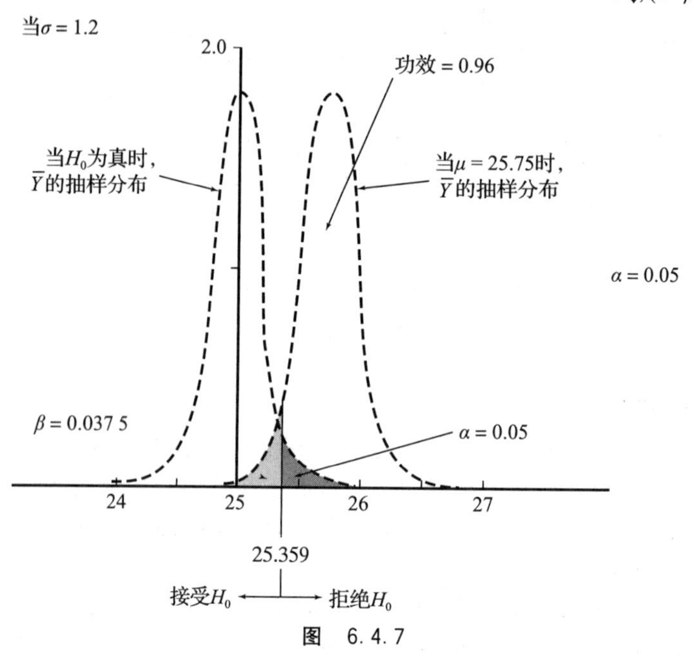

图　6.4.7

从理论上讲，降低σ的值是提高检验功效的一个非常有效的方法，正如图 6.4.7 所表明的那样．但在实践中，对收集数据的方式进行改进，从而对σ的大小产生实质性的影响，这往往要么难以确定，要么成本过高．更典型的方法是，实验者通过简单地增加样本量来达到同样的效果．

再次观察图 6.4.7 中的两组分布．$1-\beta$从 0.53 增加到 0.96 是通过将标准差从 2.4 降到 1.2 得来的，即通过将检验统计量$\left(z=\dfrac{\overline{y}-25}{\sigma/\sqrt{30}}\right)$的分母减半实现．如果$\sigma$保持不变，但将$n$从 30 增加到 120，即$\dfrac{1.2}{\sqrt{30}}=\dfrac{2.4}{\sqrt{120}}$，也会产生同样的效果．此方法简单且高效，改变样本

量是我们为确保假设检验对给定的选择具有足够功效最该选择的方法.

例 6.4.1 现有假设检验

$$H_0:\mu = 100$$

与

$$H_1:\mu > 100$$

在 $\alpha=0.05$ 的显著性水平上，希望 $1-\beta$ 在 $\mu=103$ 时等于 0.60，能实现这一目标的最小(即成本最低)的样本量是多少？假设抽取的变量来自 $\sigma=14$ 的正态分布.

在给定 α，$1-\beta$，σ 和 μ 值的情况下，要求出 n，需要同时写出两个关于临界值 $\bar{y}^*$ 的公式，一个是 H_0 分布的公式，另一个是 H_1 分布的公式. 设二者相等，即产生最小的样本量，以得到理想的 α 和 $1-\beta$.

首先，考虑显著性水平等于 0.05 的后果. 根据定义，

$$\begin{aligned}\alpha &= P(\text{拒绝 } H_0 \mid H_0 \text{ 为真}) \\ &= P(\bar{Y} \geqslant \bar{y}^* \mid \mu = 100) \\ &= P\left(\frac{\bar{Y}-100}{14/\sqrt{n}} \geqslant \frac{\bar{y}^*-100}{14/\sqrt{n}}\right) \\ &= P\left(Z \geqslant \frac{\bar{y}^*-100}{14/\sqrt{n}}\right) = 0.05\end{aligned}$$

且 $P(Z\geqslant 1.64)=0.05$，所以

$$\frac{\bar{y}^*-100}{14/\sqrt{n}} = 1.64$$

也可写作

$$\bar{y}^* = 100 + 1.64 \cdot \frac{14}{\sqrt{n}} \tag{6.4.1}$$

同样，

$$\begin{aligned}1-\beta &= P(\text{拒绝 } H_0 \mid H_1 \text{ 为真}) = P(\bar{Y} \geqslant \bar{y}^* \mid \mu = 103) \\ &= P\left(\frac{\bar{Y}-103}{14/\sqrt{n}} \geqslant \frac{\bar{y}^*-103}{14/\sqrt{n}}\right) = 0.60\end{aligned}$$

那么，根据附录表 A. 1，$P(Z\geqslant -0.25)=0.5987\approx 0.60$，可得到

$$\frac{\bar{y}^*-103}{14/\sqrt{n}} = -0.25$$

这意味着

$$\bar{y}^* = 103 - 0.25 \cdot \frac{14}{\sqrt{n}} \tag{6.4.2}$$

由公式(6.4.1)和公式(6.4.2)可知

$$100 + 1.64 \cdot \frac{14}{\sqrt{n}} = 103 - 0.25 \cdot \frac{14}{\sqrt{n}}$$

对 n 的求解表明，至少需要 78 个观测值，才能保证假设检验具有期望的精度：

$$n=(16.134)^2\cdot\left(\frac{1.64}{3}\right)^2\approx 78$$ ■

非常规数据的决策规则

到目前为止，我们对假设检验的讨论仅限于涉及二项数据或正态数据的推论. 事实上，其他类型的概率函数的决策规则也基于相同的基本原则.

一般来说，为了检验 $H_0:\theta=\theta_0$，其中 θ 是概率密度函数 $f_Y(y;\theta)$ 中的未知参数，我们首先用 $\hat{\theta}$ 来定义决策规则，其为 θ 的充分统计量. 相应的临界域是与 θ_0 最不相容的 $\hat{\theta}$ 值的集合(但在 H_1 下是可接受的)，且当 H_0 为真时其总概率为 α. 例如，对 $H_0:\mu=\mu_0$ 与 $H_1:\mu>\mu_0$ 进行检验，数据服从正态分布，$\overline{Y}$是 μ 的充分统计量，H_1 下可接受的、也是最不可能的样本均值是那些$\overline{y}\geqslant\overline{y}^*$ 的值，其中 $P(\overline{Y}\geqslant\overline{y}^*\mid H_0\text{ 为真})=\alpha$.

例 6.4.2 从均匀概率密度函数 $f_Y(y;\theta)=1/\theta$，$0\leqslant y\leqslant\theta$ 中抽取一个大小为 $n=8$ 的随机样本. 在 $\alpha=0.10$ 的显著性水平上，检验

$$H_0:\theta=2.0$$

和

$$H_1:\theta<2.0$$

假设决策规则是基于最大顺序统计量 Y_8'的. 当 $\theta=1.7$ 时，犯第二类错误的概率是多少?

如果 H_0 为真的，Y_8'应该接近 2.0，而最大顺序统计量的值如果远小于 2.0，则是支持 $H_1:\theta<2.0$ 的证据. 因此，决策规则的形式应该是

$$\text{“若 } y_8'\leqslant c\text{，拒绝 } H_0:\theta=2.0\text{”}$$

其中 $P(Y_8'\leqslant c\mid H_0\text{ 为真})=0.10$.

根据定理 3.10.1，

$$f_{Y_8'}(y;\theta=2)=8\left(\frac{y}{2}\right)^7\cdot\frac{1}{2},\quad 0\leqslant y\leqslant 2$$

因此，出现在 $\alpha=0.10$ 决策规则中的常数 c 必须满足以下等式

$$\int_0^c 8\left(\frac{y}{2}\right)^7\cdot\frac{1}{2}\mathrm{d}y=0.10$$

也可写作

$$\left(\frac{c}{2}\right)^8=0.10$$

这意味着 $c=1.50$.

根据定义，当 $\theta=1.7$ 时，β 是 Y_8'在 $H_1:\theta=1.7$ 为真时落入接受域的概率. 即

$$\beta=P(Y_8'>1.50\mid\theta=1.7)=\int_{1.50}^{1.7}8\left(\frac{y}{1.7}\right)^7\cdot\frac{1}{1.7}\mathrm{d}y$$

$$=1-\left(\frac{1.5}{1.7}\right)^8=0.63$$

见图 6.4.8，

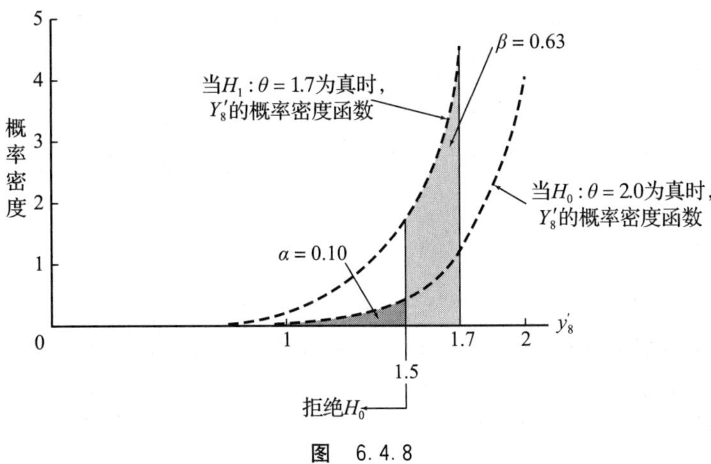

图 6.4.8 ■

例 6.4.3 从泊松概率密度函数(随机变量为 X) $p_X(k;\lambda)=\mathrm{e}^{-\lambda}\lambda^k/k!$，$k=0,1,2,\cdots$ 中抽取四个观测值 k_1,k_2,k_3,k_4，检验

$$H_0:\lambda=0.8$$

和

$$H_1:\lambda>0.8$$

如果显著性水平为 0.10，应该使用什么样的决策规则，以及当 $\lambda=1.2$ 时，检验功效如何？

从例 5.6.1 中，我们知道 $\overline{X}$ 是 λ 的充分统计量，当然，对于 $\sum_{i=1}^{4}X_i$ 也是如此. 用后者来说明决策规则会更方便，因为我们已经知道描述其行为的概率模型：如果 X_1,X_2,X_3,X_4 是四个独立的泊松随机变量，每个都有参数 λ，那么 $\sum_{i=1}^{4}X_i$ 服从参数为 4λ 的泊松分布(回顾例 3.12.10).

图 6.4.9 是利用 Minitab 得出的 $\lambda=3.2$ 的泊松概率函数，即 $H_0:\lambda=0.8$ 为真时 $\sum_{i=1}^{4}X_i$ 的抽样分布.

根据检验，决策规则“若 $\sum_{i=1}^{4}k_i\geqslant 6$，拒绝 $H_0:\lambda=0.8$”给出了一个接近所需的 0.10 的 α.

如果 H_1 为真且 $\lambda=1.2$，$\sum_{i=1}^{4}X_i$ 将服从参数等

```
MTB > pdf;
SUBC > poisson 3.2.
```

Probability Density Function

Poisson with mean = 3.2

	x	P(X = x)	
	0	0.040762	
	1	0.130439	
	2	0.208702	
	3	0.222616	
	4	0.178093	
临界域	5	0.113979	$\alpha=P$(拒绝 $H_0\mid H_0$为真) = 0.105 408
	6	0.060789	
	7	0.027789	
	8	0.011116	
	9	0.003952	
	10	0.001265	
	11	0.000368	
	12	0.000098	
	13	0.000024	
	14	0.000006	
	15	0.000001	
	16	0.000000	

图 6.4.9

于 4.8 的泊松分布. 根据图 6.4.10，该分布中大小为 4 的随机样本之和大于或等于 6(即 $\lambda=1.2$ 时 $1-\beta$ 的值)的概率为 0.348 993. ■

例 6.4.4 假设从概率密度函数 $f_Y(y;\theta)=(\theta+1)y^{\theta}$，$0\leqslant y\leqslant 1$ 中随机抽取具有 7 个观测值的样本，以检验

$$H_0:\theta=2$$

和

$$H_1:\theta>2$$

作为一个决策规则，实验者计划记录 X，即超过 0.9 的 y_i 的数量，如果 $X\geqslant 4$，则拒绝 H_0. 这样的决策规则会导致犯第一类错误的概率为多少?

为了评估 $\alpha=P$(拒绝 $H_0\mid H_0$ 为真)，我们首先需要认识到 X 是一个二项随机变量，其中 $n=7$，参数 p 是 $f_Y(y;\theta=2)$下的面积.

$$\begin{aligned}p&=P(Y\geqslant 0.9\mid H_0\text{ 为真})\\&=P(Y\geqslant 0.9\mid f_Y(y;2)=3y^2)\\&=\int_{0.9}^{1}3y^2\,\mathrm{d}y\\&=0.271\end{aligned}$$

```
MTB > pdf;
SUBC > poisson 4.8.
```

Probability Density Function

Poisson with mean = 4.8

x	P(X=x)
0	0.008230
1	0.039503
2	0.094807
3	0.151691
4	0.182029
5	0.174748
6	0.139798
7	0.095862
8	0.057517
9	0.030676
10	0.014724
11	0.006425
12	0.002570
13	0.000949
14	0.000325
15	0.000104
16	0.000031
17	0.000009
18	0.000002
19	0.000001
20	0.000000

(x = 5 至 20：$1-\beta=P$(拒绝 $H_0\mid H_1$ 为真) = 0.348 993)

图 6.4.10

因此，H_0 有 9.2%的概率会被错误地拒绝：

$$\begin{aligned}\alpha=P(X\geqslant 4\mid\theta=2)&=\sum_{k=4}^{7}\binom{7}{k}(0.271)^k(0.729)^{7-k}\\&=0.092\end{aligned}$$

■

注释 第一类和第二类错误的基本概念最早是在质量控制的背景下产生的. 贝尔电话实验室做出了开创性的工作：在那里，生产者风险和消费者风险这两个术语被引入到我们现在所说的 α 和 β 上. 最终，这些想法在 20 世纪 30 年代被 Ney man 和 Pearson 推广，并演变成我们今天所知的假设检验理论.

基于蒙特卡罗分析的近似 Z 检验

假设 X 是一个检验统计量，其期望值、标准差和概率分布都是未知的. 是否仍可以对 $\mu=E(X)$的 $H_0:\mu=\mu_0$ 进行检验? 有时是可以的. 如果我们可以模拟 $\mu=\mu_0$ 时的 X 的值，大量的这种模拟可对 X 的概率密度函数提供估计，接着，这也使得我们可以对 μ_0 和 σ_0 进行估计. 那么，比率$(\overline{X}-\hat{\mu}_0)/(\hat{\sigma}_0/\sqrt{n})$可能具有近似的标准正态分布，那么定理 6.2.1 中的决策规则将适用于上述条件.

案例研究 6.4.1 描述了一个不寻常的实验(甚至可以称之为“怪异”)，我们分别用字母 A 和 B 表示两只雌雄同体的蠕虫六次交配中表现出的两种不同偏好. 其中测量的变量 X 表示一个内含六个字母的序列出现的“连续产卵”次数(具体解释于下文).

案例研究 6.4.1

同时雌雄同体的多毛类动物是指同时拥有雄性和雌性性器官的小节段蠕虫(与顺序雌雄同体——它们出生时是一种性别，在其生命周期的某个时候会转换为另一种性别——不同). 虽然同时雌雄同体的动物可以通过自我受精进行繁殖，但大多数情况下它们更喜欢两两成对产卵，其中的一个提供卵子，另一个提供精子.

许多同时雌雄同体的多毛类动物的交配行为仍然是一个研究课题. 例如，在涉及一系列同时雌雄同体的多毛类动物成对产卵的交配行为中，我们想知道提供卵子的个体是被随机选择的结果还是被轮流指定的结果. 表 6.4.1 显示了为回答这一问题而收集的一组数据：一种在英吉利海峡发现的小型海栖多毛类动物 Ophryotrocha gracilis(Huth)[171].

表 6.4.1

交配对	产卵序列	连续产卵次数
1	*A B A B A B*	6
2	*A A B A B A*	5
3	*B A A B A B*	5
4	*B B B A B A*	4
5	*A B A B B A*	5
6	*A B A B A B*	6
7	*B B A A B A*	4
8	*B A B A B B*	5
9	*B A A A B A*	4
10	*B A B A B A*	6
		共计：50

实验者建立了 10 对交配样本，每对中的一个个体用蓝色硫酸盐溶液染色，另一个不染色，以便区分两者. 10 对交配样本每个都是一个长度为 6 的连续产卵序列，字母 *A* 表示卵是由没有染色的多毛类动物释放的；如果卵来自被染色的多毛类动物，则记录为 *B*.

每个产卵序列的特点是它能反映序列内的“连续产卵”次数. 根据定义，一次“连续产卵”代表一个相同字母不间断的序列. 又比如，第 7 对的序列为

$$B \quad B \quad A \quad A \quad B \quad A$$

根据定义我们可以把上述序列看作 *BB*，*AA*，*B*，*A*，那么“连续产卵”的次数便是 4 次.

从实验者的角度来看，产卵序列中出现单个个体连续排卵情况的次数反映了哪种交配行为在起作用. 若一个交配对中的一个个体倾向于提供卵子，那么产卵序列就会有相对较少的“连续产卵”次数，比如 *AAAABB* 和 *BBBAAA*，这样的序列并不罕见. 如果产卵行为倾向于在繁殖伙伴之间交替进行，那么产卵序列就会有相对较多的“连续产卵”次数，例如 *ABBABA* 或 *BABABA*. 另一方面，随机产卵个体倾向于生成有适度“连续产卵”次数的产卵序列，比如 *BBAAAB* 或 *BAABBB*. 因此，这十对多毛类动物的平均“连续产卵”次数可以作为假设检验的基础，以确定该多毛类动物采用了哪种交配行为.

令 μ 表示该多毛类动物在长度为 6 的产卵序列中的真实平均“连续产卵”次数，令 μ_0 表示如果 *A* 和 *B* 随机发生的预期平均“连续产卵”次数.

那么，要检验的假设为

$$H_0:\mu=\mu_0$$

和

$$H_1:\mu\neq\mu_0$$

这里的随机变量便为

$$X=\text{长度为 6 的序列中出现“连续产卵”的次数}$$

要确定检验 H_0 与 H_1 的临界域需要我们知道 $p_0(k)$，即 H_0 为真时 X 的概率函数. 在这一点上，我们还没有发展出足够的数据来支持推导出准确的 $p_0(k)$，但是这个函数可以利用蒙特卡罗技巧来近似计算.

从随机数表中抽取任意六位数字，例如

$$4\quad 0\quad 7\quad 7\quad 2\quad 9$$

用字母 A 替换数字 0 到 4(含 0 和 4)，用字母 B 替换数字 5 到 9(含 5 和 9). 那么 4　0　7　7　2　9 变成 $A\quad A\quad B\quad B\quad A\quad B$，后者便代表一个产卵序列($X$=“连续产卵”4 次)，那么每次卵子的供体($A$ 或 B)都是随机选择的.

表 6.4.2 给出了 $\hat{p}_0(k)$，即基于五百个大小为 6 的样本的关于 X 的模拟分布.

表　6.4.2

$X=k$=“连续产卵”的次数	观测频数	$\hat{p}_0(k)$
1	11	0.022
2	80	0.160
3	167	0.334
4	149	0.298
5	81	0.162
6	12	0.024
	共计：500	1.000

根据第 3 章中的定义，我们可以计算出 μ_0 和 σ_0^2 的估计值：

$$\begin{aligned}\hat{\mu}_0=E(X)&=\sum_{k=1}^{6}k\cdot\hat{p}_0(k)=1(0.022)+2(0.160)+\cdots+6(0.024)\\&=3.49\end{aligned}$$

以及

$$\begin{aligned}\hat{\sigma}_0^2&=E(X^2)-[E(X)]^2\\&=1^2(0.022)+2^2(0.160)+\cdots+6^2(0.024)-(3.49)^2\\&=1.17\end{aligned}$$

那么，适当的检验统计量便为

$$Z=(\overline{X}-\hat{\mu}_0)/(\hat{\sigma}_0/\sqrt{10})$$

其近似服从标准正态分布. [虽然概率函数 $\hat{p}_0(k)$ 不是正态的，甚至也不是连续的，但

表 6.4.2 显示它有一个大致的钟形结构，而且与 X 相关的大小为 $n=10$ 的样本是足够大的.]

如果 α 等于 0.05，当观测到的 $Z\leqslant-1.96$ 或 $Z\geqslant1.96$，则 H_0 应被拒绝. 而

$$(\overline{x}-\hat{\mu}_0)/(\hat{\sigma}_0/\sqrt{10})=(50/10-3.49)/(\sqrt{1.17}/\sqrt{10})=4.41$$

所以 H_0 应被拒绝，特别多的"连续产卵"次数表明，这些特殊的同时雌雄同体的多毛类动物于交配中倾向交替提供卵子.

习题

6.4.1 回顾例 6.2.1 中的"21 世纪的数学"假设检验. 当真实均值为 500 时，计算检验功效.

6.4.2 落实细节，以验证图 6.4.6 的上文中所引用与图 6.4.6 有关的决策规则变化.

6.4.3 针对习题 6.2.2 中在 $\alpha=0.06$ 的显著性水平下检验 $H_0:\mu=95$ 与 $H_1:\mu\neq95$ 的决策规则，计算当 $\mu=90$ 时，$1-\beta$ 的值.

6.4.4 从 $\sigma=4$ 的正态分布中抽取一个大小为 16 的随机样本，构建 $\alpha=0.05$ 的 $H_0:\mu=60$ 与 $H_1:\mu\neq60$ 的检验功效曲线.

6.4.5 如果在 $\alpha=0.01$ 的显著性水平下，用一个大小为 25 的从正态分布中抽取的随机样本对 $H_0:\mu=240$ 与 $H_1:\mu<240$ 进行检验，那么有多大可能我们没有识别出 μ 已经下降到 220？假设 $\sigma=50$.

6.4.6 现有一名统计系学生想要研究以下问题：假设从 $\sigma=8.0$ 的正态分布中抽取 $n=36$ 个观测值，以便在 $\alpha=0.07$ 的显著性水平下检验 $H_0:\mu=60$ 与 $H_1:\mu\neq60$. 在学习决策规则的那一天该学生没有去上统计课，他打算若 $\overline{y}$ 落在区域 $(60-\overline{y}^*,60+\overline{y}^*)$ 内，则拒绝 H_0. 帮助他

(a) 求 $\overline{y}^*$.

(b) 当 $\mu=62$ 时，检验功效是多少？

(c) 如果以正确的方式定义临界域，那么当 $\mu=62$ 时，检验功效是多少？

6.4.7 从 $\sigma=15.0$ 的正态分布中随机抽取大小为 n 的样本，如果要在 $\alpha=0.10$ 的显著性水平下对 $H_0:\mu=200$ 和 $H_1:\mu<200$ 进行检验，那么当 $\mu=197$ 时，使功效至少等于 0.75 的 n 的最小值是什么？

6.4.8 如果实验者希望在 $\mu=12$ 时犯第二类错误概率不大于 0.20，那么 $n=45$ 是否是一个足够大的样本，可在 $\alpha=0.05$ 的显著性水平下对 $H_0:\mu=10$ 与 $H_1:\mu\neq10$ 进行检验？假设 $\sigma=4$.

6.4.9 如果用 $n=16$ 个观测值（服从正态分布）对 $H_0:\mu=30$ 和 $H_1:\mu>30$ 进行检验，当 $\mu=34$ 时，$1-\beta=0.85$，那么 α 等于多少？假设 $\sigma=9$.

6.4.10 假设从概率密度函数 $f_Y(y)=(1/\lambda)e^{-y/\lambda}$，$y>0$ 中抽取一个大小为 1 的样本，以检验

$$H_0:\lambda=1$$

与

$$H_1:\lambda>1$$

如果 $y\geqslant3.20$，则拒绝零假设.

(a) 计算犯第一类错误的概率.

(b) 计算当 $\lambda=\frac{4}{3}$ 时犯第二类错误的概率.

(c) 作出能将 (a) 问和 (b) 问中计算得到的 α 和 β 反映在相应区域的图.

6.4.11 刑事调查中使用的测谎仪通常测量五种身体机能：(1) 胸部呼吸，(2) 腹部呼吸，(3) 血压和脉搏率，(4) 肌肉运动和压力，(5) 皮肤电反应. 原则上，当受试者被问到一个相关的问题（"你是否谋杀了你的妻子？"）时，这些反应的程度表明他是在撒谎还是在说实话. 当然，这个过程并非无懈可击，最近的一项研究证明了这一点[90]. 七名经验丰富的测谎员得到了一套 40 条记录，其中

20 条来自无辜的嫌疑人，20 条来自有罪的嫌疑人．受试者被问了 11 个问题，根据所有这些问题，每个测谎员都要针对每一条记录做出一个判断："无罪 "或"有罪"．结果如下．

		受试者的真实身份	
		无罪	有罪
测谎员	"无罪"	131	15
的决定	"有罪"	9	125

在这种情况下，α 和 β 的值为多少？在司法环境中，第一类和第二类错误的权重是否应该相同？解释并说明．

6.4.12　一个盲盒里有 10 个球．其中红球和白球的数量都未知．我们希望检验

$$H_0:\text{正好一半的球是白色的}$$

与

$$H_1:\text{超过一半的球是白色的}$$

我们将在不放回的情况下抽出三个球，如果有两个或更多的球是白色的，则拒绝 H_0．求 α 的值．另外，当球(a)60%为白色和(b)70%为白色，求 β 的值．

6.4.13　假设从一个均匀概率密度函数

$$f_Y(y;\theta)=\begin{cases}\dfrac{1}{\theta}, & 0<y<\theta,\\ 0, & \text{其他}\end{cases}$$

中抽取一个大小为 5 的随机样本．

我们希望检验

$$H_0:\theta=2$$

与

$$H_1:\theta>2$$

如果 $y_{\max}\geqslant k$，则拒绝零假设．求使得犯第一类错误的概率等于 0.05 的 k 值．

6.4.14　从概率密度函数 $f_Y(y)=(\theta+1)y^\theta$，$0\leqslant y\leqslant 1$ 中抽取一个大小为 1 的样本，如果 $y\geqslant 0.90$，则拒绝假设 $H_0:\theta=1$，且支持 $H_1:\theta>1$．该检验的显著性水平为多少？

6.4.15　以一系列的 n 次伯努利试验作为观测数据来源，检验

$$H_0:p=\frac{1}{2}$$

与

$$H_1:p>\frac{1}{2}$$

如果观测到的成功次数 k 等于 n，则将拒绝零假设．p 的值为多少时，犯第二类错误的概率等于 0.05?

6.4.16　令 X_1 为一个二项随机变量，其中 $n=2$，$p_{X_1}=P(\text{成功})$．令 X_2 为一个独立的二项随机变量，$n=4$，$p_{X_2}=P(\text{成功})$．令 $X=X_1+X_2$．当 $k\geqslant 5$ 时，则拒绝零假设．

$$H_0:p_{X_1}=p_{X_2}=\frac{1}{2}$$

与

$$H_1:p_{X_1}=p_{X_2}>\frac{1}{2}$$

计算 α 的值．

6.4.17　从概率密度函数 $f_Y(y)=(1+\theta)y^\theta$，$0\leqslant y\leqslant 1$ 且 $\theta>-1$ 中抽取一个大小为 1 的样本，检验

$$H_0:\theta=1$$

与

$$H_1:\theta<1$$

临界域为 $y\leqslant\frac{1}{2}$ 的区间. 求 $1-\beta$ 关于 θ 的函数表达式.

6.4.18 实验者从泊松概率模型 $p_X(k)=\mathrm{e}^{-\lambda}\lambda^k/k!$，$k=0,1,2,\cdots$ 中抽取一个大小为 1 的样本. 并检验

$$H_0:\lambda=6$$

与

$$H_1:\lambda<6$$

如果 $k\leqslant2$，则拒绝 H_0.

(a)计算犯第一类错误的概率.

(b)计算当 $\lambda=4$ 时犯第二类错误的概率.

6.4.19 从几何概率模型 $p_X(k)=(1-p)^{k-1}p$，$k=1,2,3,\cdots$ 中抽取一个大小为 1 的样本. 以检验 $H_0:p=\frac{1}{3}$ 与 $H_1:p>\frac{1}{3}$. 如果 $k\geqslant4$，则拒绝零假设. 当 $p=\frac{1}{2}$ 时，犯第二类错误的概率是多少?

6.4.20 假设从指数概率密度函数 $f_Y(y)=\lambda\mathrm{e}^{-\lambda y}$，$y>0$ 中抽取一个观测值，将被用来检验 $H_0:\lambda=1$ 与 $H_1:\lambda<1$. 决策规则要求，如果 $y\geqslant\ln 10$，则拒绝零假设. 求 β 关于 λ 的函数表达式.

6.4.21 从定义在区间$[0,\theta]$上的均匀概率密度函数中抽取一个大小为 2 的随机样本，我们想要检验

$$H_0:\theta=2$$

与

$$H_1:\theta<2$$

当 $y_1+y_2\leqslant k$ 时，拒绝 H_0. 求当显著性水平为 0.05 时 k 的值.

6.4.22 假设习题 6.4.21 中的决策规则为“如果 $y_1y_2\leqslant k^*$，则拒绝 $H_0:\theta=2$”. 若显著性水平等于 0.05，求 k^* 的值(见定理 3.8.5).

6.4.23 一台机器可以冲压出某种类型的汽车零件. 当工作正常时，该零件的平均重量为 $\mu=1.6$ 磅，标准差为 $\sigma=0.22$ 磅. 为了测试机器是否正常工作，质量控制人员取了 40 个零件并对其进行称重. 如果平均重量 $\bar{y}\geqslant1.67$，他们将拒绝机器是在正常工作的假设(换句话说，他们想检验 $H_0:\mu=1.6$ 与 $H_1:\mu>1.6$).

(a)该检验的显著性水平 α 为多少?

(b)当 $\mu=1.68$ 时，该检验的第二类错误发生的概率 β 是多少?

6.4.24 从概率密度函数 $f_Y(y;\theta)=\frac{2y}{\theta^2}$，$0\leqslant y\leqslant\theta$ 中抽取一个大小为 3 的样本. 使用统计量 $Y_{\max}$ 来检验 $H_0:\theta=5$ 与 $H_1:\theta>5$. 回顾之前学习的内容，对于 $n=3$，$Y_{\max}$ 的概率密度函数是 $f_{Y_{\max}}(y;\theta)=\frac{6y^5}{\theta^6}$，$0\leqslant y\leqslant\theta$.

(a)当显著性水平 $\alpha=0.05$ 时，求出临界值.

(b)假设 $\theta=7$. (a)问中犯第二类错误的概率为多少?

6.5 最优性的概念：广义似然比

在接下来的几章中，我们将研究统计学家在处理现实世界问题时最常使用的一些特殊的假设检验. 所有这些假设检验都有相同的概念背景：一个被称为广义似然比或 GLR 的基本概念. 广义似然比不仅仅是一个原则，它还是一个实际建议检验过程的工作标准.

我们将以广义似然比于检验均匀概率密度函数中的参数 θ 的应用来结束第 6 章. 我们在接下来的学习中需要注意，似然比与“最优”假设检验之间的关系.

假设 $y_1, y_2, \cdots, y_n$ 是从定义在区间$[0,\theta]$上的均匀概率密度函数中抽取的随机样本，其中 θ 未知，我们的目标是检验

$$H_0: \theta = \theta_0$$

与

$$H_1: \theta < \theta_0$$

在某特定的显著性水平 α 下，于 H_0 和 H_1 之间进行选择的“最佳”决策规则是什么？根据什么标准我们才能认为它是最优的？

想要回答这些问题，我们有必要先定义两个参数空间，ω 和 Ω. 一般来说，ω 是 H_0 下可接受的未知参数值的集合. 在均匀分布的情况下，只有一个参数 θ，而零假设则将其限制在了一个点上：

$$\omega = \{\theta: \theta = \theta_0\}$$

第二个参数空间 Ω 是所有未知参数所有可能值的集合. 这里，

$$\Omega = \{\theta: 0 < \theta \leqslant \theta_0\}$$

现在，回顾定义 5.2.1 中关于似然函数 L 的定义. 给定一个从均匀概率密度函数中抽取的大小为 n 的样本，则

$$L = L(\theta) = \prod_{i=1}^{n} f_Y(y_i; \theta) = \begin{cases} \left(\dfrac{1}{\theta}\right)^n, & 0 \leqslant y_i \leqslant \theta, \\ 0, & \text{其他} \end{cases}$$

先不说明原因(我们很快便会学习到)，我们需要求解 $L(\theta)$的最大值两次，一次在 ω 下，另一次在 Ω 下. 由于在 ω 下，θ 只能取一个值 θ_0，那么便有

$$\max_{\omega} L(\theta) = L(\theta_0) = \begin{cases} \left(\dfrac{1}{\theta_0}\right)^n, & 0 \leqslant y_i \leqslant \theta_0, \\ 0, & \text{其他} \end{cases}$$

根据定义，在 Ω 下求解 $L(\theta)$的最大值没有限制，是通过简单地将 θ 的极大似然估计值替换成$L(\theta)$来实现的. 对于均匀分布中的参数，$y_{\max}$ 便是极大似然估计值(回顾习题 5.2.10).

因此，

$$\max_{\Omega} L(\theta) = \left(\frac{1}{y_{\max}}\right)^n$$

为了简化记法，我们用 $L(\omega_e)$和 $L(\Omega_e)$分别表示$\max\limits_{\omega} L(\theta)$和$\max\limits_{\Omega} L(\theta)$.

定义 6.5.1　令 $y_1, y_2, \cdots, y_n$ 为从 $f_Y(y; \theta_1, \cdots, \theta_k)$中抽取的随机样本. 我们定义广义似然比 λ 为

$$\lambda = \frac{\max\limits_{\omega} L(\theta_1, \cdots, \theta_k)}{\max\limits_{\Omega} L(\theta_1, \cdots, \theta_k)} = \frac{L(\omega_e)}{L(\Omega_e)}$$

对于均匀分布，

$$\lambda = \frac{(1/\theta_0)^n}{(1/y_{\max})^n} = \left(\frac{y_{\max}}{\theta_0}\right)^n$$

一般来说，λ 总是正的，但绝不会大于 1(为什么?)．此外，似然比的值接近 1 表明，数据与 H_0 非常吻合．也就是说，观测值被 H_0 中参数“诠释”的程度几乎与任何参数［如 $L(\omega_e)$ 和 $L(\Omega_e)$ 所测量的那样］相同．对于此类 λ 的值，我们应该接受 H_0．相反，如果 $L(\omega_e)/L(\Omega_e)$ 接近于 0，数据将与 ω 中的参数值不太兼容，则需要拒绝 H_0．

定义 6.5.2　广义似然比检验(GLRT)是指当

$$0 < \lambda \leqslant \lambda^*$$

时，拒绝 H_0，其中 λ^* 的取值需满足

$$P(0 < \Lambda \leqslant \lambda^* \mid H_0 \text{ 为真}) = \alpha$$

(注意：为了与第 3 章中引入的大写字母符号保持一致，定义 Λ 为以随机变量表示的广义似然比.)

令 $f_\Lambda(\lambda \mid H_0)$ 表示 H_0 为真时广义似然比的概率密度函数．如果 $f_\Lambda(\lambda \mid H_0)$ 已知，λ^*(以及决策规则)可以通过求解下列方程得到

$$\alpha = \int_0^{\lambda^*} f_\Lambda(\lambda \mid H_0)\,\mathrm{d}\lambda$$

(见图 6.5.1)．但许多情况下，$f_\Lambda(\lambda \mid H_0)$ 是未知的，因此我们有必要证明 Λ 是关于 W 的单调函数，而 W 的分布是已知的．一旦我们找到了这样一个统计量，任何基于 w 的检验都将等同于基于 λ 的检验.

这里，我们很容易求得一个合适的 W．注意

$$P(\Lambda \leqslant \lambda^* \mid H_0 \text{ 为真}) = \alpha = P\left[\left(\frac{Y_{\max}}{\theta_0}\right)^n \leqslant \lambda^* \mid H_0 \text{ 为真}\right]$$

$$= P\left(\frac{Y_{\max}}{\theta_0} \leqslant \sqrt[n]{\lambda^*} \mid H_0 \text{ 为真}\right)$$

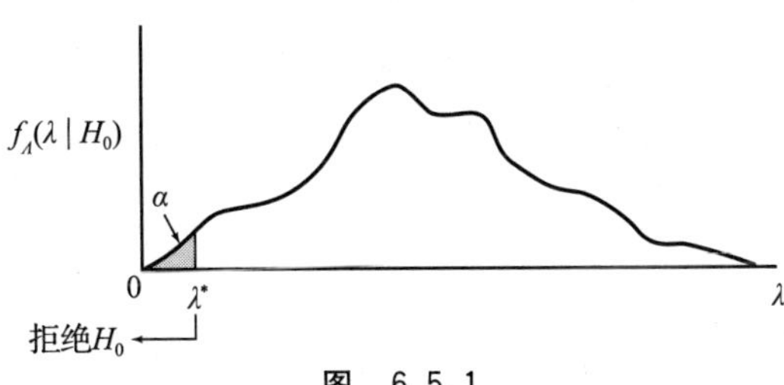

图　6.5.1

令 $W = Y_{\max}/\theta_0$ 和 $w^* = \sqrt[n]{\lambda^*}$．那么

$$P(\Lambda \leqslant \lambda^* \mid H_0 \text{ 为真}) = P(W \leqslant w^* \mid H_0 \text{ 为真}) \tag{6.5.1}$$

这里，我们可以利用已知的均匀分布中最大顺序统计量的密度函数求得等式(6.5.1)的右侧，令 $f_{Y_{\max}}(y;\theta_0)$ 为 $Y_{\max}$ 的密度函数．那么，

$$f_W(w;\theta_0) = \theta_0 f_{Y_{\max}}(\theta_0 w;\theta_0) \quad (\text{回顾定理 } 3.8.2)$$

根据定理 3.10.1，我们可以将上述等式化简为

$$\frac{\theta_0 n(\theta_0 w)^{n-1}}{\theta_0^n} = nw^{n-1}, \quad 0 \leqslant w \leqslant 1$$

因此，我们可以得到

$$P(W \leqslant w^* \mid H_0 \text{ 为真}) = \int_0^{w^*} nw^{n-1}\mathrm{d}w = (w^*)^n = \alpha$$

这意味着 W 的临界值是

$$w^* = \sqrt[n]{\alpha}$$

也就是说，若

$$w = \frac{y_{\max}}{\theta_0} \leqslant \sqrt[n]{\alpha}$$

则 GLRT 要求拒绝 H_0.

注意：这并没有结束我们对广义似然比检验的讨论. 其他几个广义似然比检验的推导将在第 7 章和第 9 章中详细描述.

习题

6.5.1　令 $k_1, k_2, \cdots, k_n$ 为从几何概率函数

$$p_X(k;p) = (1-p)^{k-1}p,\quad k = 1,2,\cdots$$

中抽取的随机样本.

求 λ，即检验 $H_0: p=p_0$ 与 $H_1: p\neq p_0$ 的广义似然比.

6.5.2　令 $y_1, y_2, \cdots, y_{10}$ 为一个从参数 λ 未知的指数概率密度函数中抽取的随机样本. 求 $H_0: \lambda=\lambda_0$ 与 $H_1: \lambda\neq\lambda_0$ 的 GLRT 的形式. 如果 α 等于 0.05，需要求什么积分来确定临界值?

6.5.3　令 $y_1, y_2, \cdots, y_n$ 为一个从均值为 μ(未知)，方差为 1 的正态概率密度函数中抽取的随机样本. 求 $H_0: \mu=\mu_0$ 与 $H_1: \mu\neq\mu_0$ 的 GLRT 的形式.

6.5.4　在习题 6.5.3 的情况中，对于 μ_1 的某个特定值，设备择假设为 $H_1: \mu=\mu_1$. 在这种情况下，似然比检验会如何变化? 临界域以何种方式取决于 μ_1 的特定值?

6.5.5　令 k 表示在 n 个独立的伯努利试验序列中观察到的成功次数，其中 $p=P$(成功).

(a)证明 $H_0: p=\frac{1}{2}$ 与 $H_1: p\neq\frac{1}{2}$ 的似然比的临界域可以写成以下形式

$$k\cdot\ln(k) + (n-k)\cdot\ln(n-k) \geqslant \lambda^{**}$$

(b)利用 $f(k)=k\cdot\ln(k)+(n-k)\cdot\ln(n-k)$ 图像的对称性说明临界域可以写成以下形式

$$\left|\bar{k} - \frac{1}{2}\right| \geqslant c$$

其中 c 是一个由 α 决定的常数.

6.5.6　假设存在一个参数 θ 的充分统计量. 利用定理 5.6.1 说明，似然比检验的临界域将取决于该充分统计量.

6.6　重新审视假设检验(统计显著性与“实际”意义)

本章中最重要的概念便是关于统计显著性的概念，但它也是最具有不确定性的. 这是因为统计显著性并不总是意味着它看上去的那样. 比如，根据定义，如果 $H_0: \mu=\mu_0$ 在 $\alpha=0.05$ 的水平上被拒绝，那么 $\bar{y}$ 和 μ_0 之间的差异就具有统计显著性，这就意味着与观测到的 $\bar{y}$ 相等的样本均值不太可能来自真实均值为 μ_0 的(正态)分布，但这并不意味着其真实均值一定与 μ_0 相差很大.

回顾 6.4 节对功效曲线的讨论，特别是 n 对 $1-\beta$ 的影响. 该例讲述了添加剂可能会增

加汽车行驶里程．当时的假设检验为

$$H_0:\mu = 25.0$$

与

$$H_1:\mu > 25.0$$

其中 σ 被假定为 2.4 英里/加仑，设 α 为 0.05．如果 $n=30$，决策规则要求在 $\overline{y} \geqslant 25.718$ 时拒绝 H_0（见 6.2 节）．图 6.6.1 是该检验的功效曲线．点 $(\mu, 1-\beta)=(25.75, 1-0.47)$ 是在 6.4 节中计算得出的．

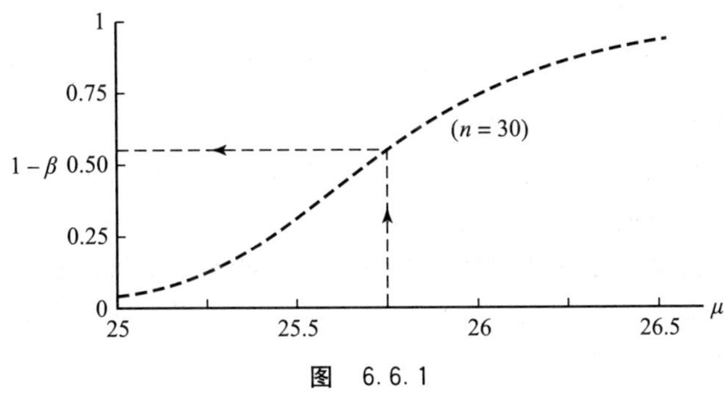

图　6.6.1

6.4 节中提出了一个重要的观点，即研究人员有多种方法可以提升检验功效，也就是降低犯第二类错误的概率．在实验中，最常用的方法是增加样本量，这样做的好处是可以减少 H_0 和 H_1 分布之间的重叠（图 6.4.7 显示了当样本量保持不变但 σ 从 2.4 降到 1.2 时重叠部分减少）．这里，为了显示 n 对 $1-\beta$ 的影响，图 6.6.2 显示了 $n=30$，$n=60$ 和 $n=900$（保持 $\alpha=0.05$ 和 $\sigma=2.4$ 不变）情况下检验 $H_0:\mu=25.0$ 与 $H_1:\mu>25.0$ 的叠加功效曲线．

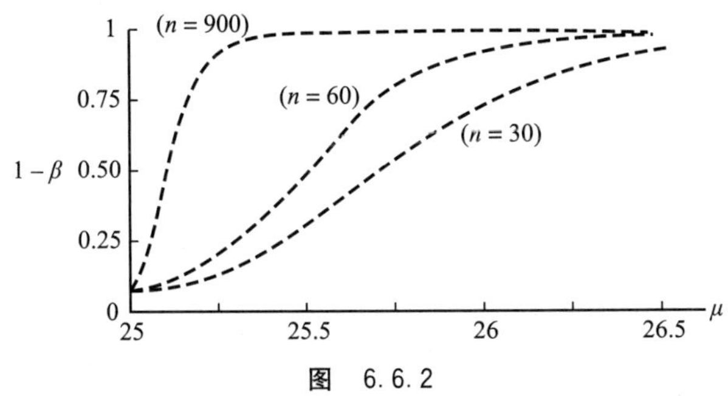

图　6.6.2

图 6.6.2 中有一个好消息和一个坏消息．好消息并不令人惊讶：随着 n 的增加，拒绝错误假设的概率会急剧增加．例如，如果真实均值 μ 是 25.25，当 $n=30$ 时，Z 检验将在 14% 的情况下（正确地）拒绝 $H_0:\mu=25.0$，当 $n=60$ 时，该数字将提升至 20%，而当 $n=900$ 时，该数字将提升至 93%．

图 6.6.2 中的坏消息是，如果使用足够大的样本量，任何错误的假设，即使真正的 μ

离 μ_0 只有毫厘之差，也会在几乎100%的情况下被拒绝．这为什么是坏消息呢？因为很小差异($\overline{y}$和 μ_0 之间)在统计上是显著的，可能听起来很有意义，而事实上它可能完全不重要．

例如，假设我们可以找到一种添加剂，将汽车行驶的里程数从25.000英里/加仑增加到25.001英里/加仑．这种微不足道的改善对消费者来说基本上没有意义，但是如果使用足够大的样本量，拒绝 $H_0:\mu=25.000$ 而支持 $H_1:\mu>25.000$ 的概率可以任意地接近1．也就是说，$\overline{y}$ 和25.000之间的差异将视为具有统计显著性，即使它没有任何“实际意义”．

这里我们应该吸取新旧两个教训．新的教训是要警惕从基于巨大样本量的实验或调查中得出的推论．在这些情况下可能会产生许多具有统计显著性的结论，但其中产生的一些“拒绝 H_0”的结论可能主要是由样本量驱动的．时刻关注$\overline{y}-\mu_0$(或$\frac{k}{n}-p_0$)的大小往往是保持假设检验结论正确性的一个非常好的方法．

第二个教训我们以前就遇到过，以后一定还会遇到．分析数据不是一个简单的插入公式或阅读计算机生成数据的练习．现实世界的数据很少是简单的，它们不能用任何单一的统计技术进行充分的总结、量化或解释．假设检验，就像其他推断过程一样，有优点也有缺点，有假设也有限制．意识到它们真正能告诉我们什么以及它们会如何“欺骗”我们，才是正确使用它们的第一步．

第 7 章　基于正态分布的推断

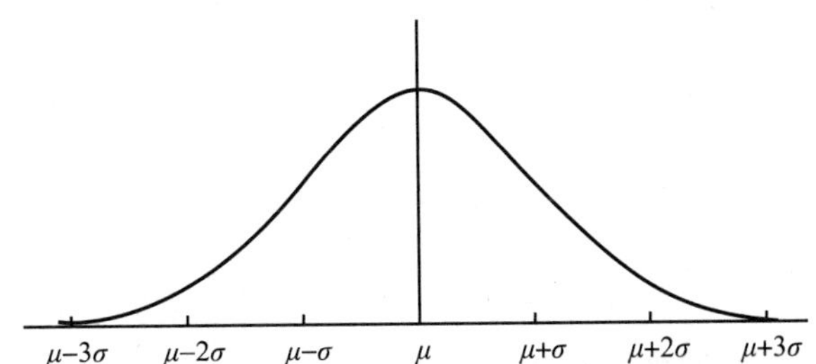

据我所知，几乎没有什么比“误差频率定律”(正态分布)所表达的宇宙秩序的奇妙形式更能打动人了．如果希腊人知道这个定律，他们就会把它拟人化并神化．在最狂野的混乱中，这个定律以平静和完全的谦逊统治着．暴民越多，无政府状态越严重，其影响就越完美．它是无理性的最高法则．

——弗朗西斯·高尔顿

7.1　引言

利用概率分布来描述并最终预测经验数据，是统计学家对研究科学家最重要的贡献之一．我们已经看到许多函数发挥着这样的作用．二项式模型可以准确地描述普拉特-伍德拉夫(Pratt-Woodruff)ESP 实验中正确响应的次数(案例研究 4.3.1)；超几何分布模型可以给出参与者在佛罗里达彩票游戏中获奖的概率(例 3.2.6)；泊松分布模型可以模拟放射性衰变(案例研究 4.2.2)，也可以模拟某年开始的战争数量(案例研究 4.2.3)．尽管这些分布模型有非常多的用途，但是到目前为止，统计学中最广泛使用的概率模型是正态(或高斯)分布.

$$f_Y(y)=\frac{1}{\sqrt{2\pi}\sigma}\mathrm{e}^{-(1/2)[(y-\mu)/\sigma]^2},\quad -\infty<y<\infty \tag{7.1.1}$$

第 4 章中，我们已经讨论了关于正态曲线的一些历史，它最初是作为二项式的极限形式出现的，但后来发现它其实最常被用于非二项式的情况．我们还学习了如何求正态曲线下的面积，并研究了一些涉及求和与求平均值的问题．第 5 章我们学习了正态密度参数的估计，并展示了它们在将正态曲线拟合到数据中的作用．在本章中，我们将再次审视这个非常重要的概率密度函数的性质和应用，这次我们将关注它在估计和假设检验中的用途.

7.2　比较$\dfrac{\overline{Y}-\mu}{\sigma/\sqrt{n}}$和$\dfrac{\overline{Y}-\mu}{S/\sqrt{n}}$

假设 $Y_1,Y_2,\cdots,Y_n$ 是一个从正态分布中抽取的大小为 n 的随机样本，我们想得出关于潜在的概率密度函数的真实均值μ的推断. 若方差σ^2已知，根据之前的学习，我们已经能够知道该如何进行推断：定理6.2.1给出了检验$H_0:\mu=\mu_0$的决策规则，而5.3节中描述了如何构建μ的置信区间. 正如我们所了解的，这两个步骤都是基于这样一个事实，即：比率$Z=\frac{\overline{Y}-\mu}{\sigma/\sqrt{n}}$服从标准正态分布，$f_Z(z)$.

但在实践中，参数σ^2很少为人所知，因此，即使用均值μ_0代替μ，也无法计算出比率$\frac{\overline{Y}-\mu}{\sigma/\sqrt{n}}$. 通常情况下，实验者拥有的关于$\sigma^2$的唯一信息只能从$Y_i$本身收集得到. 通常总体方差的估计量为$S^2=\frac{1}{n-1}\sum_{i=1}^{n}(Y_i-\overline{Y})^2$，即无偏的$\sigma^2$的极大似然估计量. 问题是，用$S$替换$\sigma$对$Z$比率有什么影响？$\frac{\overline{Y}-\mu}{\sigma/\sqrt{n}}$和$\frac{\overline{Y}-\mu}{S/\sqrt{n}}$之间是否存在概率性的差异？

历史上，许多早期的统计学工作者认为，用S代替σ实际上对Z比率的分布没有影响. 有时他们是对的. 如果样本量非常大(这在统计学的许多早期应用中是一种常见的情况)，估计量S基本上是一个常数，并且在所有的意图和目的中都等于真实的σ. 在这些条件下，比率$\frac{\overline{Y}-\mu}{S/\sqrt{n}}$将表现得像标准正态随机变量$Z$. 不过，当样本量$n$很小的时候，用$S$代替$\sigma$则有待商榷，它改变了我们寻求有关$\mu$的推断的方式.

认识到$\frac{\overline{Y}-\mu}{\sigma/\sqrt{n}}$和$\frac{\overline{Y}-\mu}{S/\sqrt{n}}$不具有相同的分布，要归功于威廉・西利・戈塞特(William Sealy Gossett). 1899年，戈塞特以化学和数学一等学位从牛津大学毕业后，在亚瑟吉尼斯公司(Arthur Guinness, Son &Co., Ltd.)任职，该公司酿造一种被称为stout的浓稠黑啤酒. 在面对使酿酒艺术更加科学的任务时，戈塞特很快意识到，任何实验研究都必然会面临两个障碍：首先，由于经济和后勤方面的各种原因，样本量总是很小；其次，永远没有办法知道与任何一组观测量相关的真实方差σ^2的准确值.

因此，当一项研究的目标是得出关于μ的推断时，戈塞特发现比率$\frac{\overline{Y}-\mu}{S/\sqrt{n}}$中的$n$往往是4或者5. 随着他遇到这种情况的次数越来越多，就越是相信这种比率不能用标准正态分布充分描述. 特别是$\frac{\overline{Y}-\mu}{S/\sqrt{n}}$的分布似乎与$f_Z(z)$一样，具有一般的钟形结构，但尾部"更厚". 也就是说，比率远小于零或远大于零的情况并不像标准正态概率密度函数所预测的那样罕见.

图7.2.1说明了引起戈塞特注意的$\frac{\overline{Y}-\mu}{\sigma/\sqrt{n}}$和$\frac{\overline{Y}-\mu}{S/\sqrt{n}}$的分布之间的区别. 在图7.2.1a中，从已知$\sigma$值的正态分布中抽取了500个大小为$n=4$的样本. 对于每个样本，都计算了比率$\frac{\overline{Y}-\mu}{\sigma/\sqrt{4}}$，叠加在这500个比率的阴影直方图上的是标准正态曲线$f_Z(z)$. 显然，随机变量$\frac{\overline{Y}-\mu}{\sigma/\sqrt{4}}$的概率行为与$f_Z(z)$完全一致.

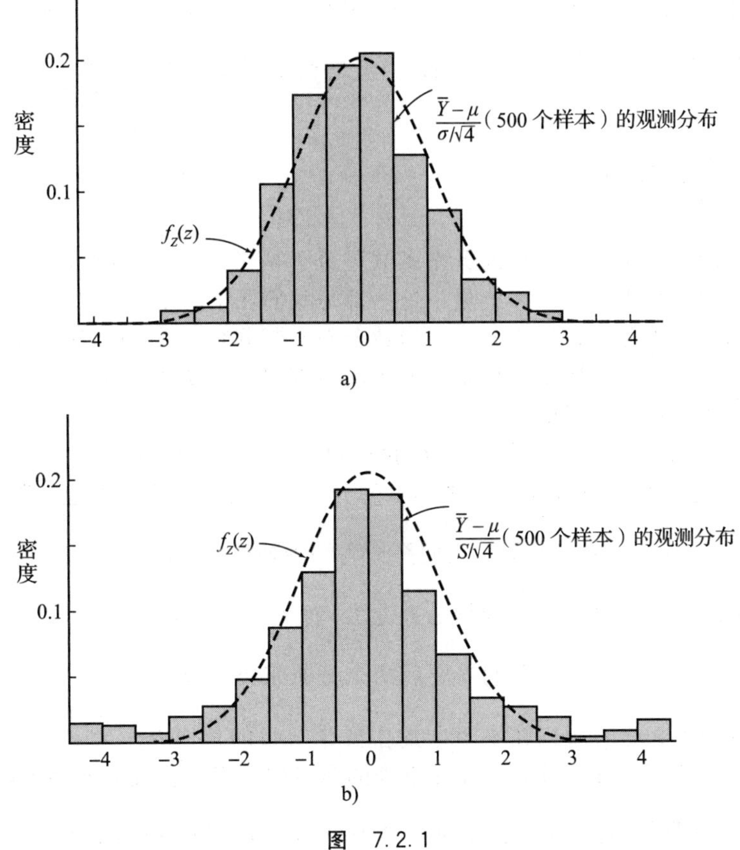

图 7.2.1

图 7.2.1b 中的直方图也是基于从正态分布中抽取的 500 个大小为 $n=4$ 的样本．不过在这里，对于每个样本都计算了 S 的值，所以构成直方图的比率是$\frac{\overline{Y}-\mu}{S/\sqrt{4}}$而不是$\frac{\overline{Y}-\mu}{\sigma/\sqrt{4}}$．在这种情况下，叠加的标准正态概率密度函数并不能充分描述直方图，具体而言，它低估了远小于零的比率数量以及远大于零的比率数量(这正是戈塞特所注意到的)．

戈塞特在 1908 年发表了一篇题为《平均值的可能误差》的论文，其中他得出了一个关于比率$\frac{\overline{Y}-\mu}{S/\sqrt{n}}$的概率密度函数公式．为了防止泄露公司的机密信息，吉尼斯公司禁止其员工发表任何论文，因此，戈塞特以“学生”(Student)的名义发表了他的著作，这也是 20 世纪统计学的重大突破之一．

起初，戈塞特的发现并未引起多少注意．几乎没有一个同时代的人知道戈塞特的论文会对现代统计学产生什么影响．事实上，直到论文发表的 14 年后，戈塞特给罗纳德 · A. 费希尔寄去了他的分布表，并附注说：“我寄给你一份‘学生分布表’，因为你是唯一有可能使用它们的人．”

费希尔非常理解戈塞特工作的价值，认为戈塞特进行了一场“逻辑革命”．费希尔在

1924 年对戈塞特的概率密度函数进行了严格的数学推导，其核心内容见附录 7. A. 1 中. 费希尔选择了字母“t”表示$\dfrac{\overline{Y}-\mu}{S/\sqrt{n}}$统计量，因此，它的概率密度函数被称为“学生 t 分布”.

7.3　推导$\dfrac{\overline{Y}-\mu}{S/\sqrt{n}}$的分布

广义上讲，统计学家经常使用的概率函数可分为两类. 第一类有十几个函数可以有效地模拟现实世界中各种现象的个体测量. 这些都是我们在第 3 章和第 4 章中研究过的分布，主要有正态分布、二项分布、泊松分布、指数分布、超几何分布和均匀分布. 还有一类中的概率分布较少，它们可以用来模拟基于 n 个随机变量的函数的行为. 我们称它们为抽样分布，它们通常用于推断的目的.

而正态分布同时属于这两个类别. 在我们已经学习过的一些场景中(例如，智商分数)，正态分布非常有效地描述了重复观测量的分布. 同时，正态分布也可被用来模拟 $Z=\dfrac{\overline{Y}-\mu}{\sigma/\sqrt{n}}$的概率行为. 在后一种情况下，它便是作为一种抽样分布.

除正态分布外，三个最重要的抽样分布是“学生 t 分布”“卡方分布”和“F 分布”. 本节将介绍这三个分布，部分原因是我们需要后两个分布来推导 $f_T(t)$，即 t 比率 $T=\dfrac{\overline{Y}-\mu}{S/\sqrt{n}}$的概率密度函数. 因此，尽管我们在本节中的主要学习目的是研究学生 t 分布，但在这个过程中我们将介绍其他两个抽样分布，在接下来的章节中我们也会反复遇到这两个分布.

推导出 t 比率的概率密度函数并不是一件简单的事情. 而(利用矩生成函数)推导$\dfrac{\overline{Y}-\mu}{\sigma/\sqrt{n}}$的概率密度函数却非常容易. 但从$\dfrac{\overline{Y}-\mu}{\sigma/\sqrt{n}}$到$\dfrac{\overline{Y}-\mu}{S/\sqrt{n}}$的过程却是一个难题，因为 T(与 Z 不同)是关于两个随机变量$\overline{Y}$和 S 的比率，两者都是关于 n 个随机变量 $Y_1,Y_2,\cdots,Y_n$ 的函数. 一般来说，求随机变量商的概率密度函数是很困难的，特别是当分子和分母上的随机变量一开始就是难以处理的概率密度函数.

正如我们在接下来的几页中将学习到的，关于 $f_T(t)$的推导分几个步骤进行. 首先，我们需要证明 $\sum\limits_{j=1}^{m}Z_j^2$ 服从伽马分布(更具体地说，是伽马分布的一个特例，称为卡方分布)，其中 Z_j 是独立的标准正态随机变量. 然后我们要证明，基于正态分布的大小为 n 的随机样本的 $\overline{Y}$ 和 S^2 是独立的随机变量，并且$\dfrac{(n-1)S^2}{\sigma^2}$服从卡方分布. 接下来，我们需要推导出关于两个独立的卡方随机变量的比率的概率密度函数(被称为 F 分布). 最后一步是证明 $T^2=\left(\dfrac{\overline{Y}-\mu}{S/\sqrt{n}}\right)^2$ 可以被写作两个独立的卡方随机变量的商，从而作为 F 分布中的一个特例. 最终，我们便可以推导出 $f_T(t)$.

定理 7.3.1 令 $U=\sum_{j=1}^{m}Z_j^2$，其中 $Z_1,Z_2,\cdots,Z_m$ 为独立的标准正态随机变量．那么 U 便服从 $r=\frac{m}{2}$ 和 $\lambda=\frac{1}{2}$ 的伽马分布．即

$$f_U(u)=\frac{1}{2^{m/2}\Gamma\left(\frac{m}{2}\right)}u^{(m/2)-1}e^{-u/2},\quad u\geqslant 0$$

证明 首先令 $m=1$，对于任意 $u\geqslant 0$，有

$$F_{Z^2}(u)=P(Z^2\leqslant u)=P(-\sqrt{u}\leqslant Z\leqslant\sqrt{u})=2P(0\leqslant Z\leqslant\sqrt{u})$$
$$=\frac{2}{\sqrt{2\pi}}\int_0^{\sqrt{u}}e^{-z^2/2}dz$$

对 $F_{Z^2}(u)$的等式两边微分得到 $f_{Z^2}(u)$：

$$f_{Z^2}(u)=\frac{d}{du}F_{Z^2}(u)=\frac{2}{\sqrt{2\pi}}\frac{1}{2\sqrt{u}}e^{-u/2}=\frac{1}{2^{1/2}\Gamma\left(\frac{1}{2}\right)}u^{(1/2)-1}e^{-u/2}$$

需要注意的是，$f_U(u)=f_{Z^2}(u)$服从 $r=\frac{1}{2}$ 和 $\lambda=\frac{1}{2}$ 的伽马概率密度函数．根据定理 4.6.4，m 个这样的平方之和服从所述的伽马分布，其中 $r=m\left(\frac{1}{2}\right)=\frac{m}{2}$ 和 $\lambda=\frac{1}{2}$.

独立标准正态随机变量的平方之和的分布非常重要，以至于它有自己的名字，尽管它只不过是伽马分布中的一个特例.

定义 7.3.1 $U=\sum_{j=1}^{m}Z_j^2$ 的概率密度函数被称作自由度为 m 的卡方分布，其中 $Z_1,Z_2,\cdots,Z_m$ 为独立的标准正态随机变量.

下一个定理在推导 $f_T(t)$的过程中尤为关键．通过使用简单代数，便可以证明 t 比率的平方可以被写作两个卡方随机变量(一个是关于 $\overline{Y}$ 的函数，另一个是关于 S^2 的函数)的商．通过证明 $\overline{Y}$ 和 S^2 是独立的(见定理 7.3.2)，可以利用定理 3.8.4 求该商的概率密度函数的表达式.

定理 7.3.2 令 $Y_1,Y_2,\cdots,Y_n$ 为一个从均值为 μ、方差为 σ^2 的正态分布中抽取的随机样本．那么

a. S^2 和 $\overline{Y}$ 是独立的.

b. $\frac{(n-1)S^2}{\sigma^2}=\frac{1}{\sigma^2}\sum_{i=1}^{n}(Y_i-\overline{Y})^2$ 服从卡方分布且自由度为 $n-1$.

证明 见附录 7.A.1.

我们很快就会了解到，t 比率的平方是 F 随机变量的一个特例．接下来的定义和定理总结了 F 分布的性质从而帮助我们求得与学生 t 分布相关的概率密度函数.

定义 7.3.2 假设 U 和 V 是独立的卡方随机变量，自由度分别为 n 和 m．一个形式为 $\frac{V/m}{U/n}$ 的随机变量被认为服从自由度为 m 和 n 的 F 分布.

注释 分布名称中的“F”是为了纪念著名的统计学家罗纳德·费希尔爵士.

定理 7.3.3　假设 $F_{m,n}=\dfrac{V/m}{U/n}$ 表示一个自由度为 m 和 n 的 F 随机变量. 那么 $F_{m,n}$ 的概率密度函数具有以下形式：

$$f_{F_{m,n}}(w)=\frac{\Gamma\left(\frac{m+n}{2}\right)m^{m/2}n^{n/2}w^{(m/2)-1}}{\Gamma\left(\frac{m}{2}\right)\Gamma\left(\frac{n}{2}\right)(n+mw)^{(m+n)/2}},\quad w\geqslant 0$$

证明　我们首先需要获得 V/U 的概率密度函数. 根据定理 7.3.1，我们知道 $f_V(v)=\dfrac{1}{2^{m/2}\Gamma(m/2)}v^{(m/2)-1}\mathrm{e}^{-v/2}$ 和 $f_U(u)=\dfrac{1}{2^{n/2}\Gamma(n/2)}u^{(n/2)-1}\mathrm{e}^{-u/2}$.

根据定理 3.8.4，我们能够得到 $W=V/U$ 的概率密度函数

$$\begin{aligned}f_{V/U}(w)&=\int_0^\infty |u|f_U(u)f_V(uw)\mathrm{d}u\\&=\int_0^\infty u\frac{1}{2^{n/2}\Gamma(n/2)}u^{(n/2)-1}\mathrm{e}^{-u/2}\frac{1}{2^{m/2}\Gamma(m/2)}(uw)^{(m/2)-1}\mathrm{e}^{-uw/2}\mathrm{d}u\\&=\frac{1}{2^{(n+m)/2}\Gamma(n/2)\Gamma(m/2)}w^{(m/2)-1}\int_0^\infty u^{\frac{n+m}{2}-1}\mathrm{e}^{-[(1+w)/2]u}\mathrm{d}u\end{aligned}$$

这个积分是伽马概率密度函数的可变部分，其中 $r=(n+m)/2$，$\lambda=(1+w)/2$. 因此，该积分等于概率密度函数中常数的倒数. 这就得到了

$$\begin{aligned}f_{V/U}&=\frac{1}{2^{(n+m)/2}\Gamma(n/2)\Gamma(m/2)}w^{(m/2)-1}\frac{\Gamma\left(\frac{n+m}{2}\right)}{[(1+w)/2]^{\frac{n+m}{2}}}\\&=\frac{\Gamma\left(\frac{n+m}{2}\right)}{\Gamma(n/2)\Gamma(m/2)}\frac{w^{(m/2)-1}}{(1+w)^{\frac{n+m}{2}}}\end{aligned}$$

那么，根据定理 3.8.2，我们便可以完成该定理的证明：

$$f_{\frac{V/m}{U/n}}(w)=f_{\frac{n}{m}V/U}(w)=\frac{1}{n/m}f_{V/U}\left(\frac{w}{n/m}\right)=\frac{m}{n}f_{V/U}\left(\frac{m}{n}w\right)$$

F 表

绘制图表时，F 分布看起来非常像一个典型的卡方分布，$\dfrac{V/m}{U/n}$ 的值永远不会为负，且 F 的概率密度函数向右急剧倾斜. 显然，$f_{F_{m,n}}(r)$ 的复杂性使得该函数难以直接使用. 不过，有很多表格可以提供关于不同 m 和 n 值的 F 分布百分比.

图 7.3.1 显示了 $f_{F_{3,5}}(r)$. 一般来说，符号 $F_{p,m,n}$ 将被用来表示自由度为 m 和 n 的 F 分布的第 $100p$ 百分位数. 比如 $f_{F_{3,5}}(r)$ 的第 95 百分位数，即 $F_{0.95,3,5}$ 是 5.41(见附录表 A.4).

使用 F 分布推导 t 比率的概率密度函数

现在我们有了求 $\dfrac{\overline{Y}-\mu}{S/\sqrt{n}}$ 概率密度函数所需的所有背景结果. 实际上，我们可以做得更好，因为我们所说的“t 比率”只是整个比率系列中的一个特例. 找到整个系列的概率密度函数，我们也可以得到 $\dfrac{\overline{Y}-\mu}{S/\sqrt{n}}$ 的概率分布.

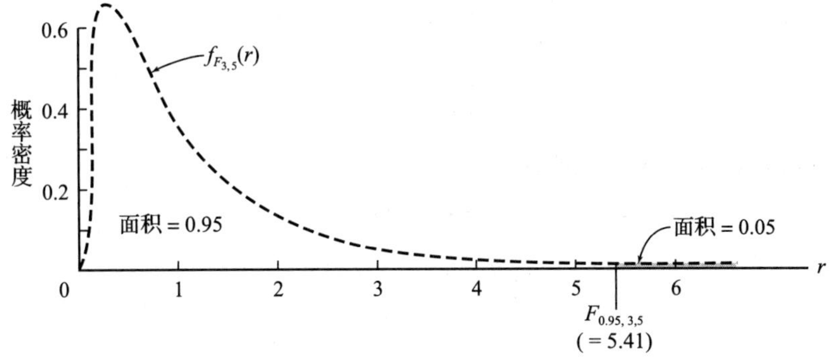

图　7.3.1

定义 7.3.3　令 Z 为一个标准正态随机变量，令 U 为一个独立于 Z 的自由度为 n 的卡方随机变量. 将自由度为 n 的学生 t 比率表示为 T_n，其中

$$T_n = \frac{Z}{\sqrt{\frac{U}{n}}}$$

注释　术语“自由度”通常被缩写为 df.

引理　对于所有 t，T_n 的概率密度函数是对称的：$f_{T_n}(t)=f_{T_n}(-t)$.

证明　为了方便推导，我们令 $V=\sqrt{\frac{U}{n}}$. 那么根据定理 3.8.4 和 Z 的概率密度函数的对称性，

$$\begin{aligned} f_{T_n}(t) &= \int_0^\infty v f_V(v) f_Z(tv)\,\mathrm{d}v \\ &= \int_0^\infty v f_V(v) f_Z(-tv)\,\mathrm{d}v = f_{T_n}(-t) \end{aligned}$$

定理 7.3.4　自由度为 n 的学生 t 随机变量的概率密度函数为

$$f_{T_n}(t) = \frac{\Gamma\left(\frac{n+1}{2}\right)}{\sqrt{n\pi}\,\Gamma\left(\frac{n}{2}\right)\left(1+\frac{t^2}{n}\right)^{(n+1)/2}}, \quad -\infty < t < \infty$$

证明　注意到 $T_n^2=\frac{Z^2}{U/n}$ 服从 F 分布，且自由度为 1 和 n. 因此，

$$f_{T_n^2}(t) = \frac{n^{n/2}\Gamma\left(\frac{n+1}{2}\right)}{\Gamma\left(\frac{1}{2}\right)\Gamma\left(\frac{n}{2}\right)} t^{-1/2} \frac{1}{(n+t)^{(n+1)/2}}, \quad t>0$$

假设 $t>0$. 根据 $f_{T_n}(t)$ 的对称性，

$$\begin{aligned} F_{T_n}(t) = P(T_n \leqslant t) &= \frac{1}{2} + P(0 \leqslant T_n \leqslant t) \\ &= \frac{1}{2} + \frac{1}{2}P(-t \leqslant T_n \leqslant t) \end{aligned}$$

$$= \frac{1}{2} + \frac{1}{2} P(0 \leqslant T_n^2 \leqslant t^2)$$

$$= \frac{1}{2} + \frac{1}{2} F_{T_n^2}(t^2)$$

对 $F_{T_n}(t)$进行微分，可以得到所述结果：

$$f_{T_n}(t) = F'_{T_n}(t) = t \cdot f_{T_n^2}(t^2)$$

$$= t \frac{n^{n/2}\Gamma\left(\frac{n+1}{2}\right)}{\Gamma\left(\frac{1}{2}\right)\Gamma\left(\frac{n}{2}\right)} (t^2)^{-(1/2)} \frac{1}{(n+t^2)^{(n+1)/2}}$$

$$= \frac{\Gamma\left(\frac{n+1}{2}\right)}{\sqrt{n\pi}\,\Gamma\left(\frac{n}{2}\right)} \cdot \frac{1}{\left[1+\left(\frac{t^2}{n}\right)\right]^{(n+1)/2}}$$

注释　多年来，小写的 t 已经成为定义 7.3.3 中随机变量的公认符号. 当上下文允许一些灵活性存在时，我们将遵循这一惯例. 但在关于分布的数学陈述中，我们将与随机变量符号保持一致，并将学生 t 比率表示为 T_n.

那么，为了实现最初我们想要得到$\dfrac{\overline{Y}-\mu}{S/\sqrt{n}}$的概率密度函数的目标，最后我们还需要验证其是定义 7.3.3 中描述的学生 t 随机变量的一个特例. 定理 7.3.5 提供了验证的细节. 请注意，在这种情况下，大小为 n 的样本会产生一个自由度为 $n-1$ 的 t 比率.

定理 7.3.5　令 $Y_1, Y_2, \cdots, Y_n$ 为一个从均值为 μ，标准差为 σ 的正态分布中抽取的随机样本. 那么

$$T_{n-1} = \frac{\overline{Y}-\mu}{S/\sqrt{n}}$$

服从自由度为 $n-1$ 的学生 t 分布.

证明　我们可以将$\dfrac{\overline{Y}-\mu}{S/\sqrt{n}}$重写作

$$\frac{\overline{Y}-\mu}{S/\sqrt{n}} = \frac{\dfrac{\overline{Y}-\mu}{\sigma/\sqrt{n}}}{\sqrt{\dfrac{(n-1)S^2}{\sigma^2(n-1)}}}$$

但$\dfrac{\overline{Y}-\mu}{\sigma/\sqrt{n}}$是一个标准正态随机变量且$\dfrac{(n-1)S^2}{\sigma^2}$服从自由度为 $n-1$ 的卡方分布. 此外，定理 7.3.2 表明了

$$\frac{\overline{Y}-\mu}{\sigma/\sqrt{n}} \quad 和 \quad \frac{(n-1)S^2}{\sigma^2}$$

是相互独立的. 那么，根据定义 7.3.3，我们可以得出关于上述定理的陈述.

$f_{T_n}(t)$和 $f_Z(z)$：两个概率密度函数之间的联系

尽管 $f_{T_n}(t)$和 $f_Z(z)$的公式在形式上有很大差异，但学生 t 分布和标准正态分布有很多共同点．两者都是钟形的、对称的且以零为中心．不过，学生 t 曲线比较平坦．

图 7.3.2 是关于两个学生 t 分布的图像，一个自由度为 2，另一个自由度为 10，图中还有标准正态分布 $f_Z(z)$的曲线．注意，随着 n 的增加，$f_{T_n}(t)$变得越来越像 $f_Z(z)$．

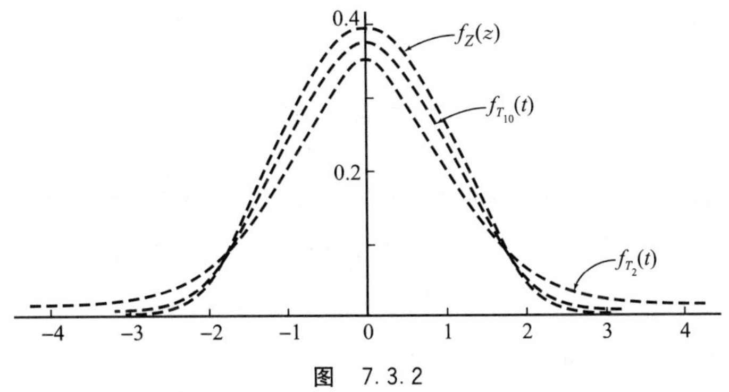

图 7.3.2

$f_{T_n}(t)$对 $f_Z(z)$的收敛性是两个估计特性的结果．

1. 样本标准差对 σ 是渐近无偏的．
2. 当 n 接近∞时，S 的标准差趋近于 0．（见习题 7.3.4．）

因此，当 n 变大时，$\dfrac{\overline{Y}-\mu}{S/\sqrt{n}}$的概率行为将变得与$\dfrac{\overline{Y}-\mu}{\sigma/\sqrt{n}}$的分布越来越相似，即与 $f_Z(z)$越来越相似．

习题

7.3.1 无须利用 χ_n^2 是伽马随机变量这一事实，直接证明定义 7.3.1 中所述的 $f_U(u)$是一个真正的概率密度函数．

7.3.2 求一卡方随机变量的矩生成函数，并利用其证明 $E(\chi_n^2)=n$ 和 $\operatorname{Var}(\chi_n^2)=2n$．

7.3.3 65，30 和 55 这三个数字是从 $\mu=50$，$\sigma=10$ 的正态分布中抽取的大小为 3 的随机样本，这是否可信？利用卡方分布来回答这个问题．[提示：令 $Z_i=(Y_i-50)/10$ 并使用定理 7.3.1.]

7.3.4 利用$(n-1)S^2/\sigma^2$ 是一个自由度为 $n-1$ 的卡方随机变量这一事实，证明

$$\operatorname{Var}(S^2)=\frac{2\sigma^4}{n-1}$$

（提示：自由度为 k 的卡方随机变量的方差为 $2k$.）

7.3.5 令 $Y_1,Y_2,\cdots,Y_n$ 为从正态分布中随机抽取的随机样本．根据习题 7.3.4 中的陈述，证明 S^2 对于 σ^2 是一致的．

7.3.6 如果 Y 是一个自由度为 n 的卡方随机变量，那么当 n 无穷大时，$(Y-n)/\sqrt{2n}$的概率密度函数收敛于 $f_Z(z)$（回顾习题 7.3.2）．使用$(Y-n)/\sqrt{2n}$的渐进正态性来近似计算自由度为 200 的卡方随机变量的第 40 百分位数．

7.3.7　使用附录表 A.4 求出

(a) $F_{0.50,6,7}$　(b) $F_{0.001,15,5}$　(c) $F_{0.90,2,2}$

7.3.8　令 V 和 U 分别为自由度为 7 和 9 的独立卡方随机变量. $\frac{V/7}{U/9}$ 更有可能位于 2.51 和 3.29 之间，还是 3.29 和 4.20 之间?

7.3.9　使用附录中的表 A.4 求出满足以下方程的 x 的值.

(a) $P(0.109<F_{4,6}<x)=0.95$

(b) $P(0.427<F_{11,7}<1.69)=x$

(c) $P(F_{x,x}>5.35)=0.01$

(d) $P(0.115<F_{3,x}<3.29)=0.90$

(e) $P\left(x<\frac{V/2}{U/3}\right)=0.25$，其中 V 是一个自由度为 2 的卡方随机变量，U 是一个自由度为 3 的独立卡方随机变量.

7.3.10　假设从方差为 σ^2 的正态分布中抽取两个大小为 n 的独立样本. 令 S_1^2 和 S_2^2 表示这两个样本的方差. 利用 $\frac{(n-1)S^2}{\sigma^2}$ 服从自由度为 $n-1$ 的卡方分布这一事实，解释说明

$$\lim_{\substack{n\to\infty\\ m\to\infty}} F_{m,n}=1$$

7.3.11　如果随机变量 F 是一个自由度为 m 和 n 的 F 分布，证明 $1/F$ 是一个自由度为 n 和 m 的 F 分布.

7.3.12　根据习题 7.3.11 中的结果，用 $f_{F_{m,n}}(r)$ 的百分位数来表示 $f_{F_{n,m}}(r)$ 的百分位数. 也就是说，如果我们知道 $P(a\leqslant F_{m,n}\leqslant b)=q$ 中 a 和 b 的值，那么 c 和 d 取怎样的值能够满足方程 $P(c\leqslant F_{n,m}\leqslant d)=q$? 通过比较 $F_{0.05,2,8}$，$F_{0.95,2,8}$，$F_{0.05,8,2}$ 和 $F_{0.95,8,2}$ 的值，用附录表 A.4“检查”你的答案.

7.3.13　证明当 $n\to\infty$ 时，自由度为 n 的学生 t 随机变量的概率密度函数收敛于 $f_Z(z)$. (提示：要证明 T_n 的概率密度函数中的常数项收敛于 $1/\sqrt{2\pi}$，请使用斯特林公式 $n!\approx\sqrt{2\pi n}n^n\mathrm{e}^{-n}$)另外，回顾 $\lim\limits_{n\to\infty}\left(1+\frac{a}{n}\right)^n=\mathrm{e}^a$.

7.3.14　使用学生 t 分布求解积分

$$\int_0^\infty \frac{1}{1+x^2}\mathrm{d}x$$

7.3.15　现已知自由度为 n 的学生 t 随机变量 T 以及任意正整数 k，证明若 $2k<n$，则 $E(T^{2k})$ 存在. (提示：如果 $\alpha>0$，$\beta>0$，且 $\alpha\beta>1$，则形式为

$$\int_0^\infty \frac{1}{(1+y^\alpha)^\beta}\mathrm{d}y$$

的积分是有限的.)

7.4　有关 μ 的推断

最常见的统计目的之一便是对一组数据所代表的总体的均值进行推断. 事实上，我们已经在 6.2 节中对这个问题进行了初步探讨. 如果 Y_i 来自正态分布，且 σ 已知，那么我们可以通过计算 Z 比率 $\frac{\overline{Y}-\mu}{\sigma/\sqrt{n}}$ 来检验零假设 $H_0:\mu=\mu_0$(回顾定理 6.2.1).

不过，该解决方法中隐含着一个不太可能被满足的前提：实验者很少真正知道 σ 的值. 7.3 节中我们为了处理此类情况，推导出了比率 $T_{n-1}=\frac{\overline{Y}-\mu}{S/\sqrt{n}}$ 的概率密度函数，其中 σ 被一

个估计量 S 所替代. 鉴于现已有 T_{n-1}(我们了解到它服从自由度为 $n-1$ 的学生 t 分布)，我们可以在 σ 未知的情况下对 μ 进行推断. 在 7.4 节中，我们将详细说明这些不同的技巧，研究作为“t 检验”基础的关键假设，以及了解当该假设未得到满足时的情况.

t 表

我们已经学习过，使用 $\dfrac{\overline{Y}-\mu}{\sigma/\sqrt{n}}$ 或其他 Z 比率进行假设检验和构建置信区间需要我们知道标准正态分布的某些上限和/或下限百分位数. 当推断过程基于 $\dfrac{\overline{Y}-\mu}{S/\sqrt{n}}$ 或其他 t 比率时，同样需要从学生 t 分布中确定适当的“分界点”.

图 7.4.1 显示了通常出现在统计学书籍附录的 t 表的一部分. 每一行都对应着不同的学生 t 概率密度函数. 列标题给出了表格主体中数字右侧的面积.

	α						
df	0.20	0.15	0.10	0.05	0.025	0.01	0.005
1	1.376	1.963	3.078	6.313 8	12.706	31.821	63.657
2	1.061	1.386	1.886	2.920 0	4.302 7	6.965	9.924 8
3	0.978	1.250	1.638	2.353 4	3.182 5	4.541	5.840 9
4	0.941	1.190	1.533	2.131 8	2.776 4	3.747	4.604 1
5	0.920	1.156	1.476	2.015 0	2.570 6	3.365	4.032 1
6	0.906	1.134	1.440	1.943 2	2.446 9	3.143	3.707 4
⋮			⋮				
30	0.854	1.055	1.310	1.697 3	2.042 3	2.457	2.750 0
∞	0.84	1.04	1.28	1.64	1.96	2.33	2.58

图 7.4.1

例如，在 $\alpha=0.01$ 列和 df=3 行交叉处的数字为 4.541，它具有属性：$P(T_3\geqslant 4.541)=0.01$.

通常，我们使用符号 $t_{\alpha,n}$ 来表示 $f_{T_n}(t)$ 的第 $100(1-\alpha)$ 百分位数. 也就是说，$P(T_n\geqslant t_{\alpha,n})=\alpha$ (见图 7.4.2). 由于 $f_{T_n}(t)$ 的对称性意味着 $P(T_n\leqslant -t_{\alpha,n})=\alpha$，所以不需要将学生 t 曲线的下限百分位数列出.

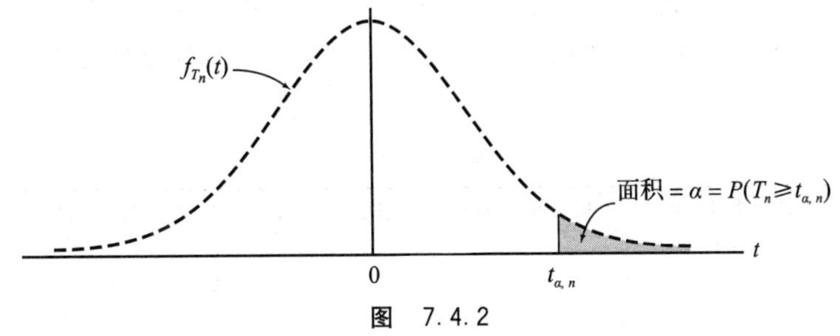

图 7.4.2

不同的 t 表中总结的学生 t 概率密度函数的数量有很大的不同. 许多表格只提供 1 到

30 的自由度；有些表格则包括 1 到 50 的自由度，而有些甚至包括 1 到 100 的自由度. 不过，大多数 t 表的最后一行都标有“∞”：该行中的条目都对应 z_α.

构建 μ 的置信区间

$\frac{\overline{Y}-\mu}{S/\sqrt{n}}$服从自由度为 $n-1$ 的学生 t 分布，这一事实证明

$$P\left(-t_{\alpha/2,n-1}\leqslant\frac{\overline{Y}-\mu}{S/\sqrt{n}}\leqslant t_{\alpha/2,n-1}\right)=1-\alpha$$

或者，换种方式表示为

$$P\left(\overline{Y}-t_{\alpha/2,n-1}\cdot\frac{S}{\sqrt{n}}\leqslant\mu\leqslant\overline{Y}+t_{\alpha/2,n-1}\cdot\frac{S}{\sqrt{n}}\right)=1-\alpha \tag{7.4.1}$$

（如果 Y_i 是服从正态分布的随机样本）.

当实际数据值被用来估计 $\overline{Y}$ 和 S 的值时，公式(7.4.1)中上界和下界的端点定义了 μ 的 100(1−α)%置信区间.

定理 7.4.1 令 $y_1,y_2,\cdots,y_n$ 为从均值 μ（未知）的正态分布中抽取的大小为 n 的随机样本. μ 的 100(1−α)%置信区间是以下数集

$$\left(\overline{y}-t_{\alpha/2,n-1}\cdot\frac{s}{\sqrt{n}},\ \overline{y}+t_{\alpha/2,n-1}\cdot\frac{s}{\sqrt{n}}\right)$$

案例研究 7.4.1

为了捕猎飞虫，蝙蝠会发出高频脉冲，然后聆听回声. 在找到昆虫之前，这些脉冲是以 50～100 ms 的间隔发出的. 当探测到一只昆虫时，脉冲与脉冲之间的间隔突然缩短，有时甚至低至 10 ms，从而使蝙蝠能够准确地确定其猎物的位置. 依据这样一个事实，研究者提出了一个有趣的问题：当蝙蝠第一次感知到昆虫时，蝙蝠和昆虫之间的距离有多远？换个说法：蝙蝠回声定位系统的有效范围是多少？

在测量蝙蝠与昆虫的探测距离时，必须克服的技术问题要比分析实际数据时涉及的统计问题复杂得多. 最终实验过程是将一只蝙蝠放入一个 11 英尺×16 英尺的房间，同时放上充足的果蝇，用两台同步的 16 mm 胶片摄影机记录行动. 通过逐帧检查这两组照片，科学家可以跟踪蝙蝠的飞行模式，同时监测它的脉冲频率. 因此，根据每只被捕获的昆虫[70]提供的信息，我们可以估计出蝙蝠在脉冲间隔缩短的精确时刻和昆虫之间的距离（见表 7.4.1）.

表 7.4.1

捕捉昆虫编号	探测距离(cm)	捕捉昆虫编号	探测距离(cm)	捕捉昆虫编号	探测距离(cm)
1	62	5	34	9	83
2	52	6	45	10	56
3	68	7	27	11	40
4	23	8	42		

定义 μ 为一只蝙蝠的真实平均探测距离. 使用表 7.4.1 中的 11 个观测值来构建 μ 的 95%置信区间.

假设 $y_1=62, y_2=52, \cdots, y_{11}=40$，那么我们就可以得出：

$$\sum_{i=1}^{11} y_i = 532 \quad 以及 \quad \sum_{i=1}^{11} y_i^2 = 29\ 000$$

因此，

$$\bar{y} = \frac{532}{11} = 48.4 \text{ cm}$$

且

$$s = \sqrt{\frac{11(29\ 000)-(532)^2}{11(10)}} = 18.1 \text{ cm}$$

如果 y_i 来自的总体服从正态分布，那么

$$\frac{\overline{Y}-\mu}{S/\sqrt{n}}$$

的概率行为可以用自由度为 10 的学生 t 曲线来描述. 根据附录中的表 A.2，我们可以得到

$$P(-2.228\ 1 < T_{10} < 2.228\ 1) = 0.95$$

据此，μ 的 95%置信区间为

$$\left[\bar{y}-2.228\ 1\left(\frac{s}{\sqrt{11}}\right), \bar{y}+2.228\ 1\left(\frac{s}{\sqrt{11}}\right)\right]$$

$$=\left[48.4-2.228\ 1\left(\frac{18.1}{\sqrt{11}}\right), 48.4+2.228\ 1\left(\frac{18.1}{\sqrt{11}}\right)\right]$$

$$=(36.2 \text{ cm}, 60.6 \text{ cm})$$

例 7.4.1 下表中给出了大小为 $n=20$ 的随机样本的样本均值和样本标准差，分别为 2.6 和 3.6. 令 μ 表示这些 y_i 所代表的分布的真实均值.

2.5	0.1	0.2	1.3
3.2	0.1	0.1	1.4
0.5	0.2	0.4	11.2
0.4	7.4	1.8	2.1
0.3	8.6	0.3	10.1

如果说 μ 的 95%置信区间是以下集合，这是否正确？

$$\left(\bar{y}-t_{0.025,n-1}\cdot\frac{s}{\sqrt{n}}, \bar{y}+t_{0.025,n-1}\cdot\frac{s}{\sqrt{n}}\right)$$

$$=\left(2.6-2.093\ 0\cdot\frac{3.6}{\sqrt{20}}, 2.6+2.093\ 0\cdot\frac{3.6}{\sqrt{20}}\right)$$

$$=(0.9, 4.3)$$

答案是否定的. 在计算(0.9,4.3)时确实使用了所有正确的因子，但是定理 7.4.1 在这种情况下并不适用，因为本例违反了定理 7.4.1 内含的正态性假设，所以该定理在这种情况下并不适用. 图 7.4.3 是 20 个 y_i 的直方图. 这里明显的极度偏斜与数据的潜在概率密度函数是正态分布的假设不一致. 因此，描述$\dfrac{\overline{Y}-\mu}{S/\sqrt{20}}$概率行为的概率密度函数不会是 $f_{T_{19}}(t)$. ■

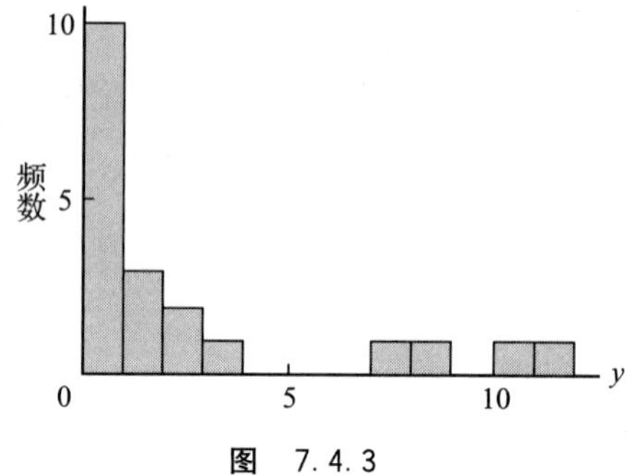

图 7.4.3

注释　这种情况下的$\dfrac{\overline{Y}-\mu}{S/\sqrt{20}}$并不完全是一个 T_{19} 的随机变量，但还有一个关键问题：该比率是否近似于一个 T_{19} 的随机变量？我们将在本节后面讨论一个极其重要的性质："稳健性"，那时，我们将重新审视正态性假设，并说明当该假设不被满足时会发生什么.

习题

7.4.1　使用附录中的表 A.2 求出以下概率.

(a) $P(T_6 \geqslant 1.134)$　　(b) $P(T_{15} \leqslant 0.866)$

(c) $P(T_3 \geqslant -1.250)$　　(d) $P(-1.055 < T_{29} < 2.462)$

7.4.2　求满足下列方程的 x 值.

(a) $P(-x \leqslant T_{22} \leqslant x) = 0.98$　　(b) $P(T_{13} \geqslant x) = 0.85$

(c) $P(T_{26} < x) = 0.95$　　(d) $P(T_2 \geqslant x) = 0.025$

7.4.3　以下哪项差较大？解释并说明.

$$t_{0.05,n} - t_{0.10,n} \quad \text{还是} \quad t_{0.10,n} - t_{0.15,n}$$

7.4.4　从 $\mu=27.6$ 的正态分布中抽取大小为 $n=9$ 的随机样本. 在怎样的区间$(-a,a)$内，我们可以期望 80%的情况下$\dfrac{\overline{Y}-27.6}{S/\sqrt{9}}$位于该区间内？那么 90%呢？

7.4.5　假设一个大小为 $n=11$ 的随机样本是从 $\mu=15.0$ 的正态分布中抽取的. k 取怎样的值，使得以下等式是成立的？

$$P\left(\left|\frac{\overline{Y}-15.0}{S/\sqrt{11}}\right| \geqslant k\right) = 0.05$$

7.4.6　令 $\overline{Y}$ 和 S 分别表示样本均值和样本标准差，基于一组从 $\mu=90.6$ 的正态分布中抽取的 $n=20$ 的观测值. 求函数 $k(S)$，其中

$$P(90.6 - k(S) \leqslant \overline{Y} \leqslant 90.6 + k(S)) = 0.99$$

7.4.7　手机发出的射频能量在手机靠近耳朵时，会被人体吸收，且可能会造成伤害. 下表给出了 20 个高辐射手机样本的辐射吸收率(美国联邦通信委员会规定这种能量的吸收率最高为每公斤 1.6 瓦). 为真实的平均手机辐射吸收率构建一个 90%的置信区间.

1.54	1.41	1.48	1.39	1.41	1.37
1.54	1.40	1.45	1.39	1.41	1.33
1.49	1.40	1.44	1.38		
1.49	1.39	1.42	1.38		

7.4.8 下表列出了修理一辆中等价格的中型汽车的保险杠的费用，该汽车在转角处以 3 英里/小时的速度发生碰撞. 使用这些观测结果构建一个关于 μ 的 95%置信区间，其中 μ 表示所有具有类似损伤的该类汽车的真实平均维修费用. 已知这些数据的样本标准差为 $s=369.02$ 美元.

车型	维修费用(美元)	车型	维修费用(美元)
现代索纳塔	1 019	本田雅阁	1 461
日产天籁	1 090	大众捷达	1 525
三菱戈蓝	1 109	丰田凯美瑞	1 670
土星奥拉	1 235	雪佛兰迈锐宝	1 685
斯巴鲁力狮	1 275	大众帕萨特	1 783
庞蒂亚克 G6	1 361	日产千里马	1 787
马自达 6	1 437	福特蒙迪欧	1 889
沃尔沃 S40	1 446	克莱斯勒赛百灵	2 484

7.4.9 正如许多研究表明的那样，创造力在很大程度上是年轻人的专长. 无论是音乐、文学、科学还是数学，一个人最出色的成就很少发生在生命的晚期. 例如，爱因斯坦在 26 岁时创立了狭义相对论；牛顿则是在 23 岁时发现了万有引力. 以下是 16 世纪中期至 20 世纪初期的 12 项科学突破[217]，所有这些都是相关科学家职业生涯中全盛时期的标志.

发现	发现者	年份	年龄，y
地球围绕太阳转	哥白尼	1543	40
望远镜，天文学基本定律	伽利略	1600	34
运动的原理，万有引力，微积分	牛顿	1665	23
电力的性质	富兰克林	1746	40
燃烧会消耗氧气	拉瓦锡	1774	31
地球是在渐进演变的	莱伊尔	1830	33
自然选择控制进化的证据	达尔文	1858	49
电磁场的动力学	麦克斯韦	1864	33
放射性	居里	1896	34
量子理论	普朗克	1901	43
狭义相对论，$E=mc^2$	爱因斯坦	1905	26
量子理论的数学基础	薛定谔	1926	39

(a)从这些数据中可以推断出科学家完成其最出色成就的真实平均年龄是多少？通过构建一个 95%置信区间来回答这个问题.

(b)在为一组跨越了很长时间的观测数据构建置信区间之前，我们应该确保 y_i 没有显示出任何偏差或趋势. 例如，如果科学家取得重大发现的年龄随着世纪的变迁而有所下降，那么参数 μ 将不再是一个常数，且置信区间将毫无意义. 绘制这 12 项发现的“年份”与“年龄”的对比变化图，并将横轴上记录“年份”. y_i 的变化是随时间而变化的吗？

7.4.10 从亚特兰大飞到纽约的拉瓜迪亚机场需要多长时间？完整的航程时间有很多组成部分，但其中一个比较稳定的观测量是实际的飞行时间 y(以分钟为单位). 根据 10 月的每个星期五共 83 个从亚特兰大飞到纽约的拉瓜迪亚机场的航班样本，我们可以得到以下结果：

$$\sum_{i=1}^{83} y_i = 8\ 622 \quad 以及 \quad \sum_{i=1}^{83} y_i^2 = 899\ 750$$

求平均飞行时间的 99%置信区间.

7.4.11 在非老年人群中，血小板计数从 140 到 440(每立方毫米血液中有数千个)被认为是“正常”的．以下是 24 位在疗养院的女性的血小板计数[180]．

实验对象	血小板计数	实验对象	血小板计数	实验对象	血小板计数	实验对象	血小板计数
1	125	7	176	13	180	19	110
2	170	8	100	14	180	20	176
3	250	9	220	15	280	21	280
4	270	10	200	16	240	22	176
5	144	11	170	17	270	23	188
6	184	12	160	18	220	24	176

利用以下和：

$$\sum_{i=1}^{24} y_i = 4\ 645 \quad 以及 \quad \sum_{i=1}^{24} y_i^2 = 959\ 265$$

上述“正常”的定义与 90%的置信区间相比如何？

7.4.12 如果一个大小为 $n=16$ 的正态分布样本产生的 μ 的 95%置信区间在 44.7 到 49.9 之间，那么 $\overline{y}$ 和 s 的值是多少？

7.4.13 从正态分布中抽取两个样本，每个样本的大小都为 n，均值 μ 和标准差 σ 都未知．用第一个样本构建 μ 的 90%置信区间，第二个样本构建 μ 的 95%置信区间．该 95%的置信区间是否一定比该 90%的置信区间长？解释并说明．

7.4.14 一家国际服装公司的 9 家特许专卖店上周报告的平均收入为 59 540 美元，标准差为 6 860 美元．根据这些数字，该公司预计其所有专卖店的平均收入会在什么范围内？

7.4.15 以下每个随机区间的“置信度”是多少？假设 Y_i 呈正态分布．

$$\left[\overline{Y}-2.093\ 0\left(\frac{S}{\sqrt{20}}\right),\overline{Y}+2.093\ 0\left(\frac{S}{\sqrt{20}}\right)\right]$$

$$\left[\overline{Y}-1.345\left(\frac{S}{\sqrt{15}}\right),\overline{Y}+1.345\left(\frac{S}{\sqrt{15}}\right)\right]$$

$$\left[\overline{Y}-1.705\ 6\left(\frac{S}{\sqrt{27}}\right),\overline{Y}+2.778\ 7\left(\frac{S}{\sqrt{27}}\right)\right]$$

$$\left[-\infty,\overline{Y}+1.724\ 7\left(\frac{S}{\sqrt{21}}\right)\right]$$

7.4.16 加利福尼亚州迪斯默尔沼泽气象站记录了 28 年的月降水量(y)．对于这些数据，已知 $\sum_{i=1}^{336} y_i = 1\ 392.6$ 和 $\sum_{i=1}^{336} y_i^2 = 10\ 518.84$．

(a)求月平均降水量的 95%置信区间．

(b)下列表格给出了迪斯默尔沼泽降水数据的频数分布．这个分布是否对定理 7.4.1 的应用提出了异议？

降雨量(英寸)	频数	降雨量(英寸)	频数	降雨量(英寸)	频数
0～1	85	4～5	28	8～9	16
1～2	38	5～6	24	9～10	5
2～3	35	6～7	18	10～11	9
3～4	41	7～8	16	11～12	21

检验 $H_0:\mu=\mu_0$(单样本 t 检验)

假设观察一个大小为 n 的正态分布随机样本，目的是对 $\mu=\mu_0$ 的零假设进行检验. 如果 σ 是未知的(通常情况下是这样)，那么要使用的检验过程被称作单样本 t 检验. 从概念上讲，它很像定理 6.2.1 中的 Z 检验，只是决策规则的定义是 $t=\frac{\overline{y}-\mu_0}{s/\sqrt{n}}$，而不是 $z=\frac{\overline{y}-\mu_0}{\sigma/\sqrt{n}}$[这要求临界值来自 $f_{T_{n-1}}(t)$而不是 $f_Z(z)$].

定理 7.4.2 令 $y_1,y_2,\cdots,y_n$ 是正态分布中抽取的大小为 n 的随机样本，其中 σ 未知. 令 $t=\frac{\overline{y}-\mu_0}{s/\sqrt{n}}$.

a. 在显著性水平 α 上检验 $H_0:\mu=\mu_0$ 与 $H_1:\mu>\mu_0$，若 $t\geqslant t_{\alpha,n-1}$，则拒绝 H_0.

b. 在显著性水平 α 上检验 $H_0:\mu=\mu_0$ 与 $H_1:\mu<\mu_0$，若 $t\leqslant -t_{\alpha,n-1}$，则拒绝 H_0.

c. 在显著性水平 α 上检验 $H_0:\mu=\mu_0$ 与 $H_1:\mu\neq\mu_0$，若 $t\leqslant -t_{\alpha/2,n-1}$ 或 $t\geqslant t_{\alpha/2,n-1}$，则拒绝 H_0.

证明 附录 7.A.2 给出了完整的推导，证明了定理 7.4.2 中所描述的检验过程的合理性. 简而言之，检验统计量 $t=\frac{\overline{y}-\mu_0}{s/\sqrt{n}}$是定义 6.5.2 中出现的 λ 的单调函数，这使得单样本 t 检验成为一个 GLRT(广义似然比检验).

案例研究 7.4.2

不是所有的矩形都是“平等”的. 自古以来，各个社会都对具有一定宽度(w)和长度(l)比率的矩形表示出审美偏好.

若一个“标准”的矩形要求宽长比等于长度与宽长之和的比. 也就是说,

$$\frac{w}{l}=\frac{l}{w+l} \tag{7.4.2}$$

公式(7.4.2)意味着宽度是长度的$\frac{1}{2}(\sqrt{5}-1)$倍，或者说大约是 0.618 倍. 希腊人将此称为黄金矩形，并在其建筑中经常使用(见图 7.4.4). 许多其他文化也有类似的倾向. 例如，埃及人用石头建造金字塔，而石头的正面便是黄金矩形. 今天，在我们的社会中，黄金矩形仍然是建筑和艺术的标准，甚至诸如驾驶证、名片和相框等物品的 w/l 比率也经常接近 0.618.

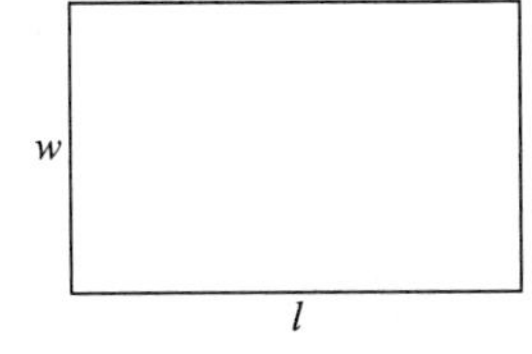

图 7.4.4

许多社会都接受黄金矩形作为审美标准的事实有两种可能的解释. 其一，他们“学会”了喜欢它，因为希腊作家、哲学家和艺术家对世界各地的文化产生了深远的影响；其二，在人类的感知中存在着某种独特之处，使人们对黄金矩形的偏爱成为可能.

实验美学领域的研究人员试图通过观察黄金矩形是否被那些与希腊人或其遗产没有任何联系的社会赋予任何特殊地位来检验这两种假设的合理性. 其中一项研究[41]考察了

肖肖尼印第安人作为装饰品缝制在他们的毯子和衣服上的珠状矩形的 w/l 比率. 表 7.4.2 列出了 20 个此类矩形的比率.

如果肖肖尼人确实也偏爱黄金矩形，我们就会期望这些矩形宽长比率“接近”0.618. 但是，表 7.4.2 中的比率的平均值是 0.661. 这意味着什么呢？0.661 是否足够接近 0.618，从而支持喜欢黄金矩形是一种人类特征的观点，还是 0.661 与 0.618 相差太远，以至于我们只能谨慎地认为肖肖尼人并不赞同希腊人所支持的美学？

表 7.4.2　肖肖尼矩形的宽长比率

0.693	0.749	0.654	0.670
0.662	0.672	0.615	0.606
0.690	0.628	0.668	0.611
0.606	0.609	0.601	0.553
0.570	0.844	0.576	0.933

令 μ 表示肖肖尼饰品中矩形的真实平均宽长比. 那么需要检验的假设为

$$H_0: \mu = 0.618$$

与

$$H_1: \mu \neq 0.618$$

对于这种性质的检验，通常使用 $\alpha=0.05$. 对于该 α 值和双边检验，使用定理 7.4.2 的(c)部分和附录表 A.2，临界值分别为 $t_{0.025,19}=2.0930$ 和 $-t_{0.025,19}=-2.0930$.

根据表 7.4.2 中数据，得到 $\bar{y}=0.661$ 和 $s=0.093$. 将这些值代入 t 比率，可以得到一个检验统计量，它正好位于 -2.0930 和 2.0930 之间.

$$t = \frac{\bar{y}-\mu_0}{s/\sqrt{n}} = \frac{0.661-0.618}{0.093/\sqrt{20}} = 2.068$$

因此，这些数据并不排除肖肖尼印第安人也接受黄金矩形作为审美标准的可能性.

关于数据　像 π 和 e 一样，黄金矩形的比率 w/l(通常被称为“phi”或“黄金比率”)是一个拥有各种迷人特性和联系的无理数.

从代数的角度来看，方程

$$\frac{w}{l} = \frac{l}{w+l}$$

的解是一个连分数

$$\frac{w}{l} = 1+\cfrac{1}{1+\cfrac{1}{1+\cfrac{1}{\cfrac{1}{1+\cdots}}}}$$

同时，我们也很好奇黄金比率与斐波那契数列的关系. 后者是著名的数列，其中每项都是其两前项之和，即

1 1 2 3 5 8 13 21 34 55 89 …

斐波那契数列中连续项的商交替出现在黄金比率之上和之下，并逐渐收敛于其值(=0.618 03…)：1/1=1.000 0，1/2=0.500 0，2/3=0.666 7，3/5=0.600 0，5/8=0.625 0，8/13=0.615 4，13/21=0.619 0，以此类推.

例 7.4.2 有三家银行(联邦信托银行、美国联合银行和第三联合银行)为一个大都市的内城社区服务. 州银行委员会担心，来自城市内居民的贷款申请没有得到与来自农村地区居民的贷款申请相同的待遇. 这两个群体都声称，有传闻表明另一个群体受到了更优惠待遇.

记录显示，去年这三家银行批准了农村居民提出的所有住房抵押贷款申请的 62%. 表 7.4.3 列出了联邦信托(FT)、美国联合(AU)和第三联合(TU)的 12 个分行在同一时期公布的批准率，这些分行主要为城市内的社区工作. 这些数字是否证实了银行对城市居民和农村居民提供不同的待遇的说法？用 $\alpha=0.05$ 的显著性水平来分析这些数据.

表 7.4.3

银行	机构	批准率(%)	银行	机构	批准率(%)
1	AU	59	7	FT	58
2	TU	65	8	FT	64
3	TU	69	9	AU	46
4	FT	53	10	TU	67
5	FT	60	11	AU	51
6	AU	53	12	FT	59

首先，我们想要检验

$$H_0:\mu=62$$

和

$$H_1:\mu\neq 62$$

其中 μ 是所有市内银行的真实平均批准率. 表 7.4.4 总结了分析结果. 两个临界值 $\pm t_{0.025,11}=\pm 2.201\,0$，观察到的 t 比率是 $-1.66\left(=\dfrac{58.677-62}{6.946/\sqrt{12}}\right)$，所以我们的决定是“不拒绝 H_0”.

表 7.4.4

银行	n	$\bar{y}$	s	t 比率	临界值	拒绝 H_0?
全部	12	58.667	6.946	−1.66	±2.201 0	否

关于数据 表 7.4.4 的“整体”分析可能过于简单. 常识告诉我们，要分别考察三家银行. 那么，出现的是一个完全不同的情况(见表 7.4.5). 现在我们可以看到为什么两组人都觉得受到了区别待遇. 美国联合银行($t=-3.63$)和第三联合银行($t=4.33$)的批准率都与 62%有明显的差异，但差异方向相反！只有联邦信托银行似乎是以一种公平的方式对待城市内居民和农村居民.

表 7.4.5

银行	n	$\overline{y}$	s	t 比率	临界值	拒绝 H_0?
美国联合	4	52.25	5.38	−3.63	±3.182 5	是
联邦信托	5	58.80	3.96	−1.81	±2.776 4	否
第三联合	3	67.00	2.00	4.33	±4.302 7	是

■

习题

7.4.17 回顾习题 5.3.2 中的枯草杆菌数据，检验零假设：接触该酶不会影响工人的呼吸能力(用比率 FEV_1/VC 来测量). 使用单边 H_1，令 $\alpha=0.05$. 假设 σ 未知.

7.4.18 回顾案例研究 5.3.1. 评估伊特鲁里亚人是意大利人的理论的可信度，方法是对一个适当的 H_0 和一个双边的 H_1 进行检验. 设定 α 等于 0.05. 其中$\overline{y}$等于 143.8 mm，s 等于 6.0 mm，并令 $\mu_0=132.4$. 这些数据是否满足根据 t 检验得到的分布假设？解释并说明.

7.4.19 一则广告中说，它的课程可以使一个人的 GMAT 分数平均提高 40 分. 为了验证这一说法的正确性，一个消费者监督小组雇用了 15 名学生参加该课程，并参加 GMAT 考试. 在开始课程之前，这 15 名学生接受了一个诊断性测试，预测他们在没有任何特殊训练的情况下在 GMAT 考试中的表现如何. 下表给出了每个学生的实际 GMAT 分数减去其预测分数. 建立并进行适当的假设检验. 使用 0.05 的显著性水平.

实验对象	y_i = 实际 GMAT 分数 − 预测分数	y_i^2	实验对象	y_i = 实际 GMAT 分数 − 预测分数	y_i^2
SA	35	1 225	KH	38	1 444
LG	37	1 369	HS	33	1 089
SH	33	1 089	LL	28	784
KN	34	1 156	CE	34	1 156
DF	38	1 444	KK	47	2 209
SH	40	1 600	CW	42	1764
ML	35	1 225	DP	46	2 116
JG	36	1 296			

7.4.20 除了案例研究 7.4.2 中有关肖肖尼饰品的数据外，还有一组可能倾向于黄金比率的矩形是国旗. 下表给出了一个内含 34 个国家和地区国旗宽长比的随机样本. 令 μ 为国旗的宽长比. 在 $\alpha=0.01$ 的水平上，检验 $H_0:\mu=0.618$ 与 $H_1:\mu\neq 0.618$.

国家/地区	宽长比	国家/地区	宽长比
阿富汗	0.500	冰岛	0.720
阿尔巴尼亚	0.714	伊朗	0.571
阿尔及利亚	0.667	以色列	0.727
安哥拉	0.667	老挝	0.667
阿根廷	0.667	黎巴嫩	0.667
巴哈马群岛	0.500	利比里亚	0.526
丹麦	0.757	马其顿	0.500
吉布提	0.553	墨西哥	0.571
厄瓜多尔	0.500	摩纳哥	0.800
埃及	0.667	纳米比亚	0.667

（续）

国家/地区	宽长比	国家/地区	宽长比
萨尔瓦多	0.600	尼泊尔	1.250
爱沙尼亚	0.667	罗马尼亚	0.667
埃塞俄比亚	0.500	卢旺达	0.667
加蓬	0.750	南非	0.667
斐济	0.500	圣赫勒拿岛	0.500
法国	0.667	瑞典	0.625
洪都拉斯	0.500	英国	0.500

7.4.21 一家地下电缆管道的制造商担心管道的腐蚀问题，并在研究一种特殊的涂层是否可以延缓这种腐蚀．作为一种测量腐蚀的方法，制造商检查了一小段管道并记录了最大凹陷的深度．制造商的测试表明，在一年的时间里，特定土壤中，一英尺管道的最大凹陷的平均深度为 0.004 2 英寸．为了了解这一平均值是否可以降低，将 10 根管道涂上新的涂层，并埋在相同的土壤中．一年后，记录了以下最大凹陷的深度（以英寸为单位）：0.003 9，0.004 1，0.003 8，0.004 4，0.004 0，0.003 6，0.003 4，0.003 6，0.004 6 和 0.003 6．鉴于这十次测量的样本标准差为 0.000 383 英寸，在 $\alpha=0.05$ 的显著性水平下，是否可以得出结论，该塑料涂层是可以防腐蚀的？

7.4.22 在体育比赛中，人们普遍认为主队有优势．对此的一种解释是，球队会安排一些实力较弱的对手在主场比赛．为了避免这种偏见，一项关于大学足球比赛的研究只考虑了排名在前 25 位的球队之间的比赛．现提供 317 场这样的比赛的数据，记录了净胜分（y＝主队得分－客队得分）．对于这些数据，$\bar{y}=4.57$，$s=18.29$．在 0.05 的显著性水平下检验 $H_0: \mu=0$ 与 $H_1: \mu>0$，这项研究是否证实了主场优势的存在？

7.4.23 例 7.4.2（$n=12$ 家银行，$\bar{y}=58.667$）所做分析中，没有在 $\alpha=0.05$ 的水平下拒绝 $H_0: \mu=62$．如果 μ_0 是 61.7 或 58.6，也会得出同样的结论．对于 $H_0: \mu=\mu_0$，在 $\alpha=0.05$ 的水平下没有被拒绝的整个 μ_0 的集合，我们该怎么定义？

当不满足正态性假设时，对 $H_0: \mu=\mu_0$ 的检验

对于每个 t 检验，我们都有同样明确的假设，即 n 个 y_i 的集合是正态分布的．但是，如果正态性假设对于其不成立．其后果是什么？t 检验的有效性是否会受到影响？

图 7.4.5 可以解决第一个问题．我们知道，如果正态性假设是成立的，概率密度函数 $f_{T_{n-1}}(t)$ 可以描述 t 比率 $\dfrac{\overline{Y}-\mu_0}{S/\sqrt{n}}$ 的变化．$f_{T_{n-1}}(t)$ 提供了决策规则的临界值．例如，如果要对 $H_0: \mu=\mu_0$ 与 $H_1: \mu\neq\mu_0$ 进行检验，若 $t\leqslant -t_{\alpha/2,n-1}$ 或 $t\geqslant t_{\alpha/2,n-1}$（这使得第一类错误的概率等于 α），则拒绝零假设．

如果正态性假设不成立，$\dfrac{\overline{Y}-\mu_0}{S/\sqrt{n}}$ 的概率密度函数便不是 $f_{T_{n-1}}(t)$，且一般来说，

$$P\left(\frac{\overline{Y}-\mu_0}{S/\sqrt{n}}\leqslant -t_{\alpha/2,n-1}\right)+P\left(\frac{\overline{Y}-\mu_0}{S/\sqrt{n}}\geqslant t_{\alpha/2,n-1}\right)\neq\alpha$$

实际上，违背正态性假设会产生两个 α．“名义”α 值是我们一开始就指定的犯第一类错误的概率，通常是 0.05 或 0.01．“真实”α 值是（当 H_0 为真时）$\dfrac{\overline{Y}-\mu_0}{S/\sqrt{n}}$ 落在拒绝域的实际概率．对于图 7.4.5

中显示的双边决策规则，

$$\text{真实}\,\alpha\,\text{值} = \int_{-\infty}^{-t_{\alpha/2,n-1}} f_{T^*}(t)\mathrm{d}t + \int_{t_{\alpha/2,n-1}}^{\infty} f_{T^*}(t)\mathrm{d}t$$

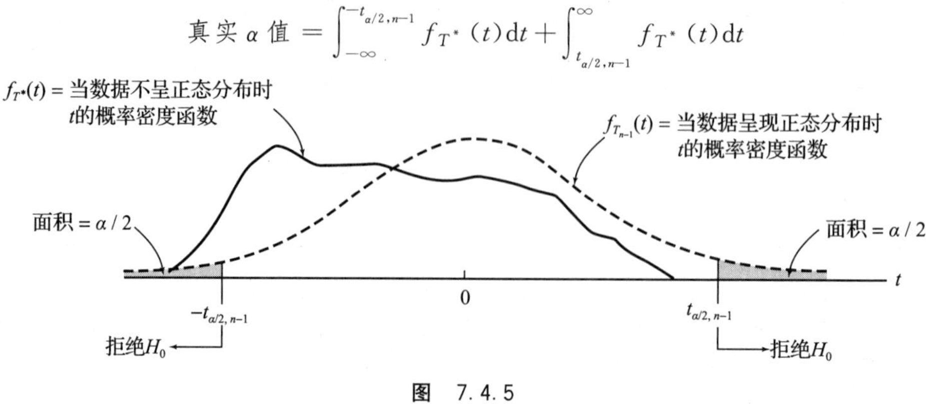

图　7.4.5

t 检验的有效性是否因正态性假设被违背而受到“损害”，取决于两个 α 之间的数值差异．如果 $f_{T^*}(t)$与 $f_{T_{n-1}}(t)$在形状和位置上非常相似，那么真实 α 值将近似等于名义 α 值，在这种情况下，y_i 不是正态分布的事实基本上是不相关的．另一方面，如果 $f_{T^*}(t)$和 $f_{T_{n-1}}(t)$有很大的不同(如图 7.4.5 所示)，那么正态性假设就很关键，确定 t 比率的“显著性”就成了问题．

不幸的是，获得 $f_{T^*}(t)$的精确表达式基本上是不可能的，因为分布取决于被抽样的概率密度函数，且很少有办法准确知道该概率密度函数．然而，我们仍然可以通过从选定的分布中模拟大小为 n 的样本，并将产生的 t 比率直方图与 $f_{T_{n-1}}(t)$进行比较，从而更具意义地探索违背正态性假设时 t 比率的敏感性．

图 7.4.6 显示了使用 Minitab 进行的四个此类模拟，前三个模拟由 100 个大小为 $n=6$ 的随机样本组成．在图 7.4.6a 中，样本来自定义在区间[0,1]上的均匀概率密度函数，在图 7.4.6b 中，则是 $\lambda=1$ 的指数概率密度函数；而在图 7.4.6c 中，数据来自 $\lambda=5$ 的泊松概率密度函数．

如果正态性假设成立，基于大小为 6 的样本的 t 比率将按照自由度为 5 的学生 t 分布呈现．$f_{T_5}(t)$被叠加在来自三种不同概率密度函数的 t 比率的直方图上．我们可以看到，情况确实非常显著．例如，基于来自均匀概率密度函数的 y_i 的 t 比率的行为与 y_i 来自正态分布的 t 比率的呈现方式基本相同，也就是说，$f_{T^*}(t)$在这种情况下似乎与 $f_{T_5}(t)$非常相似．对于来自泊松分布的样本也是如此(见定理 4.2.2)．换句话说，对于这两种概率密度函数，真实 α 值与名义 α 值不会有太大的差别．

图 7.4.6b 则有点不同．当从指数概率密度函数中抽取大小为 6 的样本时，t 比率并不会特别接近于 $f_{T_5}(t)$．具体来说，极负的 t 比率出现的频率比学生 t 曲线预测的要高得多，而极正的 t 比率出现的频率较低(见习题 7.4.24)．但看图 7.4.6d．当样本量增加到 $n=15$ 时，图 7.4.6b 中如此突出的偏斜现象就基本消失了．

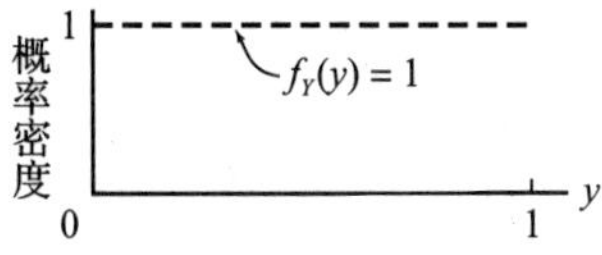


```
MTB  > random 100 cl-c6;
SUBC> uniform 0 1.
MTB  > rmean cl-c6 c7
MTB  > rstdev cl-c6 c8
MTB  > let c9 = sqrt(6)*(((c7)-0.5)/(c8))
MTB  > histogram c9
```

此道命令计算得到
$\frac{\bar{y}-\mu}{s/\sqrt{n}} = \frac{\bar{y}-0.5}{s/\sqrt{6}}$

0.4
样本分布
$f_{T_5}(t)$
0.2
−6 −4 −2 0 2 4 6 8
t 比率 ($n = 6$)

a)

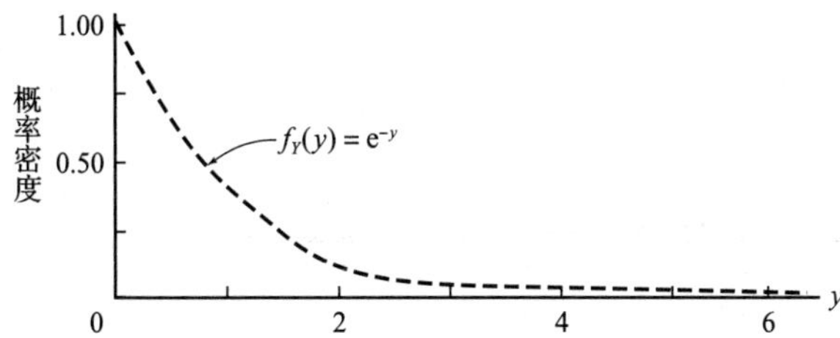


```
MTB  > random 100 cl-c6;
SUBC> exponential 1.
MTB  > rmean cl-c6 c7
MTB  > rstdev cl-c6 c8
MTB  > let c9 = sqrt(6)*(((c7) - 1.0)/(c8))
MTB  > histogram c9
```

$\left[= \frac{\bar{y}-\mu}{s/\sqrt{6}}\right]$

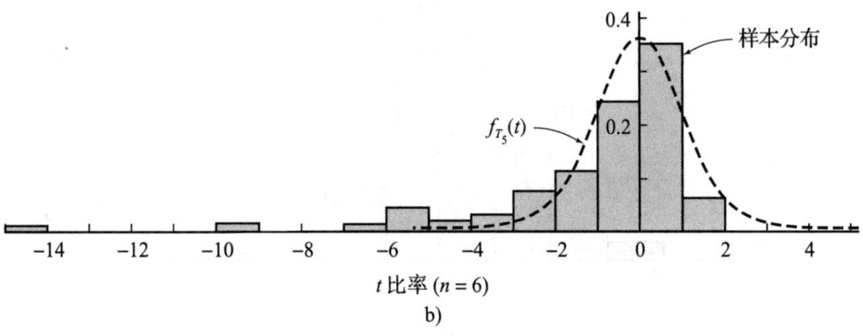

b)

图 7.4.6

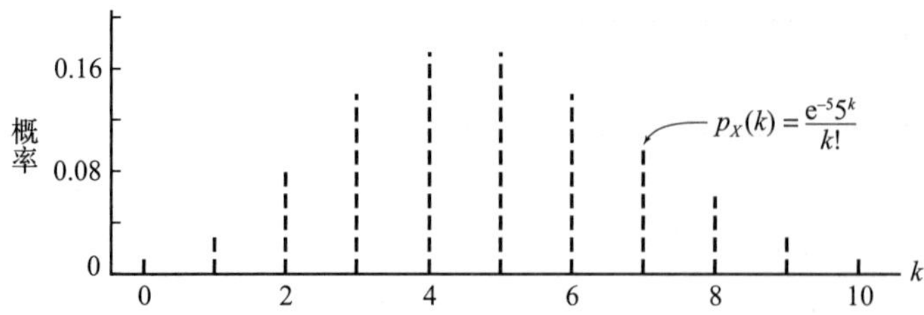


```
MTB > random 100 cl-c6;
SUBC > poisson 5.
MTB > rmean cl-c6 c7
MTB > rstdev cl-c6 c8
MTB > let c9 = sqrt(6)*(((c7) - 5.0)/(c8))
MTB > histogram c9
```

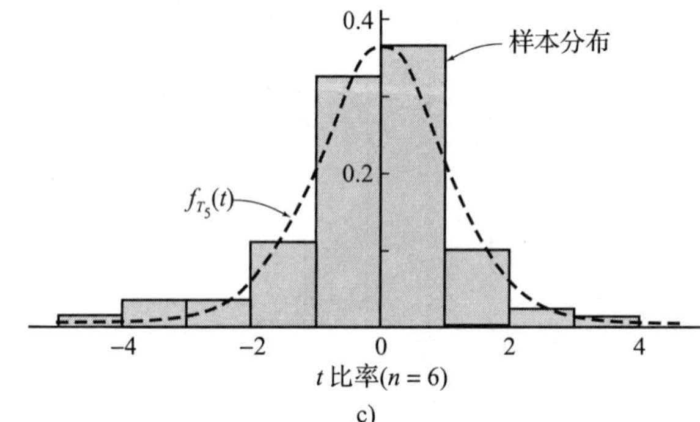

c)

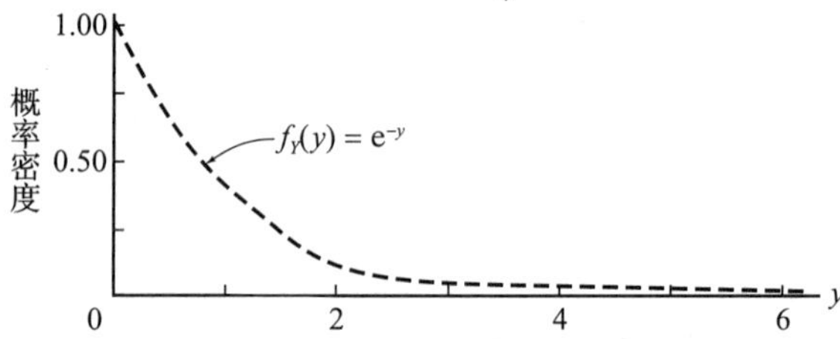


```
MTB > random 100 cl-c15;
SUBC> exponential 1.
MTB > rmean cl-c15 c16
MTB > rstdev cl-c15 c17
MTB > let c18 = sqrt(15)*(((c16 - 1.0)/(c17))
MTB > histogram c18
```

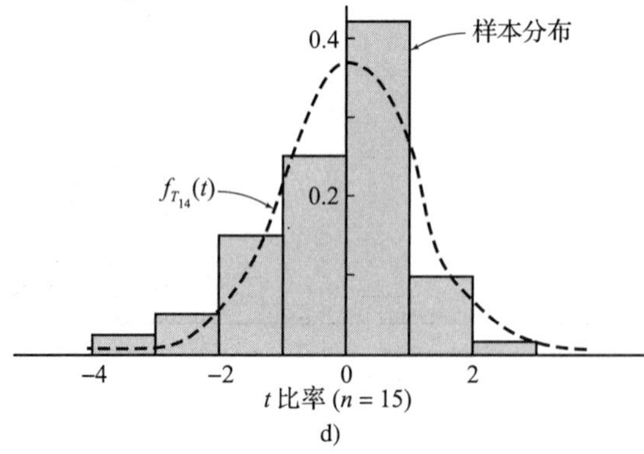

d)

图 7.4.6 （续）

这些具体化的模拟反映了 t 比率的一些一般特性：

1. $\dfrac{\overline{Y}-\mu}{S/\sqrt{n}}$的分布相对不受 y_i 的概率密度函数的影响[只要 $f_Y(y)$不是太偏斜，n 不是太小].

2. 随着 n 的增加，$\dfrac{\overline{Y}-\mu}{S/\sqrt{n}}$的概率密度函数越来越类似于 $f_{T_{n-1}}(t)$.

在数理统计学中，我们使用“稳健”一词描述并非很大程度上依赖于所做假设的过程. 图 7.4.6 显示，t 检验在偏离正态性方面是稳健的.

从实际的角度来看，t 检验稳健性的重要怎么强调都不过分. 如果$\dfrac{\overline{Y}-\mu}{S/\sqrt{n}}$的概率密度函数随着 y_i 的来源而显著变化，我们将永远不知道与例如 0.05 决策规则相关的真实 α 值是否接近 0.05. 这种程度的不确定性会使 t 检验几乎毫无价值.

习题

7.4.24 解释并说明：根据指数概率密度函数 $f_Y(y)=\mathrm{e}^{-y}$，$y\geqslant 0$ 中抽取的小样本计算得到的 t 比率分布会向左倾斜(回顾图 7.4.6b). [提示：$f_Y(y)$的形状对于每个 y_i 的概率接近于 0 意味着什么？如果整个样本由概率接近于 0 的 y_i 组成，那么 t 比率会怎样?]

7.4.25 假设从以下每个概率密度函数中抽取 100 个大小为 $n=3$ 的样本，

$$(1)\, f_Y(y)=2y,\quad 0\leqslant y\leqslant 1$$
$$(2)\, f_Y(y)=4y^3,\quad 0\leqslant y\leqslant 1$$

对于每一组三个观测值，比率

$$\frac{\overline{y}-\mu}{s/\sqrt{3}}$$

已被计算得出，其中 μ 是被抽样的特定概率密度函数的期望值. 你认为这两组比率的分布会有什么不同？它们会有什么相似之处？尽可能详细说明.

7.4.26 假设从均匀的概率密度函数 $f_Y(y)=1$，$0\leqslant y\leqslant 1$ 中抽取大小为 n 的随机样本. 对于每个样本，比率 $t=\dfrac{\overline{y}-0.5}{s/\sqrt{n}}$已被计算得出. 图 7.4.6 的 b 和 d 部分表明，随着 n 的增加，t 的概率密度函数将变得与 $f_{T_{n-1}}(t)$越来越相似. 那么，随着 n 的增加，$f_{T_{n-1}}(t)$本身会向哪个概率密度函数收敛？

7.4.27 在以下哪组数据中，你不愿意对其进行 t 检验？解释并说明.

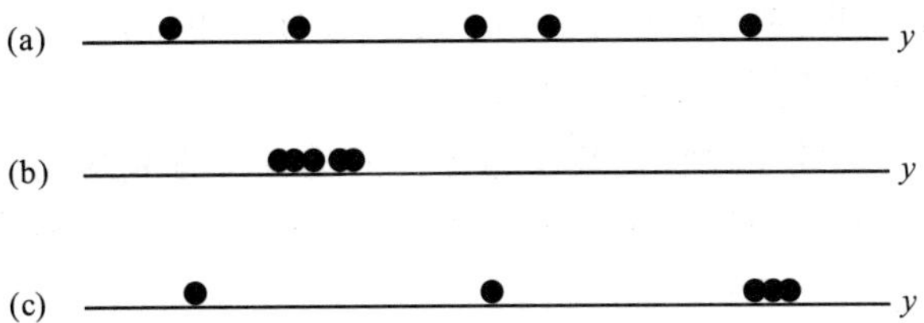

7.5 有关 σ^2 的推断

当从正态分布中抽取随机样本时，通常参数 μ 是我们研究的目标. 更常见的情况是，均值反映了处理数据的“效果”，在这种情况下，应用我们在 7.4 节中所学到的知识是有意义的，即要么为 μ 构建一个置信区间，要么检验假设 $\mu=\mu_0$.

但也有例外情况. 在某些情况下，与度量相关的"精度"本身也很重要，甚至可能比度量的"位置"更重要. 如果是这样的话，我们需要将注意力转移到经常使用的变异性参数度量 σ^2 上. 回顾我们之前学到的关于总体方差的两个关键事实. 首先，基于极大似然估计量的 σ^2 的无偏估计量是样本的方差 S^2，其中

$$S^2=\frac{1}{n-1}\sum_{i=1}^{n}(Y_i-\overline{Y})^2$$

其次，比率

$$\frac{(n-1)S^2}{\sigma^2}=\frac{1}{\sigma^2}\sum_{i=1}^{n}(Y_i-\overline{Y})^2$$

服从自由度为 $n-1$ 的卡方分布. 把这两个事实结合在一起，我们就可以得出关于 σ^2 的推断，而且，我们可以构建 σ^2 的置信区间并检验假设 $\sigma^2=\sigma_0^2$.

卡方表

正如我们需要 t 表来辅助关于 μ 的推断(当 σ^2 未知时)，我们也需要卡方表提供截断值辅助关于 σ^2 的推断. 卡方表的布局是由以下事实决定的：所有卡方概率密度函数(与 Z 和 t 分布不同)都是歪斜的(例如，图 7.5.1 显示了一个自由度为 5 的卡方曲线). 由于这种不对称性，卡方表需要为每个卡方分布的左尾和右尾都提供截断值.

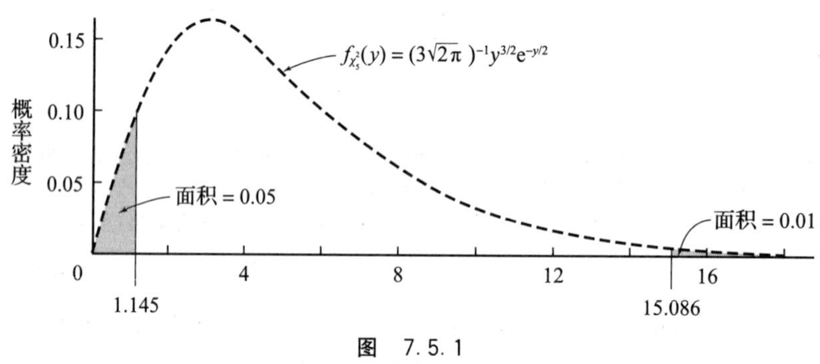

图　7.5.1

图 7.5.2 显示了附录表 A.3 中出现的卡方表的上半部分. 每行代表不同的卡方分布(不同的自由度). 列标题表示表内所列数值左边的区域面积.

我们使用符号 $\chi^2_{p,n}$ 来表示横轴上的数字，它在其左侧将自由度为 n 的卡方分布下的 p 区域截断. 例如，卡方表的第 5 行，我们可以看到在列标题 0.05 和 0.99 下分别有 1.145 和 15.086 这两个数字. 由此可见

$$P(\chi_5^2\leqslant 1.145)=0.05$$

以及

$$P(\chi_5^2\leqslant 15.086)=0.99$$

(见图 7.5.1). 就 $\chi^2_{p,n}$ 而言，$1.145=\chi^2_{0.05,5}$，$15.086=\chi^2_{0.99,5}$(当然，15.086 右边的面积必

是 0.01).

				p				
df	0.01	0.025	0.05	0.10	0.90	0.95	0.975	0.99
1	0.000 157	0.000 982	0.003 93	0.015 8	2.706	3.841	5.024	6.635
2	0.020 1	0.050 6	0.103	0.211	4.605	5.991	7.378	9.210
3	0.115	0.216	0.352	0.584	6.251	7.815	9.348	11.345
4	0.297	0.484	0.711	1.064	7.779	9.488	11.143	13.277
5	0.554	0.831	1.145	1.610	9.236	11.070	12.832	15.086
6	0.872	1.237	1.635	2.204	10.645	12.592	14.449	16.812
7	1.239	1.690	2.167	2.833	12.017	14.067	16.013	18.475
8	1.646	2.180	2.733	3.490	13.362	15.507	17.535	20.090
9	2.088	2.700	3.325	4.168	14.684	16.919	19.023	21.666
10	2.558	3.247	3.940	4.865	15.987	18.307	20.483	23.209
11	3.053	3.816	4.575	5.578	17.275	19.675	21.920	24.725
12	3.571	4.404	5.226	6.304	18.549	21.026	23.336	26.217

图 7.5.2

构建 σ^2 的置信区间

由于$\frac{(n-1)S^2}{\sigma^2}$服从自由度为 $n-1$ 的卡方分布，我们可以写出

$$P\left(\chi^2_{\alpha/2,n-1} \leqslant \frac{(n-1)S^2}{\sigma^2} \leqslant \chi^2_{1-\alpha/2,n-1}\right) = 1-\alpha \tag{7.5.1}$$

如果对公式(7.5.1)进行移项处理，从不等式的中心提取出 σ^2，那么根据上述这两个端点必然可以定义得到一个关于总体方差的 $100(1-\alpha)\%$置信区间. 该代数处理步骤留作练习.

定理 7.5.1 令 s^2 表示从均值为 μ、方差为 σ^2 的正态分布中抽取的具有 n 个观测值的随机样本的样本方差. 那么

a. σ^2 的 $100(1-\alpha)\%$置信区间为

$$\left(\frac{(n-1)s^2}{\chi^2_{1-\alpha/2,n-1}}, \frac{(n-1)s^2}{\chi^2_{\alpha/2,n-1}}\right)$$

b. σ 的 $100(1-\alpha)\%$置信区间为

$$\left(\sqrt{\frac{(n-1)s^2}{\chi^2_{1-\alpha/2,n-1}}}, \sqrt{\frac{(n-1)s^2}{\chi^2_{\alpha/2,n-1}}}\right)$$

案例研究 7.5.1

地球地质的演变是由数亿年前到现今的一系列事件定义的. 化石在记录发生这些事件的相对时间方面起着关键作用，但要建立一个绝对的年表，科学家主要得依靠放射性衰变.

其中一种测年技术利用的是岩石的钾氩比. 几乎所有的矿物都含有钾(K)及其某些同位素，比如^{40}K. 但后者并不稳定，会衰变成氩和钙的同位素，即^{40}Ar 和^{40}Ca. 通过了解各种衰变产物的形成速度，并测量样品中存在的^{40}Ar 和^{40}K 的数量，地质学家可以估计目标物体的年龄.

想要对此类数据进行解释，最为关键的是要保证其过程的准确性. 现有一种估算精度的方法是对已知年龄相同的岩石样本使用上述测年技术. 因此，无论发生怎样的变化，不同岩石之间的差异可以反映检测过程的固有精确度(或缺乏精确度).

表 7.5.1 列出了 19 个矿物样品的钾氩估计年龄，这些样品都取自德国东南部的黑森林[118]. 假设该过程的估计年龄呈正态分布，具有(未知)均值 μ 和(未知)方差 σ^2. 构建 σ 的 95%置信区间.

表 7.5.1

样品	估计年龄(百万年)	样品	估计年龄(百万年)	样品	估计年龄(百万年)
1	249	8	241	15	278
2	254	9	273	16	344
3	243	10	306	17	304
4	268	11	303	18	283
5	253	12	280	19	310
6	269	13	260		
7	287	14	256		

这里

$$\sum_{i=1}^{19} y_i = 5\ 261$$

$$\sum_{i=1}^{19} y_i^2 = 1\ 469\ 945$$

所以样本方差为 733.4：

$$s^2 = \frac{19(1\ 469\ 945) - (5\ 261)^2}{19(18)} = 733.4$$

由于 $n=19$，且卡方概率密度函数的自由度为 18，临界值位于其 σ 的置信区间左右极限之间，根据附录表 A.3：

$$P(8.23 < \chi^2_{18} < 31.53) = 0.95$$

因此，钾氩比方法的精度的 95%置信区间为

$$\left(\sqrt{\frac{(19-1)(733.4)}{31.53}}, \sqrt{\frac{(19-1)(733.4)}{8.23}}\right) = (20.5\text{ 百万年}, 40.0\text{ 百万年})$$

例 7.5.1　σ^2 的置信区间的宽度是关于 n 和 S^2 的一个函数.

$$\begin{aligned} \text{宽度} &= \text{上限} - \text{下限} \\ &= \frac{(n-1)S^2}{\chi^2_{\alpha/2,n-1}} - \frac{(n-1)S^2}{\chi^2_{1-\alpha/2,n-1}} \\ &= (n-1)S^2\left(\frac{1}{\chi^2_{\alpha/2,n-1}} - \frac{1}{\chi^2_{1-\alpha/2,n-1}}\right) \end{aligned} \tag{7.5.2}$$

随着 n 的增大，区间将趋于变窄，因为更精确地估计了未知的 σ^2. 那么想要保证 σ^2 的

95%置信区间的平均宽度不大于 σ^2 的最小观测量应为多少?

由于 S^2 是 σ^2 的无偏估计量，等式(7.5.2)意味着方差的95%置信区间的预期宽度是

$$E(\text{宽度})=(n-1)\sigma^2\left(\frac{1}{\chi^2_{0.025,n-1}}-\frac{1}{\chi^2_{0.975,n-1}}\right)$$

显然，为了使预期宽度小于或等于 σ^2，n 的取值必须满足

$$(n-1)\left(\frac{1}{\chi^2_{0.025,n-1}}-\frac{1}{\chi^2_{0.975,n-1}}\right)\leqslant 1$$

我们可以通过试错法来确定所需的 n. 表7.5.2中的前三列来自附录表A.3中的卡方分布. 正如最后一列中的计算所示，$n=39$ 是最小的样本量，它可使得 σ^2 的95%置信区间的平均宽度小于 σ^2.

表 7.5.2

n	$\chi^2_{0.025,n-1}$	$\chi^2_{0.975,n-1}$	$(n-1)\left(\frac{1}{\chi^2_{0.025,n-1}}-\frac{1}{\chi^2_{0.975,n-1}}\right)$
15	5.629	26.119	1.95
20	8.907	32.852	1.55
30	16.047	45.722	1.17
38	22.106	55.668	1.01
39	22.878	56.895	0.99

■

检验 $H_0:\sigma^2=\sigma_0^2$

6.5节中介绍的广义似然比准则可以用来构建关于 σ^2 的假设检验. 完整的推断过程见附录7.A.3. 定理7.5.2说明了由此产生的决策规则，正如在构建 σ^2 的置信区间时一样，定理7.3.2中的卡方比起着关键作用.

定理 7.5.2 令 s^2 表示从均值为 μ、方差为 σ^2 的正态分布中抽取的大小为 n 的随机样本的样本方差. 令 $\chi^2=(n-1)s^2/\sigma_0^2$.

a. 在显著性水平 α 上检验 $H_0:\sigma^2=\sigma_0^2$ 与 $H_1:\sigma^2>\sigma_0^2$，如果 $\chi^2\geqslant\chi^2_{1-\alpha,n-1}$，则拒绝 H_0.

b. 在显著性水平 α 上检验 $H_0:\sigma^2=\sigma_0^2$ 与 $H_1:\sigma^2<\sigma_0^2$，如果 $\chi^2\leqslant\chi^2_{\alpha,n-1}$，则拒绝 H_0.

c. 在显著性水平 α 上检验 $H_0:\sigma^2=\sigma_0^2$ 与 $H_1:\sigma^2\neq\sigma_0^2$，如果 $\chi^2\geqslant\chi^2_{1-\alpha/2,n-1}$ 或 $\chi^2\leqslant\chi^2_{\alpha/2,n-1}$，则拒绝 H_0.

案例研究 7.5.2

共有基金是由各种类型的投资组合组成的投资工具. 如果这种投资是为了满足年度支出需求，那么基金份额的所有者对基金年度回报的平均值会很感兴趣. 投资者还关心年度回报的波动性，用方差或标准差来衡量. 评估共有基金的一个常用方法是将其与一个基准进行比较，理柏平均指数就是其中之一. 该指数是来自整个共有基金的回报的平均值.

环球岩石基金是一个典型的共有基金，大量投资于国际基金. 它声称在1989年至2007年期间，在波动性方面优于理柏平均指数. 其回报率见下表.

年份	投资回报率（%）	年份	投资回报率（%）	年份	投资回报率（%）	年份	投资回报率（%）
1989	15.32	1994	−2.15	1999	27.43	2004	14.27
1990	1.62	1995	23.29	2000	8.57	2005	10.33
1991	28.43	1996	15.96	2001	1.88	2006	15.94
1992	11.91	1997	11.12	2002	−7.96	2007	16.71
1993	20.71	1998	0.37	2003	35.98		

这19个回报的样本标准差是11.28%；理柏平均值的(真实)对应波动率指标已知为11.67%. 那么我们要回答的问题是，从11.67%下降到11.28%是否具有统计显著性.

令σ^2表示环球岩石基金的真实波动性特征. 那么，要检验的假设为

$$H_0:\sigma^2=(11.67)^2$$

与

$$H_1:\sigma^2<(11.67)^2$$

令$\alpha=0.05$. 在$n=19$的情况下，卡方比的临界值[根据定理7.5.2的(b)部分]是$\chi^2_{\alpha,n-1}=\chi^2_{0.05,18}=9.390$(见图7.5.3). 且

$$\chi^2=\frac{(n-1)s^2}{\sigma_0^2}=\frac{(19-1)(11.28)^2}{(11.67)^2}=16.82$$

所以我们的决定很明确：不拒绝H_0.

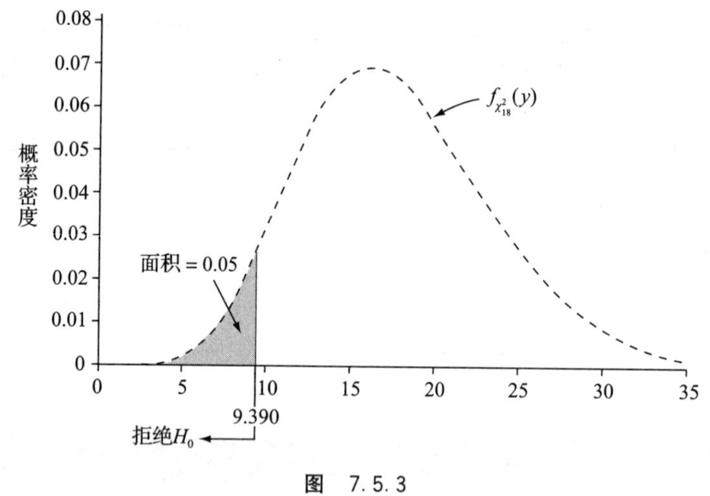

图　7.5.3

习题

7.5.1　使用附录中的表A.3找出下列截断值，并指出它们在适当的卡方分布图上的位置.

(a)$\chi^2_{0.95,14}$　　(b)$\chi^2_{0.90,2}$　　(c)$\chi^2_{0.025,9}$

7.5.2　求以下概率.

(a)$P(\chi_{17}^2 \geqslant 8.672)$　(b)$P(\chi_6^2 < 10.645)$

(c)$P(9.591 \leqslant \chi_{20}^2 \leqslant 34.170)$　(d)$P(\chi_2^2 < 9.210)$

7.5.3 求出满足下列方程的 y 值.

(a)$P(\chi_9^2 \geqslant y) = 0.09$　(b)$P(\chi_{15}^2 \leqslant y) = 0.05$

(c)$P(9.542 \leqslant \chi_{22}^2 \leqslant y) = 0.09$　(d)$P(y \leqslant \chi_{31}^2 \leqslant 48.232) = 0.95$

7.5.4 求使得下列陈述成立的 n 的值.

(a)$P(\chi_n^2 \geqslant 5.009) = 0.975$　(b)$P(27.204 \leqslant \chi_n^2 \leqslant 30.144) = 0.05$

(c)$P(\chi_n^2 \leqslant 19.281) = 0.05$　(d)$P(10.085 \leqslant \chi_n^2 \leqslant 24.769) = 0.80$

7.5.5 对于超出附录表 A.3 范围的自由度，可以通过使用基于标准正态分布 $f_Z(z)$ 的截断值的公式来近似计算卡方分布的截断值. 分别定义 $\chi_{p,n}^2$ 和 z_p^* ，使得 $P(\chi_n^2 \leqslant \chi_{p,n}^2) = p$ 和 $P(Z \leqslant z_p^*) = p$. 因此

$$\chi_{p,n}^2 \approx n\left(1 - \frac{2}{9n} + z_p^* \sqrt{\frac{2}{9n}}\right)^3$$

近似于自由度为 200 的卡方分布的第 95 百分位数. 也就是说，求

$$P(\chi_{200}^2 \leqslant y) \approx 0.95$$

时 y 的值.

7.5.6 令 $Y_1, Y_2, \cdots, Y_n$ 为一个从均值为 μ，方差为 σ^2 的正态分布中抽取的一个大小为 n 的随机样本. 请问使得以下陈述成立的最小的 n 值是多少?

$$P\left(\frac{S^2}{\sigma^2} < 2\right) \geqslant 0.95$$

(提示：利用试错法.)

7.5.7 已知 $(n-1)S^2/\sigma^2$ 服从自由度为 $n-1$ 的卡方分布(如果 Y_i 服从正态分布)，推导定理 7.5.1 给出的置信区间公式.

7.5.8 从 $\sigma^2 = 12.0$ 的正态分布中抽取一个大小为 $n=19$ 的随机样本. 求样本方差 S^2 的范围. 即求

$$P(a \leqslant S^2 \leqslant b) = 0.95$$

中 a 和 b 的值.

7.5.9 体育赛事时长是很不稳定的. 这种可变性会给电视广播公司带来问题，因为广告长度和评论员的发言量会随着赛事的长度而变化. 现有一个关于此类可变性的一个例子，下表给出了 2008 年温布尔登女子网球锦标赛中期比赛的随机样本的长度.

比赛	时长(分钟)	比赛	时长(分钟)
科斯蒂亚-库兹涅佐娃	73	加沃尔索娃-杉山	142
斯莱伯尼克-穆斯堡尔	76	郑-扬科维奇	129
德洛里奥斯-V. 威廉姆斯	59	佩雷比尼斯-巴莫尔	95
卡内皮-毛瑞斯莫	104	邦达伦科-V. 威廉姆斯	56
加宾-萨瓦伊	114	科恩-毛瑞斯莫	84
邦达伦科-利斯基	106	彼得罗娃-佩内塔	142
瓦伊迪索娃-布雷蒙德	79	沃兹尼亚奇-扬科维奇	106
格罗妮菲尔德-摩尔	74	格罗妮菲尔德-萨菲娜	75

(a)假设比赛时长呈正态分布，使用定理 7.5.1 构建比赛时长的标准差的 95%置信区间.

(b)使用这些数据构建两个关于 σ 的单边 95%置信区间.

7.5.10 定期存单的利息多少因金融机构而异，也因投资期限而异. 2009 年全美国一年期定期存单产品的一个大样本显示，平均利率为 1.84，标准差 $\sigma = 0.262$. 五年期的定期存单捆绑了投资者的资金，所以它通常支付较高的利息. 但是较高的利率可能会导致更多的可变性. 该表列出了美国

东北部 $n=10$ 家银行提供的五年期定期存单利率. 求五年期定期存单利率标准差的 95%置信区间. 这些数据是否表明五年期定期存单的利率比一年期定期存单利率的变化更大?

银行	利率(%)	银行	利率(%)	银行	利率(%)
本地银行	2.21	美国银行	2.96	发现银行	3.44
石桥银行	2.47	大都会国民银行	3.00	英特威斯特国家银行	3.49
沃特菲尔德银行	2.81	AIG 银行	3.35		
诺瓦银行	2.81	iGObanking.com	3.44		

7.5.11 在案例研究 7.5.1 中, 95%的置信区间是为 σ 而不是为 σ^2 构建的. 在实践中, 实验者是更可能关注标准差还是方差? 或者说, 你认为定理 7.5.1 中的两个公式被使用的频率是一样的吗? 解释并说明.

7.5.12 (a)利用卡方随机变量的渐进正态性(见习题 7.3.6), 推导出关于 σ 和 σ^2 的大样本置信区间公式.
(b)使用你对(a)部分的回答, 根据表 7.5.1 中的 19 个 y_i, 为利用钾氩估计的目标物体年龄的标准差构建一个近似的 95%的置信区间. 这个置信区间与案例研究 7.5.1 中的置信区间相比如何?

7.5.13 如果 σ^2 的 90%置信区间为(51.47,261.90), 那么样本标准差的值为多少?

7.5.14 令 $Y_1, Y_2, \cdots, Y_n$ 为从以下概率密度函数中抽取的大小为 n 的随机样本.

$$f_Y(y) = \left(\frac{1}{\theta}\right)e^{-y/\theta}, \quad y > 0; \quad \theta > 0$$

(a)使用矩生成函数来证明比率 $2n\overline{Y}/\theta$ 服从自由度为 $2n$ 的卡方分布.
(b)使用(a)部分的结果, 推导出 θ 的 $100(1-\alpha)\%$置信区间.

7.5.15 在案例研究 7.5.1 中描述的钾氩法出现之前, 还有另一种岩石测年的方法. 通过检测矿物的含铅量, 对同一时期的样本测算年龄, 标准差为 30.4 百万年. 案例研究 7.5.1 中的钾氩法的样本标准差较小, 为 $\sqrt{733.4}=27.1$ 百万年. 这是否"证明"钾氩法更精确? 使用表 7.5.1 中的数据, 在 0.05 水平下检验钾氩法的标准差是否比检测铅的方法小.

7.5.16 在正常工作的情况下, 水泥灌装机填装容积为 25 kg 的水泥袋的填充量标准差为 1.0 kg. 下列表格记录了在一天的生产中随机抽取的 30 个水泥袋的重量. 用 $\alpha = 0.05$ 的显著性水平检验 $H_0: \sigma^2=1$ 与 $H_1: \sigma^2>1$. 假设重量呈正态分布.

26.18	24.22	24.22	25.14	25.05	25.50	25.12	24.71	26.04
25.30	26.48	24.49	25.44	26.24	25.84	25.67	25.27	25.23
25.18	23.97	25.68	24.49	25.46	26.09			
24.54	25.83	26.01	25.01	25.01	25.21			

已知:

$$\sum_{i=1}^{30} y_i = 758.62 \quad 和 \quad \sum_{i=1}^{30} y_i^2 = 19\,195.793\,8$$

7.5.17 一位股票分析师声称自己设计了一种选择高质量共有基金的数学技术, 并承诺客户的投资组合会有更高的 10 年平均年化收益和更低的波动性, 也就是说, 标准差更小. 10 年后, 该分析师的一个 24 只股票的投资组合显示, 10 年的平均年化收益率为 11.50%, 标准差为 10.17%. 若该类型基金的基准是年化收益率均值为 10.10%, 标准差为 15.67%.
(a)假设 μ 是用分析师的技术选择的 24 只股票组合的年化收益率的均值. 在 0.05 的水平下检验该投资组合是否优于基准, 也就是说, 检验 $H_0: \mu=10.1$ 与 $H_1: \mu>10.1$.
(b)假设 σ 是用分析师的技术选择的 24 只股票组合的年化收益率的标准差. 在 0.05 的水平下检验该投资组合是否优于基准, 也就是说, 检验 $H_0: \sigma=15.67$ 与 $H_1: \sigma<15.67$.

7.6　重新审视统计学(第二类错误)

对于呈现正态分布的数据，当方差 σ^2 已知时，第一类错误和第二类错误都是可以确定的，且保持在正态分布的范围内(例如例 6.4.1). 而正如本章所学习到的那样，当 σ^2 未知时，情况会发生根本的变化. 随着学生 t 分布的发展，我们可以构建给定显著性水平 α 的检验. 但是，这种检验情况下的第二类错误是怎样的?

为了回答这个问题，我们首先回顾检验统计量和临界域检验的形式，比如

$$H_0:\mu=\mu_0 \quad 与 \quad H_1:\mu>\mu_0$$

若

$$\frac{\overline{Y}-\mu_0}{S/\sqrt{n}}\geqslant t_{\alpha,n-1}$$

则拒绝零假设. 在某些 $\mu_1>\mu_0$ 的情况下，检验犯第二类错误的概率 β 为

$$P\left(\frac{\overline{Y}-\mu_0}{S/\sqrt{n}}<t_{\alpha,n-1}\right)$$

然而，由于 μ_0 不是 H_1 假设下 $\overline{Y}$ 的均值，所以 $\frac{\overline{Y}-\mu_0}{S/\sqrt{n}}$ 并不服从学生 t 分布. 这时，我们就需要一种新的分布形式.

下面的代数处理有助于将所需的概率密度转化为易于我们理解的形式：

$$\frac{\overline{Y}-\mu_0}{S/\sqrt{n}}=\frac{\overline{Y}-\mu_1+(\mu_1-\mu_0)}{S/\sqrt{n}}=\frac{\dfrac{\overline{Y}-\mu_1}{\sigma}+\dfrac{\mu_1-\mu_0}{\sigma}}{\dfrac{S/\sqrt{n}}{\sigma}}=\frac{\dfrac{\overline{Y}-\mu_1}{\sigma/\sqrt{n}}+\dfrac{\mu_1-\mu_0}{\sigma/\sqrt{n}}}{S/\sigma}$$

$$=\frac{\dfrac{\overline{Y}-\mu_1}{\sigma/\sqrt{n}}+\dfrac{\mu_1-\mu_0}{\sigma/\sqrt{n}}}{\sqrt{\dfrac{(n-1)S^2/\sigma^2}{n-1}}}=\frac{\dfrac{\overline{Y}-\mu_1}{\sigma/\sqrt{n}}+\delta}{\sqrt{\dfrac{(n-1)S^2/\sigma^2}{n-1}}}=\frac{Z+\delta}{\sqrt{\dfrac{U}{n-1}}}$$

其中 $Z=\frac{\overline{Y}-\mu_1}{\sigma/\sqrt{n}}$ 服从正态分布，$U=\frac{(n-1)S^2}{\sigma^2}$ 是自由度为 $n-1$ 的卡方变量，$\delta=\frac{\mu_1-\mu_0}{\sigma/\sqrt{n}}$ 为(未知)常数. 需要注意的是，随机变量 $\frac{Z+\delta}{\sqrt{\frac{U}{n-1}}}$ 与自由度为 $n-1$ 的学生 t 变量 $\frac{Z}{\sqrt{\frac{U}{n-1}}}$ 不同，虽然分子中只是多了项 δ，但这会大大改变概率密度函数的性质.

我们认为形式为 $\frac{Z+\delta}{\sqrt{\frac{U}{n-1}}}$ 的表达式服从非中心 t 分布，其自由度为 $n-1$，非中心性参数为 δ.

对于非中心 t 变量的概率密度函数[105]，即使有计算机对分布进行了近似，但不知道 σ^2 意味着 δ 也是未知的. 我们经常会采取的一种方法是将真实的均值和假设的均值之间的

差指定为σ的一个特定比例. 也就是说，第二类错误是作为$\frac{\mu_1-\mu_0}{\sigma}$的函数而不是$\mu_1$的函数给出的. 在某些情况下，这个量可以用$\frac{\mu_1-\mu_0}{s}$来近似.

下面的例子将有助于我们深入了解以上陈述.

例 7.6.1 假设我们希望在$\alpha=0.05$的显著性水平下检验$H_0:\mu=\mu_0$与$H_1:\mu>\mu_0$. 令$n=20$. 在这种情况下，如果检验统计量$\frac{\overline{y}-\mu_0}{s/\sqrt{n}}$大于$t_{0.05,19}=1.7291$，则拒绝$H_0$. 如果均值向$\mu_0$的右边移动了0.5个标准差的距离，第二类错误会是怎样?

若均值向μ_0的右边移动了0.5个标准差的距离，相当于设定$\frac{\mu_1-\mu_0}{\sigma}=0.5$. 在这种情况下，非中心性参数$\delta=\frac{\mu_1-\mu_0}{\sigma/\sqrt{n}}=(0.5)\cdot\sqrt{20}=2.236$.

那么犯第二类错误的概率为

$$P(T_{19,2.236}\leqslant 1.7291)$$

其中$T_{19,2.236}$是一个自由度为19的非中心t变量，非中心参数为2.236.

为了计算这个概率，我们需要有$T_{19,2.236}$的累积分布函数. 幸运的是，许多统计软件都可以帮助我们求得.

利用软件，可以得到自由度为19和非中心参数为2.236的学生t分布的累积分布函数为$F_X(1.729)=0.304828$.

因此，第二类错误发生的概率约为0.305. ■

模拟

正如我们所看到的，只要有足够的理论支持，我们就可以求得学生t检验的犯第二类错误的概率. 此外，还存在非中心的卡方分布和F分布.

然而，要得到期望的结果，就必须假定数据服从正态分布. 对于第一类错误，我们已经学习了t检验对于数据偏离正态方面具有一定的稳健性(见7.4节). 在非中心t的情况下，想要处理偏离正态的问题相对困难，但是使用模拟的经验性方法可以帮助我们绕过这些困难，得到有意义的结果.

首先，我们对例7.6.1中的问题进行模拟. 假设数据服从$\mu_0=5$和$\sigma=3$的正态分布，样本量为$n=20$. 假设我们要求真实$\delta=2.236$时犯第二类错误的概率. 对于给定的$\sigma=3$，便有

$$2.236=\frac{\mu_1-\mu_0}{\sigma/\sqrt{n}}=\frac{\mu_1-5}{3/\sqrt{20}}$$

得到$\mu_1=6.5$.

如果检验统计量小于1.7291，就会犯第二类错误. 在这种情况下，H_0将被接受，而拒绝才是正确的决定.

使用 Minitab，从 $\mu=6.5$ 和 $\sigma^2=9$ 的正态分布中抽取 200 个大小为 20 的样本．Minitab 生成了一个 200×20 的数组．对于数组的每一行，检验统计量 $\frac{\overline{y}-5}{s/\sqrt{20}}$ 被计算出来并位于第 21 列．如果该值小于 1.729 1，则在第 22 列的那一行标注 1，否则标注 0．第 22 列的条目之和给出了观测到的犯第二类错误的数量．根据计算第二类错误的概率 0.305，对于 δ 的假设值，该观测数应约为 200(0.305)=61.

Minitab 模拟给出了共犯 64 个第二类错误，这是一个非常接近预期的数字．

第二类错误的稳健性可能会导致分析上的混乱．然而，在某些情况下，模拟可以再次阐明第二类错误．例如，假设数据不服从正态分布，而是 $r=4.694$，$\lambda=0.722$ 的伽马分布．尽管分布是偏斜的，但这些数据使得均值 $\mu=6.5$，方差 $\sigma^2=9$，与上面的正态分布情况一样．再次依靠 Minitab 给出 200 个大小为 20 的随机样本，观测到的犯第二类错误的次数为 60，所以在这种情况下，检验对于第二类错误具有一定的稳健性．即使数据不呈正态分布，但根据中心极限定理，分析中的关键统计量：$\overline{y}$，是近似服从正态分布的．

如果数据的分布未知或极度偏斜，建议使用非参数检验，详见第 14 章和文献[31]中涉及的检验．

附录 7.A.1　关于 $\overline{Y}$ 和 S^2 的一些分布结果

定理 7.A.1.1　令 $Y_1,Y_2,\cdots,Y_n$ 为从均值为 μ，方差为 σ^2 的正态分布中抽取的大小为 n 的随机样本，定义

$$\overline{Y}=\frac{1}{n}\sum_{i=1}^{n}Y_i \quad 以及 \quad S^2=\frac{1}{n-1}\sum_{i=1}^{n}(Y_i-\overline{Y})^2$$

那么

a. $\overline{Y}$ 和 S^2 是独立的．

b. $\frac{(n-1)S^2}{\sigma^2}$ 服从自由度为 $n-1$ 的卡方分布．

证明　本定理的证明依赖于某些线性代数方法以及多元积分变量的变化公式．定义 7.A.1.1 和后面的一些引理的证明需要我们回顾必要的背景．关于进一步的证明细节，见参考文献[49]或[226]．

定义 7.A.1.1

a. 如果 $\boldsymbol{A}\boldsymbol{A}^{\mathrm{T}}=\boldsymbol{I}$，则称矩阵 $\boldsymbol{A}$ 是正交的．

b. 令 $\boldsymbol{\beta}$ 为实数上的任何 n 维向量．也就是说，$\boldsymbol{\beta}=(c_1,c_2,\cdots,c_n)$，其中每个 c_j 都是实数．则我们定义 $\boldsymbol{\beta}$ 的长度为

$$\|\boldsymbol{\beta}\|=(c_1^2+\cdots+c_n^2)^{1/2}$$

（注意 $\|\boldsymbol{\beta}\|^2=\boldsymbol{\beta}\boldsymbol{\beta}^{\mathrm{T}}$．）

引理

a. 矩阵 $\boldsymbol{A}$ 是正交的，当且仅当对于每个 $\boldsymbol{\beta}$ 都有

$$\|\boldsymbol{A}\boldsymbol{\beta}\|=\|\boldsymbol{\beta}\|$$

b. 如果一个矩阵 $\mathbf{A}$ 是正交的，那么 $\det \mathbf{A}=1$.

c. 令 g 为一个 n 维空间内，在子集 D 上具有连续导数的一对一映射，那么便有

$$\int_{g(D)} f(x_1,\cdots,x_n)\mathrm{d}x_1\cdots\mathrm{d}x_n = \int_D f[g(y_1,\cdots,y_n)]\det J(g)\mathrm{d}y_1\cdots\mathrm{d}y_n$$

其中 $J(g)$ 是变换的雅可比行列式.

对于 $i=1,2,\cdots,n$，设 $X_i=(Y_i-\mu)/\sigma$. 那么所有的 X_i 都服从 $N(0,1)$. 设 $\mathbf{A}$ 为一个 $n\times n$ 正交矩阵，其最后一行为 $\left(\frac{1}{\sqrt{n}},\frac{1}{\sqrt{n}},\cdots,\frac{1}{\sqrt{n}}\right)$. 令 $\mathbf{X}=(X_1,\cdots,X_n)^{\mathrm{T}}$ 并通过 $\mathbf{Z}=\mathbf{AX}$ 变换，定义 $\mathbf{Z}=(Z_1,Z_2,\cdots,Z_n)^{\mathrm{T}}$. [注意，$Z_n=\left(\frac{1}{\sqrt{n}}\right)X_1+\cdots+\left(\frac{1}{\sqrt{n}}\right)X_n=\sqrt{n}\overline{X}$.]

对于任意子集 D，有

$$\begin{aligned}P(\mathbf{Z}\in D)=P(\mathbf{AX}\in D)&=P(\mathbf{X}\in \mathbf{A}^{-1}D)\\&=\int_{\mathbf{A}^{-1}D} f_{X_1,\cdots,X_n}(x_1,\cdots,x_n)\mathrm{d}x_1\cdots\mathrm{d}x_n\\&=\int_D f_{X_1,\cdots,X_n}[g(\mathbf{z})]\det J(g)\mathrm{d}z_1\cdots\mathrm{d}z_n\\&=\int_D f_{X_1,\cdots,X_n}(\mathbf{A}^{-1}\mathbf{z})\cdot 1\cdot \mathrm{d}z_1\cdots\mathrm{d}z_n\end{aligned}$$

其中 $g(\mathbf{z})=\mathbf{A}^{-1}\mathbf{z}$. 且 $\mathbf{A}^{-1}$ 是正交的，所以设 $(x_1,\cdots,x_n)^{\mathrm{T}}=\mathbf{A}^{-1}\mathbf{z}$，我们可以得到

$$x_1^2+\cdots+x_n^2=z_1^2+\cdots+z_n^2$$

因此

$$\begin{aligned}f_{X_1,\cdots,X_n}(\mathbf{X})&=(2\pi)^{-n/2}\mathrm{e}^{-(1/2)(x_1^2+\cdots+x_n^2)}\\&=(2\pi)^{-n/2}\mathrm{e}^{-(1/2)(z_1^2+\cdots+z_n^2)}\end{aligned}$$

由此，我们得出结论：

$$P(\mathbf{Z}\in D)=\int_D (2\pi)^{-n/2}\mathrm{e}^{-(n/2)(z_1^2+\cdots+z_n^2)}\mathrm{d}z_1\cdots\mathrm{d}z_n$$

意味着所有 Z_j 都是独立的标准正态变量.

最终，

$$\sum_{j=1}^{n} Z_j^2=\sum_{j=1}^{n-1} Z_j^2+n\overline{X}^2=\sum_{j=1}^{n} X_j^2=\sum_{j=1}^{n}(X_j-\overline{X})^2+n\overline{X}^2$$

因此，

$$\sum_{j=1}^{n-1} Z_j^2=\sum_{j=1}^{n}(X_i-\overline{X})^2$$

而 $\overline{X}^2$（以及 $\overline{X}$）是独立于 $\sum_{j=1}^{n}(X_i-\overline{X})^2$ 的，所以对于标准正态变量，结论是成立的. 另外，由于 $\overline{Y}=\sigma\overline{X}+\mu$，且 $\sum_{i=1}^{n}(Y_i-\overline{Y})^2=\sigma^2\sum_{i=1}^{n}(X_i-\overline{X})^2$，因此，对于服从 $N(\mu,\sigma^2)$ 的变量，结论成立.

注释　作为上述的证明的一部分，我们给出一个费希尔引理.

令 $X_1,X_2,\cdots,X_n$ 是独立的标准正态随机变量，令 $\mathbf{A}$ 是一个正交矩阵. 定义 $(Z_1,\cdots,Z_n)^{\mathrm{T}}=\mathbf{A}(X_1,\cdots,X_n)^{\mathrm{T}}$. 那么 Z_i 是独立的标准正态随机变量.

附录 7.A.2　关于单样本 t 检验是 GLRT 的证明

定理 7.A.2.1　如定理 7.4.2 所述，单样本 t 检验是一个 GLRT.

证明　对 $H_0:\mu=\mu_0$ 与 $H_1:\mu\neq\mu_0$ 进行检验. 两个参数空间限于 H_0 和 $H_0\cup H_1$，即分别为 ω 和 Ω，那么我们便可以得到

$$\omega=\{(\mu,\sigma^2):\mu=\mu_0;0\leqslant\sigma^2<\infty\}$$

和

$$\Omega=\{(\mu,\sigma^2):-\infty<\mu<\infty;\quad 0\leqslant\sigma^2<\infty\}$$

在不阐述细节的情况下(非常类似例 5.2.4)，可以很容易地证明，在 ω 中，

$$\mu_e=\mu_0\quad 且\quad \sigma_e^2=\frac{1}{n}\sum_{i=1}^{n}(y_i-\mu_0)^2$$

在 Ω 中，

$$\mu_e=\overline{y}\quad 且\quad \sigma_e^2=\frac{1}{n}\sum_{i=1}^{n}(y_i-\overline{y})^2$$

因此，由于

$$L(\mu,\sigma^2)=\left(\frac{1}{\sqrt{2\pi}\sigma}\right)^n\exp\left[-\frac{1}{2}\sum_{i=1}^{n}\left(\frac{y_i-\mu}{\sigma}\right)^2\right]$$

直接代入可得

$$L(\omega_e)=\left[\frac{\sqrt{n}}{\sqrt{2\pi}\sqrt{\sum_{i=1}^{n}(y_i-\mu_0)^2}}\right]^n\mathrm{e}^{-n/2}=\left[\frac{n\mathrm{e}^{-1}}{2\pi\sum_{i=1}^{n}(y_i-\mu_0)^2}\right]^{n/2}$$

和

$$L(\Omega_e)=\left[\frac{n\mathrm{e}^{-1}}{2\pi\sum_{i=1}^{n}(y_i-\overline{y})^2}\right]^{n/2}$$

根据 $L(\omega_e)$ 和 $L(\Omega_e)$ 我们可以得到似然比：

$$\lambda=\frac{L(\omega_e)}{L(\Omega_e)}=\left[\frac{\sum_{i=1}^{n}(y_i-\overline{y})^2}{\sum_{i=1}^{n}(y_i-\mu_0)^2}\right]^{n/2},\quad 0<\lambda\leqslant 1$$

通常情况下事实表明，以 λ 的单调函数为基础进行检验，比以 λ 本身为基础进行检验更方便. 我们将似然比的分母写为：

$$\sum_{i=1}^{n}(y_i-\mu_0)^2=\sum_{i=1}^{n}[(y_i-\overline{y})+(\overline{y}-\mu_0)]^2$$

$$=\sum_{i=1}^{n}(y_i-\overline{y})^2+n(\overline{y}-\mu_0)^2$$

因此，

$$\lambda=\left[1+\frac{n(\overline{y}-\mu_0)^2}{\sum_{i=1}^{n}(y_i-\overline{y})^2}\right]^{-n/2}=\left(1+\frac{t^2}{n-1}\right)^{-n/2}$$

其中

$$t=\frac{\overline{y}-\mu_0}{s/\sqrt{n}}$$

需要注意的是，随着 t^2 的增加，λ 在减少. 根据定义，这意味着原来的 GLRT，对于任何太小的 λ，例如小于 λ^* 的 λ 值，都会导致拒绝 H_0，同样情况发生在 t^2 太大时，拒绝 H_0 的检验.

而 t 是以下随机变量的一个观测值

$$T=\frac{\overline{Y}-\mu_0}{S/\sqrt{n}}\quad(=T_{n-1}\text{，根据定理 7.3.5})$$

因此，我们将“太大”的 t 在数值上转化为 $t_{\alpha/2,n-1}$：

$$0<\lambda\leqslant\lambda^*\quad\Leftrightarrow\quad t^2\geqslant(t_{\alpha/2,n-1})^2$$

且

$$t^2\geqslant(t_{\alpha/2,n-1})^2\quad\Leftrightarrow\quad t\leqslant-t_{\alpha/2,n-1}\quad\text{或}\quad t\geqslant t_{\alpha/2,n-1}$$

最后该定理得到证明.

附录 7.A.3　定理 7.5.2 的证明

我们首先从对 $H_0:\sigma^2=\sigma_0^2$ 与双边 H_1 的检验入手. 相关的参数空间是

$$\omega=\{(\mu,\sigma^2):-\infty<\mu<\infty,\quad \sigma^2=\sigma_0^2\}$$

和

$$\Omega=\{(\mu,\sigma^2):-\infty<\mu<\infty,\quad 0\leqslant\sigma^2\}$$

对于两者，μ 的极大似然估计值是 $\overline{y}$. 在 ω 中，σ^2 的极大似然估计值是 σ_0^2；而在 Ω 中，σ^2 的极大似然估计值是 $\sigma_e^2=(1/n)\sum_{i=1}^{n}(y_i-\overline{y})^2$（见例 5.4.4）. 因此，两个似然函数中，在 ω 和 Ω 上的最大值分别为

$$L(\omega_e)=\left(\frac{1}{2\pi\sigma_0^2}\right)^{n/2}\exp\left[-\frac{1}{2}\sum_{i=1}^{n}\left(\frac{y_i-\overline{y}}{\sigma_0}\right)^2\right]$$

和

$$L(\Omega_e)=\left[\frac{n}{2\pi\sum_{i=1}^{n}(y_i-\overline{y})^2}\right]^{n/2}\exp\left\{-\frac{n}{2}\sum_{i=1}^{n}\left[\frac{y_i-\overline{y}}{\sqrt{\sum_{i=1}^{n}(y_i-\overline{y})^2}}\right]^2\right\}$$

$$= \left[\frac{n}{2\pi\sum_{i=1}^{n}(y_i-\overline{y})^2}\right]^{n/2} \mathrm{e}^{-n/2}$$

由此可见，广义似然比可由以下公式给出：

$$\lambda = \frac{L(\omega_e)}{L(\Omega_e)}$$

$$= \left[\frac{\sum_{i=1}^{n}(y_i-\overline{y})^2}{n\sigma_0^2}\right]^{n/2} \cdot \exp\left[-\frac{1}{2}\sum_{i=1}^{n}\left(\frac{y_i-\overline{y}}{\sigma_0}\right)^2+\frac{n}{2}\right]$$

$$= \left(\frac{\sigma_e^2}{\sigma_0^2}\right)^{n/2} \cdot \mathrm{e}^{-(n/2)(\sigma_e^2/\sigma_0^2)+n/2}$$

想要知道λ的概率行为，我们首先需要将其看作关于σ_e^2/σ_0^2的函数. 为了方便起见，我们令$x=\sigma_e^2/\sigma_0^2$. 那么由$\lambda=x^{n/2}\cdot\mathrm{e}^{-(n/2)x+n/2}$和不等式$\lambda\leqslant\lambda^*$，我们可以得到$x\mathrm{e}^{-x}\leqslant \mathrm{e}^{-1}(\lambda^*)^{2/n}$. 不等式的右边是一个任意的常数，我们利用$k^*$表示. 图 7.A.3.1 是关于$y=x\mathrm{e}^{-x}$的图像. 需要注意的是，对于$x\mathrm{e}^{-x}\leqslant k^*$，同样，由于$\lambda\leqslant\lambda^*$，$x=\sigma_e^2/\sigma_0^2$的值可能落入两个区域内，一个是$\sigma_e^2/\sigma_0^2$的值接近于0，另一个是$\sigma_e^2/\sigma_0^2$的值远大于1. 根据似然比原则，对于任意$\lambda\leqslant\lambda^*$，我们应拒绝$H_0$，其中$P(\Lambda\leqslant\lambda^*\mid H_0)=\alpha$. 且$\lambda^*$(通过$k^*$)决定了$a$和$b$的值，所以临界域是$C=\{\sigma_e^2/\sigma_0^2：\sigma_e^2/\sigma_0^2\leqslant a$或$\sigma_e^2/\sigma_0^2\geqslant b\}$.

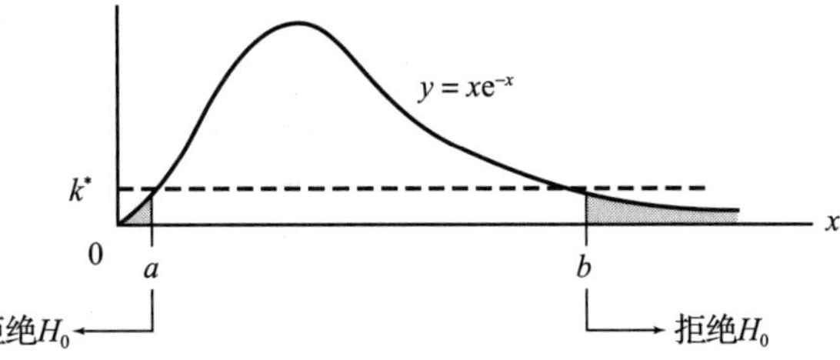

图 7.A.3.1

注释 在这一点上，我们有必要做一个小小的近似. 仅仅因为$P(\Lambda\leqslant\lambda^*\mid H_0)=\alpha$，并不意味着

$$P\left[\frac{\left(\frac{1}{n}\right)\sum_{i=1}^{n}(Y_i-\overline{Y})^2}{\sigma_0^2}\leqslant a\right]=\frac{\alpha}{2}=P\left[\frac{\left(\frac{1}{n}\right)\sum_{i=1}^{n}(Y_i-\overline{Y})^2}{\sigma_0^2}\geqslant b\right]$$

而且，事实上，临界域两尾的概率并不完全相同. 然而，两者在数值上非常接近，似然比的标准并不会因为两尾的概率都被设为$\alpha/2$而受到严重影响.

这里，需要注意的是

$$P\left[\frac{\left(\frac{1}{n}\right)\sum_{i=1}^{n}(Y_i-\overline{Y})^2}{\sigma_0^2}\leqslant a\right]=P\left[\frac{\sum_{i=1}^{n}(Y_i-\overline{Y})^2}{\sigma_0^2}\leqslant na\right]$$

$$=P\left(\frac{(n-1)S^2}{\sigma_0^2}\leqslant na\right)=P(\chi_{n-1}^2\leqslant na)$$

类似地，

$$P\left[\frac{\left(\frac{1}{n}\right)\sum_{i=1}^{n}(Y_i-\overline{Y})^2}{\sigma_0^2}\geqslant b\right]=P(\chi_{n-1}^2\geqslant nb)$$

因此，我们将选择 $\chi_{\alpha/2,n-1}^2$ 和 $\chi_{1-\alpha/2,n-1}^2$ 作为临界值，若出现

$$\frac{(n-1)s^2}{\sigma_0^2}\leqslant\chi_{\alpha/2,n-1}^2$$

或

$$\frac{(n-1)s^2}{\sigma_0^2}\geqslant\chi_{1-\alpha/2,n-1}^2$$

的情况，则拒绝 H_0. 见图 7.A.3.2.

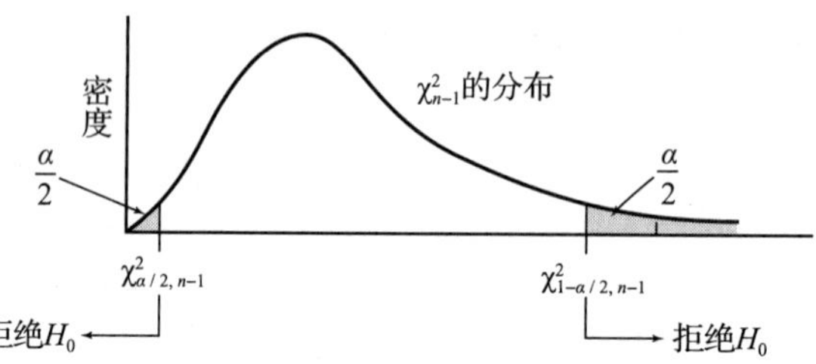

图　7.A.3.2

注释　分散性的单边检验也是以类似的方式进行处理. 对于

$$H_0:\sigma^2=\sigma_0^2$$

和

$$H_1:\sigma^2<\sigma_0^2$$

若 $\frac{(n-1)s^2}{\sigma_0^2}\leqslant\chi_{\alpha,n-1}^2$，则拒绝 H_0.

对于

$$H_0:\sigma^2=\sigma_0^2$$

和

$$H_1:\sigma^2>\sigma_0^2$$

若 $\frac{(n-1)s^2}{\sigma_0^2}\geqslant\chi_{1-\alpha,n-1}^2$，则拒绝 H_0.

第 8 章　数据类型：简要概述

纳塔尔夫人说："你还没告诉我，你的未婚夫靠什么谋生呢?"

拉米亚带着一种令人讨厌的防御姿态回答说："他是个统计学家!"

纳塔尔夫人显然感到吃惊. 对她来说，统计学家并没有进入正常的社会关系. 她猜想，这个职业可能是以某种附带的方式延续下来的，就像骡子一样.

"但是萨拉阿姨，这是一个非常有趣的职业."拉米亚热情地说.

"我没有怀疑."她姨妈说，显然她非常怀疑. "仅仅用数字来表达任何重要的东西显然是不可能的，以至于对于如何做到这一点需要很多高价值的建议. 但你不觉得和统计学家在一起的生活会更乏味吗?"

拉米亚沉默了. 她不愿讨论在爱德华的数字下发现的令人惊讶的情感可能性深度.

她最后说："重要的不是数字本身，重要的是你如何处理它们."

——K. A. C. 曼德维尔，《拉米亚·葛德雷纳克的毁灭》

8.1　引言

第 6 章和第 7 章介绍了统计推断的基本原理. 这些原理中的具体目标要么是构建一个置信区间，要么是检验一个零假设的可信度. 为了适应所研究数据和参数性质的差异得出了各种公式和决策规则. 不过，我们不应忽视的是，这两章中的每一组数据，尽管表面上存在差异，但都有一个至关重要的共同点，即每一组数据都代表着完全相同的实验设计.

统计学的实用知识要求从两个不同的层次来研究这个问题. 首先一个层面上，需要注意个体测量中固有的数学特性. 这些可能被认为是统计的"微观"结构. Y_i 的概率密度函数是什么? 我们知道 $E(Y_i)$或 $\mathrm{Var}(Y_i)$吗? Y_i 是独立的吗?

不过，从整体上看，每一组测量数据也都有一定的总体结构或设计. 我们将在本章中重点讨论这些"宏观"特征，一些问题亟须解决. 一种设计与另一种设计有何不同? 给定的设计在什么情况下是理想的? 或是不可取的? 实验的设计如何影响该实验的分析?

这些问题中的一些问题的答案需要推迟答复，直到每个设计在下文中逐一详细讨论为止. 目前，我们的目标还很有限，第 8 章只是简要介绍数据分类中涉及的一些重要思想. 我们在这里所学的知识将作为第 9 章至第 15 章推导的多种统计过程的背景和参考框架.

定义

为了描述实验设计[区分一个设计与另一个设计，需要我们理解几个关键定义.

因子和因子水平　因子一词用于表示"应用于"被测对象的任何处理或处理方法，或这些对象的任何相关指标(年龄、性别、种族等)的"特征". 因子的不同版本，范围或方面称为因子水平.

案例研究 8.1.1

一代又一代的运动员都被警告吸烟会影响比赛成绩. 衡量这一警告真实性的一个标准是吸烟对心率的影响. 在一项研究[79]中，6 名不吸烟者、6 名轻度吸烟者、6 名中度吸烟者和 6 名重度吸烟者分别进行了持续的体育锻炼. 表 8.1.1 列出了他们休息三分钟后的心率.

表 8.1.1 心率

	不吸烟者	轻度吸烟者	中度吸烟者	重度吸烟者
	69	55	66	91
	52	60	81	72
	71	78	70	81
	58	58	77	67
	59	62	57	95
	65	66	79	84
平均值	62.3	63.2	71.7	81.7

本实验中的单一因子是吸烟，其水平是表 8.1.1 中四个不同的列标题. 可以很容易地设计一项更详细的研究来解决同样的问题，并纳入三个因子. 常识告诉我们，吸烟对男性的有害影响可能与对女性的有害影响不同，而且在老年人身上可能比在年轻人身上更明显(或更不明显). 作为一个因子，性别有两个层次，男性和女性，年龄很容易至少有三个层次，例如，18～34 岁，35～64 岁和 65 岁以上. 如果这三个因子都包括在内，数据表的格式将如图 8.1.1 所示.

		不吸烟者		轻度吸烟者		中度吸烟者		重度吸烟者	
		男	女	男	女	男	女	男	女
	18~34								
年龄	35~64								
	65+								

图 8.1.1

区组 有时，实验对象或环境具有某些共同的特征，这些特征会影响某一因子水平的反应方式，但实验者对这些特征并不感兴趣. 任何这样的一组环境或对象被称为区组.

案例研究 8.1.2

表 8.1.2 总结了一项在威斯康星州密尔沃基市进行的为期十周的灭鼠实验的结果. 这项研究的单一因子是老鼠药的味道，它有四种不同的味道：原味、黄油香草味、烤牛肉味和面包味.

表 8.1.2 诱饵接受百分比

调查编号	原味	黄油香草味	烤牛肉味	面包味
1	13.8	11.7	14.0	12.6
2	12.9	16.7	15.5	13.8
3	25.9	29.8	27.8	25.0
4	18.0	23.1	23.0	16.9
5	15.2	20.2	19.0	13.7

每种口味的 800 个诱饵被放置在垃圾储藏区周围. 两周后，记录诱饵的摄取率. 在接下来的两周里，另一组 3 200 个诱饵被放置在不同的地点，并遵循相同的方案. 总共完成了五项为期两周的“调查”[93].

显然，每次调查都创造了一个独特的实验环境. 诱饵放在不同的地方，天气条件也不一样，其他食物来源的供应也可能发生变化. 由于这些原因，也许还有其他原因，调查 3 得出的百分比明显高于调查 1 和调查 2 得出的百分比. 不过，实验者的唯一目的是研究老鼠喜欢哪种口味. 调查“环境”不完全相同这一事实是预料之中的，也是不相干的. 那么，这五项不同的调查就可以称为区组.

独立和相关观测 无论背景如何，为比较两个或多个因子水平而收集的测量值必然是相关的或独立的. 如果两个或多个观测值具有与所测量内容相关的特定共性，则它们是相关的. 如果没有这种联系，则观测值是独立的.

相关数据的一个例子是表 8.1.2 中记录的接受百分比. 例如，在左上角显示的 13.8 既测量了老鼠对原味诱饵的偏好，也测量了调查 1 中原味存在的环境条件；同样，右边的观测值 11.7，在相同的调查环境条件下，测量老鼠对黄油香草口味的偏好. 根据定义，13.8 和 11.7 是相关测量值，因为它们的值具有与调查 1 相同条件的共性. 综合起来，表 8.1.2 中的数据是五组相关观测值，每组是大小为 4 的样本.

作为对比，表 8.1.1 中的观测结果是独立的. 例如，第 1 行中的 69 和 55 没有什么特殊的共同点，它们只是测量两个不同因子水平对两个不同的人的影响. 第 1 列的前两个数据，69 和 52，会被认为是相关的吗？不. 仅仅共享相同的因子水平并不能使观测结果相关.

后面章节将详细讨论. 因子水平通常可以更有效地与相关观测进行比较，而不是与独立观测进行比较. 幸运的是，相关的观测结果以许多不同的方式很自然地产生. 由于实验对象有共同的遗传结构，对双胞胎、兄弟姐妹或同窝产仔的测量是自动相关的(当然，对同一个体的重复测量也是相关的). 在农业试验中，在同一地点种植的作物是相关的，因为它们具有相似的土壤质量、排水和天气条件. 用同一件设备或由同一操作员进行的工业测量也有同样的相关性. 当然，时间和地点(如表 8.1.2 中的调查)通常用于诱导共享条件. 这些是一些使观测结果相关的“标准”方法. 多年来，实验者也变得非常善于寻找“非标准”的方法. 我们将在接下来的章节中遇到后者的例子.

相似和不同单位 单位在数据集的宏观结构中也起着作用. 如果两个测量单位相同，

则称这两个测量相似，否则称为不同. 当一组数据中的单位都相同时，比较不同因子水平的影响是典型的目标. 这是案例研究 8.1.1 和案例研究 8.1.2 中的情况. 通过量化它们之间的关系来分析不同的测量值，这是案例研究 8.1.3 的目标.

案例研究 8.1.3

图 8.1.2 显示了 1960 年至 1969 年美国洲际弹道导弹库的规模[10].

关于数据 图 8.1.2 中所示的 S 形曲线是 logistic 方程的一个示例. 作为所有非线性模型中最有用的模型之一，logistic 方程尤其擅长描述增长，无论增长是指对新思想的接受、属于某一种群的有机体数量的增加、新产品的销售渗透，还是大规模杀伤性武器的扩散.

年份	1959 年后的年份，x	洲际弹道导弹数量，y	年份	1959 年后的年份，x	洲际弹道导弹数量，y
1960	1	18	1965	6	854
1961	2	63	1966	7	904
1962	3	294	1967	8	1 054
1963	4	424	1968	8	1 054
1964	5	834	1969	10	1 054

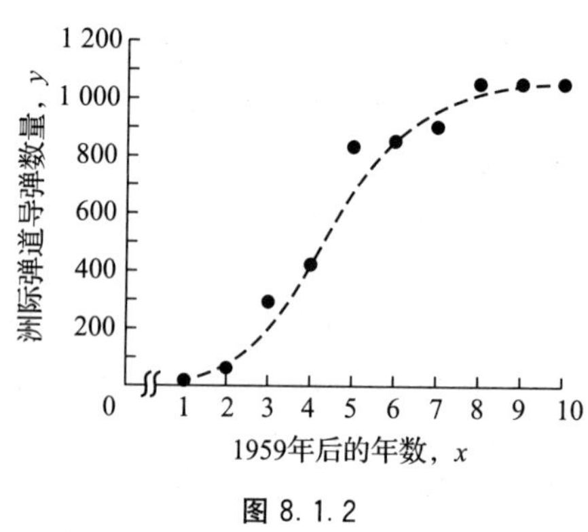

图 8.1.2

定量测量和定性测量 如果测量的可能值是数值，则认为测量是定量的. 表 8.1.1 中的心率和表 8.1.2 中的诱饵接受百分比就是两个例子. 定性测量具有类别、特征或条件的“值”.

案例研究 8.1.4

犯罪学家发现有两种不同类型的跟踪者. 对名人、以前朋友甚至完全陌生的人形成痴迷浪漫吸引力的人被称为多情跟踪者. 另一种，司法跟踪者以联邦法官为目标并骚扰他们，通常是为了报复与跟踪者预期相反的裁决.

如果知道跟踪犯罪有两种不同的形式，就会产生一个明显的问题：跟踪犯罪的两种类型是不同的吗？试图阐明这一问题的一个尝试是对34名因违反限制令而被监禁在纽约监狱的实验对象进行比较．14名被拘留者是多情跟踪者；其他人是司法跟踪者[162]．

在记录的关于34名实验对象的各种信息中，包括他们的就业性质．4名多情的跟踪者(29%)从事白领职业，10名司法跟踪者(50%)从事白领职业(见表8.1.3)．

表 8.1.3　跟踪者就业

		跟踪者类型	
		多情跟踪者	司法跟踪者
从事白领工作吗？	是	4	10
	否	10	10
	“是”的比例(%)	28.6	50.0

尽管表8.1.3中显示了所有数字，但数据本身并不是定量的．我们在这里看到的是定性测量的定量结果．图8.1.3显示，当数据被记录时，“跟踪者类型”变量 X 有两种可能的定性结果：多情跟踪者、司法跟踪者；“从事白领工作吗？”变量 Y 有两种可能的定性结果：是或否．

囚犯	名字	跟踪者类型	从事白领工作吗？
1	ML	多情跟踪者	否
2	JG	司法跟踪者	是
3	DF	司法跟踪者	否
⋮	⋮	⋮	⋮
34	CW	多情跟踪者	是

图　8.1.3

关于数据　有时可以通过一份可能犯罪者的档案来帮助寻找可能参与犯罪的嫌疑人，也就是一份他或她可能具有的特征列表．表8.1.3中的数据表明，职业类型可能是跟踪者资料的有用补充．

可能的设计

刚刚引用的定义可以产生大量不同的实验设计，远远超过本文所能涵盖的范围．尽管如此，广泛使用的设计数量还是相当少．可能遇到的大部分数据都属于以下八种格式之一：

单样本数据

双样本数据

k 样本数据

成对数据

随机区组数据

回归数据/相关数据

分类数据

析因数据

例如，表 8.1.1 中列出的心率是 k 样本数据，表 8.1.2 中的老鼠诱饵接受百分比是随机区组数据，图 8.1.2 中绘制的洲际弹道导弹储备是回归/相关数据，表 8.1.3 中显示的跟踪者概况是分类数据.

在 8.2 节中，将用一般术语描述每种设计，用案例研究加以说明，并简化为数学模型. 我们将特别关注每个模型的目标，也就是说，给定的模型可能用于哪种类型的推断.

8.2　数据分类

对属于上一节列出的八个基本模型之一的一组数据进行分类时，只需回答不超过五个问题：

1. 观测结果是定量的还是定性的？
2. 这些单位是相似的还是不同的？
3. 有一个因子还是不止一个？
4. 涉及多少因子水平？
5. 观测结果是独立的还是相关的？

在实践中，这五个问题始终是每次统计分析的出发点. 通过确定数据的潜在实验设计，它们决定了分析应该如何进行.

单样本数据

所有实验设计中最简单的是单样本数据模型，它由一个大小为 n 的随机样本组成. n 个观测值必然反映一组特定的条件或一个特定的因子. 通常，记录观测值的条件或假设决定了它们可能代表的概率函数. 例如，案例研究 4.2.3 的表 4.2.4 中总结的单样本数据表示从泊松分布得出的 423 个观测值. 并且，根据定理 4.2.3，案例研究 4.2.4 中描述的 219 次连续新马德里地震之间的 218 个间隔可以假设为指数分布的样本.

到目前为止，与单样本数据相关的最常遇到的一组假设是，y_i 是一个大小为 n 的正态分布随机样本，具有未知的均值 μ 和未知的标准差 σ. 可能的推断过程是假设检验，或 μ 和/或 σ 的置信区间，以适合实验者目标的方式为准.

在描述实验设计时，对一组测量值所做的假设通常以模型方程的形式表示，根据定义，模型方程将任意 Y_i 的值表示为固定分量和可变分量之和. 对于单样本数据，通常的模型方程是

$$Y_i = \mu + \varepsilon_i, \quad i = 1,2,\cdots,n$$

其中，ε_i 是均值为 0 且标准差为 σ 的正态分布随机变量.

案例研究 8.2.1

发明，无论是简单的还是复杂的，都需要很长时间才能上市. 例如，速食米饭是 1931 年开发出来的，但大约 18 年后的 1949 年首次出现在杂货店的货架上. 表 8.2.1 列出了 17 种常见产品的构思日期和销售日期[208]. 最后一列中显示的是产品的开发时间 y. 对于速食米饭，y=18(=1 949−1 931).

表 8.2.1 产品开发时间

发 明	构思日期	销售日期	开发时间(年)
自动变速器	1930	1946	16
圆珠笔	1938	1945	7
滤嘴香烟	1953	1955	2
冷冻食品	1908	1923	15
直升机	1904	1941	37
速溶咖啡	1934	1956	22
速食米饭	1931	1949	18
尼龙	1927	1939	12
摄影	1782	1838	56
雷达	1904	1939	35
滚珠香体露	1948	1955	7
电报	1820	1838	18
电视	1884	1947	63
晶体管	1940	1956	16
录像机	1950	1956	6
施乐复印	1935	1950	15
拉链	1883	1913	30
			平均值 22.2

关于数据 除了展示单样本数据，表 8.2.1 是印刷媒体中经常出现的“趣味清单”格式的典型代表. 这些是娱乐性数据，而不是严肃的科学研究. 例如，这里的平均开发时间是 22.2 年. 作为正式推断过程的一部分，使用这个平均值有意义吗？并没有. 如果可以假设这 17 项发明在某种意义上是所有可能发明的随机样本，那么用 22.2 年的时间来推断“真实的”平均开发时间是合理的. 但是，表 8.2.1 中所列发明的任意性，使这一假设令人质疑. 像这样的数据是用来娱乐和流传的，而不是用来分析的.

双样本数据

双样本数据由大小为 m 和 n 的两个独立随机样本组成，每个样本都有定量的、相似的单位测量值. 每个样本都与不同的因子水平相关联. 有时这两个样本是伯努利试验序列，其中测量值是 0 和 1. 在这种情况下，数据的两个参数是未知的“成功”概率 p_X 和 p_Y，通常的推断过程是检验：$H_0: p_X = p_Y$.

通常这两个样本正态分布的均值和标准差均可能不同. 如果 $X_1, X_2, \cdots, X_n$ 表示第一个样本，$Y_1, Y_2, \cdots, Y_m$ 表示第二个样本，通常的模型方程假设应为

$$X_i = \mu_X + \varepsilon_i, \quad i = 1, 2, \cdots, n$$
$$Y_j = \mu_Y + \varepsilon'_j, \quad j = 1, 2, \cdots, m$$

其中，ε_i 服从均值为 0、标准差为 σ_X 的正态分布，ε'_j 服从均值为 0、标准差为 σ_Y 的正态分布.

对于双样本数据，推断过程更可能是假设检验而不是置信区间. 双样本 t 检验用于评估 $H_0: \mu_X = \mu_Y$ 的可信度；当目标是在 $H_0: \sigma_X = \sigma_Y$ 和 $H_1: \sigma_X \neq \sigma_Y$ 之间进行选择时，使用 F 检验. 这两个过程将在第 9 章中描述.

对实验者来说，双样本数据解决了单样本数据有时可能存在的严重缺陷. 通常的单样本假设检验 $H_0:\mu=\mu_0$ 默认 Y_i(其真实均值为 μ)是在产生“标准”值 μ_0 的相同条件下采集的，对 μ 进行检验. 也许没有办法知道这个假设是否正确，甚至是一点点正确. 另一方面，双样本模式允许实验者控制两组测量的条件(和实验对象)，这样做会增加以公平公正的方式比较真实均值的可能性.

案例研究 8.2.2

太阳黑子是一种类似龙卷风的磁暴，出现在太阳表面的黑色区域. 几百年来，太阳黑子频率的变化一直吸引着天文学家的注意. 自 19 世纪晚期以来，每天对太阳黑子活动的估计都是使用一种叫作苏黎世数 R_Z 的计算公式来记录的，

$$R_Z=10\cdot\text{观测到的太阳黑子群数量}+1\cdot\text{观测到的单个太阳黑子数量}$$

R_Z 值高于 120 被认为表明太阳黑子活动活跃；低于 10 表示太阳黑子活动减弱.

气象学家对这一主题表现出浓厚的兴趣，因为与太阳黑子有关的带电粒子和电磁辐射的释放被怀疑与飓风的频率有关. 针对这种可能性，表 8.2.2 显示了在有记录以来 R_Z 值最高和最低的十年间形成的北大西洋飓风的数量[43].

表 8.2.2　太阳黑子活动

最高值			最低值		
年份	R_Z	飓风数量，X	年份	R_Z	飓风数量，Y
1947	151.6	5	1888	6.8	5
1956	141.7	4	1889	6.3	5
1957	190.2	3	1901	2.7	3
1958	184.8	7	1902	5.0	3
1959	159.0	7	1911	5.7	3
1979	155.4	5	1912	3.6	4
1980	154.6	9	1913	1.4	3
1989	157.7	7	1923	5.8	3
1990	141.8	8	1933	5.7	10
1991	145.2	4	1954	4.4	8
		平均值=5.9			平均值=4.7

在 8.1 节介绍的术语中，这里研究的因子是太阳黑子活动，它的两个水平是活跃和减弱. 要比较的两个随机变量是 X：太阳黑子活动活跃的年份发生的飓风数，和 Y：太阳黑子活动减弱的年份发生的飓风数. 需要解决的问题是，两个样本平均值 $\bar{x}=5.9$ 和 $\bar{y}=4.7$之间的差异是否具有统计显著性. 第 9 章中描述的双样本 t 检验将通过决定是否应拒绝零假设 $H_0:\mu_X=\mu_Y$ 来得到答案.

关于数据　不管第 9 章的 t 检验得出了关于样本平均值的什么结论，表 8.2.2 中的 20 个单独测量值说明了它们自己的故事. 两个飓风数最多的年份(1933 年和 1954 年)有两个最低的 R_Z 值，一个飓风数最少的年份(1957 年)有一个最高的 R_Z 值. 当两个因子的水平达到可能的极端程度时，样本的重叠程度如此之大，这表明除了太阳黑子活动，还有一些因子在飓风的形成中扮演了主要角色.

事实上，科学家现在认为，当大气不稳定时，飓风最有可能形成，这种情况是由海洋温度和上下大气温度的差异造成的. 高强度的太阳黑子活动确实有可能扰乱这些温度，从而增加飓风发生的可能性. 但根据这些温度的初始值，太阳黑子活动的加剧也有可能改变这些温度，从而降低飓风发生的可能性. 这种有时是正，有时是负的相关性可以很好地解释表 8.2.2 中明显的异常现象.

k 样本数据

当两个以上的因子水平被比较时，并且观测结果是定量的，有相似的单位，并且是独立的，测量结果被称为 k 样本数据. 虽然双样本数据和 k 样本数据的假设具有可比性，但由于这两种样本数据的分析方式完全不同，所以它们被视为截然不同的实验设计. t 检验方法在解释单样本和双样本数据时非常突出，但不能扩展到适用于 k 样本数据. 我们需要用到一种更强大的技巧，即方差分析，这将是第 12 章和第 13 章的唯一主题.

它们的因子水平的多样性也要求使用双下标表示法识别 k 样本数据，出现在第 j 个因子水平的第 i 个观测值记为 Y_{ij}，因此模型方程的形式为

$$Y_{ij} = \mu_j + \varepsilon_{ij}, \; i = 1,2,\cdots,n_j; \quad j = 1,2,\cdots,k$$

其中 n_j 表示与第 j 个因子水平相关的样本量（$n_1 + n_2 + \cdots + n_k = n$），而 ε_{ij} 是一个正态分布的随机变量，所有 i 和 j 的均值均为 0，且标准差 σ 相同.

分析 k 样本数据的第一步是检验 $H_0: \mu_1 = \mu_2 = \cdots = \mu_k$，也可以使用假设检验来检验涉及某些因子水平的分假设，而与所有其他因子无关. 实际上，是对推断的重点进行微调.

案例研究 8.2.3

地球被磁场包围的概念最早是由英国医生威廉·吉尔伯特（William Gilbert，1544—1603）提出的. 要理解这一领域是如何形成的，以及它可能会如何发展，是研究人员要全面解释的一个具有挑战性的问题.

有些行星——最明显的是火星和金星——甚至没有磁场. 这些年来，我们的地球表现出了一些不稳定的行为. 当 1831 年第一次发现地磁北极时，它位于加拿大北部，相当接近地理北极. 从那以后，它每年移动近 25 英里，在一代人左右的时间里，它可能会越过俄罗斯. 而且，有无可辩驳的证据表明磁场的极性有时会完全颠倒过来，这意味着北磁极变成南磁极，反之亦然.（如果这种情况再次发生，对于任何使用全球定位系统设备的人，或者那些以为自己正飞往迈阿密阳光明媚的海滩，结果却落在安克雷奇市中心两英尺高的雪堆里的候鸟来说，这都是一个真正的问题.）

令人惊讶的是，科学家所知道的关于地球磁场历史的大部分信息都来自火山. 当火山喷发时喷出的熔岩冷却后，其中含有的镍和铁颗粒会沿着当时磁场的方向排列. 分析同一座火山不同喷发时的熔岩流可以提供磁场变化速度的证据.

表 8.2.3 中的数据显示了 1669 年、1780 年和 1865 年埃特纳火山爆发所“捕获”的磁场方向[181]. 从每次火山爆发中随机选出的三个凝固熔岩块中，每一块都列出了其磁偏角. 磁偏角定义为在平坦地图上测量的正北（地球自转轴的北端）和主要磁北之间的角度差.

表 8.2.3 磁场偏角

	1669 年	1780 年	1865 年
	57.8	57.9	52.7
	60.2	55.2	53.0
	60.3	54.8	49.4
平均值	59.4	56.0	51.7

从统计的角度来看，问题在于三个平均值 59.4，56.0 和 51.7 之间的差异是否足够大(相对于平均值内的差异)来拒绝零假设：磁场在这三个时间段的方向是相同的.

根据样本间和样本内变化进行推断的关键是 F 分布，这在 7.3 节中介绍过. 由于 F 检验的广泛应用，它无疑是 20 世纪发展起来的最重要的数据分析技巧. 它将在第 12、13 和 15 章中详细讨论.

关于数据 每个实验中的每一个因子都被称为固定效应或随机效应——如果实验者预先选择了因子的水平，则称为固定效应，否则称为随机效应. 在这里，"时间"被认为是一种随机效应，因为它的三个水平——1669 年、1780 年和 1865 年，并不是预先选定的：它们只是火山爆发的年份.

对于 8.1 节所列的前 7 个数据模型，合适的统计分析不受其因子是固定的还是随机的影响. 我们将在第 15 章中看到，析因数据的情况并非如此，在析因数据中，因子的性质会对最终得出的结论产生深远的影响.

成对数据

在双样本和 k 样本设计中，使用独立样本比较因子水平. 另一种方法是使用相关样本，将实验对象分组为 n 个区组. 如果只涉及两个因子水平，则将区组称为"对"，这就是设计名称的来源.

第 i 对中对因子水平 X 和 Y 的反应分别记录为 X_i 和 Y_i. 无论对这些值的贡献是否由于成对 i 中普遍存在的条件造成的，都将表示为 P_i. 那么，模型方程就可以写成

$$X_i = \mu_X + P_i + \varepsilon_i, \quad i = 1,2,\cdots,n$$

$$Y_i = \mu_Y + P_i + \varepsilon_i', \quad i = 1,2,\cdots,n$$

其中 ε_i 和 ε_i' 为独立正态分布随机变量，均值都为 0，标准差分别为 σ 和 σ'. P_i 对于 X_i 和 Y_i 来说是相同的，这一事实使得样本相关.

双样本数据和成对数据的统计目标往往是相同的. 两者都使用 t 检验来检验零假设：与两个因子水平相关的真实均值(μ_X 和 μ_Y)是相等的. 成对数据分析通过定义 $\mu_D = \mu_X - \mu_Y$ 和零假设 H_0：$\mu_D = 0$ 来检验 H_0：$\mu_X = \mu_Y$. 实际上，成对 t 检验是对一个对内差异集 $d_i = x_i - y_i$，$i = 1,2,\cdots,n$ 进行的单样本 t 检验.

8.1 节已经提到了形成成对数据的一些更常见的方法. 也许这些方法中最常用的是对每个实验对象进行两次测量——在实施处理之前和之后. 表 8.2.4 中的数据显示了该技巧是如何在一项研究中应用的，该研究旨在观察阿司匹林是否会影响一个人的血液凝结率.

案例研究 8.2.4

只有在一系列复杂的化学反应发生之后，血液才会凝结．最后一步是将纤维蛋白原(血浆中的一种蛋白质)转化为纤维蛋白，形成血块．纤维蛋白原-纤维蛋白反应是由另一种蛋白质——凝血酶引发的，凝血酶本身是在其他蛋白质(包括凝血酶原)的影响下形成的．

一个人的凝血能力通常用凝血酶原时间来表示，凝血酶原时间被定义为凝血酶原反应开始和最终凝血块形成之间的时间间隔．

确定可以改变凝血过程的因素对于制定特定的治疗方案是很重要的．例如，华法林是一种广泛使用的抗凝血剂，它可以延长人的凝血酶原时间，以帮助预防中风和心脏病发作．通常建议“大出血者”补充维生素 K，通过缩短凝血酶原时间来促进血液凝固．

表 8.2.4 中的数据是研究阿司匹林对凝血酶原时间的影响(如果有的话)的一部分．12 名成年男性参与其中[222]，在给他们服用两片阿司匹林(650 mg)之前和 3 小时后测量他们的凝血酶原时间．

表 8.2.4 凝血酶原时间(秒)

实验对象	服用阿司匹林前(x_i)	服用阿司匹林后(y_i)	$d_i=x_i-y_i$
1	12.3	12.0	0.3
2	12.0	12.3	−0.3
3	12.0	12.5	−0.5
4	13.0	12.0	1.0
5	13.0	13.0	0
6	12.5	12.5	0
7	11.3	10.3	1.0
8	11.8	11.3	0.5
9	11.5	11.5	0
10	11.0	11.5	−0.5
11	11.0	11.0	0
12	11.3	11.5	−0.2
			平均值：0.108

如果 μ_X 和 μ_Y 分别表示服用阿司匹林前后凝血酶原的真实平均时间，且 $\mu_D=\mu_X-\mu_Y$，则要检验的假设是

$$H_0:\mu_D = 0$$

与

$$H_1:\mu_D \neq 0$$

关于数据 当对两个因子水平的反应进行比较时，实验者通常可以选择使用双样本方法或成对数据方法．这里的情况就是这样．为了研究阿司匹林对凝血酶原时间的影响，研究者需要两组实验对象．第一组只需测量其凝血酶原时间；第二组服用 650 mg 的阿司匹林，3 小时后测量他们的凝血酶原时间．

哪种方法更好？在这一点上，我们没有办法回答这个问题．尽管如此，大多数实验

者按照表 8.2.4 所示的方式来做可能会感到更舒服，即使用成对数据方法. 不过，我们将在第 13 章中看到的是，事后看来，双样本方法可能也能做到同样的效果. 关键的问题是 P_i 相对于 ε_i 的可变性. 如果该比率较小，则双样本方法更好；如果比率很大，则应该使用成对数据方法. 表 8.2.4 中的数据介于两者之间.

随机区组数据

随机区组数据与成对数据具有相同的基本结构——定量测量、相似单位和相关样本；唯一的区别是在随机区组数据中涉及两个以上的因子水平. 但是，这些额外的因子水平增加了成对样本 t 检验无法处理的复杂性. 与 k 样本数据一样，随机区组数据也需要方差分析来解释.

假设数据集包含 k 个因子水平，所有的因子水平都应用于 b 个区组中的每一个. Y_{ij} 是出现在第 i 区组，接收第 j 个因子水平的观测值，其模型方程为

$$Y_{ij} = \mu_j + B_i + \varepsilon_{ij}\,,\ i = 1,2,\cdots,b;\ j = 1,2,\cdots,k$$

其中 μ_j 是与第 j 个因子水平相关的真实平均反应，B_i 是 Y_{ij} 值的一部分，可归因于区组 i 的所有条件的净影响，ε_{ij} 是均值为 0，对所有 i 和 j 的标准差 σ 相同的正态分布随机变量.

案例研究 8.2.5

近年来，体育界因知名运动员使用非法提高成绩药物(PED)的丑闻而震动. 棒球项目的问题涉及安非他命、类固醇和人类生长激素. 在越野滑雪、田径和自行车项目中，滥用的兴奋剂主要涉及血液兴奋剂.

从定义上讲，血液兴奋剂是指通过增加血液中的血红蛋白含量，人为提高人体向肌肉输送氧气的能力的技术. 通常可以通过输血或注射促红细胞生成素(EPO，一种调节红细胞生成的激素)来实现. 这样做的目的是提高运动员的耐力.

表 8.2.5 总结了一项研究血液兴奋剂对马拉松运动员影响的随机区组实验结果. 共有 6 名实验对象参与[17]. 每个人都在三次一万米赛跑中计时：一次是在增加红细胞之后，一次是在注射安慰剂之后，还有一次是在没有接受任何处理之后. 列出他们完成比赛的时间(以分钟为单位).

表 8.2.5 血液兴奋剂

实验对象	没有注射	安慰剂	血液兴奋剂
1	34.03	34.53	33.03
2	32.85	32.70	31.55
3	33.50	33.62	32.33
4	32.52	31.23	31.20
5	34.15	32.85	32.80
6	33.77	33.05	33.07

显然，某一行中的时间是相关的：所有这三种都在某种程度上反映了实验对象的内在速度，不管哪个因子水平也可能是有效的. 然而，关注这些潜在的实验对象差异并不是进

行这类研究的目的；要解决的主要问题是处理的差异．即，如果 μ_1，μ_2 和 μ_3 分别表示没有注射、安慰剂和血液兴奋剂因子水平的真实平均时间特征，则实验者首先要检验 $H_0:\mu_1=\mu_2=\mu_3$．

关于数据 “随机区组”这个名字源于此类数据应该具有的一个属性——每个区组中的因子水平以随机顺序应用．否则，即以任何一种系统的方式(无论用意多么好)进行测量，就会为观测结果产生偏差创造机会．如果最坏的情况发生了，这些数据就没有价值了，因为没有办法将“因子效应”与“偏差效应”分开(当然，也没有办法确定数据一开始是否存在偏差)．

出于同样的原因，双样本数据和 k 样本数据应该是完全随机的，这意味着整个测量集应该按照随机顺序进行．图 8.2.1 给出了表 8.2.5 中的比赛时间和表 8.2.3 中的磁场偏角的可接受测量顺序．

实验对象	没有注射	安慰剂	血液兴奋剂
1	2	3	1
2	1	2	3
3	2	1	3
4	2	1	3
5	3	2	1
6	3	1	2

1669 年	1780 年	1865 年
3	8	5
4	1	9
7	6	2

图 8.2.1

回归/相关数据

到目前为止所介绍的所有实验设计都具有这样一个特性：它们的测量值具有相同的单位．此外，每个都有相同的基本目标：量化或比较一个或多个因子水平的影响．相反，回归/相关数据通常由不同单位的测量值组成，目的是研究变量之间的函数关系．

回归数据通常有(x_i,Y_i)，$i=1,2,\cdots,n$ 的形式，其中 x_i 是自变量的值(通常是实验者预先选择的)，Y_i 是相依随机变量(通常与 x_i 的单位不同)．一个特别重要的特例是简单线性模型，

$$Y_i=\beta_0+\beta_1 x_i+\varepsilon_i,\ i=1,2,\cdots,n$$

其中假设 ε_i 为正态分布，均值为 0，标准差为 σ．这里 $E(Y_i)=\beta_0+\beta_1 x_i$，但更一般地，$E(Y_i)$可以是任何函数 $g(x_i)$，例如，

$$E(Y_i)=\beta_0 x_i^{\beta_1} \quad 或者 \quad E(Y_i)=\beta_0 e^{\beta_1 x_i}$$

本文不再详细介绍，但简单线性模型可以扩展到包含 k 个自变量．结果是一个多元线性回归模型，

$$Y_i=\beta_0+\beta_1 x_{1i}+\beta_2 x_{2i}+\cdots+\beta_k x_{ki}+\varepsilon_i,\ i=1,2,\cdots,n$$

回归模型的一个重要特例发生在实验者没有预先选择 x_i 的时候．例如，假设研究成年

男性的身高和体重之间的关系. 收集相关数据的一种方法是随机选择 n 名成年男性，并记录每个实验对象的身高和体重. 在这种情况下，这两个变量都不是实验者预先选择或控制的：第 i 个实验对象的身高 X_i 和体重 Y_i 都是随机变量，在这种情况下，测量值$(X_1,Y_1),(X_2,Y_2),\cdots,(X_n,Y_n)$被称为相关数据. 通常对相关数据调用的假设是$(X,Y)$是按照二元正态分布联合分布的(见图 8.2.2).

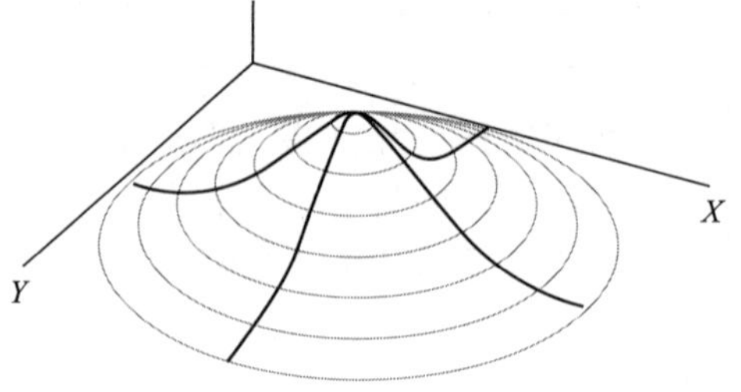

图 8.2.2

自变量是预选的(x_i)还是随机的(X_i)的含义将在第 11 章中详细探讨. 可以这样说，如果目标是用一条直线来总结两个变量之间的关系，如图 8.2.3 所示，那么无论数据的形式是(x_i,Y_i)还是(X_i,Y_i)，得到的方程都是一样的.

案例研究 8.2.6

20 世纪最令人震惊和深刻的科学发现之一是美国天文学家埃德温·哈勃在 1929 年的发现：宇宙正在膨胀. 哈勃的声明永远粉碎了关于天空基本上处于宇宙平衡状态的古老信念. 恰恰相反，星系正在以令人难以置信的速度相互后退(例如，长蛇座星系团正以每秒钟 3.8 万英里的速度远离其他星系团).

如果 v 是一个星系的后退速度(相对于任何其他星系)，d 是它(到另一个星系)的距离，哈勃定律说明

$$v = Hd$$

其中 H 被称为哈勃常数.

表 8.2.6 总结了他的发现，其中列出的是对 11 个星系团的距离和速度的测定[26].

表 8.2.6 膨胀的宇宙

星系团	距离，d (百万光年)	速度，v (千英里/秒)	星系团	距离，d (百万光年)	速度，v (千英里/秒)
处女座	22	0.75	北冕座	390	13.4
飞马座	68	2.4	双子座	405	14.4
英仙座	108	3.2	牧夫座	685	24.5
后发座	137	4.7	大熊座 2 号	700	26.0
大熊座 1 号	255	9.3	长蛇座	1 100	38.0
狮子座	315	12.0			

从这些数据中得到对 H 值的估计为 0.035 44(使用第 11 章中介绍的技巧). 从图 8.2.3 可以看出，$v=0.035\,44d$ 与数据的拟合非常好.

关于数据 哈勃常数对宇宙学家来说是一个非常重要的数字. 已知距离(d)等于速度(v)乘以时间(t)，哈勃证明了 $v=Hd$，我们可以这样写

$$t = d/v = d/Hd = 1/H$$

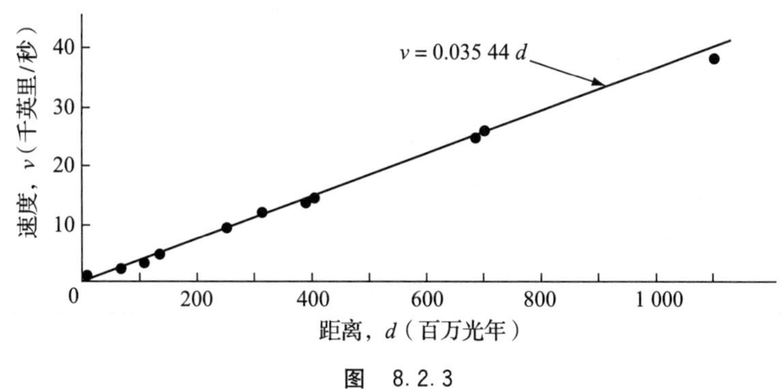

图 8.2.3

但是在这个背景下 t 是宇宙的年龄，或者至少是大爆炸以来经过的时间．要用年来表示 t，我们需要重新表示 H 的单位，因为 v 和 d 的单位分别是每秒千英里和百万光年，因此 H 的单位是

$$\frac{\text{千英里}}{(\text{秒})(\text{百万光年})}$$

但一百万光年是 $5.878\ 50\times10^{18}$ 英里，所以

$$H = 0.035\ 44 = (0.035\ 44\times10^{3}\ \text{英里})/((\text{秒})(5.878\ 50\times10^{18}\ \text{英里}))$$

因此，

$$\begin{aligned} t &= \text{宇宙年龄(以秒为单位)} \\ &= 1/H = ((\text{秒})(5.878\ 50\times10^{18}\ \text{英里}))/35.44\ \text{英里} \\ &= 1.658\ 7\times10^{17}\ \text{秒} \end{aligned}$$

大约 52 亿年．今天，天文学家认为宇宙的年龄接近 150 亿年．产生这种差异的原因是，自 20 世纪 20 年代哈勃望远镜研究表 8.2.6 的数据以来，星际间距离的测量技术已经得到了极大的改进．如果最新的距离/速度测量结果符合 $v=Hd$ 的公式，那么得出的 H 值大约是哈勃原始数据的三分之一，这个修正后的数据实际上是宇宙年龄的三倍．

分类数据

假设在 n 个实验对象上观测到两个定性的、不同的变量，其中第一个变量有 R 个可能的值，第二个变量有 C 个可能的值．我们称这种测量值为分类数据．

一个变量的每个值与另一个变量的每个值一起出现的次数通常显示在列联表中，该表必须有 R 行和 C 列．这两个变量是否独立，这是实验者可以用分类数据来回答的问题．

案例研究 8.2.7

育儿书籍和杂志充斥着关于出生顺序的讨论，以及出生顺序对孩子性格的影响，并最终对他们的未来产生的影响．我们被告知长子长女果断、负责、有领导才能（联想到董事会主席）；“中间人群”是具有不同利益的高度竞争群体（联想到企业家）；最后出生的孩子在社会上是成功的，有很高的自尊(联想到政治家). 人们很少讨论哪个出生顺序最有可能促使小孩们成为银行抢劫犯、虐待配偶者或连环杀手.

表8.2.7所总结的分类数据是一个例外，说明出生顺序与儿童成为少年犯的可能性之间的关系. 研究对象是1 154名公立高中的女生. 每个人都被要求填写一份问卷，以衡量她在犯罪行为或不道德行为方面表现出的不良行为的程度. 每位对象还被要求说出自己的出生顺序：(1)最大的，(2)中间的，(3)最小的，(4)独生子女.[132]

表8.2.7　出生顺序与不良行为

		最大的	中间的	最小的	独生子女
是否具有不良行为?	是	24	29	35	23
	否	450	312	211	70
		474	341	246	93
	“是”的比例(%)	5.1	8.5	14.2	24.7

从统计的角度来看，这里要解决的问题是，一个高中女生表现出不良行为的可能性是否与她的出生顺序无关. 答案将采用χ^2检验的形式，这可能是分析社会科学数据最常用的过程. 7.5节已经描述了一种χ^2检验，但适用于类似于表8.2.7的数据的版本将在第10章中讨论.

关于数据　如果出生顺序和犯罪行为是独立的，我们可以预期四个出生顺序上的“是”的比例是相似的；在这里，它们绝对不是. 不管出于什么原因，在这组特定的数据中，没有兄弟姐妹的女孩比代表其他三个出生顺序的女孩更有可能触犯法律.

最终，这些数据最值得注意的不是拒绝独立的零假设，而是拒绝的强度. 正如我们将在第10章中看到的，从表8.2.7中计算出的与检验统计量相关的P值基本上是0. 其他研究人员发现，犯罪行为与长子或与其他出生顺序有联系，或者根本没有联系. 对于一个已经被研究了近百年的课题，缺乏共识可能意味着要么是这种关系普遍较弱，要么是不同的研究人员对青少年犯罪使用了不同的定义.

析因数据

析因数据是多因子设计，其特征是包含的因子数量，最小的数量可以是2. 在最简单的情况下，因子A有r个水平($A_1, A_2, \cdots, A_r$)，因子B有c个水平($B_1, B_2, \cdots, B_c$)，在A_i和B_j的每个rc组合进行n个独立重复实验.

理论上讲，析因模型可以容纳任意数量的因子；但在实践中，这个数量通常是2，3或4(除了在第15章末尾讨论的某些特殊情况). 每个因子可以是固定的，也可以是随机的，这种区别非常重要(回想一下案例研究8.2.3的讨论).

对于任何一组析因数据，都需要回答两个基本问题. 首先，如果有因子对反应变量具有统计上的显著影响，那么是哪个因子? 第二，这些因子之间有相互作用吗? 具体来说，A_i和B_j水平产生的联合效应是否不同于A_i和B_j单独产生的效应之和? 如果这个问题的答案是肯定的，那么根据定义，A和B是有相互作用的. 通常，第二个问题的答案会比第一个问题的答案更重要.

案例研究 8.2.8

心理学家普遍认为，儿童画的人物身高是评估儿童对自我认知和对成人的态度的有用工具．例如，由父母抚养长大的孩子通常会画出比女性略高的男性形象．然而，如果父母离婚，父亲离开家庭，随着时间的推移，男性形象会变得越来越矮，就像父亲与孩子的日常交往减少一样．

表 8.2.8 显示了由四个因子组成的“人物身高”研究的部分结果，每个因子有两个水平：

因子 A：实验对象性别——男生(B)或女生(G)

因子 B：实验对象年龄——小学(ES)或高中(HS)

因子 C：所画人物类型——男性形象(Mf)或女性形象(Ff)

因子 D：实验对象的家庭结构——仅母亲(Mo)或母亲与父亲(MoFa)

显示的是属于 16 种组合的儿童所画的平均人物身高(以毫米为单位)[138]．

表 8.2.8　诊断人物身高

		男性形象		女性形象	
		仅母亲	父母	仅母亲	父母
男	ES	110.1	108.2	121.8	117.6
	HS	140.1	129.7	154.1	146.4
女	ES	110.0	112.2	140.3	127.1
	HS	149.0	151.8	167.9	162.0

关于数据　熟悉“人物身高”实验的儿童精神病学家会立即在这些数据中发现一些不寻常的东西：在其他三个因子的每一种组合中，女性形象平均要比男性形象高：

组合	平均男性形象身高	平均女性形象身高	第 3 列与第 2 列之差
B/ES/Mo	110.1	121.8	+11.7
B/ES/MoFa	108.2	117.6	+9.4
B/HS/Mo	140.1	154.1	+14.0
B/HS/MoFa	129.7	146.4	+16.7
G/ES/Mo	110.0	140.3	+30.3
G/ES/MoFa	112.2	127.1	+14.9
G/HS/Mo	149.0	167.9	+18.9
G/HS/MoFa	151.8	162.0	+10.2

这种研究已经在美国进行了好几年了，男孩总是会把男性画得比女性高．这些数据的收集方式有什么不同，可以解释明显的异常？这个问题的答案不是如何收集，而是在哪里收集的．这项研究不是在美国进行的．实验对象都是巴巴多斯的居民，巴巴多斯是一个岛国，有点母系社会的特征，即母亲在抚养孩子方面发挥着特别重要作用，即使父亲住在家里．因此，事实上这些数据是不同的，这就证明了身高是研究亲子关系的有用工具．

分类数据的流程图

区分刚才讨论的八种数据格式是对本节开头引用的五个问题的回答：数据是定性的还是定量的？单位是相似的还是不同的？有一个因子还是不止一个？涉及多少个因子水平？样本是相关的还是独立的？图 8.2.4 中的流程图显示了八个模型中的每一个的反应序列.

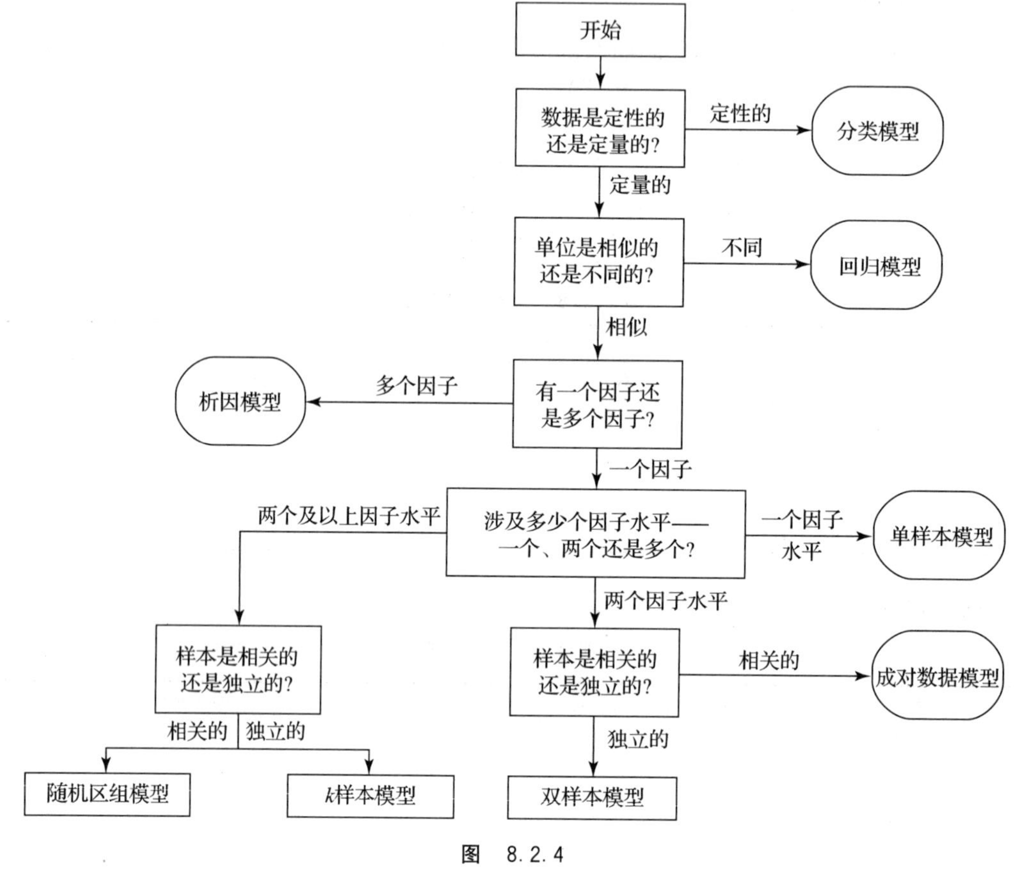

图　8.2.4

数据模型等效性

通常，我们遇到的实验设计属于本章介绍的八种数据模型中的一种，而且只属于一种. 但不总是这样. 有三种类型的测量值可以正确地标识为表示两个不同的数据模型.

例如，假设一组测量值符合定量数据的条件，具有相似的单位，集中在一个恰好出现两个水平的因子上，并且具有相关的样本. 根据图 8.2.5 中的流程图，这些测量值满足成对数据模型和随机区组模型的所有要求. 有问题吗？没有.

正如我们在前面的章节中看到的，每个数据模型都是基于不同的数学原理以不同的方式进行分析的. 但流程图所示的模型“重叠”是指这两种分析最终检验相同假设，并且它们最终得出的推论完全相同的情况. 因此，如果一组数据满足成对数据模型和随机区组模型的所有要求，那么实验者选择如何描述数据并不重要，任何一种选择都会得出相同的结论.

注意：当 8.2 节开头的前四个问题的答案分别是定量的、相同单位、一个因子、正好两个因子水平，而第五个问题的答案是独立的时，就会出现一个明显的数据模型的重叠．在这种配置下，一组数据可以被定义为双样本模型和 k 样本模型．

前面提到的第三个重叠在图 8.2.4 中并不明显，这将在第 11 章中讨论．

例 8.2.1 使用流程图作为确定下列示例所代表的数据模型的指南．

在所有的葡萄酒中，低浓度的亚硫酸根离子(SO_3^{2-})都是二氧化硫和水发生化学反应的副产物．许多酒商会人为地提高这一浓度，因为 SO_3^{2-} 自由基有助于控制发酵过程，最终延长葡萄酒的保质期．不过，高含量的亚硝酸盐与严重的呼吸系统疾病有关，尤其是对有哮喘病史的人来说．因此，多年来，亚硝酸盐在葡萄酒中的浓度一直受到密切监测和监管．

测定亚硫酸盐水平的实验室方法通常是多步骤的过程，包括一个不是特别有效的曝气氧化设备．最近，一种被称为漫反射傅里叶变换红外光谱(DRS-FTIR)的技术被提出作为替代[202]．后者更容易使用，也更有效，因为它只需要一滴酒就可以测量 SO_3^{2-} 的浓度．

尽管 DRS-FTIR 方法效率更高，但只有当它报告的亚硫酸盐浓度与标准技术发现的亚硫酸盐浓度一致时，它才是可信的．为此，表 8.2.9 比较了两种白葡萄酒和两种红葡萄酒用两种方法测量的 SO_3^{2-} 浓度．

表 8.2.9　测定 SO_3^{2-} 浓度(μg/ml)

	DRS-FTIR 方法	标准方法
白葡萄酒 1	112.9	115.1
白葡萄酒 2	123.1	125.6
红葡萄酒 1	135.2	132.4
红葡萄酒 2	140.2	143.7

数据模型确定

这里的测量值是定量的，单位相似，“测定的浓度”是一个因子，有 DRS-FTIR 法和标准方法两个水平．

“葡萄酒的类型”是第二个因子吗？不．事实上，这些葡萄酒的标签如此普通(例如，白葡萄酒 1 号和红葡萄酒 2 号)，表明实验者对任何一种葡萄酒都不感兴趣．这些葡萄酒只是作为四种不同的实验环境来比较两种因子水平测量到的 SO_3^{2-} 浓度．因此，每行中的两个数据点代表相关样本．因此表 8.2.9 符合成对数据或随机区组数据的条件．

应该注意的是，这个实验的目的有点不典型．通常，在成对数据实验中，研究人员试图拒绝标准过程和新过程是相同的零假设，相反，新过程在某种程度上更好．在这里，研究人员希望 H_0 不会被拒绝．他们希望两个测量的浓度相等，他们的最佳结果将是一个值接近 0 和 P 值接近 1 的检验统计量． ■

例 8.2.2 选择性伐木是指从树木茂密的地区以商业上可行且不损害该地区生态系统的方式移除木材的做法．监测任何此类尝试对环境的影响通常会简化为对鸟类和哺乳动物种群的密切监视．

最近在婆罗洲雨林的一项研究[213]修改了这一基本策略，将注意力集中在蝴蝶而不是脊椎动物上. 代表两种不同的栖息地的总共 8 块土地组成了被调查的区域. 其中四个是“原始”地点，即从未被砍伐过的森林地区；另外四个是在六年前被选择性伐木的. 四个原始地点中的两个和四个伐木地点中的两个是高海拔的山脊顶部环境. 其余两个原始地点和两个伐木地点为低海拔的河岸环境.

表 8.2.10 所示的是在 8 个不同区域内所识别的蝴蝶种类. (注意：与预期相反，伐木地点的蝴蝶种类总数大于原始地点的蝴蝶种类总数. 这种差异可能意味着，从蝴蝶的角度来看，森林冠层变薄实际上改善了栖息地. 当然，这也可能意味着伐木对蝴蝶捕食者的负面影响要大于对蝴蝶的负面影响.)

表 8.2.10 蝴蝶种类数

		原始地点	选择性伐木地点
海拔	河岸	71	79
		58	93
	山脊顶部	64	52
		74	90

数据模型确定

与我们在例 8.2.1 中看到的类似，表 8.2.10 中的数据是定量的，具有相似的单位. 此外，调查地点是一个明显的因子，它的两个水平分别是“原始地点”和“选择性伐木地点”.

与例 8.2.1 中的葡萄酒不同的是，“海拔”是第二个合理的因子. 它的两个水平，“河岸”和“山脊顶部”，代表了明显不同且定义明确的生态系统，这两者都是研究人员的内在兴趣. 按照流程图，这些将是析因数据. [另一个表明实验者想把“海拔”作为一个因子的迹象是在每个处理组合中重复的测量(在本例中是两次). 成对数据中的对或随机区组数据中的区组从来不会这样做.] ■

例 8.2.3 棕头牛鹂可能有许多值得称赞的特质，但做一个好父母却不是其中之一. 在所有北美鸟类中，它们是最臭名昭著的巢寄生者，这意味着它们在其他鸟类的巢中产卵. 为了防止即将成为养母的鸟会数数，它们把它的一个蛋从巢里扔出来，这样它就不会怀疑了. 这种诡计经常奏效——这里不乏棕头牛鹂.

在密歇根州南部进行了一项长期研究，以观察牛鹂的无耻行为对靛蓝鹀有何影响[139]. 总共监测了 693 个靛蓝鹀窝. 在这一组中，有 556 个没有被牛鹂寄生，其中 315 个被证明是“成功的”，因为它们长出了靛蓝羽毛(这意味着它们自己至少有一只幼鸟已经长到成熟了). 在被牛鹂入侵的鸟巢中，只有 26 只羽翼丰满的靛蓝鹀.

数据模型确定

在这里记录了 693 个靛蓝鹀窝的两次测量. 第一个有两个可能的值：“鸟巢被牛鹂寄生”和“鸟巢没有被牛鹂寄生”. 第二个也有两个可能的值：“靛蓝鹀成功长大”和“靛蓝鹀未成功长大”. 显然，这两个测量都是定性的. 根据流程图中的第一个框，可知这些是分类数据.

两次测量的结果采用图 8.2.5 所示列联表的形式记录. 任何认为这两个测量值可能是独立的，而孵卵寄生没有产生影响的想法，通过查看“出雏率%”行中的条目都会迅速消除. 显然，牛鹂对靛蓝鹀的生存具有威胁.

	鸟巢被牛鹂寄生	鸟巢未被牛鹂寄生	
靛蓝鹀成功长大	26	289	315
靛蓝鹀未成功长大	111	267	378
	137	556	693
出雏率%	19.0	52.0	

图 8.2.5

■

习题

对于习题 8.2.1～8.2.12，使用图 8.2.4 中的流程图来确定所代表的实验设计. 在每一种情况下，回答 8.2 节开头的任何一个问题都是做出决定所必需的.

8.2.1 开普勒第三定律指出："行星周期的平方与它们到太阳的平均距离的立方成正比."下面列出的是公转周期(x)，离太阳的平均距离(y)，以及太阳系八大行星的 x^2/y^3 值[3].

行星	x_i(年)	y_i(天文单位)	x_i^2/y_i^3
水星	0.241	0.387	1.002
金星	0.615	0.723	1.001
地球	1.000	1.000	1.000
火星	1.881	1.524	1.000
木星	11.86	5.203	0.999
土星	29.46	9.54	1.000
天王星	84.01	19.18	1.000
海王星	164.8	30.06	1.000

8.2.2 强制摩托车骑手戴头盔的法律仍然是一个有争议的问题. 一些州只针对年轻的车手设置有限的条例；其他州有要求所有骑手戴头盔的全面法规. 下面列出了拥有各种立法的州报告的每一万辆登记摩托车的死亡人数[196].

有限头盔条例			全面头盔法规		
6.8	7.0	9.1	7.1	4.8	7.0
10.6	4.1	0.5	11.2	5.0	6.8
9.6	5.7	6.7	17.9	8.1	7.3
9.1	7.6	6.4	11.3	5.5	12.9
5.2	3.0	4.7	8.5	11.7	3.7
13.2	6.7	15.0	9.3	4.0	5.2
6.9	7.3	4.7	5.4	7.0	6.9
8.1	4.2	4.8	10.5	9.3	8.6

8.2.3 埃及伊蚊是传播黄热病的蚊子的学名. 尽管黄热病在西方世界已不再是一个主要的健康问题，但它可能是美国近两百年来最具毁灭性的传染病. 为了观察伊蚊完成一次进食需要多长时间，五只年轻的雌蚊被允许在没有被拍打威胁的情况下叮咬暴露在外的人类前臂. 产生的吸血时间(以秒为单位)结果如下[97].

蚊子	叮咬持续时间(秒)	蚊子	叮咬持续时间(秒)
1	176.0	4	374.6
2	202.9	5	352.5
3	315.0		

8.2.4　雄蟑螂与其他雄蟑螂非常敌对. 相遇可能转瞬即逝，也可能相当激烈，后者往往导致触角缺失和翅膀折断. 研究了蟑螂密度对激烈打斗发生率的影响. 十组四只雄性蟑螂分别接受三个密度水平：高、中、低. 以下是每分钟观察到的激烈打斗次数[16].

组	高	中	低
1	0.30	0.11	0.12
2	0.20	0.24	0.28
3	0.17	0.13	0.20
4	0.25	0.36	0.15
5	0.27	0.20	0.31
6	0.19	0.12	0.16
7	0.27	0.19	0.20
8	0.23	0.08	0.17
9	0.37	0.18	0.18
10	0.29	0.20	0.20
平均值	0.25	0.18	0.20

8.2.5　豪华套房(许多租金超过10万美元)已成为新体育场馆中高预算的地位象征. 以下是美国9家最新设施的套房数量(x)和预计收益(y)[207].

体育场馆	套房数量，x	预计收益，y（百万美元）	体育场馆	套房数量，x	预计收益，y（百万美元）
Palace (Detroit)	180	11.0	Target Center(Minneapolis)	67	4.0
Orlando Arena	26	1.4	Salt Lake City Arena	56	3.5
Bradley Center(Milwaukee)	68	3.0	Miami Arena	18	1.4
America West(Phoenix)	88	6.0	ARCO Arena (Sacramento)	30	2.7
Charlotte Coliseum	12	0.9			

8.2.6　对于生活在崎岖山区的羊羔来说，深度感知是一种生死攸关的能力. 羊羔的这一能力发展的快慢可能取决于它和母羊在一起的时间长短. 13组同窝的羊羔是这个问题的实验对象[107]. 每一窝幼崽中就有一个留在母亲身边；另一个在出生后立即被分开. 每小时，这些小羊羔被放置在一个模拟的悬崖上，悬崖的一部分包括一个玻璃平台. 如果一只小羊把它的脚放在玻璃上，它就“失败”了，因为那就等于走下悬崖. 下面是羊羔第一次学会不在玻璃上行走时的试验次数，也就是它们第一次发展出深度感知时的试验次数.

学习深度感知试验的次数					
组	留在母羊身边，x_i	未留在母羊身边，y_i	组	留在母羊身边，x_i	未留在母羊身边，y_i
1	2	3	8	5	7
2	3	11	9	3	5
3	5	10	10	1	4
4	3	5	11	7	8
5	2	5	12	3	12
6	1	4	13	5	7
7	1	2			

8.2.7 为了观察老师对学生的期望是否能成为自我实现的预言，15 名一年级学生接受了标准的智商测试. 不过，孩子们的老师们被告知，这是一项特殊的测试，用于预测孩子在不久的将来是否会出现突然的智力增长[156]. 研究人员将这些孩子随机分为 6 人、5 人、4 人共三组，但他们告诉老师，根据测试，第一组的孩子在下一年不会有任何明显的智力增长，第二组的孩子会以中等速度发展，而第三组的人有望取得非凡的进展. 一年后，同样的 15 个孩子再次接受了标准的智商测试. 下面是每个孩子两个分数的差异(第二次测试－第一次测试).

智商变化(第二次测试－第一次测试)		
第一组	第二组	第三组
3	10	20
2	4	9
6	11	18
10	14	19
10	3	
5		

8.2.8 在年轻司机中，大约 1/3 的致命车祸与车速有关；到 60 岁时，这一比例下降到 1/10 左右. 下面列出的是最近一年 16 岁至 72 岁与车速有关的死亡人数百分比[200].

年龄	与车速相关的死亡百分比(%)	年龄	与车速相关的死亡百分比(%)
16	37	27	26
17	32	32	23
18	33	42	16
19	34	52	13
20	33	57	10
22	31	62	9
24	28	72	7

8.2.9 大猩猩并不是人们常说的那种孤独的动物：它们成群结队地生活，平均数量约为 16 只，通常包括 3 只成年雄性，6 只成年雌性和 7 只“幼崽”. 下面列出的是在刚果阿尔伯特国家公园火山高地观察到的 10 组山地大猩猩的个体数量[166].

组	大猩猩数量	组	大猩猩数量
1	8	6	20
2	19	7	18
3	5	8	21
4	24	9	27
5	11	10	16

8.2.10 1981 年，美国联邦法院受理了大约 36 万起破产申请；到 1990 年，这一数字变成之前的两倍多. 以下是 20 世纪 80 年代以来每年报告的企业破产数量[186].

年份	破产申请	年份	破产申请
1981	360 329	1986	477 856
1982	367 866	1987	561 274
1983	374 734	1988	594 567
1984	344 275	1989	642 993
1985	364 536	1990	726 484

8.2.11 一个特定地区鸟类的多样性与植物多样性有关，这是通过植物高度的变化和植物区系的多样性来衡量的. 下面是对 13 个沙漠型栖息地的这两个特征进行测量的指数[116].

区域	植被多样性，x_i	鸟类物种多样性，y_i	区域	植被多样性，x_i	鸟类物种多样性，y_i
1	0.90	1.80	8	1.04	2.38
2	0.76	1.36	9	0.48	1.24
3	1.67	2.92	10	1.33	2.80
4	1.44	2.61	11	1.10	2.41
5	0.20	0.42	12	1.56	2.80
6	0.16	0.49	13	1.15	2.16
7	1.12	1.90			

8.2.12　雄性蟾蜍通常很难区分雌性和雄性蟾蜍，这种情况会导致交配季节的尴尬时刻．当雄蟾蜍 A 无意中向雄蟾蜍 B 发出不恰当的浪漫求爱时，雄蟾蜍 B 会发出一种短促的叫声，称为“释放啾唧声”．下面是 15 只雄性蟾蜍释放的啾唧声的长度，这 15 只蟾蜍是无辜地陷入了尴尬时刻[19]．

蟾蜍	释放啾唧声的时长(秒)	蟾蜍	释放啾唧声的时长(秒)
1	0.11	9	0.06
2	0.06	10	0.06
3	0.06	11	0.15
4	0.06	12	0.16
5	0.11	13	0.11
6	0.08	14	0.10
7	0.08	15	0.07
8	0.10		

对于习题 8.2.13～8.2.32，确定每组数据所代表的实验设计(单样本、双样本等)．

8.2.13　一家制药公司正在测试两种旨在提高血友病患者凝血能力的新药．六名志愿者被随机分为两组，每组 3 人．第一组给药物 A；第二组给药物 B．每个病例的反应变量是受试者的凝血酶原时间，这个数字反映了血栓形成所需的时间．A 组的结果(秒)分别为 32.6，46.7 和 81.2；B 组的结果分别为 25.9，33.6 和 35.1．

8.2.14　为新购物中心的建设提供资金的投资公司密切关注现有的零售建筑面积．以下是五个南方城市的人口和建筑面积数据．

城市	人口，x	零售建筑面积(百万平方米)，y
1	400 000	3 450
2	150 000	1 825
3	1 250 000	7 480
4	2 975 000	14 260
5	760 000	5 290

8.2.15　9 名政治作家被要求评估美国在中情局资助的革命团体所犯谋杀案中的罪责．评分采用 0 到 100 分制．其中三位作家是居住在美国的印第安人，三位是居住在国外的印第安人，三位是外国人．

在美国的印第安人	在国外的印第安人	外国人
45	65	75
45	50	90
40	55	85

8.2.16　为了了解低价房是否比中等价位房更容易出售，一家全国性的房地产公司收集了以下有关房屋在出售前上市时间长短的信息．

城市	上市天数	
	低价	中等价位
Buffalo	55	70
Charlotte	40	30
Newark	70	110

8.2.17 下面是 120 名大学新生明年夏天的计划.

	工作	在学校学习	玩
男性	22	14	19
女性	14	31	20

8.2.18 对来自下表所列四个城市的特快邮件的投递效率进行了研究. 每个城市记录的是一封信到达同一城市目的地的平均时间(天). 取样时间为 2010 年 9 月 1 日和 2014 年 9 月 1 日.

城市	2010 年 9 月 1 日	2014 年 9 月 1 日
伍斯特	1.8	1.7
米德兰	2.0	2.0
博蒙特	2.2	2.5
曼彻斯特	1.9	1.7

8.2.19 有两种方法(A 和 B)可用于去除公共供水中的有害重金属. 从美国各地采集的 8 个水样本被用来比较这两种方法. 4 个用方法 A 处理，4 个用方法 B 处理. 工艺完成后，每个样本的纯度等级为 1 到 100.

方法 A	方法 B
88.6	81.4
92.1	84.6
90.7	91.4
93.6	78.6

8.2.20 在 120 名接受调查的老年人中，65 人赞成对医疗体系进行全面改革，而另 55 人则赞成进行局部改革. 当对 85 名首次投票的选民提出同样的选项时，40 人说他们赞成全面改革，而另 45 人选择了局部改革.

8.2.21 为了说明国税局条例的复杂性和随意性，一个税务改革游说团体向两个专业的报税人分别派出了同样的五名客户. 以下是各制表人所报的估计税项负债.

客户	制表人 A(美元)	制表人 B(美元)
GS	31 281	26 850
MB	14 256	13 958
AA	26 197	25 520
DP	8 283	9 107
SB	47 825	43 192

8.2.22 生产某种有机化学品需要氯化铵. 制造商可以获得三种形式的氯化铵：粉末状、中等研磨状和粗粒状. 为了确定 NH_4Cl 本身的平滑度是否是需要考虑的因子，制造商决定用每种形式的氯化铵进行七次反应. 以下是最终产出量(以磅为单位).

粉状 NH_4Cl	中等研磨 NH_4Cl	粗 NH_4Cl	粉状 NH_4Cl	中等研磨 NH_4Cl	粗 NH_4Cl
146	150	141	158	154	139
152	144	138	154	148	137
149	148	142	149	150	145
161	155	146			

8.2.23 对107例儿童中毒死亡病例进行了调查. 每次死亡都是由三种药物中的一种引起的. 在每一个案例中, 都确定了孩子是如何服用过量的致命药物的. 对107起事故的责任按以下分类进行了评估.

	药物 A	药物 B	药物 C
儿童责任	10	10	18
家长责任	10	14	10
其他人责任	4	18	13

8.2.24 作为平权诉讼的一部分, 以下记录显示了一家大型制造厂白人、黑人和西班牙裔工人的平均工资. 随机选择了三个不同的部门进行比较. 显示的条目是平均年薪(以千美元为单位).

	白人	黑人	西班牙裔
部门1	40.2	39.8	39.9
部门2	40.6	39.0	39.2
部门3	39.7	40.0	38.4

8.2.25 在东欧, 对50名被狂犬病动物咬伤的人进行了一项研究. 20名患者接受了标准的巴斯德治疗, 另外30名患者在接受一剂或多剂抗狂犬病丙种球蛋白治疗的同时, 还接受了巴斯德治疗. 标准治疗组中有9例存活; 丙种球蛋白组有20例存活.

8.2.26 为了确定是否存在任何地理价格差异, 我们随机抽取了6个城市, 其中东南部3个城市和西北部3个城市, 确定了基本有线电视套餐的价格. 东南部城市的月费分别为13.20美元、11.55美元和16.75美元; 西北部三个城市的居民分别支付了14.80美元、17.65美元和19.20美元.

8.2.27 一位准总统候选人聘请的一家公关公司进行了一项民意调查, 看看他们的客户是否具有性别差异. 在接受采访的800名男性中, 325人强烈支持候选人, 151人强烈反对, 324人犹豫不决. 在被纳入样本的750名女性中, 258名是坚定的支持者, 241名是坚定的反对者, 251名是犹豫不决的.

8.2.28 作为审查费率结构的一部分, 一家汽车保险公司汇编了以下五名男性投保人和五名女性投保人提出的索赔数据.

客户(男性)	2014年提出的索赔(美元)	客户(女性)	2014年提出的索赔(美元)
MK	2 750	SB	0
JM	0	ML	0
AK	0	MS	0
KT	1 500	BM	2 150
JT	0	LL	0

8.2.29 一家公司声称已经生产出一种混合汽油, 可以提高汽车的燃料消耗. 他们决定将他们的产品与目前市场上主要的汽油进行比较. 测试用了三种不同的车: 保时捷、别克和大众. 保时捷在使用新汽油时油耗为13.6英里/加仑, 在使用"标准"汽油时油耗为12.2英里/加仑; 别克采用新汽油的油耗为每加仑18.7英里, 标准汽油的油耗为每加仑18.5英里; 大众汽车的数据分别为34.5和32.6.

8.2.30 在州立大学学习中心进行的一项调查中，三名大一新生表示，他们在周末分别学习了 6 小时、4 小时和 10 小时．同样的问题也被提出给了三名大二学生，他们报告的学习时间分别为 4 小时、5 小时和 7 小时．三名大三学生的回答分别是 2 小时、8 小时和 6 小时．

8.2.31 一个消费者权益组织调查了三大制造商生产的钢带子午线轮胎的价格，收集了以下数据．

年份	公司 A(美元)	公司 B(美元)	公司 C(美元)
1995	62.00	68.00	65.00
2000	70.00	72.00	69.00
2005	78.00	75.00	75.00

8.2.32 一个四年级的小班被随机分成两组．每组使用不同的方法教分数．三周后，两组都进行了相同的 100 分测试．第一组学生的成绩分别为 82，86，91，72，68；第二组的得分为 76，63，80，72 和 67.

8.3 重新审视统计学(为什么样本“无效”)

设计一个实验总是需要解决两个基本问题．首先是设计本身的选择，根据可用的数据类型和要解决的目标，实验应该有什么样的整体“结构”？对这个问题最常见的 8 个答案是本章描述的 8 个模型，从单样本设计的简单性到析因设计的复杂性．

一旦一个设计被选中，紧接着的第二个问题是：样本量应该有多大？然而，正是这个问题导致了一个非常常见的抽样误解．人们普遍认为(即使是许多有经验的实验者，他们应该更清楚)，一些样本是“有效的”(大概是因为它们的大小)，而另一些则不是．如果每当实验者提出了这样的问题：“我打算用双样本的形式比较处理水平 X 和处理水平 Y．我的计划是在两种处理水平中对每一种测量 20 次．这些是有效样本吗？”咨询统计学家，并且统计学家的每一次回答都能得到一美元，那么他们可能在很年轻的时候就能退休去夏威夷．

这样一个问题背后的观点是完全可以理解的：研究人员在问两个大小为 20 的样本是否“足够”(在某种意义上)来完成实验目标．不幸的是，“有效”一词在这种情况下毫无意义．没有有效样本这回事，因为“有效”一词没有统计定义．

可以肯定的是，我们已经学会了如何计算实现特定目标的 n 的最小值，通常用估计量的精度或假设检验的功效来表示．回想定理 5.3.2，为了保证二项参数 p 的估计量 X/n 至少有 $100(1-\alpha)\%$ 的概率位于 p 的距离 d 内，要求 n 至少与 $z_{\alpha/2}^2/4d^2$ 一样大.

例如，假设我们需要一个能够保证 X/n 具有 $80\%[=100(1-\alpha)\%]$ 的可能性在 p 的 $0.05(=d)$ 范围内．根据定理 5.3.2，

$$n \geqslant \frac{(1.28)^2}{4(0.05)^2} = 164$$

另一方面，$n=164$ 的样本不够大以保证 X/n 有 95%的概率在 p 的 0.03 范围以内．为了满足后者，n 必须至少达到 1 068$[=(1.96)^2/4(0.03)^2]$.

这就是问题所在．能够满足一组规格的样本量不一定能够满足另一组规格．n 不存在“一刀切”的值来限定样本为“足够”或“充分”或“有效”.

在更广泛的意义上，“有效样本”一词与 5.3 节中讨论的“统计平局”一词非常相似．两者都被广泛使用，每一种都是为了简化一个重要的统计概念而进行的善意尝试．不幸的是，两者都有一个不好的特点，都是数学上的无稽之谈.

第9章　双样本推断

威廉·西利·戈塞特(1876—1937)在牛津大学获得数学和化学学位后，于1899年开始为都柏林的吉尼斯啤酒厂工作. 原料和温度的波动以及酿造过程中必然存在的小规模实验，使他确信有必要建立一种新的、小样本的统计学理论. 他以“Student”的笔名发表了有关 t 比率的著作，成为现代统计方法论的基石.

9.1　引言

单样本模型的简单性使其成为任何统计推断讨论的逻辑起点，但这种简单性也限制了它的实用性. 很少有实验只涉及单一的处理或单一的一组条件. 研究人员明确倾向于设计研究来比较几种不同处理水平的反应.

在本章中，我们将研究多水平设计中最简单的双样本模型. 从结构上讲，双样本推断分为两种不同的形式：一种是对两组相互独立的相似的实验对象采用两种(假定)不同的处理水平，另一种是对两组(假定)不同的实验对象采用相同的处理水平. 通过在两套相似培养的培养皿中测量每一种杀菌剂产生的抑制区，比较杀菌剂A与杀菌剂B的效力，是第一种类型的例子. 另一方面，通过检查同一城市的60岁男性和60岁女性的骨骼，研究不同性别是否以相同的速度吸收环境中的锶-90，这是第二种类型的例子.

双样本问题的推断通常简化为位置参数的比较. 例如，我们可以假设，与处理水平 X 相关的反应总体服从均值为 μ_X，标准差为 σ_X 的正态分布，而 Y 则是服从均值为 μ_Y，标准差为 σ_Y 的正态分布. 因此，比较位置参数可以简化为检验零假设 $H_0:\mu_X=\mu_Y$. 与以往一样，可选的方案有两种，一种是单边检验 $H_1:\mu_X<\mu_Y$ 或 $H_1:\mu_X>\mu_Y$，另一种是双边检验 $H_1:\mu_X\neq\mu_Y$. 如果数据是二项数据，则位置参数是 p_X 和 p_Y，分别为两种处理水平 X 和 Y 的真正“成功”概率，零假设采用 $H_0:p_X=p_Y$.

有时，比较两种处理水平的变化比比较它们的位置更有意义，尽管这种情况很少发生. 例如，一家食品公司试图决定购买两种机器中的哪一种来填充谷物盒子，自然会关心每一种类型所填充的盒子的平均重量，但是他们也想知道重量的可变性. 显然，产生高比例的“欠填充”和“超填充”是选择机器时的不利因素. 在这种情况下，合适的零假设是 $H_0:\sigma_X^2=\sigma_Y^2$.

当 $\sigma_X=\sigma_Y$ 时，比较两个正态总体的均值，标准的方法是双样本 t 检验. 如9.2节所述，这是第7章单样本 t 检验的一个相对简单的扩展. 如果 $\sigma_X\neq\sigma_Y$，使用近似 t 检验. 而为了比较方差，有必要引入一种全新的检验——这基于7.3节的 F 分布. 检验 $H_0:p_X=p_Y$ 的双样本问题的二项式版本在9.4节中讨论.

在单样本问题中提到，由于各种原因，某些推断更适合用置信区间而不是假设检验来表述. 双样本问题也是如此. 在9.5节中，我们构建了两个总体的位置差异的置信区间，

即 $\mu_X-\mu_Y$ 或 p_X-p_Y，以及变异系数 σ_X^2/σ_Y^2.

9.2 检验 $H_0:\mu_X=\mu_Y$

假设给定实验的数据是由两个独立的随机样本 $X_1,X_2,\cdots,X_n$ 和 $Y_1,Y_2,\cdots,Y_m$ 构成，以此来表示 9.1 节中提到的任何一种模型. 此外，将假定从中得到的 X 和 Y 两个总体是正态的，令 μ_X 和 μ_Y 代表它们的均值. 我们的目标是得到检验 $H_0:\mu_X=\mu_Y$ 的过程.

事实表明，我们要找的精确的检验形式取决于总体 X 和 Y 的方差. 如果可以假设两个参数 σ_X^2 和 σ_Y^2 是相等的，那么得到 $H_0:\mu_X=\mu_Y$ 的广义似然比检验(GLRT)就是相对简单的任务.(实际上，这就是我们将在定理 9.2.2 中所做的.)但是，如果两个总体的方差不相等，问题就会变得复杂得多. 这种情形被称为贝伦斯-费希尔问题(Behrens-Fisher)，这个问题已经存在超过 75 年了，仍然是统计学中比较著名的"未解决"问题之一. 研究人员所取得的进展仅限于近似解. 这些将在本节的后面讨论. 对于接下来的内容，可以假设 $\sigma_X^2=\sigma_Y^2$.

对于 $\mu=\mu_0$ 的单样本检验，广义似然比检验(GLRT)被证明是定义 7.3.3 引入的 t 比率的一个特殊情况的函数(回忆定理 7.3.5). 我们以一个定理开始本节，该定理给出了定义 7.3.3 的另一个特例.

定理 9.2.1 令 $X_1,X_2,\cdots,X_n$ 是服从均值为 μ_X，标准差为 σ 的正态分布的大小为 n 的随机样本，令 $Y_1,Y_2,\cdots,Y_m$ 是服从均值为 μ_Y，标准差为 σ 的正态分布的大小为 m 的独立随机样本. S_X^2 和 S_Y^2 分别为两个相应样本的样本方差，S_p^2 为合并方差，其中

$$S_p^2=\frac{(n-1)S_X^2+(m-1)S_Y^2}{n+m-2}=\frac{\sum_{i=1}^{n}(X_i-\overline{X})^2+\sum_{i=1}^{m}(Y_i-\overline{Y})^2}{n+m-2}$$

那么

$$T_{n+m-2}=\frac{\overline{X}-\overline{Y}-(\mu_X-\mu_Y)}{S_p\sqrt{\frac{1}{n}+\frac{1}{m}}}$$

服从自由度为 $n+m-2$ 的学生 t 分布.

证明 这里的证明方法与定理 7.3.5 中使用的方法非常相似，需要注意的是 T_{n+m-2} 的等价公式为

$$T_{n+m-2}=\frac{\dfrac{\overline{X}-\overline{Y}-(\mu_X-\mu_Y)}{\sigma\sqrt{\frac{1}{n}+\frac{1}{m}}}}{\sqrt{S_p^2/\sigma^2}}$$

$$=\frac{\dfrac{\overline{X}-\overline{Y}-(\mu_X-\mu_Y)}{\sigma\sqrt{\frac{1}{n}+\frac{1}{m}}}}{\sqrt{\dfrac{1}{n+m-2}\left[\sum_{i=1}^{n}\left(\dfrac{X_i-\overline{X}}{\sigma}\right)^2+\sum_{i=1}^{m}\left(\dfrac{Y_i-\overline{Y}}{\sigma}\right)^2\right]}}$$

但是，$E(\overline{X}-\overline{Y})=\mu_X-\mu_Y$，$\mathrm{Var}(\overline{X}-\overline{Y})=\sigma^2/n+\sigma^2/m$，因此该比值的分子服从标准正态分布 $f_Z(z)$.

在分母中，

$$\sum_{i=1}^{n}\left(\frac{X_i-\overline{X}}{\sigma}\right)^2=\frac{(n-1)S_X^2}{\sigma^2}$$

和

$$\sum_{i=1}^{m}\left(\frac{Y_i-\overline{Y}}{\sigma}\right)^2=\frac{(m-1)S_Y^2}{\sigma^2}$$

分别为自由度为 $n-1$ 和 $m-1$ 的独立 χ^2 随机变量，因此

$$\sum_{i=1}^{n}\left(\frac{X_i-\overline{X}}{\sigma}\right)^2+\sum_{i=1}^{m}\left(\frac{Y_i-\overline{Y}}{\sigma}\right)^2$$

服从自由度为 $n+m-2$ 的 χ^2 分布(回顾定理 7.3.1 和定理 4.6.4). 根据定理 7.3.2，分子和分母是相互独立的. 那么由定义 7.3.3 可知，

$$\frac{\overline{X}-\overline{Y}-(\mu_X-\mu_Y)}{S_p\sqrt{\dfrac{1}{n}+\dfrac{1}{m}}}$$

服从自由度为 $n+m-2$ 的学生 t 分布.

定理 9.2.2　设 $x_1,x_2,\cdots,x_n$ 和 $y_1,y_2,\cdots,y_m$ 分别是来自均值为 μ_X 和 μ_Y，标准差均为 σ 的正态分布的独立随机样本，令

$$t=\frac{\overline{x}-\overline{y}}{s_p\sqrt{\dfrac{1}{n}+\dfrac{1}{m}}}$$

a. 在显著性水平 α 上检验 $H_0:\mu_X=\mu_Y$ 和 $H_1:\mu_X>\mu_Y$，如果 $t\geqslant t_{\alpha,n+m-2}$，则拒绝 H_0.

b. 在显著性水平 α 上检验 $H_0:\mu_X=\mu_Y$ 和 $H_1:\mu_X<\mu_Y$，如果 $t\leqslant -t_{\alpha,n+m-2}$，则拒绝 H_0.

c. 在显著性水平 α 上检验 H_0：$\mu_X=\mu_Y$ 和 H_1：$\mu_X\neq\mu_Y$，如果 $t\geqslant t_{\alpha/2,n+m-2}$ 或者 $t\leqslant -t_{\alpha/2,n+m-2}$，则拒绝 H_0.

这个检验是广义似然比检验(GLRT).

证明　见附录 9.A.1.

案例研究 9.2.1

对有争议的作者身份的诉求可能很难解决. 几百年来，人们一直在猜测，William Shakespeare 的一些作品是别人写的——最流行的候选者之一是 Edward de Vere.《联邦党人文集》的某些部分是 Alexander Hamilton 还是 James Madison 写的，这也仍然是个悬而未决的问题. 鲜为人知的是围绕 Mark Twain 和他在内战中的角色的争议.

Twain 是美国最受尊敬的作家之一，战争爆发时他才 26 岁. 争论的焦点是他是否曾经参加过战争，如果参加过，他站在哪一边，Twain 总是回避这个问题. 由于他自称有

不诚实的倾向，即使他完全公开了他的军事记录，他的角色可能仍然是个谜．在回顾自己的一生时，Mark Twain 坦言道："我是个老人，"他说，"知道很多麻烦，但大多数麻烦从未发生过．"

一个引人注意的线索可能会给这件事带来一些启示，那就是 Quintus Curtius Snodgrass 撰写的十篇与战争有关的文章．尽管还没有发现关于他服役的记录，但他声称自己是路易斯安那州的民兵．如果 Quintus Curtius Snodgrass 只是 Twain 的笔名，那么这些文章基本上就是 Twain 在战争期间的日记，而这个谜团就解开了．如果 Quintus Curtius Snodgrass 不是笔名，那么这些文章只是转移话题，有关 Twain 军事活动的所有问题仍未得到解答．

评估 Twain 和 Snodgrass 是同一人的可能性是"法医统计学家"的工作．作者的文字长度特征可以有效地作为文字指纹(很像留在犯罪现场的罪证)．如果作者 A 和 B 倾向于使用频率显著不同的三个字母的单词，那么一个合理的推断就是 A 和 B 是不同的人．

表 9.2.1 列出了 Snodgrass 的十篇文章和 Mark Twain 所写的八篇文章中三个字母单词所占的比例．如果 x_i 表示第 i 篇 Twain 比例，其中 $i=1,2,\cdots,8$，y_i 表示第 i 篇 Snodgrass 比例，$i=1,2,\cdots,10$，则

$$\sum_{i=1}^{8} x_i = 1.855, \bar{x} = 1.855/8 = 0.2319$$

和

$$\sum_{i=1}^{10} y_i = 2.097, \bar{y} = 2.097/10 = 0.2097$$

需要回答的问题是 0.231 9 和 0.209 7 之间的差异是否具有统计显著性．

表 9.2.1　三个字母单词所占比例

Twain	比例	QCS	比例
萨金特·法森的字母	0.225	第一篇文章的字母	0.209
卡普雷尔(Caprell)夫人的字母	0.262	第二篇文章的字母	0.205
Mark Twain 在《企业报》上发表作品的字母		第三篇文章的字母	0.196
		第四篇文章的字母	0.210
第一篇文章的字母	0.217	第五篇文章的字母	0.202
第二篇文章的字母	0.240	第六篇文章的字母	0.207
第三篇文章的字母	0.230	第七篇文章的字母	0.224
第四篇文章的字母	0.229	第八篇文章的字母	0.223
第一版《傻子出国记》的字母		第九篇文章的字母	0.220
上半部	0.235	第十篇文章的字母	0.201
下半部	0.217		

令 μ_X 和 μ_Y 分别代表 Twain 和 Snodgrass 倾向于使用的三个字母单词的真实平均比例．我们的目标是检验

$$H_0: \mu_X = \mu_Y$$

和

$$H_1: \mu_X \neq \mu_Y$$

由于

$$\sum_{i=1}^{8} x_i^2 = 0.431\ 6 \quad 和 \quad \sum_{i=1}^{10} y_i^2 = 0.440\ 6$$

这两个样本方差是

$$s_X^2 = \frac{8(0.431\ 6) - (1.855)^2}{8(7)} = 0.000\ 210\ 3$$

和

$$s_Y^2 = \frac{10(0.440\ 6) - (2.097)^2}{10(9)} = 0.000\ 095\ 5$$

综合起来，它们给出的合并标准差是 0.012 1：

$$\begin{aligned} s_p &= \sqrt{\frac{\sum_{i=1}^{8}(x_i - 0.231\ 9)^2 + \sum_{i=1}^{10}(y_i - 0.209\ 7)^2}{n+m-2}} \\ &= \sqrt{\frac{(n-1)s_X^2 + (m-1)s_Y^2}{n+m-2}} \\ &= \sqrt{\frac{7(0.000\ 210\ 3) + 9(0.000\ 095\ 5)}{8+10-2}} \\ &= \sqrt{0.000\ 145\ 7} = 0.012\ 1 \end{aligned}$$

根据定理 9.2.1，如果 $H_0: \mu_X = \mu_Y$ 为真，

$$T = \frac{\overline{X} - \overline{Y}}{S_p\sqrt{\frac{1}{8} + \frac{1}{10}}}$$

的抽样分布可以用自由度为 16(=8+10−2)的学生 t 曲线来描述.

我们假设 $\alpha = 0.01$，根据 9.2.2 定理的(c)部分，如果 $t \leqslant -t_{\alpha/2,n+m-2} = -t_{0.005,16} = -2.920\ 8$ 或者 $t \geqslant t_{\alpha/2,n+m-2} = t_{0.005,16} = 2.920\ 8$，则 H_0 被拒绝，接受双边检验 H_1.（见图 9.2.1.）但是

$$t = \frac{0.231\ 9 - 0.209\ 7}{0.012\ 1\sqrt{\frac{1}{8} + \frac{1}{10}}} = 3.88$$

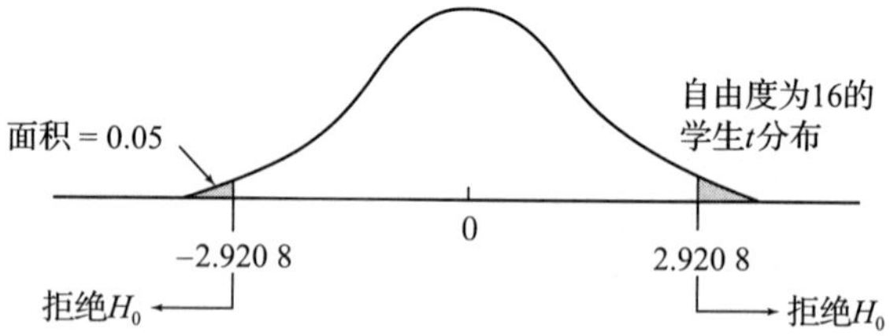

图 9.2.1

是在 $t_{0.005,16}$ 的右侧大幅下降的值，因此，我们应该拒绝 H_0，Twain 和 Snodgrass 似乎不是同一个人. 因此，Twain 所做的一切都不能从 Snodgrass 的作品中合理地推断出来.

关于数据 表 9.2.1 中的 X_i 和 Y_i 是比例，不一定是具有等方差的正态分布随机变量，因此不满足定理 9.2.2 的基本条件. 幸运的是，不满足假设对 T_{n+m-2} 的概率的影响通常很小. 我们在第 7 章中研究的单样本 t 比率的稳健性对于双样本 t 比率也成立.

案例研究 9.2.2

不喜欢你的统计学老师？当你在学生课程评估表上填满 1 的时候，报复的时刻就会在学期结束的时候到来. 你高兴吗？然后再发一个填满 5 的评价表. 无论如何，学生对老师的评价都很重要，这些评价通常用于晋升、长期聘用和提高绩效决定.

对学生课程评估的研究表明它们确实有价值，它们往往显示出可靠性和一致性. 然而问题是根据这些调查表以确定优秀的教师和课程依然存在疑问.

一位资深的发展心理学教授决定进行一项研究[212]，以研究一个单一的变化因子如何影响其学生的课程评价. 他参加了一个研讨会，在课堂上颂扬热情的风格，例如更多的手势，增加音调的变化等. 研究的媒介是他在秋季学期所教授的大班本科发展心理学课程. 他开始以同样的方式教授春季学期的课程，除了更热情的风格.

教授完全理解控制众多变量的困难. 他选择春季班的学生人数与秋季班的人数相同. 他使用同样的教科书、教学大纲和测试. 他听了秋季课程的录音，并尽可能地重复它们，以同样的顺序涵盖同样的主题.

检验热情对课程评价影响的第一步是要确定学生实际上已经感觉到热情有所提高. 表 9.2.2 总结了两学期教师在“热情”问题上的评分情况. 除非样本均值的增加(2.14 到 4.21)在统计上是显著的，否则试图比较秋季和春季对其他问题的反应是没有意义的.

表 9.2.2

秋季，x_i	春季，y_i	秋季，x_i	春季，y_i	秋季，x_i	春季，y_i
$n=229$	$m=243$	$\bar{x}=2.14$	$\bar{y}=4.21$	$s_X=0.94$	$s_Y=0.83$

令 μ_X 和 μ_Y 表示与两种不同教学风格相关的真实均值. 没有理由认为教师的热情增加会降低学生对热情的感加，因此在这里可以说 H_1 应该是单边的. 也就是说，我们要检验

$$H_0: \mu_X = \mu_Y$$

和

$$H_1: \mu_X < \mu_Y$$

其中令 $\alpha=0.05$.

由于 $n=229$ 和 $m=243$，因此 t 统计量具有 $229+243-2=470$ 个自由度. 因此，如果

$$t = \frac{\bar{x}-\bar{y}}{s_p\sqrt{\dfrac{1}{229}+\dfrac{1}{243}}} \leqslant -t_{\alpha,n+m-2} = -t_{0.05,470}$$

则决策规则要求拒绝 H_0. 从附录表 A.2 可以看出，对于任何 $n>100$ 的值，z_α 都是 $t_{\alpha,n}$

的一个很好的近似值. 即 $-t_{0.05,470} \approx -z_{0.05}=-1.64$.

这些数据的合并标准差为 0.885：

$$s_p=\sqrt{\frac{228(0.94)^2+242(0.83)^2}{229+243-2}}=0.885$$

因此

$$t=\frac{2.14-4.21}{0.885\sqrt{\frac{1}{229}+\frac{1}{243}}}=-25.42$$

我们的结论是，对 H_0 的强烈拒绝. 的确，人们注意到了日益高涨的热情.

真正令人感兴趣的问题是，这种热情的变化是否在教学的其他方面产生了感知变化，而我们知道这些变化其实并没有发生. 例如，在这两个学期的课程中，讲师并没有对内容有更多的了解. 然而，学生的评分却不这么认为.

表 9.2.3 显示了教师在"知识性"问题上的秋季和春季评分. 从 $\bar{x}=3.61$ 到 $\bar{y}=4.05$ 的增长是否有统计显著性? 是的. 对于这些数据，$s_p=0.898$，并且

$$t=\frac{3.61-4.05}{0.898\sqrt{\frac{1}{229}+\frac{1}{243}}}=-5.33$$

落在 0.05 临界值$(=-1.64)$的左侧很远.

我们从这些数据中得到的信息既让人放心又有些令人不安. 表 9.2.2 似乎证实了人们普遍认为的热情是有效教学的重要因素. 另一方面，表 9.2.3 给出了一个更谨慎的提示. 这也印证了另一个广泛持有的观点——学生的评价有时很难解释. 实际上，旨在衡量一个特征的问题可能反映出完全不同的东西.

表 9.2.3

秋季，x_i	春季，y_i	秋季，x_i	春季，y_i	秋季，x_i	春季，y_i
$n=229$	$m=243$	$\bar{x}=3.61$	$\bar{y}=4.05$	$s_X=0.84$	$s_Y=0.95$

关于数据 学生评价表中的五个选项回答在问卷调查中非常常见. 这些问题被称为"利克特量表"，以心理学家伦西斯·利克特(Rensis Likert)的名字命名. 该项目通常要求被调查者选择其对某句话的赞同程度，例如："老师关心学生."选项以"非常不同意"开头，得分为"1"，然后上升到"非常同意"的"5". 调查中给定问题的统计量是所有回答的平均值.

t 检验是分析这类数据的合适方法吗? 或许吧，但反应的这些性质引发了一些严重的担忧. 首先，学生之间相互谈论他们的导师这一事实表明，并不是所有的样本值都是独立的. 更重要的是，利克特五级量表与 t 分析中隐含的正态性假设并不相似. 对于许多实践者——但不是所有——t 检验的稳健性足以证明案例研究 9.2.2 中所描述的分析是合理的.

贝伦斯-费希尔问题

当样本的标准差不相等时，从正态分布的随机样本中找到一个已知密度的统计量来检

验两个均值的相等性，被称为贝伦斯-费希尔(Behrens-Fisher)问题．尚无确切的解决方案，但广泛使用的近似值基于检验统计量

$$W=\frac{\overline{X}-\overline{Y}-(\mu_X-\mu_Y)}{\sqrt{\frac{S_X^2}{n}+\frac{S_Y^2}{m}}}$$

通常，其中 $\overline{X}$ 和 $\overline{Y}$ 是样本均值，S_X^2 和 S_Y^2 是方差的无偏估计量．伦敦大学学院的教师 B. L. Welch 在 1938 年 *Biometrika* 的一篇文章中指出，W 近似分布作为学生 t 随机变量，其自由度由非直观表达式给出：

$$\frac{\left(\frac{\sigma_X^2}{n}+\frac{\sigma_Y^2}{m}\right)^2}{\frac{\sigma_X^4}{n^2(n-1)}+\frac{\sigma_Y^4}{m^2(m-1)}}$$

为了理解 Welch 的近似，我们可以将随机变量 W 重写为

$$W=\frac{\overline{X}-\overline{Y}-(\mu_X-\mu_Y)}{\sqrt{\frac{S_X^2}{n}+\frac{S_Y^2}{m}}}=\frac{\overline{X}-\overline{Y}-(\mu_X-\mu_Y)}{\sqrt{\frac{\sigma_X^2}{n}+\frac{\sigma_Y^2}{m}}}\div\frac{\sqrt{\frac{S_X^2}{n}+\frac{S_Y^2}{m}}}{\sqrt{\frac{\sigma_X^2}{n}+\frac{\sigma_Y^2}{m}}}$$

在这种形式下，分子是标准正态变量．假设存在一个具有自由度 v 的卡方随机变量 V，使得分母的平方等于 V/v．这样，该表达式的确是具有自由度 v 的学生 t 变量．但是，总的来说，分母将不完全具有该分布．那么，策略就是找到一个近似等式：

$$\frac{\frac{S_X^2}{n}+\frac{S_Y^2}{m}}{\frac{\sigma_X^2}{n}+\frac{\sigma_Y^2}{m}}=\frac{V}{v}$$

或者

$$\frac{S_X^2}{n}+\frac{S_Y^2}{m}=\left(\frac{\sigma_X^2}{n}+\frac{\sigma_Y^2}{m}\right)\frac{V}{v}$$

问题在于 v 的值．矩估计法(请参见 5.2 节)提出了一种解决方案．如果两边的均值和方差相等，则可以证明：

$$v=\frac{\left(\frac{\sigma_X^2}{n}+\frac{\sigma_Y^2}{m}\right)^2}{\frac{\sigma_X^4}{n^2(n-1)}+\frac{\sigma_Y^4}{m^2(m-1)}}$$

此外，v 的表达式仅取决于方差比 $\theta=\frac{\sigma_X^2}{\sigma_Y^2}$．要了解原因，只要将分子和分母同时除以 σ_Y^4，则

$$\frac{\left(\frac{1}{n}\frac{\sigma_X^2}{\sigma_Y^2}+\frac{1}{m}\right)^2}{\frac{1}{n^2(n-1)}\left(\frac{\sigma_X^2}{\sigma_Y^2}\right)^2+\frac{1}{m^2(m-1)}}=\frac{\left(\frac{1}{n}\theta+\frac{1}{m}\right)^2}{\frac{1}{n^2(n-1)}\theta^2+\frac{1}{m^2(m-1)}}$$

分子分母同时乘以 n^2 就得到了更“动人”的形式：

$$v=\frac{\left(\theta+\frac{n}{m}\right)^2}{\frac{1}{n-1}\theta^2+\frac{1}{m-1}\left(\frac{n}{m}\right)^2}$$

当然，该理论的主要应用在 σ_X^2 和 σ_Y^2 未知，因此必须估算 θ 时，显而易见的选择是 $\hat{\theta}=\frac{s_X^2}{s_Y^2}$. 这导致我们得出以下定理，当假定方差不相等时，用于检验均值的相等性.

定理 9.2.3　设 $X_1,X_2,\cdots,X_n$ 和 $Y_1,Y_2,\cdots,Y_m$ 分别是来自均值为 μ_X 和 μ_Y，标准差为 σ_X 和 σ_Y 的正态分布的独立随机样本，令

$$W=\frac{\overline{X}-\overline{Y}-(\mu_X-\mu_Y)}{\sqrt{\frac{S_X^2}{n}+\frac{S_Y^2}{m}}}$$

利用 $\hat{\theta}=\frac{s_X^2}{s_Y^2}$，将 v 代入表达式 $\frac{\left(\hat{\theta}+\frac{n}{m}\right)^2}{\frac{1}{n-1}\hat{\theta}^2+\frac{1}{m-1}\left(\frac{n}{m}\right)^2}$，四舍五入到整数，$W$ 则为具有自由度 v 的近似学生 t 分布.

案例研究 9.2.3

虽然一个成功的公司的高销售应该意味着更高的利润，但它是否能产生更大的盈利能力？《福布斯》杂志定期对排名前 200 位的小企业进行排名[57]，并根据每一家公司 5 年的股本回报率百分比给出盈利能力. 表 9.2.4 利用《福布斯》的数据，给出了销售额最高的 12 家公司(从 6.79 亿美元到 7.38 亿美元)的股本回报率，以及销售额最低的 12 家公司(从 2500 万美元到 6600 万美元)的股本回报率. 根据这些数据，我们可以说两种类型公司的股本回报率不同吗？

表　9.2.4

高额销售公司	股本回报率(%)，x	低额销售公司	股本回报率(%)，y
Deckers Outdoor	21	NVE	21
Jos. A. Bank Clothiers	23	Hi-Shear Technology	21
National Instruments	13	Bovie Medical	14
Dolby Laboratories	22	Rocky Mountain Chocolate Factory	31
Quest Software	7	Rochester Medical	19
Green Mountain Coffee Roasters	17	Anika Therapeutics	19
Lufkin Industries	19	Nathan's Famous	11
Red Hat	11	Somanetics	29
Matrix Service	2	Bolt Technology	20
DXP Enterprises	30	Energy Recovery	27
Franklin Electric	15	Transcend Services	27
LSB Industries	43	IEC Electronics	24

令 μ_X 和 μ_Y 分别代表各自的平均股本回报率. 指定的假设检验为:

$$H_0:\mu_X=\mu_Y$$

和

$$H_1:\mu_X\neq\mu_Y$$

表中数据 $\bar{x}=18.6$, $\bar{y}=21.9$, $s_X^2=115.9929$, $s_Y^2=35.7604$. 检验统计量为

$$w=\frac{\bar{x}-\bar{y}-(\mu_X-\mu_Y)}{\sqrt{\frac{s_X^2}{n}+\frac{s_Y^2}{m}}}=\frac{18.6-21.9}{\sqrt{\frac{115.9929}{12}+\frac{35.7604}{12}}}=-0.928$$

也有

$$\hat{\theta}=\frac{s_X^2}{s_Y^2}=\frac{115.9929}{35.7604}=3.244$$

所以

$$\frac{\left(3.244+\frac{12}{12}\right)^2}{\frac{1}{11}(3.244)^2+\frac{1}{11}\left(\frac{12}{12}\right)^2}=17.2$$

也就是说 $v=17$.

当显著性水平 $\alpha=0.05$, 如果 $w>t_{0.025,17}=2.1098$ 或 $w<-t_{0.025,17}=-2.1098$, 我们应该拒绝零假设 H_0. 这里 $w=-0.928$ 位于两个临界值之间, 因此 $\bar{x}$ 和 $\bar{y}$ 的差在统计上不显著.

注释 有时候, 实验人员想检验 $H_0:\mu_X=\mu_Y$, 并知道 σ_X^2 和 σ_Y^2 的值. 针对这些情况, 定理 9.2.2 的 t 检验是不合适的. 如果 n 个 X_i 和 m 个 Y_i 服从正态分布, 则从定理 4.3.3 的推论得出:

$$Z=\frac{\bar{X}-\bar{Y}-(\mu_X-\mu_Y)}{\sqrt{\frac{\sigma_X^2}{n}+\frac{\sigma_Y^2}{m}}} \tag{9.2.1}$$

服从标准正态分布. 因此, 任何关于 $H_0:\mu_X=\mu_Y$ 的检验都应该基于观测到的 Z 比率, 而不是观测到的 t 比率.

如果 t 检验的自由度超过 100, 则使用定理 9.2.1 的检验统计量, 但将其视为 Z 比率. 在定理 9.2.2 或定理 9.2.3 的检验中, 如果自由度超过 100, 则定理 9.2.3 的统计量与 Z 表一起使用.

习题

9.2.1 一些经营彩票的州认为, 将彩票利润用于支持教育会使彩票更有利可图. 其他州允许普遍使用彩票收入. 以下是每个类别中各州彩票的盈利情况.

各州彩票的盈利			
用于教育		普遍使用	
州	利润(%)	州	利润(%)
新墨西哥州	24	马萨诸塞州	21
爱达荷州	25	缅因州	22
肯塔基州	28	艾奥瓦州	24
南卡罗来纳州	28	科罗拉多州	27
佐治亚州	28	印第安纳州	27
密苏里州	29	哥伦比亚特区	28
俄亥俄州	29	康涅狄格州	29
田纳西州	31	宾夕法尼亚州	32
佛罗里达州	31	马里兰州	32
加利福尼亚州	35		
北卡罗来纳州	35		
新泽西州	35		

在 $\alpha=0.01$ 的水平上检验用于教育彩票的州的平均利润是否高于允许普遍使用彩票的州. 假设两个随机变量的方差相等.

9.2.2 随着美国人日益肥胖，饮食已成为一个大生意. 在众多的减肥方法中，阿特金斯饮食法(Atkins diet)和区域饮食法(Zone diet)颇受欢迎. 一项研究[64]对比这两种饮食法一年的减肥效果发现，采用阿特金斯饮食法的 77 名受试者平均减重 $\bar{x}=-4.7$ kg，样本标准差 $s_X=7.05$ kg. 采用区域饮食的 79 名受试者平均减重$\bar{y}=-1.6$ kg，样本标准差 $s_Y=5.36$ kg. 阿特金斯饮食法的更大减少是否有统计显著性? 检验水平为$\alpha=0.05$.

9.2.3 一位医学研究人员认为，女性的血清胆固醇通常比男性低. 为了验证这个假设，他抽取了年龄在 19 岁到 44 岁之间的 476 名男性样本，发现他们的平均血清胆固醇为 189.0 mg/dl，样本标准差为 34.2. 同一年龄范围内的 592 名女性平均为 177.2mg/dl，样本标准差为 33.3. 女性较低的平均值在统计上显著吗? 检验水平为 $\alpha=0.05$，假设方差是相等的.

9.2.4 关于所谓的“月亮效应”有很多说法，其中之一就是满月期间会有更多的孩子出生. 下表给出了满月期间(月相部分$\geqslant 0.95$)与月相部分$\leqslant 0.75$ 期间的平均出生人数的对比. 表格显示了相反的效果. 在满月时，平均值要小一些. 但这是一个显著的区别吗? 在 0.05 显著性水平上检验平均数的相等性. 假设方差是相等的.

出生人数	
满月	$\frac{3}{4}$月或更小月
$n=109$	$m=494$
$\bar{x}=10\ 732$	$\bar{y}=10\ 970$
$s_X=2\ 017$	$s_Y=1\ 897$

9.2.5 密苏里大学圣路易斯分校对在高中学过微积分的学生进行了验证测试. 93 名没有大学学分的学生在验证测试中的平均分数为 4.17，样本标准差为 3.70. 对于从高中双录取班获得学分的 28 名学生，平均分数为 4.61，样本标准差为 4.28. 在 0.01 水平时，这些平均值是否有显著差异? 假设方差是相等的.

9.2.6 Ring Lardner 是 20 世纪二三十年代美国最受欢迎的作家之一. 他也是一个长期酗酒者，在 48 岁时早逝. 下表列出了一些与 Lardner 同时代的人的寿命[39]. 左边的样本都是问题酗酒者，他们平均死于 65 岁．右边的 12 位(不酗酒的)作家往往能多活整整 10 年．能不能说这种幅度的增长在统计学上是显著的？针对单边 H_1 假设，给出适当的零假设．使用 0.05 的显著性水平．(注意：这两个样本的合并样本标准差为 13.9.)

酗酒的作家		不酗酒的作家	
姓名	死亡年龄	姓名	死亡年龄
Ring Lardner	48	Carl Van Doren	65
Sinclair Lewis	66	Ezra Pound	87
Raymond Chandler	71	Randolph Bourne	32
Eugene O'Neill	65	Van Wyck Brooks	77
Robert Benchley	56	Samuel Eliot Morrison	89
J. P. Marquand	67	John Crowe Ransom	86
Dashiell Hammett	67	T. S. Eliot	77
e. e. cummings	70	Conrad Aiken	84
Edmund Wilson	77	Ben Ames Williams	64
平均值：	65.2	Henry Miller	88
		Archibald MacLeish	90
		James Thurber	67
		平均值：	75.5

9.2.7 波弗蒂角是路易斯安那州、密西西比州和阿肯色州许多广泛分布的考古遗址的名称．这些是一个被认为在公元前 1700 年至 500 年繁荣发展的社会的遗迹，其中最具特色的手工艺品是用黏土制成然后烘烤的装饰品．下表显示了在波弗蒂角的两个不同地点，Terral Lewis 和 Jaketown 发现的四件陶土饰品的日期(公元前年数)[94]．两个样本的平均值分别为 1 133.0 和 1 013.5．这两个聚居点同时发展出制作陶土饰品的技术，这可信吗？针对双边 H_1 假设，给出合适的零假设 H_0 并进行检验，其中显著性水平 $\alpha=0.05$．这些数据的 $s_X=266.9$ 和 $s_Y=224.3$．

Terral Lewis 公元前年数估计，x_i	Jaketown 公元前年数估计，y_i
1492	1346
1169	942
883	908
988	858

9.2.8 “汞中毒”的主要来源是摄入甲基汞(CH_3Hg)，甲基汞存在于受污染的鱼类中(回顾习题 5.3.3)．医学研究人员试图了解这一特殊健康问题的性质，其中的一个问题是甲基汞对男性和女性的危害是否相同．以下[121]是自愿参加研究的 6 名女性和 9 名男性的身体中甲基汞的半衰期，每个受试者都口服 CH_3Hg．有证据表明女性代谢甲基汞的速度与男性不同吗？在 0.01 显著性水平下，进行适当的双样本 t 检验．这些数据的两个样本标准差分别是 $s_X=15.1$ 和 $s_Y=8.1$．

甲基汞(CH_3Hg)半衰期(天)	
女性，x_i	男性，y_i
52	72
69	88
73	87
88	74
87	78
56	70
	78
	93
	74

9.2.9 尽管很复杂，但对于下属在工作场所如何称呼上司，英语并没有提供太多的选择. 直呼老板的名字听起来让人觉得太熟悉了，加上一个头衔(先生、女士、博士或教授)可能显得生硬和过于恭敬. 一种舒适的折中方式似乎正在演变为一种名为“回避姓名”的策略，即员工与上司交谈时不使用任何称呼形式.

在一项研究[122]中，74 名受试者(49 名男性和 25 名女性)——都是全职员工——被问及以下问题：

“如果你明天在办公室附近的大厅里遇到了你老板的老板，你估计采用回避姓名的策略的可能性有多大?”

回答按五分制打分，1 分表示“非常不可能”，5 分表示“非常可能”. 下表给出了 49 名男性和 25 名女性的样本均值和样本标准差.

男性	女性	男性	女性	男性	女性
$n=49$	$m=25$	$\overline{x}=2.41$	$\overline{y}=3.00$	$s_X=0.96$	$s_Y=1.02$

2.41 和 3.00 之间的差异有统计显著性吗? 建立并检验一个适当的 H_0 和 H_1，显著性水平为 0.05.

9.2.10 一家公司销售两种品牌的乳胶漆，一种是普通的，另一种是更贵的乳胶涂料，后者声称比普通的干燥得快一小时. 一家消费者杂志决定用每一种产品涂上 10 个面板来验证这一说法. 普通品牌的平均干燥时间为 2.1 小时，样本标准差为 12 分钟. 快干版的平均时间为 1.6 小时，样本标准差为 16 分钟. 检验的零假设为较贵品牌比普通品牌干得快 1 个小时. 使用单边 H_1，显著性水平为 $\alpha=0.05$.

9.2.11 (a)假设 $H_0:\mu_X=\mu_Y$，备择假设 $H_1:\mu_X\neq\mu_Y$. 两个样本量分别为 6 和 11. 如果 $s_p=15.3$，在显著性水平 $\alpha=0.01$ 下，使得 H_0 被拒绝的 $|\overline{x}-\overline{y}|$ 的最小值是多少?

(b)当 $\alpha=0.05$，$s_p=214.9$，$n=13$，$m=8$ 时，拒绝 $H_0:\mu_X=\mu_Y$，而支持 $H_1:\mu_X>\mu_Y$ 的 $\overline{x}-\overline{y}$ 最小值是多少?

9.2.12 已知两个样本的方差分别为 $\sigma_X^2=17.6$，$\sigma_Y^2=22.9$，检验 H_0：$\mu_X=\mu_Y$ 和 H_1：$\mu_X\neq\mu_Y$，如果 $n=10$，$m=20$，$\overline{x}=81.6$，$\overline{y}=79.9$，怎样的 P 值与观测到的 Z 比率相关联?

9.2.13 一位高管每天上下班有两条路可走. 第一个是州际公路；第二个需要开车穿过城镇. 从州际公路去上班平均要花费 33 分钟，穿过城镇平均要花费 35 分钟. 两种路线的标准差分别为 6 分钟和 5 分钟. 假设两条路线的时间分布近似正态分布.

(a)在某个特定的日子里，她选择开车穿过城镇的方式更快的概率有多大?

(b)开车穿过城镇一周(10 次)的平均时间比走州际公路一周(10 次)的平均时间低的概率是多少?

9.2.14 证明：公式(9.2.1)中给出的 Z 比率具有标准正态分布.

9.2.15 如果 $X_1,X_2,\cdots,X_n$ 和 $Y_1,Y_2,\cdots,Y_m$ 是来自标准正态分布的独立随机样本(具有相同的 σ^2)，证明它们的合并样本方差 S_p^2 是 σ^2 的一个无偏估计量.

9.2.16 $X_1,X_2,\cdots,X_n$ 和 $Y_1,Y_2,\cdots,Y_m$ 是来自标准正态分布的独立随机样本，两者的均值分别为 μ_X 和 μ_Y，方差均为 σ^2. 利用广义似然比准则推导出一个检验过程，用于在 H_0：$\mu_X=\mu_Y$ 和 $H_1:\mu_X\neq\mu_Y$ 之间做选择.

9.2.17 一个人通过接触或接种疫苗接触到一种病原体，通常会产生对该病原体的抗体. 据推测，感染的严重程度与产生的抗体数量有关. 抗体反应的程度是指人的血清有一定的滴度，滴度越高，说明抗体浓度越高. 下表给出了佛蒙特州 22 名兔热病毒流行病患者的滴度[21]. 有 11 人病得很厉害，其他 11 人无症状. 在显著性水平 $\alpha=0.05$ 下，利用定理 9.2.3 针对单边 H_1 检验 H_0：$\mu_X=\mu_Y$. “重症”组和“无症状”组的样本标准差分别为 428 和 183.

重症		无症状	
实验对象	滴度	实验对象	滴度
1	640	12	10
2	80	13	320
3	1 280	14	320
4	160	15	320
5	640	16	320
6	640	17	80
7	1 280	18	160
8	640	19	10
9	160	20	640
10	320	21	160
11	160	22	320

9.2.18 对于习题 9.2.17 中描述的近似双样本 t 检验，为什么 $v<n+m-2$ 是近似检验的缺点呢？也就是说，若 $\sigma_X^2=\sigma_Y^2$，为什么使用定理 9.2.1 的 t 检验会更好呢？

9.2.19 习题 8.2.2 所述的双样本数据将通过检验 $H_0:\mu_X=\mu_Y$ 进行分析，其中 μ_X 和 μ_Y 分别表示拥有"有限"和"全面"头盔法律的州的与摩托车有关的平均致死率.

(a) 对于 $H_0:\mu_X=\mu_Y$，是应该遵循定理 9.2.2 的 t 检验还是应该遵循定理 9.2.3 的近似 t 检验？解释说明.

(b)这些数据有什么不寻常之处吗？解释说明.

9.2.20 抵押贷款有两种常见的形式，一种是 30 年期固定利率抵押贷款，借款人有 30 年时间以固定利率偿还贷款，另一种是可调利率抵押贷款(ARM)，其中一种版本为五年期，利率可能每年变化. 由于 ARM 确定性较低，其利率通常低于固定利率抵押贷款的利率. 接下来用 25 万美元贷款的抵押贷款作为样本，在显著性水平 $\alpha=0.01$，方差不相等的条件下，检验这一假设.

25 万美元抵押贷款利率	
30 年期固定利率	可调利率抵押贷款
3.525	2.923
3.625	3.385
3.383	3.154
3.625	3.363
3.661	3.226
3.791	3.283
3.941	3.427
3.781	3.437
3.660	3.746
3.733	3.438

9.3 检验 $H_0:\sigma_X^2=\sigma_Y^2$——$F$ 检验

虽然目前大多数双样本问题都是为了检测位置参数可能发生的变化而设置的，但有时也会出现这种情况——同样重要甚至更重要——比较可变参数. 例如，一条装配线上的两台机器所生产的产品，其平均尺寸(比如 μ_X 和 μ_Y)——比如厚度——没有显著差异，但是它们的可变性确是不同的(如 σ_X^2 和 σ_Y^2). 如果增加的可变性导致某台机器不符合工程规格的不可接受的比例，这就成为一个关键的信息(见图 9.3.1).

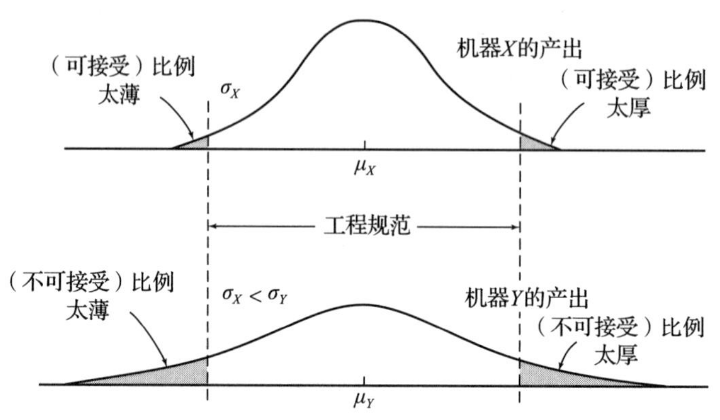

图 9.3.1　机器产出的可变性

在这一节中，我们将研究广义似然比检验 $H_0:\sigma_X^2=\sigma_Y^2$ 和 $H_1:\sigma_X^2\neq\sigma_Y^2$，数据由大小分别为 n 和 m 的两个独立随机样本组成：第一个样本 $x_1,x_2,\cdots,x_n$ 是来自均值为 μ_X，方差为 σ_X^2 的正态分布；第二个样本 $y_1,y_2,\cdots,y_m$ 是来自均值为 μ_Y，方差为 σ_Y^2 的正态分布.（假设这四个参数都是未知的.）定理 9.3.1 给出了将要使用的检验方法. 这里不会给出证明，但它遵循我们在其他广义似然比检验(GLRT)中看到的相同的基本模型；重要的一步是证明似然比是定义 7.3.2 中所描述的 F 随机变量的单调函数.

注释　$H_0:\sigma_X^2=\sigma_Y^2$ 的检验出现在另一个更常规的环境中. 回想一下，要检验 μ_X 和 μ_Y 是否相等取决于这两个总体方差是否相等. 这意味着对 $H_0:\sigma_X^2=\sigma_Y^2$ 的检验应该放在对 $H_0:\mu_X=\mu_Y$ 的检验之前进行. 如果接受 $H_0:\sigma_X^2=\sigma_Y^2$，对 μ_X 和 μ_Y 的 t 检验可以依据定理 9.2.2 进行；但是如果拒绝 $H_0:\sigma_X^2=\sigma_Y^2$，利用定理 9.2.2 检验就不是完全合适的，一个常用的替代方法是定理 9.2.3 中描述的近似 t 检验.

定理 9.3.1　$x_1,x_2,\cdots,x_n$ 和 $y_1,y_2,\cdots,y_m$ 分别是来自服从均值为 μ_X 和 μ_Y，方差为 σ_X^2 和 σ_Y^2 的正态分布的随机样本.

a. 在显著性水平 α 下检验 $H_0:\sigma_X^2=\sigma_Y^2$ 和 $H_1:\sigma_X^2>\sigma_Y^2$，如果 $\dfrac{s_Y^2}{s_X^2}\leqslant F_{\alpha,m-1,n-1}$，则拒绝 H_0.

b. 在显著性水平 α 下检验 $H_0:\sigma_X^2=\sigma_Y^2$ 和 $H_1:\sigma_X^2<\sigma_Y^2$，如果 $\dfrac{s_Y^2}{s_X^2}\geqslant F_{1-\alpha,m-1,n-1}$，则拒绝 H_0.

c. 在显著性水平 α 下检验 $H_0:\sigma_X^2=\sigma_Y^2$ 和 $H_1:\sigma_X^2\neq\sigma_Y^2$，如果 $\dfrac{s_Y^2}{s_X^2}\leqslant F_{\frac{\alpha}{2},m-1,n-1}$ 或者 $\dfrac{s_Y^2}{s_X^2}\geqslant F_{1-\frac{\alpha}{2},m-1,n-1}$，则拒绝 H_0.

注释　定理 9.3.1 中描述的广义似然比检验(GLRT)是近似的，原因是 $H_0:\sigma^2=\sigma_0^2$ 的 GLRT 是近似的(请参见定理 7.5.2). 检验统计量 $\dfrac{s_Y^2}{s_X^2}$ 是非对称分布，并且产生 λ 小于或等于λ^*的方差比的两个范围(临界域左尾和右尾)的区域面积略有不同．为了方便起见，通常会选择两个临界值，以便每个临界值都截断相同面积$\alpha/2$.

案例研究 9.3.1

脑电图记录了脑电活动的波动．在产生的几种不同的脑电波中，最主要的通常是α波．它们的特征频率在每秒 8 到 13 周之间．

这个例子中所描述的实验的目的是看看在一段较长的时间内感官剥夺是否对α波模式有任何影响．研究对象是加拿大一所监狱的 20 名囚犯，他们被随机分成大小相等的两组．其中一组被单独监禁；而另一组则被允许待在自己的牢房里．7 天后，对所有 20 名实验对象[65]的α波频率进行测量，如表 9.3.1 所示．

从图 9.3.2 可以看出，单独监禁者的α波频率明显下降，这组的可变性也有所增加．我们将使用F检验来确定观测到的可变性差异($s_X^2=0.21$和$s_Y^2=0.36$)是否具有统计显著性．

表 9.3.1　α 波频率(周/秒)

非监禁，x_i	单独监禁，y_i	非监禁，x_i	单独监禁，y_i
10.7	9.6	10.3	9.3
10.7	10.4	9.6	9.9
10.4	9.7	11.1	9.5
10.9	10.3	11.2	9.0
10.5	9.2	10.4	10.9

σ_X^2和σ_Y^2分别代表的是非监禁囚犯和单独监禁囚犯的α波频率的真实方差．需要检验的假设是

$$H_0:\sigma_X^2=\sigma_Y^2$$

和

$$H_1:\sigma_X^2\neq\sigma_Y^2$$

令显著性水平为$\alpha=0.05$，考虑到

$$\sum_{i=1}^{10}x_i=105.8,\sum_{i=1}^{10}x_i^2=1\ 121.26$$

$$\sum_{i=1}^{10}y_i=97.8,\sum_{i=1}^{10}y_i^2=959.70$$

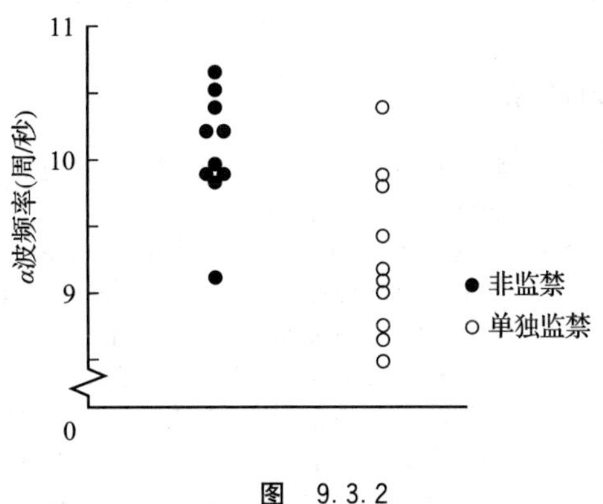

图 9.3.2

样本方差变为

$$s_X^2=\frac{10(1\ 121.26)-(105.8)^2}{10(9)}=0.21$$

和

$$s_Y^2=\frac{10(959.70)-(97.8)^2}{10(9)}=0.36$$

样本方差相除得到观测的F比率为 1.71：

$$F=\frac{s_Y^2}{s_X^2}=\frac{0.36}{0.21}=1.71$$

由于 n 和 m 都是 10，所以我们认为 $\frac{s_Y^2}{s_X^2}$ 为自由度为 9 和 9 的 F 随机变量(假定 $H_0:\sigma_X^2=\sigma_Y^2$ 是正确的)．从附录中的表 A.4 可以看出，该分布的每一个尾部截断 0.025 的面积的值分别为 0.248 和 4.03(见图 9.3.3).

由于观测到的 F 比率落在两个临界值之间，我们认为是不能拒绝 H_0——样本方差的比率等于 1.71 不能排除两个方差相等的可能性.（根据定理 9.3.1 前面的注释，现在可以使用 9.2 节中描述的双样本 t 检验来检验 H_0：$\mu_X=\mu_Y$.）

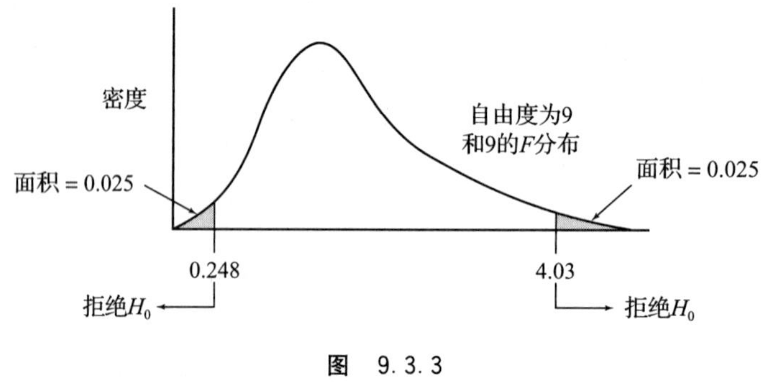

图　9.3.3

习题

9.3.1　将案例研究 9.2.3 作为方差不相等时的检验方法的例子，这是关于方差的正确假设吗？在 0.05 显著性水平下进行检验.

9.3.2　习题 9.2.20 比较了 30 年期固定利率抵押贷款和可调利率抵押贷款的利率．由于可调利率抵押贷款的确定性较低，这类工具应该在利率方面表现出更多的可变性．使用习题 9.2.20 的数据在 0.10 的显著性水平下检验这个假设.

9.3.3　在心理学家使用的标准人格调查中有主题统觉测验(TAT)，即向实验对象展示一系列图片，并要求他们就每一张图片编一个故事．如果解释得当，这些故事的内容可以为研究对象的心理健康状况提供有价值的见解．以下数据显示了 40 名妇女的 TAT 结果，其中 20 名是正常孩子的母亲，20 名是精神分裂症孩子的母亲．在每个实验中，实验对象都被展示了相同的 10 张图片．记录的数字是显示积极亲子关系的故事的数量(10 个内)，其中母亲显然能够以一种灵活开放的方式与孩子互动[210].

TAT 得分									
正常孩子的母亲					精神分裂症孩子的母亲				
8	4	6	3	1	2	1	1	3	2
4	4	6	4	2	7	2	1	3	1
2	1	1	4	3	0	2	4	2	3
3	2	6	3	4	3	0	1	2	2

(a)检验 $H_0:\sigma_X^2=\sigma_Y^2$ 与 $H_1:\sigma_X^2\neq\sigma_Y^2$，$\sigma_X^2$ 和 σ_Y^2 分别是正常孩子的母亲和精神分裂症孩子的母亲的TAT得分的方差，其中 $\alpha=0.05$.

(b)如果在(a)中，接受 $H_0:\sigma_X^2=\sigma_Y^2$，那么请检验 $H_0:\mu_X=\mu_Y$ 与 $H_1:\mu_X\neq\mu_Y$，其中 $\alpha=0.05$.

9.3.4 在一项旨在研究强磁场对小鼠早期发育的影响的研究中[7]，研究人员将10个笼子置于平均强度为80 Oe㊀/cm的磁场中12天，每个笼子里有3只30天大的白化雌性小鼠. 作为对照组，另外30只被关在10个类似笼子里的老鼠没有被放到磁场中. 这个表格列出了20组老鼠每组增加的重量，以克为单位.

在磁场中		不在磁场中	
笼子	体重增加量(g)	笼子	体重增加量(g)
1	22.8	11	23.5
2	10.2	12	31.0
3	20.8	13	19.5
4	27.0	14	26.2
5	19.2	15	26.5
6	9.0	16	25.2
7	14.2	17	24.5
8	19.8	18	23.8
9	14.5	19	27.8
10	14.8	20	22.0

检验两组体重增加量的方差是否有显著差异. 令 $\alpha=0.05$，处于磁场中的小鼠 $s_X=5.67$，其他的小鼠 $s_Y=3.18$.

9.3.5 雷诺综合征的特征是手指血液循环突然受损，导致变色和热损失. 问题的严重程度在以下数据中得到了证明，其中20名受试者(10名“正常”和10名雷诺综合征患者)将右手食指浸入19摄氏度的水中. 然后用量热计[112]测量食指的热量输出[以 $\text{cal}/(\text{cm}^2\cdot\text{min})$㊁为单位].

正常受试者		雷诺综合征受试者	
病人	产生的热量($\text{cal}/(\text{cm}^2\cdot\text{min})$)	病人	产生的热量($\text{cal}/(\text{cm}^2\cdot\text{min})$)
W. K.	2.43	R. A.	0.81
M. N.	1.83	R. M.	0.70
S. A.	2.43	F. M.	0.74
Z. K.	2.70	K. A.	0.36
J. H.	1.88	H. M.	0.75
J. G.	1.96	S. M.	0.56
G. K.	1.53	R. M.	0.65
A. S.	2.08	G. E.	0.87
T. E.	1.85	B. W.	0.40
L. F.	2.44	N. E.	0.31
	$\overline{x}=2.11$		$\overline{y}=0.62$
	$s_X=0.37$		$s_Y=0.20$

检验正常受试者和雷诺综合征受试者的热量输出方差是否相同. 使用双边检验，并且显著性水平为0.05.

9.3.6 令人痛苦的长达八个月的棒球罢工结束了1994年的赛季，当1995年的赛季终于开始的时候，人们认为这将会对票房产生巨大的影响. 在比赛的第一周结束时，美国联盟的球队比去年减少了

㊀ 1Oe=79.577 5A/m. ——编辑注

㊁ $1\text{cal}/(\text{cm}^2\cdot\text{min})=697.8\text{W}/\text{m}^2$. ——编辑注

12.8%的球迷；国家联盟球队的表现更糟——上座率下降了15.1%[201]. 根据下面给出的每个队的出勤数字，是否可以使用定理9.2.2的合并双样本t检验来检验这两个均值之间的差异的统计显著性？

美国联盟		国家联盟	
球队	变化(%)	球队	变化(%)
巴尔的摩	−2	亚特兰大	−49
波士顿	+16	芝加哥	−4
加利福尼亚	+7	辛辛那提	−18
芝加哥	−27	科罗拉多	−27
克利夫兰	没有主场比赛	佛罗里达	−15
底特律	−22	休斯敦	−16
堪萨斯城	−20	洛杉矶	−10
密尔沃基	−30	蒙特利尔	−1
明尼苏达	−8	纽约	+34
纽约	−2	费城	−9
奥克兰	没有主场比赛	匹兹堡	−28
西雅图	−3	圣地亚哥	−10
得克萨斯	−39	旧金山	−45
多伦多	−24	圣路易斯	−14
平均值：	−12.8	平均值：	−15.1

9.3.7 对于习题9.2.8中的数据，甲基汞半衰期的样本方差，女性为227.77，男性为65.25. 使用定理9.2.2来检验$H_0:\mu_X=\mu_Y$，这个差异的大小是否无效，解释一下.

9.3.8 20世纪60年代，为了弥补现有的种族隔离，纳什维尔开始大规模地兴建跨镇巴士. 虽然取得了一些进展，但批评者认为有太多的种族不平衡问题没有得到解决. 在20世纪70年代早期引用的数据中有以下数据，该数据显示了随机抽样18所公立学校的非洲裔美国学生的百分比[176]. 其中9所学校位于以非洲裔美国人为主的社区；其他9所，主要在白人社区. 定理9.2.2和定理9.2.3中给出的贝伦斯-费希尔近似，哪个版本的双样本t检验更适合决定35.9%和19.7%之间的差异是否具有统计显著性？证明你的答案.

非洲裔美国人社区学校(%)	白人社区学校(%)
36	21
28	14
41	11
32	30
46	29
39	6
24	18
32	25
45	23
平均值35.9	平均值19.7

9.3.9 证明检验$H_0:\sigma_X^2=\sigma_Y^2$和$H_1:\sigma_X^2\neq\sigma_Y^2$的广义似然比正如定理9.3.1中所述，为：

$$\lambda=\frac{L(\omega_e)}{L(\Omega_e)}=\frac{(m+n)^{(n+m)/2}}{n^{n/2}m^{m/2}}\frac{\left[\sum_{i=1}^{n}(x_i-\overline{x})^2\right]^{n/2}\left[\sum_{j=1}^{m}(y_i-\overline{y})^2\right]^{m/2}}{\left[\sum_{i=1}^{n}(x_i-\overline{x})^2+\sum_{j=1}^{m}(y_j-\overline{y})^2\right]^{(m+n)/2}}$$

9.3.10 令 $X_1, X_2, \cdots, X_n$ 和 $Y_1, Y_2, \cdots, Y_m$ 是来正态分布的独立随机样本，它们的均值已知，分别为 μ_X 和 μ_Y，标准差分别为 σ_X 和 σ_Y. 对于 $H_0: \sigma_X^2 = \sigma_Y^2$ 和 $H_1: \sigma_X^2 > \sigma_Y^2$ 推导广义似然比检验.

9.4 二项数据：检验 $H_0: p_X = p_Y$

到目前为止，本章所考虑的数据都是从两个连续分布(实际上是两个正态分布)中抽取的大小为 n 和 m 的独立随机样本. 当然，其他情况也很有可能出现. X 和 Y 可能代表连续随机变量，但具有非正态密度函数，或者它们也可能是离散的. 在本节中，我们考虑后一种类型最常见的例子：两组数据都是二项式的情况.

应用广义似然比准则

假设与处理 X 相关的 n 次伯努利试验取得了 x 次成功，与处理 Y 相关的 m 次(独立)伯努利试验取得了 y 次成功. 我们希望检验处理 X 和处理 Y 成功的真实概率 p_X 和 p_Y 是否相等：

$$H_0: p_X = p_Y (= p)$$

和

$$H_1: p_X \neq p_Y$$

令 α 为显著性水平.

遵循用于广义似然比检验(GLRT)的符号，此处的两个参数空间为

$$\omega = \{(p_X, p_Y): 0 \leqslant p_X = p_Y \leqslant 1\}$$

和

$$\Omega = \{(p_X, p_Y): 0 \leqslant p_X \leqslant 1, 0 \leqslant p_X \leqslant 1\}$$

进一步，可以写出似然函数

$$L = p_X^x (1 - p_X)^{n-x} \cdot p_Y^y (1 - p_Y)^{m-y}$$

令 $\ln L$ 关于 $p(= p_X = p_Y)$ 的导数为 0，并求解，解出 p，即

$$p_e = \frac{x+y}{n+m}$$

即在零假设 H_0 下，p 的极大似然估计值为合并成功占比，同样，求解 $\partial \ln L / \partial p_X = 0$ 和 $\partial \ln L / \partial p_Y = 0$，得到两个原始样本占比作为 p_X 和 p_Y 的不约束极大似然估计值：

$$p_{X_e} = \frac{x}{n}, \quad p_{Y_e} = \frac{y}{m}$$

将 p_e，p_{X_e} 以及 p_{Y_e} 代入 L 中，得到广义似然比：

$$\lambda = \frac{L(\omega_e)}{L(\Omega_e)} = \frac{[(x+y)/(n+m)]^{x+y}[1-(x+y)/(n+m)]^{n+m-x-y}}{(x/n)^x[1-(x/n)]^{n-x}(y/m)^y[1-(y/m)]^{m-y}} \qquad (9.4.1)$$

公式(9.4.1)是一个很难处理的函数，因此有必要找到一般广义似然比检验的近似值. 有几种可供选择，例如，可以证明针对这个问题的 $-2\ln\lambda$ 服从自由度为 1 的渐进 χ^2 分布[211]. 因此，在 $\alpha = 0.05$ 时，采用近似的双边检验，如果 $-2\ln\lambda \geqslant 3.84$ 则可以拒绝 H_0.

另一种方法，也是最常用的方法，是利用中心极限定理，观测值

$$\frac{\frac{X}{n}-\frac{Y}{m}-E\left(\frac{X}{n}-\frac{Y}{m}\right)}{\sqrt{\operatorname{Var}\left(\frac{X}{n}-\frac{Y}{m}\right)}}$$

具有近似的标准正态分布．在 H_0 下，

$$E\left(\frac{X}{n}-\frac{Y}{m}\right)=0$$

和

$$\begin{aligned}\operatorname{Var}\left(\frac{X}{n}-\frac{Y}{m}\right)&=\frac{p(1-p)}{n}+\frac{p(1-p)}{m}\\&=\frac{(n+m)p(1-p)}{nm}\end{aligned}$$

如果用$\frac{x+y}{m+n}$代替 p，它的极大似然估计值在 ω 下，我们得到定理 9.4.1 的陈述．

定理 9.4.1　设 x 和 y 分别表示在 n 和 m 次独立伯努利试验集中观测到的成功次数，其中 p_X 和 p_Y 分别表示两组试验成功的真实概率．令 $p_e=\frac{x+y}{m+n}$，且定义

$$z=\frac{\frac{x}{n}-\frac{y}{m}}{\sqrt{\frac{p_e(1-p_e)}{n}+\frac{p_e(1-p_e)}{m}}}$$

a. 在显著性水平 α 下检验 H_0：$p_X=p_Y$ 和 H_1：$p_X>p_Y$，如果 $z\geqslant z_\alpha$，则拒绝 H_0．

b. 在显著性水平 α 下检验 H_0：$p_X=p_Y$ 和 H_1：$p_X<p_Y$，如果 $z\leqslant -z_\alpha$，则拒绝 H_0．

c. 在显著性水平 α 下检验 H_0：$p_X=p_Y$ 和 H_1：$p_X\neq p_Y$，如果 $z\leqslant -z_{\alpha/2}$或者 $z\geqslant z_{\alpha/2}$，则拒绝 H_0．

注释　定理 9.4.1 的效用实际上超出了我们刚才所描述的范围．任何连续变量总是可以被二分类并“转换”成一个伯努利变量．例如，血压可以用连续变量“mm Hg”来记录，或者简单地用“正常”或“异常”来记录，这就是一个伯努利变量．接下来的两个案例研究说明了二项式数据的两个来源．第一个案例中，测量开始和结束都是伯努利变量；在第二个案例中，“每月噩梦次数”的初始测量被分为“经常”和“很少”．

案例研究 9.4.1

直到 19 世纪末，死亡率与外科手术(即使是小手术)的联系非常高，主要问题是感染．作为疾病传播模型的细菌理论仍然是未知的，所以没有杀菌的概念．因此，很多病人死于术后并发症．

当英国医生 Joseph Lister 开始阅读 Louis Pasteur 的研究成果时，终于迎来了迫切需要的重大突破．在一系列的经典实验中，Pasteur 成功说明了酵母和细菌在发酵中的作用．Lister 推测人类感染可能有类似的有机起源．为了验证这个理论，他开始用苯酚作为手术室的消毒剂．他在苯酚的辅助下进行了 40 例截肢手术，有 34 例患者接受

手术后活了下来. 他还在没有使用苯酚的情况下进行了 35 次截肢手术, 有 19 例患者幸存了下来. 显然, 苯酚确实可以提高存活率, 统计显著性检验有助于排除由于偶然的差异[214].

令 p_X 为使用苯酚存活的真实概率, p_Y 为没有使用苯酚的真实存活率. 在显著性水平 $\alpha=0.01$ 下验证假设

$$H_0: p_X = p_Y (= p)$$

和

$$H_1: p_X > p_Y$$

如果 H_0 为真, 则 p 的合并估计值为总存活率, 即

$$p_e = \frac{34+19}{40+35} = \frac{53}{75} = 0.707$$

对于使用和不使用苯酚, 存活的样本的比例分别为 $34/40=0.850$ 和 $19/35=0.543$. 根据定理 9.4.1, 检验统计量为

$$z = \frac{0.850-0.543}{\sqrt{\frac{(0.707)(0.293)}{40}+\frac{(0.707)(0.293)}{35}}} = 2.92$$

由于 z 超过 $\alpha=0.01$ 的临界值($z_{0.01}=2.33$), 我们应该拒绝该零假设并得出结论, 使用苯酚可挽救生命.

关于数据 尽管有这项研究和越来越多的类似证据, 抗菌手术的理论并没有立即在 Lister 的祖国英国所接受. 然而, 欧洲大陆的外科医生理解 Lister 的价值并在 1875 年授予他人道主义奖.

注释 英国人并不是唯一忽视 Lister 成就的人. 在 1880 年秋天, James A. Garfield 当选美国第 20 任总统. 第二年 7 月, 他被一个妄想狂近距离射了两枪. 两个半月后, Garfield 死于全身感染, 痛苦不堪. 要不是主治医生认为 Lister 的工作无足轻重, 这个结果本来是可以避免的.

案例研究 9.4.2

多年来, 许多的研究都试图描述噩梦患者的特征. 由此产生的刻板印象认为这些人高度焦虑、自我力量低、感觉不足、身体健康状况比一般人差. 然而, 我们不太清楚的是, 男性是否与女性同样频繁地陷入这种状况. 为此, 一项临床调查[83]观察了 160 名男性和 192 名女性的噩梦频数. 每个受试者被问及他(或她)是"经常"(至少一个月一次)还是"很少"(少于一个月一次)经历噩梦. 男性和女性表示"经常"的比例分别为 34.4%和 31.3%(见表 9.4.1). 这两个百分比之间的差异在统计上是否显著?

表 9.4.1 噩梦频数

	男性	女性	总计
经常做噩梦	55	60	115
很少做噩梦	105	132	237
总计	160	192	
经常做噩梦的频率(%)	34.4	31.3	

令 p_M 和 p_W 分别表示男性和女性经常做噩梦的真实比例．在显著性水平 $\alpha=0.05$ 下验证假设

$$H_0: p_M = p_W$$

和

$$H_1: p_M \neq p_W$$

令 $\alpha=0.05$，则 $\pm z_{0.025}=\pm 1.96$ 是两个临界值，且 $p_e=\dfrac{55+60}{160+192}=0.327$，所以

$$z=\frac{0.344-0.313}{\sqrt{\dfrac{(0.327)(0.673)}{160}+\dfrac{(0.327)(0.673)}{192}}}=0.62$$

因此，结论是明确的：我们不能拒绝零假设——这些数据并没有提供令人信服的证据来证明男性和女性做噩梦的频率不同．

关于数据 每一项统计研究的结果都旨在从被测对象推广到更广泛的人群，从而使样本能够合理地代表总体．显然，如果要正确地解释(和推断)一组数据，了解一些实验对象是必要的．表 9.4.1 是一个值得注意的例子．采访的 352 个人并不是典型的大学研究项目所要求的对象．他们都是精神病院的病人．

习题

9.4.1 在人类群体中，利手现象已被广泛研究．成年人中右撇子、左撇子和双撇子的比例有很完善的记录．我们不太清楚的是，类似的现象也存在于低等动物中．例如，狗可以是右撇子，也可以是左撇子．假设在 200 只比格犬的随机样本中，发现 55 只是左撇子，而在 200 只柯利犬的随机样本中，发现 40 只是左撇子．我们能否得出如下结论：在 $\alpha=0.05$ 的情况下，左爪犬的两种样本比例的差异具有统计显著性？

9.4.2 在一项旨在了解控制饮食是否能延缓动脉硬化过程的研究中，随机挑选了 846 人，对他们进行了为期 8 年的跟踪调查．其中一半人被要求只吃特定的食物；另一半可以想吃什么就吃什么．8 年后，发现特定饮食组中有 66 人死于心肌梗死或脑梗死，而对照组中有 93 人死于类似的原因[215]．令 $\alpha=0.05$，做适当的分析．

9.4.3 水巫术(Water witching)，即利用树枝分叉的运动来定位地下水(或矿物)的做法，可以追溯到 400 多年前．它的第一个详细描述出现在 1556 年出版的 *Agricola's De re Metallica* 上，水巫术在欧洲和整个美洲的农村仍然是一种普遍的信仰．[1960 年，美国“活跃的”水女巫的人数估计超过 20 000[205]]．很难找到支持或反驳水巫术的可靠证据．观察者对个别成功或失败的个人描述往往带有强烈的偏见．在新墨西哥州芬斯莱克挖的所有井中，有 29 口是“巫术井”，32 口是“无巫术井”．在“巫术”的水井中，有 24 口成功了．对于“无巫术”的井有 27 口成功了．你会得出什么结论？

9.4.4 如果飞碟是一种真实存在的现象，那么在世界的不同地方，人们看到飞碟的本质(即它们的物理

特征)应该是相似的．一位著名的 UFO 调查员汇编了一份清单，列出了在西班牙报道的 91 起目击事件和在其他地方报道的 1 117 起目击事件．记录的信息包括飞碟是在地面上还是在空中盘旋．他的数据汇总如下表[95]．令 p_S 和 p_{NS} 分别表示“飞碟在地面”在西班牙和不在西班牙的真实概率．令 $\alpha=0.01$，利用双边 H_1 检验 $H_0: p_S=p_{NS}$．

	在西班牙	不在西班牙
飞碟在地面	53	705
飞碟在空中盘旋	38	412

9.4.5 在一些刑事案件中，法官和被告的律师会进行辩诉交易，此时被告对较轻的指控认罪．发生这种情况的时间比例称为缓解率．佛罗里达惩教部门的一项研究显示，Escambia 的犯罪率为 61.7%(1 675 起案件中有 1 033 起)，位居全州第四．由于担心罪犯得不到适当的判决，州检察官制定了新的政策来限制辩诉交易的数量．一项后续研究[143]表明，缓解率降至 52.1%(660 起案件中有 344 起)．缓解率下降是由于新政策的出台，还是说这只是偶然？在 $\alpha=0.01$ 水平进行检验．

9.4.6 假设 $H_0: p_X=p_Y$ 和 $H_1: p_X\neq p_Y$ 是基于两组独立的 100 次伯努利试验．如果 x 是第一组的成功次数 60，y 是第二组的成功次数 48，什么样的 P 值会与这些数据相关联呢？

9.4.7 本学期州立大学全日制在校生共有 8 605 名，其中 4 134 名女生．在 6 001 名住校学生中，有 2 915 名女生．男生和女生在校园住宿比例上的差异是否具有统计显著性？进行适当的分析，令 $\alpha=0.05$．

9.4.8 三趾鸥是一种有交配行为的海鸥，基本上是一夫一妻制的．通常情况下，在一个繁殖季节结束后，这些鸟会分开几个月，在下一个繁殖季节开始时再团聚．不过，两只海鸥是否真的团聚，可能会受到前一季“恋情”成功与否的影响．历时两个繁殖季节，共研究了 769 对三趾鸥[33]．在这 769 对中，大约 609 对在第一个繁殖季成功繁殖，剩下的 160 对没有成功．在接下来的一季中，先前成功繁殖的三趾鸥中有 175 对没有团聚；而在先前没有成功繁殖的 160 对中有 100 对三趾鸥依然没有团聚．我们能否得出结论，这两种分离率(29%和 63%)的差异具有统计显著性？

	上一年的繁殖量	
	成功	失败
分离数	175	100
未分离数	434	60
总数	609	160
分离率(%)	29	63

9.4.9 一名国家联盟俱乐部的全能内野手在上个赛季的 300 次本垒击球中，打击率为 0.260．今年他在 200 次击球中打击率是 0.250．老板们正试图削减他明年的工资，理由是他的“产量”下降了．尽管如此，这名球员辩称，他在过去两个赛季的表现并没有太大的不同，所以他的薪水不应该降低．谁是正确的？

9.4.10 对于案例研究 9.4.2 的噩梦数据，计算 $-2\ln\lambda$，见公式(9.4.1)，并用它来检验假设 $p_X=p_Y$，令 $\alpha=0.01$．

9.5 双样本问题的置信区间

双样本数据很适合假设检验格式，因为总是可以定义一个有意义的 H_0(不是每组单样本数据都这样)．不过，同样的推断也可以很容易地用置信区间来表述．与公式(7.4.1)的推导类似，简单反演将得出关于 $\mu_X-\mu_Y$，$\frac{\sigma_X^2}{\sigma_Y^2}$ 和 p_X-p_Y 的置信区间．

定理 9.5.1　设 $x_1, x_2, \cdots, x_n$ 和 $y_1, y_2, \cdots, y_m$ 是来自正态分布的独立随机样本，其均值分别为 μ_X 和 μ_Y，且具有相同的标准差 σ. 令 s_p 表示数据的合并标准差，$\mu_X-\mu_Y$ 的 $100(1-\alpha)\%$ 的置信区间为

$$\left(\bar{x}-\bar{y}-t_{\alpha/2,n+m-2}\cdot s_p\sqrt{\frac{1}{n}+\frac{1}{m}},\bar{x}-\bar{y}+t_{\alpha/2,n+m-2}\cdot s_p\sqrt{\frac{1}{n}+\frac{1}{m}}\right)$$

证明　由定理 9.2.1 可知

$$\frac{\bar{X}-\bar{Y}-(\mu_X-\mu_Y)}{S_p\sqrt{\frac{1}{n}+\frac{1}{m}}}$$

服从自由度为 $n+m-2$ 的学生 t 分布，因此，

$$P\left(-t_{\alpha/2,n+m-2}\leqslant\frac{\bar{X}-\bar{Y}-(\mu_X-\mu_Y)}{S_p\sqrt{\frac{1}{n}+\frac{1}{m}}}\leqslant t_{\alpha/2,n+m-2}\right)=1-\alpha \qquad (9.5.1)$$

通过在不等式的中心分离 $\mu_X-\mu_Y$ 重写公式(9.5.1)，得到定理中所述的端点．

案例研究 9.5.1

当被发现的尸体严重腐烂时，法医科学家有时很难确定受害者的性别．通常，牙齿结构可以提供有用的线索，因为女性的牙齿和男性的牙齿有不同的物理和化学特征．例如，关于 X 射线对牙釉质的穿透程度，男女就不一样．

表 9.5.1 列出了 8 颗女性牙齿和 8 颗男性牙齿的穿透梯度[62]．这些数字是 X 射线（波长为 600 nm，而不是 400 nm）穿透 500 μm 牙釉质部分的变化率的测量值．

分别将 μ_X 和 μ_Y 作为男性牙齿和女性牙齿的光谱穿透梯度的总体均值．建立 $\mu_X-\mu_Y$ 的 95%置信区间．如果区间不包含 0，在 $\alpha=0.05$ 时则可以拒绝零假设 $H_0:\mu_X=\mu_Y$（支持 $H_1:\mu_X\neq\mu_Y$）．

表 9.5.1　牙釉质光谱穿透梯度

男性，x_i	女性，y_i	男性，x_i	女性，y_i
4.9	4.8	5.4	5.6
5.4	5.3	6.6	4.0
5.0	3.7	6.3	3.6
5.5	4.1	4.3	5.0

注意到

$$\sum_{i=1}^{8}x_i=43.4 \quad 和 \quad \sum_{i=1}^{8}x_i^2=239.32$$

从中可知

$$\bar{x}=\frac{43.4}{8}=5.4$$

以及

$$s_X^2=\frac{8(239.32)-(43.4)^2}{8(7)}=0.55$$

同样

$$\sum_{i=1}^{8} y_i=36.1 \quad 和 \quad \sum_{i=1}^{8} y_i^2=166.95$$

故

$$\bar{y}=\frac{36.1}{8}=4.5$$

以及

$$s_Y^2=\frac{8(166.95)-(36.1)^2}{8(7)}=0.58$$

因此合并标准差为 0.75：

$$s_p=\sqrt{\frac{7(0.55)+7(0.58)}{8+8-2}}=\sqrt{0.565}=0.75$$

比率

$$\frac{\bar{X}-\bar{Y}-(\mu_X-\mu_Y)}{s_p\sqrt{\frac{1}{8}+\frac{1}{8}}}$$

逼近自由度为 14 的学生 t 曲线. 因此 $t_{0.025,14}=2.1448$，$\mu_X-\mu_Y$ 的 95% 置信区间由下式给出

$$\begin{aligned}&\left(\bar{x}-\bar{y}-2.1448s_p\sqrt{\frac{1}{8}+\frac{1}{8}},\bar{x}-\bar{y}+2.1448s_p\sqrt{\frac{1}{8}+\frac{1}{8}}\right)\\&=(5.4-4.5-2.1448(0.75)\sqrt{0.25},5.4-4.5+2.1448(0.75)\sqrt{0.25})\\&=(0.1,1.7)\end{aligned}$$

因为 $\mu_X-\mu_Y$ 的置信区间不包含 0，所以这些数据支持了这样一种观点：男性和女性牙齿被 X 射线穿透的程度是不同的.

注释 对于定理 9.5.1 的情形，如果方差不相等，则给出一个近似 $100(1-\alpha)\%$ 置信区间

$$\left(\bar{x}-\bar{y}-t_{\alpha/2,v}\sqrt{\frac{s_X^2}{n}+\frac{s_Y^2}{m}},\bar{x}-\bar{y}+t_{\alpha/2,v}\sqrt{\frac{s_X^2}{n}+\frac{s_Y^2}{m}}\right)$$

其中

$$v=\frac{\left(\hat{\theta}+\frac{n}{m}\right)^2}{\frac{1}{n-1}\hat{\theta}^2+\frac{1}{m-1}\left(\frac{n}{m}\right)^2},\quad \hat{\theta}=\frac{s_X^2}{s_Y^2}$$

如果自由度超过 100，则用 $z_{\alpha/2}$ 代替上式中的 $t_{\alpha/2,v}$.

定理 9.5.2　设 $x_1, x_2, \cdots, x_n$ 和 $y_1, y_2, \cdots, y_m$ 是来自正态分布的独立随机样本，其标准差分别为 σ_X 和 σ_Y，方差之比 $\frac{\sigma_X^2}{\sigma_Y^2}$ 的 $100(1-\alpha)\%$ 的置信区间为

$$\left(\frac{s_X^2}{s_Y^2}F_{\alpha/2,m-1,n-1}, \frac{s_X^2}{s_Y^2}F_{1-\alpha/2,m-1,n-1}\right)$$

证明　$\frac{s_Y^2/\sigma_Y^2}{s_X^2/\sigma_X^2}$ 是自由度为 $m-1$ 和 $n-1$ 的 F 分布，并遵循定理 9.5.1 中使用的证明方式——把 $\frac{\sigma_X^2}{\sigma_Y^2}$ 孤立在类似不等式的中心.

案例研究 9.5.2

测量冰川移动或流动最简单的方法是用照相机. 首先，在冰川边缘附近的各个位置标出一组参考点. 然后从飞机上拍摄这些点以及冰川. 问题是照片之间的时间间隔应该是多长？如果时间过短，冰川就不会移动太远，而摄影技术带来的误差就会相对较大. 如果时间过长，部分冰川可能会因周围的地形而变形，这种可能会给点对点速度估计带来很大的变化.

目前已经计算了南极霍西森冰川的两组流速[123]，一组是根据相隔三年拍摄的照片计算的，另一组照片是相隔五年拍摄的(见表 9.5.2). 基于其他考虑，可以假设“真实”的流速在上述八年中是恒定的.

这里的目标是评估与三年和五年期间有关的相对变量. 一种方法是——假设数据是正态的，构建方差比的 95%置信区间. 如果该区间不包含 1，我们推断这两个时间段对流量估计的精度显著不同.

表 9.5.2　霍西森冰川流速估计(米/日)

三年跨度，x_i	五年跨度，y_i
0.73	0.72
0.76	0.74
0.75	0.74
0.77	0.72
0.73	0.72
0.75	
0.74	

从表 9.5.2，

$$\sum_{i=1}^{7} x_i = 5.23 \quad 和 \quad \sum_{i=1}^{7} x_i^2 = 3.908\,9$$

故有

$$s_X^2 = \frac{7(3.908\,9)-(5.23)^2}{7(6)} = 0.000\,224$$

同样，

$$\sum_{i=1}^{5} y_i = 3.64 \quad 和 \quad \sum_{i=1}^{5} y_i^2 = 2.650\,4$$

则有

$$s_Y^2 = \frac{5(2.650\,4)-(3.64)^2}{5(4)} = 0.000\,120$$

这两个临界值来自附录中的表 A.4：

$$F_{0.025,4,6} = 0.109 \quad 和 \quad F_{0.975,4,6} = 6.23$$

然后，代入定理 9.5.2 的表述，得到(0.203,11.629)作为$\frac{\sigma_X^2}{\sigma_Y^2}$的 95%置信区间：

$$\left(\frac{0.000\,224}{0.000\,120}0.109, \frac{0.000\,224}{0.000\,120}6.23\right) = (0.203, 11.629)$$

因此，虽然三年数据的样本方差比五年数据的样本方差大，但不能得出真实方差不同的结论，因为$\frac{\sigma_X^2}{\sigma_Y^2}=1$包含在置信区间中.

定理 9.5.3 设 x 和 y 分别表示在两组独立的 n 和 m 次伯努利试验中观察到的成功次数. 如果 p_X 和 p_Y 表示真实成功的概率，则 p_X-p_Y 的一个近似 $100(1-\alpha)\%$置信区间为

$$\left[\frac{x}{n}-\frac{y}{m}-z_{\alpha/2}\sqrt{\frac{\left(\frac{x}{n}\right)\left(1-\frac{x}{n}\right)}{n}+\frac{\left(\frac{y}{m}\right)\left(1-\frac{y}{m}\right)}{m}},\right.$$

$$\left.\frac{x}{n}-\frac{y}{m}+z_{\alpha/2}\sqrt{\frac{\left(\frac{x}{n}\right)\left(1-\frac{x}{n}\right)}{n}+\frac{\left(\frac{y}{m}\right)\left(1-\frac{y}{m}\right)}{m}}\right]$$

证明 见习题 9.5.11.

案例研究 9.5.3

如果医院的病人心脏停止跳动，就会发出紧急信息，被称为 code blue. 医疗团队冲到床边，试图让病人苏醒. 一项研究[141]表明，晚上 11 点以后(也就是所谓的大夜班)病人最好不要发生心脏骤停，这项研究持续了 7 年，使用了 500 多家医院的非急救室数据. 在白天和傍晚时分，发生了 58 593 起心脏骤停，11 604 名患者存活下来并出院. 在晚上 11 点的轮班中，28 155 例心脏停止跳动的病人中，有 4 139 例活到出院.

设 p_X 为白天和傍晚时分的真实存活概率(估计为 11 604/58 593=0.198). 设 p_Y 表示大夜班的真实存活概率(估计为 4 139/28 155= 0.147). 构造 p_X-p_Y 的 95%置信区间，取 $z_{\alpha/2}=1.96$. 定理 9.5.3 给出置信区间的下限为

$$0.198-0.147-1.96\sqrt{\frac{(0.198)(0.802)}{58\,593}+\frac{(0.147)(0.853)}{28\,155}} = 0.045\,8$$

上限为

$$0.198-0.147+1.96\sqrt{\frac{(0.198)(0.802)}{58\,593}+\frac{(0.147)(0.853)}{28\,155}}=0.056\,2$$

所以95%置信区间为(0.045 8,0.056 2).

由于$p_X-p_Y=0$不包括在区间内(完全在0的右边)，我们可以得出结论，在大夜班期间的存活率更低.

习题

9.5.1 从历史上看，硬币中稀有金属数量的波动并不罕见[82]. 下面的数据就是一个很好的例子. 它列出了在曼努埃尔一世统治期间(1143—1180)两次铸造的拜占庭硬币样品中发现的银百分比. 构造$\mu_X-\mu_Y$的90%置信区间，银含量的真实平均差异(="早期"-"晚期"). 间隔时间对零假设H_0: $\mu_X=\mu_Y$意味着什么？对于这些数据，$s_X=0.54$，$s_Y=0.36$.

早期货币银含量，x_i(%)	晚期货币银含量，x_i(%)
5.9	5.3
6.8	5.6
6.4	5.5
7.0	5.1
6.6	6.2
7.7	5.8
7.2	5.8
6.9	
6.2	
平均值6.7	平均值5.6

9.5.2 雄性招潮蟹会站在洞穴前，向走过的雌性招潮蟹挥舞爪子，以此来吸引异性的注意. 如果雌性喜欢它所看到的，它会在雄性的洞穴里做一个短暂的拜访. 如果一切顺利，甲壳类动物之间产生了化学反应，它就会多待一会儿，进行交配. 为了减少独自过夜的机会，一些雄性在它们的洞穴上建造了精致的泥圆顶. 下面的数据[229]是否表明雄性向雌性挥手的时间受到洞穴是否有圆顶的影响？使用$s_p=11.2$，通过构造和解释$\mu_X-\mu_Y$的95%置信区间来回答这个问题.

花在向雌性挥手上的时间(%)	
有圆顶的雄性，x_i	没有圆顶的雄性，y_i
100.0	76.4
58.6	84.2
93.5	96.5
83.6	88.8
84.1	85.3
	79.1
	83.6

9.5.3 利用案例研究9.2.3的数据，构造两个$\mu_X-\mu_Y$的99%置信区间(先假设方差相等，再假设方差不相等).

9.5.4　完成定理 9.5.1 的详细证明.

9.5.5　假设 $X_1, X_2, \cdots, X_n$ 和 $Y_1, Y_2, \cdots, Y_m$ 是来自正态分布的独立随机样本，其均值分别为 μ_X 和 μ_Y，且已知标准差分别为 σ_X 和 σ_Y. 推导出 $\mu_X - \mu_Y$ 的 $100(1-\alpha)\%$ 的置信区间.

9.5.6　基于案例研究 9.2.1 中的数据，构建一个 $\frac{\sigma_X^2}{\sigma_Y^2}$ 的 95%置信区间. 假设检验的默认假设是方差相等. 这和置信区间一致吗？解释说明.

9.5.7　评估心肌功能的参数之一是舒张末期容积(EDV). 下表显示了 8 名心功能正常的患者和 6 名缩窄性心包炎患者的 EDV 记录[204]. 用定理 9.2.2 来检验 $H_0: \mu_X = \mu_Y$ 是否正确？通过构造一个 $\frac{\sigma_X^2}{\sigma_Y^2}$ 的 95%置信区间来回答这个问题.

正常，x_i	缩窄性心包炎，y_i
62	24
60	56
78	42
62	74
49	44
67	28
80	
48	

9.5.8　完成定理 9.5.2 的证明.

9.5.9　Flonase 是一种减少鼻过敏症状的鼻喷雾剂. 在副作用的临床试验中，782 名过敏性鼻炎患者每天服用 200 μg Flonase. 在这一组中，有 126 人报告头痛. 另一组 758 名受试者服用安慰剂，其中 111 人报告头痛. 找出两组头痛比例差异的 95%置信区间. 置信区间是否表明 Flonase 使用者头痛频率在统计学上有显著差异?

9.5.10　在案例研究 9.4.2 中，根据总结的噩梦频次数据，为 $p_M - p_W$ 构造一个 80%的置信区间.

9.5.11　如果 p_X 和 p_Y 分别表示两组 n 次和 m 次独立伯努利试验真实成功的概率，则比率

$$\frac{\frac{X}{n} - \frac{Y}{m} - (p_X - p_Y)}{\sqrt{\frac{(X/n)(1-X/n)}{n} + \frac{(Y/m)(1-Y/m)}{m}}}$$

具有近似标准正态分布. 用这个事实来证明定理 9.5.3.

9.5.12　对于肥胖患者，手术切口愈合的并发症风险增加. 一名执业外科医生了解到一种新型的缝合方法，可以改善手术伤口的愈合. 随机选择患者进行标准治疗(作为对照)和新的缝合. 结果如下：

	治疗	
	对照	新缝合
没有并发症	68	67
并发症	9	6

找出并发症率差异的 95%置信区间. 有证据表明新的缝合更好吗?

9.6　重新审视统计学(选择样本)

在讨论应用统计学和实验设计时，选择样本量总是一个受到广泛关注的话题. 无论在什么环境下，组成数据集的观测次数，在解决实验者提出的任何问题的能力上都占有显著的地

位. 随着样本量的增大，我们知道估计量会越来越精确，假设检验也能更好地区分 H_0 和 H_1. 当然，更大的样本量也会更昂贵. 研究人员在能够承担多少观测量和他们想要多少观测量之间进行权衡，这是在任何实验设计的早期就必须做出的选择. 如果最终确定的样本量太小，就有研究目标不充分的风险，获得的参数估计精度可能不够，假设检验可能得出不正确的结论.

也就是说，选择样本量通常并不像选择样本对象那样对实验的成功至关重要. 例如，在双样本设计中，我们应该如何决定将哪些特定的实验对象分配给处理水平 X，哪些分配给处理水平 Y？如果组成样本的实验对象对所记录的测量结果存在某种“偏差”，那么结论的完整性就不可挽回地受到损害. 目前还没有统计方法可以修正基于以某种未知方式存在偏差的测量结果的推断. 此外，偏差可能是非常微妙的，但仍然对最终的测量有显著影响. 在这种情况下，研究人员有责任从一开始就采取一切可能的预防措施，防止不恰当地分配实验对象进行处理.

例如，假设在你的高级项目中，计划研究一种新的合成睾酮是否会影响雌鼠的行为. 你的目的是建立一个双样本设计，其中 10 只老鼠每周注射新的睾酮化合物，另外 10 只老鼠将作为对照组，每周注射安慰剂. 8 周后，所有的 20 只老鼠将被放在一个大型的集体笼子里，每只老鼠的行为都将被密切监视，以寻找攻击性的迹象.

上周你从当地特许经营店订购了 20 只雌性褐家鼠. 它们今天到达，全部关在一个大笼子里. 你的计划是“随机”移走这 20 只中的 10 只，然后把这 10 只放在一个同样大的笼子里. 10 只被移走的将接受睾酮注射；原来笼子里剩下的 10 只老鼠构成了对照组. 问题是哪 10 只应该被移走？

最明显的答案——伸进去拿出 10 只——是非常错误的答案！为什么？因为以这种方式形成的样本很可能是有偏差的，例如，你倾向于避免抓住看起来可能会咬人的老鼠. 如果是这样的话，你选出的那些就会有偏差，因为它们比剩下的老鼠更消极. 由于最终要进行的测量是为了处理攻击性问题，因此以这种特殊的方式对样本产生偏差将是一个致命的缺陷. 无论总样本量是 20 还是 20 000，结果都会受到严重影响.

总的来说，依靠我们对“随机”这个词的直观理解来将实验对象分配到不同的处理中是有风险的. 正确的方法是给老鼠从 1 到 20 编号，然后使用一个随机数表或计算机的随机数生成器来确定要移走的 10 只. 图 9.6.1 显示了从整数 1 到 20 中随机选择 10 个数字样本的 Minitab 语法. 根据这个 SAMPLE 程序的运行，10 只被移出来注射睾酮的老鼠的编号依次是 1，5，8，9，10，14，15，18，19 和 20.

```
MTB   > set c1
DATA  > 1:20
DATA  > end
MTB   > sample 10 c1 c2
MTB   > print c2
```

Data Display

```
C2  18  1  20  19  9  10  8  15  14  5
```

图 9.6.1

这里有一个寓意. 设计、执行和分析实验是一项利用各种科学、计算和统计技能的练习，其中一些可能非常复杂．然而，不管这些复杂的问题处理得多么好，如果实验中最简单和最基本的方面（如分配实验对象）没有得到仔细的检查和正确的完成，整个项目就会失败．俗话说得好，细节决定成败．

附录 9.A.1　双样本 t 检验的推导（定理 9.2.2 的证明）

首先，我们注意到限制和无限制的参数空间 ω 和 Ω 是三维的：

$$\omega=\{(\mu_X,\mu_Y,\sigma):-\infty<\mu_X=\mu_Y<\infty,0<\sigma<\infty\}$$

和

$$\Omega=\{(\mu_X,\mu_Y,\sigma):-\infty<\mu_X<\infty,-\infty<\mu_Y<\infty,0<\sigma<\infty\}$$

因为 X 和 Y 是独立的（而且是正态的），

$$\begin{aligned}L(\omega)&=\prod_{i=1}^{n}f_X(x_i)\prod_{j=1}^{m}f_Y(y_j)\\&=\left(\frac{1}{\sqrt{2\pi}\sigma}\right)^{n+m}\exp\left\{-\frac{1}{2\sigma^2}\left[\sum_{i=1}^{n}(x_i-\mu)^2+\sum_{j=1}^{m}(y_j-\mu)^2\right]\right\}\end{aligned}\tag{9.A.1.1}$$

其中，$\mu=\mu_X=\mu_Y$．如果取 $\ln L(\omega)$，并同时求解 $\partial\ln L(\omega)/\partial\mu=0$ 和 $\partial\ln L(\omega)/\partial\sigma^2=0$，则解将是受限的极大似然估计值：

$$\mu_{\omega_e}=\frac{\sum_{i=1}^{n}x_i+\sum_{j=1}^{m}y_j}{n+m}\tag{9.A.1.2}$$

和

$$\sigma_{\omega_e}^2=\frac{\sum_{i=1}^{n}(x_i-\mu_{\omega_e})^2+\sum_{j=1}^{m}(y_j-\mu_{\omega_e})^2}{n+m}\tag{9.A.1.3}$$

将公式（9.A.1.2）和公式（9.A.1.3）代入公式（9.A.1.1），得到广义似然比的分子：

$$L(\omega_e)=\left(\frac{\mathrm{e}^{-1}}{2\pi\sigma_{\omega_e}^2}\right)^{(n+m)/2}$$

同样，不受零假设限制的似然函数为

$$L(\Omega)=\left(\frac{1}{\sqrt{2\pi}\sigma}\right)^{n+m}\exp\left\{-\frac{1}{2\sigma^2}\left[\sum_{i=1}^{n}(x_i-\mu_X)^2+\sum_{j=1}^{m}(y_j-\mu_Y)^2\right]\right\}\tag{9.A.1.4}$$

求解

$$\frac{\partial\ln L(\Omega)}{\partial\mu_X}=0\qquad\frac{\partial\ln L(\Omega)}{\partial\mu_Y}=0\qquad\frac{\partial\ln L(\Omega)}{\partial\sigma^2}=0$$

得出

$$\mu_{X_e}=\overline{x}\qquad\mu_{Y_e}=\overline{y}$$

$$\sigma_{\Omega_e}^2=\frac{\sum_{i=1}^{n}(x_i-\overline{x})^2+\sum_{j=1}^{m}(y_j-\overline{y})^2}{n+m}$$

如果将这些估计值代入公式（9.A.1.4），则 $L(\Omega)$ 的最大值简化为

$$L(\Omega_e)=(\mathrm{e}^{-1}/2\pi\sigma^2_{\Omega_e})^{(n+m)/2}$$

那么，广义似然比 λ 等于

$$\lambda=\frac{L(\omega_e)}{L(\Omega_e)}=\left(\frac{\sigma^2_{\Omega_e}}{\sigma^2_{\omega_e}}\right)^{(n+m)/2}$$

或者等价地，

$$\lambda^{2/(n+m)}=\frac{\sum_{i=1}^{n}(x_i-\overline{x})^2+\sum_{j=1}^{m}(y_j-\overline{y})^2}{\sum_{i=1}^{n}\left(x_i-\frac{n\overline{x}+m\overline{y}}{n+m}\right)^2+\sum_{j=1}^{m}\left(y_j-\frac{n\overline{x}+m\overline{y}}{n+m}\right)^2}$$

使用恒等式

$$\sum_{i=1}^{n}\left(x_i-\frac{n\overline{x}+m\overline{y}}{n+m}\right)^2=\sum_{i=1}^{n}(x_i-\overline{x})^2+\frac{m^2n}{(n+m)^2}(\overline{x}-\overline{y})^2$$

我们可以将 $\lambda^{2/(n+m)}$ 写作

$$\begin{aligned}\lambda^{2/(n+m)}&=\frac{\sum_{i=1}^{n}(x_i-\overline{x})^2+\sum_{j=1}^{m}(y_j-\overline{y})^2}{\sum_{i=1}^{n}(x_i-\overline{x})^2+\sum_{j=1}^{m}(y_j-\overline{y})^2+\frac{nm}{n+m}(\overline{x}-\overline{y})^2}\\&=\frac{1}{1+\frac{(\overline{x}-\overline{y})^2}{\left[\sum_{i=1}^{n}(x_i-\overline{x})^2+\sum_{j=1}^{m}(y_j-\overline{y})^2\right]\left(\frac{1}{n}+\frac{1}{m}\right)}}\\&=\frac{n+m-2}{n+m-2+\frac{(\overline{x}-\overline{y})^2}{s_p^2[(1/n)+(1/m)]}}\end{aligned}$$

其中合并方差 s_p^2 为

$$s_p^2=\frac{1}{n+m-2}\left[\sum_{i=1}^{n}(x_i-\overline{x})^2+\sum_{j=1}^{m}(y_j-\overline{y})^2\right]$$

因此，根据观测到的 t 比率，$\lambda^{2/(n+m)}$ 简化为

$$\lambda^{2/(n+m)}=\frac{n+m-2}{n+m-2+t^2}\tag{9.A.1.5}$$

至此，证明几乎已经完成. 广义似然比准则——当 $0<\lambda\leqslant\lambda^*$ 时，拒绝零假设 $H_0:\mu_X=\mu_Y$ 等同于当 $0<\lambda^{2/(n+m)}\leqslant\lambda^{**}$ 时，拒绝零假设 H_0. 但由公式(9.A.1.5)可知，当 t^2 太大时，这两种情况都是一样拒绝 H_0. 因此，用 t^2 表示的决策准则为

当 $t^2\geqslant t^{*2}$ 时，拒绝 $H_0:\mu_X=\mu_Y$ 支持 $H_1:\mu_X\neq\mu_Y$

或者换一种说法，如果 $t\geqslant t^*$ 或者 $t\leqslant -t^*$ 我们应该拒绝 H_0，其中

$$P(-t^*<T<t^*\mid H_0:\mu_X=\mu_Y\text{ 为真})=1-\alpha$$

根据定理 9.2.1，T 服从自由度为 $n+m-2$ 的学生 t 分布，这使得 $\pm t^*=\pm t_{\alpha/2,n+m-2}$，定理得证.

第 10 章　拟合优度检验

卡尔·皮尔逊(1857—1936)被一些人称为 20 世纪统计学的创始人，他大学就读于剑桥大学，主修于物理、哲学和法律. 1881 年，他获得了律师资格但却从未执业. 1911 年，皮尔逊辞去了他在伦敦大学学院应用数学和力学系的职位，成为高尔顿教授的第一位优生学的学生，这也是高尔顿的愿望. 皮尔逊与韦尔登一起创办了颇有声望的 *Biometrika* 期刊，他从 1901 年起担任该杂志的主编直至去世.

10.1　引言

到目前为止，概率数学和统计经验主义之间的取舍应该是一个非常熟悉的主题. 我们一次又一次地看到，无论来源如何，重复的测量结果都显示出一种规律性的模式，可以用第 4 章介绍的概率函数中的一个或多个来很好地近似. 到目前为止，由这种接口产生的所有推断都是特定参数的，第 6 章、第 7 章 和第 9 章中提出的关于均值、方差和二项式比例的许多假设检验都充分证明了这一事实. 然而，在其他情况下，最重要的问题是 $p_X(k)$ 或 $f_Y(y)$的基本形式，而不是其参数的值. 这些情况是第 10 章的重点.

例如，遗传学家可能想知道某一组性状的遗传是否遵循孟德尔法则规定的相同比例. 另一方面，心理学家的目标可能是证实或驳斥新提出的认知序列学习模型. 不过，针对整个概率密度函数的推断过程，最典型的用户应该是统计学家自己：作为任何类型的假设检验或置信区间的开端，应在样本量允许的情况下，尝试验证数据是否确实代表假定的任何分布. 这通常意味着检验一组 y_i 是否符合正态分布.

通常，任何试图确定一组数据是否可以合理地来自某些给定的概率分布或一类概率分布的过程，都被称为拟合优度检验. 我们将要研究的特定拟合优度检验背后的原理非常简单：首先，观测到的数据或多或少任意地分组到 k 类中；然后根据假定的模型计算每个类别的“期望”频数. 如果观测到的频数和期望频数之间的不一致比预测的抽样变异性大得多，我们的结论将是假设的 $p_X(k)$或 $f_Y(y)$是不正确的.

在实践中，由于零假设的特殊性，拟合优度检验有几种类型. 10.3 节描述了当假定数据模型的形式及其参数值已知时应采取的方法. 更典型的是，$p_X(k)$或 $f_Y(y)$的形式已知，但需要估计它们的参数；这些内容在 10.4 节中讨论.

10.5 节的重点是拟合优度检验的不同应用. 此时，零假设是两个随机变量是独立的. 在许多领域中，独立性检验是所有推断过程中最常用的一种.

10.2　多项式分布

尽管存在差异，但大多数拟合优度检验基本上是基于相同的统计量，即渐近卡方分布. 然而，该统计量的基本结构来自多项式分布，是我们熟悉的二项式的直接扩展. 在这一节中，我们定义多项式并说明它与拟合优度检验相关的性质.

给定 n 次独立的伯努利试验，每次成功的概率为 p，我们知道 X，也就是成功的总次数的概率密度函数为

$$P(X=k)=p_X(k)=\binom{n}{k}p^k(1-p)^{n-k},\quad k=0,1,\cdots,n \tag{10.2.1}$$

推广公式(10.2.1)的一种显而易见的方法是考虑在每次试验中可能出现 t 个结果中的一个，而不仅仅是两个中的一个. 也就是说，我们假设每次试验都会产生 $r_1,r_2,\cdots,r_t$ 其中一种结果，$P(r_i)=p_i$，$i=1,2,\cdots,t$(见图 10.2.1). 当然 $\sum_{i=1}^{t}p_i=1$.

$$\text{可能的结果}\begin{cases} r_1 & r_1 & & r_1 \\ r_2 & r_2 & p_i=P(r_i), & r_2 \\ \vdots & \vdots & i=1,2,\cdots,t & \vdots \\ r_t & r_t & & r_t \end{cases}$$
$$\underset{\text{独立试验}}{\quad 1 \quad\; 2 \qquad \cdots \qquad n}$$

图　10.2.1

在二项式模型中，两种可能的结果分别表示为 s 和 f，其中 $P(s)=p$ 和 $P(f)=1-p$. 此外，n 次试验的结果可以用一个随机变量 X 很好地概括，其中 X 表示成功的数量. 在更一般的多项式模型中，我们需要一个随机变量来计算每个 r_i发生的次数. 为此，我们定义

$$X_i=r_i\text{ 出现的次数},i=1,2,\cdots,t$$

对于给定的 n 次试验集，$X_1=k_1,X_2=k_2,\cdots,X_t=k_t$，并且 $\sum_{i=1}^{t}k_i=n$.

定理 10.2.1　设 X_i 表示在 n 次独立试验中结果 r_i 出现的次数，$i=1,2,\cdots,t$，$p_i=P(r_i)$. 则向量$(X_1,X_2,\cdots,X_t)$具有多项式分布，且

$$\begin{aligned} p_{X_1,X_2,\cdots,X_t}(k_1,k_2,\cdots,k_t) &= P(X_1=k_1,X_2=k_2,\cdots,X_t=k_t) \\ &= \frac{n!}{k_1!k_2!\cdots k_t!}p_1^{k_1}p_2^{k_2}\cdots p_t^{k_t}, \\ & k_i=0,1,\cdots,n;\quad i=1,2,\cdots,t;\quad \sum_{i=1}^{t}k_i=n \end{aligned}$$

证明　k_1 个 r_1,k_2 个 r_2,$\cdots$,k_t 个 r_t 的任意特定序列的概率为 $p_1^{k_1}p_2^{k_2}\cdots p_t^{k_t}$. 此外，生成值$(k_1,k_2,\cdots,k_t)$的结果序列的总数是这 n 个对象的排列数，其中第一种类型是次数为 k_1，第二种类型是次数为 k_2,……,第 t 种类型是次数为 k_t，根据定理 2.6.2，这个排列数是$\frac{n!}{k_1!k_2!\cdots k_t!}$，于是定理 10.2.1 得证.

根据不同语境，图 10.2.1 中与 n 次试验相关的 r_i可以是单个数值(或类别)，也可以是数值范围(或类别范围). 例 10.2.1 说明了第一种类型；例 10.2.2 说明了第二种类型. 对 r_i 的唯二要求是(1)它们必须涵盖给定试验中所有可能的结果，(2)它们必须是互斥的.

例 10.2.1 如果投掷一个有偏向的骰子 12 次，其中

$$p_i = P(i \text{ 面出现}) = ci, i = 1,2,\cdots,6$$

每个面正好出现两次的可能性是多少？

注意到

$$\sum_{i=1}^{6} p_i = 1 = \sum_{i=1}^{6} ci = c \cdot \frac{6(6+1)}{2}$$

这意味着 $c=\frac{1}{21}(p_i=\frac{i}{21})$. 在定理 10.2.1 中，每次试验的可能结果是 $t=6$ 个面，从 1($=r_1$)到 6($=r_6$)，X_i 是 i 面出现的次数($i=1,2,\cdots,6$).

所求的问题是这个向量的概率

$$(X_1, X_2, X_3, X_4, X_5, X_6) = (2,2,2,2,2,2)$$

根据定理 10.2.1，

$$P(X_1 = 2, X_2 = 2, \cdots, X_6 = 2) = \frac{12!}{2!2!\cdots 2!}\left(\frac{1}{21}\right)^2\left(\frac{2}{21}\right)^2\cdots\left(\frac{6}{21}\right)^2 = 0.000\,5$$

■

例 10.2.2 从下面的概率密度函数中随机抽取五个观测值：

$$f_Y(y) = 6y(1-y), \quad 0 \leqslant y \leqslant 1$$

其中一个观测值位于区间[0,0.25)内，区间[0.25,0.50)内没有观测值，区间[0.50,0.75)内有观测值三个，区间[0.75,1.00]内有观测值一个的概率是多少？

图 10.2.2 显示了抽样的概率密度函数图，r_1, r_2, r_3 和 r_4 的范围以及五个数据点的可能位置. 定理 10.2.1 的 p_i 现在表示的是面积. 例如，对 $f_Y(y)$从 0 到 0.25 积分，可以得到：

$$p_1 = \int_0^{0.25} 6y(1-y)\mathrm{d}y = 3y^2 \Big|_0^{0.25} - 2y^3 \Big|_0^{0.25} = \frac{5}{32}$$

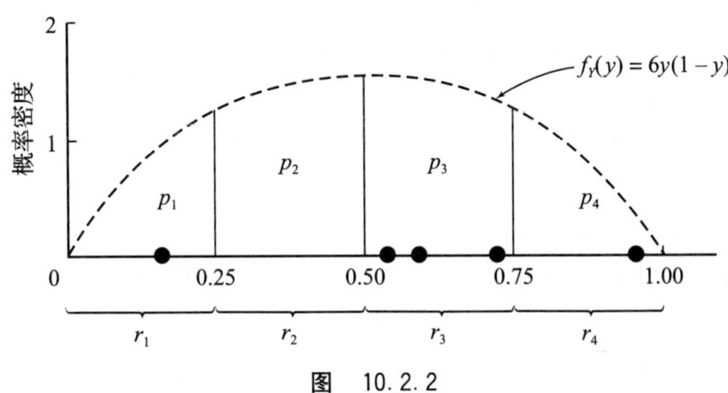

图 10.2.2

根据对称性，$p_4=\frac{5}{32}$，而且，由于 $f_Y(y)$下方区域的面积为 1，有

$$p_2 = p_3 = \frac{1}{2}\left(1 - \frac{10}{32}\right) = \frac{11}{32}$$

令 X_i 表示落在第 i 个范围内的观测数，$i=1,2,3,4$，则与多项式向量(1,0,3,1)相关的概率为 0.019 8：

$$P(X_1=1,X_2=0,X_3=3,X_4=1)=\frac{5!}{1!0!3!1!}\left(\frac{5}{32}\right)^1\left(\frac{11}{32}\right)^0\left(\frac{11}{32}\right)^3\left(\frac{5}{32}\right)^1$$
$$=0.019\,8$$

■

多项/二项式关系

由于多项概率密度函数在概念上是二项概率密度函数的直接推广，因此多项式向量中的每个 X_i 本身就是一个二项随机变量也就不足为奇了.

定理 10.2.2 假设向量$(X_1,X_2,\cdots,X_t)$是参数为 $n,p_1,p_2,\cdots,p_t$ 的多项式随机变量，则 X_i，$i=1,2,\cdots,t$ 的边际分布是参数为 n 和 p_i 的二项概率密度函数.

证明 为了推导出 X_i 的概率密度函数，我们只需将每个试验的可能结果分为“r_i”和“非 r_i”. 则 X_i 实际上是 n 次独立伯努利试验中的“成功”数，其中任何给定试验的成功概率都是 p_i. 由定理 3.2.1 可知，X_i 是一个参数为 n 和 p_i 的二项随机变量.

注释 定理 10.2.2 给出了多项式向量中任意给定 X_i 的概率密度函数，由于概率密度函数是二项的，我们也还知道每个 X_i 的均值和方差分别为 $E(X_i)=np_i$ 和 $\text{Var}(X_i)=np_i(1-p_i)$.

例 10.2.3 一位物理学教授刚刚对参加热力学课程的 50 名学生进行了一次考试. 根据以往的经验，她有理由相信分数会是正态分布，其 $\mu=80.0$ 和 $\sigma=5.0$. 得分 90 及以上的学生将获得 A 等级，介于 80 和 89 之间获得 B 等级，等等. 五个等级(A、B、C、D、F)中每个等级的学生人数的期望值和方差是多少?

令 Y 表示学生在考试中获得的分数，r_1,r_2,r_3,r_4,r_5 分别表示与等级 A、B、C、D 和 F 对应的范围，则有

$$p_1=P(\text{学生得 A})=P(90\leqslant Y\leqslant 100)$$
$$=P\left(\frac{90-80}{5}\leqslant\frac{Y-80}{5}\leqslant\frac{100-80}{5}\right)$$
$$=P(2.00\leqslant Z\leqslant 4.00)=0.022\,8$$

如果 X_1 是得等级 A 的人数，那么

$$E(X_1)=np_1=50(0.022\,8)=1.14$$

且

$$\text{Var}(X_1)=np_1(1-p_1)=50(0.022\,8)(0.977\,2)=1.11$$

表 10.2.1 列出了所有 X_i 的均值和方差，每个都是对定理 10.2.2 后的注释的应用示例.

表 10.2.1

得分	等级	p_i	$E(X_i)$	$\text{Var}(X_i)$
$90\leqslant Y\leqslant 100$	A	0.022 8	1.14	1.11
$80\leqslant Y<90$	B	0.477 2	23.86	12.47
$70\leqslant Y<80$	C	0.477 2	23.86	12.47
$60\leqslant Y<70$	D	0.022 8	1.14	1.11
$Y<60$	F	0.000 0	0.00	0.00

■

习题

10.2.1 大学先修课程允许高中生参加特殊课程，在该课程中学习大学水平的科目．熟练程度是通过国家考试来衡量的．大学通常会为成绩足够好的学生授予课程学分．分数可能是 1，2，3，4 和 5，其中 5 是最高的．下表给出了与微积分 BC 测试分数相关的概率：

得分	概率	得分	概率
1	0.146	4	0.169
2	0.054	5	0.446
3	0.185		

假设一个班级的 6 个学生参加了测试．他们得到 3 个 5，2 个 4 和 1 个 3 的概率是多少？

10.2.2 在孟德尔的豌豆经典实验中，他以这样一种方式培育杂交品种，即观察到下列不同表现型的概率分别为 9/16，3/16，3/16 和 1/61．假设随机选择了四个这样的杂交植物，四种表现型中的每一种都有的概率是多少？

类型	概率	类型	概率
圆形黄色	9/16	皱型黄色	3/16
圆形绿色	3/16	皱型绿色	1/16

10.2.3 在高血压的一种定义方式中，可将血压分为三类：血压低于 140 的个体和血压在 140～160 之间的个体以及血压超过 160 的个体．18～24 岁男性血压呈正态分布，均值为 124，标准差为 13.7．假设从这个特定的人口群体中随机抽取 10 个人进行检查，6 个血压值在第一类，3 个在第二类，1 个在第三类的概率是多少？

10.2.4 陆军征兵官根据智商将潜在新兵分为三类：Ⅰ类：智商＜90、Ⅱ类：智商 90～110 和Ⅲ类：智商＞110．鉴于招募新兵的人群的智商呈正态分布且 $\mu=100$ 和 $\sigma=16$，计算 7 名新兵中，2 名属于第Ⅰ类，4 名属于第Ⅱ类，1 名属于第Ⅲ类的概率？

10.2.5 一名心怀不满的安克雷奇丛林飞行员，因汽油信用卡被取消而心烦意乱，向阿拉斯加输油管道发射了六枚空对地导弹．如果一枚导弹降落在管道 20 码[㊀] 以内的任何地方，将造成重大的结构破坏．假设反映飞行员作为投弹手的专长的概率函数是如下表达式

$$f_Y(y)=\begin{cases}\dfrac{60+y}{3\ 600}, & -60<y<0,\\[2mm] \dfrac{60-y}{3\ 600}, & 0\leqslant y<60,\\[2mm] 0, & \text{其他}\end{cases}$$

式中 y 为管道到撞击点的垂直距离(以码为单位)．两枚导弹落在管道左侧 20 码内，四枚落在管道右侧 20 码内的概率是多少？

10.2.6 根据本赛季迄今为止的表现，一名棒球运动员在每一次正式击球时的概率如下：

结果	概率	结果	概率
出局	0.713	三垒	0.002
一垒	0.270	本垒	0.005
二垒	0.010		

如果他在明天的比赛中有 5 次正式击球，他打出两个出局、两个一垒和一个二垒的概率是多少？

㊀ 1 码＝0.914 4 米．——编辑注

10.2.7 假设从如下的概率密度函数中随机抽取 50 个观测值：

$$f_Y(y) = 3y^2, \quad 0 \leqslant y \leqslant 1$$

设 X_1 为在区间[0,1/4)中的观测数，X_2 为在区间[1/4,2/4)中的观测数，X_3 为在区间[2/4,3/4)中的观测数，X_4 为在区间[3/4,1]中的观测数.

(a)写出 $p_{X_1,X_2,X_3,X_4}(3,7,15,25)$的表达式；

(b)求出 $\text{Var}(X_3)$.

10.2.8 设随机变量(X_1,X_2,X_3)是具有参数 n,p_1,p_2 和 $p_3=1-p_1-p_2$ 的三项概率密度函数，即

$$P(X_1=k_1,X_2=k_2,X_3=k_3)=\frac{n!}{k_1!k_2!k_3!}p_1^{k_1}p_2^{k_2}p_3^{k_3},$$

$$k_i=0,1,\cdots,n;\quad i=1,2,3;\quad k_1+k_2+k_3=n$$

根据定义，(X_1,X_2,X_3)的矩生成函数如下所示：

$$M_{X_1,X_2,X_3}(t_1,t_2,t_3)=E(\mathrm{e}^{t_1X_1+t_2X_2+t_3X_3})$$

证明

$$M_{X_1,X_2,X_3}(t_1,t_2,t_3)=(p_1\mathrm{e}^{t_1}+p_2\mathrm{e}^{t_2}+p_3\mathrm{e}^{t_3})^n$$

10.2.9 如果 $M_{X_1,X_2,X_3}(t_1,t_2,t_3)$是$(X_1,X_2,X_3)$的矩生成函数，那么 $M_{X_1,X_2,X_3}(t_1,0,0)$，$M_{X_1,X_2,X_3}(0,t_2,0)$和 $M_{X_1,X_2,X_3}(0,0,t_3)$分别是 X_1,X_2 和 X_3的边际概率密度函数的矩生成函数. 利用这一事实以及习题 10.2.8 的结果来验证定理 10.2.2 的陈述.

10.2.10 设$(k_1,k_2,\cdots,k_t)$是多项式随机变量的样本观测向量，其中参数为 $n,p_1,p_2,\cdots,p_t$，证明 p_i 的极大似然估计值为 k_i/n，$i=1,2,\cdots,t$.

10.3 拟合优度检验：所有参数已知

当实验者能够完全指定样本数据来自的概率模型时，就会出现最简单的拟合优度检验. 例如，可以假设一组 y_i 是由参数为 6.3 的指数概率密度函数生成的，或者是由 $\mu=500$，$\sigma=100$ 的正态分布生成的. 对于这种连续概率密度函数，要检验的假设为

$$H_0: f_Y(y) = f_0(y)$$

和

$$H_0: f_Y(y) \neq f_0(y)$$

其中 $f_Y(y)$和 $f_0(y)$分别为真实和假定的概率密度函数. 对于典型的离散模型，零假设可以写成 $H_0: p_X(k)=p_0(k)$. 然而，对于离散随机变量，用 10.2 节中定义的与 t 个 r_i 相关的一组概率而不是用方程来描述的情况并不少见. 那么要检验的假设形式为：

$$H_0: p_1=p_{1_0}, p_2=p_{2_0}, \cdots, p_t=p_{t_0}$$

和

$$H_1: p_i \neq p_{i_0} \text{ 至少对于一个 } i \text{ 成立}$$

1900 年，卡尔·皮尔逊提出了第一个检验拟合优度假设的方法. Pearson 方法的原型用多项式语言表述，要求(1)将 n 个观测值分组为 t 类，(2)完全指定假定的模型. 定理 10.3.1 定义了 Pearson 检验统计量，并给出了选择 H_0和 H_1的决策规则. 实际上，如果多项式 X_i的实际值与期望值之间差异太大，则拒绝 H_0.

定理 10.3.1 令 $r_1,r_2,\cdots,r_t$ 是一组与 n 次独立试验相关的可能结果(或结果范围)，其中 $P(r_i)=p_i$，$i=1,2,\cdots,t$，设 X_i 为 r_i 出现的次数，则有

a. 随机变量

$$D=\sum_{i=1}^{t}\frac{(X_i-np_i)^2}{np_i}$$

近似为自由度为 $t-1$ 的 χ^2 分布．为了充分近似，t 类别的定义应满足对于所有的 i 都有 $np_i \geqslant 5$.

b．令 $k_1, k_2, \cdots, k_t$ 分别为 $r_1, r_2, \cdots, r_t$ 的观测频数，并令 $np_{1_0}, np_{2_0}, \cdots, np_{t_0}$ 是基于零假设的对应的期望频数．在显著性水平 α 上，零假设为 $H_0: f_Y(y)=f_0(y)$ [或 $H_0: p_X(k)=p_0(k)$ 或 $H_0: p_1=p_{1_0}, p_2=p_{2_0}, \cdots, p_t=p_{t_0}$]，如果

$$d=\sum_{i=1}^{t}\frac{(k_i-np_{i_0})^2}{np_{i_0}} \geqslant \chi^2_{1-\alpha, t-1}$$

则拒绝零假设．(对所有的 i 都有 $np_{i_0} \geqslant 5$).

证明　(a)部分的正式证明超出了本文的范围，但它采取的方向可以用 $t=2$ 的简单情况来说明．在这种情况下，

$$\begin{aligned}
D &= \frac{(X_1-np_1)^2}{np_1}+\frac{(X_2-np_2)^2}{np_2} \\
&= \frac{(X_1-np_1)^2}{np_1}+\frac{[n-X_1-n(1-p_1)]^2}{n(1-p_1)} \\
&= \frac{(X_1-np_1)^2(1-p_1)+(-X_1+np_1)^2 p_1}{np_1(1-p_1)} \\
&= \frac{(X_1-np_1)^2}{np_1(1-p_1)}
\end{aligned}$$

由定理 10.2.2 可知，$E(X_1)=np_1$，$\mathrm{Var}(X_1)=np_1(1-p_1)$，表明 D 可以表示为

$$D=\left[\frac{X_1-E(X_1)}{\sqrt{\mathrm{Var}(X_1)}}\right]^2$$

根据定理 4.3.1，D 是渐近标准正态变量的平方，并且(a)部分的表述遵循定义 7.3.1($k=2$)．(通过证明 n 趋近于∞时 D 的矩生成函数的极限是具有 χ^2_{t-1} 分布的随机变量的矩生成函数，见参考文献[68]).

注释　虽然在任何假设检验的一般理论发展之前，Pearson 就已经给出了统计量，但可以证明基于 D 的决策规则渐近等价于 H_0：$p_1=p_{1_0}, p_2=p_{2_0}, \cdots, p_t=p_{t_0}$ 的广义似然比检验.

案例研究 10.3.1

栖息在许多热带水域的一种小型(小于 1 mm)甲壳纲动物——角突网纹溞，它有两种不同的形态：一种有一系列从外骨骼突出的"角"，而另一种更圆(见图 10.3.1)．这两种变体最终都有可能成为鱼类的食物吗？还是它们的捕食者有某种偏爱[224]？

图 10.3.1　角突网纹溞的形态

以 3∶1 的比例往储罐中大量引入角突网纹溞，即每增加一个有角就增加三个无角的

品种. 在这个罐里有角突网纹潘的天敌，它是一种小型鱼(6 cm)，名叫查氏黑汉鱼. 大约一小时后，捕食者完成它的进食，并被杀死，并检查捕食者胃里的东西. 在 44 例甲壳纲动物的伤亡中，无角与有角的比例为 40∶4. 这些计数意味着什么?

这里，反应变量的两个自然类别是“无角的”和“有角的”，在形态对生存没有影响的零假设下，可以得出任何一种形态被吃掉的概率应该与可获得的每种类型的数量成比例. 如果 $p_1=P$（无角的被吃）和 $p_2=P$(有角的被吃)，实验目标就会简化为检验假设

$$H_0: p_1=\frac{3}{4},\quad p_2=\frac{1}{4}$$

和

$$H_1: p_1\neq\frac{3}{4},\quad p_2\neq\frac{1}{4}$$

其中 $\alpha=0.05$.

由于 $t=2$，D 近似于一个 χ_1^2 分布，其中 0.05 临界值为 3.841(见图 10.3.2). 将 k_i 和 np_{i_0} 的值代入检验统计量，得到 d 为 5.93:

$$d=\frac{\left[40-44\left(\frac{3}{4}\right)\right]^2}{44\left(\frac{3}{4}\right)}+\frac{\left[4-44\left(\frac{1}{4}\right)\right]^2}{44\left(\frac{1}{4}\right)}=5.93$$

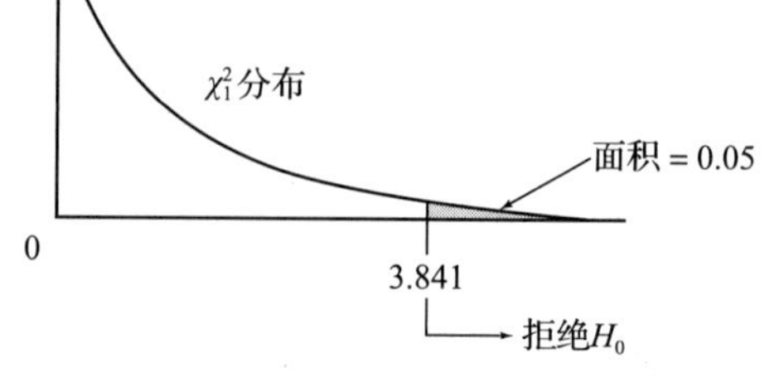

图 10.3.2　χ_1^2 分布

因此，得到的结论是拒绝 H_0，即角突网纹潘被吃掉的概率是受形态影响的.

关于数据　在这种情况下，拒绝 H_0 实际上并不意味着分析暗示了什么. 对 d 的计算表明，没有角被吃掉的数量(=40)比零假设预测的(=33)要多，而有角的则相反(吃掉 4 个，预测 11 个). 但实际上，角的存在与否是无关紧要的! 后续一系列以同样方式分析的实验清楚表明，无角的之所以经常被当作零食吃是因为它们的眼状斑点变大了，更容易被看见，也更容易食用.

案例研究 10.3.2

曾经，在没有计算机的时候(计算实际上是用铅笔和纸完成的!)，对数表被用来简化冗长的乘法运算. 20 世纪 30 年代初，物理学家弗兰克·本福德重新检验了西蒙·纽科姆多年前提出的论断，即图书馆对数类书籍的前几页比后几页更脏(回想例 3.3.3). 为什么学生和研究人员有更多的理由去查找以 1 或 2 开头的对数，而不是以 8 或 9 开头的对数呢? 本福德开始仔细研究各种数据集，包括化学物质的分子量、河流的表面积和棒球数据.

令他惊讶的是，他证实了一个事实，即 1,2,…,9，这些不同的数字在第一个非零位出现的可能性是不等的，这与我们的直觉几乎肯定是相反的. (原因见参考文献[85]中的讨论.)

第一个非零位是 i 的概率趋向于

$$p_i = \lg(i+1) - \lg(i), \quad i = 1,2,\cdots,9 \tag{10.3.1}$$

这些概率现在被称为本福德定律(见表 10.3.1).

表 10.3.1

数字，i	$\lg(i+1)-\lg(i)$	数字，i	$\lg(i+1)-\lg(i)$
1	0.301	6	0.067
2	0.176	7	0.058
3	0.125	8	0.051
4	0.097	9	0.046
5	0.079		

本福德定律的一个特别有趣的应用发生在审计方面，眼尖的审查员一直在寻找那些为了掩盖伪造记录而捏造数字的预算. 簿记员不太可能知道公式(10.3.1)，而他们倾向于“编造”一些条目，使 1 到 9 的每个第一位数字出现的概率大致相同. 设 p_i 表示一组数据中第一个非零位数字是 $i(i=1,2\cdots,9)$ 的概率，利用拟合优度检验来识别可能是“编造”的会计实例，将零假设定义为 $H_0: p_1=p_{1_0}, p_2=p_{2_0},\cdots,p_9=p_{9_0}$，其中本福德定律的概率为 p_{i_0}.

此类检验的示例总结在了表 10.3.2 中. 第 2 列的数值为 1997—1998 年西佛罗里达大学运营预算中 355 个第一位数字的细目[117]. 根据本福德定律对应的期望频数列于第 4 列，拟合优度检验统计量 d 为第 5 列各条目之和：

$$d = \frac{[111-355\cdot(0.301)]^2}{355\cdot(0.301)} + \cdots + \frac{[20-355\cdot(0.046)]^2}{355\cdot(0.046)} = 2.49$$

这里，当 $t=9$ 个类别时，假设检验的临界值来自自由度为 8 的卡方分布. 如果 $\alpha=0.05$，$\chi^2_{0.95,8}=15.507$，则结论是“不拒绝 H_0”.

表 10.3.2

数字	观测值，k_i	本福德 p_{i_0}	期望值($=355\cdot p_{i_0}$)	$(k_i-355p_{i_0})^2/355p_{i_0}$
1	111	0.301	106.9	0.16
2	60	0.176	62.5	0.10
3	46	0.125	44.4	0.06
4	29	0.097	34.4	0.86
5	26	0.079	28.0	0.15
6	22	0.067	23.8	0.13
7	21	0.058	20.6	0.01
8	20	0.051	18.1	0.20
9	20	0.046	16.3	0.82
	355	1.000	355.0	2.49

关于数据 不可否认的是，本福德定律是极其反直觉的. 在每个人的可信度范围内，它都超出了荒谬的范围. 也就是说，为什么本福德定律适用于如此多的不同现象，却有一个非常简单的解释，如下面的讨论所示.

假设随机变量 Y 值的范围跨越几个数量级——如从 10 到 1 000 000. 同样，假设 Y 的概率密度函数在以 10 为底的对数尺度上逐渐减小，例如，

$$P(100 \leqslant Y \leqslant 1\ 000) \approx P(1\ 000 \leqslant Y \leqslant 10\ 000) \approx P(10\ 000 \leqslant Y \leqslant 100\ 000)$$

也就是

$$P(2 \leqslant \lg Y \leqslant 3) \approx P(3 \approx \lg Y \leqslant 4) \approx P(4 \leqslant \lg Y \leqslant 5) \qquad (10.3.2)$$

这意味着 $\lg Y$ 近似于均匀分布.

现在，考虑 Y 值范围从 1 000 到 10 000(不包含 10 000)的对数周期. 表 10.3.3 显示了与每个可能的首位数字(1 到 9)相应的对数区间. 最后一列是 9 个相应对数区间中每个区间的宽度.

表　10.3.3

Y 值	相应的 lg 值	对数区间的宽度
$1000 \leqslant Y \leqslant 1999+$	$3.000\ 00 \leqslant \lg Y \leqslant 3.30103$	0.301 03
$2000 \leqslant Y \leqslant 2999+$	$3.301\ 03 \leqslant \lg Y \leqslant 3.477\ 12$	0.176 09
$3000 \leqslant Y \leqslant 3999+$	$3.477\ 12 \leqslant \lg Y \leqslant 3.602\ 06$	0.124 94
$4000 \leqslant Y \leqslant 4999+$	$3.602\ 06 \leqslant \lg Y \leqslant 3.698\ 97$	0.096 91
$5000 \leqslant Y \leqslant 5999+$	$3.698\ 97 \leqslant \lg Y \leqslant 3.778\ 15$	0.079 18
$6000 \leqslant Y \leqslant 6999+$	$3.778\ 15 \leqslant \lg Y \leqslant 3.845\ 10$	0.066 95
$7000 \leqslant Y \leqslant 7999+$	$3.845\ 10 \leqslant \lg Y \leqslant 3.903\ 09$	0.057 99
$8000 \leqslant Y \leqslant 8999+$	$3.903\ 09 \leqslant \lg Y \leqslant 3.954\ 24$	0.051 15
$9000 \leqslant Y \leqslant 9999+$	$3.954\ 24 \leqslant \lg Y \leqslant 4.000\ 00$	0.045 76

根据前面的假设，在 Y 的大部分范围内 $\lg Y$ 近似均匀分布. 由此可知，对于给定的一个对数周期(在本例中，$3 \leqslant \lg Y \leqslant 4$)，

$$P(a \leqslant \lg Y \leqslant b) \approx b - a$$

因此，如果从区间($1\ 000 \leqslant Y \leqslant 10\ 000$)中随机选择一个值，其首位为 1 的概率为 $1\ 000 \leqslant Y < 2\ 000$ 的对数区间的宽度，即 $3.301\ 03 - 3.000\ 00 = 0.301\ 03$. 将相同的参数应用于每个可能的首位数字(1 到 9)，将得到表 10.3.3 第 3 列中列出的条目.

当然，刚才描述的区间宽度对于每个对数周期都是相同的. 那么，如果从 $f_Y(y)$ 中随机抽取一个样本，那么 y_i 的首位是 1 的约占 30%，y_i 的首位是 2 的约占 18%，以此类推. 第 3 列中的条目实际上是本福德定律：

$$P(\text{首位是 } i) = \lg(i+1) - \lg(i), \quad i = 1, 2, \cdots, 9$$

问题仍然存在：是否存在满足先前对 $f_Y(y)$ 的假设的常见概率函数？答案是肯定的. 有一个完整的概率密度函数系列被称为幂模型，它具有适用本福德定律所必需的极长尾部. 也许帕累托分布是这个体系中人们最熟悉的：

$$f_Y(y) = a y^{-a-1}; \quad a > 0, 1 \leqslant y < \infty$$

帕累托分布最初是作为人口成员之间的财富分配模型(回忆习题 5.2.13)发展起来的，帕累托分布最近被用来描述各种各样的现象，如陨石大小、森林火灾烧毁的面积、人类住区的人口规模、石油储备的货币价值以及分配给超级计算机的工作时长. 图 10.3.3 显示了两个帕累托分布的概率密度函数示例.

例 10.3.1 一个新的统计软件声称能够从任何连续的概率密度函数中生成随机样本. 要求生成代表概率密度函数 $f_Y(y)=6y(1-y)$, $0\leqslant y\leqslant 1$ 的 40 个观测值, 表 10.3.4 中显示了输出的数字. 这 40 个 y_i 是来自 $f_Y(y)$ 的可信随机样本吗? 采用 $\alpha=0.05$ 显著性水平进行适当的拟合优度检验.

表 10.3.4

0.18	0.06	0.27	0.58	0.98
0.55	0.24	0.58	0.97	0.36
0.48	0.11	0.59	0.15	0.53
0.29	0.46	0.21	0.39	0.89
0.34	0.09	0.64	0.52	0.64
0.71	0.56	0.48	0.44	0.40
0.80	0.83	0.02	0.10	0.51
0.43	0.14	0.74	0.75	0.22

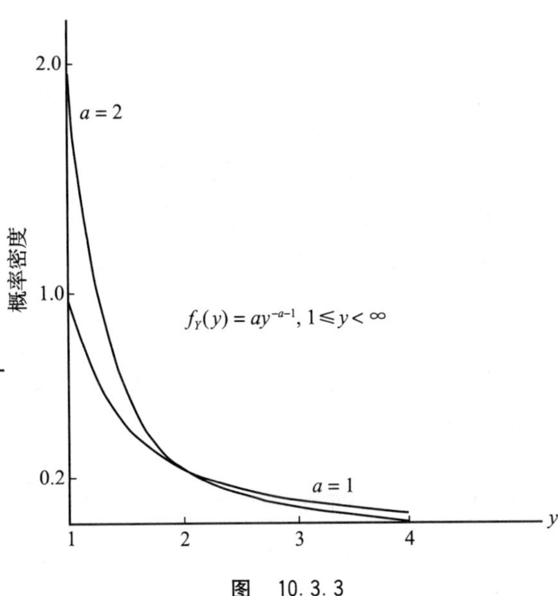

图 10.3.3

要将定理 10.3.1 应用到连续概率密度函数中, 需要首先将数据简化为一组类别. 表 10.3.5 显示了一种可能的分组. 第 3 列中的 p_{i_0} 是 5 个类别中每一个区间上 $f_Y(y)$下的面积. 例如,

$$p_{1_0}=\int_0^{0.20}6y(1-y)\mathrm{d}y=0.104$$

表 10.3.5

类别	观测频数, k_i	p_{i_0}	$40p_{i_0}$
$0\leqslant y<0.20$	8	0.104	4.16
$0.20\leqslant y<0.40$	8	0.248	9.92
$0.40\leqslant y<0.60$	14	0.296	11.84
$0.60\leqslant y<0.80$	5	0.248	9.92
$0.80\leqslant y<1.00$	5	0.104	4.16

第 4 列显示了每个类别的期望频数. 注意 $40p_{1_0}$ 和 $40p_{5_0}$ 都小于 5, 不满足定理 10.3.1 (a)部分引用的"$np_i\geqslant 5$"限制. 不过这可以很容易地纠正, 只需要简单地将前两个类别和后两个类别合并起来(见表 10.3.6).

表 10.3.6

类别	观测频数, k_i	p_{i_0}	$40p_{i_0}$
$0\leqslant y<0.40$	16	0.352	14.08
$0.40\leqslant y<0.60$	14	0.296	11.84
$0.60\leqslant y\leqslant 1.00$	10	0.352	14.08

由表 10.3.6 中的条目计算得出检验统计量 d 为

$$d=\frac{(16-14.08)^2}{14.08}+\frac{(14-11.84)^2}{11.84}+\frac{(10-14.08)^2}{14.08}=1.84$$

由于最终使用的类别数为 3，与 d 相关的自由度为 2，如果 $d \geqslant \chi^2_{0.95,2}$，则拒绝零假设，即 40 个 y_i 是来自 $f_Y(y)=6y(1-y)$(其中 $0 \leqslant y \leqslant 1$)的随机样本. 但 $\chi^2_{0.95,2}=5.991$，因此根据这些数据，没有令人信服的理由去怀疑该声称的说法. ■

拟合优度决策规则——例外

定理 10.3.1(b)部分给出的决策规则是单边向右的，这似乎是完全合理的——简单的逻辑告诉我们，如果 d 很大，则应拒绝拟合优度的零假设，但如果 d 很小，则不拒绝零假设. 毕竟，只有当观测到的频数与期望的频数非常吻合时，d 才会出现较小的值，如果发生这种情况，拒绝 H_0 似乎是没有意义了. 事实并非如此，有一种特定的情况，其中适当的拟合优度检验是单边向左的.

研究人员已经知道他们篡改、美化和伪造数据. 此外，在他们过分主张他们的理论正确时，他们经常会犯第二个错误——捏造的数据太好了，也就是说，数据太符合他们的模型了. 如何检测呢？通过计算拟合优度统计量，看看它是否小于 $\chi^2_{\alpha,t-1}$，其中 α 为 0.05 或 0.01.

案例研究 10.3.3

格雷戈尔·孟德尔(Gregor Mendel，1822—1884)是奥地利的一名修道士，也是一名领先于这个时代的科学家. 1866 年，他写了《植物杂交试验》，总结了他对豌豆遗传性状代代相传的详尽研究. 这是一项里程碑式的工作，他在对基因、染色体或分子生物学不了解的情况下，正确地推导出了遗传学的基本定律. 但是由于不清楚什么原因，没有人关注到他的发现，在接下来的 35 年里，他的发现几乎被忽视了.

20 世纪初，孟德尔的工作被重新发现，并迅速改变了植物的种植和家畜的饲养. 不过，由于他死后的名声，也招来了一些尖锐的批评. 权威人士罗纳德·A. 费希尔提出，孟德尔在 1866 年发表的那篇论文中得出的结果太好了，不可能是真的——数据肯定是伪造的.

表 10.3.7 总结了引起费希尔注意的一组数据[119]. 研究人员对 556 株豌豆的两个性状进行了研究——形状(圆形或皱形)和颜色(黄色或绿色). “圆形”和“黄色”是显性的，如果控制这两个性状的等位基因独立分离，那么(根据孟德尔的说法)双杂交应该产生四种可能的表现型，概率分别是 9/16，3/16，3/16 和 1/16.

表　10.3.7

表现型	观测到的频数	孟德尔的模型	期望频数
(圆形，黄色)	315	9/16	312.75
(圆形，绿色)	108	3/16	104.25
(皱形，黄色)	101	3/16	104.25
(皱形，绿色)	32	1/16	34.75

注意观测频数与期望频数有多接近. 定理 10.3.1 的拟合优度统计量(自由度为 4−1=3)等于 0.47:

$$d=\frac{(315-312.75)^2}{312.75}+\frac{(108-104.25)^2}{104.25}+\frac{(101-104.25)^2}{104.25}+\frac{(32-34.75)^2}{34.75}=0.47$$

图 10.3.4 显示 $d=0.47$ 的值看起来确实小得可疑. 就其本身而言, 它并没有上升到"确凿证据"的水平, 但孟德尔的批评者对他的数据的其他部分也有类似的问题.

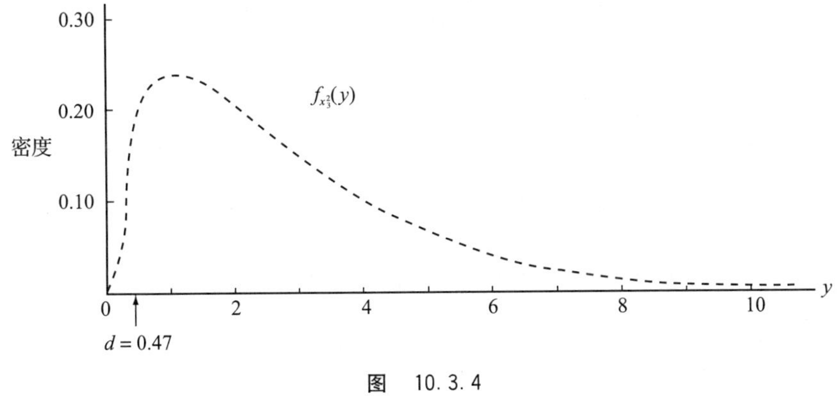

图　10.3.4

关于数据　自费希尔对孟德尔数据的合法性提出质疑以来, 已经过去了很多年, 但对于部分数据是否存在伪造, 仍然没有达成广泛的共识. 如果是的话, 那是谁的责任? 当然, 孟德尔是合理的怀疑对象, 但一些侦探也认为是园丁干的! 1866 年到底发生了什么可能永远不会为人所知, 因为孟德尔的许多原始笔记和记录已经丢失或毁坏.

习题

10.3.1　验证下列关于定理 10.3.1 统计量的恒等式. 注意, 等式右边更便于计算.

$$\sum_{i=1}^{t}\frac{(X_i-np_i)^2}{np_i}=\sum_{i=1}^{t}\frac{X_i^2}{np_i}-n$$

10.3.2　100 个大小为 2 的无序样本是从一个装有 6 个红筹码和 4 个白筹码的瓮中不放回抽取而来. 如果出现 35 次试验中没有白色筹码; 55 次试验中有 1 个白色筹码; 10 次试验中有 2 个白色筹码, 检验超几何模型的充分性. 决策规则为 0.1.

10.3.3　再考虑上一个问题. 假设我们不知道样本是放回抽样还是不放回抽样, 检验放回抽样是否为一个合理的模型.

10.3.4　依据观察, 人们普遍认为婴儿倾向于选择不方便的时间出生, 妇产医院报告表明, 在一年总共 2 650名新生儿中, 大约 494 名出生在午夜至凌晨 4 点之间[179], 拟合优度检验表明, 如果假设在出生的婴儿在所有时间内可能性都是一致的, 那么数据就不符合我们的预期, 设 $\alpha=0.05$.

10.3.5　使用 6.3 节的方法分析上一题中的数据. 这两个检验统计量之间有什么关系?

10.3.6　医学文献中的一些报告表明, 出生季节和精神分裂症的发病率可能是有关的, 在一年中的前几个月出生的精神分裂症患者比例较高. 基于这一假设, 研究[78]调查了在 1921 年至 1955 年间出生在英格兰或威尔士的 5 139 名被诊断患有精神分裂症的人. 在这 5 139 人中, 有 1 383 人是在第一季度出生的. 根据两地区的人口普查数据，在随机选出的 5 139 人中，预计在第一季度出生的人数为 1 292.1 人. 进行近似 χ^2 检验，$\alpha=0.05$.

10.3.7 1995 年，M&M/Mars 公司用蓝色的 M&M 巧克力豆替换了棕褐色的，此举震惊了当时的糖果传统主义者. 据该公司称，有与六种颜色相关联的三个频率：30%的棕色 M&M 巧克力豆，20%的黄色和红色，10%的橙色、蓝色和绿色. 了解到这一变化后，一位有兴趣的消费者数了数每三磅 M&M 巧克力中每一种颜色出现的数量[60]，他的计数如下表所示. 在显著性水平 $\alpha=0.05$ 上，检验消费者数据与公司声明的数据的一致性假设.

颜色	数量	颜色	数量
棕色	455	橙色	152
黄色	343	蓝色	130
红色	318	绿色	129

10.3.8 在 0.10 的显著性水平上，检验世界职业棒球大赛的场次是否符合以下模型：每一场世界职业棒球大赛都是一个独立的伯努利试验，其中 $p=P(\text{AL 赢球})=P(\text{NL 赢球})=\frac{1}{2}$. 使用习题 3.2.16 中的表格.

10.3.9 东部的一个赛马场的记录显示，获胜者的分布情况与其起跑点的位置有关. 所有 144 场赛马都是在一块有 8 匹马赛道的场地上进行的.

起跑点	1	2	3	4	5	6	7	8
获胜者数量	32	21	19	20	16	11	14	11

检验拟合优度假设，即马在任何起跑点获胜的可能性都是均等的. 令 $\alpha=0.05$.

10.3.10 翻毛鸡的羽毛有三种不同的表现形式——重度翻毛、轻度翻毛和正常. 卷曲的显性基因 F 和隐性基因 f 相互作用，称为不完全显性. 如果两只杂交(F,f)鸡进行杂交，重度翻毛、轻度翻毛和正常的比例为 1∶2∶1. 对 93 个后代进行杂交试验，结果见下表. 在显著性水平 0.05 上检验不完全显性假设.

表现型	观测到的数量
重度翻毛	23
轻度翻毛	50
正常	20

10.3.11 在过去，被判盗窃汽车罪的被告在监狱服刑了 Y 年，变量 Y 的概率密度函数为

$$f_Y(y)=\frac{1}{9}y^2,\quad 0<y\leqslant 3$$

不过，最近的司法改革可能影响了对这一罪行的惩罚. 对 50 名五年前因偷车被定罪的人的调查显示，其中 8 人的刑期不足 1 年，16 人的刑期为 1 至 2 年，26 人的刑期为 2 至 3 年. 这些数据与 $f_Y(y)$一致吗？在显著性水平 $\alpha=0.05$ 上进行适当的假设检验.

10.3.12 妊娠期的均值(μ)为 266 天，标准差(σ)为 16 天. 将此作为真实参数，检验以下县综合医院报告的 70 例妊娠时间是否符合正态分布的假设. 设 $\alpha=0.10$ 为显著性水平. 使用“$220\leqslant y<230$”“$230\leqslant y<240$”等作为一组类别.

251	264	234	283	226	244	269	241	276	274
263	243	254	276	241	232	260	248	284	253
265	235	259	279	256	256	254	256	250	269
240	261	263	262	259	230	268	284	259	261
268	268	264	271	263	259	294	259	263	278
267	293	247	244	250	266	286	263	274	253
281	286	266	249	255	233	245	266	265	264

10.4 拟合优度检验：参数未知

与 10.3 节中描述的问题相比，更常见的情况是，实验者有理由相信反应变量遵循某些特定的概率密度函数——例如，正态分布或泊松分布——但没有多少或没有任何信息表明模型的参数为何值. 在这种情况下，最好先采用极大似然法估计所有的未知参数，然后进行拟合优度检验. 相应的检验统计量为 d_1，是 Pearson 统计量 d 的修正：

$$d_1=\sum_{i=1}^{t}\frac{(k_i-n\hat{p}_{i_0})^2}{n\hat{p}_{i_0}}$$

此处，因子 $\hat{p}_{1_0},\hat{p}_{2_0},\cdots,\hat{p}_{t_0}$ 表示与结果 $r_1,r_2,\cdots,r_t$ 相关的估计概率.

例如，假设 $n=100$ 个观测数据来自指数分布的概率密度函数 $f_0(y)=\lambda e^{-\lambda y}$，$y\geqslant 0$，假设 r_1 定义在 0 到 1.5 的区间. 如果 λ 的数值是已知的(比如说 $\lambda=0.4$)那么与 r_1 相关的概率将表示为 p_{1_0}，其中

$$p_{1_0}=\int_0^{1.5}0.4e^{-0.4y}dy=0.45$$

另一方面，假设 λ 是未知的，但 $\sum\limits_{i=1}^{100}y_i=200$. 因此，在这种情况下，$\lambda$ 的极大似然估计值是

$$\lambda_e=n\Big/\sum_{i=1}^{100}y_i=\frac{100}{200}=0.50$$

(回顾习题 5.2.3)，估计的零假设指数模型为 $f_0(y)=0.50e^{-0.50y}$，$y\geqslant 0$，与 r_1 相关的相应估计概率表示为 $\hat{p}_{1_0}$，其中

$$\hat{p}_{1_0}=\int_0^{1.5}f_0(y;\lambda_e)dy=\int_0^{1.5}\lambda_e e^{-\lambda_e y}dy=\int_0^{1.5}0.5e^{-0.5y}dy=0.53$$

因此，d 比较的是 r_i 的观测频数和它们的期望频数，d_1 比较的是 r_i 的观测频数和它们估计的期望频数.

我们必须利用数据来填写假设模型中的详细信息，为此：我们用 χ^2 分布近似 D_1 的抽样分布，χ^2 分布的自由度为每一个估计参数减 1. 而且，正如我们在其他假设检验情况中所看到的，随着与检验统计量相关的自由度的减少，检验功效也会下降.

定理 10.4.1 假设从一个参数未知的概率密度函数 $f_Y(y)$ 或 $p_X(k)$ 中随机抽取 n 个观测值. 令 $r_1,r_2,\cdots,r_t$ 是与 n 个观测值相关联的互斥范围(或结果)的集合. 设 $\hat{p}_i=r_i$ 的估计概率，$i=1,2,\cdots,t$(在用极大似然估计代替概率密度函数中的未知参数后，由 $f_Y(y)$ 或 $p_X(k)$ 计算得出). X_i 表示 r_i 出现的次数，$i=1,2,\cdots,t$. 那么

a. 随机变量

$$D_1=\sum_{i=1}^{t}\frac{(X_i-n\hat{p}_i)^2}{n\hat{p}_i}$$

为近似 χ^2 分布，自由度为 $t-1-s$. 为了充分近似，r_i 的定义应该使所有 i 都有 $n\hat{p}_i\geqslant 5$.

b. 为检验 $H_0:f_Y(y)=f_0(y)$[或 $p_X(k)=p_0(k)$]，在显著性水平 α 上计算

$$d_1 = \sum_{i=1}^{t} \frac{(k_i - n\hat{p}_{i_0})^2}{n\hat{p}_{i_0}}$$

其中 $k_1, k_2, \cdots, k_t$ 分别是 $r_1, r_2, \cdots, r_t$ 的观测频数，$n\hat{p}_{1_0}, n\hat{p}_{2_0}, \cdots, n\hat{p}_{t_0}$ 是基于零假设相应的估计期望频数. 如果

$$d_1 \geqslant \chi^2_{1-\alpha, t-1-s}$$

则拒绝 H_0.（r_i 的定义应该使所有 i 都有 $n\hat{p}_{i_0} \geqslant 5$.）

案例研究 10.4.1

尽管击球手偶尔会出现长时间的连续击球(和连续下滑)，但有理由相信，棒球运动员在比赛中的击球次数表现得非常像一个二项随机变量. 有一项研究[142]证明了这一点，该研究从首次比赛到 1996 年 7 月中旬，对全国联赛的比赛数据进行了分析. 在此期间，球员们总共有 4 096 次正式击球. 表 10.4.1 总结了他们击中结果的分布. 这些数字是否符合一个球员在四次击球中击中的次数是二项分布的假设?

表　10.4.1

	击中次数，i	观测频数，k_i	估计的期望频数，$n\hat{p}_{i_0}$
r_i	0	1 280	1 289.1
	1	1 717	1 728.0
	2	915	868.6
	3	167	194.0
	4	17	16.3

在这种情况下，每四次击球有五种可能的结果，这些结果将为球员击中次数，因此 $r_0=0, r_1=1, \cdots, r_4=4$，要检验的假设是 r_i 的概率是由二项分布给出的，即

$$P(\text{球员四次击球击中 } i \text{ 次}) = \binom{4}{i} p^i (1-p)^{4-i}, \quad i = 0,1,2,3,4$$

其中 $p = P$(球员在给定的击球上击中).

在这种情况下，p 是一个未知参数，需要在进行拟合优度分析之前进行参数估计. 回顾例 5.1.1，p 的极大似然估计值是总成功数除以总试验数的比值. 成功数是"击中次数"，而试验数是"击打数"，因此

$$p_e = \frac{1\,280(0) + 1\,717(1) + 915(2) + 167(3) + 17(4)}{4\,096(4)} = \frac{4\,116}{16\,384} = 0.251$$

因此，要检验的精确零假设可以写为

$$H_0: P(\text{球员击中 } i \text{ 次}) = \binom{4}{i}(0.251)^i(0.749)^{4-i}, \quad i = 0,1,2,3,4$$

表 10.4.1 第 3 列显示的是基于估计的 H_0 的概率密度函数而估计的期望频数，例如，

$$n\hat{p}_{1_0} = \text{估计的 } r_1 \text{ 的期望频数} = \text{估计的球员击中 0 次的次数}$$
$$= 4\,096 \cdot \binom{4}{0}(0.251)^0(0.749)^4 = 1\,289.1$$

与 1 289.1 相对应的是表 10.4.1 中第 2 列的第 1 行，列出了观测到的球员零命中的次数(=1 280).

在 $\alpha=0.05$ 显著性水平上检验零假设，如果

$$d_1 \geqslant \chi^2_{0.95,5-1-1} = 7.815$$

那么根据定理 10.4.1 应拒绝 H_0. 这里与检验统计量相关的自由度是 $t-1-s=5-1-1=3$，由于 p 已经通过极大似然估计值得出，所以减少 $s=1$ 个自由度.

将表 10.4.1 最后两列的项代入 d_1 的公式中

$$d_1 = \frac{(1\,280-1\,289.1)^2}{1\,289.1} + \frac{(1\,717-1\,728.0)^2}{1\,728.0} + \frac{(915-868.6)^2}{868.6} + \frac{(167-194.0)^2}{194.0} + \frac{(17-16.3)^2}{16.3} = 6.401$$

因此，我们的结论是不能拒绝 H_0. 表 10.4.1 中总结的数据并没有排除球员在四场比赛中击中次数服从二项分布的可能性.

关于数据　事实上，并不排除将二项概率密度函数作为球员在比赛中击中次数的模型，这可能有点令人惊讶，因为它的一些假设显然得不到满足. 例如，假设参数 p 在整个试验中都是常数. 对于表 10.4.1 中的数据来说，当然不是这样. 不仅 p 的“真实”值会因球员的不同而明显不同，如果在一场比赛中使用不同的投手，p 的“真实”值也会因同一球员的不同击打数而不同. 还有一个问题是，每一次击球是否都是一个独立的事件. 随着比赛的进行，美国职业棒球大联盟球员(击球手和投手)肯定会重新讨论之前击球时发生的情况，并尝试做出相应的调整. 借用之前在假设检验中使用的一个术语，二项式模型“稳健地”偏离其两个最基本假设.

案例研究 10.4.2

泊松概率函数经常模拟随时间推移而发生的罕见事件，这表明它在描述精算现象时可能是有用的. 习题 4.2.14 提出了一种可能性——表 10.4.2 中列出的是《伦敦时报》在三年内刊登的 80 岁以上女性死亡通知的每日数量[80]. 这些死亡事件是否与泊松概率密度函数一致?

表　10.4.2

死亡数，i	观测频数，k_i	估计的期望频数 $n\hat{p}_{i_0}$	死亡数，i	观测频数，k_i	估计的期望频数 $n\hat{p}_{i_0}$
0	162	126.8	6	27	17.8
1	267	273.5	7	8	5.5
2	271	294.9	8	3	1.4
3	185	212.1	9	1	0.3
4	111	114.3	10+	0	0.1
5	61	49.3		1 096	1 096

泊松概率密度函数可以模拟这些数据，也就是说

$$P(80\text{ 岁以上的女性在某一天死亡的人数为 } i) = e^{-\lambda}\lambda^i/i!, i=0,1,2,\cdots$$

其中 λ 为某一天死亡的预期人数. 除了数据可能提示的, 一开始无法确定 λ 的值. 然而, 从第5章中得知, 泊松概率密度函数中的参数的极大似然估计值是发生的事件的样本平均速率, 即事件发生的总次数除以覆盖的总时间周期. 这里比值是2.157:

$$\lambda_e = \frac{\text{死亡总人数}}{\text{总天数}} = \frac{0(162)+1(267)+2(271)+\cdots+9(1)}{1\,096} = 2.157$$

然后, 1 096 乘以 $e^{-2.157}(2.157)^i/i!$, $i=0,1,2,\cdots$ 计算估计的期望频数, 表10.4.2的第3列列出了 $n\hat{p}_{i_0}$ 的全部值. [注: 当拟合的模型有无限种可能的结果时(如泊松模型), 最后的期望频数是通过从 n 中减去所有其他结果的和来计算的. 这保证了观测频数的和等于估计的期望频数的和.]对于这些数据, 这个附带条件表明:

$$\text{“10+”的估计的期望频数} = 1\,096 - 126.8 - 273.5 - \cdots - 0.3 = 0.1$$

在计算检验统计量 d_1 之前, 还需要进行最后一次修正. 回顾一下, 为了使 D_1 的概率密度函数与 χ^2 分布充分近似, 每个估计的期望频数应该至少为5. 但是, 表10.4.2中的后三个类别都有非常小的 $n\hat{p}_{i_0}$ 值(1.4, 0.3 和 0.1). 为了满足“$n\hat{p}_{i_0}\geqslant 5$”的条件, 将最后四行合并为“7+”类别, 观测频数为12(=0+1+3+8), 估计的期望频数为7.3(=0.1+0.3+1.4+5.5)(见表10.4.3).

表 10.4.3

	死亡数, i	观测频数, k_i	估计的期望频数, $n\hat{p}_{i_0}$
$r_0, r_1, \cdots, r_7$	0	162	126.8
	1	267	273.5
	2	271	294.9
	3	185	212.1
	4	111	114.3
	5	61	49.3
	6	27	17.8
	7+	12	7.3
		1 096	1 096

根据表10.4.3中确定的8个 r_i 的观测频数和估计的期望频数, 检验统计量 d_1 等于25.98:

$$d_1 = \frac{(162-126.8)^2}{126.8} + \frac{(267-273.5)^2}{273.5} + \cdots + \frac{(12-7.3)^2}{7.3} = 25.98$$

由于有8个类别和一个估计参数, 与 d_1 相关的自由度是6(= 8−1−1), 在显著性水平 $\alpha=0.05$ 上检验

H_0: P(80岁以上的女性在某一天死亡的人数为 i) $= e^{-2.157}(2.157)^i/i!, i=0,1,2,\cdots$

如果

$$d_1 \geqslant \chi^2_{0.95,6}$$

则拒绝 H_0. χ^2_6 分布的第95百分位数为12.592, 位于 d_1 的左侧, 因此结论是拒绝 H_0. 在表10.4.3中观测的和估计的期望频数之间有太多的差异, 无法与数据潜在的概率模型是泊松概率密度函数的假设保持一致.

关于数据　对表10.4.3中的各项进行逐行比较, 可以发现死亡人数为0的天数明显增多, 死亡人数较多(5, 6 或 7 以上)的天数也增多. 对这些差异的一种可能解释是, 不满足 λ 在整个覆盖时间内保持不变的泊松假设. 例如流感等事件, 可能会使每月的数据差异很大, 并导致数据与泊松模型“脱节”.

案例研究 10.4.3

朗伯·阿道夫·雅克·凯特勒(1796—1874)，比利时著名学者，为了在布鲁塞尔建立皇家天文台，他和拉普拉斯在巴黎学习概率. 他从拉普拉斯那里学到了正态概率分布. 他相信这种密度函数可以模拟许多类型的数据，因此他从广泛的领域收集了许多数据集，其中的一个数据是5 738名苏格兰士兵的胸围(以英寸为单位)，结果见表10.4.4. 这些测量值可以被认为是来自一个正态随机变量Y的随机样本吗？解决这个问题的一种方法是采用凯特勒当时还没有的拟合优度方法.

表 10.4.4

胸围(英寸)	观测频数，y	胸围(英寸)	观测频数，y
33	3	41	934
34	18	42	658
35	81	43	370
36	185	44	92
37	420	45	50
38	749	46	21
39	1 073	47	4
40	1 079	48	1

表10.4.5第1列所示为把Y初始细分为13个区间. 考虑到四舍五入，观测值“35”对应于区间[34.5,35.5). 第一个和最后一个区间是开放式的，以反映假设的潜在正态分布是定义在整个实数上的.

表 10.4.5

区间	观测频数	估计的期望频数	检验统计量
$y<34.5$	21	27.5	1.54
$34.5\leqslant y<35.5$	81	75.2	0.45
$35.5\leqslant y<36.5$	185	205.4	2.03
$36.5\leqslant y<37.5$	420	433.2	0.40
$37.5\leqslant y<38.5$	749	756.8	0.08
$38.5\leqslant y<39.5$	1 073	1 028.8	1.90
$39.5\leqslant y<40.5$	1 079	1 105.7	0.64
$40.5\leqslant y<41.5$	934	938.7	0.02
$41.5\leqslant y<42.5$	658	630.6	1.19
$42.5\leqslant y<43.5$	370	334.0	3.88
$43.5\leqslant y<44.5$	92	140.6	16.8
$44.5\leqslant y<45.5$	50	46.5	0.26
$y\geqslant 45.5$	26	15.0	8.07
	5 738	5 738	37.26

在正态性检验中，计算任何期望频数之前，都需要估计μ和σ这两个参数(这里也不例外). 可利用第5章给出的样本均值和样本标准差公式，得$\mu_e=3.98$，$\sigma_e=2.044$. 为了计算落在一个区间内的概率，我们使用z变换和正态表. 例如，观测值在区间[35.5, 36.5)内的概率为

$$P(35.5 \leqslant Y < 36.5) = P\left(\frac{35.5-39.8}{2.044} \leqslant Y < \frac{36.5-39.8}{2.044}\right)$$
$$= P(-2.10 \leqslant Y < -1.61)$$
$$= 0.0537 - 0.0179 = 0.0358$$

则估计的期望频数值为 5 738(0.035 8)= 205.4. 其余的期望频数在表 10.4.5 的第 3 列中给出. 第 4 列给出了检验统计量 d_1 的各值. 注意 $d_1=37.26$. 这里有 13 个类别和两个估计参数，因此 df=13−1−2=10. 根据定理 10.4.1，如果 $d_1 \geqslant \chi^2_{0.95,10}=18.307$，则在显著性水平 $\alpha=0.05$ 上，拒绝 Y 为正态分布随机变量的假设. 由于 $d_1=37.26$，所以结论是拒绝正态假设.

关于数据　注意，$43.5 \leqslant y \leqslant 44.5$ 上的统计量 d_1 的值和 $y \geqslant 45.5$ 的统计量 d_1 的值占总数 37.26 中的 24.87. 由于测量量很大，又缺乏好的记录数据的工具，人们很容易想象这些计数可能不准确.

习题

10.4.1　公共政策调查小组正在调查同一家庭的人们是否倾向于做出独立的政治选择. 他们选出了 200 个恰好有 3 个选民居住的家庭. 居民们被分别询问他们对城市宪章修正案的意见（“是”或“否”）. 如果他们的意见是独立形成的，那么回答“是”的人数应该服从二项分布. 对以下数据进行适当的拟合优度检验. 设 $\alpha=0.05$.

回答“是”的人数	频数	回答“是”的人数	频数
0	30	2	73
1	56	3	41

10.4.2　1837 年至 1932 年，美国最高法院有 48 个席位空缺. 下面的表格显示了恰好有 k 个空缺出现的年份. 在 $\alpha=0.01$ 显著性水平上，检验这些数据可以用一个泊松概率密度函数来描述.

席位空缺数量	年数	席位空缺数量	年数
0	59	3	1
1	27	4+	0
2	9		

10.4.3　为了研究一种使植物慢慢腐烂的疾病的传播方式，将一大片卷心菜划分为 270 个样方，每个样方含有相同数量的植物. 下表列出每个样方有腐病侵害迹象的植株数.

受感染的植物数量/样方	样方数量	受感染的植物数量/样方	样方数量
0	38	7	7
1	57	8	3
2	68	9	4
3	47	10	2
4	23	11	1
5	9	12	1
6	10	13+	0

每个样方感染腐病的植株数能用泊松概率密度函数来描述吗？设 $\alpha=0.05$. 泊松分布在这种情况

下不合适的物理原因是什么？不满足泊松分布的哪个假设？

10.4.4 对习题 4.2.10 中的马踢腿数据进行详细的拟合优度检验．显著性水平为 0.01.

10.4.5 在凹版印刷中，有一种印刷方法是把纸卷在雕刻的镀铬圆筒上，印刷出来的纸会因出现一些线条而有瑕疵，圆筒表面上形成凹槽时，就会产生条纹．当发生这种情况时，印刷机必须停止，重新抛光或替换圆筒．下表给出了印刷公司连续停工之间的工作日数[44]．用指数模型拟合这些数据，并在显著性水平 0.05 上进行适当的拟合优度检验.

停工之间的工作日	观测到的次数	停工之间的工作日	观测到的次数
0～1	130	4～5	2
1～2	41	5～6	3
2～3	25	6～7	1
3～4	8	7～8	1

10.4.6 对表 3.13.1 中的 SAT 数据进行正态性拟合优度检验．样本均值和样本标准差分别为 949.4 和 68.4.

10.4.7 一位社会学家正在研究 19 世纪杰出学者个人生活的各个方面．在研究的样本中，有 120 名研究对象的家庭有两个孩子．下表总结了这些家庭中男孩数量的分布情况．能否得出这些杰出学者家庭中男孩的数量是二项分布的结论？设 $\alpha=0.05$.

男孩数量	0	1	2
家庭数	24	64	32

10.4.8 理论上，蒙特卡罗研究依赖于计算机来生成大量的随机数．特别重要的是，在单位区间内定义的随机变量的均匀概率密度函数为 $f_Y(y)=1$，$0\leqslant y\leqslant 1$．然而实际中，计算机通常生成的是伪随机数，这些伪随机数通过复杂的算法系统生成，这些算法模拟了“真实的”随机变量．下面是一个均匀概率密度函数生成的 100 个伪随机数．建立适当的拟合优度假设并检验．设 $\alpha=0.05$.

0.216	0.673	0.130	0.587	0.044	0.501	0.958	0.415	0.872	0.329
0.786	0.243	0.700	0.157	0.614	0.071	0.528	0.985	0.442	0.899
0.356	0.813	0.270	0.727	0.184	0.641	0.098	0.555	0.012	0.469
0.926	0.383	0.840	0.297	0.754	0.211	0.668	0.125	0.582	0.039
0.496	0.953	0.410	0.867	0.324	0.781	0.238	0.695	0.152	0.609
0.066	0.523	0.980	0.437	0.894	0.351	0.808	0.265	0.722	0.179
0.636	0.093	0.550	0.007	0.464	0.921	0.378	0.835	0.292	0.749
0.206	0.663	0.120	0.577	0.034	0.491	0.948	0.405	0.862	0.319
0.776	0.233	0.690	0.147	0.604	0.061	0.518	0.975	0.432	0.889
0.346	0.803	0.260	0.717	0.174	0.631	0.088	0.545	0.002	0.459

10.4.9 因为放射性衰变满足泊松模型中隐含的所有假设，所以放射性衰变的概率密度函数的形式为 $p_X(k)=e^{-\lambda}\lambda^k/k!$，$k=0,1,2,\cdots$，其中随机变量 X 表示在给定时间间隔内发射(或计数)的粒子数．那么在案例研究 4.2.2 中给出的卢瑟福和盖革数据是正确的吗？建立并进行适当的分析.

10.4.10 在美式足球中，失误被定义为失球或拦截传球．下表给出了主队在 440 场比赛中的失误次数．检验这些数据在显著性水平 0.05 上符合泊松分布.

失误	观测次数	失误	观测次数
0	75	4	34
1	125	5	13
2	126	6+	7
3	60		

10.4.11　下面这组数据可能来自几何概率密度函数 $p_X(k)=(1-p)^{k-1}p$，$k=1,2,\cdots$吗？

2	8	1	2	2	5	1	2	8	3
5	4	2	4	7	2	2	8	4	7
2	6	2	3	5	1	3	3	2	5
4	2	2	3	6	3	6	4	9	3
3	7	5	1	3	4	3	4	6	2

10.4.12　为了给新教区长筹款，教会成员举行抽奖活动. 总共售出 n 张彩票(编号为 1 到 n)，其中有 50 名中奖者可能是随机抽取的. 下面是 50 个幸运数字，建立针对抽签随机性的拟合优度检验. 采用显著性水平 0.05.

108	110	21	6	44
89	68	50	13	63
84	64	69	92	12
46	78	113	104	105
9	115	58	2	20
19	96	28	72	81
32	75	3	49	86
94	61	35	31	56
17	100	102	114	76
106	112	80	59	73

10.4.13　案例研究 5.3.1 将伊特鲁里亚人的颅骨宽度数据视为正态的. 使用下表中分组的数据，在 $\alpha=0.10$ 的水平上检验该假设. 对于该数据集，$\bar{y}=143.8$ mm，$s_Y=6.0$ mm.

区间	频数	区间	频数
$y\leqslant 136$	8	$145<y\leqslant 148$	15
$136<y\leqslant 139$	7	$148<y\leqslant 151$	10
$139<y\leqslant 142$	21	$y>151$	8
$142<y\leqslant 145$	15		

10.4.14　案例研究 5.2.2 认为地震数据符合负二项分布. 使用表 5.2.4 中的数据在 $\alpha=0.05$ 的显著性水平上检验这一假设.

10.5　列联表

正如我们所见，假设检验有几种根本不同的形式. 第 6 章、第 7 章和第 9 章主要讨论概率密度函数的参数. 例如，单样本双边 t 检验简化为 $H_0:\mu=\mu_0$ 和 $H_1:\mu\neq\mu_0$ 之间的决策. 在本章的前面，问题所在就是概率密度函数，10.3 节和 10.4 节中拟合优度检验解决的就是 $H_0:f_Y(y)=f_0(y)$形式的零假设.

第三种(也是最后一种)假设检验仍然存在. 这适用于两个随机变量的独立性受到质疑的情况. 例子随处可见. 癌症的发病率与心理健康有关吗？政治家的支持率取决于受访者的性别吗？青少年犯罪的趋势与电子游戏中日益增多的暴力行为有关吗？在本节中，我们将修正拟合优度统计量 D_1，使其能够区分独立的事件和相关事件.

独立性检验：特殊情况

一个简单的例子，使 D_1 的结构发生改变，使其能够检验独立性发生时的情景，关键是定义 2.5.1.

假设 A 是具有两个互斥类别 A_1 和 A_2 的某个特征(或随机变量)，假设 B 是具有两个互斥类别 B_1 和 B_2的第二个特征(或随机变量). A 独立于 B 就是说 A_1 和 A_2 发生的可能性不受 B_1 和 B_2 的影响. 更具体地说，如果 A 和 B 是独立的，则以下四个独立的条件概率等式必须成立：

$$\begin{aligned} P(A_1 \mid B_1) = P(A_1) \quad P(A_1 \mid B_2) = P(A_1) \\ P(A_2 \mid B_1) = P(A_2) \quad P(A_2 \mid B_2) = P(A_2) \end{aligned} \tag{10.5.1}$$

根据定义 2.4.1，对于所有的 i 和 j，有 $P(A_i \mid B_j) = \dfrac{P(A_i \cap B_j)}{P(B_j)}$，因此等式(10.5.1)中规定的条件相当于

$$\begin{aligned} P(A_1 \cap B_1) = P(A_1)P(B_1) \quad P(A_1 \cap B_2) = P(A_1)P(B_2) \\ P(A_2 \cap B_1) = P(A_2)P(B_1) \quad P(A_2 \cap B_2) = P(A_2)P(B_2) \end{aligned} \tag{10.5.2}$$

现在，假设随机抽取含有 n 个观测数据的一个样本，n_{ij} 定义为属于 A_i 和 B_j 的观测值的数量(因此 $n = n_{11} + n_{12} + n_{21} + n_{22}$). 假设 A 的两个类别和 B 的两个类别定义了一个两行两列的矩阵，那么四种观测频数可以在表 10.5.1 所示的列联表中显示.

表 10.5.1

		特征 B		
		B_1	B_2	行总计
特征 A	A_1	n_{11}	n_{12}	R_1
	A_2	n_{21}	n_{22}	R_2
	列总计	C_1	C_2	n

如果 A 和 B 是独立的，等式(10.5.2)中的概率描述则是正确的，并且(根据定理 10.2.2)，A_i 和 B_j 的四个组合的期望频数将是表 10.5.2 中所示的项.

表 10.5.2

		特征 B		
		B_1	B_2	行总计
特征 A	A_1	$nP(A_1)P(B_1)$	$nP(A_1)P(B_2)$	R_1
	A_2	$nP(A_2)P(B_1)$	$nP(A_2)P(B_2)$	R_2
	列总计	C_1	C_2	n

虽然 $P(A_1)$，$P(A_2)$，$P(B_1)$ 和 $P(B_2)$ 是未知的，但它们都有一个很显然的估计值，即每种特征发生的样本比例，即

$$\begin{aligned} \hat{P}(A_1) = \frac{R_1}{n} \quad \hat{P}(B_1) = \frac{C_1}{n} \\ \hat{P}(A_2) = \frac{R_2}{n} \quad \hat{P}(B_2) = \frac{C_2}{n} \end{aligned} \tag{10.5.3}$$

假设 A 和 B 是独立的，那么表 10.5.3 显示了估计的期望频数(对应于 n_{11}，n_{12}，n_{21} 和 n_{22}).

表　10.5.3

		特征 B	
		B_1	B_2
特征 A	A_1	R_1C_1/n	R_1C_2/n
	A_2	R_2C_1/n	R_2C_2/n

如果 A 和 B 是独立的，表 10.5.1 中观测频数应该与表 10.5.3 中估计的期望频数吻合，因为后者是在假设 A 和 B 是独立的情况下计算出来的. 则检验统计量 d_1 的类比将是总和 d_2，其中

$$d_2=\frac{\left(n_{11}-\frac{R_1C_1}{n}\right)^2}{\frac{R_1C_1}{n}}+\frac{\left(n_{12}-\frac{R_1C_2}{n}\right)^2}{\frac{R_1C_2}{n}}+\frac{\left(n_{21}-\frac{R_2C_1}{n}\right)^2}{\frac{R_2C_1}{n}}+\frac{\left(n_{22}-\frac{R_2C_2}{n}\right)^2}{\frac{R_2C_2}{n}}$$

如果 d_2 的值够“大”，意味着一个或多个观测频数与相应的估计的期望频数存在实质性差异，则应拒绝 H_0:A 和 B 独立 .(在这个简单的例子中，A 和 B 都只有两个类别，当 H_0 为真时，D_2 有近似 χ_1^2 概率密度函数，因此在 $\alpha=0.05$ 时，如果 $d_2\geqslant\chi^2_{0.95,1}=3.841$. 则拒绝 H_0.)

独立性检验：一般情况

假设在一个样本空间 S 上取 n 个观测值，该样本空间由事件 $A_1,A_2,\cdots,A_r$ 所划分，也由事件 $B_1,B_2,\cdots,B_c$ 所划分，即

$$A_i\cap A_j=\varnothing,i\neq j\quad 和\quad \bigcup_{i=1}^{r}A_i=S$$

且

$$B_i\cap B_j=\varnothing,i\neq j\quad 和\quad \bigcup_{j=1}^{c}B_j=S$$

设随机变量 X_{ij}，$i=1,2,\cdots,r;j=1,2,\cdots,c$ 表示属于 $A_i\cap B_j$ 的观测值的数量. 我们的目标是检验 A_i 是否独立于 B_j.

表 10.5.4 显示的是 $r\times c$ 的矩阵，该矩阵的行和列定义了两组事件；表中的 k_{ij} 是 X_{ij} 的观测值(回顾表 10.5.1).

表　10.5.4

	B_1	B_2	…	B_c	行总计
A_1	k_{11}	k_{12}		k_{1c}	R_1
A_2	k_{21}	k_{22}		k_{2c}	R_2
⋮	⋮	⋮	…	⋮	⋮
A_r	k_{r1}	k_{r2}		k_{rc}	R_r
列总计	C_1	C_2		C_c	n

[注意：在 10.2 节中，X_{ij} 是一组 rc 多项式随机变量. 而且每个 X_{ij} 是一个参数为 n 和 p_{ij} 的二项随机变量，其中 $p_{ij}=P(A_i\cap B_j)$.]

令 $p_i=P(A_i)$，$i=1,2,\cdots,r$，并且令 $q_j=P(B_j)$，$j=1,2,\cdots,c$，因此

$$\sum_{i=1}^{r} p_i = 1 = \sum_{j=1}^{c} q_j$$

不变的是，p_i 和 q_j 是未知的，但它们的极大似然估计值是相应的行、列样本比例：

$$\hat{p}_1 = R_1/n, \hat{p}_2 = R_2/n, \cdots, \hat{p}_r = R_r/n$$

$$\hat{q}_1 = C_1/n, \hat{q}_2 = C_2/n, \cdots, \hat{q}_c = C_c/n$$

回顾等式(10.5.3).

如果 A_i 和 B_j 是独立的，那么

$$P(A_i \cap B_j) = P(A_i)P(B_j) = p_i q_j$$

k_{ij} 对应的期望频数为 np_iq_j，$i=1,2,\cdots,r$；$j=1,2,\cdots,c$(回顾定理 10.2.2 后面的注释)，并且 $A_i \cap B_j$ 的估计期望频数为

$$n\hat{p}_i\hat{q}_j = n \cdot R_i/n \cdot C_j/n = R_iC_j/n \tag{10.5.4}$$

回顾表 10.5.3.

因此，对于表 10.5.4 中所示的每个 rc 行列组合，都有对应的观测频数(k_{ij})和估计的期望频数(R_iC_j/n)，基于零假设，即 A_i 和 B_j 相互独立，检验统计量类似于 d_1，将是 d_2 的双重和，

$$d_2 = \sum_{i=1}^{r}\sum_{j=1}^{c} \frac{(k_{ij} - n\hat{p}_i\hat{q}_j)^2}{n\hat{p}_i\hat{q}_j}$$

若 d_2 的值较大，则认为反对独立性假设.

定理 10.5.1 假设在一个样本空间 S 上取 n 个观测值，该样本空间由事件 $A_1, A_2, \cdots, A_r$ 所划分，也由事件 $B_1, B_2, \cdots, B_c$ 所划分. 令 $p_i = P(A_i)$，$q_j = P(B_j)$，$p_{ij} = P(A_i \cap B_j)$，$i=1,2,\cdots,r$；$j=1,2,\cdots,c$，X_{ij} 表示属于 $A_i \cap B_j$ 的观测值的数量，那么

a. 随机变量

$$D_2 = \sum_{i=1}^{r}\sum_{j=1}^{c} \frac{(X_{ij} - np_{ij})^2}{np_{ij}}$$

服从自由度为 $rc-1$ 的近似 χ^2 分布(对于所有 i 和 j，$np_{ij} \geqslant 5$).

b. 检验 $H_0: A_i$ 与 B_j 相互独立，并计算检验统计量

$$d_2 = \sum_{i=1}^{r}\sum_{j=1}^{c} \frac{(k_{ij} - n\hat{p}_i\hat{q}_j)^2}{n\hat{p}_i\hat{q}_j}$$

其中 k_{ij} 是样本中属于 $A_i \cap B_j$ 的观测值的数量，$i=1,2,\cdots,r$；$j=1,2,\cdots,c$，$\hat{p}_i$ 和 $\hat{q}_j$ 分别是 p_i 和 q_j 的极大似然估计值. 显著性水平为 α，如果

$$d_2 \geqslant \chi^2_{1-\alpha,(r-1)(c-1)}$$

则拒绝零假设. (类似于其他拟合优度检验所规定的条件，对所有 i 和 j 都有 $n\hat{p}_i\hat{q}_j \geqslant 5$.)

注释 一般来说，与拟合优度统计量相关的自由度由以下公式给出

$$\text{df} = \text{类别数} - 1 - \text{估计的参数个数}$$

(回顾定理 10.4.1)对于定义的双重和 d_2，

$$\text{类别数} = rc$$

$$\text{估计的参数个数} = r - 1 + c - 1$$

(因为一旦估计了 $r-1$ 个 p_i，剩下的 p_i 就可以通过 $\sum_{i=1}^{r} p_i = 1$ 计算出来；同样地，只剩下 $c-1$ 个 q_j 需要被估计.)而

$$rc-1-(r-1)-(c-1)=(r-1)(c-1)$$

注释 只有当 $n\hat{p}_i\hat{q}_j \geqslant 5$(对所有的 i 和 j)时 d_2 的分布才与自由度为 $(r-1)(c-1)$ 的 χ^2 分布充分近似. 如果列联表中的一个或多个单元格的估计期望频数大大低于 5，则应重新定义行和/或列.

案例研究 10.5.1

Gene Siskel 和 Roger Ebert 是一家电视节目的著名影评人，节目的观众被两人之间频繁爆发的尖锐分歧所逗乐. 他们的评级体系是：对好电影“赞”，对坏电影“贬”，偶尔对介于两种评级之间的电影保持“中立”.

表 10.5.5 总结了他们对 160 部电影的评价[2]，他们的评级是独立的. 这些数字是否表明 Siskel 和 Ebert 有着完全不同的审美观——或者它们是否表明，尽管他们在节目中有许多口头攻击，但他们有相当多的共同点？

表 10.5.5

		Ebert 评级			
		贬	中立	赞	总计
Siskel 评级	贬	24	8	13	45
	中立	8	13	11	32
	赞	10	9	64	83
	总计	42	30	88	160

如果两位评论者的评分是独立的，利用等式(10.5.4)可以计算出，他们会说“贬”的估计预期次数：

$$\hat{E}(X_{11})=\frac{R_1 \cdot C_1}{n}=\frac{(45)(42)}{160}=11.8$$

表 10.5.6 显示了所有估计的期望频数，都是以相同的方式计算的.

在显著性水平 $\alpha=0.01$ 上，检验

$$H_0：\text{Siskel 和 Ebert 的评级是相互独立的}$$

和

$$H_1：\text{Siskel 和 Ebert 的评级是相关的}$$

表 10.5.6

		Ebert 评级			
		贬	中立	赞	总计
Siskel 评级	贬	24 (11.8)	8 (8.4)	13 (24.8)	45
	中立	8 (8.4)	13 (6.0)	11 (17.6)	32
	赞	10 (21.8)	9 (15.6)	64 (45.6)	83
	总计	42	30	88	160

当 $r=3$，$c=3$ 时，与检验统计量相关的自由度为 $(3-1)(3-1)=4$，如果

$$d_2 \geqslant \chi^2_{0.99,4} = 13.277$$

则拒绝 H_0.

而

$$d_2 = \frac{(24-11.8)^2}{11.8} + \frac{(8-8.4)^2}{8.4} + \cdots + \frac{(64-45.6)^2}{45.6} = 45.37$$

所以有确凿的证据表明，Siskel 和 Ebert 的判断是相关的.

连续数据"简化"为列联表

列联表的大多数应用都是从定性数据开始的，案例研究 10.5.1 是一个典型的例子. 但有时列联表可以提供特别方便的格式，用于检验两个最初以定量数据的形式出现的随机变量的独立性. 例如，如果这些 x 和 y 的测量值都被简化为"高"或"低"，那么原始的 x_i 和 y_i 就变成了 2×2 列联表中的频数(并且可以用来检验 H_0:X 和 Y 是独立的).

案例研究 10.5.2

社会学家推测，疏离感可能是导致个人自杀风险的一个主要因素. 如果是这样的话，流动人口较多的城市的自杀率应该高于社区更稳定的城市地区. 表 10.5.7 列出了美国 25 个城市的"流动性指数"(y)和"自杀率"(x)[223]. (注：流动性指数是这样定义的：y 值越小，流动程度越高.)这些数据是否支持社会学家的怀疑?

为了将这些数据简化为 2×2 列联表，我们将每个 x_i 重新定义为"$\geqslant\overline{x}$"或"$<\overline{x}$"，将每个 y_i 重新定义为"$\geqslant\overline{y}$"或"$<\overline{y}$".

$$\overline{x} = \frac{19.3+17.0+\cdots+29.3}{25} = 20.8$$

$$\overline{y} = \frac{54.3+51.5+\cdots+33.2}{25} = 56.0$$

表 10.5.7

城市	每 10 万人中自杀人数，x_i	流动性指数，y_i	城市	每 10 万人中自杀人数，x_i	流动性指数，y_i
纽约	19.3	54.3	华盛顿	22.5	37.1
芝加哥	17.0	51.5	明尼阿波里斯	23.8	56.3
费城	17.5	64.6	新奥尔良	17.2	82.9
底特律	16.5	42.5	辛辛那提	23.9	62.2
洛杉矶	23.8	20.3	纽瓦克	21.4	51.9
克利夫兰	20.1	52.2	堪萨斯城	24.5	49.4
圣路易斯	24.8	62.4	西雅图	31.7	30.7
巴尔的摩	18.0	72.0	印第安纳波利斯	21.0	66.1
波士顿	14.8	59.4	罗彻斯特	17.2	68.0
匹兹堡	14.9	70.0	泽西城	10.1	56.5
旧金山	40.0	43.8	路易斯维尔	16.6	78.7
密尔沃基	19.3	66.2	波特兰	29.3	33.2
布法罗	13.8	67.6			

因此，表 10.5.8 显示了 25 个(x_i, y_i)所生成的 2×2 列联表.

表　10.5.8

		流动性指数	
		低(<56.0)	高(≥56.0)
自杀率	高(≥20.8)	7	4
	低(<20.8)	3	11

如果 X 和 Y 是独立的，则表 10.5.9 中的各项是与列联表相关的四个估计期望频数[由等式(10.5.4)计算].

表　10.5.9

		流动性指数	
		低(<56.0)	高(≥56.0)
自杀率	高(≥20.8)	4.4*	6.6
	低(<20.8)	5.6	8.4

* $\widehat{E}(X_{11})=4.4$ 并不完全满足定理 10.5.1 中所述的“$n\widehat{p}_i\widehat{q}_j \geqslant 5$”限制，但 4.4 与 5 足够接近，保证了 χ^2 近似的完整性.

代入由定理 10.5.1 给出的检验统计量

$$d_2=\frac{(7-4.4)^2}{4.4}+\frac{(4-6.6)^2}{6.6}+\frac{(3-5.6)^2}{5.6}+\frac{(11-8.4)^2}{8.4}=4.57$$

当 $\mathrm{df}=(r-1)(c-1)=(2-1)(2-1)=1$ 时，在显著性水平 $\alpha=0.05$ 上，与 d_2 相关的临界值 $\chi^2_{0.95,1}=3.841$. 因为 $d_2 \geqslant 3.846$，所以结论是拒绝 H_0，因此这些数据验证了社会学家关于城市地区的自杀率和流动性是相关的猜想.

数据模型等价性

第 8 章概述了 8 种最常见的实验设计. 在大多数情况下，这 8 种方法是相互排斥的——例如，一组数据不能既是双样本又是成对样本. 但有三种非常特殊的数据类型，这些数据类型可以被正确地划分为两种不同的实验设计. 这三种特例情况之一就出现在本章之中. 如案例研究 10.5.3 所示，在两行两列的列联表中显示的每组分类数据也可以作为双样本进行分析.

案例研究 10.5.3

从 1647 年开始，巫术指控、审判和处决在新英格兰殖民地时断时续. 有时，清教徒对撒旦问题的焦虑会像传染病一样爆发，整个社区都相信他们的许多邻居都与恶魔为伍. 其中最著名的是 1692 年和 1693 年发生的塞勒姆女巫审判. 总共有 185 名成人和儿童被指控并送交审判，其中包含 141 名女性和 44 名男性. 14 名女性被绞死，5 名男性也遭遇了类似的命运[98]. 这些数据的分类会影响其分析和解释吗?

作为分类数据，对这 185 个事件进行分析，提出并检验

$$H_0:\text{惩罚的严厉程度和被告的性别是独立的}$$

和

$$H_1:\text{惩罚的严厉程度和被告的性别是相关的}$$

按照案例研究 10.5.1 中描述的过程，给出列联表和期望频数，如表 10.5.10 所示．相应的检验统计量

$$d=\frac{(14-14.5)^2}{14.5}+\frac{(5-4.5)^2}{4.5}+\frac{(127-126.5)^2}{126.5}+\frac{(39-39.5)^2}{39.5}=0.08$$

其中 df=(2−1)(2−1)=1，当 $\alpha=0.05$ 时，临界值为 $\chi^2_{0.05,1}=3.84$，结论为"不拒绝 H_0"，即惩罚轻重和性别是独立的．

表　10.5.10

	指控的巫师		总计
	女性	男性	
处决	14 (14.5)	5 (4.5)	19
未处决	127 (126.5)	39 (39.5)	166
总计	141	44	185

在双样本设计中，对这些数据的分析简化为两个二项式比例的比较．如果

$$p_F=\text{被指控为巫师并被处决的女性的真实比例}$$

和

$$p_M=\text{被指控为巫师并被处决的男性的真实比例}$$

这两个选择可以表述为

$$H_0:p_F=p_M \text{ 和 } H_1:p_F\neq p_M$$

根据定理 9.4.1，检验统计量是近似的 Z 比率

$$z=\frac{\dfrac{14}{141}-\dfrac{5}{44}}{\sqrt{\dfrac{19}{185}\left(1-\dfrac{19}{185}\right)\left(\dfrac{1}{141}+\dfrac{1}{44}\right)}}=-0.274$$

在 $\alpha=0.05$ 的水平上，临界值为 −1.96 和 1.96，因此不能拒绝 H_0，即 14/141 和 5/44 之间的差异不具有统计显著性．

因此，两种分析都未能拒绝各自的 H_0．那么有什么理由选择这种而不是另一种分析？从理论上讲是没有的．这两个是等价的，如果卡方检验拒绝了两个特征是独立的零假设，那么 Z 检验必然拒绝两个二项式比例相等的零假设．卡方检验的检验统计量为 Z 检验的检验统计量的平方，卡方检验的临界值为 Z 检验的临界值的平方．即

$$d_2=0.0745=(-0.274)^2=(\text{观测的 } z)^2$$

和

$$\chi^2_{0.95,1}=3.84=(\pm 1.96)^2=z^2_{0.025}=z^2_{0.975}$$

注释　从案例研究 10.5.3 中所描述的两个分析的等价性来看，研究人员使用这两种分析的可能性是相等的吗？不完全是．在一定的情况下，选择哪种分析在很大程度上取决于数据的内容．无论出于何种原因，社会科学领域的研究人员对相关模型和卡方检验表现出强烈的偏好，而自然科学领域的研究人员则倾向于选择双样本模型和 Z 检验．

巫术处决中的性别偏好属于社会科学的广泛范畴，因此案例研究 10.5.3 中的数据最有可能被作为卡方检验进行分析．然而，如果同样的四个数据点总结的是两种不同反弹道导弹系统的现场试验结果(见表 10.5.11)，系统 A 和系统 B 的比较很可能被表述为对两种二项式比例相等的 Z 检验．

表　10.5.11

	系统A	系统B	
导弹未击中目标	14	5	19
导弹击中目标	127	39	166
总计	141	44	185

习题

10.5.1　虽然儿童肥胖有许多饮食和身体原因，但也可能有经济因素．使用下面的表格来检验儿童肥胖是否与家庭收入有关．使用 $\alpha=0.10$．

		肥胖	
		是	否
家庭收入	较低	121	501
	中上等	54	324

10.5.2　影响公司决定搬迁到另一个地点的因素有许多．佛罗里达州为了吸引企业搬迁，赞助了一项关于不同公司如何看待各种因素的研究[55]．部分研究比较了高质量劳动力对制造企业和非制造企业的重要性．在显著性水平 $\alpha=0.05$ 时，以下数据是否表明，高质量劳动力的重要性在所有类型的企业中被认为是不一样的？

		制造业	其他
重要性	极其重要或比较重要	168	73
	不很重要	42	26

10.5.3　在一所公立高中就读的 1 154 名女生接受了一份调查问卷，调查内容是衡量每个女生表现出不良行为的程度[132]．通过对结果的分析，研究人员将 111 名女孩归为“违法者”．以下是根据出生次序对违法者和守法者的交叉分类．在显著性水平 $\alpha=0.01$ 下，是否有证据支持出生次序和犯罪行为相关的论点？

	违法者	守法者		违法者	守法者
最大的	24	450	最小的	35	211
中间的	29	312	独生子女	23	70

10.5.4　学生们选择在大学生涯的不同年份学微积分 I，下面的表格是否表明这会影响成绩的分布？使用 $\alpha=0.01$．

		微积分Ⅰ等级			
		A	B	C	D～F
选择的年份	1	115	91	65	42
	2	124	148	128	69
	3	107	85	121	43
	4	37	35	37	16

10.5.5 研究表明，定期服用阿司匹林或其他非甾体抗炎药(NSAIDs)可能有效降低患乳腺癌的风险．在一项研究[190]中，1 442 名患有乳腺癌的女性被问及在确诊前一年是否定期服用阿司匹林，其中 301 名患者回答“是”．在与之匹配的 1 420 名没有患乳腺癌的对照组中，345 人说她们经常服用阿司匹林．你会得出什么结论呢？提出一个适当的假设并检验．显著性水平为 0.05.

10.5.6 众所周知，高血压是导致冠心病的主要因素之一．研究人员对孩子和其父亲的血压之间是否存在显著的关系进行了研究[96]．如果这种关系确实存在，那么就有可能使用其中一组来筛查另一组中的高危人群．研究对象是 92 名高二学生，其中包括 47 名男生和 45 名女生，以及他们的父亲．孩子和父亲的血压均属于其各自血压分布的下 1/3、中 1/3 或上 1/3．检验孩子的血压是否独立于其父亲的血压，设 $\alpha=0.05$.

		孩子的血压		
		下 1/3	中 1/3	上 1/3
父亲的血压	下 1/3	14	11	8
	中 1/3	11	11	9
	上 1/3	6	10	12

10.5.7 下面收集的数据是一项研究的一部分，以此观察老鼠的早期成长是否会对其日后的攻击性产生影响[92]．307 只老鼠在出生后不久被分成两组．第一组的 167 只老鼠都是由其亲生母鼠抚养长大的；第二组中的 140 只老鼠由非亲生母鼠喂养．当老鼠们三个月大的时候，将它们分别放进一个小笼子里，与另一只它从未见过的老鼠待在一起．然后在预定的时间(6 分钟)内观察这两只老鼠是否会开始打架．建立合适的 χ^2 检验并进行检验．设 $\alpha=0.05$.

	亲生母鼠	非亲生母鼠
打架数量	27	47
未打架数量	140	93
总计	167	140

10.5.8 一所大学进行了一项研究，评估多课时基本统计课程的等级的一致性．为此，研究收集了三名教师的课程等级分布．这些数据有什么不一致的地方吗？在 $\alpha=0.05$ 显著水平上进行检验.

		等级				
		F	D	C	B	A
课时	801	11	19	18	20	13
	842	12	21	16	16	14
	845	14	10	18	28	11

10.5.9 一些研究表明，飞行员的子女性别分布不同寻常．一项针对飞行员教官子女的研究比较了按飞行年限划分的性别分布．在显著性水平 $\alpha=0.05$ 下检验这两个因子的独立性.

		儿童性别	
		女	男
飞行年限	0～3	34	13
	4～6	31	32
	7～9	14	15
	≥10	12	17

10.6 重新审视统计学(异常值)

本章探讨了与一组数据“背景”相关的重要问题. 例如，已知测量值 $y_1, y_2, \cdots, y_n$，它们是否能够代表来自某个特定的概率密度函数 $f_0(y)$的随机样本？给定一组二元观测值，$(x_1, y_1), (x_2, y_2), \cdots, (x_n, y_n)$表示随机变量 X 和 Y，随机变量 X 和 Y 是独立的吗？

实践中，实验者有时会遇到一种稍微不同的背景问题，这种问题侧重于个体测量而不是整个数据集. 例如，假设一个实验室通过实验得到了表 10.6.1 所列的 20 个观测结果. 数据按宽度 10 分类，其频数分布如表 10.6.2 所示. 问题是，对于 $y=127.6$ 的测量值在其他数据右侧（如果可以的话)应该做什么？它仅仅是样本中最大的观测值(在这种情况下应该保留)，还是它远离了大部分分布，反映了某种基本测量误差(在这种情况下应该丢弃)？

表 10.6.1

73.5	45.6	51.2	15.6	49.2
55.7	24.8	127.6	49.7	53.8
91.6	82.9	78.4	58.4	67.9
44.3	62.4	37.4	30.8	59.6

表 10.6.2

观测值	频数	观测值	频数
$10.0 \leqslant y < 20.0$	1	$70.0 \leqslant y < 80.0$	2
$20.0 \leqslant y < 30.0$	1	$80.0 \leqslant y < 90.0$	1
$30.0 \leqslant y < 40.0$	2	$90.0 \leqslant y < 100.0$	1
$40.0 \leqslant y < 50.0$	4	$100.0 \leqslant y < 110.0$	0
$50.0 \leqslant y < 60.0$	5	$110.0 \leqslant y < 120.0$	0
$60.0 \leqslant y < 70.0$	2	$120.0 \leqslant y < 130.0$	1

虽然无法确定地回答这个问题，但有一些检验过程可以说明“异常值”是来自生成所有其他观测结果的同一个概率密度函数的样本的可能性(取决于某些假设). 根据 Dixon 检验[42]，这种方法假设观测值来自正态分布，并且基于以下任一比值

$$r_{01} = \frac{y'_n - y'_{n-1}}{y'_n - y'_1} \quad \text{或} \quad r_{10} = \frac{y'_2 - y'_1}{y'_n - y'_1}$$

其中 y'_i是样本量为 n 的样本中的第 i 个顺序统计量. 如果潜在异常值是样本中最大的观测值，则检验统计量为 r_{01}；如果潜在异常值是最小的观测值，则检验统计量为 r_{10}.

对于表 10.6.1 中的数据，$n=20$，检测的是最大观测值，因此检验统计量为

$$r_{01}=\frac{y'_{20}-y'_{19}}{y'_{20}-y'_{1}}$$

从表 10.6.1 中可知，$y'_1=15.6$，$y'_{19}=91.6$，$y'_{20}=127.6$，所以

$$r_{01}=\frac{127.6-91.6}{127.6-15.6}=0.32$$

这个值是否足够大，足以将 127.6 作为一个异常值？答案取决于检验统计量的临界值．然而，这些统计数据没有封闭形式的概率密度函数，所以概率密度函数的百分比是用数值计算的．这些百分比可以通过表格或统计软件获得．

对于 $n=20$ 的情况，值 0.32 介于 0.300 的第 95 百分位数和 0.356 的第 98 百分位数之间．那么，y'_{20} 应该被舍弃吗？可能不会，除非有理由相信这个大值是测量误差的结果．r_{01} 的分布清楚地表明，在本例中 127.6 并没有明显的偏离．

需要提醒的是，检验异常值的简单性并不意味着该过程可以随意使用．不少实验者后悔在清洗数据时丢弃了可疑数据．有时，不符合假定模型的观测值构成了数据集中最重要的信息，因为它们可能是首要且唯一的线索用以说明假定模型是错误的．

第 11 章　回归分析

弗朗西斯·高尔顿爵士(1822—1911)在其父亲去世后获得了剑桥大学的数学学位，并完成了两年的医学学业，同时也得到一笔可观的遗产. 他开始自由旅行而成为一名引人关注的探险家. 但当《物种起源》(*The Origin of Species*)于 1859 年出版时，他的兴趣开始从地理学转向统计学和人类学[查尔斯·达尔文(Charles Darwin)是他的表兄]. 高尔顿对指纹的研究使得指纹在人类身份识别中的应用成为可能. 也正因如此，他在 1909 年被封为爵士.

11.1　引言

在实验者最常需要处理的问题中，最重要的是确定复杂系统中各个组件之间存在的关系. 如果这些关系被充分理解，就很有可能对系统的输出建立有效的模型，甚至还可以控制输出.

举个例子，考虑一个棘手的问题：把癌症的发病率和它的许多成因，比如饮食、基因构成、污染和吸烟(仅列几个)联系起来. 或者想想华尔街的金融家试图通过跟踪市场指数、公司业绩以及整体经济环境来预测股价走势. 在这些情况下，会涉及大量的变量，分析就会变得非常复杂. 幸运的是，当只涉及两个变量时，许多与关系研究相关的基本思想都能被很好地解释. 这种双变量模型将是本章的重点.

为了确定描述$(x_1,y_1),(x_2,y_2),\cdots,(x_n,y_n)$这一组点的“最佳”方程，11.2 节给出了一种计算方法，其中“最佳”是由几何定义的. 11.3 节将概率分布添加到 y 变量中，并得到了许多推断过程. 11.4 节的重点是得到两种测量结果均为随机变量的结论. 随后 11.5 节讨论了 11.4 节中的一个特殊情况，其中 X 和 Y 的可变性由二维正态分布的概率密度函数描述.

11.2　最小二乘法

我们从一个简单的几何问题开始研究两个变量之间的关系. 给定一个包含 n 个点$[(x_1,y_1),(x_2,y_2),\cdots,(x_n,y_n)]$的集合和一个正整数 m，请问哪个 m 次多项式“最接近”给定的点集?

假设所需的多项式 $p(x)$由如下给出：

$$p(x)=a+\sum_{i=1}^{m}b_ix^i$$

其中 $a,b_1,\cdots,b_m$ 有待确定. 最小二乘法通过寻找使从数据点到假定多项式的垂直距离的平方和最小的系数值来回答这个问题. 也就是说，我们称之为“最佳”的多项式 $p(x)$是其系数使函数 L 最小化的多项式，其中

$$L=\sum_{i=1}^{n}[y_i-p(x_i)]^2$$

为了适用于 $p(x)$ 是线性多项式的重要特殊情况，定理 11.2.1 对最小二乘法做了总结.（注意：为了简化符号，线性多项式 $y=a+b_1x^1$ 将写成 $y=a+bx$.）

定理 11.2.1 给定 n 个点 $(x_1,y_1),(x_2,y_2),\cdots,(x_n,y_n)$，以及直线 $y=a+bx$，使 L 有最小值

$$L=\sum_{i=1}^{n}[y_i-(a+bx_i)]^2$$

其中斜率 b 为

$$b=\frac{n\sum_{i=1}^{n}x_iy_i-\left(\sum_{i=1}^{n}x_i\right)\left(\sum_{i=1}^{n}y_i\right)}{n\left(\sum_{i=1}^{n}x_i^2\right)-\left(\sum_{i=1}^{n}x_i\right)^2}$$

y 的截距为

$$a=\frac{\sum_{i=1}^{n}y_i-b\sum_{i=1}^{n}x_i}{n}=\bar{y}-b\bar{x}$$

证明 利用我们熟悉的微积分方法来完成这个证明. 即对 L 分别求关于 a 和 b 的偏导数，将得到的表达式设为 0，然后求解.

第一步求偏导数：

$$\frac{\partial L}{\partial b}=\sum_{i=1}^{n}(-2)x_i[y_i-(a+bx_i)]$$

$$\frac{\partial L}{\partial a}=\sum_{i=1}^{n}(-2)[y_i-(a+bx_i)]$$

将 $\partial L/\partial a$ 和 $\partial L/\partial b$ 的右侧设为 0，并进行简化，得到两个方程：

$$na+\left(\sum_{i=1}^{n}x_i\right)b=\sum_{i=1}^{n}y_i$$

$$\left(\sum_{i=1}^{n}x_i\right)a+\left(\sum_{i=1}^{n}x_i^2\right)b=\sum_{i=1}^{n}x_iy_i$$

然后应用 Cramér 法则给出了定理中 b 的解，接着可以得到 a 的表达式.

案例研究 11.2.1

一家空调机组制造商因连杆未达到成品重量规格而出现装配问题. 太多的连杆过度加工，超重后被视为劣质品. 为了降低成本，该公司的质量控制部门希望量化成品连杆的重量 y 与铸坯的重量 x 之间的关系[149]. 可能产生过重连杆的铸坯在进行最终(和昂贵的)模具加工之前可以丢弃.

检查 xy 关系的第一步是测量 25 组 (x_i,y_i)（见表 11.2.1）. 由图表可知，这些点表明成品连杆的重量（以盎司[⊖]为单位）与铸坯的重量呈线性关系（见图 11.2.1）. 利用定理 11.2.1 找到逼近 xy 关系的最佳直线.

⊖ 1盎司=28.349 5克. ——编辑注

表　11.2.1

连杆编号	铸坯重量，x	成品重量，y	连杆编号	铸坯重量，x	成品重量，y
1	2.745	2.080	14	2.635	1.990
2	2.700	2.045	15	2.630	1.990
3	2.690	2.050	16	2.625	1.995
4	2.680	2.005	17	2.625	1.985
5	2.675	2.035	18	2.620	1.970
6	2.670	2.035	19	2.615	1.985
7	2.665	2.020	20	2.615	1.990
8	2.660	2.005	21	2.615	1.995
9	2.655	2.010	22	2.610	1.990
10	2.655	2.000	23	2.590	1.975
11	2.650	2.000	24	2.590	1.995
12	2.650	2.005	25	2.565	1.955
13	2.645	2.015			

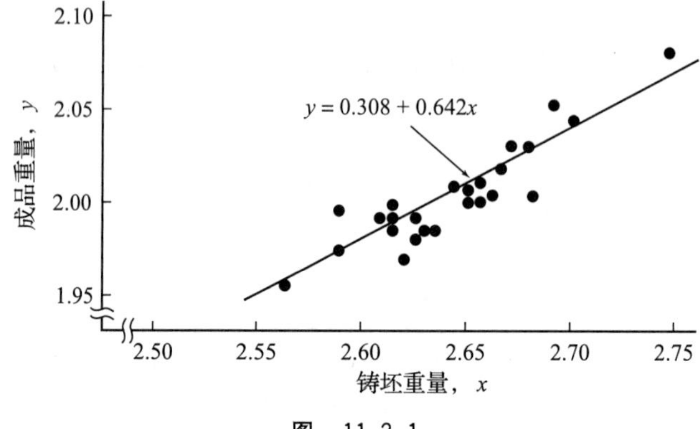

图　11.2.1

从表 11.2.1 我们可以看出

$$\sum_{i=1}^{25} x_i = 66.075 \quad \sum_{i=1}^{25} x_i^2 = 174.672\,925$$

$$\sum_{i=1}^{25} y_i = 50.12 \quad \sum_{i=1}^{25} y_i^2 = 100.498\,65$$

$$\sum_{i=1}^{25} x_i y_i = 132.490\,725$$

因此，

$$b = \frac{25(132.490\,725) - (66.075)(50.12)}{25(174.672\,925) - (66.075)^2} = 0.642$$

$$a = \frac{50.12 - 0.642(66.075)}{25} = 0.308$$

得到最小二乘直线

$$y = 0.308 + 0.642x$$

则制造商现在可以做出一些明智的政策决定. 如果铸坯的重量为 2.71 盎司，则采用最小二乘法预测其成品重量为 2.05 盎司：

$$\text{估重} = a + b(2.71) = 0.308 + 0.642(2.71) = 2.05$$

如果认为 2.05 盎司的成品重量太重，则应丢弃 2.71 盎司(或更重)的铸坯.

残差

当 $x=x_i$ 时，观测到的 y_i 与最小二乘直线的值之间的差值称为第 i 个观测值的残差. 它的大小反映了最小二乘直线对该特定点"建模"的成败.

定义 11.2.1 假设 a 和 b 为与样本 $(x_1,y_1),(x_2,y_2),\cdots,(x_n,y_n)$ 相关联的最小二乘系数. 对于任意的 x，$\hat{y}=a+bx$ 被称为 y 的预测值. 对于任何给定的 i，$i=1,2,\cdots,n$，$y_i-\hat{y}_i=y_i-(a+bx_i)$ 被称为第 i 个残差. 对于所有 i，$y_i-\hat{y}_i$ 与 x_i 的关系图被称为残差图.

残差图分析

应用统计学家发现，残差图对于评估穿过 n 个给定点的拟合直线的适当性非常有用. 如果 x 和 y 之间的关系是线性的，则相应的残差图通常不会显示出图案、周期、趋势或异常值. 然而，对于非线性关系，残差图通常呈现出显著的非随机性，这可以非常有效地突出并解释 x 和 y 之间的潜在关联.

例 11.2.1 为案例研究 11.2.1 中的数据绘制残差图. 从外观来看，用直线拟合这些点合适吗?

我们首先计算这 25 个数据点的残差.

例如，记第一个观测值是 $(x_1,y_1)=(2.745,2.080)$，那么相应的预测值 $\hat{y}_1$ 为 2.070：

$$\hat{y}_1 = 0.308 + 0.642(2.745) = 2.070$$

则第一个残差为 $y_1-\hat{y}_1=2.080-2.070=0.010$. 全部残差见表 11.2.2.

表 11.2.2

x_i	y_i	$\hat{y}_i$	$y_i-\hat{y}_i$	x_i	y_i	$\hat{y}_i$	$y_i-\hat{y}_i$
2.745	2.080	2.070	0.010	2.635	1.990	2.000	−0.010
2.700	2.045	2.041	0.004	2.630	1.990	1.996	−0.006
2.690	2.050	2.035	0.015	2.625	1.995	1.993	0.002
2.680	2.005	2.029	−0.024	2.625	1.985	1.993	−0.008
2.675	2.035	2.025	0.010	2.620	1.970	1.990	−0.020
2.670	2.035	2.022	0.013	2.615	1.985	1.987	−0.002
2.665	2.020	2.019	0.001	2.615	1.990	1.987	0.003
2.660	2.005	2.016	−0.011	2.615	1.995	1.987	0.008
2.655	2.010	2.013	−0.003	2.610	1.990	1.984	0.006
2.655	2.000	2.013	−0.013	2.590	1.975	1.971	0.004
2.650	2.000	2.009	−0.009	2.590	1.995	1.971	0.024
2.650	2.005	2.009	−0.004	2.565	1.955	1.955	0.000
2.645	2.015	2.006	0.009				

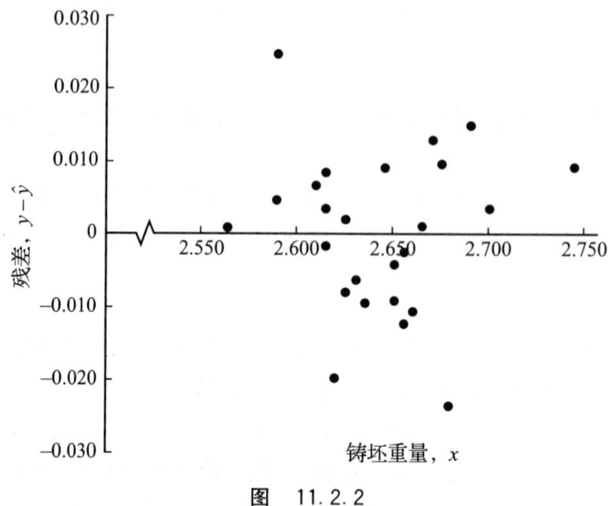

图　11.2.2

图 11.2.2 是一个残差图，它是通过将最小二乘直线 $y=0.308+0.642x$ 拟合到 25 组 (x_i, y_i) 生成的. 对于一个应用统计学家来讲，使用这条直线来描述 xy 关系不会有任何问题. 因为这些点看起来是随机分布的，没有显示出明显的异常或图案. ■

案例研究 11.2.2

表 11.2.3 列出了 1965 年至 2005 年每五年的社会保障支出. 在此期间，支出从 192 亿美元增至 5 299 亿美元. 把这 9 组 (x_i, y_i) 代入定理 11.2.1 给出的公式，得到

$$y=-38.0+12.9x$$

作为描述 xy 关系的最小二乘直线. 根据 1965 年至 2005 年的数据，预测 2010 年(当 $x=45$ 时)的社会保障费用将为 5 430 亿美元[$=-38.0+12.9(45)$]是否合理?

表　11.2.3

年份	1965 年后的年数，x	社会保障费用(十亿美元)，y
1965	0	19.2
1970	5	33.1
1975	10	69.2
1980	15	123.6
1985	20	190.6
1990	25	253.1
1995	30	339.8
2000	35	415.1
2005	40	529.9

这其实并不合理. 乍一看，最小二乘直线似乎与数据非常吻合(见图 11.2.3). 不过，仔细观察后发现，潜在的 xy 关系可能是曲线关系，而不是线性关系. 残差图(见图 11.2.4)证实了这一点，因为我们所看到的是明显的非随机图案.

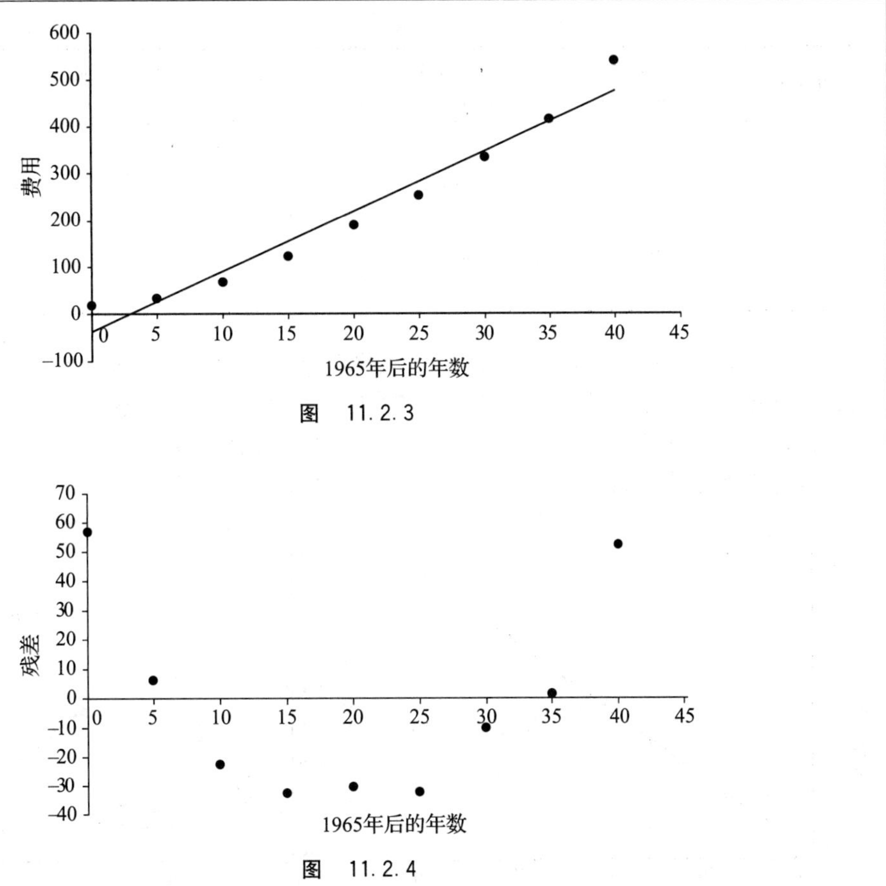

图 11.2.3

图 11.2.4

显然，推断这些数据是愚蠢的．五年后，也就是 2010 年，7 130 亿美元已经超过了 5 430 亿美元的线性预测，这就使得经济学家预测出未来支出将快速增长．

注释 对于表 11.2.3 中的数据，从残差图可以更明显地看出图 11.2.3 中存在 xy 关系是曲线的可能性．事实上，这种情况经常会发生，这就是为什么残差图可作为如此有价值的诊断工具．那些仅在 xy 图中发现的偏离随机性在相应的残差图中可以被显示得更清楚．

案例研究 11.2.3

为了从含镁溶液中回收氧化钙(CaO)，一种新的、可能更简单的实验方法被提出．但是不赞同这种方法的人认为实验结果过分依赖于分析员．为了验证他们的担忧，他们决定使用 10 个样本进行试验，每个样本都含有已知量的 CaO．十项测试中有九项由化学家 A 进行，另一项由化学家 B 进行．根据表 11.2.4 中的总结，他们的反对是否合理？

表 11.2.4

化学家	CaO 现含量 (mg), x	CaO 回收含量 (mg), y	化学家	CaO 现含量 (mg), x	CaO 回收含量 (mg), y
A	4.0	3.7	A	25.0	24.5
A	8.0	7.8	B	31.0	31.1
A	12.5	12.1	A	36.0	35.5
A	16.0	15.6	A	40.0	39.4
A	20.0	19.8	A	40.0	39.5

图 11.2.5 是 y 与 x 的散点图. 这十个点似乎非常适合用线性函数进行拟合，这表明反方的担忧是没有根据的. 但看看残差图(见图 11.2.6)，后者显示出其中一个点明显比其他任何一个点都远离零，并且该点对应于化学家 B 的测量值. 因此，尽管在散点图上未能识别出数据的任何异常，但残差图却恰好发现了这个问题.

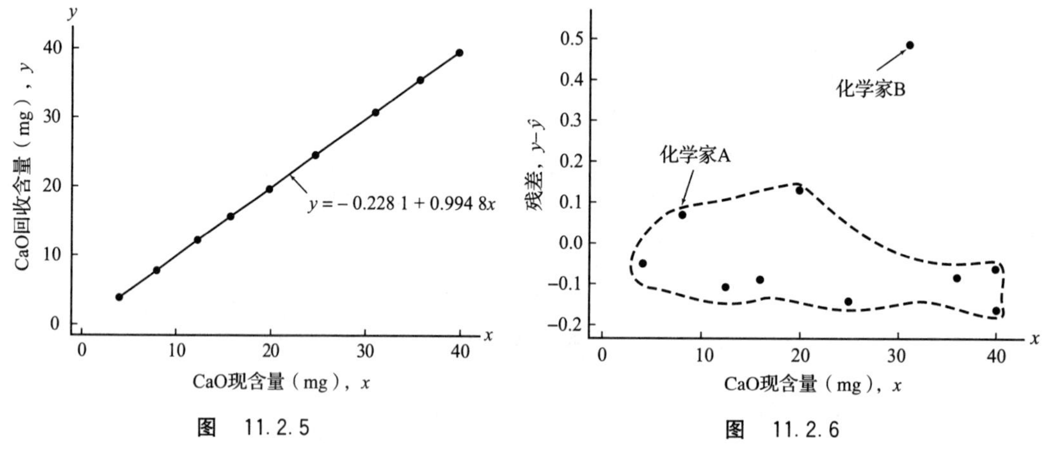

图 11.2.5　　图 11.2.6

残差图的出现——特别是化学家 B 的数据点和化学家 A 的数据点之间的分离，是否“证明”新实验结果依赖于分析员？答案是否定的. 但它确实说明了这种差距的严重性，而且这样做至少部分地回答了批评者们最初的问题.

习题

11.2.1 蟋蟀通过快速地来回滑动一个翅膀盖来发出啁啾的声音. 生物学家早就意识到温度和蟋蟀鸣叫的频次之间存在线性关系，尽管这种关系的斜率和 y 截距因物种而异. 下表为斑纹蟋蟀的 15 个频数-温度观测记录[145]. 利用这些数据绘图并找到最小二乘直线方程 $y=a+bx$. 假设一只蟋蟀被观测到每秒鸣叫 18 次，估计温度应是多少？

观测编号	每秒鸣叫的次数，x	温度(华氏度)，y	观测编号	每秒鸣叫的次数，x	温度(华氏度)，y
1	20.0	88.6	9	15.4	69.4
2	16.0	71.6	10	16.2	83.3
3	19.8	93.3	11	15.0	79.6
4	18.4	84.3	12	17.2	82.6
5	17.1	80.6	13	16.0	80.6
6	15.5	75.2	14	17.0	83.5
7	14.7	69.7	15	14.4	76.3
8	17.1	82.0			

由表中的数据，可用到的总和：

$$\sum_{i=1}^{15} x_i = 249.8 \qquad \sum_{i=1}^{15} x_i^2 = 4\ 200.56$$

$$\sum_{i=1}^{15} y_i = 1\ 200.6 \qquad \sum_{i=1}^{15} x_i y_i = 20\ 127.47$$

11.2.2 威士忌放在烧焦的橡木桶中陈酿会带来一些化学变化，这些变化会增强威士忌的口感，并使其颜色变深．下表显示了储存年份的变化对威士忌酒精度的影响[168]．
(注意：由于桶壁中水分的稀释，最初的酒精度数据会减小.)利用这些数据绘制图形以及最小二乘直线.

年份，x	酒精度，y	年份，x	酒精度，y
0	104.6	4	106.8
0.5	104.1	5	107.7
1	104.4	6	108.7
2	105.0	7	110.6
3	106.0	8	112.1

11.2.3 随着水温的升高，硝酸钠($NaNO_3$)变得更易溶解．下表给出了硝酸钠在 100 份水中的溶解份数[110]．

温度(摄氏度)，x	溶解份数，y	温度(摄氏度)，x	溶解份数，y
0	66.7	29	92.9
4	71.0	36	99.4
10	76.3	51	113.6
15	80.6	68	125.1
21	85.7		

计算残差 $y_1-\hat{y}_1,\cdots,y_9-\hat{y}_9$ 并绘制残差图．通过这些数据判断拟合为直线是否合适．可使用下列总和：

$$\sum_{i=1}^{9} x_i = 234 \qquad \sum_{i=1}^{9} y_i = 811.3$$

$$\sum_{i=1}^{9} x_i^2 = 10\ 144 \qquad \sum_{i=1}^{9} x_i y_i = 24\ 628.6$$

11.2.4 下列残差图有什么不寻常之处？

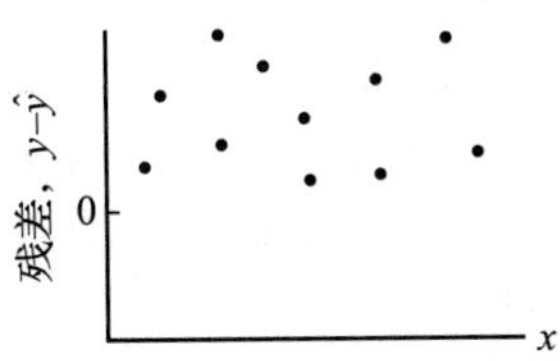

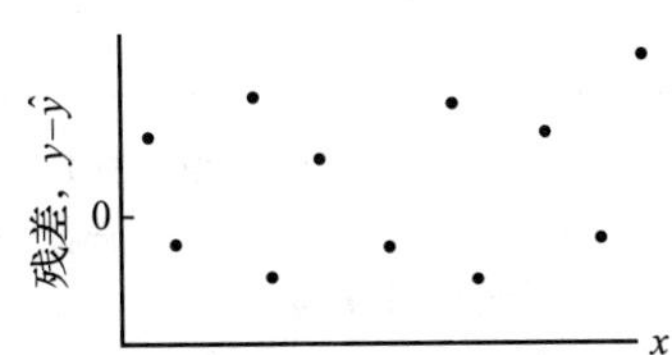

11.2.5 下面是将方程 $y=6.0+2.0x$ 拟合到 $n=10$ 的一组点的残差图. 当 $x=12$ 时, 预测 y 等于 30 犯了什么错误呢?

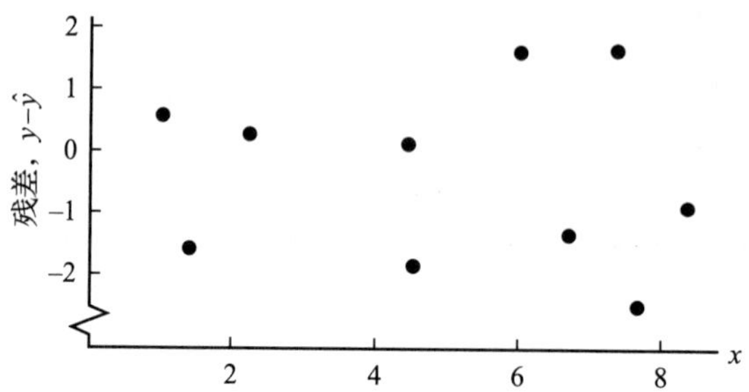

11.2.6 将最小二乘直线拟合到 $n=13$ 的一组点产生如下残差图, xy 是否线性相关? 请解释.

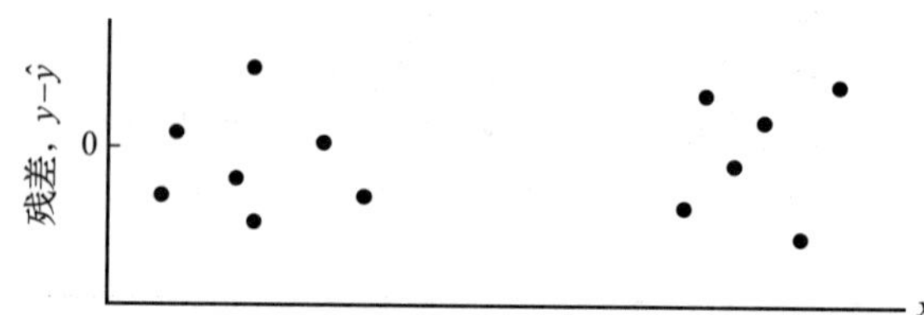

11.2.7 学校经费和学生表现之间的关系仍然是一个争论激烈的政治和哲学问题. 一些典型的可用数据如下, 其显示了马萨诸塞州随机选择的 26 个地区中每个学生的开支和毕业率.

请绘制数据图并叠加最小二乘直线 $y=a+bx$. 你对 xy 关系有什么看法? 可使用下列总和:

$$\sum_{i=1}^{26} x_i = 360 \qquad \sum_{i=1}^{26} y_i = 2\ 256.6$$

$$\sum_{i=1}^{26} x_i^2 = 5\ 365.08 \qquad \sum_{i=1}^{26} x_i y_i = 31\ 402$$

地区	每个学生的支出（千美元）, x	毕业率（%）, y	地区	每个学生的支出（千美元）, x	毕业率（%）, y
Dighton-Rehoboth	10.0	88.7	New Bedford	12.7	56.1
Duxbury	10.2	93.2	Spring field	12.9	54.4
Tyngsborough	10.2	95.1	Manchester Essex	13.0	97.9
Lynn field	10.3	94.0	Dedham	13.9	83.0
Southwick-Tolland	10.3	88.3	Lexington	14.5	94.0
Clinton	10.8	89.9	Chatham	14.7	91.4
Athol-Royalston	11.0	67.7	Newton	15.5	94.2
Tantasqua	11.0	90.2	Blackstone Valley	16.4	97.2
Ayer	11.2	95.5	Concord Carlisle	17.5	94.4
Adams-Cheshire	11.6	75.2	Path finder	18.1	78.6
Danvers	12.1	84.6	Nantucket	20.8	87.6
Lee	12.3	85.0	Essex	22.4	93.3
Needham	12.6	94.8	Provincetown	24.0	92.3

11.2.8 (a) 找出习题 8.2.11 中给出的植被多样性/鸟类物种多样性数据的最小二乘直线方程.

(b)绘制与(a)部分中要求的最小二乘拟合相关联的残差图. 根据残差图的外观, 你认为用直线拟合这些数据合适吗? 并解释.

11.2.9 1943 年，原子能委员会在华盛顿的汉福德建立了核设施．多年来，大量锶-90 和铯-137 泄漏到哥伦比亚河．在一项研究中，为了确定这种放射性物质会在多大程度上给沿河居民带来严重的医疗问题，公共卫生部门给沿河地区的 9 个俄勒冈州地区制定了一个放射性暴露指标，作为协变量，确定了每个地区的癌症死亡人数[45]．结论由下表给出．

地区	暴露指标，x	每十万人中的癌症死亡人数，y	地区	暴露指标，x	每十万人中的癌症死亡人数，y
Umatilla	2.49	147.1	Hood River	3.83	162.3
Morrow	2.57	130.1	Portland	11.64	207.5
Gilliam	3.41	129.9	Columbia	6.41	177.9
Sherman	1.25	113.5	Clatsop	8.34	210.3
Wasco	1.62	137.5			

对于表中的 9 组(x_i,y_i)有

$$\sum_{i=1}^{9} x_i = 41.56 \qquad \sum_{i=1}^{9} x_i^2 = 289.4222$$

$$\sum_{i=1}^{9} y_i = 1\,416.1 \qquad \sum_{i=1}^{9} x_i y_i = 7\,439.37$$

找到这些点的最小二乘直线，同时建立相应的残差图．那么 x 和 y 线性相关的结论是否合理？

11.2.10 你对用直线拟合下列数据有什么疑惑吗？解释一下．

x	y	x	y	x	y
3	20	10	59	8	47
7	37	12	69	9	48
5	29	6	39	2	18
1	10	11	58	4	29

11.2.11 当两个亲缘关系密切的物种杂交时，后代往往具有介于双亲之间的身体特征．在实验对象为绿头鸭和尖尾鸭的实验中，实验者重点研究行为特征是否也会发生类似的混合[173]．其中，研究的 11 只公鸭都是第二代杂交种．同时还设计了一个等级评定表，用来衡量每只鸭子的羽毛与第一代父母羽毛的相似程度．得分为 0 则表示杂交种具有与纯绿头鸭相同的外观(表现型)；得分为 20 则表示杂交种看起来像一只尖尾鸭．类似地，对某些行为特征进行量化，并得到第二个评定表，范围从 0(完全绿头鸭样)到 15(完全尖尾鸭样)．利用定理 11.2.1 和以下数据总结羽毛和行为指数之间的关系．使用线性模型是否适合？

公鸭编号	羽毛指数，x	行为指数，y	公鸭编号	羽毛指数，x	行为指数，y
R	7	3	U	4	7
S	13	10	O	8	10
D	14	11	V	7	4
F	6	5	J	9	9
W	14	15	L	14	1
K	15	15			

11.2.12 验证最小二乘直线的系数 a 和 b 是以下矩阵方程的解．

$$\begin{pmatrix} n & \sum_{i=1}^{n} x_i \\ \sum_{i=1}^{n} x_i & \sum_{i=1}^{n} x_i^2 \end{pmatrix}\begin{pmatrix} a \\ b \end{pmatrix} = \begin{pmatrix} \sum_{i=1}^{n} y_i \\ \sum_{i=1}^{n} x_i y_i \end{pmatrix}$$

11.2.13 证明最小二乘直线必定经过点$(\bar{x},\bar{y})$.

11.2.14 在某些线性回归情况下，假设 xy 关系近似经过原点是有先验原因的. 如果是，则拟合(x_i, y_i)的方程具有 $y=bx$ 的形式. 在这种情况下使用最小二乘准则证明“最佳”斜率为

$$b=\frac{\sum_{i=1}^{n} x_i y_i}{\sum_{i=1}^{n} x_i^2}$$

11.2.15 案例研究 8.2.6 讨论了天文学家埃德温·哈勃在 1929 年宣布的宇宙膨胀. 哈勃定律指出 $v=Hd$，其中 v 是一个星系相对于其他星系的后退速度，d 是它与此星系的距离. 表 8.2.6 给出了在 11 个星系团上进行的距离和速度测量[26]. 使用习题 11.2.14 中引用的公式和这些数据来估算哈勃常数 H.

11.2.16 给定一组 n 个线性相关点$(x_1,y_1),(x_2,y_2),\cdots,(x_n,y_n)$，使用最小二乘准则：

(a)如果已知 xy 关系的斜率为 b^*，求 a.

(b)如果已知 xy 关系的 y 截距为 a^*，求 b.

11.2.17 技能下降和背景过时是求职者想要重新就业所面临的最难克服的两个问题. 知道这一点后，雇主通常会对那些长期不在工作岗位上的人保持警惕. 下表显示了愿意重新聘用离开该职业 x 年的医疗技术人员的医院的百分比[154]. 可以说，拟合直线的 y 截距必定为 100，因为没有雇主会拒绝雇用(由于技能过时)其职业生涯完全没有中断的人，即 $x=0$ 的求职者. 在这种假设下，使用习题 11.2.16 的结果将这些数据与模型 $y=100+bx$ 进行拟合.

停工年数，x	医院愿意雇用的百分比(%)，y	停工年数，x	医院愿意雇用的百分比(%)，y
0.5	100	8	44
1.5	94	13	28
4	75	18	17

11.2.18 习题 8.2.5 中豪华套房数据的图表表明 xy 关系是线性的. 此外，限制拟合直线经过原点也是有意义的，因为 $x=0$ 套房必然产生 $y=0$ 的收入.

(a) 找到最小二乘直线方程 $y=bx$. (提示：回顾习题 11.2.14.)

(b) 120 间套房预计能带来多少收入?

11.2.19 建立(但不求解)确定三角模型最小二乘估计所需的方程

$$y=a+bx+c\sin x$$

假设数据由随机样本$(x_1,y_1),(x_2,y_2),\cdots,(x_n,y_n)$组成.

非线性模型

在第 3 章中，离散的或连续的随机变量可以有无穷多的函数，但在最后，只有少数几个函数是重要的，因为它们精确地模拟了现实世界中测量的概率行为. 回归函数也有类似的情况. 若绘制图表，一组回归数据$(x_1,y_1),(x_2,y_2),\cdots,(x_n,y_n)$可以被设定为无限多个根本不同的图案，但事实却恰恰相反，我们只需要少数函数就能对可能遇到的大部分回归数据进行描述.

本节讨论了三种使用最广泛的非线性回归模型：指数回归(exponential regression)、对数回归(logarithmic regression)和 logistic 回归(logistic regression). y 作为 x 的函数，每一个都有其独特的“增长率”，这些不同的增长率是推导模型方程的起点. 这种联系的最简单例子可以在前面描述的线性回归中看到. 在这种情况下，y 关于 x 的变化量等于某个

固定值 b，也就是说 $\mathrm{d}y/\mathrm{d}x=b$，即 $\int \mathrm{d}y = \int b\mathrm{d}x$，这意味着 $y=a+bx$，其中 a 是积分常数.

这些非线性模型的共同点是，通过对 y 和/或 x 应用适当的变换，每个模型都可以"线性化". 这样做意味着，表面上处理直线的定理 11.2.1 也可以用来拟合这些非线性模型.

指数回归　假设 y 依赖于 x，其中 y 的变化与 y 本身成比例，即 $\frac{\mathrm{d}y}{\mathrm{d}x}=by$，其中 b 是常数. 那么 $\int \frac{\mathrm{d}y}{y} = \int b\mathrm{d}x$ 或 $\ln y=bx+c$，其中 c 是积分常数. 两边用指数表示，为 $y=\mathrm{e}^{bx}\cdot \mathrm{e}^{c}$，其中 e^{c} 是一个任意的正常数，简称为 a. 因此，这两个变量之间的增长关系意味着它们的关系形式为

$$y = a\mathrm{e}^{bx} \tag{11.2.1}$$

根据 b 的值，公式(11.2.1)与图 11.2.7 中所示的图形之一相似. 尽管这些都是曲线形状，但也有一个线性模型与公式(11.2.1)有关.

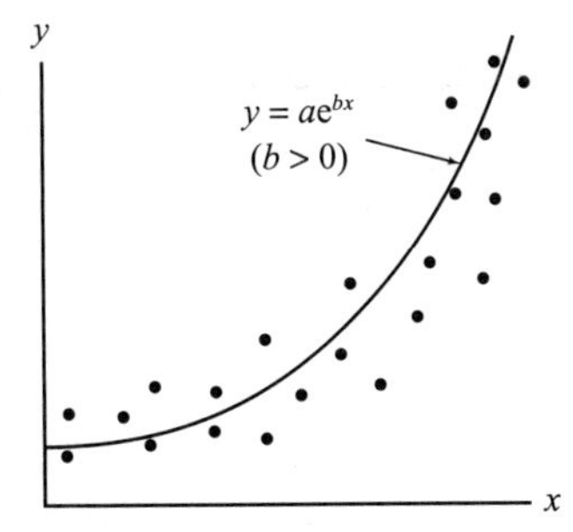

图　11.2.7

如果 $y=a\mathrm{e}^{bx}$，那么

$$\ln y = \ln a + bx \tag{11.2.2}$$

必然正确，这意味着 $\ln y$ 和 x 有线性关系. 在这种情况下，应用定理 11.2.1 的公式于 x 和 $\ln y$ 得到公式(11.2.2)的斜率和 y 截距.

具体地有，

$$\ln a = \frac{\sum_{i=1}^{n} \ln y_i - b\sum_{i=1}^{n} x_i}{n}$$

$$b = \frac{n\sum_{i=1}^{n} x_i \ln y_i - \left(\sum_{i=1}^{n} x_i\right)\left(\sum_{i=1}^{n} \ln y_i\right)}{n\sum_{i=1}^{n} x_i^2 - \left(\sum_{i=1}^{n} x_i\right)^2}$$

注释　线性变换通常要求将变换模型的斜率和/或 y 截距"转换回"原始状态. 例如，定理 11.2.1 导出了 $\ln a$ 的公式，这意味着原始指数模型中出现的常数 a 是通过计算 $\mathrm{e}^{\ln a}$ 得到的.

案例研究 11.2.4

从 20 世纪 70 年代开始，随着计算机性能的增长，其体积不断缩小. 一台 4 磅重的笔记本计算机比 20 世纪 70 年代的大型计算机更具有计算潜力，这是工程师们将越来越多的晶体管压缩到硅片上的结果. 这种小型化的发生速率被称为摩尔(Moore)定律，是以英特尔公司的创始人之一戈登・摩尔(Gordon Moore)而命名的. 他在 1965 年首次提出预测：每个芯片的晶体管数量将在每 18 个月翻一番.

表 11.2.5 列出了一些增长基准，即 1975 年至 1995 年的 20 年间，与英特尔芯片相关的每个芯片的晶体管数量. 根据这些数字，芯片容量事实上是以固定速率加倍[这意味着公式(11.2.1)适用]的观点是否可信？如果是的话，实际的加倍时间与摩尔预测的 18 个月有多接近？

y 与 x 的关系图表明，它们之间的关系肯定不是线性的(见图 11.2.8). 当 $b>0$ 时，散点图更接近 $y=ae^{bx}$ 的图形，如图 11.2.7 所示.

表　11.2.5

芯片	年份	1975 年后的年数，x	每个芯片的晶体管数，y
8080	1975	0	4 500
8086	1978	3	29 000
80286	1982	7	90 000
80386	1985	10	229 000
80486	1989	14	1 200 000
Pentium	1993	18	3 100 000
Pentium Pro	1995	20	5 500 000

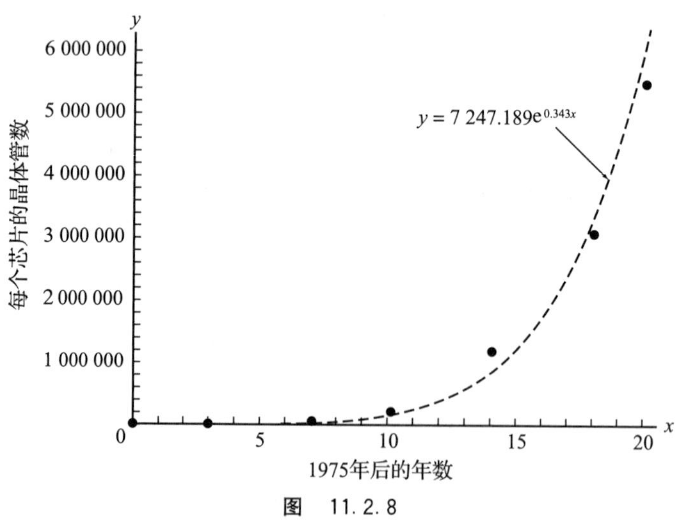

图　11.2.8

表 11.2.6 显示了计算 b 和 $\ln a$ 的公式所需的总和. 这里，线性模型[公式(11.2.2)]的斜率和 y 截距分别为 0.342 810 和 8.888 369：

表 11.2.6

1975 年后的年数，x_i	x_i^2	每个芯片的晶体管数，y_i	$\ln y_i$	$x_i \cdot \ln y_i$
0	0	4 500	8.411 83	0
3	9	29 000	10.275 05	30.825 15
7	49	90 000	11.407 56	79.852 92
10	100	229 000	12.341 48	123.414 80
14	196	1 200 000	13.997 83	195.969 62
18	324	3 100 000	14.946 91	269.044 38
20	400	5 500 000	15.520 26	310.405 20
总计 72	1 078		86.900 93	1 009.512 07

$$b=\frac{7(1\,009.512\,07)-72(86.900\,93)}{7(1\,078)-(72)^2}=0.342\,810$$

和

$$\ln a=\frac{86.900\,93-(0.342\,810)(72)}{7}=8.888\,369$$

所以，

$$a=\mathrm{e}^{\ln a}=\mathrm{e}^{8.888\,369}=7\,247.189$$

那么描述英特尔芯片设计技术进步的最佳拟合指数模型为(见图 11.2.8)：

$$y=7\,247.189\mathrm{e}^{0.343x}$$

为了将公式(11.2.1)与摩尔的“18 个月加倍时间”的预测进行比较，我们以 $y=7\,247.189(2)^x$ 的形式给出 $y=7\,247.189\mathrm{e}^{0.343x}$，而 $\mathrm{e}^{0.343}=2^{0.495}$，所以还有表示拟合曲线的另一种方法：

$$y=7\,247.189(2^{0.495x}) \tag{11.2.3}$$

然而，在等式(11.2.3)中，y 在 $2^{0.495x}=2$ 时加倍，或者说，在 $0.495x=1$ 时加倍，这就意味着 2 年是经验确定的技术加倍时间，这一速度并不比摩尔预测的 18 个月慢太多.

关于数据 2005 年 4 月，戈登·摩尔宣布他的定律无效. 他说：“这不可能永远持续下去. 指数的本质是你把它们推出来，就会发生灾难.” 如果他所说的“灾难”是指技术经常发生量子跃迁，远远超出外推定律所能预测的范围，那么他是完全正确的. 事实上，他本可以在2003 年发表这一声明. 那一年，安腾 2 处理器(Itanium 2)在一个芯片上有 220 000 000 个晶体管，而案例研究中模型预测这个数字却只有 107 432 032 个：

$$y=7\,247.189\mathrm{e}^{0.343(28)}=107\,432\,032$$

(在公式中 $x=2\,003-1\,975=28.$)

对数回归 另一个可以线性化的曲线模型源于假设 y 的变化与 y 比 x 成比例，即 $\frac{\mathrm{d}y}{\mathrm{d}x}=b\frac{y}{x}$，其中 b 是常数. 则 $\int\frac{\mathrm{d}y}{y}=\int\frac{b}{x}\mathrm{d}x$ 或 $\lg y=b\lg x+\lg a$，其中 $\lg x$ 以 10 为底的对数，$\lg a$ 是积分常数. 因此，$y=ax^b$ 且 $\lg y$ 与 $\lg x$ 呈线性关系. 因此，

$$b = \frac{n\sum_{i=1}^{n}\lg x_i \cdot \lg y_i - \left(\sum_{i=1}^{n}\lg x_i\right)\left(\sum_{i=1}^{n}\lg y_i\right)}{n\sum_{i=1}^{n}(\lg x_i)^2 - \left(\sum_{i=1}^{n}\lg x_i\right)^2}$$

$$\lg a = \frac{\sum_{i=1}^{n}\lg y_i - b\sum_{i=1}^{n}\lg x_i}{n}$$

这类回归模型的增长速度比指数模型的慢，特别适用于描述生物和工程现象.

案例研究 11.2.5

研究蚂蚁行为的昆虫学家知道，一定数量的蚂蚁被分配了觅食任务，这就使得它们会定期从蚁群中进出. 此外，研究表明，如果 y 是蚁群中蚂蚁的总数，x 是觅食蚂蚁的数量，那么 x 和 y 之间的关系可以通过对数回归来有效地建模，

$$y = ax^b \tag{11.2.4}$$

其中 a 和 b 随蚂蚁种类而变化.

找到 a 和 b 的优良估计值是一项值得努力的工作，因为知道这些值可以让研究人员避免计算蚁群中过多数量蚂蚁这个问题；相反，他们只需要计算较小数量的觅食蚂蚁(x)，然后使用 ax^b 作为对蚁群大小(y)的估计值.

为此，表 11.2.7 显示了对红木蚁(Formica polyctena)数量进行“校准”研究的结果，并列出了在 15 个蚁群中观测到的蚁群大小 y 和觅食大小 x.

表　11.2.7

觅食大小，x	蚁群大小，y	y/x	觅食大小，x	蚁群大小，y	y/x
45	280	6.2	647	2 828	4.4
70	601	8.6	765	3 762	4.9
74	222	3.0	823	2 769	3.4
118	288	2.4	850	12 605	14.8
220	1 205	5.5	4 119	12 584	3.1
338	7 551	22.3	11 600	34 661	3.0
446	3 229	7.2	64 512	139 043	2.2
611	8 834	14.4			

回归分析的第一步是绘制数据图. (x_i, y_i)显示出的图案与预期的相似吗？例如，与模型 $y=ax^b$ 一致的数据必须具有图 11.2.9 中所示的两种基本结构之一.

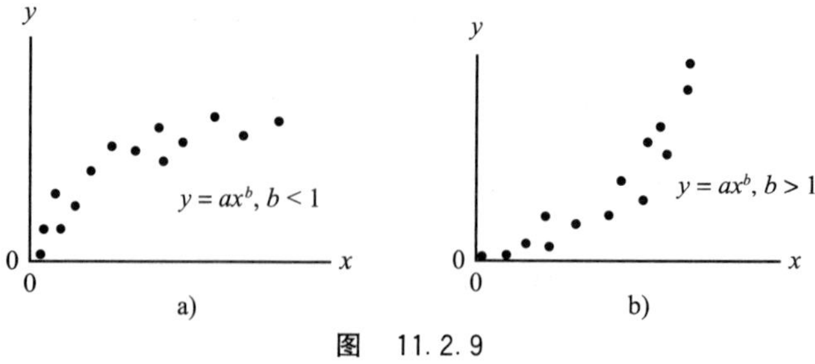

图　11.2.9

在这里，为表 11.2.7 中的数据绘制 y 与 x 的关系图是有问题的，因为这两个变量的范围都很大(x 从 45 到 64 512；y 从 222 到 139 043)．如果模型 $y=ax^b$ 是合适的，那么绘制 $\lg y$ 与 $\lg x$ 的关系图应该会产生一个与线性关系的数据完全一致的图案．根据图 11.2.10 来看确实如此．

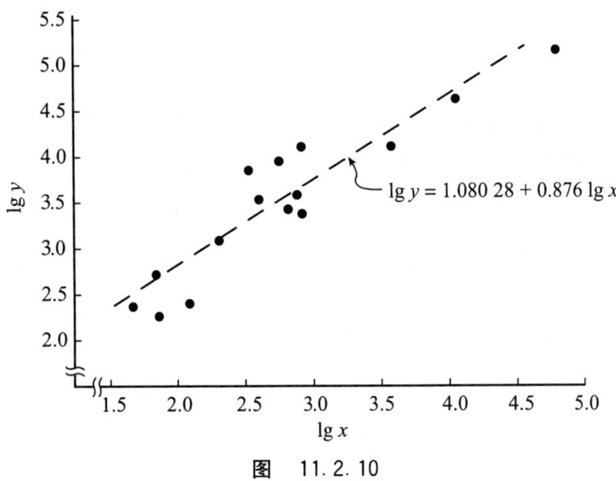

图　11.2.10

假设在第 16 个蚁群中发现有 2 500 只蚂蚁在觅食，那么对这个蚁群的大小有什么合理的估计呢？

首先我们需要使用表 11.2.7 中总结的觅食大小/蚁群大小数据库找到 a 和 b．要用到的总和为

$$\sum_{i=1}^{15}\lg x_i = 41.774\ 41 \qquad \sum_{i=1}^{15}\lg y_i = 52.798\ 57$$

$$\sum_{i=1}^{15}(\lg x_i)^2 = 126.604\ 50 \qquad \sum_{i=1}^{15}\lg x_i \cdot \lg y_i = 156.038\ 11$$

根据定理 11.2.1 中给出的公式，

$$b=\frac{15(156.038\ 11)-(41.774\ 41)(52.798\ 57)}{15(126.604\ 50)-(41.774\ 41)^2}=0.876$$

$$\lg a=\frac{52.798\ 57-0.876(41.774\ 41)}{15}=1.080\ 28$$

$$a=10^{1.080\ 28}=12.03$$

因此，$y=12.03x^{0.876}$，所以当 $x=2\ 500$ 时，预测蚁群大小为

$$y=12.03(2\ 500)^{0.876}=11\ 400$$

注释　事实上 $y=ax^b$ 很好地拟合了这些数据，这并不完全令人惊讶．定义对数回归的增长率 $\mathrm{d}y/\mathrm{d}x=b\cdot(y/x)$ 模仿了许多动物种群的进化方式，其中 $\mathrm{d}y$ 指的是种群未来的增长，x 是其当前大小的某种度量．对于案例研究 11.2.5 中描述的蚁类数据，蚂蚁觅食的数量(x)是代表蚁群当前大小的代理变量．

根据表 11.2.7 计算出 $b<1$ 后，如果 y 与 x 对应，则这些数据的一般结构如图 11.2.9a 所示. 也就是说，随着蚁群的建立和快速繁殖，会有一个初始的生长突增(y/x 的值通常会很大，因为 x 仍然很小). 但是随着时间的推移，分母 x 的增加使得 dy 越来越难增大到足以使 y/x 比率变回其早期水平，蚁群的生长开始趋于平稳. 表 11.2.7 第 3 列清楚地显示了这种特殊情况(有几个例外). 例如，六个最低的 y/x 值中有四个出现在五个最大的蚁群中.

Logistic 回归　生长是有机体、制度和思想都具有的基本特征. 在生物学上，它可能表示果蝇(Drosophila)种群数量的变化；在经济学上，表示全球市场的扩散；在政治学上，表示逐渐进行税收改革. 在许多能够描述这类情况的增长模型中，最突出的是 y 的变化与 y 当前大小和其当前的大小距上限 L 的距离成比例. 在这种情况下，$\frac{\mathrm{d}y}{\mathrm{d}x}=ky(L-y)$，其中 k 和 L 是常数. 那么 $\int \frac{\mathrm{d}y}{y(L-y)}=\int k\mathrm{d}x$ 或者 $\frac{1}{L}\cdot\ln\left(\frac{y}{L-y}\right)=kx+c$，其中 c 是积分常数. 对 y 进行指数运算后求解得到 logistic 方程

$$y=\frac{L}{1+\mathrm{e}^{a+bx}} \tag{11.2.5}$$

其中 a，b 和 L 是常数. 对于不同的 a 和 b，公式(11.2.5)可以生成各种 S 形曲线.

为了使公式(11.2.5)线性化，我们先进行求倒数：

$$\frac{1}{y}=\frac{1+\mathrm{e}^{a+bx}}{L}$$

因此

$$\frac{L}{y}=1+\mathrm{e}^{a+bx}$$

$$\frac{L-y}{y}=\mathrm{e}^{a+bx}$$

同等地，

$$\ln\left(\frac{L-y}{y}\right)=a+bx$$

这就意味着 $\ln\left(\frac{L-y}{y}\right)$ 与 x 是线性关系.

注释　参数 L 为 y 随 x 增加而收敛的极限. 实际上，L 通常通过绘制数据和“目测”y 渐近线来进行简单的估计.

案例研究 11.2.6

这一幕很熟悉：数百只鸟在繁忙的高速公路旁的一段电线上紧挨着栖息(它们希望看到五辆车的连环车祸吗?)，突然又同时飞走. 它们是怎么做到的呢? 其实它们并没有同时起飞. 一组研究人员通过高速摄影记录了鸟类的飞行方式[86]. 他们的照片显示，鸟

群以非常精确的方式在空中飞行，但这种模式显示得太快，肉眼永远看不见.

他们调查的目标是一群红脚鹬(Redshank). 这种中型的候鸟，喜欢在苏格兰的盐沼里过冬. 红脚鹬的主要捕食者是雀鹰(Sparrow hawk)，在第一只红脚鹬起飞后，每 4/100 秒就有 38 只被拍到受到惊吓. 表 11.2.8 显示了随时间变化的空中鸟类的平均比例.

表　11.2.8

时间(秒)	比例	时间(秒)	比例
0.04	0.08	0.36	0.86
0.08	0.14	0.40	0.90
0.12	0.21	0.44	0.94
0.16	0.30	0.48	0.95
0.20	0.38	0.52	0.96
0.24	0.61	0.56	0.97
0.28	0.70	0.60	0.98
0.32	0.78		

这 15 个数据的散点图具有明确的 S 形外观(见图 11.2.11)，使得公式(11.2.5)是 xy 关系建模的一个很好选择. 鸟群数量聚集的极限是全部比例，即 1. 通过对这些数据拟合 logistic 方程来量化比例/时间关系. 设 $L=1$.

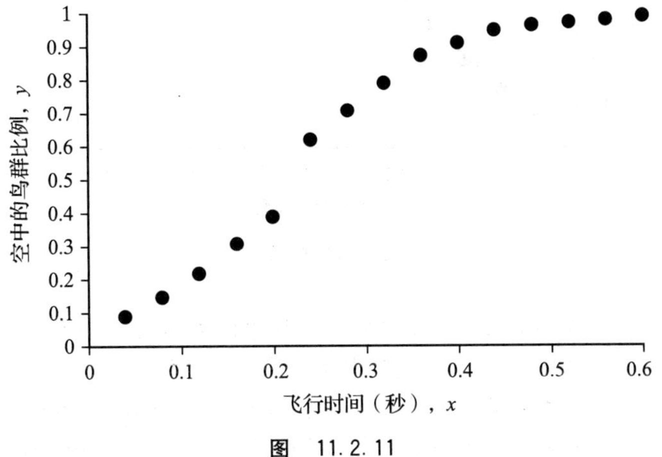

图　11.2.11

公式(11.2.5)的线性形式需要我们求出以下和：

$$\sum_{i=1}^{15} x_i = 4.80, \quad \sum_{i=1}^{15} \ln\left(\frac{1-y_i}{y_i}\right) = -15.91, \quad \sum_{i=1}^{15} x_i^2 = 1.984,$$

$$\sum_{i=1}^{15} x_i \cdot \ln\left(\frac{1-y_i}{y_i}\right) = -10.2096$$

将 $\ln\left(\frac{1-y_i}{y_i}\right)$ 代替 y_i 代入定理 11.2.1 中，得到

$$b=\frac{15(-10.2096)-(4.80)(-15.91)}{15(1.984)-(4.80)^2}=-11.425$$

$$a=\frac{-15.91-(-11.425)(4.80)}{15}=2.595$$

所以拟合的最佳 logistic 曲线方程等于$\frac{1}{1+e^{2.595-11.425x}}$.

关于数据 对于许多曲线拟合问题，可能大多数定义 dy/dx 的微分方程是事先不知道的. 在其不存在的情况下，描述数据要选择的回归模型应该是简单的且能最好地拟合(x_i, y_i)的模型. 这不是那种情况. 在没有看到任何数据的情况下，有理由假设，“空中鸟群比例”与“第一次预警后的时间”的关系将为图 11.2.12 所示的 S 形.

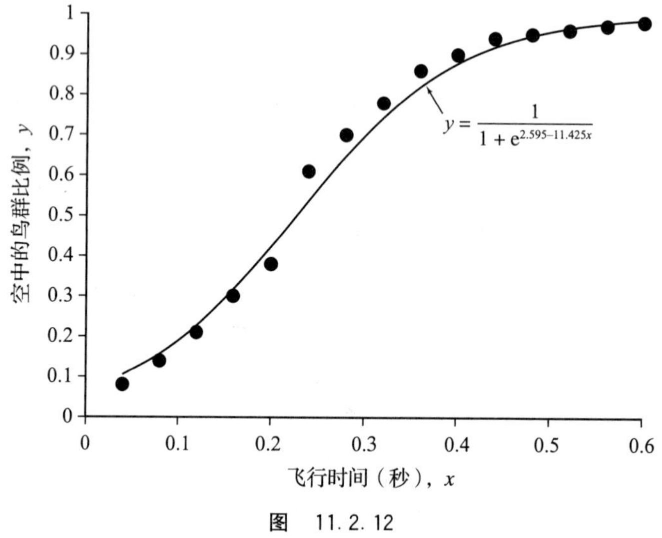

图　11.2.12

为什么呢？因为产生 logistic 曲线的微分方程中的关键因子 $y(L-y)$，描述了一种完全符合鸟群飞行方式的增长模式. 当发现捕食者接近的第一只鸟开始起飞时，只有少数附近的鸟会立即意识到这种威胁，因此当 x 值接近 0 时，dy/dx 的值会很小. 不过，随着更多的鸟起飞，地面上更多的鸟就会对迫在眉睫的危险作出反应，dy/dx 将急剧变大.

当留在地面上的鸟的数量小于空中的鸟的数量时，dy/dx 就会开始减小，当几乎所有的鸟都在空中飞行时，dy/dx 的值就会变得非常小. 我们期望在 dy/dx 中看到的变化，正是我们在图 11.2.12 中看到的.

其他曲线模型 指数方程、对数方程和 logistic 方程是最常见的三种曲线模型，但还有一些其他的模型也值得一提. 表 11.2.9 列出了六个非线性方程，包括已经描述的三个. 后面是每个模型的特殊变换，它能将方程简化为线性形式.（d），（e）和（f）的证明将留作练习.

表 11.2.9

a. 若 $y=ae^{bx}$，则 $\ln y$ 与 x 是线性关系.

b. 若 $y=ax^{b}$，则 $\lg y$ 与 $\lg x$ 是线性关系.

c. 若 $y=L/(1+e^{a+bx})$，则 $\ln\left(\frac{L-y}{y}\right)$ 与 x 是线性关系.

d. 若 $y=\frac{1}{a+bx}$，则 $\frac{1}{y}$ 与 x 是线性关系.

e. 若 $y=\frac{x}{a+bx}$，则 $\frac{1}{y}$ 与 $\frac{1}{x}$ 是线性关系.

f. 若 $y=1-e^{-x^{b}/a}$，则 $\ln\left[\ln\left(\frac{1}{1-y}\right)\right]$ 与 $\ln x$ 是线性关系.

习题

11.2.20 放射性金（^{195}金-硫代苹果酸）对发炎组织有亲和力，有时被用作诊断关节炎的示踪剂. 下表中的数据来源于一项实验[67]，该实验调查了^{195}金-硫代苹果酸在人体血液中保留的时间长度和浓度. 并列出了在最初剂量为 50 毫克的病人身上采集的 10 份血液样本里发现的血清中的金浓度. 在注射后 1 至 7 天的不同时间进行跟踪读数. 在每种情况下，患者血清中金浓度的百分比表示为保留率.

注射后的天数，x	血清中金浓度(%)，y	注射后的天数，x	血清中金浓度(%)，y
1	94.5	3	67.4
1	86.4	5	49.3
2	71.0	6	46.8
2	80.5	6	42.3
2	81.4	7	36.6

(a) 根据这些数据拟合指数曲线.

(b) 估计^{195}金-硫代苹果酸的半衰期；换句话说，一半的金从一个人的血液中消失需要多长时间？

如果 x 表示注射后的天数，y 表示血清中的金浓度，则有 $\sum_{i=1}^{10} x_i = 35$，$\sum_{i=1}^{10} x_i^2 = 169$，$\sum_{i=1}^{10} \ln y_i = 41.357\ 20$，$\sum_{i=1}^{10} x_i \ln y_i = 137.974\ 15$.

11.2.21 联邦支出的增长是美国经济的特征之一. 如下表所示，2000 年到 2015 年的增长速度显示为一个指数模型.

年份	2000 年后的年数，x	联邦债务总额(万亿美元)，y	年份	2000 年后的年数，x	联邦债务总额(万亿美元)，y
2000	0	5.629	2008	8	9.986
2001	1	5.770	2009	9	11.876
2002	2	6.198	2010	10	13.529
2003	3	6.760	2011	11	14.764
2004	4	7.355	2012	12	16.051
2005	5	7.905	2013	13	16.719
2006	6	8.451	2014	14	17.794
2007	7	8.951	2015	15	18.120

(a)用最小二乘法结合适当的线性变换，找出最佳拟合的指数曲线．使用总和：$\sum_{i=0}^{15} x_i = 120$，$\sum_{i=0}^{15} \ln y_i = 37.045\ 71$，$\sum_{i=0}^{15} x_i \cdot \ln y_i = 307.627\ 5$.

(b)计算 2009 年到 2015 年的残差．这对指数模型作了何种说明？

11.2.22 二手车通常在拍卖会上批发销售，根据这些销售推荐零售价．下表给出了不同车龄的 2009 年款手动四驱变速的丰田卡罗拉的推荐价格．

车龄(年)，x	建议零售价(美元)，y	车龄(年)，x	建议零售价(美元)，y
1	14 680	6	8 455
2	12 150	7	7 730
3	11 215	8	6 825
4	10 180	9	6 135
5	9 230	10	5 620

(a) 用 $y=ae^{bx}$ 形式的模型拟合这些数据．绘制(x_i,y_i) 并且叠加最小二乘指数曲线．

(b) 预测一辆有着 11 年历史的丰田卡罗拉的零售价是多少．

(c) 2009 年新卡罗拉的价格是 16 200 美元．这个数字是否与人们普遍认为的新车在购买后会大幅贬值的观点一致？解释一下．

11.2.23 从 1967 年开始，超级杯橄榄球赛(Super Bowl)的受欢迎程度持续且显著地增长．这种增长反映在票价上．这张表列出了 1967 年到 2011 年每四年的票价．

1967 年后的年数，x	票价(美元)，y	1967 年后的年数，x	票价(美元)，y
0	10	24	150
4	15	28	200
8	20	32	325
12	30	36	500
16	40	40	600
20	75	44	900

利用 $\sum_{i=1}^{12} \ln y_i = 54.920\ 66$ 和 $\sum_{i=1}^{12} x_i \cdot \ln y_i = 1\ 453.583\ 52$ 将数据与指数模型拟合．

11.2.24 假设一组 n 个(x_i,y_i)的测量是关于一个理论 xy 关系为形式 $y=ae^{bx}$ 的现象．

(a)证明$\frac{dy}{dx}=by$ 表示 $y=ae^{bx}$．

(b)在什么样的图形中，(x_i,y_i)表示线性关系？

11.2.25 1959 年，Ise Bay 台风摧毁了日本部分地区．对于风暴路径中的七个大城市区域，下表给出了受阵风峰值影响的受损房屋数量[126]．证明 $y=ax^b$形式的函数为数据提供了一个良好的模型．

城市	阵风峰值(百英里/时)，x	受损房屋数(千)，y	城市	阵风峰值(百英里/时)，x	受损房屋数(千)，y
A	0.98	25.000	E	0.87	0.940
B	0.74	0.950	F	0.65	0.090
C	1.12	200.000	G	1.39	260.000
D	1.34	150.000			

使用下列总和：

$$\sum_{i=1}^{7}\lg x_i=-0.067\,772 \qquad \sum_{i=1}^{7}\lg y_i=7.195\,1$$

$$\sum_{i=1}^{7}(\lg x_i)^2=0.094\,867\,9 \qquad \sum_{i=1}^{7}(\lg x_i)(\lg y_i)=0.923\,14$$

11.2.26 在哺乳动物中，动物运动发展的年龄和它开始玩耍的年龄之间的关系已经被广泛研究. 下表列出了 11 种不同物种运动和玩耍的“开始”时间[46]. 将数据拟合到 $y=ax^b$ 模型.

物种	开始运动（天），x	开始玩耍（天），y	物种	开始运动（天），x	开始玩耍（天），y
Homo sapiens	360	90	Macaca mulatta	18	21
Gorilla gorilla	165	105	Pan troglodytes	150	105
Felis catus	21	21	Saimiri sciurens	45	68
Canis familiaris	23	26	Cercocebus alb.	45	75
Rattus norvegicus	11	14	Tamiasciureus hud.	18	46
Turdus merula	18	28			

11.2.27 多年来，人们已经做出许多努力来证明人类大脑与低等灵长类动物的大脑在结构上是明显不同的，这种大体解剖上的差异令人难以辨别. 以下是人类和三种黑猩猩纹状体皮质(x)和前纹状体皮质(y)的平均面积[137].

灵长类动物	面积	
	纹状体皮质(mm^2)，x	前纹状体皮质(mm^2)，y
人类	2 613	7 838
Pongo	1 876	2 864
Cercopithecus	933	1 334
Galago	78.9	40.8

绘制数据点并叠加最小二乘曲线 $y=ax^b$.

11.2.28 许多拥有多年的商业房地产买卖经验的投资者相信，商业用地的价值(y)与其距市中心的距离(x)成反比，也就是说 $y=a+b\cdot\frac{1}{x}$. 如果这种猜测是正确的，那么以下面列出的销售价格为基准，距市中心 1/4 英里的一处房产估价应该是多少？

地皮	距市中心的距离（千英尺），x	价值（千美元），y	地皮	距市中心的距离（千英尺），x	价值（千美元），y
H1	1.00	20.5	T7	4.00	6.1
B6	0.50	42.7	D9	6.00	6.0
Q4	0.25	80.4	E4	10.00	3.5
L4	2.00	10.5			

11.2.29 验证表 11.2.9 中的(d)，(e)和(f)，即证明所引用的转换将使原始模型线性化.

11.2.30 生物有机体，如酵母，通常呈指数增长. 然而，在某些情况下，这种快速增长无法持续. 缺乏营养以支持大数量的总体或毒素的积累等因素限制了增长速度. 在这种情况下，曲线开始向上凹，在某个点上拐弯，然后向下凹并渐近到某个极限. 卡尔森的经典实验是每隔一小时测量啤酒酵母(酿酒酵母)的生物量[23]. 结果如下表所示.

小时	酵母数量	小时	酵母数量
0	9.6	9	441.0
1	18.3	10	513.3
2	29.0	11	559.7
3	47.2	12	594.8
4	71.1	13	629.4
5	119.1	14	640.8
6	174.6	15	651.1
7	257.3	16	655.9
8	350.7	17	659.6

通过对这些数据进行 logistic 方程拟合来量化数量/时间关系．设 $L=700$．

11.2.31 下表显示了一项研究单胺氧化酶抑制剂治疗抑郁症有效性的临床试验的部分结果[219]．y(显示改善的受试者百分比)和 x(患者年龄)之间的关系呈 S 型．请绘制数据点并叠加最小二乘曲线 $y=\frac{L}{1+\mathrm{e}^{a+bx}}$ 的图形．设 $L=60$．

年龄区间	年龄中点，x	改善百分比，y	$\ln\left(\frac{60-y}{y}\right)$
[28, 32)	30	11	1.493 93
[32, 36)	34	14	1.189 58
[36, 40)	38	19	0.769 13
[40, 44)	42	32	−0.133 53
[44, 48)	46	42	−0.847 30
[48, 52)	50	48	−1.386 29
[52, 56)	54	50	−1.609 44
[56, 60)	58	52	−1.871 80

11.3 线性模型

11.2 节从纯几何角度看待“曲线拟合”问题，所观测到的(x_i, y_i)被假定为仅在 xy-平面上的点，没有任何统计特性．不过，更现实的做法是，将每个 y 看作记录随机变量 Y 的值，这意味着可能的 y 值分布与 x 的每个值相关联．

例如，考虑案例研究 11.2.1 中分析的连杆重量．表 11.2.1 中列出的第一根连杆的初始重量为 $x=2.745$ 盎司，并且在模具加工完成后，成品重量为 $y=2.080$ 盎司．当然，这并不意味着最初的重量为 2.745 盎司必然会导致最终的重量为 2.080 盎司．常识告诉我们，即使对具有相同初始重量的连杆，模具加工过程也不会总是产生完全相同的效果．然后，与每个 x 相关联，都将有一个可能的 y 值范围．符号 $f_{Y|x}(y)$ 用于表示这些“条件”分布的概率密度函数．

定义 11.3.1 设 $f_{Y|x}(y)$表示给定值 x 的随机变量 Y 的概率密度函数，设 $E(Y|x)$ 表示与 $f_{Y|x}(y)$相关联的期望值．函数 $y=E(Y|x)$被称为 Y 对 x 的回归曲线．

例 11.3.1 假设对应于区间 $0\leqslant x\leqslant 1$ 的每个 x 值都是 y 值的分布，其概率密度函数为

$$f_{Y|x}(y)=\frac{x+y}{x+\frac{1}{2}},\quad 0\leqslant y\leqslant 1;\quad 0\leqslant x\leqslant 1$$

求出 Y 对 x 的回归曲线并作图.

请注意，首先，对于 0 到 1 之间的任何 x，$f_{Y|x}(y)$都符合概率密度函数的条件：

(1) $f_{Y|x}(y)\geqslant 0$，对于 $0\leqslant y\leqslant 1$ 以及任意的 $0\leqslant x\leqslant 1$；

(2) $\int_0^1 f_{Y|x}(y)\mathrm{d}y=\int_0^1\frac{x+y}{x+1/2}\mathrm{d}y=\int_0^1\frac{x}{x+1/2}\mathrm{d}y+\int_0^1\frac{y}{x+1/2}\mathrm{d}y=\frac{x+1/2}{x+1/2}=1.$

而且，

$$E(Y|x)=\int_0^1 y\cdot f_{Y|x}(y)\mathrm{d}y=\int_0^1 y\cdot\frac{x+y}{x+\frac{1}{2}}\mathrm{d}y$$

$$=\left[\frac{xy^2}{2\left(x+\frac{1}{2}\right)}+\frac{y^3}{3\left(x+\frac{1}{2}\right)}\right]\Bigg|_0^1$$

$$=\frac{3x+2}{6x+3},\quad 0\leqslant x\leqslant 1$$

图 11.3.1 显示了回归曲线 $y=E(Y|x)=\frac{3x+2}{6x+3}$ 以及三个条件分布 $f_{Y|0}(y)=2y$，$f_{Y|\frac{1}{2}}(y)=y+\frac{1}{2}$和 $f_{Y|1}(y)=\frac{2y+2}{3}$. 当然，$f_{Y|x}(y)$应该是从平面中得到的.

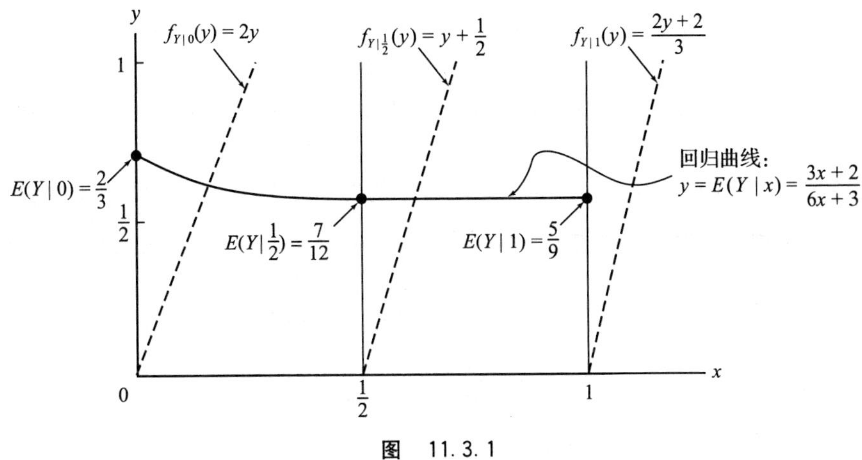

图　11.3.1　■

特例

定义 11.3.1 在最一般的情形中引入了回归曲线的概念. 在实践中，函数 $y=E(Y|x)$有一个特别重要的情况，被称为简单线性模型，它有四个假设：

(1)对于所有 x，$f_{Y|x}(y)$是正态概率密度函数.

(2)与 $f_{Y|x}(y)$相关联的标准差 σ 对于所有 x 都是相同的.

(3)所有条件 Y 分布的均值是共线的，也就是说，

$$y=E(Y|x)=\beta_0+\beta_1 x$$

(4)所有条件分布代表独立随机变量(见图 11.3.2).

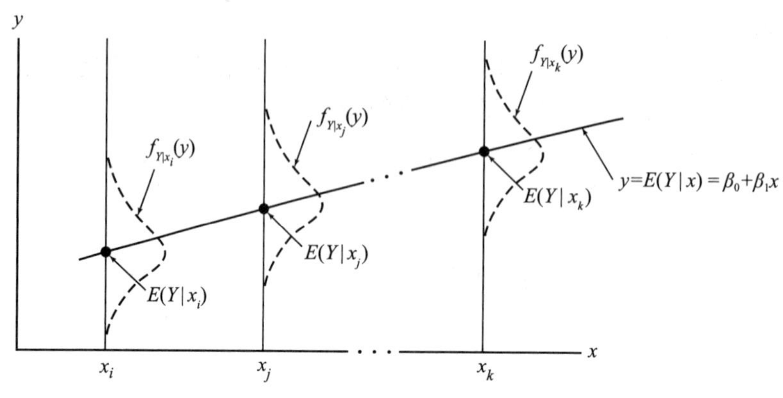

图　11.3.2

线性模型参数的估计

简单线性模型中隐含三个参数——β_0，β_1 和 σ^2. 通常，这三个都是未知的，需要估计. 由于该模型假设 Y 变量为概率形式，因此可以使用极大似然法获得估计值，而不是我们在 11.2 节中看到的最小二乘法.（极大似然估计优于最小二乘估计，因为前者具有可用于设置假设检验和置信区间的概率分布.）

注释　它将完全与先前用于表示定理 11.2.1 中的样本一致，为 $(x_1,y_1),(x_2,y_2),\cdots,(x_n,y_n)$. 不过，为了强调 11.2 节中对 y_i（缺乏）的假设和定义 11.3.1 中引入的条件概率密度函数 $f_{Y|x}(y)$之间的重要区别，我们将使用随机变量表示法将线性模型数据写成 $(x_1,Y_1),(x_2,Y_2),\cdots,(x_n,Y_n)$.

定理 11.3.1　设$(x_1,Y_1),(x_2,Y_2),\cdots,(x_n,Y_n)$是满足简单线性模型 $E(Y|x)=\beta_0+\beta_1x$的一组点. β_0，β_1 和 σ^2 的极大似然估计量分别由下式给出，其中 $\hat{Y}_i=\hat{\beta}_0+\hat{\beta}_1x_i$，$i=1,\cdots,n$：

$$\hat{\beta}_1=\frac{n\sum_{i=1}^{n}x_iY_i-\left(\sum_{i=1}^{n}x_i\right)\left(\sum_{i=1}^{n}Y_i\right)}{n\left(\sum_{i=1}^{n}x_i^2\right)-\left(\sum_{i=1}^{n}x_i\right)^2}$$

$$\hat{\beta}_0=\overline{Y}-\hat{\beta}_1\overline{x}$$

$$\hat{\sigma}^2=\frac{1}{n}\sum_{i=1}^{n}(Y_i-\hat{Y}_i)^2$$

证明　由于每个 Y_i 假设为正态分布，其均值为 $\beta_0+\beta_1x_i$，方差等于 σ^2，样本似然函数 L 等于

$$L=\prod_{i=1}^{n}f_{Y_i|x_i}(y_i)=\prod_{i=1}^{n}\frac{1}{\sqrt{2\pi}\sigma}\mathrm{e}^{-\frac{1}{2}\left(\frac{y_i-\beta_0-\beta_1x_i}{\sigma}\right)^2}=(2\pi\sigma^2)^{-n/2}\mathrm{e}^{-\frac{1}{2}\sum_{i=1}^{n}\left(\frac{y_i-\beta_0-\beta_1x_i}{\sigma}\right)^2}$$

当与 β_0，β_1 和 σ^2 有关的偏导数全部为零时，L 取最大值. 从计算上讲，求导 $-2\ln L$ 将更容易，对于最大化 L 的相同参数值，$-2\ln L$ 将最小化，然后

$$\ln L = -\frac{n}{2}\ln(2\pi\sigma^2) - \frac{1}{2}\sum_{i=1}^{n}\left(\frac{y_i - \beta_0 - \beta_1 x_i}{\sigma}\right)^2$$

$$-2\ln L = n\ln 2\pi + n\ln\sigma^2 + \frac{1}{\sigma^2}\sum_{i=1}^{n}(y_i - \beta_0 - \beta_1 x_i)^2$$

将三个偏导数设为 0，

$$\frac{\partial(-2\ln L)}{\partial\beta_0} = \frac{2}{\sigma^2}\sum_{i=1}^{n}(y_i - \beta_0 - \beta_1 x_i)(-1) = 0$$

$$\frac{\partial(-2\ln L)}{\partial\beta_1} = \frac{2}{\sigma^2}\sum_{i=1}^{n}(y_i - \beta_0 - \beta_1 x_i)(-x_i) = 0$$

$$\frac{\partial(-2\ln L)}{\partial\sigma^2} = \frac{n}{\sigma^2} - \frac{1}{(\sigma^2)^2}\sum_{i=1}^{n}(y_i - \beta_0 - \beta_1 x_i)^2 = 0$$

前两个方程仅依赖于 β_0 和 β_1，由此得到的关于 $\hat{\beta}_0$ 和 $\hat{\beta}_1$ 的解与定理陈述中给出的形式相同. 将前两个方程的解代入第三个方程，得到了 $\hat{\sigma}^2$ 的表达式.

注释 注意极大似然估计量和最小二乘估计值的公式在 $\hat{\beta}_0$ 和 $\hat{\beta}_1$ 上的相似性. 当然，最小二乘估计值是数字，而极大似然估计量是随机变量.

到目前为止，随机变量用大写字母表示，其值用小写字母表示. 在本节中，黑体字 $\hat{\boldsymbol{\beta}}_0$ 和 $\hat{\boldsymbol{\beta}}_1$ 将表示极大似然随机变量，纯文本 $\hat{\beta}_0$ 和 $\hat{\beta}_1$ 将表示这些随机变量采用的特定值.

线性模型估计量的性质

通过定义简单线性模型的假设，我们知道估计量 $\hat{\boldsymbol{\beta}}_0$，$\hat{\boldsymbol{\beta}}_1$ 和 $\hat{\boldsymbol{\sigma}}^2$ 是随机变量. 然而，在使用这些估计量建立推断过程之前，我们需要确定它们的基本统计特性，特别是它们的均值、方差和概率密度函数.

定理 11.3.2 设 $(x_1, Y_1), (x_2, Y_2), \cdots, (x_n, Y_n)$ 是满足简单线性模型 $E(Y|x) = \beta_0 + \beta_1 x$ 的一组点. 设 $\hat{\boldsymbol{\beta}}_0$、$\hat{\boldsymbol{\beta}}_1$ 和 $\hat{\boldsymbol{\sigma}}^2$ 分别是 β_0、β_1 和 σ^2 的极大似然估计量. 那么

a. $\hat{\boldsymbol{\beta}}_0$ 和 $\hat{\boldsymbol{\beta}}_1$ 都服从正态分布.

b. $\hat{\boldsymbol{\beta}}_0$ 和 $\hat{\boldsymbol{\beta}}_1$ 都是无偏的：$E(\hat{\boldsymbol{\beta}}_0) = \beta_0$，$E(\hat{\boldsymbol{\beta}}_1) = \beta_1$.

c. $\operatorname{Var}(\hat{\boldsymbol{\beta}}_1) = \dfrac{\sigma^2}{\sum_{i=1}^{n}(x_i - \bar{x})^2}$.

d. $\operatorname{Var}(\hat{\boldsymbol{\beta}}_0) = \dfrac{\sigma^2\sum_{i=1}^{n}x_i^2}{n\sum_{i=1}^{n}(x_i - \bar{x})^2} = \sigma^2\left[\dfrac{1}{n} + \dfrac{\bar{x}^2}{\sum_{i=1}^{n}(x_i - \bar{x})^2}\right]$.

证明 我们将证明关于 $\hat{\boldsymbol{\beta}}_1$ 的陈述，$\hat{\boldsymbol{\beta}}_0$ 的证明与之类似.

定理 11.3.1 中给出的估计量 $\hat{\boldsymbol{\beta}}_1$ 的公式是解似然方程(以及最小二乘方程)的最简单形式. 它也便于计算. 然而，关于 $\hat{\boldsymbol{\beta}}_1$ 的另外两个表达式对于理论结果也是有用的.

首先，取定理 11.3.1 中的 $\hat{\boldsymbol{\beta}}_1$：

$$\hat{\boldsymbol{\beta}}_1=\frac{n\sum_{i=1}^{n}x_iY_i-\left(\sum_{i=1}^{n}x_i\right)\left(\sum_{i=1}^{n}Y_i\right)}{n\sum_{i=1}^{n}x_i^2-\left(\sum_{i=1}^{n}x_i\right)^2}$$

分子和分母除以 n 得到：

$$\hat{\boldsymbol{\beta}}_1=\frac{\sum_{i=1}^{n}x_iY_i-\frac{1}{n}\left(\sum_{i=1}^{n}x_i\right)\left(\sum_{i=1}^{n}Y_i\right)}{\sum_{i=1}^{n}x_i^2-\frac{1}{n}\left(\sum_{i=1}^{n}x_i\right)^2}$$

$$=\frac{\sum_{i=1}^{n}x_iY_i-\bar{x}\left(\sum_{i=1}^{n}Y_i\right)}{\sum_{i=1}^{n}x_i^2-n\bar{x}^2}=\frac{\sum_{i=1}^{n}(x_i-\bar{x})Y_i}{\sum_{i=1}^{n}x_i^2-n\bar{x}^2}\tag{11.3.1}$$

公式(11.3.1)将 $\hat{\boldsymbol{\beta}}_1$ 表示为独立正态变量的线性组合，因此根据定理 4.3.3 的第二个推论，它本身是服从正态分布的，(a)部分证毕.

为了证明 $\hat{\boldsymbol{\beta}}_1$ 是无偏的，请注意

$$E(\hat{\boldsymbol{\beta}}_1)=\frac{\sum_{i=1}^{n}(x_i-\bar{x})E(Y_i)}{\sum_{i=1}^{n}x_i^2-n\bar{x}^2}=\frac{\sum_{i=1}^{n}(x_i-\bar{x})(\beta_0+\beta_1x_i)}{\sum_{i=1}^{n}x_i^2-n\bar{x}^2}$$

$$=\frac{\beta_0\sum_{i=1}^{n}(x_i-\bar{x})+\beta_1\sum_{i=1}^{n}(x_i-\bar{x})x_i}{\sum_{i=1}^{n}x_i^2-n\bar{x}^2}$$

$$=\frac{0+\beta_1\sum_{i=1}^{n}(x_i-\bar{x})x_i}{\sum_{i=1}^{n}x_i^2-n\bar{x}^2}=\frac{\beta_1\left(\sum_{i=1}^{n}x_i^2-n\bar{x}^2\right)}{\sum_{i=1}^{n}x_i^2-n\bar{x}^2}=\beta_1$$

要找到 $\mathrm{Var}(\hat{\boldsymbol{\beta}}_1)$，需要改写公式(11.3.1)的分母

$$\sum_{i=1}^{n}x_i^2-n\bar{x}^2=\sum_{i=1}^{n}(x_i^2-2x_i\bar{x}+\bar{x}^2)=\sum_{i=1}^{n}(x_i-\bar{x})^2$$

使得

$$\hat{\boldsymbol{\beta}}_1=\frac{\sum_{i=1}^{n}(x_i-\bar{x})Y_i}{\sum_{i=1}^{n}(x_i-\bar{x})^2}\tag{11.3.2}$$

利用公式(11.3.2)、定理 3.6.2 和定理 3.9.5 的第二个推论给出

$$\begin{aligned}\operatorname{Var}(\hat{\boldsymbol{\beta}}_1) &= \operatorname{Var}\left[\frac{1}{\sum_{i=1}^{n}(x_i-\bar{x})^2}\sum_{i=1}^{n}(x_i-\bar{x})Y_i\right] \\ &= \frac{1}{\left[\sum_{i=1}^{n}(x_i-\bar{x})^2\right]^2}\sum_{i=1}^{n}(x_i-\bar{x})^2\sigma^2 \\ &= \frac{\sigma^2}{\sum_{i=1}^{n}(x_i-\bar{x})^2}\end{aligned}$$

定理 11.3.3 设$(x_1,Y_1),(x_2,Y_2),\cdots,(x_n,Y_n)$满足简单线性模型的假设. 那么

a. $\hat{\boldsymbol{\beta}}_1$，$\bar{Y}$，$\hat{\boldsymbol{\sigma}}^2$ 相互独立.

b. $\frac{n\hat{\boldsymbol{\sigma}}^2}{\sigma^2}$是自由度为 $n-2$ 的卡方分布.

证明 见附录 11.A.1.

推论 11.3.1 设 $\hat{\boldsymbol{\sigma}}^2$ 为简单线性模型中 σ^2 的极大似然估计量. 则$\frac{n}{n-2}\cdot\hat{\boldsymbol{\sigma}}^2$ 是 σ^2 的无偏估计量.

证明 回顾一下，χ_k^2分布的期望值是 k(见定理 4.6.3 和定理 7.3.1). 因此，

$$\begin{aligned}E\left(\frac{n}{n-2}\cdot\hat{\boldsymbol{\sigma}}^2\right) &= \frac{\sigma^2}{n-2}E\left(\frac{n\hat{\boldsymbol{\sigma}}^2}{\sigma^2}\right) \\ &= \frac{\sigma^2}{n-2}\cdot(n-2) = \sigma^2\text{[根据定理 11.3.3 的(b) 部分]}\end{aligned}$$

推论 11.3.2 随机变量 $\hat{Y}$ 和 $\hat{\boldsymbol{\sigma}}^2$ 是独立的.

估计 σ^2

我们知道在一个简单的线性模型中，σ^2 的(有偏)极大似然估计量是

$$\hat{\boldsymbol{\sigma}}^2 = \frac{1}{n}\sum_{i=1}^{n}(Y_i-\hat{\boldsymbol{\beta}}_0-\hat{\boldsymbol{\beta}}_1x_i)^2$$

将基于 $\hat{\boldsymbol{\sigma}}^2$ 的对 σ^2 的无偏估计量表示为 S^2，

$$S^2 = \frac{n}{n-2}\hat{\boldsymbol{\sigma}}^2 = \frac{1}{n-2}\sum_{i=1}^{n}(Y_i-\hat{\boldsymbol{\beta}}_0-\hat{\boldsymbol{\beta}}_1x_i)^2$$

对与线性模型数据相关的计算进行总结可知，统计软件包(包括 Minitab)通常能得到 s，而不是 $\hat{\sigma}$. 为了适应这种情况，我们将使用 s^2 而不是 $\hat{\sigma}^2$ 来写与简单线性模型相关的检验统计量和置信区间的公式.

注释 计算 $\sum_{i=1}^{n}(y_i-\hat{\beta}_0-\hat{\beta}_1x_i)^2=\sum_{i=1}^{n}(y_i-\hat{y}_i)^2$ 可能很麻烦. 根据数据的不同，有

三个(代数上等价的)计算公式可供使用：

$$\sum_{i=1}^{n}(y_i-\hat{y}_i)^2=\sum_{i=1}^{n}(y_i-\overline{y})^2-\hat{\beta}_1^2\sum_{i=1}^{n}(x_i-\overline{x})^2 \tag{11.3.3}$$

$$\sum_{i=1}^{n}(y_i-\hat{y}_i)^2=\sum_{i=1}^{n}y_i^2-\frac{1}{n}\sum_{i=1}^{n}y_i-\frac{\left[\sum_{i=1}^{n}x_iy_i-\frac{1}{n}\left(\sum_{i=1}^{n}x_i\right)\left(\sum_{i=1}^{n}y_i\right)\right]^2}{\sum_{i=1}^{n}x_i^2-\frac{1}{n}\sum_{i=1}^{n}x_i} \tag{11.3.4}$$

$$\sum_{i=1}^{n}(y_i-\hat{y}_i)^2=\sum_{i=1}^{n}y_i^2-\hat{\beta}_0\sum_{i=1}^{n}y_i-\hat{\beta}_1\sum_{i=1}^{n}x_iy_i \tag{11.3.5}$$

关于 β_1 的推论

根据定理 11.3.2 和定理 11.3.3 中的性质定义 t 统计量，从而可以构建 β_1 的假设检验和置信区间.

定理 11.3.4　设$(x_1,Y_1),(x_2,Y_2),\cdots,(x_n,Y_n)$是满足简单线性模型假设的一组点，并设 $S^2=\frac{1}{n-2}\sum_{i=1}^{n}(Y_i-\hat{\boldsymbol{\beta}}_0-\hat{\boldsymbol{\beta}}_1x_i)^2$. 那么

$$T_{n-2}=\frac{\hat{\boldsymbol{\beta}}_1-\beta_1}{S\Big/\sqrt{\sum_{i=1}^{n}(x_i-\overline{x})^2}}$$

服从自由度为 $n-2$ 的学生 t 分布.

证明　从定理 11.3.2 我们知道

$$Z=\frac{\hat{\boldsymbol{\beta}}_1-\beta_1}{\sigma\Big/\sqrt{\sum_{i=1}^{n}(x_i-\overline{x})^2}}$$

具有标准的正态概率密度函数. 此外，$\frac{n\hat{\boldsymbol{\sigma}}^2}{\sigma^2}=\frac{(n-2)S^2}{\sigma^2}$具有自由度为 $n-2$ 的 χ^2 概率密度函数，根据定理 11.3.3，Z 和$\frac{(n-2)S^2}{\sigma^2}$是独立的. 根据定义 7.3.3，有

$$Z\Big/\sqrt{\frac{(n-2)S^2}{\sigma^2}\Big/(n-2)}=\frac{\hat{\boldsymbol{\beta}}_1-\beta_1}{S\Big/\sqrt{\sum_{i=1}^{n}(x_i-\overline{x})^2}}$$

服从自由度为 $n-2$ 的学生 t 分布.

定理 11.3.5　设$(x_1,Y_1),(x_2,Y_2),\cdots,(x_n,Y_n)$是满足简单线性模型假设的一组点. 令

$$t=\frac{\hat{\boldsymbol{\beta}}_1-\beta'_1}{\dfrac{s}{\sqrt{\sum\limits_{i=1}^{n}(x_i-\bar{x})^2}}}$$

a. 在显著性水平 α 下检验 $H_0:\beta_1=\beta'_1$ 与 $H_1:\beta_1>\beta'_1$，如果 $t\geqslant t_{\alpha,n-2}$，则拒绝 H_0.

b. 在显著性水平 α 下检验 $H_0:\beta_1=\beta'_1$ 与 $H_1:\beta_1<\beta'_1$，如果 $t\leqslant -t_{\alpha,n-2}$，则拒绝 H_0.

c. 在显著性水平 α 下检验 $H_0:\beta_1=\beta'_1$ 与 $H_1:\beta_1\neq\beta'_1$，如果 $t\leqslant -t_{\alpha/2,n-2}$ 或者 $t\geqslant t_{\alpha/2,n-2}$，则拒绝 H_0.

证明 这里给出的决策规则实际上是一个 GLRT. 按照附录 7. A. 2 中的内容进行正式的证明. 细节省略.

注释 定理 11. 3. 5 的一个特别常见的应用是检验 $H_0:\beta_1=0$. 如果拒绝斜率为零的零假设，则可以得出(在显著性 α 水平上)$E(Y)$随 x 变化的结论. 相反，如果不拒绝 $H_0:\beta_1=0$，则不排除 Y 的变化不受 x 影响的可能性.

案例研究 11. 3. 1

到 1971 年底，所有的烟盒都必须贴上"警告：卫生部部长已经确定吸烟对你的健康有害"的标签. 反对吸烟的理由主要是统计证据，而不是实验证据. 对吸烟者和不吸烟者进行的广泛调查显示，前者死于各种原因(包括心脏病)的风险要高得多.

表 11. 3. 1 中的数据是具有代表性的研究情况，显示了 21 个国家中每位成人每年的香烟消费量 x 和相应的冠心病(CHD)导致的死亡人数 y[124]. 这些数据是否支持对吸烟导致冠心病死亡的怀疑? 在 $\alpha=0.05$ 显著性水平下，检验 $H_0:\beta_1=0$ 与 $H_1:\beta_1>0$.

表 11. 3. 1

国家	每位成人每年的香烟消费量，x	每 100 000 例冠心病死亡人数(年龄 35～64 岁)，y	国家	每位成人每年的香烟消费量，x	每 100 000 例冠心病死亡人数(年龄 35～64 岁)，y
United States	3 900	256. 9	Greece	1 800	41. 2
Canada	3 350	211. 6	Austria	1 770	182. 1
Australia	3 220	238. 1	Belgium	1 700	118. 1
New Zealand	3 220	211. 8	Mexico	1 680	31. 9
United Kingdom	2 790	194. 1	Italy	1 510	114. 3
Switzerland	2 780	124. 5	Denmark	1 500	144. 9
Ireland	2 770	187. 3	France	1 410	59. 7
Iceland	2 290	110. 5	Sweden	1 270	126. 9
Finland	2 160	233. 1	Spain	1 200	43. 9
West Germany	1 890	150. 3	Norway	1 090	136. 3
Netherlands	1 810	124. 7			

根据表 11.3.1，

$$\sum_{i=1}^{21} x_i = 45\ 110 \qquad \sum_{i=1}^{21} y_i = 3\ 042.2$$

$$\sum_{i=1}^{21} x_i^2 = 109\ 957\ 100 \qquad \sum_{i=1}^{21} y_i^2 = 529\ 321.58$$

$$\sum_{i=1}^{21} x_i y_i = 7\ 319\ 602$$

因此，

$$\hat{\beta}_1 = \frac{n\sum_{i=1}^{n} x_i y_i - \left(\sum_{i=1}^{n} x_i\right)\left(\sum_{i=1}^{n} y_i\right)}{n\left(\sum_{i=1}^{n} x_i^2\right) - \left(\sum_{i=1}^{n} x_i\right)^2}$$

$$= \frac{21(7\ 319\ 602) - (45\ 110)(3\ 042.2)}{21(109\ 957\ 100) - (45\ 110)^2} = 0.060\ 1$$

$$\hat{\beta}_0 = \frac{\sum_{i=1}^{n} y_i - \hat{\beta}_1 \sum_{i=1}^{n} x_i}{n} = \frac{3\ 042.2 - 0.060\ 1(45\ 110)}{21} = 15.766$$

检验统计量所需的另外两个量是

$$\sum_{i=1}^{n}(x_i - \bar{x})^2 = \sum_{i=1}^{n} x_i^2 - \left(\frac{1}{n}\right)\left(\sum_{i=1}^{n} x_i\right)^2$$

$$= 109\ 957\ 110 - \left(\frac{1}{21}\right)(45\ 110)^2 = 13\ 056\ 523.81$$

$$\sqrt{\sum_{i=1}^{n}(x_i - \bar{x})^2} = \sqrt{13\ 056\ 523.81} = 3\ 613.38$$

根据公式(11.3.5)，

$$s^2 = \frac{1}{21-2}\left(\sum_{i=1}^{21} y_i^2 - \hat{\beta}_0 \sum_{i=1}^{21} y_i - \hat{\beta}_1 \sum_{i=1}^{21} x_i y_i\right)$$

$$= \frac{1}{19}[529\ 321.58 - (15.766)(3\ 042.2) - (0.060\ 1)(7\ 319\ 602)] = 2\ 181.588$$

所以，$s = \sqrt{2\ 181.588} = 46.707$.

在显著性水平 $\alpha = 0.05$ 下检验 $H_0: \beta_1 = 0$ 与 $H_1: \beta_1 > 0$，如果 $t \geqslant t_{0.05,19} = 1.729\ 1$，我们应该拒绝零假设. 而

$$t = \frac{\hat{\beta}_1 - \beta_1'}{s\Big/\sqrt{\sum_{i=1}^{n}(x_i - \bar{x})^2}} = \frac{0.060\ 1 - 0}{46.707/3\ 613.38} = 4.65$$

所以我们的结论是明确拒绝 H_0. 一个国家的冠心病死亡率似乎受其公民吸烟习惯的影响，更具体地说，随着吸烟人数的增加，死于冠心病的人数也会增加.

定理 11.3.6　设$(x_1,Y_1),(x_2,Y_2),\cdots,(x_n,Y_n)$是满足简单线性模型假设的一组点，并且 $s^2=\frac{1}{n-2}\sum_{i=1}^{n}(y_i-\hat{\beta}_0-\hat{\beta}_1x_i)^2$. 那么 β_1 的 $100(1-\alpha)\%$的置信区间为

$$\left[\hat{\beta}_1-t_{\alpha/2,n-2}\cdot\frac{s}{\sqrt{\sum_{i=1}^{n}(x_i-\overline{x})^2}},\ \hat{\beta}_1+t_{\alpha/2,n-2}\cdot\frac{s}{\sqrt{\sum_{i=1}^{n}(x_i-\overline{x})^2}}\right]$$

证明　令 T_{n-2} 表示一个自由度为 $n-2$ 的学生 t 随机变量，在这种情况下，

$$P(-t_{\alpha/2,n-2}\leqslant T_{n-2}\leqslant t_{\alpha/2,n-2})=1-\alpha$$

用定理 11.3.4 中给出的 T_{n-2} 替换表达式，并在不等式中分离出 β_1. 最终得到的端点即同上述定理的表达式给出的那样.

案例研究 11.3.2

毫不奇怪，汽车车龄越大，其作为二手车的价值就越低. 但是，在某些情况下，汽车的价格可预测般地逐年上涨. 即使某一年的车型可能比前一年“有所改进”，也可能发生这种情况. 表 11.3.2 给出了丰田凯美瑞四门轿车各车型 2016 年的建议零售价. 图表显示，xy 关系可以很好地用 $y=8\,188.67+748.41x$ 描述，其中 8 188.67 和 748.41 是根据定理 11.3.1 的公式计算出的 $\hat{\beta}_0$和 $\hat{\beta}_1$的值(见图 11.3.3). 为了简化计算，x 是 2005 年之后的年数，如表 11.3.2 第 2 列所示.

表　11.3.2

年份	2005 年后的年数，x	建议零售价(美元)，y	年份	2005 年后的年数，x	建议零售价(美元)，y
2005	0	7 935	2010	5	11 967
2006	1	8 495	2011	6	12 658
2007	2	10 160	2012	7	13 844
2008	3	10 817	2013	8	13 982
2009	4	11 078	2014	9	14 629

直线的斜率 $\hat{\beta}_1$表示旧车型的价格逐年增加. 通常，值的范围比一个单一的估计值要好，因此提供这个范围的一个好方法是使用真值 β_1 的置信区间.

这里，

$$\sqrt{\sum_{i=0}^{9}(x_i-\overline{x})^2}=\sqrt{82.5}=9.083$$

从公式(11.3.5)可得，

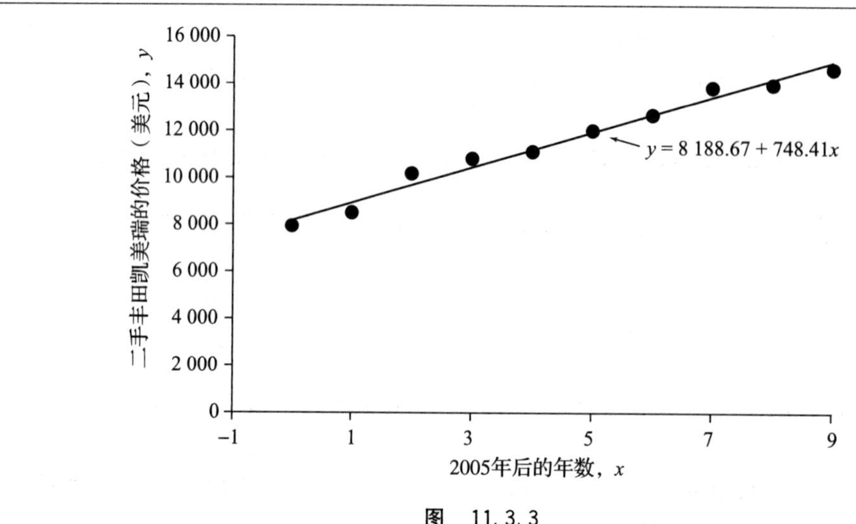

图 11.3.3

$$s^2=\frac{1}{10-2}\left(\sum_{i=0}^{9}y_i^2-\hat{\beta}_0\sum_{i=0}^{9}y_i-\hat{\beta}_1\sum_{i=0}^{9}x_iy_i\right)$$

$$=\frac{1}{8}[1\ 382\ 678\ 777-(8\ 188.67)(115\ 565)-(748.41)(581\ 786)]$$

$$=117\ 727.98$$

所以，$s=\sqrt{117\ 727.98}=343.11$.

利用 $t_{0.025,8}=2.306\ 0$，定理 11.3.6 给出的表达式可简化为

$$\left(748.41-2.306\ 0\frac{343.11}{9.083},748.41+2.306\ 0\frac{343.11}{9.083}\right)=(661.30,835.52)$$

关于数据 二手车的建议零售价可能不是实际销售价，部分取决于消费者对这类车的定价. 案例研究 11.3.2 中回归方程的预测值取决于持续购买者的价值感. 也许是种种原因，一年车龄的车的价值与模型不符. 即使 $\hat{\beta}_1$ 的置信区间的上限值为 835.52，回归方程却得出了预测值为 $\hat{y}=8\ 188.67+835.52(10)=16\ 543.87$. 该值远低于 2015 款的建议零售价 20 879 美元.

关于 β_0 的推论

实际上，β_0 的值不太可能像 β_1 的值那么重要. 例如，在案例研究 11.3.2 中可以看出，斜率通常量化 xy 关系中特别重要的部分. 然而，根据定理 11.3.2 和定理 11.3.3 给出的结果，可以很容易地导出 β_0 的假设检验和置信区间.

评估 $H_0:\beta_0=\beta_0'$ 可信度的 GLRT 过程是基于自由度为 $n-2$ 的学生 t 随机变量：

$$T_{n-2}=\frac{(\hat{\boldsymbol{\beta}}_0-\beta_0')\sqrt{n}\sqrt{\sum_{i=1}^{n}(x_i-\overline{x})^2}}{S\sqrt{\sum_{i=1}^{n}x_i^2}}=\frac{\hat{\boldsymbol{\beta}}_0-\beta_0'}{\sqrt{\widehat{\mathrm{Var}}\ (\hat{\boldsymbol{\beta}}_0)}} \tag{11.3.6}$$

“翻转”公式(11.3.6)(回顾定理 11.3.6 的证明)得出

$$\left[\hat{\beta}_0-t_{\alpha/2,n-2}\cdot\frac{s\sqrt{\sum_{i=1}^{n}x_i^2}}{\sqrt{n}\sqrt{\sum_{i=1}^{n}(x_i-\overline{x})^2}},\ \hat{\beta}_0+t_{\alpha/2,n-2}\cdot\frac{s\sqrt{\sum_{i=1}^{n}x_i^2}}{\sqrt{n}\sqrt{\sum_{i=1}^{n}(x_i-\overline{x})^2}}\right]$$

作为 β_0 的 $100(1-\alpha)\%$置信区间的公式.

关于 σ^2 的推论

由于$(n-2)S^2/\sigma^2$ 具有自由度为 $n-2$ 的 χ^2 概率密度函数(如果 n 个观测值满足简单线性模型中隐含的规定)，因此

$$P\left(\chi^2_{\alpha/2,n-2}\leqslant\frac{(n-2)S^2}{\sigma^2}\leqslant\chi^2_{1-\alpha/2,n-2}\right)=1-\alpha$$

等价地，

$$P\left(\frac{(n-2)S^2}{\chi^2_{1-\alpha/2,n-2}}\leqslant\sigma^2\leqslant\frac{(n-2)S^2}{\chi^2_{\alpha/2,n-2}}\right)=1-\alpha$$

在这种情况下，

$$\left[\frac{(n-2)s^2}{\chi^2_{1-\alpha/2,n-2}},\frac{(n-2)s^2}{\chi^2_{\alpha/2,n-2}}\right]$$

为 σ^2 的 $100(1-\alpha)\%$置信区间(回顾定理 7.5.1). 通过计算如下比率来检验 $H_0:\sigma^2=\sigma_0^2$：

$$\chi^2=\frac{(n-2)s^2}{\sigma_0^2}$$

当零假设为真时，它服从自由度为 $n-2$ 的 χ^2 分布. 除了自由度($n-2$ 而不是 $n-1$)，单边和双边 H_1 的适当决策规则与定理 7.5.2 中给出的相似.

习题

11.3.1 昆虫的飞行能力可以在实验室里用细丝把昆虫固定在几乎没有摩擦的旋转臂上来测量. “拴住”的昆虫绕圈子飞行，直到筋疲力尽. 不间断的飞行距离可以很容易地根据旋转臂的转数计算出来. 以下是对四种不同周龄的环跗库蚊进行的测量. 反应变量是该物种 40 只雌性直至筋疲力尽的平均飞行距离.

周龄，x	飞行距离(千米)，y
1	12.6
2	11.6
3	6.8
4	9.2

用直线拟合数据，并检验斜率是否为零. 使用双边选择和 0.05 的显著性水平.

11.3.2　习题 11.2.7 中描述的马萨诸塞州支出/毕业率数据的最佳直线方程为 $y=81.088+0.412x$，其中 $s=11.78848$.

(a) 构建 β_1 的 95%置信区间.

(b) 在 $\alpha=0.05$ 显著性水平下，(a)部分的回答对检验 $H_0:\beta_1=0$ 与 $H_1:\beta_1\neq 0$ 的结果意味着什么？

(c) 绘制数据图并叠加回归线. 在州级学校委员会的会议上，你将如何对这些数据，以及它们的影响进行总结？

11.3.3　根据习题 11.2.1 中的数据，环境温度 y 和蟋蟀鸣叫频次 x 之间的关系由 $y=25.2+3.29x$ 给出，其中 $s=3.83$. 在 $\alpha=0.01$ 显著性水平下，能否拒绝鸣叫频次与温度无关的假设？

11.3.4　假设实验者打算通过取 $2n$ 个数据点进行回归分析，其中 x_i 限制在区间[0,5]上. 如果假定 xy 关系是线性的并且以最大可能的精度估计斜率，那么 x_i 的值应该为多少？

11.3.5　假设在一个简单的线性模型上取总共 $n=9$ 个测量值，其中 x_i 将设为 $1,2,\cdots,9$. 如果与 xy 关系相关的方差已知为 45.0，那么估计的斜率在实际斜率的 1.5 个单位范围内的概率是多少？

11.3.6　证明下列计算公式[公式(11.3.5)]：

$$\sum_{i=1}^{n}(y_i-\hat{\beta}_0-\hat{\beta}_1x_i)^2=\sum_{i=1}^{n}y_i^2-\hat{\beta}_0\sum_{i=1}^{n}y_i-\hat{\beta}_1\sum_{i=1}^{n}x_iy_i$$

11.3.7　习题 11.2.3 中硝酸钠($NaNO_3$)的溶解度可以由回归线 $y=67.508+0.871x$(其中 $s=0.959$)很好地描述. 构造 y 截距 β_0 的 90%置信区间.

11.3.8　对习题 11.2.9 中给出的汉福德放射性污染数据进行适当的假设检验. 设 $\alpha=0.05$，论证你对 H_0 和 H_1 的选择. 你的结论是什么？

11.3.9　对于习题 11.2.11 中给出的羽毛指数/行为指数，检验 $H_0:\beta_1=0$ 与 $H_1:\beta_1\neq 0$. 设 $\alpha=0.05$，证明 $y=0.61+0.84x$ 是描述 xy 关系的最佳直线.

11.3.10　设$(x_1,Y_1),(x_2,Y_2),\cdots,(x_n,Y_n)$是满足简单线性模型假设的一组点. 证明

$$E(\overline{Y})=\beta_0+\beta_1\bar{x}$$

11.3.11　在一个已知 σ 的简单线性模型上取 n 个(x_i,Y_i)，推导出 β_0 的 95%置信区间的公式.

11.3.12　下面的散点图中，违背了简单线性模型的哪些假设(如果有的话)？哪一个看起来是满意的(如果有的话)？哪一个不能通过观察散点图来评估(如果有的话)？

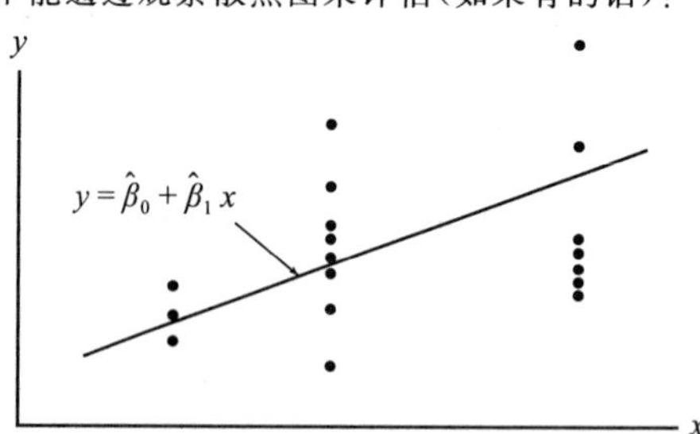

11.3.13　如果用 $H_1:\sigma^2\neq 12.6$ 检验 $H_0:\sigma^2=12.6$，说明决策规则和结论. 其中 $n=24$，$s^2=18.2$，$\alpha=0.05$.

11.3.14　在案例研究 11.3.1 中给出的香烟消费/冠心病死亡率数据中，构造 σ^2 的 90%置信区间.

11.3.15　回顾习题 8.2.1 中给出的开普勒第三定律. 描述 xy 关系的回归线为 $y=1.795+0.181x$，其中 $s=1.8$. 构造 σ^2 的 90%置信区间.

关于 $E(Y|x)$的推论

在案例研究 11.3.1 中，随机变量 Y 表示香烟消费量 x 导致的冠心病死亡率. 一位公共卫生公务人员可能想知道在一个 x 为 4 200 的国家里相应死亡率的可能范围.

直觉告诉我们，对 $E(Y|x)$ 合理的点估计量应该是 x 处回归线的高度，也就是说，$\hat{Y}=\hat{\boldsymbol{\beta}}_0+\hat{\boldsymbol{\beta}}_1x$. 根据定理 11.3.2，后者是无偏的：

$$E(\hat{Y})=E(\hat{\boldsymbol{\beta}}_0+\hat{\boldsymbol{\beta}}_1x)=E(\hat{\boldsymbol{\beta}}_0)+xE(\hat{\boldsymbol{\beta}}_1)=\beta_0+\beta_1x$$

当然，在任何推断过程中使用 $\hat{Y}$ 都需要知道它的方差. 但是

$$\begin{aligned}\operatorname{Var}(\hat{Y})&=\operatorname{Var}(\hat{\boldsymbol{\beta}}_0+\hat{\boldsymbol{\beta}}_1x)=\operatorname{Var}(\overline{Y}-\hat{\boldsymbol{\beta}}_1\overline{x}+\hat{\boldsymbol{\beta}}_1x)\\&=\operatorname{Var}[\overline{Y}+\hat{\boldsymbol{\beta}}_1(x-\overline{x})]\\&=\operatorname{Var}(\overline{Y})+(x-\overline{x})^2\operatorname{Var}(\hat{\boldsymbol{\beta}}_1)\quad\text{（为什么？）}\\&=\frac{1}{n}\sigma^2+\frac{(x-\overline{x})^2}{\sum_{i=1}^{n}(x_i-\overline{x})^2}\sigma^2\\&=\sigma^2\left[\frac{1}{n}+\frac{(x-\overline{x})^2}{\sum_{i=1}^{n}(x_i-\overline{x})^2}\right]\end{aligned}$$

然后，应用定义 7.3.3，我们可以基于 $\hat{Y}$ 构造一个学生 t 随机变量. 具体地，

$$T_{n-2}=\frac{\hat{Y}-(\beta_0+\beta_1x)}{\sigma\sqrt{\dfrac{1}{n}+\dfrac{(x-\overline{x})^2}{\sum_{i=1}^{n}(x_i-\overline{x})^2}}}\Bigg/\sqrt{\frac{(n-2)S^2}{\sigma^2(n-2)}}=\frac{\hat{Y}-(\beta_0+\beta_1x)}{S\sqrt{\dfrac{1}{n}+\dfrac{(x-\overline{x})^2}{\sum_{i=1}^{n}(x_i-\overline{x})^2}}}$$

服从自由度为 $n-2$ 的学生 t 分布. 在不等式 $P(-t_{\alpha/2,n-2}\leqslant T_{n-2}\leqslant t_{\alpha/2,n-2})=1-\alpha$ 中分离出 $\beta_0+\beta_1x=E(Y|x)$，从而得到 $E(Y|x)$的 $100(1-\alpha)\%$置信区间.

定理 11.3.7 设$(x_1,Y_1),(x_2,Y_2),\cdots,(x_n,Y_n)$是满足简单线性模型假设的一组点. $E(Y|x)=\beta_0+\beta_1x$ 的 $100(1-\alpha)\%$置信区间为$(\hat{y}-w,\hat{y}+w)$，其中

$$w=t_{\alpha/2,n-2}\cdot s\sqrt{\frac{1}{n}+\frac{(x-\overline{x})^2}{\sum_{i=1}^{n}(x_i-\overline{x})^2}}$$

$$\hat{y}=\hat{\beta}_0+\hat{\beta}_1x$$

例 11.3.2 回顾案例研究 11.3.1. 假设一个国家的公共卫生公务人员估计每个成年人每年的香烟消费量为 4 200 支. 如果是这样的话，估算相应的冠心病死亡率为多少？通过构造 $E(Y|4\,200)$的 95%置信区间来回答问题.

这里 $n=21$，$t_{0.025,19}=2.093\,0$，$\sum_{i=1}^{21}(x_i-\overline{x})^2=13\,056\,523.81$，$s=46.707$，$\hat{\beta}_0=15.766\,1$，$\hat{\beta}_1=0.060\,1$，以及 $\overline{x}=2\,148.095$. 根据定理 11.3.7，

$$\hat{y}=15.766\,1+0.060\,1(4\,200)=268.186\,1$$

$$w=2.093\,0(46.707)\sqrt{\frac{1}{21}+\frac{(4\,200-2\,148.095)^2}{13\,056\,523.81}}=59.471\,4$$

所以 $E(Y|4\ 200)$ 的 95%置信区间为

$$(268.186\ 1-59.471\ 4, 268.186\ 1+59.471\ 4)$$

四舍五入到小数点后两位得

$$(208.71, 327.66)$$

注释　从定理 11.3.7 的公式中可以看到，$E(Y|x)$ 置信区间的宽度随着 x 值变得更极端而增大. 也就是说，与非常小或非常大的 x 值对比，接近 $\overline{x}$ 的 x 值能够更好地预测回归线的位置.

图 11.3.4 显示了案例研究 11.3.1 中的 w 对 x 的依赖性，计算了 $E(Y|x)$ 95%置信区间的下限和上限. 图为连接这些端点的虚线曲线(或 95%置信带). 当 $x=2\ 148.1(=\overline{x})$ 时，置信带的宽度最小.

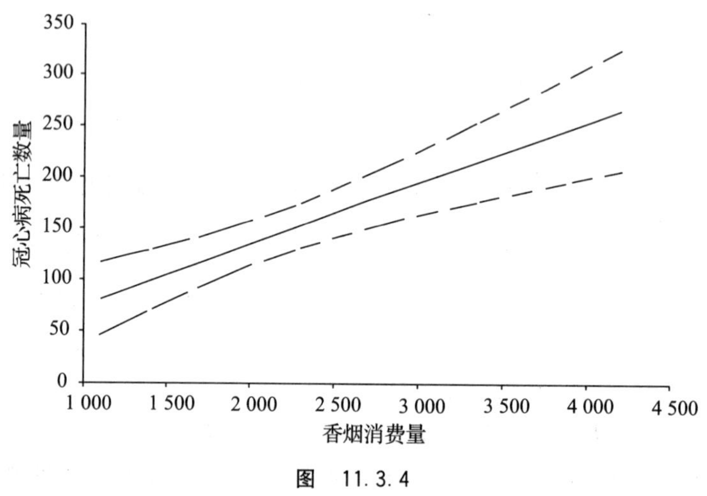

图　11.3.4

■

对未来观测值的推论

定理 11.3.7 是确定一系列数字，这些数字很有可能包括某一给定水平 x 下记录的单个未来观测值 Y. 在案例研究 11.3.1 中，如果香烟消费量为 x，公共卫生公务人员希望预测实际的(而不是平均的)冠心病死亡率.

设 $(x_1, Y_1), (x_2, Y_2), \cdots, (x_n, Y_n)$ 是一组满足简单线性模型假设的 n 个点，并且 (x, Y) 是假设的未来观测值，其中 Y 与 n 个 Y_i 相互独立. 预测区间是一个包含 Y 且具有指定概率的数字范围.

考虑一下 $\hat{Y}-Y$ 这个差. 很明显，

$$E(\hat{Y}-Y)=E(\hat{Y})-E(Y)=(\beta_0+\beta_1 x)-(\beta_0+\beta_1 x)=0$$

$$\begin{aligned}\operatorname{Var}(\hat{Y}-Y) &= \operatorname{Var}(\hat{Y})+\operatorname{Var}(Y)\\ &= \sigma^2\left[\frac{1}{n}+\frac{(x-\overline{x})^2}{\sum_{i=1}^{n}(x_i-\overline{x})^2}\right]+\sigma^2\end{aligned}$$

$$= \sigma^2\left[1+\frac{1}{n}+\frac{(x-\bar{x})^2}{\sum_{i=1}^{n}(x_i-\bar{x})^2}\right]$$

按照在推导定理 11.3.7 时所采取的完全相同的步骤，可以采用 $\hat{Y}-Y$(使用定义 7.3.3)构造自由度为 $n-2$ 的学生 t 随机变量. 将方程 $P(-t_{\alpha/2,n-2}\leqslant T_{n-2}\leqslant t_{\alpha/2,n-2})=1-\alpha$ 翻转，将得到定理 11.3.8 中给出的预测区间$(\hat{y}-w,\hat{y}+w)$.

定理 11.3.8 设$(x_1,Y_1),(x_2,Y_2),\cdots,(x_n,Y_n)$是一组满足简单线性模型假设的 n 个点. 在固定值 x 处，Y 的一个 $100(1-\alpha)\%$预测区间为$(\hat{y}-w,\hat{y}+w)$，其中

$$w = t_{\alpha/2,n-2}\cdot s\sqrt{1+\frac{1}{n}+\frac{(x-\bar{x})^2}{\sum_{i=1}^{n}(x_i-\bar{x})^2}}$$

$$\hat{y} = \hat{\beta}_0+\hat{\beta}_1 x$$

例 11.3.3 基于案例研究 11.3.1 中的数据，例 11.3.2 中计算出 $E(Y|4\ 200)$的 95% 置信区间为(208.71,327.66). 那么与 Y 对应的 95%预测区间相比如何?

当 $x=4\ 200$ 时，对两个区间都有 $\hat{y}=268.186\ 1$. 根据定理 11.3.8，Y 的 95%预测区间的宽度为:

$$w = 2.093\ 0(46.707)\sqrt{1+\frac{1}{21}+\frac{(4\ 200-2\ 148.095)^2}{13\ 056\ 523.81}} = 114.472\ 5$$

那么，95%的预测区间是

$$(268.186\ 1-114.472\ 5, 268.186\ 1+114.472\ 5)$$

四舍五入到小数点后两位得

$$(153.71,\ 382.66)$$

这比 $E(Y|4\ 200)$的 95%置信区间宽 92%. ■

检验两个斜率的相等性

我们在第 9 章中看到，两种处理或两个条件的比较经常需要假设检验，即一个的均值等于另一个的均值. 同样，两个线性 xy 关系的比较经常要求检验 $H_0:\beta_1=\beta_1^*$，其中 β_1 和 β_1^* 是与两个回归相关的真实斜率.

如果两个回归的数据点都是独立的，则基于定理 11.3.2 和定理 11.3.3 中的性质建立双样本 t 检验. 定理 11.3.9 确定了适当的检验统计量，并总结了 GLRT 决策规则. 证明省略.

定理 11.3.9 设$(x_1,Y_1),(x_2,Y_2),\cdots,(x_n,Y_n)$和$(x_1^*,Y_1^*),(x_2^*,Y_2^*),\cdots,(x_m^*,Y_m^*)$是两组独立的点，每个点都满足简单线性模型的假设，即 $E(Y|x)=\beta_0+\beta_1 x$ 和 $E(Y^*|x^*)=\beta_0^*+\beta_1^* x^*$.

a. 令

$$T=\frac{\hat{\beta}_1-\hat{\beta}_1^*-(\beta_1-\beta_1^*)}{S\sqrt{\dfrac{1}{\sum\limits_{i=1}^{n}(x_i-\bar{x})^2}+\dfrac{1}{\sum\limits_{i=1}^{m}(x_i^*-\bar{x}^*)^2}}}$$

其中，

$$S=\sqrt{\frac{\sum\limits_{i=1}^{n}[Y_i-(\hat{\beta}_0+\hat{\beta}_1x_i)]^2+\sum\limits_{i=1}^{m}[Y_i^*-(\hat{\beta}_0^*+\hat{\beta}_1^*x_i^*)]^2}{n+m-4}}$$

那么 T 服从自由度为 $n+m-4$ 的学生 t 分布.

b. 在 α 显著性水平下检验 $H_0:\beta_1=\beta_1^*$ 和 $H_1:\beta_1\neq\beta_1^*$，如果 $t\leqslant -t_{\alpha/2,n+m-4}$ 或 $t\geqslant t_{\alpha/2,n+m-4}$，则拒绝 H_0，其中

$$t=\frac{\hat{\beta}_1-\hat{\beta}_1^*}{s\sqrt{\dfrac{1}{\sum\limits_{i=1}^{n}(x_i-\bar{x})^2}+\dfrac{1}{\sum\limits_{i=1}^{m}(x_i^*-\bar{x}^*)^2}}}$$

(单边检验通常用 $t_{\alpha,n+m-4}$ 或 $-t_{\alpha,n+m-4}$ 代替 $\pm t_{\alpha/2,n+m-4}$ 来定义.)

例 11.3.4 遗传变异被认为是物种生存的一个关键因素，这种观点认为“多样化”的种群应该有更好的机会应对不断变化的环境. 表 11.3.3 总结了一项旨在通过实验验证该假设的研究结果[参考文献[4]中的数据略有修改]. 将两个果蝇种群(Drosophila serrata)——一个是杂交种(种群 A)，另一个是近交种(种群 B)——放入密封容器中，将食物和空间保持在最低限度. 每一百天记录一次每个种群中果蝇存活的数量.

表　11.3.3

日期	天数，$x(=x^*)$	种群 A 数量，y	种群 B 数量，y^*
2 月 2 日	0	100	100
5 月 13 日	100	250	203
8 月 21 日	200	304	214
11 月 29 日	300	403	295
3 月 8 日	400	446	330
6 月 16 日	500	482	324

图 11.3.5 是关于两组果蝇数量的图表. 对于这两个种群，在记录期间的增长大致呈线性. A 的估计斜率为 0.74，其增长速度比 B 快，后者的估计斜率为 0.45. 问题是，我们是否有足够的证据来拒绝两个真实斜率相等的零假设？换句话说，0.74 和 0.45 之间的差异有统计显著性吗？

设 $\alpha=0.05$，令 (x_i,y_i)，$i=1,2,\cdots,6$ 以及 (x_i^*,y_i^*)，$i=1,2,\cdots,6$ 分别表示种群 A 和种群 B 的时间和种群大小. 我们的目的是检验 $H_0:\beta_1=\beta_1^*$ 与 $H_1:\beta_1>\beta_1^*$. 当然，拒绝 H_0 将支持遗传变异有利于物种的生存这一观点.

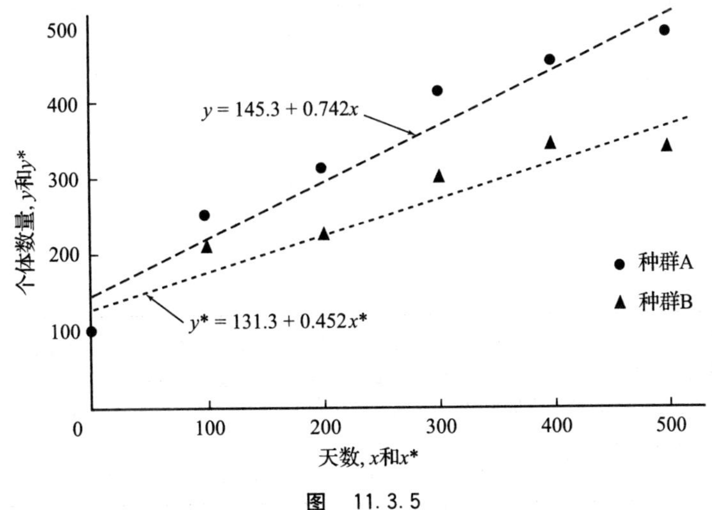

图 11.3.5

根据表 11.3.3，$\overline{x}=\overline{x}^*=250$ 并且

$$\sum_{i=1}^{6}(x_i-\overline{x})^2=\sum_{i=1}^{6}(x_i^*-\overline{x}^*)^2=175\ 000$$

同时，

$$\sum_{i=1}^{6}[y_i-(145.3+0.742x_i)]^2=5\ 512.14$$

$$\sum_{i=1}^{6}[y_i^*-(131.3+0.452x_i^*)]^2=3\ 960.14$$

所以，

$$s=\sqrt{\frac{5\ 512.14+3\ 960.14}{6+6-4}}=34.41$$

由于 H_1 是单边向右的，如果 $t\geqslant t_{0.05,8}=1.859\ 5$，则我们应该拒绝 H_0. 但是

$$t=\frac{0.742-0.452}{34.41\sqrt{\frac{1}{175\ 000}+\frac{1}{175\ 000}}}=2.50$$

因此，这些数据确实支持遗传混合种群在恶劣环境中生存的机会更大这一理论. ■

习题

11.3.16 回归方法在一个变量(比如 y 很难测量，而 x 相反)的情况下非常有用. 一旦确定这样的 xy 关系，基于一组(x_i,y_i)，Y 的未来值可以很容易地被估计为 $\hat{\beta}_0+\hat{\beta}_1x$. 例如，确定不规则形状的物体的体积通常是困难的，但是称重却很容易. 下表显示了 18 名 5 至 8 岁儿童的体重(kg)和体积(dm^3)[15]. 估计的回归线方程为 $y=-0.104+0.988x$，其中 $s=0.202$.

(a)构造 $E(Y\mid 14.0)$的 95%置信区间.

(b)为体重 14.0 kg 的儿童的体积构建一个 95%的预测区间.

体重，x	体积，y	体重，x	体积，y
17.1	16.7	15.8	15.2
10.5	10.4	15.1	14.8
13.8	13.5	12.1	11.9
15.7	15.7	18.4	18.3
11.9	11.6	17.1	16.7
10.4	10.2	16.7	16.6
15.0	14.5	16.5	15.9
16.0	15.8	15.1	15.1
17.8	17.6	15.1	14.5

11.3.17 使用案例研究 11.2.1 中给出的连杆数据构建 $E(Y \mid 2.750)$的 95%置信区间.

11.3.18 基于案例研究 11.3.1 中的冠心病死亡率数据，构建一个国家的预期死亡率为 99%的置信区间，该国家每年每位成人的香烟消费量为 2 500 支. 当 $x=2\ 500$ 时，公共卫生公务人员会对 $E(Y \mid 2\ 500)$的 99%置信区间或 Y 的 99%预测区间感兴趣吗?

11.3.19 汽车的燃油经济性(英里/加仑)取决于许多因素，但下表表明汽车重量也是个很好的预测指标.

车型	车重(磅)，x	油耗(英里/加仑)，y
Toyota Yaris Liftback (manual)	2 370	34
Toyota Yaris Sedan	2 430	33
Scion xB (manual)	2 450	32
Honda Fit Sport (manual)	2 495	34
Honda Fit	2 535	32
Chevrolet Malibu (4-cyl.)	3 135	24
Honda Accord (4-cyl.)	3 195	24
Nissan Altima 2.5 S	3 215	25
Toyota Camry LE (4-cyl.)	3 280	24
BMW 325i	3 460	24
Volkswagen Passat 2.0T	3 465	24
Lexus IS250	3 510	24

找出 $E(Y \mid 2\ 890)$的 95%置信区间，其中 2 890 是 Honda Civic Hybrid(一种汽车)的重量. 这个区间包括 37，即 Civic 的油耗吗?

11.3.20 在习题 11.2.9 中的放射性暴露样本中，找到 $E(Y \mid 9.00)$的 95%置信区间和值为 9.00 的预测区间.

11.3.21 律师代表 Flirty Fashions(一家服装公司)的男性采购员正在对这家女性公司提起反歧视诉讼. 案例中的数据显示了该公司 14 名采购员(其中 6 名是男性)的服务年限与年薪之间的关系. 原告声称，斜率的差异(男性为 0.606，女性为 1.07)是公司薪酬政策歧视男性的初步证据. 作为 Flirty Fashions 的律师，你会如何回应? 可以使用下列总和：

$$\sum_{i=1}^{6}(y_i-21.3-0.606x_i)^2=5.983$$

$$\sum_{i=1}^{8}(y_i^*-23.2-1.07x_i^*)^2=13.804$$

同时，

$$\sum_{i=1}^{6}(x_i-\overline{x})^2=31.33$$

$$\sum_{i=1}^{8}(x_i^*-\overline{x}^*)^2=46$$

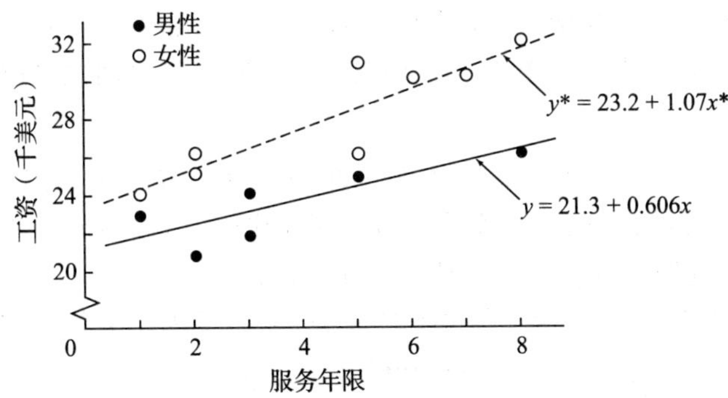

11.3.22 一个城市的上两届政府(一届民主党，一届共和党)进行的民意调查显示，两位市长的公众支持率随执政年限呈线性下降. 从以下数据可以得出两届政府“失宠”的比率有显著差异的结论吗？设 $\alpha=0.05$.（注意：$y=69.3077-3.4615x$，估计标准差为 0.905 8；$y^*=59.9407-2.7373x^*$，估计标准差为 1.236 8.）

民主党市长		共和党市长	
执政后的年数，x	支持率，y	执政后的年数，x	支持率，y
2	63	1	58
3	58	2	55
5	52	4	47
7	46	6	43
8	41	7	41
		8	39

11.3.23 证明：$\hat{Y}$ 的方差还可以写成

$$\operatorname{Var}(\hat{Y})=\frac{\sigma^2\sum_{i=1}^{n}(x_i-x)^2}{n\sum_{i=1}^{n}(x_i-\bar{x})^2}$$

11.3.24 对于任意点集(x_i,Y_i)，$i=1,2,\cdots,n$，有

$$\sum_{i=1}^{n}(Y_i-\bar{Y})^2=\sum_{i=1}^{n}(Y_i-\hat{Y}_i)^2+\sum_{i=1}^{n}(\hat{Y}_i-\bar{Y})^2$$

11.4 协方差和相关性

在第 11 章中，我们对 xy 关系的讨论从统计角度进行最简单的设置开始，即(x_i,y_i)是没有概率结构的数字. 然后我们研究了更复杂的(并且更容易推断的)情形，其中 x_i 是常数，Y_i 是随机变量. 本节介绍的是下一个复杂问题，其中 X_i 和 Y_i 都被假定为随机变量. [形式为(x_i,y_i)或(x_i,Y_i)的数据通常被称为回归数据；为了满足本节的假设，形式为(X_i,Y_i)的数据通常被称为相关数据.]

衡量两个随机变量之间的相关性

给定一对随机变量，了解其中一个变量相对于另一个变量的变化情况是有意义的. 例如，如果 X 变大，Y 也会变大吗？如果是的话，两者之间的相关性有多强？

解决这些问题的第一步需要 3.9 节中提出的协方差. 在这一节中，它主要作为求随机变量之和的方差的一个工具. 在这里，它将作为衡量 X 和 Y 之间关系的基础.

相关系数

X 和 Y 的协方差必然反映两个随机变量的单位，这解释起来很困难. 在应用设置中，使用无量纲的相关性度量有助于 xy 关系之间的相互比较. 将 $\mathrm{Cov}(X,Y)$ 除以 $\sigma_X\sigma_Y$ 不仅实现了这个目标，而且还将商缩放为 -1 和 1 之间的数字.

定义 11.4.1 设 X 和 Y 是任意两个随机变量. $\rho(X,Y)$ 为 X 和 Y 的相关系数，则

$$\rho(X,Y)=\frac{\mathrm{Cov}(X,Y)}{\sigma_X\sigma_Y}=\mathrm{Cov}(X^*,Y^*)$$

其中

$$X^*=(X-\mu_X)/\sigma_X$$
$$Y^*=(Y-\mu_Y)/\sigma_Y$$

定理 11.4.1 对于任意两个随机变量 X 和 Y,

a. $|\rho(X,Y)|\leqslant 1$.

b. 对于某些常数 a 和 b（除了概率为零的集合），当且仅当 $Y=aX+b$ 时，$|\rho(X,Y)|=1$.

证明 按照定义 11.4.1 的符号，令 X^* 和 Y^* 表示 X 和 Y 的标准化转换，则

$$\begin{aligned}0\leqslant \mathrm{Var}(X^*\pm Y^*)&=\mathrm{Var}(X^*)\pm 2\mathrm{Cov}(X^*,Y^*)+\mathrm{Var}(Y^*)\\&=1\pm 2\rho(X,Y)+1\\&=2[1\pm\rho(X,Y)]\end{aligned}$$

其中 $1\pm\rho(X,Y)\geqslant 0$ 表明 $|\rho(X,Y)|\leqslant 1$. 定理的(a)部分证毕.

接下来，假设 $|\rho(X,Y)|=1$. 那么 $\mathrm{Var}(X^*-Y^*)=0$；然而，除了可能在概率为零的集合上，方差为零的随机变量是常数. 从 X^*-Y^* 的恒常性来看，很容易得出 Y 是 X 的线性函数. $\rho(X,Y)=-1$ 的情况类似.

(b)部分的逆留作练习.

习题

11.4.1 设 X 和 Y 具有联合概率密度函数

$$f_{X,Y}(x,y)=\begin{cases}\dfrac{x+2y}{22}, & (x,y)=(1,1),(1,3),(2,1),(2,3),\\ 0, & \text{其他}\end{cases}$$

求出 $\mathrm{Cov}(X,Y)$ 和 $\rho(X,Y)$.

11.4.2 假设 X 和 Y 具有联合概率密度函数

$$f_{X,Y}(x,y)=x+y,\quad 0<x<1,\quad 0<y<1$$

求 $\rho(X,Y)$.

11.4.3 如果随机变量 X 和 Y 具有联合概率密度函数

$$f_{X,Y}(x,y)=\begin{cases}8xy, & 0\leqslant y\leqslant x\leqslant 1,\\ 0, & \text{其他}\end{cases}$$

证明 $\mathrm{Cov}(X,Y)=\dfrac{8}{450}$ 并求出 $\rho(X,Y)$.

11.4.4 假设 X 和 Y 是具有联合概率密度函数的离散随机变量，

(x,y)	$f_{X,Y}(x,y)$	(x,y)	$f_{X,Y}(x,y)$
(1,2)	$\frac{1}{2}$	(2,1)	$\frac{1}{8}$
(1,3)	$\frac{1}{4}$	(2,4)	$\frac{1}{8}$

求 X 和 Y 的相关系数.

11.4.5 证明常数 a,b,c,d 满足 $\rho(a+bX,c+dY)=\rho(X,Y)$，其中 b 和 d 为正. 为了便于计算，此结果允许尺度变换.

11.4.6 让随机变量 X 取值 $1,2,\cdots,n$，每个值的概率为 $1/n$. 将 Y 定义为 X^2. 求 $\rho(X,Y)$ 和 $\lim\limits_{n\to\infty}\rho(X,Y)$.

11.4.7 (a)对于随机变量 X 和 Y，证明

$$\operatorname{Cov}(X+Y,X-Y)=\operatorname{Var}(X)-\operatorname{Var}(Y)$$

(b)假设 $\operatorname{Cov}(X,Y)=0$. 证明

$$\rho(X+Y,X-Y)=\frac{\operatorname{Var}(X)-\operatorname{Var}(Y)}{\operatorname{Var}(X)+\operatorname{Var}(Y)}$$

估计 $\rho(X,Y)$：样本相关系数

我们用一个估计问题对这部分进行总结. 假设 X 和 Y 之间的相关系数是未知的，但是我们有一些关于 n 个测量值 $(X_1,Y_1),(X_2,Y_2),\cdots,(X_n,Y_n)$ 的信息. 我们如何利用这些数据来估计 $\rho(X,Y)$？

因为相关系数可以用各种理论矩来表示，

$$\rho(X,Y)=\frac{E(XY)-E(X)E(Y)}{\sqrt{\operatorname{Var}(X)}\sqrt{\operatorname{Var}(Y)}}$$

所以用相应的样本矩估计 $\rho(X,Y)$ 的每个分量似乎是合理的. 也就是说，让"$\overline{X}$"和"$\overline{Y}$"近似于 $E(X)$ 和 $E(Y)$，用 $\frac{1}{n}\sum_{i=1}^{n}X_iY_i$ 代替 $E(XY)$，分别用 $\frac{1}{n}\sum_{i=1}^{n}(X_i-\overline{X})^2$ 和 $\frac{1}{n}\sum_{i=1}^{n}(Y_i-\overline{Y})^2$ 代替 $\operatorname{Var}(X)$ 和 $\operatorname{Var}(Y)$.

我们将样本相关系数定义为

$$R=\frac{\frac{1}{n}\sum_{i=1}^{n}X_iY_i-\overline{X}\,\overline{Y}}{\sqrt{\frac{1}{n}\sum_{i=1}^{n}(X_i-\overline{X})^2}\sqrt{\frac{1}{n}\sum_{i=1}^{n}(Y_i-\overline{Y})^2}} \tag{11.4.1}$$

或者，等价地，

$$R=\frac{n\sum_{i=1}^{n}X_iY_i-\left(\sum_{i=1}^{n}X_i\right)\left(\sum_{i=1}^{n}Y_i\right)}{\sqrt{n\sum_{i=1}^{n}X_i^2-\left(\sum_{i=1}^{n}X_i\right)^2}\sqrt{n\sum_{i=1}^{n}Y_i^2-\left(\sum_{i=1}^{n}Y_i\right)^2}} \tag{11.4.2}$$

(有时 R 被称为皮尔逊积矩相关系数，以纪念英国著名统计学家卡尔·皮尔逊.)

习题

11.4.8　从公式(11.4.1)导出公式(11.4.2).

11.4.9　设$(x_1,y_1),(x_2,y_2),\cdots,(x_n,y_n)$是一组样本相关系数为 r 的测量值. 证明:

$$r=\hat{\beta}_1\cdot\frac{\sqrt{n\sum_{i=1}^{n}x_i^2-\left(\sum_{i=1}^{n}x_i\right)^2}}{\sqrt{n\sum_{i=1}^{n}y_i^2-\left(\sum_{i=1}^{n}y_i\right)^2}}$$

式中 $\hat{\beta}_1$是斜率的极大似然估计值.

解释 R

定理 11.4.1 中的 $\rho(X,Y)$所引用的性质不足以解释 R. 例如，样本相关系数是 0.73，0.55 或-0.24 表达什么意思? 回答这类问题的一种方法是采用 R 的平方，而不是 R 本身.

根据公式(11.3.3)可知

$$\sum_{i=1}^{n}(y_i-\hat{\beta}_0-\hat{\beta}_1x_i)^2=\sum_{i=1}^{n}(y_i-\overline{y})^2-\hat{\beta}_1^2\sum_{i=1}^{n}(x_i-\overline{x})^2$$

利用习题 11.4.9 中的 $\hat{\beta}_1$和 r 之间的关系以及

$$\sum_{i=1}^{n}(x_i-\overline{x})^2=\sum_{i=1}^{n}x_i^2-\left(\sum_{i=1}^{n}x_i\right)^2\Big/n$$

我们可以得到

$$\sum_{i=1}^{n}(y_i-\hat{\beta}_0-\hat{\beta}_1x_i)^2=\sum_{i=1}^{n}(y_i-\overline{y})^2-r^2\cdot\frac{\sum_{i=1}^{n}(y_i-\overline{y})^2}{\sum_{i=1}^{n}(x_i-\overline{x})^2}\cdot\sum_{i=1}^{n}(x_i-\overline{x})^2$$

化简可得

$$r^2=\frac{\sum_{i=1}^{n}(y_i-\overline{y})^2-\sum_{i=1}^{n}(y_i-\hat{\beta}_0-\hat{\beta}_1x_i)^2}{\sum_{i=1}^{n}(y_i-\overline{y})^2}\tag{11.4.3}$$

公式(11.4.3)有一个很好的、简单的解释. 请注意

(1) $\sum_{i=1}^{n}(y_i-\overline{y})^2$ 表示因变量中的总可变性，即 y_i 不完全相同的程度.

(2) $\sum_{i=1}^{n}(y_i-\hat{\beta}_0-\hat{\beta}_1x_i)^2$ 表示通过 x 的线性回归不能解释(或说明)的 y_i 的变化.

(3) $\sum_{i=1}^{n}(y_i-\overline{y})^2-\sum_{i=1}^{n}(y_i-\hat{\beta}_0-\hat{\beta}_1x_i)^2$ 表示通过 x 的线性回归解释的 y_i 的变化.

因此，r^2 是与 x 线性相关的 y_i 的总变化的比例. 因此，如果 $r=0.60$，我们可以说 Y 的 36%的变化可以由 X 的线性回归解释(64%与其他因素相关).

注释　r^2 有时被称为决定系数.

案例研究 11.4.1

高校普遍使用学术能力水平测验(SAT)帮助学生选择新的班级. 而从来没有用它来衡量中学提供的教育质量，但是批评者和支持者经常强迫它扮演这个角色. 问题是，与学校、地区或州相关的SAT平均分数反映了各种因素，其中一些因素与学生接受的教学质量几乎没有关系. 正如3.13节所指出的，其中一个因素是各州的参与率，即参加SAT考试的学生的百分比.

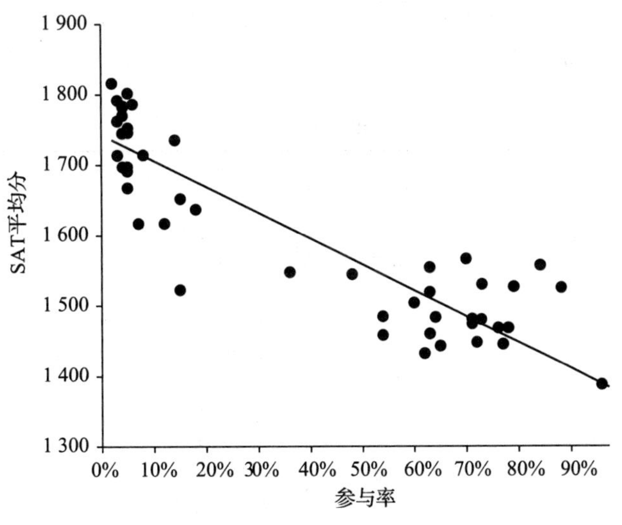

图 11.4.1

表11.4.1显示出某州一个测试期的SAT平均得分(y)与参与率(x)的函数. 图11.4.1表明，当一个州的参与率下降时，其SAT平均得分上升，这两个测量值之间有很强的相关性. 例如，在北达科他州，只有2%的学生有资格参加考试；在马里兰州，参与率大大高于78%. 马里兰州的SAT平均分为1 468分；北达科他州的SAT平均分为1 816分，比马里兰州的平均分高出24%.

量化测试分数和参与率之间的总体关系的一个好方法是计算数据的样本相关系数r. 从表11.4.1中，我们可以计算估计公式(11.4.2)所需的总和

$$\sum_{i=1}^{51} x_i = 2\ 099 \qquad \sum_{i=1}^{51} y_i = 81\ 108$$

$$\sum_{i=1}^{51} x_i^2 = 147\ 507 \qquad \sum_{i=1}^{51} y_i^2 = 129\ 989\ 648$$

$$\sum_{i=1}^{51} x_i y_i = 3\ 112\ 824$$

将和代入 r 的公式中，则样本相关系数为−0.912：

$$r=\frac{n\sum_{i=1}^{n}x_iy_i-\left(\sum_{i=1}^{n}x_i\right)\left(\sum_{i=1}^{n}y_i\right)}{\sqrt{n\left(\sum_{i=1}^{n}x_i^2\right)-\left(\sum_{i=1}^{n}x_i\right)^2}\sqrt{n\left(\sum_{i=1}^{n}y_i^2\right)-\left(\sum_{i=1}^{n}y_i\right)^2}}$$

$$=\frac{51(3\ 112\ 824)-(2\ 099)(81\ 108)}{\sqrt{51(147\ 507)-(2\ 099)^2}\sqrt{51(129\ 989\ 648)-(81\ 108)^2}}$$

$$=-0.912$$

表 11.4.1

州	参与率	SAT 平均分	州	参与率	SAT 平均分
亚拉巴马	7%	1 617	蒙大拿	18%	1 637
阿拉斯加	54%	1 485	内布拉斯加	4%	1 745
亚利桑那	36%	1 547	内华达	54%	1 458
阿肯色	4%	1 698	新罕布什尔	70%	1 566
加利福尼亚	60%	1 504	新泽西	79%	1 526
科罗拉多	14%	1 735	新墨西哥	12%	1 617
康涅狄格	88%	1 525	纽约	76%	1 468
特拉华	100%	1 359	北卡罗来纳	64%	1 483
哥伦比亚特区	100%	1 309	北达科他	2%	1 816
佛罗里达	72%	1 448	俄亥俄	15%	1 652
佐治亚	77%	1 445	俄克拉何马	5%	1 697
夏威夷	63%	1 460	俄勒冈	48%	1 544
爱达荷	100%	1 364	宾夕法尼亚	71%	1 481
伊利诺伊	5%	1 802	罗得岛	73%	1 480
印第安纳	71%	1 474	南卡罗来纳	65%	1 443
艾奥瓦	3%	1 794	南达科他	3%	1 792
堪萨斯	5%	1 753	田纳西	8%	1 714
肯塔基	5%	1 746	得克萨斯	62%	1 432
路易斯安那	5%	1 667	犹他	5%	1 690
缅因	96%	1 387	佛蒙特	63%	1 554
马里兰	78%	1 468	弗吉尼亚	73%	1 530
马萨诸塞	84%	1 556	华盛顿	63%	1 519
密歇根	4%	1 784	西弗吉尼亚	15%	1 522
明尼苏达	6%	1 786	威斯康星	4%	1 782
密西西比	3%	1 714	怀俄明	3%	1 762
密苏里	4%	1 771			

因为 $r^2=(-0.912)^2=0.832$，我们可以说，各州 SAT 分数的 83.2%的可变性可归因于考试分数与参与率之间的线性关系.

关于数据 r^2 应该是一个明确的提示，即在表面上比较州与州或学校与学校之间的 SAT 平均分在很大程度上是没有意义的. 而检查与 $y=\hat{\beta}_0+\hat{\beta}_1x_i$ 相关的残差更有意义. $y-\hat{y}$ 值特别大的州可能正在做一些其他州值得去效仿的事情.

习题

11.4.10 在案例研究 11.3.1 中，香烟消费量在多大程度上解释了冠心病死亡率的可变性？

11.4.11 一些棒球迷认为，一支球队的本垒打次数明显受俱乐部主场海拔高度的海拔影响. 其基本原理是，在更高的海拔高度，空气更稀薄，球会飞得更远. 下表显示了美国联盟棒球场的高度(x)和每支球队在最近一个赛季打出的本垒打次数(y)[183]. 使用以下总和计算样本相关系数 r. 你会得出什么结论？

$$\sum_{i=1}^{12} x_i = 4\ 936 \qquad \sum_{i=1}^{12} y_i = 1\ 175$$
$$\sum_{i=1}^{12} x_i^2 = 3\ 071\ 116 \qquad \sum_{i=1}^{12} y_i^2 = 123\ 349$$
$$\sum_{i=1}^{12} x_i y_i = 480\ 565$$

俱乐部	海拔高度，x	本垒打次数，y	俱乐部	海拔高度，x	本垒打次数，y
Cleveland	660	138	Minnesota	815	106
Milwaukee	635	81	Kansas City	750	57
Detroit	585	135	Chicago	595	109
New York	55	90	Texas	435	74
Boston	21	120	California	340	61
Baltimore	20	84	Oakland	25	120

11.4.12 许多人认为工资奖金是对良好表现的奖励. 企业界可能有不同的理解. 随机抽样 30 名大型上市公司首席执行官，记录了他们支付的现金奖金 x(以 10 万美元为单位)和公司业绩 y(按公司收入变动百分比衡量). 得到了以下总和.

$$\sum_{i=1}^{30} x_i = 1\ 300.69 \qquad \sum_{i=1}^{30} y_i = 323$$
$$\sum_{i=1}^{30} x_i^2 = 86\ 754.693\ 9 \qquad \sum_{i=1}^{30} y_i^2 = 11\ 881$$
$$\sum_{i=1}^{30} x_i y_i = 7\ 807.36$$

求出样本的相关系数. 这项研究说明了奖金与公司业绩之间有何关系？

11.4.13 压力对慢性病严重程度的影响是下表总结的研究重点[221]. 采用病情严重程度评定量表(SIRS)对 17 种情况进行比较. 每种情况的患者都被要求填写近期经历表(SRE)问卷. SRE 得分越高，反映出压力可能越大. SIRS 值的变化有多少可以归因于 SRE 的线性回归？

确诊病症	SRE 平均分值，x	SIRS，y	确诊病症	SRE 平均分值，x	SIRS，y
Dandruff	26	21	High blood pressure	405	520
Varicose veins	130	173	Diabetes	599	621
Psoriasis	317	174	Emphysema	357	636
Eczema	231	204	Alcoholism	688	688
Anemia	325	312	Cirrhosis	443	733
Hyperthyroidism	816	393	Schizophrenia	609	776
Gallstones	563	454	Heart failure	772	824
Arthritis	312	468	Cancer	777	1 020
Peptic ulcer	603	500			

使用下列总和：

$$\sum_{i=1}^{17} x_i = 7\ 973 \qquad \sum_{i=1}^{17} y_i = 8\ 517$$

$$\sum_{i=1}^{17} x_i^2 = 4\ 611\ 291 \qquad \sum_{i=1}^{17} y_i^2 = 5\ 421\ 917$$

$$\sum_{i=1}^{17} x_i y_i = 4\ 759\ 470$$

11.4.14 入室盗窃和盗窃都涉及非法获取有价值的东西. 简单地说，区别在于入室盗窃涉及非法进入建筑物，而盗窃则不涉及. 虽然这两起犯罪看起来很相似，但两者之间的关联度却很低. 用 1975 年至 2010 年每年的入室盗窃率 x 和盗窃率 y 的数据进行分析. 这两个变量都给出了每 10 万个美国公民的犯罪数量. 计算 xy 相关性. 可以使用下列总和：

$$\sum_{i=1}^{36} x_i = 994.770\ 0, \qquad \sum_{i=1}^{36} x_i^2 = 28\ 462.104\ 7,$$

$$\sum_{i=1}^{36} y_i = 254.690\ 0, \qquad \sum_{i=1}^{36} y_i^2 = 1\ 816.141\ 7,$$

$$\sum_{i=1}^{36} x_i y_i = 7\ 051.263\ 3$$

11.4.15 高尔夫界的一句俗语是"开球用来作秀，而推杆则是用来赚钱"，为了验证这一论断是否属实，我们对 96 名最有钱的高尔夫球手进行了调查. 分别记录了他们 2014 年的收入(y，以百万美元为单位)、每次开球的平均码数(v)和推杆的平均次数(x).

(a) 证明推杆平均次数与收益的相关系数比开球距离与收益的相关系数略强. 使用下列总和：

$$\sum_{i=1}^{96} v_i = 27\ 989, \quad \sum_{i=1}^{96} v_i^2 = 8\ 167\ 723,$$

$$\sum_{i=1}^{96} y_i = 230.87, \qquad \sum_{i=1}^{96} y_i^2 = 734.32,$$

$$\sum_{i=1}^{96} v_i y_i = 67\ 658.00,$$

$$\sum_{i=1}^{96} x_i = 169.31, \quad \sum_{i=1}^{96} x_i^2 = 298.64, \quad \sum_{i=1}^{96} x_i y_i = 406.37$$

(b) 对于每一个相关系数 r，计算 r^2 以证明 v 和 x 变量都不是一个很好的收益预测因子.

11.5 二元正态分布

目前为止，正态分布在一元推断过程中的特殊重要性应该是非常清楚的. 例如，在处理涉及两个随机变量的问题时，计算 $\rho(X,Y)$——毫不奇怪，最常见的联合概率密度函数 $f_{X,Y}(x,y)$是正态曲线的二元形式. 我们在这一节中的目标有两个：(1)从基本原理推导出二元正态的形式；(2)确定该概率密度函数与评估 X 和 Y 之间相关性的性质问题有关的特定属性.

一元正态概率密度函数的推广

在这一点上，关于一元正态概率密度函数，我们知道

$$f_Y(y) = \frac{1}{\sqrt{2\pi}\sigma} e^{-\frac{1}{2}\left(\frac{y-\mu}{\sigma}\right)^2}, \quad -\infty < y < \infty$$

一节又一节都在估计和检验其参数，研究其变换，并且学习其总和以及平均值分布的近似方法. 没有讨论的是 $f_Y(y)$本身推广到二元、三元或多元概率密度函数.

考虑到一元正态概率密度函数固有的数学复杂性，将其扩展到更高维度并不是一件简单的事情也就不足为奇了. 例如，我们要考虑的唯一的推广是在二元情况下，$f_{X,Y}(x,y)$有五个不同的参数，其函数形式非常令人烦恼.

我们将从"构造"一个二元正态概率密度函数 $f_{X,Y}(x,y)$开始，使用我们已经知道的适用于一元正态 $f_Y(y)$的性质. 作为第一个条件，要求 $f_{X,Y}(x,y)$的边际概率密度函数为一元正态密度函数似乎是合理的. 考虑两个边际是标准正态的情况就足够了.

如果 X 和 Y 是独立的标准正态随机变量，

$$f_{X,Y}(x,y)=\frac{1}{2\pi}\mathrm{e}^{-\frac{1}{2}(x^2+y^2)},\quad \begin{array}{l}-\infty<x<\infty\\ -\infty<y<\infty\end{array} \tag{11.5.1}$$

注意，公式(11.5.1)中用 $-\frac{1}{2}c(x^2+uxy+y^2)$替换 $-\frac{1}{2}(x^2+y^2)$是 $f_{X,Y}(x,y)$最简单的扩展，或者等效地用 $-\frac{1}{2}c(x^2-2vxy+y^2)$替换，其中 c 和 v 是常数. 那么，所需的联合概率密度函数的通用形式为

$$f_{X,Y}(x,y)=K\mathrm{e}^{-\frac{1}{2}c(x^2-2vxy+y^2)} \tag{11.5.2}$$

其中 K 是使 $f_{X,Y}(x,y)$从 $-\infty$ 到 ∞ 的二重积分等于 1 的常数.

现在，如果基于 $f_{X,Y}(x,y)$的边际概率密度函数是标准正态函数，那么 K,c,v 必须是什么？注意，首先完成配方使得指数

$$\begin{aligned}x^2-2vxy+y^2&=x^2-v^2x^2+(y^2-2vxy+v^2x^2)\\&=(1-v^2)x^2+(y-vx)^2\end{aligned}$$

所以

$$f_{X,Y}(x,y)=K\mathrm{e}^{-\frac{1}{2}c(1-v^2)x^2}\mathrm{e}^{-\frac{1}{2}c(y-vx)^2}$$

指数必须是负的，这意味着 $1-v^2>0$，或者也可以说 $|v|<1$.

为了得到 K，我们首先计算

$$\begin{aligned}&\int_{-\infty}^{\infty}\int_{-\infty}^{\infty}\mathrm{e}^{-(1/2)c(1-v^2)x^2}\cdot\mathrm{e}^{-(1/2)c(y-vx)^2}\mathrm{d}y\mathrm{d}x\\&=\int_{-\infty}^{\infty}\mathrm{e}^{-(1/2)c(1-v^2)x^2}\left[\int_{-\infty}^{\infty}\mathrm{e}^{-(1/2)c(y-vx)^2}\mathrm{d}y\right]\mathrm{d}x\\&=\int_{-\infty}^{\infty}\mathrm{e}^{-(1/2)c(1-v^2)x^2}\left(\frac{\sqrt{2\pi}}{\sqrt{c}}\right)\mathrm{d}x\\&=\frac{\sqrt{2\pi}}{\sqrt{c}}\frac{\sqrt{2\pi}}{\sqrt{c}\sqrt{1-v^2}}\\&=\frac{2\pi}{c\sqrt{1-v^2}}\end{aligned}$$

因此，

$$K = \frac{c\sqrt{1-v^2}}{2\pi}$$

常数 c 可以是任何正值，但是选择 $c=1/(1-v^2)$ 是最方便的．然后，将 K 和 c 代入公式(11.5.2)，得出

$$\begin{aligned} f_{X,Y}(x,y) &= \frac{1}{2\pi\sqrt{1-v^2}} e^{-(1/2)[1/(1-v^2)](x^2-2vxy+y^2)} \\ &= \frac{1}{2\pi\sqrt{1-v^2}} e^{-(1/2)x^2} \cdot e^{-(1/2)[1/(1-v^2)](y-vx)^2} \end{aligned} \tag{11.5.3}$$

回想一下，我们选择 $f_{X,Y}(x,y)$ 的形式是因为希望边际概率密度函数是正态的．一个简单的积分可证明这一点：

$$\begin{aligned} f_X(x) &= \int_{-\infty}^{\infty} f_{X,Y}(x,y)\,dy \\ &= \frac{1}{2\pi\sqrt{1-v^2}} e^{-(1/2)x^2} \int_{-\infty}^{\infty} e^{-(1/2)[1/(1-v^2)](y-vx)^2}\,dy \\ &= \frac{1}{2\pi\sqrt{1-v^2}} e^{-(1/2)x^2} \cdot \sqrt{2\pi}\ \sqrt{1-v^2} \\ &= \frac{1}{\sqrt{2\pi}} e^{-(1/2)x^2} \end{aligned}$$

由于在 x 和 y 中 $f_{X,Y}(x,y)$ 是对称的，因此 $f_Y(y)$ 也是标准正态形式．

常数 v 实际上是 X 和 Y 之间的相关系数．由于 $E(X)=E(Y)=0$ 以及 $\sigma_X=\sigma_Y=1$，所以

$$\begin{aligned} \rho(X,Y) = E(XY) &= \int_{-\infty}^{\infty}\int_{-\infty}^{\infty} xy f_{X,Y}(x,y)\,dx\,dy \\ &= \frac{1}{\sqrt{2\pi}}\int_{-\infty}^{\infty} x e^{-(1/2)x^2}\left[\frac{1}{\sqrt{2\pi}\ \sqrt{1-v^2}}\int_{-\infty}^{\infty} y e^{-(1/2)[1/(1-v^2)](y-vx)^2}\,dy\right]dx \\ &= \frac{1}{\sqrt{2\pi}}\int_{-\infty}^{\infty} x e^{-(1/2)x^2} \cdot vx\,dx \quad \text{（为什么？）} \\ &= v\frac{1}{\sqrt{2\pi}}\int_{-\infty}^{\infty} x^2 e^{-(1/2)x^2}\,dx = v\mathrm{Var}(X) = v \end{aligned}$$

最后，我们可以用 $(x-\mu_X)/\sigma_X$ 替换 x，用 $(y-\mu_Y)/\sigma_Y$ 替换 y．这样做需要用原始概率密度函数乘以 X 变换和 Y 变换的导数，即乘以 $\frac{1}{\sigma_X\sigma_Y}$ [见参考文献[109]]．

定义 11.5.1　设 X 和 Y 为具有联合概率密度函数的随机变量，对于所有 x 和 y，有

$$f_{X,Y}(x,y) = \frac{1}{2\pi\sigma_X\sigma_Y\sqrt{1-\rho^2}} \cdot \exp\left\{-\frac{1}{2}\left(\frac{1}{1-\rho^2}\right)\left[\frac{(x-\mu_X)^2}{\sigma_X^2} - 2\rho\frac{x-\mu_X}{\sigma_X}\cdot\frac{y-\mu_Y}{\sigma_Y} + \frac{(y-\mu_Y)^2}{\sigma_Y^2}\right]\right\}$$

则 X 和 Y 服从二元正态分布($\mu_X, \sigma_X^2, \mu_Y, \sigma_Y^2$ 和 ρ 为参数).

注释 关于二元正态密度，$\rho(X,Y)=0$ 意味着 X 和 Y 是独立的.

二元正态分布的性质

英国著名生物学家和科学家弗朗西斯·高尔顿可能比任何人都更负责地将回归分析作为一个值得研究的统计领域. 高尔顿是一位可敬的数据分析师，他敏锐的洞察力使他能够了解现在与相关和回归有关的许多基本数学结构.

他最著名的一项工作是研究父母身高(X)和成年子女身高(Y)之间的关系[63]. 这些特殊的变量是一个二元正态分布，高尔顿对其数学性质一无所知. 然而，通过观察 X 和 Y 的交叉表，高尔顿假设：(1)X 和 Y 的边际分布都是正态的，(2)$E(Y|x)$是 x 的线性函数，(3)$\text{Var}(Y|x)$对于 x 是常数. 正如定理 11.5.1 所示，他所有基于经验的推论都被证明是正确的.

定理 11.5.1 假设 X 和 Y 是服从定义 11.5.1 中给出的二元正态分布的随机变量. 那么

a. $f_X(x)$是均值为 μ_X 和方差为 σ_X^2 的正态概率密度函数；$f_Y(y)$是均值为 μ_Y 和方差为 σ_Y^2 的正态概率密度函数.

b. ρ 是 X 和 Y 之间的相关系数.

c. $E(Y|x)=\mu_Y+\dfrac{\rho\sigma_Y}{\sigma_X}(x-\mu_X)$.

d. $\text{Var}(Y|x)=(1-\rho^2)\sigma_Y^2$.

证明 我们已经证明了(a)和(b). (c)和(d)将会在 $\mu_X=\mu_Y=0$ 和 $\sigma_X=\sigma_Y=1$ 的特殊情况下进行证明. 从而可直接对任意的 μ_X，μ_Y，σ_X，σ_Y 进行扩展.

首先，

$$\begin{aligned}
f_{Y|x}(y) &= \frac{f_{X,Y}(x,y)}{f_X(x)} \\
&= \frac{\dfrac{1}{2\pi\sqrt{1-\rho^2}}\mathrm{e}^{-(1/2)x^2}\mathrm{e}^{-(1/2)[1/(1-\rho^2)](y-\rho x)^2}}{\dfrac{1}{\sqrt{2\pi}}\mathrm{e}^{-(1/2)x^2}} \\
&= \frac{1}{\sqrt{2\pi}\sqrt{1-\rho^2}}\mathrm{e}^{-(1/2)[1/(1-\rho^2)](y-\rho x)^2} \qquad (11.5.4)
\end{aligned}$$

通过检验，我们发现公式(11.5.4)是一个正态随机变量的概率密度函数，其均值为 ρx，方差为$1-\rho^2$. 因此 $E(Y|x)=\rho x$，$\text{Var}(Y|x)=1-\rho^2$. 用$(y-\mu_Y)/\sigma_Y$ 代替 y，用$(x-\mu_X)/\sigma_X$ 代替 x，就得到了预期的结果.

注释 回归线一词来自定理 11.5.1(c)部分. 假设我们进行简化，$\mu_X=\mu_Y=\mu$，$\sigma_X=\sigma_Y$. 然后(c)可以简化为

$$E(Y|x)-\mu=\rho(X,Y)(x-\mu)$$

由于$|\rho(X,Y)|\leqslant 1$，在这种情况下，$0<\rho(X,Y)<1$. 这里，$\rho(X,Y)$的正号性告诉我们，高个子父母一般都会有高个子孩子. 然而，$\rho(X,Y)<1$ 意味着(同样，一般情况下)孩子的身高比父母的身高更接近平均值. 高尔顿称这种现象为“回归平庸”.

习题

11.5.1　假设 X 和 Y 具有 $\mu_X=3$，$\mu_Y=6$，$\sigma_X^2=4$，$\sigma_Y^2=10$ 以及 $\rho=\frac{1}{2}$ 的二元正态概率密度函数，求 $P\left(5<Y<6\frac{1}{2}\right)$ 和 $P\left(5<Y<6\frac{1}{2}\mid x=2\right)$.

11.5.2　假设 X 和 Y 服从 $\mathrm{Var}(X)=\mathrm{Var}(Y)$ 的二元正态分布.
(a)证明：X 和 $Y-\rho X$ 是相互独立的.
(b)证明：$X+Y$ 和 $X-Y$ 是相互独立的. [提示：见习题 11.4.7(a).]

11.5.3　假设 X 和 Y 服从二元正态分布.
(a)证明：当 X 和 Y 为标准正态随机变量时，$X+Y$ 服从正态分布.
(b)当 X 和 Y 为任意正态随机变量时，求 $E(cX+dY)$ 和 $\mathrm{Var}(cX+dY)$，用 μ_X，μ_Y，σ_X，σ_Y 和 $\rho(X,Y)$ 表示.

11.5.4　假设随机变量 X 和 Y 具有 $\mu_X=56$，$\mu_Y=11$，$\sigma_X^2=1.2$，$\sigma_Y^2=2.6$ 以及 $\rho=0.6$ 的二元正态概率密度函数. 计算 $P(10<Y<10.5\mid x=55)$. 假设 $n=4$ 时，$x=55$，求 $P(10.5<\overline{Y}<11\mid x=55)$.

11.5.5　如果随机变量 X 和 Y 的联合概率密度函数为

$$f_{X,Y}(x,y)=k\mathrm{e}^{-(2/3)[(1/4)x^2-(1/2)xy+y^2]}$$

求 $E(X)$，$E(Y)$，$\mathrm{Var}(X)$，$\mathrm{Var}(Y)$，$\rho(X,Y)$ 和 k.

11.5.6　给出关于 $a>0$，$b>0$ 以及 u 的条件，使得

$$f_{X,Y}(x,y)=k\mathrm{e}^{-(ax^2-2uxy+by^2)}$$

是随机变量 X 和 Y 的二元正态密度(每个变量的期望值为 0). 同时，求出 $\mathrm{Var}(X)$，$\mathrm{Var}(Y)$ 和 $\rho(X,Y)$.

二元正态概率密度函数的参数估计

$f_{X,Y}(x,y)$ 中的五个参数可以用极大似然法进行估计. 给定来自 $f_{X,Y}(x,y)$ 的大小为 n 的随机样本——$(x_1,y_1),(x_2,y_2),\cdots,(x_n,y_n)$——我们定义 $L=\prod_{i=1}^{n}f_{X,Y}(x_i,y_i)$，并对于每个参数取 $\ln L$ 的导数. 同时进行求解，得到的五个方程(每个导数集等于 0)产生定理 11.5.2 中给出的极大似然估计量. 推导的细节将留作练习.

定理 11.5.2　假设 $f_{X,Y}(x,y)$ 是二元正态概率密度函数，并且 $\mu_X,\mu_Y,\sigma_X^2,\sigma_Y^2,\rho$ 都是未知的，那么这五个参数的极大似然估计量分别是 $\overline{X},\overline{Y},\left(\frac{1}{n}\right)\sum_{i=1}^{n}(X_i-\overline{X})^2,\left(\frac{1}{n}\right)\sum_{i=1}^{n}(Y_i-\overline{Y})^2,R$.

检验 $H_0:\rho=0$

如果 X 和 Y 具有二元正态分布，检验两个变量是否独立等同于检验它们的相关系数 ρ 是否等于 0(回顾定义 11.5.1 之后的注释). 常用于检验 $H_0:\rho=0$ 的方法有两种. 一种是基于定理 11.5.3 中 T_{n-2} 随机变量的精确检验；另一种是基于标准正态分布的近似检验.

定理 11.5.3　设 $(X_1,Y_1),(X_2,Y_2),\cdots,(X_n,Y_n)$ 是从二元正态分布中抽取的大小为 n 的随机样本，并设 R 为样本相关系数. 在假设 $\rho=0$ 的零假设下，统计量

$$T_{n-2}=\frac{\sqrt{n-2}\,R}{\sqrt{1-R^2}}$$

服从自由度为 $n-2$ 的学生 t 分布.

证明　见参考文献[54].

例 11.5.1 表 11.5.1 给出了 4 月份连续 20 天的平均温度和 10 头奶牛牛奶中的平均每日乳脂含量[148]．我们能得出温度和乳脂含量有非零相关性吗？

令 ρ 表示 X 和 Y 之间的真实相关系数．要检验的假设是

$$H_0:\rho=0$$

和

$$H_1:\rho\neq 0$$

令 $\alpha=0.05$，$n=20$，则

$$t=\frac{\sqrt{n-2}\cdot r}{\sqrt{1-r^2}}$$

遵循自由度为 18 的学生 t 分布(如果 $H_0:\rho=0$ 为真)．既然如此，如果 $t\leqslant -2.1009$ $(=-t_{0.025,18})$或 $t\geqslant 2.1009(=t_{0.025,18})$，则将拒绝零假设．

表 11.5.1

日期(4 月)	温度，x	乳脂百分比，y	日期(4 月)	温度，x	乳脂百分比，y
3	64	4.65	13	56	4.36
4	65	4.58	14	56	4.82
5	65	4.67	15	62	4.65
6	64	4.60	16	37	4.66
7	61	4.83	17	37	4.95
8	55	4.55	18	45	4.60
9	39	5.14	19	57	4.68
10	41	4.71	20	58	4.65
11	46	4.69	21	60	4.60
12	59	4.65	22	55	4.46

从表 11.5.1 的数据可知，

$$\sum_{i=1}^{20}x_i=1\,082\qquad \sum_{i=1}^{20}y_i=93.5$$

$$\sum_{i=1}^{20}x_i^2=60\,304\qquad \sum_{i=1}^{20}y_i^2=437.640\,6$$

$$\sum_{i=1}^{20}x_iy_i=5\,044.5$$

所以

$$r=\frac{20(5\,044.5)-(1\,082)(93.5)}{\sqrt{20(60\,304)-(1\,082)^2}\sqrt{20(437.640\,6)-(93.5)^2}}$$
$$=-0.453$$

因此，

$$t=\frac{\sqrt{n-2}\cdot r}{\sqrt{1-r^2}}=\frac{\sqrt{18}(-0.453)}{\sqrt{1-(-0.453)^2}}=-2.156$$

那么我们的结论就是拒绝 H_0．这就表明温度和乳脂含量这两个变量不是互相独立的．

注释 费希尔给出了检验 $H_0:\rho=0$ 的另一种方法[51]. 他表明了统计量

$$\frac{1}{2}\ln\frac{1+R}{1-R}$$

是渐近正态的，且均值为 $\frac{1}{2}\ln[(1+\rho)/(1-\rho)]$，方差约为 $1/(n-3)$. 费希尔公式使得确定相关性检验的功效变得相对容易. 如果推断必须基于 $\sqrt{n-2}R/\sqrt{1-R^2}$，则计算难度要大得多. ■

习题

11.5.7 如果 $\alpha=0.01$，例 11.5.1 的检验结论会是什么？

11.5.8 一项关于心脏病的研究[79]，记录了 14 名没有冠心病病史的男性体重(以磅为单位)和血胆固醇(以毫克/分升为单位). 在 $\alpha=0.05$ 的水平上，我们能从这些数据中得出两个变量是相互独立的吗？

对象	体重，x	血胆固醇，y	对象	体重，x	血胆固醇，y
1	168	135	8	262	269
2	175	403	9	181	311
3	173	294	10	143	286
4	158	312	11	140	403
5	154	311	12	187	244
6	214	222	13	163	353
7	176	302	14	164	252

表中的数据有以下总和：

$$\sum_{i=1}^{14} x_i = 2\ 458 \qquad \sum_{i=1}^{14} y_i = 4\ 097$$

$$\sum_{i=1}^{14} x_i^2 = 444\ 118 \qquad \sum_{i=1}^{14} y_i^2 = 1\ 262\ 559$$

$$\sum_{i=1}^{14} x_i y_i = 710\ 499$$

11.5.9 回顾习题 11.4.11 中的棒球数据. 检验全垒打的频数和场地高度是否相互独立. 令 $\alpha=0.05$.

11.5.10 对于习题 11.4.13 中所述的 SRE/SIRS 数据，检验 $H_0:\rho=0$ 与 $H_1:\rho\neq0$. 设显著性水平为 0.01.

11.5.11 美国大学体育协会长期以来一直关注运动员的毕业率. 在协会的主张下，一些著名的体育项目增加了对运动员的辅导资金. 下表给出了花费的金额(以百万美元为单位)以及 2007 年运动员毕业的百分比. 这些钱起作用了吗？在 0.10 的显著性水平下，检验 $H_0:\rho=0$ 与 $H_1:\rho\neq0$.

学校名称	运动员辅导资金，x	2007 年毕业率，y	学校名称	运动员辅导资金，x	2007 年毕业率，y
Minnesota	1.61	72	Tennessee	1.83	78
Kansas	1.61	70	Kentucky	1.86	73
Florida	1.67	87	Ohio St.	1.89	78
LSU	1.74	69	Texas	1.90	72
Georgia	1.77	70	Oklahoma	2.45	69

数据来源：*Pensacola News Journal* (Florida)，December 21，2008.

11.6 重新审视统计学(如何不解释样本相关系数)

在统计学家和实验者经常计算的所有“数字”中，相关系数是最常被误解的一个. 其中有两种特别常见的错误. 首先，无论是隐式的还是显式的，都倾向于假设一个大的样本相关系数意味着因果关系. 其实不是这样的. 即使 x 和 y 之间的线性关系是完美的，也就是说，即使 $r=-1$ 或 $r=1$，我们也不能断定 X 导致 Y(或 Y 导致 X). 样本相关系数只是一个线性关系强度的度量. 为什么 xy 关系一开始就存在是一个完全不同的问题.

萧伯纳(George Bernard Shaw)(一个在数学方面不太可能有贡献的人)优雅地描述了使用统计关系来推断潜在因果关系的谬误. 在阐释生活方式和健康之间存在的“相关性”时，他在《医生的困境》(*The Doctor's Dilemma*)中写道[174]：

很容易证明，戴高帽子和带雨伞可以扩大胸部，延长寿命，并赋予相对的疾病免疫力；因为统计数据表明，使用这些物品的人比从未梦想拥有这些物品的人更强大、更健康、寿命更长. 不需要太多的洞察力就可以看出，真正造成这种不同的不是高帽和雨伞，而是它们所代表的财富和营养. 拥有一块金表或蓓尔美尔街一家俱乐部的会员资格也可能以同样的方式被证明具有类似的至高无上的能力. 拥有大学学位，能每天洗澡，拥有 30 条裤子，了解瓦格纳的音乐，教堂里的长凳，总之，任何比广大劳动者能享受的更多手段和更好教养的物品，在统计上都可以被视为赋予各种特权的魔咒.

类似于萧伯纳所引用的那些“假性”相关的例子令人不安地司空见惯. 例如，在 1875 年至 1920 年间，英国的年出生率与美国的生铁年产量之间的关系几乎是“完美的”——0.98. 马萨诸塞州长老会牧师的工资与哈瓦那朗姆酒的价格，以及美国学生的学业成就与他们居住地距加拿大边境的英里数之间也存在着高度的相关性. 通常情况下，看起来像一个原因的根本不是一个原因，而只是一个或多个因素的影响，这些因素甚至没有被衡量. 研究人员需要非常小心，不要从 r 值中解读出超过合理暗示的内容.

解释样本相关系数时经常犯的第二个错误是忘记 r 度量线性关系的强度. 但是却没有提到曲线关系的强度. 例如，计算图 11.6.1 所示的点的 r 是完全不合适的. 散点图中的 (x_i, y_i) 值明显相关，但不是线性的. 引用 r 的值会产生误导.

图 11.6.1

然而，不幸的是，一些 r 值接近 1 或 −1 的 xy 关系并不像它们的 r 值所暗示的那样是线性的. 回顾案例研究 11.2.2 中描述的社会保障支出. 图 11.2.3 中所示 9 个数据点的 r 值为 0.98，但图 11.2.4 中的残差图充分表明，这一关系实际上是曲线关系(从随后几年的数据中可以得到证实).

从图 11.6.1 和案例研究 11.2.2 中得到的教训是清楚的——总是用图表表示数据! 如果不先绘制 (x_i, y_i) 来保证关系是线性的，那么就永远不应该去计算(更不用说解释)相关性. 在法庭上，数码相机和图像可能降低了照片作为证据的价值，但对统计学家来说，一张照片仍然抵得过千言万语.

附录 11.A.1　定理 11.3.3 的证明

证明策略是用正态随机变量的平方表示 $n\hat{\sigma}^2$，然后应用费希尔引理(见附录 7.A.1)。要使用的随机变量是 $\hat{\beta}_1-\beta_1$，$W_i=Y_i-\beta_0-\beta_1x_i$，$i=1,\cdots,n$ 以及 $\overline{W}=\frac{1}{n}\sum_{i=1}^{n}W_i=\overline{Y}-\beta_0-\beta_1\overline{x}$. 注意

$$W_i-\overline{W}=(Y_i-\overline{Y})-\beta_1(x_i-\overline{x})$$

或等价地，

$$Y_i-\overline{Y}=(W_i-\overline{W})+\beta_1(x_i-\overline{x})$$

接下来，我们将 $\hat{\beta}_1-\beta_1$ 表示为 W_i 的线性组合. 先使用公式(11.3.1)来表示 $\hat{\beta}_1$：

$$\begin{aligned}\hat{\beta}_1-\beta_1&=\frac{\sum_{i=1}^{n}(x_i-\overline{x})(Y_i-\overline{Y})}{\sum_{i=1}^{n}(x_i-\overline{x})^2}-\beta_1\\&=\frac{\sum_{i=1}^{n}(x_i-\overline{x})(Y_i-\overline{Y})-\beta_1\sum_{i=1}^{n}(x_i-\overline{x})^2}{\sum_{i=1}^{n}(x_i-\overline{x})^2}\\&=\frac{\sum_{i=1}^{n}(x_i-\overline{x})[(W_i-\overline{W})+\beta_1(x_i-\overline{x})]-\beta_1\sum_{i=1}^{n}(x_i-\overline{x})^2}{\sum_{i=1}^{n}(x_i-\overline{x})^2}\\&=\frac{\sum_{i=1}^{n}(x_i-\overline{x})(W_i-\overline{W})}{\sum_{i=1}^{n}(x_i-\overline{x})^2}\end{aligned}\tag{11.A.1.1}$$

回顾公式(11.3.3)

$$n\hat{\sigma}^2=\sum_{i=1}^{n}(Y_i-\overline{Y})^2-\hat{\beta}_1^2\sum_{i=1}^{n}(x_i-\overline{x})^2\tag{11.A.1.2}$$

我们需要用 W_i 来表示公式(11.A.1.2)，也就是说，

$$\begin{aligned}n\hat{\sigma}^2&=\sum_{i=1}^{n}[(W_i-\overline{W})+\beta_1(x_i-\overline{x})]^2-\hat{\beta}_1^2\sum_{i=1}^{n}(x_i-\overline{x})^2\\&=\sum_{i=1}^{n}(W_i-\overline{W})^2+2\beta_1\sum_{i=1}^{n}(x_i-\overline{x})(W_i-\overline{W})+\beta_1^2\sum_{i=1}^{n}(x_i-\overline{x})^2-\\&\quad\hat{\beta}_1^2\sum_{i=1}^{n}(x_i-\overline{x})^2\end{aligned}\tag{11.A.1.3}$$

根据公式(11. A. 1. 1)，我们可以写成

$$\sum_{i=1}^{n}(x_i-\overline{x})(W_i-\overline{W})=(\hat{\beta}_1-\beta_1)\sum_{i=1}^{n}(x_i-\overline{x})^2$$

将上述表达式的右侧代入到公式(11. A. 1. 3)中的 $\sum_{i=1}^{n}(x_i-\overline{x})(W_i-\overline{W})$，得出

$$\begin{aligned}
n\hat{\sigma}^2 &= \sum_{i=1}^{n}(W_i-\overline{W})^2+2\beta_1(\hat{\beta}_1-\beta_1)\sum_{i=1}^{n}(x_i-\overline{x})^2+\\
&\quad \beta_1^2\sum_{i=1}^{n}(x_i-\overline{x})^2-\hat{\beta}_1^2\sum_{i=1}^{n}(x_i-\overline{x})^2\\
&= \sum_{i=1}^{n}(W_i-\overline{W})^2+\sum_{i=1}^{n}(x_i-\overline{x})^2[2\beta_1(\hat{\beta}_1-\beta_1)+\beta_1^2-\hat{\beta}_1^2]\\
&= \sum_{i=1}^{n}(W_i-\overline{W})^2-\sum_{i=1}^{n}(x_i-\overline{x})^2[\hat{\beta}_1^2-2\hat{\beta}_1\beta_1+\beta_1^2]\\
&= \sum_{i=1}^{n}(W_i-\overline{W})^2-\sum_{i=1}^{n}(x_i-\overline{x})^2(\hat{\beta}_1-\beta_1)^2\\
&= \sum_{i=1}^{n}W_i^2-n\overline{W}^2-\sum_{i=1}^{n}(x_i-\overline{x})^2(\hat{\beta}_1-\beta_1)^2
\end{aligned}$$

现在，选择一个正交矩阵 **M**，其前两行是

$$\frac{x_1-\overline{x}}{\sqrt{\sum_{i=1}^{n}(x_i-\overline{x})^2}}\cdots\frac{x_n-\overline{x}}{\sqrt{\sum_{i=1}^{n}(x_i-\overline{x})^2}}$$

$$\frac{1}{\sqrt{n}}\cdots\frac{1}{\sqrt{n}}$$

通过变换，定义随机变量 $Z_1,\cdots,Z_n$，

$$\begin{pmatrix}Z_1\\ \vdots\\ Z_n\end{pmatrix}=\boldsymbol{M}\begin{pmatrix}W_1\\ \vdots\\ W_n\end{pmatrix}$$

根据费希尔引理，Z_i 是相互独立的、均值为零且方差为 σ^2 的正态随机变量，并且

$$\sum_{i=1}^{n}Z_i^2=\sum_{i=1}^{n}W_i^2$$

另外，根据公式(11. A. 1. 1)和选择 **M** 的第一行，

$$Z_1^2=\sum_{i=1}^{n}(x_i-\overline{x})^2(\hat{\beta}_1-\beta_1)^2$$

通过选择 **M** 的第二行，

$$Z_2^2=n\overline{W}^2$$

因此，

$$n\hat{\sigma}^2 = \sum_{i=1}^{n} W_i^2 - Z_1^2 - Z_2^2 = \sum_{i=3}^{n} Z_i^2$$

由此得出 $n\hat{\sigma}^2$，$\hat{\beta}_1$，$\overline{Y}$ 的独立性.

最后，注意

$$\frac{n\hat{\sigma}^2}{\hat{\sigma}^2} = \sum_{i=3}^{n} \left(\frac{Z_i}{\sigma}\right)^2$$

该和服从自由度为 $n-2$ 的卡方分布，即证明了该定理的最后一部分.

第 12 章 方差分析

“在野外试验中，最常重复的谚语莫过于我们必须向自然提出几个问题，或者最好一次问一个问题. 笔者确信这种观点是完全错误的. 笔者认为，大自然会对一份合乎逻辑且经过深思熟虑的调查问卷做出最好的回应；事实上，如果我们只问一个问题，通常会被拒绝回答，除非讨论了其他话题.”

——罗纳德 · A. 费希尔

12.1 引言

本章中我们讨论了第 9 章介绍的双样本位置问题的重要扩展. 完全随机化单因子设计是一种概念上类似的 k 样本位置问题，但需要一种与原型完全不同的分析类型. 在此，合适的检验统计量是方差估计的比率，其抽样行为由 F 分布而不是学生 t 分布描述. 根据检验统计量的形式，该过程的名称是方差分析(或简称 ANOVA). 方差分析是一种非常灵活的方法，也被应用于许多其他的实验设计，特别是第 13 章的随机区组设计和第 15 章的析因设计.

注释 方差分析的早期发展很大程度上归功于罗纳德 · A. 费希尔爵士. 第一次世界大战结束后不久，费希尔辞去了他并不满意的公立学校的教学职位，并接受了洛桑农业实验站的工作，这是一个参与农业研究的机构. 在那里，他陷入了这样的问题中：反应变量(例如，作物产量)的差异经常被实验环境中高度不可控的异质性因素(不同的土壤质量、排水梯度等)所掩盖. 费希尔发现，在这种情况下，传统的统计方法是远远不够的，于是他开始寻找其他的方法. 仅仅几年的时间，他就成功地形成了一种全新的统计方法，即一整套收集数据的原理和数学工具，今天称之为实验设计. 费希尔的核心创造是方差分析.

假设一个实验者希望比较某一给定因子的 k 个不同水平所引起的平均效应，其中 k 大于等于 2. 例如，因子可能是“戒烟”疗法，水平是三种具体的方法. 或者这个因子可能是拥挤度，其与圈养猴子的攻击性有关，水平是在五个独立的围栏中，每平方英尺有五个不同的猴子密度. 另一个例子可能是一项工程研究，比较了四种催化转换器在降低汽车尾气中有害排放物浓度方面的有效性. 无论在何种情况下，完全随机化单因子设计的数据都是由大小为 $n_1, n_2, \cdots, n_k$ 的 k 个独立的随机样本组成，总样本量用 $n\left(=\sum_{j=1}^{k} n_j\right)$ 表示. 令 Y_{ij} 表示第 j 个水平记录的第 i 个观测值. 表 12.1.1 显示了一些附加的术语. (注意：为了简化后面两章的符号，数据始终写为随机变量，即 Y_{ij} 而不是 y_{ij}.)

表 12.1.1

	处理水平			
	1	2	…	k
	Y_{11}	Y_{12}		Y_{1k}
	Y_{21}	Y_{22}		Y_{2k}
	⋮	⋮	…	⋮
	$Y_{n_1 1}$	$Y_{n_2 2}$		$Y_{n_k k}$
样本大小	n_1	n_2	…	n_k
样本总数	$T_{.1}$	$T_{.2}$		$T_{.k}$
样本均值	$\overline{Y}_{.1}$	$\overline{Y}_{.2}$		$\overline{Y}_{.k}$
真实均值	μ_1	μ_2		μ_k

表 12.1.1 中的点号是方差问题分析中的标准符号，用点代替下标，表示特定下标已被求和. 因此，第 j 个样本的反应总数写作

$$T_{.j}=\sum_{i=1}^{n_j}Y_{ij}\quad (=Y_{1j}+Y_{2j}+\cdots+Y_{n_j j})$$

相应的样本均值为 $\overline{Y}_{.j}$，

$$\overline{Y}_{.j}=\frac{1}{n_j}\sum_{i=1}^{n_j}Y_{ij}=\frac{T_{.j}}{n_j}$$

同样地，$T_{..}$ 和 $\overline{Y}_{..}$ 分别代表总数和总均值：

$$T_{..}=\sum_{j=1}^{k}\sum_{i=1}^{n_j}Y_{ij}=\sum_{j=1}^{k}T_{.j}$$

$$\overline{Y}_{..}=\frac{1}{n}\sum_{j=1}^{k}\sum_{i=1}^{n_j}Y_{ij}=\frac{1}{n}\sum_{j=1}^{k}n_j\overline{Y}_{.j}=\frac{1}{n}\sum_{j=1}^{k}T_{.j}$$

表 12.1.1 底部是一组真实均值 $\mu_1,\mu_2,\cdots,\mu_k$，每个 μ_j 都是一个未知的位置参数，反映水平 j 的真实平均反应特性. 通常我们的目标是检验 μ_j 的相等性，即

$$H_0:\mu_1=\mu_2=\cdots=\mu_k$$

和

$$H_1:\mu_j\text{ 不全相等}$$

在接下来的几节中，我们将提出一个用于检验 H_0 的方差比统计量，研究其在假设 H_0 和 H_1 下的抽样行为，并引入一组计算公式来简化计算. 我们还将探讨检验关于 μ_j 的分假设的可能性，例如，$H_0:\mu_i=\mu_j$（不考虑其他 μ_j）或 $H_0:\mu_3=(\mu_4+\mu_5)/2$.

12.2 F 检验

推导检验 $H_0:\mu_1=\mu_2=\cdots=\mu_k$ 的过程，我们可以再次调用广义似然比准则，计算 $\lambda=L(\omega_e)/L(\Omega_e)$，并且找到一个分布已知的关于 λ 的单调函数. 但由于我们已经在第 7 章和第 9 章中见到了几个正式的 GLRT 计算示例，再进行此类计算的好处是微乎其微的，根据直觉推断检验统计量会更有指导意义.

完全随机化单因子设计的数据结构概述见 12.1 节．对于这个基本的设定，现增加一个分布假设：假设 Y_{ij} 是独立的正态分布，其均值为 μ_j，$j=1,2,\cdots,k$，方差为 σ^2（对所有 j 均为常数），即

$$f_{Y_{ij}}(y)=\frac{1}{\sqrt{2\pi}\sigma}\mathrm{e}^{-\frac{1}{2}\left(\frac{y-\mu_j}{\sigma}\right)^2},\quad -\infty<y<\infty$$

在方差问题的分析中——正如在回归问题中一样——分布假设通常用模型方程表示．在后者中，反应变量表示为一个或多个固定分量和一个或多个随机分量的总和．这里，一种可能的模型方程是

$$Y_{ij}=\mu_j+\varepsilon_{ij}$$

其中 ε_{ij} 表示与 Y_{ij} 相关的"噪声"，即 Y_{ij} 与其期望值的差值．当然，根据 Y_{ij} 的分布假设，ε_{ij} 也是正态分布，其方差为 σ^2，但均值为 0．

用 μ 表示与样本中 n 个观测值相关的总体平均效应，其中 $\mu=\frac{1}{n}\sum_{j=1}^{k}n_j\mu_j$．当然，如果 H_0 为真，μ 就是每个 μ_j 的值．

平方和

为了找到一个合适的检验统计量，我们首先估计每一个 μ_j 的值．对于每个 j，Y_{1j}，$Y_{2j},\cdots,Y_{n_j j}$ 是来自正态分布的随机样本．由例 5.2.5 可知，μ_j 的极大似然估计量为 $\overline{Y}_{.j}$．那么 $\frac{1}{n}\sum_{j=1}^{k}n_j\overline{Y}_{.j}=\overline{Y}_{..}$ 就是 μ 的最佳估计．由此可知

$$\mathrm{SSTR}=\sum_{j=1}^{k}\sum_{i=1}^{n_j}(\overline{Y}_{.j}-\overline{Y}_{..})^2=\sum_{j=1}^{k}n_j(\overline{Y}_{.j}-\overline{Y}_{..})^2$$

SSTR 被称为处理平方和，用来估计 μ_j 之间的变化．（如果所有的 μ_j 都相等，那么 $\overline{Y}_{.j}$ 与 $\overline{Y}_{..}$ 相似，SSTR 较小．）

对 SSTR 的分析需要一个将 $\overline{Y}_{.j}$ 和 $\overline{Y}_{..}$ 与参数 μ 相关联的表达式，

$$\begin{aligned}\mathrm{SSTR}&=\sum_{j=1}^{k}n_j(\overline{Y}_{.j}-\overline{Y}_{..})^2=\sum_{j=1}^{k}n_j[(\overline{Y}_{.j}-\mu)-(\overline{Y}_{..}-\mu)]^2\\&=\sum_{j=1}^{k}n_j[(\overline{Y}_{.j}-\mu)^2+(\overline{Y}_{..}-\mu)^2-2(\overline{Y}_{.j}-\mu)(\overline{Y}_{..}-\mu)]\\&=\sum_{j=1}^{k}n_j(\overline{Y}_{.j}-\mu)^2+\sum_{j=1}^{k}n_j(\overline{Y}_{..}-\mu)^2-2(\overline{Y}_{..}-\mu)\sum_{j=1}^{k}n_j(\overline{Y}_{.j}-\mu)\\&=\sum_{j=1}^{k}n_j(\overline{Y}_{.j}-\mu)^2+n(\overline{Y}_{..}-\mu)^2-2(\overline{Y}_{..}-\mu)n(\overline{Y}_{..}-\mu)\\&=\sum_{j=1}^{k}n_j(\overline{Y}_{.j}-\mu)^2-n(\overline{Y}_{..}-\mu)^2\end{aligned}\qquad(12.2.1)$$

现在，以公式(12.2.1)为背景，定理 12.2.1 说明了我们寻找的联系：SSTR 的期望值

随着 μ_j 的差异的增加而增加.

定理 12.2.1　SSTR 是 k 个大小为 $n_1, n_2, \cdots, n_k$ 的独立随机样本的处理平方和，那么

$$E(\text{SSTR}) = (k-1)\sigma^2 + \sum_{j=1}^{k} n_j(\mu_j - \mu)^2$$

证明　由公式(12.2.1)可知

$$E(\text{SSTR}) = \sum_{j=1}^{k} n_j E[(\overline{Y}_{.j} - \mu)^2] - nE[(\overline{Y}_{..} - \mu)^2]$$

由于 $\overline{Y}_{..}$ 的均值是 μ，那么 $E[(\overline{Y}_{..} - \mu)^2] = \frac{\sigma^2}{n}$. 由定理 3.6.1 可知

$$E[(\overline{Y}_{.j} - \mu)^2] = \text{Var}(\overline{Y}_{.j} - \mu) + [E(\overline{Y}_{.j} - \mu)]^2$$

但定理 3.6.2 表明

$$\text{Var}(\overline{Y}_{.j} - \mu) = \text{Var}(\overline{Y}_{.j}) = \sigma^2 / n_j$$

所以 $E[(\overline{Y}_{.j} - \mu)^2] = \frac{\sigma^2}{n_j} + (\mu_j - \mu)^2$. 将上述式子代入 E(SSTR)可得

$$E(\text{SSTR}) = \sum_{j=1}^{k} n_j(\sigma^2 / n_j) + \sum_{j=1}^{k} n_j(\mu_j - \mu)^2 - n(\sigma^2 / n)$$

或

$$E(\text{SSTR}) = (k-1)\sigma^2 + \sum_{j=1}^{k} n_j(\mu_j - \mu)^2$$

σ^2 已知时检验 $H_0: \mu_1 = \mu_2 = \cdots = \mu_k$

定理 12.2.1 表明 SSTR 可以作为检验零假设的基础，即检验处理水平均值均相等. 当 μ_j 相同时，$E(\text{SSTR}) = (k-1)\sigma^2$. 如果 μ_j 不全相等，则 E(SSTR)大于$(k-1)\sigma^2$. 因此，如果 SSTR“非常大”，应该拒绝 H_0. 当 H_0 为真时，要确定给定 α 的拒绝域的确切位置，则需要知道 SSTR 的概率密度函数，或 SSTR 的某个函数.

定理 12.2.2　当 $H_0: \mu_1 = \mu_2 = \cdots = \mu_k$ 为真时，SSTR/σ^2 服从自由度为 $k-1$ 的卡方分布.

证明　该定理可通过应用费希尔引理直接证明，类似于附录 7.A.1 和附录 11.A.1 中所采用的方法. 我们将在附录 12.A.1 中给出矩生成函数的推导.

显著性水平是 α，当 σ^2 已知时，如果 $\text{SSTR}/\sigma^2 > \chi^2_{1-\alpha, k-1}$，则拒绝 $H_0: \mu_1 = \mu_2 = \cdots = \mu_k$，而接受 $H_1: \mu_j$ 不全相等. 但实际上 σ^2 很少已知，因此比较 μ_j 并不容易，需要先估计 σ^2，这样做会改变检验统计量的性质和分布.

σ^2 未知时检验 $H_0: \mu_1 = \mu_2 = \cdots = \mu_k$

k 个样本中的每一个都可以为 σ^2 提供一个独立无偏估计(回顾例 5.4.4). 利用表 12.1.1 的符号，第 j 个样本方差表示为

$$S_j^2 = \frac{1}{n_j - 1} \sum_{i=1}^{n_j} (Y_{ij} - \overline{Y}_{.j})^2$$

每个 S_j^2 乘以 n_j-1，然后对 j 求和，就得到了 σ^2 的“合并”估计量的分子(回顾在双样本 t 检验中定义 S_p^2 的方法)，称这个量为误差平方和或 SSE：

$$\text{SSE}=\sum_{j=1}^{k}(n_j-1)S_j^2=\sum_{j=1}^{k}\sum_{i=1}^{n_j}(Y_{ij}-\overline{Y}_{.j})^2$$

定理 12.2.3 不管 $H_0:\mu_1=\mu_2=\cdots=\mu_k$ 是否为真，

a. SSE/σ^2 服从自由度为 $n-k$ 的卡方分布.

b. SSE 和 SSTR 是独立的.

证明 根据定理 7.3.2，$(n_j-1)S_j^2/\sigma^2$ 服从自由度为 n_j-1 的卡方分布. 根据卡方分布的加法性质，则 SSE/σ^2 是一个卡方随机变量，其自由度为 $\sum_{j=1}^{k}(n_j-1)=n-k$.

此外，当 $i\neq j$ 时，因为样本是独立的，所以每个 S_j^2 独立于 $\overline{Y}_{.i}$，且根据定理 7.3.2，每个 S_j^2 独立于 $\overline{Y}_{.j}$，因此，SSE 和 SSTR 是独立的.

如果忽略这些处理水平，将数据视为一个样本，那么参数 μ 的变化可以通过双重和 $\sum_{j=1}^{k}\sum_{i=1}^{n_j}(Y_{ij}-\overline{Y}_{..})^2$ 来估计，这个量被称为总平方和，表示为 SSTOT.

定理 12.2.4 如果 n 个观测值被分成大小分别为 $n_1,n_2,\cdots,n_k$ 的 k 个样本，则

$$\text{SSTOT}=\text{SSTR}+\text{SSE}$$

证明

$$\text{SSTOT}=\sum_{j=1}^{k}\sum_{i=1}^{n_j}(Y_{ij}-\overline{Y}_{..})^2=\sum_{j=1}^{k}\sum_{i=1}^{n_j}[(\overline{Y}_{.j}-\overline{Y}_{..})+(Y_{ij}-\overline{Y}_{.j})]^2 \quad (12.2.2)$$

将公式(12.2.2)的右边展开，得到

$$\sum_{j=1}^{k}\sum_{i=1}^{n_j}(\overline{Y}_{.j}-\overline{Y}_{..})^2+\sum_{j=1}^{k}\sum_{i=1}^{n_j}(Y_{ij}-\overline{Y}_{.j})^2$$

因为交叉积项消失了：

$$\begin{aligned}\sum_{j=1}^{k}\sum_{i=1}^{n_j}(\overline{Y}_{.j}-\overline{Y}_{..})(Y_{ij}-\overline{Y}_{.j})&=\sum_{j=1}^{k}(\overline{Y}_{.j}-\overline{Y}_{..})\sum_{i=1}^{n_j}(Y_{ij}-\overline{Y}_{.j})\\&=\sum_{j=1}^{k}(\overline{Y}_{.j}-\overline{Y}_{..})(0)=0\end{aligned}$$

因此

$$\sum_{j=1}^{k}\sum_{i=1}^{n_j}(Y_{ij}-\overline{Y}_{..})^2=\sum_{j=1}^{k}\sum_{i=1}^{n_j}(\overline{Y}_{.j}-\overline{Y}_{..})^2+\sum_{j=1}^{k}\sum_{i=1}^{n_j}(Y_{ij}-\overline{Y}_{.j})^2$$

即 SSTOT＝SSTR ＋ SSE.

定理 12.2.5 假设在一组 k 个独立随机样本中，每个观测值都服从方差 σ^2 相同的正态分布，设 $\mu_1,\mu_2,\cdots,\mu_k$ 分别为这 k 个样本的真实均值. 那么

a. 如果 $H_0:\mu_1=\mu_2=\cdots=\mu_k$ 为真，则

$$F=\frac{\mathrm{SSTR}/(k-1)}{\mathrm{SSE}/(n-k)}$$

服从自由度为 $k-1$ 和 $n-k$ 的 F 分布.

b. 在显著性水平 α 上，如果 $F\geqslant F_{1-\alpha,k-1,n-k}$，则拒绝 $H_0:\mu_1=\mu_2=\cdots=\mu_k$.

证明　根据定理 12.2.3，SSTR 和 SSE 是独立的. 我们还知道，SSTR/σ^2 和 SSE/σ^2 分别是自由度为 $k-1$ 和 $n-k$ 的卡方随机变量. 则(a) 部分遵循 F 分布的定义.

为了证明(b)部分中引用的临界域的位置，需要检验 H_1 为真时所提出的检验统计量. 从定理 12.2.1 中，我们知道 F 的分子的期望值：

$$E[\mathrm{SSTR}/(k-1)]=\sigma^2+\frac{1}{k-1}\sum_{j=1}^{k}n_j(\mu_j-\mu)^2 \tag{12.2.3}$$

另外，由定理 12.2.3 可知，无论哪个假设为真，检验统计量的分母的期望值 $E[\mathrm{SSE}/(n-k)]$都是 σ^2.

如果 H_0 为真，则 F 的分子和分母的期望值都是 σ^2，因此比率很可能接近 1. 但如果 H_1为真，则 $\mathrm{SSTR}/(k-1)$的期望值大于 $\mathrm{SSE}/(n-k)$ 的期望值，这意味着观测到的 F 比率将倾向大于 1. 因此，临界域应该在 $F_{k-1,n-k}$ 分布的右尾部. 也就是说，如果 $F=\dfrac{\mathrm{SSTR}/(k-1)}{\mathrm{SSE}/(n-k)}\geqslant F_{1-\alpha,k-1,n-k}$，则应该拒绝 $H_0:\mu_1=\mu_2=\cdots=\mu_k$.

方差分析表

方差分析的计算通常以方差分析表的形式呈现. 这些表高度结构化，特别有助于识别与复杂实验设计相关的各种检验统计数据. 图 12.2.1 显示了用于检验 $H_0:\mu_1=\mu_2=\cdots=\mu_k$ 的方差分析表的格式.

差异来源	df(自由度)	*SS*	*MS*	*F*	*P*
处理	$k-1$	SSTR	MSTR	$\dfrac{\mathrm{MSTR}}{\mathrm{MSE}}$	$P(F_{k-1,n-k}\geqslant$观测的 $F)$
误差	$n-k$	SSE	MSE		
总和	$n-1$	SSTOT			

图　12.2.1

任何方差分析表中的行对应于观测模型方程中列出的差异来源. 更具体地说，最后一行始终是指数据的总变差(通过 SSTOT 衡量)，前面几行对应的差异总和为总变差. 对于这个特殊的实验设计，这三行都反映了：

$$\mathrm{SSTR}+\mathrm{SSE}=\mathrm{SSTOT}$$

每个“差异来源”的右侧是与其平方和相关的自由度(df)的数目. 注意，总和的自由度是处理和误差的自由度之和($n-1=k-1+n-k$).

SS 列列出了与每个差异来源(SSTR,SSE 或 SSTOT)相关的平方和. *MS* 即均方所在列是将每个平方和除以其自由度得到的. 处理的均方是由下式给出

$$\mathrm{MSTR}=\frac{\mathrm{SSTR}}{k-1}$$

误差的均方变成

$$\text{MSE}=\frac{\text{SSE}}{n-k}$$

总和的均方未列在表中.

F 所在列第一行中的内容是检验统计量：

$$F=\frac{\text{MSTR}}{\text{MSE}}=\frac{\text{SSTR}/(k-1)}{\text{SSE}/(n-k)}$$

第一行最后一项是与观测到的 F 相关联的 P 值. 当 $P<\alpha$ 时，拒绝 $H_0:\mu_1=\mu_2=\cdots=\mu_k$（$\alpha$ 为显著性水平）.

案例研究 12.2.1

这里再次回顾出现在案例研究 8.1.1 中调查吸烟和心率之间可能的关系的数据. 从不吸烟者到重度吸烟者的四个因子水平，每个水平由六名受试者代表. 表 12.2.1 的最下面一行显示的是每组受试者在进行一段持续体育锻炼三分钟后计算出的平均心率.

表　12.2.1

	不吸烟者	轻度吸烟者	中度吸烟者	重度吸烟者
	69	55	66	91
	52	60	81	72
	71	78	70	81
	58	58	77	67
	59	62	57	95
	65	66	79	84
$T_{.j}$	374	379	430	490
$\overline{Y}_{.j}$	62.3	63.2	71.7	81.7

$\overline{Y}_{.j}$ 之间的差异具有统计显著性吗？即如果 μ_1,μ_2,μ_3,μ_4 为四种吸烟者水平的真实平均心率特征，我们可以拒绝 $H_0:\mu_1=\mu_2=\mu_3=\mu_4$ 吗？

令 $\alpha=0.05$，对于这些数据，$k=4,n=24$，如果

$$F=\frac{\text{SSTR}/(4-1)}{\text{SSE}/(24-4)}\geqslant F_{1-0.05,4-1,24-4}=F_{0.95,3,20}=3.10$$

则拒绝 $H_0:\mu_1=\mu_2=\mu_3=\mu_4$，见图 12.2.2.

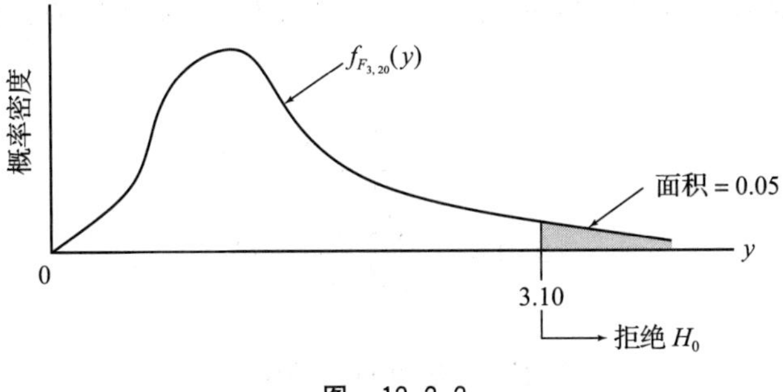

图　12.2.2

总样本均值 $\overline{Y}_{..}$ 为

$$\overline{Y}_{..}=\frac{1}{n}\sum_{j=1}^{k}T_{.j}=\frac{374+379+430+490}{24}=69.7$$

因此

$$\text{SSTR}=\sum_{j=1}^{4}n_j(\overline{Y}_{.j}-\overline{Y}_{..})^2=6[(62.3-69.7)^2+\cdots+(81.7-69.7)^2]$$
$$=1\,464.125$$

同样地,

$$\text{SSE}=\sum_{j=1}^{4}\sum_{i=1}^{6}(Y_{ij}-\overline{Y}_{.j})^2=[(69-62.3)^2+\cdots+(65-62.3)^2]+\cdots+$$
$$[(91-81.7)^2+\cdots+(84-81.7)^2]$$
$$=1\,594.833$$

那么,观测检验统计量等于 6.12:

$$F=\frac{1\,464.125/(4-1)}{1\,594.833/(24-4)}=6.12$$

由于 $6.12>F_{0.95,3,20}=3.10$,应当拒绝 $H_0:\mu_1=\mu_2=\mu_3=\mu_4$. 即这些数据支持吸烟会影响一个人的心率的论点.

图 12.2.3 显示了用方差分析表格式汇总的这些数据的分析,小的 P 值($=0.004$)与应该拒绝 H_0 的结论一致.

差异来源	df	SS	MS	F	P
处理	3	1 464.125	488.04	6.12	0.004
误差	20	1 594.833	79.74		
总和	23	3 058.958			

图　12.2.3

计算公式

有比使用 SSTR 和 SSE 的"定义"公式更容易计算 F 统计量的方法. 设 $C=T_{..}^2/n$. 那么

$$\text{SSTOT}=\sum_{j=1}^{k}\sum_{i=1}^{n_j}Y_{ij}^2-C \tag{12.2.4}$$

$$\text{SSTR}=\sum_{j=1}^{k}\frac{T_{.j}^2}{n_j}-C \tag{12.2.5}$$

根据定理 12.2.4,

$$\text{SSE}=\text{SSTOT}-\text{SSTR}$$

[公式(12.2.4)和公式(12.2.5)的证明留作练习.]

例 12.2.1 对于表 12.2.1 中的数据，

$$C = T_{..}^2/n = (374+379+430+490)^2/24 = 116\ 622.04$$

以及

$$\sum_{j=1}^{4}\sum_{i=1}^{6} Y_{ij}^2 = (69)^2 + (52)^2 + \cdots + (84)^2 = 119\ 681$$

那么

$$\text{SSTOT} = \sum_{j=1}^{4}\sum_{i=1}^{6} Y_{ij}^2 - C = 119\ 681 - 116\ 622.04 = 3\ 058.96$$

并且

$$\text{SSTR} = \sum_{j=1}^{4}\frac{T_{.j}^2}{n_j} - C = (374)^2/6 + (379)^2/6 + (430)^2/6 + (490)^2/6 - 116\ 622.04$$
$$= 1\ 464.13$$

所以

$$\text{SSE} = \text{SSTOT} - \text{SSTR} = 3\ 058.96 - 1\ 464.13 = 1\ 594.83$$

这些平方和的数值与之前的案例研究 12.2.1 使用 SSTOT，SSTR 和 SSE 的原始公式得到的数值相同. ■

习题

12.2.1 以下是四款新型日本豪华轿车在一系列道路测试中所记录的油耗. 在 $\alpha=0.05$ 下检验零假设：所有四种车型的平均里程数相同. 如果 $\alpha=0.10$，结论会改变吗？

车型			
A	B	C	D
22	28	29	23
26	24	32	24
	29	28	

12.2.2 埃特纳火山在 1669 年、1780 年和 1865 年爆发(回顾案例研究 8.2.3). 熔岩变硬后，它仍然保持着地球磁场的方向. 每次火山喷发都检测了三个熔岩块，并测量了熔岩块的磁偏角[181]，结果如下表所示. 这些数据是否表明地球磁场的方向在火山爆发期间发生了改变？设$\alpha=0.05$.

1669 年	1780 年	1865 年
57.8	57.9	52.7
60.2	55.2	53.0
60.3	54.8	49.4

12.2.3 股票价值相对于其收益的一个指标是其市盈率：给定年份的最高和最低售价的平均值除以其年收益. 下表是 30 支股票样本的市盈率，其中 10 支来自纽约证券交易所的金融、工业和公用事业部门. 在 0.01 水平上检验三个市场部门的真实平均市盈率是相同的. 用计算公式(12.2.4)和公式(12.2.5)求 SSTR 和 SSE. 使用方差分析表的格式进行计算总结，省略 P 值列.

金融	工业	公用事业	金融	工业	公用事业
7.1	26.2	14.0	7.9	9.7	11.0
9.9	12.4	15.5	18.8	12.5	9.7
8.8	15.2	11.9	17.7	16.7	10.8
8.8	28.6	10.9	15.2	19.7	16.0
20.6	10.3	14.3	6.6	24.8	11.3

12.2.4　在一片土地上，五种玉米分别种植在三块地里，每英亩[㊀]的产量(以蒲式耳[㊁]为单位)如下表所示.

品种 1	品种 2	品种 3	品种 4	品种 5
46.2	49.2	60.3	48.9	52.5
51.9	58.6	58.7	51.4	54.0
48.7	57.4	60.4	44.6	49.3

检验平均产量之间的差异是否具有统计显著性. 显示方差分析表. 设 0.05 为显著性水平.

12.2.5　一个博物馆收藏了四个分散且已绝迹的美洲原住民部落的三个陶器碎片. 考古学家被要求估计碎片的年代. 根据下表所示的结果，可以认为这四个部落是同时代的吗？设 $\alpha=0.01$.

估计碎片的年代(年)			
湖边	深谷	低脊	杜鹃山
1 200	850	1 800	950
800	900	1 450	1 200
950	1 100	1 150	1 150

12.2.6　回忆习题 8.2.7 中描述的教师期望数据. μ_j 表示与组 j($j=$ Ⅰ、Ⅱ或Ⅲ)相关的真实平均智商变化. 检验 $H_0:\mu_{\text{I}}=\mu_{\text{II}}=\mu_{\text{III}}$ 与 H_1：不是所有 μ_j 都相等. 设 $\alpha=0.05$.

12.2.7　填写以下方差分析表中缺失的项.

差异来源	df	*SS*	*MS*	*F*
处理	4			6.40
误差			10.60	
总计		377.36		

12.2.8　以下数据是否违反了方差分析的假设？解释说明.

处理			
A	*B*	*C*	*D*
16	4	26	8
17	12	22	9
16	2	23	11
17	26	24	8

12.2.9　证明公式(12.2.4)和公式(12.2.5).

12.2.10　用费希尔引理证明定理 12.2.2.

㊀　1 英亩=4 046.856 422 4 平方米. ——编辑注

㊁　1 蒲式耳=25.401 千克. ——编辑注

双样本 t 检验与方差分析的比较

在 12.1 节中方差分析作为双样本检验的 k 样本扩展而被引入. 当 $k=2$ 时，这两个过程重叠. 一个明显的问题是：哪个过程更适合检验 $H_0:\mu_X=\mu_Y$？如例 12.2.2 所示，答案是“两者都不是”. 两个检验过程完全相同：如果一个拒绝 H_0，另一个则也会拒绝 H_0.

例 12.2.2 假设 $X_1,X_2,\cdots,X_n$ 和 $Y_1,Y_2,\cdots,Y_m$ 是两组独立且具有相同方差 σ^2 的正态分布随机变量. 设 μ_X 和 μ_Y 分别表示它们的均值. 说明双样本 t 检验和方差分析对检验 $H_0:\mu_X=\mu_Y$ 是等价的.

如果用方差分析对 H_0 进行检验，则观测到的 F 比率为

$$F=\frac{\mathrm{SSTR}/(k-1)}{\mathrm{SSE}/(n+m-k)}=\frac{\mathrm{SSTR}}{\mathrm{SSE}/(n+m-2)} \tag{12.2.6}$$

其有 1 和 $n+m-2$ 个自由度. 如果 $F\geqslant F_{1-\alpha,1,n+m-2}$，则拒绝零假设.

要将方差分析的决策规则与双样本 t 检验进行比较，需要 SSTR 和 SSE 用 t 比率的“$\overline{X}$ 和 $\overline{Y}$”符号表示. 首先，请注意

$$\begin{aligned}\mathrm{SSTR}&=n_1(\overline{Y}_{.1}-\overline{Y}_{..})^2+n_2(\overline{Y}_{.2}-\overline{Y}_{..})^2\\&=n(\overline{X}-\overline{Y}_{..})^2+m(\overline{Y}-\overline{Y}_{..})^2\end{aligned}$$

在这种情况下，$\overline{Y}_{..}=\frac{1}{n+m}(n\overline{X}+m\overline{Y})$，所以

$$\begin{aligned}\mathrm{SSTR}&=n\left[\overline{X}-\frac{1}{n+m}(n\overline{X}+m\overline{Y})\right]^2+m\left[\overline{Y}-\frac{1}{n+m}(n\overline{X}+m\overline{Y})\right]^2\\&=n\left[\frac{m(\overline{X}-\overline{Y})}{n+m}\right]^2+m\left[\frac{n(\overline{X}-\overline{Y})}{n+m}\right]^2\\&=\left[\frac{nm^2}{(n+m)^2}+\frac{mn^2}{(n+m)^2}\right](\overline{X}-\overline{Y})^2\\&=\frac{nm}{n+m}(\overline{X}-\overline{Y})^2\end{aligned}$$

也有

$$\begin{aligned}\mathrm{SSE}&=(n_1-1)S_1^2+(n_2-1)S_2^2\\&=(n-1)S_X^2+(m-1)S_Y^2\\&=(n+m-2)S_P^2\end{aligned}$$

将 SSTR 和 SSE 的表达式代入公式(12.2.6)的 F 统计量中得到

$$F=\frac{\frac{nm}{n+m}(\overline{X}-\overline{Y})^2}{\frac{(n+m-2)S_P^2}{(n+m-2)}}=\frac{\frac{nm}{n+m}(\overline{X}-\overline{Y})^2}{S_P^2}=\frac{(\overline{X}-\overline{Y})^2}{S_P^2\left(\frac{1}{n}+\frac{1}{m}\right)} \tag{12.2.7}$$

注意到，公式(12.2.7)的右边表达式是定理 9.2.2 中描述的双样本 t 统计量的平方. 此外，

$$\begin{aligned}\alpha&=P(T\leqslant -t_{\alpha/2,n+m-2}\ \text{或}\ T\geqslant t_{\alpha/2,n+m-2})=P(T^2\geqslant t^2_{\alpha/2,n+m-2})\\&=P(F_{1,n+m-2}\geqslant t^2_{\alpha/2,n+m-2})\end{aligned}$$

但是，使 $P(F_{1,n+m-2}\geqslant c)=\alpha$ 的 c 的唯一值 $c=F_{1-\alpha,1,n+m-2}$，所以 $F_{1-\alpha,1,n+m-2}=t^2_{\alpha/2,n+m-2}$. 因此，

$$\alpha = P(T\leqslant -t_{\alpha/2,n+m-2}\text{ 或 }T\geqslant t_{\alpha/2,n+m-2}) = P(F\geqslant F_{1-\alpha,1,n+m-2})$$

因此，如果一个检验统计量在 α 显著性水平上拒绝 H_0，那么另一个也会拒绝. ■

习题

12.2.11　通过对习题 9.2.8 的数据进行 t 检验和方差分析，验证例 12.2.2 的结论. 证明观测的 F 比率就是观测到的 t 比率的平方，并且 F 临界值是 t 临界值的平方.

12.2.12　对案例研究 9.2.1 中的 Mark Twain-Quintus Curtius Snodgrass 数据进行方差分析. 验证观测到的 F 比率是观测到的 t 比率的平方.

12.2.13　对习题 8.2.2 中给出的摩托车数据进行方差分析和双样本 t 检验. 观测到的 F 比率和观测到的 t 比率是否相关？这两个临界值是如何关联的？假设 $\alpha=0.05$.

12.3　多重比较：图基方法

案例研究 12.2.1 进行的分析证实了吸烟影响心率的怀疑. 回想起来，$\overline{Y}_{.j}$ 有相当大的范围(从不吸烟者的 62.3 到重度吸烟者的 81.7)，拒绝 $H_0:\mu_1=\mu_2=\mu_3=\mu_4$ 并不令人惊讶. 但并不是所有的处理组都相差太远：非吸烟者和轻度吸烟者的心率相当接近，分别为 62.3 和 63.2. 这就引出了一个明显的问题：是否有办法通过分假设来跟进检验 $H_0:\mu_1=\mu_2=\cdots=\mu_k$？也就是说，能否检验包含小于全部总体均值的假设(例如，$H_0:\mu_1=\mu_2$)？

答案是肯定的，但解决方案并不像乍一看那么简单. 特别是，对不同的均值对进行一系列标准的双样本 t 检验是不合适的——例如，将定理 9.2.1 应用于 μ_1 和 μ_2，然后应用于 μ_2 和 μ_3，等等. 如果每一项检验都是在一定的显著性水平 α 上进行的，那么至少发生一个第一类错误的概率将远远大于 α. 在这种情况下，α 的“名义”值歪曲了推断的总体精度.

例如，假设我们在一组大量总体均值上进行了 10 次形式为 $H_0:\mu_i=\mu_j$ 和 $H_1:\mu_i\neq\mu_j$ 的独立检验，每个检验都在 $\alpha=0.05$ 水平上. 即使在任何给定的检验中出现第一类错误的概率只有 0.05，但在 10 个 t 检验中至少有一个错误地拒绝真实 H_0 的概率急剧增加到 0.40：

$$\begin{aligned} P(\text{至少出现一个第一类错误}) &= 1 - P(\text{没有第一类错误}) \\ &= 1-(0.95)^{10} \\ &= 0.40 \end{aligned}$$

为了解决这一问题，数理统计学家对所谓的多重比较问题给予了大量的关注. 在各种不同的假设下，已经制定了许多不同的方法. 即使进行检验的数量较大(甚至无穷大)，所有这些方法的目标都是为了保持至少犯第一类错误的概率很小. 在本节中，我们将阐述其中最早的一种技巧，这是约翰·图基(John Tukey)所提出的一种仍然被广泛使用的方法.

背景结果：学生化极差分布

最简单的多重比较问题是检验所有个体均值对的相等性，即对所有 $i\neq j$，用一个过程检验 $H_0:\mu_i=\mu_j$ 和 $H_1:\mu_i\neq\mu_j$. 在图基的方法中，这些检验使用 $\mu_i-\mu_j$ 的置信区间来进行. 这个推导取决于知道比率 R/S 的概率行为，其中 R 是一组正态分布随机变量的范围，S 是它们真实标准差的估计量.

定义 12.3.1 令 $W_1, W_2, \cdots, W_k$ 为一组 k 个独立的正态分布随机变量，其均值为 μ，方差为 σ^2，设 R 表示其范围：

$$R = \max_i W_i - \min_i W_i$$

假设 S^2 是 σ^2 的无偏估计量，独立于 W_i，且自由度为 v. 学生化极差 $Q_{k,v}$是比率

$$Q_{k,v} = \frac{R}{S}$$

[对于第 12 章中的应用，v 等于 $k(r-1) = rk-k$.]

附录中的表 A.5 给出了 $\alpha = 0.05$ 和 0.01，以及取不同的 k 和 v 时的 $Q_{\alpha,k,v}$，即 $Q_{k,v}$ 的第 $100(1-\alpha)$ 百分位数. 例如，$k=4$，$v=8$，$Q_{0.05,4,8}=4.53$，意味着 $P\left(\frac{R}{S} \geqslant 4.53\right) = 0.05$，其中 R 是四个正态分布随机变量的范围，其真正的标准差 σ，由具有 8 个自由度的样本标准差 S 估计(见图 12.3.1). (注意：对于本章中学生化极差的应用，S^2 始终为 MSE 以及 v 为 $n-k$.)

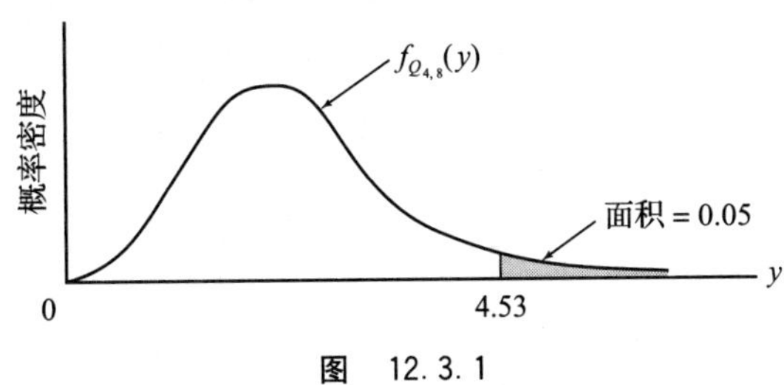

图 12.3.1

定理 12.3.1 令 $\overline{Y}_{.j}$，$j=1,2,\cdots,k$ 为完全随机化单因子设计中的 k 个样本均值. 设 $n_j = r$ 为公共样本量，μ_j 为真实均值，$j=1,2,\cdots,k$，所有 $\binom{k}{2}$ 个 $\mu_i - \mu_j$ 同时满足以下不等式的概率为 $1-\alpha$，

$$\overline{Y}_{.i} - \overline{Y}_{.j} - D\sqrt{\text{MSE}} < \mu_i - \mu_j < \overline{Y}_{.i} - \overline{Y}_{.j} + D\sqrt{\text{MSE}}$$

其中 $D = \frac{Q_{\alpha,k,rk-k}}{\sqrt{r}}$. 如果对于给定的 i 和 j，上述不等式中不包含 0，则在显著性水平 α 下，应拒绝 $H_0: \mu_i = \mu_j$，从而接受 $H_1: \mu_i \neq \mu_j$.

证明 设 $W_t = \overline{Y}_{.t} - \mu_t$，则 W_t 服从正态分布，其均值为 0，方差为 σ^2/r. 设 $\max W_t$ 和 $\min W_t$ 分别表示 W_t 的最大值和最小值，其中 t 取值范围为 1 到 k.

将 MSE/r 作为 σ^2/r 的估计量. 从学生化极差的定义来看，$\dfrac{\max W_t - \min W_t}{\sqrt{\dfrac{\text{MSE}}{r}}}$的概率密度函数为 $Q_{k,rk-k}$，这意味着

$$P\left(\frac{\max W_t - \min W_t}{\sqrt{\frac{\text{MSE}}{r}}} < Q_{\alpha,k,rk-k}\right) = 1-\alpha$$

或者，等价地

$$P(\max W_t - \min W_t < D\sqrt{\text{MSE}}) = 1-\alpha \tag{12.3.1}$$

其中 $D=\dfrac{Q_{\alpha,k,rk-k}}{\sqrt{r}}$.

此时，如果公式(12.3.1)成立，下式也一定成立

$$P(|W_i - W_j| < D\sqrt{\text{MSE}}, \text{对所有的 } i \text{ 和 } j) = 1-\alpha \tag{12.3.2}$$

将公式(12.3.2)改写为

$$P(-D\sqrt{\text{MSE}} < W_i - W_j < D\sqrt{\text{MSE}}, \text{对所有的 } i \text{ 和 } j) = 1-\alpha \tag{12.3.3}$$

回想 $W_t=\overline{Y}_{.t}-\mu_t$. 将后者代入公式(12.3.3)，得到定理 12.3.1 的表述：

$$P(\overline{Y}_{.i}-\overline{Y}_{.j}-D\sqrt{\text{MSE}} < \mu_i-\mu_j < \overline{Y}_{.i}-\overline{Y}_{.j}+D\sqrt{\text{MSE}}, \text{对所有的 } i \text{ 和 } j) = 1-\alpha$$

案例研究 12.3.1

注射到血液中的一部分抗生素会与血清蛋白“结合”. 这种现象直接关系到药物的有效性，因为结合降低了药物的全身吸收. 表 12.3.1 列出了五种广泛使用的抗生素在牛血清中的结合百分比[228]. 哪些抗生素的结合特性相似，哪些不同？

表　12.3.1

	青霉素 G	四环素	链霉素	红霉素	氯霉素
	29.6	27.3	5.8	21.6	29.2
	24.3	32.6	6.2	17.4	32.8
	28.5	30.8	11.0	18.3	25.0
	32.0	34.8	8.3	19.0	24.2
$T_{.j}$	114.4	125.5	31.3	76.3	111.2
$\overline{Y}_{.j}$	28.6	31.4	7.8	19.1	27.8

要回答这个问题，需要对 μ_i 和 μ_j 进行所有 $\binom{5}{2}=10$ 次成对比较. 首先，必须计算 MSE. 从表 12.3.1 知

$$\text{SSE} = \sum_{j=1}^{5}\sum_{i=1}^{4}(Y_{ij}-\overline{Y}_{.j})^2 = 135.83$$

所以 MSE=135.83/(20−5)=9.06. 设 $\alpha=0.05$. 由于 $rk-k=20-5=15$，学生化极差分布的合适截断为 $Q_{0.05,5,15}=4.37$. 因此 $D=4.37/\sqrt{4}=2.185$，$D\sqrt{\text{MSE}}=6.58$.

对于每个不同的成对分假设检验 $H_0:\mu_i=\mu_j$ 和 $H_1:\mu_i\neq\mu_j$，表 12.3.2 列出了 $\overline{Y}_{.i}-\overline{Y}_{.j}$ 的值，以及由定理 12.3.1 计算得到的 $\mu_i-\mu_j$ 的 95%图基置信区间. 如最后一列所示，七个分假设被拒绝(图基区间不包含 0 的分假设)，三个分假设不被拒绝.

表　12.3.2

成对差	$\overline{Y}_{.i}-\overline{Y}_{.j}$	图基区间	结论
$\mu_1-\mu_2$	−2.8	(−9.38,3.78)	不显著
$\mu_1-\mu_3$	20.8	(14.22,27.38)	拒绝

(续)

成对差	$\overline{Y}_{.i}-\overline{Y}_{.j}$	图基区间	结论
$\mu_1-\mu_4$	9.5	(2.92,16.08)	拒绝
$\mu_1-\mu_5$	0.8	(−5.78,7.38)	不显著
$\mu_2-\mu_3$	23.6	(17.02,30.18)	拒绝
$\mu_2-\mu_4$	12.3	(5.72,18.88)	拒绝
$\mu_2-\mu_5$	3.6	(−2.98,10.18)	不显著
$\mu_3-\mu_4$	−11.3	(−17.88,−4.72)	拒绝
$\mu_3-\mu_5$	−20.0	(−26.58,−13.42)	拒绝
$\mu_4-\mu_5$	−8.7	(−15.28,−2.12)	拒绝

显示图基假设检验结果的一种有效图形格式是沿着水平轴绘制 $\overline{Y}_{.j}$，并在未拒绝的 $H_0: \mu_i=\mu_j$ 下方绘制平行线. 图 12.3.2 显示了基于表 12.3.2 中给出的结合百分比信息的图.

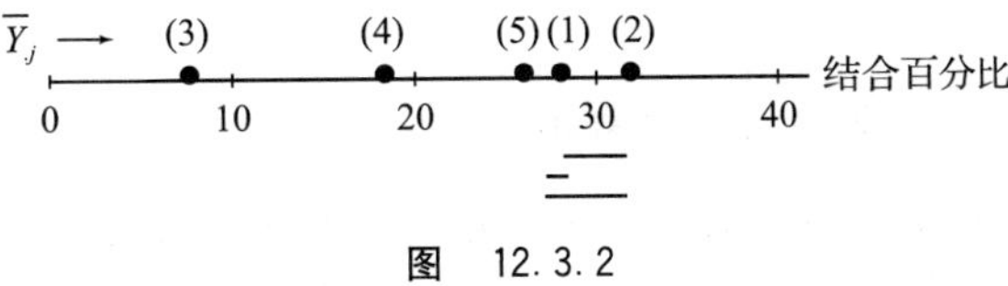

图 12.3.2

习题

12.3.1 采用图基方法对案例研究 12.2.1 的心率数据进行成对比较，均在 0.05 显著性水平上进行.

12.3.2 为习题 12.2.3 的数据构建三个成对差 $\mu_i-\mu_j$ 的 95%图基区间.

12.3.3 对三家不同制药公司(Cutter、Abbott 和 McGaw)生产的静脉输液进行了颗粒污染物浓度检验. 每个公司检查了六个样品. 表中列出的数字是每个样品每升中直径大于 5 微米的颗粒数量[194].

污染物颗粒数		
Cutter	Abbott	McGaw
255	105	577
264	288	515
342	98	214
331	275	413
234	221	401
217	240	260

通过方差分析检验 $H_0:\mu_C=\mu_A=\mu_M$，然后通过构建 95%图基区间对三个成对的分假设进行检验.

12.3.4 为习题 12.2.4 中的数据构建所有 10 个成对差 $\mu_i-\mu_j$ 的 95%图基区间. 在水平轴上绘制 5 个样本平均值，并在平均产量没有显著差异的品种下画直线来总结结果.

12.3.5 为习题 8.2.15 中描述的谋杀罪责评分相关的三个成对差构建 95%图基置信区间. 哪些差在统计上是显著的?

12.3.6 如果 95%图基置信区间表明拒绝 $H_0:\mu_1=\mu_2$ 和 $H_0:\mu_1=\mu_3$，是否一定要拒绝 $H_0:\mu_2=\mu_3$?

12.3.7 图基置信区间的宽度为

$$\frac{2\sqrt{\text{MSE}}\,Q_{\alpha,k,n-k}}{\sqrt{\frac{n}{k}}}$$

如果 k 增大，但 $\frac{n}{k}$ 和 MSE 不变，图基区间是变短还是变长？凭直觉证明你的答案.

12.4 用对比检验分假设

有两种通用的方法来检验分假设，选择哪一种方法取决于何时可以完全确定 H_0. 研究人员希望先做一个实验，然后根据结果提出一个合适的分假设，那么多重比较方法中的任何一种都是一个合适的分析方法——例如，12.3 节中的图基方法.

另一方面，如果在获取任何数据之前，物理因素、经济因素、过去的经验或任何其他因素都表明了特定的分假设，那么最好使用对比来检验 H_0. 优点是基于对比的检验比基于多重比较的类似检验更有效.

定义 12.4.1 设 $\mu_1,\mu_2,\cdots,\mu_k$ 表示被抽样的 k 个因子水平的真实均值. 如果 μ_j 的线性组合 C 的系数之和为 0，则称线性组合 C 为一个对比. 也就是说，如果 $C=\sum_{j=1}^{k}c_j\mu_j$，其中 c_j 是常数，使得 $\sum_{j=1}^{k}c_j=0$，则 C 是一个对比.

对比与假设检验有直接联系. 假设一组数据由 5 个处理水平组成，我们希望检验分假设 $H_0:\mu_1=\mu_2$. 后者也可以写成 $H_0:\mu_1-\mu_2=0$，这实际上是一个关于对比的陈述——具体来说，是对比 C，其中

$$C=\mu_1-\mu_2=(1)\mu_1+(-1)\mu_2+(0)\mu_3+(0)\mu_4+(0)\mu_5$$

或者，假设在案例研究 12.3.1 中，将前两种抗生素的血清结合平均水平与后三种抗生素的血清结合平均水平进行比较有很好的药理学原因. 作为一种分假设，没有差异可以表示为

$$H_0:\frac{\mu_1+\mu_2}{2}=\frac{\mu_3+\mu_4+\mu_5}{3}$$

作为对比，它可以表示为

$$C=\frac{1}{2}\mu_1+\frac{1}{2}\mu_2-\frac{1}{2}\mu_3-\frac{1}{2}\mu_4-\frac{1}{2}\mu_5$$

在这两种情况下，如果 H_0 为真，对比的数值将为 0. 这表明 H_0 和 H_1 之间的选择可以通过首先估计 C，然后进行显著性检验确定该估计值是否离 0 太远来实现.

我们首先考虑对比的数学性质和它们的估计值. 因为 $\overline{Y}_{.j}$ 总是 μ_j 的无偏估计量，用 $\hat{C}$（样本均值的线性组合）估计 C（总体均值的线性组合）似乎是合理的：

$$\hat{C}=\sum_{j=1}^{k}c_j\overline{Y}_{.j}$$

（$\hat{C}$ 中的系数当然与定义 C 的系数相同.）

由此可见

$$E(\hat{C})=\sum_{j=1}^{k}c_jE(\overline{Y}_{.j})=C$$

和

$$\operatorname{Var}(\hat{C})=\sum_{j=1}^{k}c_j^2\operatorname{Var}(\overline{Y}_{.j})=\sigma^2\sum_{j=1}^{k}\frac{c_j^2}{n_j}$$

注释 用方差分析表中的估计值(MSE)代替未知的误差方差σ^2，得到估计对比的估计方差公式：

$$S_{\hat{C}}^2 = \text{MSE}\sum_{j=1}^{k}\frac{c_j^2}{n_j}$$

$\hat{C}$ 的抽样很容易得到．通过定理 4.3.3，Y_{ij} 的正态性保证了 $\hat{C}$ 也是正态的，通过 Z 变换，比率为

$$\frac{\hat{C}-E(\hat{C})}{\sqrt{\text{Var}(\hat{C})}} = \frac{\hat{C}-C}{\sqrt{\text{Var}(\hat{C})}}$$

是一个标准正态分布．因此

$$\left[\frac{\hat{C}-C}{\sqrt{\text{Var}(\hat{C})}}\right]^2$$

是自由度为 1 的卡方随机变量．当然，如果 $H_0:\mu_1=\mu_2=\cdots=\mu_k$ 为真，C 为 0，比率变为

$$\frac{\hat{C}^2}{\sigma^2\sum_{j=1}^{k}\frac{c_j^2}{n_j}}$$

对比的另一个特性值得注意，因为它与方差分析中的处理平方和有关．如果

$$\sum_{j=1}^{k}\frac{c_{1j}c_{2j}}{n_j}=0$$

两个对比

$$C_1=\sum_{j=1}^{k}c_{1j}\mu_j \quad 和 \quad C_2=\sum_{j=1}^{k}c_{2j}\mu_j$$

被称为正交的．

类似地，如果

$$\sum_{j=1}^{k}\frac{c_{sj}c_{tj}}{n_j}=0 \quad 对所有的\ s\neq t$$

一组 q 个对比$\{\overset{q}{\underset{i=1}{C}}{}_i\}$，被称为相互正交的．(同样的定义也适用于估计对比．)

定义 12.4.2 以及定理 12.4.1 和定理 12.4.2 在这里都没有进行证明，总结了对比和方差分析之间的关系．简而言之，如果对比是相互正交的，则处理平方和可以划分为 $k-1$ 个“对比”平方和．

定义 12.4.2 令 $C_i=\sum_{j=1}^{k}c_{ij}\mu_j$ 为任一对比，与 C_i 相关的平方和为

$$SS_{C_i}=\frac{\hat{C}_i^2}{\sum_{j=1}^{k}\frac{c_{ij}^2}{n_j}}$$

其中 $\hat{C}_i=\sum_{j=1}^{k}c_{ij}\overline{Y}_{.j}$．

定理 12.4.1　设 $\left\{C_i=\sum_{\substack{j=1\\i=1}}^{\substack{k-1\\k}} c_{ij}\mu_j\right\}$ 是一组 $k-1$ 个相互正交的对比，$\left\{\hat{C}_i=\sum_{\substack{j=1\\i=1}}^{\substack{k-1\\k}} c_{ij}\overline{Y}_{.j}\right\}$ 为它们的估计量，那么

$$\mathrm{SSTR}=\sum_{j=1}^{k}\sum_{i=1}^{n_j}(\overline{Y}_{.j}-\overline{Y}_{..})^2=SS_{C_1}+SS_{C_2}+\cdots+SS_{C_{k-1}}$$

定理 12.4.2　设 C 是一个对比，其系数与分假设 $H_0: c_1\mu_1+c_2\mu_2+\cdots+c_k\mu_k=0$ 的系数相同，其中 $\sum_{j=1}^{k}c_j=0$. 设 $n=\sum_{j=1}^{k}n_j$ 是总样本量，那么

a. $F=\dfrac{SS_C/1}{\mathrm{SSE}/(n-k)}$ 服从自由度为 1 和 $n-k$ 的 F 分布.

b. 在显著性水平 α 上，如果 $F\geqslant F_{1-\alpha,1,n-k}$，则应拒绝 $H_0: c_1\mu_1+c_2\mu_2+\cdots+c_k\mu_k=0$.

注释　定理 12.4.1 并不意味着只有相互正交的对比才能或应该被检验. 它只是对 SSTR 和相互正交 C_i 的平方和之间存在的划分关系的陈述. 在任何给定的实验中，应该选出来的对比是那些实验者有先验理由进行检验的对比.

案例研究 12.4.1

一般来说，婴儿到差不多 14 个月大时才能自己走路. 然而，一项研究调查了通过使用特殊的“步行”练习来减少该时长的可能性[225]. 实验共有 23 名婴儿——都是一周大的白人男婴. 他们被随机分为四组，每组在七周内遵循不同的训练计划. A 组每天进行 12 分钟的行走和放置练习. B 组也进行了每天 12 分钟的练习，但没有进行特殊的行走和放置练习. C 组和 D 组没有接受特别的指导. 每周检查 A、B、C 组的进展情况，D 组只在研究结束时检查了一次.

七周后正式训练结束，并告知父母他们可以继续进行任何他们想要做的. 表 12.4.1 列出了 23 个孩子第一次独自行走的年龄(以月为单位). 方差计算分析见表 12.4.2. 基于 3 和 19 的自由度，$\alpha=0.05$ 时的临界值为 3.13，因此 $H_0: \mu_A=\mu_B=\mu_C=\mu_D$ 不被拒绝.

表 12.4.1　婴儿首次独自行走的年龄(月)

	A 组	B 组	C 组	D 组
	9.00	11.00	11.50	13.25
	9.50	10.00	12.00	11.50
	9.75	10.00	9.00	12.00
	10.00	11.75	11.50	13.50
	13.00	10.50	13.25	11.50
	9.50	15.00	13.00	
$T_{.j}$	60.75	68.25	70.25	61.75
$\overline{Y}_{.j}$	10.12	11.38	11.71	12.35

表 12.4.2 方差分析计算

差异来源	df	SS	MS	F
处理	3	14.77	4.92	2.14
误差	19	43.70	2.30	
总和	22	58.47		

在这一点上，分析以整个 H_0 没有被拒绝而结束．不过，我们将继续讨论分假设过程，以说明定理 12.4.2 的应用．

回想一下，A 组和 B 组的锻炼时间是一样的，但遵循不同的方案．因此，检验 $H_0:\mu_A=\mu_B$ 与 $H_1:\mu_A\neq\mu_B$ 显然是评估特殊行走和放置练习有效性的一种方法．相应的对比为 $C_1=\mu_A-\mu_B$．同样地，$H_0:\mu_C=\mu_D$ 的检验(使用 $C_2=\mu_C-\mu_D$)可以评估定期进度检查的心理影响效果．

根据定义 12.4.2 和表 12.4.1 中的数据，

$$SS_{C_1}=\frac{\left[1\left(\frac{60.75}{6}\right)-1\left(\frac{68.25}{6}\right)\right]^2}{\frac{1^2}{6}+\frac{(-1)^2}{6}}=4.68$$

以及

$$SS_{C_2}=\frac{\left[1\left(\frac{70.25}{6}\right)-1\left(\frac{61.75}{5}\right)\right]^2}{\frac{1^2}{6}+\frac{(-1)^2}{5}}=1.12$$

将这些平方和除以误差的均方(= 2.30)，得到 F 比率为 4.68/2.30＝2.03 和 1.12/2.30＝0.49，两者在 $\alpha=0.05$ 水平上均不显著($F_{0.95,1,19}=4.38$)(见表 12.4.3)．

表 12.4.3 分假设计算

分假设	对比	SS	F
H_0：$\mu_A=\mu_B$	$C_1=\mu_A-\mu_B$	4.68	2.03
H_0：$\mu_C=\mu_D$	$C_2=\mu_C-\mu_D$	1.12	0.49

重建方差分析

出于空间和成本的考虑，发表基于方差分析的研究结果的科技期刊通常不会显示单个的 Y_{ij}，而是显示样本均值($\overline{Y}_{.j}$)、样本标准差(S_j)和样本量(n_j)．然而，从这些汇总信息中，总可以重建完整的方差分析(和方差分析表)．

案例研究 12.4.2 从常见的格式开始，并展示了 Y_{ij} 未知时所需的步骤．它所关注的话题自然是任何做过服务员的人都会感兴趣的．

案例研究 12.4.2

由于餐厅服务员收入的很大一部分来自他们收到的小费，培养用餐者善意和慷慨的行为和策略就很值得研究. 例如，在账单底部附上一张简短的手写留言是否有帮助？如果有，哪种信息最有效？收集表 12.4.4 中总结的数据是为了阐明这两个问题[169].

表 12.4.4

	账单底部的留言			
j	(1)"团结就是胜利"+美国国旗	(2)"上帝保佑美国"+美国国旗	(3)"祝您今天愉快"+笑脸	(4)没有留言
$\overline{Y}_{.j}$	19.90	17.85	15.93	15.52
S_j	(4.86)	(3.98)	(2.86)	(3.04)
n_j	25	25	25	25

每列的第一个数字是 25 个宴会收到的平均小费(表示为总账单的百分比)，这些宴会的账单中包含了列标题中的留言信息. 括号中的数字是四个因子水平的样本标准差.

a. 对表 12.4.4 中总结的数据构建方差分析表. 使用 $\alpha=0.05$ 显著性水平，检验零假设：不管账单底部出现什么留言，四个真实的平均小费百分比是相同的.

b. 构建一组完整的 95%图基置信区间来检验 6 个可能的成对留言比较.

c. 收集数据之前，在每组的 k 样本数据中，可能有一些关于因子水平的东西会引发与实验者目标相关的问题，这无法通过检验总体假设 $H_0:\mu_1=\mu_2=\cdots=\mu_k$ 解决. 回答这个问题的方法是制定一个适当的分假设，并在收集到数据后，检验其相关的估计对比是否显著不同于0. 对于表 12.4.4 所示的因子水平，存在什么问题？为什么它与实验者的目标相关？陈述相关的分假设及其相关的对比 C，并在 $\alpha=0.05$ 水平上检验 $H_0:C=0$.

(a)如果不显示 Y_{ij}，则无法直接计算总平方和(SSTOT). 但是，可以通过通常的方式得到处理平方和(SSTR)，并且可以通过合并样本标准差的平方来计算误差平方和(SSE).

我们可以从求 C 开始. 因为 $T_{.j}=n_j\overline{Y}_{.j}$，$T_{.1}=25(19.90)=497.50$，$T_{.2}=25(17.85)=446.25$，$T_{.3}=25(15.93)=398.25$，$T_{.4}=25(15.52)=388.00$. 所以

$$C=\frac{(497.50+446.25+398.25+388.00)^2}{25+25+25+25}=29\ 929$$

并且

$$\begin{aligned}\text{SSTR}&=\sum_{j=1}^{4}\frac{T_{.j}^2}{n_j}-C=(497.50)^2/25+\cdots+(388.00)^2/25-29\ 929\\&=302.69\quad(\text{自由度为 }3)\end{aligned}$$

此外，由于 $S_j^2=\dfrac{1}{n_j-1}\sum\limits_{i=1}^{n_j}(Y_{ij}-\overline{Y}_{.j})^2$，因此

$$(n_j-1)S_j^2=\sum_{i=1}^{n_j}(Y_{ij}-\overline{Y}_{.j})^2$$

在这种情况下

$$\begin{aligned}SSE&=\sum_{j=1}^{k}\sum_{i=1}^{n_j}(Y_{ij}-\overline{Y}_{.j})^2=\sum_{j=1}^{k}(n_j-1)S_j^2\\&=(25-1)(4.86)^2+\cdots+(25-1)(3.04)^2\\&=1\,365.15\quad(\text{自由度为 }4(24)=96)\end{aligned}$$

最后，由定理 12.2.4 可知

$$SSTOT=SSTR+SSE=302.69+1\,365.15=1\,667.84$$

因此，数据的方差分析表中的每一项都可以被填入：

差异来源	df	SS	MS	F
处理	3	302.69	100.90	7.10
误差	96	1 365.15	14.22	
总和	99	1 667.84		

在 $\alpha=0.05$ 显著性水平下，零假设 $H_0:\mu_1=\mu_2=\mu_3=\mu_4$ 明显被拒绝. 观测到的 F 有 3 和 96 的自由度，从附录表 A.4 中的项可知，

$$\text{观测到的 }F=7.10>F_{0.95,3,60}=2.76>F_{0.95,3,96}$$

(b)对于为这些数据构建的每一个 95%图基置信区间，$\overline{Y}_{.i}-\overline{Y}_{.j}$ 为 $D\sqrt{\text{MSE}}$，其中

$$D=Q_{0.05,4,96}/\sqrt{25}$$

利用附录表 A.5 中的项可知，$Q_{0.05,4,96}=3.71$，因此 $D=3.71/5=0.74$. 此外，从(a)中的方差分析表中知，$\sqrt{\text{MSE}}=\sqrt{14.22}=3.77$，使得 $D\sqrt{\text{MSE}}=(0.74)(3.77)=2.79$.

例如，为了检验 $H_0:\mu_1=\mu_2$，构造了 $\mu_1-\mu_2$ 的图基置信区间. 根据定理 12.3.1，这个区间是

$$(\overline{Y}_{.1}-\overline{Y}_{.2}-D\sqrt{\text{MSE}},\overline{Y}_{.1}-\overline{Y}_{.2}+D\sqrt{\text{MSE}})$$

或

$$(19.90-17.85-2.79,19.90-17.85+2.79)=(-0.74,4.84)$$

由于区间中含有 0，在 $\alpha=0.05$ 水平上，不能拒绝 $H_0:\mu_1=\mu_2$，即 19.90 与 17.85 之间的差异无统计显著性.

下表显示了所有 $\binom{4}{2}=6$ 个可能的两两比较的 95%图基置信区间. 两个 $\overline{Y}_{.i}-\overline{Y}_{.j}$ 值有统计显著性；四个没有统计显著性.

成对差	$\overline{Y}_{.i}-\overline{Y}_{.j}$	图基区间	结论
$\mu_1-\mu_2$	2.05	(−0.74,4.84)	不显著
$\mu_1-\mu_3$	3.97	(1.18,6.76)	拒绝
$\mu_1-\mu_4$	4.38	(1.59,7.17)	拒绝
$\mu_2-\mu_3$	1.92	(−0.87,4.71)	不显著
$\mu_2-\mu_4$	2.33	(−0.46,5.12)	不显著
$\mu_3-\mu_4$	0.41	(−2.38,3.20)	不显著

(c)本研究的基本目的是找出可能使用餐者在留小费上更慷慨的服务策略．四个因子水平中有三个是由出现在账单底部的手写便条的类型决定的——一个是爱国的，另一个是宗教的，第三个基本上是通用的“祝您今天愉快”．第四个因子水平是由不包含任何信息的账单定义的．

检验 $H_0:\mu_1=\mu_2=\mu_3=\mu_4$ 的结果将揭示顾客是否对账单底部所写(或未写)的实际内容做出反应．但是，如果用餐者的慷慨并不是与任何具体的内容有关，而只是与服务员花时间和精力写一些东西有关呢？检验后一种理论最好是用一个分假设来完成，该分假设将对前三个因子水平即“一些留言”的平均反应与对第四个因子水平的“没有留言”的反应进行比较．那么，适当的分假设应该是

$$H_0:\frac{\mu_1}{3}+\frac{\mu_2}{3}+\frac{\mu_3}{3}=\mu_4$$

以及相关的对比为

$$C=\frac{1}{3}\mu_1+\frac{1}{3}\mu_2+\frac{1}{3}\mu_3-\mu_4$$

由于 $\overline{Y}_{.j}$ 估计 μ_j，估计的对比 $\hat{C}$ 变为

$$\hat{C}=(1/3)(19.90)+(1/3)(17.85)+(1/3)(15.93)-(1)(15.52)=2.37$$

需要回答的问题是，$\hat{C}$ 与 0 之间的差异是否具有统计显著性．

根据定义 12.4.2，与 C 相关的平方和为

$$SS_C=\frac{(2.37)^2}{\frac{(1/3)^2}{25}+\frac{(1/3)^2}{25}+\frac{(1/3)^2}{25}+\frac{(-1)^2}{25}}=105.38$$

通过定理 12.4.2 可知，观测到的用于检验 $H_0:C=0$ 与 $H_1:C\neq 0$ 的 F 是比率

$$\frac{SS_C/1}{SSE/(n-k)}=\frac{105.38/1}{1\,365.15/96}=7.41\quad(\text{有 1 和 96 的自由度})$$

但 $F_{0.95,1,96}\approx 3.95$，因此拒绝 $H_0:C=0$.

那么，基于总体方差分析、图基区间和对比，服务员应该采取什么策略来最大化他们的小费呢？一个明确的结论是，在账单底部什么都不写是一个坏主意．对比的结果是一致的——尽管不是完全一致的——假设用餐者没有注意信息的内容，图基置信区间和总体方差分析得出了相反的结论．尤其是，写一条爱国信息似乎是一种最佳策略．也就是说，应该指出的是，这些数据是在 9·11 袭击世贸中心后不久收集的，当时爱国热情达到了狂热的程度．在更安静的时间和更温和的地方，谁知道什么信息会引起最有利的反应？像“祝您今天愉快”这样带着笑脸的通用和乐观的话语可能会引起最好的共鸣．

习题

12.4.1 通过对三种不同类型的 X 射线管进行 15 次观测，确定了阴极预热时间(以秒为单位). 结果如下表所示.

预热时间(秒)					
电子管型号					
A		B		C	
19	27	20	24	16	14
23	31	20	25	26	18
26	25	32	29	15	19
18	22	27	31	18	21
20	23	40	24	19	17
20	27	24	25	17	19
18	29	22	32	19	18
35		18		18	

对这些数据进行方差分析，并检验三种管类型需要相同的平均预热时间的假设. 在方差分析表中加入一对正交对比. 定义其中一个对比，以便检验 H_0：$\mu_A=\mu_C$. 另一个对比检验是什么？检查与两个对比相关的平方和，以验证定理 12.4.1 的陈述.

12.4.2 检验习题 12.2.4 中描述的前三个玉米品种的真实产量平均值与后两个品种的平均值相同的假设. 令 $\alpha=0.05$.

12.4.3 在案例研究 12.2.1 中，检验轻度和中度吸烟者的平均心率与重度吸烟者的平均心率相同的假设. 显著性水平为 0.05.

12.4.4 大公司可以选择限制中小型企业的增长，但这样做会带来更高的盈利能力吗？下表给出了 21 家排名靠前的公司样本的盈利能力，其中盈利能力以年利润占公司总资产的百分比表示. 这些公司按资产规模分为三组——500 亿美元或以下、510 亿美元至 1 000 亿美元以及超过 1 000 亿美元. 检验小型和中型公司与大型公司一样盈利的假设. 令 $\alpha=0.10$.

资产规模		
500 亿美元或以下	510 亿美元至 1 000 亿美元	1 000 亿美元以上
7.2	11.3	14.8
6.5	5.6	11.3
5.7	5.3	9.2
4.4	5.3	4.8
3.4	10.4	3.9
3.4	6.2	10.2
7.8	5.3	7.3

(注意：SSE=147.174 29)

12.4.5 验证 $C_3=\frac{11}{12}\mu_A+\frac{11}{12}\mu_B-\mu_C-\frac{5}{6}\mu_D$ 与案例研究 12.4.1 的 C_1 和 C_2 正交. 求出 SS_{C_3} 并说明定理 12.4.1 的陈述.

12.4.6 多年来，亚硝酸钠一直被用作培根的固化剂，直到最近人们还认为它是完全无害的. 但现在看来，在油炸过程中，亚硝酸钠会诱导亚硝基吡咯烷(NPy)的形成，这种物质被怀疑是一种致癌物质. 在一项针对这个问题的研究中，测量了在煎炸三片四种市售品牌培根后回收的 NPy 量(以 ppb 为单位)[172]. 对表中的数据进行方差分析，将处理平方和划分为三个相互正交的对比的完整集合. 令第一个对比检验为 $H_0:\mu_A=\mu_B$ 和第二个检验为 $H_0:(\mu_A+\mu_B)/2=(\mu_C+\mu_D)/2$. 在 0.05 的显著性水平上进行所有检验.

从熏肉中提取的 NPy(ppb)			
品牌			
A	B	C	D
20	75	15	25
40	25	30	30
18	21	21	31

12.5 数据变换

方差分析中提到所需的三个假设：Y_{ij} 必须是独立的、正态分布的，并且对于所有 j 具有相同的方差. 在实践中，这三个假设并非同样难以满足，违反这些假设对 F 检验的影响也不相同.

独立性当然是 Y_{ij} 的一个重要属性，但随机化观测的顺序(相对于不同的处理水平)往往可以非常有效地消除系统偏差并实现独立性. 正态性是一个更难以诱导甚至验证的属性(回忆 10.4 节). 幸运的是，除非是极端情况下，违反该特定假设不会严重影响方差分析的概率完整性(如 t 检验，F 检验对于偏离正态性是稳健的).

但是，如果违反了最后一个假设，Y_{ij} 的方差并不相同，则对某些推断过程的影响(例如，为单个均值构建置信区间)可能会更加令人不安. 但是，在某些情况下，可以通过适当的数据变换来“稳定”水平间的差异.

假设 Y_{ij} 的概率密度函数为 $f_Y(y_{ij};\mu_j)$，$i=1,2,\cdots,n_j$；$j=1,2,\cdots,k$，$\mathrm{Var}(Y_{ij})=g(\mu_j)$，且函数 g 已知. 我们希望找到一个变换 A，当 A 应用到 Y_{ij} 时，将产生一组具有恒定方差的新变量，即 $A(Y_{ij})=W_{ij}$，其中 $\mathrm{Var}(W_{ij})=c_1^2$ 为一个常数.

根据泰勒定理可知

$$W_{ij}\approx A(\mu_j)+(Y_{ij}-\mu_j)A'(\mu_j)$$

当然，$E(W_{ij})\approx A(\mu_j)$，因为 $E(Y_{ij}-\mu_j)=0$，同时

$$\begin{aligned}\mathrm{Var}(W_{ij})&\approx E[W_{ij}-E(W_{ij})]^2\\&=E[(Y_{ij}-\mu_j)A'(\mu_j)]^2\\&=[A'(\mu_j)]^2\mathrm{Var}(Y_{ij})=[A'(\mu_j)]^2g(\mu_j)\end{aligned}$$

求解 $A'(\mu_j)$ 得到

$$A'(\mu_j)=\frac{\sqrt{\mathrm{Var}(W_{ij})}}{\sqrt{g(\mu_j)}}=\frac{c_1}{\sqrt{g(\mu_j)}}$$

对于在 μ_j 邻域的 Y_{ij}，遵循

$$A(Y_{ij})=c_1\int\frac{1}{\sqrt{g(y_{ij})}}\mathrm{d}y_{ij}+c_2 \tag{12.5.1}$$

例 12.5.1 假设 Y_{ij} 是均值为 μ_j 的泊松随机变量，$j=1,2,\cdots,k$，所以

$$f_Y(y_{ij};\mu_j)=\frac{\mathrm{e}^{-\mu_j}\mu_j^{y_{ij}}}{y_{ij}!}$$

在这种情况下，方差等于均值(回忆定理 4.2.2)

$$\mathrm{Var}(Y_{ij}) = E(Y_{ij}) = \mu_j = g(\mu_j)$$

由公式(12.5.1)，则

$$A(Y_{ij}) = c_1\int \frac{1}{\sqrt{y_{ij}}}\mathrm{d}y_{ij} + c_2 = 2c_1\sqrt{y_{ij}} + c_2$$

或者，令 $c_1=\frac{1}{2}$，$c_2=0$，使变换尽可能简单，

$$A(Y_{ij}) = \sqrt{Y_{ij}} \tag{12.5.2}$$

由公式(12.5.2)可知，如果预先知道数据是泊松分布，则在进行方差分析之前，应将每个观测值替换为其平方根. ■

例 12.5.2 假设每个 Y_{ij} 是一个二项随机变量，其概率密度函数为

$$f_Y(y_{ij};n,p_j) = \binom{n}{y_{ij}}p_j^{y_{ij}}(1-p_j)^{n-y_{ij}}$$

这里 $E(Y_{ij})=np_j=\mu_j$，这意味着

$$\mathrm{Var}(Y_{ij}) = np_j(1-p_j) = \mu_j\left(1-\frac{\mu_j}{n}\right) = g(\mu_j)$$

因此，此类数据的方差稳定变换涉及反正弦：

$$\begin{aligned}A(Y_{ij}) &= c_1\int \frac{1}{\sqrt{y_{ij}(1-y_{ij}/n)}}\mathrm{d}y_{ij} + c_2\\ &= c_1 2\sqrt{n}\arcsin\left(\frac{Y_{ij}}{n}\right)^{1/2} + c_2\end{aligned}$$

或等价地，

$$A(Y_{ij}) = \arcsin\left(\frac{Y_{ij}}{n}\right)^{1/2}$$

■

习题

12.5.1 一家商业胶片处理公司正在试验两种全自动彩色显影机. 每种显影机要放六张曝光的胶片. 然后计算每个底片上肉眼可见的瑕疵的数量.

可见瑕疵数量	
显影机 A	显影机 B
1	8
4	6
5	4
6	9
3	11
7	10

假设给定底片上的瑕疵数量是泊松随机变量. 进行适当的数据变换并进行相应的方差分析.

12.5.2 一名实验者想对一组数据进行方差分析，这组数据包括五个处理组，每个处理组重复三次. 她计算了每组的 $\overline{Y}_{.j}$ 和 S_j，得到的结果如下表所示 .

	处理组				
	1	2	3	4	5
$\overline{Y}_{.j}$	9.0	4.0	16.0	9.0	1.0
S_j	3.0	2.0	4.0	3.0	1.0

在计算进行 F 检验所需的各种平方和之前，实验者应该做什么？尽可能做到量化.

12.5.3 三个空对地导弹发射器经过了精度测试. 同一支炮队发射了四轮，每轮发射 20 枚导弹. 如果导弹落在距离目标 10 码以内，则称为命中. 下表给出了每一轮的命中数.

每轮命中数		
发射器 A	发射器 B	发射器 C
13	15	9
11	16	11
10	18	10
14	17	8

在进行适当的数据变换后，利用方差分析对三种发射装置的精度进行比较. 设 $\alpha=0.05$.

12.6 重新审视统计学(将统计学科放在一起——罗纳德·A. 费希尔的贡献)

“时间到了.”海象说，
“可以谈论很多事情：
鞋子和船，还有密封蜡，
卷心菜和君王.
为什么海水是滚烫的，
猪有没有翅膀.”

Lewis Carroll

正如我们今天所知，统计学在很大程度上是 20 世纪的产物. 可以肯定的是，它的根源有数百年的历史. 法国人布莱士·帕斯卡和皮埃尔·费马在 1654 年对概率进行了千变万化的研究. 与此同时，约翰·格朗特正在研究英国的死亡率报表，并展示了他在梳理模型和趋势的非凡才能. 然而，在 20 世纪初，还没有真正的统计学科. 概率论中有一些零零散散的理论，也有一些非常有能力的随机现象观察者——弗朗西斯·高尔顿和阿道夫·凯特勒是其中最杰出的——但没有任何类似于一般原理或正式方法论的东西.

也许在世纪之交最严重的“差距”是几乎完全缺乏关于抽样分布的信息. 例如，没有人知道诸如 $\dfrac{\overline{Y}-\mu_0}{S/\sqrt{n}}$，$\dfrac{(n-1)S^2}{\sigma^2}$，$\dfrac{\overline{X}-\overline{Y}}{S_P\sqrt{\dfrac{1}{n}+\dfrac{1}{m}}}$ 或者 $\dfrac{S_Y^2}{S_X^2}$ 这样描述数量的概率密度函数，当然，这些在第 6 章、第 7 章和第 9 章中作为检验统计数据出现. 不知道这些概率密度函数意味着除点估计之外，不能对正态分布的参数做出任何推断. 此外，人们对点估计知之甚少，更普遍的是，对与估计过程相关的数学性质也知之甚少.

卡尔·皮尔逊和戈塞特(以笔名“Student”发表了文章)是早期将统计学建立在坚实数学基础上的两位杰出人物. 1900 年，皮尔逊推导了拟合优度统计的分布，见第 10 章. 戈塞特于 1908 年提出了$\frac{\overline{Y}-\mu_0}{S/\sqrt{n}}$的概率密度函数，即 t 分布. 不过，第三个人物罗纳德 · A. 费希尔，他在同代人中站得最高. 他不仅在推导抽样分布和探索估计的数学性质方面做了大量的早期工作，他还创造了应用统计学的一个至关重要的领域，即实验设计.

费希尔于 1890 年出生于伦敦郊区，他在数学方面非常早熟，尤其擅长在头脑中把复杂的问题形象化，一些人认为他发展这种天赋是为了弥补他天生的视力缺陷. 1912 年，他以优异的成绩从剑桥大学毕业，主修物理学和光学. 在那期间，他对遗传学产生了终生的兴趣. 他对为达尔文的进化论找到数学证明的可能性特别感兴趣. [近 20 年后，他出版了一本关于这个主题的书，《自然选择的遗传理论》(*The Genetical Theory of Natural Selection*).]

1915 年，他在一篇论文中推导出了样本相关系数的分布，这篇论文通常被认为是现代抽样分布理论的开端. 在教了几年高中物理之后(这份工作似乎不太适合他)，他接受了洛桑农业实验站的统计学家的工作. 在那里，他全身心地投入到应用统计学和数理统计学的研究中. 他的成就之一就是 1921 年发表的一篇开创性论文《理论统计的数学基础》("Mathematical Foundations of Theoretical Statistics")，为未来几代人提供了研究框架.

在洛桑的工作让他面对了一个非常困难的问题，即从田间试验中得出结论. 在田间试验中，各种各样的偏差(不同的土壤质量，不均匀的排水梯度，等等)是普遍现象，而不是例外. 他设计的处理异质环境的策略最终合并成了现在所说的实验设计. 在他的复制和随机原则的指导下，他彻底改变了建立和进行实验的方案. 支持他的实验设计思想的数学技术被称为方差分析. 1925 年，费希尔出版了《研究工作者的统计方法》(*Statistical Methods for Research Workers*)，这是一本经典著作，其许多后续版本帮助无数科学家在分析数据方面变得更加成熟. 10 年后，他写了《实验设计》(*The Design of Experiments*)，这是第二本广受赞誉的研究指南[53].

费希尔于 1952 年被授予爵位，10 年后他在澳大利亚阿德莱德去世，享年 72 岁.

附录 12.A.1 定理 12.2.2 的证明

为了证明 SSTR/σ^2 服从自由度为 $k-1$ 的卡方分布，只需证明 SSTR/σ^2 的矩生成函数为$\left(\frac{1}{1-2t}\right)^{(k-1)/2}$即可.

注意到，在零假设 $\mu_1=\mu_2=\cdots=\mu_k$ 下，

$$\sum_{j=1}^{k}\sum_{i=1}^{n_j}(Y_{ij}-\overline{Y}_{..})^2=\mathrm{SSTOT}=(n-1)S^2$$

其中 S^2 是来自正态分布的 n 个观测值的样本方差. 因此，根据定理 7.3.2，

$$M_{\mathrm{SSTOT}/\sigma^2}(t)=\left(\frac{1}{1-2t}\right)^{(n-1)/2}$$

另外，由定理 12.2.3 可知，$\mathrm{SSE}/\sigma^2=\sum\limits_{j=1}^{k}\frac{(n_j-1)S_j^2}{\sigma^2}$ 是自由度为 $n-k$ 的卡方随机变量，因此

$$M_{\mathrm{SSE}/\sigma^2}(t)=\left(\frac{1}{1-2t}\right)^{(n-k)/2}$$

由于 SSTOT/σ^2 是两个独立随机变量 SSTR/σ^2 和 SSE/σ^2 的和，因此可以得出

$$M_{\mathrm{SSTOT}/\sigma^2}(t) = M_{\mathrm{SSTR}/\sigma^2}(t) \cdot M_{\mathrm{SSE}/\sigma^2}(t)$$

或者

$$\left(\frac{1}{1-2t}\right)^{(n-1)/2} = M_{\mathrm{SSTR}/\sigma^2}(t) \cdot \left(\frac{1}{1-2t}\right)^{(n-k)/2}$$

这意味着

$$M_{\mathrm{SSTR}/\sigma^2}(t) = \left(\frac{1}{1-2t}\right)^{(k-1)/2}$$

附录 12.A.2　H_1 为真时 $\dfrac{\mathrm{SSTR}/(k-1)}{\mathrm{SSE}/(n-k)}$ 的分布

当零假设成立时，定理 12.2.5 给出了检验统计量 F 的分布

$$F = \frac{\mathrm{SSTR}/(k-1)}{\mathrm{SSE}/(n-k)}$$

然而，要计算方差分析的功效或犯第二类错误的概率，需要知道当 H_1 为真时观测到的 F 的概率密度函数.

定义 12.A.2.1　设 V_j，$j=1,\cdots,r$ 服从一个均值为 μ_j，方差为 1 的正态分布，并假设 V_j 是独立的. 那么

$$V = \sum_{j=1}^{r} V_j^2$$

服从具有自由度 r 和非中心参数 γ 的非中心 χ^2 分布，其中

$$\gamma = \sum_{j=1}^{r} \mu_j^2$$

定理 12.A.2.1　具有自由度 r 和非中心参数 γ 的非中心 χ^2 随机变量 V 的矩生成函数由下式给出：

$$M_V(t) = (1-2t)^{-\frac{r}{2}} \mathrm{e}^{\frac{\gamma t}{1-2t}}, \quad t < \frac{1}{2}$$

证明　我们首先找到 $r=1$ 的特殊情况下的矩生成函数.

设 V 是均值为 μ，方差为 1 的正态随机变量，设 $V=Z+\mu$，其中 Z 是标准正态随机变量. 根据定义，V^2 的矩生成函数可以写成

$$M_{V^2}(t) = E(\mathrm{e}^{tV^2}) = E[\mathrm{e}^{t(Z+\mu)^2}]$$
$$= \frac{1}{\sqrt{2\pi}}\int_{-\infty}^{\infty} \mathrm{e}^{t(z+\mu)^2}\mathrm{e}^{-\frac{1}{2}z^2}\mathrm{d}z = \frac{1}{\sqrt{2\pi}}\int_{-\infty}^{\infty} \mathrm{e}^{t(z+\mu)^2-\frac{1}{2}z^2}\mathrm{d}z$$

为了计算这个积分，首先对指数配方：

$$tz^2 + 2tz\mu + t\mu^2 - \frac{1}{2}z^2$$
$$= -\frac{1}{2}[(1-2t)z^2 - 4t\mu z] + t\mu^2$$
$$= -\frac{1}{2} \cdot \frac{z^2 - \dfrac{4t\mu}{(1-2t)}z}{1/(1-2t)} + t\mu^2$$

$$= -\frac{1}{2}\cdot\frac{z^2-\frac{4t\mu}{(1-2t)}z+\frac{4t^2\mu^2}{(1-2t)^2}}{1/(1-2t)}+t\mu^2+\frac{\frac{2t^2\mu^2}{(1-2t)^2}}{1/(1-2t)}$$

$$= -\frac{1}{2}\cdot\left(\frac{z-\frac{2t\mu}{1-2t}}{1/\sqrt{1-2t}}\right)^2+t\mu^2+\frac{2t^2\mu^2}{1-2t}$$

因此，

$$M_{V^2}(t)=\mathrm{e}^{\mu^2 t+\frac{2\mu^2 t^2}{1-2t}}\frac{1}{\sqrt{2\pi}}\int_{-\infty}^{\infty}\mathrm{e}^{-\frac{1}{2}\cdot\left(\frac{z-\frac{2t\mu}{1-2t}}{1/\sqrt{1-2t}}\right)^2}\mathrm{d}z$$

$$=(1-2t)^{-\frac{1}{2}}\mathrm{e}^{\mu^2\frac{t}{1-2t}}$$

其中 $r\neq 1$ 的一般结果是由定理 3.12.3(b)的应用得出的．设 $V=\sum_{j=1}^{r}V_j^2$，其中 V_j 是独立的．那么

$$M_{\sum_{j=1}^{r}V_j^2}(t)=(1-2t)^{-\frac{r}{2}}\mathrm{e}^{\sum_{j=1}^{r}\mu_j^2\frac{t}{1-2t}}=(1-2t)^{-\frac{r}{2}}\cdot\mathrm{e}^{\frac{\gamma t}{1-2t}}$$

定义 12.A.2.2 设 V_1 为具有自由度 r_1 和非中心参数 γ 的非中心 χ^2 随机变量．设 V_2 为具有自由度 r_2 的(中心)χ^2 随机变量，与 V_1 相互独立．则称比率

$$\frac{V_1/r_1}{V_2/r_2}$$

服从自由度为 r_1 和 r_2 的非中心 F 分布，非中心参数为 γ.

定理 12.A.2.2 比率

$$\frac{\mathrm{SSTR}/(k-1)}{\mathrm{SSE}/(n-k)}$$

服从具有自由度为 $k-1$ 和 $n-k$ 的非中心 F 分布，非中心参数为 $\gamma=\frac{1}{\sigma^2}\sum_{j=1}^{k}n_j(\mu_j-\mu)^2$.

证明 由公式(12.2.1)知

$$\mathrm{SSTR}=\sum_{j=1}^{k}n_j(\overline{Y}_{.j}-\mu)^2-n(\overline{Y}_{..}-\mu)^2$$

因此

$$\frac{\mathrm{SSTR}}{\sigma^2}=\sum_{j=1}^{k}\left(\frac{\overline{Y}_{.j}-\mu}{\sigma/\sqrt{n_j}}\right)^2-\left(\frac{\overline{Y}_{..}-\mu}{\sigma/\sqrt{n}}\right)^2 \tag{12.A.2.1}$$

令 $W_j=\frac{\overline{Y}_{.j}-\mu}{\sigma/\sqrt{n_j}}$，$j=1,\cdots,k$．由于 $E(\overline{Y}_{.j})=\mu_j$，$E(W_j)=\sqrt{n_j}(\mu_j-\mu)/\sigma$，$\mathrm{Var}(W_j)=\frac{\mathrm{Var}(\overline{Y}_{.j}-\mu)}{\sigma^2/n_j}=\frac{\sigma^2/n_j}{\sigma^2/n_j}=1$，由于 $\overline{Y}_{.j}$服从正态分布，因此，每个 W_j 服从正态分布，其均值为 $\sqrt{n_j}(\mu_j-\mu)/\sigma$，方差为 1．$\mathrm{SSTR}/\sigma^2$ 的第二部分$\frac{\overline{Y}_{..}-\mu}{\sigma/\sqrt{n}}$为标准正态随机变量.

现在，回顾附录 7.A.2 中使用的变换方法，选择第一行为($\sqrt{n_1/n}$，$\sqrt{n_2/n}$，…，$\sqrt{n_k/n}$)的正交矩阵 **A**. 定义随机变量的向量 $\mathbf{V}=\mathbf{A}(W_1,W_2,\cdots,W_k)^{\mathrm{T}}$. 首先需要注意的是

$$V_1=\sum_{j=1}^{k}\frac{\sqrt{n_j}}{\sqrt{n}}W_j=\sum_{j=1}^{k}\frac{\sqrt{n_j}}{\sqrt{n}}\frac{(\overline{Y}_{.j}-\mu)}{\sigma/\sqrt{n_j}}$$

$$=\frac{1}{\sigma\sqrt{n}}\sum_{j=1}^{k}n_j(\overline{Y}_{.j}-\mu)=\frac{1}{\sigma\sqrt{n}}\left[\sum_{j=1}^{k}n_j\overline{Y}_{.j}-(\sum_{j=1}^{k}n_j)\mu\right]$$

$$=\frac{1}{\sigma\sqrt{n}}(n\overline{Y}_{..}-n\mu)=\frac{\overline{Y}_{..}-\mu}{\sigma/\sqrt{n}}$$

得到

$$V_1^2=\left(\frac{\overline{Y}_{..}-\mu}{\sigma/\sqrt{n}}\right)^2$$

因为矩阵的正交性，

$$\sum_{j=1}^{k}V_j^2=\sum_{j=1}^{k}W_j^2\quad\text{或}\quad\sum_{j=2}^{k}V_j^2=\sum_{j=1}^{k}W_j^2-V_1^2$$

根据公式(12.A.2.1)，$\sum_{j=1}^{k}W_j^2-V_1^2=\mathrm{SSTR}/\sigma^2$. 而且，每个 $V_j=\sum_{i=1}^{k}a_{ji}W_i$ 是一个正态随机变量，其中 a_{ji} 是 **A** 的第 j 行的项. 因此，

$$\mathrm{Var}(V_j)=\sum_{i=1}^{k}\mathrm{Var}(a_{ji}W_i)=\sum_{i=1}^{k}a_{ji}^2\mathrm{Var}(W_i)=\sum_{i=1}^{k}a_{ji}^2$$

因为每个 W_j 的方差都是 1. 但矩阵 **A** 的正交性意味着对于每个 j 都有 $\sum_{i=1}^{k}a_{ji}^2=1$，因此每个 V_j 都服从方差为 1 的正态分布，并且 $\sum_{j=2}^{k}V_j^2=1$ 服从自由度为 $k-1$ 的非中心 χ^2 分布.

由习题 12.A.2.4 可知，$\sum_{j=2}^{k}V_j^2$ 的非中心参数为

$$E(\sum_{j=2}^{k}V_j^2)-(k-1)=E(\sum_{j=2}^{k}W_j^2)-E(V_1^2)-(k-1)$$

$$=\sum_{j=1}^{k}\{\mathrm{Var}(W_j)+[E(W_j)]^2\}-\{\mathrm{Var}(V_1)+[E(V_1)]^2\}-(k-1)$$

$$=\sum_{j=1}^{k}\{1+[\sqrt{n_j}(\mu_j-\mu)/\sigma]^2\}-(1+0)-(k-1)$$

$$=\frac{1}{\sigma^2}\sum_{j=1}^{k}n_j(\mu_j-\mu)^2$$

因此，由于 SSE/σ^2 服从自由度为 $n-k$ 的 χ^2 分布，从定义 12.A.2.2 可以得出，当 H_1 为真时，

$$F=\frac{\frac{\text{SSTR}}{k-1}}{\frac{\text{SSE}}{n-k}}$$

服从自由度为 $k-1$ 和 $n-k$ 的非中心 F 分布，其非中心参数 $\gamma=\frac{1}{\sigma^2}\sum_{j=1}^{k}n_j(\mu_j-\mu)^2$.

注释 当 H_1 离 H_0 越来越远时，如以 γ 进行衡量，非中心 F 分布将越来越向中心 F 分布的右边移动，因此，F 检验的功效将增加. 也就是说，

$$\text{随着 } \gamma\to\infty, P(F\geqslant F_{1-\alpha,k-1,n-k})\to 1$$

非中心 F 分布的概率密度函数不易处理，但它的积分已通过数值逼近近似计算. 这使得 F 检验的幂函数可以制成表格[例如参见参考文献[115]].

习题

12.A.2.1 假设一个实验者在五个处理水平上分别进行了三次独立的测量，并使用方差分析来检验

$$H_0:\mu_1=\mu_2=\mu_3=\mu_4=\mu_5(=0)$$

和

$$H_1:\text{并非所有的 } \mu_j \text{ 均相等}$$

H_1 两个可能的替代是

$$H_1^*:\mu_1=-1,\mu_2=2,\mu_3=0,\mu_4=1,\mu_5=-2$$

和

$$H_1^{**}:\mu_1=-3,\mu_2=2,\mu_3=1,\mu_4=0,\mu_5=0$$

相对于哪一种替代选择，F 检验的功效更大？解释一下.

12.A.2.2 在前一个问题的情形下，$H_1:\mu_1=2,\mu_2=1,\mu_3=1,\mu_4=-3,\mu_5=0$ 是“可容许的”备择假设吗？

12.A.2.3 如果随机变量 V 服从具有自由度 r 和非中心参数 γ 的非中心 χ^2 分布，则利用其矩生成函数求 $E(V)$.

12.A.2.4 如果随机变量 V 服从具有自由度 r 和非中心参数 γ 的非中心 χ^2 分布，则证明 $\gamma=E(V)-r$.

12.A.2.5 假设 $V_1,V_2,\cdots,V_n$ 是独立的非中心 χ^2 随机变量，分别有自由度 $r_1,r_2,\cdots,r_n$，并具有非中心参数 $\gamma_1,\gamma_2,\cdots,\gamma_n$. 求 $V=V_1+V_2+\cdots+V_n$ 的分布.

第 13 章　随机区组设计

“当我第一次开始研究统计方法时，我和我同时代的人都认为，实验设计的艺术将会成为这门学科不可分割的一部分.”

——罗纳德·A. 费希尔，1947

13.1　引言

在任何实验中，降低实验误差的大小都是一个非常理想的目标：σ^2 越小，拒绝错误零假设的机会就越大. 基本上，有两种方法可以减少实验误差. 非统计方法只是改进实验技术——使用更好的设备、最小化实验对象误差等. 统计方法通常可以产生更显著的结果，它是以“区组”的形式收集数据，也就是所谓的随机区组设计.

从历史上看，费希尔首先提出了区组的概念. 他最初将其视为一种统计上的防御措施，以防止农业实验中土壤异质性的混淆效应. 例如，假设一位研究人员希望比较四种不同玉米品种的产量. 图 13.1.1a 显示了最简单的实验布局：品种 A 种植在田间最左边的部分，品种 B 种植在 A 的旁边，以此类推. 不过，即使对一个城市人来说，使用这种设计的统计风险也应该是显而易见的. 例如，假设在田地里有一个土壤梯度，最好的土壤在最西边(品种 A 在那里种植). 那么，如果品种 A 获得了最高的产量，我们将不知道它的成功是归功于内在品质还是地理位置(或两者的某种组合).

图 13.1.1b 给出了一种更合理的方法. 土地被分成若干个较小的“区块”，每个区块又进一步分成四个“小地块”. 每个区块中均种植四个品种，一个小地块随机分配一个品种. 请注意，一个区块内的四个小地块的地理毗连确保了地块之间的环境条件相对一致，不会导致观测产量的任何偏差. 然后方差分析要做的是从区块到区块“汇集”有关处理差异的块内信息，同时绕过块间差异——实验环境中的异质性. 结果，可以更精确地进行处理比较. 从分析上讲，在完全随机化的单因子设计中，总平方和被分成两个分量，而在随机区组设计中，它将被分成三个单独的总和：一个用于处理，另一个用于区组，第三个用于实验误差.

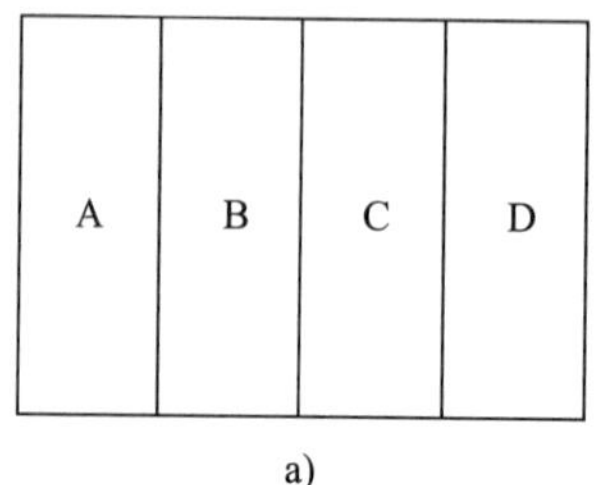

a)

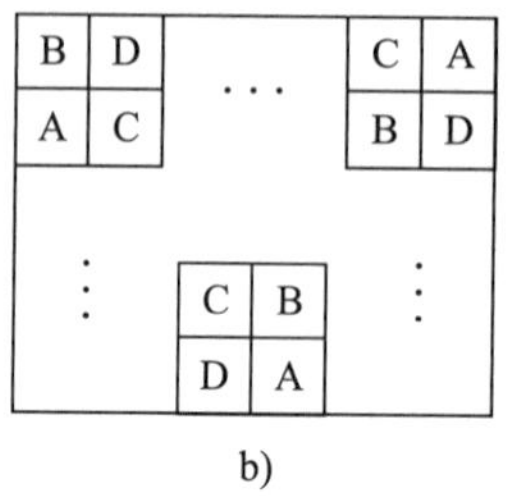

b)

图 13.1.1　两个不同的实验设计

科学家们很快就意识到区组的好处远远超出农业实验的范围. 在医学研究中, 区组通常由相同年龄、性别和整体身体状况的实验对象组成. 在动物研究中, 一种常见的做法是把同窝的同伴分成区组. 工业实验经常要求"时间"是一个区组标准: 白班人员的度量可能被认为是一个区组, 夜班人员的度量可能被认为是第二个区组. 从某种意义上说, 区组的最终形式, 尽管在物理上并不总是可能的, 是将整套处理水平应用于每个实验对象, 从而使每个实验对象都有自己的区组.

13.2 节首先介绍随机区组设计的方差分析, 其中在 b 个区组内的每一个给予 k 个处理水平. 当然, 给定区组内的观测值是相关的. 如第 12 章所述, 需要检验的假设为 $H_0:\mu_1=\mu_2=\cdots=\mu_k$ 和 H_1: 不是所有 μ_j 都相等, 其中 μ_j 是与处理水平 j 相关的未知真实均值.

我们在上一章中看到, 当 $k=2$ 且样本独立时, F 检验等价于双样本 t 检验. 这里也存在类似的二元性. 当在 b 个区组内比较 $k=2$ 个处理水平时, 可以使用方差分析或成对 t 检验来检验 $H_0:\mu_1=\mu_2$. 后者在 13.3 节中描述.

13.2 随机区组设计的 F 检验

从表面上看, 随机区组数据的结构看起来很像第 12 章中遇到的格式——与 k 个处理水平中每一个相关联的是一个测量样本. 但是, 这里的每一列都有完全相同的观测数量——对于所有 j 都有 $n_j=b$, 因此数据集必然是一个 $b\times k$ 矩阵(见表 13.2.1).

另一方面, 从统计学的角度来看, 随机区组数据与 k 样本数据有根本的不同(回忆一下 8.2 节中的讨论). 在第 12 章中, k 个样本是独立的. 在这里, 给定行(对应于一个区组)中的观测值是相关的, 因为每一行在某种程度上反映了该区组中固有的条件. 这种差异导致方差分析以不同的方式进行.

我们的目标是检验 $H_0:\mu_1=\mu_2=\cdots=\mu_k$, 和第 12 章一样. 但在这里, 与 Y_{ij} 相关的数学模型有一个附加项, 表示第 i 个区组的效应. 如果假设每个"区组效应"β_i 是可加的, 可以写为

$$Y_{ij}=\mu_j+\beta_i+\varepsilon_{ij}$$

表 13.2.1

		处理水平				区组总数	区组均值	真实区组效应
		1	2		k			
区组	1	Y_{11}	Y_{12}	$\cdots$	Y_{1k}	$T_{1.}$	$\overline{Y}_{1.}$	β_1
	2	Y_{21}	Y_{22}		Y_{2k}	$T_{2.}$	$\overline{Y}_{2.}$	β_2
	$\vdots$	$\vdots$	$\vdots$		$\vdots$	$\vdots$	$\vdots$	
	b	Y_{b1}	Y_{b2}		Y_{bk}	$T_{b.}$	$\overline{Y}_{b.}$	β_b
样本总数		$T_{.1}$	$T_{.2}$		$T_{.k}$	$T_{..}$		
样本均值		$\overline{Y}_{.1}$	$\overline{Y}_{.2}$	$\cdots$	$\overline{Y}_{.k}$		$\overline{Y}_{..}$	
真实均值		μ_1	μ_2		μ_k			

其中 ε_{ij} 服从正态分布, 其均值为 0, 方差为 σ^2, 其中 $i=1,2,\cdots,b$; $j=1,2,\cdots,k$. 和以前一样, 用 μ 表示与 bk 个观测结果相关的总体平均处理效应, 即 $\mu=\frac{1}{k}\sum_{j=1}^{k}\mu_j$.

此处仍可采用第 12 章中遵循的基本方法，但需要重新计算 SSE，因为一组随机区组测量中的"误差"将同时反映区组效应和随机误差. 为了将两者分离，我们首先需要估计一组区组效应 $\beta_1, \beta_2, \cdots, \beta_b$.

设 $\overline{Y}_{i.} = \frac{1}{k}\sum_{j=1}^{k} Y_{ij}$ 表示第 i 个区组中 k 个观测值的样本平均值. 假设数据不包含随机误差，即对于所有 i 和 j 都有 $\varepsilon_{ij}=0$，则

$$\overline{Y}_{i.} = \frac{1}{k}\sum_{j=1}^{k}(\mu_j + \beta_i) = \left(\frac{1}{k}\sum_{j=1}^{k}\mu_j\right) + \frac{1}{k}k\beta_i = \mu + \beta_i$$

如果用 μ 代替 $\overline{Y}_{..}$，那么 β_i 的估计值变为 $\overline{Y}_{i.} - \overline{Y}_{..}$.

在第 12 章给出的 SSE 表达式中，对 $\overline{Y}_{i.} - \overline{Y}_{..}$ 进行加减

$$\begin{aligned}\sum_{i=1}^{b}\sum_{j=1}^{k}(Y_{ij} - \overline{Y}_{.j})^2 &= \sum_{i=1}^{b}\sum_{j=1}^{k}[(Y_{ij} - \overline{Y}_{.j}) + (\overline{Y}_{i.} - \overline{Y}_{..}) - (\overline{Y}_{i.} - \overline{Y}_{..})]^2 \\ &= \sum_{i=1}^{b}\sum_{j=1}^{k}[(\overline{Y}_{i.} - \overline{Y}_{..}) + (Y_{ij} - \overline{Y}_{.j} - \overline{Y}_{i.} + \overline{Y}_{..})]^2 \\ &= \sum_{i=1}^{b}\sum_{j=1}^{k}(\overline{Y}_{i.} - \overline{Y}_{..})^2 + \sum_{i=1}^{b}\sum_{j=1}^{k}(Y_{ij} - \overline{Y}_{.j} - \overline{Y}_{i.} + \overline{Y}_{..})^2 + \\ &\quad 2\sum_{i=1}^{b}\sum_{j=1}^{k}(\overline{Y}_{i.} - \overline{Y}_{..})(Y_{ij} - \overline{Y}_{.j} - \overline{Y}_{i.} + \overline{Y}_{..})\end{aligned}$$

注意交叉积项可以写成

$$2\sum_{i=1}^{b}(\overline{Y}_{i.} - \overline{Y}_{..})\sum_{j=1}^{k}(Y_{ij} - \overline{Y}_{.j} - \overline{Y}_{i.} + \overline{Y}_{..})$$

而

$$\sum_{j=1}^{k}(Y_{ij} - \overline{Y}_{.j} - \overline{Y}_{i.} + \overline{Y}_{..}) = k\overline{Y}_{i.} - k\overline{Y}_{i.} - \sum_{j=1}^{k}(\overline{Y}_{.j} - \overline{Y}_{..}) = 0$$

所以

$$\sum_{i=1}^{b}\sum_{j=1}^{k}(Y_{ij} - \overline{Y}_{.j})^2 = \sum_{i=1}^{b}\sum_{j=1}^{k}(\overline{Y}_{i.} - \overline{Y}_{..})^2 + \sum_{i=1}^{b}\sum_{j=1}^{k}(Y_{ij} - \overline{Y}_{.j} - \overline{Y}_{i.} + \overline{Y}_{..})^2 \tag{13.2.1}$$

公式(13.2.1)是一个关键的结果. 它表明第 12 章的"旧"误差平方和 $\sum_{i=1}^{b}\sum_{j=1}^{k}(Y_{ij} - \overline{Y}_{.j})^2$ 可以分割成另外两个平方和的和，第一个 $\sum_{i=1}^{b}\sum_{j=1}^{k}(\overline{Y}_{i.} - \overline{Y}_{..})^2$ 被称为区组平方和，记为 SSB. 第二个被称为测量随机误差的"新"平方和. 也就是说，对于随机区组数据，

$$\text{SSE} = \sum_{i=1}^{b}\sum_{j=1}^{k}(Y_{ij} - \overline{Y}_{.j} - \overline{Y}_{i.} + \overline{Y}_{..})^2$$

在随机区组设计中，第 12 章中的其他平方和保持不变. 具体地说，

$$\text{SSTOT} = \text{总平方和} = \sum_{i=1}^{b}\sum_{j=1}^{k}(Y_{ij} - \overline{Y}_{..})^2$$

和

$$\text{SSTR} = \text{处理平方和} = \sum_{i=1}^{b}\sum_{j=1}^{k}(\overline{Y}_{.j} - \overline{Y}_{..})^2$$

定理 13.2.1　假设在一组 b 个区组上测量 k 个处理水平，那么

a. SSTOT＝SSTR＋SSB＋SSE.

b. SSTR，SSB 和 SSE 是独立随机变量.

证明　可以使用第 12 章中采用的相同的方法确定 SSTR，SSB 和 SSE 的独立性，从而得出 SSTOT. 详细过程省略.

定理 13.2.2　设在一组 b 个区组上测量 k 个处理水平，其均值为 $\mu_1,\mu_2,\cdots,\mu_k$，其中区组效应是 $\beta_1,\beta_2,\cdots,\beta_b$，那么

a. 当 $H_0:\mu_1=\mu_2=\cdots=\mu_k$ 为真时，SSTR/σ^2 服从具有自由度 $k-1$ 的卡方分布.

b. 当 $H_0:\beta_1=\beta_2=\cdots=\beta_b$ 为真时，SSB/σ^2 服从具有自由度 $b-1$ 的卡方分布.

c. 无论 μ_j 和/或 β_i 是否相等，SSE/σ^2 都服从具有自由度 $(b-1)(k-1)$ 的卡方分布.

证明　证明与定理 12.2.2 和定理 12.2.3 的证明类似.

定理 13.2.3　假设在一组 b 个区组上测量 k 个处理水平，其均值为 $\mu_1,\mu_2,\cdots,\mu_k$，那么

a. 如果 $H_0:\mu_1=\mu_2=\cdots=\mu_k$ 为真，

$$F=\frac{\text{SSTR}/(k-1)}{\text{SSE}/(b-1)(k-1)}$$

服从具有自由度 $k-1$ 和 $(b-1)(k-1)$ 的 F 分布.

b. 在显著性水平 α 上，如果 $F\geqslant F_{1-\alpha,k-1,(b-1)(k-1)}$，则拒绝零假设 $H_0:\mu_1=\mu_2=\cdots=\mu_k$.

定理 13.2.4　假设在一组 b 个区组上测量 k 个处理水平，其中区组效应是 $\beta_1,\beta_2,\cdots,\beta_b$，那么

a. 如果 $H_0:\beta_1=\beta_2=\cdots=\beta_b$ 为真，

$$F=\frac{\text{SSB}/(b-1)}{\text{SSE}/(b-1)(k-1)}$$

服从具有自由度 $b-1$ 和 $(b-1)(k-1)$ 的 F 分布.

b. 在显著性水平 α 上，如果 $F\geqslant F_{1-\alpha,b-1,(b-1)(k-1)}$，则拒绝零假设 $H_0:\beta_1=\beta_2=\cdots=\beta_b$.

表 13.2.2 显示了用于随机区组分析的方差分析表. 注意，计算了两个 F 比率，一个是处理效应，一个是区组效应.

表　13.2.2

差异来源	df	SS	MS	F	P
处理	$k-1$	SSTR	$\text{SSTR}/(k-1)$	$\frac{\text{SSTR}/(k-1)}{\text{SSE}/(b-1)(k-1)}$	$P[F_{k-1,(b-1)(k-1)}\geqslant$ 观测的 $F]$
区组	$b-1$	SSB	$\text{SSB}/(b-1)$	$\frac{\text{SSB}/(b-1)}{\text{SSE}/(b-1)(k-1)}$	$P[F_{b-1,(b-1)(k-1)}\geqslant$ 观测的 $F]$
误差	$(b-1)(k-1)$	SSE	$\text{SSE}/(b-1)(k-1)$		
总和	$n-1$	SSTOT			

计算公式

令 $C=T_{..}^2/bk$，那么

$$\mathrm{SSTR}=\sum_{j=1}^{k}\frac{T_{.j}^2}{b}-C \tag{13.2.2}$$

$$\mathrm{SSB}=\sum_{i=1}^{b}\frac{T_{i.}^2}{k}-C \tag{13.2.3}$$

$$\mathrm{SSTOT}=\sum_{i=1}^{b}\sum_{j=1}^{k}Y_{ij}^2-C \tag{13.2.4}$$

并且由定理 13.2.1 知

$$\mathrm{SSE}=\mathrm{SSTOT}-\mathrm{SSTR}-\mathrm{SSB}$$

公式(13.2.2)、公式(13.2.3)和公式(13.2.4)比前面对应的公式更容易计算. 证明将留作练习.

案例研究 13.2.1

回顾例 8.2.1 显示了四种不同葡萄酒发酵过程中所涉及的亚硫酸根离子(SO_3^{2-})的浓度，测量采用两种不同的方法：一种是新的漫反射傅立叶变换红外光谱(DRS-FTIR)技术，另一种是基于曝气-氧化过程的方法(标准方法). 表 13.2.3 显示了结果.

表 13.2.3

	SO_3^{2-} 的测量浓度(μg/mL)	
	DRS-FTIR 方法	标准方法
白葡萄酒 1	112.9	115.1
白葡萄酒 2	123.1	125.6
红葡萄酒 1	135.2	132.4
红葡萄酒 2	140.2	143.7

DRS-FTIR 技术更高效且更易于使用. 然而，仍有待回答的关键问题是它产生的 SO_3^{2-} 浓度是否与标准方法获得的浓度一致.

用 μ_{DRS} 和 $\mu_{\text{标准}}$ 表示这两种方法对这四种葡萄酒测量的真实平均 SO_3^{2-} 浓度. 目的是检验

$$H_0: \mu_{\mathrm{DRS}}=\mu_{\text{标准}}$$

和

$$H_1: \mu_{\mathrm{DRS}}\neq\mu_{\text{标准}}$$

令 $\alpha=0.05$.

表 13.2.4 显示了四个区组总数、两个处理总数和总体总数.

表 13.2.4

		处理水平		
		DRS	标准	总数($B_{i.}$)
葡萄酒	白葡萄酒 1	112.9	115.1	228.0
	白葡萄酒 2	123.1	125.6	248.7
	红葡萄酒 1	135.2	132.4	267.6
	红葡萄酒 2	140.2	143.7	283.9
	总数($T_{.j}$)	511.4	516.8	1 028.2

利用计算公式(13.2.2)到公式(13.2.4)：

$$C = (1\,028.2)^2/8 = 132\,149.405$$

$$\begin{aligned}\text{SSB} &= (228.0)^2/2 + (248.7)^2/2 + (267.6)^2/2 + (283.9)^2/2 - C \\ &= 872.925\end{aligned}$$

$$\begin{aligned}\text{SST} &= (511.4)^2/4 + (516.8)^2/4 - C \\ &= 3.645\end{aligned}$$

并且

$$\text{SSTOT} = (112.9)^2 + (123.1)^2 + \cdots + (143.7)^2 - C = 888.515$$

根据表 13.2.2 中列出的格式给出了图 13.2.1 所示的方差分析表.

差异来源	df	*SS*	*MS*	*F*
处理	1	3.645	3.645	0.92
区组	3	872.925	290.975	
误差	3	11.945	3.982	
总和	7	888.515		

图 13.2.1

由于观测到的 F 小于 1，结论是“不能拒绝 H_0”，由 DRS-FTIR 方法所做的测量与标准方法所做的是一致的.

注释 由于零假设总是代表某种现状，实验者通常希望拒绝 H_0. 这项研究的不同寻常之处在于其结果恰恰相反——“拒绝失败”的决定为 DRS-FTIR 分析提供了所需的可信度.

重新解释误差的含义

从第 6 章和第 7 章开始，在首次描述 Z 检验和 t 检验时，在含 n 个观测值的随机样本中，与测量 y_i 相关的估计“误差”始终定义为差值 $y_i-\overline{y}$. 整个样本的误差由样本方差 s^2 来衡量，其分子为总和 $\sum_{i=1}^{n}(y_i-\overline{y})^2$.

误差的定义一直贯穿到第 12 章. 在 k 样本问题的方差分析中，误差的平方和 SSE 由双

重和 $\sum_{j=1}^{k}\sum_{i=1}^{n_j}(Y_{ij}-\overline{Y}_{.j})^2$ 给出，这只是第 6 章和第 7 章中误差定义的合并版本.

然而，我们在第 13 章看到的却有所不同. 图 13.2.1 中的方差分析表显示了误差平方和为 3.982. 但数据中没有重复测量，表 13.2.4 中列出的 8 个观测值中的每一个都代表了不同的总体. 那么，在随机区组设计的背景下，描述的“误差”是什么？

答案是，“误差”是一个比目前情况更为普遍的概念. 具体来说，它还可以指测量值与数学模型的偏差，而不仅仅是与 $\overline{y}$ 的偏差. 这正是此处的情况 .

回顾随机区组设计的数学模型有两种不同的形式：

1. $Y_{ij}=\mu_j+\beta_i+\varepsilon_{ij}$

或

2. $Y_{ij}=\mu+\beta_i+\tau_j+\varepsilon_{ij}$

两者是等价的，得到相同的平方和.

根据形式 2，测量 Y_{ij} 的期望值为

$$E(Y_{ij})=\mu+\beta_i+\tau_j$$

因为对所有 i 和 j，$E(\varepsilon_{ij})=0$. 由此可以得出与 Y_{ij} 相关的估计“误差”，即不等于其期望值的程度，是由差值给出的

$$\begin{aligned}\text{误差}&=Y_{ij}-(\hat{\mu}+\hat{\beta}_i+\hat{\tau}_i)\\&=Y_{ij}-(\overline{Y}_{..}+\overline{Y}_{i.}-\overline{Y}_{..}+\overline{Y}_{.j}-\overline{Y}_{..})\end{aligned}$$

例如，与 y_{11} 相关的误差是 -0.425：

$$\begin{aligned}\text{误差}&=Y_{11}-(\overline{Y}_{..}+\overline{Y}_{1.}-\overline{Y}_{..}+\overline{Y}_{.1}-\overline{Y}_{..})\\&=112.9-(128.525+114.0-128.525+127.85-128.525)\\&=112.9-113.325\\&=-0.425\end{aligned}$$

表 13.2.5 显示了八种葡萄酒/处理组合中每一种组合的三个条目. 每个单元格的顶部是 Y_{ij}；第二项(圆括号内)是 $E(Y_{ij})$；第三项(方括号内)是与 Y_{ij} 相关的误差.

表　13.2.5

	DRS	标准		DRS	标准
B_1	112.9 (113.325) [−0.425]	115.1 (114.675) [0.425]	B_3	135.2 (133.125) [2.075]	132.4 (134.475) [−2.075]
B_2	123.1 (123.675) [−0.575]	125.6 (125.025) [0.575]	B_4	140.2 (141.275) [−1.075]	143.7 (142.625) [1.075]

注意，8 个单元格中的误差平方之和为 11.945，这是图 13.2.1 方差分析表中 SSE 的条目：

$$(-0.425)^2+(0.425)^2+(-0.575)^2+(0.575)^2+(2.075)^2+(-2.075)^2+(-1.075)^2+(1.075)^2=11.945$$

另外，请注意，表 13.2.5 中方括号内的条目中只有三个是独立的. 由于 β_i 和 τ_j 的极大似然估计值，即 $\sum_{i=1}^{4}\hat{\beta}_i=0$ 和 $\sum_{j=1}^{2}\hat{\tau}_j=0$ 的限制，其余五个是预先确定的. 量化独立/相关关系是方差分析表中自由度(df)列中出现的 3.

案例研究 13.2.2

恐高症就是对高度的恐惧. 它可以有很多不同的治疗方法. 在接触脱敏疗法中，治疗师会演示一些恐高症患者难以完成的任务，比如从窗台向外看或站在梯子上. 然后他以同样的动作引导受试者，并始终保持身体接触. 另一种治疗方法是示范参与，在这里，治疗师试图通过任务来说服受试者，但没有身体接触. 第三种方法是现场模拟，只需要受试者观看正在完成的任务，而不需要自己去尝试.

在一项有 15 名志愿者参与的研究中对这三种方法进行了比较，这些志愿者都有严重的恐高症病史[153]. 然而，在一开始就意识到，某些受试者的痛苦比其他受试者更严重，并且这种异质性可能会影响治疗比较. 因此，实验开始时，每个受试者都接受了高度回避测试(HAT)，这是一系列与爬梯子有关的 44 项任务. 受试者每成功完成一项任务就得一分. 根据最终得分，这 15 名志愿者被分成了 5 个区组(A、B、C、D 和 E)，每个区组大小为 3. A 组的受试者得分最低(即最严重的恐高症)，B 组的受试者得分第二低，以此类推.

然后将三种疗法中的每一种随机分配给每个区组中的三名受试者之一. 咨询过后，受试者重新接受 HAT. 表 13.2.6 列出了他们的评分变化(治疗后评分一治疗前评分). 检验这些疗法同样有效的假设. 设 $\alpha=0.01$.

表 13.2.6 HAT 分数变化

	治疗			
区组	接触脱敏	示范参与	现场模拟	$T_{i.}$
A	8	2	−2	8
B	11	1	0	12
C	9	12	6	27
D	16	11	2	29
E	24	19	11	54
$T_{.j}$	68	45	17	130

由于 $C=(130)^2/15=1\ 126.7$，$\sum_{i=1}^{5}\sum_{j=1}^{3}Y_{ij}^2=1\ 894$，由此可见

$$\text{SSTOT}=1\ 894-1\ 126.7=767.3$$

$$\text{SSB}=\frac{(8)^2}{3}+\cdots+\frac{(54)^2}{3}-1\ 126.7=438.0$$

$$\text{SSTR}=\frac{(68)^2}{5}+\frac{(45)^2}{5}+\frac{(17)^2}{5}-1\ 126.7=260.9$$

误差平方和：

$$SSE = 767.3 - 438.0 - 260.9 = 68.4$$

方差分析汇总在表 13.2.7 中．由于 F 统计量的计算值 15.260 大于 $F_{0.99,2,8}=8.65$，所以在 0.01 水平下，拒绝 $H_0:\mu_1=\mu_2=\mu_3$．事实上，P 值为 0.001 9，表明即使 α 小到 0.001 9，H_0 也可以被拒绝．

表　13.2.7

差异来源	df	SS	MS	F	P
疗法	2	260.93	130.47	15.260	0.001 9
区组	4	438.00	109.50	12.807	0.001 5
误差	8	68.40	8.55		
总计	14	767.33			

“区组”的很小的 P 值(=0.001 5)意味着 $H_0:\beta_1=\beta_2=\cdots=\beta_5$ 也会被拒绝．当然，这并不奇怪：区组被故意设置得尽可能不同．事实上，如果 $F=\dfrac{SSB/(b-1)}{SSE/(b-1)(k-1)}$ 不是很大，我们就会质疑 HAT 评分用于衡量恐高症严重程度的有效性．

注释　使用随机区组设计而不是单向设计是一种权衡．区组导致 SSE 被降低[回忆公式(13.2.1)]，这会增加当 H_0 为假时拒绝 H_0 的概率，前提是与检验相关的一切都保持不变．但其他方面并非保持不变：随机区组分析中与“误差”相关的自由度[$=(b-1)(k-1)$]小于单向分析中与“误差”相关的自由度[$=k(b-1)$]．这种差异是单向分析的一个优势，因为任何假设检验的功效都会随着与其检验统计量相关的自由度的减少而减弱．

最终，在给定的情况下，哪种设计更可取取决于 SSB 的大小．如果 SSB 是“大的”，小得多的 SSE 的优势将足以抵消“误差”的自由度的减少，随机区组设计将是比单向设计更好的选择．另一方面，如果区组效应本质上是相同的(在这种情况下 SSB 会很小)，那么随机区组设计的 SSE 不会比单向设计的 SSE 小很多．在这种情况下，“误差”的自由度成为关键问题，单向设计将被认为是更好的．

当然，一旦在一个实验设计的指导下收集了一组数据，就没有办法“重新分析”这些相同的观测结果，就好像它们来自其他设计一样．也就是说，从方差分析中收集的信息——例如 MSB/MSE 的大小——对于决定如何进行任何后续研究非常有帮助．

例如，假设有人建议使用 k 样本设计比较这三种恐高症疗法．15 名受试者将被随机分成三个大小为 5 的样本．然后将三种疗法中的每一种分配给这三个样本中的一个．这是个好主意吗？绝对不是．根据表 13.2.7 中显示的区组的 F 比率，在恐高症严重程度上，受试者之间的差异显然是巨大的．将 15 名受试者随机分配到三种疗法会降低 SSTR 并大大增加 SSE，也许在某种程度上，治疗方案中的可变性会“掩盖”疗法之间的差异．

随机区组数据的图基比较

12.3 节的图基成对比较技巧也可以应用于随机区组设计. D 的定义略有不同，因为相关的学生化极差不再是 $Q_{k,rk-k}$ 而是 $Q_{k,(b-1)(k-1)}$，这一变化反映了估算 σ^2 时 MSE 可用的自由度数目.

定理 13.2.5 设 $\overline{Y}_{.j}$，$j=1,2,\cdots,k$ 是 $b\times k$ 随机区组设计中的样本均值. 设 μ_j 为真实处理均值，$j=1,2,\cdots,k$. 所有 $\binom{k}{2}$ 个成对分假设 $H_0:\mu_s=\mu_t$ 同时满足以下不等式的概率为 $1-\alpha$，

$$\overline{Y}_{.s}-\overline{Y}_{.t}-D\sqrt{\text{MSE}}<\mu_s-\mu_t<\overline{Y}_{.s}-\overline{Y}_{.t}+D\sqrt{\text{MSE}}$$

其中 $D=Q_{\alpha,k,(b-1)(k-1)}/\sqrt{b}$. 如果对于给定的 s 和 t，前面的不等式中不包含零，则在 α 显著性水平上，拒绝 $H_0:\mu_s=\mu_t$ 而接受 $H_1:\mu_s\neq\mu_t$.

例 13.2.1 回顾案例研究 13.2.2 中三种恐高症治疗方法的比较. 表 13.2.7 中 F 检验表明，在 $\alpha=0.05$(甚至 0.005)显著性水平下，$H_0:\mu_1=\mu_2=\mu_3$ 可被拒绝. 然而，这三种疗法都应该被认为是不同的，还是其中一种与其他两种不同?

这个问题可以通过构造三组成对比较的 95%图基置信区间来回答. 在这里，

$$D=\frac{Q_{0.05,3,8}}{\sqrt{5}}=\frac{4.04}{2.24}=1.81$$

而图基区间的半径是

$$D\sqrt{\text{MSE}}=1.81\sqrt{8.55}=5.3$$

表 13.2.8 总结了定理 13.2.5 中要求的计算.

表 13.2.8

成对差	$\overline{Y}_{.s}-\overline{Y}_{.t}$	图基区间	结论
$\mu_1-\mu_2$	4.6	(−0.7,9.9)	不显著
$\mu_1-\mu_3$	10.2	(4.9,15.5)	拒绝
$\mu_2-\mu_3$	5.6	(0.3,10.9)	拒绝

现在，我们对这三种疗法的相对价值有了更好的了解. 基于图基区间，接触脱敏(μ_1)和示范参与(μ_2)均值的差异没有统计显著性. 然而，接触脱敏均值(μ_1)和示范参与均值(μ_2)相对于现场模拟均值(μ_3)的增加具有统计显著性. ■

随机区组数据的对比

在 12.4 节中学习的对比检验技巧可以很容易地适用于随机区组设计. 如果 C 是与零假设相关的对比，则适当的检验统计量为

$$F=\frac{SS_C/1}{\text{SSE}/(b-1)(k-1)}$$

其中 F 有 1 和$(b-1)(k-1)$个自由度，SSE 是为随机区组数据定义的误差平方和.

案例研究 13.2.3

即使是心地纯洁的人
晚上祷告
等到狼毒开花
秋月皎洁
也可能变成狼

自从 Lon Chaney, Jr. 主演了 1941 年上映的热门(并多次被模仿)电影《狼人》(*The Wolf Man*)以来，长期以来认为满月对人类行为产生某种有害影响的观点重新得到重视，并未完全消失. 都市传说和逸闻轶事层出不穷，所以人们仔细地进行了科学调查.

案例研究 1.2.2 描述了一项研究，该研究旨在比较满月之前、期间和之后弗吉尼亚州心理健康诊所急诊室的入院率. 计划是连续 12 个月跟踪这些入院率，并采用随机区组设计检验 $H_0:\mu_1=\mu_2=\mu_3$，其中 μ_1, μ_2, μ_3 分别表示满月之前、满月期间和满月之后的真实入院率. 12 个月就是区组.

但正如我们在案例研究 12.4.2 中看到的那样，任何方差分析中的因子水平有时都可能暗示一个明显的“B 计划”. 在这里，为什么不将满月期间的入院率与整个月其余时间的平均入院率进行比较？也就是说，为什么不检验分假设 $H_0:\mu_2=\dfrac{\mu_1+\mu_3}{2}$？答案是，我们应该两者都做. 俗话说，不入虎穴，焉得虎子.

表 13.2.9 显示了最终收集的数据. 首先进行方差的随机区组分析. 使用计算公式(13.2.2)到公式(13.2.4).

$$C=(6.4+7.1+\cdots+14.5)^2/36=5\,100.34$$

$$\text{SSTOT}=(6.4)^2+(7.1)^2+\cdots+(14.5)^2-5\,100.34=621.75$$

$$\text{SSTR}=(131.00)^2/12+(160.00)^2/12+(137.50)^2/12-5\,100.34=38.59$$

表 13.2.9

	入院率(患者数/天)			
月份	(1)满月之前	(2)满月期间	(3)满月之后	$\overline{Y}_{i.}$
8 月	6.4	5.0	5.8	5.73
9 月	7.1	13.0	9.2	9.77
10 月	6.5	14.0	7.9	9.47
11 月	8.6	12.0	7.7	9.43
12 月	8.1	6.0	11.0	8.37
1 月	10.4	9.0	12.9	10.77
2 月	11.5	13.0	13.5	12.67
3 月	13.8	16.0	13.1	14.30
4 月	15.4	25.0	15.8	18.73
5 月	15.7	13.0	13.3	14.00
6 月	11.7	14.0	12.8	12.83
7 月	15.8	20.0	14.5	16.77
$\overline{Y}_{.j}$	10.92	13.33	11.46	

以及

$$SSB = (17.2)^2/3 + (29.3)^2/3 + \cdots + (50.3)^2/3 - 5\,100.34 = 451.08$$

表 13.2.10 总结了方差分析计算. 自由度为 2 和 22，满月效应的 0.05 临界值为 3.44，大于观测到的 $F(=3.22)$. 因此，我们将无法拒绝 $H_0:\mu_1=\mu_2=\mu_3$，得出的结论是满月效应尚未得到证实.

表　13.2.10

差异来源	df	SS	MS	F
月球周期	2	38.59	19.30	3.22
月份	11	451.08	41.01	
误差	22	132.08	6.00	
总计	35	621.75		

分析这些数据的第二种方法，检验分假设

$$H_0:\mu_2 = \frac{\mu_1+\mu_3}{2}$$

用对比 C 完成，其中

$$C = -(1/2)\mu_1 + (1)\mu_2 - (1/2)\mu_3$$

用表 13.2.8 中显示的 $\overline{Y}_{.j}$ 代替 μ_j 给出了估计的对比 $\hat{C}$，其中

$$\hat{C} = -(1/2)10.92 + (1)13.33 - (1/2)11.46 = 2.14$$

当且仅当 $\hat{C}(=2.14)$ 的值显著不同于 0 时，拒绝分假设.

从定义 12.4.2 知，与 C 相关的平方和

$$SS_C = \frac{(2.14)^2}{\frac{(-1/2)^2}{12}+\frac{(1)^2}{12}+\frac{(-1/2)^2}{12}} = 36.67$$

检验 $H_0:C=0$ 的统计量为 F 比率

$$\text{观测的 } F = \frac{SS_C/1}{MSE} = \frac{36.67/1}{132.08/22} = 6.11\text{，自由度为 1 和 22}$$

设 $\alpha=0.05$，那么 $F_{0.95,1,22}=4.30$. 因此，与接受 $H_0:\mu_1=\mu_2=\mu_3$ 相反，我们将拒绝 $H_0:\mu_2=\dfrac{\mu_1+\mu_3}{2}$，并得出特兰西瓦尼亚效应确实存在的结论.

注释　当对同一组数据进行的两次分析得出相互矛盾的结果时，总是有点令人不安. 在这里，随机区组方差分析比分假设/对比方法更合适还是更不合适？答案是不. 那么，为什么结论不同呢？两个原因. 第一，每个人使用数据的方式略有不同，提出的问题也略有不同. 第二，对比分析可能会犯第一类错误，方差分析可能会犯第二类错误.

在某种程度上，这些数据的矛盾性在寻找满月与人类行为之间联系的研究中具有代表性. 科学界的共识似乎是月球效应不存在，但偶尔的研究表明得到相反的结果. 话虽如此，但似乎很明显，我们都不需要担心满月会像《狼人》中的 Lon Chaney, Jr. 那样将我们变成狼人.

习题

13.2.1 近年来，一些超感官知觉(ESP)研究项目检验了催眠可能有助于激发那些认为自己没有超感知觉的人的超感知觉的可能性. 检验这种假设最明显方法是使用自配对设计：将受试者清醒时的ESP能力与被催眠时的ESP能力进行比较. 在此类研究中，要求15名大学生每人猜测200张齐纳牌的身份(见案例研究4.3.1). 每次试验都使用相同的“发送者”——专注于卡片的人. 在100次试验中，学生和发送者都醒着；另外100次都被催眠了. 如果仅靠运气，那么在每组100次试验中预期正确识别的数量将是20. 观测到的清醒受试者和被催眠受试者的正确猜测平均值分别为18.9和21.7[24]. 使用方差分析来确定该差异在0.05水平上是否具有统计显著性.

ESP 实验中正确响应数 (在 100 次中)					
学生	清醒状态的发送者和学生	催眠状态下的发送者和学生	学生	清醒状态的发送者和学生	催眠状态下的发送者和学生
1	18	25	9	11	18
2	19	20	10	22	20
3	16	26	11	19	22
4	21	26	12	29	27
5	16	20	13	16	19
6	20	23	14	27	27
7	20	14	15	15	21
8	14	18	$\overline{Y}_{.j}$	18.9	21.7

13.2.2 下表是由Arbitron报道的四大城市三大电视台晚间新闻节目的观众收视率. 在$\alpha=0.10$显著性水平上检验零假设：ABC、CBS和NBC的新闻收看水平是相同的.

城市	ABC	CBS	NBC
A	19.7	16.1	18.2
B	18.6	15.8	17.9
C	19.1	14.6	15.3
D	17.9	17.1	18.0

13.2.3 一家油漆制造商正在试验一种添加剂，可以使油漆不那么易粉碎. 为了确保添加剂不会影响颜色，一名质量控制工程师从七批奥沙橙中每批抽取一个样品. 每个样品被分成两半，其中一份放入添加剂. 两种样品都用分光镜检查，输出以标准流明单位读取. 如果颜色完全正确，读数将是1.00. 检验两种版本的奥沙橙的平均分光镜读数相同. 设$\alpha=0.05$.

批次	无添加剂	有添加剂	批次	无添加剂	有添加剂
1	1.10	1.06	5	1.01	1.01
2	1.05	1.02	6	0.96	1.23
3	1.08	1.17	7	1.02	1.19
4	0.98	1.21			

13.2.4 新建筑许可的数量可以很好地反映一个地区的经济增长强度. 下表列出了三个地理区域在四年期间的增长百分比. 分析数据，设$\alpha=0.05$，你的结论是什么？

年份	东部	北部中部	西南
2000	1.1	0.1	0.9
2001	1.3	0.8	1.0
2002	2.9	1.1	1.4
2003	3.5	1.3	1.5

13.2.5 分析案例研究 13.2.3 中的特兰西瓦尼亚效应数据，方法是计算三个不同月相的入院率之间的成对差异的 95%图基置信区间. 你的结论与案例研究 13.2.3 中已经讨论过的结论有何一致性(或不同)? $Q_{0.05,3,22}=3.56$.

13.2.6 下表给出了一支股票基金 2003 年至 2007 年的季度收益. 业绩是否受季度影响? 年复一年的收益变化在统计上是否显著? 使用显著性水平 $\alpha=0.05$ 来陈述你的结论.

	季度			
年份	第一	第二	第三	第四
2003	−5.29	8.62	5.23	6.44
2004	4.96	1.06	−0.25	6.32
2005	0.11	0.58	5.46	3.01
2006	5.30	0.82	4.81	6.54
2007	1.71	5.41	−1.92	−4.78

13.2.7 找出习题 13.2.2 中数据的 95% 图基区间，并用其检验 ABC、CBS、NBC 的三组成对比较.

13.2.8 对四种不同单位剂量注射系统的效率进行了比较. 一群药剂师和护士是“区组”. 对于每个注射系统，他们都要从其外包装中取出内部单元，组装并模拟一次注射. 除了使用一次性注射器和针头从药瓶中取出药物的标准系统，其他检验系统包括 Vari-Ject (CIBA 制药)、Unimatic (Squibb) 和 Tubex (Wyeth). 下表列出了实现每个系统所需的平均时间(以秒为单位)[158].

	实施注射系统的平均时间(秒)				
试验者	标准	Vari-Ject	Unimatic	Tubex	$T_{i.}$
1	35.6	17.3	24.4	25.0	102.3
2	31.3	16.4	22.4	26.0	96.1
3	36.2	18.1	22.8	25.3	102.4
4	31.1	17.8	21.0	24.0	93.9
5	39.4	18.8	23.3	24.2	105.7
6	34.7	17.0	21.8	26.2	99.7
7	34.1	14.5	23.0	24.0	95.6
8	36.5	17.9	24.1	20.9	99.4
9	32.2	14.6	23.5	23.5	93.8
10	40.7	16.4	31.3	36.9	125.3
$T_{.j}$	351.8	168.8	237.6	256.0	1 014.2

(a)在 0.05 水平下检验均值的相等性.

(b)使用图基方法检验 4 个 μ_j 的所有 6 种成对差异，设 $\alpha=0.05$.

(注意：SSTOT=2 056.10，SSTR=1 709.60，SSB=193.53；$Q_{0.05,4,27}=4.34$.)

13.2.9 研究人员监测了 6 只树鼩在三个不同睡眠阶段的心率，即 LSWS(轻慢波睡眠)、DSWS(深慢波睡眠)和 REM(快速眼动睡眠)[11].

	心率(次/5 秒)		
树鼩	LSWS	DSWS	REM
1	14.1	11.7	15.7
2	26.0	21.1	21.5
3	20.9	19.7	18.3
4	19.0	18.2	17.0
5	26.1	23.2	22.5
6	20.5	20.7	18.9

(a)做方差分析，检验这三个睡眠阶段的心率是否相等. 设 $\alpha=0.05$.

(b)由于 REM 和 LSWS 和 DSWS 之间存在显著的生理差异，所以在收集数据之前就决定将 REM 与其他两者的平均值进行比较. 用对比来检验适当的分假设. 采用 0.05 显著性水平. 另外，找到与第一个对比正交的第二个对比，并验证两个对比的平方和之和等于 SSTR.

13.2.10　对于一组 b 个区组内比较 k 个处理的随机区组数据，求

(a) $E(\mathrm{SSB})$

(b) $E(\mathrm{SSE})$

13.2.11　证明：公式(13.2.2)、公式(13.2.3)、公式(13.2.4)的计算公式.

13.2.12　对函数

$$L=\sum_{i=1}^{b}\sum_{j=1}^{k}(y_{ij}-\beta_i-\mu_j)^2$$

的所有 bk 个参数求导数，计算 β_i 和 μ_j 的最小二乘估计值.

13.2.13　判断正误：

(a) $\sum_{i=1}^{b}\overline{Y}_{i.}=\sum_{j=1}^{k}\overline{Y}_{.j}$

(b) MSTR 或 MSB 或两者大于或等于 MSE.

13.3　成对 t 检验

当在一组 b 个区组内比较三个或更多的处理水平时，通常使用随机区组设计. 如果一个实验涉及 b 个区组，但只有两个处理水平，表 13.2.2 中描述的方差分析仍然可以使用，但计算上更简单(和等效)的方法是做成对 t 检验. 后者的额外优势在于，它更清楚地显示了使用区组如何促进处理方法的比较.

根据定义，“对”代表一组或多或少恒定的条件，在这些条件下，可以对处理 X 进行一次测量，对处理 Y 进行一次测量. 那么，成对数据由每对中对处理 X 和处理 Y 进行的测量组成的. 实际上，成对 t 检验汇集了每一对内的处理反应差异.

回顾一下. 第 i 对记录的两个观测值可以写为

$$X_i=\mu_X+P_i+\varepsilon_i$$

和

$$Y_i=\mu_Y+P_i+\varepsilon'_i$$

其中

1. μ_X 和 μ_Y 分别为处理 X 和处理 Y 的真实均值.

2. P_i 是由定义的 i 对条件产生的效应(P_i 可以是正的、负的或零)，即对测量数值的贡献.

就本节而言，还将假定 ε_i 和 ε'_i 是独立的正态分布随机变量，每个均值为零，但方差分别为 σ_X^2 和 σ_Y^2.

注意，当一对 P_i 中的两个测量值相减时，P_i 就“消去”了：

$$D_i=\mu_X+P_i+\varepsilon_i-(\mu_Y+P_i+\varepsilon'_i)=\mu_X-\mu_Y+\varepsilon_i-\varepsilon'_i \tag{13.3.1}$$

此外，它遵循以下几点：

3. $E(D_i)=\mu_D=\mu_X-\mu_Y$

4. $\mathrm{Var}(D_i)=\sigma_D^2=\sigma_X^2+\sigma_Y^2$

5. D_i 服从正态分布.

公式(13.3.1)是理解成对数据设计如何工作的关键. 假设实验者认识到对处理 X 进行测量(比如说，在第 i 对的条件下)将导致观测中可能包含相当大的 P_i. 由于 P_i 的实际大小是未知的，它的存在使观察到的处理 X 的效应的解释变得复杂. 在这种情况下，实验者应该做的是在与处理 X 测量相同的条件下对处理 Y 进行测量. 那么，该测量值也将包括分量 P_i，但如果减去两个观测值，则公式(13.3.1)表明所得差值将不含 P_i，并且是 $\mu_D=\mu_X-\mu_Y$ 的估计值. 实际上，成对数据设计允许处理 X 和处理 Y 的比较不受实验环境中的任何差异的影响. (关于这一重要思想的一个更具体的例子将在 13.4 节详细描述.)

由于 $\mu_D=\mu_X-\mu_Y$，检验 $H_0:\mu_D=0$ 等价于检验 H_0: $\mu_X=\mu_Y$. 进行前者的方法称为成对 t 检验. 检验 $H_0:\mu_D=0$ 的统计量是定理 7.3.5 的特例. 如果 $D_i=X_i-Y_i$，$i=1,2,\cdots,b$是一组对内处理差值，其中 $\overline{D}$ 和 S_D 分别表示 D_i的样本均值和样本标准差，那么

$$\frac{\overline{D}-\mu_D}{S_D/\sqrt{b}}$$

服从自由度为 $b-1$ 的学生 t 分布.

定理 13.3.1 设 $d_1,d_2,\cdots,d_b$ 是对内处理差值的随机样本，服从均值为 μ_D 的正态分布. 让 $\overline{d}$ 和 s_D 分别表示 d_i 的样本均值和样本标准差，并定义 $t=\overline{d}/(s_D/\sqrt{b})$.

a. 在显著性水平 α 上检验 $H_0:\mu_D=0$ 和 $H_1:\mu_D<0$，如果 $t\leqslant -t_{\alpha,b-1}$，则拒绝 H_0.

b. 在显著性水平 α 上检验 $H_0:\mu_D=0$ 和 $H_1:\mu_D>0$，如果 $t\geqslant t_{\alpha,b-1}$，则拒绝 H_0.

c. 在显著性水平 α 上检验 $H_0:\mu_D=0$ 和 $H_1:\mu_D\neq 0$，如果 $t\leqslant -t_{\alpha/2,b-1}$ 或 $t\geqslant t_{\alpha/2,b-1}$，则拒绝 H_0.

案例研究 13.3.1

在 1968 年 Kenneth Cooper 的《有氧运动》(*Aerobics*)一书问世之前，这个词并没有出现在韦氏词典中. 现在，这个词通常被理解为旨在增强心肺功能的持续锻炼. 此类体育活动的实际益处，及其可能的不利影响，催生了大量与锻炼有关的人体生理学的研究.

其中一项研究[79]涉及血液的变化，特别是在长时间快走前后血红蛋白水平的变化. 血红蛋白帮助红细胞将氧气输送到组织，然后清除二氧化碳. 考虑到运动对这种特殊交换的需求所施加的压力，怀疑有氧运动可能会改变血液中的血红蛋白水平是合理的.

10 名运动员在开始六公里的步行之前测量了他们的血红蛋白水平(g/dl). 完成后再次测量其水平(见表 13.3.1). 提出并检验适当的 H_0 和 H_1.

如果 μ_X 和 μ_Y 分别表示行走前后真实的平均血红蛋白水平，如果 $\mu_D=\mu_X-\mu_Y$，则需要检验的假设为

$$H_0:\mu_D=0$$

和

$$H_1:\mu_D\neq 0$$

显著性水平为0.05.

由表13.3.1可知，

$$\sum_{i=1}^{10} d_i = 4.7, \quad \sum_{i=1}^{10} d_i^2 = 8.17$$

表　13.3.1

试验者	行走前，x_i	行走后，y_i	$d_i = x_i - y_i$
A	14.6	13.8	0.8
B	17.3	15.4	1.9
C	10.9	11.3	−0.4
D	12.8	11.6	1.2
E	16.6	16.4	0.2
F	12.2	12.6	−0.4
G	11.2	11.8	−0.6
H	15.4	15.0	0.4
I	14.8	14.4	0.4
J	16.2	15.0	1.2

因此

$$\overline{d} = \frac{1}{10}(4.7) = 0.47$$

和

$$s_D^2 = \frac{10(8.17) - (4.7)^2}{10(9)} = 0.662$$

由于$n=10$，检验统计量的临界值将是自由度为9的学生t分布的第2.5和97.5百分位数：$\pm t_{0.025,9} = \pm 2.2622$. 则定理13.3.1中适当的决策规则为

$$\text{如果 } \overline{d}/(s_D/\sqrt{10})\begin{cases}\leqslant -2.2622, \\ \geqslant 2.2622,\end{cases} \text{拒绝 } H_0: \mu_D = 0$$

此时，t比率为

$$\frac{0.47}{\sqrt{0.662}/\sqrt{10}} = 1.827$$

我们的结论是不能拒绝H_0：$\overline{d}(=0.47)$与$\mu_D(=0)$的H_0值之间的差异无统计显著性.

案例研究13.3.2

有许多因素使蜜蜂容易蜇人. 快速移动、使用香水或穿着色彩鲜艳的花卉图案的衣服(你肯定不想看起来像一个花坛……)，这些行为都会促使蜜蜂变得咄咄逼人. 另一个因素——对养蜂人来说尤其重要——你是否刚刚被蜇过. 蜜蜂在攻击时释放信息素，这些信息素可以诱导附近的蜜蜂聚集.

为了调查后一种担忧，研究人员做了一项研究[58]，看看是否可以模拟以前被蜇伤对未来被蜇伤的影响．八个裹着细布的棉球在蜂巢的开口前上下晃动．其中四个球刚刚被一群愤怒的蜜蜂蜇过，球上布满了刺；其他四个是“新的”．在规定的时间后，计算每组四个棉球中新刺的数量．然后在八个不同的场合重复整个过程．结果如表 13.3.2 所示．

表 13.3.2　被蜇的次数

试验	有刺的棉球	新的棉球	d_i
1	27	33	−6
2	9	9	0
3	33	21	12
4	33	15	18
5	4	6	−2
6	21	16	5
7	20	19	1
8	33	15	18
9	70	10	60
			$\overline{d}=11.8$

这里的 9 个试验作为区组．由于各种环境条件，蜂巢的“配置”和蜜蜂蜇人的意愿可能因试验而异．但是那些“区组差异”将无关紧要，因为它们的影响将在 $d_i=x_i-y_i$ 中被减去．

用 μ_X 和 μ_Y 分别表示在已经被蜇的棉球和新棉球中发现的新刺的真实平均数量．定义 $\mu_D=\mu_X-\mu_Y$．由表 13.3.2 可知，新刺的数量的样本平均差 $\overline{d}$ 为 11.8，根据该数字，未知的 μ_D 的可信值是多少？

定理 13.3.1 表明，成对数据中 μ_D 的假设检验与单样本数据中 μ 的假设检验是相同的．同样的对偶性也适用于置信区间．μ_D 的 $100(1-\alpha)\%$置信区间为

$$\left(\overline{d}-t_{\alpha/2,b-1}\cdot\frac{s_D}{\sqrt{b}},\overline{d}+t_{\alpha/2,b-1}\cdot\frac{s_D}{\sqrt{b}}\right)$$

回顾定理 7.4.10.

这里

$$\sum_{i=1}^{9}d_i=106,\ \sum_{i=1}^{9}d_i^2=4\,458$$

所以 $s_D=\sqrt{\dfrac{9(4\,458)-(106)^2}{9(8)}}=20.0$，令 $\alpha=0.05$，那么 $t_{\alpha/2,b-1}=t_{0.025,8}=2.306\,0$，$\mu_D$ 的 95%置信区间为

$$\left(11.8-2.306\,0\cdot\frac{20.0}{\sqrt{9}},11.8+2.306\,0\cdot\frac{20.0}{\sqrt{9}}\right)$$

或

$$(-3.6,27.2)$$

> 注意：回想一下置信区间和假设检验之间的等价性. 由于 0 包含在 μ_D 的 95%置信区间内，因此在 $\alpha=0.05$ 显著性水平上检验 $H_0:\mu_D=0$ 和 $H_1:\mu_D\neq 0$ 得出的结论将是“不能拒绝 H_0”.

成对 t 检验与随机区组方差分析在 $k=2$ 时的等价性

例 12.2.2 表明，当 $k=2$ 时，对一组 k 样本数据所做的方差分析等价于针对双边检验的双样本 t 检验 $H_0:\mu_X=\mu_Y$. 尽管观测到的 t 和观测到的 F 的数值不同，两个临界域的位置也不同，但最终的推断必然是相同的. 成对 t 检验和随机区组方差分析(当 $k=2$ 时)也存在类似的等价性.

案例研究 13.3.1 采用成对 t 检验，在 $\alpha=0.05$ 显著性水平下，如果

$$t\leqslant -t_{\alpha/2,b-1}=-t_{0.025,9}=-2.262\,2 \text{ 或 } t\geqslant t_{\alpha/2,b-1}=2.262\,2$$

应拒绝 $H_0:\mu_D=0$，而支持 $H_1:\mu_D\neq 0$.

但 $t=\bar{d}/(s_D/\sqrt{10})=1.827$，则结论为“不能拒绝 H_0”.

如果将这 20 个观察结果作为随机区组设计进行分析，其中 $k=2$ 个处理水平和 $b=10$ 个区组，得到的方差分析表的各项如表 13.3.3 所示. 对于 $\alpha=0.05$，检验运动员血红蛋白水平不受其活动状况影响这一零假设的临界值为

$$F_{0.95,1,9}=5.12$$

表　13.3.3

差异来源	df	SS	MS	观测的 F
活动水平	1	1.104 5	1.104 5	3.34
区组	9	73.240 5	8.137 83	24.57
误差	9	2.980 5	0.331 17	
总计	19	77.325 5		

注意到

(1)观测到的 F 是观测到的 t 的平方

$$3.34=(1.827)^2$$

(2)F 临界值是 t 临界值的平方

$$5.12=(2.622\,2)^2$$

因此，当且仅当随机区组方差分析拒绝两个处理均值(μ_X 和 μ_Y)相等的零假设时，成对 t 检验将拒绝 H_0：$\mu_D=0$ 的零假设.

习题

13.3.1　案例研究 7.5.2 比较了环球岩石基金投资回报的波动性与基准理柏基金的波动性. 能不能说投资回报超过了基准？下表给出了 1989 年至 2007 年环球岩石基金的年度回报率，以及相应的理柏平均指数. 以 0.05 显著性水平检验这些数据的 $\mu_D>0$ 的假设.

年份	投资回报率(%)		年份	投资回报率(%)	
	环球岩石基金，x	理柏平均值，y		环球岩石基金，x	理柏平均值，y
1989	15.32	14.76	1999	27.43	34.44
1990	1.62	−1.91	2000	8.57	1.13
1991	28.43	20.67	2001	1.88	−3.24
1992	11.91	6.18	2002	−7.96	−8.11
1993	20.71	22.97	2003	35.98	32.57
1994	−2.15	−2.44	2004	14.27	15.37
1995	23.29	20.26	2005	10.33	11.25
1996	15.96	14.79	2006	15.94	12.70
1997	11.12	14.27	2007	16.71	9.65
1998	0.37	6.25			

(注：$\sum_{i=1}^{19} d_i = 28.17$，$\sum_{i=1}^{19} d_i^2 = 370.8197$.)

13.3.2 回忆习题 8.2.6 中描述的深度感知数据．使用 $\alpha=0.05$ 的成对 t 检验来比较母羊和公羊学习深度知觉所需的试验次数．

13.3.3 回顾案例研究 8.2.4 中描述的凝血酶原时间数据．分别在 $\alpha=0.05$ 和 $\alpha=0.01$ 水平上提出并进行适当的假设检验．

13.3.4 使用成对 t 检验来分析习题 13.2.1 中给出的催眠/ESP 数据．设 $\alpha=0.05$．

13.3.5 使用成对 t 检验在 0.05 水平上进行习题 13.2.3 所示的假设检验．将观测到的 t 的平方与观测到的 F 进行比较，对两个方法的临界值做同样的处理．你会得出什么结论？

13.3.6 令 $D_1, D_2, \cdots, D_b$ 为本节定义的区组内差异．假设 D_i 服从均值为 μ_D，方差为 σ_D^2 的正态分布，其中 $i=1,2,\cdots,b$．推导 μ_D 的 $100(1-\alpha)\%$ 置信区间的公式．将这个公式应用于案例研究 13.3.1 的数据，并构建真实平均血红蛋白差（“行走前”−“行走后”）的 95%置信区间．

13.3.7 构建习题 13.3.3 中描述的凝血酶原时间数据中 μ_D 的 95%置信区间．请参见习题 13.3.6．

13.3.8 证明：当处理水平数为 2 时，成对 t 检验等价于随机区组设计中的 F 检验．（提示：考虑 $T^2 = b\overline{D}^2/S_D^2$ 的分布．）

13.3.9 科学家可以通过让实验对象吸入放射性气溶胶，然后测量肺部的辐射水平来测量气管支气管清除率．在一项实验[22]中，七对同卵双胞胎吸入了含有放射性聚四氟乙烯颗粒的气溶胶．每对双胞胎中的一个住在农村地区；另一个是城市居民．这项研究的目的是看看这些数据是否支持农村环境比城市环境更有利于呼吸健康的流行观点．相邻的表格给出了初次吸入后 1 小时内每位受试者肺中放射性物质残留的百分比．提出并进行适当的假设检验．设 $\alpha=0.05$．

放射性残留（%）					
双胞胎对数	农村，x	城市，y	双胞胎对数	农村，x	城市，y
1	10.1	28.1	5	69.0	71.0
2	51.8	36.2	6	38.9	47.0
3	33.5	40.7	7	54.6	57.0
4	32.8	38.8			

13.4 重新审视统计学(在双样本 t 检验和成对 t 检验之间选择)

假设比较两种处理 X 和 Y 的均值 μ_X 和 μ_Y．理论上，有两种“设计”选择：

1. 独立样本检验 $H_0: \mu_X=\mu_Y$（使用定理 9.2.2 或定理 9.2.3）．
2. 相关样本检验 $H_0: \mu_D=0$（使用定理 13.3.1）．

使用哪种设计有区别吗？是的，有区别．哪一个设计更好？这取决于实验对象的性质，以及它们对处理的反应程度——任何一种设计并不总是优于另一种．

本节中描述的两个假设示例说明了每种方法的优缺点．在第一个示例情况中，成对数据模型显然更可取；在第二个示例情况中，应使用双样本模型比较 μ_X 和 μ_Y．

例 13.4.1 **比较两种减肥方案** 假设处理 X 和处理 Y 是两种饮食方案．对这两种饮食比较的方法是观察三个月来一直在使用其中一种饮食的受试者的体重减轻情况．有 10 个人自愿成为受试者．表 13.4.1 给出了这 10 个人的性别、年龄、身高和初始体重．

表 13.4.1

受试者	性别	年龄	身高	体重(磅)
HM	M	65	5′8″[⊖]	204
HW	F	41	5′4″	165
JC	M	23	6′0″	260
AF	F	63	5′3″	207
DR	F	59	5′2″	192
WT	M	22	6′2″	253
SW	F	19	5′1″	178
LT	F	38	5′5″	170
TB	M	62	5′7″	212
KS	F	23	5′3″	195

A 选择：使用独立样本比较饮食 X 和饮食 Y 如果采用双样本设计，第一步将 10 名受试者随机分为两组，每组 5 人．表 13.4.2 给出了一组这样的独立样本．

表 13.4.2

饮食 X		饮食 Y	
HW	(女，中年，轻微超重)	JC	(男，年轻，超重)
AF	(女，老年，超重)	WT	(男，年轻，超重)
SW	(女，年轻，超重)	HM	(男，老年，相当超重)
TB	(男，老年，相当超重)	KS	(女，年轻，超重)
DR	(女，老年，超重)	LT	(女，中年，轻微超重)

请注意，这两个样本中的每一个都可能包含对他们所吃的任何一种饮食有非常不同反应的个体，这仅仅是因为他们的身体状况存在巨大差异．例如，代表饮食 X 的受试者包括 HW 和 TB；HW 是轻微超重的中年女性，而 TB 是相当超重的老年男性．更有可能的是，他们三个月后的减重效果会有很大不同．

如果饮食 X 中的一些受试者减掉的体重相对较少(HW 可能就是这种情况)，而其他人的体重减轻了相当多(AF、SW 和 DR 可能会发生这种情况，所有这些人最初都超重)，其效果是使 s_X^2 的数值增大．同样，由于饮食 Y 中受试者之间的内在差异，s_Y^2 的值将会增大．

回想双样本 t 统计量的公式，

$$t=\frac{\bar{x}-\bar{y}}{s_p\sqrt{1/n+1/m}}$$

⊖ 5′8″为 5 英尺 8 英寸．——编辑注

如果 s_X^2 和 s_Y^2 很大，s_p 也会很大. 但如果 s_p(t 比率的分母)很大，即使 $\bar{x}-\bar{y}$ 与 0 显著不同，t 统计量的值也可能很小，也就是说，样本内的相当大的变化有可能"掩盖"样本之间的变化(由 $\bar{x}-\bar{y}$ 测量). 实际上，$H_0:\mu_X=\mu_Y$ 可能不会被拒绝(当它应该被拒绝时)，只是因为受试者之间的差异太大了.

B 选择：使用相关样本比较饮食 *X* 和饮食 *Y* 受试者之间相同的差异破坏了双样本 t 检验，为建立成对 t 检验提供了一些明显的标准. 表 13.4.3 显示了表 13.4.2 中描述的十个受试者中的五对分组，每一对的两名成员在他们可能减重的方面尽可能相似：例如，成对 2 (JC，WT)是由两个超重的年轻男性组成. 在公式(13.3.1)的术语中，衡量符合描述的人的受试者效应的 P_2 将出现在 JC 和 WT 报告的体重减轻中. 实际上，当减去他们的反应后，$d_2=x_2-y_2$ 不受受试者效应影响，并且将是更准确地估计两种饮食的内在差异. 由此可见，两对之间的差异——无论这些差异有多大——都是无关紧要的，因为饮食 X 和饮食 Y(即 d_i)的比较是在两对之间进行的，然后从一对到另一对进行汇总.

表 13.4.3

对	类别
(HW. LT)	女，中年，轻微超重
(JC. WT)	男，年轻，超重
(SW. KS)	女，年轻，超重
(HM. TB)	男，老年，相当超重
(AF. DR)	女，老年，超重

这里使用成对数据设计的潜在好处应该是显而易见的. 回想成对 t 统计量的形式

$$t=\frac{\bar{d}}{s_D/\sqrt{b}}=\frac{\bar{x}-\bar{y}}{s_D/\sqrt{b}} \tag{13.4.1}$$

由于刚才提到的原因，$s_D/\sqrt{5}$ 很可能比双样本的 $s_p\sqrt{\frac{1}{5}+\frac{1}{5}}$ 小得多，因此降低了成对检验的分母"掩盖"其分子的可能性. ■

例 13.4.2 比较两种眼科手术技术 假设表 13.4.2 中描述的 10 名受试者都是近视眼，并自愿参加比较两种激光手术技术的临床试验. 基本计划是五名受试者进行手术 X，其他五名受试者进行手术 Y. 一个月后，要求每一名受试者都对手术的满意度进行评分(从 0 到 100 分).

选择 A：使用独立样本比较手术 *X* 和手术 *Y* 与饮食研究中遇到的情况不同，志愿者记录的信息(性别、年龄、身高、体重)与这里记录的测量值没有任何关系：一个超重的年轻男性与一个轻微超重的中年女性相比，对眼部矫正手术的满意的可能性并没有增加或减少. 在这种情况下，我们不可能将 10 名受试者分成 5 组，让每组中的两个成员在对满意度问题的反应上唯一相似.

那么使用双样本格式比较手术 X 和 Y，简单地将 10 名受试者随机分成大小为 5 的两组，并在 $H_0:\mu_X=\mu_Y$ 和 $H_1:\mu_X\neq\mu_Y$ 之间进行选择，基于双样本 t 统计量，这将有 8($=n+m-2=5+5-2$)个自由度.

选择 B：使用相关样本比较手术 *X* 和手术 *Y* 鉴于没有任何客观标准以任何有意义的

方式将一个受试者与另一个受试者联系起来，因此必须进行随机成对．这样做会产生一些严重的不良后果，以反对使用成对数据格式．例如，就像饮食研究中的情况一样，假设 HW 与 LT 成对，由于表 13.4.2 中的信息与个人对眼科手术的反应无关，因此从 HW 的反应中减去 LT 的反应不会像饮食研究中那样消除“受试者”效应，因为 LT 对观测 x 的“个人”贡献可能与 HW 对观测 y 的“个人”贡献完全不同．总的来说，对内差异 $d_i=x_i-y_i$ 仍能反映受试者的影响，因此 s_D 的值不会像饮食研究中那样降低(相对于 s_p)．

s_D 的大小没有减少是一个严重的问题吗？是的，因为成对数据格式是通过减少自由度以达到减少 s_D 的明确目的．如果后者没有发生，那么自由度就被浪费了．在这里，给定总共 10 个受试者，双样本 t 检验将有 8 个自由度($=n+m-2=5+5-2$)；成对 t 检验将有 4 个自由度($=b-1=5-1$)．当 t 检验的自由度较小时，给定显著性水平的临界值离 0 更远，这意味着自由度较小的检验犯第二类错误的可能性较大．

表 13.4.4 比较了 α 等于 0.10、0.05 或 0.01 时，4 个自由度和 8 个自由度的 t 比率的双边临界值．显然，在 t 检验有 8 个自由度时，拒绝 $H_0:\mu_X=\mu_Y$ 的 $\bar{x}-\bar{y}$ 值可能不足以拒绝 t 检验有 4 个自由度的 $H_0:\mu_D=0$．

表　13.4.4

α	$t_{\alpha/2,4}$	$t_{\alpha/2,8}$
0.10	2.131 8	1.859 5
0.05	2.776 4	2.306 0
0.01	4.604 1	3.355 4

■

第 14 章　非参数统计

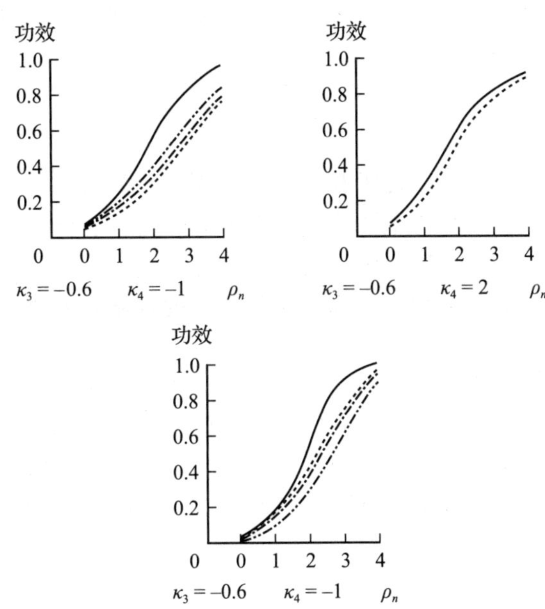

用非参数检验代替参数检验的关键是比较两个过程的功效函数. 上图说明了研究人员编制的信息类型——显示的是对三组不同假设、不同程度的非正态性，样本量为 10，显著性水平为 0.05 的单样本 t 检验(实线)和符号检验(虚线). (参数 ρ_n 衡量从 H_0 到 H_1 的转变；κ_3 和 κ_4 衡量抽样总体中非正态性的程度.)

14.1　引言

迄今为止，在我们研究的每个置信区间和假设检验背后，都有关于数据可能代表的概率密度函数性质的具体假设. 例如，通常的比例的 Z 检验($H_0: p_X=p_Y$ 与 $H_1: p_X \neq p_Y$)是基于两个样本由独立且同分布的伯努利随机变量组成的假设. 当然，数据分析中最常见的假设是每组观测值都是来自正态分布的随机样本. 这也是我们所做的每个 t 检验和 F 检验中指定的条件.

做出此类假设提出了一个必要且明显的问题：当这些假设不满足时，会发生什么变化？当然，正在计算的统计量保持不变，定义拒绝域的临界值也是如此. 改变的是检验统计量的抽样分布. 因此，犯第一类错误的实际概率不一定等于犯第一类错误的名义概率. 也就是说，如果 W 是当 H_0 为真时具有概率密度函数 $f_W(w|H_0)$ 的检验统计量，并且 C 是临界域，

$$\text{“真实”}\alpha = \int_C f_W(w \mid H_0)\mathrm{d}w$$

不一定等于“名义”α，因为 $f_W(w \mid H_0)$ 与检验统计量的假定抽样分布不同(因为违反了假设). 此外，当数据的基本假设未得到满足时，通常无法知道 $f_W(w \mid H_0)$ 的“真实”函数形式.

统计学家试图以两种截然不同的方式克服不知道真实 $f_W(w \mid H_0)$ 所隐含的问题. 一种方法是稳健性的概念，这是 7.4 节中介绍的概念. 例如，图 7.4.6 所示的蒙特卡罗模拟表明，即使一组 Y_i 偏离正态性，t 比率

$$t = \frac{\overline{Y} - \mu_0}{S/\sqrt{n}}$$

的分布很可能足够接近 $f_{T_{n-1}}(t)$，就所有实际目的而言，真实的 α 与名义 α 大致相同. 换句话说，当正态性不成立时，单样本 t 检验通常不会受到严重影响.

处理由违反假设引入的额外不确定性的第二种方法是使用检验统计量，其概率密度函数保持不变，而不管抽样的总体如何变化. 这种范围的推断过程被称为非参数统计，或者更恰当地说，是无分布统计.

自 20 世纪 40 年代初以来，人们提出的非参数过程的数量非常庞大，并且还在继续增长. 第 14 章的目的并不是要以任何全面的方式调查这种多样化技术. 相反，这里的目标是在已经讨论过“参数”解决方案的问题的背景下介绍一些非参数统计的基本方法. 该列表中将包括对成对数据问题、单样本位置问题以及第 12 章和第 13 章中介绍的方差模型分析的非参数处理.

14.2　符号检验

在所有非参数过程中，可能最简单且最通用的方法是符号检验. 在其众多应用中，检验零假设(即分布的中位数等于某个特定值)可能是最重要的.

根据定义，连续概率密度函数 $f_Y(y)$ 的中位数 $\tilde{\mu}$ 是 $P(Y\leqslant\tilde{\mu})=P(Y\geqslant\tilde{\mu})=\frac{1}{2}$ 的值. 假设从 $f_Y(y)$ 中抽取一个大小为 n 的随机样本. 如果零假设 $H_0:\tilde{\mu}=\tilde{\mu}_0$ 为真，则超过 $\tilde{\mu}_0$ 的观测数 X 是一个二项随机变量，其中 $p=P(Y_i\geqslant\tilde{\mu}_0)=\frac{1}{2}$. 此外，$E(X)=n/2$，$\operatorname{Var}(X)=n\cdot\frac{1}{2}\cdot\frac{1}{2}=n/4$，并且 $\frac{X-n/2}{\sqrt{n/4}}$ 将具有近似标准正态分布(凭借棣莫弗-拉普拉斯定理)，前提是 n 足够大. 直观地说，X 的值比 $n/2$ 大太多或小太多将证明 $\tilde{\mu}\neq\tilde{\mu}_0$.

定理 14.2.1　设 $y_1, y_2, \cdots, y_n$ 为任意连续分布的大小为 n，中位数为 $\tilde{\mu}$ 的随机样本，其中 $n\geqslant 10$，设 k 表示大于 $\tilde{\mu}_0$ 的 y_i 的数量，且令 $z=\frac{k-n/2}{\sqrt{n/4}}$.

a. 在显著性水平 α 下检验 $H_0:\tilde{\mu}=\tilde{\mu}_0$ 与 $H_1:\tilde{\mu}>\tilde{\mu}_0$，如果 $z\geqslant z_\alpha$，则拒绝 H_0.

b. 在显著性水平 α 下检验 $H_0:\tilde{\mu}=\tilde{\mu}_0$ 与 $H_1:\tilde{\mu}<\tilde{\mu}_0$，如果 $z\leqslant -z_\alpha$，则拒绝 H_0.

c. 在显著性水平 α 下检验 $H_0:\tilde{\mu}=\tilde{\mu}_0$ 与 $H_1:\tilde{\mu}\neq\tilde{\mu}_0$，如果 $z\leqslant -z_{\alpha/2}$ 或 $z\geqslant z_{\alpha/2}$，则拒绝 H_0.

注释 符号检验旨在对中位数进行推断. 但是, 如果被采样的基本概率密度函数是对称的, 则中位数与均值相同, 因此得出 $\tilde{\mu}\neq\tilde{\mu}_0$ 的结论等同于得出 $\mu\neq\tilde{\mu}_0$ 的结论.

案例研究 14.2.1

滑液是润滑关节和肌腱的透明、黏稠的分泌物. 研究人员发现, 可以根据一个人的滑液氢离子浓度(pH)来诊断某些疾病. 在健康成人中, 滑液的 pH 中位数为 7.39. 表 14.2.1 中列出了从 43 名关节炎患者[192]的膝盖抽取的液体中测量的 pH 值. 这些数据是否表明滑液 pH 值可用于诊断关节炎?

表 14.2.1

受试者	滑液 pH 值	受试者	滑液 pH 值
HW	7.02	BG	7.34
AD	7.35	GL	7.22
TK	7.32	BP	7.32
EP	7.33	NK	7.40*
AF	7.15	LL	6.99
LW	7.26	KC	7.10
LT	7.25	FA	7.30
DR	7.35	ML	7.21
VU	7.38	CK	7.33
SP	7.20	LW	7.28
MM	7.31	ES	7.35
DF	7.24	DD	7.24
LM	7.34	SL	7.36
AW	7.32	RM	7.09
BB	7.34	AL	7.32
TL	7.14	BV	6.95
PM	7.20	WR	7.35
JG	7.41*	HT	7.36
DH	7.77*	ND	6.60
ER	7.12	SJ	7.29
DP	7.45*	BA	7.31
FF	7.28		

*表示超过 7.39.

令 $\tilde{\mu}$ 表示患有关节炎的成年人的滑液 pH 中位数. 检验

$$H_0:\tilde{\mu}=7.39$$

和

$$H_1:\tilde{\mu}\neq 7.39$$

成为一种量化滑液 pH 值作为诊断关节炎的潜在有用性的方法.

通过检验, 样本量 $n=43$ 的 y_i 中共有 $k=4$ 个超过了 $\tilde{\mu}_0=7.39$. 令 $\alpha=0.01$. 检验统计量为

$$z=\frac{4-43/2}{\sqrt{43/4}}=-5.34$$

远远超过左尾临界值($=-z_{\alpha/2}=-z_{0.005}=-2.58$).

因此应该拒绝 $H_0:\tilde{\mu}=7.39$，这一结论表明关节炎可以被添加到通过人体滑液的 pH 值检测的疾病列表中.

小样本符号检验

如果 $n<10$，则定理 14.2.1 中给出的检验 $H_0:\tilde{\mu}=\tilde{\mu}_0$ 的决策规则是不合适的，因为正态近似并不完全充分. 此时，决策规则需要使用精确的二项分布来确定.

案例研究 14.2.2

速溶咖啡有几种不同的生产方法，冷冻干燥和喷雾干燥是最常见的两种. 从健康的角度来看，不同方法之间最重要的区别在于残留的咖啡因量. 研究表明，冷冻干燥法的咖啡因残留量中位数为每 100 克干物质 3.55 克. 表 14.2.2 列出了喷雾干燥法生产的八种品牌的咖啡中记录的咖啡因残留量[193].

表 14.2.2

品牌	咖啡因残留量(克/100 克干重)	品牌	咖啡因残留量(克/100 克干重)
A	4.8	E	3.9
B	4.0	F	4.6
C	3.8	G	3.1
D	4.3	H	3.7

如果 $\tilde{\mu}$ 表示喷雾干燥法的咖啡因残留量中位数，我们通过检验

$$H_0:\tilde{\mu}=3.55$$

和

$$H_1:\tilde{\mu}\neq 3.55$$

比较两种方法.

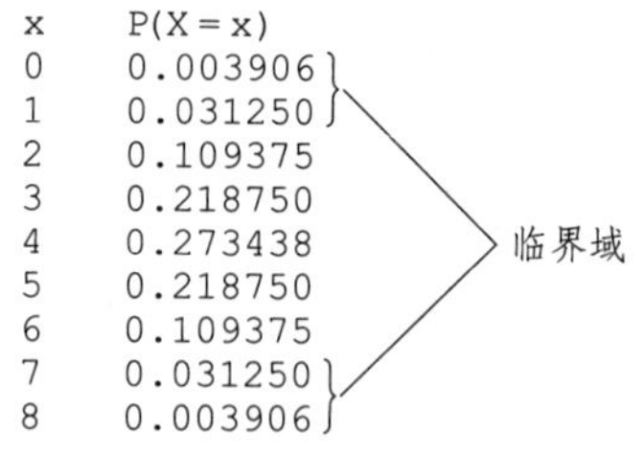

Probability Density Function
Binomial with n=8 and p=0.5
x P(X = x)
0 0.003906
1 0.031250
2 0.109375
3 0.218750
4 0.273438
5 0.218750
6 0.109375
7 0.031250
8 0.003906
临界域

图 14.2.1

通过检验，$n=8$ 个喷雾干燥品牌中的 $k=7$ 个品牌的咖啡因残留量超过 $\tilde{\mu}_0=3.55$. 考虑到二项分布的离散性，产生特定 α 值的简单决策规则不太可能存在，因此此类小样本检验最好根据 P 值进行. 图 14.2.1 显示了当 $n=8$ 和 $p=12$ 时的二项概率密度函数. 由于这里的 H_1 是双边的，与 $k=7$ 相关的 P 值是对应的二项随机变量大于或等于 7 的概率加上它小于或等于 1 的概率. 即

$$\begin{aligned} P\text{ 值} &= P(X\geqslant 7)+P(X\leqslant 1) \\ &= P(X=7)+P(X=8)+P(X=0)+P(X=1) \\ &= 0.031\,250+0.003\,906+0.003\,906+0.031\,250=0.070 \end{aligned}$$

因此，可以拒绝任何 $\alpha\geqslant 0.07$ 的零假设.

对成对数据使用符号检验

假设已经收集了一组成对数据——$(x_1, y_1), (x_2, y_2), \cdots, (x_b, y_b)$——并且对内差异——$d_i = x_i - y_i, i=1,2,\cdots,b$——已经被计算出来(回忆定理 13.3.1). 如果有理由相信 d_i 不代表来自正态分布的随机样本，则符号检验成为成对 t 检验的可行替代方案. 令

$$p = P(X_i > Y_i), \quad i = 1,2,\cdots,b$$

x_i 和 y_i 代表具有相同中位数的分布的零假设等价于零假设 $H_0: p=1/2$.

在对成对数据的分析中，符号检验的通用性变得尤为明显. X_i 的分布不必与 Y_i 的分布相同，X_i 和 X_j 或 Y_i 和 Y_j 的分布也不必相同. 此外，没有一个分布必须是对称的，它们都可以有不同的方差. 唯一的基本假设是 X 和 Y 具有连续的概率密度函数. 当然，零假设增加了每对分布的中位数相等的限制.

让 U 表示 $d_i = x_i - y_i > 0$ 的 (x_i, y_i) 对数. 适合检验 H_0：$p=1/2$ 的统计量是近似的 Z 比率 $\frac{U-b/2}{\sqrt{b/4}}$ 或 U 值本身，它具有参数为 b 和 $1/2$ 的二项分布(当零假设为真时). 和以前一样，如果 $b \geqslant 10$，则正态近似就足够充分了.

案例研究 14.2.3

老年人经常出现智力衰退的一个原因是伴随着衰老过程，人的脑血流量减少. 为了解决这一问题，在一家养老院进行了一项研究[5]，以观察扩宽血管的药物 Cyclandelate 是否能够刺激脑循环并延缓痴呆症的发病.

该药每天给 11 名受试者服用. 为了测量其生理效应，在实验开始时和四个月后方案停止时，使用放射性示踪剂测定每个受试者的平均循环时间(MCT)[MCT 是血液从颈动脉流向颈静脉所需的时间长度(以秒为单位)]. 表 14.2.3 总结了结果.

如果 Cyclandelate 对脑循环没有影响，$p = P(X_i > Y_i) = 1/2$. 此外，在这方面，我们似乎有理由不考虑这种药物有害的可能性，这意味着有必要采取单边的备择假设. 那么，需要检验的是

$$H_0: p = \frac{1}{2}$$

和

$$H_1: p > \frac{1}{2}$$

其中 H_1 单边向右，因为脑循环增加会导致 MCT 减少，从而产生更多 x_i 大于 y_i 的患者.

表 14.2.3

受试者	用药前, x_i	用药后, y_i	$x_i > y_i$?	
J.B.	15	13	是	
M.B.	12	8	是	$u=9$ (M.B.–F.S.)
A.B.	12	12.5	否	
M.B.	14	12	是	
J.L.	13	12	是	
S.M.	13	12.5	是	
M.M.	13	12.5	是	
S.McA.	12	14	否	
A.McL.	12.5	12	是	
F.S.	12	11	是	
P.W.	12.5	10	是	

如表 14.2.3 所示，表现出 MCT 改善的受试者数量为 $u=9$(与 H_0 期望值 5.5 不同). 令 $\alpha=0.05$，如果

$$\frac{u-b/2}{\sqrt{b/4}} \geqslant z_\alpha = z_{0.05} = 1.64$$

由于 $b=11$，正态近似是充分的，所以应该拒绝 H_0.

而

$$\frac{u-b/2}{\sqrt{b/4}}=\frac{9-\frac{11}{2}}{\sqrt{\frac{11}{4}}}=2.11$$

因此，这里的证据是相当有说服力的，Cyclandelate 确实加速了脑血流量.

习题

14.2.1　回想习题 8.2.9 中的数据，给出了在刚果研究的 10 只大猩猩群体的大小. 所有这类群体的真实中位数 $\tilde{\mu}$ 都是 9，这是否可信？通过找到与零假设 $H_0:\tilde{\mu}=9$ 相关的 P 值来回答这个问题. 假设 H_1 是双边检验.（注意：下表为 $n=10$ 和 $p=1/2$ 情况下的二项概率密度函数.）

概率密度函数			
二项式，$n=10$，$p=0.5$			
x	$P(X=x)$	x	$P(X=x)$
0	0.000 977	6	0.205 078
1	0.009 766	7	0.117 188
2	0.043 945	8	0.043 945
3	0.117 188	9	0.009 766
4	0.205 078	10	0.000 977
5	0.246 094		

14.2.2　对于习题 8.2.12 中给出的释放啾唧数据检验 $H_0:\tilde{\mu}=0.12$ 和 $H_1:\tilde{\mu}<0.12$. 将定理 14.2.1 中描述的大样本检验相关的 P 值与基于二项分布的精确 P 值进行比较.

14.2.3　下面是 $n=50$ 个计算机生成的观测值，它们可能是来自指数概率密度函数 $f_Y(y)=e^{-y}$，$y\geqslant 0$的随机样本，使用定理 14.2.1 检验这些 y_i 的样本中位数（= 0.604）和 $f_Y(y)$ 的真实中位数之间的差异在统计上是显著的. 令 $\alpha=0.05$.

0.271 87	0.464 95	0.193 68	0.804 33	1.254 50	0.629 62	1.883 00
1.319 51	2.539 18	1.211 87	0.958 34	0.490 17	0.872 30	0.885 71
1.417 17	1.759 94	0.602 80	2.196 54	0.005 94	4.111 27	0.241 30
0.164 73	0.081 78	1.014 24	0.605 11	0.879 73	0.061 27	0.247 58
0.544 07	0.052 67	0.752 10	0.135 38	0.429 56	0.022 61	1.203 78
1.092 71	1.887 05	0.175 00	0.501 94	0.521 22	0.029 15	0.273 48
0.089 16	0.729 97	0.371 85	0.065 00	1.477 21	4.027 33	0.640 03
0.056 03						

14.2.4　设 $Y_1,Y_2,\cdots,Y_{22}$是正态分布随机变量的随机样本，均值 μ 未知，方差已知为 6.0. 我们希望检验

$$H_0:\mu=10$$

和

$$H_1:\mu>10$$

构建一个大样本符号检验，其第一类错误概率为 0.05. 如果 $\mu=11$，统计的检验功效将是多少？

14.2.5　假设记录了 $n=7$ 个成对观测值 (X_i,Y_i)，$i=1,2,\cdots,7$. 令 $p=P(Y_i>X_i)$. 写出 Y_+ 的整个概率分布，Y_+ 是 Y_i-X_i 的集合中正差的数量，$i=1,2,\cdots,7$，假设 $p=\frac{1}{2}$. 什么 α 水平可以用于检验 $H_0:p=1/2$ 与 $H_1:p>1/2$？

14.2.6　使用符号检验分析肖肖尼矩形数据(案例研究 7.4.2). 令 $\alpha=0.05$.

14.2.7　回顾在习题 5.3.2 中描述的 FEV_1/VC 数据. 使用符号检验来检验 $H_0:\tilde{\mu}=0.80$ 与 $H_1:\tilde{\mu}<0.80$. 将此结论与 $H_0:\mu=0.80$ 与 $H_1:\mu<0.80$ 的 t 检验的结论进行比较. 令 $\alpha=0.10$, 假设 σ 未知.

14.2.8　对习题 13.2.1 中的 ESP 数据进行符号检验. 定义 H_1 为单边检验, 并令 $\alpha=0.05$.

14.2.9　在一项营销研究测试中, 28 名成年男性被要求用一种品牌的剃须刀片刮脸的一侧, 用另一种品牌的剃须刀片刮脸的另一侧. 他们将使用刀片 7 天, 然后决定哪种剃须更顺畅. 假设有 19 名受试者偏爱刀片 A. 使用符号检验来确定是否可以在 0.05 的水平上声称偏爱的差异在统计上是显著的.

14.2.10　假设一个大小为 36 的随机样本 $Y_1, Y_2, \cdots, Y_{36}$ 是从定义在区间 $(0,\theta)$ 上的均匀概率密度函数中抽取的, 其中 θ 未知. 设置大样本符号检验以确定 Y 分布的第 25 个百分位数是否等于 6. 令 $\alpha=0.05$. 如果 7 是真正的第 25 个百分位数, 那么你的推断过程犯第二类错误的概率是多少?

14.2.11　使用小样本符号检验来分析案例研究 13.3.1 中给出的有氧运动数据. 使用习题 14.2.1 中显示的二项分布. 令 $\alpha=0.05$. 你的结论是否与成对 t 检验得出的推论一致?

14.3　Wilcoxon 检验

尽管符号检验是一种真正的非参数过程, 但其极端的简单性使其有些不典型. 本节介绍的 Wilcoxon 符号秩检验更能代表整个非参数过程. 与符号检验一样, 它可以适应几种不同的数据结构. 例如, 它可以用作单样本位置的检验, 在那里它成为 t 检验的替代方法. 它也可以应用于成对数据, 只需稍加修改, 它就可以成为双样本位置检验和离散的双样本检验(假设两个总体具有相同的位置).

检验 $H_0:\mu=\mu_0$

设 $y_1, y_2, \cdots, y_n$ 分别是从概率密度函数 $f_{Y_1}(y), f_{Y_2}(y), \cdots, f_{Y_n}(y)$ 中抽取的一组独立观测值, 它们都是连续且对称的(但不一定相同). 让 μ 表示 $f_{Y_i}(y)$ 的(共同)均值. 我们希望检验

$$H_0:\mu=\mu_0$$

和

$$H_1:\mu\neq\mu_0$$

其中 μ_0 是 μ 的某个预先指定的值.

对于此类应用, 符号秩检验是基于 y_i 与 μ_0 的偏差的大小和方向的. 设 $|y_1-\mu_0|, |y_2-\mu_0|, \cdots, |y_n-\mu_0|$ 是 y_i 与 μ_0 的绝对偏差集合. 这些可以从小到大排序, 我们可以将 r_i 定义为 $|y_i-\mu_0|$ 的秩, 其中最小绝对偏差的秩为 1, 第二小的秩为 2, 依此类推, 向上到 n. 如果两个或多个观测结果并列, 则每个观测值为它们本来会得到的秩的平均值.

与每个 r_i 相关联的是一个符号指示符 z_i, 其中

$$z_i=\begin{cases}0, & y_i-\mu_0<0,\\ 1, & y_i-\mu_0>0\end{cases}$$

Wilcoxon 符号秩统计量 w 被定义为线性组合

$$w=\sum_{i=1}^{n} r_i z_i$$

也就是说, w 是与正偏差(对于 μ_0)相关的秩的总和. 如果 H_0 为真, 则正偏差的秩之和应该与负偏差的秩之和大致相同.

为了说明这个术语, 考虑 $n=3$ 和 $y_1=6.0$, $y_2=4.9$ 和 $y_3=11.2$ 的情况. 假设目标是检验

$$H_0:\mu = 10.0$$

和

$$H_1:\mu \neq 10.0$$

注意 $|y_1-\mu_0|=4.0$，$|y_2-\mu_0|=5.1$，和 $|y_3-\mu_0|=1.2$. 由于 $1.2<4.0<5.1$，因此，$r_1=2$，$r_2=3$，$r_3=1$. 此外，$z_1=0$，$z_2=0$，$z_3=1$.

线性组合 r_i 和 z_i 我们得到

$$w = \sum_{i=1}^{n} r_i z_i = (0)(2) + (0)(3) + (1)(1) = 1$$

注释　请注意，w 基于与 μ_0 的偏差的秩而不是偏差本身. 对于此示例，如果 y_2 为 4.9，3.6 或 −10 000，则 w 的值将保持不变. 在每种情况下，r_2 将为 3，z_2 将为 0. 如果检验统计量确实取决于偏差的大小，有必要为 $f_Y(y)$ 指定一个特定的分布，并且由此产生的过程将不再是非参数的.

定理 14.3.1　设 $y_1, y_2, \cdots, y_n$ 是一组独立的观测值，分别从连续且对称(但不一定相同)的概率密度函数 $f_{Y_i}(y)$，$i=1,2,\cdots,n$ 中提取得到. 假设每个 $f_{Y_i}(y)$ 的均值 μ 相同. 如果 $H_0:\mu=\mu_0$ 为真，则数据的符号秩统计量 $p_W(w)$ 的概率密度函数由下式给出

$$p_W(w) = P(W = w) = \left(\frac{1}{2^n}\right)\cdot c(w)$$

其中 $c(w)$ 是 $\prod_{i=1}^{n}(1+\mathrm{e}^{it})$ 展开式中 e^{wt} 的系数.

证明　定理 14.3.1 的陈述和证明是许多非参数结果的典型代表. 抽样分布的闭式表达式很少是可能的：非参数检验统计量的组合性质使其更容易形成生成函数格式.

首先，请注意，如果 H_0 为真，则符号秩统计量的分布等价于 $U = \sum_{i=1}^{n} U_i$ 的分布，其中

$$U_i = \begin{cases} 0, & \text{概率为}\dfrac{1}{2}, \\ i, & \text{概率为}\dfrac{1}{2} \end{cases}$$

因此，W 和 U 具有相同的矩生成函数. 由于数据被假定为随机样本，U_i 是独立的随机变量，从定理 3.12.3 得

$$\begin{aligned} M_U(t) = M_W(t) &= \prod_{i=1}^{n} M_{U_i}(t) = \prod_{i=1}^{n} E(\mathrm{e}^{U_i t}) \\ &= \prod_{i=1}^{n}\left(\frac{1}{2}\mathrm{e}^{0t} + \frac{1}{2}\mathrm{e}^{it}\right) = \left(\frac{1}{2^n}\right)\prod_{i=1}^{n}(1+\mathrm{e}^{it}) \end{aligned} \tag{14.3.1}$$

现在，考虑 $p_W(w)$ 的结构，即符号秩统计量的概率密度函数. 在 w 的形式中，r_1 可以以加号或零为前缀；对于 $r_2, r_3, \cdots, r_n$ 类似. 因此，由于每个 r_i 可以采用两个不同的值，因此"构造"符号秩和的方法总数为 2^n. 当然，在 H_0 下，所有这些情况的可能性都相同，因此符号秩统计量的概率密度函数必须具有以下形式

$$p_W(w) = P(W = w) = \frac{c(w)}{2^n} \tag{14.3.2}$$

其中 $c(w)$ 是将加号和零分配给前 n 个整数的方法数，以便 $\sum_{i=1}^{n} r_i z_i$ 具有值 w.

通过将 $p_W(w)$ 的形式与公式(14.3.1)和矩生成函数的一般表达式进行比较，可以立即得出定理 14.3.1 的结论. 根据定义，

$$M_W(t)=E(e^{Wt})=\sum_{w=1}^{n(n+1)/2}e^{wt}p_W(w)$$

但是从公式(14.3.1)和公式(14.3.2)我们可以写出

$$\sum_{w=1}^{n(n+1)/2}e^{wt}p_W(w)=\left(\frac{1}{2^n}\right)\prod_{i=1}^{n}(1+e^{it})=\sum_{w=1}^{n(n+1)/2}e^{wt}\cdot\frac{c(w)}{2^n}$$

该式推导出 $c(w)$必是 $\prod_{i=1}^{n}(1+e^{it})$ 展开式中 e^{wt} 的系数，定理得证.

计算 $P_W(w)$

一个数值例子将有助于阐明定理 14.3.1 的陈述. 假设 $n=4$，根据公式(14.3.1)，符号秩统计量的矩生成函数是乘积

$$\begin{aligned}M_W(t)&=\left(\frac{1+e^t}{2}\right)\left(\frac{1+e^{2t}}{2}\right)\left(\frac{1+e^{3t}}{2}\right)\left(\frac{1+e^{4t}}{2}\right)\\&=\left(\frac{1}{16}\right)(1+e^t+e^{2t}+2e^{3t}+2e^{4t}+2e^{5t}+2e^{6t}+2e^{7t}+e^{8t}+e^{9t}+e^{10t})\end{aligned}$$

因此，W 等于 2 的概率是 1/16(因为 e^{2t}的系数是 1)；W 等于 7 的概率是 2/16；等等. 表 14.3.1 的前两列显示了 W 的完整概率分布，由 $M_W(t)$ 的展开式给出. 最后一列列举了生成每个可能值 w 的加号和零的特定分配.

$F_W(w)$累积分布函数表

累积尾部面积概率

$$P(W\leqslant w_1^*)=\sum_{w=0}^{w_1^*}p_W(w)$$

及

$$P(W\geqslant w_2^*)=\sum_{w=w_2^*}^{n(n+1)/2}p_W(w)$$

列在附录表 A.6 中，样本大小范围从$n=4$ 到 $n=12$. [注意：w 的最小可能值为 0，最大可能值为前 n 个整数之和 $n(n+1)/2$.]基于这些概率，可以轻松构建用于检验 $H_0:\mu=\mu_0$ 的决策规则. 例如，假设 $n=7$ 并且我们希望检验

$$H_0:\mu=\mu_0 \quad 和 \quad H_1:\mu\neq\mu_0$$

在 $\alpha=0.05$ 的显著性水平上. 临界域将是小于或等于 2 或者大于或等于 26 的 w 值的集合，即 $C=\{w:w\leqslant 2 或 w\geqslant 26\}$. 通过检查表 A.6 确定 C 的特定选择，

$$\sum_{w\in C}p_W(w)=0.023+0.023\approx 0.05$$

表 14.3.1 W 的概率分布

w	$p_W(w)=P(W=w)$	r_i: 1	2	3	4
0	$\frac{1}{16}$	0	0	0	0
1	$\frac{1}{16}$	+	0	0	0
2	$\frac{1}{16}$	0	+	0	0
3	$\frac{2}{16}$	{+	+	0	0}
		{0	0	+	0}
4	$\frac{2}{16}$	{+	0	+	0}
		{0	0	0	+}
5	$\frac{2}{16}$	{+	0	0	+}
		{0	+	+	0}
6	$\frac{2}{16}$	{+	+	+	0}
		{0	+	0	+}
7	$\frac{2}{16}$	{+	+	0	+}
		{0	0	+	+}
8	$\frac{1}{16}$	+	0	+	+
9	$\frac{1}{16}$	0	+	+	+
10	$\frac{1}{16}$	+	+	+	+
	1				

案例研究 14.3.1

膨胀鲨(CephaloscylliumVentriosum)是一种生活在珊瑚礁上的小型鲨鱼，栖息在蒙特利湾以南的加利福尼亚沿海水域. 卡塔琳娜岛附近还有第二批这种鱼，但据推测，这两批鱼从未混合过. 在圣卡塔琳娜和大陆之间有一个深盆，根据“分离”假说，这是这些特殊鱼类无法穿透的屏障[71].

检验这一理论的一种方法是比较这两个地区捕获的鲨鱼的形态. 如果没有混合，我们预计会有一定数量的差异. 表 14.3.2 列出了在圣卡塔琳娜附近捕获的十只雄性膨胀鲨的总长度(TL)、第一个背鳍的高度(HDI)以及 TL/HDI 比率.

表 14.3.2　对在圣卡塔琳娜附近捕获的 10 只鲨鱼进行的测量

总长度(mm)	第一个背鳍高度(mm)	TL/HDI
906	68	13.32
875	67	13.06
771	55	14.02
700	59	11.86
869	64	13.58
895	65	13.77
662	49	13.51
750	52	14.42
794	55	14.44
787	51	15.43

根据过去的数据估计，在沿海捕获的雄性膨胀鲨的真实平均 TL/HDI 比率为 14.60. 该数字与表 14.3.2 的数据一致吗？在更正式的术语中，如果 μ 表示圣卡塔琳娜种群的真实平均 TL/HDI 比率，我们能否拒绝 $H_0:\mu=14.60$，从而支持分离理论？

对于这 10 条圣卡塔琳娜鲨鱼，表 14.3.3 给出了 TL/HDI($=y_i$)，$y_i-14.60$，$|y_i-14.60|$，r_i，z_i 和 r_iz_i 的值. 回想一下，当两个或多个被排名的数字相等时，每个数字都会被分配到它们本应获得的秩的平均值；这里 $|y_6-14.60|$ 和 $|y_{10}-14.60|$ 都在争夺 4 和 5 的秩，因此每个都被分配了 4.5[=(4+5)/2]的秩.

表 14.3.3　Wilcoxon 符号秩检验的计算

TL/HDI($=y_i$)	$y_i-14.60$	$\|y_i-14.60\|$	r_i	z_i	r_iz_i
13.32	−1.28	1.28	8	0	0
13.06	−1.54	1.54	9	0	0
14.02	−0.58	0.58	3	0	0
11.86	−2.74	2.74	10	0	0
13.58	−1.02	1.02	6	0	0
13.77	−0.83	0.83	4.5	0	0
13.51	−1.09	1.09	7	0	0
14.42	−0.18	0.18	2	0	0
14.44	−0.16	0.16	1	0	0
15.43	0.83	0.83	4.5	1	4.5

总结表 14.3.3 的最后一列，我们看到 $w=4.5$. 根据附录表 A.6，在 $\alpha=0.05$ 决策规则下检验

$$H_0:\mu=14.60$$

和

$$H_1:\mu\neq 14.60$$

如果 w 小于或等于 8 或者大于或等于 47，则要求拒绝 H_0.（为什么备择假设是双边的?）

[注意：与 $C=\{w:w\leqslant 8$ 或 $w\geqslant 47\}$ 相关的确切显著性水平是 $0.024+0.024=0.048$.]我们应该拒绝 H_0，因为观察到的 w 小于 8. 因此，这些特定数据将支持分离假说.

关于数据　如果数据带有警钟，表 14.3.3 中的测量值将敲响风暴. 令人担忧的原因是，被分析的 y_i 是随机变量的商（TL/HDI）. 商可能难以解释. 例如，如果它的值异常大，这是否意味着分子异常大或分母异常小，或两者兼而有之? 商的“平均”值意味着什么?

同样麻烦的是，商的分布有时会违反我们通常认为理所当然的关键假设. 例如，在这里，TL 和 HDI 都可能是正态分布的. 如果它们是独立的标准正态随机变量(最简单的可能情况)，它们的商 $Q=\text{TL}/\text{HDI}$ 将具有柯西分布，其概率密度函数为

$$f_Q(q)=\frac{1}{\pi(1+q^2)},-\infty<q<\infty$$

虽然看起来无害，但 $f_Q(q)$ 有一些非常不受欢迎的特性：它的均值和方差都不是有限的. 此外，它不遵循中心极限定理——来自柯西分布的随机样本的平均值，

$$\overline{Q}=\frac{1}{n}(Q_1+Q_2+\cdots+Q_n)$$

与任何单个观测值 Q_i 具有相同的分布(参见参考文献[100]). 更糟糕的是，表 14.3.3 中的数据甚至不能代表正态随机变量商的最简单情况——这里 TL 和 HDI 的均值和方差都是未知的，两个随机变量可能不是独立的.

所有这些原因明确指出对这些数据应使用非参数过程，并且 Wilcoxon 符号秩检验是一个不错的选择(因为可能满足连续性和对称性的假设). 然而，对于实验者来说，从这个例子中学到的更广泛的教训是在以商的形式获取数据之前三思而后行.

习题

14.3.1 根据每位受试者佩戴的电池供电心率监测仪获得的信息，对 8 名老年妇女的平均能量消耗进行了估算. 如下表所示，为每位妇女计算了两个总体平均值，一个是夏季，一个是冬季[164].

设 μ_D 表示夏季和冬季能量消耗总体之间的位置差异. 计算 y_i-x_i，$i=1,2,\cdots,8$，并使用 Wilcoxon 符号秩过程进行检验

$$H_0:\mu_D=0$$

和

$$H_1:\mu_D\neq 0$$

令 $\alpha=0.15$.

平均每日能量消耗(kcal[⊖])		
受试者	夏季，x_i	冬季，y_i
1	1 458	1 424
2	1 353	1 501
3	2 209	1 495
4	1 804	1 739
5	1 912	2 031
6	1 366	934
7	1 598	1 401
8	1 406	1 339

14.3.2 使用 $\prod_{i=1}^{n}(1+e^{it})$ 的展开式找到当 $n=5$ 时 W 的概率密度函数. 哪些 α 水平可用于检验 H_0：$\tilde{\mu}=\tilde{\mu}_0$ 与 H_1：$\tilde{\mu}>\tilde{\mu}_0$？

大样本 Wilcoxon 符号秩检验

附录中表 A.6 对检验 $H_0:\mu=\mu_0$ 的有用性仅限于样本量小于或等于 12 的情况. 对于较大的 n，可使用 $E(W)$和 $\mathrm{Var}(W)$构建近似符号秩检验，以定义近似的 Z 比率.

定理 14.3.2 当 $H_0:\mu=\mu_0$ 为真时，Wilcoxon 符号秩统计量 W 的均值和方差由下式给出：

$$E(W)=\frac{n(n+1)}{4}$$

$$\mathrm{Var}(W)=\frac{n(n+1)(2n+1)}{24}$$

此外，当 $n>12$ 时

$$\frac{W-[n(n+1)]/4}{\sqrt{[n(n+1)(2n+1)]/24}}$$

的分布可以通过标准正态分布概率密度函数 $f_Z(z)$充分近似.

证明 我们将推导出 $E(W)$和 $\mathrm{Var}(W)$；为了证明渐近正态性，见参考文献[88]. 回想一下，W 与 $U=\sum_{i=1}^{n}U_i$ 具有相同的分布，其中

$$U_i=\begin{cases}0, & \text{概率为}\frac{1}{2},\\ i, & \text{概率为}\frac{1}{2}\end{cases}$$

因此，

$$\begin{aligned}E(W)&=E\left(\sum_{i=1}^{n}U_i\right)=\sum_{i=1}^{n}E(U_i)\\&=\sum_{i=1}^{n}\left(0\cdot\frac{1}{2}+i\cdot\frac{1}{2}\right)=\sum_{i=1}^{n}\frac{i}{2}\\&=\frac{n(n+1)}{4}\end{aligned}$$

⊖ 1kcal=4 186.8J. ——编辑注

同理，

$$\mathrm{Var}(W)=\mathrm{Var}(U)=\sum_{i=1}^{n}\mathrm{Var}(U_i)$$

因为 U_i 是独立的. 但

$$\mathrm{Var}(U_i)=E(U_i^2)-[E(U_i)]^2=\frac{i^2}{2}-\left(\frac{i}{2}\right)^2=\frac{i^2}{4}$$

使得

$$\mathrm{Var}(W)=\sum_{i=1}^{n}\frac{i^2}{4}=\left(\frac{1}{4}\right)\left[\frac{n(n+1)(2n+1)}{6}\right]$$
$$=\frac{n(n+1)(2n+1)}{24}$$

定理 14.3.3 令 w 为基于 n 个独立观测值的符号秩统计量，每个观测值均来自连续且对称的概率密度函数，其中 $n>12$. 令

$$z=\frac{w-[n(n+1)]/4}{\sqrt{[n(n+1)(2n+1)]/24}}$$

a. 在显著性水平 α 上检验 $H_0:\mu=\mu_0$ 与 $H_1:\mu>\mu_0$，如果 $z\geqslant z_\alpha$，则拒绝 H_0.

b. 在显著性水平 α 上检验 $H_0:\mu=\mu_0$ 与 $H_1:\mu<\mu_0$，如果 $z\leqslant -z_\alpha$，则拒绝 H_0.

c. 在显著性水平 α 上检验 $H_0:\mu=\mu_0$ 与 $H_1:\mu\neq\mu_0$，如果 $z\leqslant -z_{\alpha/2}$ 或 $z\geqslant z_{\alpha/2}$，则拒绝 H_0.

案例研究 14.3.2

环唑嗪和美沙酮是两种广泛用于治疗海洛因成瘾的药物. 几年前，进行了一项研究[151]，以评估前者在降低一个人对海洛因的心理依赖方面的有效性. 受试者为 14 名男性，均为慢性上瘾者. 每个人都被问到一系列的问题，这些问题比较了他服用海洛因时的感受和他未吸毒时的感受. 得到的 Q 值从最低 11 分到最高 55 分不等，如表 14.3.4 所示(从问题的措辞来看，分数越高，心理依赖性越小.)

这些数据的直方图形状表明，正态性假设可能不成立，对称性假设越弱越可信. 也就是说，可以对这些数据使用符号秩检验，而不是单样本 t 检验.

表 14.3.4 海洛因依赖者进行环唑嗪治疗后的 Q 值

51	43
53	45
43	27
36	21
55	26
55	22
39	43

根据以往经验，未服用环唑嗪的成瘾者的平均得分为 28. 根据表 14.3.4 中的数据，我们能否得出结论：环唑嗪是一种有效的治疗方法？由于高 Q 值表示对海洛因的依赖性较低(并且假设环唑嗪不会使瘾君子的病情恶化)，备择假设应该是单边向右的. 也就是说，我们要检验

$$H_0:\mu=28$$

和

$$H_1:\mu > 28$$

令 $\alpha=0.05$.

表 14.3.5 详细说明了符号秩统计量 w(即 $r_i z_i$ 列的总和)等于 95.0 的计算. 由于 $n=14$, $E(W)=[14(14+1)]/4=52.5$ 和 $\text{Var}(W)=[14(14+1)(28+1)]/24=253.75$, 所以近似的 Z 比率是

$$z=\frac{95.0-52.5}{\sqrt{253.75}}=2.67$$

表 14.3.5　求 w 的计算

Q 值, y_i	y_i-28	$\lvert y_i-28\rvert$	r_i	z_i	$r_i z_i$
51	23	23	11	1	11
53	25	25	12	1	12
43	15	15	8	1	8
36	8	8	5	1	5
55	27	27	13.5	1	13.5
55	27	27	13.5	1	13.5
39	11	11	6	1	6
43	15	15	8	1	8
45	17	17	10	1	10
27	−1	1	1	0	0
21	−7	7	4	0	0
26	−2	2	2	0	0
22	−6	6	3	0	0
43	15	15	8	1	8
					95.0

后者大大超过定理 14.3.3(a)部分中确定的单边 0.05 临界值($=z_{0.05}=1.64$), 因此适当的结论是拒绝 H_0. 看来环唑嗪治疗有助于减少海洛因依赖.

检验 $H_0:\mu_D=0$(成对数据)

Wilcoxon 符号秩检验也可用于成对数据以检验 $H_0:\mu_D=0$, 其中 $\mu_D=\mu_X-\mu_Y$(回顾 13.3 节). 假设在 n 对的每一对中都记录了对两个处理水平(X 和 Y)的反应. 令 $d_i=x_i-y_i$ 为第 i 对中处理 X 和处理 Y 记录的反应差异, 令 r_i 为 $|x_i-y_i|$ 的秩, 在集合 $|x_1-y_1|$, $|x_2-y_2|,\cdots,|x_n-y_n|$ 中, 定义

$$z_i=\begin{cases}1, & 若\ x_i-y_i>0,\\ 0, & 若\ x_i-y_i<0\end{cases}$$

令 $w=\sum_{i=1}^{n} r_i z_i$.

如果 $n<12$, 检验 $H_0:\mu_D=0$ 的临界值是从附录中的表 A.6 中获得的, 其方式与在 $H_0:\mu=\mu_0$ 上使用符号秩检验确定决策规则的方式完全相同. 如果 $n>12$, 可以使用定理 14.3.2 中给出的公式对 $H_0:\mu_D=0$ 进行近似 Z 检验.

案例研究 14.3.3

直到最近，对大学课程和教师的所有评估都是在课堂上使用铅笔填写问卷进行的．但正如管理员所熟知的那样，将这些结果制成表格并输入学生的书面评论(以保持匿名)会占用大量的整理时间．为了加快这一过程，一些学校已经考虑进行线上评估．然而，并非所有教职员工都支持这种改变，因为他们怀疑线上评估可能会导致评分降低(这反过来又会影响他们重新任命、终身任期或晋升)．

为了调查这种担忧的价值，一所大学[111]进行了一项试点研究，其中少数教师的课程进行了线上评估．这些老师在前一年教过同样的课程，并在课堂上以通常的方式进行评估．表 14.3.6 显示了部分结果．列出的数字是对“教师的总体评价”问题的 1 到 5 分制(“5”是最好的)的回答．在这里，x_i 和 y_i 分别表示第 i 个教师在“课堂”和“线上”的评分．

检验 $H_0:\mu_D=0$ 与 $H_1:\mu_D\neq 0$(其中 $\mu_D=\mu_X-\mu_Y$)，在 $\alpha=0.05$ 的显著性水平上，如果定理 14.3.2 中的近似 Z 比率 $z\leqslant -1.96$ 或 $z\geqslant 1.96$，则拒绝 H_0．但

$$z=\frac{w-[n(n+1)/4]}{\sqrt{[n(n+1)(2n+1)]/24}}=\frac{70-[15(16)/4]}{\sqrt{[15(16)(31)]/24}}=0.57$$

所以适当的结论是“未能拒绝 H_0”．换句话说，表 14.3.6 中的结果与评估模式(课堂或线上)与教师评分无关的假设是一致的．

表　14.3.6

观测序号	教师	课堂，x_i	线上，y_i	$\lvert x_i-y_i\rvert$	r_i	z_i	r_iz_i
1	EF	4.67	4.36	0.31	7	1	7
2	LC	3.50	3.64	0.14	3	0	0
3	AM	3.50	4.00	0.50	11	0	0
4	CH	3.88	3.26	0.62	12	1	12
5	DW	3.94	4.06	0.12	2	0	0
6	CA	4.88	4.58	0.30	6	1	6
7	MP	4.00	3.52	0.48	10	1	10
8	CP	4.40	3.66	0.74	13	1	13
9	RR	4.41	4.43	0.02	1	0	0
10	TB	4.11	4.28	0.17	4	0	0
11	GS	3.45	4.25	0.80	15	0	0
12	HT	4.29	4.00	0.29	5	1	5
13	DW	4.25	5.00	0.75	14	0	0
14	FE	4.18	3.85	0.33	8	1	8
15	WD	4.65	4.18	0.47	9	1	9
							$w=70$

关于数据　从理论上讲，所有课堂评估都是先进行的，这一事实给表 14.3.6 中评分的解释带来了一些问题．如果教师倾向于连续尝试教同一门课，以获得更高(或更低)的评分，那么差异 x_i-y_i 会受到时间效应的影响．然而，当教师已经教授了一门课程好几次(表 14.3.6 中的教师也是如此)时，经验表明，未来尝试的趋势并不是倾向于发生的事情，相反，评分上下波动，似乎是随机的．

检验 H_0：$\mu_X=\mu_Y$(Wilcoxon 秩和检验)

统计量 $w=\sum_i r_i z_i$的另一个新定义允许使用秩作为检验双样本假设 $H_0:\mu_X=\mu_Y$的一种方式，其中 μ_X和 μ_Y是两个连续分布 $f_X(x)$ 和 $f_Y(y)$的均值. 假设 $f_X(x)$ 和 $f_Y(y)$ 具有相同的形状和相同的标准差，但它们可能在位置方面有所不同——对于某个常数 c，$Y=X-c$. 当满足这些限制时，Wilcoxon 秩和检验可以适当地用作合并双样本 t 检验的非参数替代方法.

设 $x_1,x_2,\cdots,x_n$和 $y_{n+1},y_{n+2},\cdots,y_{n+m}$分别是来自 $f_X(x)$ 和 $f_Y(y)$ 的两个大小为 n 和 m 的独立随机样本. 将 r_i定义为组合样本中第 i 个观测值的秩[因此 r_i的范围从 1(表示最小观测值)到 $n+m$(表示最大观测值)].

令

$$z_i=\begin{cases}1, & \text{如果第 } i \text{ 个观测值来自 } f_X(y),\\ 0, & \text{如果第 } i \text{ 个观测值来自 } f_Y(y)\end{cases}$$

且定义

$$w'=\sum_{i=1}^{n+m} r_i z_i$$

这里，w'表示来自 $f_X(x)$ 的 n 个观测值的组合样本中的秩总和. 显然，w'能够区分 H_0 和 H_1. 例如，如果 $f_X(x)$ 移动到 $f_Y(y)$ 的右侧，则 x 观测值的秩总和往往会大于 $f_X(x)$和 $f_Y(y)$ 具有相同位置的情况.

对于较小的 n 和 m 值，w'的临界值已被制成表格，见参考文献[89]. 当 n 和 m 都超过 10 时，可以使用正态近似值.

定理 14.3.4　设 $x_1,x_2,\cdots,x_n$ 和 $y_{n+1},y_{n+2},\cdots,y_{n+m}$分别是来自 $f_X(x)$ 和 $f_Y(y)$ 的两个独立随机样本，其中两者概率密度函数相同，但位置可能发生偏移. 设 r_i表示组合样本中第 i 个观测值的秩(其中最小观测值的秩为 1，最大观测值的秩为 $n+m$). 令

$$w'=\sum_{i=1}^{n+m} r_i z_i$$

其中，如果第 i 个观测值来自 $f_X(x)$，则 z_i为 1，否则为 0. 那么

$$E(W')=\frac{n(n+m+1)}{2}$$

$$\operatorname{Var}(W')=\frac{nm(n+m+1)}{12}$$

并且，如果 $n>10$ 且 $m>10$，则$\dfrac{W'-n(n+m+1)/2}{\sqrt{nm(n+m+1)/12}}$具有近似标准正态分布概率密度函数.

证明　见参考文献[109].

案例研究 14.3.4

在美国职业棒球大联盟中，美国联盟球队可以选择使用“指定击球手”为特定位置的球员击球，通常是投手. 在国家联盟中，不允许这样的换人，每个球员都必须为自己击球(否则被逐出比赛). 因此，国家联盟管理者所采用的击球和跑垒策略与美国联盟管理

者所采用的大不相同. 不太明显的是，这些不同的比赛方式是否对比赛的持续时间有明显的影响.

表 14.3.7 显示了 1992 年赛季 26 支美国联盟球队报告的平均主场比赛完成时长(分钟). 美国联盟平均时长为 173.5 分钟；全国联盟平均时长为 165.8 分钟. 这两个平均值之间的差异有统计显著性吗？

表 14.3.7

观测序号	球队	时长(分钟)	r_i	z_i	r_iz_i
1	Baltimore	177	21	1	21
2	Boston	177	21	1	21
3	California	165	7.5	1	7.5
4	Chicago (AL)	172	14.5	1	14.5
5	Cleveland	172	14.5	1	14.5
6	Detroit	179	24.5	1	24.5
7	Kansas City	163	5	1	5
8	Milwaukee	175	18	1	18
9	Minnesota	166	9.5	1	9.5
10	New York (AL)	182	26	1	26
11	Oakland	177	21	1	21
12	Seattle	168	12.5	1	12.5
13	Texas	179	24.5	1	24.5
14	Toronto	177	21	1	21
15	Atlanta	166	9.5	0	0
16	Chicago (NL)	154	1	0	0
17	Cincinnati	159	2	0	0
18	Houston	168	12.5	0	0
19	Los Angeles	174	16.5	0	0
20	Montreal	174	16.5	0	0
21	New York (NL)	177	21	0	0
22	Philadelphia	167	11	0	0
23	Pittsburgh	165	7.5	0	0
24	San Diego	161	3.5	0	0
25	San Francisco	164	6	0	0
26	St. Louis	161	3.5	0	0
					$w'=240.5$

最后一列底部的项是美国联盟时长的秩总和，即 $w'=\sum_{i=1}^{26} r_iz_i=240.5$. 由于美国联盟和全国联盟在 1992 年分别有 $n=14$ 和 $m=12$ 支球队，因此定理 14.3.3 中的公式给出

$$E(W')=\frac{14(14+12+1)}{2}=189$$

$$\mathrm{Var}(W')=\frac{14\cdot 12(14+12+1)}{12}=378$$

那么，近似的 Z 统计量是

$$z=\frac{w'-E(W')}{\sqrt{\mathrm{Var}(W')}}=\frac{240.5-189}{\sqrt{378}}=2.65$$

在 $\alpha=0.05$ 水平下，检验 $H_0:\mu_X=\mu_Y$ 与 $H_1:\mu_X\neq\mu_Y$ 的临界值将为 ±1.96. 因此，结论是拒绝 H_0——173.5 和 165.8 之间的差异在统计上是显著的.

[注意：当两个或两个以上的观测结果并列时，每个观测结果都会被分配到(如果它们略有不同的话)它们本应获得的秩的平均值. 共有五项观测结果与 177 相等，它们在竞争排名 19，20，21，22 和 23. 然后，每个都得到了相应的平均值 21.]

习题

14.3.3　有两种制造工艺可用于对某种铜管进行退火，主要区别在于所需的温度. 临界反应变量是产生的拉伸强度. 为了比较这些方法，将 15 根管子分成两对. 每对中随机选择一块在中等温度下退火，另一块在高温下退火. 所得拉抻强度(以吨/平方英寸为单位)列于下表中. 使用 Wilcoxon 符号秩检验分析这些数据. 使用双边检验备择假设. 令 $\alpha=0.05$.

拉伸强度(吨/平方英寸)					
对	中等温度	高温	对	中等温度	高温
1	16.5	16.9	9	16.8	17.3
2	17.6	17.2	10	15.8	16.1
3	16.9	17.0	11	16.8	16.5
4	15.8	16.1	12	17.3	17.6
5	18.4	18.2	13	18.1	18.4
6	17.5	17.7	14	17.9	17.2
7	17.6	17.9	15	16.4	16.5
8	16.1	16.0			

14.3.4　为了测量轻度中毒对协调性的影响，13 名受试者每人每平方米体表面积给予 15.7 毫升酒精，并要求他们在一分钟内尽可能多地写出某个短语[127]. 然后，对正确书写的字母数量进行计数和评分，评分为 0 表示未受酒精影响的受试者预期达到的分数. 负分数表明写作速度下降；正分数，代表写作速度提高了. 使用符号秩检验来确定本研究中提供的酒精水平是否对写作速度有任何影响. 设 $\alpha=0.05$. 从你的计算中省略第 8 位受试者.

受试者	分数	受试者	分数
1	−6	8	0
2	10	9	−7
3	9	10	5
4	−8	11	−9
5	−6	12	−10
6	−2	13	−2
7	20		

14.3.5　使用 Wilcoxon 符号秩检验，对习题 5.3.2 的 FEV_1/VC 比率数据进行检验 $H_0:\tilde{\mu}=0.80$ 与 $H_1:\tilde{\mu}<0.80$. 设 $\alpha=0.10$. 将该检验与习题 14.2.7 的符号检验进行比较.

14.3.6　对案例研究 13.3.1 中总结的血红蛋白数据进行 Wilcoxon 符号秩检验. 设 α 为 0.05. 将你的结论与习题 14.2.11 中的符号检验结果进行比较.

14.3.7　假设被抽样的总体是对称的，我们希望检验 H_0：$\tilde{\mu}=\tilde{\mu}_0$. 符号检验和符号秩检验都是有效的. (如果有)你希望哪种过程有更大的功效？为什么？

14.3.8　使用符号秩检验分析习题 8.2.6 中给出的深度感知数据. 设 $\alpha=0.05$.

14.3.9 回想习题 9.2.6. 采用 Wilcoxon 秩和检验，将酗酒作者的死亡年龄与未酗酒作者的死亡年龄进行比较. 设 $\alpha=0.05$.

14.3.10 使用大样本 Wilcoxon 秩和检验分析表 9.3.1 中总结的 α 波数据. 设 $\alpha=0.05$.

14.4 克鲁斯卡尔-沃利斯检验

本章接下来的两节讨论第 12 章和第 13 章介绍的两种方差分析模型的非参数对应. 克鲁斯卡尔-沃利斯检验和弗里德曼检验的过程将不会被推导出来. 我们将简单地陈述过程并用例子说明它们.

首先，我们考虑 k 样本问题. 假设抽取了 $k(\geqslant 2)$ 个大小为 $n_1,n_2,\cdots,n_k$的独立随机样本，代表 k 个连续总体(形状相同但位置可能不同)：$f_{Y_1}(y-c_1)=f_{Y_2}(y-c_2)=\cdots=f_{Y_k}(y-c_k)$，对于常数 $c_1,c_2,\cdots,c_k$. 目的是检验是否 $f_{Y_j}(y)$，$j=1,2,\cdots,k$ 的位置可能都是相同的，即，

$$H_0:\mu_1=\mu_2=\cdots=\mu_k$$

和

$$H_1:\text{并非所有 }\mu_j\text{ 都相等}$$

用于检验 H_0的克鲁斯卡尔-沃利斯过程非常简单，涉及的计算量比方差分析少得多. 第一步是从最小到最大对整个 $n=\sum_{j=1}^{k}n_j$ 个观测值进行排序. 然后为每个样本计算秩和 $R_{.j}$. 表 14.4.1 显示了将使用的符号：它遵循与第 12 章的点符号相同的约定. 唯一的区别是添加了 R_{ij}，即 Y_{ij} 对应的秩的符号.

表 14.4.1 克鲁斯卡尔-沃利斯过程的符号

	处理水平			
	1	2	$\cdots$	k
	$Y_{11}(R_{11})$	$Y_{12}(R_{12})$		$Y_{1k}(R_{1k})$
	$Y_{21}(R_{21})$			
	$\vdots$	$\vdots$	$\cdots$	$\vdots$
	$Y_{n_1 1}(R_{n_1 1})$	$Y_{n_2 2}(R_{n_2 2})$		$Y_{n_k k}(R_{n_k k})$
总计	$R_{.1}$	$R_{.2}$		$R_{.k}$

克鲁斯卡尔-沃利斯统计量 B 定义为

$$B=\frac{12}{n(n+1)}\sum_{j=1}^{k}\frac{R_{.j}^2}{n_j}-3(n+1)$$

请注意 B 与方差分析中 SSTR 的计算公式的相似之处. 这里 $\sum_{j=1}^{k}(R_{.j}^2/n_j)$，因此 B 会随着总体位置之间差异的增加而变得越来越大. [回想一下，对 SSTR 和 $\sum_{j=1}^{k}(T_{.j}^2/n_j)$ 给出了类似的解释.]

定理 14.4.1 假设 $n_1,n_2,\cdots,n_k$ 个独立观测值分别取自概率密度函数 $f_{Y_1}(y),f_{Y_2}(y),\cdots,f_{Y_k}(y)$，其中 $f_{Y_i}(y)$ 都是连续的，并且具有相同的形状. 令 μ_i 为 $f_{Y_i}(y)$ 的均值，$i=1,2,\cdots,k$，并令 $R_{.1},R_{.2},\cdots,R_{.k}$表示与 k 个样本中的每一个相关联的秩和. 若 $H_0:\mu_1=\mu_2=\cdots=\mu_k$为真，则

$$B=\frac{12}{n(n+1)}\sum_{j=1}^{k}\frac{R_{.j}^2}{n_j}-3(n+1)$$

具有近似 $a\chi_{k-1}^2$ 分布，且如果 $b>\chi_{1-\alpha,k-1}^2$，则应在显著性水平 α 上拒绝零假设 H_0.

案例研究 14.4.1

1969 年 12 月 1 日，在华盛顿特区的兵役服务总部举行了抽签，以确定所有 19 岁男性的征兵身份. 这是自二战以来首次使用这样的程序. 优先关系是根据每个人的生日建立的. 366 个可能的出生日期中的每一个都写在一张纸条上，并放入一个小胶囊中. 然后将胶囊放入一个大碗中，混合并一个一个地取出. 根据协议，生日与抽取的第一个胶囊相符的人将具有最高的优先级；生日与抽取的第二个胶囊相符的人具有第二高的优先级，依此类推. 表 14.4.2 显示了 366 个生日的抽取顺序[170]. 第一个日期是 9 月 14 日(=001)；最后一个是 6 月 8 日(=366).

我们可以将观察到的优先顺序视为从 1 到 366 的秩. 如果抽签是随机的，那么每个月份的这些秩的分布应该大致相等. 如果抽签不是随机的，我们预计会看到某些月份高秩占多数，而其他月份低秩占多数.

查看表 14.4.2 底部的秩总和. 月与月的差异巨大，从 3 月的高点 7 000 到 12 月的低点 3 768. 更出乎意料的是变化中的图形(见图 14.4.1). 表 14.4.2 中列出的秩总和和图 14.4.1 中所示的秩平均值是否与抽签是随机的假设一致?

将 $R_{.j}$ 代入 B 的公式，得到

$$b=\frac{12}{366(367)}\left[\frac{(6\ 236)^2}{31}+\cdots+\frac{(3\ 768)^2}{31}\right]-3(367)=25.95$$

根据定理 14.4.1，B 近似服从具有 11 个自由度的卡方分布(当 H_0：$\mu_{\text{Jan}}=\mu_{\text{Feb}}=\cdots=\mu_{\text{Dec}}$ 为真时).

令 $\alpha=0.01$. 如果 $b\geqslant\chi_{0.99,11}^2=24.725$，则应拒绝 H_0. 而 b 确实超过了这个界限，这意味着抽签不是随机的.

可以通过以下检验得到另一个对随机性假设更强烈的拒绝. 将 12 个月分为两个半年，第一个是 1 月到 6 月，第二个是 7 月到 12 月. 那么要检验的假设是

$$H_0:\mu_1=\mu_2$$

和

$$H_1:\mu_1\neq\mu_2$$

表 14.4.2　1969 年征兵抽签，最高优先级(001)至最低优先级(366)

日期	1 月	2 月	3 月	4 月	5 月	6 月	7 月	8 月	9 月	10 月	11 月	12 月
1	305	086	108	032	330	249	093	111	225	359	019	129
2	159	144	029	271	298	228	350	045	161	125	034	328
3	251	297	267	083	040	301	115	261	049	244	348	157
4	215	210	275	081	276	020	279	145	232	202	266	165
5	101	214	293	269	364	028	188	054	082	024	310	056
6	224	347	139	253	155	110	327	114	006	087	076	010

（续）

日期	1月	2月	3月	4月	5月	6月	7月	8月	9月	10月	11月	12月
7	306	091	122	147	035	085	050	168	008	234	051	012
8	199	181	213	312	321	366	013	048	184	283	097	105
9	194	338	317	219	197	335	277	106	263	342	080	043
10	325	216	323	218	065	206	284	021	071	220	282	041
11	329	150	136	014	037	134	248	324	158	237	046	039
12	221	068	300	346	133	272	015	142	242	072	066	314
13	318	152	259	124	295	069	042	307	175	138	126	163
14	238	004	354	231	178	356	331	198	001	294	127	026
15	017	089	169	273	130	180	322	102	113	171	131	320
16	121	212	166	148	055	274	120	044	207	254	107	096
17	235	189	033	260	112	073	098	154	255	288	143	304
18	140	292	332	090	278	341	190	141	246	005	146	128
19	058	025	200	336	075	104	227	311	177	241	203	240
20	280	302	239	345	183	360	187	344	063	192	185	135
21	186	363	334	062	250	060	027	291	204	243	156	070
22	337	290	265	316	326	247	153	339	160	117	009	053
23	118	057	256	252	319	109	172	116	119	201	182	162
24	059	236	258	002	031	358	023	036	195	196	230	095
25	052	179	343	351	361	137	067	286	149	176	132	084
26	092	365	170	340	357	022	303	245	018	007	309	173
27	355	205	268	074	296	064	289	352	233	264	047	078
28	077	299	223	262	308	222	088	167	257	094	281	123
29	349	285	362	191	226	353	270	061	151	229	099	016
30	164		217	208	103	209	287	333	315	038	174	003
31	211		030		313		193	011		079		100
总计：	6 236	5 886	7 000	6 110	6 447	5 872	5 628	5 377	4 719	5 656	4 462	3 768

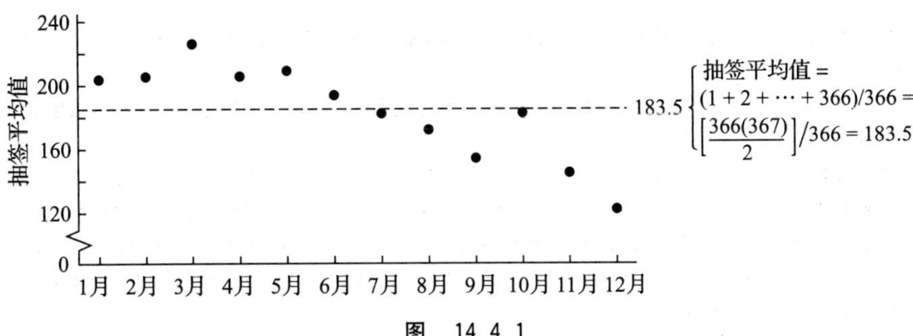

图 14.4.1

表 14.4.3 源自表 14.4.2，给出了新的秩和 $R_{.1}$ 和 $R_{.2}$（与这两个半年有关）. 将这些值代入克鲁斯卡尔-沃利斯统计量公式得到新的 b（具有 1 个自由度）为 16.85：

$$b=\frac{12}{366(367)}\left[\frac{(37\ 551)^2}{182}+\frac{(29\ 610)^2}{184}\right]-3(367)$$
$$=16.85$$

表 14.4.3　1969 年半年抽签汇总

	1 月～6 月(1)	7 月～12 月(2)
$R_{.j}$	37 551	29 610
n_j	182	184

16.85 的显著性可以通过回忆卡方随机变量的矩来衡量. 如果 B 的卡方分布概率密度函数具有 1 个自由度，则 $E(B)=1$ 且 $\mathrm{Var}(B)=2$(参见习题 7.3.2). 因此，观测到的 b 与其均值相差 11 个以上的标准差：

$$\frac{16.85-1}{\sqrt{2}}=11.2$$

这样分析，毫无疑问，抽签不是随机的!

关于数据　毋庸置疑，1969 年的抽签结果是美国兵役管理局的公关噩梦. 政府内外的许多人都认为"重做"是唯一公平的解决方案. 不幸的是，任何做法都会不可避免地激怒相当多的人，因此决定保留原来的抽签，尽管它有缺陷.

为什么这个选择是如此非随机的，一个可信的解释是 (1) 生日胶囊是按月份放入大盒的(首先是 1 月胶囊，第二是 2 月胶囊，其次是 3 月胶囊，依此类推)；(2) 胶囊没有在抽取开始之前充分混合，使年末的生日不成比例地靠近大盒的顶部. 如果 (1) 和 (2) 发生，结果将是图 14.4.1 中的趋势.

征兵抽签的失败及其引发的所有愤怒特别令人烦恼的是，建立一个"公平"的抽签是如此容易. 首先，生日胶囊应该从 1 到 366 编号. 然后应该使用计算机或随机数表来生成这些数字的随机排列. 这种排列将定义胶囊放入大盒的顺序. 如果遵循这两个简单的步骤，类似于图 14.4.1 所示的惨败的可能性基本上为零.

习题

14.4.1　使用克鲁斯卡尔-沃利斯检验分析习题 8.2.7 中描述的教师期望数据. 令 $\alpha=0.05$. 你将做出哪些假设?

14.4.2　回忆一下习题 9.5.2 中给出的招潮蟹数据. 使用克鲁斯卡尔-沃利斯检验比较两组雄性向雌性挥手的时间. 令 $\alpha=0.10$.

14.4.3　使用克鲁斯卡尔-沃利斯方法在 0.05 水平下检验习题 9.2.8 中男性和女性的甲基汞代谢的不同.

14.4.4　重做案例研究 9.2.1 中 Quintus Curtius Snodgrass/Mark Twain 数据的分析，这次使用非参数方法.

14.4.5　使用克鲁斯卡尔-沃利斯技术来检验案例研究 12.2.1 中关于吸烟对心率影响的假设.

14.4.6　从三个制造工厂的每一个中抽取了 10 个 40 瓦灯泡的样本. 灯泡一直烧到故障为止. 下表列出了每个灯泡保持点亮的小时数.

工厂 1	工厂 2	工厂 3	工厂 1	工厂 2	工厂 3
905	1 109	571	1056	926	541
1 018	1 155	1 346	904	1 029	818
905	835	292	856	1 040	90
886	1 152	825	1 070	959	2 246
958	1 036	676	1 006	996	104

(a)检验三个工厂生产的灯泡的寿命中位数都相同的假设. 使用 0.05 的显著性水平.

(b)三个工厂生产的灯泡的平均寿命是否都一样? 使用 $\alpha=0.05$ 的方差分析.

(c)将第 3 列中的观测值“2 246”更改为“1 500”并重做(a)部分. 这种变化如何影响假设检验?

(d)将第 3 列中的观测值“2 246”更改为“1 500”并重做(b)部分. 这种变化如何影响假设检验?

14.4.7 生产某种有机化学品需要添加氯化铵(NH_4Cl). 制造商可以方便地获得三种形式的氯化铵——粉状、中度研磨和粗粒. 为了查看这三种形式对氯化铵的质量有什么影响, 制造商决定用每种形式的氯化铵进行 7 次反应. 所得产量(以磅为单位)列于下表中. 使用克鲁斯卡尔-沃利斯检验比较产量. 令 $\alpha=0.05$.

有机化学品产量(磅)		
粉状 NH_4Cl	中度研磨的 NH_4Cl	粗粒 NH_4Cl
146	150	141
152	144	138
149	148	142
161	155	146
158	154	139
149	150	145
154	148	137

14.4.8 证明：定理 14.4.1 中定义的克鲁斯卡尔-沃利斯统计量 B 也可以写成

$$B=\sum_{j=1}^{k}\left(\frac{n-n_j}{n}\right)Z_j^2$$

其中

$$Z_j=\frac{\dfrac{R_{.j}}{n_j}-\dfrac{n+1}{2}}{\sqrt{\dfrac{(n+1)(n-n_j)}{12n_j}}}$$

14.5 弗里德曼检验

随机区组设计的方差分析的非参数模拟是弗里德曼检验, 这是一种基于区组内秩的过程. 它的形式类似于克鲁斯卡尔-沃利斯统计量的形式, 并且与其前身一样, 当 H_0 为真时, 它近似于 χ^2 分布.

定理 14.5.1 假设 $k(\geqslant 2)$ 个处理在 b 个区组内独立排序. 令 $r_{.j}$, $j=1,2,\cdots,k$ 是第 j 个处理的秩和. 在显著性水平 α 下(大约)拒绝 k 个处理的总体中位数全部相等的零假设, 如果

$$g=\frac{12}{bk(k+1)}\sum_{j=1}^{k}r_{.j}^2-3b(k+1)\geqslant\chi^2_{1-\alpha,k-1}$$

案例研究 14.5.1

棒球规则允许击球手在如何从本垒跑到二垒方面有相当大的回旋余地. 其中两种可能性是窄角和广角路径, 如图 14.5.1 所示. 计时赛作为比较两者的一种方式, 涉及 22 名球员[218]. 每个球手都跑两条路径. 记录每个跑垒者从距本垒 35 英尺的点到距二垒 15 英尺的点所需的时间. 根据这些时间, 为每个球手的每条路径分配秩(1 和 2)(见表 14.5.1).

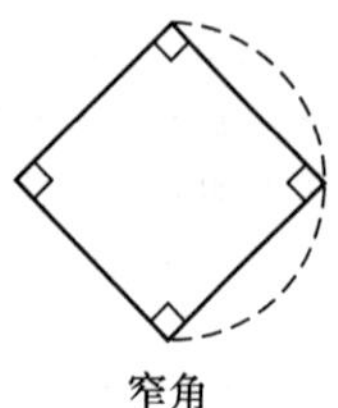

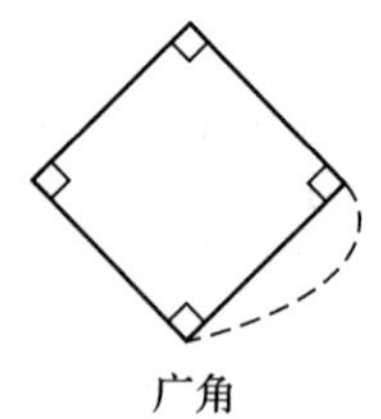

图　14.5.1

表 14.5.1　绕一垒所需的时间(秒)

球手	窄角	秩	广角	秩
1	5.50	1	5.55	2
2	5.70	1	5.75	2
3	5.60	2	5.50	1
4	5.50	2	5.40	1
5	5.85	2	5.70	1
6	5.55	1	5.60	2
7	5.40	2	5.35	1
8	5.50	2	5.35	1
9	5.15	2	5.00	1
10	5.80	2	5.70	1
11	5.20	2	5.10	1
12	5.55	2	5.45	1
13	5.35	1	5.45	2
14	5.00	2	4.95	1
15	5.50	2	5.40	1
16	5.55	2	5.50	1
17	5.55	2	5.35	1
18	5.50	1	5.55	2
19	5.45	2	5.25	1
20	5.60	2	5.40	1
21	5.65	2	5.55	1
22	6.30	2	6.25	1
		39		27

如果 $\tilde{\mu}_1$ 和 $\tilde{\mu}_2$ 分别表示与窄角和广角路径相关的真实中位数绕垒时间，则要检验的假设是

$$H_0:\tilde{\mu}_1=\tilde{\mu}_2$$

和

$$H_1:\tilde{\mu}_1\neq\tilde{\mu}_2$$

令 $\alpha=0.05$. 根据定理 14.5.1，弗里德曼统计量(在 H_0 下)将近似服从 χ_1^2 分布，决策规则为

$$\text{如果 } g\geqslant 3.84\text{，则拒绝 } H_0$$

而

$$g = \frac{12}{22(2)(3)}[(39)^2 + (27)^2] - 3(22)(3) = 6.54$$

暗示这两条路径是不等价的. 广角路径似乎使跑垒者能够更快地到达二垒.

习题

14.5.1 以下数据来自一项田间试验，旨在评估不同量的钾肥对棉纤维断裂强度的影响[28]. 试验分三组进行. 五个处理水平——每英亩 36、54、72、108 和 144 磅钾肥——在每个区组内随机分配. 记录的变量是卜氏强度指数. 使用弗里德曼检验比较不同钾肥施用水平的影响. 令 $\alpha=0.05$.

棉纤维的卜氏强度指数

		处理(钾肥磅/英亩)				
		36	54	72	108	144
区组	1	7.62	8.14	7.76	7.17	7.46
	2	8.00	8.15	7.73	7.57	7.68
	3	7.93	7.87	7.74	7.80	7.21

14.5.2 使用弗里德曼检验分析案例研究 13.2.3 中给出的特兰西瓦尼亚效应数据.

14.5.3 在被指控为一种可能的致癌物之前，甜蜜素一直是软饮料中广泛使用的甜味剂. 以下数据显示了测定商业生产的橙汁饮料中甜蜜素的百分比的三种实验室方法的比较. 这三个方法都应用于 12 个样品中的每一个[165].

甜蜜素的百分比(w/w)

样本	方法		
	Picryl Chloride	Davies	AOAC
1	0.598	0.628	0.632
2	0.614	0.628	0.630
3	0.600	0.600	0.622
4	0.580	0.612	0.584
5	0.596	0.600	0.650
6	0.592	0.628	0.606
7	0.616	0.628	0.644
8	0.614	0.644	0.644
9	0.604	0.644	0.624
10	0.608	0.612	0.619
11	0.602	0.628	0.632
12	0.614	0.644	0.616

使用弗里德曼检验来确定方法与方法之间的差异是否具有统计显著性. 令 $\alpha=0.05$.

14.5.4 对于习题 8.2.4 中给出的数据，使用弗里德曼检验比较栖息地密度对蟑螂攻击性的影响. 令 $\alpha=0.05$. 如果使用方差分析比较密度，结论是否会有任何不同?

14.5.5 使用弗里德曼检验比较案例研究 13.2.2 中描述的恐高症疗法. 令 $\alpha=0.01$. 你的结论是否与使用方差分析得出的推论一致?

14.5.6 假设要在 b 个区组中的每一个中应用 k 个处理. 令 $\bar{r}_{..}$ 表示 bk 个秩的平均值，令 $\bar{r}_{.j}=(1/b)r_{.j}$. 证明：定理 14.5.1 中给出的弗里德曼统计量也可以写成

$$g = \frac{12b}{k(k+1)}\sum_{j=1}^{k}(\bar{r}_{.j} - \bar{r}_{..})^2$$

这类似于什么方差分析表达?

14.6 随机性检验

所有的假设检验，无论是参数检验还是非参数检验，都隐含着这样一种假设，即包含给定样本的观测结果是随机的，这意味着 y_i 的值不会影响 y_j 的值. 如果不是这样的话，确定非随机性的来源并尽一切努力从未来的观测中消除它必然成为实验者的首要目标.

非随机性的例子在工业环境中并不少见，在特定设备上进行的连续测量可能会显示出一种趋势，例如，如果机器正在慢慢脱离校准. 如果连续测量由两个不同的操作员进行，其标准或能力明显不同，或者可能由一个操作员使用两台不同的机器进行测量，另一个极端[测量显示非随机交替模式(高值、低值、高值、低值……)]则可能发生.

基于一种或另一种运行的各种检验可用于检查测量序列的随机性. 最有用的方法之一是基于“上下运行”的总数进行检验.

假设 $y_1,y_2,\cdots,y_n$ 表示一组 n 个按时间排序的测量值. 让 $\text{sgn}(y_i-y_{i-1})$作为差分 y_i-y_{i-1}的代数符号.(假设 y_i 代表一个连续的随机变量，因此 y_i 和 y_{i-1}相等的概率为零.)然后，n 个观测值产生 $n-1$ 个正负的有序排列，表示连续测量之间差异的迹象(见图 14.6.1).

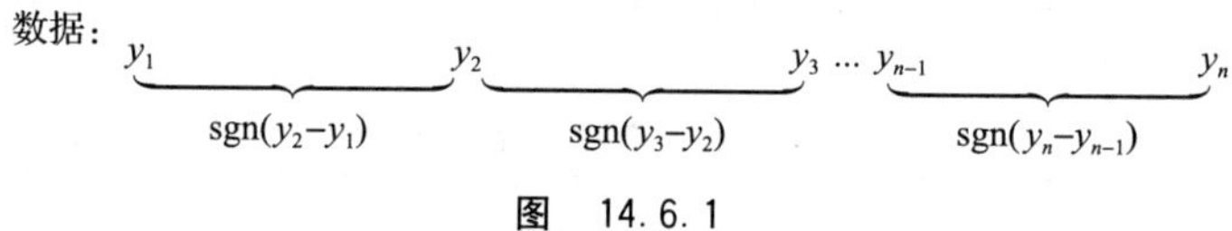

图 14.6.1

例如，$n=5$ 个观测值

$$14.2 \quad 10.6 \quad 11.2 \quad 12.1 \quad 9.3$$

生成“sgn”序列

$$- \quad + \quad + \quad -$$

这对应于一次初始向下运行(即从 14.2 到 10.6)，然后是两次向上运行，最后是一次最终向下运行.

设 W 表示上下运行的总数，如序列 $\text{sgn}(y_2-y_1)$，$\text{sgn}(y_3-y_2)$，$\cdots$，$\text{sgn}(y_n-y_{n-1})$ 所反映的那样. 对于刚才举的例子，$W=3$. 一般来说，如果 W 太大或太小，都可以断定 y_i 不是随机的. 适当的决策规则源自近似的 Z 比率.

定理 14.6.1 设 W 表示在 n 个观测值的序列中上下运行的次数，其中 $n>2$. 如果序列是随机的，则

a. $E(W)=\dfrac{2n-1}{3}$

b. $\text{Var}(W)=\dfrac{16n-29}{90}$

c. $\dfrac{W-E(W)}{\sqrt{\text{Var}(W)}}\approx Z$，当 $n\geqslant 20$

证明 见参考文献[133]和[216].

案例研究 14.6.1

美国第一次广为人知的劳资纠纷发生在 1877 年. 从匹兹堡到旧金山发生多次铁路罢工. 最初的对抗可能已经发生了很长时间，但组织者很快意识到停工可能是一种强大的武器——1881 年至 1905 年间，又发生了 36 757 次罢工！

在这 25 年期间，表 14.6.1 显示了每年被召集的罢工数量和被视为成功的百分比[34]. 根据定义，如果大多数或所有工人的要求得到满足，罢工就被认为是“成功的”.

这些数据的性质暗示了一个明显的问题，即工人年复一年的成功是否是随机的. 一种可能的假设是，随着工会获得越来越多的权力，成功罢工的百分比应该会呈现出一种趋势并趋于增加. 另一方面，可以争辩说，多年的高成功率可能倾向于与多年的低成功率交替出现，这表明存在一种劳务和管理的僵局. 当然，还有另一个假设是百分比没有显示任何模式，并且可以作为随机序列.

表　14.6.1

年份	罢工次数	成功占比%, y_i	$\text{sgn}(y_i-y_{i-1})$
1881	451	61	
1882	454	53	−
1883	478	58	+
1884	443	51	−
1885	645	52	+
1886	1 432	34	−
1887	1 436	45	+
1888	906	52	+
1889	1 075	46	−
1890	1 833	52	+
1891	1 717	37	−
1892	1 298	39	+
1893	1 305	50	+
1894	1 349	38	−
1895	1 215	55	+
1896	1 026	59	+
1897	1 078	57	−
1898	1 056	64	+
1899	1 797	73	+
1900	1 779	46	−
1901	2 924	48	+
1902	3 161	47	−
1903	3 494	40	−
1904	2 307	35	−
1905	2 077	40	+

$w=18$

最后一列显示了对于 $i=2,3,\cdots,25$ 的 $\text{sgn}(y_i-y_{i-1})$ 的计算. 通过检查，在正负序列中上下运行的次数是 18. 检验

H_0：相对于上下运行的次数，y_i 是随机的

H_1：y_i 在上下运行的次数方面不是随机的

在 $\alpha=0.05$ 的显著性水平上，如果 $\frac{w-E(W)}{\sqrt{\text{Var}(W)}}$ (1)$\leqslant -z_{\alpha/2}=-1.96$ 或(2)$\geqslant z_{\alpha/2}=1.96$，我们应该拒绝零假设. 鉴于 $n=25$，

$$E(W)=\frac{2(25)-1}{3}=16.3$$

$$\text{Var}(W)=\frac{16(25)-29}{90}=4.12$$

所以观测到的检验统计量为 0.84：

$$z=\frac{18-16.3}{\sqrt{4.12}}=0.84$$

因此，我们的结论是不能拒绝 H_0. 换言之，观测到的向上和向下运行序列实际上可能来自 25 个随机观测的样本，这是可信的.

关于数据　这些数据提出的另一个假设是，成功罢工的百分比可能与罢工数量成反比：随着后者的增加，“琐碎”争议的数量也可能增加，可以理解的是，这可能导致成功解决的百分比较低．事实上，这种解释似乎有一定的道理．25 个观测值的线性拟合产生方程为

$$成功百分比 = 56.17 - 0.0047 \cdot 罢工次数$$

并且零假设 $H_0: \beta_1=0$ 在 $\alpha=0.05$ 的显著性水平上被拒绝．

习题

14.6.1　下表中的数据检验了股票市场变化之间的关系，时间为(1)在 1 月的前几天和(2)在全年的过程中．包括从 1950 年到 1986 年的年份．

(a)使用定理 14.6.1 检验 1 月变化的随机性(相对于上下运行的次数)．令 $\alpha=0.05$．

(b)使用定理 14.6.1 检验年变化的随机性．令 $\alpha=0.05$．

年份	1 月前 5 天的变化百分比，x	年变化百分比，y	年份	1 月前 5 天的变化百分比，x	年变化百分比，y
1950	2.0	21.8	1969	−2.9	−11.4
1951	2.3	16.5	1970	0.7	0.1
1952	0.6	11.8	1971	0.0	10.8
1953	−0.9	−6.6	1972	1.4	15.6
1954	0.5	45.0	1973	1.5	−17.4
1955	−1.8	26.4	1974	−1.5	−29.7
1956	−2.1	2.6	1975	2.2	31.5
1957	−0.9	−14.3	1976	4.9	19.1
1958	2.5	38.1	1977	−2.3	−11.5
1959	0.3	8.5	1978	−4.6	1.1
1960	−0.7	−3.0	1979	2.8	12.3
1961	1.2	23.1	1980	0.9	25.8
1962	−3.4	−11.8	1981	−2.0	−9.7
1963	2.6	18.9	1982	−2.4	14.8
1964	1.3	13.0	1983	3.2	17.3
1965	0.7	9.1	1984	2.4	1.4
1966	0.8	−13.1	1985	−1.9	26.3
1967	3.1	20.1	1986	−1.6	14.6
1968	0.2	7.7			

14.6.2　下面列出了连续两个财政年度的佛罗里达州机场的每月乘客登机数量．使用定理 14.6.1 检验这 24 个观测值是否可以被视为一个随机序列，对于上下运行的次数．令 $\alpha=0.05$．

月份	乘客登机数量	月份	乘客登机数量
7 月	41 388	7 月	44 148
8 月	44 880	8 月	42 038
9 月	33 556	9 月	35 157
10 月	34 805	10 月	39 568
11 月	33 025	11 月	34 185
12 月	34 873	12 月	37 604
1 月	31 330	1 月	28 231
2 月	30 954	2 月	29 109
3 月	32 402	3 月	38 080
4 月	38 020	4 月	34 184
5 月	42 828	5 月	39 842
6 月	41 204	6 月	46 727

14.6.3 下面是前 24 届超级碗[36]的部分统计摘要. 广告商特别感兴趣的是每款游戏获得的网络份额. 对于上下运行的次数，这些份额是否可以被视为随机序列? 在 $\alpha=0.05$ 的显著性水平上检验适当的假设.

游戏 年份	赢家 输家	分数	MVP 是 QB	网络共享(网络)
Ⅰ	Green Bay (NFL)	35	1	79
1967	Kansas City (AFL)	10		(CBS/NBC combined)
Ⅱ	Green Bay (NFL)	33	1	68
1968	Oakland (AFL)	14		(CBS)
Ⅲ	NY Jets (AFL)	16	1	71
1969	Baltimore (NFL)	7		(NBC)
Ⅳ	Kansas City (AFL)	23	1	69
1970	Minnesota (NFL)	7		(CBS)
Ⅴ	Baltimore (AFC)	16	0	75
1971	Dallas (NFC)	13		(NBC)
Ⅵ	Dallas (NFC)	24	1	74
1972	Miami (AFC)	3		(CBS)
Ⅶ	Miami (AFC)	14	0	72
1973	Washington (NFC)	7		(NBC)
Ⅷ	Miami (AFC)	24	0	73
1974	Minnesota (NFC)	7		(CBS)
Ⅸ	Pittsburgh (AFC)	16	0	72
1975	Minnesota (NFC)	6		(NBC)
Ⅹ	Pittsburgh (AFC)	21	0	78
1976	Dallas (NFC)	17		(CBS)
Ⅺ	Oakland (AFC)	32	0	73
1977	Minnesota (NFC)	14		(NBC)
Ⅻ	Dallas (NFC)	27	0	67
1978	Denver (AFC)	10		(CBS)
XIII	Pittsburgh (AFC)	35	1	74
1979	Dallas (NFC)	31		(NBC)
XIV	Pittsburgh (AFC)	31	1	67
1980	Los Angeles (AFC)	19		(CBS)
XV	Oakland (AFC)	27	1	63
1981	Philadelphia (NFC)	10		(NBC)
XVI	San Francisco (NFC)	26	1	73
1982	Cincinnati (AFC)	21		(CBS)
XVII	Washington (NFC)	27	0	69
1983	Miami (AFC)	17		(NBC)
XVIII	LA Raiders (AFC)	38	0	71
1984	Washington (NFC)	9		(CBS)
XIX	San Francisco (NFC)	38	1	63
1985	Miami (AFC)	16		(ABC)
XX	Chicago (NFC)	46	0	70
1986	New England (AFC)	10		(NBC)
XXI	NY Giants (NFC)	39	1	66
1987	Denver (AFC)	20		(CBS)
XXII	Washington (NFC)	42	1	62
1988	Denver (AFC)	10		(ABC)
XXIII	San Francisco (NFC)	20	0	68
1989	Cincinnati (AFC)	16		(NBC)
XXIV	San Francisco (NFC)	55	1	63
1990	Denver (AFC)	10		(CBS)

14.6.4　以下是作为正在进行的质量控制计划的一部分而记录的家具销钉的长度(以毫米为单位). 列出了对从装配线上按顺序抽取的 30 个样本(每个大小为 4)进行的测量. 样本平均值的变化是否随运行次数的上下变化而变化? 在 $\alpha=0.05$ 的显著性水平上进行适当的假设检验.

样本	y_1	y_2	y_3	y_4	$\bar{y}$
1	46.1	44.4	45.3	44.2	45.0
2	46.0	45.4	42.5	44.4	44.6
3	44.3	44.0	45.4	43.9	44.4
4	44.9	43.7	45.2	44.8	44.7
5	43.0	45.3	45.9	43.8	44.5
6	46.0	43.2	44.4	43.7	44.3
7	46.0	44.6	45.4	46.4	45.6
8	46.1	45.5	45.0	45.5	45.5
9	42.8	45.1	44.9	44.3	44.3
10	45.0	46.7	43.0	44.8	44.9
11	45.5	44.5	45.1	47.1	45.6
12	45.8	44.6	44.8	45.1	45.1
13	45.1	45.4	46.0	45.4	45.5
14	44.6	43.8	44.2	43.9	44.1
15	44.8	45.5	45.2	46.2	45.4
16	45.8	44.1	43.3	45.8	44.8
17	44.1	44.8	46.1	45.5	45.1
18	44.5	43.6	45.1	46.9	45.0
19	45.2	43.1	46.3	46.4	45.3
20	45.9	46.8	46.8	45.8	46.3
21	44.0	44.7	46.2	45.4	45.1
22	43.4	44.6	45.4	44.4	44.5
23	43.1	44.6	44.5	45.8	44.5
24	46.6	43.3	45.1	44.2	44.8
25	46.2	44.9	45.3	46.0	45.6
26	42.5	43.4	44.3	42.7	43.2
27	43.4	43.3	43.4	43.5	43.4
28	42.3	42.4	46.6	42.3	43.4
29	41.9	42.9	42.0	42.9	42.4
30	43.2	43.5	42.2	44.7	43.4

14.6.5　下面列出了 40 个有序的计算机生成的观测结果，它们大概代表了 $\mu=5$ 和 $\sigma=2$ 的正态分布. 就上下运行的次数而言，样本是否可以被认为是随机的?

观测序号	y_i	观测序号	y_i	观测序号	y_i	观测序号	y_i
1	7.068 0	11	7.697 9	21	5.982 8	31	5.262 5
2	4.054 0	12	4.433 8	22	1.461 4	32	5.904 7
3	6.616 5	13	5.653 8	23	9.265 5	33	4.634 2
4	1.216 6	14	8.079 1	24	4.928 1	34	5.308 9
5	4.615 8	15	4.745 8	25	10.556 1	35	5.494 2
6	7.754 0	16	3.504 4	26	6.173 8	36	6.691 4
7	7.730 0	17	1.307 1	27	5.489 5	37	1.438 0
8	6.510 9	18	5.789 3	28	3.662 9	38	8.260 4
9	3.893 3	19	4.524 1	29	3.722 3	39	5.020 9
10	2.753 3	20	5.329 1	30	3.521 1	40	0.554 4

14.6.6　Sunnydale Farms 销售一种通用肥料，按重量计，该肥料应含有 15% 的钾肥 (K_2O). 10 月，每

天从灌装机上取下的三个袋子中随机抽取样本. 下列表格记录的是 K_2O 百分比. 计算每个样本的范围($=y_{max}-y_{min}$). 使用定理 14.6.1 来检验范围的变化是否可以被视为对于上下运行次数的随机.

日期	y_1	y_2	y_3	日期	y_1	y_2	y_3
10/1	16.1	14.4	15.3	10/15	16.3	13.3	15.3
10/2	16.0	16.4	13.5	10/16	17.4	13.8	14.3
10/3	14.3	14.0	15.4	10/17	13.5	11.0	15.4
10/4	14.8	13.1	15.2	10/18	15.6	9.2	18.9
10/5	12.0	15.4	16.4	10/19	16.3	17.6	20.5
10/8	16.4	12.3	14.2	10/22	14.3	15.6	17.0
10/9	16.9	14.2	15.8	10/23	15.4	15.3	15.4
10/10	17.2	16.0	14.9	10/24	14.3	14.4	18.6
10/11	10.6	15.3	14.9	10/25	13.9	14.9	14.0
10/12	15.0	19.2	10.0	10/26	15.2	15.5	14.2

14.7 重新审视统计学(比较参数和非参数检验)

实际上，实验者可能考虑进行的每个参数假设检验都有一个或多个非参数类似方法. 例如，使用两个独立样本来比较两个分布的位置，可以通过双样本 t 检验或 Wilcoxon 符号秩检验来完成. 同样，使用相关样本比较 k 个处理水平可以通过(参数)方差分析或(非参数)弗里德曼检验来完成. 使用其他方法来分析同一组数据不可避免地会引发 13.4 节中出现的同类问题——在给定情况下应该使用哪种检验? 为什么?

这些问题的答案植根于数据的起源——生成样本的概率密度函数——以及这些起源对(1)参数和非参数检验的相对功效和(2)两个检验过程的稳健性意味着什么. 正如我们所见，参数检验对数据来源的假设比非参数检验所做的假设要具体得多. 例如，(合并的)双样本 t 检验假设两组独立观测值来自具有相同标准差的正态分布. 另一方面，Wilcoxon 符号秩检验做出了更弱的假设，即观测值来自对称分布(当然，包括正态分布作为特例). 此外，每个观测值不必来自相同的对称分布.

一般而言，如果满足参数检验所做的假设，则该过程将优于其任何非参数类似方法，因为其功效曲线将更陡峭. (回忆图 6.4.5——如果满足正态性假设，参数检验的功效曲线将类似于方法 B 的功效曲线；非参数检验的功效曲线将类似于方法 A 的功效曲线.)

如果参数检验的一个或多个假设不满足，则其检验统计量的分布将与假设全部满足时的分布不完全相同(回想一下图 7.4.5). 如果“理论”检验统计量分布和“实际”检验统计量分布之间的差异相当大，那么参数检验的完整性显然受到损害. 这两种分布是否会有很大不同取决于参数检验对于违反任何假设的稳健性.

本节的最后是一组蒙特卡罗模拟，将单向方差分析与克鲁斯卡尔-沃利斯检验进行比较. 在每个实例中，数据包括在 $k=4$ 个处理水平的每一个水平上取 $n_j=5$ 个观测值. 包括的模拟侧重于(1)满足正态性假设时两个检验的功效和(2)既不满足正态性假设也不满足对称性假设时两个检验的稳健性. 每次模拟都基于 100 次重复，并且对每次重复产生的 20 次观测进行了两次分析，一次使用方差分析，一次使用克鲁斯卡尔-沃利斯检验.

图 14.7.1 显示了当满足方差分析做出的所有 H_0 假设时，100 个观测到的 F 比率的分布——在 4 个处理水平的每个水平上取 5 个观测值，所有 20 个观测值均服从正态分布(相同的均值和相同的标准差)．假设 $n_j=5$，$k=4$ 和 $n=20$，则处理将有 3 个自由度，误差将有 16 个自由度(回想一下图 12.2.1)．叠加在直方图上的是随机变量 $F_{3,16}$ 的概率密度函数．显然，F 曲线和直方图之间的一致性非常好．

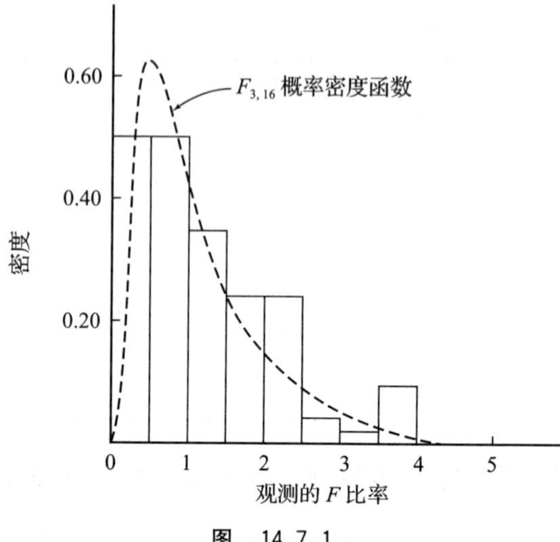

图　14.7.1

图 14.7.2 是克鲁斯卡尔-沃利斯检验的类似“H_0”分布．分析的 100 个数据集与产生图 14.7.1 的数据集相同．叠加的是 χ_3^2 概率密度函数．正如定理 14.4.1 所预测的那样，观测到的 b 值的分布非常好地由具有 3($=k-1$)个自由度的卡方曲线近似．

非参数检验的优点之一是违反其假设往往对其检验统计量的分布产生相对轻微的影响．图 14.7.3 就是一个例子．显示了从 100 个数据集计算出的克鲁斯卡尔-沃利斯值的直方图，其中 20 个观测值($n_j=5$ 和 $k=4$)中的每一个都来自 $\lambda=1$ 的指数分布——$f_Y(y)=e^{-y}$，$y>0$．后者是一个严重偏斜的概率密度函数，违反了克鲁斯卡尔-沃利斯检验的对称性假设．然而，b 值的实际分布似乎与图 14.7.2 中产生的值没有太大不同，其中满足了克鲁斯卡尔-沃利斯检验的所有假设．

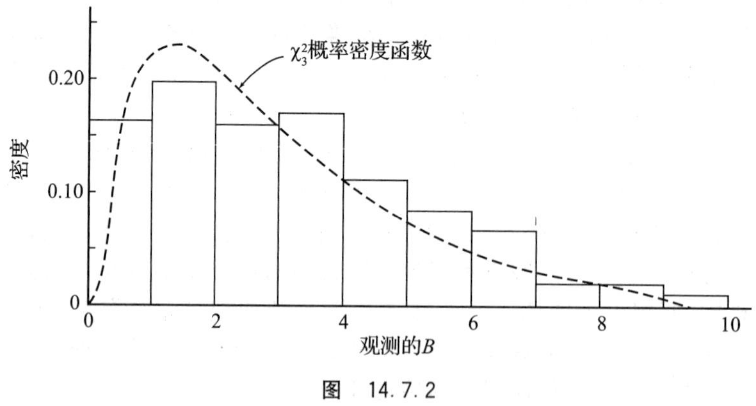

图　14.7.2

F 检验并不完全共享对数据潜在概率密度函数的类似不敏感．图 14.7.4 总结了将方差分析应用于产生图 14.7.3 的同一组 100 次重复的结果．请注意，少数数据集产生的 F 比率远大于 $F_{3,16}$ 曲线的预测．回想一下，当 t 检验应用于 n 很小的指数数据时，观察到了类似的偏度(见图 7.4.6b)．

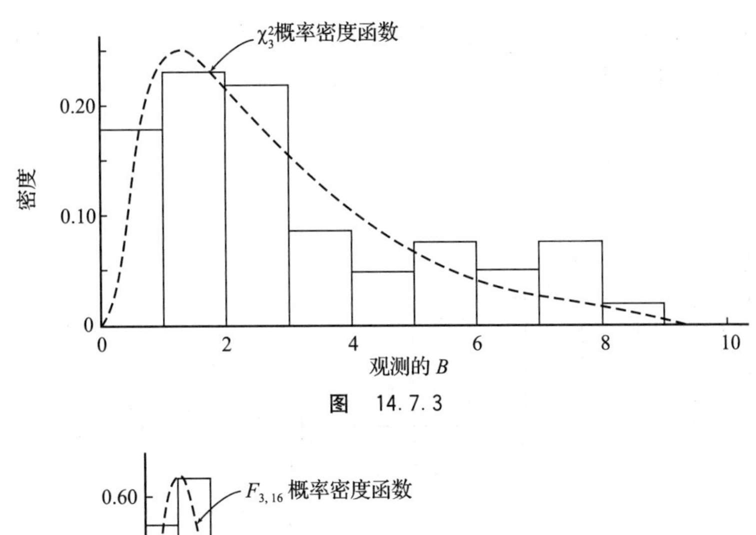

图 14.7.3

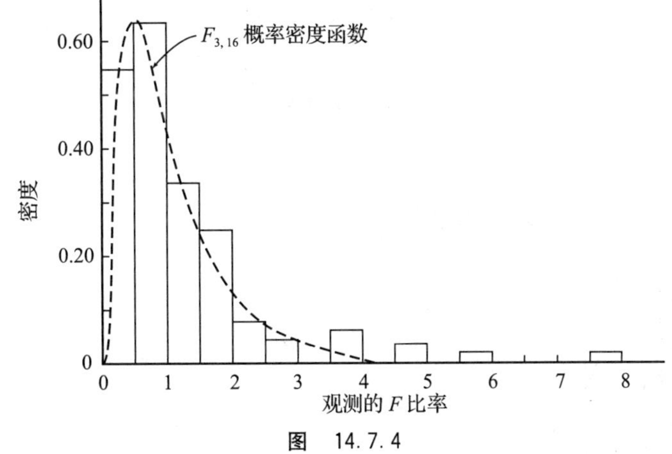

图 14.7.4

具有较弱的假设和对违反这些假设的不那么敏感是非参数检验相对于参数检验通常具有的明显优势．但是，更广泛的适用性并非没有代价：当满足参数检验的假设时，非参数假设检验比参数检验更容易犯第二类错误．

例如，考虑图 14.7.5 和图 14.7.6 中描绘的两个蒙特卡罗模拟．前者显示了将克鲁斯卡尔-沃利斯检验应用于 100 组 k 样本数据的结果，其中代表前三个处理水平中每一个的 5 个测量值来自 $\mu=0$ 和 $\sigma=1$ 的正态分布，而 5 个代表第四个处理水平的测量值来自 $\mu=1$ 和 $\sigma=1$ 的正态分布．正如预期的那样，与图 14.7.3 中显示的 H_0 分布相比，观测到的 b 值的分布向右移动．更具体地说，100 个数据集中的 26%产生了超过 7.815($=\chi^2_{0.95,3}$)的克鲁斯卡尔-沃利斯值，这意味着 H_0 会在 $\alpha=0.05$ 的显著性水平下被拒绝．[当然，如果 H_0 为真，那么 b 值超过 7.815 的理论百分比将是 5%．不过，只有 1%的数据集超过了 $\alpha=0.01$ 截断值($=\chi^2_{0.99,3}=11.345$)，即如果 H_0 为真，则与预期的百分比相同．]

图 14.7.6 显示了对用于图 14.7.5 的相同的 100 个数据集进行方差分析的结果．与克鲁斯卡尔-沃利斯计算一样，观测到的 F 比率的分布向右移动(比较图 14.7.6 和图 14.7.1)．不过，特别值得一提的是，观测到的 F 比率比观测到的 b 值向右移动得更远．

例如，虽然只有 1%的观测到的 b 值超过了 $\alpha=0.01$ 截断值(=11.345)，但总共有 8%的观测到的 F 比率超过了它们的 $\alpha=0.01$ 截断值($=F_{0.99,3,16}$).

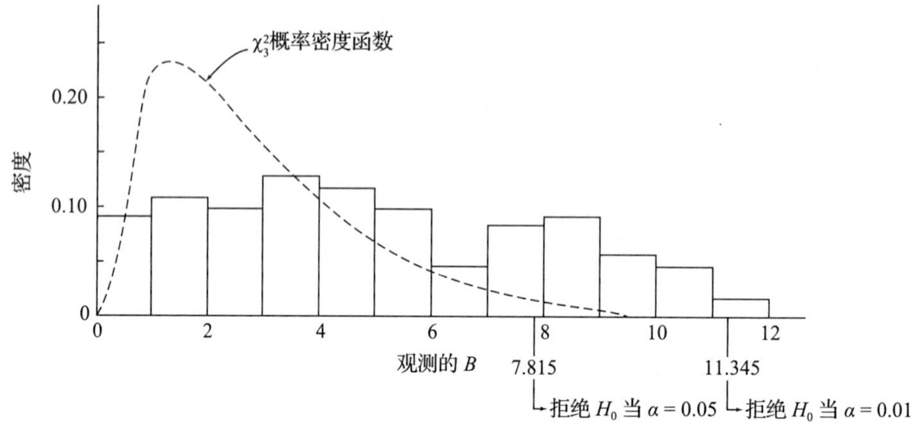

图 14.7.5

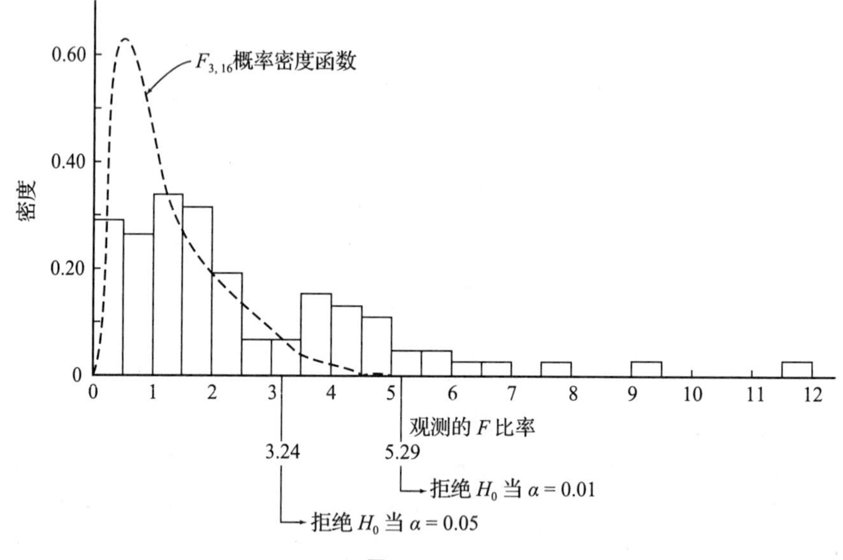

图 14.7.6

那么，对于使用哪种类型的过程——参数或非参数检验方法的问题，是否有一个简单的答案？有时是，有时不是．如果有理由相信参数检验的所有假设都得到满足，则应使用参数检验．然而，对于所有这些情况，当一个或多个参数假设的有效性受到质疑时，选择就会变得更成问题．如果违反假设的情况很少(或者如果样本量相当大)，参数检验的稳健性(以及它们的更大功效)通常会给它们带来优势．非参数检验倾向于保留用于以下情况：(1) 样本量较小，以及 (2) 有理由相信数据的“某些东西”与可用参数检验中隐含的假设明显不一致.

第 15 章　析因数据

在实验结束后咨询统计学家，往往只是要求他进行事后析误，他甚至可以告诉你实验是怎么失败的.

罗纳德·A. 费希尔

第一届印度统计学大会

主席致辞

《数论派》，1938

15.1　引言

我们在第 12 章和第 13 章讨论了关于检验单因子的 k 个水平引起的反应是否具有显著性差异. 在回答这个问题时，我们学习了方差分析的基本方法：如何划分平方和以及如何设置和解释 F 比率. 当然，还存在更为复杂的实验设计，数据由多个因子的反应组成，且每个因子都会出现在不同的水平之上. 本章将对一系列析因数据的实验设计进行研究，它是上述模型中最为重要的类型之一.

析因数据可以有很多结构. 不过，它们存在一个共同点，即每一种结构都包括至少两个交叉的因子，也就是说，所有记录的反应是这些因子的某些或所有可能的组合. 图 15.1.1 显示了三个关于此类数据类型的例子.

图 15.1.1a 是一个双因子析因，因子 A 出现在三个水平上，因子 B 出现在四个水平上. 因子 A 和 B 是完全交叉的，因为 A 的每个水平都被 B 的每个水平测量 3 次. 同样，图 15.1.1b 是一个三因子析因，其中因子 A，B 和 C 都是完全交叉的，每个处理组合都被测量两次. 相比之下，图 15.1.1c 是一个部分析因：虽然因子 A，B，C 和 D，每个分别出

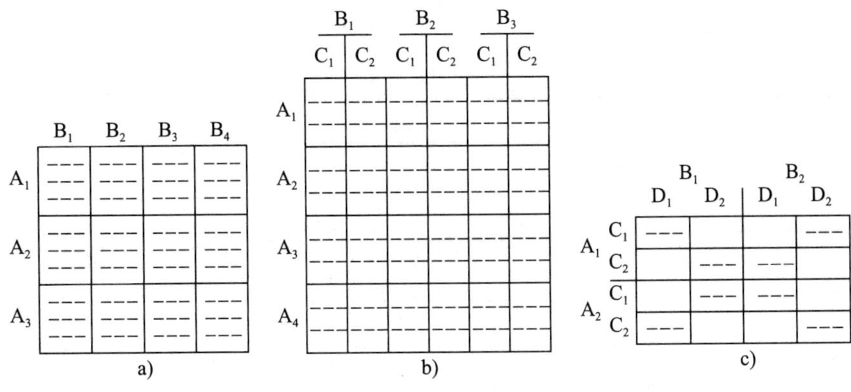

图　15.1.1

现在两个水平上，且在每个水平上的因子都是交叉的，但在 16 个可能的处理组合中，只有一半是被测量的.

我们在第 15 章会首先介绍双因子和三因子析因的理论、计算和解释. 接着我们会介绍 2^n 析因和部分析因，这两种系列的设计，其符号和分析方式与我们到目前为止所学习过的任何数据类型都有很大的不同.

我们会以案例研究 15.1.1 结束本节，这是一个关于三因子析因的示例. 所有的三个因子都是完全交叉的，每个因子出现在两个水平上，8 个处理组合中的每一个都记录了 10 个重复(未显示). 这里我们只进行概述的讨论过程，简单介绍多因子实验中出现的一些问题；数据的正式分析将在 15.6 节中详细描述.

案例研究 15.1.1

DNA 鉴定技术的进步帮助了许多被判有重罪的人自证清白. 不出所料，发生司法错误最常见的原因是目击者的误认. 许多研究和演示都表明，关于创伤性事件的回忆有时是不可靠的. 虽然没有得到广泛的研究，但陪审员无法回忆起受害者和专家在证人席上的具体证词.

在最近的一项研究中，重点研究了可能影响信息在法庭上被曲解的程度的因子[12]，“陪审员”观看了“证人”证词的录像带，并被问及他们记住了什么.（“陪审员”是 80 名大学生，随机分配到 8 个小组中，每个小组 10 人；“证人”是一名演员. 总共拍摄了 8 个不同的录像带，每个小组一个.）

有三个因子被怀疑有可能影响陪审员准确记住他们听到的内容的能力.

因子 A：犯罪与陪审员的相关性是怎样的? 由于这里的对象是大学生，例如，涉及寝室破门而入的证词本身就比选民欺诈的指控更让他们感兴趣.

因子 B：犯罪是否是情绪化的? 对强奸或人身攻击的描述比对挪用公司养老基金的指控更吸引人的注意力.

因子 C：证人陈述的语气怎样? 歇斯底里和愤怒的爆发将与有分寸、实事求是的回答相反.

我们决定在三个因子的两个极端中分别测量其效果. 8 个不同的录像带中的每一个都被编写成反映因子 A、B 和 C 的可能的 $2^3=8$ 个不同的处理组合中的一个.

在观看完一盘录像带后，每个陪审员都要对刚才的事实信息进行 22 个问题的测试. 完全回答得 2 分，部分回答得 1 分. 表 15.1.1 显示了 8 个不同小组的得分的样本均值.

表　15.1.1

		犯罪类型(因子 B)			
		情绪化的 (B_1)		不情绪化的 (B_2)	
		证人陈述的语气(因子 C)			
		夸张的 (C_1)	实事求是的 (C_2)	夸张的 (C_1)	实事求是的 (C_2)
(因子 A)	有相关性 (A_1)	33.64	32.00	28.00	26.82
	不具相关性 (A_2)	29.90	25.40	15.10	20.10

> **注释** 乍一看(在没有查看数据的情况下)，我们可能会认为因子 C 对陪审员记住的信息量的影响最大. 当然，他们会更关注证人席上的“戏剧女王”，而不是沉闷的、实事求是的表达. 但显然不是这样. 到目前为止，因子 C 的影响是最小的.

图 15.1.2 显示了对每个因子的四个“低”水平和四个“高”水平的反应. 很明显，因子 A 和 B 的“•”和“×”之间的差距最大.

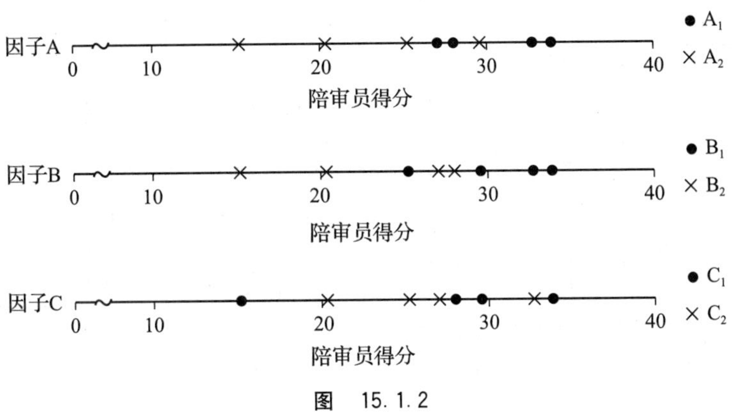

图 15.1.2

表 15.1.2 指出了这些数据的另一个问题. 表中列出的是每个因子 A 和 B 的处理组合在因子 C 的两个水平上的平均小组得分. 注意到右下角的条目(17.60)明显偏小(如果按照第一行的模式，它将是 27.65－5.41＝22.44). 有时，各种因子会相互影响，即它们的联合效应大于其单独效应的总和. 这里似乎就是这种情况，这表明当证词涉及“不情绪化”和“不相关”的犯罪时，律师和检察官会加倍努力来吸引陪审员. 否则，在陪审团房间里被记住的，将是各地学生对他们不喜欢的老师讲授的他们没有兴趣的课程的回忆.

表 15.1.2

		犯罪类型		
		情绪化的	不情绪化的	变化(情绪化的−不情绪化的)
相关性?	是	32.82	27.41	5.41
	否	27.65	17.60	10.05

15.2 双因子析因数据

符号记法

双因子析因设计总是具有图 15.2.1a 所示的基本结构，即出现在 r 个水平上的因子 A 与出现在 c 个水平上的因子 B 交叉，在水平 A_i 和 B_j 的每个组合上进行 n 次独立测量. 图 15.2.1a总结了描述任何此类阵列所需的三指示点符号.

为了与第 12 章和第 13 章中的惯例保持一致，下标的“点”代表被点取代的指数的总和. 那么，对因子水平 A_i 和 B_j 的组合效应的反应的总和与平均值，将分别记为 T_{ij} 和$\overline{Y}_{ij}$. 同样地，行和列的总数将分别写成 $T_{i..}$ 和 $T_{.j.}$，而总数和总均值则变成 $T_{...}$ 和 $\overline{Y}_{...}$.

图 15.2.1b 显示了双因子析因设计的所有总和与均值，其中 A 有两个水平，B 有三个水平，6 个处理组合中的每个都有两个重复.

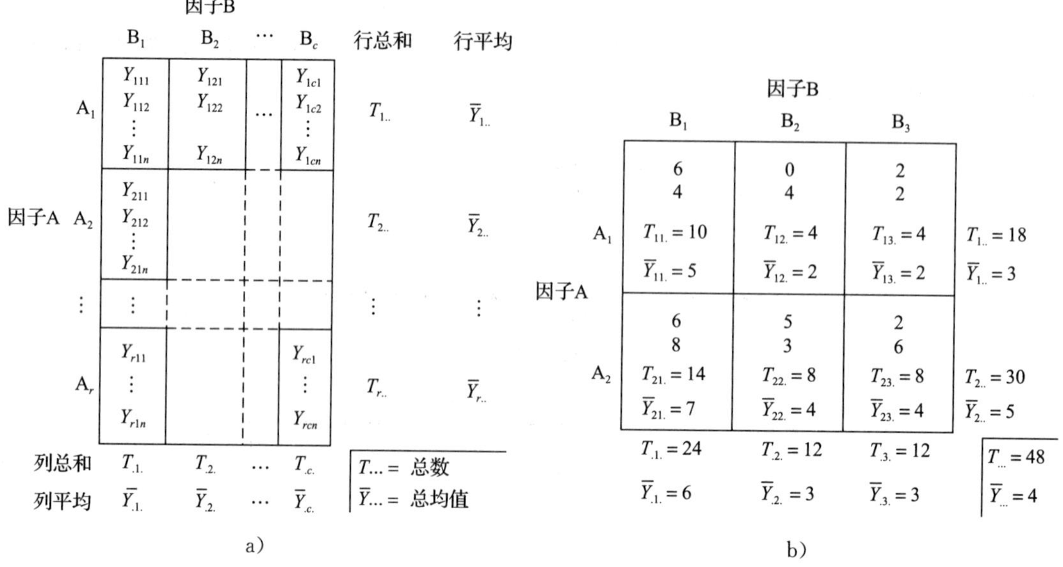

图　15.2.1

建立双因子析因的理论模型

假设因子 A 有 r 个水平($A_1,A_2,\cdots,A_r$)，因素 B 有 c 个水平($B_1,B_2,\cdots,B_c$)，以及 n 个独立的正态分布测量值(所有的方差相同)用于 A_i 和 B_j rc 个处理组合的每个. 让 μ_{ij} 表示处理组合 A_iB_j 中 n 个观测值的期望值. 设 μ 表示整个 rcn 个测量集合的平均期望值. 那么便有

$$\mu=\left(n\sum_{i=1}^{r}\sum_{j=1}^{c}\mu_{ij}\right)\Big/rcn=(1/rc)\sum_{i=1}^{r}\sum_{j=1}^{c}\mu_{ij}$$

属于(行)A_i 的观测值的平均期望值将是

$$\left(n\sum_{j=1}^{c}\mu_{ij}\right)\Big/cn=(1/c)\sum_{j=1}^{c}\mu_{ij}$$

而属于(列)B_j 的观测值的平均期望值将是

$$\left(n\sum_{i=1}^{r}\mu_{ij}\right)\Big/rn=(1/r)\sum_{i=1}^{r}\mu_{ij}$$

(见图 15.2.2).

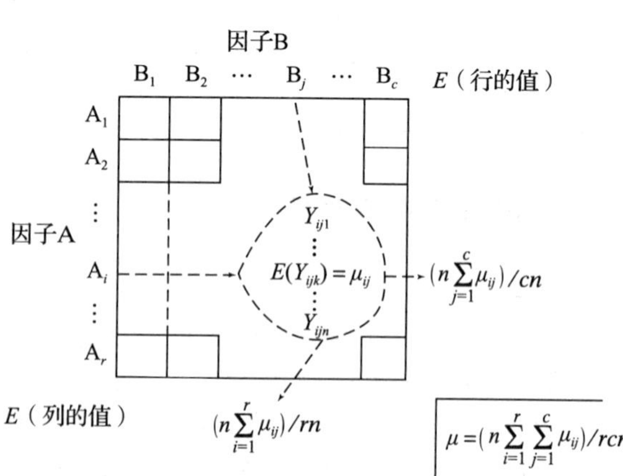

图　15.2.2

假设我们定义

α_i = 因子 A 的第 i 个水平的"效应"

由此可见，α_i 应该是整个数据集的总体平均期望值 μ 与第 i 行观测值的平均期望值之间的差异.

因此，

$$\alpha_i = (1/c)\sum_{j=1}^{c}\mu_{ij} - \mu$$

同样，如果

$$\beta_j = \text{因子 B 的第 } j \text{ 个水平的“效应”}$$

那么，

$$\beta_j = (1/r)\sum_{i=1}^{r}\mu_{ij} - \mu$$

鉴于 μ 代表总体效应，α_i 代表因子 A 的第 i 个水平的效应，β_j 代表因子 B 的第 j 个水平的效应，是否可以认为

$$\mu_{ij} = \mu + \alpha_i + \beta_j \quad i = 1,2,\cdots,r, j = 1,2,\cdots,c? \tag{15.2.1}$$

事实上结果不一定是这样，因为因子 A_i 和 B_j 的组合效应可能与它们各自的效应之和不一样. 例如，安定和酒精各自对一个人的呼吸功能有一定程度的抑制. 但是，它们的组合效应被放大，远远超过了它们各自效应的总和，这种医药现实常常被证明是致命的.

公式(15.2.2)显示了将公式(15.2.1)转化为在一般情况下成立的 μ_{ij} 模型所需的修改——加入一组 rc 个校正因子$(\alpha\beta)_{ij}$，使得当 A_i 和 B_j 共同作用时，不能引起与 A_i 和 B_j 单独作用之和相同的反应，从而恢复平等：

$$\mu_{ij} = \mu + \alpha_i + \beta_j + (\alpha\beta)_{ij}, \quad i = 1,2,\cdots,r, j = 1,2,\cdots,c \tag{15.2.2}$$

例 15.2.1 假设对于某组双因子析因数据，$\mu=30$，$\alpha_2=5$，$\beta_3=-2$. 由 A_2 和 B_3 的联合应用引起的(假设的)反应分布的真实均值是 36($=\mu_{23}$). 如果对因子 A 和 B 的反应是可加的，那么A_2 和B_3的联合应用的真实均值将是

$$\mu + \alpha_2 + \beta_3 = 30 + 5 - 2 = 33$$

但相应的真实均值(μ_{23})是 36，这意味着 A 和 B 是相互影响的. 它们的联合效应不等于它们各自的效应之和.

这里的参数$(\alpha\beta)_{23}$的值将是 3(因为 $\mu_{23}=36=30+5-2+3$). 如果因子 A 和 B 是可加的，$(\alpha\beta)_{ij}$ 对所有 i 和 j 都等于零. ■

例 15.2.2 假设两个水平的因子 A 与三个水平的因子 B 交叉. 与水平 A_i 和 B_j 的每个组合相关的是表 15.2.1 中列出的真实平均反应(μ_{ij}). 对于 i 和 j 的所有值，因子 A 和 B 是可加的吗？对于 i 和 j 的任意值呢？

根据定义，

$$\mu = (10 + 6 + 2 + 14 + 8 + 2)/6 = 7$$

$$\alpha_1 = (10 + 6 + 2)/3 - 7 = -1; \alpha_2 = (14 + 8 + 2)/3 - 7 = 1$$

$$\beta_1 = (10 + 14)/2 - 7 = 5; \beta_2 = (6 + 8)/2 - 7 = 0$$

$$\beta_3 = (2 + 2)/2 - 7 = -5$$

表 15.2.2 显示了对于所有 i 和 j 的 $\mu+\alpha_i+\beta_j$ 的值. 例如，$\mu+\alpha_1+\beta_1=7-1+5=11$.

如果因子 A 和 B 是可加的，那么表 15.2.1 和表 15.2.2 中的条目就会逐格一致. 虽然它们在两个处理组合($i,j=1,2$ 和 $i,j=2,2$)中是一致的，但在其他四个单元格中却不一致. 因此，根据定义，因子 A 和 B 不是可加的.

表 15.2.1

		因子B			
		B_1	B_2	B_3	总计
因子A	A_1	10	6	2	18
	A_2	14	8	2	24
总计		24	14	4	42

表 15.2.2

		因子B		
		B_1	B_2	B_3
因子A	A_1	11	6	1
	A_2	13	8	3

通过比较表 15.2.1 和表 15.2.2，$(\alpha\beta)_{ij}$ 的值很明显，具体来说，$(\alpha\beta)_{11}=-1$，$(\alpha\beta)_{12}=0$，$(\alpha\beta)_{13}=1$，$(\alpha\beta)_{21}=1$，$(\alpha\beta)_{22}=0$ 以及 $(\alpha\beta)_{23}=-1$. ■

参数属性

定理 15.2.1 对于公式(15.2.2)中描述的双因子析因模型，有

$$\sum_{i=1}^{r}\alpha_i=0,\quad \sum_{j=1}^{c}\beta_j=0,\quad \sum_{i=1}^{r}(\alpha\beta)_{ij}=0,\quad \sum_{j=1}^{c}(\alpha\beta)_{ij}=0 \text{ 和 } \sum_{i=1}^{r}\sum_{j=1}^{c}(\alpha\beta)_{ij}=0$$

证明 考虑一个 $r\times c$ 矩阵，其中 rc 项是 $E(Y_{ijk})=\mu_{ij}$ 的值，$k=1,2,\cdots,n$. 让 $T_{i.}$，$T_{.j}$ 和 $T_{..}$ 分别表示行和、列和、总和. 根据前面的定义

$$\alpha_i=T_{i.}/c-\mu=T_{i.}/c-T_{..}/rc$$

因此，

$$\sum_{i=1}^{r}\alpha_i=\sum_{i=1}^{r}(T_{i.}/c-T_{..}/rc)=\sum_{i=1}^{r}T_{i.}/c-T_{..}/c=T_{..}/c-T_{..}/c=0$$

通过一个类似的论证，得 $\sum_{j=1}^{c}\beta_j=0$.

同样，

$$\begin{aligned}\sum_{i=1}^{r}(\alpha\beta)_{ij}&=\sum_{i=1}^{r}(\mu_{ij}-\mu-\alpha_i-\beta_j)\\&=T_{.j}-r\mu-\sum_{i=1}^{r}\alpha_i-r\beta_j\\&=T_{.j}-r\mu-0-r(T_{.j}/r-\mu)=0\end{aligned}$$

对于 $\sum_{j=1}^{c}(\alpha\beta)_{ij}$ 存在同样的结论，最终

$$\begin{aligned}\sum_{i=1}^{r}\sum_{j=1}^{c}(\alpha\beta)_{ij}&=\sum_{i=1}^{r}\sum_{j=1}^{c}(\mu_{ij}-\mu-\alpha_i-\beta_j)\\&=rc\mu-rc\mu-\sum_{j=1}^{c}\sum_{i=1}^{r}\alpha_i-\sum_{i=1}^{r}\sum_{j=1}^{c}\beta_j=0\end{aligned}$$

注释 例 15.2.2 中 α_i，β_j 和$(\alpha\beta)_{ij}$的求和满足定理 15.2.1 的陈述.

参数估计

在确定了定义双因子析因的参数之后，就有一个明显的后续问题：我们如何使用双因子析因的数据来估计这些参数？例 15.2.2 是关键所在. 回顾一下前面制定的公式，用未知的真实均值 μ 和 μ_{ij} 来表达 α_i，β_j 和$(\alpha\beta)_{ij}$. 常识(以及我们在前几章看到的)会告诉我们，如果用样本均值代替所有的总体均值，这些公式也会给我们提供模型参数的估计. 也就是说，我们应该定义

$$\hat{\mu} = \overline{Y}_{\ldots} = T_{\ldots}/rcn$$

$$\hat{\alpha}_i = \overline{Y}_{i..} - \overline{Y}_{\ldots},\quad i = 1,2,\cdots,r$$

$$\hat{\beta}_j = \overline{Y}_{.j.} - \overline{Y}_{\ldots},\quad j = ,1,2,\cdots,c$$

$$\begin{aligned}(\widehat{\alpha\beta})_{ij} &= \mathrm{A}_i \text{ 和 } \mathrm{B}_j \text{ 的估计失败是可加的}\\ &= \hat{\mu}_{ij} - (\hat{\mu} + \hat{\alpha}_i + \hat{\beta}_j)\\ &= \overline{Y}_{ij.} - (\overline{Y}_{\ldots} + \overline{Y}_{i..} - \overline{Y}_{\ldots} + \overline{Y}_{.j.} - \overline{Y}_{\ldots})\\ &= \overline{Y}_{ij.} - \overline{Y}_{i..} - \overline{Y}_{.j.} + \overline{Y}_{\ldots}\end{aligned}$$

尽管这些估计看起来很合理，但其最终的合理性来自我们在第 11 章中首次遇到的一个基本原则——最小二乘法. 例如，考虑将定理 11.2.1 中的“最佳”定义应用于估计 μ 和 α_i 的问题. 考虑到要拟合的模型是

$$E(Y_{ijk}) = \mu + \alpha_i + \beta_j + (\alpha\beta)_{ij}$$

图 15.2.1a 中显示的数据的最小二乘函数 L 将是三者之和

$$L = \sum_{i=1}^{r}\sum_{j=1}^{c}\sum_{k=1}^{n}[Y_{ijk} - (\mu + \alpha_i + \beta_j + (\alpha\beta)_{ij})]^2$$

且

$$\partial L/\partial\mu = 2\sum_{i=1}^{r}\sum_{j=1}^{c}\sum_{k=1}^{n}[Y_{ijk} - (\mu + \alpha_i + \beta_j + (\alpha\beta)_{ij})](-1)$$

令 $\partial L/\partial\mu = 0$，意味着

$$\sum_{i=1}^{r}\sum_{j=1}^{c}\sum_{k=1}^{n}Y_{ijk} = \sum_{i=1}^{r}\sum_{j=1}^{c}\sum_{k=1}^{n}(\mu + \alpha_i + \beta_j + (\alpha\beta)_{ij}) = rcn\mu$$

因为根据定理 15.2.1，α_i，β_j 和$(\alpha\beta)_{ij}$的总和都为零，因此，

$$\hat{\mu} = (1/rcn)\sum_{i=1}^{r}\sum_{j=1}^{c}\sum_{k=1}^{n}Y_{ijk} = \overline{Y}_{\ldots}$$

同样，

$$\partial L/\partial\alpha_i = 2\sum_{j=1}^{c}\sum_{k=1}^{n}[Y_{ijk} - (\mu + \alpha_i + (\alpha\beta)_{ij})](-1)$$

且 $\partial L/\partial\alpha_i = 0$ 意味着

$$\sum_{j=1}^{c}\sum_{k=1}^{n}Y_{ijk} = \sum_{j=1}^{c}\sum_{k=1}^{n}(\mu + \alpha_i + (\alpha\beta)_{ij})$$

$$T_{i..} = cn\mu + cn\alpha_i$$

或

$$\overline{Y}_{i..} = \mu + \alpha_i$$

因此，

$$\hat{\alpha}_i = \overline{Y}_{i..} - \hat{\mu} = \overline{Y}_{i..} - \overline{Y}_{...}$$

注释　定理 15.2.1 证明了涉及双因子析因模型参数的一些属性．这些属性对于这些参数的最小二乘法估计也是成立的．比如说，

$$\sum_{i=1}^{r}\hat{\alpha}_i = \sum_{i=1}^{r}(\overline{Y}_{i..} - \overline{Y}_{...}) = \sum_{i=1}^{r}(T_{i..}/cn - T_{...}/rcn) = T_{...}/cn - T_{...}/cn = 0$$

$$\begin{aligned}\sum_{i=1}^{r}\sum_{j=1}^{c}(\widehat{\alpha\beta})_{ij} &= \sum_{i=1}^{r}\sum_{j=1}^{c}(\overline{Y}_{ij.} - \overline{Y}_{i..} - \overline{Y}_{.j.} + \overline{Y}_{...}) \\ &= T_{...}/n - T_{...}/n - T_{...}/n + T_{...}/n \\ &= 0\end{aligned}$$

以此类推．

案例研究 15.2.1

选择性采伐是指以商业上可行且不损害该地区生态系统的方式从树木茂盛的地区移除木材的做法．对任何此类尝试的环境影响的监测通常简化为对鸟类和哺乳动物种群的密切关注．

最近在婆罗洲雨林的一项研究[213]修改了这一基本策略，将重点放在蝴蝶而不是脊椎动物上．共有 8 块土地代表两种不同的环境，组成了要调查的区域．8 块地中有 4 块是原始地点，即从未被砍伐过的森林地区；另外 4 块在六年前被选择性砍伐过．4 个原始地点中的 2 个和 4 个伐木地点中的 2 个是海拔较高的山脊环境．其余 2 个原始地点和 2 个伐木地点是低海拔、河边的环境．

表 15.2.3 显示的是在 8 个不同的地区中发现的蝴蝶种群的数量．让 A_1（河边）和 A_2（山脊顶）成为因子 A（环境）的两个水平，让 B_1（原始地点）和 B_2（选择性采伐地点）成为因子 B（采伐历史）的两个水平．

若在以下模型中

表　15.2.3

蝴蝶种群的数量

		采伐历史	
		原始地点	选择性采伐地点
环境	河边	71 58	79 93
	山脊顶	64 74	52 90

（注意：与预期相反，在伐木地点观察到的蝴蝶物种总数多于在原始地点看到的总数．这种差异可能意味着，从蝴蝶的角度来看，稀疏的森林树冠实际上改善了栖息地．当然，这也可能表明，伐木对蝴蝶捕食者的负面影响比对蝴蝶的影响更大．）

$$\mu_{ij} = \mu + \alpha_i + \beta_j + (\alpha\beta)_{ij}$$

对这些数据进行拟合，那么 μ 和 $\hat{\alpha}_i$，$\hat{\beta}_j$ 和 $(\widehat{\alpha\beta})_{ij}$ 的数值会是多少？

应用前面给出的最小二乘公式，可以得到

$$\hat{\mu} = \overline{Y}_{\ldots} = (71 + 58 + \cdots + 90)/8 = 72.6$$

$$\hat{\alpha}_1 = \overline{Y}_{1..} - \overline{Y}_{\ldots} = (71 + 58 + 79 + 93)/4 - 72.6 = 2.6$$

$$\hat{\alpha}_2 = \overline{Y}_{2..} - \overline{Y}_{\ldots} = (64 + 74 + 52 + 90)/4 - 72.6 = -2.6$$

$$\hat{\beta}_1 = \overline{Y}_{.1.} - \overline{Y}_{\ldots} = (71 + 58 + 64 + 74)/4 - 72.6 = -5.9$$

$$\hat{\beta}_2 = \overline{Y}_{.2.} - \overline{Y}_{\ldots} = (79 + 93 + 52 + 90)/4 - 72.6 = 5.9$$

$$(\widehat{\alpha\beta})_{11} = \overline{Y}_{11.} - \overline{Y}_{1..} - \overline{Y}_{.1.} + \overline{Y}_{\ldots} = (71 + 58)/2 - 75.2 - 66.7 + 72.6 = -4.9$$

$$(\widehat{\alpha\beta})_{12} = \overline{Y}_{12.} - \overline{Y}_{1..} - \overline{Y}_{.2.} + \overline{Y}_{\ldots} = (79 + 93)/2 - 75.2 - 78.5 + 72.6 = 4.9$$

$$(\widehat{\alpha\beta})_{21} = \overline{Y}_{21.} - \overline{Y}_{2..} - \overline{Y}_{.1.} + \overline{Y}_{\ldots} = (64 + 74)/2 - 70 - 66.7 + 72.6 = 4.9$$

$$(\widehat{\alpha\beta})_{22} = \overline{Y}_{22.} - \overline{Y}_{2..} - \overline{Y}_{.2.} + \overline{Y}_{\ldots} = (52 + 90)/2 - 70 - 78.5 + 72.6 = -4.9$$

第二种双因子析因模型

公式(15.2.2)是一个双因子析因的模型，因为它给出了一个计算包含因子 A 的第 i 个水平和因子 B 的第 j 个水平的观测值的期望值公式．我们还需要一个模型来描述受 A_i 和 B_j 影响的个体测量的行为．从前者到后者是直截了当的：用 Y_{ijk} 代替 μ_{ij}，加上描述 Y_{ijk} 变化的误差项，结果就是公式(15.2.3)．

$$Y_{ijk} = \mu + \alpha_i + \beta_j + (\alpha\beta)_{ij} + \varepsilon_{k(ij)}, \quad i = 1,2,\cdots,r \qquad (15.2.3)$$
$$j = 1,2,\cdots,c$$
$$k = 1,2,\cdots,n$$
$$\varepsilon_{k(ij)} \sim N(0,\sigma^2)$$

$\varepsilon_{k(ij)} \sim N(0,\sigma^2)$ 这个符号意味着随机变量 ε_k，$k=1,2,\cdots,n$ 服从正态分布，在每个 A_iB_j 处理组合中的均值为 0，方差为 σ^2(见 15.3 节中关于"交叉与嵌套"的讨论)．

注释 在第 12 章中，完全随机化的单向设计数据的误差项被写成了 ε_{ij}．(没有必要这样做)但它也可以写成 $\varepsilon_{i(j)}$．

交互作用的描述

交互作用在分析和解释析因数据方面起着关键作用．它们的性质和大小往往被证明是实验者数据中最有意义的信息．也就是说，知道如何有效地描述交互作用是很重要的．

一种策略是采取数字方法，计算最小二乘估计值

$$(\widehat{\alpha\beta})_{ij} = \overline{Y}_{ij.} - \overline{Y}_{i..} - \overline{Y}_{.j.} + \overline{Y}_{\ldots}$$

对所有的 i 和 j，并以 $r \times c$ 矩阵显示结果．其结果是一种地形图，显示哪些处理组合没有表现出可加性，以及到何种程度．

图 15.2.3 显示了三组双因子数据，其中因子 A 和 B 都出现在三个水平上，每个处理组合都有两个重复. 在数据表的每个单元格中都圈出了 $i=1,2,3$ 和 $j=1,2,3$ 的反应平均值$\overline{Y}_{ij}$. 每个$\overline{Y}_{ij}$ 的表格旁边是相应的计算$(\widehat{\alpha\beta})_{ij}$ 的矩阵.

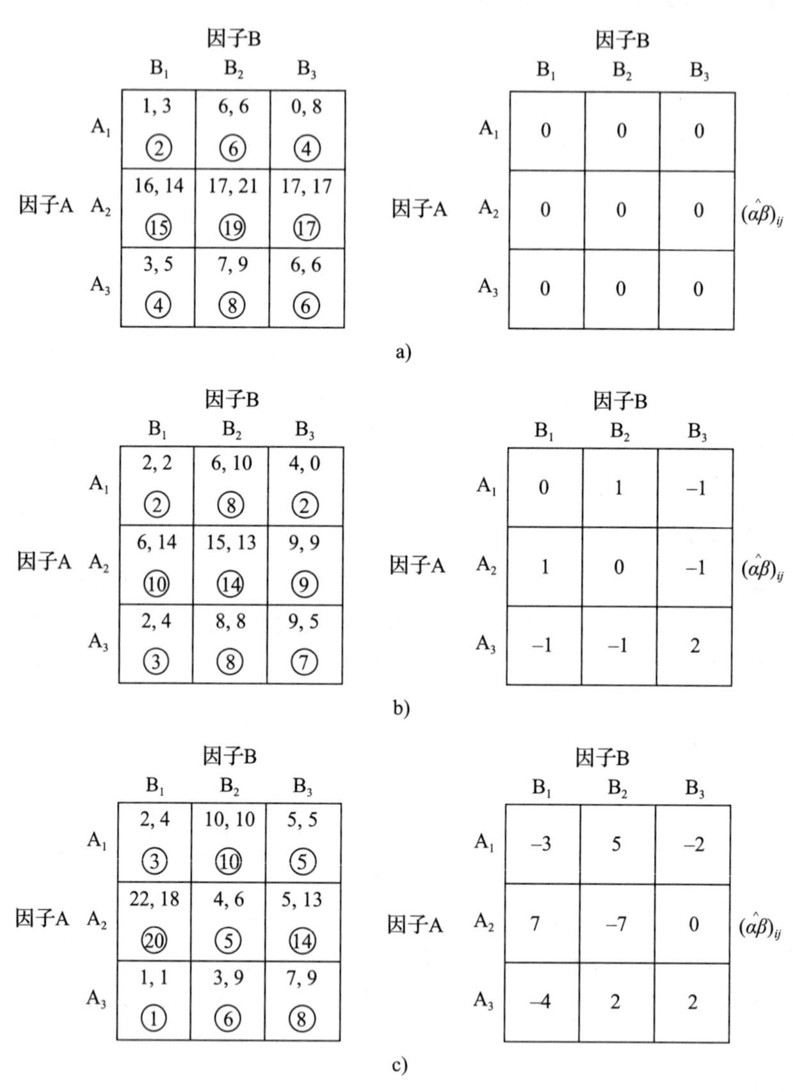

图　15.2.3

在图 15.2.3a 中，所有的$(\widehat{\alpha\beta})_{ij}$都是 0，这意味着在这种情况下，因子 A 和 B 是以加法方式结合的，不存在交互作用，也就是说，对所有的 i 和 j，$\overline{Y}_{ij.}=\hat{\mu}+\hat{\alpha}_i+\hat{\beta}_j$. 例如，$\hat{\mu}=\overline{Y}_{...}=9$，$\hat{\alpha}_1=\overline{Y}_{i..}-\overline{Y}_{...}=4-9=-5$，$\hat{\beta}_1=\overline{Y}_{.1.}-\overline{Y}_{...}=7-9=-2$ 和$\overline{Y}_{11.}=2=9-5-2$.

图 15.2.3b 中的$(\widehat{\alpha\beta})_{ij}$ 大多不是 0，但与$\overline{Y}_{ij}$ 相比，其大小相对较小. 怀疑这些数据的

真正交互调整，即$(\alpha\beta)_{ij}$都相当接近于 0，也不是没有道理的.

图 15.2.3c 中的条目讲述了一个完全不同的故事. 在这里，单元平均值($\overline{Y}_{ij}$)和它们的非加性调整数$(\widehat{\alpha\beta})_{ij}$之间的差异往往相当大，例如，$\overline{Y}_{22.}=5$ 和$(\widehat{\alpha\beta})_{22}=-7$. 这种程度的差异——特别是面对看起来相当小的单元格内误差方差——发出一个强烈的信息，即潜在的$(\alpha\beta)_{ij}$不可能是 0.

在实践中，实验者和统计学家通常发现用图形而不是数字来描述交互作用的特点更有帮助. 图 15.2.4 显示了图 15.2.3 中的数据集的交互作用图. 在每一种情况下，因子 A 的三个水平的反应模式在跨越因子 B 的不同水平时都被强调出来. 不同的线连接因子 A 每个水平的连续的反应平均值.

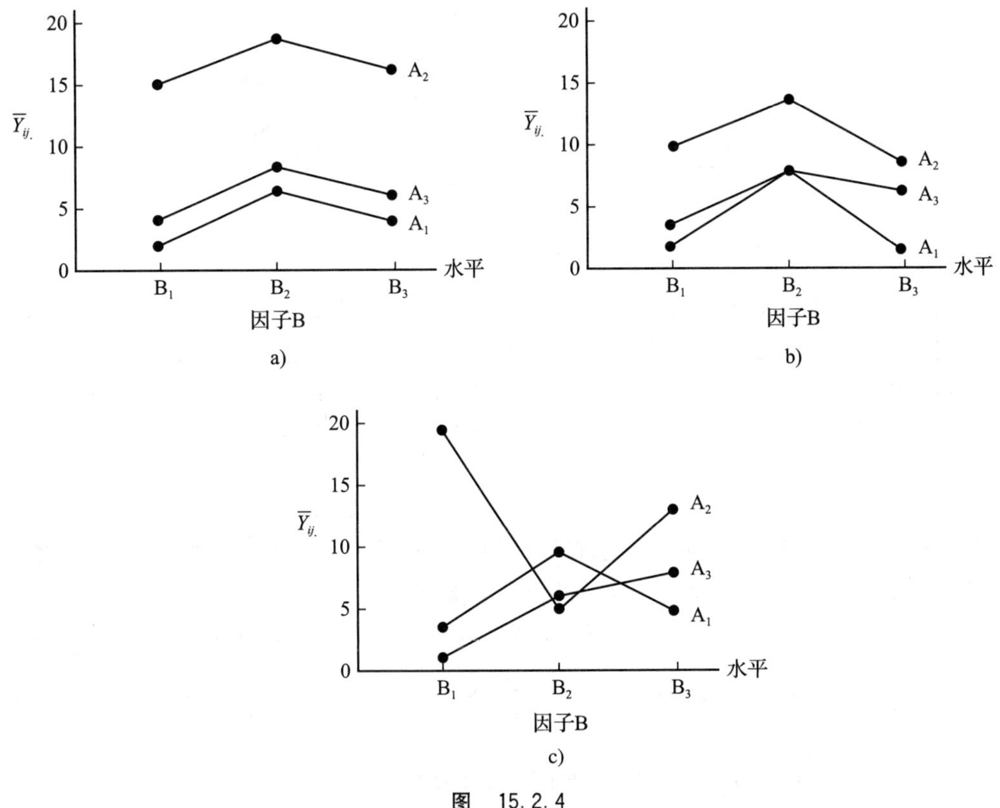

图 15.2.4

图 15.2.4a 特别值得注意. 我们从图 15.2.3 中的$(\widehat{\alpha\beta})_{ij}$矩阵知道，对于那组特定的数据，因子 A 和 B 的反应是可加的. 图 15.2.5 显示了这种可加性对交互图的影响. 因为$(\widehat{\alpha\beta})_{ij}$都是 0，连接 A_2 和 A_3 反应模式的线是平行的. 同样地，连接 A_3 和 A_1 反应模式的线也是平行的. 对于 b 和 c 中因子 A 和 B 不可加的数据集，同样的“平行性”并不成立.

“模型”交互与“数据”交互

用定义双因子析因模型方程的参数来表述

$$E(Y_{ijk}) = \mu_{ij} = \mu + \alpha_i + \beta_j + (\alpha\beta)_{ij}$$

有两个听起来不同但实际等价的交互的定义.

(1)交互作用是指$(\alpha\beta)_{ij}$对所有 i 和 j 都不等于 0.

(2)交互作用是指因子 A(μ_{ij})的水平的预期反应模式未能在因子 B 的水平上平行.

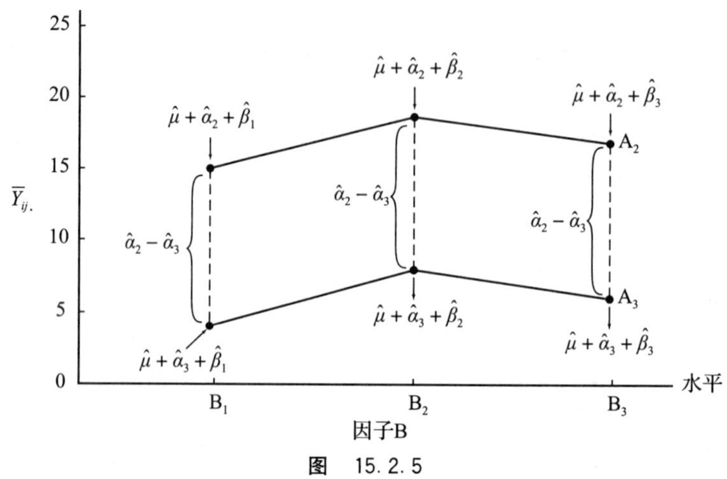

图　15.2.5

然而，这两者都不是基于数据的：$(\alpha\beta)_{ij}$是未知的，正如 μ_{ij}，α_i 和 β_j 一样. 我们需要第三个定义，一个将模型的参数与数据对这些参数的估计联系起来的定义.

换句话说，我们需要的是一个交互作用的假设检验. 具体来说，

$$H_0\text{：因子 A 和 B 没有交互作用(即对于所有 } i \text{ 和 } j, (\alpha\beta)_{ij} = 0)$$

与

$$H_1\text{：因子 A 和 B 有交互作用(即对于所有的 } i \text{ 和 } j, (\alpha\beta)_{ij} \neq 0)$$

对于如何在 H_0 和 H_1 之间做出选择，我们已经有了一个线索. 回顾图 15.2.3 中的矩阵. 显然，随着$(\widehat{\alpha\beta})_{ij}$的大小增加，$H_0$ 的可信度降低.

正如 15.3 节和 15.4 节的推导将指出的那样，选择 H_0 和 H_1 的适当的检验统计量实际上要基于双重和 $n\sum_{i=1}^{r}\sum_{j=1}^{c}(\widehat{\alpha\beta})_{ij}^2$. 如果 $n\sum_{i=1}^{r}\sum_{j=1}^{c}(\widehat{\alpha\beta})_{ij}^2$ 与 $n\sum_{i=1}^{r}\sum_{j=1}^{c}(\alpha\beta)_{ij}^2$ 之间的差异 $= n\sum_{i=1}^{r}\sum_{j=1}^{c}(0)^2 = 0$ 具有统计学显著性，我们将说交互存在.

接下来的两节将得出对析因数据应用方差分析所需的背景结果. 15.3 节展示了如何将平方总和 $\sum_{i=1}^{r}\sum_{j=1}^{c}\sum_{k=1}^{n}(Y_{ijk}-\overline{Y}_{\ldots})^2$ 划分并转换为 χ^2 随机变量，最终得出 F 比率，以检验因子 A、因子 B 或 AB 交互作用的影响是否具有统计学显著性. 然后，15.4 节将重点放在期望均方上，这个话题在分析 k 样本数据或随机区组数据时没有发挥重要作用，但对于处理析因数据所带来的复杂问题是至关重要的.

习题

15.2.1 下面显示的是两个交叉因子 A 和 B 所引起的真实平均反应，每个因子都出现在两个水平上.

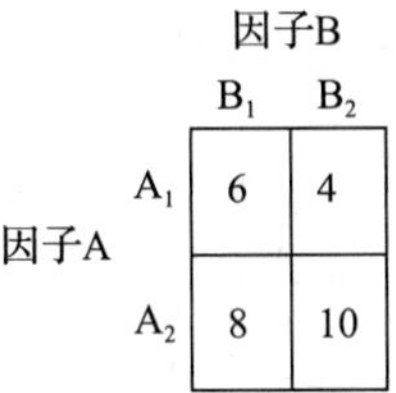

因子A \ 因子B	B_1	B_2
A_1	6	4
A_2	8	10

(a)通过计算 $\alpha_1, \alpha_2, \beta_1, \beta_2, (\alpha\beta)_{11}, (\alpha\beta)_{12}, (\alpha\beta)_{21}$ 和 $(\alpha\beta)_{22}$，将模型 $E(Y_{ij})=\mu+\alpha_i+\beta_j+(\alpha\beta)_{ij}$ 拟合于这些预期反应.

(b) A 和 B 是可加的吗?

15.2.2 假设测量值集合 Y_{ijk}，其中 $i=1,2,\cdots,r$，$j=1,2,\cdots,c$，$k=1,2,\cdots,n$ 为双因子析因设计的数据，其中 $Y_{ijk}=\mu+\alpha_i+\beta_j+(\alpha\beta)_{ij}+\varepsilon_{k(ij)}$，$\varepsilon_{k(ij)}$ 服从正态分布，均值为 0，方差为 σ_ε^2. 找到 μ 和 α_i 的极大似然估计值. 它们与前面给出的最小二乘估计值是否一致?

15.2.3 下面是一个双因子析因的预期反应，其中 A 出现在三个水平，B 出现在两个水平. 假设 $E(Y_{ijk})=\mu+\alpha_i+\beta_j+(\alpha\beta)_{ij}$，计算该模型的参数值. 对于任何 i 和 j 的值，A 和 B 都是可加的吗?

因子A \ 因子B	B_1	B_2
A_1	4	2
A_2	8	10
A_3	10	14

15.2.4 假设有三种向数学专业学生传授写作技巧的方法(A_1、A_2 和A_3)正在被比较，这三组学生分别是 B_1、B_2 和B_3，根据他们在写作能力测试中的得分分组. B_1组的学生能力得分低，B_2 组的学生能力得分一般，B_3组的学生能力得分高. 每种教学方法/能力分数由一组不同的 10 名学生组成. 在研究结束时，所有 90 名学生被要求写一篇关于我为什么喜欢统计学的文章. 这些文章应该按照什么顺序进行评分? 解释一下.

15.2.5 使用最小二乘法找到模型中 β_j 的估计值.

$$Y_{ijk}=\mu+\alpha_i+\beta_j+(\alpha\beta)_{ij}+\varepsilon_{k(ij)}$$

其中 $i=1,2,\cdots,r$；$j=1,2,\cdots,c$；以及 $k=1,2,\cdots,n$.

15.2.6 证明前面给出的估计量 $\hat{\alpha}_i$，$\hat{\beta}_j$ 和$\widehat{(\alpha\beta)}_{ij}$ 分别对于 α_i，β_j 和$(\alpha\beta)_{ij}$ 是无偏的.

15.2.7 假设为一个三因子析因测量的 24 个测量值是下面表格中的条目.

	B_1		B_2	
	C_1	C_2	C_1	C_2
A_1	2 3	4 1	0 2	6 5
A_2	2 7	3 3	A B	4 6
A_3	1 3	3 2	0 0	1 4

(a)如果 $Y_{1112}+Y_{2111}=A$ 和 $T_{221.}=7$，A 和 B 等于什么？

(b) $2\sum_{k=1}^{2}Y_{221k}$ 和 $\frac{1}{2}\sum_{i=1}^{3}\sum_{k=1}^{2}Y_{i22k}$ 哪个更大？

15.2.8 下面显示的是一个四因子析因的 32 个测量记录，在 16 个处理组合中的每一个都有两个重复. 一个随机观测值将被写成 Y_{ijklm}，它表示在 A 的第 i 层、B 的第 j 层、C 的第 k 层和 D 的第 l 层的第 m 个重复.

		B_1		B_2	
		D_1	D_2	D_1	D_2
A_1	C_1	3 2	1 0	4 2	1 3
	C_2	0 1	7 6	4 5	2 6
A_2	C_1	3 2	0 4	2 1	4 4
	C_2	1 4	5 4	3 2	2 8

(a)识别以下数据条目的数值：

$$Y_{21212}, Y_{11221}, Y_{22112}, Y_{22121}$$

(b)计算$\overline{Y}_{.1...}-\overline{Y}_{.....}$；它代表什么？$\overline{Y}_{.2...}-\overline{Y}_{.....}$一定等于什么？为什么？

15.2.9 下面的数据是对两个交叉因子 A 和 B 的测量，在 12 个可能的处理组合中，每个都有四个重复. 这些数据是否可以表明它们不能被公式(15.2.3)充分地模拟. 解释一下.

		因子B			
		B_1	B_2	B_3	B_4
因子A	A_1	41 35 32 38	146 141 162 152	10 17 15 9	18 27 11 22
	A_2	42 41 43 45	4 10 15 3	194 212 201 203	581 573 568 545
	A_3	21 23 13 10	25 19 20 20	17 11 21 23	47 40 53 42

15.3 双因子析因的平方和

像往常一样，与实验设计相关的总平方和的划分从一个代数恒等式开始. 在这种情况下，

$$Y_{ijk}-\overline{Y}_{...}=(\overline{Y}_{i..}-\overline{Y}_{...})+(\overline{Y}_{.j.}-\overline{Y}_{...})+[\overline{Y}_{ij.}-\overline{Y}_{...}-(\overline{Y}_{i..}-\overline{Y}_{...}+\overline{Y}_{.j.}-\overline{Y}_{...})]+(Y_{ijk}-\overline{Y}_{ij.}) \tag{15.3.1}$$

对公式(15.3.1)的两边进行平方，并对 i，j 和 k 进行求和，就可以确定 SSTOT 的组成部分：

$$\sum_{i=1}^{r}\sum_{j=1}^{c}\sum_{k=1}^{n}(Y_{ijk}-\overline{Y}_{...})^2=\text{SSTOT}=\sum_{i=1}^{r}\sum_{j=1}^{c}\sum_{k=1}^{n}(\overline{Y}_{i..}+\overline{Y}_{...})^2+\sum_{i=1}^{r}\sum_{j=1}^{c}\sum_{k=1}^{n}(\overline{Y}_{.j.}-\overline{Y}_{...})^2+$$

$$\sum_{i=1}^{r}\sum_{j=1}^{c}\sum_{k=1}^{n}[\overline{Y}_{ij.}-\overline{Y}_{...}-(\overline{Y}_{i..}-\overline{Y}_{...}+\overline{Y}_{.j.}-\overline{Y}_{...})]^2+$$

$$\sum_{i=1}^{r}\sum_{j=1}^{c}\sum_{k=1}^{n}(Y_{ijk}-\overline{Y}_{ij.})^2+$$

$\binom{4}{2}$个交叉积项

所有 6 个交叉积项都是零，因为每个交叉积项都包含一个因子，代表一组数字偏离其均值的总和，而其必然为 0(见习题 4.3.1).

四个三重和组合起来等于 SSTOT，其中每一个都代表着什么，这很明显：

$\sum_{i=1}^{r}\sum_{j=1}^{c}\sum_{k=1}^{n}(\overline{Y}_{i..}-\overline{Y}_{...})^2$ 测量不同水平的因子 A 的效应

$\sum_{i=1}^{r}\sum_{j=1}^{c}\sum_{k=1}^{n}(\overline{Y}_{.j.}-\overline{Y}_{...})^2$ 测量不同水平的因子 B 的效应

$\sum_{i=1}^{r}\sum_{j=1}^{c}\sum_{k=1}^{n}[\overline{Y}_{ij.}-\overline{Y}_{...}-(\overline{Y}_{i..}-\overline{Y}_{...}+\overline{Y}_{.j.}-\overline{Y}_{...})]^2$ 测量对因子 A 和 B 的组合效应的反应在多大程度上是不可加的

$\sum_{i=1}^{r}\sum_{j=1}^{c}\sum_{k=1}^{n}(Y_{ijk}-\overline{Y}_{ij.})^2$ 在校正了因子 A、因子 B 的效应和两者之间任何可能的交互作用后，测量数据中的残余"误差"量.

按照第 12 章和第 13 章中介绍的惯例，我们将把分割方程写为

$$\text{SSTOT}=\text{SSA}+\text{SSB}+\text{SSAB}+\text{SSE}$$

其中 SSA 和 SSB 被称为与主效应相关的平方和，SSAB 是与交互作用相关的平方和.

计算公式

与第 12 章和第 13 章中描述的类似，有一些计算公式可以使双因子析因设计的平方和计算比以上的三重和要简单得多. 让 $C=T_{...}^2/rcn$. 那么

$$\text{SSA}=\sum_{i=1}^{r}T_{i..}^2/cn-C$$

$$\text{SSB}=\sum_{j=1}^{c}T_{.j.}^2/rn-C$$

$$\text{SSAB}=\sum_{i=1}^{r}\sum_{j=1}^{c}T_{ij.}^2/n-C-\text{SSA}-\text{SSB}$$

$$\text{SSTOT}=\sum_{i=1}^{r}\sum_{j=1}^{c}\sum_{k=1}^{n}Y_{ijk}^2-C$$

注释　从前面所示的分割平方和可以看出，交互平方和的第二个计算公式为

$$\mathrm{SSAB} = n\sum_{i=1}^{r}\sum_{j=1}^{c}(\widehat{\alpha\beta})_{ij}^{2}$$

误差平方和 SSE 可以通过减法间接确定：

$$\mathrm{SSE} = \mathrm{SSTOT} - \mathrm{SSA} - \mathrm{SSB} - \mathrm{SSAB}$$

也可以直接确定，即把在 A_i 和 B_j 的每个组合中观测到的 n 个重复测量对 SSE 的贡献合并起来．也就是说，如果

$$S_{ij}^{2} = (1/(n-1))\sum_{k=1}^{n}(Y_{ijk} - \overline{Y}_{ij.})^{2}$$

表示合并处理水平 A_i 和 B_j 时记录的 n 个测量值的样本方差，则

$$\sum_{i=1}^{r}\sum_{j=1}^{c}(n-1)S_{ij}^{2} = \sum_{i=1}^{r}\sum_{j=1}^{c}\sum_{k=1}^{n}(Y_{ijk} - \overline{Y}_{ij.})^{2} = \mathrm{SSE} \qquad (15.3.2)$$

分布结果

定理 15.3.1　对于公式(15.2.3)所描述的双因子析因模型．

a. $\mathrm{SSE}/\sigma_{\varepsilon}^{2}$ 具有 $\chi_{rc(n-1)}^{2}$ 分布，与 α_i，β_j 或 $(\alpha\beta)_{ij}$ 的值无关，$i=1,2,\cdots,r$；$j=1,2,\cdots,c$.

b. 如果对于所有 i，$\alpha_i=0$，那么 $\mathrm{SSA}/\sigma_{\varepsilon}^{2}$ 具有 χ_{r-1}^{2} 分布．

c. 如果对于所有 j，$\beta_j=0$，那么 $\mathrm{SSB}/\sigma_{\varepsilon}^{2}$ 具有 χ_{c-1}^{2} 分布．

d. 如果对于所有 i 和 j，$(\alpha\beta)_{ij}=0$，那么 $\mathrm{SSAB}/\sigma_{\varepsilon}^{2}$ 具有 $\chi_{(r-1)(c-1)}^{2}$ 分布．

证明

(a)根据公式(15.3.2)，$\mathrm{SSE}/\sigma_{\varepsilon}^{2} = \sum_{i=1}^{r}\sum_{j=1}^{c}(n-1)S_{ij}^{2}/\sigma_{\varepsilon}^{2}$．由于公式(15.2.3)中给出的正态性假设，

$$(n-1)S_{ij}^{2}/\sigma_{\varepsilon}^{2} \sim \chi_{n-1}^{2}$$

由于假设 Y_{ijk} 具有的独立性，

$$\sum_{i=1}^{r}\sum_{j=1}^{c}(n-1)S_{ij}^{2}/\sigma_{\varepsilon}^{2} \sim \chi_{rc(n-1)}^{2}$$

(b)

$$\begin{aligned}
\mathrm{SSA}/\sigma_{\varepsilon}^{2} &= (1/\sigma_{\varepsilon}^{2})\sum_{i=1}^{r}\sum_{j=1}^{c}\sum_{k=1}^{n}(\overline{Y}_{i..} - \overline{Y}_{...})^{2} \\
&= (1/\sigma_{\varepsilon}^{2})\sum_{i=1}^{r}\sum_{j=1}^{c}\sum_{k=1}^{n}[(\overline{Y}_{i..} - \mu) - (\overline{Y}_{...} - \mu)]^{2} \\
&= (1/\sigma_{\varepsilon}^{2})\sum_{i=1}^{r}\sum_{j=1}^{c}\sum_{k=1}^{n}[(\overline{Y}_{i..} - \mu)^{2} + (\overline{Y}_{...} - \mu)^{2} - 2(\overline{Y}_{i..} - \mu)(\overline{Y}_{...} - \mu)] \\
&= \sum_{i=1}^{r}\left(\frac{\overline{Y}_{i..} - \mu}{\sigma_{\varepsilon}/\sqrt{cn}}\right)^{2} + \left(\frac{\overline{Y}_{...} - \mu}{\sigma_{\varepsilon}/\sqrt{rcn}}\right)^{2} - (2/\sigma_{\varepsilon}^{2})(\overline{Y}_{...} - \mu)\sum_{i=1}^{r}(cn\overline{Y}_{i..} - cn\mu)
\end{aligned}$$

$$= \sum_{i=1}^{r}\left(\frac{\overline{Y}_{i..}-\mu}{\sigma_\varepsilon/\sqrt{cn}}\right)^2+\left(\frac{\overline{Y}_{...}-\mu}{\sigma_\varepsilon/\sqrt{rcn}}\right)^2-(2/\sigma_\varepsilon^2)(\overline{Y}_{...}-\mu)(T_{...}-rcn\mu)$$

$$= \sum_{i=1}^{r}\left(\frac{\overline{Y}_{i..}-\mu}{\sigma_\varepsilon/\sqrt{cn}}\right)^2+\left(\frac{\overline{Y}_{...}-\mu}{\sigma_\varepsilon/\sqrt{rcn}}\right)^2-2\left(\frac{\overline{Y}_{...}-\mu}{\sigma_\varepsilon/\sqrt{rcn}}\right)^2$$

$$= \sum_{i=1}^{r}\left(\frac{\overline{Y}_{i..}-\mu}{\sigma_\varepsilon/\sqrt{cn}}\right)^2-\left(\frac{\overline{Y}_{...}-\mu}{\sigma_\varepsilon/\sqrt{rcn}}\right)^2$$

一般来说，$E(\overline{Y}_{i..})=\mu+\alpha_i$. 但在对于所有 i，$\alpha_i=0$ 的假设下，$E(\overline{Y}_{i..})=\mu$，在这种情况下，$\dfrac{\overline{Y}_{i..}-\mu}{\sigma_\varepsilon/\sqrt{cn}}\sim N(0,1)$. 另外，由于 $E(\overline{Y}_{...})=\mu$，$\dfrac{\overline{Y}_{...}-\mu}{\sigma_\varepsilon/\sqrt{rcn}}\sim N(0,1)$. 因此，这些商的平方服从自由度为 1 的卡方分布. 而且因为$\overline{Y}_{i..}$是独立的，$\sum_{i=1}^{r}\left(\dfrac{\overline{Y}_{i..}-\mu}{\sigma_\varepsilon/\sqrt{cn}}\right)^2\sim\chi_r^2$. 因此，$\mathrm{SSA}/\sigma_\varepsilon^2\sim\chi_r^2-\chi_1^2\sim\chi_{r-1}^2$.

(c)证明 $\mathrm{SSB}/\sigma_\varepsilon^2\sim\chi_{c-1}^2$的步骤与证明 $\mathrm{SSA}/\sigma_\varepsilon^2\sim\chi_{r-1}^2$的步骤相同.

(d)对于所有 i，$\alpha_i=0$，对于所有 j，$\beta_j=0$，对于所有 i 和 j，$(\alpha\beta)_{ij}=0$. 那么

$$\mathrm{SSTOT}/\sigma_\varepsilon^2=\mathrm{SSA}/\sigma_\varepsilon^2+\mathrm{SSB}/\sigma_\varepsilon^2+\mathrm{SSAB}/\sigma_\varepsilon^2+\mathrm{SSE}/\sigma_\varepsilon^2$$

同时，$\mathrm{SSA}/\sigma_\varepsilon^2$，$\mathrm{SSB}/\sigma_\varepsilon^2$，$\mathrm{SSAB}/\sigma_\varepsilon^2$ 以及 $\mathrm{SSE}/\sigma_\varepsilon^2$ 都是独立的. 因此，使用矩生成函数，

$$M_{\mathrm{SSTOT}/\sigma_\varepsilon^2}(t)=M_{\mathrm{SSA}/\sigma_\varepsilon^2}(t)\cdot M_{\mathrm{SSB}/\sigma_\varepsilon^2}(t)\cdot M_{\mathrm{SSAB}/\sigma_\varepsilon^2}(t)\cdot M_{\mathrm{SSE}/\sigma_\varepsilon^2}(t)$$

根据(b)中使用的相同论证，$\mathrm{SSTOT}/\sigma_\varepsilon^2\sim\chi_{rcn-1}^2$. 因此，

$$\left(\frac{1}{1-2t}\right)^{rcn-1}=\left(\frac{1}{1-2t}\right)^{r-1}\cdot\left(\frac{1}{1-2t}\right)^{c-1}\cdot M_{\mathrm{SSAB}/\sigma_\varepsilon^2(t)}\cdot\left(\frac{1}{1-2t}\right)^{rc(n-1)}$$

指数等价表明，

$$M_{\mathrm{SSAB}/\sigma_\varepsilon^2(t)}=\left(\frac{1}{1-2t}\right)^{(r-1)(c-1)}$$

这意味着 $\mathrm{SSAB}/\sigma_\varepsilon^2\sim\chi_{(r-1)(c-1)}^2$.

方差分析表(ANOVA)

图 15.3.1 显示了总结双因子析因实验的方差分析表的一般格式. 因子 A 和 B 之间的交互作用通常表示为 A×B. F 一栏留空，因为此时我们还不知道在给定的分子均方中应该使用哪一个分母均方.（在第 12 章和第 13 章中，分母均方总是 MSE；对于双因子析因设计来说，情况不一定是这样.）

差异来源	df	SS	MS	F
A	$r-1$	SSA	SSA/$(r-1)$	
B	$c-1$	SSB	SSB/$(c-1)$	
A×B	$(r-1)(c-1)$	SSAB	SSAB/$[(r-1)(c-1)]$	
误差	$rc(n-1)$	SSE	SSE/$[rc(n-1)]$	
总计	$rcn-1$	SSTOT		

图 15.3.1

因子的类型

固定与随机　每个析因设计中的每个因子都被称为：(1)固定效应或(2)随机效应．如果一个因子的水平是特意预选的，因为它们与实验目标相关，那么这个因子就有资格成为固定效应．另一方面，如果一项研究中出现的某个因子的水平基本上是强加给实验者的，而且实际上只不过是代表可能水平的假设总体的任意样本，那么这个因子就被说成是随机的．一个因子是固定的还是随机的，对其相关的平方和的计算没有影响，但是，正如我们将看到的，它对如何解释这些平方和有深刻的影响．

交叉与嵌套　一个析因实验中的每一个因子都是交叉的或嵌套的．在一个具体例子的背景下，这种区别最容易理解．假设两台机器的输出要用一队训练有素的操作员进行比较．让因子 A 表示操作人员，让因子 B 代表机器．

两种情况　例如，比较机器的一种方法是指派三名操作员(汤姆、迪克和哈里)来运行每台机器，第二种可能的设计是为 1 号机器指派三名操作员(汤姆、迪克和哈里)，为 2 号机器指派另一组三名操作员(拉里、柯里和莫伊)(见图 15.3.2)．

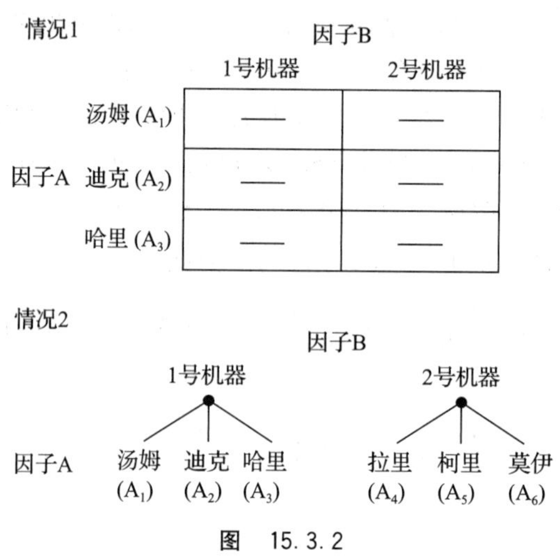

图　15.3.2

在第一种情况下，因子 A 和 B 被称为交叉的，因为因子 A 的一组相同的水平——汤姆、迪克和哈里——被应用于因子 B 的每个水平．在第二种情况下，因子 A 被说成是嵌套在因子 B 中的，因为因子 A 的一组水平(汤姆、迪克和哈里)被分配到因子 B 的 B_1 级水平，因子 A 的另一组不同但相似的水平(拉里、柯里和莫伊)被分配到因子 B 的 B_2 级水平．

对于第 15 章中所涉及的设计，唯一出现的嵌套因子是误差项．再考虑一下双因子析因模型的方程式，

$$Y_{ijk}=\mu+\alpha_i+\beta_j+(\alpha\beta)_{ij}+\varepsilon_{k(ij)}$$

因子 $\varepsilon_{k(ij)}$ 代表了除 μ,α_i,β_j 和 $(\alpha\beta)_{ij}$ 以外的所有对 Y_{ijk} 值有影响的杂项(和未知)的组合效应．这些杂项影响可以被假定为：(1)对于代表 A_iB_j 处理组合的 n 个重复来说基本相同；(2)与影响任何其他处理组合(例如 A_uB_v)的杂项影响相似，但不完全相同．那么，根据定

义，ε_k 是嵌套在 A_iB_j 处理组合中的一个随机因子. 我们利用符号 $\varepsilon_{k(ij)}$ 描述这种关系.

假设检验

显然，有三个与任何双因子析因分析相关的“检验”目标：检验两个主效应的统计显著性，即因子 A 和因子 B，以及检验它们的交互作用的统计显著性. 这些目标如何正式书写取决于两个因子的性质.

如果 A 和 B 都是固定效应，零假设被写为

$$H_0:\alpha_i = 0,\ i = 1,2,\cdots,r;\quad H_0:\beta_j = 0,\quad j = 1,2,\cdots,c$$

$$H_0:(\alpha\beta)_{ij} = 0,\quad i = 1,2,\cdots,r \quad 和 \quad j = 1,2,\cdots,c$$

如果 A 和 B 都是随机效应，那么 α_i，β_j 和$(\alpha\beta)_{ij}$是随机变量，零假设被写为

$$H_0:\sigma_\alpha^2 = 0;\quad H_0:\sigma_\beta^2 = 0;\quad H_0:\sigma_{(\alpha\beta)}^2 = 0$$

如果 A 是一个固定效应，B 是一个随机效应，那么零假设将被写为

$$H_0:\alpha_i = 0,\quad i = 1,2,\cdots,r;\quad H_0:\sigma_\beta^2 = 0;\quad H_0:\sigma_{(\alpha\beta)}^2 = 0$$

这些因子是固定的还是随机的，对 SSA，SSB，SSAB 或 SSE 的大小或其自由度没有影响. 不过，因子的性质确实决定了 A 和 B 效应的期望均方，而这些期望均方决定了如何定义 F 比率，以最终检验两个主效应的统计显著性.

例 15.3.1 表 15.3.1 显示了案例研究 15.2.1 中描述的蝴蝶数据的单元格总数、行总数、列总数和总数. 使用前面给出的计算公式，填写图 15.3.1 所示的构成方差分析表的条目.

表 15.3.1

		因子 B		
		(原始地点) B_1	(选择性采伐地点) B_2	$T_{i..}$
因子A	(河北) A_1	$T_{11.}=129$	$T_{12.}=172$	301
	(山脊顶) A_2	$T_{21.}=138$	$T_{22.}=142$	280
	$T_{.j.}$	267	314	581 = $T_{...}$

令 $C=T_{...}^2/rcn=(581)^2/(2\cdot 2\cdot 2)=42\ 195.125$. 那么

$$\text{SSA} = \sum_{i=1}^{2} T_{i..}^2/cn - C = (301)^2/(2\cdot 2) + (280)^2/(2\cdot 2) - 42\ 195.125 = 55.125$$

$$\text{SSB} = \sum_{j=1}^{2} T_{.j.}^2/rn - C = (267)^2/(2\cdot 2) + (314)^2/(2\cdot 2) - 42\ 195.125 = 276.125$$

$$\text{SSAB} = \sum_{i=1}^{2}\sum_{j=1}^{2} T_{ij.}^2/n - C - \text{SSA} - \text{SSB} = (129)^2/2 + (172)^2/2 + (138)^2/2 + (142)^2/2 - 42\ 195.125 - 55.125 - 276.125 = 190.125$$

以及根据表 15.2.3 中显示的个体测量结果，

$$\mathrm{SSTOT}=\sum_{i=1}^{2}\sum_{j=1}^{2}\sum_{k=1}^{2}Y_{ijk}^{2}-C=(71)^2+(58)^2+(79)^2+(93)^2+(64)^2+(74)^2+(52)^2+(90)^2-42\,195.125=1\,475.875$$

最后，通过减法

$$\begin{aligned}\mathrm{SSE}&=\mathrm{SSTOT}-\mathrm{SSA}-\mathrm{SSB}-\mathrm{SSAB}\\&=1\,475.875-55.125-276.125-190.125=954.5\end{aligned}$$

图 15.3.3 是使用图 15.3.1 显示的格式的相应方差分析表.

差异来源	df	*SS*	*MS*	*F*
环境(A)	1	55.125	55.125	
采伐历史(B)	1	276.125	276.125	
环境×历史(A×B)	1	190.125	190.125	
误差	4	954.5	238.625	
总计	7	1 475.875		

图　15.3.3

注释　根据到目前为止所涉及的内容，我们无法知道如何计算观测到的 F 比率来检验 A 效应、B 效应和 AB 交互作用. 分析的最后一步将在 15.4 节中讨论. 不过，对于特定的数据来说，提前回答 F 比率问题将为如何解释交互作用的图表提供一些额外的见解.

我们将在 15.4 节中看到，用于检验蝴蝶数据中主效应和交互作用的适当的 F 比率的分母实际上是误差的均方(MSE). 那么，三个 F 比率检验统计量

$$55.125/238.625=0.23$$

$$276.125/238.625=1.16$$

和

$$190.125/238.625=0.80$$

中没有一个是接近统计显著性的.

A×B 交互作用的 F 比率如此之小(甚至小于 1)这一事实似乎与我们可能被引导相信的情况相矛盾. 回顾案例研究 15.2.1，计算出的 $\widehat{(\alpha\beta)}_{ij}$ 的值是 ± 4.9，这与“无交互作用”的值 $(\alpha\beta)_{ij}=0$(对所有 i 和 j)是完全不同的. 此外，A×B 交互作用的图表显示两个反应模式是不平行的，它们实际上是交叉的，这种情况往往反映了显著的交互作用(见图 15.3.4).

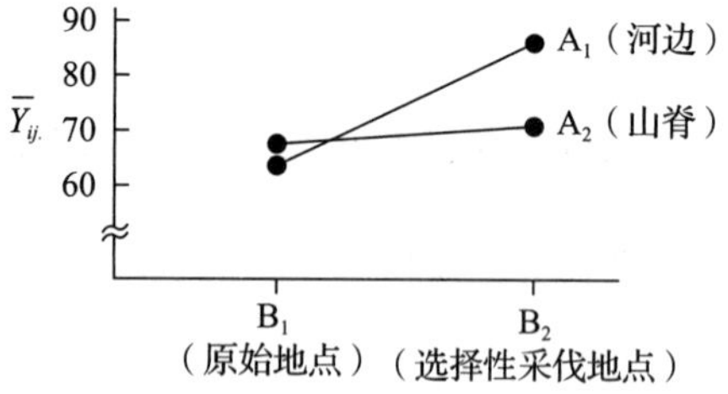

图　15.3.4

当然，“混乱信号”的原因是单元格内的巨大变化. 再看看表 15.2.3 中显示的实际数据点. 最小的单元格内差异是 10；最大的是 38. 重复中缺乏重复性，这在 $\widehat{(\alpha\beta)}_{ij}$ 的计算和交互图的外观中都没有反映出来.

这里的教训很清楚. 交互图对描述两个因子的联合行为非常有帮助，但是如果没有方差分析，就没有办法把这种行为放在适当的角度.

例 15.3.2 MINITAB 有一个程序用于双因子析因，其中两个因子都是固定效应，它的设置很像第 13 章中描述的随机区组程序. 首先，在 c1 栏中输入所有的数据. 然后在 c2 栏中输入一个数据点所属的因子 A 的水平$(1,2,\cdots,r)$，因子 B 的水平$(1,2,\cdots,c)$在 c3 栏输入. 最后，在下一个 MTB 提示符下，输入

twoway c1 c2 c3

图 15.3.5 显示了应用在案例研究 15.2.1 中的蝴蝶数据上的 twoway c1 c2 c3 命令.

```
Welcome to Minitab, press F1 for help.

MTB  > set c1
DATA > 71 58 64 74 79 93 52 90
DATA > end
MTB  > name c1 "Butterfly species"
MTB  > set c2
DATA > 1 1 2 2 1 1 2 2
DATA > end
MTB  > name c2 "Environment"
MTB  > set c3
DATA > 1 1 1 1 2 2 2 2
DATA > end
MTB  > name c3 "Logging history"
MTB  > twoway c1 c2 c3
```

Two-way ANOVA: Butterfly species versus Environment,Logging history

Source	DF	SS	MS	F	P
Environment	1	55.13	55.125	0.23	0.656
Logging history	1	276.13	276.125	1.16	0.343
Interaction	1	190.13	190.125	0.80	0.423
Error	4	954.50	238.625		
Total	7	1475.88			

图 15.3.5 （Minitab. Co 提供） ■

在不知道任何个体测量的情况下分析析因数据

在技术报告和期刊文章中，通常不显示构成双因子析因实验的 rcn 个个体测量. 取而代之的是报告数据的摘要——具体地说，是 rc 个单元均值$(\overline{Y}_{ij.})$和 rc 个单元样本标准差(s_{ij}). 不过，从这些部分信息中，在知道单元样本量的情况下，可以推导出构建方差分析表所需的所有平方和(回顾案例研究 12.4.2).

案例研究 15.3.1

一句耳熟能详的谚语告诉我们："情人眼里出西施."表 15.3.2 中的数据表明，"美"也可能在风险资本家的眼中.

一共有 64 名可能的投资者(大约一半是男性，一半是女性)自愿成为未来企业家提出的发明的评估者. 这 64 名评估者被随机分成四个小组(Ⅰ、Ⅱ、Ⅲ和Ⅳ)，每组 16 人. 每位评估者都得到了相同的发明详细描述. 每份提案中都包括一张所谓的发明者的照片. 第一组的照片是一个有吸引力的女性；第二组是一个没有吸引力的女性；第三组是一个有吸引力的男性；第四组是一个没有吸引力的男性.

每位评估者对他或她所得到的提案进行 1 到 5 的评分，其中 1 表示该发明被认为几

平没有取得商业成功的可能性，5 表示该发明在市场上的潜力非常大．表 15.3.2 中的条目是四个小组的平均评分，括号中是他们评分的样本标准差[8]．

让因子 A 代表发明人的外貌，因子 B 代表发明人的性别．表 15.3.3 显示了开始进行方差分析所需的处理总数．$crn=2\cdot 2\cdot 16=64$，修正项 C 等于 $(192.48)^2/64=578.88$．另外，

$$\mathrm{SSA}=(88.80)^2/32+(103.68)^2/32-578.88=3.46$$

$$\mathrm{SSB}=(90.72)^2/32+(101.76)^2/32-578.88=1.91$$

$$\mathrm{SSAB}=(40.80)^2/16+(48.00)^2/16+(49.92)^2/16+(53.76)^2/16-578.88-3.46-1.91=0.17$$

表　15.3.2

		发明者的性别	
		女性	男性
发明者的外貌	没吸引力的	2.55 (0.91)	3.00 (0.80)
	有吸引力的	3.12 (0.90)	3.36 (0.91)

表　15.3.3

		因子 B		
		B_1	B_2	$T_{i.}$
因子 A	A_1	40.80	48.00	88.80
	A_2	49.92	53.76	103.68
	$T_{.j}$	90.72	101.76	192.48

根据公式(15.3.2)，

$$\mathrm{SSE}=15[(0.91)^2+(0.80)^2+(0.90)^2+(0.91)^2]=46.593$$

所以 $\mathrm{SSTOT}=3.46+1.91+0.17+46.593=52.133$

差异来源	df	*SS*	*MS*	*F*	*P*
发明者的外貌(A)	1	3.46	3.46	4.44	<0.04
发明者的性别(B)	1	1.91	1.91	2.45	<0.13
A×B	1	0.17	0.17	0.25	不显著
误差	60	46.593	0.78		
总计	63	52.133			

图　15.3.6

图 15.3.6 是方差分析表．由于 A 和 B 都是固定效应，检验这两个主效应以及 A×B 交互作用的适当分母是误差的均方(MSE)．最后一列显示的 P 值是通过对 $F_{1,60}$ 分布应用 MINITAB 的 cdf 命令找到的．因子 A 具有统计显著性，而因子 B 正朝着这个方向发展．因此，尽管“性别歧视”是众所周知的，但这些数据表明，“外貌歧视”可能更加根深蒂固．表 15.3.2 中显示的样本均值的排序进一步支持了这一论点：

$$2.55<3.00<3.12<3.36$$

以及这些均值代表什么群体：

无吸引力的女性 < 无吸引力的男性 < 有吸引力的女性 < 有吸引力的男性

习题

15.3.1 证明与公式(15.3.1)的平方相关的$\binom{4}{2}$个交叉积项都是0.

15.3.2 验证前面给出的SSA，SSB，SSAB和SSTOT的计算公式.

15.3.3 考虑以下一组双因子析因数据，

		因子B			
		B_1	B_2	B_3	B_4
因子A	A_1	4 2	1 3	2 2	3 2
	A_2	5 6	2 2	1 3	4 3
	A_3	4 6	3 0	1 1	2 1

(a)计算SSA，SSB，SSAB和SSE，并填写相关方差分析表中的df，*SS*和*MS*列.

(b)估计数据模型的参数，即计算$\hat{\alpha}_i$，$i=1,2,3$，$\hat{\beta}_j$，$j=1,2,3,4$和$(\widehat{\alpha\beta})_{ij}$，$i=1,2,3$；$j=1,2,3,4$.

(c)这些数据是否有任何地方违反了与双因子模型相关的假设?

15.3.4 在下表中填入缺失的数据点，给出双因子析因实验记录的反应，并完成其右边所示的方差分析表.

		因子B		
		B_1	B_2	B_3
因子A	A_1	8 4	1 3	8
	A_2	19 	8 14	 18
	A_3	5 5	2 0	4 10

差异来源	df	*SS*	*MS*
A			
B			
A×B		0	
误差			
总计			

15.3.5 由一组双因子析因数据生成的方差分析表是否可能有以下所示的条目？请解释.

差异来源	df	*SS*	*MS*
A		0	
B		0	
A×B		1 000	
误差			
总计			

15.3.6 直接计算这些数据的SSE，即不从SSTOT中减去SSA，SSB和SSAB，误差的均方是多少?

		因子B		
		B_1	B_2	B_3
因子A	A_1	6 2 4	8 10 9	7 7 7
	A_2	1 7 4	1 5 6	12 10 14

15.3.7　填写下面的方差分析表.

差异来源	df	SS	MS
A	5		12
B			11
A×B			0.9
误差	60		
总计	89	164	

15.4　期望均方

在第 12 章和第 13 章中，我们推导得出了期望均方，以证明用方差分析进行 k 样本和随机区组假设检验的临界域必然在适当的 F 分布的右尾部. 除提供这一特定的理论证明外，期望均方在任何观测到的 F 比率的实际计算中没有发挥作用. 在这些章中，每个检验统计量的分母总是 MSE，即误差的均方.

析因设计则不同. 当有多个因子存在时，方差分析就会变得相当复杂. 例如，在类似于图 15.1.1c 的设计中，不存在误差的均方. 对于类似于图 15.1.1a 和 b 的设计，有一个误差的均方，但它往往不是用来计算观测到的 F 比率的分母. 在所有这些情况下，做方差分析绝对需要我们知道设计的模型方程中每个主效应和每个交互作用的期望均方.

推导 k 样本设计中各处理的期望均方只需要几个步骤(回顾定理 12.2.1). 然而，对于最简单的析因设计中最简单的项，类似的推导要困难得多，这表明在更复杂的析因中寻找更复杂的项的期望均方将是非常麻烦的. 幸运的是，通过使用一种被称为 EMS 算法的捷径，可以完全避免这种可能发生的情况.

EMS 算法的行和列的标题

EMS 算法是在一个矩阵上操作的，其条目由与出现在析因模型方程中的下标参数相关的属性决定. 例如，考虑公式(15.2.3)中给出的双因子析因模型.

$$Y_{ijk}=\mu+\alpha_i+\beta_j+(\alpha\beta)_{ij}+\varepsilon_{k(ij)}$$

其中 $i=1,2,\cdots,r$；$j=1,2,\cdots,c$；$k=1,2,\cdots,n$. 此外，假设因子 A 是固定效应，因子 B 是随机效应.

EMS 矩阵的列以模型中的不同下标(i，j 和 k)为标题；行以下标参数为标签(在左边). 在每一列标题的上方是 F 或 R，取决于该因子是固定的还是随机的. 在每个 F 或 R 的上方是与该特定下标有关的水平数. 最后，在参数 Q 行的矩阵右边写着 σ_Q^2 或 σ_Q^{*2}，取决于参数 Q 是随机效应还是固定效应(见图 15.4.1).

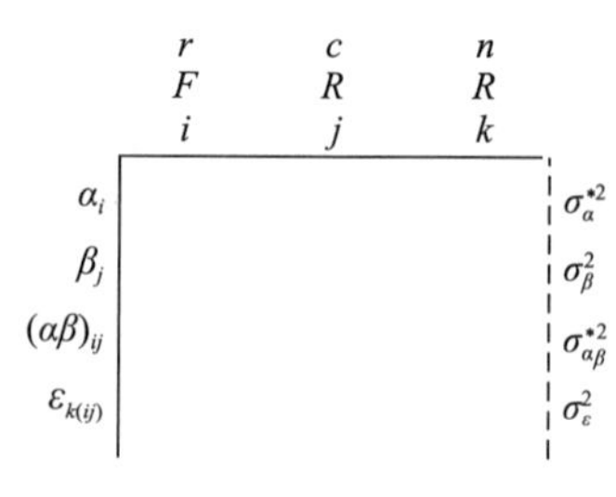

图　15.4.1

注释　σ^2 和 σ^{*2} 符号的合理性来自我们之前看到的一个结果. 回顾定理 12.2.1，该定理得出了 k 样本设计中处理的期望均方公式. 具体来说，

$$E(\mathrm{MSTR})=\sigma^2+(1/(k-1))\sum_{j=1}^{k}n_j(\mu_j-\mu)^2 \qquad (15.4.1)$$

在公式(15.4.1)中，σ^2 是误差方差，在第 15 章中被称为 σ_ε^2. 第二项是归因于 μ_j 的期望均方的加法(当然，如果 μ_j 都相同，它们都等于 μ，“求和项”为 0).

现在，在第 15 章的背景下思考这个公式. 如果被比较的处理方法符合随机效应的条件，那么 μ_j 就是随机变量，在这种情况下

$$[1/(k-1)]\sum_{j=1}^{k}n_j(\mu_j-\mu)^2$$

实际上是这些 μ_j 的方差(可以表示为 $\sigma_{\mu_j}^2$). 另一方面，如果“处理”是一个固定效应，那么 μ_j 是常数(而不是随机变量)，在这种情况下，第二项不是方差. 不过，其公式的结构看起来还是像一个方差. 因此，σ^{*2} 这个符号就成为一个有用的描述符号，用来说明这个公式不是方差，但又像方差.

一般来说，对于每一个可能的处理组合至少有两个测量值的析因设计中，每个主效应和每个交互作用的期望均方都有相同的基本形式：它将是 σ_ε^2 加上一个或多个常数乘以一个类似方差或一个真实方差的总和，这分别取决于相关效应是固定的还是随机的.

确定 EMS 矩阵条目的规则

规则 1　在每一行中输入列标题上方列出的水平数，但仅限于下标没有出现在行下标中的列. 见图 15.4.2.

规则 2　在括号内有下标的行中，在有该括号内下标的列下输入一个 1.

规则 3　在 F 列下的任何空单元格中输入 0，在 R 列下的任何空单元格中输入 1，以完成矩阵.

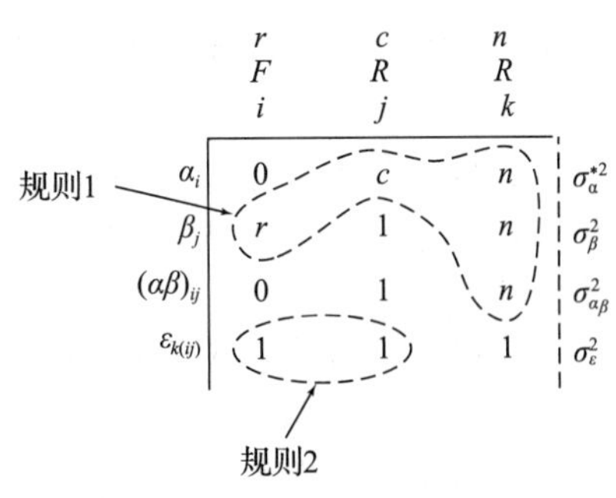

图　15.4.2

确定 EMS 的规则

规则 1　为了找到某一行的 EMS，删除所有具有在该行中出现的、不在括号内的下标相同的列. 同时，删除不具有出现在该行中的所有下标的其他行.

规则 2　将每一行中未被删除的条目相乘，然后将所有未被删除的行的乘积相加.

例 15.4.1　使用产生图 15.4.2 中 EMS 矩阵的模型假设，找出因子 A 的期望均方.

应用规则 1 要求删除 β_j 行和 i 列. 图 15.4.3 显示了最终的乘法和加法，得到了要求的 $E(\mathrm{MSA})$. 也就是说，

$$E(\mathrm{MSA})=1\cdot 1\cdot\sigma_\varepsilon^2+1\cdot n\sigma_{\alpha\beta}^2+c\cdot n\sigma_\alpha^{*2}$$
$$=\sigma_\varepsilon^2+n\sigma_{\alpha\beta}^2+cn\sigma_\alpha^{*2}$$

同样地，规则 2 得出了另外三个期望均方.

$$E(\mathrm{MSB})=1\cdot 1\cdot\sigma_\varepsilon^2+0\cdot n\cdot\sigma_{\alpha\beta}^2+rn\cdot\sigma_\beta^2=\sigma_\varepsilon^2+rn\sigma_\beta^2$$

$$E(\mathrm{MSAB})=1\cdot\sigma_\varepsilon^2+n\sigma_{\alpha\beta}^2=\sigma_\varepsilon^2+n\sigma_{\alpha\beta}^2$$

$$E(\mathrm{MSE})=1\cdot 1\sigma_\varepsilon^2=\sigma_\varepsilon^2$$

■

	r F i	c R j	n R k	
规则1 → α_i	0	c	n	σ_α^{*2}
β_j	r	1	n	σ_β^2
$(\alpha\beta)_{ij}$	0	1	n	$\sigma_{\alpha\beta}^2$
$\varepsilon_{k(ij)}$	1	1	1	σ_ε^2

图　15.4.3

使用 EMS 列

假设我们想检验 15.4 节前面描述的双因子模型中因子 A 的效应. 如果我们按照第 12 章和第 13 章中的过程来做，那么检验统计量将是

$$\frac{\text{MSA}}{\text{MSE}}$$

如果 MSA/MSE 充分大于 1，我们将称因子 A 的效应为统计上的显著性，这一点由 F 检验决定. 现在，假设 MSA/MSE 的值实际上非常大，而且确实超过了 F 临界值. 我们能得出结论说因子 A 的效应在统计上是显著的吗? 不能.

看一下因子 A 和误差的期望均方的商. 从图 15.4.3 中的 EMS 算法来看

$$\frac{E(\text{MSA})}{E(\text{MSE})}=\frac{\sigma_{\varepsilon}^{2}+n\sigma_{\alpha\beta}^{2}+cn\sigma_{\alpha}^{*2}}{\sigma_{\varepsilon}^{2}} \qquad (15.4.2)$$

分子包含两个效应(因子 A 和 AB 交互作用)的贡献，以及误差项(也出现在分母中). 由此可见，如果 MSA/MSE 非常大，我们就无法知道背后的原因. 这可能是因为(1)因子 A 确实具有统计显著性，或者(2)AB 交互作用具有统计显著性(而因子 A 不具有统计显著性)，或者(3)两者都具有统计显著性，或者(4)两者都不具有统计显著性，但它们的综合贡献使它看起来像有显著性的.

显然，只有当分母期望均方包含分子期望均方中出现的除被检验的效应外的所有成分时，我们才能使用 F 检验来明确识别某一特定因子或交互作用是否具有统计显著性. 这里意味着 MSA 的适当分母应该是 MSAB，因为 EMS 算法显示

$$E(\text{MSAB})=\sigma_{\varepsilon}^{2}+n\sigma_{\alpha\beta}^{2}$$

注释 基于刚才描述的原理，图 15.4.3 中的 EMS 算法显示，对于这个相同的双因子模型，MSE 是检验(1)交互作用是否有统计显著性和(2)因子 B 的效应是否有统计显著性的适当分母.

可以肯定的是，双因子设计的模型方程只有 4 个下标项[α_i，β_j，$(\alpha\beta)_{ij}$ 和 $\varepsilon_{k(ij)}$]，所以可能的 F 比率分母数量很少. 然而，当两个以上的因子交叉时，这个数量会急剧上升. 三因子析因模型方程有 8 个下标项，四因子模型有 16 个下标项. 根据哪些因子是固定的，哪些是随机的，其中许多项的期望均方(除“误差”均方外)可能被证明是 F 检验的适当分母.

习题

15.4.1 在 12.2 节中，完全随机化单因子设计的数学模型被写成 $Y_{ij}=\mu_j+\varepsilon_{ij}$，其中 μ_j 是与因子 A 的第 j 个水平相关的真实平均反应，$j=1,2,\cdots,k$. 用第 15 章的术语来表述，同样的实验设计可以写成 $Y_{ij}=\mu+\alpha_j+\varepsilon_{i(j)}$，其中 μ 是整体的真实平均反应，α_j 是与因子 A 的第 j 个水平相关的真实反应变化，$j=1,2,\cdots,k$. $\varepsilon_{i(j)}$ 是一个嵌套的误差项. 假设 A 是一个出现在 k 个水平上的固定因子，在每个水平上有 n 个重复. 使用 EMS 算法求出模型的下标参数的期望均方.

15.4.2 假设习题 15.4.1 中描述的因子 A 是随机的而不是固定的. 该模型的期望均方将如何变化? 对数据的分析，即方差分析会有什么不同? 方差分析会有怎样的变化?

15.4.3 在一个大都市地区进行了一项研究，以评估各学区之间以及这些学区内的学校之间在为毕业班学生准备 ACT 考试方面的差异性. 随机选择 5 个区(A_i，$k=1,2,3,4,5$)，在每个区中随机选择 4 所学校作为重复. 每所学校的记录是其毕业班学生获得的 ACT 平均分数.

区				
A_1	A_2	A_3	A_4	A_5
15.8	20.2	19.1	17.2	18.2
16.0	19.8	20.2	15.8	17.9
17.5	21.6	21.9	16.2	16.7
17.8	22.4	19.7	17.8	17.5

让 σ_A^2 表示全市各区 ACT 平均分数的真实方差，让 σ_ε^2 表示某区各学校 ACT 分数的真实方差. 通过解以下方程组来估计 σ_A^2 和 σ_ε^2：

$$\text{MSA} = E(\text{MSA})$$
$$\text{MSE} = E(\text{MSE})$$

使用 EMS 算法来求 E(MSE)和 E(MSA). 注意：$\sum_{i=1}^{4}\sum_{j=1}^{5}Y_{ij} = 369.3$ 和 $\sum_{i=1}^{4}\sum_{j=1}^{5}Y_{ij}^2 = 6\,899.23$.

15.4.4 下面显示的是一组双因子析因数据的方差分析表.

差异来源	df	SS	MS
A	4	24	6
B	3	15	5
A×B	12	36	3
误差	40	30	0.75
总计	59		

(a)假设 A 和 B 都是固定因子. 使用 EMS 算法求实验设计模型方程中每个下标参数的期望均方. 根据这些期望均方，找出衡量 A 效应的统计显著性的 P 值.

(b)假设 A 是一个固定因子，B 是一个随机因子. 重复(a)部分要求的步骤，即求模型下标参数的期望均方，并确定与 A 效应相关的 P 值.

(c)从(a)和(b)部分的答案中可以学到什么“教训”?

15.4.5 正如我们在本章后面所看到的，描述一个三因子析因的数学模型，其中因子 A 出现在 r 水平，因子 B 出现在 c 水平，因子 C 出现在 u 水平，并且在每个处理组合中采取 n 个重复，该模型如下

$$Y_{ijkl} = \mu + \alpha_i + \beta_j + \gamma_k + (\alpha\beta)_{ij} + (\alpha\gamma)_{ik} + (\beta\gamma)_{jk} + (\alpha\beta\gamma)_{ijk} + \varepsilon_{l(ijk)}$$

其中，α_i，β_j 和 γ_k 分别是由于第 i 个水平的 A、第 j 个水平的 B 和第 k 个水平的 C 所引起的预期反应变化. 除了三个双因子的交互作用，每个三因子析因也有一个三因子的交互作用，由一组参数$(\alpha\beta\gamma)_{ijk}$描述. 假设 A、B、C 都是固定因子.

(a)使用 EMS 算法求每个模型下标参数的期望均方.

(b)用什么分母来检验该模型的每个主效应和交互作用?

15.4.6 对于习题 15.4.5 中描述的三因子析因模型，假设 A 和 B 是固定效应，C 是随机效应.

(a)使用 EMS 算法求该模型的一组期望均方.

(b)用什么分母来检验每个主效应和交互作用?

15.5 示例

第 15 章的第一部分讨论了双因子析因设计的一些重要数学概念. 在这一节中，我们介绍在具体例子中说明这些概念的几种情况. 本节还讨论了从实验者的角度出发，在设计和解释析因数据时出现的一些问题.

例 15.5.1 尽管我们中的一些人很难理解，但报名参加统计学必修课的新生并不总是完全喜欢这种经历. 在一所学校，课程评价不尽如人意，不满的主要来源似乎是教科书. 于是学校决定设计一个教学实验，征求学生的意见，以选择新的课程材料.

该项目开始时，教授审查了最近出版的所有匹配新生水平的书籍，目的是确定一个最能代表广泛教学方法的简短清单. 三本教材(A_1、A_2 和 A_3)最终被选中.

A_1：采用传统方法；强调用手动计算器进行计算

A_2：以计算机为导向；所有的问题都是用一个统计软件包完成的

A_3：以概念为导向；以案例研究为特色；要求很少的计算

有三种类型的学生——数量相当——通常在秋季学期入学.

B_1：教育专业的学生

B_2：刑事司法专业的学生

B_3：政治学专业的学生

总的班级规模接近 200 人.

为了得到学生希望得到的反馈，该班被任意分成三部分，每部分使用不同的书，但都由同一个教授授课. 在每个部分中，随机选择了四个教育专业的学生、四个刑事司法专业的学生和四个政治学专业的学生，在学期结束时对他们的课程进行评估. 他们被问到的最后一个问题是："从 1 到 20，你对你在这门课程中学到的统计学的满意度如何?"

图 15.5.1 显示了最后的数据，以及单元格总数(T_{ij})、行总数($T_{i..}$)、列总数($T_{.j.}$)和总体总数($T_{...}$). 图 15.5.2 总结了使用 15.3 节给出的计算公式进行的方差分析的平方和计算.

教材		B_1 (教育)	B_2 (刑事司法)	B_3 (政治)	$T_{i..}$
	A_1	13 15 15 12 (55)	18 19 18 16 (71)	14 16 14 12 (56)	182
	A_2	19 16 14 13 (62)	17 19 14 17 (67)	12 16 17 16 (61)	190
	A_3	13 17 17 14 (61)	8 8 10 7 (33)	15 12 14 15 (56)	150
	$T_{.j.}$	178	171	173	$522 = T_{...}$

图 15.5.1

为了计算期望均方，因子 A 被认为是一个固定效应，因为被比较的三本书有明显不同的教学方法，为学生提供了一些明确的选择. 常识告诉我们，如果项目围绕着从某人的书架上随意抓来的三本书展开，没有人会致力于这样一个雄心勃勃的为期一个学期的研究.

另一方面，因子 B 也符合随机效应的要求. 可以肯定的是，教育、刑事司法和政治学代表了明显不同的专业，其目标也截然不同．但这些具体的差异是实验者所追求的吗？可能不是．最有可能的是，这三个专业出现在研究中，仅仅是因为它们碰巧在被审查的特定班级中出现．

方差分析计算

$$C = T_{\ldots}^{2}/rcn = (522)^2/3\cdot 3\cdot 4 = 7\ 569$$

$$\text{SSA} = \sum_{i=1}^{3} T_{i..}^2/12 - C = (1/12)[(182)^2+(190)^2+(150)^2] - 7\ 569 = 74.66$$

$$\text{SSB} = \sum_{j=1}^{3} T_{.j.}^2/12 - C = (1/12)[(178)^2+(171)^2+(173)^2] - 7\ 569 = 2.16$$

$$\text{SSAB} = \sum_{i=1}^{3}\sum_{j=1}^{3} T_{ij.}^2/4 - C - \text{SSA} - \text{SSB}$$

$$= (1/4)[(55)^2+(71)^2+\cdots+(56)^2] - 7\ 569 - 74.66 - 2.16 = 154.68$$

$$\text{SSTOT} = \sum_{i=1}^{3}\sum_{j=1}^{3}\sum_{k=1}^{4} Y_{ijk}^2 - C = (13)^2+(15)^2+\cdots+(15)^2 - 7\ 569 = 323$$

$$\text{SSE} = \text{SSTOT} - \text{SSA} - \text{SSB} - \text{SSAB} = 323 - 74.66 - 2.16 - 154.68 = 91.5$$

或

$$\text{SSE} = \sum_{i=1}^{3}\sum_{j=1}^{3}\sum_{k=1}^{4}(Y_{ijk} - T_{ij.}/4)^2$$

$$= (13-55/4)^2+(15-55/4)^2+(15-55/4)^2+(12-55/4)^2+$$
$$(18-71/4)^2+(19-71/4)^2+(18-71/4)^2+(16-71/4)^2+\cdots+$$
$$(15-56/4)^2+(12-56/4)^2+(14-56/4)^2+(15-56/4)^2$$
$$=91.5$$

df(主效应)＝水平序号－1；A 的 df＝3－1＝2；B 的 df＝3－1＝2

df(用于交互作用)＝与交互作用中包含的每个主效应相关的 df 的乘积＝2・2＝4

df(误差)＝$rc(n-1)$＝3・3・(4－1)＝27

df(总计)＝$rcn-1$＝3・3・4－1＝35

图 15.5.2

图 15.5.3 显示了 EMS 算法矩阵和由此产生的期望均方．后者与图 15.5.2 中计算的平方和相结合，得出图 15.5.4 中的方差分析表．

	3 F i	3 R j	4 R k		EMS
α_i	0	3	4	σ_α^{*2}	$\sigma_\varepsilon^2+4\sigma_{\alpha\beta}^2+12\sigma_\alpha^{*2}$
β_j	3	1	4	σ_β^2	$\sigma_\varepsilon^2+12\sigma_\beta^2$
$(\alpha\beta)_{ij}$	0	1	4	$\sigma_{\alpha\beta}^2$	$\sigma_\varepsilon^2+4\sigma_{\alpha\beta}^2$
$\varepsilon_{k(ij)}$	0	1	1	σ_ε^2	σ_ε^2

图　15.5.3

差异来源	df	SS	MS	EMS	F	P
教材(A)	2	74.66	37.33	$\sigma_\varepsilon^2+4\sigma_{\alpha\beta}^2+12\sigma_\alpha^{*2}$		
专业(B)	2	2.16	1.08	$\sigma_\varepsilon^2+12\sigma_\beta^2$		
A×B	4	154.68	38.67	$\sigma_\varepsilon^2+4\sigma_{\alpha\beta}^2$	11.41	0.000
误差	27	91.5	3.39	σ_ε^2		
总计	35	323.0				

图　15.5.4

在这种情况下，可以检验的零假设是这样写的

$$H_0: \alpha_1=\alpha_2=\alpha_3=0\text{(因为 A 是一个固定效应)}$$

$$H_0: \sigma_\beta^2=0\text{(因为 B 是一个随机效应)}$$

$$H_0: \sigma_{(\alpha\beta)}^2=0\text{(因为 B 是一个随机效应)}$$

在实践中，通常先检验 $H_0:\sigma_{(\alpha\beta)}^2=0$，因为一个有统计显著性的交互作用有时可以完全改变析因数据的分析重点，就像一个出乎意料得异常的残差图可以重新定义回归分析的目标一样.

在此，根据 EMS 列，评估交互作用强度的适当的 F 比率是

$$\text{MSAB/MSE}=38.67/3.39=11.41\text{(自由度为 4 和 27)}$$

由于相应的 P 值是 0.000，$H_0:\sigma^2(\alpha\beta)=0$ 被坚决地拒绝.

随着 0.000 的交互作用 P 值挥舞着统计学上的红旗，分析的下一步是不费吹灰之力的——绘制交互作用图．尽管交互作用图很简单，但它往往能帮助实验者理解数据的原因，而这些原因是 F 比率和 P 值所不能完全解释的.

按照图 15.2.3 介绍的格式，图 15.5.5 显示了因子 A 的三个水平(教材)和因子 B 的三个水平(专业)的反应模式. 最引人注目的是 A_1，A_2 的反应模式(非常相似)和 A_3 的反应模式之间的鲜明对比，刑事司法专业的评分远远低于教育和政治学专业的评分. A_3 的反应模式所表现出的非平行性程度，肯定是 F 比率发现 AB 交互具有统计显著性的主要原因.

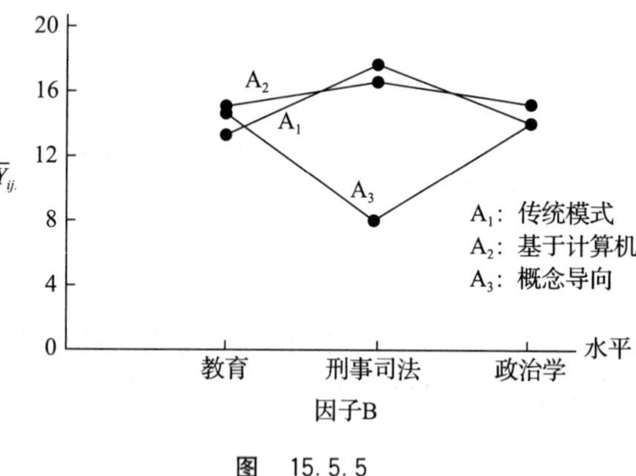

图　15.5.5

对这些结果的一种解释是 A_3 作为这门课的教科书显然是不可接受的，而最终的选择基本上是在 A_1 和 A_2 之间摇摆. 但这是从所有这些数据中得出的最有意义的结论吗？可能不会. 如果更仔细地检查交互图，就会对这些数字的含义做出截然不同的解释.

首先，如果 A_3 只是一本写得很差的书，我们有理由认为它的反应模式与 A_1 和 A_2 相似，它的评分将与刑事司法专业的评分一样低. 但这从未发生过. 教育专业和政治学专业的学生认为 A_3 应该是个不错的选择. 那么，从刑事司法专业的角度来看，这个问题一定是这本书的重点.

根据对 A_1, A_2 和 A_3 的描述，A_1 和 A_2 倾向于在概念和计算之间取得平衡，而 A_3 是概念驱动的，实际上排除了计算. 这种区别对这个特殊的班级有多重要？交互图解决了这个问题. 再次查看图 15.5.5. 刑事司法专业的学生最喜欢 A_1（计算能力最强的）. 事实上，他们给它的评分是所有专业中最高的. 他们喜欢 A_3（最少计算的）最少——他们给它的评分是最低的. 同时，教育专业和政治学专业最不喜欢的书都是 A_1，他们第二喜欢的是 A_3.

这种交互在这里明确地告诉我们，这项研究的最初目标——为这门课找到一本好的教科书——是没有希望的. 因为刑事司法专业的学生想学的东西与教育和政治学专业的学生想学的东西之间存在着巨大的差异，所以没有一本书能吸引整个班级的学生. 此外，交互图还指出了一个可行的解决方案——将课程分成两个部分，一个针对刑事司法专业，另一个针对教育和政治学专业的组合. 在组合部分的学生显然非常满意在同一个课堂上使用 A_2 或者 A_3.

在这一点上，使用 MSA/MSAB 和 MSB/MSE 作为观测到的 F 比率来检验这两个主要效应在数学上没有什么不妥. 但确实没有太多理由这么做. 这组数据中有意义的信息是我们可以从交互中收集到的信息. 把主效应带入"对话"中，只会分散注意力，而不是带来好处. 事实上，许多应用统计学家普遍认为，在存在高度显著性的交互作用的情况下，不应该检验主效应. ■

案例研究 15.5.1

传统的除湿机通过将充满水分的室内空气吹到充满制冷剂的冷却盘管上来实现其目标. 环境温度差导致空气中的湿气在盘管上凝结. 然后冷却的（干燥）空气被重新加热到室温并从设备中排出.

这种系统的一个主要缺点是，潮湿的冷却盘管很容易成为细菌的温床，随之带来其他问题. 另一个选择是液体除湿机，室内空气被吹到一个强大的干燥剂上，通常是氯化锂，吸收多余的水分. 仍处于室温下的（干燥）空气，然后被简单地送回室内. 冷凝在这个过程中从未发挥作用，因此细菌的生长从来不是一个问题.

当然，哪种类型的设备在特定情况下更合适，也取决于它们的相对运营成本. 为了解决这个问题，我们编写了一个计算机程序[20]，使用历史温度和湿度读数来估计每月的电费，假设在得克萨斯州休斯敦的一个 10 000 平方英尺的 5 层建筑中安装每种类型的系统会产生电费. 表 15.5.1 显示了部分结果.

让春、夏、秋、冬成为因子 A 的四个水平，每个季节的三个月被视为重复. 让传统和液体成为因子 B 的两个水平. 这两个因子都符合固定效应. 要检验的假设是 $H_0:\alpha_1=\alpha_2=\alpha_3=\alpha_4$，$H_0:\beta_1=\beta_2=0$，以及 $H_0:(\alpha\beta)_{ij}\equiv 0$.

根据表 15.5.1 中显示的行和列的总和，

$$C=(13\ 657.47)^2/24=7\ 771\ 936.95$$

$$\begin{aligned}\text{SSA}&=(3\ 466.47)^2/6+(3\ 908.55)^2/6+(3\ 458.85)^2/6+(2\ 823.60)^2/6-C\\&=99\ 652.658\end{aligned}$$

$$\text{SSB}=(7\ 825.51)^2/12+(5\ 831.96)^2/12-C=165\ 593.4$$

同时，

$$\text{SSTOT} = (618.62)^2 + (621.63)^2 + \cdots + (466.98)^2 - C = 344\ 538.133$$

表　15.5.1

		每月的电费(美元) 除湿机的类型 传统 (B_1)	液体 (B_2)	$T_{i..}$
季节	春(A_1)	618.62 621.63 730.89	489.39 490.15 515.79	3 466.47
	夏(A_2)	785.90 800.67 788.15	509.61 514.10 510.12	3 908.55
	秋(A_3)	770.19 665.84 552.34	494.71 506.97 468.80	3 458.85
	冬(A_4)	511.05 438.70 541.53	452.03 413.31 466.98	2 823.60
	$T_{.j.}$	7 825.51	5 831.96	$T_{...}$ = 13 657.47

表　15.5.2

	B_1	B_2
A_1	1 971.14	1 495.33
A_2	2 374.72	1 533.83
A_3	1 988.37	1 470.48
A_4	1 491.28	1 332.32

表 15.5.2 显示了 $T_{ij.}$ 的 8 个数值. 利用 15.3 节的公式，A×B 交互作用的平方和为

$$\begin{aligned}\text{SSAB} &= (1\ 971.14)^2/3 + (2\ 374.72)^2/3 + \cdots + (1\ 332.32)^2/3 - \\ &\quad 7\ 771\ 936.95 - 99\ 652.658 - 165\ 593.4 \\ &= 38\ 901.513\ 2\end{aligned}$$

并且，通过减法，

$$\begin{aligned}\text{SSE} &= \text{SSTOT} - \text{SSA} - \text{SSB} - \text{SSAB} \\ &= 344\ 538.133 - 99\ 652.658 - 165\ 593.4 - 38\ 901.513\ 2 \\ &= 40\ 390.561\ 8\end{aligned}$$

鉴于因子 A 和 B 都是固定效应，EMS 算法定义的矩阵采取了图 15.5.6 所示的形式. 通过检查，检验 A 效应、B 效应和 AB 交互作用的分母均方是误差均方 MSE.

将图 15.3.1 中的条目与图 15.5.6 中的期望均方一起填入，得到图 15.5.7 中的方差分析表.

	4 *F* *i*	2 *F* *j*	3 *R* *k*		EMS
α_i	0	2	3	σ_α^{*2}	$\sigma_\varepsilon^2 + 6\sigma_\alpha^{*2}$
β_j	4	0	3	σ_β^{*2}	$\sigma_\varepsilon^2 + 12\sigma_\beta^{*2}$
$(\alpha\beta)_{ij}$	0	0	3	$\sigma_{\alpha\beta}^{*2}$	$\sigma_\varepsilon^2 + 3\sigma_{\alpha\beta}^{*2}$
$\varepsilon_{k(ij)}$	1	1	1	σ_ε^2	σ_ε^2

图　15.5.6

差异来源	df	SS	MS	EMS	F	P
季节(A)	3	99 652.658	33 217.55	$\sigma_\varepsilon^2+6\sigma_\alpha^{*2}$	13.16	<0.000 5
类型(B)	1	165 593.4	165 593.4	$\sigma_\varepsilon^2+12\sigma_\beta^{*2}$	65.60	<0.000 5
A×B	3	38 901.513 2	12 967.17	$\sigma_\varepsilon^2+3\sigma_{\alpha\beta}^{*2}$	5.14	<0.025
误差	16	40 390.561 8	2 524.410	σ_ε^2		
总计	23	344 538.133				

图 15.5.7

由于$F_{1,16}$(检验B效应的分布)和$F_{3,16}$(检验A效应和A×B交互作用的分布)分别与$F_{1,15}$和$F_{3,15}$相似，并且由于$F_{0.999\,5,1,15}=19.5$，$F_{0.999\,5,3,15}=10.8$，因此与“季节”和“类型”相关的P值<0.000 5. 另外，$F_{0.975,3,15}=4.15$，$F_{0.99,3,15}=5.42$，所以观测到的F比率为5.14，这意味着A×B的交互作用的P值在0.025和0.01之间.

注释 A效应和AB交互作用具有统计显著性的事实，在收集第一个数据点之前就可以预测到. 任何曾经在休斯顿的七月汗流浃背的人都知道，得克萨斯夏季的空调费用会比冬季高得多. 此外，因子A和B不可能是可加的. 正如表15.5.2中的数字所示，当温度越来越高时，不同的空调系统之间的节能差异往往会越来越大. 那么，这些数据的故事都是关于B效应和非常小的P值，表明氯化锂空调可能比标准冷却盘管空调更经济.

季节	平均冷却成本(美元)	节能差异 B_1-B_2(美元)
A_1(春)	1 733.24	475.81
A_2(夏)	1 954.28	840.89
A_3(秋)	1 729.43	517.89
A_4(冬)	1 411.80	158.96

案例研究 15.5.2

转基因生物(GMO)是指其分子结构通过添加特定的DNA序列而得到增强的植物或动物，其目的是创造或改善某些理想的特性，或尽量减少被认为不理想的特性. 一个在任何杂货店都能找到的熟悉的例子是菜籽食用油，它来自油菜籽植物的一个转基因杂交种. 在20世纪90年代末，加拿大研究人员将DNA序列拼接到油菜籽植物的雌雄基因组上，使其具有抗旱和抗除草剂的能力. 因此，油菜籽植物现在是世界范围内食用油和生物燃料的一个主要来源.

尽管取得了像菜籽油这样的商业成功，转基因食品总体上仍然存在争议. 围绕它们的安全、环境影响和联邦监管的需要等问题仍在争论之中. 识别和量化转基因生物的实验室技术也是如此. 正在研究的方法包括PCR(聚合酶链式反应)过程，警察用它来识别在犯罪现场发现的微量DNA[220].

表15.5.3显示了对两种油菜籽DNA混合物进行的一组基于PCR的测量.

混合物#1：转基因DNA与非转基因DNA的比例为1.5∶98.5

混合物#2：转基因DNA与非转基因DNA的比例为0.5∶99.5

使用两种不同的方法对每种混合物的三个样本进行了检测. 检测方法 F 通过分析雌性基因组来估计 GMO 含量，而检测方法 M 则分析雄性基因组. 表 15.5.3 中的条目是 GMO 浓度的 PCR 估计值与样品混合物的名义浓度(1.5%或 0.5%)之间的差异.

表　15.5.3

	F分析	M分析
	差异(实测GMO含量−名义GMO含量)	
混合物#1	0.06 −0.57 0.34 $\overline{Y}_{11.}=-0.057$	−0.08 0.45 0.40 $\overline{Y}_{12.}=-0.257$
混合物#2	−0.11 −0.15 −0.16 $\overline{Y}_{21.}=-0.140$	−0.15 −0.08 −0.19 $\overline{Y}_{22.}=-0.107$

让 A 表示混合因子，B 表示检测因子. 两者都将被视为固定效应，因为每个因子的两个水平都是由实验者明确预选的. 通过绘制 A×B 的交互作用图开始分析一个双因子析因，这绝不是一个坏主意. 但与例 15.5.1 中遇到的情况不同，这里的交互作用图并不引人注目. 反应模式不平行的程度有限(见图 15.5.8)，说明$(\alpha\beta)_{ij}=0$ 并不是一个不合理的假设.

不过，尽管交互图可能很有帮助，我们也知道它们的外观有时会有欺骗性，因为它们没有显示出与每个模型的估计参数相关的变化有多大. 解决这个问题的方法是进行方差分析，并依靠 F 检验来帮助我们决定$(\alpha\beta)_{ij}=0$ 对所有 i 和 j 是否是一个可信的假设.

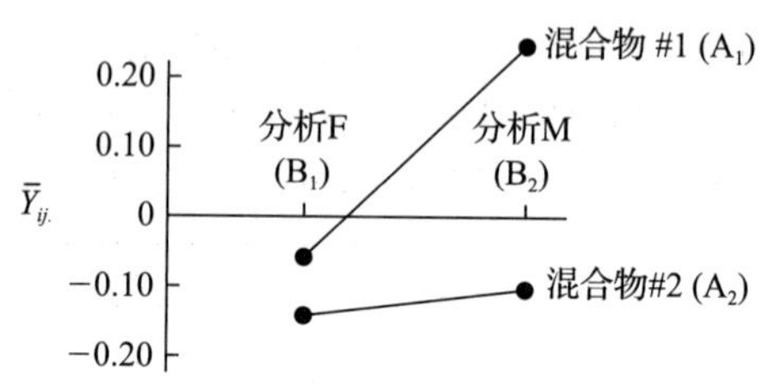

图　15.5.8

为此，图 15.5.9 显示了 MINITAB 对表 15.5.3 中条目的析因设计输入和输出. 正如所怀疑的那样，交互作用的 P 值远没有达到统计显著性；两个主效应的 P 值也没有达到统计显著性.

```
MTB  > set c1
DATA > 0.06 -0.57 0.34 -0.11 -0.15 -0.16 -0.08 0.45 0.40 -0.05 -0.08 -0.19
DATA > end
MTB  > name c1 "Precision"
MTB  > set c2
DATA > 1 1 1 2 2 2 1 1 1 2 2 2
DATA > end
MTB  > name c2 "Mixture"
MTB  > set c3
DATA > 1 1 1 1 1 1 2 2 2 2 2 2
DATA > end
MTB  > name c3 "Assay"
MTB  > twoway c1 c2 c3
Two-way ANOVA:Precision versus Mixture,Assay
Source        DF        SS        MS     F      P
Mixture        1  0.149633  0.149633  1.94  0.201
Assay          1  0.090133  0.090133  1.17  0.312
Interaction    1  0.058800  0.058800  0.76  0.408
Error          8  0.618000  0.077250
Total         11  0.916567
```

图　15.5.9

关于数据 请看图 15.5.10. 图中显示的是表 15.5.3 中的 12 个观测值的样本方差. 值得注意的是这四个数字之间的变化幅度. 例如，左上角的样本方差是左下角的样本方差的 300 多倍(0.217/0.000 7=310). 为什么这很重要，因为与析因模型相关的一个关键假设是，不同处理组合的真实方差都是一样的[回顾公式(15.2.3)].

样本方差，s_{ij}^2

因子B	
B_1	B_2
0.217	0.086
0.000 7	0.003 1

图 15.5.10

在 9.3 节中，在 $H_0:\mu_X=\mu_Y$ 的合并 t 检验中也做了类似的"等方差"假设. 不过，对于这个问题，只涉及两个处理组，检验 H_0：$\sigma_X^2=\sigma_Y^2$ 是通过使用 F 比率 s_Y^2/s_X^2 来完成的. 但对于析因模型来说，总会有两个以上的处理组，而 F 检验不能扩展到解决这些更大的数字.

最广泛使用的过程之一是 Bartlett 检验，用于检查 k 方差是否都是相同的，其中 $k>2$：让 $\sigma_1^2,\sigma_2^2,\cdots,\sigma_k^2$ 表示与 k 个不同处理相关的真实方差. 让 $s_1^2,s_2^2,\cdots,s_k^2$ 是为 k 个处理中的每一个找到的样本方差，其中每个 s_i^2 基于 n_i 个观测值.

定义检验统计量：

$$\chi^2=\frac{(N-k)\ln s_P^2-\sum_{i=1}^{k}(n_i-1)\ln s_i^2}{1+\frac{1}{3(k-1)}\left(\sum_{i=1}^{k}\left(\frac{1}{n_i-1}\right)-\frac{1}{n-k}\right)}$$

其中

$$N=\sum_{i=1}^{k}n_i \quad 且 \quad s_P^2=\frac{1}{N-k}\sum_{i=1}^{k}(n_i-1)s_i^2$$

为了检验

$$H_0:\sigma_1^2=\sigma_2^2=\cdots=\sigma_k^2$$

与

$$H_1：不是所有的\ \sigma_i^2\ 都相等$$

若 $\chi^2\geqslant\chi^2_{1-\alpha,k-1}$，则在显著性水平为 α 时拒绝 H_0.

对于图 15.5.10 中的一组样本方差，$k=4$，$n_i=3$，$N=4(3)=12$，以及

$$s_P^2=\frac{1}{12-4}\sum_{i=1}^{4}(2)s_i^2=0.076\ 7$$

将这些值代入 Bartlett 检验统计量，可以得到 $\chi^2=11.17$(df 为 3). 从附录表 A.3 来看，11.17 的值介于 χ_3^2 分布的第 97.5 百分位数和第 99 百分位数之间，所以与检验相关的 P 值将大于 0.01，但小于 0.025.

做过 Bartlett 检验后的收获是相当大的. 乍一看，样本方差之间的变化——特别是 0.217 与 0.000 7——似乎是如此极端，以至于对做方差分析的适当性提出了质疑. 通过证明与 Bartlett 检验相关的 P 值大于 0.01，就可以减轻这种担忧，并使图 15.5.9 中涉及主

效应和交互作用的结论更加可信.

15.6　三因子析因设计

析因设计可以很好地进行概括．一旦我们看到如何修改双因子模型方程以适应三个因子，为任何数量的交叉因子建立数学模型就变得很简单了．此外，多因子析因设计中任何主效应或交互作用的平方和都可以按照同样的两个基本规则来计算.

图 15.6.1 显示了用于描述三因子设计中测量的符号和布局的一个例子，其中 A 有 r 个水平($i=1,2,\cdots,r$)，B 有 c 个水平($j=1,2,\cdots,c$)，C 有 u 个水平($k=1,2,\cdots,u$)，并且在三个因子的每个可能组合中采取 n 个重复($l=1,2,\cdots,n$)．除包含第四个下标外，表示总和和平均值的惯例遵循用于双因子析因的相同格式．例如，与因子 A、B 和 C 的任意水平相关的所有反应的总和将分别表示为 $T_{i\ldots}$，$T_{.j..}$ 和 $T_{..k.}$．同样地，比如，因子 A 的第 i 个水平和因子 C 的第 k 个水平上进行的测量所记录的平均反应将被写成$\overline{Y}_{i.k.}$．总之，$rcun$ 个观测值的总和和平均值将分别被写成 $T_{\ldots.}$ 和$\overline{Y}_{\ldots.}$．

因子C	C_1			C_2				C_u		
因子B	B_1	B_2	B_c	B_1	B_2	B_c	$\cdots$	B_1	B_2	B_c
因子A A_1	Y_{1111} Y_{1112} $\vdots$ Y_{111n}	$\cdots$			Y_{1221}					Y_{1cu1}
A_2	Y_{2111} $\vdots$ Y_{211n}									
$\vdots$										
A_r	Y_{r111} $\vdots$ Y_{r11n}									Y_{rcu1} $\vdots$ Y_{rcun}

图　15.6.1

模型方程

假设 α_i，β_j 和 γ_k 分别表示 A 的第 i 个水平、B 的第 j 个水平和 C 的第 k 个水平的真实效应．这三个因子中的任何一对或所有一对可能是可加的，也可能是交互作用的．还有一种可能性是，所有三个因子都可能以某种方式有交互作用，超过任何可能的双因子交互作用．包括所有这些可能的非可加性来源的修正项，要求一般的三因子析因模型被写成

$$Y_{ijkl}=\mu+\alpha_i+\beta_j+\gamma_k+(\alpha\beta)_{ij}+(\alpha\gamma)_{ik}+(\beta\gamma)_{jk}+(\alpha\beta\gamma)_{ijk}+\varepsilon_{l(ijk)} \quad (15.6.1)$$

对于 $i=1,2,\cdots,r$；$j=1,2,\cdots,c$；$k=1,2,\cdots,u$；以及 $l=1,2,\cdots,n$．一组参数$(\alpha\beta\gamma)_{ijk}$定义了可能的三因子交互作用．如果没有三因子交互作用，所有的$(\alpha\beta\gamma)_{ijk}$都等于 0．三个主效应中的每一个都可以是固定的或随机的，$rcun$ 个 ε 被假定为独立的、服从正态分布的随机变量，均值为 0，方差为 σ_ε^2.

注释　三因子模型参数的最小二乘估计值与我们看到的双因子析因的模式相同：

$$\hat{\mu}=\overline{Y}_{\ldots.}\qquad \hat{\alpha}_i=\overline{Y}_{i\ldots}-\overline{Y}_{\ldots.}\qquad \hat{\beta}_j=\overline{Y}_{.j..}-\overline{Y}_{\ldots.}\qquad \hat{\gamma}_k=\overline{Y}_{..k.}-\overline{Y}_{\ldots.}$$

$$\widehat{(\alpha\beta)}_{ij}=\overline{Y}_{ij..}-\overline{Y}_{i\ldots}-\overline{Y}_{.j..}+\overline{Y}_{\ldots.}$$

$$\widehat{(\alpha\gamma)}_{ik}=\overline{Y}_{i.k.}-\overline{Y}_{i\ldots}-\overline{Y}_{..k.}+\overline{Y}_{\ldots.}$$

$$\widehat{(\beta\gamma)}_{jk}=\overline{Y}_{.jk.}-\overline{Y}_{.j..}-\overline{Y}_{..k.}+\overline{Y}_{\ldots.}$$

三因子交互作用的估计值$(\widehat{\alpha\beta\gamma})_{ijk}$，可以通过减法求得：

$$(\widehat{\alpha\beta\gamma})_{ijk}=\hat{\mu}_{ijk}-\hat{\mu}-\hat{\alpha}_i-\hat{\beta}_j-\hat{\gamma}_k-(\widehat{\alpha\beta})_{ij}-(\widehat{\alpha\gamma})_{ik}-(\widehat{\beta\gamma})_{jk}$$

可化简为

$$(\widehat{\alpha\beta\gamma})_{ijk}=\overline{Y}_{ijk.}-\overline{Y}_{....}+\overline{Y}_{i...}+\overline{Y}_{.j..}+\overline{Y}_{..k.}-\overline{Y}_{ij..}-\overline{Y}_{i.k.}-\overline{Y}_{.jk.}$$

解释三因子的交互作用

理解三因子交互作用的一个好方法是清楚地了解不构成三因子交互作用的一组参数的特征．假设对于一组给定的μ_{ijk}，我们可以量化因子A和B在因子C的每个水平上的预期反应模式，并且假设这些预期反应模式都是一样的．那么，很明显，因子A，B和C没有三因子的交互作用，因为第三个因子(C)对因子A和B的联合行为没有影响．

图15.6.2中的析因设计就是一个典型的例子．图中显示的是假设的三因子实验的μ_{ijk}，其中因子A和B都出现在两个水平上，因子C在三个水平上．对于给定水平的C，量化A和B的预期反应模式意味着计算相应的$(\alpha\beta)_{ij}$矩阵．由于因子C有三个水平，所以有三个$(\alpha\beta)_{ij}$矩阵．

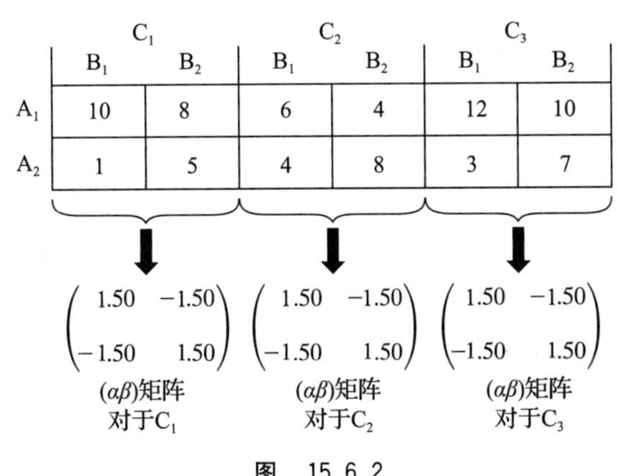

图 15.6.2

图15.6.3详细说明了生成C_1的$(\alpha\beta)$矩阵所需的步骤，如图15.6.2中左侧所示．C_2和C_3的矩阵也是以同样的方式得出的．[回顾例15.2.1中也做了类似的计算，只是在那个例子中，因子C的所有水平都被包括在内，只产生了一个$(\alpha\beta)$矩阵．]

图15.6.2所示的$(\alpha\beta)$矩阵值得注意的是，所有三个条目-条目都是一样的．这意味着因子A和B的交互作用对于因子C的每个水平都是一样的，这反过来意味着A，B和C没有三因子的交互作用．如果后者是真的，那么

$$\mu_{ijk}=\mu+\alpha_i+\beta_j+\gamma_k+(\alpha\beta)_{ij}+(\alpha\gamma)_{ik}+(\beta\gamma)_{jk} \tag{15.6.2}$$

对于所有的i，j和k．

如果$(\alpha\beta)$矩阵中的任何一个条目与其他两个矩阵中的相应条目不同，结论将是A，B和C确实有三因子的交互作用．在这种情况下，不是每个μ_{ijk}都可以用公式(15.6.2)中给出的线性组合来表达．对于某些μ_{ijk}来说，只有加上最后的修正项$(\alpha\beta\gamma)_{ijk}$，才可能实现等价．

注释　在图 15.6.2 中，C 每个水平上的 AB 交互作用“看起来”都是一样的：A_1 从 B_1 到 B_2 减少了两个单位，A_2 从 B_1 到 B_2 增加了四个单位．所有的变化是 A_1 和 A_2 在纵轴上的相对位置．在没有三因子交互作用的情况下，AB 的交互作用是否总是相似的？不是．

假设因子 A 和 B 对每个水平的 C 都是可加的，那么(1)$(\alpha\beta)_{ij}$ 对所有 i 和 j 以及每个水平的 C 都是 0；(2)$(\alpha\beta\gamma)_{ijk}$ 对所有 i，j 和 k 都是 0，所以不存在三因子交互作用．但是对于 C 的任意两个水平来说，AB 交互可能看起来完全不同——它们的共同点是可加性所保证的平行性．

注释　与双因子交互作用一样，与三因子交互作用相关的术语有时是指设计的模型方程中的参数，有时是指基于实际数据的这些参数的估计值．因子 A，B 和 C 没有三因子交互作用的说法，根据不同的背景有不同的含义．如果该声明是关于三因子析因模型的，即公式(15.6.1)，那么它意味着对于所有的 i，j 和 k，$(\alpha\beta\gamma)_{ijk}=0$.

C_1

	B_1	B_2	α_i总计	α_i平均值
A_1	10	8	18	9.0
A_2	1	5	6	3.0
β_j总计	11	13	24＝总数	
β_j平均值	5.5	6.5		

$$\mu = \text{总平均值} = 24/4 = 6.0$$
$$\alpha_1 = A_1\text{的效应} = 9.0 - 6.0 = 3.0$$
$$\alpha_2 = A_2\text{的效应} = 3.0 - 6.0 = -3.0$$
$$\beta_1 = B_1\text{的效应} = 5.5 - 6.0 = -0.5$$
$$\beta_2 = B_2\text{的效应} = 6.5 - 6.0 = 0.5$$
$$\mu_{ij} = \mu + \alpha_i + \beta_j + (\alpha\beta)_{ij} \Rightarrow (\alpha\beta)_{ij} = \mu_{ij} - \mu - \alpha_i - \beta_j$$
$$(\alpha\beta)_{11} = 10 - 6.0 - 3.0 + 0.5 = 1.50$$
$$(\alpha\beta)_{12} = 8 - 6.0 - 3.0 - 0.5 = -1.50$$
$$(\alpha\beta)_{21} = 1 - 6.0 + 3.0 + 0.5 = -1.50$$
$$(\alpha\beta)_{22} = 5 - 6.0 + 3.0 - 0.5 = 1.50$$
$$C_1\text{的}(\alpha\beta)\text{矩阵} = \begin{pmatrix} 1.50 & -1.50 \\ -1.50 & 1.50 \end{pmatrix}$$

图　15.6.3

另一方面，如果这句话是与一组三因子析因数据联系在一起的，那么它意味着方差分析未能拒绝零假设 $H_0:(\alpha\beta\gamma)_{ijk}\equiv 0$. 在这种情况下，并不意味着$(\alpha\beta\gamma)_{ijk}$一定都是 0．可以得出的结论是，估计的三因子交互作用——$(\widehat{\alpha\beta\gamma})_{ijk}$——离 0 不够远，以至于无法触发 F 检验的拒绝．如果$(\widehat{\alpha\beta\gamma})_{ijk}$没有一个是 0，后一种情况很可能发生．

平方和和自由度

如何计算三因子析因的平方和，这最好在一个简单的数字例子中加以解释．将这些公式推广到高阶析因是很简单的．

图 15.6.4 显示了一组数据，其中因子 A，B 和 C 是完全交叉的，在每个 $A_iB_jC_k$ 处理组合中测量两个重复．包括因子 A($T_{1\ldots}$，$T_{2\ldots}$，$T_{3\ldots}$，$T_{4\ldots}$)的每个水平，因子 B($T_{.1..}$，$T_{.2..}$)的每个水平和因子 C($T_{..1.}$，$T_{..2.}$，$T_{..3.}$)的每个水平的反应总数．对加法进行第一次检查，

$$\sum_{i=1}^{4} T_{i\ldots} = \sum_{j=1}^{2} T_{.j..} = \sum_{k=1}^{3} T_{..k.} = \sum_{i=1}^{4}\sum_{j=1}^{2}\sum_{k=1}^{3}\sum_{l=1}^{2} Y_{ijkl} = T_{\ldots.} = 132$$

规则 1(计算主效应的平方和)　为了求出主效应 Q 的平方和，将与每个水平的 Q 相关的处理总数平方，用平方总和除以每个水平包含的观测数，将不同水平的 Q 的商相加，再减去 C，其中

	C1		C2		C3		
	B_1	B_2	B_1	B_2	B_1	B_2	$T_{i..}$
A_1	2 1	4 3	1 1	2 2	4 4	3 2	29
A_2	3 4	5 6	2 2	4 3	4 4	3 3	43
A_3	2 3	1 2	1 2	1 1	3 2	1 1	20
A_4	3 3	4 5	3 3	4 3	4 3	2 3	40
$T_{..k.}$	51		35		46		132

	B_1	B_2
$T_{.j..}$	64	68

图 15.6.4

$$C = (\text{总数})^2/\text{总计观测数} = T^2_{....}/rcun$$

这里，

$$C = (132)^2/(4 \cdot 2 \cdot 3 \cdot 2) = 363$$

同时，

$$\text{SSA} = \sum_{i=1}^{4} T^2_{i...}/12 - C = (29)^2/12 + (43)^2/12 + (20)^2/12 + (40)^2/12 - 363$$
$$= 27.82$$

$$\text{SSB} = \sum_{j=1}^{2} T^2_{.j..}/24 - C = (64)^2/(24) + (68)^2/24 - 363$$
$$= 0.34$$

$$\text{SSC} = \sum_{k=1}^{4} T^2_{..k.}/16 - C = (51)^2/16 + (35)^2/16 + (46)^2/16 - 363$$
$$= 8.37$$

计算交互作用平方和的第一步是制作一个汇总表，显示与两个因子的每个不同组合相关的反应总数. 图 15.6.5 详细说明了分别支持计算 AB，AC 和 BC 交互作用的三个汇总表.

规则 2(计算交互作用的平方和) 为了找到与交互作用有关的平方和，将交互作用中各因子的每个处理组合所记录的反应总数平方，将平方总和除以每个处理组合所包括的观测数，将得到的商相加，减去 C，减去与交互作用中有关的主效应的平方和，再减去与涉及相同因子的每个低阶交互作用有关的平方和.

对于计算双因子交互作用，规则 2 简化了，因为不存在低阶交互作用，所以所指的减数只包括 C 和相关的主效应. 因此，使用图 15.6.5 中的汇总表(以及已经计算出的主效应的平方和)，可得

$T_{ij..}$	B_1	B_2	行总计
A_1	13	16	29
A_2	19	24	43
A_3	13	7	20
A_4	19	21	40
列总计	64	68	132

$T_{i.k.}$	C_1	C_2	C_3	行总计
A_1	10	6	13	29
A_2	18	11	14	43
A_3	8	5	7	20
A_4	15	13	12	40
列总计	51	35	46	132

$T_{.jk.}$	C_1	C_2	C_3	行总计
B_1	21	15	28	64
B_2	30	20	18	68
列总计	51	35	46	132

图 15.6.5

$$\begin{aligned}\text{SSAB} &= \sum_{i=1}^{4}\sum_{j=1}^{2} T_{ij..}^2/6 - C - \text{SSA} - \text{SSB} \\ &= (1/6)[(13)^2+(16)^2+(19)^2+(24)^2+(13)^2+ \\ &\quad (7)^2+(19)^2+(21)^2] - 363 - 27.82 - 0.34 \\ &= 5.84\end{aligned}$$

$$\begin{aligned}\text{SSAC} &= \sum_{i=1}^{4}\sum_{k=1}^{3} T_{i.k.}^2/4 - C - \text{SSA} - \text{SSC} \\ &= (1/4)[(10)^2+(6)^2+(13)^2+(18)^2+(11)^2+ \\ &\quad (14)^2+(8)^2+(5)^2+(7)^2+(15)^2+ \\ &\quad (13)^2+(12)^2] - 363 - 27.82 - 8.37 \\ &= 6.31\end{aligned}$$

$$\begin{aligned}\text{SSBC} &= \sum_{j=1}^{2}\sum_{k=1}^{3} T_{.jk.}^2/8 - C - \text{SSB} - \text{SSC} \\ &= (1/8)[(21)^2+(15)^2+(28)^2+(30)^2+(20)^2+ \\ &\quad (18)^2] - 363 - 0.34 - 8.37 \\ &= 12.54\end{aligned}$$

图 15.6.6 显示了计算与三因子交互作用 ABC 相关的平方和所必需的处理反应表. 表中列出了 T_{ijk} 的值. 这里, 规则 2 中提到的“低阶”交互作用是 AB, AC 和 BC. 那么, 与 ABC 相关的平方和的计算公式为

$$\begin{aligned}\text{SSABC} &= \sum_{i=1}^{4}\sum_{j=1}^{2}\sum_{k=1}^{3} T_{ijk.}^2/2 - C - \text{SSA} - \text{SSB} - \text{SSC} - \text{SSAB} - \text{SSAC} - \text{SSBC} \\ &= (1/2)[(3)^2+(7)^2+\cdots+(5)^2] - 363 - 27.82 - 0.34 - 8.37 -\end{aligned}$$

$$5.84-6.31-12.54$$
$$=2.78$$

$T_{ijk.}$	C_1 B_1	C_1 B_2	C_2 B_1	C_2 B_2	C_3 B_1	C_3 B_2
A_1	3	7	2	4	8	5
A_2	7	11	4	7	8	6
A_3	5	3	3	2	5	2
A_4	6	9	6	7	7	5

图 15.6.6

像往常一样，总的平方和是各个测量值的平方和，减去 C. 对于这里的数据，

$$\text{SSTOT}=\sum_{i=1}^{4}\sum_{j=1}^{2}\sum_{k=1}^{3}\sum_{l=1}^{2}Y_{ijkl}^{2}-C$$
$$=2^2+4^2+1+\cdots+3^2-363$$
$$=71$$

最后，误差平方和可以通过减法计算，也可以作为一个嵌套的效应. 快捷的写法是

$$\text{SSE}=\text{SSTOT}-\text{SSA}-\text{SSB}-\text{SSC}-\text{SSAB}-\text{SSAC}-\text{SSBC}-\text{SSABC}$$
$$=71-27.82-0.34-8.37-5.84-6.31-12.54-2.78$$
$$=7.00$$

以下是一个“漫长”的方法——但它提供了一个对平方和计算的检查——可用来评估

$$\text{SSE}=\sum_{i=1}^{4}\sum_{j=1}^{2}\sum_{k=1}^{3}\sum_{l=1}^{2}(Y_{ijkl}-T_{ijk.}/2)^2$$
$$=(2-1.5)^2+(1-1.5)^2+(4-3.5)^2+(3-3.5)^2+$$
$$(1-1)^2+(1-1)^2+\cdots+(2-2.5)^2+(3-2.5)^2$$
$$=7.00 \tag{15.6.3}$$

注释 等式(15.6.3)显示了嵌套因子的平方和的一般计算方法. 这里的误差因子 ε_l 嵌套在 $A_iB_jC_k$ 处理组合中. 如等式(15.6.3)所示，与 ε_l 相关的平方和是通过合并 $A_iB_jC_k$ 每个水平的误差平方和(这里是相对于 $\overline{Y}_{ijk}$ 而言)来计算.

例 15.6.1 回顾案例研究 15.1.1. 这里描述的析因实验是为了研究可能对陪审员准确记住法庭证词的数量有影响的三个因子.

因子 A：犯罪的关联性

因子 B：犯罪的类型

因子 C：陈述的语气

记录了参与者在 22 个问题测试中的平均得分.

表 15.6.1 显示了表 15.1.1 中显示的平均分数，以及每个小组的样本标准差(在括号内). 构建相应的方差分析表，包括 EMS 列.

表　15.6.1

	犯罪类型(因子 B)			
	情绪化的 (B_1)		不情绪化的 (B_2)	
	证人陈述时的语气(因子 C)			
	夸张的 (C_1)	实事求是的 (C_2)	夸张的 (C_1)	实事求是的 (C_2)
是否具有关联性? 是(A_1)	33.64 (3.91)	32.00 (3.57)	28.00 (6.00)	26.82 (8.04)
是否具有关联性? 否(A_2)	29.90 (5.69)	25.40 (8.06)	15.10 (7.19)	20.10 (7.11)

第一步，表 15.6.1 中给出的样本标准差可以用来计算误差平方和. 由于每个 s_{ijk} 都是基于 $n=10$ 个重复，故

$$SSE=(10-1)\sum_{i=1}^{2}\sum_{j=1}^{2}\sum_{k=1}^{2}s_{ijk}^{2}$$
$$=9[(3.91)^2+(3.57)^2+\cdots+(7.11)^2]$$
$$=2\ 954.362\ 5$$

然后，表 15.6.1 中的 $\overline{Y}_{ijk.}$ 需要转换为 $T_{ijk.}$，并将其相加，以得到与每个因子水平相关的处理总数(见图 15.6.7).

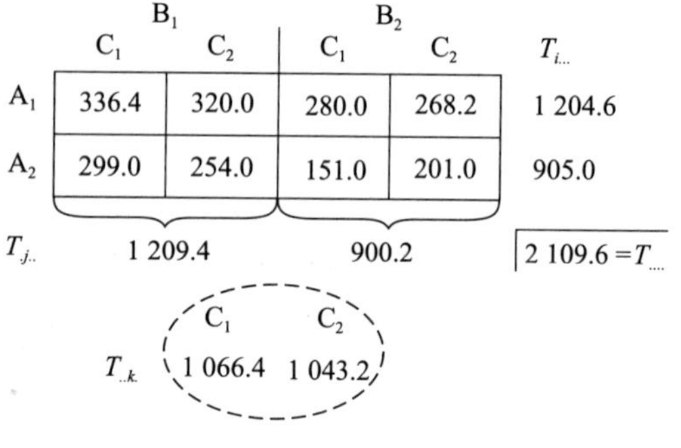

图　15.6.7

因此，

$$C=(T_{....})^2/80=(2\ 109.6)^2/80=55\ 630.152$$
$$SSA=(1\ 204.6)^2/40+(905.0)^2/40-C=1\ 122.002$$
$$SSB=(1\ 209.4)^2/40+(900.2)^2/40-C=1\ 195.058$$

以及

$$SSC=(1\ 066.4)^2/40+(1\ 043.2)^2/40-C=6.728$$

图 15.6.8 显示了计算与三个双因子交互作用相关的平方和所需的汇总表. 应用 15.3 节的计算公式可以得到

$$SSAB=(656.4)^2/20+\cdots+(352.0)^2/20-C-SSA-SSB=107.648$$
$$SSAC=(616.4)^2/20+\cdots+(455.0)^2/20-C-SSA-SSC=13.778$$

以及

$$SSBC=(635.4)^2/20+\cdots+(469.2)^2/20-C-SSB-SSC=124.002$$

	B_1	B_2
A_1	656.4	548.2
A_2	553.0	352.0

	C_1	C_2
A_1	616.4	588.2
A_2	450.0	455.0

	C_1	C_2
B_1	635.4	574.0
B_2	431.0	469.2

图　15.6.8

计算三因子交互作用所需的处理总数是图 15.6.7 中显示的 $T_{ijk.}$. 使用前面的规则 2.

$$\begin{aligned}\text{SSABC} &= (336.4)^2/10 + (320.0)^2/10 + \cdots + (201.0)^2/10 - C - \text{SSA} - \\ &\quad \text{SSB} - \text{SSC} - \text{SSAB} - \text{SSAC} - \text{SSBC} \\ &= 102.152\end{aligned}$$

由于这里的所有水平都被预选为代表极值，因子 A，B 和 C 是固定效应，这就简化了 EMS 的算法，因为误差的均方将是检验三个主效应以及四个交互作用的分母(见图 15.6.9).

	2 F i	2 F j	2 F k	10 R l		EMS
α_i	0	2	2	10	σ_α^{*2}	$\sigma_\varepsilon^2+40\sigma_\alpha^{*2}$
β_j	2	0	2	10	σ_β^{*2}	$\sigma_\varepsilon^2+40\sigma_\beta^{*2}$
$(\alpha\beta)_{ij}$	0	0	2	10	$\sigma_{\alpha\beta}^{*2}$	$\sigma_\varepsilon^2+20\sigma_{\alpha\beta}^{*2}$
γ_k	2	2	0	10	σ_γ^{*2}	$\sigma_\varepsilon^2+40\sigma_\gamma^{*2}$
$(\alpha\gamma)_{ik}$	0	2	0	10	$\sigma_{\alpha\gamma}^{*2}$	$\sigma_\varepsilon^2+20\sigma_{\alpha\gamma}^{*2}$
$(\beta\gamma)_{jk}$	2	0	0	10	$\sigma_{\beta\gamma}^{*2}$	$\sigma_\varepsilon^2+20\sigma_{\beta\gamma}^{*2}$
$(\alpha\beta\gamma)_{ijk}$	0	0	0	10	$\sigma_{\alpha\beta\gamma}^{*2}$	$\sigma_\varepsilon^2+10\sigma_{\alpha\beta\gamma}^{*2}$
$\varepsilon_{l(ijk)}$	1	1	1	1	σ_ε^2	σ_ε^2

图 15.6.9

根据图 15.6.10 中的方差分析表，从这些数据中得出的结论是明确的：没有一个交互作用在统计上是显著的，陈述时的语气的主效应(因子 C)也是如此. 另一方面，相关性(因子 A)和犯罪类型(因子 B)是非常显著的($P<0.0005$).

差异来源	df	SS	MS	EMS	F	P
A	1	1 122.002	1 122.002	$\sigma_\varepsilon^2+40\sigma_\alpha^{*2}$	27.34	<0.0005
B	1	1 195.058	1 195.058	$\sigma_\varepsilon^2+40\sigma_\beta^{*2}$	29.12	<0.0005
A×B	1	107.648	107.648	$\sigma_\varepsilon^2+20\sigma_{\alpha\beta}^{*2}$	2.62	不显著
C	1	6.728	6.728	$\sigma_\varepsilon^2+40\sigma_\gamma^{*2}$	0.16	不显著
A×C	1	13.778	13.778	$\sigma_\varepsilon^2+20\sigma_{\alpha\gamma}^{*2}$	0.34	不显著
B×C	1	124.002	124.002	$\sigma_\varepsilon^2+20\sigma_{\beta\gamma}^{*2}$	3.02	不显著
A×B×C	1	102.152	102.152	$\sigma_\varepsilon^2+10\sigma_{\alpha\beta\gamma}^{*2}$	2.49	不显著
误差	72	2 954.3625	41.033	σ_ε^2		
总计	79	5 625.7305				

图 15.6.10

方差分析是否证实了案例研究 15.1.1 下面的推测？就主效应而言，是的. 因子 A 和 B 的 P 值小于 0.000 5，而因子 C 则远远没有达到统计显著性. 不过，表 15.1.2 中暗示的 AB 交互作用，在统计显著性上却显得有些不足. 其观测到的 F 比率为 2.62，P 值在 0.10 和 0.25 之间，但更接近 0.10. ■

高阶析因法

双因子和三因子析因的模型方程设定了一个模式，以一种非常直接的方式(虽然不完全令人愉快)延伸到包含三个以上因子的析因．例如，如果四个因子(A，B，C和D)交叉，其模型方程将包含16个下标项．

$\binom{4}{1}$= 4个主效应(A,B,C和D)

$\binom{4}{2}$= 6个双因子交互作用(AB,AC,AD,BC,BD和CD)

$\binom{4}{3}$= 4个三因子交互作用(ABC,ABD,ACD和BCD)

$\binom{4}{4}$= 1个四因子交互作用(ABCD)

和1个误差项

(根据定义和类比，四因子交互代表了三因子交互在第四个因子的不同水平上未能保持一致)．

同样，一个五因子析因模型将有32个下标项——$\binom{5}{1}$个主效应＋$\binom{5}{2}$个双因子交互作用＋$\binom{5}{3}$个三因子交互作用＋$\binom{5}{4}$个四因子交互作用＋$\binom{5}{5}$个五因子交互作用＋误差项．显然，当引入哪怕是数量不多的额外因子时，析因数据分析的复杂性就会急剧增加．

乍一看似乎不是这样，但与高阶析因相关的主要“问题”不是做计算．前面的规则1和2适用，不管有多少因子交互，任何主要的统计软件包都能计算出做方差分析所需的所有平方和．

然而，对于实验者来说，扩大析因设计的规模会导致一些绝对不理想的后果．其中最重要的是收集数据的时间和金钱成本．例如，假设有四个因子要进行交叉实验，每个因子有四个水平，每个处理组合有三个重复要记录．实施这样的设计需要进行$4\cdot4\cdot4\cdot4\cdot3=768$次测量，许多实验者会认为这是一项压倒性的任务．

更有问题的是，在太多的水平上测量的因子会干扰对结果的有意义的解释．特别具有反作用的是那些最终被证明对反应变量没有实质性影响的因子，事后看来，这些因子开始就不应该被包括在内．考虑到这种情况，研究人员有时会进行初步的小规模筛选实验，其目的是尽可能早地识别(并放弃)不重要的因子．最经常使用的筛选形式之一是2^n设计，这将是下一节的主题．

习题

15.6.1　使用最小二乘法来验证本节“模型方程”中给出的μ，α_i，$(\alpha\beta)_{ij}$和$(\alpha\beta\gamma)_{ijk}$的估计值．

15.6.2　假设图15.6.2中所示的μ_{ijk}实际上是Y_{ijk}的．用本节“模型方程”中的公式计算$(\widehat{\alpha\beta\gamma})_{111}$和$(\widehat{\alpha\beta\gamma})_{112}$，说明三因子交互作用的平方和为0．是否有必要计算其他四个$(\widehat{\alpha\beta\gamma})_{ijk}$？解释一下．计算出的$(\widehat{\alpha\beta\gamma})_{ijk}$与图15.6.2和图15.6.3中描述的三个$(\alpha\beta)$矩阵得出的推断是否一致？

15.6.3 考虑以下一组三因子析因数据.

	C_1		C_2		C_3	
	B_1	B_2	B_1	B_2	B_1	B_2
A_1	6	2	3	7	6	6
A_2	4	0	6	10	8	8

(a)在不同的坐标轴上，绘制 C_1，C_2 和 C_3 的 AB 交互作用图. 不同水平的 C 的交互作用看起来是否相同?

(b)这些数据是否表现出任何三因子交互作用? 通过计算$(\widehat{\alpha\beta\gamma})_{111}$和$(\widehat{\alpha\beta\gamma})_{112}$来回答这个问题. 这些数据是否说明了本节"解释三因子的交互作用"中的注释?

15.6.4 对于以下一组三因子析因数据:

	C_1				C_2			
	B_1	B_2	B_3	B_4	B_1	B_2	B_3	B_4
A_1	6 2	3 4	5 7	3 1	8 6	1 5	4 8	2 1
A_2	4 6	1 4	6 4	2 0	10 6	3 3	6 4	3 4
A_3	2 8	2 4	5 7	4 5	4 8	2 4	4 0	0 1

(a)计算相关的平方和，并填写数据的方差分析表的来源，df，*SS*，和 *MS* 列.

(b)假设 A 是一个随机效应，B 和 C 是固定效应. 使用 EMS 算法求主效应、交互作用和误差项的期望均方.

(c)如果有的话，哪些主效应和交互作用在统计上是显著的?

15.6.5 下面是对一个四因子析因的观测值记录:

		D_1			D_2		
		C_1	C_2	C_3	C_1	C_2	C_3
A_1	B_1	4 2	10 6	0 2	4 6	7 7	8 6
	B_2	2 0	2 2	4 6	7 3	6 4	5 7
A_2	B_1	10 4	8 8	6 8	2 4	6 6	4 6
	B_2	4 4	9 5	3 1	2 4	8 6	4 8

(a)计算 SSA，SSB，SSC，SSD，SSAB，SSAC 和 SSBC.

(b)直接计算 SSE，它有多少个自由度?

(c)写出本节规则 2 中的计算 SSABCD 的符号公式.

15.6.6 描述六因子析因的模型方程中会有多少个下标项?

15.7 2^n 设计

顾名思义，2^n 设计是析因实验，其中 n 个交叉因子中的每一个只出现在两个水平上.

通常情况下，每个处理组合只有一个观测结果，所以没有嵌套的误差项，而且 2^n 也是记录的测量总数.

由于采取的反应如此之少，2^n 设计的目的显然不是为了提供关于 n 个因子中任何一个的详细信息. 相反，这些设计经常被用来识别那些对反应变量影响有限的不重要的因子，并且应该从任何后续研究中排除. 为了更好地加速实现这一目标，实验者通常将每个因子的水平选择在它们的两个极端，即“低”和“高”. 以这种有目的的方式选择水平，意味着每个因子都为固定效应.

在计算上，有两种不同的方式来分析 2^n 数据. 两者都导致了相同的方差分析表和相同的结论，但两者使用了完全不同的符号，它们以不同的方式对基本模型进行参数化，并且各自对主效应和交互作用的数值估计也不尽相同.

第一种方法是将任何一组 2^n 数据与本章前面描述的双因子、三因子、高阶析因一样对待. 所有的平方和、自由度和前面得出的 EMS 公式也适用于 2^n 数据. 不过，在实践中，这并不是通常处理 2^n 设计的方式. 对于 n 大于 3 的设计(这是典型的 2^n 设计)，“标准”析因分析变得非常麻烦，即使每个因子只有两个水平.

另一种方法——本节所涉及的方法——充分利用了每个因子只有两个水平的对称性. 由此产生的分析不仅更快、更容易，而且还为一个有趣的子类设计提供了概念框架，即所谓的部分析因. 后者需要的数据点甚至少于 2^n 个，在测量成本很高或很耗时的情况下，或者在最初的因子清单太长，需要尽快缩小到可管理的规模的情况下特别有用.

2^2 和 2^3 的设计

在第 12 章中，我们学习了如何通过定义一个对比来检验与一组 k 个总体均值有关的分假设，当分假设为真时，该对比等于 0(回顾定理 12.4.2). 通过用样本均值代替总体均值来计算估计的对比；然后进行 F 检验，看估计的对比是否与 0 有明显的不同. 这种方法也可以用来分析 2^n 个数据，因为后者的主效应和交互作用都可以表示为在 2^n 个处理组合上定义的对比.

耶茨记法

对双因子和三因子析因非常有效的点符号并没有在 2^n 设计所带来的限制下发挥优势. 一个更有效的策略是用耶茨记法来确定测量结果，即用一连串的字母来确定处理组合，以表明哪些因子出现在它们的高水平上. 每个因子出现在低水平的处理组合用符号(1)表示.

图 15.7.1 显示了一组 2^2 数据和 2^3 数据，(1)以表格形式显示，(2)以耶茨记法显示. 每个因子的水平下标为 L(代表低)或 H(代表高)，而不是 1 或 2(这是本章前面对水平的称呼).

数据注解

在本章前面使用的点符号中，处理组合从来没有被设定等于数据点. 例如，如果 A_H 和 B_H 分别是因子 A 和 B 的第二个水平，我们就不会写成 $A_2B_2=3$. 而是写成 $Y_{22}=3$，意味着在应用因子水平 A_2 和 B_2 时观测到了数值“3”.

用耶茨记法，处理组合和在这些处理组合上进行的测量可以互换使用. 语句 $a=3$ 意味着当因子 A 在其高位与因子 B 在其低位一起应用时观测到的测量结果是“3”. 因此，对于图 15.7.1 中的 2^2 数据，完全可以写成(1)$=2$，$a=6$，$b=7$，$ab=3$.

2^2数据

	B_L	B_H
A_H	6	3
A_L	2	7

处理组合	耶茨记法
A_LB_L	(1)
A_HB_L	*a*
A_LB_H	*b*
A_HB_H	*ab*

2^3 数据

	C_L		C_H	
	B_L	B_H	B_L	B_H
A_H	2	0	3	5
A_L	6	1	8	7

处理组合	耶茨记法
$A_LB_LC_L$	(1)
$A_HB_LC_L$	*a*
$A_LB_HC_L$	*b*
$A_HB_HC_L$	*ab*
$A_LB_LC_H$	*c*
$A_HB_LC_H$	*ac*
$A_LB_HC_H$	*bc*
$A_HB_HC_H$	*abc*

图 15.7.1

另外，在耶茨记法中，斜体字被用来表示在给定的处理组合中预计会出现的数值．方程 $ab=4$ 类似于声明 $\mu_{22}=4$．而 $ab=3$ 的值将被视为对期望值 4 的估计，同样地，$Y_{22}=3$ 将被视为对 $\mu_{22}=4$ 的估计．

界定 2^3 设计的主效应和交互作用

用图片来解释耶茨记法和使用对比来分析 2^3 数据之间的联系是最好的．图 15.7.2 是一个 2^3 设计的符号表示，其中 8 个可能的处理组合被表示为一个立方体的顶点．在每个顶点的旁边，斜体字是耶茨记法，表示该特定处理组合的预期真实平均反应．

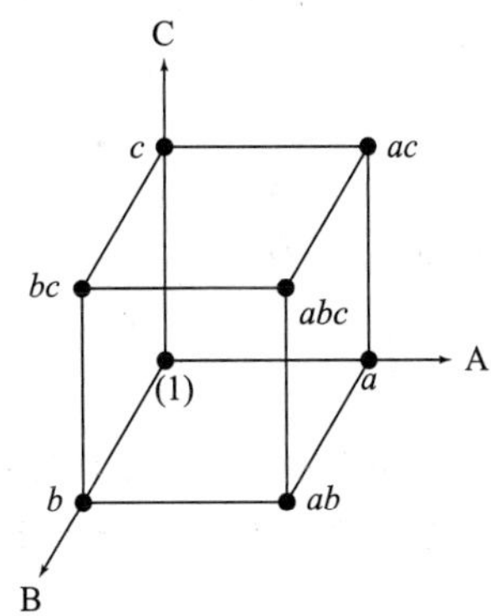

图 15.7.2

现在考虑一下，例如，因子 A 的效应，应该如何定义（和测量）？图 15.7.2 提出了四个不同的答案．从 A_L 到 A_H 预计会改变反应，其改变量等于

如果 B 是低的且 C 是低的，则 $a-(1)$

如果 B 是高的且 C 是高的，则 $abc-bc$

如果 B 是高的，C 是低的，则 $ab-b$

如果 B 是低的，C 是高的，则 $ac-c$

取这四种情况的平均值可以得到一个对比，即 C_A，它提供了一个可以合理地被称为 A 效应的总体估计．也就是说，

$$\begin{aligned}\text{A 效应}=\mathcal{A}=C_A&=(1/4)(a-(1)+abc-bc+ab-b+ac-c)\\&=(1/4)(a+abc+ab+ac-(1)-bc-b-c)\\&=(1/4)(\text{A 为高时的反应和}-\text{A 为低时的反应和})\end{aligned}$$

注释 估计的 A 效应表示为

$$\hat{C}_A=\hat{\mathcal{A}}=(1/4)(a+abc+ab+ac-(1)-bc-b-c)$$

这里，对比中的字母指的是实际的数据点．例如，鉴于图 15.7.1 中显示的 2^3 数据，

$$\hat{C}_A=(1/4)(2+5+0+3-6-7-1-8)=-3$$

定义B和C效应的对比也是以同样的方式得出的．例如，从B_L到B_H，会产生四个预期的反应变化，取决于因子A和C的水平(见图15.7.2)．对这四种情况进行平均，就可以得到所需的对比：

$$\begin{aligned}\text{B效应} = \mathcal{B} = C_B &= (1/4)(b-(1)+abc-ac+ab-a+bc-c)\\ &= (1/4)(abc+ab+bc+b-a-c-ac-(1))\\ &= (1/4)(\text{B为高时的反应总和}-\text{B为低时的反应总和})\end{aligned}$$

同样地，

$$\begin{aligned}\text{C效应} = \mathcal{C} = C_C &= (1/4)(c-(1)+abc-ab+ac-a+bc-b)\\ &= (1/4)(abc+ac+bc+c-a-b-ab-(1))\\ &= (1/4)(\text{C为高时的反应总和}-\text{C为低时的反应总和})\end{aligned}$$

推导出表征交互作用的对比，需要将反应模式表示为和与差．例如，AB交互作用代表了因子A的两个水平的预期反应模式在因子B的两个水平上不同．2^3设计为这种不同提供了两个期望值(一个是因子C低时，一个是因子C高时)：

$$(1/2)(ab-a-(b-(1)))\text{，当 C 为低时，}$$
$$(1/2)(abc-ac-(bc-c))\text{，当 C 为高时}$$

因此，总体预期的AB交互效应是它们之和的平均值：

$$\begin{aligned}C_{AB} = \mathcal{AB} &= (1/4)(ab-a-(b-(1))+abc-ac-(bc-c))\\ &= (1/4)(ab+(1)+abc+c-a-b-bc-ac)\end{aligned}$$

同样，AC交互作用是指因子A的预期反应模式在因子C的不同水平上都不相同，也就是说，

$$\mathcal{AC} = \begin{cases} ac-a-(c-(1))\text{，当 B 为低时，}\\ abc-ab-(bc-b)\text{，当 B 为高时}\end{cases}$$

因此，

$$\begin{aligned}C_{AC} &= (1/4)(abc-ab-(bc-b)+ac-a-(c-(1))\\ &= (1/4)(abc+b+ac+(1)-ab-bc-a-c)\end{aligned}$$

另外，BC交互作用是指因子B的反应模式在因子C的不同水平上不相同．该交互作用的两个表达式，一个是因子A低时的表达式，一个是因子A高时的表达式，分别为

$$\mathcal{BC} = \begin{cases} bc-b-(c-(1))\text{，当 A 为低时，}\\ abc-ab-(ac-a)\text{，当 A 为高时}\end{cases}$$

因此，

$$\begin{aligned}C_{BC} &= (1/4)(bc-b-(c-(1))+abc-ab-(ac-a))\\ &= (1/4)(abc+bc+(1)+a-b-c-ab-ac)\end{aligned}$$

最后，ABC交互表示AB交互未能在因子C不同的水平上保持不变．当因子C低和因子C高时，两个AB交互的表达式在上文中已给出．取这两者之差的平均值就可以得出三因子交互作用的对比．也就是，

$$\begin{aligned}C_{ABC} = \mathcal{ABC} &= (1/4)[(abc-ac-(bc-c))-(ab-a-(b-(1))]\\ &= (1/4)(abc+a+b+c-ab-ac-bc-(1))\end{aligned}$$

注释　对于 2^n 设计，"效应"一词的定义与本章前面讨论的"一般"析因设计不同．在 15.2 节的术语中，如果因子 A 出现在两个水平上(A_1 和 A_2)，它就有两个"效应"，一个等于 α_1，另一个等于 α_2，其中 $\alpha_1=-\alpha_2$．每一个 α 都是相对于 μ，即整体的预期平均反应定义的．

在本节的术语中，因子 A 必然有两个水平(A_L 和 A_H)，但它们引起的两个预期效应(α_L 和 α_H)并没有被单独列出，也没有使用参数 μ．相反，因子 A 被认为有一个效应，即 A，它被定义为差异 $\alpha_H-\alpha_L$，与 μ 无关．因此，正如以上所定义的，A 效应的绝对值是 α_1 或 α_2 绝对值的两倍．

交互作用的不同定义也会产生相同的加倍．如果因子 A 和 B 各有两个水平，它们的 $(\alpha\beta)_{ij}$ 矩阵，如 15.2 节所述，有四个值 $(\alpha\beta)_{11}$，$(\alpha\beta)_{12}$，$(\alpha\beta)_{21}$ 和 $(\alpha\beta)_{22}$．由于定理 15.2.1，所有四个的绝对值都是相等的，但是四个中的两个是正的，两个是负的．用耶茨记法，AB 交互作用(通过对比 C_{AB})被记为一个单一的数字，其绝对值是 $(\alpha\beta)_{ij}$ 的范围，这必然是每个 $(\alpha\beta)_{ij}$ 的绝对值的两倍．同样，加倍的原因是，对比不是相对于 μ 的效应的定义．

对主效应和交互作用的不同定义会导致对数据的不同解释吗？不会．正如我们将看到的，通过分析 2^n 数据，(1)一般析因设计或(2)以耶茨记法书写的一组对比，产生的方差分析表结果是完全一样的．

一个重要的特性

在刚才给出的衡量主效应和交互作用的对比的定义方面，仍然存在一个关键问题．例如，考虑一下定义 A 效应的对比的构成：

$$C_A=(1/4)(a+abc+ab+ac-(1)-bc-b-c)$$

前面注释提出的论点是，这是定义 A 效应的合理方式，因为它将 A 处于低水平时的预期反应从 A 处于高水平时的预期反应中减去．这很合理，但是 C_A 中出现的 b 和 c 以及 a，b 和 c 的组合的效应如何？它们所代表的预期反应对 C_A 的数值有什么贡献？A，B，C 之间可能的交互作用又是如何被考虑的？更笼统地说，一个对比意味着什么？知道 C_{ABC} 的值是否能告诉我们关于 C_{AB} 或 C_{BC} 的值？

这里有一个例子可以提供帮助．表 15.7.1 的顶部列出了定义 2^3 设计的主效应和交互作用的对比．对于每一个对比，被添加的四个预期处理反应将被指定为其高水平；被减去的四个预期处理反应是其低水平．例如，在 C_A 的情况下，处理组合中出现的每一个"a"的预期反应变化是 α_H；对于没有"a"的每个处理组合，由于没有"a"，预期变化是 α_L．同样，对于 B 效应，两个预期的反应变化是 β_H 和 β_L；对于 AB 交互作用，是 $(\alpha\beta)_H$ 和 $(\alpha\beta)_L$，其他对比也是如此．

表 15.7.1b 显示了如何衡量 B 效应对 A 效应的数值的影响．注意，C_A 中列出的第一个分量是对处理组合"a"的预期反应．再看 C_B 中的分量，我们发现"a"对应于因子 B 的低反应水平，即 β_L．同样地，C_A 中的第二个分量——abc——在 C_B 中显示为高水平(β_H)．以这种方式继续下去，表 15.7.1b 显示了 C_A 中每个分量对应的 B 预期反应(β_L 或 β_H)，以及它是被添加还是被减去．我们可以看到"对 C_A 的 B 效应"一行，β_H 被加了两次，又被减了两次，β_L 也是如此．那么，因子 B 对 C_A 的数值的净贡献是 0．

表 15.7.1

效应 高水平 低水平

$$\begin{array}{ll}
\mathcal{A} & C_A = (1/4)(\overbrace{a + abc + ab + ac}^{\text{高水平}} - \overbrace{(1) - bc - b - c}^{\text{低水平}}) \\
\mathcal{B} & C_B = (1/4)(abc + ab + bc + b - a - c - ac - (1)) \\
\mathcal{C} & C_C = (1/4)(abc + ac + bc + c - a - b - ab - (1)) \\
\mathcal{AB} & C_{AB} = (1/4)(ab + (1) + abc + c - a - b - bc - ac) \\
\mathcal{AC} & C_{AC} = (1/4)(abc + b + ac + (1) - ab - bc - a - c) \\
\mathcal{BC} & C_{BC} = (1/4)(abc + bc + (1) + a - b - c - ab - ac) \\
\mathcal{ABC} & C_{ABC} = (1/4)(abc + a + b + c - ab - ac - bc - (1))
\end{array}$$

a)

$$C_A = (1/4)(a + abc + ab + ac - (1) - bc - b - c)$$

$$\downarrow \quad \downarrow \quad \downarrow \quad \downarrow \quad \downarrow \quad \downarrow \quad \downarrow \quad \downarrow$$

$$C_A\text{中的 B 效应} = (1/4)(\beta_L + \beta_H + \beta_H + \beta_L - \beta_L - \beta_H - \beta_H - \beta_L = 0$$

b)

$$C_A\text{中的 C 效应} = (1/4)(\gamma_L + \gamma_H + \gamma_L + \gamma_H - \gamma_L - \gamma_H - \gamma_L - \gamma_H) = 0$$

$$C_A\text{中的 AB 效应} = (1/4)((\alpha\beta)_L + (\alpha\beta)_H + (\alpha\beta)_H + (\alpha\beta)_L - (\alpha\beta)_H - (\alpha\beta)_L - (\alpha\beta)_L - (\alpha\beta)_H) = 0$$

$$C_A\text{中的 AC 效应} = (1/4)((\alpha\gamma)_L + (\alpha\gamma)_H + (\alpha\gamma)_L + (\alpha\gamma)_H - (\alpha\gamma)_H - (\alpha\gamma)_L - (\alpha\gamma)_H - (\alpha\gamma)_L) = 0$$

$$C_A\text{中的 BC 效应} = (1/4)((\beta\gamma)_H + (\beta\gamma)_H + (\beta\gamma)_L + (\beta\gamma)_L - (\beta\gamma)_H - (\beta\gamma)_H - (\beta\gamma)_L - (\beta\gamma)_L) = 0$$

$$C_A\text{中的 ABC 效应} = (1/4)((\alpha\beta\gamma)_H + (\alpha\beta\gamma)_H + (\alpha\beta\gamma)_L + (\alpha\beta\gamma)_L - (\alpha\beta\gamma)_L - (\alpha\beta\gamma)_L - (\alpha\beta\gamma)_H - (\alpha\beta\gamma)_H) = 0$$

c)

表 15.7.1c 重复了表 15.7.1b 中对 C，AB，AC，BC 和 ABC 效应的相同分析. 在每种情况下，它们对 C_A 数值的净贡献都是 0.

同样的结果也适用于任何对比. 例如，知道 AB 交互作用的数值并不能告诉我们 ABC 交互作用或 B 主效应的大小 . 此外，如果表 15.7.1 中列出的对比中的分量是实际的反应(而不是预期的反应)，同样的关系将占上风. 也就是说，B 效应或 BC 交互作用对估计的 A 效应的净贡献将是 0，另一种说法，即作为随机变量来看，在 2^3 设计中估计主效应和交互作用的对比构成一组独立事件(回顾定义 2.5.2).

效应矩阵

图 15.7.3 以效应矩阵的形式总结了刚才得出的七个主效应和交互作用对比，它显示了每个对比中哪些处理组合的前缀是“＋”号，哪些是“－”号. 效应矩阵中的几列属性值得注意. 首先，任何两列的符号的乘积之和为 0，这意味着对比是相互正交的(回顾上面的讨论). 正如我们刚才所看到的，一个直接的后果是，估计的主效应和交互作用是独立的随机变量，所以知道其中一个的数值对预测任何其他的数值都没有帮助.

处理组合	效应						
	A	B	AB	C	AC	BC	ABC
(1)	−	−	+	−	+	+	−
a	+	−	−	−	−	+	+
b	−	+	−	−	+	−	+
ab	+	+	+	−	−	−	−
c	−	−	+	+	−	−	+
ac	+	−	−	+	+	−	−
bc	−	+	−	+	−	+	−
abc	+	+	+	+	+	+	+

图 15.7.3

从图 15.7.3 中还可以看出，某一效应的逐行符号是该效应的各个字母中出现的符号的乘积. 图 15.7.4 显示了图 15.7.3 的一部分——B，C 和 BC 效应的列. 例如，注意到 B 和 C 对比中处理组合(1)出现的“－”和“－”相乘，得出 BC 对比中处理组合(1)的适当前缀“＋”. 因此，效应矩阵提供了一种简单的方法来确定在 2^n 设计中定义任何交互作用的对比，而不必通过前面所使用的冗长的“定义”方法.

例 15.7.1 图 15.7.5 显示了一组 2^4 数据，其中主效应被标为 A，B，C 和 D. ACD 交互作用的数值是多少?

我们知道 A，C 和 D 的对比会是什么样子. 在因子 A 的情况下，“＋”号将是 A 高位的 8 个处理组合前缀.

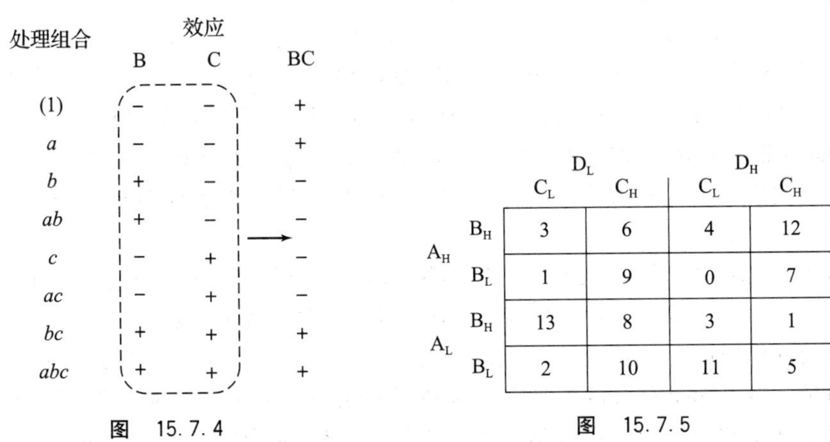

处理组合	效应 B	效应 C	BC
(1)	−	−	+
a	−	−	+
b	+	−	−
ab	+	−	−
c	−	+	−
ac	−	+	−
bc	+	+	+
abc	+	+	+

图 15.7.4

		D_L		D_H	
		C_L	C_H	C_L	C_H
A_H	B_H	3	6	4	12
	B_L	1	9	0	7
A_L	B_H	13	8	3	1
	B_L	2	10	11	5

图 15.7.5

同样，B 效应的“＋”号将出现在处理组合中出现“*b*”的那一行，C 效应也是如此(见图 15.7.6).

将 A，C 和 D 的符号逐行相乘，就得到 ACD 标题下的那一列. 由于每个效应是 $8(=2^{4-1})$ 个差异的平均值，ACD 交互作用的大小由下式给出：

$$\begin{aligned} C_{ACD} &= (1/8)(-2+1-13+3+10-9+8-6+ \\ &\quad 11-0+3-4-5+7-1+12) \\ &= 15/8 \end{aligned}$$

■

处理组合		效应 A	效应 C	效应 D	ACD
(1)	2	−	−	−	−
a	1	+	−	−	+
b	13	−	−	−	−
ab	3	+	−	−	+
c	10	−	+	−	+
ac	9	+	+	−	−
bc	8	−	+	−	+
abc	6	+	+	−	−
d	11	−	−	+	+
ad	0	+	−	+	−
bd	3	−	−	+	+
abd	4	+	−	+	−
cd	5	−	+	+	−
acd	7	+	+	+	+
bcd	1	−	+	+	−
abcd	12	+	+	+	+

图 15.7.6

注释 隐含在图 15.7.3 中(但几乎不明显)的是识别主效应和交互作用对比的第二个方法. 对于 2^3 设计，多项式

$$(a\pm(1))(b\pm(1))(c\pm(1))$$

生成图 15.7.3 中的列，其中“＋”表示因子中没有该字母，“－”表示其存在.

例如，A 效应的对比由下式给出：

$$(a-1)(b+1)(c+1)=abc-bc+ac-c+ab-b+a-1$$

这与图 15.7.3 中所示的“＋”和“－”的分配相同. 以同样的方式，BC 交互的对比是乘积

$$(a+1)(b-1)(c-1)=abc+bc-ac-c-ab-b+a+(1)$$

这与图 15.7.3 中的 BC 列一致.

对于例 15.7.1 中提出的问题，产生 ACD 对比的多项式将是

$$(a-1)(b+1)(c-1)(d-1)=abcd-bcd+acd-cd-abc+bc-ac+c-abd+bd-ad+d+ab-b+a-(1)$$

这与图 15.7.6 中的答案一致.

模型方程

用“一般”析因设计来表示，2^3 设计的数学模型将与 15.6 节中讨论的三因子析因类似，但不完全相同. 这里的模型方程将采取以下形式

$$Y_{ijk}=\mu+\alpha_i+\beta_j+\gamma_k+(\alpha\beta)_{ij}+(\alpha\gamma)_{ik}+(\beta\gamma)_{jk}+(\alpha\beta\gamma)_{ijk}+\varepsilon_{ijk} \qquad (15.7.1)$$

注意：(1)任意观测值不写成 Y_{ijkl}，(2)误差项不写成 $\varepsilon_{l(ijk)}$. 当然，原因是在每个 $A_iB_jC_k$ 处理组合中都没有进行重复测量，所以不需要第四个指标 l. 公式(15.7.1)中出现的 ε_{ijk} 不是模型的一部分，即它可以与总平方和的特定部分相关联. 它不是一个嵌套误差项，它没有自由度，也不能被估计. 它在方程中的存在只是为了说明有一个与 Y_{ijk} 相关的误差分量.

当使用耶茨记法时，为 2^3 设计写一个模型方程是有问题的. 虽然下列写法并非不正确，

$$Y=\mathcal{A}+\mathcal{B}+\mathcal{C}+\mathcal{AB}+\mathcal{AC}+\mathcal{BC}+\mathcal{ABC}+\varepsilon$$

但主效应和交互作用的对比定义并不适合写成与公式(15.7.1)的下标特异性相媲美的公式.

幸运的是，每个因子只有两个水平，这种简单性基本上否定了对详细的下标模型方程的需要. 2^n 设计中的每一个假设检验都是在“是，效应存在”或“否，效应不存在”之间的直接选择. 需要使用下标的分假设从来不是一个问题.

2^3 设计的平方和

与定义主效应或交互作用的对比有关的平方和的公式来自定理 12.4.2，后者的 μ_j 现在成为八个预期的处理组合反应. 让 Q 表示某个特定的主效应或交互作用. 那么，定义 Q 的效应的对比是线性组合

$$C_Q=c_1(1)+c_2(a)+c_3(b)+c_4(ab)+c_5(c)+c_6(ac)+c_7(bc)+c_8(abc)$$

其中 $|c_j|=1/4$，$j=1,2,\cdots,8$，$\sum_{j=1}^{8}c_j=0$. C_Q 的估计值表示为 $\hat{C}_Q$，是相同的对比，但在实际数据点上进行评估. 根据定理 12.4.2，与 C_Q 相关的平方和由以下公式给出：

$$SS_{C_Q}=(\hat{C}_Q)^2/\sum_{j=1}^{8}c_j^2 \qquad (15.7.2)$$

例 15.7.2 对于图 15.7.1 中给出的 2^3 数据，请说明无论使用(1)耶茨记法定义的对比还是(2)15.2 节中针对三因子析因的一般公式进行计算，与因子 A 相关的平方和都是一样的.

从前面的内容来看，定义 A 效应的对比由 C_A 给出，其中

$$C_A=(1/4)(a+abc+ab+ac-(1)-bc-b-c)$$

且

$$\hat{C}_A = (1/4)(2+5+0+3-6-1-8-7) = -3$$

因此，

$$SS_{C_A} = (\hat{C}_A)^2 / \sum_{j=1}^{8} c_j^2 = (-3)^2 / \underbrace{(1/16+1/16+\cdots+1/16)}_{8\text{项}} = 18$$

使用 15.6 节给出的计算公式，得到

$$C = (T_{\ldots})^2/8 = (32)^2/8 = 128$$

和

$$SSA = \sum_{i=1}^{2} (T_{i..})^2/4 - C = (10)^2/4 + (22)^2/4 - 128 = 18$$ ■

注释 对于任何 2^n 设计，对比中的 c_j 定义任何主效应、交互作用或估计的将是 $\pm 1/2^{n-1}$，其中 $c_1+c_2+\cdots+c_{2^n}=0$.

分布结果

检验 2^n 设计中的主效应或交互作用是否具有统计显著性的所有必要的分布结果都来自 12.4 节中关于对比的讨论. 考虑到通常的假设，即与 2^n 个测量值相关的误差是独立的、正态分布的，均值为 0，方差为 σ_ε^2，因此，任何估计的对比为$\hat{C}_Q$，其中

$$\hat{C}_Q = c_1(1) + c_2(a) + c_3(b) + c_4(ab) + \cdots + c_{2^n}(abc\cdots)$$

服从正态分布，期望值为

$$E(\hat{C}_Q) = C_Q = c_1(1) + c_2(a) + c_3(b) + c_4(ab) + \cdots + c_{2^n}(abc\cdots)$$

且

$$\text{Var}(\hat{C}_Q) = \sigma_\varepsilon^2 \sum_{j=1}^{2^n} c_j^2$$

其中 $|c_j| = 1/2^{n-1}$，以及 $\sum_{j=1}^{2^n} c_j = 0$.

由此也可以看出，

$$(\hat{C}_Q - C_Q)/\sqrt{\text{Var}(\hat{C}_Q)} \sim Z \quad \text{和} \quad \left((\hat{C}_Q - C_Q)/\sqrt{\text{Var}(\hat{C}_Q)}\right)^2 \sim \chi_1^2$$

Q 的效应是否具有统计显著性，要通过检验

$$H_0: C_Q = 0 \quad \text{与} \quad H_1: C_Q \neq 0$$

原则上说，这是一个看起来很熟悉的问题. 我们应该拒绝 $H_0: C_Q=0$，如果$\hat{C}_Q$在数字上与 0 相差太大，这是由 F 比率衡量的，其分子是与 Q 相关的均方，其分母是均方估计误差. 分子的计算是直接的：

$$MSQ = SSQ/df = SS_{C_Q}/1 = (\hat{C}_Q)^2 \Big/ \sum_{j=1}^{2^n} c_j^2$$

求误差的均方是一个比较大的挑战(而且是任意的)，因为在 2^n 设计中，如果每个处理

组合只进行一次测量，就没有误差项．在这种情况下检验 $H_0:C_Q=0$ 需要通过假设至少有一个其他效应不存在来拼凑出一个误差项．然后，为这些效应计算的任何平方和都可以被解释为对其他东西的测量，具体地说，是对实验误差的测量.

例 15.7.3 计算图 15.7.1 中 2^3 数据的平方和，并在方差分析表中显示结果．使用看起来合理的方法来检验主效应和任何可能重要的交互作用.

用公式(15.7.2)计算与每个效应的对比有关的平方和．例如，估计 AB 交互作用的对比由以下公式给出

$$\begin{aligned}\hat{C}_{\mathrm{AB}} &= (1/4)(ab+(1)+abc+c-a-b-ac-bc)\\ &= (1/4)(0+6+5+8-2-1-3-7)\\ &= 1.5\end{aligned}$$

因此，

$$SS_{C_{\mathrm{AB}}} = \mathrm{SSAB} + (1.5)^2/\overbrace{((1/4)^2+(1/4)^2+\cdots+(1/4)^2)}^{8\text{项}} = 4.5$$

图 15.7.7 中方差分析表的第 3 列中出现了全套的平方和．请注意，SSTOT，即

$$\sum_{i=1}^{2}\sum_{j=1}^{2}\sum_{k=1}^{2}Y_{ijk}^2 - T_{\dots}^2/8 = 60.0$$

等于七个主效应和交互作用的平方和之和(回顾定理 12.4.1).

构建误差项的策略是寻找具有小的平方和的高阶交互作用．采取这种方法有两个原因．首先，高阶交互作用通常是实验者最不感兴趣的效应(主效应是最重要的，其次是双因子交互作用)．其次，如果一组高阶交互作用产生小的平方和，那么它们所代表的真实对比是 0(或接近 0)的假设是可信的.

差异来源	df	SS
A	1	18
B	1	4.5
AB	1	4.5
C	1	24.5
AC	1	0.5
BC	1	8.0
ABC	1	0
总计	7	60

图　15.7.7

扫视方差分析表的第 3 列，我们看到 AB，AC 和 ABC 都有小的平方和．假设 C_{AB}、C_{AC} 和 C_{ABC} 都是 0，那么 AB，AC 和 ABC 的平方和可以看作三个独立的 σ_ε^2 估计值，每个估计值与一个自由度有关．平均而言，σ_ε^2 的合并估计值为 1.67(见图 15.7.8).

名义效应	df	SS	假定效应	df	SS
AB	1	4.5	误差	1	4.5
AC	1	0.5	误差	1	0.5
ABC	1	0	误差	1	0
				3	5.0

图　15.7.8

在计算了误差项之后，我们现在可以进行方差分析了. 图 15.7.9 显示了修订后的方差分析表. 在所有因子都固定的情况下，三个主效应和一个剩余的交互作用的适当误差项是 MSE. 相应的 F 比率显示 BC 没有统计显著性，B 效应也没有统计显著性. 另一方面，A 和 C 效应的 P 值都小于 0.05. 如果这些数据是作为筛选实验的一部分而收集的，那么因子 B 将从任何后续研究中剔除，而因子 A 和 C 将被更深入地调查，可能会有两个以上的水平，并包括一个嵌套误差项.

差异来源	df	SS	MS	F	P
A	1	18	18	10.78	<0.05
B	1	4.5	4.5	2.69	不显著
C	1	24.5	24.5	14.67	<0.05
BC	1	8.0	8.0	4.79	不显著
误差	3	5.0	1.67		
总计	7	60			
	$F_{0.75,1,3}=2.02$		$F_{0.95,1,3}=10.1$		
	$F_{0.90,1,3}=5.54$		$F_{0.99,1,3}=34.1$		

图 15.7.9 ■

注释 我们以前在估计误差项方面的经验是非常一致的——大小为 n 的样本总是产生 σ^2 的估计值，带有 $n-1$ 个自由度. 图 15.7.8 中的情况似乎很不一样，并提出了一个明显的问题. 为什么假定估计 σ_ε^2 而不是 AB(或 AC 或 ABC)的 8 个观测值只具有一个自由度(而不是 7 个)?

图 15.7.10 提供了答案. 第 3 列中列出的是适用于第 1 列中列出的 8 个处理组合的非可加性调整(AB 效应). 这些是 15.3 节所述的$(\alpha\beta)_{ij}$的值. 如果 AB 效应被假定为 0，这些相同的条目现在代表了 8 个观测值与它们的期望值的偏差. 但是这些显然不是独立的观测值. 由于定理 15.3.1 所施加的求和约束，8 个观测值中只有一个可以自由变化——其他 7 个条目中的 3 个必然与初始条目相同，另外 4 个具有相同的绝对值，但代数符号不同. 换句话说，重新定义 AB 对比，可以得到只有 1 个自由度的 σ_ε^2 的估计值.

同样的限制也适用于其他每个对比. 将与 AB，AC 和 ABC 交互作用相关的平方和合并起来，就可以得到图 15.7.9 中所示的自由度为 3 的误差均方.

处理组合				AB 效应：$(\alpha\beta)_{ij}$	
A	B	C	期望值	或对于期望值的偏差	(偏差)^2
1	1	1	(1)	0.75	9/16
2	1	1	a	-0.75	9/16
1	2	1	b	-0.75	9/16
2	2	1	ab	0.75	9/16
1	1	2	c	0.75	9/16
2	1	2	ac	-0.75	9/16
1	2	2	bc	-0.75	9/16
2	2	2	abc	0.75	9/16
					总计=4.5 ‖ SSAB 或 SSE

图 15.7.10

案例研究 15.7.1

短期记忆(STM)是指在短时间内保留少量的新信息．近年来，对这一主题的研究已经加速，这在很大程度上是因为一个人的短期记忆明显下降是阿尔茨海默病的一个常见警告信号．

人们也在努力了解非人类的短期记忆．在某项研究中[40]，研究人员调查了猴子记忆光的图案的能力．产生这些图案的是一个 4×4 的半透明方格，这些方格的任何组合都可以被实验者照亮．每个方格后面都有一个小盒子．如果一个方格被推开，它就会摆动开来，露出后面盒子里的东西．

通过在被照亮的方格后面的盒子里放上食物，而在没有被照亮的方格后面的盒子里放上任何东西，研究人员训练一群猴子，让它们知道推被照亮的方格是一个好主意(而推没有被照亮的方格是浪费时间)．

然后研究开始了．实验设计中包括三个与短期记忆有关的因子：

1. 年龄(因子 A，两个水平)：一半猴子是中年(A_L)；另一半是老年(A_H)．

2. 呈现频数(因子 B，两个水平)．在一半的试验中，向猴子展示了一次发光的网格(B_L)；在其他试验中，向猴子展示了两次发光的网格(B_H)．

3. 时间延迟(因子 C，两个水平)．在一半的试验中，猴子需要等待 1 秒(C_L)，然后再推它们认为已经被照亮的方格；在其他试验中，它们需要等待 10 秒(C_H)，然后再做出反应．

在每一次试验中，16 个方块中的 3 个方块的某种组合被照亮．只有当猴子正确地记住了所有 3 个方格的位置时，该试验才被记为“成功”．表 15.7.2 显示了每种处理组合所记录的成功试验的百分比．

表 15.7.2

正确反应的百分比

		呈现频次(因子 B) 展示一次 (B_L)		展示两次 (B_H)	
		时间延迟(因子 C)			
		1 秒 (C_L)	10 秒 (C_H)	1 秒 (C_L)	10 秒 (C_H)
年龄(因子A)	老年 (A_H)	56.5	32.7	60.0	36.9
	中年 (A_L)	60.4	38.8	65.0	41.2

这些数据告诉我们，年龄、时间延迟和呈现频次对短期记忆的效应程度如何？它们的效应是相互关联的，还是我们可以假设因子 A，B 和 C 是可加的？

图 15.7.11 显示了 2^3 设计的效应矩阵，以及八种处理组合中每种组合的测量记录．使用前文描述的公式，可以计算出每个效应的对比的估计值，以及其相关的平方和．这些结果在表 15.7.3 中进行了总结．

处理组合		效应						
		A	B	AB	C	AC	BC	ABC
(1)	60.4	−	−	+	−	+	+	−
a	56.5	+	−	−	−	−	+	+
b	65.0	−	+	−	−	+	−	+
ab	60.0	+	+	+	−	−	−	−
c	38.8	−	−	+	+	−	−	+
ac	32.7	+	−	−	+	+	−	−
bc	41.2	−	+	−	+	−	+	−
abc	36.9	+	+	+	+	+	+	+

图 15.7.11

表 15.7.3

效应，Q	C_Q	SS_Q
A	−4.825	46.561 25
B	3.675	27.011 75
A×B	0.175	0.061 25
C	−23.075	1 064.911 25
A×C	−0.375	0.281 25
B×C	−0.375	0.281 25
A×B×C	0.725	1.051 25

注意：作为对表 15.7.3 中计算的部分检查，我们可以验证 SS_Q 列的和等于总平方和的通常公式，那么便有

$$46.561\,25+27.011\,75+\cdots+1.051\,25=1\,140.158\,75$$

$$=(60.4)^2+(56.5)^2+\cdots+(36.9)^2-(60.4+56.5+\cdots+36.9)^2/8$$

$$=20\,299.19-(391.5)^2/8=1\,140.158\,75$$

图 15.7.12a 是基于表 15.7.3 的“初始”方差分析表. 这里的三个主效应几乎占了总平方和的 99.9%.

那么，误差项的构造就很直接了. 假设四个交互作用效应为 0，将它们的平方和合并起来，得到一个有 4 个自由度的误差项，其平方和等于 1.675(见图 15.7.12b). 误差均方 MSE 将是所有观测到的 F 比率的分母，为 1.675/4=0.418 75.

鉴于 $F_{0.995,1,4}=31.3$，$F_{0.999,1,4}=74.1$ 和 $F_{0.9995,1,4}=106$. B 效应的 P 值<0.005，而因子 A 和 C 的 P 值<0.000 5. 不过，方差分析表中最引人注目的条目是“时间延迟”(因子 C)的巨大 F 比率. 看来，对这些特殊的猴子来说，“短期记忆”被称为真正的短期记忆更为恰当.

差异来源	df	SS
A	1	46.561 25
B	1	27.011 25
A×B	1	0.061 25
C	1	1 064.911 25
A×C	1	0.281 25
B×C	1	0.281 25
A×B×C	1	1.051 25
总计	7	1 140.158 75

a)

差异来源	df	SS	MS	F
A	1	46.561 25	46.561 25	111.19
B	1	27.011 25	27.011 25	64.50
C	1	1 064.911 25	1 064.911 25	2 543.07
误差	4	1.675	0.418 75	

b)

图 15.7.12

案例研究 15.7.2

电视上播放的第一个广告是宝路华手表的广告. 它于 1941 年在费城人队/布鲁克林道奇队的棒球比赛中播出，花费 9 美元. 大约 75 年后，超级碗广告的平均成本超过 400

万美元．但是，不管它们的成本有多高，也不管它们是什么时候播出的，所有的商业广告都有一个相同的基本目标——引起人们对品牌的认可．例如，什么样的广告“风格”最有效，在什么样的节目中能产生最好的反应？令人惊讶的是，到目前为止，最重要的考虑因素是商业广告和节目之间的交互．

解决这些问题的是最近的一项研究[72]，它集中在四个因子上，每个因子都被简化为两个水平．

因子 A：观众的类型．唯一考虑到的人口统计信息是性别，所以因子 A 的两个水平是男性(A_L)和女性(A_H)．

因子 B：节目的类型．两个极端的选择，暴力的(B_L)或非暴力的(B_H)．

因子 C：广告的时段．许多插播广告的电视节目有两个广告时段，在节目晚期(C_L)或在节目早期(C_H)．

因子 D：广告的风格．暴力性(D_L)或非暴力性(D_H)．

共有 80 名本科生(40 名男性和 40 名女性)参加了这项研究．他们被分为 16 组，每组 5 人，其中 8 个为男性组(A_L)，8 个为女性组(A_H)．每组分别观看暴力电影(《角斗士》)或非暴力电影(《沉睡者》)中的一个片段，即 B_L 或 B_H．每个电影片段都有两个广告时段，分别是 C_L 和 C_H，在此期间播放三个商业广告．一半的小组看到的是暴力广告 D_L，作为三个广告中的一个；其他小组看到的都是非暴力广告 D_H．

在每个小组看完其特定的电影和特定的三组广告后，每个成员都得到了一份问卷，其中列出了 13 种产品，其中 3 种在他们看的广告中被宣传过．他们被要求指出他们记得看到了哪 3 种产品．每一个正确的识别都可以得到一分，所以个人的满分是 3 分，小组的满分是 15 分．表 15.7.4 中记录的是每组的分数除以 13(见习题 15.7.6)．

表　15.7.4

			暴力电影(B_L)		非暴力电影(B_H)	
			暴力广告(D_L)	非暴力广告(D_H)	暴力广告(D_L)	非暴力广告(D_H)
性别	女性(A_H)	节目早期(C_H)	1.00	1.02	0.40	0.82
		节目晚期(C_L)	1.06	0.42	0.81	1.04
	男性(A_L)	节目早期(C_H)	1.03	0.41	0.62	0.84
		节目晚期(C_L)	1.04	0.80	1.01	0.82

假设某公司已经制作了两个广告，一个是“暴力”背景，另一个是“非暴力”背景．根据表 15.7.4 中的信息，什么才是合理的广告策略？也就是说，考虑到目标是最大限度地提高

品牌知名度，每个广告应该在哪里和什么时候播出？

第一步是进行方差分析．图 15.7.13 显示了 2^4 设计的效应矩阵．十五列中“＋”和“－”的特定序列是用图 15.7.6 中描述的过程得出的．图 15.7.14 中单独列出了处理组合和 AC 交互列．

处理组合	效应 A	B	AB	C	AC	BC	ABC	D	AD	BD	ABD	CD	ACD	BCD	ABCD
(1)	−	−	+	−	+	+	−	−	+	+	−	+	−	−	+
a	+	−	−	−	−	+	+	−	−	+	+	+	+	−	−
b	−	+	−	−	+	−	+	−	+	−	+	+	−	+	−
ab	+	+	+	−	−	−	−	−	−	−	−	+	+	+	+
c	−	−	+	+	−	−	+	−	+	+	−	−	+	+	−
ac	+	−	−	+	+	−	−	−	−	+	+	−	−	+	+
bc	−	+	−	+	−	+	−	−	+	−	+	−	+	−	+
abc	+	+	+	+	+	+	+	−	−	−	−	−	−	−	−
d	−	−	+	−	+	+	−	+	−	−	+	−	+	+	−
ad	+	−	−	−	−	+	+	+	+	−	−	−	−	+	+
bd	−	+	−	−	+	−	+	+	−	+	−	−	+	−	+
abd	+	+	+	−	−	−	−	+	+	+	+	−	−	−	−
cd	−	−	+	+	−	−	+	+	−	−	+	+	−	−	+
acd	+	−	−	+	+	−	−	+	+	−	−	+	+	−	−
bcd	−	+	−	+	−	+	−	+	−	+	−	+	−	+	−
abcd	+	+	+	+	+	+	+	+	+	+	+	+	+	+	+

图　15.7.13

处理组合		…AC…
(1)	1.04	+
a	1.06	−
b	1.01	+
ab	0.81	−
c	1.03	−
ac	1.00	+
bc	0.62	−
abc	0.40	+
d	0.80	+
ad	0.42	−
bd	0.82	+
abd	1.04	−
cd	0.41	−
acd	1.02	+
bcd	0.84	−
abcd	0.82	+

图　15.7.14

将后者的符号应用于前者的大小，并乘以 $(1/2)^{4-1}=1/8$，就得到了 AC 交互的最小二乘估计值：

$$\begin{aligned}\hat{C}_{AC} &= (1/8)(1.04-1.06+1.01-0.81-1.03+\\ &\quad 1.00-0.62+0.40+0.80-0.42+0.82-\\ &\quad 1.04-0.41+1.02-0.84+0.82)\\ &= 0.085\end{aligned}$$

根据本节的讨论，那么，AC 交互的平方和为

$$SSAC = 4(\hat{C}^2_{AC}) = 0.0289$$

图 15.7.15 显示了整个主效应和交互作用，以及它们的估计值和相关的平方和．通过检查，有六个效应(A，B，AB，AC，ABD 和 BCD)，它们的平方和同样小，可以合并起来形成一个误差项，其组合平方和等于 0.067 5 (自由度为 6)．

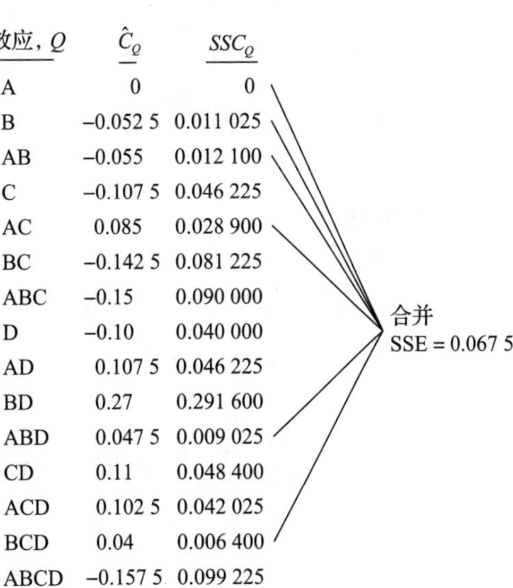

效应，Q	$\hat{C}_Q$	SSC_Q
A	0	0
B	−0.052 5	0.011 025
AB	−0.055	0.012 100
C	−0.107 5	0.046 225
AC	0.085	0.028 900
BC	−0.142 5	0.081 225
ABC	−0.15	0.090 000
D	−0.10	0.040 000
AD	0.107 5	0.046 225
BD	0.27	0.291 600
ABD	0.047 5	0.009 025
CD	0.11	0.048 400
ACD	0.102 5	0.042 025
BCD	0.04	0.006 400
ABCD	−0.157 5	0.099 225

图　15.7.15

图 15.7.16 显示了结果的方差分析表．由于 A，B，C 和 D 都是固定效应，所以检验不在误差项中的每个效应的适当分母是误差的合

并均方．最后一列出现的 P 值来自这样一个事实：$F_{0.95,1,6}=5.99$，$F_{0.975,1,6}=8.81$，$F_{0.995,1,6}=18.6$ 和 $F_{0.999,1,6}=35.5$.

差异来源	df	SS	MS	F	P
C	1	0.046 2	0.045 2	4.125	不显著
BC	1	0.081 2	0.081 2	6.25	<0.05
ABC	1	0.090 0	0.090 0	8.03	<0.05
D	1	0.040 0	0.040 0	3.57	不显著
AD	1	0.046 2	0.046 2	4.13	不显著
BD	1	0.291 6	0.291 6	26.04	<0.005
CD	1	0.048 4	0.048 4	4.32	不显著
ACD	1	0.042 0	0.042 0	3.75	不显著
ABCD	1	0.099 2	0.099 2	8.86	<0.025
误差{A,B,AB,AC,ABD,BCD}	6	0.067 5	0.011 2		
总计	15	0.852 4			

图　15.7.16

我们在图 15.7.16 中看到的是一个非常不寻常的结果配置．四个主效应中没有一个具有统计显著性，但其中一个双因子交互作用(B×D)在 0.005 水平上具有显著性，另一个双因子交互作用(B×C)在 0.05 水平上具有显著性，一个三因子交互作用(A×B×C)在 0.05 水平上具有显著性，而四因子交互作用(A×B×C×D)在 0.025 水平上具有显著性．每一个交互作用都隐含着一些非常具体的建议，即该公司如何能够提高其品牌认知度.

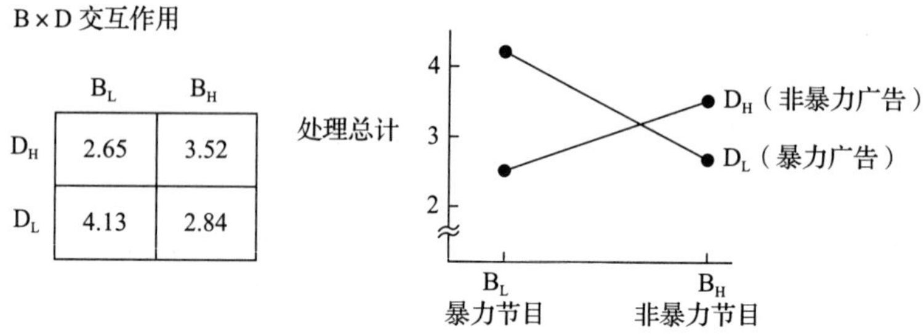

影响因素

1. 如果节目是暴力的，就播放暴力的广告.
2. 如果该节目是非暴力的，就播放非暴力的广告.

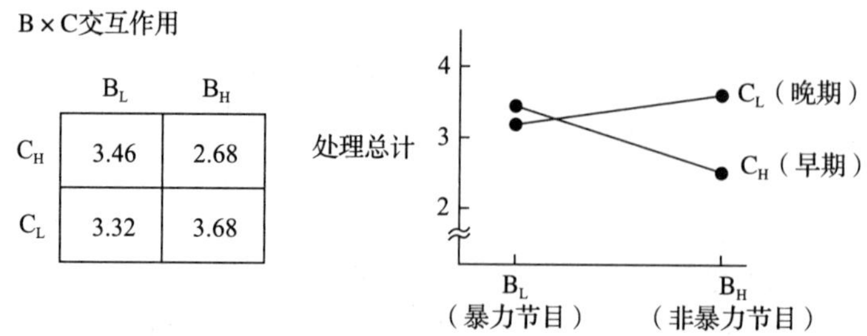

影响因素

1. 如果节目是暴力的，在早期休息时间播放广告.
2. 如果节目是非暴力的，在晚期休息时间播放广告.

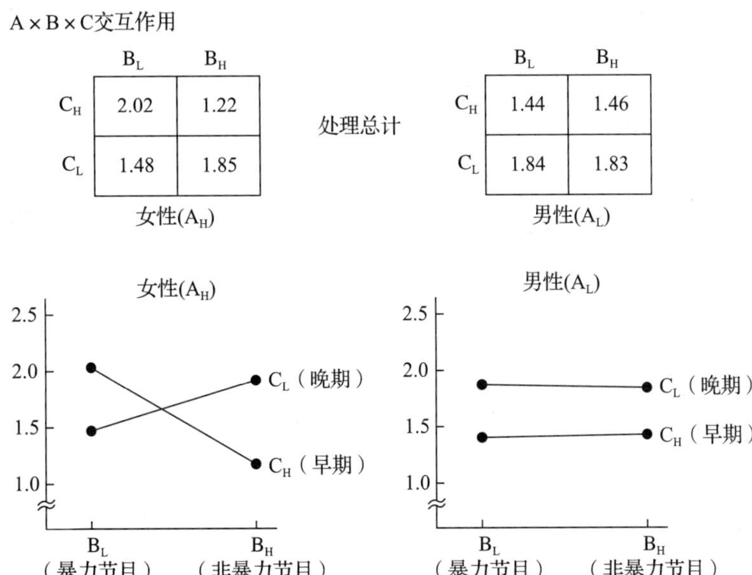

影响因素

1. 如果观众是女性，而节目是暴力的，就在早期休息时间播放广告.
2. 如果观众是女性，而节目是非暴力的，在晚期休息时间播放广告.
3. 如果观众是男性，则在晚期休息时间播放广告，无论节目是暴力还是非暴力.

A×B×C×D 交互作用

根据定义，四因子交互作用表示其三因子的交互作用在第四个因子的水平上都不相同. 再看看上图中的 A×B×C 交互作用. 表格和图表中显示的处理总计是因子 D 两个水平的总和. 如果为因子 D 的每个水平构建类似的表格和图表，那么产生的一组四个表格和四个图表将描述 A×B×C×D 的交互作用.

为此，图 15.7.17a 显示了观看 D_L 的八个小组的 A×B×C 交互作用，这是因子 D 的低水平. 同样地，图 15.7.17b 对观看 D_H 的八个小组的 A×B×C 交互作用进行了分解，即因子 D 的高水平. 事实上，A×B×C 交互作用在因子 D 的低水平上有或多或少的平行出现，但在高水平上却有明显不同的交叉模式，这就是四因子交互作用在方差分析表中具有统计显著性的 F 比率的原因.

正如三因子交互一样，四因子交互所建议的广告策略可能没有太大的实际价值，因为它们只适用于受众基本上都是男性或女性的情况，这在现实世界中是不可能的. 例如，在这里，因子 A 的相关平方和等于零，但它在 ABC 和 ABCD 这两个具有统计显著性的交互作用中占据了突出地位. 简而言之，这些数据是一个重要的提醒，即 2^n 设计中的主效应和交互作用是相互正交的，所以知道一个因子的数值并不能说明另一个因子的数值.

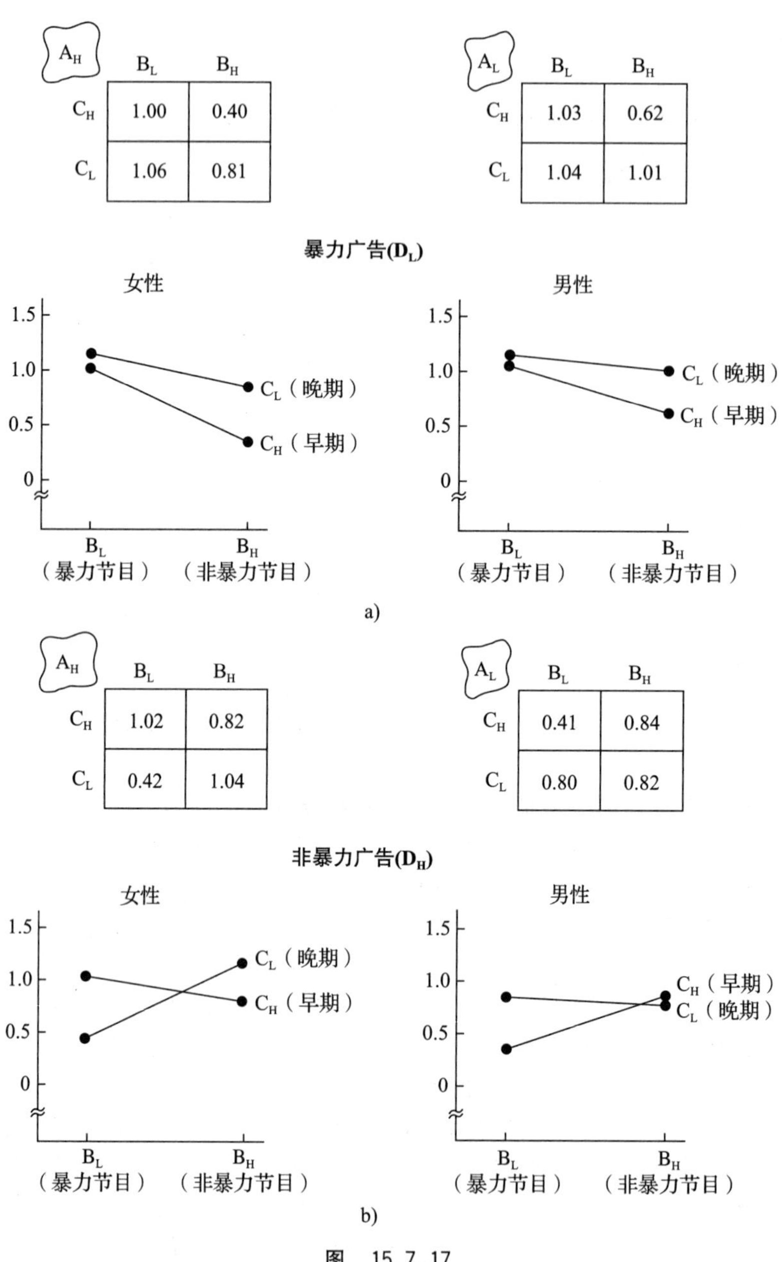

图　15.7.17

习题

15.7.1　计算与下列 2^3 数据相关的主效应和交互作用的对比估计值．如果所显示的数字是预期的反应而不是实际的反应，是否有任何因子符合可加性的条件？解释一下．

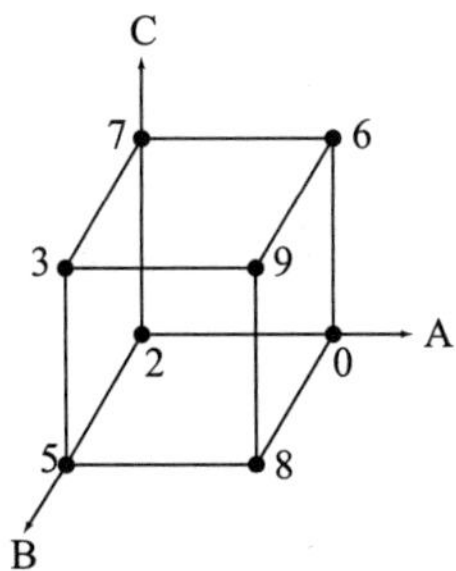

15.7.2 以下是与 2^4 设计相关的预期反应(μ_{ijkl}). 用耶茨记法识别每个 μ_{ijkl}. 计算定义 D 效应的对比. (注意：与预期反应的线性组合相乘的适当常数是 1/8. 这个“8”代表什么？)

		D_1		D_2	
		C_1	C_2	C_1	C_2
A_1	B_1	11	4	3	8
	B_2	9	0	14	1
	B_1	5	2	16	7
A_2	B_2	19	6	20	12

15.7.3 再次考虑习题 15.7.2 中给出的 μ_{ijkl} 集合. 在相关的效应矩阵中填写评估 BD 交互作用所需的列(见图 15.7.6). 因子 B 和 D 是可加的吗？说明你的答案.

15.7.4 使用本节“效应矩阵”注释中描述的多项式，计算习题 15.7.3 中要求的 BD 交互作用效应.

15.7.5 使用习题 15.7.1 中计算的对比，求出数据的主效应和交互作用的平方和. 用一个方差分析表来总结结果. 如何定义误差项？

15.7.6 案例研究 15.7.2 中描述的分析旨在说明如何进行 2^4 因子方差分析. 它假定 16 个处理组合中每个组的 5 名学生所填写的 80 份调查问卷是不可用的. 但它们确实是. 设计这个实验的研究人员——他们拥有这些问卷——会如何分析这 16 个处理组合的平均值？问卷会有什么用途，为什么？

15.8 部分析因

不可否认的是，2^n 设计有时可以为实验者提供大量的产出，而投入却出奇的少. 例如，2^3 设计所需的 8 个测量值可以得到所有 3 个主效应和所有 4 个交互作用的估计值. 同样，由 16 个观测值组成的 2^4 设计产生了 4 个主效应、6 个双因子交互作用、4 个三因子交互作用和 1 个四因子交互作用的估计值. 从这个角度来看，这些设计肯定能给实验者带来巨大的收益.

但是，随着 n 的增加，这种数据的“经济性”是可持续的吗？结果并非如此. 假设 $n=7$ 个因子(A,B,C,D,E,F,G)要被比较，每个因子都有两个水平. 从产生的 128 个观测样本中，可以定义相互正交的对比来估计 127 个不同的效应：

$$\binom{7}{1}=7\text{ 个主效应}$$

$$\binom{7}{2}=21\text{ 个双因子交互作用}$$

$$\binom{7}{3} = 35 \text{ 个三因子交互作用}$$

$$\binom{7}{4} = 35 \text{ 个四因子交互作用}$$

$$\binom{7}{5} = 21 \text{ 个五因子交互作用}$$

$$\binom{7}{6} = 7 \text{ 个六因子交互作用}$$

$$\binom{7}{7} = 1 \text{ 个七因子交互作用}$$

$$\text{总计} = 127$$

问题是，多年的经验使统计学家和实验者相信，高阶交互作用——超过三因子交互作用——在现实世界的数据中很少存在. 无论方差分析对 BCEF 或 ACDEFG 的交互作用计算出什么样的平方和，这些数字往往只不过是对假定误差项 ε 的估计值(自由度为 1). 考虑到这一假设，2^7 设计的产出将更准确地描述为(很可能)提供以下方面的估计值：

$$\binom{7}{1} = 7 \text{ 个主效应(每个自由度为 1)}$$

$$\binom{7}{2} = 21 \text{ 个双因子交互作用(每个自由度为 1)}$$

$$\binom{7}{3} = 35 \text{ 个三因子交互作用(每个自由度为 1)}$$

且

$$\sigma_\varepsilon^2 (\text{自由度为 } 35 + 21 + 7 + 1 = 64)$$

当然，从某种意义上说，误差的自由度越多越好. 同时，拥有多达 64 个自由度是一种奢侈，可能不值得花时间和成本去做 128 次观测.

表 15.8.1 显示了 $\alpha=0.05$ 的 F 临界值(作为分母自由度的函数)，用于检验 2^7 设计中任何主效应或交互作用的统计显著性. 显然，由于临界 F 值很大，当自由度很小时，检验的功效会很小. 能够将误差的自由度从 1 增加到 3 将明显增加拒绝假 H_0 的概率，因为临界域的起点一直从 161 移到 10.1. 另一方面，自由度从 30 到 40 或到 60 对 F 检验拒绝假 H_0 的能力只有很小的影响.

表　15.8.1

分母 df	$F_{0.95,1,df}$	分母 df	$F_{0.95,1,df}$
1	161	20	4.35
2	18.5	24	4.26
3	10.1	30	4.17
4	7.71	40	4.08
5	6.61	60	4.00
10	4.96	120	3.92
15	4.54		

也就是说，做一个“完整的”2^7 设计并不是一个对 7 个因子进行筛选实验的特别有成本效益的方法. 通过消除不必要的误差自由度，拥有一个需要少于 2^7 个观测值的设计，对实验者来说是一个受欢迎的选择.

1/2-重复

如何通过不测量所有可能的处理组合来“缩小”2^n 设计的规模，并不像看上去那样随意. 为了保持与完整的 2^n 设计中的对比特征相似的正交性，不仅大大限制了可以省略的处理组合的数量，而且也限制了可以省略的处理组合.

回顾表 15.7.1b. 表中显示的对比 C_A 和 C_B 之间的正交性是由 β_L 和 β_H 的特殊加减序列完成的，这使得 B 效应在 C_A 中的净贡献为 0. 那么，需要解决的问题很清楚：我们如何用较小的样本量重新定义一个对比，例如 C_A，并且仍然保证不同的因子，例如 B，对 C_A 的效应是 0?

图 15.8.1a 给出了一个答案. 顶部显示的是比较 A，B，C，D 四个因子的 2^4 设计的效应矩阵，然后根据完整的效应矩阵中 ABCD 的符号，将这 16 个处理组合分成两组相互排斥的 8 个. 最上面的 8 个组合包含所有在完整的效应矩阵 ABCD 列中有“+”号的处理组合. 底层的 8 个处理组合在完整的效应矩阵的 ABCD 列中都有一个“−”号.

根据定义，无论哪一个 1/2-重复包含处理组合(1)——每个因子在其低水平上——都被称为原则 1/2-重复. 不包含处理组合(1)的 1/2-重复被称为非原则 1/2-重复. 在这种情况下，“原则”这个词在任何意义上都不意味着一个 1/2-重复比另一个更好. 在实践中，一个想做 2^n 设计的 1/2-重复的实验者只需在两个中随机选择一个.

定义性对比

每个 1/2-重复都有一个定义性的对比. 它可以是任何主效应或交互作用，由实验者选择. 正如任何对比，它代表了 2^n 个处理组合的线性组合，其中 2^{n-1} 个以“+”号为前缀，2^{n-1} 个以“−”号为前缀. 定义性对比决定了如何将 2^n 设计分成两个 1/2-重复. 所有在定义性对比中带有“+”号的处理组合构成其中一个 1/2-重复；所有在定义性对比中带有“−”号的处理组合构成第二个 1/2-重复. 在图 15.8.1a 中，四因子交互作用 ABCD 作为定义性对比.

定义性对比在任何一个 1/2-重复中都不作为列标题出现，因为一旦被拆分，它就不再有资格作为对比. 它的符号不能增加 0. 实际上，定义性对比已经被“牺牲”掉了，以形成 1/2-重复，并且不能再被估计. 因此，实验者应该选择最不重要的效应作为定义性对比. 当然，后者通常是最高阶的交互作用，这就是为什么 ABCD 被用来形成图 15.8.1b 中的 1/2-重复.

一个重要的快捷方式

为了确定构成原则 1/2-重复的处理组合，没有必要写出完整的 2^n 模型的设计矩阵，然后剔除在定义性对比中具有特定符号的行，这就是图 15.8.1a 中所说明的过程. 1/2-重复的一个简单的属性消除了在分析的任何部分包括完整的效应矩阵的需要.

规则 1 原则 1/2-重复中的处理组合将总是具有与定义性对比相同的零个或偶数个字母.

在这里，由于定义性对比是 ABCD，该规则将(1)，ab，ac，ad，bc，bd，cd 和 $abcd$ 确定为构成原则 1/2-重复的处理组合. 该列表与图 15.8.1b 中出现的行相同.

处理组合	效应														
	A	B	AB	C	AC	BC	ABC	D	AD	BD	ABD	CD	ACD	BCD	ABCD
(1)	−	−	+	−	+	+	−	−	+	+	−	+	−	−	+
a	+	−	−	−	−	+	+	−	−	+	+	+	+	−	−
b	−	+	−	−	+	−	+	−	+	−	+	+	−	+	−
ab	+	+	+	−	−	−	−	−	−	−	−	+	+	+	+
c	−	−	+	+	−	−	+	−	+	+	−	−	+	+	−
ac	+	−	−	+	+	−	−	−	−	+	+	−	−	+	+
bc	−	+	−	+	−	+	−	−	+	−	+	−	+	−	+
abc	+	+	+	+	+	+	+	−	−	−	−	−	−	−	−
d	−	−	+	−	+	+	−	+	−	−	+	−	+	+	−
ad	+	−	−	−	−	+	+	+	+	−	−	−	−	+	+
bd	−	+	−	−	+	−	+	+	−	+	−	−	+	−	+
abd	+	+	+	−	−	−	−	+	+	+	+	−	−	−	−
cd	−	−	+	+	−	−	+	+	−	−	+	+	−	−	+
acd	+	−	−	+	+	−	−	+	+	−	−	+	+	−	−
bcd	−	+	−	+	−	+	−	+	−	+	−	+	−	+	−
abcd	+	+	+	+	+	+	+	+	+	+	+	+	+	+	+

a)

原则1/2-重复

	A	B	AB	C	AC	BC	ABC	D	AD	BD	ABD	CD	ACD	BCD
(1)	−	−	+	−	+	+	−	−	+	+	−	+	−	−
ab	+	+	+	−	−	−	−	−	−	−	−	+	+	+
ac	+	−	−	+	+	−	−	−	−	+	+	−	−	+
bc	−	+	−	+	−	+	−	−	+	−	+	−	+	−
ad	+	−	−	−	−	+	+	+	+	−	−	−	−	+
bd	−	+	−	−	+	−	+	+	−	+	−	−	+	−
cd	−	−	+	+	−	−	+	+	−	−	+	+	−	−
abcd	+	+	+	+	+	+	+	+	+	+	+	+	+	+

非原则1/2-重复

	A	B	AB	C	AC	BC	ABC	D	AD	BD	ABD	CD	ACD	BCD
a	+	−	−	−	−	+	+	−	−	+	+	+	+	−
b	−	+	−	−	+	−	+	−	+	−	+	+	−	+
c	−	−	+	+	−	−	+	−	+	+	−	−	+	+
abc	+	+	+	+	+	+	+	−	−	−	−	−	−	−
d	−	−	+	−	+	+	−	+	−	−	+	−	+	+
abd	+	+	+	−	−	−	−	+	+	+	+	−	−	−
acd	+	−	−	+	+	−	−	+	+	−	−	+	+	−
bcd	−	+	−	+	−	+	−	+	−	+	−	+	−	+

b)

原则1/2-重复：定义性对比 = ABCD

处理组合	A(BCD)	B(ACD)	C(ABD)	D(ABC)	AB(CD)	AC(BD)	AD(BC)
(1)	−	−	−	−	+	+	+
ab	+	+	−	−	+	−	−
ac	+	−	+	−	−	+	−
bc	−	+	+	−	−	−	+
ad	+	−	−	+	−	−	+
bd	−	+	−	+	−	+	−
cd	−	−	+	+	+	−	−
abcd	+	+	+	+	+	+	+

c)

图 15.8.1

正交性

做 1/2-重复的主要缺点是不能失去估计定义性对比所代表的效应的能力. 更严重的后果是改变了对比的正交性的性质. 再看一下图 15.8.1b 中的原则 1/2-重复. A 效应的对比是由线性组合给出的:

$$C_A = (1/4)(-(1) + ab + ac - bc + ad - bd - cd + abcd)$$

请注意, BCD 交互作用的对比是完全一样的(好像部分析因还不够混乱!):

$$C_{BCD} = (1/4)(-(1) + ab + ac - bc + ad - bd - cd + abcd)$$

用相同的对比或该对比的负值来测量的效应, 被称为混叠. 因此, 如果

$$\begin{array}{ccc} + & - & + \\ - & + & - \\ - & + & - \\ + & - & + \\ + & - & + \\ - & + & - \\ - & + & - \\ + & - & + \end{array}$$

是效应矩阵中的列, 它们所代表的三个效应都会被认为是混叠. 当然, 每个效应都会得到相同的平方和, 因为后者是一个效应对比的平方的函数. 扫过 1/2-重复的行和列, 就会发现每个效应都有一个混叠. 例如, B 效应的混叠是 ACD 交互作用; AB 交互作用的混叠是 CD 交互作用, 以此类推.

图 15.8.1c 显示, 原则 1/2-重复只有七个不同的对比, 而完整模型中出现的是十五个. 这七列中的每一列都以效应的名称和它的混叠为首行. 当然, 代表混叠的对比的正交性不复存在. 这两个对比是相同的. 同时, 每个混叠对都与其他混叠对正交.

回顾表 15.7.1b 中的分析. 例如, 如果 L 和 H 分别表示 B(ACD)对比的低水平和高水平, 那么 B(ACD)对 A(BCD)的效应就是 0.

$$C_{A(BCD)} = (1/4)(ab + ac + ad + abcd - (1) - bc - bd - cd)$$

因此, B(ACD)的效应对于 $C_{A(BCD)} = (1/4)(H + L + L + H - L - H - H - L) = 0$

对每一对混叠都有同样的结果.

寻找混叠

识别混叠的困难方法是直接对 1/2-重复进行逐列比较, 看哪两个对比具有相同(或相反)的"+"和"−"符号模式. 简单的方法是将所寻找的混叠的效应乘以定义性对比, 以 2 为模. 例如, A 效应和 AB 交互作用的混叠分别由 BCD 和 CD 给出:

$$A \times ABCD, \text{以 2 为模} = A \text{ 的混叠} = A^2BCD = BCD$$

$$AB \times ABCD, \text{以 2 为模} = AB \text{ 的混叠} = A^2B^2CD = CD$$

解释混叠

表 15.8.2 总结了与图 15.8.1 中详述的 1/2-重复相关的混叠, 以及它们在设置方差分

析表时的组合方式.

假设为 A(BCD)对比计算的平方和[使用公式(15.2.2)]为 25.0. 这衡量的是什么，应该如何解释？不幸的是，我们没有办法确切地知道它所衡量的是什么. 任何混叠对中的两个效应都被说成是混杂的，这意味着它们是密不可分的，是用同一个对比计算出来的. 我们没有办法知道 25.0 的哪一部分与 A 效应有关，哪一部分与 BCD 的交互作用有关.

表 15.8.2

效应	混叠	来源	df
A	BCD	A(BCD)	1
B	ACD	B(ACD)	1
C	ABD	C(ABD)	1
D	ABC	→ D(ABC)	1
AB	CD	误差：{AB(CD),	
AC	BD	AC(BD), AD(BC)}	3
AD	BC		
		总计	7

也就是说，实验者可能会假设 BCD 交互作用(作为相对高阶的交互)不存在，25.0 完全与 A 效应相关. 对于其他三个主效应和它们的交互作用混叠，也会做出类似的假设.

另一个假设是，所有六个双因子交互作用都不存在，在这种情况下，每个包含两个交互作用的混叠对实际上是在估计 1 个自由度的 σ_ε^2. 那么，误差项总共有 3 个自由度，而检验四个主效应的 F 比率分别有 1 和 3 个自由度.

这会是一个好的实验设计吗？肯定不是. 它的缺点强调了前面提出的警告，即只有当 n"多于极少数"时才应使用部分析因. 在这里，$n=4$，为了适应只对一半可能的处理组合进行读数的后果而需要做出的假设，会(而且应该)让每个实验者感到不安. 特别麻烦的是，假设所有六个双因子的交互作用都是 0. 在决定是否用 2^4 的 1/2-重复进行四个因子的比较时，这应该是一个突破口.

作为比较，假设 $n=6$ 个因子(A,B,C,D,E,F)与一个 1/2-重复——使用六个因子的交互作用 ABCDEF 作为定义性对比——进行比较. 在这种情况下，由于其较大的 n，混叠组合产生了一个方差分析表，其假设更加可信(见图 15.8.2)，主效应与五因子交互作用配对(几乎可以肯定不存在)，双因子交互作用与四因子交互作用配对(几乎可以肯定不存在). 如果假定 20 个三因子的交互作用为 0，它们就会组合成一个自由度为 10 的误差项. 那么，检验任何主效应或任何双因子交互作用的临界值将来自自由度为 1 和 10 的 F 分布.

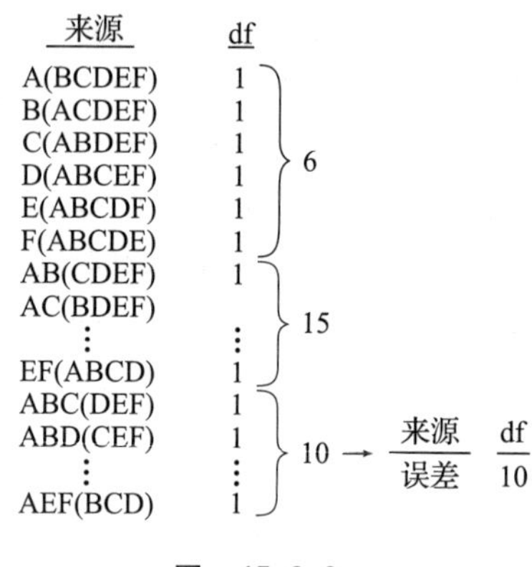

图 15.8.2

例 15.8.1 回顾案例研究 15.7.2. 假设研究人员无法招募到足够的 80 名志愿者. 据最后一次统计，他们只有 40 名志愿者，其中 20 名男性和 20 名女性. 面对减少小组规模或进行 1/2-重复的选择，他们选择了后者. 与前文讨论的原因一致，他们选择 ABCD 作为定义性对比，并没有特别的理由决定使用非原则 1/2-重复.

与前文的规则相反，构成非原则 1/2-重复的处理组合将具有奇数个与定义性对比相同的字母——在这种情况下，是 a，b，c，d，abc，abd，acd 和 bcd. 再看表 15.7.4；非原则 1/2-重复会有图 15.8.3 中所示的反应.

图 15.8.4a 显示了与构成以 ABCD 为定义性对比的非原则 1/2-重复的处理组合相关的效应矩阵的 14 列. 如图 15.8.4b 所示，这 14 列减少为相互正交的 7 列，每列代表两个混叠. 例如，标题为 A(BCD)的一列中的四个“＋”和四个“－”代表了四个差异，每个差异都部分地代表了 A 和 BCD 的效应. 这四个的平均值就是估计的 A(BCD)效应，即$\hat{C}_{A(BCD)}$.

$$\begin{aligned}\hat{C}_{A(BCD)} &= (1/4)(1.06-1.01-1.03+0.40-0.80+1.04+1.02-0.84)\\ &= (1/4)[(1.06-1.03)+(1.02-0.80)+(0.40-1.01)+(1.04-0.84)]\\ &= -0.04\end{aligned}$$

此外，根据 15.7 节的讨论，与$\hat{C}_{A(BCD)}$相关的平方和为 $2\cdot\hat{C}^2_{A(BCD)}$，即 $2(-0.04)^2=0.0032$.

表 15.8.3 中列出了七对混叠的估计对比和平方和. 请注意，其中两对混叠 A(BCD)和 D(ABC)的平方和明显小于其他五对. 合并起来，它们可以被看作一个具有 2 个自由度的误差项.

图 15.8.5 是非原则 1/2-重复的方差分析表. 效应——AD(BC)双因子交互作用混叠——具有统计显著性；另一个效应——AC(BD)混叠，具有第二高的 F 比率和小于 0.10 的 P 值. 这两个发现在某种程度上与对完整的 2^4 设计的分析一致：图 15.7.16 显示，最初发现 BC 的交互作用在 0.05 水平上是显著的，BD 的交互作用在 0.005 水平上是显著的.

		B_L		B_H	
		D_L	D_H	D_L	D_H
A_H	C_H		1.02 (*acd*)	0.40 (*abc*)	
	C_L	1.06 (*a*)			1.04 (*abd*)
A_L	C_H	1.03 (*c*)			0.84 (*bcd*)
	C_L		0.80 (*d*)	1.01 (*b*)	

图　15.8.3

非原则1/2-重复	A	B	AB	C	AC	BC	ABC	D	AD	BD	ABD	CD	ACD	BCD
a	+	−	−	−	−	+	+	−	−	+	+	+	+	−
b	−	+	−	−	+	−	+	−	+	−	+	+	−	+
c	−	−	+	+	−	−	+	−	+	+	−	−	+	+
abc	+	+	+	+	+	+	+	−	−	−	−	−	−	−
d	−	−	+	−	+	+	−	+	−	−	+	−	+	+
abd	+	+	+	−	−	−	−	+	+	+	+	−	−	−
acd	+	−	−	+	+	−	−	+	+	−	−	+	+	−
bcd	−	+	−	+	−	+	−	+	−	+	−	+	−	+

a)

	处理组合	A(BCD)	B(ACD)	C(ABD)	D(ABC)	AB(CD)	AC(BD)	AD(BC)
a	1.06	+	−	−	−	−	−	+
b	1.01	−	+	−	−	−	+	−
c	1.03	−	−	+	−	+	−	−
abc	0.40	+	+	+	−	+	+	+
d	0.80	−	−	−	+	+	+	+
abd	1.04	+	+	−	+	+	−	−
acd	1.02	+	−	+	+	−	+	−
bcd	0.84	−	+	+	+	−	−	+

b)

图　15.8.4

表 15.8.3

效应, Q	C_Q	SSC_Q	
A(BCD)	−0.04	0.003 2	SSE = 0.003 2+0.005 = −0.008 2
B(ACD)	−0.155	0.048 05	
C(ABD)	−0.155	0.048 05	
D(ABC)	0.05	0.005 0	
AB(CD)	−0.165	0.054 45	
AC(BD)	−0.185	0.068 45	
AD(BC)	−0.25	0.125	
		SSTOT = 0.352 2	

差异来源	df	SS	MS	F	P
B(ACD)	1	0.048 05	0.048 05	11.72	不显著
C(ABD)	1	0.048 05	0.048 05	11.72	不显著
AB(CD)	1	0.054 45	0.054 45	13.28	不显著
AC(BD)	1	0.068 45	0.068 45	16.70	不显著
AD(BC)	1	0.125	0.125	30.49	<0.05
误差{A(BCD), D(ABC)}	2	0.008 2	0.004 1		

图 15.8.5

撇开这些相似之处不谈，对图 15.7.16 和图 15.8.5 的比较表明，将样本量从完整的 16 个数据点减少到 8 个数据点的 1/2-重复，对所得推论的实用性产生了破坏性的影响. 首先，图 15.8.5 中的大 F 比率并不是说 BC 交互作用在统计上是显著的(这将是有用的信息). 相反，它是说 BC 效应或 AD 效应或两者的某种组合造成了显著的大平方和(这不是特别有用的信息). 而在最初的分析中占有重要地位的 ABCD 交互作用，甚至不再被提及，因为它首先被吃掉了，形成了 1/2-重复. 另外，与 1/2-重复相关的较小的误差自由度使得临界值很大，以至于 F 检验的功效受到严重影响.

刚才列举的这些缺陷都不是对部分析因设计的有用性的指责，而是提醒我们，在选择实验设计时，需要充分了解它的优点和缺点以及它所适用的数据的性质. 部分析因设计只有在以下情况下才是有效的：(1)因子的数量 n 相当大，因此可以达到合理的误差自由度；(2)高阶交互作用基本为零，因此与 A(BCDEF)和 BC(ADEF)这样的混叠相关的平方和可以被认为主要由效应 A 和 BC 引起. 将案例研究 15.7.2 中的数据减化为 1/2-重复，这两个条件都没有得到满足. ■

其他重复

指导 1/2-重复的形成和解释的相同原则可以扩展到允许进一步减少样本量. 1/2-重复的 1/2-重复成为原始 2^n 设计的 1/4-重复；1/4-重复的 1/2-重复成为 1/8-重复，以此类推. 由于显而易见的原因，1/4-重复和 1/8-重复只有在 2^n 相当大的情况下才会被使用，但是当 2^n 较小时，它们与 1/2-重复的区别是最容易解释的.

图 15.8.6 显示了设置和分析 1/4-重复所需的步骤. 图 15.8.6 的顶部是 2^5 设计的原则 1/2-重复的一部分，其中定义性对比是最高阶的交互作用 ABCDE. 根据前文的规则，表格中的行是与 ABCDE 有零个或偶数个共同字母的处理组合. 列标题显示了由定义性对比引起的混叠.

要形成 1/2-重复的 1/2-重复，需要牺牲第 2 列(与牺牲 ABCDE 列以形成最初的 1/2-重复的方式相同). 但这一次，每一列代表两个效应. 假设 DE(ABC)列被选中. 那么，1/4-重复将有三个定义性对比——ABCDE，DE 和 ABC.

根据前文的规则，构成原则 1/4-重复的每个处理组合必须与每个定义性对比有零个或偶数个共同字母. 满足这一要求的八个处理组合是：(1)，*ab*，*ac*，*bc*，*de*，*abde*，*acde* 和 *bcde*.

图 15.8.6b 列出了与每个效应相关的三个混叠和七个混叠对，将原则 1/4-重复中的不同列的数量减少到七个(见图 15.8.6c)．

原则1/2-重复：定义性对比＝ABCDE

处理组合	A(BCDE)	B(ACDE)	C(ABDE)	…	AB(CDE)	AC(BDE)	…	DE(ABD)
	15列							
(1)	−	−	−	…	+	+	…	+
ab	+	+	−		+	−		+
ac	+	−	+		−	+		+
ad	+	−	−		−	−		−
ae	+	−	−		−	−		−
bc	−	+	+		−	−		+
bd	−	+	−		−	+		−
be	−	+	−	…	−	+	…	−
cd	−	−	+		+	−		−
ce	−	−	+		+	−		−
de	−	−	−		+	+		+
abcd	+	+	+		+	+		−
abce	+	+	+		+	+		−
abde	+	+	−		+	−		+
acde	+	−	+		−	+		+
bcde	−	+	+	…	−	−	…	+

a)

混叠对

A, BCDE; ADE, BC; 和 BC, ADE; BCDE, A
B, ACDE; BDE, AC 和 AC, BDE; ACDE, B
C, ABDE; CDE, AB 和 AB ,CDE; ABDE, C
D, ABCE; E, ABCD 和 E, ABCD; D, ABCE
AD, BCE; AE, BCD 和 AE, BCD; AD, BCE
BD, ADE; BE, ACD 和 BE, ACD; BD, ACE
CD, ABE; CE, ABD 和 CE, ABD; CD, ABE

b)

原则1/4-重复；定义性对比＝ABCDE, DE 和 ABC

处理组合	A,BCDE, ADE,BC	B,ACDE, BDE,AC	C,ABDE, CDE,AB	D,ABCE, E,ABCD	AD,BCE, AE,BCD	BD,ADE, BE,ACD	CD,ABE, CE,ABD
(1)	−	−	−	−	+	+	+
ab	+	+	−	−	−	−	+
ac	+	−	+	−	−	+	−
bc	−	+	+	−	+	−	−
de	−	−	−	+	−	−	−
abde	+	+	−	+	+	+	−
acde	+	−	+	+	+	−	+
bcde	−	+	+	+	−	+	+

c)

图 15.8.6

例如，A 效应的混叠是由以下内容组成的：

$$A\times ABCDE，以 2 为模 = A^2BCDE = BCDE$$

$$A\times DE，以 2 为模 = ADE$$

$$A\times ABC，以 2 为模 = A^2BC = BC$$

但这些相同的混叠，却作为 BC 的一组混叠出现：

$$BC \times ABCDE，以 2 为模 = AB^2C^2DE = ADE$$

$$BC \times DE，以 2 为模 = BCDE$$

$$BC \times ABC，以 2 为模 = AB^2C^2 = A$$

在最初的 1/2-重复中出现的 A 和 BC 列在 1/4-重复中作为单一列重新出现.

正如预期的那样，图 15.8.7 中的方差分析表显示，只用 8 个观测值来比较 5 个因子，并不能收集到多少有用的信息. 将主效应与高阶交互作用配对是不可能的. 事实上，其中两个主效应，即 D 和 E，甚至是混在一起的. 然而，如果所有的交互作用都假定为 0，那么其他三个主效应(A，B 和 C)都可以用 3 个自由度进行检验.

来源	df		来源	df
A, BCDE, ADE, BC	1			
B, ACDE, BDE, AC	1			
C, ABDE, CDE, AB	1			
D, ABCE, E, ABCD	1			
AD, BCE, AE, BCD	1	} →	误差	3
BD, ACE, BE, ACD	1			
CD, ABE, CE, ABD	1			
总计	7			

图　15.8.7

注释　图 15.8.6c 显示了当 1/2-重复被减少为 1/4-重复时发生的情况，也指出了将 1/4-重复减少为两个 1/8-重复的步骤. 具体来说，1/4-重复中的一列需要分成两半——所有带“+”号的处理组合将定义一个 1/8-重复；那些带“−”号的处理组合将构成另一个重复. 当然，任何可能用于此目的的列都必须是一对混叠，代表总共四个效应. 那么，在任何一个 1/8-重复中的每个效应都会有七个混叠，即产生 1/2-重复的初始对比，定义 1/4-重复的两个对比，以及产生 1/8-重复的四个对比.

习题

15.8.1　用 ABC 交互作用作为定义性对比，构建 2^4 设计的原则 1/2-重复. 显示原则 1/2-重复的效应矩阵，并确定构成列标题的混叠.

15.8.2　将习题 15.8.1 中要求的效应矩阵与图 15.8.1c 进行比较. 哪一个定义性对比——ABCD 或 ABC——产生更好的原则 1/2-重复？解释一下.

15.8.3　在形成 1/2-重复时，为什么不使用不代表任何主效应或交互作用的线性处理组合作为定义性对比？这样做，在形成 1/2-重复时就不会有什么重要的东西被“牺牲”. 具体来说，如果使用下图中的对比 Q 作为 2^4 析因的原则 1/2-重复的定义性对比，会有什么问题？

处理组合	Q	处理组合	Q	处理组合	Q
(1)	+	bc	+	cd	+
a	+	abc	+	acd	−
b	−	d	−	bcd	+
ab	−	ad	−	$abcd$	−
c	−	bd	+		
ac	+	abd	−		

15.8.4　(a)哪些处理组合构成了以 ABD 为定义性对比的 2^4 析因设计的原则 1/2-重复？

(b)哪些处理组合构成了以 BC 为定义性对比的 2^3 析因设计的非原则 1/2-重复？

15.8.5　(a)哪些处理组合构成了以 ABC，AD 和 BCD 为定义性对比的 2^4 析因设计的原则 1/4-重复？

(b)哪些处理组合构成了以 ABC，BD 和 ACD 为定义性对比的 2^5 析因设计的原则 1/4-重复？

15.8.6 下面是一组对以 ABCD 为定义性对比的 2^4 析因设计的原则 1/2-重复进行的测量. 使用图 15.8.1c 中的对比来计算 SSA 和 SSAB.

		D_L		D_H	
		C_L	C_H	C_L	C_H
A_H	B_H	3			12
	B_L		4	10	
A_L	B_H		1	2	
	B_L	6			5

附录 统计表

表 A.1 标准正态分布下的累积面积

标准正态分布下的累积面积

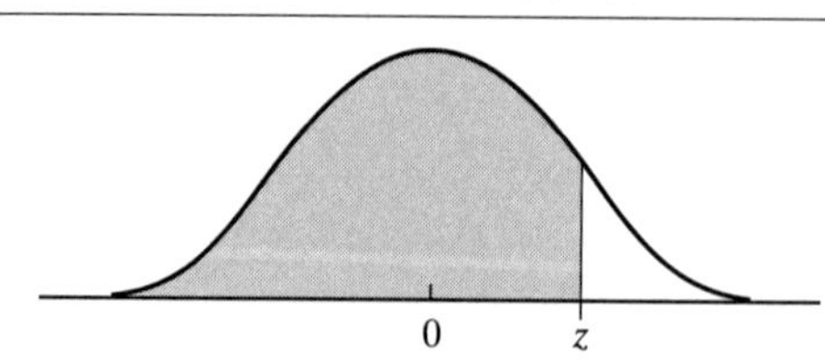

z	0	1	2	3	4	5	6	7	8	9
−3.0	0.001 3	0.001 3	0.001 3	0.001 2	0.001 2	0.001 1	0.001 1	0.001 1	0.001 0	0.001 0
−2.9	0.001 9	0.001 8	0.001 7	0.001 7	0.001 6	0.001 6	0.001 5	0.001 5	0.001 4	0.001 4
−2.8	0.002 6	0.002 5	0.002 4	0.002 3	0.002 3	0.002 2	0.002 1	0.002 1	0.002 0	0.001 9
−2.7	0.003 5	0.003 4	0.003 3	0.003 2	0.003 1	0.003 0	0.002 9	0.002 8	0.002 7	0.002 6
−2.6	0.004 7	0.004 5	0.004 4	0.004 3	0.004 1	0.004 0	0.003 9	0.003 8	0.003 7	0.003 6
−2.5	0.006 2	0.006 0	0.005 9	0.005 7	0.005 5	0.005 4	0.005 2	0.005 1	0.004 9	0.004 8
−2.4	0.008 2	0.008 0	0.007 8	0.007 5	0.007 3	0.007 1	0.006 9	0.006 8	0.006 6	0.006 4
−2.3	0.010 7	0.010 4	0.010 2	0.009 9	0.009 6	0.009 4	0.009 1	0.008 9	0.008 7	0.0084
−2.2	0.013 9	0.013 6	0.013 2	0.012 9	0.012 6	0.012 2	0.011 9	0.011 6	0.011 3	0.011 0
−2.1	0.017 9	0.017 4	0.017 0	0.016 6	0.016 2	0.015 8	0.015 4	0.015 0	0.014 6	0.014 3
−2.0	0.022 8	0.022 2	0.021 7	0.021 2	0.020 7	0.020 2	0.019 7	0.019 2	0.018 8	0.018 3
−1.9	0.028 7	0.028 1	0.027 4	0.026 8	0.026 2	0.025 6	0.025 0	0.024 4	0.023 8	0.023 3
−1.8	0.035 9	0.035 2	0.034 4	0.033 6	0.032 9	0.032 2	0.031 4	0.030 7	0.030 0	0.029 4
−1.7	0.044 6	0.043 6	0.042 7	0.041 8	0.040 9	0.040 1	0.039 2	0.038 4	0.037 5	0.036 7
−1.6	0.054 8	0.053 7	0.052 6	0.051 6	0.050 5	0.049 5	0.048 5	0.047 5	0.046 5	0.045 5
−1.5	0.066 8	0.065 5	0.064 3	0.063 0	0.061 8	0.060 6	0.059 4	0.058 2	0.057 0	0.055 9
−1.4	0.080 8	0.079 3	0.077 8	0.076 4	0.074 9	0.073 5	0.072 2	0.070 8	0.069 4	0.068 1
−1.3	0.096 8	0.095 1	0.093 4	0.091 8	0.090 1	0.088 5	0.086 9	0.085 3	0.083 8	0.082 3
−1.2	0.115 1	0.113 1	0.111 2	0.109 3	0.107 5	0.105 6	0.103 8	0.102 0	0.100 3	0.098 5
−1.1	0.135 7	0.133 5	0.131 4	0.129 2	0.127 1	0.125 1	0.123 0	0.121 0	0.119 0	0.117 0
−1.0	0.158 7	0.156 2	0.153 9	0.151 5	0.149 2	0.146 9	0.144 6	0.142 3	0.140 1	0.137 9
−0.9	0.184 1	0.181 4	0.178 8	0.176 2	0.173 6	0.171 1	0.168 5	0.166 0	0.163 5	0.161 1
−0.8	0.211 9	0.209 0	0.206 1	0.203 3	0.200 5	0.197 7	0.194 9	0.192 2	0.18 9 4	0.186 7
−0.7	0.242 0	0.238 9	0.235 8	0.232 7	0.229 7	0.226 6	0.223 6	0.220 6	0.217 7	0.214 8
−0.6	0.274 3	0.270 9	0.267 6	0.264 3	0.261 1	0.257 8	0.254 6	0.251 4	0.248 3	0.245 1
−0.5	0.308 5	0.305 0	0.301 5	0.298 1	0.294 6	0.291 2	0.287 7	0.284 3	0.281 0	0.277 6
−0.4	0.344 6	0.340 9	0.337 2	0.333 6	0.330 0	0.326 4	0.322 8	0.319 2	0.315 6	0.312 1
−0.3	0.382 1	0.378 3	0.374 5	0.370 7	0.366 9	0.363 2	0.359 4	0.355 7	0.352 0	0.348 3
−0.2	0.420 7	0.416 8	0.412 9	0.409 0	0.405 2	0.401 3	0.397 4	0.393 6	0.389 7	0.385 9
−0.1	0.460 2	0.456 2	0.452 2	0.448 3	0.444 3	0.440 4	0.436 4	0.432 5	0.428 6	0.424 7

（续）

z	0	1	2	3	4	5	6	7	8	9
−0.0	0.500 0	0.496 0	0.492 0	0.488 0	0.484 0	0.480 1	0.476 1	0.4721	0.4681	0.464 1
0.0	0.500 0	0.504 0	0.508 0	0.512 0	0.516 0	0.519 9	0.523 9	0.527 9	0.53 19	0.535 9
0.1	0.539 8	0.543 8	0.547 8	0.551 7	0.555 7	0.559 6	0.563 6	0.567 5	0.57 14	0.575 3
0.2	0.579 3	0.583 2	0.587 1	0.591 0	0.594 8	0.598 7	0.602 6	0.606 4	0.61 03	0.614 1
0.3	0.617 9	0.621 7	0.625 5	0.629 3	0.633 1	0.636 8	0.640 6	0.644 3	0.64 80	0.651 7
0.4	0.655 4	0.659 1	0.662 8	0.666 4	0.670 0	0.673 6	0.677 2	0.680 8	0.68 44	0.687 9
0.5	0.691 5	0.695 0	0.698 5	0.701 9	0.705 4	0.708 8	0.712 3	0.715 7	0.71 90	0.722 4
0.6	0.725 7	0.729 1	0.732 4	0.735 7	0.738 9	0.742 2	0.745 4	0.748 6	0.75 17	0.754 9
0.7	0.758 0	0.761 1	0.764 2	0.767 3	0.770 3	0.773 4	0.776 4	0.779 4	0.78 23	0.785 2
0.8	0.788 1	0.791 0	0.793 9	0.796 7	0.799 5	0.802 3	0.805 1	0.807 8	0.81 06	0.813 3
0.9	0.815 9	0.818 6	0.821 2	0.823 8	0.826 4	0.828 9	0.831 5	0.834 0	0.83 65	0.838 9
1.0	0.841 3	0.843 8	0.846 1	0.848 5	0.850 8	0.853 1	0.855 4	0.857 7	0.85 99	0.862 1
1.1	0.864 3	0.866 5	0.868 6	0.870 8	0.872 9	0.874 9	0.877 0	0.879 0	0.88 10	0.883 0
1.2	0.884 9	0.886 9	0.888 8	0.890 7	0.892 5	0.894 4	0.896 2	0.898 0	0.89 97	0.901 5
1.3	0.903 2	0.904 9	0.906 6	0.908 2	0.909 9	0.911 5	0.913 1	0.914 7	0.91 62	0.917 7
1.4	0.919 2	0.920 7	0.922 2	0.923 6	0.925 1	0.926 5	0.927 8	0.929 2	0.93 06	0.931 9
1.5	0.933 2	0.934 5	0.935 7	0.937 0	0.938 2	0.939 4	0.940 6	0.941 8	0.94 30	0.944 1
1.6	0.945 2	0.946 3	0.947 4	0.948 4	0.949 5	0.950 5	0.951 5	0.952 5	0.95 35	0.954 5
1.7	0.955 4	0.956 4	0.957 3	0.958 2	0.959 1	0.959 9	0.960 8	0.961 6	0.96 25	0.963 3
1.8	0.964 1	0.964 8	0.965 6	0.966 4	0.967 1	0.967 8	0.968 6	0.969 3	0.97 00	0.970 6
1.9	0.971 3	0.971 9	0.972 6	0.973 2	0.973 8	0.974 4	0.975 0	0.975 6	0.97 62	0.976 7
2.0	0.977 2	0.977 8	0.978 3	0.978 8	0.979 3	0.979 8	0.980 3	0.980 8	0.98 12	0.981 7
2.1	0.982 1	0.982 6	0.983 0	0.983 4	0.983 8	0.984 2	0.984 6	0.985 0	0.98 54	0.985 7
2.2	0.986 1	0.986 4	0.986 8	0.987 1	0.987 4	0.987 8	0.988 1	0.988 4	0.98 87	0.989 0
2.3	0.989 3	0.989 6	0.989 8	0.990 1	0.990 4	0.990 6	0.990 9	0.991 1	0.99 13	0.991 6
2.4	0.991 8	0.992 0	0.992 2	0.992 5	0.992 7	0.992 9	0.993 1	0.993 2	0.99 34	0.993 6
2.5	0.993 8	0.994 0	0.994 1	0.994 3	0.994 5	0.994 6	0.994 8	0.994 9	0.99 51	0.995 2
2.6	0.995 3	0.995 5	0.995 6	0.995 7	0.995 9	0.996 0	0.996 1	0.996 2	0.99 63	0.996 4
2.7	0.996 5	0.996 6	0.996 7	0.996 8	0.996 9	0.997 0	0.997 1	0.997 2	0.99 73	0.997 4
2.8	0.997 4	0.997 5	0.997 6	0.997 7	0.997 7	0.997 8	0.997 9	0.997 9	0.99 80	0.998 1
2.9	0.998 1	0.998 2	0.998 2	0.998 3	0.998 4	0.998 4	0.998 5	0.998 5	0.99 86	0.998 6
3.0	0.998 7	0.998 7	0.998 7	0.998 8	0.998 8	0.998 9	0.998 9	0.998 9	0.99 90	0.999 0

表 A.2　学生 t 分布的上限百分位数

学生 t 分布的上限百分位数

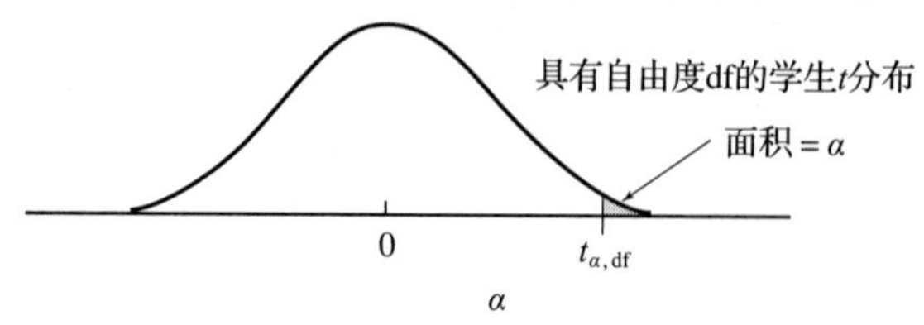

α

df	0.20	0.15	0.10	0.05	0.025	0.01	0.005
1	1.376	1.963	3.078	6.313 8	12.706	31.821	63.657
2	1.061	1.386	1.886	2.920 0	4.302 7	6.965	9.924 8
3	0.978	1.250	1.638	2.353 4	3.182 5	4.541	5.840 9
4	0.941	1.190	1.533	2.131 8	2.776 4	3.747	4.604 1
5	0.920	1.156	1.476	2.015 0	2.570 6	3.365	4.032 1
6	0.906	1.134	1.440	1.943 2	2.446 9	3.143	3.707 4
7	0.896	1.119	1.415	1.894 6	2.364 6	2.998	3.499 5
8	0.889	1.108	1.397	1.859 5	2.306 0	2.896	3.355 4
9	0.883	1.100	1.383	1.833 1	2.262 2	2.821	3.249 8
10	0.879	1.093	1.372	1.812 5	2.228 1	2.764	3.169 3
11	0.876	1.088	1.363	1.795 9	2.201 0	2.718	3.105 8
12	0.873	1.083	1.356	1.782 3	2.178 8	2.681	3.054 5
13	0.870	1.079	1.350	1.770 9	2.160 4	2.650	3.012 3
14	0.868	1.076	1.345	1.761 3	2.144 8	2.624	2.976 8
15	0.866	1.074	1.341	1.753 0	2.131 5	2.602	2.946 7
16	0.865	1.071	1.337	1.745 9	2.119 9	2.583	2.920 8
17	0.863	1.069	1.333	1.739 6	2.109 8	2.567	2.898 2
18	0.862	1.067	1.330	1.734 1	2.100 9	2.552	2.878 4
19	0.861	1.066	1.328	1.729 1	2.093 0	2.539	2.860 9
20	0.860	1.064	1.325	1.724 7	2.086 0	2.528	2.845 3
21	0.859	1.063	1.323	1.720 7	2.079 6	2.518	2.831 4
22	0.858	1.061	1.321	1.717 1	2.073 9	2.508	2.818 8
23	0.858	1.060	1.319	1.713 9	2.068 7	2.500	2.807 3
24	0.857	1.059	1.318	1.710 9	2.063 9	2.492	2.796 9
25	0.856	1.058	1.316	1.708 1	2.059 5	2.485	2.787 4
26	0.856	1.058	1.315	1.705 6	2.055 5	2.479	2.778 7
27	0.855	1.057	1.314	1.703 3	2.051 8	2.473	2.770 7
28	0.855	1.056	1.313	1.701 1	2.048 4	2.467	2.763 3
29	0.854	1.055	1.311	1.699 1	2.045 2	2.462	2.756 4
30	0.854	1.055	1.310	1.697 3	2.042 3	2.457	2.750 0

（续）

df	0.20	0.15	0.10	0.05	0.025	0.01	0.005
31	0.853 5	1.054 1	1.309 5	1.695 5	2.039 5	2.453	2.744 1
32	0.853 1	1.053 6	1.308 6	1.693 9	2.037 0	2.449	2.738 5
33	0.852 7	1.053 1	1.307 8	1.692 4	2.034 5	2.445	2.733 3
34	0.852 4	1.052 6	1.307 0	1.690 9	2.032 3	2.441	2.728 4
35	0.852 1	1.052 1	1.306 2	1.689 6	2.030 1	2.438	2.723 9
36	0.851 8	1.051 6	1.305 5	1.688 3	2.028 1	2.434	2.719 5
37	0.851 5	1.051 2	1.304 9	1.687 1	2.026 2	2.431	2.715 5
38	0.851 2	1.050 8	1.304 2	1.686 0	2.024 4	2.428	2.711 6
39	0.851 0	1.050 4	1.303 7	1.684 9	2.022 7	2.426	2.707 9
40	0.850 7	1.050 1	1.303 1	1.683 9	2.021 1	2.423	2.704 5
41	0.850 5	1.049 8	1.302 6	1.682 9	2.019 6	2.421	2.701 2
42	0.850 3	1.049 4	1.302 0	1.682 0	2.018 1	2.418	2.698 1
43	0.850 1	1.049 1	1.301 6	1.681 1	2.016 7	2.416	2.695 2
44	0.849 9	1.048 8	1.301 1	1.680 2	2.015 4	2.414	2.692 3
45	0.849 7	1.048 5	1.300 7	1.679 4	2.014 1	2.412	2.689 6
46	0.849 5	1.048 3	1.300 2	1.678 7	2.012 9	2.410	2.687 0
47	0.849 4	1.048 0	1.299 8	1.677 9	2.011 8	2.408	2.684 6
48	0.849 2	1.047 8	1.299 4	1.677 2	2.010 6	2.406	2.682 2
49	0.849 0	1.047 6	1.299 1	1.676 6	2.009 6	2.405	2.680 0
50	0.848 9	1.047 3	1.298 7	1.675 9	2.008 6	2.403	2.677 8
51	0.844 8	1.047 1	1.298 4	1.675 3	2.007 7	2.402	2.675 8
52	0.848 6	1.046 9	1.298 1	1.674 7	2.006 7	2.400	2.673 8
53	0.848 5	1.046 7	1.297 8	1.674 2	2.005 8	2.399	2.671 9
54	0.848 4	1.046 5	1.297 5	1.673 6	2.004 9	2.397	2.670 0
55	0.848 3	1.046 3	1.297 2	1.673 1	2.004 1	2.396	2.668 3
56	0.848 1	1.046 1	1.296 9	1.672 5	2.003 3	2.395	2.666 6
57	0.848 0	1.046 0	1.296 7	1.672 1	2.002 5	2.393	2.665 0
58	0.847 9	1.045 8	1.296 4	1.671 6	2.001 7	2.392	2.663 3
59	0.847 8	1.045 7	1.296 2	1.671 2	2.001 0	2.391	2.661 8
60	0.847 7	1.045 5	1.295 9	1.670 7	2.000 3	2.390	2.660 3
61	0.847 6	1.045 4	1.295 7	1.670 3	1.999 7	2.389	2.659 0
62	0.847 5	1.045 2	1.295 4	1.669 8	1.999 0	2.388	2.657 6
63	0.847 4	1.045 1	1.295 2	1.669 4	1.998 4	2.387	2.656 3
64	0.847 3	1.044 9	1.295 0	1.669 0	1.997 7	2.386	2.654 9
65	0.847 2	1.044 8	1.294 8	1.668 7	1.997 2	2.385	2.653 7
66	0.847 1	1.044 7	1.294 5	1.668 3	1.996 6	2.384	2.652 5
67	0.847 1	1.044 6	1.294 4	1.668 0	1.996 1	2.383	2.651 3

（续）

df	0.20	0.15	0.10	0.05	0.025	0.01	0.005
68	0.847 0	1.044 4	1.294 2	1.667 6	1.995 5	2.382	2.650 1
69	0.846 9	1.044 3	1.294 0	1.667 3	1.995 0	2.381	2.649 1
70	0.846 8	1.044 2	1.293 8	1.666 9	1.994 5	2.381	2.648 0
71	0.846 8	1.044 1	1.293 6	1.666 6	1.994 0	2.380	2.647 0
72	0.846 7	1.044 0	1.293 4	1.666 3	1.993 5	2.379	2.645 9
73	0.846 6	1.043 9	1.293 3	1.666 0	1.993 1	2.378	2.645 0
74	0.846 5	1.043 8	1.293 1	1.665 7	1.992 6	2.378	2.664 0
75	0.846 5	1.043 7	1.293 0	1.665 5	1.992 2	2.377	2.643 1
76	0.846 4	1.043 6	1.292 8	1.665 2	1.991 7	2.376	2.642 1
77	0.846 4	1.043 5	1.292 7	1.664 9	1.991 3	2.376	2.641 3
78	0.846 3	1.043 4	1.292 5	1.664 6	1.990 9	2.375	2.640 6
79	0.846 3	1.043 3	1.292 4	1.664 4	1.990 5	2.374	2.639 6
80	0.846 2	1.043 2	1.292 2	1.664 1	1.990 1	2.374	2.638 8
81	0.846 1	1.043 1	1.292 1	1.663 9	1.989 7	2.373	2.638 0
82	0.846 0	1.043 0	1.292 0	1.663 7	1.989 3	2.372	2.637 2
83	0.846 0	1.043 0	1.291 9	1.663 5	1.989 0	2.372	2.636 5
84	0.845 9	1.042 9	1.291 7	1.663 2	1.988 6	2.371	2.635 7
85	0.845 9	1.042 8	1.291 6	1.663 0	1.988 3	2.371	2.635 0
86	0.845 8	1.042 7	1.291 5	1.662 8	1.988 0	2.370	2.634 3
87	0.845 8	1.042 7	1.291 4	1.662 6	1.987 7	2.370	2.633 6
88	0.845 7	1.042 6	1.291 3	1.662 4	1.987 3	2.369	2.632 9
89	0.845 7	1.042 6	1.291 2	1.662 2	1.987 0	2.369	2.632 3
90	0.845 7	1.042 5	1.291 0	1.662 0	1.986 7	2.368	2.631 6
91	0.845 7	1.042 4	1.290 9	1.661 8	1.986 4	2.368	2.631 0
92	0.845 6	1.042 3	1.290 8	1.661 6	1.986 1	2.367	2.630 3
93	0.845 6	1.042 3	1.290 7	1.661 4	1.985 9	2.367	2.629 8
94	0.845 5	1.042 2	1.290 6	1.661 2	1.985 6	2.366	2.629 2
95	0.845 5	1.042 2	1.290 5	1.661 1	1.985 3	2.366	2.628 6
96	0.845 4	1.042 1	1.290 4	1.660 9	1.985 0	2.366	2.628 0
97	0.845 4	1.042 1	1.290 4	1.660 8	1.984 8	2.365	2.627 5
98	0.845 3	1.042 0	1.290 3	1.660 6	1.984 5	2.365	2.627 0
99	0.845 3	1.041 9	1.290 2	1.660 4	1.984 3	2.364	2.626 5
100	0.845 2	1.041 8	1.290 1	1.660 2	1.984 0	2.364	2.626 0
∞	0.84	1.04	1.28	1.64	1.96	2.33	2.58

表 A.3 χ^2 分布的上限和下限百分位数

χ^2 分布的上限和下限百分位数

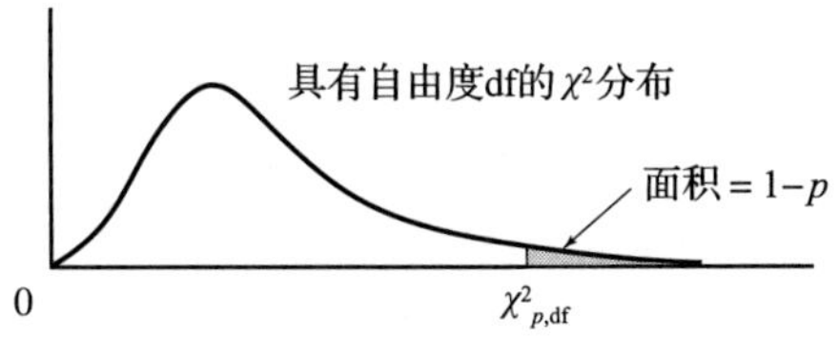

p

df	0.010	0.025	0.050	0.10	0.90	0.95	0.975	0.99
1	0.000 157	0.000 982	0.003 93	0.015 8	2.706	3.841	5.024	6.635
2	0.020 1	0.050 6	0.103	0.211	4.605	5.991	7.378	9.210
3	0.115	0.216	0.352	0.584	6.251	7.815	9.348	11.345
4	0.297	0.484	0.711	1.064	7.779	9.488	11.143	13.277
5	0.554	0.831	1.145	1.610	9.236 1	1.070	12.832	15.086
6	0.872	1.237	1.635	2.204	10.645	12.592	14.449	16.812
7	1.239	1.690	2.167	2.833	12.017	14.067	16.013	18.475
8	1.646	2.180	2.733	3.490	13.362	15.507	17.535	20.090
9	2.088	2.700	3.325	4.168	14.684	16.919	19.023	21.666
10	2.558	3.247	3.940	4.865	15.987	18.307	20.483	23.209
11	3.053	3.816	4.575	5.578	17.275	19.675	21.920	24.725
12	3.571	4.404	5.226	6.304	18.549	21.026	23.336	26.217
13	4.107	5.009	5.892	7.042	19.812	22.362	24.736	27.688
14	4.660	5.629	6.571	7.790	21.064	23.685	26.119	29.141
15	5.229	6.262	7.261	8.547	22.307	24.996	27.488	30.578
16	5.812	6.908	7.962	9.312	23.542	26.296	28.845	32.000
17	6.408	7.564	8.672	10.085	24.769	27.587	30.191	33.409
18	7.015	8.231	9.390	10.865	25.989	28.869	31.526	34.805
19	7.633	8.907	10.117	11.651	27.204	30.144	32.852	36.191
20	8.260	9.591	10.851	12.443	28.412	31.410	34.170	37.566
21	8.897	10.283	11.591	13.240	29.615	32.671	35.479	38.932
22	9.542	10.982	12.338	14.041	30.813	33.924	36.781	40.289
23	10.196	11.688	13.091	14.848	32.007	35.172	38.076	41.638
24	10.856	12.401	13.848	15.659	33.196	36.415	39.364	42.980
25	11.524	13.120	14.611	16.473	34.382	37.652	40.646	44.314
26	12.198	13.844	15.379	17.292	35.563	38.885	41.923	45.642
27	12.879	14.573	16.151	18.114	36.741	40.113	43.194	46.963
28	13.565	15.308	16.928	18.939	37.916	41.337	44.461	48.278
29	14.256	16.047	17.708	19.768	39.087	42.557	45.722	49.588

（续）

df	0.010	0.025	0.050	0.10	0.90	0.95	0.975	0.99
30	14.953	16.791	18.493	20.599	40.256	43.773	46.979	50.892
31	15.655	17.539	19.281	21.434	41.422	44.985	48.232	52.191
32	16.362	18.291	20.072	22.271	42.585	46.194	49.480	53.486
33	17.073	19.047	20.867	23.110	43.745	47.400	50.725	54.776
34	17.789	19.806	21.664	23.952	44.903	48.602	51.966	56.061
35	18.509	20.569	22.465	24.797	46.059	49.802	53.203	57.342
36	19.233	21.336	23.269	25.643	47.212	50.998	54.437	58.619
37	19.960	22.106	24.075	26.492	48.363	52.192	55.668	59.892
38	20.691	22.878	24.884	27.343	49.513	53.384	56.895	61.162
39	21.426	23.654	25.695	28.196	50.660	54.572	58.120	62.428
40	22.164	24.433	26.509	29.051	51.805	55.758	59.342	63.691
41	22.906	25.215	27.326	29.907	52.949	56.942	60.561	64.950
42	23.650	25.999	28.144	30.765	54.090	58.124	61.777	66.206
43	24.398	26.785	28.965	31.625	55.230	59.304	62.990	67.459
44	25.148	27.575	29.787	32.487	56.369	60.481	64.201	68.709
45	25.901	28.366	30.612	33.350	57.505	61.656	65.410	69.957
46	26.657	29.160	31.439	34.215	58.641	62.830	66.617	71.201
47	27.416	29.956	32.268	35.081	59.774	64.001	67.821	72.443
48	28.177	30.755	33.098	35.949	60.907	65.171	69.023	73.683
49	28.941	31.555	33.930	36.818	62.038	66.339	70.222	74.919
50	29.707	32.357	34.764	37.689	63.167	67.505	71.420	76.154

表 A.4　F 分布的百分位数

F 分布的百分位数

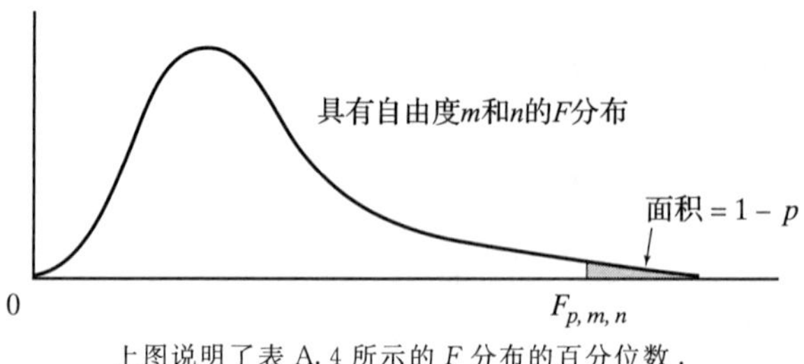

上图说明了表 A.4 所示的 *F* 分布的百分位数．

（续）

n	p \ m	1	2	3	4	5	6	7	8	9	10	11	12
1	0.000 5	$0.0^{6}62$	$0.0^{3}50$	$0.0^{2}38$	$0.0^{2}94$	0.016	0.022	0.027	0.032	0.036	0.039	0.042	0.045
	0.001	$0.0^{5}25$	$0.0^{2}10$	$0.0^{2}60$	0.013	0.021	0.028	0.034	0.039	0.044	0.048	0.051	0.054
	0.005	$0.0^{4}62$	$0.0^{2}51$	0.018	0.032	0.044	0.054	0.062	0.068	0.073	0.078	0.082	0.085
	0.010	$0.0^{3}25$	0.010	0.029	0.047	0.062	0.073	0.082	0.089	0.095	0.100	0.104	0.107
	0.025	$0.0^{2}15$	0.026	0.057	0.082	0.100	0.113	0.124	0.132	0.139	0.144	0.149	0.153
	0.05	$0.0^{2}62$	0.054	0.099	0.130	0.151	0.167	0.179	0.188	0.195	0.201	0.207	0.211
	0.10	0.025	0.117	0.181	0.220	0.246	0.265	0.279	0.289	0.298	0.304	0.310	0.315
	0.25	0.172	0.389	0.494	0.553	0.591	0.617	0.637	0.650	0.661	0.670	0.680	0.684
	0.50	1.00	1.50	1.71	1.82	1.89	1.94	1.98	2.00	2.03	2.04	2.05	2.07
	0.75	5.83	7.50	8.20	8.58	8.82	8.98	9.10	9.19	9.26	9.32	9.36	9.41
	0.90	39.9	49.5	53.6	55.8	57.2	58.2	58.9	59.4	59.9	60.2	60.5	60.7
	0.95	161	200	216	225	230	234	237	239	241	242	243	244
	0.975	648	800	864	900	922	937	948	957	963	969	973	977
	0.99	405^{1}	500^{1}	540^{1}	562^{1}	576^{1}	586^{1}	593^{1}	598^{1}	602^{1}	606^{1}	608^{1}	611^{1}
	0.995	162^{2}	200^{2}	216^{2}	225^{2}	231^{2}	234^{2}	237^{2}	239^{2}	241^{2}	242^{2}	243^{2}	244^{2}
	0.999	406^{3}	500^{3}	540^{3}	562^{3}	576^{3}	586^{3}	593^{3}	598^{3}	602^{3}	606^{3}	609^{3}	611^{3}
	0.999 5	162^{4}	200^{4}	216^{4}	225^{4}	231^{4}	234^{4}	237^{4}	239^{4}	241^{4}	242^{4}	243^{4}	244^{4}
2	0.000 5	$0.0^{6}50$	$0.0^{3}50$	$0.0^{2}42$	0.011	0.020	0.029	0.037	0.044	0.050	0.056	0.061	0.065
	0.001	$0.0^{5}20$	$0.0^{2}10$	$0.0^{2}68$	0.016	0.027	0.037	0.046	0.054	0.061	0.067	0.072	0.077
	0.005	$0.0^{4}50$	$0.0^{2}50$	0.020	0.038	0.055	0.069	0.081	0.091	0.099	0.106	0.112	0.118
	0.01	$0.0^{3}20$	0.010	0.032	0.056	0.075	0.092	0.105	0.116	0.125	0.132	0.139	0.144
	0.025	$0.0^{2}13$	0.026	0.062	0.094	0.119	0.138	0.153	0.165	0.175	0.183	0.190	0.196
	0.05	$0.0^{2}50$	0.053	0.105	0.144	0.173	0.194	0.211	0.224	0.235	0.244	0.251	0.257
	0.10	0.020	0.111	0.183	0.231	0.265	0.289	0.307	0.321	0.333	0.342	0.350	0.356
	0.25	0.133	0.333	0.439	0.500	0.540	0.568	0.588	0.604	0.616	0.626	0.633	0.641
	0.50	0.667	1.00	1.13	1.21	1.25	1.28	1.30	1.32	1.33	1.34	1.35	1.36
	0.75	2.57	3.00	3.15	3.23	3.28	3.31	3.34	3.35	3.37	3.38	3.39	3.39
	0.90	8.53	9.00	9.16	9.24	9.29	9.33	9.35	9.37	9.38	9.39	9.40	9.41
	0.95	18.5	19.0	19.2	19.2	19.3	19.3	19.4	19.4	19.4	19.4	19.4	19.4
	0.975	38.5	39.0	39.2	39.2	39.3	39.3	39.4	39.4	39.4	39.4	39.4	39.4
	0.99	98.5	99.0	99.2	99.2	99.3	99.3	99.4	99.4	99.4	99.4	99.4	99.4
	0.995	198	199	199	199	199	199	199	199	199	199	199	199
	0.999	998	999	999	999	999	999	999	999	999	999	999	999
	0.999 5	200^{1}	200^{1}	200^{1}	200^{1}	200^{1}	200^{1}	200^{1}	200^{1}	200^{1}	200^{1}	200^{1}	200^{1}
3	0.000 5	$0.0^{6}46$	$0.0^{3}50$	$0.0^{2}44$	0.012	0.023	0.033	0.043	0.052	0.060	0.067	0.074	0.079
	0.001	$0.0^{5}19$	$0.0^{2}10$	$0.0^{2}71$	0.018	0.030	0.042	0.053	0.063	0.072	0.079	0.086	0.093
	0.005	$0.0^{4}46$	$0.0^{2}50$	0.021	0.041	0.060	0.077	0.092	0.104	0.115	0.124	0.132	0.138
	0.01	$0.0^{3}19$	0.010	0.034	0.060	0.083	0.102	0.118	0.132	0.143	0.153	0.161	0.168
	0.025	$0.0^{2}12$	0.026	0.065	0.100	0.129	0.152	0.170	0.185	0.197	0.207	0.216	0.224
	0.05	$0.0^{2}46$	0.052	0.108	0.152	0.185	0.210	0.230	0.246	0.259	0.270	0.279	0.287
	0.10	0.019	0.109	0.185	0.239	0.276	0.304	0.325	0.342	0.356	0.367	0.376	0.384
	0.25	0.122	0.317	0.424	0.489	0.531	0.561	0.582	0.600	0.613	0.624	0.633	0.641
	0.50	0.585	0.881	1.00	1.06	1.10	1.13	1.15	1.16	1.17	1.18	1.19	1.20
	0.75	2.02	2.28	2.36	2.39	2.41	2.42	2.43	2.44	2.44	2.44	2.45	2.45
	0.90	5.54	5.46	5.39	5.34	5.31	5.28	5.27	5.25	5.24	5.23	5.22	5.22
	0.95	10.1	9.55	9.28	9.12	9.01	8.94	8.89	8.85	8.81	8.79	8.76	8.74
	0.075	17.4	16.0	15.4	15.1	14.9	14.7	14.6	14.5	14.5	14.4	14.4	14.3
	0.99	34.1	30.8	29.5	28.7	28.2	27.9	27.7	27.5	27.3	27.2	27.1	27.1
	0.995	55.6	49.8	47.5	46.2	45.4	44.8	44.4	44.1	43.9	43.7	43.5	43.4
	0.999	167	149	141	137	135	133	132	131	130	129	129	128
	0.999 5	266	237	225	218	214	211	209	208	207	206	204	204

将 $0.0^{3}56$ 作为 0.000 56，200^{1} 作为 2 000，162^{4} 作为 1 620 000，等等.

（续）

n	p \ m	15	20	24	30	40	50	60	100	120	200	500	∞
1	0.000 5	0.051	0.058	0.062	0.066	0.069	0.072	0.074	0.077	0.078	0.080	0.081	0.083
	0.001	0.060	0.067	0.071	0.075	0.079	0.082	0.084	0.087	0.088	0.089	0.091	0.092
	0.005	0.093	0.101	0.105	0.109	0.113	0.116	0.118	0.121	0.122	0.124	0.126	0.127
	0.01	0.115	0.124	0.128	0.132	0.137	0.139	0.141	0.145	0.146	0.148	0.150	0.151
	0.025	0.161	0.170	0.175	0.180	0.184	0.187	0.189	0.193	0.194	0.196	0.198	0.199
	0.05	0.220	0.230	0.235	0.240	0.245	0.248	0.250	0.254	0.255	0.257	0.259	0.261
	0.10	0.325	0.336	0.342	0.347	0.353	0.356	0.358	0.362	0.364	0.366	0.368	0.370
	0.25	0.698	0.712	0.719	0.727	0.734	0.738	0.741	0.747	0.749	0.752	0.754	0.756
	0.50	2.09	2.12	2.13	2.15	2.16	2.17	2.17	2.18	2.18	2.19	2.19	2.20
	0.75	9.49	9.58	9.63	9.67	9.71	9.74	9.76	9.78	9.80	9.82	9.84	9.85
	0.90	61.2	61.7	62.0	62.3	62.5	62.7	62.8	63.0	63.1	63.2	63.3	63.3
	0.95	246	248	249	250	251	252	252	253	253	254	254	254
	0.975	985	993	997	100^1	101^1	101^1	101^1	101^1	101^1	102^1	102^1	102^1
	0.99	616^1	621^1	623^1	626^1	629^1	630^1	631^1	633^1	634^1	635^1	636^1	637^1
	0.995	246^2	248^2	249^2	250^2	251^2	252^2	253^2	253^2	254^2	254^2	254^2	255^2
	0.999	616^3	621^3	623^3	626^3	629^3	630^3	631^3	633^3	634^3	635^2	636^3	637^3
	0.999 5	246^4	248^4	249^4	250^4	251^4	252^4	252^4	253^4	253^4	253^4	254^4	254^4
2	0.000 5	0.076	0.088	0.094	0.101	0.108	0.113	0.116	0.122	0.124	0.127	0.130	0.132
	0.001	0.088	0.100	0.107	0.114	0.121	0.126	0.129	0.135	0.137	0.140	0.143	0.145
	0.005	0.130	0.143	0.150	0.157	0.165	0.169	0.173	0.179	0.181	0.184	0.187	0.189
	0.01	0.157	0.171	0.178	0.186	0.193	0.198	0.201	0.207	0.209	0.212	0.215	0.217
	0.025	0.210	0.224	0.232	0.239	0.247	0.251	0.255	0.261	0.263	0.266	0.269	0.271
	0.05	0.272	0.286	0.294	0.302	0.309	0.314	0.317	0.324	0.326	0.329	0.332	0.334
	0.10	0.371	0.386	0.394	0.402	0.410	0.415	0.418	0.424	0.426	0.429	0.433	0.434
	0.25	0.657	0.672	0.680	0.689	0.697	0.702	0.705	0.711	0.713	0.716	0.719	0.721
	0.50	1.38	1.39	1.40	1.41	1.42	1.42	1.43	1.43	1.43	1.44	1.44	1.44
	0.75	3.41	3.43	3.43	3.44	3.45	3.45	3.46	3.47	3.47	3.48	3.48	3.48
	0.90	9.42	9.44	9.45	9.46	9.47	9.47	9.47	9.48	9.48	9.49	9.49	9.49
	0.95	19.4	19.4	19.5	19.5	19.5	19.5	19.5	19.5	19.5	19.5	19.5	19.5
	0.975	39.4	39.4	39.5	39.5	39.5	39.5	39.5	39.5	39.5	39.5	39.5	39.5
	0.99	99.4	99.4	99.5	99.5	99.5	99.5	99.5	99.5	99.5	99.5	99.5	99.5
	0.995	199	199	199	199	199	199	199	199	199	199	199	200
	0.999	999	999	999	999	999	999	999	999	999	999	999	999
	0.999 5	200^1	200^1	200^1	200^1	200^1	200^1	200^1	200^1	200^1	200^1	200^1	200^1
3	0.000 5	0.093	0.109	0.117	0.127	0.136	0.143	0.147	0.156	0.158	0.162	0.166	0.169
	0.001	0.107	0.123	0.132	0.142	0.152	0.158	0.162	0.171	0.173	0.177	0.181	0.184
	0.005	0.154	0.172	0.181	0.191	0.201	0.207	0.211	0.220	0.222	0.227	0.231	0.234
	0.01	0.185	0.203	0.212	0.222	0.232	0.238	0.242	0.251	0.253	0.258	0.262	0.264
	0.025	0.241	0.259	0.269	0.279	0.289	0.295	0.299	0.308	0.310	0.314	0.318	0.321
	0.05	0.304	0.323	0.332	0.342	0.352	0.358	0.363	0.370	0.373	0.377	0.382	0.384
	0.10	0.402	0.420	0.430	0.439	0.449	0.455	0.459	0.467	0.469	0.474	0.476	0.480
	0.25	0.658	0.675	0.684	0.693	0.702	0.708	0.711	0.719	0.721	0.724	0.728	0.730
	0.50	1.21	1.23	1.23	1.24	1.25	1.25	1.25	1.26	1.26	1.26	1.27	1.27
	0.75	2.46	2.46	2.46	2.47	2.47	2.47	2.47	2.47	2.47	2.47	2.47	2.47
	0.90	5.20	5.18	5.18	5.17	5.16	5.15	5.15	5.14	5.14	5.14	5.14	5.13
	0.95	8.70	8.66	8.63	8.62	8.59	8.58	8.57	8.55	8.55	8.54	8.53	8.53
	0.975	14.3	14.2	14.1	14.1	14.0	14.0	14.0	14.0	13.9	13.9	13.9	13.9
	0.99	26.9	26.7	26.6	26.5	26.4	26.4	26.3	26.2	26.2	26.2	26.1	26.1
	0.995	43.1	42.8	42.6	42.5	42.3	42.2	42.1	42.0	42.0	41.9	41.9	41.8
	0.999	127	126	126	125	125	125	124	124	124	124	124	123
	0.999 5	203	201	200	199	199	198	198	197	197	197	196	196

（续）

n	p \ m	1	2	3	4	5	6	7	8	9	10	11	12
4	0.000 5	$0.0^{6}44$	$0.0^{3}50$	$0.0^{2}46$	0.013	0.024	0.036	0.047	0.057	0.066	0.075	0.082	0.089
	0.001	$0.0^{5}18$	$0.0^{2}10$	$0.0^{2}73$	0.019	0.032	0.046	0.058	0.069	0.079	0.089	0.097	0.104
	0.005	$0.0^{4}44$	$0.0^{2}50$	0.022	0.043	0.064	0.083	0.100	0.114	0.126	0.137	0.145	0.153
	0.01	$0.0^{3}18$	0.010	0.035	0.063	0.088	0.109	0.127	0.143	0.156	0.167	0.176	0.185
	0.025	$0.0^{2}11$	0.026	0.066	0.104	0.135	0.161	0.181	0.198	0.212	0.224	0.234	0.243
	0.05	$0.0^{2}44$	0.052	0.110	0.157	0.193	0.221	0.243	0.261	0.275	0.288	0.298	0.307
	0.10	0.018	0.108	0.187	0.243	0.284	0.314	0.338	0.356	0.371	0.384	0.394	0.403
	0.25	0.117	0.309	0.418	0.484	0.528	0.560	0.583	0.601	0.615	0.627	0.637	0.645
	0.50	0.549	0.828	0.941	1.00	1.04	1.06	1.08	1.09	1.10	1.11	1.12	1.13
	0.75	1.81	2.00	2.05	2.06	2.07	2.08	2.08	2.08	2.08	2.08	2.08	2.08
	0.90	4.54	4.32	4.19	4.11	4.05	4.01	3.98	3.95	3.94	3.92	3.91	3.90
	0.95	7.71	6.94	6.59	6.39	6.26	6.16	6.09	6.04	6.00	5.96	5.94	5.91
	0.975	12.2	10.6	9.98	9.60	9.36	9.20	9.07	8.98	8.90	8.84	8.79	8.75
	0.99	21.2	18.0	16.7	16.0	15.5	15.2	15.0	14.8	14.7	14.5	14.4	14.4
	0.995	31.3	26.3	24.3	23.2	22.5	22.0	21.6	21.4	21.1	21.0	20.8	20.7
	0.999	74.1	61.2	56.2	53.4	51.7	50.5	49.7	49.0	48.5	48.0	47.7	47.4
	0.999 5	106	87.4	80.1	76.1	73.6	71.9	70.6	69.7	68.9	68.3	67.8	67.4
5	0.000 5	$0.0^{6}43$	$0.0^{3}50$	$0.0^{2}47$	0.014	0.025	0.038	0.050	0.061	0.070	0.081	0.089	0.096
	0.001	$0.0^{5}17$	$0.0^{2}10$	$0.0^{2}75$	0.019	0.034	0.048	0.062	0.074	0.085	0.095	0.104	0.112
	0.005	$0.0^{4}43$	$0.0^{2}50$	0.022	0.045	0.067	0.087	0.105	0.120	0.134	0.146	0.156	0.165
	0.01	$0.0^{3}17$	0.010	0.035	0.064	0.091	0.114	0.134	0.151	0.165	0.177	0.188	0.197
	0.025	$0.0^{2}11$	0.025	0.067	0.107	0.140	0.167	0.189	0.208	0.223	0.236	0.248	0.257
	0.05	$0.0^{2}43$	0.052	0.111	0.160	0.198	0.228	0.252	0.271	0.287	0.301	0.313	0.322
	0.10	0.017	0.108	0.188	0.247	0.290	0.322	0.347	0.367	0.383	0.397	0.408	0.418
	0.25	0.113	0.305	0.415	0.483	0.528	0.560	0.584	0.604	0.618	0.631	0.641	0.650
	0.50	0.528	0.799	0.907	0.965	1.00	1.02	1.04	1.05	1.06	1.07	1.08	1.09
	0.75	1.69	1.85	1.88	1.89	1.89	1.89	1.89	1.89	1.89	1.89	1.89	1.89
	0.90	4.06	3.78	3.62	3.52	3.45	3.40	3.37	3.34	3.32	3.30	3.28	3.27
	0.95	6.61	5.79	5.41	5.19	5.05	4.95	4.88	4.82	4.77	4.74	4.71	4.68
	0.975	10.0	8.43	7.76	7.39	7.15	6.98	6.85	6.76	6.68	6.62	6.57	6.52
	0.99	16.3	13.3	12.1	11.4	11.0	10.7	10.5	10.3	10.2	10.1	9.96	9.89
	0.995	22.8	18.3	16.5	15.6	14.9	14.5	14.2	14.0	13.8	13.6	13.5	13.4
	0.999	47.2	37.1	33.2	31.1	29.7	28.8	28.2	27.6	27.2	26.9	26.6	26.4
	0.999 5	63.6	49.8	44.4	41.5	39.7	38.5	37.6	36.9	36.4	35.9	35.6	35.2
6	0.000 5	$0.0^{6}43$	$0.0^{3}50$	$0.0^{2}47$	0.014	0.026	0.039	0.052	0.064	0.075	0.085	0.094	0.103
	0.001	$0.0^{5}17$	$0.0^{2}10$	$0.0^{2}75$	0.020	0.035	0.050	0.064	0.078	0.090	0.101	0.111	0.119
	0.005	$0.0^{4}43$	$0.0^{2}50$	0.022	0.045	0.069	0.090	0.109	0.126	0.140	0.153	0.164	0.174
	0.01	$0.0^{3}17$	0.010	0.036	0.066	0.094	0.118	0.139	0.157	0.172	0.186	0.197	0.207
	0.025	$0.0^{2}11$	0.025	0.068	0.109	0.143	0.172	0.195	0.215	0.231	0.246	0.258	0.268
	0.05	$0.0^{2}43$	0.052	0.112	0.162	0.202	0.233	0.259	0.279	0.296	0.311	0.324	0.334
	0.10	0.017	0.107	0.189	0.249	0.294	0.327	0.354	0.375	0.392	0.406	0.418	0.429
	0.25	0.111	0.302	0.413	0.481	0.524	0.561	0.586	0.606	0.622	0.635	0.645	0.654
	0.50	0.515	0.780	0.886	0.942	0.977	1.00	1.02	1.03	1.04	1.05	1.05	1.06
	0.75	1.62	1.76	1.78	1.79	1.79	1.78	1.78	1.78	1.77	1.77	1.77	1.77
	0.90	3.78	3.46	3.29	3.18	3.11	3.05	3.01	2.98	2.96	2.94	2.92	2.90
	0.95	5.99	5.14	4.76	4.53	4.39	4.28	4.21	4.15	4.10	4.06	4.03	4.00
	0.975	8.81	7.26	6.60	6.23	5.99	5.82	5.70	5.60	5.52	5.46	5.41	5.37
	0.99	13.7	10.9	9.78	9.15	8.75	8.47	8.26	8.10	7.98	7.87	7.79	7.72
	0.995	18.6	14.5	12.9	12.0	11.5	11.1	10.8	10.6	10.4	10.2	10.1	10.0
	0.999	35.5	27.0	23.7	21.9	20.8	20.0	19.5	19.0	18.7	18.4	18.2	18.0
	0.999 5	46.1	34.8	30.4	28.1	26.6	25.6	24.9	24.3	23.9	23.5	23.2	23.0

（续）

n	m / p	15	20	24	30	40	50	60	100	120	200	500	∞
4	0.000 5	0.105	0.125	0.135	0.147	0.159	0.166	0.172	0.183	0.186	0.191	0.196	0.200
	0.001	0.121	0.141	0.152	0.163	0.176	0.183	0.188	0.200	0.202	0.208	0.213	0.217
	0.005	0.172	0.193	0.204	0.216	0.229	0.237	0.242	0.253	0.255	0.260	0.266	0.269
	0.01	0.204	0.226	0.237	0.249	0.261	0.269	0.274	0.285	0.287	0.293	0.298	0.301
	0.025	0.263	0.284	0.296	0.308	0.320	0.327	0.332	0.342	0.346	0.351	0.356	0.359
	0.05	0.327	0.349	0.360	0.372	0.384	0.391	0.396	0.407	0.409	0.413	0.418	0.422
	0.10	0.424	0.445	0.456	0.467	0.478	0.485	0.490	0.500	0.502	0.508	0.510	0.514
	0.25	0.664	0.683	0.692	0.702	0.712	0.718	0.722	0.731	0.733	0.737	0.740	0.743
	0.50	1.14	1.15	1.16	1.16	1.17	1.18	1.18	1.18	1.18	1.19	1.19	1.19
	0.75	2.08	2.08	2.08	2.08	2.08	2.08	2.08	2.08	2.08	2.08	2.08	2.08
	0.90	3.87	3.84	3.83	3.82	3.80	3.80	3.79	3.78	3.78	3.77	3.76	3.76
	0.95	5.86	5.80	5.77	5.75	5.72	5.70	5.69	5.66	5.66	5.65	5.64	5.63
	0.975	8.66	8.56	8.51	8.46	8.41	8.38	8.36	8.32	8.31	8.29	8.27	8.26
	0.99	14.2	14.0	13.9	13.8	13.7	13.7	13.7	13.6	13.6	13.5	13.5	13.5
	0.995	20.4	20.2	20.0	19.9	19.8	19.7	19.6	19.5	19.5	19.4	19.4	19.3
	0.999	46.8	46.1	45.8	45.4	45.1	44.9	44.7	44.5	44.4	44.3	44.1	44.0
	0.999 5	66.5	65.5	65.1	64.6	64.1	63.8	63.6	63.2	63.1	62.9	62.7	62.6
5	0.000 5	0.115	0.137	0.150	0.163	0.177	0.186	0.192	0.205	0.209	0.216	0.222	0.226
	0.001	0.132	0.155	0.167	0.181	0.195	0.204	0.210	0.223	0.227	0.233	0.239	0.244
	0.005	0.186	0.210	0.223	0.237	0.251	0.260	0.266	0.279	0.282	0.288	0.294	0.299
	0.01	0.219	0.244	0.257	0.270	0.285	0.293	0.299	0.312	0.315	0.322	0.328	0.331
	0.025	0.280	0.304	0.317	0.330	0.344	0.353	0.359	0.370	0.374	0.380	0.386	0.390
	0.05	0.345	0.369	0.382	0.395	0.408	0.417	0.422	0.432	0.437	0.442	0.448	0.452
	0.10	0.440	0.463	0.476	0.488	0.501	0.508	0.514	0.524	0.527	0.532	0.538	0.541
	0.25	0.669	0.690	0.700	0.711	0.722	0.728	0.732	0.741	0.743	0.748	0.752	0.755
	0.50	1.10	1.11	1.12	1.12	1.13	1.13	1.14	1.14	1.14	1.15	1.15	1.15
	0.75	1.89	1.88	1.88	1.88	1.88	1.88	1.87	1.87	1.87	1.87	1.87	1.87
	0.90	3.24	3.21	3.19	3.17	3.16	3.15	3.14	3.13	3.12	3.12	3.11	3.10
	0.95	4.62	4.56	4.53	4.50	4.46	4.44	4.43	4.41	4.40	4.39	4.37	4.36
	0.975	6.43	6.33	6.28	6.23	6.18	6.14	6.12	6.08	6.07	6.05	6.03	6.02
	0.99	9.72	9.55	9.47	9.38	9.29	9.24	9.20	9.13	9.11	9.08	9.04	9.02
	0.995	13.1	12.9	12.8	12.7	12.5	12.5	12.4	12.3	12.3	12.2	12.2	12.1
	0.999	25.9	25.4	25.1	24.9	24.6	24.4	24.3	24.1	24.1	23.9	23.8	23.8
	0.999 5	34.6	33.9	33.5	33.1	32.7	32.5	32.3	32.1	32.0	31.8	31.7	31.6
6	0.000 5	0.123	0.148	0.162	0.177	0.193	0.203	0.210	0.225	0.229	0.236	0.244	0.249
	0.001	0.141	0.166	0.180	0.195	0.211	0.222	0.229	0.243	0.247	0.255	0.262	0.267
	0.005	0.197	0.224	0.238	0.253	0.269	0.279	0.286	0.301	0.304	0.312	0.318	0.324
	0.01	0.232	0.258	0.273	0.288	0.304	0.313	0.321	0.334	0.338	0.346	0.352	0.357
	0.025	0.293	0.320	0.334	0.349	0.364	0.375	0.381	0.394	0.398	0.405	0.412	0.415
	0.05	0.358	0.385	0.399	0.413	0.428	0.437	0.444	0.457	0.460	0.467	0.472	0.476
	0.10	0.453	0.478	0.491	0.505	0.519	0.526	0.533	0.546	0.548	0.556	0.559	0.564
	0.25	0.675	0.696	0.707	0.718	0.729	0.736	0.741	0.751	0.753	0.758	0.762	0.765
	0.50	1.07	1.08	1.09	1.10	1.10	1.11	1.11	1.11	1.12	1.12	1.12	1.12
	0.75	1.76	1.76	1.75	1.75	1.75	1.75	1.74	1.74	1.74	1.74	1.74	1.74
	0.90	2.87	2.84	2.82	2.80	2.78	2.77	2.76	2.75	2.74	2.73	2.73	2.72
	0.95	3.94	3.87	3.84	3.81	3.77	3.75	3.74	3.71	3.70	3.69	3.68	3.67
	0.975	5.27	5.17	5.12	5.07	5.01	4.98	4.96	4.92	4.90	4.88	4.86	4.85
	0.99	7.56	7.40	7.31	7.23	7.14	7.09	7.06	6.99	6.97	6.93	6.90	6.88
	0.995	9.81	9.59	9.47	9.36	9.24	9.17	9.12	9.03	9.00	8.95	8.91	8.88
	0.999	17.6	17.1	16.9	16.7	16.4	16.3	16.2	16.0	16.0	15.9	15.8	15.7
	0.999 5	22.4	21.9	21.7	21.4	21.1	20.9	20.7	20.5	20.4	20.3	20.2	20.1

（续）

n	p \ m	1	2	3	4	5	6	7	8	9	10	11	12
7	0.000 5	$0.0^{6}42$	$0.0^{3}50$	$0.0^{2}48$	0.014	0.027	0.040	0.053	0.066	0.078	0.088	0.099	0.108
	0.001	$0.0^{5}17$	$0.0^{2}10$	$0.0^{2}76$	0.020	0.035	0.051	0.067	0.081	0.093	0.105	0.115	0.125
	0.005	$0.0^{4}42$	$0.0^{2}50$	0.023	0.046	0.070	0.093	0.113	0.130	0.145	0.159	0.171	0.181
	0.01	$0.0^{3}17$	0.010	0.036	0.067	0.096	0.121	0.143	0.162	0.178	0.192	0.205	0.216
	0.025	$0.0^{2}10$	0.025	0.068	0.110	0.146	0.176	0.200	0.221	0.238	0.253	0.266	0.277
	0.05	$0.0^{2}42$	0.052	0.113	0.164	0.205	0.238	0.264	0.286	0.304	0.319	0.332	0.343
	0.10	0.017	0.107	0.190	0.251	0.297	0.332	0.359	0.381	0.399	0.414	0.427	0.438
	0.25	0.110	0.300	0.412	0.481	0.528	0.562	0.588	0.608	0.624	0.637	0.649	0.658
	0.50	0.506	0.767	0.871	0.926	0.960	0.983	1.00	1.01	1.02	1.03	1.04	1.04
	0.75	1.57	1.70	1.72	1.72	1.71	1.71	1.70	1.70	1.69	1.69	1.69	1.68
	0.90	3.59	3.26	3.07	2.96	2.88	2.83	2.78	2.75	2.72	2.70	2.68	2.67
	0.95	5.59	4.74	4.35	4.12	3.97	3.87	3.79	3.73	3.68	3.64	3.60	3.57
	0.975	8.07	6.54	5.89	5.52	5.29	5.12	4.99	4.90	4.82	4.76	4.71	4.67
	0.99	12.2	9.55	8.45	7.85	7.46	7.19	6.99	6.84	6.72	6.62	6.54	6.47
	0.995	16.2	12.4	10.9	10.0	9.52	9.16	8.89	8.68	8.51	8.38	8.27	8.18
	0.999	29.2	21.7	18.8	17.2	16.2	15.5	15.0	14.6	14.3	14.1	13.9	13.7
	0.999 5	37.0	27.2	23.5	21.4	20.2	19.3	18.7	18.2	17.8	17.5	17.2	17.0
8	0.000 5	$0.0^{6}42$	$0.0^{3}50$	$0.0^{2}48$	0.014	0.027	0.041	0.055	0.068	0.081	0.092	0.102	0.112
	0.001	$0.0^{5}17$	$0.0^{2}10$	$0.0^{2}76$	0.020	0.036	0.053	0.068	0.083	0.096	0.109	0.120	0.130
	0.005	$0.0^{4}42$	$0.0^{2}50$	0.027	0.047	0.072	0.095	0.115	0.133	0.149	0.164	0.176	0.187
	0.01	$0.0^{3}17$	0.010	0.036	0.068	0.097	0.123	0.146	0.166	0.183	0.198	0.211	0.222
	0.025	$0.0^{2}10$	0.025	0.069	0.111	0.148	0.179	0.204	0.226	0.244	0.259	0.273	0.285
	0.05	$0.0^{2}42$	0.052	0.113	0.166	0.208	0.241	0.268	0.291	0.310	0.326	0.339	0.351
	0.10	0.017	0.107	0.190	0.253	0.299	0.335	0.363	0.386	0.405	0.421	0.435	0.445
	0.25	0.109	0.298	0.411	0.481	0.529	0.563	0.589	0.610	0.627	0.640	0.654	0.661
	0.50	0.499	0.757	0.860	0.915	0.948	0.971	0.988	1.00	1.01	1.02	1.02	1.03
	0.75	1.54	1.66	1.67	1.66	1.66	1.65	1.64	1.64	1.64	1.63	1.63	1.62
	0.90	3.46	3.11	2.92	2.81	2.73	2.67	2.62	2.59	2.56	2.54	2.52	2.50
	0.95	5.32	4.46	4.07	3.84	3.69	3.58	3.50	3.44	3.39	3.35	3.31	3.28
	0.975	7.57	6.06	5.42	5.05	4.82	4.65	4.53	4.43	4.36	4.30	4.24	4.20
	0.99	11.3	8.65	7.59	7.01	6.63	6.37	6.18	6.03	5.91	5.81	5.73	5.67
	0.995	14.7	11.0	9.60	8.81	8.30	7.95	7.69	7.50	7.34	7.21	7.10	7.01
	0.999	25.4	18.5	15.8	14.4	13.5	12.9	12.4	12.0	11.8	11.5	11.4	11.2
	0.999 5	31.6	22.8	19.4	17.6	16.4	15.7	15.1	14.6	14.3	14.0	13.8	13.6
9	0.000 5	$0.0^{6}41$	$0.0^{3}50$	$0.0^{2}48$	0.015	0.027	0.042	0.056	0.070	0.083	0.094	0.105	0.115
	0.001	$0.0^{5}17$	$0.0^{2}10$	$0.0^{2}77$	0.021	0.037	0.054	0.070	0.085	0.099	0.112	0.123	0.134
	0.005	$0.0^{4}42$	$0.0^{2}50$	0.023	0.047	0.073	0.096	0.117	0.136	0.153	0.168	0.181	0.192
	0.01	$0.0^{3}17$	0.010	0.037	0.068	0.098	0.125	0.149	0.169	0.187	0.202	0.216	0.228
	0.025	$0.0^{2}10$	0.025	0.069	0.112	0.150	0.181	0.207	0.230	0.248	0.265	0.279	0.291
	0.05	$0.0^{2}40$	0.052	0.113	0.167	0.210	0.244	0.272	0.296	0.315	0.331	0.345	0.358
	0.10	0.017	0.107	0.191	0.254	0.302	0.338	0.367	0.390	0.410	0.426	0.441	0.452
	0.25	0.108	0.297	0.410	0.480	0.529	0.564	0.591	0.612	0.629	0.643	0.654	0.664
	0.50	0.494	0.749	0.852	0.906	0.939	0.962	0.978	0.990	1.00	1.01	1.01	1.02
	0.75	1.51	1.62	1.63	1.63	1.62	1.61	1.60	1.60	1.59	1.59	1.58	1.58
	0.90	3.36	3.01	2.81	2.69	2.61	2.55	2.51	2.47	2.44	2.42	2.40	2.38
	0.95	5.12	4.26	3.86	3.63	3.48	3.37	3.29	3.23	3.18	3.14	3.10	3.07
	0.975	7.21	5.71	5.08	4.72	4.48	4.32	4.20	4.10	4.03	3.96	3.91	3.87
	0.99	10.6	8.02	6.99	6.42	6.06	5.80	5.61	5.47	5.35	5.26	5.18	5.11
	0.995	13.6	10.1	8.72	7.96	7.47	7.13	6.88	6.69	6.54	6.42	6.31	6.23
	0.999	22.9	16.4	13.9	12.6	11.7	11.1	10.7	10.4	10.1	9.89	9.71	9.57
	0.999 5	28.0	19.9	16.8	15.1	14.1	13.3	12.8	12.4	12.1	11.8	11.6	11.4

（续）

n	p \ m	15	20	24	30	40	50	60	100	120	200	500	∞
7	0.000 5	0.130	0.157	0.172	0.188	0.206	0.217	0.225	0.242	0.246	0.255	0.263	0.268
	0.001	0.148	0.176	0.191	0.208	0.225	0.237	0.245	0.261	0.266	0.274	0.282	0.288
	0.005	0.206	0.235	0.251	0.267	0.285	0.296	0.304	0.319	0.324	0.332	0.340	0.345
	0.01	0.241	0.270	0.286	0.303	0.320	0.331	0.339	0.355	0.358	0.366	0.373	0.379
	0.025	0.304	0.333	0.348	0.364	0.381	0.392	0.399	0.413	0.418	0.426	0.433	0.437
	0.05	0.369	0.398	0.413	0.428	0.445	0.455	0.461	0.476	0.479	0.485	0.493	0.498
	0.10	0.463	0.491	0.504	0.519	0.534	0.543	0.550	0.562	0.566	0.571	0.578	0.582
	0.25	0.079	0.702	0.713	0.725	0.737	0.745	0.749	0.760	0.762	0.767	0.772	0.775
	0.50	1.05	1.07	1.07	1.08	1.08	1.09	1.09	1.10	1.10	1.10	1.10	1.10
	0.75	1.08	1.67	1.67	1.66	1.60	1.66	1.65	1.65	1.65	1.65	1.65	1.65
	0.90	2.63	2.59	2.58	2.56	2.54	2.52	2.51	2.50	2.49	2.48	2.48	2.47
	0.95	3.51	3.44	3.41	3.38	3.34	3.32	3.30	3.27	3.27	3.25	3.24	3.23
	0.975	4.57	4.47	4.42	4.36	4.31	4.28	4.25	4.21	4.20	4.18	4.16	4.14
	0.99	6.31	6.16	6.07	5.99	5.91	5.86	5.82	5.75	5.74	5.70	5.67	5.65
	0.995	7.97	7.75	7.65	7.53	7.42	7.35	7.31	7.22	7.19	7.15	7.10	7.08
	0.999	13.3	12.9	12.7	12.5	12.3	12.2	12.1	11.9	11.9	11.8	11.7	11.7
	0.999 5	16.5	16.0	15.7	15.5	15.2	15.1	15.0	14.7	14.7	14.6	14.5	14.4
8	0.000 5	0.136	0.164	0.181	0.198	0.218	0.230	0.239	0.257	0.262	0.271	0.281	0.287
	0.001	0.155	0.184	0.200	0.218	0.238	0.250	0.259	0.277	0.282	0.292	0.300	0.306
	0.005	0.214	0.244	0.261	0.279	0.299	0.311	0.319	0.337	0.341	0.351	0.358	0.364
	0.01	0.250	0.281	0.297	0.315	0.334	0.346	0.354	0.372	0.376	0.385	0.392	0.398
	0.025	0.313	0.343	0.360	0.377	0.395	0.407	0.415	0.431	0.435	0.442	0.450	0.456
	0.05	0.379	0.409	0.425	0.441	0.459	0.469	0.477	0.493	0.496	0.505	0.510	0.516
	0.10	0.472	0.500	0.515	0.531	0.547	0.556	0.563	0.578	0.581	0.588	0.595	0.599
	0.25	0.684	0.707	0.718	0.730	0.743	0.751	0.756	0.767	0.769	0.775	0.780	0.783
	0.50	1.04	1.05	1.06	1.07	1.07	1.07	1.08	1.08	1.08	1.09	1.09	1.09
	0.75	1.62	1.61	1.60	1.60	1.59	1.59	1.59	1.58	1.58	1.58	1.58	1.58
	0.90	2.46	2.42	2.40	2.38	2.36	2.35	2.34	2.32	2.32	2.31	2.30	2.29
	0.95	3.22	3.15	3.12	3.08	3.04	3.02	3.01	2.97	2.97	2.95	2.94	2.93
	0.975	4.10	4.00	3.95	3.89	3.84	3.81	3.78	3.74	3.73	3.70	3.68	3.67
	0.99	5.52	5.36	5.28	5.20	5.12	5.07	5.03	4.96	4.95	4.91	4.88	4.86
	0.995	6.81	6.61	6.50	6.40	6.29	6.22	6.18	6.09	6.06	6.02	5.98	5.95
	0.999	10.8	10.5	10.3	10.1	9.92	9.80	9.73	9.57	9.54	9.46	9.39	9.34
	0.999 5	13.1	12.7	12.5	12.2	12.0	11.8	11.8	11.6	11.5	11.4	11.4	11.3
9	0.000 5	0.141	0.171	188	0.207	0.228	0.242	0.251	0.270	0.276	0.287	0.297	0.303
	0.001	0.160	0.191	0.208	0.228	0.249	0.262	0.271	0.291	0.296	0.307	0.316	0.323
	0.005	0.220	0.253	0.271	0.290	0.310	0.324	0.332	0.351	0.356	0.366	0.376	0.382
	0.01	0.257	0.289	0.307	0.326	0.340	0.358	0.368	0.386	0.391	0.400	0.410	0.415
	0.025	0.320	0.352	0.370	0.388	0.408	0.420	0.428	0.446	0.450	0.459	0.467	0.473
	0.05	0.386	0.418	0.435	0.452	0.471	0.483	0.490	0.508	0.510	0.518	0.526	0.532
	0.10	0.479	0.509	0.525	0.541	0.558	0.568	0.575	0.588	0.594	0.602	0.610	0.613
	0.25	0.687	0.711	0.723	0.736	0.749	0.757	0.762	0.773	0.776	0.782	0.787	0.791
	0.50	1.03	1.04	1.05	1.05	1.06	1.06	1.07	1.07	1.07	1.08	1.08	1.08
	0.75	1.57	1.56	1.56	1.55	1.55	1.54	1.54	1.53	1.53	1.53	1.53	1.53
	0.90	1.56	2.30	2.28	2.25	2.23	2.22	2.21	2.19	2.18	2.17	2.17	2.16
	0.95	3.01	2.94	2.90	2.86	2.83	2.80	2.79	2.76	2.75	2.73	2.72	2.71
	0.975	3.77	3.67	3.61	3.56	3.51	3.47	3.45	3.40	3.39	3.37	3.35	3.33
	0.99	4.96	4.81	4.73	4.65	4.57	4.52	4.48	4.42	4.40	4.36	4.33	4.31
	0.995	6.03	5.83	5.73	5.62	5.52	5.45	5.41	5.32	5.30	5.26	5.21	5.19
	0.999	9.24	8.90	8.72	8.55	8.37	8.26	8.19	8.04	8.00	7.93	7.86	7.81
	0.999 5	11.0	10.6	10.4	10.2	9.94	9.80	9.71	9.53	9.49	9.40	9.32	9.26

（续）

n	p \ m	1	2	3	4	5	6	7	8	9	10	11	12
10	0.000 5	$0.0^{6}41$	$0.0^{3}50$	$0.0^{2}49$	0.015	0.028	0.043	0.057	0.071	0.085	0.097	0.108	0.119
	0.001	$0.0^{5}17$	$0.0^{2}10$	$0.0^{2}77$	0.021	0.037	0.054	0.071	0.087	0.101	0.114	0.126	0.137
	0.005	$0.0^{4}41$	$0.0^{2}50$	0.023	0.048	0.073	0.098	0.119	0.139	0.156	0.171	0.185	0.197
	0.01	$0.0^{3}17$	0.010	0.037	0.069	0.100	0.127	0.151	0.172	0.190	0.206	0.220	0.233
	0.025	$0.0^{2}10$	0.025	0.069	0.113	0.151	0.183	0.210	0.233	0.252	0.269	0.283	0.296
	0.05	$0.0^{2}41$	0.052	0.114	0.168	0.211	0.246	0.275	0.299	0.319	0.336	0.351	0.363
	0.10	0.017	0.106	0.191	0.255	0.303	0.340	0.370	0.394	0.414	0.430	0.444	0.457
	0.25	0.107	0.296	0.409	0.480	0.529	0.565	0.592	0.613	0.631	0.645	0.657	0.667
	0.50	0.490	0.743	0.845	0.899	0.932	0.954	0.971	0.983	0.992	1.00	1.01	1.01
	0.75	1.49	1.60	1.60	1.59	1.59	1.58	1.57	1.56	1.56	1.55	1.55	1.54
	0.90	3.28	2.92	2.73	2.61	2.52	2.46	2.41	2.38	2.35	2.32	2.30	2.28
	0.95	4.96	4.10	3.71	3.48	3.33	3.22	3.14	3.07	3.02	2.98	2.94	2.91
	0.975	6.94	5.46	4.83	4.47	4.24	4.07	3.95	3.85	3.78	3.72	3.66	3.62
	0.99	10.0	7.56	6.55	5.99	5.64	5.39	5.20	5.06	4.94	4.85	4.77	4.71
	0.995	12.8	9.43	8.08	7.34	6.87	6.54	6.30	6.12	5.97	5.85	5.75	5.66
	0.999	21.0	14.9	12.6	11.3	10.5	9.92	9.52	9.20	8.96	8.75	8.58	8.44
	0.999 5	25.5	17.9	15.0	13.4	12.4	11.8	11.3	10.9	10.6	10.3	10.1	9.93
11	0.000 5	$0.0^{6}41$	$0.0^{3}50$	$0.0^{2}49$	0.015	0.028	0.043	0.058	0.072	0.086	0.099	0.111	0.121
	0.001	$0.0^{5}16$	$0.0^{2}10$	$0.0^{2}78$	0.021	0.038	0.055	0.072	0.088	0.103	0.116	0.129	0.140
	0.005	$0.0^{4}40$	$0.0^{2}50$	0.023	0.048	0.074	0.099	0.121	0.141	0.158	0.174	0.188	0.200
	0.01	$0.0^{3}16$	0.010	0.037	0.069	0.100	0.128	0.153	0.175	0.193	0.210	0.224	0.237
	0.025	$0.0^{2}10$	0.025	0.069	0.114	0.152	0.185	0.212	0.236	0.256	0.273	0.288	0.301
	0.05	$0.0^{2}41$	0.052	0.114	0.168	0.212	0.248	0.278	0.302	0.323	0.340	0.355	0.368
	0.10	0.017	0.106	0.192	0.256	0.305	0.342	0.373	0.397	0.417	0.435	0.448	0.461
	0.25	0.107	0.295	0.408	0.481	0.529	0.565	0.592	0.614	0.633	0.645	0.658	0.667
	0.50	0.486	0.739	0.840	0.893	0.926	0.948	0.964	0.977	0.986	0.994	1.00	1.01
	0.75	1.47	1.58	1.58	1.57	1.56	1.55	1.54	1.53	1.53	1.52	1.52	1.51
	0.90	3.23	2.86	2.66	2.54	2.45	2.39	2.34	2.30	2.27	2.25	2.23	2.21
	0.95	4.84	3.98	3.59	3.36	3.20	3.09	3.01	2.95	2.90	2.85	2.82	2.79
	0.975	6.72	5.26	4.63	4.28	4.04	3.88	3.76	3.66	3.59	3.53	3.47	3.43
	0.99	9.65	7.21	6.22	5.67	5.32	5.07	4.89	4.74	4.63	4.54	4.46	4.40
	0.995	12.2	8.91	7.60	6.88	6.42	6.10	5.86	5.68	5.54	5.42	5.32	5.24
	0.999	19.7	13.8	11.6	10.3	9.58	9.05	8.66	8.35	8.12	7.92	7.76	7.62
	0.999 5	23.6	16.4	13.6	12.2	11.2	10.6	10.1	9.76	9.48	9.24	9.04	8.88
12	0.000 5	$0.0^{6}41$	$0.0^{3}50$	$0.0^{2}49$	0.015	0.028	0.044	0.058	0.073	0.087	0.101	0.113	0.124
	0.001	$0.0^{5}16$	$0.0^{2}10$	$0.0^{2}78$	0.021	0.038	0.056	0.073	0.089	0.104	0.118	0.131	0.143
	0.005	$0.0^{4}39$	$0.0^{2}50$	0.023	0.048	0.075	0.100	0.122	0.143	0.161	0.177	0.191	0.204
	0.01	$0.0^{3}16$	0.010	0.037	0.070	0.101	0.130	0.155	0.176	0.196	0.212	0.227	0.241
	0.025	$0.0^{2}10$	0.025	0.070	0.114	0.153	0.186	0.214	0.238	0.259	0.276	0.292	0.305
	0.05	$0.0^{2}41$	0.052	0.114	0.169	0.214	0.250	0.280	0.305	0.325	0.343	0.358	0.372
	0.10	0.016	0.106	0.192	0.257	0.306	0.344	0.375	0.400	0.420	0.438	0.452	0.466
	0.25	0.106	0.295	0.408	0.480	0.530	0.566	0.594	0.616	0.633	0.649	0.662	0.671
	0.50	0.484	0.735	835	0.888	0.921	0.943	0.959	0.972	0.981	0.989	0.995	1.00
	0.75	1.46	1.56	1.56	1.55	1.54	1.53	1.52	1.51	1.51	1.50	1.50	1.49
	0.90	3.18	2.81	2.61	2.48	2.39	2.33	2.28	2.24	2.21	2.19	2.17	2.15
	0.95	4.75	3.89	3.49	3.26	3.11	3.00	2.91	2.85	2.80	2.75	2.72	2.69
	0.975	6.55	5.10	4.47	4.12	3.89	3.73	3.61	3.51	3.44	3.37	3.32	3.28
	0.99	9.33	6.93	5.95	5.41	5.06	4.82	4.64	4.50	4.39	4.30	4.22	4.16
	0.995	11.8	8.51	7.23	6.52	6.07	5.76	5.52	5.35	5.20	5.09	4.99	4.91
	0.999	18.6	13.0	10.8	9.63	8.89	8.38	8.00	7.71	7.48	7.29	7.14	7.01
	0.999 5	22.2	15.3	12.7	11.2	10.4	9.74	9.28	8.94	8.66	8.43	8.24	8.08

（续）

n	p \ m	15	20	24	30	40	50	60	100	120	200	500	∞
10	0.000 5	0.145	0.177	0.195	0.215	0.238	0.251	0.262	0.282	0.288	0.299	0.311	0.319
	0.001	0.164	0.197	0.216	0.236	0.258	0.272	0.282	0.303	0.309	0.321	0.331	0.338
	0.005	0.226	0.260	0.279	0.299	0.321	0.334	0.344	0.365	0.370	0.380	0.391	0.397
	0.01	0.263	0.297	0.316	0.336	0.357	0.370	0.380	0.400	0.405	0.415	0.424	0.431
	0.025	0.327	0.360	0.379	0.398	0.419	0.431	0.441	0.459	0.464	0.474	0.483	0.488
	0.05	0.393	0.426	0.444	0.462	0.481	0.493	0.502	0.518	0.523	0.532	0.541	0.546
	0.10	0.486	0.516	0.532	0.549	0.567	0.578	0.586	0.602	0.605	0.614	0.621	0.625
	0.25	0.691	0.714	0.727	0.740	0.754	0.762	0.767	0.779	0.782	0.788	0.793	0.797
	0.50	1.02	1.03	1.04	1.05	1.05	1.06	1.06	1.06	1.06	1.07	1.07	1.07
	0.75	1.53	1.52	1.52	1.51	1.51	1.50	1.50	1.49	1.49	1.49	1.48	1.48
	0.90	2.24	2.20	2.18	2.16	2.13	2.12	2.11	2.09	2.08	2.07	2.06	2.06
	0.95	2.85	2.77	2.74	2.70	2.66	2.64	2.62	2.59	2.58	2.56	2.55	2.54
	0.975	3.52	3.42	3.37	3.31	3.26	3.22	3.20	3.15	3.14	3.12	3.09	3.08
	0.99	4.56	4.41	4.33	4.25	4.17	4.12	4.08	4.01	4.00	3.96	3.93	3.91
	0.995	5.47	5.27	5.17	5.07	4.97	4.90	4.86	4.77	4.75	4.71	4.67	4.64
	0.999	8.13	7.80	7.64	7.47	7.30	7.19	7.12	6.98	6.94	6.87	6.81	6.76
	0.999 5	9.56	9.16	8.96	8.75	8.54	8.42	8.33	8.16	8.12	8.04	7.96	7.90
11	0.000 5	0.148	0.182	0.201	0.222	0.246	0.261	0.271	0.293	0.299	0.312	0.324	0.331
	0.001	0.168	0.202	0.222	0.243	0.266	0.282	0.292	0.313	0.320	0.332	0.343	0.353
	0.005	0.231	0.266	0.286	0.308	0.330	0.345	0.355	0.376	0.382	0.394	0.403	0.412
	0.01	0.268	0.304	0.324	0.344	0.366	0.380	0.391	0.412	0.417	0.427	0.439	0.444
	0.025	0.332	0.368	0.386	0.407	0.429	0.442	0.450	0.472	0.476	0.485	0.495	0.503
	0.05	0.398	0.433	0.452	0.469	0.490	0.503	0.513	0.529	0.535	0.543	0.552	0.559
	0.10	0.490	0.524	0.541	0.559	0.578	0.588	0.595	0.614	0.617	0.625	0.633	0.637
	0.25	0.694	0.719	0.730	0.744	0.758	0.767	0.773	0.780	0.788	0.794	0.799	0.803
	0.50	1.02	1.03	1.03	1.04	1.05	1.05	1.05	1.06	1.06	1.06	1.06	1.06
	0.75	1.50	1.49	1.49	1.48	1.47	1.47	1.47	1.46	1.46	1.46	1.45	1.45
	0.90	2.17	2.12	2.10	2.08	2.05	2.04	2.03	2.00	2.00	1.99	1.98	1.97
	0.95	2.72	2.65	2.61	2.57	2.53	2.51	2.49	2.46	2.45	2.43	2.42	2.40
	0.975	3.33	3.23	3.17	3.12	3.06	3.03	3.00	2.96	2.94	2.92	2.90	2.88
	0.99	4.25	4.10	4.02	3.94	3.86	3.81	3.78	3.71	3.69	3.66	3.62	3.60
	0.995	5.05	4.86	4.76	4.65	4.55	4.49	4.45	4.36	4.34	4.29	4.25	4.23
	0.999	7.32	7.01	6.85	6.68	6.52	6.41	6.35	6.21	6.17	6.10	6.04	6.00
	0.999 5	8.52	8.14	7.94	7.75	7.55	7.43	7.35	7.18	7.14	7.06	6.98	6.93
12	0.000 5	0.152	0.186	0.206	0.228	0.253	0.269	0.280	0.305	0.311	0.323	0.337	0.345
	0.001	0.172	0.207	0.228	0.250	0.275	0.291	0.302	0.326	0.332	0.344	0.357	0.365
	0.005	0.235	0.272	0.292	0.315	0.339	0.355	0.365	0.388	0.393	0.405	0.417	0.424
	0.01	0.273	0.310	0.330	0.352	0.375	0.391	0.401	0.422	0.428	0.441	0.450	0.458
	0.025	0.337	0.374	0.394	0.416	0.437	0.450	0.461	0.481	0.487	0.498	0.508	0.514
	0.05	0.404	0.439	0.458	0.478	0.499	0.513	0.522	0.541	0.545	0.556	0.565	0.571
	0.10	0.496	0.528	0.546	0.564	0.583	0.595	0.604	0.621	0.625	0.633	0.641	0.647
	0.25	0.695	0.721	0.734	0.748	0.762	0.771	0.777	0.789	0.792	0.799	0.804	0.808
	0.50	1.01	1.02	1.03	1.03	1.04	1.04	1.05	1.05	1.05	1.05	1.00	1.06
	0.75	1.48	1.47	1.46	1.45	1.45	1.44	1.44	1.43	1.43	1.43	1.42	1.42
	0.90	2.11	2.06	2.04	2.01	1.99	1.97	1.96	1.94	1.93	1.92	1.91	1.90
	0.95	2.62	2.54	2.51	2.47	2.43	2.40	2.38	2.35	2.34	2.32	2.31	2.30
	0.975	3.18	3.07	3.02	2.96	2.91	2.87	2.85	2.80	2.79	2.76	2.74	2.72
	0.99	4.01	3.86	3.78	3.70	3.62	3.57	3.54	3.47	3.45	3.41	3.38	3.36
	0.995	4.72	4.53	4.43	4.33	4.23	4.17	4.12	4.04	4.01	3.97	3.93	3.90
	0.999	6.71	6.40	6.25	6.09	5.93	5.83	5.76	5.63	5.59	5.52	5.46	5.42
	0.999 5	7.74	7.37	7.18	7.00	6.80	6.68	6.61	6.45	6.41	6.33	6.25	6.20

(续)

n	p \ m	1	2	3	4	5	6	7	8	9	10	11	12
15	0.000 5	$0.0^{6}41$	$0.0^{3}50$	$0.0^{2}49$	0.015	0.029	0.045	0.061	0.076	0.091	0.105	0.117	0.129
	0.001	$0.0^{5}16$	$0.0^{2}10$	$0.0^{2}79$	0.021	0.039	0.057	0.075	0.092	0.108	0.123	0.137	0.149
	0.005	$0.0^{4}39$	$0.0^{2}50$	0.023	0.049	0.076	0.102	0.125	0.147	0.166	0.183	0.198	0.212
	0.01	$0.0^{3}16$	0.010	0.037	0.070	0.103	0.132	0.158	0.181	0.202	0.219	0.235	0.249
	0.025	$0.0^{2}10$	0.025	0.070	0.116	0.156	0.190	0.219	0.244	0.265	0.284	0.300	0.315
	0.05	$0.0^{2}41$	0.051	0.115	0.170	0.216	0.254	0.285	0.311	0.333	0.351	0.368	0.382
	0.10	0.016	0.106	0.192	0.258	0.309	0.348	0.380	0.406	0.427	0.446	0.461	0.475
	0.25	0.105	0.293	0.407	0.480	0.531	0.568	0.596	0.618	0.637	0.652	0.667	0.676
	0.50	0.478	0.726	0.826	0.878	0.911	0.933	0.948	0.960	0.970	0.977	0.984	0.989
	0.75	1.43	1.52	1.52	1.51	1.49	1.48	1.47	1.46	1.46	1.45	1.44	1.44
	0.90	3.07	2.70	2.49	2.36	2.27	2.21	2.16	2.12	2.09	2.06	2.04	2.02
	0.95	4.54	3.68	3.29	3.06	2.90	2.79	2.71	2.64	2.59	2.54	2.51	2.48
	0.975	6.20	4.76	4.15	3.80	3.58	3.41	3.29	3.20	3.12	3.06	3.01	2.96
	0.99	8.68	6.36	5.42	4.89	4.56	4.32	4.14	4.00	3.89	3.80	3.73	3.67
	0.995	10.8	7.70	6.48	5.80	5.37	5.07	4.85	4.67	4.54	4.42	4.33	4.25
	0.999	16.6	11.3	9.34	8.25	7.57	7.09	6.74	6.47	6.26	6.08	5.93	5.81
	0.999 5	19.5	13.2	10.8	9.48	8.66	8.10	7.68	7.36	7.11	6.91	6.75	6.60
20	0.000 5	$0.0^{6}40$	$0.0^{3}50$	$0.0^{2}50$	0.015	0.029	0.046	0.063	0.079	0.094	0.109	0.123	0.136
	0.001	$0.0^{5}16$	$0.0^{2}10$	$0.0^{2}79$	0.022	0.039	0.058	0.077	0.095	0.112	0.128	0.143	0.156
	0.005	$0.0^{4}39$	$0.0^{2}50$	0.023	0.050	0.077	0.104	0.129	0.151	0.171	0.190	0.206	0.221
	0.01	$0.0^{3}16$	0.010	0.037	0.071	0.105	0.135	0.162	0.187	0.208	0.227	0.244	0.259
	0.025	$0.0^{2}10$	0.025	0.071	0.117	0.158	0.193	0.224	0.250	0.273	0.292	0.310	0.325
	0.05	$0.0^{2}40$	0.051	0.115	0.172	0.219	0.258	0.290	0.318	0.340	0.360	0.377	0.393
	0.10	0.016	0.106	0.193	0.260	0.312	0.353	0.385	0.412	0.435	0.454	0.472	0.485
	0.25	0.104	0.292	0.407	0.480	0.531	0.569	0.598	0.622	0.641	0.656	0.671	0.681
	0.50	0.472	0.718	0.816	0.868	0.900	0.922	0.938	0.950	0.959	0.966	0.972	0.977
	0.75	1.40	1.49	1.48	1.47	1.45	1.44	1.43	1.42	1.41	1.40	1.39	1.39
	0.90	2.97	2.59	2.38	2.25	2.16	2.09	2.04	2.00	1.96	1.94	1.91	1.89
	0.95	4.35	3.49	3.10	2.87	2.71	2.60	2.51	2.45	2.39	2.35	2.31	2.28
	0.975	5.87	4.46	3.86	3.51	3.29	3.13	3.01	2.91	2.84	2.77	2.72	2.68
	0.99	8.10	5.85	4.94	4.43	4.10	3.87	3.70	3.56	3.46	3.37	3.29	3.23
	0.995	9.94	6.99	5.82	5.17	4.76	4.47	4.26	4.09	3.96	3.85	3.76	3.68
	0.999	14.8	9.95	8.10	7.10	6.46	6.02	5.69	5.44	5.24	5.08	4.94	4.82
	0.999 5	17.2	11.4	9.20	8.02	7.28	6.76	6.38	6.08	5.85	5.66	5.51	5.38
24	0.000 5	$0.0^{6}40$	$0.0^{3}50$	$0.0^{2}50$	0.015	0.030	0.046	0.064	0.080	0.096	0.112	0.126	0.139
	0.001	$0.0^{5}16$	$0.0^{2}10$	$0.0^{2}79$	0.022	0.040	0.059	0.079	0.097	0.115	0.131	0.146	0.160
	0.005	$0.0^{4}40$	$0.0^{2}50$	0.023	0.050	0.078	0.106	0.131	0.154	0.175	0.193	0.210	0.226
	0.01	$0.0^{3}16$	0.010	0.038	0.072	0.106	0.137	0.165	0.189	0.211	0.231	0.249	0.264
	0.025	$0.0^{2}10$	0.025	0.071	0.117	0.159	0.195	0.227	0.253	0.277	0.297	0.315	0.331
	0.05	$0.0^{2}40$	0.051	0.116	0.173	0.221	0.260	0.293	0.321	0.345	0.365	0.383	0.399
	0.10	0.016	0.106	0.193	0.261	0.313	0.355	0.388	0.416	0.439	0.459	0.476	0.491
	0.25	0.104	0.291	0.406	0.480	0.532	0.570	0.600	0.623	0.643	0.659	0.671	0.684
	0.50	0.469	0.714	0.812	0.863	0.895	0.917	0.932	0.944	0.953	0.961	0.967	0.972
	0.75	1.39	1.47	1.46	1.44	1.43	1.41	1.40	1.39	1.38	1.38	1.37	1.36
	0.90	2.93	2.54	2.33	2.19	2.10	2.04	1.98	1.94	1.91	1.88	1.85	1.83
	0.95	4.26	3.40	3.01	2.78	2.62	2.51	2.42	2.36	2.30	2.25	2.21	2.18
	0.975	5.72	4.32	3.72	3.38	3.15	2.99	2.87	2.78	2.70	2.64	2.59	2.54
	0.99	7.82	5.61	4.72	4.22	3.90	3.67	3.50	3.36	3.26	3.17	3.09	3.03
	0.995	9.55	6.66	5.52	4.89	4.49	4.20	3.99	3.83	3.69	3.59	3.50	3.42
	0.999	14.0	9.34	7.55	6.59	5.98	5.55	5.23	4.99	4.80	4.64	4.50	4.39
	0.999 5	16.2	10.6	8.52	7.39	6.68	6.18	5.82	5.54	5.31	5.13	4.98	4.85

（续）

n	p \ m	15	20	24	30	40	50	60	100	120	200	500	∞
15	0.000 5	0.159	0.197	0.220	0.244	0.272	0.290	0.303	0.330	0.339	0.353	0.368	0.377
	0.001	0.181	0.219	0.242	0.266	0.294	0.313	0.325	0.352	0.360	0.375	0.388	0.398
	0.005	0.246	0.286	0.308	0.333	0.360	0.377	0.389	0.415	0.422	0.435	0.448	0.457
	0.01	0.284	0.324	0.346	0.370	0.397	0.413	0.425	0.450	0.456	0.469	0.483	0.490
	0.025	0.349	0.389	0.410	0.433	0.458	0.474	0.485	0.508	0.514	0.526	0.538	0.546
	0.05	0.416	0.454	0.474	0.496	0.519	0.535	0.545	0.565	0.571	0.581	0.592	0.600
	0.10	0.507	0.542	0.561	0.581	0.602	0.614	0.624	0.641	0.647	0.658	0.667	0.672
	0.25	0.701	0.728	0.742	0.757	0.772	0.782	0.788	0.802	0.805	0.812	0.818	0.822
	0.50	1.00	1.01	1.02	1.02	1.03	1.03	1.03	1.04	1.04	1.04	1.04	1.05
	0.75	1.43	1.41	1.41	1.40	1.39	1.39	1.38	1.38	1.37	1.37	1.36	1.36
	0.90	1.97	1.92	1.90	1.87	1.85	1.83	1.82	1.79	1.79	1.77	1.76	1.76
	0.95	2.40	2.33	2.39	2.25	2.20	2.18	2.16	2.12	2.11	2.10	2.08	2.07
	0.975	2.86	2.76	2.70	2.64	2.59	2.55	2.52	2.47	2.46	2.44	2.41	2.40
	0.99	3.52	3.37	3.29	3.21	3.13	3.08	3.05	2.98	2.96	2.92	2.89	2.87
	0.995	4.07	3.88	3.79	3.69	3.59	3.52	3.48	3.39	3.37	3.33	3.29	3.26
	0.999	5.54	5.25	5.10	4.95	4.80	4.70	4.64	4.51	4.47	4.41	4.35	4.31
	0.999 5	6.27	5.93	5.75	5.58	5.40	5.29	5.21	5.06	5.02	4.94	4.87	4.83
20	0.000 5	0.169	0.211	0.235	0.263	0.295	0.316	0.331	0.364	0.375	0.391	0.408	0.422
	0.001	0.191	0.233	0.258	0.286	0.318	0.339	0.354	0.386	0.395	0.413	0.429	0.441
	0.005	0.258	0.301	0.327	0.354	0.385	0.405	0.419	0.448	0.457	0.474	0.490	0.500
	0.01	0.297	0.340	0.365	0.392	0.422	0.441	0.455	0.483	0.491	0.508	0.521	0.532
	0.025	0.363	0.406	0.430	0.456	0.484	0.503	0.514	0.541	0.548	0.562	0.575	0.585
	0.05	0.430	0.471	0.493	0.518	0.544	0.562	0.572	0.595	0.603	0.617	0.629	0.637
	0.10	0.520	0.557	0.578	0.600	0.623	0.637	0.648	0.671	0.675	0.685	0.694	0.704
	0.25	0.708	0.736	0.751	0.767	0.784	0.794	0.801	0.816	0.820	0.827	0.835	0.840
	0.50	0.989	1.00	1.01	1.01	1.02	1.02	1.02	1.03	1.03	1.03	1.03	1.03
	0.75	1.37	1.36	1.35	1.34	1.33	1.33	1.32	1.31	1.31	1.30	1.30	1.29
	0.90	1.84	1.79	1.77	1.74	1.71	1.69	1.68	1.65	1.64	1.63	1.62	1.61
	0.95	2.20	2.12	2.08	2.04	1.99	1.97	1.95	1.91	1.90	1.88	1.86	1.84
	0.975	2.57	2.46	2.41	2.35	2.29	2.25	2.22	2.17	2.16	2.13	2.10	2.09
	0.99	3.09	2.94	2.86	2.78	2.69	2.64	2.61	2.54	2.52	2.48	2.44	2.42
	0.995	3.50	3.32	3.22	3.12	3.02	2.96	2.92	2.83	2.81	2.76	2.72	2.69
	0.999	4.56	4.29	4.15	4.01	3.86	3.77	3.70	3.58	3.54	3.48	3.42	3.38
	0.999 5	5.07	4.75	4.58	4.42	4.24	4.15	4.07	3.93	3.90	3.82	3.75	3.70
24	0.000 5	0.174	0.218	0.244	0.274	0.309	0.331	0.349	0.384	0.395	0.416	0.434	0.449
	0.001	0.196	0.241	0.268	0.298	0.332	0.354	0.371	0.405	0.417	0.437	0.455	0.469
	0.005	0.264	0.310	0.337	0.367	0.400	0.422	0.437	0.469	0.479	0.498	0.515	0.527
	0.01	0.304	0.350	0.376	0.405	0.437	0.459	0.473	0.505	0.513	0.529	0.546	0.558
	0.025	0.370	0.415	0.441	0.468	0.498	0.518	0.531	0.562	0.568	0.585	0.599	0.610
	0.05	0.437	0.480	0.504	0.530	0.558	0.575	0.588	0.613	0.622	0.637	0.649	0.669
	0.10	0.527	0.566	0.588	0.611	0.635	0.651	0.662	0.685	0.691	0.704	0.715	0.723
	0.25	0.712	0.741	0.757	0.773	0.791	0.802	0.809	0.825	0.829	0.837	0.844	0.850
	0.50	0.983	0.994	1.00	1.01	1.01	1.02	1.02	1.02	1.02	1.02	1.03	1.03
	0.75	1.35	1.33	1.32	1.31	1.30	1.29	1.29	1.28	1.28	1.27	1.27	1.26
	0.90	1.78	1.73	1.70	1.67	1.64	1.62	1.61	1.58	1.57	1.56	1.54	1.53
	0.95	2.11	2.03	1.98	1.94	1.89	1.86	1.84	1.80	1.79	1.77	1.75	1.73
	0.975	2.44	2.33	2.27	2.21	2.15	2.11	2.08	2.02	2.01	1.98	1.95	1.94
	0.99	2.89	2.74	2.66	2.58	2.49	2.44	2.40	2.33	2.31	2.27	2.24	2.21
	0.995	3.25	3.06	2.97	2.87	2.77	2.70	2.66	2.57	2.55	2.50	2.46	2.43
	0.999	4.14	3.87	3.74	3.59	3.45	3.35	3.29	3.16	3.14	3.07	3.01	2.97
	0.999 5	4.55	4.25	4.09	3.93	3.76	3.66	3.59	3.44	3.41	3.33	3.27	3.22

（续）

n	p \ m	1	2	3	4	5	6	7	8	9	10	11	12
30	0.000 5	$0.0^{6}40$	$0.0^{3}50$	$0.0^{2}50$	0.015	0.030	0.047	0.065	0.082	0.098	0.114	0.129	0.143
	0.001	$0.0^{5}16$	$0.0^{2}10$	$0.0^{2}80$	0.022	0.040	0.060	0.080	0.099	0.117	0.134	0.150	0.164
	0.005	$0.0^{4}40$	$0.0^{2}50$	0.024	0.050	0.079	0.107	0.133	0.156	0.178	0.197	0.215	0.231
	0.01	$0.0^{3}16$	0.010	0.038	0.072	0.107	0.138	0.167	0.192	0.215	0.235	0.254	0.270
	0.025	$0.0^{2}10$	0.025	0.071	0.118	0.161	0.197	0.229	0.257	0.281	0.302	0.321	0.337
	0.05	$0.0^{2}40$	0.051	0.116	0.174	0.222	0.263	0.296	0.325	0.349	0.370	0.389	0.406
	0.10	0.016	0.106	0.193	0.262	0.315	0.357	0.391	0.420	0.443	0.464	0.481	0.497
	0.25	0.103	0.290	0.406	0.480	0.532	0.571	0.601	0.625	0.645	0.661	0.676	0.688
	0.50	0.466	0.709	0.807	0.858	0.890	0.912	0.927	0.939	0.948	0.955	0.961	0.966
	0.75	1.38	1.45	1.44	1.42	1.41	1.39	1.38	1.37	1.36	1.35	1.35	1.34
	0.90	2.88	2.49	2.28	2.14	2.05	1.98	1.93	1.88	1.85	1.82	1.79	1.77
	0.95	4.17	3.32	2.92	2.69	2.53	2.42	2.33	2.27	2.21	2.16	2.13	2.09
	0.975	5.57	4.18	3.59	3.25	3.03	2.87	2.75	2.65	2.57	2.51	2.46	2.41
	0.99	7.56	5.39	4.51	4.02	3.70	3.47	3.30	3.17	3.07	2.98	2.91	2.84
	0.995	9.18	6.35	5.24	4.62	4.23	3.95	3.74	3.58	3.45	3.34	3.25	3.18
	0.999	13.3	8.77	7.05	6.12	5.53	5.12	4.82	4.58	4.39	4.24	4.11	4.00
	0.999 5	15.2	9.90	7.90	6.82	6.14	5.66	5.31	5.04	4.82	4.65	4.51	4.38
40	0.000 5	$0.0^{6}40$	$0.0^{3}50$	$0.0^{2}50$	0.016	0.030	0.048	0.066	0.084	0.100	0.117	0.132	0.147
	0.001	$0.0^{5}16$	$0.0^{2}10$	$0.0^{2}80$	0.022	0.042	0.061	0.081	0.101	0.119	0.137	0.153	0.169
	0.005	$0.0^{4}40$	$0.0^{2}50$	0.024	0.051	0.080	0.108	0.135	0.159	0.181	0.201	0.220	0.237
	0.01	$0.0^{3}16$	0.010	0.038	0.073	0.108	0.140	0.169	0.195	0.219	0.240	0.259	0.276
	0.025	$0.0^{3}99$	0.025	0.071	0.119	0.162	0.199	0.232	0.260	0.285	0.307	0.327	0.344
	0.05	$0.2^{2}40$	0.051	0.116	0.175	0.224	0.265	0.299	0.329	0.354	0.376	0.395	0.412
	0.10	0.016	0.106	0.194	0.263	0.317	0.360	0.394	0.424	0.448	0.469	0.488	0.504
	0.25	0.103	0.290	0.405	0.480	0.533	0.572	0.603	0.627	0.647	0.664	0.680	0.691
	0.50	0.463	0.705	0.802	0.854	0.885	0.907	0.922	0.934	0.943	0.950	0.956	0.961
	0.75	1.36	1.44	1.42	1.40	1.39	1.37	1.36	1.35	1.34	1.33	1.32	1.31
	0.90	2.84	2.44	2.23	2.09	2.00	1.93	1.87	1.83	1.79	1.76	1.73	1.71
	0.95	4.08	3.23	2.84	2.61	2.45	2.34	2.25	2.18	2.12	2.08	2.04	2.00
	0.975	5.42	4.05	3.46	3.13	2.90	2.74	2.62	2.53	2.45	2.39	2.33	2.29
	0.99	7.31	5.18	4.31	3.83	3.51	3.29	3.12	2.99	2.89	2.80	2.73	2.66
	0.995	8.83	6.07	4.98	4.37	3.99	3.71	3.51	3.35	3.22	3.12	3.03	2.95
	0.999	12.6	8.25	6.60	5.70	5.13	4.73	4.44	4.21	4.02	3.87	3.75	3.64
	0.999 5	14.4	9.25	7.33	6.30	5.64	5.19	4.85	4.59	4.38	4.21	4.07	3.95
60	0.000 5	$0.0^{6}40$	$0.0^{3}50$	$0.0^{2}51$	0.016	0.031	0.048	0.067	0.085	0.103	0.120	0.136	0.152
	0.001	$0.0^{5}16$	$0.0^{2}10$	$0.0^{2}80$	0.022	0.041	0.062	0.083	0.103	0.122	0.140	0.157	0.174
	0.005	$0.0^{4}40$	$0.0^{2}50$	0.024	0.051	0.081	0.110	0.137	0.162	0.185	0.206	0.225	0.243
	0.01	$0.0^{3}16$	0.010	0.038	0.073	0.109	0.142	0.172	0.199	0.223	0.245	0.265	0.283
	0.025	$0.0^{3}99$	0.025	0.071	0.120	0.163	0.202	0.235	0.264	0.290	0.313	0.333	0.351
	0.05	$0.0^{2}40$	0.051	0.116	0.176	0.226	0.267	0.303	0.333	0.359	0.382	0.402	0.419
	0.10	0.016	0.106	0.194	0.264	0.318	0.362	0.398	0.428	0.453	0.475	0.493	0.510
	0.25	0.102	0.289	0.405	0.480	0.534	0.573	0.604	0.629	0.650	0.667	0.680	0.695
	0.50	0.461	0.701	0.798	0.849	0.880	0.901	0.917	0.928	0.937	0.945	0.951	0.956
	0.75	1.35	1.42	1.41	1.38	1.37	1.35	1.33	1.32	1.31	1.30	1.29	1.29
	0.90	2.79	2.39	2.18	2.04	1.95	1.87	1.82	1.77	1.74	1.71	1.68	1.66
	0.95	4.00	3.15	2.76	2.53	2.37	2.25	2.17	2.10	2.04	1.99	1.95	1.92
	0.975	5.29	3.93	3.34	3.01	2.79	2.63	2.51	2.41	2.33	2.27	2.22	2.17
	0.99	7.08	4.98	4.13	3.65	3.34	3.12	2.95	2.82	2.72	2.63	2.56	2.50
	0.995	8.49	5.80	4.73	4.14	3.76	3.49	3.29	3.13	3.01	2.90	2.82	2.74
	0.999	12.0	7.76	6.17	5.31	4.76	4.37	4.09	3.87	3.69	3.54	3.43	3.31
	0.999 5	13.6	8.65	6.81	5.82	5.20	4.76	4.44	4.18	3.98	3.82	3.69	3.57

（续）

n	p \ m	15	20	24	30	40	50	60	100	120	200	500	∞
30	0.000 5	0.179	0.226	0.254	0.287	0.325	0.350	0.369	0.410	0.420	0.444	0.467	0.483
	0.001	0.202	0.250	0.278	0.311	0.348	0.373	0.391	0.431	0.442	0.465	0.488	0.503
	0.005	0.271	0.320	0.349	0.381	0.416	0.441	0.457	0.495	0.504	0.524	0.543	0.559
	0.01	0.311	0.360	0.388	0.419	0.454	0.476	0.493	0.529	0.538	0.559	0.575	0.590
	0.025	0.378	0.426	0.453	0.482	0.515	0.535	0.551	0.585	0.592	0.610	0.625	0.639
	0.05	0.445	0.490	0.516	0.543	0.573	0.592	0.606	0.637	0.644	0.658	0.676	0.685
	0.10	0.534	0.575	0.598	0.623	0.649	0.667	0.678	0.704	0.710	0.725	0.735	0.746
	0.25	0.716	0.746	0.763	0.780	0.798	0.810	0.818	0.835	0.839	0.848	0.856	0.862
	0.50	0.978	0.989	0.994	1.00	1.01	1.01	1.01	1.02	1.02	1.02	1.02	1.02
	0.75	1.32	1.30	1.29	1.28	1.27	1.26	1.26	1.25	1.24	1.24	1.23	1.23
	0.90	1.72	1.67	1.64	1.61	1.57	1.55	1.54	1.51	1.50	1.48	1.47	1.46
	0.95	2.01	1.93	1.89	1.84	1.79	1.76	1.74	1.70	1.68	1.66	1.64	1.62
	0.975	2.31	2.20	2.14	2.07	2.01	1.97	1.94	1.88	1.87	1.84	1.81	1.79
	0.99	2.70	2.55	2.47	2.39	2.30	2.25	2.21	2.13	2.11	2.07	2.03	2.01
	0.995	3.01	2.82	2.73	2.63	2.52	2.46	2.42	2.32	2.30	2.25	2.21	2.18
	0.999	3.75	3.49	3.36	3.22	3.07	2.98	2.92	2.79	2.76	2.69	2.63	2.59
	0.999 5	4.10	3.80	3.65	3.48	3.32	3.22	3.15	3.00	2.97	2.89	2.82	2.78
40	0.000 5	0.185	0.236	0.266	0.301	0.343	0.373	0.393	0.441	0.453	0.480	0.504	0.525
	0.001	0.209	0.259	0.290	0.326	0.367	0.396	0.415	0.461	0.473	0.500	0.524	0.545
	0.005	0.279	0.331	0.362	0.396	0.436	0.463	0.481	0.524	0.534	0.559	0.581	0.599
	0.01	0.319	0.371	0.401	0.435	0.473	0.498	0.516	0.556	0.567	0.592	0.613	0.628
	0.025	0.387	0.437	0.466	0.498	0.533	0.556	0.573	0.610	0.620	0.641	0.662	0.674
	0.05	0.454	0.502	0.529	0.558	0.591	0.613	0.627	0.658	0.669	0.685	0.704	0.717
	0.10	0.542	0.585	0.609	0.636	0.664	0.683	0.696	0.724	0.731	0.747	0.762	0.772
	0.25	0.720	0.752	0.769	0.787	0.806	0.819	0.828	0.846	0.851	0.861	0.870	0.877
	0.50	0.972	0.983	0.989	0.994	1.00	1.00	1.01	1.01	1.01	1.01	1.02	1.02
	0.75	1.30	1.28	1.26	1.25	1.24	1.23	1.22	1.21	1.21	1.20	1.19	1.19
	0.90	1.66	1.61	1.57	1.54	1.51	1.48	1.47	1.43	1.42	1.41	1.39	1.38
	0.95	1.92	1.84	1.79	1.74	1.69	1.66	1.64	1.59	1.58	1.55	1.53	1.51
	0.975	2.18	2.07	2.01	1.94	1.88	1.83	1.80	1.74	1.72	1.69	1.66	1.64
	0.99	2.52	2.37	2.29	2.20	2.11	2.06	2.02	1.94	1.92	1.87	1.83	1.80
	0.995	2.78	2.60	2.50	2.40	2.30	2.23	2.18	2.09	2.06	2.01	1.96	1.93
	0.999	3.40	3.15	3.01	2.87	2.73	2.64	2.57	2.44	2.41	2.34	2.28	2.23
	0.999 5	3.68	3.39	3.24	3.08	2.92	2.82	2.74	2.60	2.57	2.49	2.41	2.37
60	0.000 5	0.192	0.246	0.278	0.318	0.365	0.398	0.421	0.478	0.493	0.527	0.561	0.585
	0.001	0.216	0.270	0.304	0.343	0.389	0.421	0.444	0.497	0.512	0.545	0.579	0.602
	0.005	0.287	0.343	0.376	0.414	0.458	0.488	0.510	0.559	0.572	0.602	0.633	0.652
	0.01	0.328	0.383	0.416	0.453	0.495	0.524	0.545	0.592	0.604	0.633	0.658	0.679
	0.025	0.396	0.450	0.481	0.515	0.555	0.581	0.600	0.641	0.654	0.680	0.704	0.720
	0.05	0.463	0.514	0.543	0.575	0.611	0.633	0.652	0.690	0.700	0.719	0.746	0.759
	0.10	0.550	0.596	0.622	0.650	0.682	0.703	0.717	0.750	0.758	0.776	0.793	0.806
	0.25	0.725	0.758	0.776	0.796	0.816	0.830	0.840	0.860	0.865	0.877	0.888	0.896
	0.50	0.967	0.978	0.983	0.989	0.994	0.998	1.00	1.00	1.01	1.01	1.01	1.01
	0.75	1.27	1.25	1.24	1.22	1.21	1.20	1.19	1.17	1.17	1.16	1.15	1.15
	0.90	1.60	1.54	1.51	1.48	1.44	1.41	1.40	1.36	1.35	1.33	1.31	1.29
	0.95	1.84	1.75	1.70	1.65	1.59	1.56	1.53	1.48	1.47	1.44	1.41	1.39
	0.975	2.06	1.94	1.88	1.82	1.74	1.70	1.67	1.60	1.58	1.54	1.51	1.48
	0.99	2.35	2.20	2.12	2.03	1.94	1.88	1.84	1.75	1.73	1.68	1.63	1.60
	0.995	2.57	2.39	2.29	2.19	2.08	2.01	1.96	1.86	1.83	1.78	1.73	1.69
	0.999	3.08	2.83	2.69	2.56	2.41	2.31	2.25	2.11	2.09	2.01	1.93	1.89
	0.999 5	3.30	3.02	2.87	2.71	2.55	2.45	2.38	2.23	2.19	2.11	2.03	1.98

（续）

n	p \ m	1	2	3	4	5	6	7	8	9	10	11	12
120	0.000 5	$0.0^{6}40$	$0.0^{3}50$	$0.0^{2}51$	0.016	0.031	0.049	0.067	0.087	0.105	0.123	0.140	0.156
	0.001	$0.0^{5}16$	$0.0^{2}10$	$0.0^{2}81$	0.023	0.042	0.063	0.084	0.105	0.125	0.144	0.162	0.179
	0.005	$0.0^{4}39$	$0.0^{2}50$	0.024	0.051	0.081	0.111	0.139	0.165	0.189	0.211	0.230	0.249
	0.01	$0.0^{3}16$	0.010	0.038	0.074	0.110	0.143	0.174	0.202	0.227	0.250	0.271	0.290
	0.025	$0.0^{3}99$	0.025	0.072	0.120	0.165	0.204	0.238	0.268	0.295	0.318	0.340	0.359
	0.05	$0.0^{2}39$	0.051	0.117	0.177	0.227	0.270	0.306	0.337	0.364	0.388	0.408	0.427
	0.10	0.016	0.105	0.194	0.265	0.320	0.365	0.401	0.432	0.458	0.480	0.500	0.518
	0.25	0.102	0.288	0.405	0.481	0.534	0.574	0.606	0.631	0.652	0.670	0.685	0.699
	0.50	0.458	0.697	0.793	0.844	0.875	0.896	0.912	0.923	0.932	0.939	0.945	0.950
	0.75	1.34	1.40	1.39	1.37	1.35	1.33	1.31	1.30	1.29	1.28	1.27	1.26
	0.90	2.75	2.35	2.13	1.99	1.90	1.82	1.77	1.72	1.68	1.65	1.62	1.60
	0.95	3.92	3.07	2.68	2.45	2.29	2.18	2.09	2.02	1.96	1.91	1.87	1.83
	0.975	5.15	3.80	3.23	2.89	2.67	2.52	2.39	2.30	2.22	2.16	2.10	2.05
	0.99	6.85	4.79	3.95	3.48	3.17	2.96	2.79	2.66	2.56	2.47	2.40	2.34
	0.995	8.18	5.54	4.50	3.92	3.55	3.28	3.09	2.93	2.81	2.71	2.62	2.54
	0.999	11.4	7.32	5.79	4.95	4.42	4.04	3.77	3.55	3.38	3.24	3.12	3.02
	0.999 5	12.8	8.10	6.34	5.39	4.79	4.37	4.07	3.82	3.63	3.47	3.34	3.22
∞	0.000 5	$0.0^{6}39$	$0.0^{3}50$	$0.0^{2}51$	0.016	0.032	0.050	0.690	0.088	0.108	0.127	0.144	0.161
	0.001	$0.0^{5}16$	$0.0^{2}10$	$0.0^{2}81$	0.023	0.042	0.063	0.085	0.107	0.128	0.148	0.167	0.185
	0.005	$0.0^{4}39$	$0.0^{2}50$	0.024	0.052	0.082	0.113	0.141	0.168	0.193	0.216	0.236	0.256
	0.01	$0.0^{3}16$	0.010	0.038	0.074	0.111	0.145	0.177	0.206	0.232	0.256	0.278	0.298
	0.025	$0.0^{3}98$	0.025	0.072	0.121	0.166	0.206	0.241	0.272	0.300	0.325	0.347	0.367
	0.05	$0.0^{2}39$	0.051	0.117	0.178	0.229	0.273	0.310	0.342	0.369	0.394	0.417	0.436
	0.10	0.016	0.105	0.195	0.266	0.322	0.367	0.405	0.436	0.463	0.487	0.508	0.525
	0.25	0.102	0.288	0.404	0.481	0.535	0.576	0.608	0.634	0.655	0.674	0.690	0.703
	0.50	0.455	0.693	0.789	0.839	0.870	0.891	0.907	0.918	0.927	0.934	0.939	0.945
	0.75	1.32	1.39	1.37	1.35	1.33	1.31	1.29	1.28	1.27	1.25	1.24	1.24
	0.90	2.71	2.30	2.08	1.94	1.85	1.77	1.72	1.67	1.63	1.60	1.57	1.55
	0.95	3.84	3.00	2.60	2.37	2.21	2.10	2.01	1.94	1.88	1.83	1.79	1.75
	0.975	5.02	3.69	3.12	2.79	2.57	2.41	2.29	2.19	2.11	2.05	1.99	1.94
	0.99	6.63	4.61	3.78	3.32	3.02	2.80	2.64	2.51	2.41	2.32	2.25	2.18
	0.995	7.88	5.30	4.28	3.72	3.35	3.09	2.90	2.74	2.62	2.52	2.43	2.36
	0.999	10.8	6.91	5.42	4.62	4.10	3.74	3.47	3.27	3.10	2.96	2.84	2.74
	0.999 5	12.1	7.60	5.91	5.00	4.42	4.02	3.72	3.48	3.30	3.14	3.02	2.90

（续）

n	p \ m	15	20	24	30	40	50	60	100	120	200	500	∞
120	0.000 5	0.199	0.256	0.293	0.338	0.390	0.429	0.458	0.524	0.543	0.578	0.614	0.676
	0.001	0.223	0.282	0.319	0.363	0.415	0.453	0.480	0.542	0.568	0.595	0.631	0.691
	0.005	0.297	0.356	0.393	0.434	0.484	0.520	0.545	0.605	0.623	0.661	0.702	0.733
	0.01	0.338	0.397	0.433	0.474	0.522	0.556	0.579	0.636	0.652	0.688	0.725	0.755
	0.025	0.406	0.464	0.498	0.536	0.580	0.611	0.633	0.684	0.698	0.729	0.762	0.789
	0.05	0.473	0.527	0.559	0.594	0.634	0.661	0.682	0.727	0.740	0.767	0.785	0.819
	0.10	0.560	0.609	0.636	0.667	0.702	0.726	0.742	0.781	0.791	0.815	0.838	0.855
	0.25	0.730	0.765	0.784	0.805	0.828	0.843	0.853	0.877	0.884	0.897	0.911	0.923
	0.50	0.961	0.972	0.978	0.983	0.989	0.992	0.994	1.00	1.00	1.00	1.01	1.01
	0.75	1.24	1.22	1.21	1.19	1.18	1.17	1.16	1.14	1.13	1.12	1.11	1.10
	0.90	1.55	1.48	1.45	1.41	1.37	1.34	1.32	1.27	1.26	1.24	1.21	1.19
	0.95	1.75	1.66	1.61	1.55	1.50	1.46	1.43	1.37	1.35	1.32	1.28	1.25
	0.975	1.95	1.82	1.76	1.69	1.61	1.56	1.53	1.45	1.43	1.39	1.34	1.31
	0.99	2.19	2.03	1.95	1.86	1.76	1.70	1.66	1.56	1.53	1.48	1.42	1.38
	0.995	2.37	2.19	2.09	1.98	1.87	1.80	1.75	1.64	1.61	1.54	1.48	1.43
	0.999	2.78	2.53	2.40	2.26	2.11	2.02	1.95	1.82	1.76	1.70	1.62	1.54
	0.999 5	2.96	2.67	2.53	2.38	2.21	2.11	2.01	1.88	1.84	1.75	1.67	1.60
∞	0.000 5	0.207	0.270	0.311	0.360	0.422	0.469	0.505	0.599	0.624	0.704	0.804	1.00
	0.001	0.232	0.296	0.338	0.386	0.448	0.493	0.527	0.617	0.649	0.719	0.819	1.00
	0.005	0.307	0.372	0.412	0.460	0.518	0.559	0.592	0.671	0.699	0.762	0.843	1.00
	0.01	0.349	0.413	0.452	0.499	0.554	0.595	0.625	0.699	0.724	0.782	0.858	1.00
	0.025	0.418	0.480	0.517	0.560	0.611	0.645	0.675	0.741	0.763	0.813	0.878	1.00
	0.05	0.484	0.543	0.577	0.617	0.663	0.694	0.720	0.781	0.797	0.840	0.896	1.00
	0.10	0.570	0.622	0.652	0.687	0.726	0.752	0.774	0.826	0.838	0.877	0.919	1.00
	0.25	0.736	0.773	0.793	0.816	0.842	0.860	0.872	0.901	0.910	0.932	0.957	1.00
	0.50	0.956	0.967	0.972	0.978	0.983	0.987	0.989	0.993	0.994	0.997	0.999	1.00
	0.75	1.22	1.19	1.18	1.16	1.14	1.13	1.12	1.09	1.08	1.07	1.04	1.00
	0.90	1.49	1.42	1.38	1.34	1.30	1.26	1.24	1.18	1.17	1.13	1.08	1.00
	0.95	1.67	1.57	1.52	1.46	1.39	1.35	1.32	1.24	1.22	1.17	1.11	1.00
	0.975	1.83	1.71	1.64	1.57	1.48	1.43	1.39	1.30	1.27	1.21	1.13	1.00
	0.99	2.04	1.88	1.79	1.70	1.59	1.52	1.47	1.36	1.32	1.25	1.15	1.00
	0.995	2.19	2.00	1.90	1.79	1.67	1.59	1.53	1.40	1.36	1.28	1.17	1.00
	0.999	2.51	2.27	2.13	1.99	1.84	1.73	1.66	1.49	1.45	1.34	1.21	1.00
	0.999 5	2.65	2.37	2.22	2.07	1.91	1.79	1.71	1.53	1.48	1.36	1.22	1.00

表 A.5 学生化极差分布的上限百分位数

学生化极差分布的上限百分位数

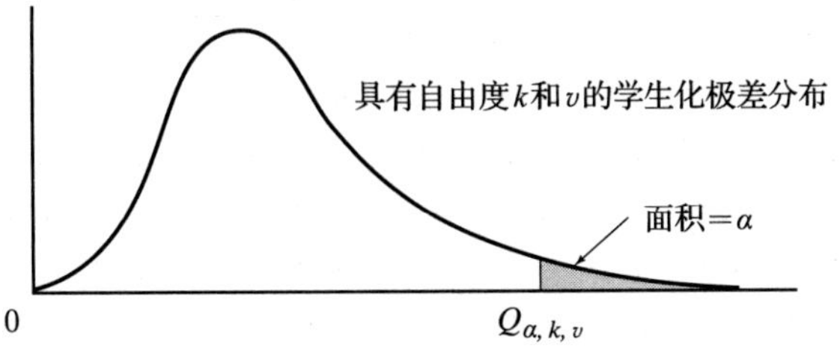

具有自由度k和v的学生化极差分布

面积$=\alpha$

0 $Q_{\alpha,k,v}$

v	k / $1-\alpha$	2	3	4	5	6	7	8	9	10	11	12	13	14	15	16
1	0.95	18.0	27.0	32.8	37.1	40.4	43.1	45.4	47.4	49.1	50.6	52.0	53.2	54.3	55.4	56.3
	0.99	90.0	135	164	186	202	216	227	237	246	253	260	266	272	277	282
2	0.95	6.09	8.3	9.8	10.9	11.7	12.4	13.0	13.5	14.0	14.4	14.7	15.1	15.4	15.7	15.9
	0.99	14.0	19.0	22.3	24.7	26.6	28.2	29.5	30.7	31.7	32.6	33.4	34.1	34.8	35.4	36.0
3	0.95	4.50	5.91	6.82	7.50	8.04	8.48	8.85	9.18	9.46	9.72	9.95	10.2	10.4	10.5	10.7
	0.99	8.26	10.6	12.2	13.3	14.2	15.0	15.6	16.2	16.7	17.1	17.5	17.9	18.2	18.5	18.8
4	0.95	3.93	5.04	5.76	6.29	6.71	7.05	7.35	7.60	7.83	8.03	8.21	8.37	8.52	8.66	8.79
	0.99	6.51	8.12	9.17	9.96	10.6	11.1	11.5	11.9	12.3	12.6	12.8	13.1	13.3	13.5	13.7
5	0.95	3.64	4.60	5.22	5.67	6.03	6.33	6.58	6.80	6.99	7.17	7.32	7.47	7.60	7.72	7.83
	0.99	5.70	6.97	7.80	8.42	8.91	9.32	9.67	9.97	10.2	10.5	10.7	10.9	11.1	11.2	11.4
6	0.95	3.46	4.34	4.90	5.31	5.63	5.89	6.12	6.32	6.49	6.65	6.79	6.92	7.03	7.14	7.24
	0.99	5.24	6.33	7.03	7.56	7.97	8.32	8.61	8.87	9.10	9.30	9.49	9.65	9.81	9.95	10.1
7	0.95	3.34	4.16	4.68	5.06	5.36	5.61	5.82	6.00	6.16	6.30	6.43	6.55	6.66	6.76	6.85
	0.99	4.95	5.92	6.54	7.01	7.37	7.68	7.94	8.17	8.37	8.55	8.71	8.86	9.00	9.12	9.24
8	0.95	3.26	4.04	4.53	4.89	5.17	5.40	5.60	5.77	5.92	6.05	6.18	6.29	6.39	6.48	6.57
	0.99	4.74	5.63	6.20	6.63	6.96	7.24	7.47	7.68	7.87	8.03	8.18	8.31	8.44	8.55	8.66
9	0.95	3.20	3.95	4.42	4.76	5.02	5.24	5.43	5.60	5.74	5.87	5.98	6.09	6.19	6.28	6.36
	0.99	4.60	5.43	5.96	6.35	6.66	6.91	7.13	7.32	7.49	7.65	7.78	7.91	8.03	8.13	8.23
10	0.95	3.15	3.88	4.33	4.65	4.91	5.12	5.30	5.46	5.60	5.72	5.83	5.93	6.03	6.11	6.20
	0.99	4.48	5.27	5.77	6.14	6.43	6.67	6.87	7.05	7.21	7.36	7.48	7.60	7.71	7.81	7.91
11	0.95	3.11	3.82	4.26	4.57	4.82	5.03	5.20	5.35	5.49	5.61	5.71	5.81	5.90	5.99	6.06
	0.99	4.39	5.14	5.62	5.97	6.25	6.48	6.67	6.84	6.99	7.13	7.25	7.36	7.46	7.56	7.65
12	0.95	3.08	3.77	4.20	4.51	4.75	4.95	5.12	5.27	5.40	5.51	5.62	5.71	5.80	5.88	5.95
	0.99	4.32	5.04	5.50	5.84	6.10	6.32	6.51	6.67	6.81	6.94	7.06	7.17	7.26	7.36	7.44
13	0.95	3.06	3.73	4.15	4.45	4.69	4.88	5.05	5.19	5.32	5.43	5.53	5.63	5.71	5.79	5.86
	0.99	4.26	4.96	5.40	5.73	5.98	6.19	6.37	6.53	6.67	6.79	6.90	7.01	7.10	7.19	7.27
14	0.95	3.03	3.70	4.11	4.41	4.64	4.83	4.99	5.13	5.25	5.36	5.46	5.55	5.64	5.72	5.79
	0.99	4.21	4.89	5.32	5.63	5.88	6.08	6.26	6.41	6.54	6.66	6.77	6.87	6.96	7.05	7.12

（续）

v	k / $1-\alpha$	2	3	4	5	6	7	8	9	10	11	12	13	14	15	16
15	0.95	3.01	3.67	4.08	4.37	4.60	4.78	4.94	5.08	5.20	5.31	5.40	5.49	5.58	5.65	5.72
	0.99	4.17	4.83	5.25	5.56	5.80	5.99	6.16	6.31	6.44	6.55	6.66	6.76	6.84	6.93	7.00
16	0.95	3.00	3.65	4.05	4.33	4.56	4.74	4.90	5.03	5.15	5.26	5.35	5.44	5.52	5.59	5.66
	0.99	4.13	4.78	5.19	5.49	5.72	5.92	6.08	6.22	6.35	6.46	6.56	6.66	6.74	6.82	6.90
17	0.95	2.98	3.63	4.02	4.30	4.52	4.71	4.86	4.99	5.11	5.21	5.31	5.39	5.47	5.55	5.61
	0.99	4.10	4.74	5.14	5.43	5.66	5.85	6.01	6.15	6.27	6.38	6.48	6.57	6.66	6.73	6.80
18	0.95	2.97	3.61	4.00	4.28	4.49	4.67	4.82	4.96	5.07	5.17	5.27	5.35	5.43	5.50	5.57
	0.99	4.07	4.70	5.09	5.38	5.60	5.79	5.94	6.08	6.20	6.31	6.41	6.50	6.58	6.65	6.72
19	0.95	2.96	3.59	3.98	4.25	4.47	4.65	4.79	4.92	5.04	5.14	5.23	5.32	5.39	5.46	5.53
	0.99	4.05	4.67	5.05	5.33	5.55	5.73	5.89	6.02	6.14	6.25	6.34	6.43	6.51	6.58	6.65
20	0.95	2.95	3.58	3.96	4.23	4.45	4.62	4.77	4.90	5.01	5.11	5.20	5.28	5.36	5.43	5.49
	0.99	4.02	4.64	5.02	5.29	5.51	5.69	5.84	5.97	6.09	6.19	6.29	6.37	6.45	6.52	6.59
24	0.95	2.92	3.53	3.90	4.17	4.37	4.54	4.68	4.81	4.92	5.01	5.10	5.18	5.25	5.32	5.38
	0.99	3.96	4.54	4.91	5.17	5.37	5.54	5.69	5.81	5.92	6.02	6.11	6.19	6.26	6.33	6.39
30	0.95	2.89	3.49	3.84	4.10	4.30	4.46	4.60	4.72	4.83	4.92	5.00	5.08	5.15	5.21	5.27
	0.99	3.89	4.45	4.80	5.05	5.24	5.40	5.54	5.65	5.76	5.85	5.93	6.01	6.08	6.14	6.20
40	0.95	2.86	3.44	3.79	4.04	4.23	4.39	4.52	4.63	4.74	4.82	4.91	4.98	5.05	5.11	5.16
	0.99	3.82	4.37	4.70	4.93	5.11	5.27	5.39	5.50	5.60	5.69	5.77	5.84	5.90	5.96	6.02
60	0.95	2.83	3.40	3.74	3.98	4.16	4.31	4.44	4.55	4.65	4.73	4.81	4.88	4.94	5.00	5.06
	0.99	3.76	4.28	4.60	4.82	4.99	5.13	5.25	5.36	5.45	5.53	5.60	5.67	5.73	5.79	5.84
120	0.95	2.80	3.36	3.69	3.92	4.10	4.24	4.36	4.48	4.56	4.64	4.72	4.78	4.84	4.90	4.95
	0.99	3.70	4.20	4.50	4.71	4.87	5.01	5.12	5.21	5.30	5.38	5.44	5.51	5.56	5.61	5.66
∞	0.95	2.77	3.31	3.63	3.86	4.03	4.17	4.29	4.39	4.47	4.55	4.62	4.68	4.74	4.80	4.85
	0.99	3.64	4.12	4.40	4.60	4.76	4.88	4.99	5.08	5.16	5.23	5.29	5.35	5.40	5.45	5.49

表 A.6 Wilcoxon 符号秩统计量 W 的上限和下限百分位数

Wilcoxon 符号秩统计量 W 的上限和下限百分位数			
	w_1^*	w_2^*	$P(W \leqslant w_1^*) = P(W \geqslant w_2^*)$
$n=4$	0	10	0.062
	1	9	0.125
$n=5$	0	15	0.031
	1	14	0.062
	2	13	0.094
	3	12	0.156
$n=6$	0	21	0.016
	1	20	0.031
	2	19	0.047
	3	18	0.078
	4	17	0.109
	5	16	0.156
$n=7$	0	28	0.008
	1	27	0.016
	2	26	0.023
	3	25	0.039
	4	24	0.055
	5	23	0.078
	6	22	0.109
	7	21	0.148
$n=8$	0	36	0.004
	1	35	0.008
	2	34	0.012
	3	33	0.020
	4	32	0.027
	5	31	0.039
	6	30	0.055
	7	29	0.074
	8	28	0.098
	9	27	0.125
$n=9$	1	44	0.004
	2	43	0.006
	3	42	0.010
	4	41	0.014
	5	40	0.020
	6	39	0.027

（续）

	w_1^*	w_2^*	$P(W\leqslant w_1^*)=P(W\geqslant w_2^*)$
	7	38	0.037
	8	37	0.049
	9	36	0.064
	10	35	0.082
	11	34	0.102
	12	33	0.125
$n=10$	3	52	0.005
	4	51	0.007
	5	50	0.010
	6	49	0.014
	7	48	0.019
	8	47	0.024
	9	46	0.032
	10	45	0.042
	11	44	0.053
	12	43	0.065
	13	42	0.080
	14	41	0.097
	15	40	0.116
	16	39	0.138
$n=11$	5	61	0.005
	6	60	0.007
	7	59	0.009
	8	58	0.012
	9	57	0.016
	10	56	0.021
	11	55	0.027
	12	54	0.034
	13	53	0.042
	14	52	0.051
	15	51	0.062
	16	50	0.074
	17	49	0.087
	18	48	0.103
	19	47	0.120
	20	46	0.139
$n=12$	7	71	0.005

（续）

w_1^*	w_2^*	$P(W\leqslant w_1^*)=P(W\geqslant w_2^*)$
8	70	0.006
9	69	0.008
10	68	0.010
11	67	0.013
12	66	0.017
13	65	0.021
14	64	0.026
15	63	0.032
16	62	0.039
17	61	0.046
18	60	0.055
19	59	0.065
20	58	0.076
21	57	0.088
22	56	0.102
23	55	0.117
24	54	0.133

奇数序号习题答案

第2章

2.2节

2.2.1 $S=\{(s,s,s),(s,s,f),(s,f,s),(f,s,s),(s,f,f),(f,s,f),(f,f,s),(f,f,f)\}$；$A=\{(s,f,s),(f,s,s)\}$；$B=\{(f,f,f)\}$

2.2.3 (1,3,4)，(1,3,5)，(1,3,6)，(2,3,4)，(2,3,5)，(2,3,6)

2.2.5 所求的结果是(4,4)

2.2.7 $P=\{$边为$(5,a,b)$的直角三角形：$a^2+b^2=25\}$

2.2.9 (a) $S=\{(0,0,0,0),(0,0,0,1),(0,0,1,0),(0,0,1,1),(0,1,0,0),(0,1,0,1),(0,1,1,0),(0,1,1,1),(1,0,0,0),(1,0,0,1),(1,0,1,0),(1,0,1,1),(1,1,0,0),(1,1,0,1),(1,1,1,0),(1,1,1,1)\}$

(b) $A=\{(0,0,1,1),(0,1,0,1),(0,1,1,0),(1,0,0,1),(1,0,1,0),(1,1,0,0)\}$

(c) $1+k$

2.2.11 令 p_1 和 p_2 表示两个肇事者，i_1,i_2,i_3 表示三人是无辜的．则 $S=\{(p_1,i_1),(p_1,i_2),(p_1,i_3),(p_2,i_1),(p_2,i_2),(p_2,i_3),(p_1,p_2),(i_1,i_2),(i_1,i_3),(i_2,i_3)\}$．事件 A 包含 S 中除(p_1,p_2)之外的所有结果．

2.2.13 为了使投手以9点获胜，必须掷出以下(可数无限的)和序列之一：(9,9)，(9，不是7或不是9,9)，(9，不是7或不是9，不是7或不是9,9)，….

2.2.15 令 A_k 表示在离午夜还剩 $1/2^k$ 分钟时放置在罐子中的一组筹码．例如，$A_1=\{11,12,\cdots,20\}$．那么罐子里的那组筹码是 $\bigcup_{k=1}^{\infty}(A_k-\{k\})=\bigcup_{k=1}^{\infty}A_k-\bigcup_{k=1}^{\infty}\{k\}=\varnothing$，因为 $\bigcup_{k=1}^{\infty}A_k$ 是 $\bigcup_{k=1}^{\infty}\{k\}$的子集．

2.2.17 $A\cap B=\{x:-3\leqslant x\leqslant 2\}$，$A\cup B=\{x:-4\leqslant x\leqslant 2\}$

2.2.19 $A=(A_{11}\cap A_{21})\cup(A_{12}\cap A_{22})$

2.2.21 40

2.2.23 (a)如果 s 是 $A\cup(B\cap C)$ 的元素，则 s 属于 A 或 $B\cap C$．如果它是 A 或 $B\cap C$ 的元素，则它属于 $A\cup B$ 和 $A\cup C$．因此，它是$(A\cup B)\cap(A\cup C)$中的元素．相反，在$(A\cup B)\cap(A\cup C)$中选择 s．如果它属于 A，那么它就属于 $A\cup(B\cap C)$．如果它不属于 A，那么它一定是 $B\cap C$ 的元素．在这种情况下，它也是 $A\cup(B\cap C)$ 的元素．

(b)如果 s 是 $A\cap(B\cup C)$ 的元素，则 s 属于 A 并且属于 B 或 C 或两者．因此，A 中的元素必定属于$(A\cap B)\cup(A\cap C)$．证明$(A\cap B)\cup(A\cap C)$中的元素一定属于 $A\cap(B\cup C)$ 的方法类似．

2.2.25 (a)设 s 是 $A\cup(B\cup C)$ 的元素．那么 s 属于 A 或 $B\cup C$(或两者)．如果 s 属于 A，则它必然属于$(A\cup B)\cup C$．如果 s 属于 $B\cup C$，则它属于 B 或 C 或两者，因此它必定属于$(A\cup B)\cup C$．现在，假设 s 属于$(A\cup B)\cup C$．那么它属于 $A\cup B$ 或 C 或两者．如果它属于 C，它必定属于 $A\cup(B\cup C)$．如果它属于 $A\cup B$，则它必定属于 A 或 B 或两者，因此它必定属于 $A\cup(B\cup C)$．

(b)证明类似于(a)部分．

2.2.27 (a) A 是 B 的子集．

(b) A 是 B 的子集．

2.2.29 (a) B 和 C

(b) B 是 A 的子集．

2.2.31 240

2.2.35 $A\subset A\cup B$；$B\subset A\cup B$；$A\cap B\subset A\cup B$；$A^C\cap B\subset B$；$A\cap B^C\subset A$；$A\cap B^C\subset A\cup B$；$A^C\cap B\subset A\cup B$；$(A^C\cup B^C)^C\subset A\cap B$；$(A^C\cup B^C)^C\subset A\cup B$

2.2.37 100/1 200

2.2.39 500

2.3 节

2.3.1 41%

2.3.3 (a) $1-P(A\cap B)$
(b) $P(B)-P(A\cap B)$

2.3.5 不等于. $P(A_1\cup A_2\cup A_3)=P($至少出现一个 6$)=1-P($没有出现 6$)=1-(5/6)^3\neq 1/2$. A_i不是互斥的，所以 $P(A_1\cup A_2\cup A_3)\neq P(A_1)+P(A_2)+P(A_3)$.

2.3.7 通过检查，$B=(B\cap A_1)\cup(B\cap A_2)\cup\cdots\cup(B\cap A_n)$.

2.3.9 3/4

2.3.11 30%

2.3.13 15%

2.3.15 (a) $X^C\cap Y=\{(H,T,T,H),(T,H,H,T)\}$，因此 $P(X^C\cap Y)=2/16$
(b) $X\cap Y^C=\{(H,T,T,T),(T,T,T,H),(T,H,H,H),(H,H,H,T)\}$，因此 $P(X\cap Y^C)=4/16$

2.3.17 $A\cap B$，$(A\cap B)\cup(A\cap C)$，A，$A\cup B$，S

2.4 节

2.4.1 3/10

2.4.3 如果 $P(A|B)=\dfrac{P(A\cap B)}{P(B)}<P(A)$，则 $P(A\cap B)<P(A)\cdot P(B)$. 那么 $P(B|A)=\dfrac{P(A\cap B)}{P(A)}<\dfrac{P(A)\cdot P(B)}{P(A)}=P(B)$

2.4.5 答案将保持不变. 仅区分三种家庭类型并不能使它们相等；(女孩，男孩)家庭的出现频率是(男孩，男孩)家庭或(女孩，女孩)家庭的两倍.

2.4.7 3/8

2.4.9 5/6

2.4.11 (a) 5/100 (b)70/100 (c)95/100 (d)75/100 (e)70/95 (f)25/95 (g)30/35

2.4.13 3/5

2.4.15 1/5

2.4.17 2/3

2.4.19 20/55

2.4.21 1 800/360 360；1/360 360

2.4.23 (a)0.766 (b)否 (c)是

2.4.25 2.7%

2.4.27 0.23

2.4.29 70%

2.4.31 0.01%

2.4.33 43%

2.4.35 不. 令 B 表示抛掷的人是正确的事件. 令 A_H是硬币出现正面的事件，令 A_T是硬币出现反面的事件. 那么 $P(B)=P(B|A_H)P(A_H)+P(B|A_T)P(A_T)=(0.7)\left(\frac{1}{2}\right)+(0.3)\left(\frac{1}{2}\right)=\frac{1}{2}$

2.4.37 41.5%

2.4.39 46%

2.4.41 5/12

2.4.43 Hearthstone 承建商

2.4.45 74%

2.4.47 14

2.4.49 44.1%

2.4.51 64%

2.4.53 1/3

2.5 节

2.5.1 (a)否，$P(A\cap B)>0$ (b)否，$P(A\cap B)=0.2\neq 0.3=P(A)P(B)$ (c) 0.8

2.5.3 6/36

2.5.5 0.51

2.5.7 (a) (1) 3/8 (2) 11/32；(b) (1) 0 (2) 1/4

2.5.9 6/16

2.5.11 公式(2.5.3)：$P(A\cap B\cap C)=P(\{(1,3)\})=1/36=(2/6)(3/6)(6/36)=P(A)\cdot P(B)P(C)$
公式(2.5.4)：$P(B\cap C)=P(\{(1,3),(5,6)\})=2/36=(3/6)(6/36)=P(B)P(C)$

2.5.13 11

2.5.15 $P(A\cap B\cap C)=0$(因为两个奇数之和必然是偶数)$\neq P(A)P(B)P(C)>0$，所以 A，B 和 C 不是相互独立的. 然而，$P(A\cap B)=9/36=P(A)P(B)=(3/6)\cdot(3/6)$，$P(A\cap C)=9/36=P(A)P(C)=(3/6)(18/36)$ 和 $P(B\cap C)=9/36=P(B)P(C)=(3/6)(18/36)$，所以 A，B 和 C 是成对独立的.

2.5.17 0.56

2.5.19 设 p 是赢得游戏卡的概率. 那么 $0.32=P(5$ 次尝试至少赢一次$)=1-P(5$ 次未获胜$)=1-(1-p)^5$，所以 $p=0.074$.

2.5.21 7

2.5.23 63/384

2.5.25 25

2.5.27 $w/(w+r)$

2.5.29 12

2.5.31 测试 A

2.6 节

2.6.1 $2\cdot 3\cdot 2\cdot 2=24$

2.6.3 $3\cdot 3\cdot 5=45$；包括 aeu 和 cdx

2.6.5 $9\cdot 9\cdot 8=648$；$8\cdot 8\cdot 5=320$

2.6.7 $5\cdot 2^7=640$

2.6.9 $4\cdot 14\cdot 6+4\cdot 6\cdot 5+14\cdot 6\cdot 5+4\cdot 14\cdot 5=1\,156$

2.6.11 $2^8-1=255$；可以添加五户居民.

2.6.13 $2^8-1=255$

2.6.15 $12\cdot 4+1\cdot 3=51$

2.6.17 $6\cdot 5\cdot 4=120$

2.6.19 2.645×10^{32}

2.6.21 $2\cdot 6\cdot 5=60$

2.6.23 $4\cdot P_{10}^3=2\,880$

2.6.25 $6!-1=719$

2.6.27 $(2!)(8!)(6)=483\,840$

2.6.29 $(13!)^4$

2.6.31 $9\cdot 8\cdot 4=288$

2.6.33 (a)$4!5!=2\,880$
(b)$6(4!)(5!)=17\,280$
(c)$4!5!=2\,880$
(d)$2\cdot 9\cdot 8\cdot 7\cdot 6\cdot 5=30\,240$

2.6.35 $\dfrac{6!}{3!(1!)^3}+\dfrac{6!}{2!2!(1!)^2}=300$

2.6.37 (a) $4!3!3!=864$
(b) $3!4!3!3!=5\,184$
(c) $10!=3\,628\,800$
(d) $10!/(4!3!3!)=4\,200$

2.6.39 $(2n)!/(n!(2!)^n)=1\cdot 3\cdot 5\cdot\cdots\cdot(2n-1)$

2.6.41 $11\cdot 10!/3!=6\,652\,800$

2.6.43 $4!/(2!2!)=6$

2.6.45 $6!/(3!3!)=20$

2.6.47 $(1/30)\cdot[14!/(2!2!1!2!2!3!1!1!)]=30\,270\,240$

2.6.49 A 等级的三门课可以是：英语、数学、法语；英语、数学、心理学；英语、数学、历史；英语、法语、心理学；英语、法语、历史；英语、心理学、历史；数学、法语、心理学；数学、法语、历史；数学、心理学、历史；法语、心理学、历史

2.6.51 $\binom{10}{6}\binom{15}{3}=95\,550$

2.6.53 (a) $\binom{9}{4}=126$ (b) $\binom{5}{2}\binom{4}{2}=60$
(c) $\binom{9}{4}-\binom{5}{4}-\binom{4}{4}=120$

2.6.55 $\binom{10}{5}\Big/2=126$

2.6.57 $\binom{8}{4}\dfrac{7!}{2!4!1!}=7\,350$

2.6.59 $\binom{n}{k+1}=\dfrac{n-k}{k+1}\binom{n}{k}$

2.6.61 序列中两个连续项之比为 $\binom{n}{j+1}\Big/\binom{n}{j}=\dfrac{n-j}{j+1}$，对于小的 j，$n-j>j+1$，这意味着项正在增大. 但是，对于 $j>(n-1)/2$，比值小于 1，这意味着这些项正在减小.

2.6.63 使用牛顿二项展开式，等式 $(1+t)^d\cdot(1+t)^e=(1+t)^{d+e}$ 可以写成 $\left(\sum_{j=0}^{d}\binom{d}{j}t^j\right)\cdot\left(\sum_{j=0}^{e}\binom{e}{j}t^j\right)=\sum_{j=0}^{d+e}\binom{d+e}{j}t^j$，由于指数 k 可以作为 $t^0\cdot t^k$，$t^1\cdot t^{k-1}$，…，$t^k\cdot t^0$，那么 $\binom{d}{0}\binom{e}{k}+\binom{d}{1}\binom{e}{k-1}+\cdots+\binom{d}{k}\binom{e}{0}=\binom{d+e}{k}$，即 $\binom{d+e}{k}=\sum_{j=0}^{k}\binom{d}{j}\binom{e}{k-j}$.

2.7 节

2.7.1 63/210

2.7.3 $1-\dfrac{37}{190}$

2.7.5 10/19(回顾贝叶斯规则)

2.7.7 $1/6^{n-1}$

2.7.9 $2(n!)^2/(2n)!$

2.7.11 $7!/7^7$；$1/7^6$. 所做出的假设是所有可能的下电梯模式的可能性都相同，这可能不是真的，因为居住在较低楼层的居民比居住在高层的居民更不愿意等待电梯.

2.7.13 $2^{10}\Big/\binom{20}{10}$

2.7.15 $\binom{k}{2}\cdot\dfrac{365\cdot 364\cdots(365-k+2)}{(365)^k}$

2.7.17 $\binom{11}{3}\Big/\binom{47}{3}$

2.7.19 $2\Big/\binom{47}{2}$；$\left[\binom{10}{2}-2\right]\Big/\binom{47}{2}$

2.7.21 $\binom{5}{3}\binom{4}{2}^3\binom{3}{1}\binom{4}{2}\binom{2}{1}\binom{4}{1}\Big/\binom{52}{9}$

2.7.23 $\left[\binom{2}{1}\binom{2}{1}\right]^4\binom{32}{4}\Big/\binom{48}{12}$

第 3 章

3.2 节

3.2.1 0.211

3.2.3 $(0.23)^{12}\approx 1/45\,600\,000$

3.2.5 0.018 5

3.2.7 有两台发动机的飞机安全着陆的概率是 0.84. 有四台发动机的飞机安全着陆的概率是 0.820 8.

3.2.9 $n=6$：0.67 $n=12$：0.62 $n=18$：0.60

3.2.11 两个女孩和两个男孩的概率是 0.375. 有 3 个孩子是同一性别且第 4 个孩子是另一性别的概率是 0.5.

3.2.13 7

3.2.15 (a) 0.273 (b) 0.756

3.2.17 0.118

3.2.19 0.031

3.2.21 64/84

3.2.23 0.967

3.2.25 0.964

3.2.27 0.129

3.2.31 53/99

3.2.33 $\dfrac{\binom{n_1}{r_1}\binom{n_2}{r_2}\binom{n_3}{r_3}}{\binom{N}{r}}$

3.2.35 $\dfrac{\binom{n_1}{k_1}\binom{n_2}{k_2}\cdots\binom{n_t}{k_t}}{\binom{N}{n}}$

3.3 节

3.3.1 (a)

k	$p_X(k)$
2	1/10
3	2/10
4	3/10
5	4/10

(b)

k	$p_V(k)$
3	1/10
4	1/10
5	2/10
6	2/10
7	2/10
8	1/10
9	1/10

3.3.3 $p_X(k)=k^3/216-(k-1)^3/216$，$k=1,2,3,4,5,6$

3.3.5 $p_X(3)=1/8$；$p_X(1)=3/8$；$p_X(-1)=3/8$，$p_X(-3)=1/8$

3.3.7 $p_X(2k-4)=\binom{4}{k}\dfrac{1}{16}$，$k=0,1,2,3,4$

3.3.9

k	$p_X(k)$
0	4/10
1	3/10
2	2/10
3	1/10

3.3.11 $p_{2X+1}(k)=p_X\left(\dfrac{k-1}{2}\right)=\left(\begin{matrix}4\\ \dfrac{k-1}{2}\end{matrix}\right)\left(\dfrac{2}{3}\right)^{\frac{k-1}{2}}\cdot\left(\dfrac{1}{3}\right)^{4-\frac{k-1}{2}}$，$k=1,3,5,7,9$

3.3.13 $F_X(k)=\sum\limits_{j=0}^{k}\binom{4}{j}\left(\dfrac{1}{6}\right)^j\left(\dfrac{5}{6}\right)^{4-j}$，$k=1,2,3,4$

3.3.15 $p(1-p)^{k-1}$，$k=1,2,\cdots$(几何分布)

3.4 节

3.4.1 1/16

3.4.3 13/64

3.4.5 0.408

3.4.7 $F_Y(y)=y^4$，$0\leqslant y\leqslant 1$；$P(Y\leqslant 1/2)=1/16$

3.4.9 $F_Y(y)=\begin{cases}\dfrac{1}{2}+y+\dfrac{y^2}{2}, & -1\leqslant y<0,\\ \dfrac{1}{2}+y-\dfrac{y^2}{2}, & 0\leqslant y\leqslant 1\end{cases}$

3.4.11 (a)0.693 (b)0.223 (c)0.223

(d)$f_Y(y)=\dfrac{1}{y}$，$1\leqslant y\leqslant e$

3.4.13 $f_Y(y)=\frac{1}{6}y+\frac{1}{4}y^2$，$0\leqslant y\leqslant 2$

3.4.15 $F'(y)=-1(1+e^{-y})^{-2}(-e^{-y})=\frac{e^{-y}}{(1+e^{-y})^2}>0$，所以 $F(y)$ 是递增的. 其他两个断言是根据 $\lim\limits_{y\to-\infty}e^{-y}=\infty$ 和 $\lim\limits_{y\to\infty}e^{-y}=0$ 的事实得出的.

3.4.17 $P(-a<Y<a)=P(-a<Y\leqslant 0)+P(0<Y<a)=\int_{-a}^{0}f_Y(y)dy+\int_0^a f_Y(y)dy=-\int_0^a f_Y(-y)dy+\int_0^a f_Y(y)dy=\int_0^a f_Y(y)dy+\int_0^a f_Y(y)dy=2[F_Y(a)-F_Y(0)]$

由 f_Y 的对称性，$F_Y(0)=1/2$，因此 $2[F_Y(a)-F_Y(0)]=2[F_Y(a)-1/2]=2F_Y(a)-1$.

3.5 节

3.5.1 −0.144 668

3.5.3 28 200 美元

3.5.5 227.32 美元

3.5.7 15

3.5.9 9/4 年

3.5.11 $1/\lambda$

3.5.13 $E(X)=\sum\limits_{k=1}^{200}k\binom{200}{k}(0.80)^k(0.20)^{200-k}$

$E(X)=np=200(0.80)=160$

3.5.15 307 421.92 美元

3.5.17 10/3

3.5.19 10.95 美元

3.5.21 91/36

3.5.23 5.812 5

3.5.25 $E(X)=\sum\limits_{k=1}^{r}k\frac{\binom{r}{k}\binom{w}{n-k}}{\binom{r+w}{n}}=\sum\limits_{k=1}^{r}k\frac{\frac{r!}{k!(r-k)!}\binom{w}{n-k}}{\frac{(r+w)!}{n!(r+w-n)!}}$，分解出 $E(X)=rn/(r+w)$ 的假定值：$E(X)=\frac{rn}{r+w}\sum\limits_{k=1}^{r}\frac{\frac{(r-1)!}{(k-1)!(r-k)!}\binom{w}{n-k}}{\frac{(r-1+w)!}{(n-1)!(r+w-n)!}}=\frac{rn}{r+w}\sum\limits_{k=1}^{r}\frac{\binom{r-1}{k-1}\binom{w}{n-k}}{\binom{r-1+w}{n-1}}$，将求和更改为从 0 开始，得出 $E(X)=\frac{rn}{r+w}\cdot\sum\limits_{k=0}^{r-1}\frac{\binom{r-1}{k}\binom{w}{n-1-k}}{\binom{r-1+w}{n-1}}$，求和的项是盲盒概率，其中有 $r-1$ 个红球，w 个白球，并且抽取了一个大小为 $n-1$ 的样本. 由于这些是超几何分布的概率密度函数，因此总和为 1. 这给我们留下了所需的等式 $E(X)=\frac{rn}{r+w}$.

3.5.27 (a)$(0.5)^{\frac{1}{\theta+1}}$ (b)$\frac{-1+\sqrt{5}}{2}$

3.5.29 $E(Y)=132$ 美元

3.5.31 50 000 美元

3.5.33 班级平均成绩 = 53.3，所以教授的“曲线”不起作用.

3.5.35 16.33

3.6 节

3.6.1 12/25

3.6.3 0.748

3.6.5 3/80

3.6.7 1.115

3.6.9 约翰尼应该选择 $(a+b)/2$

3.6.11 $E(Y)=\int_0^\infty y\lambda e^{-\lambda y}dy=1/\lambda$. $E(Y^2)=\int_0^\infty y^2\lambda e^{-\lambda y}dy=2/\lambda^2$，使用分部积分. 因此，$\mathrm{Var}(Y)=2/\lambda^2-(1/\lambda)^2=1/\lambda^2$.

3.6.13 $E[(X-a)^2]=\mathrm{Var}(X)+(\mu-a)^2$ 由于 $E(X-\mu)=0$，在 $a=\mu$ 时最小，因此 $g(a)$ 的最小值 $=\mathrm{Var}(X)$.

3.6.15 8.7℃

3.6.17 (a)$f_Y(y)=\frac{1}{b-a}f_U\left(\frac{y-a}{b-a}\right)=\frac{1}{b-a}$. Y 非零的区间是 $(b-a)(0)+a\leqslant y\leqslant(b-a)(1)+a$，或者等价于 $a\leqslant y\leqslant b$

(b) $\mathrm{Var}(Y)=\mathrm{Var}[(b-a)U+a]=(b-a)^2\mathrm{Var}(U)=(b-a)^2/12$

3.6.19 $\frac{2^r}{r+1}$；1/7

3.6.21 $9/5-3=-6/5$

3.6.23 令 $E(X)=\mu$，$\text{Var}(X)=\sigma^2$. 那么 $E(aX+b)=a\mu+b$，$\text{Var}(aX+b)=a^2\sigma^2$. 因此，标准差为 $aX+b=a\sigma$，并且 $\gamma_1=\frac{E[((aX+b)-(a\mu+b))^3]}{(a\sigma)^3}=\frac{a^3E[(X-\mu)^3]}{a^3\sigma^3}=\frac{E[(X-\mu)^3]}{\sigma^3}=\gamma_1(X)$，$\gamma_2$ 的结果同理可得.

3.6.25 (a)$c=5$ (b)最高阶矩$=4$

3.7 节

3.7.1 1/10

3.7.3 2

3.7.5 $P(X=x,Y=y)=\frac{\binom{3}{x}\binom{2}{y}\binom{4}{3-x-y}}{\binom{9}{3}}$

$0\leqslant x\leqslant 3$，$0\leqslant y\leqslant 2$，$x+y\leqslant 3$

3.7.7 13/50

3.7.9 $p_Z(0)=16/36$ $p_Z(1)=16/36$ $p_Z(2)=4/36$

3.7.11 1/2

3.7.13 19/24

3.7.15 3/4

3.7.17 $p_X(0)=1/2$ $p_X(1)=1/2$
$p_Y(0)=1/8$ $p_Y(1)=3/8$
$p_Y(2)=3/8$ $p_Y(3)=1/8$

3.7.19 (a)$f_X(x)=1/2, 0\leqslant x\leqslant 2$
$f_Y(y)=1, 0\leqslant y\leqslant 1$
(b)$f_X(x)=1/2, 0\leqslant x\leqslant 2$
$f_Y(y)=3y^2, 0\leqslant y\leqslant 1$
(c)$f_X(x)=\frac{2}{3}(x+1), 0\leqslant x\leqslant 1$
$f_Y(y)=\frac{4}{3}y+\frac{1}{3}, 0\leqslant y\leqslant 1$
(d)$f_X(x)=x+\frac{1}{2}, 0\leqslant x\leqslant 1$
$f_Y(y)=y+\frac{1}{2}, 0\leqslant y\leqslant 1$
(e)$f_X(x)=2x, 0\leqslant x\leqslant 1$
$f_Y(y)=2y, 0\leqslant y\leqslant 1$
(f)$f_X(x)=xe^{-x}, 0\leqslant x$
$f_Y(y)=ye^{-y}, 0\leqslant y$
(g)$f_X(x)=\left(\frac{1}{x+1}\right)^2, 0\leqslant x$
$f_Y(y)=e^{-y}, 0\leqslant y$

3.7.21 $f_X(x)=3-6x+3x^2, 0\leqslant x\leqslant 1$

3.7.23 X 服从二项分布，$n=4$，$p=1/2$. 类似地，Y 服从二项分布，$n=4$ 且 $p=1/3$.

3.7.25 (a) $\{(H,1),(H,2),(H,3),(H,4),(H,5),(H,6),(T,1),(T,2),(T,3),(T,4),(T,5),(T,6)\}$
(b)4/12

3.7.27 (a)$F_{X,Y}(u,v)=\frac{1}{2}uv^3, 0\leqslant u\leqslant 2, 0\leqslant v\leqslant 1$
(b)$F_{X,Y}(u,v)=\frac{1}{3}u^2v+\frac{2}{3}uv^2, 0\leqslant u\leqslant 1, 0\leqslant v\leqslant 1$
(c)$F_{X,Y}(u,v)=u^2v^2, 0\leqslant u\leqslant 1, 0\leqslant v\leqslant 1$

3.7.29 $f_{X,Y}(x,y)=1, 0\leqslant x\leqslant 1, 0\leqslant y\leqslant 1$
$f_{X,Y}(x,y)$ 的图形是单位正方形上方高度为 1 的平面.

3.7.31 $f(x,y)=\frac{4}{9}(4xy+5y^3)$，$0\leqslant x\leqslant 1$，$0\leqslant y\leqslant 1$；11/32

3.7.33 0.015

3.7.35 25/576

3.7.37 $f_{W,X}(w,x)=4wx$，$0\leqslant w\leqslant 1$，$0\leqslant x\leqslant 1$
$P(0\leqslant W\leqslant 1/2, 1/2\leqslant X\leqslant 1)=3/16$

3.7.39 $f_X(x)=\lambda e^{-\lambda x}$，$0\leqslant x$，$f_Y(y)=\lambda e^{-\lambda y}$，$0\leqslant y$

3.7.41 注意 $P(Y\geqslant 3/4)\neq 0$. 类似地，$P(X\geqslant 3/4)\neq 0$. 但是，$(X\geqslant 3/4)\cap(Y\geqslant 3/4)$ 是在密度为 0 的区域. 因此，$P((X\geqslant 3/4)\cap(Y\geqslant 3/4))$ 为零，但乘积 $P(X\geqslant 3/4)P(Y\geqslant 3/4)$ 不为零.

3.7.43 2/5

3.7.45 1/12

3.7.47 $P(0\leqslant X\leqslant 1/2, 0\leqslant Y\leqslant 1/2)=5/32\neq(3/8)(1/2)=P(0\leqslant X\leqslant 1/2)P(0\leqslant Y\leqslant 1/2)$

3.7.49 设 K 为平面中 $f_{X,Y}\neq 0$ 的区域. 如果 K 不是边平行于坐标轴的矩形，那么存在一个矩形 $A=\{(x,y)\mid a\leqslant x\leqslant b, c\leqslant y\leqslant d\}$ 且 $A\cap K=\varnothing$，但对于 $A_1=\{(x,y)\mid a\leqslant x\leqslant b$，所有 $y\}$ 和 $A_2=\{(x,y)\mid$ 所有 x，$c\leqslant y\leqslant d\}$，$A_1\cap K\neq\varnothing$ 和 $A_2\cap K\neq\varnothing$. 那么 $P(A)=0$，但是 $P(A_1)\neq 0$ 且 $P(A_2)\neq 0$. 但 $A=A_1\cap A_2$，所以 $P(A_1\cap A_2)=P(A_1)P(A_2)$.

3.7.51 (a)1/16 (b)0.206

(c)$f_{X_1,X_2,X_3,X_4}(x_1,x_2,x_3,x_4)=256\cdot(x_1x_2x_3x_4)^3$，其中$0\leqslant x_1,x_2,x_3,x_4\leqslant 1$

(d)$F_{X_2,X_3}(x_2,x_3)=x_2^4x_3^4$，$0\leqslant x_2,x_3\leqslant 1$

3.8 节

3.8.1 $f_W(w)=\frac{1}{|-4|}\cdot\frac{1}{2}\left(1+\frac{w-7}{-4}\right)$

$=\frac{1}{32}(11-w)$，$3\leqslant w\leqslant 11$

3.8.3 (a)$p_{X+Y}(w)=\mathrm{e}^{-(\lambda+\mu)}\frac{(\lambda+\mu)^w}{w!}$，$w=0,1,2,\cdots$，所以 $X+Y$ 确实属于同一分布.

(b)$p_{X+Y}(w)=(w-1)(1-p)^{w-2}p^2$，$w=2,3,4,\cdots$

$X+Y$ 与 X 和 Y 的概率密度函数形式不同，但 4.5 节将表明它们都属于同一分布——负二项分布.

3.8.5 $f_{X+Y}(w)=\begin{cases}w, & 0\leqslant w<1,\\ 2-w, & 1\leqslant w\leqslant 2\end{cases}$

3.8.7 $F_W(w)=P(W\leqslant w)=P(Y^2\leqslant w)=P(Y\leqslant\sqrt{w})=F_Y(\sqrt{w})$

$f_W(w)=F'_W(w)=F'_Y(\sqrt{w})=\frac{1}{2\sqrt{w}}f_Y(w)$

3.8.9 $3(1-\sqrt{w})$，$0\leqslant w\leqslant 1$

3.8.11 (a)$f_W(w)=-\ln w$，$0<w\leqslant 1$

(b)$f_W(w)=-4w\ln w$，$0<w\leqslant 1$

3.8.13 $f_W(w)=\frac{2}{(1+w)^3}$，$0\leqslant w$

3.9 节

3.9.1 $\frac{r(n+1)}{2}$

3.9.3 $\frac{5}{9}+\frac{11}{18}=\frac{7}{6}$

3.9.5 当且仅当 $\sum_{i=1}^{n}a_i=1$

3.9.7 (a) $E(X_i)$ 是抽到的第 i 个球为红色的概率，$1\leqslant i\leqslant n$. 按顺序抽球，不要放回，但不要注意颜色. 然后先看第 i 个球. 它是红色的概率肯定与它何时被抽取无关. 因此，所有这些期望值都相同并且为 $r/(r+w)$.

(b)设 X 为抽出的红球数量. 那么 $X=\sum_{i=1}^{n}X_i$ 且$E(X)=\sum_{i=1}^{n}E(X_i)=nr/(r+w)$

3.9.9 7.5

3.9.11 1/8

3.9.13 105/72=35/24

3.9.15 $E(X)=E(Y)=E(XY)=0$. 那么 $\mathrm{Cov}(X,Y)=0$. 但 X 和 Y 是函数相关的，$Y=\sqrt{1-X^2}$，所以它们的概率是相关的.

3.9.17 $2/\lambda^2$

3.9.19 29/240

3.9.21 6 750 美元，373 500 美元

3.9.23 $\sigma\leqslant 0.163$

3.10 节

3.10.1 5/16

3.10.3 0.64

3.10.5 $P(Y'_1>m)=P(Y_1,\cdots,Y_n>m)$

$=\left(\frac{1}{2}\right)^nP(Y'_n>m)=1-P(Y'_n<m)$

$=1-P(Y_1,\cdots,Y_n<m)$

$=1-P(Y_1<m)\cdot\cdots\cdot P(Y_n<m)=1-\left(\frac{1}{2}\right)^n$

如果 $n\geqslant 2$，则后者概率更大.

3.10.7 0.200

3.10.9 $P(Y_{\min}>20)=(1/2)^n$

3.10.11 0.725；0.951

3.10.13 如果 $Y_1,Y_2,\cdots,Y_n$ 是[0,1] 上均匀分布的随机样本，则根据定理 3.10.2，变量 $\frac{n!}{(i-1)!(n-i)!}[F_Y(y)]^{i-1}[1-F_Y(y)]^{n-i}f_Y(y)=\frac{n!}{(i-1)!(n-i)!}y^{i-1}\cdot(1-y)^{n-1}$是第 i 阶顺序统计量的概率密度函数，因此 $1=\int_0^1\frac{n!}{(i-1)!(n-i)!}y^{i-1}\cdot(1-y)^{n-i}\mathrm{d}y=\frac{n!}{(i-1)!(n-i)!}\int_0^1 y^{i-1}(1-y)^{n-i}\mathrm{d}y$，或者等价于$\int_0^1 y^{i-1}(1-y)^{n-i}\mathrm{d}y=\frac{(i-1)!(n-i)!}{n!}$.

3.10.15 1/2

3.11 节

3.11.1 $p_{Y|x}(y)=\frac{p_{X,Y}(x,y)}{p_X(x)}=\frac{x+y+xy}{3+5x}$，$y=1,2$

3.11.3 $p_{Y\mid x}(y)=\dfrac{\binom{6}{y}\binom{4}{3-x-y}}{\binom{10}{3-x}}$,

$y=0,1,\cdots,3-x$

3.11.5 (a)$k=1/36$

(b)$p_{Y\mid x}(1)=\dfrac{x+1}{3x+6}, x=1,2,3$

3.11.7 $p_{X,Y\mid z}(x,y)=\dfrac{xy+xz+yz}{9+12z}$, $x=1,2$; $y=1,2$; $z=1,2$

3.11.13 $f_{Y\mid x}(y)=\dfrac{x+y}{x+\frac{1}{2}}$, $0\leqslant y\leqslant 1$

3.11.15 $f_Y(y)=\dfrac{1}{3}(2y+2)$, $0\leqslant y\leqslant 1$

3.11.17 2/3

3.11.19 $f_{X_1,X_2,X_3\mid x_4x_5}(x_1,x_2,x_3)=8x_1x_2x_3$, $0\leqslant x_1,x_2,x_3\leqslant 1$

注：这 5 个随机变量是相互独立的，所以该条件概率密度函数即边际概率密度函数.

3.11.21 $E(Y\mid x)=\int_{-\infty}^{\infty}y\dfrac{f_{X,Y}(x,y)}{f_X(x)}\mathrm{d}y$ 是 x 的函数. 那么关于 x 的函数的期望值是

$$E(Y\mid x)=\int_{-\infty}^{\infty}x\left(\int_{-\infty}^{\infty}y\frac{f_{X,Y}(x,y)}{f_X(x)}\mathrm{d}y\right)f_X(x)\mathrm{d}x$$
$$=\int_{-\infty}^{\infty}y\left(\int_{-\infty}^{\infty}f_{X,Y}(x,y)\mathrm{d}x\right)\mathrm{d}y\cdot$$
$$\int_{-\infty}^{\infty}y\cdot f_Y(y)\mathrm{d}y=E(Y)$$

3.12 节

3.12.1 $M_X(t)=E(\mathrm{e}^{tX})=\sum_{k=0}^{n-1}\mathrm{e}^{tk}p_X(k)=\sum_{k=0}^{n-1}\mathrm{e}^{tk}\dfrac{1}{n}=\dfrac{1}{n}\sum_{k=0}^{n-1}(\mathrm{e}^t)^k=\dfrac{1-\mathrm{e}^{nt}}{n(1-\mathrm{e}^t)}$

3.12.3 $\dfrac{1}{3^{10}}(2+\mathrm{e}^3)^{10}$

3.12.5 (a)$\mu=0$ 且 $\sigma^2=12$ 的正态分布

(b)$\lambda=2$ 的指数分布

(c)$n=4$ 且 $p=1/2$ 的二项分布

(d)$p=0.3$ 的几何分布

3.12.7 $M_X(t)=\mathrm{e}^{\lambda(\mathrm{e}^t-1)}$

3.12.9 0

3.12.11 $M_Y^{(1)}(t)=\dfrac{\mathrm{d}}{\mathrm{d}t}\mathrm{e}^{at+b^2t^2/2}=(a+b^2t)\cdot\mathrm{e}^{at+b^2t^2/2}$，因此 $M_Y^{(1)}(0)=a\cdot M_Y^{(2)}(t)=(a+b^2t)^2\mathrm{e}^{at+b^2t^2/2}+b^2\mathrm{e}^{at+b^2t^2/2}$，那么 $M_Y^{(2)}(0)=a^2+b^2$.

3.12.13 9

3.12.15 $E(Y)=\dfrac{a+b}{2}$

3.12.17 $M_Y(t)=\dfrac{\lambda^2}{(\lambda-t)^2}$

3.12.19 (a)正确 (b)错误 (c)正确

3.12.21 $\overline{Y}$服从均值为 μ，方差为 σ^2/n 的正态分布.

3.12.23 (a)$M_W(t)=M_{3X}(t)=M_X(3t)=\mathrm{e}^{-\lambda+\lambda\mathrm{e}^{3t}}$. 最后一项不是泊松随机变量的矩生成函数，所以 W 不服从泊松分布.

(b)$M_W(t)=M_{3X+1}(t)=\mathrm{e}^tM_X(3t)=\mathrm{e}^t\mathrm{e}^{-\lambda+\lambda\mathrm{e}^{3t}}$. 最后一项不是泊松随机变量的矩生成函数，所以 W 不服从泊松分布.

第 4 章

4.2 节

4.2.1 二项式答案：0.158；泊松近似值：0.158. 一致并不奇怪，因为 $n(=6\ 000)$很大，而 $p(=1/3\ 250)$ 很小.

4.2.3 0.602

4.2.5 对于二项式公式和泊松近似值，$P(X\geqslant 1)=0.10$. 这里适用的确切模型是超几何模型，而不是二项式模型，因为 $p=P$(必须检查第 i 件商品)是之前购买的 $i-1$ 件商品的函数. 然而，p 的变化可能非常小，以至于这种情况下的二项分布和超几何分布本质上是相同的.

4.2.7 0.122

4.2.9 6.9×10^{-12}

4.2.11 泊松分布 $p_X(k)=\mathrm{e}^{-0.435}(0.435)^k/k!$, $k=0,1,\cdots$ 非常适合拟合数据. 对应于 $k=0,1,2$ 和 3＋ 的预期频数分别为 230.3，100.4，21.7 和 3.6.

4.2.13 模型 $p_X(k)=\mathrm{e}^{-0.363}\dfrac{0.363^k}{k!}$能很好地拟合数据，我们遵循通常的统计惯例，对低频类别进行分解，在这种情况下，$k=2,3,4$.

国家数量，k	频数	$p_X(k)$	期望频数
0	82	0.696	78.6
1	25	0.252	28.5
2+	6	0.052	5.9

观察到的频数和期望频数之间的一致程度表明泊松分布是这些数据的一个很好的模型.

4.2.15 如果螨虫表现出任何形式的“传染”效应，则将违反泊松模型中隐含的独立性假设. 这里，$\bar{x}=\frac{1}{100}[55(0)+20(1)+\cdots+1(7)]=0.81$，但是 $p_X(k)=\mathrm{e}^{-0.81}\cdot(0.81)^k/k!$，$k=0,1,\cdots$不足以近似虫害分布.

传染数量，k	频数	比例	$p_X(k)$
0	55	0.55	0.444 9
1	20	0.20	0.360 3
2	21	0.21	0.145 9
3	1	0.01	0.039 4
4	1	0.01	0.008 0
5	1	0.01	0.001 3
6	0	0	0.000 2
7+	1	0.01	0.000 0
		1.00	1.00

4.2.17 0.826

4.2.19 0.762

4.2.21 (a) 0.076

(b)P(在接下来的两周内发生 4 起事故)$=P(X=4)\cdot P(X=0)+P(X=3)\cdot P(X=1)+P(X=2)\cdot P(X=2)+P(X=1)\cdot P(X=3)+P(X=0)\cdot P(X=4)$.

4.2.23 $P(X\text{ 是偶数})=\sum_{k=0}^{\infty}\frac{\mathrm{e}^{-\lambda}\lambda^{2k}}{(2k)!}=\mathrm{e}^{-\lambda}\left(1+\frac{\lambda^2}{2!}+\frac{\lambda^4}{4!}+\frac{\lambda^6}{6!}+\cdots\right)=\mathrm{e}^{-\lambda}\cdot\cosh\lambda=\mathrm{e}^{-\lambda}\left(\frac{\mathrm{e}^{\lambda}+\mathrm{e}^{-\lambda}}{2}\right)=\frac{1}{2}(1+\mathrm{e}^{-2\lambda})$.

4.2.25 $P(X_2=k)=\sum_{x_1=k}^{\infty}\binom{x_1}{k}p^k(1-p)^{x_1-k}\cdot\frac{\mathrm{e}^{-\lambda}\lambda^{x_1}}{x_1!}$，令 $y=x_1-k$. 那么 $P(X_2=k)=\sum_{y=0}^{\infty}\binom{y+k}{k}p^k(1-p)^y\frac{\mathrm{e}^{-\lambda}\lambda^{y+k}}{(y+k)!}=\frac{\mathrm{e}^{-\lambda}(\lambda p)^k}{k!}\cdot\sum_{y=0}^{\infty}\frac{[\lambda(1-p)]^y}{y!}=\frac{\mathrm{e}^{-\lambda}(\lambda p)^k}{k!}\cdot\mathrm{e}^{\lambda(1-p)}=\frac{\mathrm{e}^{-\lambda p}(\lambda p)^k}{k!}$.

4.2.27 0.50

4.2.29 是的，因为方程 $f_Y(y)=0.027\mathrm{e}^{-0.027y}$，$y>0$ 非常适合拟合数据的密度比例直方图.

4.3 节

4.3.1 (a)0.578 2 (b) 0.826 4 (c)0.930 6 (d) 0.000 0

4.3.3 (a) 两者相同 (b) $\int_{a-\frac{1}{2}}^{a+\frac{1}{2}}\frac{1}{\sqrt{2\pi}}\mathrm{e}^{-z^2/2}\mathrm{d}z$

4.3.5 (a)−0.44 (b)0.76 (c)0.41 (d)1.28 (e)0.95

4.3.7 0.065 5

4.3.9 (a)0.005 3 (b)0.019 7

4.3.11 $P(X\geqslant 344)\approx P(Z\geqslant 13.25)=0.000\ 0$，这严重否定了人们根据自己的生日随机死亡的假设.

4.3.13 正态近似不适用，因为所需条件 $n>9p/(1-p)=9(0.7)/0.3=21$ 不成立.

4.3.15 0.564 6

对于二项式数据，只有在棣莫弗-拉普拉斯近似中使用连续性校正时，中心极限定理和棣莫弗-拉普拉斯近似才不同.

4.3.17 0.680 8

4.3.19 0.069 4

4.3.21 不，只有 84%的驾驶员可能会行驶至少 25 000 英里.

4.3.23 0.022 8

4.3.25 (a)6.68%；15.87%

4.3.27 434

4.3.29 29.85

4.3.31 0.006 2. “0.075%”的司机应要求参加两次测试；“0.09%”的司机只参加一次测试就有更大的机会不被罚款. 随着 n(进行测试的次数)增加，平均读数的精度也会增加. 尽可能精确的读数对清醒的驾驶员有利；醉酒司机的情况正好相反.

4.3.33 0.287 7；0.424 7；0.233 3

4.3.35 0.027 4；$\sigma=0.22\Omega$

4.3.37 如果 $y=a_1Y_1+\cdots+a_nY_n$，那么

$$M_Y(t)=\prod_{i=1}^{n}M_{a_iY_i}(t)=\prod_{i=1}^{n}e^{a_i\mu_it+a_i^2\sigma_i^2t^2/2}$$
$$=e^{(a_1\mu_1+\cdots+a_n\mu_n)t+(a_1^2\sigma_1^2+\cdots+a_n^2\sigma_n^2)t^2/2}$$

这意味着 Y 服从均值为 $a_1\mu_1+\cdots+a_n\mu_n$ 和方差为 $a_1^2\sigma_1^2+\cdots+a_n^2\sigma_n^2$ 的正态分布. 推论 4.3.1 类似证明.

4.3.39 (a)泊松，因为可能来的家庭数量 n 很大，而任何特定的家庭确实来的概率 p 很小；$\sigma_X=\sqrt{400}=20$

(b) 0.034

(c)否；20 400 美元是期望成本，但需要额外指导的实际学生人数很容易超过期望人数.

4.4 节

4.4.1 0.343

4.4.3 不，期望频数 $(=50\cdot p_X(k))$ 与观察到的频数有很大不同，特别是对于较小的 k 值. 例如，观察到的 1 数是 4，而期望数是 12.5.

4.4.5 $F_X(t)=P(X\leqslant t)=p\sum_{s=0}^{[t]-1}(1-p)^s$，但是 $\sum_{s=0}^{[t]-1}(1-p)^s=\frac{1-(1-p)^{[t]}}{1-(1-p)}=\frac{1-(1-p)^{[t]}}{p}$，结果即得出.

4.4.7 $P(n\leqslant Y\leqslant n+1)=\int_n^{n+1}\lambda e^{-\lambda y}dy=(1-e^{-\lambda y})\Big|_n^{n+1}=e^{-\lambda n}-e^{-\lambda(n+1)}=e^{-\lambda n}(1-e^{-\lambda})$，设 $p=1-e^{-\lambda}$，得到 $P(n\leqslant Y\leqslant n+1)=(1-p)^np$.

4.4.9 回忆示例 3.12.5，几何分布概率密度函数的矩生成函数的一阶导数由下式给出

$$M_X^{(1)}(t)=\frac{p(1-p)e^{2t}}{[1-(1-p)e^t]^2}+\frac{pe^t}{1-(1-p)e^t},$$
$$M_X^{(1)}(0)=E(X)=\frac{1}{p}$$

在 $t=0$ 评估的矩生成函数的二阶导数是 $M_X^{(2)}(0)=\frac{2-p}{p^2}=E(X^2)$. 那么 $\mathrm{Var}(X)=E(X^2)-[E(X)]^2=\frac{2-p}{p^2}-\left(\frac{1}{p}\right)^2=\frac{1-p}{p^2}$.

4.5 节

4.5.1 0.029

4.5.3 可能不是. 假定的模型 $p_X(k)=\binom{k-1}{1}\left(\frac{1}{2}\right)^2\left(\frac{1}{2}\right)^{k-2}$，$k=2,3,\cdots$ 几乎完美地拟合了数据，如表所示. 这种良好的一致性通常表明数据是伪造的.

k	$p_X(k)$	观测频数	期望频数
2	1/4	24	25
3	2/8	26	25
4	3/16	19	19
5	4/32	13	12
6	5/64	8	8
7	6/128	5	5
8	7/256	3	3
9	8/512	1	2
10	9/1 024	1	1

4.5.5 $$E(X)=\sum_{k=r}^{\infty}k\binom{k-1}{r-1}p^r(1-p)^{k-r}$$
$$=\frac{r}{p}\sum_{k=r}^{\infty}\binom{k}{r}p^{r+1}(1-p)^{k-r}=\frac{r}{p}.$$

4.5.7 给定的 $X=Y-r$，其中 Y 服从如定理 4.5.1 所述的负二项分布. 那么 $E(X)=\frac{r}{p}-p=\frac{r(1-p)}{p}$，$\mathrm{Var}(X)=\frac{r(1-p)}{p^2}$，$M_X(t)=\left[\frac{p}{1-(1-p)e^t}\right]^r$

4.5.9 $M_X^{(1)}(t)=r\left[\frac{pe^t}{1-(1-p)e^t}\right]^{r-1}\{pe^t[1-(1-p)e^t]^{-2}(1-p)e^t+[1-(1-p)\cdot e^t]^{-1}pe^t\}$. 当 $t=0$ 时，$M_X^{(1)}(0)=E(X)=r\left[\frac{p(1-p)}{p^2}+\frac{p}{p}\right]=\frac{r}{p}$.

4.6 节

4.6.1 $f_Y(y)=\frac{(0.001)^3}{2}y^2e^{-0.001y}$，$0\leqslant y$

4.6.3 如果 $E(Y)=\frac{r}{\lambda}=1.5$ 并且 $\mathrm{Var}(Y)=\frac{r}{\lambda^2}=0.75$，其中 $r=3$，$\lambda=2$，这使得 $f_Y(y)=4y^2e^{-2y}$，$y>0$，那么 $P(1.0\leqslant Y_i\leqslant 2.5)=\int_{1.0}^{2.5}4y^2e^{-2y}dy=0.55$. 令 $X=$ 区间 (1.0, 2.5) 中 Y_i 的数量. X 是 $n=100$ 且 $p=0.55$ 的二项随机变量，$E(X)=np=55$.

4.6.5　要找到函数 $f_Y(y)=\frac{\lambda^r}{\Gamma(r)}y^{r-1}e^{-\lambda y}$ 的最大值，将其对 y 的微分设为 0 以获得 $\frac{df_Y(y)}{dy}=\frac{\lambda^r}{\Gamma(r)}y^{r-2}e^{-\lambda y}[(r-1)-\lambda y]=0$. 唯一的临界点是解 $y_{\text{mode}}=\frac{r-1}{\lambda}$. 由于导数对于 $y<y_{\text{mode}}$ 为正，对于 $y>y_{\text{mode}}$ 为负，因此在该点存在最大值.

4.6.7　由定理 4.6.2(b)得出，$\Gamma\left(\frac{7}{2}\right)=\frac{5}{2}\cdot\Gamma\left(\frac{5}{2}\right)=\frac{5}{2}\frac{3}{2}\Gamma\left(\frac{3}{2}\right)=\frac{5}{2}\frac{3}{2}\frac{1}{2}\Gamma\left(\frac{1}{2}\right)=\frac{15}{8}\Gamma\left(\frac{1}{2}\right)$. 由习题 4.6.6 得出 $\Gamma\left(\frac{1}{2}\right)=\sqrt{\pi}$.

4.6.9　将伽马矩生成函数写为 $M_Y(t)=(1-t/\lambda)^{-r}$，那么 $M_Y^{(1)}(t)=-r(1-t/\lambda)^{-r-1}\cdot(-1/\lambda)=(r/\lambda)(1-t/\lambda)^{-r-1}$，$M_Y^{(2)}(t)=(r/\lambda)(-r-1)(1-t/\lambda)^{-r-2}(-1/\lambda)=(r/\lambda^2)(r+1)(1-t/\lambda)^{-r-2}$. 那么 $E(Y)=M_Y^{(1)}(0)=\frac{r}{\lambda}$，$\text{Var}(Y)=M_Y^{(2)}(0)-[M_Y^{(1)}(0)]^2=\frac{r(r+1)}{\lambda^2}-\frac{r^2}{\lambda^2}=\frac{r}{\lambda^2}$.

第 5 章

5.2 节

5.2.1　5/8

5.2.3　0.122

5.2.5　0.733

5.2.7　8.00

5.2.9　(a)$\lambda=[0(6)+1(19)+2(12)+3(13)+4(9)]/59=2.00$

无安打次数	观测频数	期望频数
0	6	8.0
1	19	16.0
2	12	16.0
3	13	10.6
4+	9	8.4

(b)从这 59 年来的变化——最明显的是投手土墩的高度变化，可知这个一致性是相当好的.

5.2.11　$y_{\min}=0.21$

5.2.13　$\frac{25}{-25\ln k+\sum_{i=1}^{25}\ln y_i}$

5.2.15　$\alpha_e=\frac{n}{\sum_{i=1}^{n}y_i^{\beta}}$

5.2.17　$\theta_e=\frac{3}{2}\bar{y}$. 对于该样本，$\theta_e=75$. 极大似然估计值为 $y_{\max}=92$.

5.2.19　$\lambda_e=\bar{y}=13/6$. 极大似然估计值是相同的.

5.2.21　$\theta_{1e}=\bar{y},\theta_{2e}=\sqrt{3\left(\frac{1}{n}\sum_{i=1}^{n}y_i^2-\bar{y}^2\right)}$，对于给定的数据 $\theta_{1e}=5.575,\theta_{2e}=3.632$.

5.2.23　对于给定的数据，$\theta_e=\bar{y}=2/5$.

5.2.25　$p_e=\frac{\bar{x}}{\bar{x}+\frac{1}{n}\sum_{i=1}^{n}x_i^2-\bar{x}^2}$，

$$r_e=\frac{\bar{x}^2}{\bar{x}+\frac{1}{n}\sum_{i=1}^{n}x_i^2-\bar{x}^2}$$

5.2.27　$\text{Var}(Y)=\hat{\sigma}^2$ 意味着 $E(Y^2)-[E(Y)]^2=\frac{1}{n}\sum_{i=1}^{n}y_i^2-\bar{y}^2$. 根据第一个给定的等式，$[E(Y)]^2=\bar{y}^2$. 从上面的等式中消除这个等式得到定义 5.2.3 的第二个等式，即 $E(Y^2)=\frac{1}{n}\sum_{i=1}^{n}y_i^2$.

5.3 节

5.3.1　置信区间为 (103.7,112.1).

5.3.3　置信区间为 (64.432,77.234). 由于 80 不在置信区间内，因此男性和女性以相同的速度代谢甲基汞是不可信的.

5.3.5　336

5.3.7　0.501

5.3.9　给出的区间是计算正确的. 然而，数据似乎并不正常，因此声称它是 95% 的置信区间是不正确的.

5.3.11　该参数是希望看到少于四分之一广告的观众比例(0.254,0.300).

5.3.13　由于 0.54 不在 (0.61,0.65) 的置信区间内，因此可以认为增长是显著的.

5.3.15　16 641

5.3.17　两个区间的置信水平约为 50%.

5.3.19　误差幅度为 0.012. 置信区间为（0.618, 0.642）.

5.3.21　在定义 5.3.1 中，代入 $d=\frac{1.96}{2\sqrt{n}}\sqrt{\frac{N-n}{N-1}}$

5.3.23　对于误差幅度 0.06，$n=267$. 对于误差幅度 0.03，$n=1\,068$.

5.3.25　第一种情况需要 $n=421$；第二种情况需要 $n=479$.

5.3.27　1 024

5.4 节

5.4.1　2/10

5.4.3　0.184 1

5.4.5　(a) $E(\overline{X})=E\left(\frac{1}{n}\sum_{i=1}^{n}X_i\right)=\frac{1}{n}\sum_{i=1}^{n}E(X_i)$
$=\frac{1}{n}\sum_{i=1}^{n}\lambda=\lambda$
(b) 一般而言，样本均值是均值 μ 的无偏估计量.

5.4.7　首先注意 $F_Y(y)=1-e^{-(y-\theta)}$，$\theta\leqslant y$. 由定理 3.10.1，$f_{Y_{\min}}(y)=ne^{-n(y-\theta)}$，$\theta\leqslant y$，代入 $u=y-\theta$ 得到

$$\begin{aligned}E(Y_{\min})&=\int_{\theta}^{\infty}y\cdot ne^{-n(y-\theta)}\,dy\\&=\int_{0}^{\infty}(u+\theta)\cdot ne^{-nu}\,du\\&=\int_{0}^{\infty}u\cdot ne^{-nu}\,du+\\&\quad\theta\int_{0}^{\infty}ne^{-nu}\,du=\frac{1}{n}+\theta\end{aligned}$$

最后，$E\left(Y_{\min}-\frac{1}{n}\right)=\frac{1}{n}+\theta-\frac{1}{n}=\theta$.

5.4.9　1/2

5.4.11　$E(W^2)=\text{Var}(W)+[E(W)]^2=\text{Var}(W)+\theta^2$，因此，只有当 $\text{Var}(W)=0$ 时，W^2 才是无偏的，本质上意味着 W 是常数.

5.4.13　$\hat{\theta}$ 的中位数是 $\frac{(n+1)}{n\sqrt[n]{2}}\theta$，只有当 $n=1$ 时才无偏.

5.4.15　$E(\overline{W}^2)=\text{Var}(\overline{W})+[E(\overline{W})]^2=\frac{\sigma^2}{n}+\mu^2$，
故 $\lim_{n\to\infty}E(\overline{W}^2)=\lim_{n\to\infty}\left(\frac{\sigma^2}{n}+\mu^2\right)=\mu^2$

5.4.17　(a) $E(\hat{p}_1)=E(X_1)=p$. $E(\hat{p}_2)=E\left(\frac{X}{n}\right)=\frac{1}{n}E(X)=\frac{1}{n}np=p$，因此 $\hat{p}_1$ 和 $\hat{p}_2$ 都是 p 的无偏估计量.
(b) $\text{Var}(\hat{p}_1)=p(1-p)$；$\text{Var}(\hat{p}_2)=p(1-p)/n$. 因此 $\text{Var}(\hat{p}_2)$ 小.

5.4.19　(a) 随机变量 Y_1 与例 3.5.6 中的随机变量具有相同的概率密度函数，因此 $E(Y_1)=\theta$. 此外，$E(\hat{Y})=E(Y_1)=\theta$. 请注意，$nY_{\min}$ 与 Y_1 具有相同的概率密度函数：

$$\begin{aligned}f_{Y_{\min}}(y)&=nf_Y(y)[1-F_Y(y)]^{n-1}\\&=n\frac{1}{\theta}e^{-y/\theta}[1-(1-e^{-y/\theta})]^{n-1}\\&=n\frac{1}{\theta}e^{-ny/\theta}\end{aligned}$$

那么，$f_{nY_{\min}}(y)=\frac{1}{n}f_{Y_{\min}}\left(\frac{y}{n}\right)=\frac{1}{n}n\cdot\frac{1}{\theta}e^{-n\frac{y}{n}/\theta}=\frac{1}{\theta}e^{-y/\theta}$

(b) $\text{Var}(\hat{\theta}_1)=\text{Var}(Y_1)=\theta^2$，因为 Y_1 是一个伽马变量，参数为 1 和 $1/\theta$，
$\text{Var}(\hat{\theta}_3)=\text{Var}(nY_{\min})=\text{Var}(Y_1)=\theta^2$，
$\text{Var}(\hat{\theta}_2)=\text{Var}(\overline{Y})=\text{Var}(Y_1)/n=\theta^2/n$
(c) $\text{Var}(\hat{\theta}_3)/\text{Var}(\hat{\theta}_1)=\theta^2/\theta^2=1$
$\text{Var}(\hat{\theta}_3)/\text{Var}(\hat{\theta}_2)=\theta^2/(\theta^2/n)=n$

5.4.21　$\text{Var}(\hat{\theta}_1)=\text{Var}\left(\frac{n+1}{n}Y_{\max}\right)=\frac{\theta^2}{n(n+2)}$

$\text{Var}(\hat{\theta}_2)=\text{Var}((n+1)Y_{\min})=\frac{n\theta^2}{n+2}$

$\text{Var}(\hat{\theta}_2)/\text{Var}(\hat{\theta}_1)=\frac{n\theta^2}{n+2}\Big/\frac{\theta^2}{n(n+2)}=n^2$

5.5 节

5.5.1　Cramér-Rao 界是 θ^2/n. $\text{Var}(\hat{\theta})=\text{Var}(\overline{Y})=\text{Var}(Y)/n=\theta^2/n$，所以 $\hat{\theta}$ 是最优估计量.

5.5.3　Cramér-Rao 界是 σ^2/n. $\text{Var}(\hat{\mu})=\text{Var}(\overline{Y})=\text{Var}(Y)/n=\sigma^2/n$，所以 $\hat{\mu}$ 是一个有效估计量.

5.5.5　Cramér-Rao 界是 $\frac{(\theta-1)\theta}{n}$. $\text{Var}(\hat{\theta})=\text{Var}(\overline{X})=\text{Var}(X)/n=\frac{(\theta-1)\theta}{n}$，所以 $\hat{\theta}$ 是一个有效估计量.

5.5.7

$$\begin{aligned}&E\left(\frac{\partial^2\ln f_W(W;\theta)}{\partial\theta^2}\right)\\&=\int_{-\infty}^{\infty}\frac{\partial}{\partial\theta}\left(\frac{\partial\ln f_W(w;\theta)}{\partial\theta}\right)\times f_W(w;\theta)\,dw\end{aligned}$$

$$=\int_{-\infty}^{\infty}\frac{\partial}{\partial\theta}\left(\frac{1}{f_W(w;\theta)}\frac{\partial f_W(w;\theta)}{\partial\theta}\right)\times f_W(w;\theta)\mathrm{d}w$$

$$=\int_{-\infty}^{\infty}\left[\frac{1}{f_W(w;\theta)}\frac{\partial^2 f_W(w;\theta)}{\partial\theta^2}-\frac{1}{(f_W(w;\theta))^2}\left(\frac{\partial f_W(w;\theta)}{\partial\theta}\right)^2\right]\times f_W(w;\theta)\mathrm{d}w$$

$$=\int_{-\infty}^{\infty}\frac{\partial^2 f_W(w;\theta)}{\partial\theta^2}\mathrm{d}w-\int_{-\infty}^{\infty}\frac{1}{(f_W(w;\theta))^2}\left(\frac{\partial f_W(w;\theta)}{\partial\theta}\right)^2\times f_W(w;\theta)\mathrm{d}w$$

$$=0-\int_{-\infty}^{\infty}\left(\frac{\partial \ln f_W(w;\theta)}{\partial\theta}\right)^2\times f_W(w;\theta)\mathrm{d}w$$

出现 0 是因为 $1=\int_{-\infty}^{\infty}f_W(w;\theta)\mathrm{d}w$，因此

$$0=\frac{\partial^2\int_{-\infty}^{\infty}f_W(w;\theta)\mathrm{d}w}{\partial\theta^2}=\int_{-\infty}^{\infty}\frac{\partial^2 f_W(w;\theta)}{\partial\theta^2}\mathrm{d}w$$

上述论证表明

$$E\left(\frac{\partial^2\ln f_W(W;\theta)}{\partial\theta^2}\right)=-E\left(\frac{\partial\ln f_W(W;\theta)}{\partial\theta}\right)^2$$

将等式的两边乘以 n 然后求倒数得到所需的等式.

5.6 节

5.6.1 $\prod_{i=1}^{n}p_X(k_i;p)=\prod_{i=1}^{n}(1-p)^{k_i-1}p=(1-p)^{\left(\sum_{i=1}^{n}k_i\right)-n}p^n$，令 $g\left(\sum_{i=1}^{n}k_i;p\right)=(1-p)^{\left(\sum_{i=1}^{n}k_i\right)-n}p^n$，$u(k_1,k_2,\cdots,k_n)=1$. 根据定理 5.6.1，$\sum_{i=1}^{n}X_i$ 是充分统计量.

5.6.3 在离散情况下，对于一对一函数 g，请注意 $P(X_1=x_1,X_2=x_2,\cdots,X_n=x_n\mid g(\hat{\theta})=\theta_e)=P(X_1=x_1,X_2=x_2,\cdots,X_n=x_n\mid\hat{\theta}=g^{-1}(\theta_e))$ 右边项不依赖于 θ，因为 $\hat{\theta}$ 是充分的.

5.6.5 似然函数为 $\left[\frac{1}{\theta^{rn}}e^{-\frac{1}{\theta}\sum_{i=1}^{n}y_i}\right]\frac{1}{[(r-1)!]^n}\cdot\left(\prod_{i=1}^{n}y_i\right)^{r-1}$，所以 $\sum_{i=1}^{n}Y_i$ 是 θ 的充分统计量. $\frac{1}{r}\overline{Y}$ 也是如此.（见习题 5.6.3.）

5.6.7 (a)将概率密度函数写成 $f_Y(y)=e^{-(y-\theta)}\cdot I_{[\theta,\infty]}(y)$，其中 $I_{[\theta,\infty]}(y)$ 是在例 5.6.2 中介绍的指示函数. 那么似然函数为

$$L(\theta)=\prod_{i=1}^{n}e^{-(y_i-\theta)}\cdot I_{[\theta,\infty]}(y_i)=e^{-\sum_{i=1}^{n}y_i}e^{n\theta}\prod_{i=1}^{n}I_{[\theta,\infty]}(y_i)$$

但是 $\prod_{i=1}^{n}I_{[\theta,\infty]}(y_i)=I_{[\theta,\infty]}(y_{\min})$，因此所以似然函数分解为

$$L(\theta)=\left(e^{-\sum_{i=1}^{n}y_i}\right)\left[e^{n\theta}\cdot I_{[\theta,\infty]}(y_{\min})\right]$$

因此，似然函数以这样一种方式分解，即涉及 θ 的因子仅包含 y_i 到 $y_{\min}$. 根据定理 5.6.1，$y_{\min}$ 是充分的.

(b)我们需要证明给定 $y_{\max}$ 的似然函数与 θ 无关. 但是似然函数是

$$\prod_{i=1}^{n}e^{-(y_i-\theta)}=\begin{cases}e^{n\theta}, & e^{-\sum_{i=1}^{n}y_i}\ \text{如果}\ \theta\leqslant y_i,y_2,\cdots,y_n,\\ 0, & \text{其他}\end{cases}$$

不管 $y_{\max}$ 的值如何，似然的表达式确实取决于 θ. 如果除 $y_{\max}$ 之外的任何 y_i 小于 θ，则表达式为 0. 否则为非零.

5.6.9 $\prod_{i=1}^{n}g_W(w_i;\theta)=\left(e^{\left(\sum_{i=1}^{n}K(w_i)\right)p(\theta)+nq(\theta)}\right)\cdot\left(e^{\sum_{i=1}^{n}S(w_i)}\right)$，因此根据定理 5.6.1，$\sum_{i=1}^{n}K(W_i)$ 是充分统计量.

5.6.11 $\theta/(1+y)^{\theta+1}=e^{[\ln(1+y)](-\theta-1)+\ln\theta}$，取 $K(y)=\ln(1+y)$，$p(\theta)=-\theta-1$，$q(\theta)=\ln\theta$，那么 $\sum_{i=1}^{n}K(Y_i)=\sum_{i=1}^{n}\ln(1+Y_i)$ 是 θ 的充分统计量.

5.7 节

5.7.1 17

5.7.3 (a) $P(Y_1>2\lambda)=\int_{2\lambda}^{\infty}\lambda e^{-\lambda y}\mathrm{d}y=e^{-2\lambda^2}$，因此 $P(|Y_1-\lambda|<\lambda/2)<1-e^{-2\lambda^2}<1$. 那么，$\lim_{n\to\infty}P(|Y_1-\lambda|<\lambda/2)<1$.

(b) $P\left(\sum_{i=1}^{n} Y_i > 2\lambda\right) \geqslant P(Y_1 > 2\lambda) = e^{-2\lambda^2}$，证明可沿着(a)部分的路线进行.

5.7.5

$$E[(Y_{\max}-\theta)^2] = \int_0^\theta (y-\theta)^2 \frac{n}{\theta}\left(\frac{y}{\theta}\right)^{n-1} dy$$
$$= \frac{n}{\theta^n}\int_0^\theta (y^{n+1} - 2\theta y^n + \theta^2 y^{n-1}) dy$$
$$= \frac{n}{\theta^n}\left(\frac{\theta^{n+2}}{n+2} - \frac{2\theta^{n+2}}{n+1} + \frac{\theta^{n+2}}{n}\right)$$
$$= \left(\frac{n}{n+2} - \frac{2n}{n+1} + 1\right)\theta^2$$

故 $\lim\limits_{n\to\infty} E[(Y_{\max}-\theta)^2] = \lim\limits_{n\to\infty}\left(\frac{n}{n+2}-\frac{2n}{n+1}+1\right)\cdot \theta^2 = 0$，且估计量平方误差一致.

5.8 节

5.8.1 $g_\Theta(\theta \mid X=k)$ 的算法为

$$p_X(k\mid\theta) f_\Theta(\theta)$$
$$= [(1-\theta)^{k-1}\theta] \frac{\Gamma(r+s)}{\Gamma(r)\Gamma(s)}\theta^{r-1}(1-\theta)^{s-1}$$
$$= \frac{\Gamma(r+s)}{\Gamma(r)\Gamma(s)}\theta^r(1-\theta)^{s+k-2}$$

$\theta^r(1-\theta)^{s+k-2}$ 项是参数为 $r+1$ 和 $s+k-1$ 的贝塔分布的可变部分，因此概率密度函数为 $g_\Theta(\theta \mid X=k)$.

5.8.3 (a)后验分布是具有参数 $k+135$ 和 $n-k+135$ 的贝塔分布.

(b) (a)部分给出的贝叶斯分布的均值是

$$\frac{k+135}{k+135+n-k+135} = \frac{k+135}{n+270}$$
$$= \frac{n}{n+270}\left(\frac{k}{n}\right) + \frac{270}{n+270}\left(\frac{135}{270}\right)$$
$$= \frac{n}{n+270}\left(\frac{k}{n}\right) + \frac{270}{n+270}\left(\frac{1}{2}\right)$$

5.8.5 在每种情况下，估计量都是有偏的，因为估计量的均值是无偏极大似然估计量和非零常数的加权平均值. 然而，在每种情况下，当 n 趋于 ∞ 时，极大似然估计量的权重趋于 1，因此这些估计量是渐近无偏的.

5.8.7 由于伽马随机变量的总和服从伽马分布，那么 W 服从参数为 nr 和 λ 的伽马分布. 那么 $g_\Theta(\theta \mid W=w)$ 服从具有参数 $nr+s$ 和 $\sum_{i=1}^{n} y_i + \mu$ 的伽马分布.

5.8.9 $p_X(k\mid\theta) f_\Theta(\theta) = \binom{n}{k}\frac{\Gamma(r+s)}{\Gamma(r)\Gamma(s)}\theta^{k+r-1}(1-\theta)^{n-k+s-1}$，因此

$$p_X(k\mid\theta)$$
$$= \binom{n}{k}\frac{\Gamma(r+s)}{\Gamma(r)\Gamma(s)}\int_0^1 \theta^{k+r-1}(1-\theta)^{n-k+s-1} d\theta$$
$$= \binom{n}{k}\frac{\Gamma(r+s)}{\Gamma(r)\Gamma(s)}\frac{\Gamma(k+r)\Gamma(n-k+s)}{\Gamma(n+r+s)}$$
$$= \frac{n!}{k!(n-k)!}\frac{(r+s-1)!}{(r-1)!(s-1)!}\frac{(k+r-1)!(n-k+s-1)!}{(n+r+s-1)!}$$
$$= \frac{(k+r-1)!}{k!(r-1)!}\frac{(n-k+s-1)!}{(n-k)!(s-1)!}\frac{n!(r+s-1)!}{(n+r+s-1)!}$$
$$= \binom{k+r-1}{k}\binom{n-k+s-1}{n-k}\bigg/\binom{n+r+s-1}{n}$$

第 6 章

6.2 节

6.2.1 (a)如果 $\frac{\bar{y}-120}{18/\sqrt{25}} \leqslant -1.41$，则拒绝 H_0；$z=-1.61$；拒绝 H_0.

(b)如果 $\frac{\bar{y}-42.9}{3.2/\sqrt{16}} \leqslant -2.58$ 或 $\frac{\bar{y}-42.9}{3.2/\sqrt{16}} \geqslant 2.58$，则拒绝 H_0；$z=2.75$；拒绝 H_0.

(c)如果 $\frac{\bar{y}-14.2}{4.1/\sqrt{9}} \geqslant 1.13$，则拒绝 H_0；$z=1.17$；拒绝 H_0.

6.2.3 (a)否 (b)是

6.2.5 否

6.2.7 (a)如果 $\frac{\bar{y}-12.6}{0.4/\sqrt{30}} \leqslant -1.96$ 或 $\frac{\bar{y}-12.6}{0.4/\sqrt{30}} \geqslant 1.96$，则应拒绝 H_0. 但是 $\bar{y}=12.76$ 和 $z=2.19$，建议重新调整机器.

(b)检验假设 y_i 构成一个来自正态分布的随机样本. 在图形中，30 个 y_i 的直方图显示出了钟形图案. 没有理由怀疑未满足正态性假设.

6.2.9 P 值 $=P(Z\leqslant -0.92) + P(Z\geqslant 0.92) = 0.357\,6$；如果 α 大于或等于 0.357 6，H_0 将被拒绝.

6.2.11 如果 $\frac{\bar{y}-145.75}{9.50/\sqrt{25}} \leqslant -1.96$ 或 $\frac{\bar{y}-145.75}{9.50/\sqrt{25}} \geqslant 1.96$，则应拒绝 H_0. 这里，$\bar{y}=149.75$ 和 $z=2.11$，因此 145.75 美元和 149.75 美元之间的差异在统计上是显著的.

6.3 节

6.3.1 (a) $z=0.91$，小于 $z_{0.05}(=1.64)$，所以 H_0不会被拒绝. 这些数据并不能提供令人信服的证据，证明传播捕食者的声音有助于减少捕鱼水域中的鲸鱼数量.
(b)P 值$=P(Z\geqslant 0.91)=0.181\ 4$；对于任何 $\alpha\geqslant 0.181\ 4$，H_0将被拒绝.

6.3.3 $z=\dfrac{72-120(0.65)}{\sqrt{120(0.65)(0.35)}}=-1.15$，不小于 $-z_{0.05}(=-1.64)$，所以 $H_0:p=0.65$ 不会被拒绝.

6.3.5 设 $p=P(Y_i\leqslant 0.693\ 15)$. 检验 $H_0:p=1/2$和 $H_1:p\neq 1/2$. 鉴于 $x=26$ 和 $n=60$，P 值$=P(X\leqslant 26)+P(X\geqslant 34)=0.303\ 0$.

6.3.7 如果 $x\geqslant 4$，给定 $\alpha=0.50$，则拒绝 H_0；如果 $x\geqslant 5$，给定 $\alpha=0.23$ 则拒绝 H_0；如果 $x\geqslant 6$，给定 $\alpha=0.06$，则拒绝 H_0；如果 $x\geqslant 7$，给定 $\alpha=0.01$，则拒绝 H_0.

6.3.9 (a) 0.07

6.4 节

6.4.1 0.073 5

6.4.3 0.378 6

6.4.5 0.629 3

6.4.7 95

6.4.9 0.23

6.4.11 $\alpha=0.064$；$\beta=0.107$. 第一类错误(将无辜的被告定罪)会被认为比第二类错误(使有罪的被告无罪)更严重.

6.4.13 1.98

6.4.15 $\sqrt[n]{0.95}$

6.4.17 $1-\beta=\left(\dfrac{1}{2}\right)^{\theta+1}$

6.4.19 7/8

6.4.21 0.63

6.4.23 (a)0.022 (b)0.386

6.5 节

6.5.1 $\lambda=\max\limits_{\omega}L(p)/\max\limits_{\Omega}L(p)$，其中

$$\max_{\omega}L(p)=p_0^n(1-p_0)^{\sum\limits_{i=1}^{n}k_i-n},\max_{\Omega}L(p)$$

$$=\left(n\Big/\sum_{i=1}^{n}k_i\right)^n\left[1-\left(n\Big/\sum_{i=1}^{n}k_i\right)\right]^{\sum\limits_{i=1}^{n}k_i-n}$$

6.5.3

$$\lambda=\left[(2\pi)^{-n/2}\mathrm{e}^{-\frac{1}{2}\sum\limits_{i=1}^{n}(y_i-\mu_0)^2}\right]\Big/\left[(2\pi)^{-n/2}\mathrm{e}^{-\frac{1}{2}\sum\limits_{i=1}^{n}(y_i-\bar{y})^2}\right]$$

$$=\mathrm{e}^{-\frac{1}{2}[(\bar{y}-\mu_0)/(1/\sqrt{n})]^2}$$

检验基于 $z=(\bar{y}-\mu_0)/(1/\sqrt{n})$.

6.5.5 (a)$\lambda=\left(\dfrac{1}{2}\right)^n\Big/[(k/n)^k(1-k/n)^{n-k}]=2^{-n}k^{-k}(n-k)^{k-n}n^n$，当 $0<\lambda\leqslant\lambda^*$ 时拒绝 H_0，等同于当 $k\ln k+(n-k)\ln(n-k)\geqslant\lambda^{**}$ 时拒绝 H_0.
(b)通过检验，$k\ln k+(n-k)\ln(n-k)$ 在 k 中是对称的. 因此，左尾和右尾临界域与 $p=1/2$ 等距，这意味着如果$\left|k-\dfrac{1}{2}\right|\geqslant c$，则应拒绝 H_0，其中 c 是 α 的函数.

第 7 章

7.3 节

7.3.1 显然，对于所有 $u>0$，$f_U(u)>0$. 验证 $f_U(u)$ 是概率密度函数需要证明 $\int_0^{\infty}f_U(u)\mathrm{d}u=1$. 但是 $\int_0^{\infty}f_U(u)\mathrm{d}u=\dfrac{1}{\Gamma(n/2)}\int_0^{\infty}\dfrac{1}{2^{n/2}}u^{n/2-1}\mathrm{e}^{-u/2}\mathrm{d}u=\dfrac{1}{\Gamma(n/2)}\int_0^{\infty}\left(\dfrac{u}{2}\right)^{n/2-1}\mathrm{e}^{-u/2}(\mathrm{d}u/2)=\dfrac{1}{\Gamma\left(\dfrac{n}{2}\right)}\int_0^{\infty}v^{n/2-1}\mathrm{e}^{-v}\mathrm{d}v$,其中 $v=\dfrac{u}{2}$ 和 $\mathrm{d}v=\dfrac{\mathrm{d}u}{2}$, $\Gamma\left(\dfrac{n}{2}\right)=\int_0^{\infty}v^{n/2-1}\mathrm{e}^{-v}\mathrm{d}v$，因此，$\int_0^{\infty}f_U(u)\mathrm{d}y=\dfrac{1}{\Gamma(n/2)}\cdot\Gamma\left(\dfrac{n}{2}\right)=1$.

7.3.3 如果 $\mu=50$ 且 $\sigma=10$，则 $\sum\limits_{i=1}^{3}\left(\dfrac{Y_i-50}{10}\right)^2$ 是 χ_3^2 分布，这意味着总和的数值可能介于 $\chi^2_{0.025,3}(=0.216)$ 与 $\chi^2_{0.975,3}(=9.348)$ 之间. 这里，$\sum\limits_{i=1}^{3}\left(\dfrac{Y_i-50}{10}\right)^2=\left(\dfrac{65-50}{10}\right)^2+\left(\dfrac{30-50}{10}\right)^2+\left(\dfrac{55-50}{10}\right)^2=6.50$，因此数据与 Y_i服从 $\mu=50$ 和 $\sigma=10$ 的正态分布的假设不矛盾.

7.3.5 由于 $E(S^2)=\sigma^2$，从切比雪夫不等式可以得出 $P(|S^2-\sigma^2|<\varepsilon)>1-\dfrac{\mathrm{Var}(S^2)}{\varepsilon^2}$. 但

$\mathrm{Var}(S^2)=\frac{2\sigma^4}{n-1}\to 0$，$n\to\infty$. 因此，$S^2$ 与 σ^2 一致.

7.3.7 (a)0.983 (b)0.132 (c)9.00

7.3.9 (a) 6.23 (b) 0.65 (c) 9 (d) 15 (e)2.28

7.3.11 $F=\frac{V/m}{U/n}$，其中 V 和 U 分别是具有 m 和 n 自由度的独立 χ^2 变量. 然后 $\frac{1}{F}=\frac{U/n}{V/m}$，这意味着 $\frac{1}{F}$ 服从具有 n 和 m 自由度的 F 分布.

7.3.13 提示：$\left(1+\frac{t^2}{n}\right)^{-(n+1)/2}\to e^{-t^2/2}$，$n\to\infty$，$\frac{\Gamma[(n+1)/2]}{\sqrt{n\pi}\,\Gamma(n/2)}\to\frac{1}{\sqrt{2\pi}}$，$n\to\infty$.

7.3.15 设 T 是自由度为 n 的学生 t 分布的随机变量，那么 $E(T^{2k})=C\int_{-\infty}^{\infty}t^{2k}\cdot\frac{1}{\left(1+\frac{t^2}{n}\right)^{(n+1)/2}}\mathrm{d}t$，其中 C 是出现在学生 t 分布概率密度函数定义中的常数的乘积. 变量 $y=t/\sqrt{n}$ 的变化导致积分 $E(T^{2k})=C^*\int_{-\infty}^{\infty}y^{2k}\frac{1}{(1+y^2)^{(n+1)/2}}\mathrm{d}y$（对于某个常数 C^*）. 由于被积函数的对称性，$E(T^{2k})$ 是有限的，前提是积分 $\int_0^{\infty}\frac{y^{2k}}{(1+y^2)^{(n+1)/2}}\mathrm{d}y$ 是有限的. 但

$$\int_0^{\infty}\frac{y^{2k}}{(1+y^2)^{(n+1)/2}}\mathrm{d}y<\int_0^{\infty}\frac{(1+y^2)^k}{(1+y^2)^{(n+1)/2}}\mathrm{d}y$$

$$=\int_0^{\infty}\frac{1}{(1+y^2)^{(n+1)/2-k}}\mathrm{d}y=\int_0^{\infty}\frac{1}{(1+y^2)^{\frac{n-2k}{2}+\frac{1}{2}}}\mathrm{d}y$$

要应用提示，取 $\alpha=2$ 和 $\beta=\frac{n-2k}{2}+\frac{1}{2}$. 则 $2k<n$，$\beta>0$，$\alpha\beta>1$，所以积分是有限的.

7.4 节

7.4.1 (a)0.15 (b)0.80 (c)0.85 (d)0.99−0.15=0.84

7.4.3 两种差异都代表与 $f_{T_n}(t)$ 下面积的 5% 相关的区间. 由于概率密度函数更接近水平轴，因此进一步远离 0，因此差 $t_{0.50,n}-t_{0.10,n}$ 是两者中较大的一个.

7.4.5 $k=2.2281$

7.4.7 (1.403，1.447)

7.4.9 (a)(30.8 岁，40.0 岁)

(b)日期与年龄的关系图没有显示出明显的模式或趋势. μ 随时间保持恒定的假设是可信的.

7.4.11 (175.6，211.4)

“正常”的医学和统计定义有所不同. 有些血小板计数在医学上正常的人出现在人群中的可能不到 10%.

7.4.13 否，因为 μ 的置信区间的长度是 s 和置信系数的函数. 如果第二个样本的样本标准差足够小(相对于第一个样本的样本标准差)，则 95% 置信区间将比 90% 置信区间短.

7.4.15 (a)0.95 (b)0.80 (c)0.945 (d)0.95

7.4.17 观测的 $t=-1.71$；$-t_{0.05,18}=-1.7341$；未能拒绝 H_0.

7.4.19 检验 $H_0:\mu=40$ 与 $H_1:\mu<40$；观测的 $t=-2.25$；$-t_{0.05,14}=-1.7613$；拒绝 H_0.

7.4.21 检验 $H_0:\mu=0.0042$ 与 $H_1:\mu<0.0042$；观测的 $t=-2.48$；$-t_{0.05,9}=-1.8331$；拒绝 H_0.

7.4.23 在 $\alpha=0.05$ 的显著性水平上不能拒绝 $H_0:\mu=\mu_0$，μ_0 的集合与 μ 的 95% 置信区间相同.

7.4.25 两组比率的分布类似于自由度为 2 的学生 t 分布. 但是，由于两个 $f_Y(y)$ 的形状，两个分布都会向右偏斜，特别是对于 $f_Y(y)=4y^3$(回想习题 7.4.24 的答案).

7.4.27 只有(c)会引起一些严重的关注. 那里的样本量很小，y_i 显示出明显的偏斜模式. 这两个条件特别“强调”了 t 比率的稳健性(回想一下图 7.4.6).

7.5 节

7.5.1 (a)23.685 (b)4.605 (c)2.700

7.5.3 (a)2.088 (b)7.261 (c)14.041 (d)17.539

7.5.5 233.9

7.5.7 $P\left(\chi^2_{\alpha/2,n-1}\leqslant\frac{(n-1)S^2}{\sigma^2}\leqslant\chi^2_{1-\alpha/2,n-1}\right)=1-\alpha=P\left(\frac{(n-1)S^2}{\chi^2_{1-\alpha/2,n-1}}\leqslant\sigma^2\leqslant\frac{(n-1)S^2}{\chi^2_{\alpha/2,n-1}}\right)$，所以 $\left(\frac{(n-1)s^2}{\chi^2_{1-\alpha/2,n-1}},\frac{(n-1)s^2}{\chi^2_{\alpha/2,n-1}}\right)$ 是 σ^2 的 100(1−

α)%置信区间. 取两边的平方根给出 σ 的 $100(1-\alpha)\%$置信区间.

7.5.9 (a) (20.13,42.17)
(b)(0,39.16)和 (21.11,∞)

7.5.11 σ(相对于 σ^2)的置信区间是实验者通常首选的区间，因为它们以与数据相同的单位表示，这使得它们更容易解释.

7.5.13 如果$\left(\frac{(n-1)s^2}{\chi^2_{0.95,n-1}},\ \frac{(n-1)s^2}{\chi^2_{0.05,n-1}}\right)=(51.47,\ 261.90)$，则 $\chi^2_{0.95,n-1}/\chi^2_{0.05,n-1}=\frac{261.90}{51.47}=5.088$. 对 χ^2 表的试错检查表明，$\chi^2_{0.95,9}/\chi^2_{0.05,9}=\frac{16.919}{3.325}=5.088$，所以 $n=10$，这意味着$\frac{9s^2}{3.325}=261.90$. 因此，$s=9.8$.

7.5.15 检验 $H_0:\sigma^2=30.42^2$ 与 $H_1:\sigma^2<30.4^2$，这种情况下的检验统计量是 $\chi^2=\frac{(n-1)s^2}{\sigma_0^2}=\frac{18(733.4)}{30.4^2}=14.285$.
临界值为 $\chi^2_{\alpha,n-1}=\chi^2_{0.05,18}=9.390$. 接受零假设，所以不要假设钾-氩法更精确.

7.5.17 (a)检验 $H_0:\mu=10.1$ 和 $H_1:\mu>10.1$，检验统计量为$\frac{\overline{y}-\mu_0}{s/\sqrt{n}}=\frac{11.5-10.1}{10.17/\sqrt{24}}=0.674$，临界值 $t_{\alpha,n-1}=t_{0.05,23}=1.7139$. 接受零假设. 不要归因于投资组合收益率超过分析师选择股票的系统的基准.
(b)检验 $H_0:\sigma^2=15.67$ 与 $H_1:\sigma^2<15.67$，检验统计量是 $\chi^2=\frac{23(10.17^2)}{15.67^2}=9.688$. 临界值是 $\chi^2_{0.05,23}=13.091$. 拒绝零假设. 分析师选择股票的方法似乎确实降低了波动性.

第 8 章

8.2 节

8.2.1 回归数据
8.2.3 单样本数据
8.2.5 回归数据
8.2.7 k 样本数据
8.2.9 单样本数据
8.2.11 回归数据
8.2.13 双样本数据
8.2.15 k 样本数据
8.2.17 分类数据
8.2.19 双样本数据
8.2.21 成对数据
8.2.23 分类数据
8.2.25 分类数据
8.2.27 分类数据
8.2.29 成对数据
8.2.31 随机区组数据

第 9 章

9.2 节

9.2.1 由于 $t=1.72<t_{0.01,19}=2.539$，接受 H_0.

9.2.3 由于 $z_{0.05}=1.64<t=5.67$，拒绝 H_0.

9.2.5 由于$-z_{0.005}=-2.58<t=-0.532<z_{0.005}=2.58$，不拒绝 H_0.

9.2.7 由于$-t_{0.025,6}=-2.4469<t=0.69<t_{0.025,6}=2.4469$，接受 H_0.

9.2.9 由于 $t=-2.45<-t_{0.025,72}=-1.9935$，拒绝均值相等的假设.

9.2.11 (a)22.880 (b)166.990

9.2.13 (a)0.3974 (b)0.2090

9.2.15 $E(S_X^2)=E(S_Y^2)=\sigma^2$，见例 5.4.4.

$$E(S_P^2)=\frac{(n-1)E(S_X^2)+(m-1)E(S_Y^2)}{n+m-2}=\frac{(n-1)\sigma^2+(m-1)\sigma^2}{n+m-2}=\sigma^2$$

9.2.17 由于 $t=2.16>t_{0.05,13}=1.7709$，拒绝 H_0.

9.2.19 (a)第一个数据集的样本标准差约为3.15；第二个，3.29. 这些似乎足够接近允许使用定理 9.2.2.
(b)直觉上，拥有全面法律的州应该有更少的死亡人数. 但是，这些数据的平均值为8.1，高于法律更为有限的州的平均值 7.0.

9.3 节

9.3.1 观测到的 $F=35.7604/115.9929=0.308$. 因为 $F_{0.025,11,11}=0.288<0.308<3.47=F_{0.975,11,11}$，我们可以接受方差相等的 H_0.

9.3.3 (a)临界值为 $F_{0.025,19,19}$ 和 $F_{0.975,19,19}$. 这些值没有制成表格，但在这种情况下，我们可以通过 $F_{0.025,20,20}=0.406$ 和 $F_{0.975,20,20}=2.46$ 来近似. 观测到的 $F=2.41/3.52=0.685$. 由于 $0.406<0.685<$

2.46，我们可以接受方差相等的 H_0.

(b)由于 $t=2.662>t_{0.025,38}=2.0244$，拒绝 H_0.

9.3.5　$F=(0.20)^2/(0.37)^2=0.292$. 由于 $0.248=F_{0.025,9,9}<0.292<4.03=F_{0.975,9,9}$，接受 H_0.

9.3.7　$F=65.25/227.77=0.286$. 由于 $0.208=F_{0.025,8,5}<0.286<6.76=F_{0.975,8,5}$，接受 H_0. 因此，定理 9.2.2 是合适的.

9.3.9　如果 $\sigma_X^2=\sigma_Y^2=\sigma^2$，$\sigma^2$ 的极大似然估计量为

$$\hat{\sigma}^2=\frac{1}{n+m}\left[\sum_{i=1}^{n}(x_i-\bar{x})^2+\sum_{i=1}^{m}(y_i-\bar{y})^2\right]$$

那么

$$L(\hat{\omega})=\left(\frac{1}{2\pi\hat{\sigma}^2}\right)^{(n+m)/2}\mathrm{e}^{-\frac{1}{2\hat{\sigma}^2}\left[\sum_{i=1}^{n}(x_i-\bar{x})^2+\sum_{i=1}^{m}(y_i-\bar{y})^2\right]}$$

$$=\left(\frac{1}{2\pi\hat{\sigma}^2}\right)^{(n+m)/2}\mathrm{e}^{-(n+m)/2}$$

如果 $\sigma_X^2\neq\sigma_Y^2$，则 σ_X^2 和 σ_Y^2 的极大似然估计量为

$$\hat{\sigma}_X^2=\frac{1}{n}\sum_{i=1}^{n}(x_i-\bar{x})^2$$

$$\hat{\sigma}_Y^2=\frac{1}{m}\sum_{i=1}^{m}(y_i-\bar{y})^2$$

则

$$L(\hat{\Omega})=\left(\frac{1}{2\pi\hat{\sigma}_X^2}\right)^{n/2}\mathrm{e}^{\frac{1}{2\hat{\sigma}_X^2}\left(\sum_{i=1}^{n}(x_i-\bar{x})^2\right)}\cdot$$

$$\left(\frac{1}{2\pi\hat{\sigma}_Y^2}\right)^{m/2}\mathrm{e}^{\frac{1}{2\hat{\sigma}_Y^2}\left(\sum_{i=1}^{m}(y_i-\bar{y})^2\right)}$$

$$=\left(\frac{1}{2\pi\hat{\sigma}_X^2}\right)^{n/2}\mathrm{e}^{-m/2}\left(\frac{1}{2\pi\hat{\sigma}_Y^2}\right)^{m/2}\mathrm{e}^{-n/2}$$

比率 $\lambda=\dfrac{L(\hat{\omega})}{L(\hat{\Omega})}=\dfrac{(\hat{\sigma}_X^2)^{n/2}(\hat{\sigma}_Y^2)^{m/2}}{(\hat{\sigma}^2)^{(n+m)/2}}$，它等于习题陈述中给出的表达式.

9.4 节

9.4.1　由于 $-1.96<z=1.76<1.96=z_{0.025}$，接受 H_0.

9.4.3　由于 $-1.96<z=-0.17<1.96=z_{0.025}$，在 0.05 的显著性水平下接受 H_0.

9.4.5　由于 $z=4.25>2.33=z_{0.01}$，在 0.01 的显著性水平上拒绝 H_0.

9.4.7　由于 $-1.96<z=1.50<1.96=z_{0.025}$，在 0.05 的显著性水平上接受 H_0.

9.4.9　由于 $z=0.25<1.64=z_{0.05}$，接受 H_0. 玩家是对的.

9.5 节

9.5.1　(0.71,1.55). 由于 0 不在区间内，我们可以拒绝 $\mu_X=\mu_Y$ 的零假设.

9.5.3　等方差置信区间为(−13.32,6.72). 不等方差置信区间为(−13.61,7.01).

9.5.5　从统计量 $\bar{X}-\bar{Y}$ 开始，其中 $E(\bar{X}-\bar{Y})=\mu_X-\mu_Y$ 和 $\mathrm{Var}(\bar{X}-\bar{Y})=\sigma_X^2/n+\sigma_Y^2/m$. 那么

$$P\left(-z_{\alpha/2}\leqslant\frac{\bar{X}-\bar{Y}-(\mu_X-\mu_Y)}{\sqrt{\sigma_X^2/n+\sigma_Y^2/m}}\leqslant z_{\alpha/2}\right)=$$

$1-\alpha$，这意味着

$$P\left(-z_{\alpha/2}\sqrt{\sigma_X^2/n+\sigma_Y^2/m}\leqslant\bar{X}-\bar{Y}-(\mu_X-\mu_Y)\leqslant z_{\alpha/2}\sqrt{\sigma_X^2/n+\sigma_Y^2/m}\right)=1-\alpha.$$

求解 $\mu_X-\mu_Y$ 的不等式给出

$$P\left(\bar{X}-\bar{Y}-z_{\alpha/2}\sqrt{\sigma_X^2/n+\sigma_Y^2/m}\leqslant\mu_X-\mu_Y\leqslant\bar{X}-\bar{Y}+z_{\alpha/2}\sqrt{\sigma_X^2/n+\sigma_Y^2/m}\right)=1-\alpha.$$

因此置信区间为

$$\left(\bar{x}-\bar{y}-z_{\alpha/2}\sqrt{\sigma_X^2/n+\sigma_Y^2/m},\bar{x}-\bar{y}+z_{\alpha/2}\sqrt{\sigma_X^2/n+\sigma_Y^2/m}\right).$$

9.5.7　(0.06,2.14). 由于置信区间包含 1，我们可以接受方差相等的 H_0，并且定理 9.2.1 适用.

9.5.9　(−0.021,0.051). 由于置信区间包含 0，我们可以得出结论，Flonase 使用者不会遭受更多的头痛.

9.5.11　近似正态分布意味着

$$P\left(-z_{\alpha/2}\leqslant\frac{\frac{X}{n}-\frac{Y}{m}-(p_X-p_Y)}{\sqrt{\frac{(X/n)(1-X/n)}{n}+\frac{(Y/m)(1-Y/m)}{m}}}\leqslant z_{\alpha/2}\right)=1-\alpha$$

或者

$$P\left(-z_{\alpha/2}\sqrt{\frac{(X/n)(1-X/n)}{n}+\frac{(Y/m)(1-Y/m)}{m}}\leqslant\frac{X}{n}-\frac{Y}{m}-(p_X-p_Y)\leqslant z_{\alpha/2}\sqrt{\frac{(X/n)(1-X/n)}{n}+\frac{(Y/m)(1-Y/m)}{m}}\right)=1-\alpha,$$

这意味着

$$P\Big(-\Big(\frac{X}{n}-\frac{Y}{m}\Big)-z_{\alpha/2}\sqrt{\frac{(X/n)(1-X/n)}{n}+\frac{(Y/m)(1-Y/m)}{m}}\leqslant-(p_X-p_Y)\leqslant-\Big(\frac{X}{m}-\frac{Y}{m}\Big)+z_{\alpha/2}\sqrt{\frac{(X/n)(1-X/n)}{n}+\frac{(Y/m)(1-Y/m)}{m}}\Big)=1-\alpha,$$

将不等式乘以-1得出置信区间.

第10章

10.2节

10.2.1 0.028 1

10.2.3 0.002 65

10.2.5 0.006 89

10.2.7 (a) $\frac{50!}{3!7!15!25!}\left(\frac{1}{64}\right)^3\left(\frac{7}{64}\right)^7\left(\frac{19}{64}\right)^{15}\cdot\left(\frac{37}{64}\right)^{25}$

(b) $\mathrm{Var}(X_3)=50\left(\frac{19}{64}\right)\left(\frac{45}{64}\right)=10.44$

10.2.9 假设 $M_{X_1,X_2,X_3}(t_1,t_2,t_3)=(p_1e^{t_1}+p_2e^{t_2}+p_3e^{t_3})^n$，那么 $M_{X_1,X_2,X_3}(t_1,0,0)=E(e^{t_1X_1})=(p_1e^{t_1}+p_2+p_3)^n=(1-p_1+p_1e^{t_1})^n$ 是 X_1 的矩生成函数. 但后者具有参数为 n 和 p_1 的二项随机变量的矩生成函数形式.

10.3节

10.3.1 $$\sum_{i=1}^t\frac{(X_i-np_i)^2}{np_i}=\sum_{i=1}^t\frac{(X_i^2-2np_iX_i+n^2p_i^2)}{np_i}=\sum_{i=1}^t\frac{X_i^2}{np_i}-2\sum_{i=1}^tX_i+n\sum_{i=1}^tp_i=\sum_{i=1}^t\frac{X_i^2}{np_i}-n.$$

10.3.3 如果抽样是放回的，抽取的白筹码数应服从二项分布($n=2$ 和 $p=0.4$). 由于观测的 $\chi^2=3.30<4.605=\chi^2_{0.90,2}$，不能拒绝 H_0.

10.3.5 令 $p=P$(婴儿在午夜和凌晨4点之间出生). 检验 $H_0:p=1/6$ 与 $H_1:p\neq1/6$；得到观测的 $z=2.73$；如果 $\alpha=0.05$，则拒绝 H_0. 另请参阅习题10.3.4中的 χ^2 将等于该检验得到的 z. 这两个检验是等效的.

10.3.7 观测的 $\chi^2=12.23$ (df=5)；$\chi^2_{0.95,5}=11.070$；拒绝 H_0.

10.3.9 观测的 $\chi^2=18.22$ (df=7)；$\chi^2_{0.95,7}=14.067$；拒绝 H_0.

10.3.11 观测的 $\chi^2=8.10$；$\chi^2_{0.95,1}=3.841$；拒绝 H_0.

10.4节

10.4.1 对于0.54的估计参数值，$\chi^2=11.72$ 且 df=4-1-1=2；$\chi^2_{0.95,2}=5.991$；拒绝 H_0.

10.4.3 观测的 $\chi^2=46.75$ 且 df=7-1-1=5；$\chi^2_{0.95,5}=11.070$；拒绝 H_0. 如果感染具有传染性，则独立性假设将不成立.

10.4.5 对于模型 $f_Y(y)=\lambda e^{-\lambda y}$，$\hat\lambda=0.823$；观测的 $\chi^2=4.181$，其中 df=5-1-1=3；$\chi^2_{0.95,3}=7.815$；未能拒绝 H_0.

10.4.7 令 $p=P$(孩子是男孩). 然后 $\hat p=0.533$，观测的 $\chi^2=0.62$，我们无法拒绝二项式模型，因为 $\chi^2_{0.95,1}=3.841$.

10.4.9 对于模型 $p_X(k)=e^{-3.87}(3.87)^k/k!$，$\chi^2=12.9$ 且 df=12-1-1=10. 但是 $\chi^2_{0.95,10}=18.307$，所以我们不能拒绝 H_0.

10.4.11 $\hat p=0.26$；观测的 $\chi^2=9.23$；$\chi^2_{0.95,3}=7.815$；拒绝 H_0.

10.4.13 使用136,139,142,…作为类边界，观测的 $\chi^2=4.35$. $\chi^2_{0.90,4}=7.779$；不拒绝 H_0.

10.5节

10.5.1 观测的 $\chi^2=4.35$. $\chi^2_{0.90,1}=2.706$；拒绝 H_0.

10.5.3 观测的 $\chi^2=42.25$；$\chi^2_{0.99,3}=11.345$，拒绝 H_0.

10.5.5 观测的 $\chi^2=4.80$；$\chi^2_{0.95,1}=3.841$；拒绝 H_0. 经常使用阿司匹林似乎可以降低女性患乳腺癌的概率.

10.5.7 观测的 $\chi^2=12.61$；$\chi^2_{0.95,1}=3.841$；拒绝 H_0.

10.5.9 观测的 $\chi^2=9.19$. $\chi^2_{0.95,3}=7.815$；拒绝 H_0.

第 11 章

11.2 节

11.2.1 $y=25.23+3.29x$；84.5°F

11.2.3

x_i	$y_i-\hat{y}_i$
0	−0.81
4	0.01
10	0.09
15	0.03
21	−0.09
29	0.14
36	0.55
51	1.69
68	−1.61

一条直线似乎拟合这些数据.

11.2.5 值 12 与观察到的数据“相距甚远”.

11.2.7 最小二乘拟合线是 $y=81.088+0.412x$.

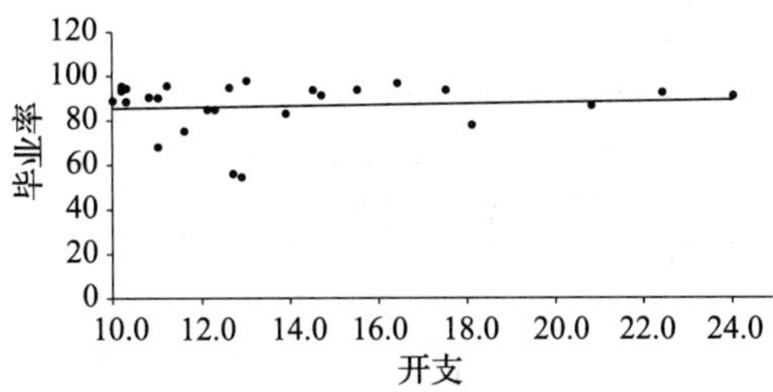

结论：x 和 y 之间的线性关系很差.

11.2.9 最小二乘拟合线是 $y=114.72+9.23x$.

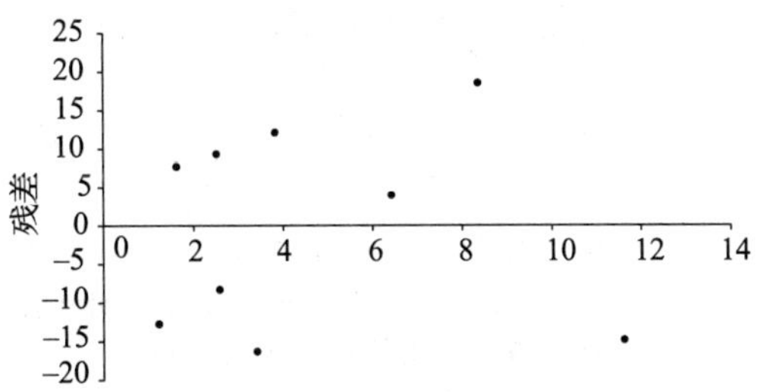

线性拟合似乎是合理的.

11.2.11 最小二乘拟合线是 $y=0.61+0.84x$，由于残差值很大，这似乎不充分.

11.2.13 当在最小二乘方程中用 $\bar{x}$ 代替 x 时，我们得到 $y=a+b\bar{x}=\bar{y}-b\bar{x}+b\bar{x}=\bar{y}$.

11.2.15 0.035 44

11.2.17 $y=100-5.19x$

11.2.19 要找到 a，b 和 c，得求解以下方程组.

(1) $na+\left(\sum_{i=1}^{n}x_i\right)b+\left(\sum_{i=1}^{n}\sin x_i\right)c=\sum_{i=1}^{n}y_i$

(2) $\left(\sum_{i=1}^{n}x_i\right)a+\left(\sum_{i=1}^{n}x_i^2\right)b+\left(\sum_{i=1}^{n}x_i\sin x\right)c=\sum_{i=1}^{n}x_iy_i$

(3) $\left(\sum_{i=1}^{n}\cos x_i\right)a+\left(\sum_{i=1}^{n}x_i\cos x_i\right)b+\left(\sum_{i=1}^{n}(\cos x_i)(\sin x_i)\right)c=\sum_{i=1}^{n}y_i\cos x_i$

11.2.21 (a) $y=5.250\ 6e^{0.087\ 6x}$

(b)

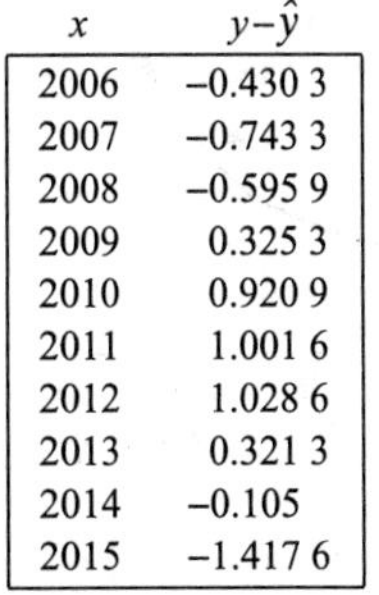

x	$y-\hat{y}$
2006	−0.430 3
2007	−0.743 3
2008	−0.595 9
2009	0.325 3
2010	0.920 9
2011	1.001 6
2012	1.028 6
2013	0.321 3
2014	−0.105
2015	−1.417 6

残差显示了一种对指数模型产生怀疑的模式.

11.2.23 $y=9.187\ 0e^{0.107\ 2x}$

11.2.25 模型是 $y=13.487x^{10.538}$.

11.2.27 模型是 $y=0.074\ 16x^{1.436\ 87}$.

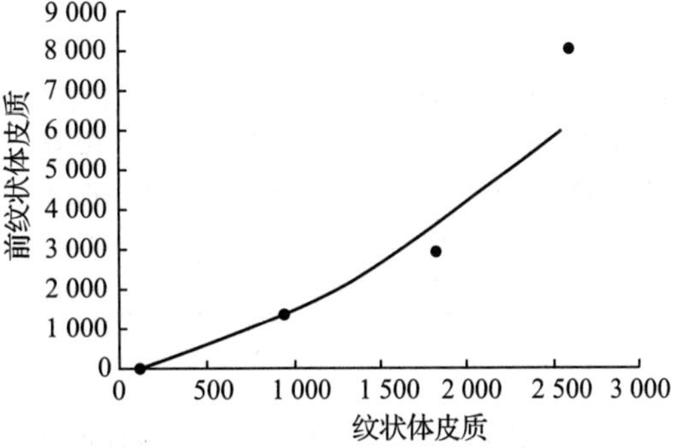

11.2.29 (d) 如果 $y=\frac{1}{a+bx}$，则 $\frac{1}{y}=a+bx$，那么 $1/y$ 与 x 呈线性关系.

(e) 如果 $y=\frac{x}{a+bx}$，则 $\frac{1}{y}=\frac{a+bx}{x}=b+$

$a \cdot \frac{1}{x}$，那么 $1/y$ 与 $1/x$ 呈线性关系.

(f)如果 $y=1-e^{-x^{b/a}}$，则 $1-y=e^{-x^{b/a}}$，并且 $\frac{1}{1-y}=e^{x^b/a}$. 两边取对数得到 $\ln\frac{1}{1-y}=x^b/a$. 再次取对数得到 $\ln\left(\ln\frac{1}{1-y}\right)=-\ln a+b\ln x$，那么 $\ln\left(\ln\frac{1}{1-y}\right)$与 $\ln x$ 呈线关系.

11.2.31　$a=5.55870$；$b=-0.13314$

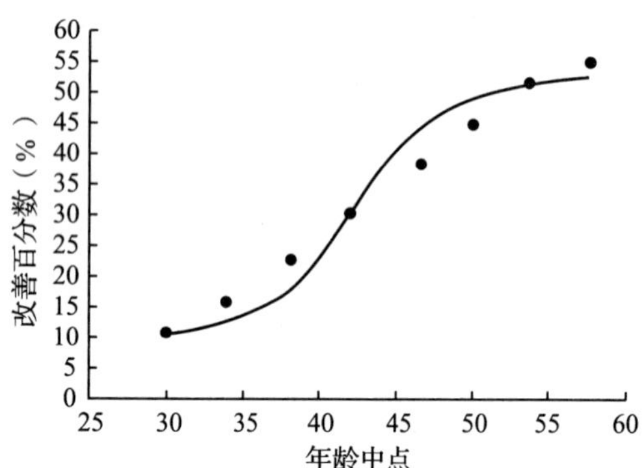

11.3 节

11.3.1　$y=13.8-1.5x$；由于 $-t_{0.025,2}=-4.3027<t=-1.59<4.3027=t_{0.025,2}$，接受 H_0.

11.3.3　由于 $t=5.47>t_{0.005,13}=3.0123$，拒绝 H_0.

11.3.5　0.9164

11.3.7　(66.551,68.465)

11.3.9　由于 $t=4.38>t_{0.025,9}=2.2622$，拒绝 H_0.

11.3.11　根据定理 11.3.2，$E(\hat{\beta}_0)=\beta_0$，那么

$$\operatorname{Var}(\hat{\beta}_0)=\frac{\sigma^2\sum_{i=1}^{n}x_i}{n\sum_{i=1}^{n}(x_i-\bar{x})^2}.$$

现在$(\hat{\beta}_0-\beta_0)/\sqrt{\operatorname{Var}(\hat{\beta}_0)}$服从标准正态分布，那么

$P(-z_{\alpha/2}<(\hat{\beta}_0-\beta_0)/\sqrt{\operatorname{Var}(\hat{\beta}_0)}<z_{\alpha/2})=1-\alpha$.

那么置信区间是

$$(\hat{\beta}_0-z_{\alpha/2}\sqrt{\operatorname{Var}(\hat{\beta}_0)},\ \hat{\beta}_0+z_{\alpha/2}\sqrt{\operatorname{Var}(\hat{\beta}_0)})$$

或者

$$\left(\hat{\beta}-z_{\alpha/2}\frac{\sigma\sqrt{\sum_{i=1}^{n}x_i}}{\sqrt{n\sum_{i=1}^{n}(x_i-\bar{x})^2}},\ \hat{\beta}_0+z_{\alpha/2}\frac{\sigma\sqrt{\sum_{i=1}^{n}x_i}}{\sqrt{n\sum_{i=1}^{n}(x_i-\bar{x})^2}}\right)$$

11.3.13　如果检验统计量$<\chi^2_{0.025,22}=10.982$ 或 $>\chi^2_{0.975,22}=36.781$，拒绝零假设. 卡方检验统计量为 $\frac{(n-2)s^2}{\sigma_0^2}=\frac{(24-2)(18.2)}{12.6}=31.778$，因此不拒绝 H_0.

11.3.15　(1.544,11.887)

11.3.17　(2.060,2.087)

11.3.19　置信区间为(27.71,29.34)，不包含 37. 然而，Honda Civic Hybrid 的发动机与数据中的汽车不同.

11.3.21　检验统计量为 $t=$

$$\frac{\hat{\beta}_1-\hat{\beta}_1^*}{s\sqrt{\frac{1}{\sum_{i=1}^{6}(x_i-\bar{x})^2}+\frac{1}{\sum_{i=1}^{8}(x_i^*-\bar{x}^*)^2}}},$$

其中 $s=\sqrt{\frac{5.983+13.804}{6+8-4}}=1.407$.

那么 $t=\frac{0.606-1.07}{1.407\sqrt{\frac{1}{31.33}+\frac{1}{46}}}=-1.42$

由于观测到的比率不小于 $-t_{0.05,10}=-1.8125$，斜率差异可归因于偶然性. 这些数据不支持进一步的调查.

11.3.23　文中给出的形式为 $\operatorname{Var}(\hat{Y})=\sigma^2\cdot\left[\frac{1}{n}+\frac{(x-\bar{x})^2}{\sum_{i=1}^{n}(x_i-\bar{x})^2}\right]$. 将总和放在最小公分母的括号中

$$\frac{1}{n}+\frac{(x-\bar{x})^2}{\sum_{i=1}^{n}(x_i-\bar{x})^2}$$

$$= \frac{\sum_{i=1}^{n}(x_i-\overline{x})^2+n(x-\overline{x})^2}{n\sum_{i=1}^{n}(x_i-\overline{x})^2}$$

$$= \frac{\sum_{i=1}^{n}x_i^2-n\overline{x}^2+n(x^2+\overline{x}^2-2x\overline{x})}{n\sum_{i=1}^{n}(x_i-\overline{x})^2}$$

$$= \frac{\sum_{i=1}^{n}x_i^2+nx^2-2nx\overline{x}}{n\sum_{i=1}^{n}(x_i-\overline{x})^2}$$

$$= \frac{\sum_{i=1}^{n}x_i^2+nx^2-2x\sum_{i=1}^{n}x_i}{n\sum_{i=1}^{n}(x_i-\overline{x})^2}$$

$$= \frac{\sum_{i=1}^{n}(x_i-x)^2}{n\sum_{i=1}^{n}(x_i-\overline{x})^2}$$

因此，$\mathrm{Var}(\hat{Y}) = \dfrac{\sigma^2\sum_{i=1}^{n}(x_i-x)^2}{n\sum_{i=1}^{n}(x_i-\overline{x})^2}$.

11.4 节

11.4.1 $-2/121$；$-2/15\sqrt{14}$

11.4.3 0.492

11.4.5 $\rho(a+bX,c+dY)=\dfrac{\mathrm{Cov}(a+bX,c+dY)}{\sqrt{\mathrm{Var}(a+bX)\mathrm{Var}(c+dY)}}$

$=\dfrac{bd\mathrm{Cov}(X,Y)}{\sqrt{b^2\mathrm{Var}(X)d^2\mathrm{Var}(Y)}}$，源自习题 3.9.14 的分子相等. 由于 $b>0$，$d>0$，最后一个表达式是

$$\frac{bd\mathrm{Cov}(X,Y)}{bd\sigma_X\sigma_Y}=\frac{\mathrm{Cov}(X,Y)}{\sigma_X\sigma_Y}=\rho(X,Y).$$

11.4.7 (a)$\mathrm{Cov}(X+Y,X-Y)$

$=E[(X+Y)(X-Y)]-E(X+Y)E(X-Y)$

$=E(X^2-Y^2)-(\mu_X+\mu_Y)(\mu_X-\mu_Y)$

$=E(X^2)-\mu_X^2-E(Y^2)+\mu_Y^2$

$=\mathrm{Var}(X)-\mathrm{Var}(Y)$

(b)$\rho(X+Y)=\dfrac{\mathrm{Cov}(X+Y,X-Y)}{\sqrt{\mathrm{Var}(X+Y)\mathrm{Var}(X-Y)}}$，由(a)部分

$\mathrm{Cov}(X+Y,X-Y)=\mathrm{Var}(X)-\mathrm{Var}(Y)$.

$\mathrm{Var}(X+Y)=\mathrm{Var}(X)+\mathrm{Var}(Y)-2\mathrm{Cov}(X,Y)$

$=\mathrm{Var}(X)+\mathrm{Var}(Y)+0$

同理，$\mathrm{Var}(X-Y)=\mathrm{Var}(X)+\mathrm{Var}(Y)$.

那么

$$\rho(X+Y)=\frac{\mathrm{Var}(X)-\mathrm{Var}(Y)}{\sqrt{(\mathrm{Var}(X)+\mathrm{Var}(Y))(\mathrm{Var}(X)+\mathrm{Var}(Y))}}=\frac{\mathrm{Var}(X)-\mathrm{Var}(Y)}{\mathrm{Var}(X)+\mathrm{Var}(Y)}$$

11.4.9 由公式(11.4.2)

$$r=\frac{n\sum_{i=1}^{n}x_iy_i-\left(\sum_{i=1}^{n}x_i\right)\left(\sum_{i=1}^{n}y_i\right)}{\sqrt{n\sum_{i=1}^{n}x_i^2-\left(\sum_{i=1}^{n}x_i\right)^2}\sqrt{n\sum_{i=1}^{n}y_i^2-\left(\sum_{i=1}^{n}y_i\right)^2}}$$

$$=\frac{n\sum_{i=1}^{n}x_iy_i-\left(\sum_{i=1}^{n}x_i\right)\left(\sum_{i=1}^{n}y_i\right)}{n\sum_{i=1}^{n}x_i^2-\left(\sum_{i=1}^{n}x_i\right)^2}\times\frac{n\sum_{i=1}^{n}x_i^2-\left(\sum_{i=1}^{n}x_i\right)^2}{\sqrt{n\sum_{i=1}^{n}x_i^2-\left(\sum_{i=1}^{n}x_i\right)^2}\sqrt{n\sum_{i=1}^{n}y_i^2-\left(\sum_{i=1}^{n}y_i\right)^2}}$$

$$=\hat{\beta}_1\frac{\sqrt{n\sum_{i=1}^{n}x_i^2-\left(\sum_{i=1}^{n}x_i\right)^2}}{\sqrt{n\sum_{i=1}^{n}y_i^2-\left(\sum_{i=1}^{n}y_i\right)^2}}$$

11.4.11 $r=-0.030$. 数据表明高度不会影响本垒打的击球.

11.4.13 58.1%

11.4.15 (a)击球距离与收益之间的相关性=0.300. 推杆和收益之间的相关性=−0.311.

(b)$r^2=0.09$ 用于击球距离和收益，$r^2=0.097$ 用于推杆和收益.

11.5 节

11.5.1 0.189 1；0.212 7

11.5.3 (a) $f_{X+Y}(t)=\dfrac{1}{2\pi\sqrt{1-\rho^2}}\cdot$

$$\int_{-\infty}^{\infty}\exp\left\{-\frac{1}{2}\left(\frac{1}{1-\rho^2}\right)\left[(t-y)^2-2\rho(t-y)y+y^2\right]\right\}\mathrm{d}y$$

括号中的表达式可以展开并改写为

$$t^2+2(1+\rho)y^2-2t(1+\rho)y$$
$$=t^2+2(1+\rho)(y^2-ty)$$
$$=t^2+2(1+\rho)\left(y^2-ty+\frac{t^2}{4}\right)-\frac{1}{2}(1+\rho)t^2$$
$$=\frac{1-\rho}{2}t^2+2(1+\rho)(y-t/2)^2.$$

将此表达式放入指数中给出

$$f_{X+Y}(t)=\frac{1}{2\pi\sqrt{1-\rho^2}}e^{-\frac{1}{2}\left(\frac{1}{1-\rho^2}\right)\frac{1-\rho}{2}t^2}\cdot\int_{-\infty}^{\infty}e^{-\frac{1}{2}\left(\frac{1}{1-\rho^2}\right)2(1+\rho)(y-t/2)^2}dy$$
$$=\frac{1}{2\pi\sqrt{1-\rho^2}}e^{-\frac{1}{2}\cdot\frac{t^2}{2(1+\rho)}}\cdot\int_{-\infty}^{\infty}e^{-\frac{1}{2}\cdot\frac{(y-t/2)^2}{(1+\rho)/2}}dy$$

积分是具有均值为 $t/2$ 和 $\sigma^2=(1+\rho)/2$ 的正态概率密度函数．因此，积分等于 $\sqrt{2\pi(1+\rho)/2}=\sqrt{\pi(1+\rho)}$．将其代入 f_{X+Y} 的表达式中给出

$$f_{X+Y}(t)=\frac{1}{\sqrt{2\pi}\sqrt{2(1+\rho)}}e^{-\frac{1}{2}\cdot\frac{t^2}{2(1+\rho)}},$$

它是 $\mu=0$ 和 $\sigma^2=2(1+\rho)$ 的正态分布的概率密度函数．

(b) $E(cX+dY)=c\mu_X+d\mu_Y$，$\mathrm{Var}(cX+dY)=c^2\sigma_X^2+d^2\sigma_Y^2+2cd\sigma_X\sigma_Y\rho(X,Y)$

11.5.7　由于 $-t_{0.005,18}=-2.8784<T_{n-2}=-2.156<2.8784=t_{0.005,18}$，接受 H_0．

11.5.9　由于 $-t_{0.025,10}=-2.2281<T_{n-2}=-0.094<2.2281=t_{0.025,10}$，接受 H_0．

11.5.11　$r=-0.249$．检验统计量为 $\frac{\sqrt{8}(-0.249)}{\sqrt{1-(-0.249)^2}}=0.727$．由于检验统计量介于 $-t_{0.05,8}=-1.8595$ 和 $t_{0.05,8}=1.8595$ 之间，因此不拒绝 H_0．

第 12 章

12.2 节

12.2.1　观测的 $F=3.94$，df 为 3 和 6；$F_{0.95,3,6}=4.76$ 和 $F_{0.90,3,6}=3.29$，所以 $\alpha=0.10$ 时 H_0 将被拒绝，$\alpha=0.05$ 时接受 H_0．

12.2.3

差异来源	df	*SS*	*MS*	*F*
部门	2	186.0	93.0	3.44
误差	27	728.2	27.0	
总计	29	914.2		

$F_{0.99,2,27}$ 未出现在附录表 A.4 中，但 $F_{0.99,2,30}=5.39<F_{0.99,2,27}<F_{0.99,2,24}=5.61$．由于 $3.44<5.39$，我们不能拒绝 H_0．

12.2.5

差异来源	df	*SS*	*MS*	*F*	*P*
部落	3	504 167	168 056	3.70	0.062
误差	8	363 333	45 417		
总计	11	867 500			

由于 P 值大于 0.01，我们无法拒绝 H_0．

12.2.7

差异来源	df	*SS*	*MS*	*F*
处理	4	271.36	67.84	6.40
误差	10	106.00	10.60	
总计	14	377.36		

12.2.9

$$\mathrm{SSTOT}=\sum_{j=1}^{k}\sum_{i=1}^{n_j}(Y_{ij}-\overline{Y}_{..})^2$$
$$=\sum_{j=1}^{k}\sum_{i=1}^{n_j}(Y_{ij}^2-2Y_{ij}\overline{Y}_{..}+\overline{Y}_{..}^2)$$
$$=\sum_{j=1}^{k}\sum_{i=1}^{n_j}Y_{ij}^2-2\overline{Y}_{..}\sum_{j=1}^{k}\sum_{i=1}^{n_j}Y_{ij}+n\overline{Y}_{..}^2$$
$$=\sum_{j=1}^{k}\sum_{i=1}^{n_j}Y_{ij}^2-2n\overline{Y}_{..}^2+n\overline{Y}_{..}^2$$
$$=\sum_{j=1}^{k}\sum_{i=1}^{n_j}Y_{ij}^2-n\overline{Y}_{..}^2=\sum_{j=1}^{k}\sum_{i=1}^{n_j}Y_{ij}^2-C$$

其中 $C=T_{..}^2/n$．那么

$$\mathrm{SSTR}=\sum_{j=1}^{k}\sum_{i=1}^{n_j}(\overline{Y}_{.j}^2-\overline{Y}_{..})^2$$
$$=\sum_{j=1}^{k}n_j(\overline{Y}_{.j}^2-2\overline{Y}_{.j}\overline{Y}_{..}+\overline{Y}_{..}^2)$$
$$=\sum_{j=1}^{k}T_{.j}^2/n_j-2\overline{Y}_{..}\sum_{j=1}^{k}n_j\overline{Y}_{.j}+n\overline{Y}_{..}^2$$

$$= \sum_{j=1}^{k} T_{.j}^2/n_j - 2n\overline{Y}_{..}^2 + n\overline{Y}_{..}^2$$

$$= \sum_{j=1}^{k} T_{.j}^2/n_j - C$$

12.2.11 用双样本 t 检验分析，习题 9.2.8 中的数据要求在 $\alpha=0.05$ 的水平上拒绝 $H_0:\mu_X=\mu_Y$(支持双边 H_1)，如果 $|t|\geqslant t_{0.025,6+9-2}=2.1604$. 估计检验统计量得出 $t=(70.83-79.33)/11.31\sqrt{1/6+1/9}=-1.43$，这意味着不应拒绝 H_0. 相同数据的方差分析表显示 $F=2.04$. 但是$(-1.43)^2=2.04$. 此外，如果 $F\geqslant F_{0.95,1,13}=4.667$，方差分析之后，$H_0$ 将被拒绝. 但是$(2.160\,4)^2=4.667$.

差异来源	df	SS	MS	F
性别	1	260	260	2.04
误差	13	1 661	128	
总计	14	1 921		

12.2.13

差异来源	df	SS	MS	F	P
法律	1	16.333	16.333	1.58	0.215 0
误差	46	475.283	10.332		
总计	47	491.616			

F 临界值为 4.05.

对于合并的双样本 t 检验，观测到的 t 比率为-1.257，临界值为 2.012 9. 请注意$(-1.257)^2=1.58$(四舍五入到小数点后两位)，这是观测到的 F 比率. 此外，$(2.012\,9)^2=4.05$(四舍五入到小数点后两位)，这是 F 临界值.

12.3 节

12.3.1

成对差	图基区间	结论
$\mu_1-\mu_2$	$(-15.27,13.60)$	不显著
$\mu_1-\mu_3$	$(-23.77,5.10)$	不显著
$\mu_1-\mu_4$	$(-33.77,-4.90)$	拒绝
$\mu_2-\mu_3$	$(-22.94,5.94)$	不显著
$\mu_2-\mu_4$	$(-32.94,-4.06)$	拒绝
$\mu_3-\mu_4$	$(-24.44,4.44)$	不显著

12.3.3 观测的统计量 $F=5.81$，df 为 3 和 15；拒绝 $H_0:\mu_C=\mu_A=\mu_M$，在 $\alpha=0.05$ 但不是在$\alpha=0.01$下.

成对差	图基区间	结论
$\mu_C-\mu_A$	$(-78.9,217.5)$	不显著
$\mu_C-\mu_M$	$(-271.0,25.4)$	不显著
$\mu_A-\mu_M$	$(-340.4,-44.0)$	拒绝

12.3.5

成对差	图基区间	结论
$\mu_1-\mu_2$	$(-29.5,2.8)$	不显著
$\mu_1-\mu_3$	$(-56.2,-23.8)$	拒绝
$\mu_2-\mu_3$	$(-42.8,-10.5)$	拒绝

12.3.7 更长. 随着 k 变大，可能的成对比较的数量增加. 为了保持至少犯一个第一类错误的总体概率相同，需要扩大各个区间.

12.4 节

12.4.1

差异来源	df	SS	MS	F
管	2	510.7	255.4	11.56
误差	42	927.7	22.1	
总计	44	1 438.4		

分假设	对比	SS	F
$H_0:\mu_A=\mu_C$	$C_1=\mu_A-\mu_C$	264	11.95
$H_0:\mu_B=\dfrac{\mu_A+\mu_C}{2}$	$C_2=\dfrac{1}{2}\mu_A-\mu_B+\dfrac{1}{2}\mu_C$	246.7	11.16

$H_0:\mu_A=\mu_B=\mu_C$ 被强烈拒绝($F_{0.99,2,42}\leqslant F_{0.99,2,40}=5.18$). 定理 12.4.1 对正交对比 C_1 和 C_2 成立，因为 $SS_{C_1}+SS_{C_2}=264+246.7=510.7=\text{SSTR}$.

12.4.3 $\hat{C}=-14.25$；$SS_C=812.25$；观测的统计量 $F=10.19$；$F_{0.95,1,20}=4.35$；拒绝 H_0.

12.4.5

	μ_A	μ_B	μ_C	μ_D	$\sum_{j=1}^{4} c_j$
C_1	1	-1	0	0	0
C_2	0	0	1	-1	0
C_3	$\frac{11}{12}$	$\frac{11}{12}$	-1	$\frac{-5}{6}$	0

因为$\frac{1(11/12)}{6}+\frac{(-1)(11/12)}{6}=0$，$C_1$ 和 C_3 是正交的；由于 $\frac{1(-1)}{6}+\frac{(-1)(-5/6)}{5}=0$，$C_2$ 和 C_3 也是正交的，$\hat{C}_3=-2.293$，且 $SS_{C_3}=8.97$. 但是 $SS_{C_1}+SS_{C_2}+SS_{C_3}=4.68+1.12+8.97=14.77=\text{SSTR}$.

12.5 节

12.5.1 用其平方根替换每个观测值. 在 $\alpha=0.05$ 水平下，$H_0:\mu_A=\mu_B$ 被拒绝.（不过，对于 $\alpha=0.01$，我们将无法拒绝 H_0.）

差异来源	df	SS	MS	F	P
显影机	1	1.836	1.836	6.23	0.032
误差	10	2.947	0.295		
总计	11	4.783			

12.5.3 由于 Y_{ij} 是基于 $n=20$ 次试验的二项随机变量，因此每个数据点应替换为 $(y_{ij}/20)^{1/2}$ 的反正弦. 基于这些转换后的观测结果，$H_0:\mu_A=\mu_B=\mu_C$ 被强烈拒绝($P<0.001$).

差异来源	df	SS	MS	F	P
发射器	2	0.305 92	0.152 96	22.34	0.000
误差	9	0.061 63	0.006 85		
总计	11	0.367 55			

附录 12.A.2

12.A.2.1 F 检验对 H_1^{**} 具有更大的功效. 因为后者产生比 H_1^* 更大的非中心参数.

12.A.2.3 $M_V(t)=(1-2t)^{-r/2}e^{\gamma t(1-2t)^{-1}}$，因此，$M_V^{(1)}(t)=(1-2t)^{-r/2}$.
$e^{\gamma t(1-2t)^{-1}}[\gamma t(-1)(1-2t)^{-2}(-2)+(1-2t)^{-1}\gamma]+e^{\gamma t(1-2t)^{-1}}\left(-\frac{r}{2}\right)(1-2t)^{-(r/2)-1}(-2)$.
因此，$E(V)=M_V^{(1)}(0)=\gamma+r$.

12.A.2.5 $M_V(t)=\prod_{i=1}^{n}(1-2t)^{-r_i/2}e^{\gamma_i t/(1-2t)}=(1-2t)^{-\sum_{i=1}^{n}r_i/2}e^{(\sum_{i=1}^{n}\gamma_i)t/(1-2t)}$. 这意味着 V 具有非中心 χ^2 分布，其中自由度为 $\sum_{i=1}^{n}r_i$，且非中心参数为 $\sum_{i=1}^{n}\gamma_i$.

第 13 章

13.2 节

13.2.1

差异来源	df	SS	MS	F	P
状态	1	61.63	61.63	7.20	0.017 8
学生	14	400.80	28.63	3.34	0.015 5
误差	14	119.87	8.56		
总计	29	582.30			

临界值 $F_{0.95,1,14}$ 约为 4.6. 由于统计量 $F=7.20>4.6$，拒绝 H_0.

13.2.3

差异来源	df	SS	MS	F	P
添加剂	1	0.034 0	0.034 0	4.19	0.086 5
批次	6	0.020 2	0.003 4	0.41	0.848 3
误差	6	0.048 4	0.008 1		
总计	13	0.102 6			

由于统计量 $F=4.19<F_{0.95,1,6}=5.99$，接受 H_0.

13.2.5 从表 13.2.9 中，我们得到 MSE＝6.00. 图基区间的半径为 $D\sqrt{\text{MSE}}=(Q_{0.05,3,22}/\sqrt{b})\sqrt{6.00}=(3.56/\sqrt{12})\sqrt{6.00}=2.517$. 图基区间是：

成对差	$\bar{y}_{.s}-\bar{y}_{.t}$	图基区间	结论
$\mu_1-\mu_2$	-2.41	$(-4.93, 0.11)$	不显著
$\mu_1-\mu_3$	-0.54	$(-3.06, 1.98)$	不显著
$\mu_2-\mu_3$	1.87	$(-0.65, 4.39)$	不显著

从该分析和案例研究 13.2.3 的分析中，我们发现显著性差异不是出现在整体均值检验或成对比较中，而是出现在“满月期间”与“非满月期间”的比较中.

13.2.7

成对差	$\bar{y}_{.s}-\bar{y}_{.t}$	图基区间	结论
$\mu_1-\mu_2$	2.925	$(0.78, 5.07)$	拒绝
$\mu_1-\mu_3$	1.475	$(-0.67, 3.62)$	不显著
$\mu_2-\mu_3$	-1.450	$(-3.60, 0.70)$	不显著

13.2.9 (a)

差异来源	df	SS	MS	F	P
睡眠阶段	2	16.99	8.49	4.13	0.049 3
树鼩	5	195.44	39.09	19.00	0.000 1
误差	10	20.57	2.06		
总计	17	233.00			

(b) 由于观测到的 F 比率 $=2.42<F_{0.95,1,10}=4.96$，接受分假设. 对于对比 $C_1=-\frac{1}{2}\mu_1-\frac{1}{2}\mu_2+\mu_3$，$SS_{C_1}=4.99$，$C_2=\mu_1-\mu_2$，$SS_{C_2}=12.00$. 那么 $\text{SSTR}=16.99=4.99+12.00=SS_{C_1}+SS_{C_2}$.

13.2.11 公式(13.2.2)：

$$\begin{aligned}\text{SSTR}&=\sum_{i=1}^{b}\sum_{j=1}^{k}(\overline{Y}_{.j}-\overline{Y}_{..})^2=b\sum_{j=1}^{k}(\overline{Y}_{.j}-\overline{Y}_{..})^2\\&=b\sum_{j=1}^{k}(\overline{Y}_{.j}^2-2\overline{Y}_{.j}\overline{Y}_{..}+\overline{Y}_{..}^2)\\&=b\sum_{j=1}^{k}\overline{Y}_{.j}^2-2b\overline{Y}_{..}\sum_{j=1}^{k}\overline{Y}_{.j}+bk\overline{Y}_{..}^2\\&=b\sum_{j=1}^{k}\frac{T_{.j}^2}{b^2}-\frac{2T_{..}^2}{bk}+\frac{T_{..}^2}{bk}\\&=\sum_{j=1}^{k}\frac{T_{..j}^2}{b}-\frac{T_{..}^2}{bk}\\&=\sum_{j=1}^{k}\frac{T_{.j}^2}{b}=c\end{aligned}$$

公式(13.2.3)：

$$\begin{aligned}\text{SSB}&=\sum_{i=1}^{b}\sum_{j=1}^{k}(\overline{Y}_{i.}-\overline{Y}_{..})^2\\&=k\sum_{i=1}^{b}(\overline{Y}_{i.}-\overline{Y}_{..})^2\\&=k\sum_{i=1}^{b}(\overline{Y}_{i.}^2-2\overline{Y}_{i.}\overline{Y}_{..}+\overline{Y}_{..}^2)\\&=k\sum_{i=1}^{b}\overline{Y}_{i.}^2-2k\overline{Y}_{..}\sum_{i=1}^{b}\overline{Y}_{i.}+bk\overline{Y}_{..}^2\\&=k\sum_{i=1}^{b}\frac{T_{i.}^2}{k^2}-\frac{2T_{..}^2}{bk}+\frac{T_{..}^2}{bk}\\&=\sum_{i=1}^{b}\frac{T_{i.}^2}{k}-\frac{T_{..}^2}{bk}\\&=\sum_{i=1}^{b}\frac{T_{i.}^2}{k}-c\end{aligned}$$

公式(13.2.4)：

$$\begin{aligned}\text{SSTOT}&=\sum_{i=1}^{b}\sum_{j=1}^{k}(Y_{ij}-\overline{Y}_{..})^2\\&=\sum_{i=1}^{b}\sum_{j=1}^{k}(Y_{ij}^2-2Y_{ij}\overline{Y}_{..}+\overline{Y}_{..}^2)\\&=\sum_{i=1}^{b}\sum_{j=1}^{k}Y_{ij}^2-2\overline{Y}_{..}\sum_{i=1}^{b}\sum_{j=1}^{k}Y_{ij}+bk\overline{Y}_{..}^2\\&=\sum_{i=1}^{b}\sum_{j=1}^{k}Y_{ij}^2-\frac{2T_{..}^2}{bk}+\frac{T_{..}^2}{bk}\\&=\sum_{i=1}^{b}\sum_{j=1}^{k}Y_{ij}^2-c\end{aligned}$$

13.2.13 (a)错误. 只有当 $b=k$ 时它们才相等.

(b)错误. 如果处理水平和区组都不显著，则可能有 F 变量 $\frac{\text{SSTR}/(k-1)}{\text{SSE}/(b-1)(k-1)}$ 和 $\frac{\text{SSB}/(b-1)}{\text{SSE}/(b-1)(k-1)}$ 都小于 1. 在这种情况下，SSTR 和 SSB 都小于 SSE.

13.3 节

13.3.1 由于 $1.51<1.734\ 1=t_{0.05,18}$，不拒绝 H_0.

13.3.3 $\alpha=0.05$：由于 $-t_{0.025,11}=-2.201\ 0<0.74<2.201\ 0=t_{0.025,11}$，接受 H_0. $\alpha=0.01$：由于 $-t_{0.005,11}=-3.105\ 8<0.74<3.105\ 8=t_{0.005,11}$，无法拒绝 H_0.

13.3.5 由于 $-t_{0.025,6}=-2.446\ 9<-2.048\ 1<2.446\ 9=t_{0.025,6}$，接受 H_0. 观测到的学生 t 统计量的平方 $=(-2.048\ 1)^2=4.194\ 7=$ 观测到的 F 统计量. 此外，$(t_{0.025,6})^2=(2.446\ 9)^2=5.987=F_{0.95,1,6}$. 结论：成对数据的 t 统计量的平方是两个处理的随机区组设计统计量.

13.3.7 $(-0.21, 0.43)$

13.3.9 $t=-4.01/(10.15/\sqrt{7})=-1.04$；$-t_{0.05,6}=-1.94$；不能拒绝 H_0.

第 14 章

14.2 节

14.2.1 此题中，$n=10$ 组中的 $x=8$ 大于假设的中位数 9. P 值为 $P(X\geqslant 8)+P(X\leqslant 2)=0.000\ 977+0.009\ 766+0.043\ 945+0.043\ 945+0.009\ 766+0.000\ 977=$

2(0.054 688)=0.109 376.

14.2.3 $f_Y(y)$的中位数为 0.693. 有 $x=22$ 个值超过了 0.693 的假设中位数. 检验统计量是 $z=\frac{22-50/2}{\sqrt{50/4}}=-0.85$. 由于 $-z_{0.025}=-1.96<-0.85<z_{0.025}=1.96$，所以不拒绝 H_0.

14.2.5

y_+	$P(Y_+=y_+)$
0	1/128
1	7/128
2	21/128
3	35/128
4	35/128
5	21/128
6	7/128
7	1/128

单边检验的可能水平：1/128，8/128，29/128 等.

14.2.7 $P(Y_+\leqslant 6)=0.083\ 5$；$P(Y_+\leqslant 7)=0.179\ 6$. 与 $\alpha=0.10$ 最接近的检验是，如果$y_+\leqslant 6$，则拒绝 H_0. 由于 $y_+=9$，因此不拒绝 H_0. 由于观测到的统计量 $t=-1.71<-1.330=-t_{0.10,18}$，拒绝 H_0.

14.2.9 大样本观测到的近似 Z 比率为 1.89. 不拒绝 H_0，因为 $-z_{0.025}=-1.96<1.89<1.96=z_{0.025}$.

14.2.11 从表 13.3.1 中，$x_i>y_i$的对数是 7. 此检验的 P 值为 $P(U\geqslant 7)+P(U\leqslant 3)=2(0.171\ 86)=0.343\ 752$. 由于 P 值超过$\alpha=0.05$，不拒绝零假设，这是案例研究 13.3.1 的结论.

14.3 节

14.3.1 对于 7 和 29 的临界值，$\alpha=0.148$. 由于 $w=9$，不拒绝 H_0.

14.3.3 观测到的 Z 统计量值为 0.99. 由于 $-z_{0.025}=-1.96<0.99<1.96=z_{0.025}$，所以不拒绝 H_0.

14.3.5 由于 $w'=\frac{58.0-95}{\sqrt{617.5}}=-1.49<-1.28=-z_{0.10}$，拒绝 H_0. 符号检验不拒绝 H_0.

14.3.7 符号秩检验应该具有更大的功效，因为它使用了更多的数据信息.

14.3.9 一个合理的假设是酗酒会缩短寿命. 在这种情况下，如果检验统计量小于 $-z_{0.05}=-1.64$，则拒绝 H_0. 由于检验统计量的值为-1.66，因此拒绝 H_0.

14.4 节

14.4.1 假设组内的数据是独立的，并且组分布具有相同的形状. 假设零假设是教师的期望并不重要. 克鲁斯卡尔-沃利斯统计量的值 $b=5.64$. 由于 $5.64<5.991=\chi_{0.95,2}$，所以不拒绝 H_0.

14.4.3 由于$b=1.68<3.841=\chi^2_{0.95,1}$，不拒绝 H_0.

14.4.5 由于$b=10.72>7.815=\chi^2_{0.95,3}$，拒绝 H_0.

14.4.7 由于$b=12.48>5.991=\chi^2_{0.95,2}$，拒绝 H_0.

14.5 节

14.5.1 由于 $g=8.8<9.488=\chi^2_{0.95,4}$，所以不拒绝 H_0.

14.5.3 由于 $g=17.0>5.991=\chi^2_{0.95,2}$，拒绝 H_0.

14.5.5 由于 $g=8.4<9.210=\chi_{0.99,2}$，所以不拒绝 H_0. 另一方面，使用方差分析，将在此水平上拒绝零假设.

14.6 节

14.6.1 (a)对于这些数据，$w=23$ 和 $z=-0.53$. 由于$-z_{0.025}=-1.96<-0.53<1.96=z_{0.025}$，不拒绝 H_0，假设序列是随机的.
(b)对于这些数据，$w=21$ 和 $z=-1.33$. 由于$-z_{0.025}=-1.96<-1.33<1.96=z_{0.025}$，不拒绝 H_0，假设序列是随机的.

14.6.3 对于这些数据，$w=19$ 和 $z=1.68$. 由于 $-z_{0.025}=-1.96<1.68<1.96=z_{0.025}$，不拒绝 H_0，假设序列是随机的.

14.6.5 对于这些数据，$w=25$ 和 $z=-0.51$. 由于$-z_{0.025}=-1.96<-0.51<1.96=z_{0.025}$，在 0.05 的显著性水平上不拒绝 H_0，假设序列是随机的.

第 15 章

15.2 节

15.2.1 (a)$\mu=7,\alpha_1=-2,\alpha_2=2,\beta_1=0,\beta_2=0,(\alpha\beta)_{11}=1,(\alpha\beta)_{12}=-1,(\alpha\beta)_{21}=-1,(\alpha\beta)_{22}=1$

(b)否

15.2.3 $\mu=8, \alpha_1=-5, \alpha_2=1, \alpha_3=4, \beta_1=-\frac{2}{3}$, $\beta_2=\frac{2}{3}$,

$(\alpha\beta)_{11}=\frac{5}{3}$, $(\alpha\beta)_{12}=-\frac{5}{3}$, $(\alpha\beta)_{21}=-\frac{1}{3}$, $(\alpha\beta)_{22}=\frac{1}{3}$, $(\alpha\beta)_{31}=-\frac{4}{3}$, $(\alpha\beta)_{32}=\frac{4}{3}$

对于 A 和 B 的任何值，A 和 B 都不是可加的 .

15.2.5 因为 $\sum_{i=1}^{r}\alpha_i=0=\sum_{i=1}^{r}(\alpha\beta)_{ij}$，$\frac{\partial L}{\partial \beta_j}=2\sum_{i=1}^{r}\sum_{k=1}^{n}[Y_{ijk}-(\mu+\beta_j)](-1)$，设 $\partial L/\partial \beta_j=0$，表明 $\sum_{i=1}^{r}\sum_{k=1}^{n}Y_{ijk}=T_{.j.}=m\mu+m\beta_j$，因此 $\hat{\beta}_j=\overline{Y}_{.j.}-\overline{Y}_{...}$.

15.2.7 (a)$A=5, B=2$ (b) $2\sum_{k=1}^{2}Y_{221k}$ 更大

15.2.9 是的，公式(15.2.3)假设基本的单元内误差方差都相等 . 然而，对于这些数据，单元内误差方差的样本差异很大.

15.3 节

15.3.3 (a)

差异来源	df	SS	MS
A	2	4.75	2.38
B	3	30.46	10.15
A×B	6	9.92	1.65
误差	12	12.50	1.04
总计	23	57.63	

(b)$\hat{\alpha}_1=-0.25, \hat{\alpha}_2=0.625, \hat{\alpha}_3=-0.375$,
$\hat{\beta}_1=1.875, \hat{\beta}_2=-0.792, \hat{\beta}_3=-0.958$, $\hat{\beta}_4=-0.125$

$(\widehat{\alpha\beta})_{ij}$	B_1	B_2	B_3	B_4
A_1	−1.25	0.42	0.58	0.25
A_2	0.38	−0.46	−0.30	0.38
A_3	0.88	0.05	−0.30	−0.63

(c)否

15.3.5 是的，因为主效应和交互作用都是独立的，所以知道一个的数值并不意味着另一个的数值 .

15.3.7

差异来源	df	SS	MS
A	5	60	12
B	4	44	11
A×B	20	18	0.9
误差	60	42	
总计	89	164	

15.4 节

15.4.1 对于模型 $Y_{ij}=\mu+\alpha_j+\varepsilon_{i(j)}$，其中 A 是固定效应，EMS 矩阵采用以下形式

	k	n	
	F	R	
	j	i	EMS
α_j	0	n	$\sigma_\varepsilon^2+n\sigma_\alpha^{*2}$
$\varepsilon_{j(i)}$	0	1	σ_ε^2

因此，“误差”项是 A 效应的 F 检验的适当分母 .

15.4.3 以下是使用第 12 章计算公式构建的数据方差分析表 . EMS 列源自本节给出的规则 .

差异来源	df	SS	MS	EMS
区(A_i)	4	64.45	16.11	$\sigma_\varepsilon^2+4\sigma_A^2$
误差	15	15.66	1.04	σ_ε^2
总计	19	80.11		

设均方等于期望值，则会得到 $\hat{\sigma}_\varepsilon^2=1.04$，$\hat{\sigma}_A^2=3.77$.

15.4.5 (a)

	r	c	μ	n	
	F	F	F	R	
	i	j	k	l	
α_i	0	c	μ	n	σ_α^{*2}
β_j	r	0	μ	n	σ_β^{*2}
$(\alpha\beta)_{ij}$	0	0	μ	n	$\sigma_{\alpha\beta}^{*2}$
r_k	r	c	0	n	σ_r^{*2}
$(\alpha r)_{ik}$	0	c	0	n	$\sigma_{\alpha r}^{*2}$
$(\beta r)_{jk}$	r	0	0	n	$\sigma_{\beta r}^{*2}$
$(\alpha\beta r)_{ijk}$	0	0	0	n	$\sigma_{\alpha\beta r}^{*2}$
$\varepsilon_{l(ijk)}$	1	1	1	1	σ_ε^2

EMS(A)$=\sigma_\varepsilon^2+c\mu n\sigma_\alpha^{*2}$

EMS(B)$=\sigma_\varepsilon^2+r\mu n\sigma_\beta^{*2}$

EMS(A×B)$=\sigma_\varepsilon^2+\mu n\sigma_{\alpha\beta}^{*2}$

EMS(C)$=\sigma_\varepsilon^2+rc\mu\sigma_\gamma^{*2}$

EMS(A×C)$=\sigma_\varepsilon^2+cn\sigma_{\alpha\gamma}^{*2}$

EMS(B×C)$=\sigma_\varepsilon^2+rn\sigma_{\beta\gamma}^{*2}$

EMS(A×B×C)$=\sigma_\varepsilon^2+n\sigma_{\alpha\beta\gamma}^{*2}$

EMS(误差)$=\sigma_\varepsilon^2$

(b)检验交互作用的每个主效应的适当分母是 EMS(误差).

15.6 节

15.6.1 $L=\sum_{i=1}^{r}\sum_{j=1}^{c}\sum_{k=1}^{u}\sum_{l=1}^{n}[Y_{ijkl}-(\mu+\alpha_i+\beta_j+\gamma_k+(\alpha\beta)_{ij}+(\alpha\gamma)_{ik}+(\beta\gamma)_{jk}+(\alpha\beta\gamma)_{ijk}]^2$,

$\frac{\partial L}{\partial \mu}=2\sum_{i=1}^{r}\sum_{j=1}^{c}\sum_{k=1}^{u}\sum_{l=1}^{n}[Y_{ijkl}-(\mu+\alpha_i+\beta_j+\gamma_k+(\alpha\beta)_{ij}+(\alpha\gamma)_{ik}+(\beta\gamma)_{jk}+(\alpha\beta\gamma)_{ijk}](-1)$.

设 $\partial L/\partial\mu=0$,则 $\sum_{i=1}^{r}\sum_{j=1}^{c}\sum_{k=1}^{u}\sum_{l=1}^{n}Y_{ijkl}-rcun\mu=0$.

因此 $\hat{\mu}=\frac{1}{rcun}\sum_{i=1}^{r}\sum_{j=1}^{c}\sum_{k=1}^{u}\sum_{l=1}^{n}Y_{ijkl}=\overline{Y}_{....}$.

其他参数的估计值也以类似方式导出.

15.6.3 (a)否,除非所有三种反应模式都是平行的.

(b) $\widehat{(\alpha\beta\gamma)}_{111}=\overline{Y}_{111.}-\overline{Y}_{....}+\overline{Y}_{1...}+\overline{Y}_{.1..}+\overline{Y}_{..1.}-\overline{Y}_{11..}-\overline{Y}_{1.1.}-\overline{Y}_{.11.}$

$=6-\frac{66}{12}+\frac{30}{6}+\frac{39}{6}+\frac{12}{4}-\frac{15}{3}-\frac{8}{2}-\frac{10}{2}$

$=0$

$\widehat{(\alpha\beta\gamma)}_{112}=\overline{Y}_{112.}-\overline{Y}_{....}+\overline{Y}_{1...}+\overline{Y}_{.1..}+\overline{Y}_{..2.}-\overline{Y}_{11..}-\overline{Y}_{1.2.}-\overline{Y}_{.12.}$

$=3-\frac{66}{12}+\frac{30}{6}+\frac{33}{6}+\frac{26}{4}-\frac{15}{3}-\frac{10}{2}-\frac{9}{2}$

$=0$

如果 $\widehat{(\alpha\beta\gamma)}_{111}=0$ 和 $\widehat{(\alpha\beta\gamma)}_{112}=0$,那么 $\widehat{(\alpha\beta\gamma)}_{113}=0$.

但如果这三个值为 0,则由于求和约束,剩余的交互作用也必须为 0. 是的,这些数据确实说明了本节的注释.

15.6.5 (a) SSA=8.334;SSB=16.334;SSC=45.5;SSD=8.334;SSAB=0;SSAC=3.166;SSBC=6.166

(b) SSE=78;24

(c) SSABCD$=\sum_{i=1}^{2}\sum_{j=1}^{2}\sum_{k=1}^{3}\sum_{l=1}^{2}\frac{T_{ijkl.}^2}{2}-C-$SSA−SSB−SSC−SSD−SSAB−SSAC−SSAD−SSBC−SSBD−SSCD−SSABC−SSABD−SSACD−SSBCD

15.7 节

15.7.1 $\hat{C}_A=\frac{3}{2}$;$\hat{C}_B=\frac{5}{2}$;$\hat{C}_C=\frac{5}{2}$;$\hat{C}_{AB}=3$;$\hat{C}_{AC}=1$;$\hat{C}_{BC}=-3$;$\hat{C}_{ABC}=\frac{1}{2}$

在 AB、AC 或 BC 的对比均不为 0 的情况下,这些因子均不被视为可加性因子. 然而,如果对这些数据进行方差分析,误差项将通过合并 AC 和 ABC 交互作用形成,这实际上是将这两种交互作用视为 0.

15.7.3

	观测到	B	D	BD
(1)	11	−	−	+
a	5	−	−	+
b	9	+	−	−
ab	19	+	−	−
c	4	−	−	+
ac	2	−	−	+
bc	0	+	−	−
abc	6	+	−	−
d	3	−	+	−
ad	16	−	+	−
bd	14	+	+	+
abd	20	+	+	+
cd	8	−	+	−
acd	7	−	+	−
bcd	1	+	+	+
abcd	12	+	+	+

$\hat{C}_{BD}=(1/8)(11+5-9-19+4+2-0-6-3-16+14+20-8-7+1+12)=(1/8)\cdot 1=1/8$,所以因子 B 和 D 不是可加的.

15.7.5

效应	df	SS
A	1	4.5
B	1	12.5
AB	1	18
C	1	12.5
AC	1	2
BC	1	18
ABC	1	0.5
总计	7	68

通过合并 AC 和 ABC 交互作用，可以形成合理的误差项．它将具有自由度 2，且均方等于(2+0.5)/2=1.25.

15.8 节

15.8.1 原则 1/2-重复具有与 ABC 相同的零个或偶数个字母．

处理组合	A (BC)	B (AC)	AB (C)	D (ABCD)	AD (BCD)	BD (ACD)	ABD (CD)
(1)	−+	−+	+−	−+	+−	+−	−+
ab	+−	+−	+−	−+	−+	−+	−+
ac	+−	−+	−+	−+	−+	+−	+−
bc	−+	+−	−+	−+	+−	−+	+−
d	−+	−+	+−	+−	−+	−+	+−
abd	+−	+−	+−	+−	+−	+−	+−
acd	+−	−+	−+	+−	+−	−+	−+
bcd	−+	+−	−+	+−	−+	+−	−+

15.8.3 不代表主效应或交互作用的处理的线性组合永远不应被用作定义性对比．这样做会消除效应矩阵中列之间存在的正交性，并会使这些效应的估计产生偏差．

15.8.5 (a)(1)，*bc*，*abd*，*acd*

(b)(1)，*ac*，*abd*，*bcd*

参考文献

1. Advanced Placement Program, Summary Reports. New York: The College Board, 1996.

2. Agresti, Alan, and Winner, Larry. "Evaluating Agreement and Disagreement among Movie Reviewers." *Chance*, 10, no. 2 (1997), pp. 10–14.

3. Asimov, I. *Asimov on Astronomy.* New York: Bonanza Books, 1979, p. 31.

4. Ayala, F. J. "The Mechanisms of Evolution." *Evolution, A Scientific American Book.* San Francisco: W. H. Freeman, 1978, pp. 14–27.

5. Ball, J. A. C., and Taylor, A. R. "The Effect of Cyclandelate on Mental Function and Cerebral Blood Flow in Elderly Patients," in *Research on the Cerebral Circulation.* Edited by John Stirling Meyer, Helmut Lechner, and Otto Eichhorn. Springfield, Ill.: Thomas, 1969.

6. Barnicot, N. A., and Brothwell, D. R. "The Evaluation of Metrical Data in the Comparison of Ancient and Modern Bones," in *Medical Biology and Etruscan Origins.* Edited by G. E. W. Wolstenholme and Cecilia M. O'Connor. Boston: Little, Brown and Company, 1959, pp. 131–149.

7. Barnothy, Jeno M. "Development of Young Mice," in *Biological Effects of Magnetic Fields.* Edited by Madeline F. Barnothy. New York: Plenum Press, 1964, pp. 93–99.

8. Baron, Robert A., Markman, Gideon D., and Bollinger, Mandy. "Exporting Social Psychology: Effects of Attractiveness on Perceptions of Entrepreneurs, Their Ideas for New Products, and Their Financial Success." *Journal of Applied Social Psychology*, 36 (2006), pp. 467–492.

9. Bartle, Robert G. *The Elements of Real Analysis*, 2nd ed. New York: John Wiley & Sons, 1976.

10. Bellany, Ian. "Strategic Arms Competition and the Logistic Curve." *Survival*, 16 (1974), pp. 228–230.

11. Berger, R. J., and Walker, J. M. "A Polygraphic Study of Sleep in the Tree Shrew." *Brain, Behavior and Evolution*, 5 (1972), pp. 54–69.

12. Black, Stephanie D., Greenberg, Seth N., and Goodman, Gail S. "Remembrance of Eyewitness Testimony: Effects of Emotional Content, Self-Relevance, and Emotional Tone." *Journal of Applied Social Psychology*, 39 (2009), pp. 2859–2878.

13. Blackman, Sheldon, and Catalina, Don. "The Moon and the Emergency Room." *Perceptual and Motor Skills*, 37 (1973), pp. 624–626.

14. Bortkiewicz, L. *Das Gesetz der Kleinen Zahlen*. Leipzig: Teubner, 1898.

15. Boyd, Edith. "The Specific Gravity of the Human Body." *Human Biology*, 5 (1933), pp. 651–652.

16. Breed, M. D., and Byers, J. A. "The Effect of Population Density on Spacing Patterns and Behavioral Interactions in the Cockroach, *Byrsotria fumigata* (Guerin)." *Behavioral and Neural Biology*, 27 (1979), pp. 523–531.

17. Brien, A. J., and Simon, T. L. "The Effects of Red Blood Cell Infusion on 10-km Race Time." *Journal of the American Medical Association*, May 22 (1987), pp. 2761–2765.

18. Brinegar, Claude S. "Mark Twain and the Quintus Curtius Snodgrass Letters: A Statistical Test of Authorship." *Journal of the American Statistical Association*, 58 (1963), pp. 85–96.

19. Brown, L. E., and Littlejohn, M. J. "Male Release Call in the *Bufo americanus* Group," in *Evolution in the Genus Bufo*. Edited by W. F. Blair. Austin, Tx.: University of Texas Press, 1972, p. 316.

20. Brown, Will K., Jr., Hickman, John S., and Baker, Merl. "Chemical Dehumidification for Comfort Air-Conditioning Systems," in *Humidity and Moisture: Measurement and Control in Science and Industry*, vol. 2. Edited by Arnold Wexler and Elias J. Amdur. New York: Reinhold Publishing, 1965, pp. 376–383.

21. Buchanav, T. M., Brooks, G. F., and Brachman, P. S. "The Tularemia Skin Test." *Annals of Internal Medicine*, 74 (1971), pp. 336–343.

22. Camner, P., and Philipson, K. "Urban Factor and Tracheobronchial Clearance." *Archives of Environmental Health*, 27 (1973), p. 82.

23. Carlson, T. "Uber Geschwindigkeit und Grosse der Hefevermehrung in Wurze." *Biochemishe Zeitschrift*, 57 (1913), pp. 313–334.

24. Casler, Lawrence. "The Effects of Hypnosis on GESP." *Journal of Parapsychology*, 28 (1964), pp. 126–134.

25. *Chronicle of Higher Education*. April 25, 1990.

26. Clason, Clyde B. *Exploring the Distant Stars*. New York: G. P. Putnam's Sons, 1958, p. 337.

27. Cochran, W. G. "Approximate Significance Levels of the Behrens–Fisher Test." *Biometrics*, 20 (1964), pp. 191–195.

28. Cochran, W. G., and Cox, Gertrude M. *Experimental Designs*, 2nd ed. New York: John Wiley & Sons, 1957, p. 108.

29. Cohen, B. "Getting Serious About Skills." *Virginia Review*, 71 (1992).

30. Collins, Robert L. "On the Inheritance of Handedness." *Journal of Heredity*, 59, no. 1 (1968).

31. Conover, W. J. *Practical Nonparametric Statistics*. New York: John Wiley & Sons, Inc., 1999.

32. Cooil, B. "Using Medical Malpractice Data to Predict the Frequency of Claims: A Study of Poisson Process Models with Random Effects." *Journal of the American Statistical Association*, 86 (1991), pp. 285–295.

33. Coulson, J. C. "The Significance of the Pair-bond in the Kittiwake," in *Parental Behavior in Birds*. Edited by Rae Silver. Stroudsburg, Pa.: Dowden, Hutchinson, & Ross, 1977, pp. 104–113.

34. Craf, John R. *Economic Development of the U.S.* New York: McGraw-Hill, 1952, pp. 368–371.

35. Cummins, Harold, and Midlo, Charles. *Finger Prints, Palms, and Soles*. Philadelphia: Blakiston Company, 1943.

36. *Dallas Morning News*. January 29, 1995.

37. David, F. N. *Games, Gods, and Gambling*. New York: Hafner, 1962, p. 16.

38. Davis, D. J. "An Analysis of Some Failure Data." *Journal of the American Statistical Association*, 47 (1952), pp. 113–150.

39. Davis, M. "Premature Mortality among Prominent American Authors Noted for Alcohol Abuse." *Drug and Alcohol Dependence*, 18 (1986), pp. 133–138.

40. Davis, Roger R., Medin, Douglas L., and Borkhuis, Mary L. *Monkeys as Perceivers*. New York: Academic Press, 1974, p. 161.

41. Dubois, Cora, ed. *Lowie's Selected Papers in Anthropology*. Berkeley, Calif.: University of California Press, 1960, pp. 137–142.

42. Dunn, Olive Jean, and Clark, Virginia A. *Applied Statistics: Analysis of Variance and Regression*. New York: John Wiley & Sons, 1974, pp. 339–340.

43. Elsner, James B., and Kara, Birod. *Hurricanes of the North Atlantic: Climate and Society*. New York: Oxford University Press, 1999, p. 265.

44. Evans, B. Personal communication.

45. Fadelay, Robert Cunningham. "Oregon Malignancy Pattern Physiographically Related to Hanford, Washington Radioisotope Storage." *Journal of Environmental Health*, 27 (1965), pp. 883–897.

46. Fagen, Robert M. "Exercise, Play, and Physical Training in Animals," in *Perspectives in Ethology*. Edited by P. P. G. Bateson and Peter H. Klopfer. New York: Plenum Press, 1976, pp. 189–219.

47. Fairley, William B. "Evaluating the 'Small' Probability of a Catastrophic Accident from the Marine Transportation of Liquefied Natural Gas," in *Statistics and Public Policy*. Edited by William B. Fairley and Frederick Mosteller. Reading, Mass.: Addison-Wesley, 1977, pp. 331–353.

48. Feller, W. "Statistical Aspects of ESP." *Journal of Parapsychology*, 4 (1940), pp. 271–298.

49. Finkbeiner, Daniel T. *Introduction to Matrices and Linear Transformations*. San Francisco: W. H. Freeman, 1960.

50. Fishbein, Morris. *Birth Defects*. Philadelphia: Lippincott, 1962, p. 177.

51. Fisher, R. A. "On the 'Probable Error' of a Coefficient of Correlation Deduced from a Small Sample." *Metron*, 1 (1921), pp. 3–32.

52. ______. "On the Mathematical Foundations of Theoretical Statistics." *Philosophical Transactions of the Royal Society of London, Series A*, 222 (1922), pp. 309–368.

53. ______. *Contributions to Mathematical Statistics*. New York: John Wiley & Sons, 1950, pp. 265–272.

54. Fisz, Marek. *Probability Theory and Mathematical Statistics*, 3rd ed. New York: John Wiley & Sons, 1963, pp. 358–361.

55. Florida Department of Commerce. February 20, 1996.

56. *Forbes Magazine*. October 10, 1994.

57. ______. November 2, 2009.

58. Free, J. B. "The Stimuli Releasing the Stinging Response of Honeybees." *Animal Behavior*, 9 (1961), pp. 193–196.

59. Freund, John E. *Mathematical Statistics*, 2nd ed. Englewood Cliffs, N.J.: Prentice Hall, 1971, p. 226.

60. Fricker, Ronald D., Jr. "The Mysterious Case of the Blue M&M's." *Chance*, 9, no. 4 (1996), pp. 19–22.

61. Fry, Thornton C. *Probability and Its Engineering Uses*, 2nd ed. New York: Van Nostrand-Reinhold, 1965, pp. 206–209.

62. Furuhata, Tanemoto, and Yamamoto, Katsuichi. *Forensic Odontology*. Springfield, Ill.: Thomas, 1967, p. 84.

63. Galton, Francis. *Natural Inheritance*. London: Macmillan, 1908.

64. Gardner, C. D. et al. "Comparison of the Atkins, Zone, Ornish, and LEARN Diets for Change in Weight and Related Risk Factors Among Overweight Premenopausal Women." *Journal of the American Medical Association*, 297 (2007), pp. 969–977.

65. Gendreau, Paul, et al. "Changes in EEG Alpha Frequency and Evoked Response Latency During Solitary Confinement." *Journal of Abnormal Psychology*, 79 (1972), pp. 54–59.

66. Geotis, S. "Thunderstorm Water Contents and Rain Fluxes Deduced from Radar." *Journal of Applied Meteorology*, 10 (1971), p. 1234.

67. Gerber, Robert C., et al. "Kinetics of Aurothiomalate in Serum and Synovial Fluid." *Arthritis and Rheumatism*, 15 (1972), pp. 625–629.

68. Goldman, Malcomb. *Introduction to Probability and Statistics*. New York: Harcourt, Brace & World, 1970, pp. 399–403.

69. Goodman, Leo A. "Serial Number Analysis." *Journal of the American Statistical Association*, 47 (1952), pp. 622–634.

70. Griffin, Donald R., Webster, Frederick A., and Michael, Charles R. "The Echolocation of Flying Insects by Bats." *Animal Behavior*, 8 (1960), p. 148.

71. Grover, Charles A. "Population Differences in the Swell Shark *Cephaloscyllium ventriosum*." *California Fish and Game*, 58 (1972), pp. 191–197.

72. Gunter, Barrie, Furnham, Adrian, and Pappa, Eleni. "Effects of Television Violence on Memory for Violent and Nonviolent Advertising." *Journal of Applied Social Psychology*, 35 (2005), pp. 1680–1697.

73. Gutenberg, B., and Richter, C. F. *Seismicity of the Earth and Associated Phenomena*. Princeton, N.J.: Princeton University Press, 1949.

74. Haggard, William H., Bilton, Thaddeus H., and Crutcher, Harold L. "Maximum Rainfall from Tropical Cyclone Systems which Cross the Appalachians." *Journal of Applied Meteorology*, 12 (1973), pp. 50–61.

75. Haight, F. A. "Group Size Distributions with Applications to Vehicle Occupancy," in *Random Counts in Physical Science, Geological Science, and Business*, vol. 3. Edited by G. P. Patil. University Park, Pa.: Pennsylvania State University Press, 1970.

76. Hankins, F. H. "Adolph Quetelet as Statistician," in *Studies in History, Economics, and Public Law*, xxxi, no. 4, New York: Longman, Green, 1908, p. 497.

77. Hansel, C. E. M. *ESP: A Scientific Evaluation*. New York: Scribner's, 1966, pp. 86–89.

78. Hare, Edward, Price, John, and Slater, Eliot. "Mental Disorders and Season of Birth: A National Sample Compared with the General Population." *British Journal of Psychiatry*, 124 (1974), pp. 81–86.

79. Hassard, Thomas H. *Understanding Biostatistics*. St. Louis, Mo.: Mosby Year Book, 1991.

80. Hasselblad, V. "Estimation of Finite Mixtures of Distributions from the Exponential Family." *Journal of the American Statistical Association*, 64 (1969), pp. 1459–1471.

81. Heath, Clark W., and Hasterlik, Robert J. "Leukemia among Children in a Suburban Community." *The American Journal of Medicine*, 34 (1963), pp. 796–812.

82. Hendy, M. F., and Charles, J. A. "The Production Techniques, Silver Content and Circulation History of the Twelfth-Century Byzantine Trachy." *Archaeometry*, 12 (1970), pp. 13–21.

83. Hersen, Michel. "Personality Characteristics of Nightmare Sufferers." *Journal of Nervous and Mental Diseases*, 153 (1971), pp. 29–31.

84. Herstein, I. N., and Kaplansky, I. *Matters Mathematical*. New York: Harper and Row, 1974, pp. 121–128.

85. Hill, T. P. "The First Digit Phenomenon." *American Scientist*, 86 (1998), pp. 358–363.

86. Hilton, Geoff M., Cresswell, Will, and Ruxton, Graeme D. "Intraflock Variation in the Spread of Escape-Flight Response on Attack by an Avian Predator." *Behavioral Ecology*, 10 (1999), pp. 391–395.

87. Hogben, D., Pinkham, R. S., and Wilk, M. B. "The Moments of the Non-central *t*-distribution." *Biometrika*, 48 (1961), pp. 465–468.

88. Hogg, Robert V., McKean, Joseph W., and Craig, Allen T. *Introduction to Mathematical Statistics*, 6th ed. Upper Saddle River, N.J.: Pearson Prentice Hall, 2005.

89. Hollander, Myles, and Wolfe, Douglas A. *Nonparametric Statistical Methods.* New York: John Wiley & Sons, 1973, pp. 272–282.

90. Horvath, Frank S., and Reid, John E. "The Reliability of Polygraph Examiner Diagnosis of Truth and Deception." *Journal of Criminal Law, Criminology, and Police Science*, 62 (1971), pp. 276–281.

91. Howell, John M. "A Strange Game." *Mathematics Magazine*, 47 (1974), pp. 292–294.

92. Hudgens, Gerald A., Denenberg, Victor H., and Zarrow, M. X. "Mice Reared with Rats: Effects of Preweaning and Postweaning Social Interactions upon Behaviour." *Behaviour*, 30 (1968), pp. 259–274.

93. Hulbert, Roger H., and Krumbiegel, Edward R. "Synthetic Flavors Improve Acceptance of Anticoagulant-Type Rodenticides." *Journal of Environmental Health*, 34 (1972), pp. 402–411.

94. Huxtable, J., Aitken, M. J., and Weber, J. C. "Thermoluminescent Dating of Baked Clay Balls of the Poverty Point Culture." *Archaeometry*, 14 (1972), pp. 269–275.

95. Hyneck, Joseph Allen. *The UFO Experience: A Scientific Inquiry*. Chicago: Rognery, 1972.

96. Ibrahim, Michel A., et al. "Coronary Heart Disease: Screening by Familial Aggregation." *Archives of Environmental Health*, 16 (1968), pp. 235–240.

97. Jones, Jack Colvard, and Pilitt, Dana Richard. "Blood-feeding Behavior of Adult *Aedes Aegypti* Mosquitoes." *Biological Bulletin*, 31 (1973), pp. 127–139.

98. Karlsen, Carol F. *The Devil in the Shape of a Woman*. New York: W. W. Norton & Company, 1998, p. 51.

99. Kendall, Maurice G. "The Beginnings of a Probability Calculus," in *Studies in the History of Statistics and Probability*. Edited by E. S. Pearson and Maurice G. Kendall. Darien, Conn.: Hafner, 1970, pp. 8–11.

100. Kendall, Maurice G., and Stuart, Alan. *The Advanced Theory of Statistics*, vol. 1. New York: Hafner, 1961.

101. ______. *The Advanced Theory of Statistics*, vol. 2. New York: Hafner, 1961.

102. Kruk-DeBruin, M., Rost, Luc C. M., and Draisma, Fons G. A. M. "Estimates of the Number of Foraging Ants with the Lincoln-Index Method in Relation to the Colony Size of *Formica Polyctena*." *Journal of Animal Ecology*, 46 (1977), pp. 463–465.

103. Larsen, Richard J., and Marx, Morris L. *An Introduction to Probability and Its Applications*. Englewood Cliffs, N.J.: Prentice Hall, 1985.

104. ______. *An Introduction to Mathematical Statistics and Its Applications*, 2nd ed. Englewood Cliffs, N.J.: Prentice-Hall, 1986, pp. 452–453.

105. ______. *An Introduction to Mathematical Statistics and Its Applications*, 3rd ed. Upper Saddle River, N.J.: Prentice Hall, 2001, pp. 181–182.

106. Lathem, Edward Connery, ed. *The Poetry of Robert Frost*. New York: Holt, Rinehart and Winston, 1970.

107. Lemmon, W. B., and Patterson, G. H. "Depth Perception in Sheep: Effects of Interrupting the Mother-Neonate Bond," in *Comparative Psychology: Research in Animal Behavior.* Edited by M. R. Denny and S. Ratner. Homewood, Ill.: Dorsey Press, 1970, p. 403.

108. Lemon, Robert E., and Chatfield, Christopher. "Organization of Song in Cardinals." *Animal Behaviour*, 19 (1971), pp. 1–17.

109. Lindgren, B. W. *Statistical Theory*. New York: Macmillan, 1962.

110. Linnik, Y. V. *Method of Least Squares and Principles of the Theory of Observations*. Oxford: Pergamon Press, 1961, p. 1.

111. Longwell, William. Personal communication.

112. Lottenbach, K. "Vasomotor Tone and Vascular Response to Local Cold in Primary Raynaud's Disease." *Angiology*, 32 (1971), pp. 4–8.

113. MacDonald, G. A., and Abbott, A. T. *Volcanoes in the Sea*. Honolulu: University of Hawaii Press, 1970.

114. Maistrov, L. E. *Probability Theory—A Historical Sketch*. New York: Academic Press, 1974.

115. Mann, H. B. *Analysis and Design of Experiments*. New York: Dover, 1949.

116. Mares, M. A., et al. "The Strategies and Community Patterns of Desert Animals," in *Convergent Evolution in Warm Deserts.* Edited by G. H. Orians and O. T. Solbrig. Stroudsberg, Pa.: Dowden, Hutchinson & Ross, 1977, p. 141.

117. Marx, Morris L. Personal communication.

118. McIntyre, Donald B. "Precision and Resolution in Geochronometry," in *The Fabric of Geology*. Edited by Claude C. Albritton, Jr. Stanford, Calif.: Freeman, Cooper, and Co., 1963, pp. 112–133.

119. Mendel, J. G. "Experiments in Plant Hybridization." *Journal of the Royal Horticultural Society*, 26 (1866), pp. 1–32.

120. Merchant, L. *The National Football Lottery.* New York: Holt, Rinehart and Winston, 1973.

121. Miettinen, Jorma K. "The Accumulation and Excretion of Heavy Metals in Organisms," in *Heavy Metals in the Aquatic Environment*. Edited by P. A. Krenkel. Oxford: Pergamon Press, 1975, pp. 155–162.

122. Morand, David A. "Black Holes in Social Space: The Occurrence and Effects of Non-Avoidance in Organizations." *Journal of Applied Social Psychology*, 35 (2005), p. 327.

123. Morgan, Peter J. "A Photogrammetric Survey of Hoseason Glacier, Kemp Coast, Antarctica." *Journal of Glaciology*, 12 (1973), pp. 113–120.

124. Mulcahy, R., McGilvray, J. W., and Hickey, N. "Cigarette Smoking Related to Geographic Variations in Coronary Heart Disease Mortality and to Expectation of Life in the Two Sexes." *American Journal of Public Health*, 60 (1970), pp. 1515–1521.

125. Munford, A. G. "A Note on the Uniformity Assumption in the Birthday Problem." *American Statistician*, 31 (1977), p. 119.

126. Nakano, T. "Natural Hazards: Report from Japan," in *Natural Hazards*. Edited by G. White. New York: Oxford University Press, 1974, pp. 231–243.

127. Nash, Harvey. *Alcohol and Caffeine*. Springfield, Ill.: Thomas, 1962, p. 96.

128. *Nashville Banner*. November 9, 1994.

129. *New York Times* (New York). May 22, 2005.

130. ______. October 7, 2007.

131. *Newsweek*. March 6, 1978.

132. Nye, Francis Iven. *Family Relationships and Delinquent Behavior*. New York: John Wiley & Sons, 1958, p. 37.

133. Olmsted, P. S. "Distribution of Sample Arrangements for Runs Up and Down." *Annals of Mathematical Statistics*, 17 (1946), pp. 24–33.

134. Olvin, J. F. "Moonlight and Nervous Disorders." *American Journal of Psychiatry*, 99 (1943), pp. 578–584.

135. Ore, O. *Cardano, The Gambling Scholar*. Princeton, N.J.: Princeton University Press, 1963, pp. 25–26.

136. Papoulis, Athanasios. *Probability, Random Variables, and Stochastic Processes*. New York: McGraw-Hill, 1965, pp. 206–207.

137. Passingham, R. E. "Anatomical Differences between the Neocortex of Man and Other Primates." *Brain, Behavior and Evolution*, 7 (1973), pp. 337–359.

138. Payne, Monica. "Effects of Parental Presence/Absence on Size of Children's Human Figure Drawings." *Perceptual and Motor Skills*, 70 (1990), pp. 843–849.

139. Payne, Robert B., and Payne, Laura L. "Brood Parasitism by Cowbirds: Risks and Effects on Reproductive Success and Survival in Indigo Buntings." *Behavioral Ecology*, 9 (1998), pp. 64–73.

140. Pearson, E. S., and Kendall, Maurice G. *Studies in the History of Statistics and Probability*. London: Griffin, 1970.

141. Peberdy, M. A., et al. "Survival from In-Hospital Cardiac Arrest During Nights and Weekends." *Journal of the American Medical Association*, 299 (2008), pp. 785–792.

142. *Pensacola News Journal* (Florida). May 25, 1997.

143. ______. September 21, 1997.

144. Phillips, David P. "Deathday and Birthday: An Unexpected Connection," in *Statistics: A Guide to the Unknown*. Edited by Judith M. Tanur, et al. San Francisco: Holden-Day, 1972.

145. Pierce, George W. *The Songs of Insects*. Cambridge, Mass.: Harvard University Press, 1949, pp. 12–21.

146. Polya, G. "Uber den Zentralen Grenzwertsatz der Wahrscheinlichkeitsrechnung und das Momenten-problem." *Mathematische Zeitschrift*, 8 (1920), pp. 171–181.

147. Porter, John W., et al. "Effect of Hypnotic Age Regression on the Magnitude of the Ponzo Illusion." *Journal of Abnormal Psychology*, 79 (1972), pp. 189–194.

148. Ragsdale, A. C., and Brody, S. *Journal of Dairy Science*, 5 (1922), p. 214.

149. Rahman, N. A. *Practical Exercises in Probability and Statistics*. New York: Hafner, 1972.

150. Reichler, Joseph L., ed. *The Baseball Encyclopedia*, 4th ed. New York: Macmillan, 1979, p. 1350.

151. Resnick, Richard B., Fink, Max, and Freedman, Alfred M. "A Cyclazocine Typology in Opiate Dependence." *American Journal of Psychiatry*, 126 (1970), pp. 1256–1260.

152. Richardson, Lewis F. "The Distribution of Wars in Time." *Journal of the Royal Statistical Society*, 107 (1944), pp. 242–250.

153. Ritter, Brunhilde. "The Use of Contact Desensitization, Demonstration-Plus-Participation and Demonstration-Alone in the Treatment of Acrophobia." *Behaviour Research and Therapy*, 7 (1969), pp. 157–164.

154. Roberts, Charlotte A. "Retraining of Inactive Medical Technologists—Whose Responsibility?" *American Journal of Medical Technology*, 42 (1976), pp. 115–123.

155. Rohatgi, V. K. *An Introduction to Probability Theory and Mathematical Statistics*. New York: John Wiley & Sons, 1976, p. 81.

156. Rosenthal, R., and Jacobson, L. F. "Teacher Expectations for the Disadvantaged." *Scientific American*, 218 (1968), pp. 19–23.

157. Ross, Sheldon. *A First Course in Probability*, 7th ed. Upper Saddle River, N.J.: Pearson Prentice Hall, 2006, pp. 51–53.

158. Roulette, Amos. "An Assessment of Unit Dose Injectable Systems." *American Journal of Hospital Pharmacy*, 29 (1972), pp. 60–62.

159. Rowley, Wayne A. "Laboratory Flight Ability of the Mosquito *Culex Tarsalis Coq*." *Journal of Medical Entomology*, 7 (1970), pp. 713–716.

160. Roy, R. H. *The Cultures of Management*. Baltimore: Johns Hopkins University Press, 1977, p. 261.

161. Rutherford, Sir Ernest, Chadwick, James, and Ellis, C. D. *Radiations from Radioactive Substances*. London: Cambridge University Press, 1951, p. 172.

162. Ryan, William J., Kucharski, L. Thomas, and Kunkle, Christopher D. "Judicial and Amorous Stalkers: An Analysis of Rorschach, MMPI-2 and Clinical Findings." *American Journal of Forensic Psychology*, 21 (2003), pp. 5–30.

163. Sagan, Carl. *Cosmos*. New York: Random House, 1980, pp. 298–302.

164. Salvosa, Carmencita B., Payne, Philip R., and Wheeler, Erica F. "Energy Expenditure of Elderly People Living Alone or in Local Authority Homes." *American Journal of Clinical Nutrition*, 24 (1971), pp. 1467–1470.

165. Saturley, B. A. "Colorimetric Determination of Cyclamate in Soft Drinks, Using Picryl Chloride." *Journal of the Association of Official Analytical Chemists*, 55 (1972), pp. 892–894.

166. Schaller, G. B. "The Behavior of the Mountain Gorilla," in *Primate Patterns*. Edited by P. Dolhinow. New York: Holt, Rinehart and Winston, 1972, p. 95.

167. Schell, E. D. "Samuel Pepys, Isaac Newton, and Probability." *The American Statistician*, 14 (1960), pp. 27–30.

168. Schoeneman, Robert L., Dyer, Randolph H., and Earl, Elaine M. "Analytical Profile of Straight Bourbon Whiskies." *Journal of the Association of Official Analytical Chemists*, 54 (1971), pp. 1247–1261.

169. Seiter, John S., and Gass, Robert H. "The Effect of Patriotic Messages on Restaurant Tipping." *Journal of Applied Social Psychology*, 35 (2005), pp. 1197–1205.

170. Selective Service System. Office of the Director. Washington, D.C., 1969.

171. Sella, Gabriella, Premoli, M. Clotilde, and Turri, Fiametta. "Egg-Trading in the Simultaneously Hermaphroditic Polychaete Worm *Ophryotrocha gracilis* (Huth)." *Behavioral Ecology*, 8 (1997), pp. 83–86.

172. Sen, Nrisinha, et al. "Effect of Sodium Nitrite Concentration on the Formation of Nitrosopyrrolidine and Dimethyl Nitrosamine in Fried Bacon." *Journal of Agricultural and Food Chemistry*, 22 (1974), pp. 540–541.

173. Sharpe, Roger S., and Johnsgard, Paul A. "Inheritance of Behavioral Characters in F_2 Mallard x Pintail (*Anas Platyrhynchos L.* x *Anas Acuta L.*) Hybrids." *Behaviour*, 27 (1966), pp. 259–272.

174. Shaw, G. B. *The Doctor's Dilemma, with a Preface on Doctors.* New York: Brentano's, 1911, p. lxiv.

175. Shore, N. S., Greene, R., and Kazemi, H. "Lung Dysfunction in Workers Exposed to Bacillus subtilis Enzyme." *Environmental Research*, 4 (1971), pp. 512–519.

176. Stroup, Donna F. Personal communication.

177. Strutt, John William (Baron Rayleigh). "On the Resultant of a Large Number of Vibrations of the Same Pitch and of Arbitrary Phase." *Philosophical Magazine*, X (1880), pp. 73–78.

178. Sukhatme, P. V. "On Fisher and Behrens' Test of Significance for the Difference in Means of Two Normal Samples." *Sankhya*, 4 (1938), pp. 39–48.

179. Sutton, D. H. "Gestation Period." *Medical Journal of Australia*, 1 (1945), pp. 611–613.

180. Szalontai, S., and Timaffy, M. "Involutional Thrombopathy," in *Age with a Future*. Edited by P. From Hansen. Philadelphia: F. A. Davis, 1964, p. 345.

181. Tanguy, J. C. "An Archaeomagnetic Study of Mount Etna: The Magnetic Direction Recorded in Lava Flows Subsequent to the Twelfth Century." *Archaeometry*, 12, 1970, pp. 115–128.

182. *Tennessean* (Nashville). January 20, 1973.

183. ______. August 30, 1973.

184. ______. July 21, 1990.

185. ______. May 5, 1991.

186. ______. May 12, 1991.

187. ______. December 11, 1994.

188. ______. January 29, 1995.

189. ______. April 25, 1995.

190. Terry, Mary Beth, et al. "Association of Frequency and Duration of Aspirin Use and Hormone Receptor Status with Breast Cancer Risk." *Journal of the American Medical Association*, 291 (2004), pp. 2433–2436.

191. Thorndike, Frances. "Applications of Poisson's Probability Summation." *Bell System Technical Journal*, 5 (1926), pp. 604–624.

192. Treuhaft, Paul S., and McCarty, Daniel J. "Synovial Fluid pH, Lactate, Oxygen and Carbon Dioxide Partial Pressure in Various Joint Diseases." *Arthritis and Rheumatism*, 14 (1971), pp. 476–477.

193. Trugo, L. C., Macrae, R., and Dick, J. "Determination of Purine Alkaloids and Trigonelline in Instant Coffee and Other Beverages Using High Performance Liquid Chromatography." *Journal of the Science of Food and Agriculture*, 34 (1983), pp. 300–306.

194. Turco, Salvatore, and Davis, Neil. "Particulate Matter in Intravenous Infusion Fluids—Phase 3." *American Journal of Hospital Pharmacy*, 30 (1973), pp. 611–613.

195. Turner, Dennis C. *The Vampire Bat: A Field Study in Behavior and Ecology*. Baltimore, Md.: Johns Hopkins University Press, 1975, p. 40.

196. *USA Today*. May 20, 1991.

197. ______. September 20, 1991.

198. ______. March 14, 1994.

199. ______. April 12, 1994.

200. ______. December 30, 1994.

201. ______. May 4, 1995.

202. Verma, Santosh K., and Deb, Manas K. "Single-Drop and Nanogram Determination of Sulfite (SO_3^{2-}) in Alcoholic and Nonalcoholic Beverage Samples Based on Diffuse Reflectance Transform Infrared Spectroscopic (DRS-FTIR) Analysis on KBr Matrix." *Journal of Agricultural and Food Chemistry*, 55 (2007), pp. 8319–8324.

203. Vilenkin, N. Y. *Combinatorics*. New York: Academic Press, 1971, pp. 24–26.

204. Vogel, John H. K., Horgan, John A., and Strahl, Cheryl L. "Left Ventricular Dysfunction in Chronic Constrictive Pericarditis." *Chest*, 59 (1971), pp. 484–492.

205. Vogt, E. Z., and Hyman, R. *Water Witching U.S.A.* Chicago: University of Chicago Press, 1959, p. 55.

206. Walker, H. *Studies in the History of Statistical Method*. Baltimore: Williams and Wilkins, 1929.

207. *Wall Street Journal*. March 20, 1994.

208. Wallechinsky, D., Wallace, I., and Wallace, A. *The Book of Lists*. New York: Barton Books, 1978.

209. Wallis, W. A. "The Poisson Distribution and the Supreme Court." *Journal of the American Statistical Association*, 31 (1936), pp. 376–380.

210. Werner, Martha, Stabenau, James R., and Pollin, William. "Thematic Apperception Test Method for the Differentiation of Families of Schizophrenics, Delinquents, and 'Normals.' " *Journal of Abnormal Psychology*, 75 (1970), pp. 139–145.

211. Wilks, Samuel S. *Mathematical Statistics*. New York: John Wiley & Sons, 1962.

212. Williams, Wendy M., and Ceci, Stephen J. "How'm I Doing?" *Change*, 29, no. 5 (1997), pp. 12–23.

213. Willott, S. J., et al. "Effects of Selective Logging on the Butterflies of a Borneo Rainforest," *Conservation Biology*, 14 (2000), pp. 1055–1065.

214. Winslow, Charles. *The Conquest of Epidemic Disease*. Princeton, N.J.: Princeton University Press, 1943, p. 303.

215. Wolf, Stewart, ed. *The Artery and the Process of Arteriosclerosis: Measurement and Modification*. Proceedings of an Interdisciplinary Conference on Fundamental Data

on Reactions of Vascular Tissue in Man (Lindau, West Germany, April 19–25, 1970). New York: Plenum Press, 1972, p. 116.

216. Wolfowitz, J. "Asymptotic Distribution of Runs Up and Down." *Annals of Mathematical Statistics*, 15 (1944), pp. 163–172.

217. Wood, Robert M. "Giant Discoveries of Future Science." *Virginia Journal of Science*, 21 (1970), pp. 169–177.

218. Woodward, W. F. "A Comparison of Base Running Methods in Baseball." M.Sc. Thesis, Florida State University, 1970.

219. Woolson, Robert E. *Statistical Methods for the Analysis of Biomedical Data*. New York: John Wiley & Sons, 1987, p. 302.

220. Wu, Yuhua, et al. "Event-Specific Qualitative and Quantitative PCR Detection Methods for Transgenic Rapeseed Hybrids MS1 × RF1 and MS1 × RF2." *Journal of Agricultural and Food Chemistry*, 55 (2007), pp. 8380–8389.

221. Wyler, Allen R., Minoru, Masuda, and Holmes, Thomas H. "Magnitude of Life Events and Seriousness of Illness." *Psychosomatic Medicine*, 33 (1971), pp. 70–76.

222. Yochem, Donald, and Roach, Darrell. "Aspirin: Effect on Thrombus Formulation Time and Prothrombin Time of Human Subjects." *Angiology*, 22 (1971), pp. 70–76.

223. Young, P. V., and Schmid, C. *Scientific Social Surveys and Research*. Englewood Cliffs, N.J.: Prentice Hall, 1966, p. 319.

224. Zaret, Thomas M. "Predators, Invisible Prey, and the Nature of Polymorphism in the Cladocera (Class Crustacea)." *Limnology and Oceanography*, 17 (1972), pp. 171–184.

225. Zelazo, Philip R., Zelazo, Nancy Ann, and Kolb, Sarah. "'Walking' in the Newborn." *Science*, 176 (1972), pp. 314–315.

226. Zelinsky, Daniel A. *A First Course in Linear Algebra*, 2nd ed. New York: Academic Press, 1973.

227. Zimmerman, Robert R., et al. *Primate Behavior: Developments in Field and Laboratory Research*, vol. 4. Edited by Leonard A. Rosenblum. New York: Academic Press, 1975, p. 296.

228. Ziv, G., and Sulman, F. G. "Binding of Antibiotics to Bovine and Ovine Serum." *Antimicrobial Agents and Chemotherapy*, 2 (1972), pp. 206–213.

229. Zucker, N. "The Role of Hood-Building in Defining Territories and Limiting Combat in Fiddler Crabs." *Animal Behaviour*, 29 (1981), pp. 387–395.